W0269805

FORTSCHRITTE DER BOTANIK

BEGRÜNDET VON FRITZ VON WETTSTEIN

UNTER ZUSAMMENARBEIT
MIT MEHREREN FACHGENOSSEN
UND MIT DER
DEUTSCHEN BOTANISCHEN GESELLSCHAFT

HERAUSGEGEBEN VON

ERWIN BÜNNING
TÜBINGEN

ERNST GÄUMANN
ZÜRICH

NEUNZEHNTER BAND
BERICHT ÜBER DAS JAHR 1956

MIT 21 ABBILDUNGEN

SPRINGER-VERLAG
BERLIN · GÖTTINGEN · HEIDELBERG
1957

ISBN-13: 978-3-642-94690-5   e-ISBN-13: 978-3-642-94689-9
DOI: 10. 1007/978-3-642-94689-9

BRÜHLSCHE UNIVERSITÄTSDRUCKEREI GIESSEN

Inhaltsverzeichnis.

---

[1] Der Beitrag folgt in Band XX.

C. Physiologie des Stoffwechsels.

D. Physiologie der Organbildung.

---

[1] Der Beitrag folgt in Band XX.

Die Abschnitte A und B sind von E. GÄUMANN und die Abschnitte C und D sowie das Sachverzeichnis von E. BÜNNING redigiert.

A. Morphologie.

1. Morphologie und Entwicklungsgeschichte der Zelle.

Von Lothar Geitler, Wien.

Mit 2 Abbildungen.

Im folgenden sind vielfach nicht Publikationen als solche, sondern nur ihre Abschnitte, die sich auf das Thema „Morphologie und Entwicklungsgeschichte der Zelle" beziehen, referiert.

Cyanophyceen und Bakterien. Der Prooplast der Blaualgen läßt sich bekanntlich nicht mit dem anderer Organismen homologisieren und seine Organellen sind nicht mit sonst bekannten identisch. Von bedeutendem Interesse ist der elektronenoptische Nachweis, daß das Chromatoplasma wie die Plastiden der anderen photosynthetisch autotrophen Pflanzen, obwohl es mit ihnen nicht homolog ist, Lamellenbau besitzt — auch „Grana"-artige Gebilde in regelmäßigen Abständen sind vorhanden — und daß vermutlich „fermentaktive Granula" vorkommen, die eine bestimmte submikroskopische Struktur aufweisen und bis zu einem gewissen Grad an Mitochondrien erinnern (Drews u. Niklowitz 1956, 1957, Niklowitz u. Drews). Es besitzen also diese analogen Organellen offenbar einen im wesentlichen gleichen Feinbau. Die lamelläre Struktur des Chromatoplasmas sieht man übrigens — nach unveröff. Beob. des Ref. — manchmal sehr auffallend in stark vergröberter Ausbildung schon bei mikroskopischer Betrachtung, z. B. an *Chroococcus turgidus* und manchen Oscillatorien (ähnlich kann auch der Lamellenbau der Plastiden als vergröberte Nekrosestruktur sichtbar werden). Es handelt sich um pathologische Zustände; die Zellen sind mißfarbig, die Teilungen sistiert — ob reversibel, bleibt noch fraglich. Daß das Chromatoplasma trotzdem kein Chromatophor ist und daher auch nicht so genannt werden darf, bleibt sicher (vgl. dazu die weiter unten zitierte Feststellung Robinows).

Die wichtigste Frage, nämlich die nach der Lokalisation der DNS und dem Vorhandensein einer permanenten, sich identisch reproduzierenden Struktur, also nach der Beschaffenheit der Kern- und Chromosomenäquivalente, bleibt noch ungeklärt (vgl. auch Fortschr. Bot. **17**, 1, und früher). Vorläufig erscheint das Centroplasma der Blaualgen als der zentrale Bezirk des Protoplasten, der von den Lamellenpaketen des Chromatoplasmas freibleibt und in dem sich DNS-haltige Strukturen befinden, die nach DREWS u. NIKLOWITZ sehr mannigfaltig — als Stränge, Netze, fadenförmig verbundene Granula — erscheinen[1].

Die dünnen, elastischen, mehr oder weniger als lebend angesehenen Membranen der hormogonalen Blaualgen, an deren Vorhandensein die Kriechbewegung gebunden ist, erscheinen nach entsprechender Vorbehandlung elektronenmikroskopisch sehr differenziert gebaut. In den Längswänden nahe dem Ansatz der Querwände sind Systeme von Porenreihen vorhanden, die Querwände erscheinen fein zerstreutporig (METZNER, DRAWERT u. METZNER, SCHULZ). Außerdem erkennt man im Elektronenmikroskop, daß die zarten Querwände doppelt sind (NIKLOWITZ u. DREWS); dies stimmt mit der Beobachtungstatsache überein, daß hormogonale Fäden in Einzelzellen zerfallen können oder sich in solche zerlegen lassen. — Mit Hilfe eines besonderen Abdruckverfahrens und Bedampfung erhielt SCHULZ charakteristische, oft sehr regelmäßige, rillenförmige Reliefstrukturen auf der Oberfläche der Längswände. Es handelt sich zweifellos um Artefakte, die durch die Eintrocknung bei der Präparation entstehen, deren Regelmäßigkeit aber doch zeigt, daß es sich um "significant artifacts" handelt. Ihre Deutung bleibt noch fraglich.

Über den Bau des Bakterienprotoplasten und vor allem über die Problematik der DNS-haltigen Strukturen liegen nunmehr sehr eingehende, sorgfältige und kritische Untersuchungen von ROBINOW vor. Sie zeigen, wie gerechtfertigt die in diesen Berichten geübte Zurückhaltung war gegenüber den Angaben, hauptsächlich DE LAMATERs, über das Vorhandensein von Zellkernen, die sich mitotisch teilen und Spindeln, sogar mit Centrosomen an den Polen, bilden (Fortschr. Bot. **14**, 1; **15**, 1; **17**, 2). Die Untersuchungen ROBINOWs beweisen überzeugend, daß keine Kerne ausgebildet sind, sondern "chromatin bodies" (oder nach PIEKARSKI Nukleoide), die zu mehreren in der Zelle liegen und sich nichtmitotisch, also ohne Chromosomen- und Spindelbildung teilen. Die entgegengesetzten Angaben DE LAMATERs lassen sich bis in Einzelheiten widerlegen und auf mißverstandene und unzureichende Beobachtungen zurückführen. Bemerkenswerterweise — solche Stellungnahmen sind selten geworden — nimmt ROBINOW nachdrücklich den Standpunkt ein, daß darüber, was ein Zellkern ist, nicht die Chemie und die Genetik entscheiden können, sondern nur die Morphologie. Es handelt sich um keinen Streit um Worte. Eine markante, allgemein bedeutungsvolle Stelle sei hier wörtlich zitiert (S. 201). "It seems desirable that real morphological differences be recognized by the use of distinctive terms. The chromatin organs of the Myxophyceae (= Cyanophyceae) and the bacteria, though different in detail, have in common that they lack most of the properties which cytologists consider characteristic of nuclei. Hence they should be called by some other name such as 'chromatin bodies'. They do not become less interesting for being so treated. On fact the only danger to the advancement of knowledge could come from

---

[1] Nach FUHS lassen sich feulgenpositive Elemente in bestimmter Anzahl nachweisen. Die methodisch sehr exakten Untersuchungen liegen vorläufig nur als Dissertation vor (Bonn 1956).

describing these enigmatic structures in terms of unwarranted familiarity. It is differentiating rather than levelling terminologies that stimulate further work!"

Karyologische Anatomie und Endomitose, „Riesenchromosomen". Eine eingehende, kritische, durch Originalbeobachtungen ergänzte zusammenfassende Darstellung der bisherigen Ergebnisse auf dem Gebiet der karyologischen Anatomie von Tschermak-Woess [1956 (1)] zeigt, daß die auf Endopolyploidie bezüglichen Untersuchungen, weil methodisch leichter durchführbar als Untersuchungen über andere Baueigentümlichkeiten der Kerne, wenigstens in deskriptiver Hinsicht so weit fortgeschritten sind, daß sie „ein gut fundiertes Bild" ergeben. „Es wäre daher an der Zeit, daß auch andere Forschungsrichtungen ihre Resultate berücksichtigen. Dies gilt insbesondere für diejenigen Zweige, die die Zelle zum Gegenstand haben, da sie bei ihren Versuchen mit ungleichwertigem Zellmaterial im gleichen Gewebe und sogar innerhalb der gleichen Gewebeschicht rechnen müssen." Endopolyploidie wurde z. B. im Rinden- und Markgewebe der Wurzel von 140 Arten aus 24 Familien der Angiospermen festgestellt. Die Epidermis, zumindest die „gewöhnlicher" Ausbildung, bleibt im allgemeinen diploid. Doch wird die nicht nur als Abschlußgewebe dienende Epidermis des Appendix von *Sauromatum* sogar 64- und 128ploid. Die Blattepidermis von *Anacampseros filamentosa* erreicht Oktoploidie, die von *Portulaca* wird 16- und teilweise bis 64ploid und in den ältesten Blättern laufen — ein bisher ohne Analogie dastehender Fall — spontan Mitosen ohne Zellteilungen ab, so daß zwei- bis vierkernige Epidermiszellen — die Kerne sind polyploid — entstehen (Czeika). Bei *Gibbaeum heathii* bleibt die Epidermis der Folgeblätter diploid, aber die der Cotyledonen wird 16-, in einzelnen Zellen auch 32ploid (Schlichtinger). Ganz allgemein zeigt sich eine große Mannigfaltigkeit im karyologischen Aufbau verschiedener Organe und Gewebe, doch lassen sich gewisse systematische und funktionelle Beziehungen deutlich erkennen (vgl. neuerdings Czeika). Es gibt kaum ein Organ oder einen Organteil, der nicht, bauplanmäßig bestimmt, endopolyploid wäre (aber nicht bei allen Angiospermen). Nur die Schließzellen der Stomata scheinen ausnahmslos diploid zu bleiben. Auch für die Samenanlagen, die bisher nicht untersucht worden waren, läßt sich ein bestimmter, gemischt diploid-polyploider Aufbau nachweisen (Hasitschka-Jenschke für *Allium ursinum*).

Typisch hochpolyploid werden Organe mit gesteigerter trophischer Funktion, so auch solche im Bereich des Embryosacks, also Haustorien verschiedener Art und entsprechend funktionierende Antipoden oder persistierende Synergiden (Hasitschka-Jenschke für *Allium*). Bei *Pedicularis palustris* wird das Mikropylarhaustorium schätzungsweise 384ploid (Steffen, vgl. auch Fortschr. Bot. **18**, 8). Bemerkenswert, wenn auch nicht unerwartet ist die Tatsache, daß die Vergrößerungsfaktoren in triploiden Endomitose-Reihen im Endosperm nicht die gleichen wie in Reihen mit diploiden Ausgangskernen sind. In ihrer Struktur weichen die älteren, höher polyploiden Haustorialkerne auffallend von anderen ab, wie dies auch für die chalazalen Riesenkerne im Endosperm von *Allium* gilt (Fortschr. Bot. **18**, 8). Charakteristisch ist „das regelmäßige Auftreten fibrillärer Verbindungen zwischen den Chromosomen und die Tendenz zur Bildung von Sammel-Endochromozentren", also von Bildungen höherer Ordnung. Aus den Bildbelegen (nur Photographien) ist keine ganz klare, anschauliche Vorstellung von ihrem Aufbau zu gewinnen. Jedenfalls ist der Bau, und auch die endomitotische Teilungsstruktur, anders als in anderen Kernen. Noch auf-

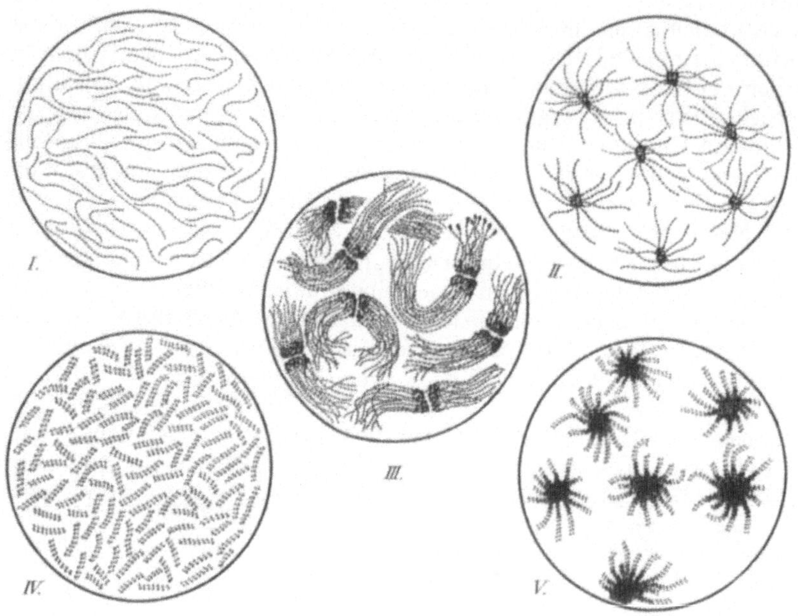

Abb. 1. Halbschematische Darstellung der fünf Strukturtypen in hochpolyploiden Antipodenkernen von *Papaver rhoeas*. Nach HASITSCHKA.

fallender tritt dies an den Antipodenkernen von *Papaver* und *Aconitum* hervor. Bei *Papaver* (HASITSCHKA) werden sie — aus haploiden Ausgangskernen — bis 128 ploid und zeigen fünferlei verschiedene Strukturtypen, die ineinander übergehen (Abb. 1). Die Bedingungen für ihre Ausbildung sind noch nicht bekannt, es läßt sich vorläufig keine Regel erkennen. Zugrunde liegt immer eine fädige Chromonemastruktur, doch können die Chromonemen bzw. Chromosomen ± gestreckt oder stark spiralisiert sein und die endomitotischen Tochterchromonemen frei liegen oder zu sternförmigen Chromozentren oder der Länge nach gebündelt vereinigt bleiben. Am auffallendsten und interessantesten ist die Ausbildung von 7 „Riesenchromosomen" je Antipodenkern, d. h. das Auftreten von — entsprechend der haploiden Zahl — 7 Bündeln von Tochterchromosomen, die an ihren Spindelansatzstellen fest zusammenhalten. Die größten Bündel bestehen offenbar aus 128 Einzelelementen

(Chromosomen), die sich allerdings nicht genau auszählen lassen[1]. — Bei *Aconitum* [TSCHERMAK-WOESS (2)], dessen Antipoden ebenfalls 64- oder 128ploid werden und die in einem gewissen Prozentsatz in ihren Kernen der Haploidzahl entsprechend 8 „Riesenchromosomen" bilden, lassen sich in den „Riesenchromosomen", und zwar in den Abschnitten

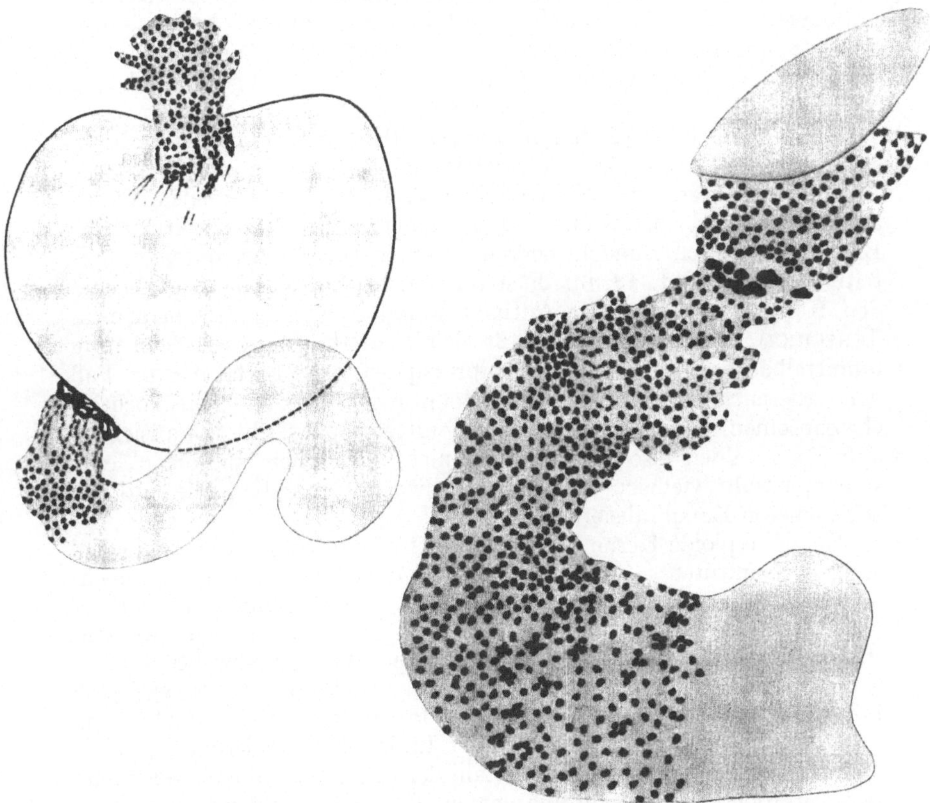

Abb. 2. *Aconitum variegatum*. „Riesenchromosomen" aus vollentwickelten Antipodenkernen, links das SAT-Chromosomenbündel, rechts — stärker vergrößert — ein anderes (sein oberes Ende umgeschlagen). Nach TSCHERMAK-WOESS 1956 (2).

des lockeren und kompakten Heterochromatins, nicht aber im Euchromatin, Querreihen und scheibenförmige Aggregate von Chromomeren erkennen, so daß eine beträchtliche Ähnlichkeit mit den Riesenchromosomen, richtiger Riesenchromosomenbündeln der Dipterenlarven zustande kommt (Abb. 2). Doch besteht ein wesentlicher Unterschied zwischen diesen und den pflanzlichen „Riesenchromosomen" — die daher unter Anführungszeichen zu setzen sind —: die Länge der Riesenchromosomen der Dipteren beträgt etwa das 100fache der Länge

---

[1] Ähnliche Gebilde wurden schon früher von Embryologen gesehen, konnten aber, auch wegen der unzureichenden Fixierung in Mikrotomschnitten, nicht richtig verstanden werden.

mitotischer Metaphase-Chromosomen, die der pflanzlichen nur etwa das
10 fache, d. h. die Entspiralisierung entspricht bei ihnen nur der im
Pachytän erreichten; es fehlt also die „Ultra"-Entspiralisierung der
Dipteren. Außerdem ist die Bündelung nicht so eng und die Quer-
scheiben sind undeutlicher (bei *Papaver* sind sie kaum angedeutet). Ob
der Unterschied grundsätzlich oder nur graduell ist, bleibt noch zu
untersuchen. Es wäre denkbar, daß in den Dipteren-Chromosomen-
bündeln nur infolge ihrer viel höheren Polyploidie (bis 16000) eine
weitergehende Entspiralisierung und als deren Folge engere Bündelung
(„Paarung") und damit deutlichere Querscheibenbildung erfolgt.

Es ist offenbar kein Zufall, daß solche Strukturen gerade im Embryosack auftreten. Es müssen hier besondere, wenn auch noch unbekannte
Bedingungen herrschen. Sie bewirken, daß z. B. bei *Allium* im Basal-
apparat des Endosperms eine Art permanenter Prophasestruktur unter
Bildung von losen Bündeln endomitotischer Tochterchromosomen auftritt (Fortschr. Bot. **18**, 8). Fast die gleiche Ausbildung zeigt sich in
den Kernen persistierender Antipoden und Synergiden (HASITSCHKA-
JENSCHKE). Für diese Kerne läßt sich auch rhythmisches Wachstum
unmittelbar nachweisen. Das Bauprinzip ist das gleiche wie im Fall
der „Riesenchromosomen": die endomitotisch entstandenen Tochterchromosomen, die aber in diesem Fall mittelprophasische Spiralisierung
aufweisen, bilden lose Bündel. Daß nicht „Riesenchromosomen" entstehen, beruht vielleicht nur auf der niedrigeren Polyploidie und der
schwächeren Entspiralisierung.

Endopolyploide Kerne außerhalb des Embryosacks zeigen keine derartigen Strukturen — Annäherungen kommen aber z. B. in der hochpolyploiden Basalzelle der Klebstoffhaare von *Bryonia dioica* vor —,
doch ergibt die eingehendere Betrachtung auch „gewöhnlich" struktu-
rierter Kerne eine gewisse Mannigfaltigkeit, die teils gewebespezifisch
bedingt, teils vom Alter abhängig ist (SCHLICHTINGER, CZEIKA, vgl. auch
Fortschr. Bot. **17**, 8). Kerne mit als Prochromosomen ausgebildeten
Chromozentren bilden im Verlauf der Endopolyploidisierung zunächst
unter Gleichbleiben der diploiden Zahl der Chromozentren entsprechend
sich vergrößernde Endochromozentren (d. h. die Tochterchromosomen
bleiben beisammen), aber später, und zwar oft auf dem oktoploiden
Stadium, zerfallen die Endochromozentren in ihre Einzelelemente, so
daß Kerne mit Chromozentren in entsprechend polyploider Anzahl entstehen. Dieser Zerfall erfolgt ohne Mitose (für verschiedene Angiospermen
CZEIKA, SCHLICHTINGER). Die bisherige Auffassung, daß das Auftreten
von Einzelchromozentren allgemein ein Anzeichen für den Ablauf post-
endomitotischer Mitosen wäre, weil während der Endomitosen die
Tochterchromosomen beisammenbleiben müßten, ist also unzutreffend.
Der altersbedingte Zerfall erfaßt allerdings nicht besonders kompaktes
Heterochromatin, z. B. das der SAT-Chromosomen. Jedenfalls ergibt
sich, daß der gleiche heterochromatische Chromosomenbereich in verschiedenen Altersphasen des Gewebes sich verschieden verhalten kann.
Doch gibt es auch Fälle, wo nicht altersbedingt, sondern gewebespezifisch darüber entschieden wird, ob Einzel- oder Endochromozentren

gebildet werden. — Die Ausbildung von Endochromozentren im Zuge der Endopolyploidisierung in der Achse von *Solanum lycopersicum* bestätigt McMahon.

Cytologie der Gallen. Daß Gallen z. T. aus polyploiden Geweben aufgebaut sind, ist bekannt (vgl. auch Fortschr. Bot. **17**, 9). Bei der experimentellen Erzeugung von crown galls auf dem Stamm von *Vicia faba* durch Inoculation von *Agrobacterium tumefaciens* ergibt sich folgendes Bild der Entwicklungsgeschichte (Therman). Die normal differenzierte Achse baut sich, wie schon bekannt, aus diploiden bis 16ploiden Zellen auf; nach Therman kommen auch 32ploide vor. Als Folge der Inoculation teilen sich zunächst die diploiden, dann die tetraploiden, oktoploiden und vereinzelt auch die 16- und vermutlich 32-ploiden Zellen mitotisch und ihre Abkömmlinge bauen, ohne Endomitosen durchzumachen, die Gewebe der Galle auf. Die meisten hochpolyploiden Kerne teilen sich aber nicht mitotisch, sondern wachsen, und zwar vermutlich endomitotisch weiter, so daß aus ihnen schließlich Riesenzellen mit Riesenkernen entstehen. Es werden also einerseits Teilungen in diploiden und endopolyploiden Zellen, die sich sonst nicht mehr teilen würden, induziert, andererseits wird die Bildung von Riesenzellen, die es im normalen Gewebe nicht gibt, hervorgerufen. Der Reiz der Inoculation vermag also Mitosen auch in polyploiden Kernen auszulösen, die auf andere Mittel nicht ansprechen (bisher gelang die Auslösung in der Achse von *Vicia* nur in höchstens oktoploiden Kernen) und löst in hochpolyploiden Kernen zusätzlich endomitotisches Wachstum aus. Allerdings ist die Deutung des Kernwachstums als auf Endomitosen beruhend nicht näher belegt (Therman — S. 334 — vermeidet bewußt eine nähere Begriffsbestimmung). Es kann sich daher auch um gehemmte Mitosen mit Restitutionskernbildung handeln, welche Annahme vielleicht sogar näherliegt, weil zwischen den vermuteten Endomitosen und den Mitosen anscheinend keine scharfe Grenze besteht (der sichere Nachweis von Endomitosen wäre um so wichtiger, als bisher die experimentelle Auslösung von zusätzlichen Endomitosen noch nie gelungen ist). — Ähnlich scheint es sich mit den crown galls von *Pisum sativum* und *Solanum lycopersicum* zu verhalten (Kupila): die Galle wächst durch Teilung diploider und, nach der Annahme des Autors schon im Ausgangsgewebe vorhandener polyploider Zellen (für *Pisum* fehlt noch der Nachweis ihres normalen Vorhandenseins). Außerdem entstehen Riesenzellen, die sich nicht teilen und deren Kerne erst in der Galle, angeblich „endomitotisch", heranwachsen. Auch in diesem Fall würden also sonst nicht auftretende Endomitosen induziert werden.

Karyologie des Endosperms; spontane Chromosomenbrüche. Im Bastard-Endosperm von *Paris quadrifolia* ♀ — *Trillium grandiflorum* ♂-Kreuzungen erfolgen spontane Brüche fast nur in den *Trillium*-Chromosomen, während die *Paris*-Chromosomen praktisch intakt bleiben (Rutishauser u. LaCour). Infolge des Synchronismus der Mitosen voneinander abstammender Kerne im Endosperm läßt sich mit Sicherheit sagen, daß die Brüche an dieser Stelle der Entwicklung entstanden sind und daß es sich nicht etwa um aus der Meiose verschleppte strukturelle Änderungen handelt. Die Bruchhäufigkeit ist sehr hoch (18,1—35,5%), im Unterschied zu anderen Fällen spontaner Brüche, in denen es sich um Promille bis wenige Prozent handelt (allerdings ist der Begriff „spontan" im vorliegenden Fall nicht ganz exakt, da die Chromosomen ja in fremdem Plasma und unter der Einwirkung eines fremden Genoms stehen). Im *Trillium*-Endosperm beträgt die Bruchhäufigkeit etwa 1% und sie erhöht sich kaum in der reziproken Kreuzung *Trillium grandiflorum* ♀ × *Paris quadrifolia* ♂, in welchem Fall die *Trillium*-Chromosomen im eigenen Plasma liegen. Die *Paris*-Chromosomen bleiben, wie auch im reinen *Paris*-Endosperm, praktisch ungebrochen, auch die Einführung der *Paris*-Chromosomen in das *Trillium*-Plasma steigert nicht die Bruchrate. Die *Paris*-Chromosomen sind offenbar an sich weniger bruchempfindlich als die *Trillium*-Chromosomen. Der Unterschied hängt wahrscheinlich damit zusammen, daß die *Trillium*-Chromosomen sehr viel, die *Paris*-Chromosomen aber nachweisbar überhaupt kein Heterochromatin besitzen. Doch ist die Beziehung zwischen Bruchfähigkeit und Heterochromatin keine unmittelbare, sondern wohl indirekt derart, daß das Heterochromatin eine „genetische Kontrolle" ausübt. Denn die Brüche erfolgen sowohl im Eu- als auch im Heterochromatin, und die Bruchhäufigkeit ist auch nicht proportional zur Menge des Heterochromatins je Chromosom: die A-Chromosomen mit sehr wenig Heterochromatin brechen häufiger als die B-Chromosomen mit viel Heterochromatin. Die Brüche auslösenden Ursachen sind noch unbekannt, doch lassen sich chemische Einwirkungen, die den Stoffwechsel beeinflussen, vermuten; in dieser Hinsicht ist bemerkenswert, daß die Frequenz der spontanen Brüche in Geweben, die einen gesteigerten Stoffwechsel besitzen (Tapetum, Endosperm), höher ist als in der Wurzelspitze.

Außer Chromosomenbrüchen finden sich in den *Paris-Trillium*-Kreuzungen mancherlei andere karyologische Störungen, wie sie ja auch in reinen Endospermen in vorgeschrittenen Stadien vorkommen (Fortschr. Bot. **18**, 7, 8). Was die Autoren als "endomitotic divisions" bezeichnen, sind offenbar Anaphase-Anomalien, die zu höherpolyploiden Kernen führen; sie nehmen in Bastardendospermen an Zahl zu[1].

Mitose und Interphase. Der zweimalige Ab- und Wiederaufbau des Heterochromatins in der mitotischen Prophase, der bisher nur bei *Rhoeo* beeobachtet wurde (Fortschr. Bot. **17**, 11/12), erfolgt auch bei *Vicia faba* (TSCHERMAK-WOESS u. DOLEŽAL) und in grundsätzlich gleicher Weise auch bei *Eranthis hiemalis* und *Papaver rhoeas* (l. c. S. 467). Es dürfte sich um eine ganz allgemein verbreitete Erscheinung bei entsprechend gebauten Kernen handeln. In der Telophase unterbleibt der umgekehrte Vorgang. Die Deutung ist nicht leicht, denn nach der im allgemeinen geltenden Auffassung erfolgt während der Mitose unter normalen Umständen überhaupt kein Ab- und Aufbau der für das Chromatin kennzeichnenden DNS, sondern ihre Menge bleibt konstant

---

[1] Alles „Endomitose" zu nennen, was ohne Kernverschmelzung zu polyploiden Kernen führt, ist unexakt und dem entgegengesetzt, was "stimulate further work" (vgl. ROBINOWs Feststellung auf S. 2 dieses Berichts).

(Fortschr. Bot. **17**, 10). Es ist danach fraglich, ob der doppelte prophasische Ab- und Aufbau nicht bloß vorgetäuscht ist und evtl. auf lokalisierter Spiralisierung beruht. Es muß sich aber überhaupt nicht um einen Wechsel zwischen einer progressiven und regressiven Entwicklung handeln, denn „man könnte annehmen, daß sich das Heterochromatin durchwegs fortschreitend entwickelt, jedoch nicht im gleichen Tempo und unter Tempowechsel, und daß dieses Verhalten das Bild des Ab- und Aufbaus bedingt".

Da unter vergleichbaren Umständen offenbar eine enge Beziehung zwischen Kernvolumen, Menge der DNS und Chromosomenreproduktion besteht und letztere in der Interphase erfolgt (ausführlich Fortschr. Bot. **17**, 10), können volumetrisch-statistische Untersuchungen über das Kernvolumen brauchbare Aufschlüsse liefern. Im Wurzelmeristem von *Vicia faba* läßt sich unter Ausschaltung aller — sehr beträchtlichen — methodischen Schwierigkeiten ermitteln, daß der Kern zwischen den Mitosen rhythmisch wächst, d. h. es bestehen zwei Größenklassen, von denen die eine dem telophasischen, die andere dem prophasischen Wert näherliegt, während Zwischengrößen nur spärlich vertreten sind. Dies bedeutet, daß der Kern von einem langdauernden posttelophasischen Zustand sprunghaft zur präprophasischen Größe heranwächst, was gut zu den Beobachtungen über die sprungweise Zunahme der DNS in der Interphase stimmt. Die kurzdauernde Phase bezeichnet offenbar den Zeitpunkt der Chromosomenreproduktion. Es dürfte sich um eine ganz allgemeine gesetzmäßige Erscheinung handeln. Widersprechende Angaben lassen sich aus nachweisbar oder vermutlich unzureichender Methodik erklären. Im übrigen zeigt sich wieder, daß die Kerne, die aus dem Meristem ins Dauergewebe als „Ruhekerne" eingehen, sich im posttelophasischen und nicht etwa im präprophasischen Zustand befinden.

In bestimmten Fällen besteht keine Konstanz der DNS-Menge und kann DNS-Synthese offenbar auch ohne Chromosomenreproduktion erfolgen (Fortschr. Bot. **16**, 15; **17**, 10; **18**, 4; über manche Unklarheiten und Schwierigkeiten orientiert RIS 1956 — allerdings z. T. unter Vernachlässigung der mikroskopisch-anatomischen Befunde — sowie ANDERSON; eine Zusammenfassung über Kernwachstum überhaupt bringt ALFERT; eine sehr ausführliche Darstellung der Problematik gibt WOLF auf Grund wichtiger neuer Befunde an den Riesenchromosomen der Dipteren). Hinsichtlich der phylogenetischen Schwankungen des DNS-Gehalts in Kernen verschiedener Arten (Fortschr. Bot. **18**, 5) bringen HUGHES-SCHRADER u. SCHRADER Beobachtungen, die die Konzeption der Konstanz je Chromonema des polytän gebauten Chromosoms, bei Variation der Anzahl der Chromonemen je Chromosom, stützen. Doch ist jedenfalls festzuhalten: die Polytänie der Chromosomen ist vorläufig eine Annahme, keine Tatsache (vgl. auch das nächste Kapitel). Es ist daher abzulehnen, wenn auf Grund der Beobachtung, daß bei einer Rasse mit größeren Kernen die Chromosomen bei gleichbleibender Anzahl größer sind als bei einer anderen, behauptet wird (schon im Titel), die Rassen unterschieden sich durch den Grad der Polytänie (ALFERT u. BALAMITH). Der Befund zeigt nicht mehr, als daß die Ursache der verschiedenen Kerngröße und des verschiedenen Gehalts an DNS nicht auf Polyploidie beruhen kann. NB: die Riesen„chromosomen" der Dipterenlarven sind nicht polytäne Chromosomen, sondern endomitotisch entstandene Bündel von Chromosomen, stellen also eine besondere Art von Endopolyploidie dar[1].

Chromosomenbau. Unter Berücksichtigung chemisch-physikalischer Daten und elektronenoptisch ± sicher nachweisbarer Strukturen konstruieren AMBROSE, ANDERSON und DARLINGTON Chromosomenmodelle, die ein Bild der z. Z. möglichen Auffassungen geben. Mancherlei Widersprüche zeigen, daß wir erst am Anfang stehen. In morphologischer Hinsicht dürfte ziemlich wahrscheinlich sein, daß die Chromosomen vielstrangig gebaut sind und daß bei ihrem Formwechsel Spiralisierung auch im submikroskopischen Bereich eine wesentliche Rolle spielt. Elektronenoptisch lassen sich in aufgelockerten Chromosomen — Lampenbürstenchromosomen von Tieren, Pachytänchromosomen von Pflanzen — Strukturen erkennen, die als Bündel von Mikrofibrillen deutbar sind [RIS (a)]. Auch andere Überlegungen sprechen für einen Bündelbau (Polytänie) der Chromatiden (Fortschr. Bot. **18**, 5)[2]. Im mikroskopischen Größenbereich ist die Beobachtung eines in der Anaphase geteilten Trabanten bei *Allium cepa* von Interesse, da sie die schon anderweitig beobachtete oder erschlossene Tatsache der Existenz von zumindest Halbchromatiden bestätigt (TJIO u. LEVAN). Doppelbau der Chromatiden in der somatischen Anaphase gibt auch WARDEN an; doch sollen die Chromatiden nicht spiralisiert sein (!) und aus einer gestreckten Reihe von „Chromomeren" bestehen, die durch verdoppelte Fibrillen verbunden wären; das Aussehen entspricht dem zerquetschter Chromosomen. — Die Annahme eines polytänen Baus der Chromatiden, also des Vorhandenseins einer größeren Zahl von Chromonemen in ihnen, vermag die entwicklungsgeschichtliche und phylogenetische Variabilität der Chromosomengröße einheitlich zu erklären (Fortschr. Bot. **18**, 5). Wie kompliziert freilich die Problematik der Chromosomengröße ist, zeigen schon manche ältere Untersuchungen (Fortschr. Bot. **12**, 9; vgl. auch den Schluß des vorigen Kapitels). Japanische Cytologen (AMANO et alii) wollen mit nur einem Chromonema auskommen, das aus einem „Subchromonema" und dieses aus einem „Protochromonema" aufgebaut ist.

Die schon früher referierten Befunde (Fortschr. Bot. **13**, 13; **15**, 6; **17**, 7, Abb. 2; **18**, 7) über den aus mehreren Längszonen (Fibrillen und Chromomeren) zusammengesetzten Bau des Centromers — der seither auch bei Tieren festgestellt wurde (PFEIFFER) —, ferner über das Auftreten von „Gradienten" im Chromosom und die Einheitlichkeit (oder „Ganzheit") überhaupt, die sich im Chromosomenbau darin aus-

---

[1] Unexakte Terminologie führt zu unklaren Begriffen (und umgekehrt) und verschleiert die Problematik (vgl. wieder die Äußerung ROBINOWs S. 2 dieser Berichte).

[2] Hier ist immer die Rede von *Chromosomen*, nicht von den fälschlicherweise als „polytäne Chromosomen" bezeichneten Riesenchromosomen der Dipterenlarven, die Chromosomenbündel sind.

drückt, daß bestimmte Beziehungen verschiedener Regionen zueinander bestehen („Chromosomenfeld"), liegen nunmehr zusammengefaßt und von verschiedenen Seiten her beleuchtet vor (LIMA DE FARIA). Der Fortschritt liegt in der Betrachtung der Chromosomen als höhere Einheiten statt wie im allgemeinen bisher als bloße Summe von Chromomeren und Fibrillen (die auf das 13000-, ja 16000fache sinnlos nachvergrößerten lichtmikroskopischen Photos bzw. retuschierten Photomontagen stellen allerdings eine arge Zumutung an den Leser dar). Hinsichtlich des Zeitpunkts der Teilung des Centromers scheint LIMA DE FARIA anzunehmen, daß sie allgemein vor der Metaphase erfolgt und der Zusammenhalt der Chromatiden nicht an den Tochtercentromeren, sondern durch die proximalen Abschnitte der Chromosomenarme gegeben ist. Dies läßt sich für *Scilla* und *Endymion* bestätigen (WILSON); die Centromeren erscheinen schon in der späten Prophase doppelt. Dagegen betont DAVIES das Vorkommen ungeteilter Centromeren in der Metaphase und nimmt auf Grund von Untersuchungen in einem Bastard-Tapetum an, daß ihre Teilung oder sogar vorzeitige anaphasische Trennung in der Metaphase von wechselnden physiologischen Umständen abhängt.

Bei Angiospermen scheinen SAT-Chromosomen mit einer ganz bestimmten longitudinalen Gliederung verbreitet zu sein: der Arm, in dem der Nucleolus eingeschaltet ist, ist kurz und in seiner ganzen Länge heterochromatisch; jenseits der Spindelansatzstelle liegt ebenfalls proximales Heterochromatin. Oder anders ausgedrückt: das Heterochromatin des Chromosoms ist an zwei Stellen — am Spindelansatz und in der SAT-Zone — unterbrochen. Dies ergibt im Ruhekern typische Bilder: dem Nucleolus liegt nicht nur der Trabant an, sondern außerdem noch als größeres Chromozentrum das proximale Heterochromatin (CZEIKA).

Variable Chromosomenzahlen, akzessorische Chromosomen. Die kolonienbildende Volvocale *Astrephomene gubernaculifera* tritt an sechs Örtlichkeiten in drei Kontinenten mit den Chromosomenzahlen 4, 6, 7 und 8 auf (CAVE u. POCOCK). Rohkulturen aus Schlammproben der sechs Fundorte ergaben von zwei Fundorten Kolonien mit den Zahlen 4, 6, 7, 8, von den vier anderen Fundorten die Zahlen 6, 7 bzw. 6, 7, 8 bzw. 7, 8 bzw. 8. Klonkulturen verhielten sich auf zweierlei Weise: entweder ergaben sie nur Kolonien mit der Ausgangszahl 4, oder Kolonien mit den Zahlen 6, 7, 8; hier änderte sich also die Chromosomenzahl im Verlauf der Kultur, und zwar unter Ausschluß der sexuellen Fortpflanzung. Abgesehen von der verschiedenen Chromosomenzahl sind keinerlei morphologische Unterschiede feststellbar. Der Vierersatz enthält 1 SAT-Chromosom, der Siebenersatz 2 SAT-Chromosomen, der Achtersatz 3 (am Sechsersatz war keine Beobachtung möglich). In einer Mutterkolonie können Tochterkolonien mit verschiedenen Zahlen (7 und 8) auftreten. Als Erklärung für die variablen Zahlen 6—8 lassen sich Nicht-Trennen und Chromosomenbrüche während der Mitose annehmen (es finden sich tatsächlich azentrische Fragmente). Das Auftreten der 4chromosomigen Form ist schwer erklärbar; ihre Chromosomen scheinen etwas dicker zu sein. Einzelheiten des Karyogramms ließen sich — abgesehen von den SAT-Chromosomen — noch nicht gewinnen. Über etwa verschiedene Zell- und Kerngröße wird nichts ausgesagt (zufolge der Angabe des Fehlens morphologischer Unterschiede dürfte sie in allen Fällen — unerwarteterweise — gleich sein). — Über die mehr oder weniger zufällige Variation der Chromosomenzahl in verschiedenen Teilen der Pflanze bei apomiktischen Angiospermen (Fortschr. Bot. **18**, 5) gibt SHARMA eine erweiterte Übersicht und Zusammenfassung samt einem Versuch der Auswertung für phylogenetische Probleme.

Poa alpina kommt in einer diploiden Rasse vor, die in der Pollen-Meiose 8 Bivalente bildet, in der Wurzel aber die Chromosomenzahl $2 n = 14$ besitzt (MÜNTZING u. NYGREN). Es treten in der Meiose zwei überzählige (akzessorische, B-)Chromosomen auf, die als solche zunächst gar nicht erkennbar sind. Sie zeigen zu 85% normale Paarung und sind innerhalb der ,,Keimbahn" konstant vorhanden. Analog verhält sich eine andere Sippe mit ebenfalls $2 n = 14$ Chromosomen in der Wurzel und akzessorischen Chromosomen in der Meiose, deren Zahl aber zwischen 2 und 8 schwankt. Im ersten Fall erscheint das überzählige Paar völlig in den meiotischen Chromosomensatz eingebaut; sein Fehlen in der Wurzel beruht, wie bei anderen Rassen und bei *Sorghum*, auf Elimination im Embryo (Fortschr. Bot. **13**, 13; **18**, 6). Eine Pflanze der erstgenannten Sippe zeigte ein interessantes Verhalten: die beiden akzessorischen Chromosomen waren kleiner, paarten sich schwächer und wurden in der Wurzel nicht eliminiert. Sie scheinen ein terminales Centromer zu besitzen und das Ergebnis einer misdivision (Querteilung am Centromer) zu sein; es läßt sich annehmen, daß die für die Elimination maßgebenden Faktoren in dem verlorengegangenen Arm lokalisiert waren.

Bei *Centaurea scabiosa* treten akzessorische Chromosomen sowohl somatisch als auch in der Meiose auf (FRÖST). Ihre Zahl schwankt nur geringfügig innerhalb einer Pflanze. Sie sind von zweierlei Art: die einen in natürlichen Populationen häufigeren sind winzig klein im Vergleich zu den Chromosomen des normalen Satzes, die anderen etwas größer, aber doch deutlich kleiner und sind vermutlich Isochromosomen (Chromosomen mit identischen Armen, entstanden durch Querteilung des Centromers und Beisammenbleiben der beiden Chromatiden eines Armes; Fortschr. Bot. **12**, 10). Beide gehen untereinander und mit den anderen Chromosomen keine Paarung ein, teilen sich meistens in der I. Anaphase — als Univalente —, werden aber z. T. durch Unterbleiben der Polwanderung in Anaphase I oder II eliminiert. Zumindest die kleinen akzessorischen Chromosomen der Standard-Ausbildung sind, wie die vieler anderer Pflanzen, heterochromatisch.

Auch bei *Phleum phleoides* treten in einem gewissen Prozentsatz Pflanzen mit akzessorischen Chromosomen auf. Sie sind in verschiedenen Individuen zu 1—8, in der gleichen Pflanze aber in Wurzel und Pollenmutterzellen immer in der gleichen Anzahl vorhanden [BOSEMARK, 1956 (3)]. Sie sind verschieden groß, manche sind Isochromosomen, alle sind heterochromatisch. In der Meiose paaren sie sich untereinander, bilden auch Multivalente, in der I. Metaphase zerfallen sie oft in Univalente, die sich in der I. oder II. Anaphase teilen. In der 1. Pollenmitose erfolgt, wie bei *Secale, Anthoxanthum* und *Festuca* Nicht-Trennen und Einschluß beider Chromatiden in den generativen Kern. Über den Mechanismus dieser Mitose, die hinsichtlich der akzessorischen Chromosomen gerichtet verläuft (Fortschr. Bot. **13**, 14), ergeben Untersuchungen an *Festuca pratensis* neue Einblicke [BOSEMARK, 1954, 1956 (2)]. Es treten in verschiedener Weise umgebaute Abkömmlinge der gewöhnlichen (standard) akzessorischen Chromosomen auf, die nicht mehr fähig sind, das gerichtete Nicht-Trennen in der 1. Pollenmitose durchzuführen. Sie lassen sich mit normalen akzessorischen Chromosomen im gleichen Pollenkorn kombinieren, wobei sich zeigt, daß für die Durchführung des Nicht-Trennens bestimmte Abschnitte der betreffenden Chromosomen nötig sind und daß physiologische Wechselbeziehungen zwischen verschieden gebauten, in der gleichen Zelle vorhandenen akzessorischen Chromosomen bestehen. Dies führt zu wichtigen cytogenetischen und genetischen Problemen (die an dieser Stelle nicht zu behandeln sind). — Bei *Panicum coloratum* treten nichtheterochromatische akzessorische Chromosomen auf, die in Anaphase II. zu mehreren vorhanden die normale Bewegung der anderen Chromosomen stören und dadurch erhöhte Pollensterilität verursachen (SWAMINATHAN u. NATH). — In Wildpopulationen von *Lilium callosum* treten vier verschiedene akzessorische Chromosomen auf, die offenbar die durch misdivision selbständig gewordenen (telozentrischen) Arme bzw. deren Isochromosomen eines überzähligen Chromosoms darstellen, das als solches nicht mehr in den Populationen vorhanden ist [KAYANO (1)]. Für eines der telozentrischen ergibt sich, daß es durch den Pollen wie durch die Eizelle übertragen wird; die Eizellen enthalten es aber häufiger als es der zufälligen Verteilung entspräche, es findet also eine „preferential segregation" statt, deren Ursachen allerdings noch unbekannt sind [KAYANO (2)]. Akzessorische Chromosomen kommen auch bei Bryalen und bei *Sphagnum* vor (SORSA).

Meiose. Die Meiose von *Sphagnum* verläuft in einer habituell merkwürdigen, bei allen Arten im wesentlichen gleichen Weise (SORSA). Die Spindel wird vor der I. Metaphase nach Meinung des Autors vierpolig. Dies kommt daher, daß der Chloroplast der Sporenmutterzellen zu Beginn der Meiose sich in vier Tochterchloroplasten teilt, die sich tetraëdrisch anordnen, und daß sich zwischen ihnen die offenbar an sich zweipolige Spindel ausspannt; d.h., die Spindelpole werden zwischen je zwei Chloroplasten in die Breite gezogen. Entsprechend der tetraëdrischen Anordnung der Chloroplasten stehen die Querrichtungen senkrecht aufeinander, und die Spindel scheint in Profilansicht einen zugespitzten und einen verbreiterten Pol zu besitzen. Die ± zipfelig ausgezogenen Anschlußstellen an die Chloroplasten lassen sich formal als vier Spindelpole betrachten. Die Anaphase erfolgt aber normal bipolar, und so entstehen zwei Tochterkerne, die allerdings keine ausgesprochene Interkinese durchmachen. Es handelt sich nach Meinung des Ref. um keine „quadripolare", sondern um eine bipolar organisierte und funktionierende Spindel, die nur infolge der besonderen Plasmaarchitektonik in ihrer

Umgebung deformiert wird (analoge mechanische Deformationen, die die Funktion der Spindel nicht beeinträchtigen, kommen auch sonst vor, wenn dazu Gelegenheit ist, z. B. in der Meiose von Diatomeen Spindeln mit elliptischem Querschnitt und mit anderen Deformationen, die sich auch in der Lage der anaphasischen Tochterchromosomengruppen auswirken [GEITLER, 1956 (1)]. Scheinbar vierpolige Spindeln wie bei *Sphagnum* finden sich auch bei der Spermatogenese mancher Insekten, bei denen die Centrosomenteilung der II. Prophase schon in der I. Anaphase vorweggenommen wird (und die Interkinese ebenfalls unterdrückt ist). — Bei *Sphagnum* kommt als Besonderheit hinzu, daß die in der I. Metaphase wie gewöhnlich orientierten Chromosomenpaare — die Partner sind je einem Spindelpol zugekehrt, „koorientiert" — sich um 90° drehen, so daß nicht Prä-, sondern Postreduktion erfolgt. Diesen Wechsel von „Ko-" zu „Autorientierung" bringt der Verf. mit dem Übergang zur „Vierpoligkeit" der Spindel, also mit der Verbreiterung der beiden Pole in ursächliche Verbindung. Die Chromosomen scheinen lokalisierte, und zwar ± mediane Spindelinsertion oder vielleicht doch „multiple Centromeren" zu besitzen. Unter der Annahme von Verschiedenheiten in der zeitlichen Abstimmung der extra- und intrachromosomalen Abläufe während der Meiose bei verschiedenen Pflanzen und Tieren läßt sich eine gewisse erklärende Übersicht über ihr verschiedenes Verhalten gewinnen (vgl. auch OKSALA). Entsynchronisierung der Abläufe findet sich unter gewissen Bedingungen bei *Trillium kamtschaticum* (HAGA u. KAYANO).

Bei einem *Solanum*-Bastard, der partiell inhomologe Bivalente bildet, ergibt die Pachytänanalyse, daß die Inhomologien, beurteilt nach der Paarungsintensität, fast ausschließlich im Heterochromatin, und zwar nahe der Spindelinsertionsstelle auftreten (GOTTSCHALK u. PETERS). Infolge der exakten Paarung und Chiasmenbildung in den übrigen Abschnitten entstehen in der Diakinese Bivalente von normalem Aussehen, die keine Heteromorphie und keine Inhomologie erkennen lassen, woraus sich ergibt, daß dieses Stadium für die Feststellung von Inhomologien ungeeignet ist. — Bei *Paeonia* läßt sich wieder zeigen, daß Paarung und Chiasmenbildung zwei verschiedene Vorgänge sind (HARTE). Aus dem Fehlen von Chiasmen kann nicht auf das Fehlen der prophasischen Paarung geschlossen werden. Die Anzahl der Chiasmen und ihre Verteilung auf verschiedene Chromosomen hängt von verschiedenen Determinationsvorgängen ab, die unabhängig von jenen sind, die überhaupt Chiasmenbildung bedingen. — Bei der Orthoptere *Bryodema* (Acridide) treten trotz kompletter Pachytänpaarung in der I. Metaphase der Spermatogenese extrem proximal lokalisierte Chiasmen auf; sie liegen meist unmittelbar dem Centromer an und haben, zumal der zweite Chromosomenarm winzig klein und heterochromatisch ist, offenbar keinen genetischen Effekt (WHITE). — Genaue Pachytänanalysen für Gesneriaceen gibt EBERLE. Bei *Aquilegia* und *Salvia* läßt sich eine bemerkenswerte Variabilität der Struktur der Pachytänchromosomen erkennen (LINNERT). — Hinsichtlich des Baus der Pachytänchromosomen und des Begriffs Chromomers (Fortschr. Bot. **18**, 6, 7) ergeben sich weitere Schwierigkeiten aus Untersuchungen der Meiose von *Bellevalia* (OEHLKERS u. EBERLE). Die Chromosomen erscheinen schon im Leptotän — in dem sie übrigens doppelt sind —, erst recht im Pachytän spiralisiert, sind also im Zeitpunkt der Paarung keineswegs maximal gestreckt. Die Chromomeren werden auf lokalisierte Spiralisierung zurückgeführt, was jedoch nicht bedeutet, daß nicht auch eine reale Chromonemastruktur zugrundeliegt.

Gametophyt der Anthophyten. Bei den Cycadinen wachsen bekanntlich die Eikerne bis zur Eireife sehr stark heran, und zwar, wie manche andere Eikerne, durch Vermehrung extrachromosomaler Eiweißsubstanzen. Es wurde bisher oft angenommen, daß das Chromatin soweit verdünnt wird, daß die Kerne anucleal erscheinen. Die mittels Feulgenfärbung vorgenommene Untersuchung des Wachstums des Eikerns bei *Zamia*, deren Kern bis $^1/_2$ mm breit und über 1,2 mm lang wird, zeigt (BRYAN u. EVANS), daß die zunächst im jungen Kern nach der Telophase ziemlich gleichmäßig zerstreuten Chromosomen sich bei Aufnahme des Kernwachstums zusammenballen und zu einem dichten, ungefähr kugeligen Körper verklumpen, der im Vergleich zum herangewachsenen Kern winzig klein ist und bei ungeeigneter Fixierung einem vacuolisierten Nucleolus nicht unähnlich sieht. (Es liegt also genau das gleiche Verhalten vor, das sich während der Wachstumsperiode der Eikerne mancher Insekten abspielt.) Daraus erklärt es sich, warum der Eikern als solcher bei Cycadinen feulgennegativ (anucleal) erscheint. Die verschwindend kleine Chromatinansammlung kann leicht übersehen oder verkannt werden. So erging es offenbar seinerzeit SHIMAMURA bei seiner Untersuchung von *Cycas:* er sah im Eikern ein "nucleolus-like body"; in Wirklichkeit verhält sich wohl *Cycas* wie *Zamia*. Vielleicht gilt dies auch für die Eikerne der Coniferen, die aber einer neuen Untersuchung bedürfen. Bemerkenswert ist noch eine andere Beobachtung: während seines Wachstums gibt der Eikern geformte Substanz in Form von feulgennegativen „globules", deren Chemismus und Funktion aber noch unbekannt sind, durch die Kernwand hindurch an das Eiplasma ab. An der Tatsache ist, obwohl sie nur durch Photographien belegt ist, nicht zu zweifeln (ähnliche Fälle sind aus dem Tierreich bekannt). Während der Abgabe der Substanz zeigt die Kernmembran eine mikroskopisch auffallende und sehr charakteristische, ziemlich regelmäßige Musterung, die aus netzförmig zusammenschließenden, scharf vorspringenden Kanten und von ihnen umgrenzten grubenförmigen Vertiefungen besteht.

Die streng fixierte Lage und Orientierung der Kernspindel in der 1. Pollenmitose kann bei Gattungen der gleichen Familie verschieden sein; dies bestätigt sich neuerdings für *Agapanthus* und *Bellevalia* (LINDEMANN). Bei *Lilium* sind die Spermakerne im Pollenschlauch sehr langgestreckt, und zwar der hintere noch mehr als der vordere. — Die vielfältigen, funktionell so bedeutungsvollen Unterschiede zwischen generativer und vegetativer Zelle im Pollenkorn der Angiospermen, die als Ergebnis einer inäqualen Teilung fixiert werden, lassen sich auf neue Weise demonstrieren (HOFMEISTER): nämlich durch den Nachweis, daß das vegetative Plasma — wohl allgemein — keine semipermeable Grenzschicht im Sinne eines Plasmalemmas aufweist, während die generative Zelle ein echtes Plasmalemma besitzt.

Verschiedenes. *Mitose von Spirogyra.* Der Bau des Ruhekerns und der Ablauf der Mitose ist bei verschiedenen *Spirogyra*-Arten so charakteristisch verschieden, daß sich Arten allein karyologisch unterscheiden lassen (GODWARD). Die Unterschiede beruhen, abgesehen von der Gestalt des Ruhekerns (kugelig, linsenförmig usw.), auf dem Erhaltungszustand der Chromosomen im Ruhekern, auf dem Verhalten der „Nucleolarsubstanz", der Zahl und dem Aussehen (Größe, stickiness) der Chromosomen, dem Verhalten der SAT-Chromosomen und auf der Art der Anaphasebewegung (Fortschr. Bot. 13, 2; 16, 4; 17, 5). Für *Spirogyra brittanica* gibt nunmehr GODWARD eine Abbildung (3e) einer Anaphase, aus der der Eindruck entsteht, daß die Chromosomen einen lokalisierten Spindelansatz besitzen. Sein Vorhandensein wurde vom Ref. früher (**17, 5**) aufgrund der nicht überzeugenden Abbildungsbelege bezweifelt, und es wurde für möglich gehalten, daß, wie bei den anderen Arten, diffuse Centromeren vorhanden wären. Nach dem neuen Befund ist bei *Spirogyra* der Fall gegeben, daß innerhalb der gleichen Gattung sowohl diffuser als auch lokalisierter Spindelansatz vorkommt. Allerdings handelt es sich nach GODWARD in keinem Fall um ein echtes diffuses Centromer, sondern um polyzentrische Sammelchromosomen.

Zellteilung ohne Chromosomen. Bei *Trichonympha*- und *Barbulanympha*-Arten (farblose Flagellaten, die im Darm einer Schabe leben) werden unter Umständen die Chromosomen im Kern zerstört, ohne daß das Plasma zunächst geschädigt wird. Solche Zellen können die progame Teilung durchführen und zwei Gameten liefern, und da die Centrosomen normal weiterfunktionieren, kann, wenn die Kernmembran erhalten blieb, auch eine Teilung des inhaltslosen „Kerns" erfolgen.

Mechanistische Deutung der Embryogenese. Der Embryo der Orchidacee *Epipogium* ist 8zellig und erscheint völlig undifferenziert, doch läßt sich trotz morphologischer Gleichheit der Zellen und Protoplasten statistisch eine physiologische Polarität nachweisen [GEITLER, 1956 (2)]. Obwohl der einfach gebaute, wenigzellige Embryo phylogenetisch stark abgeleitet ist, verhält er sich doch „entwicklungsmechanisch" sehr primitiv: die Spindelstellungen und damit die Lage der Scheidewände lassen sich, allerdings nur bei entsprechend eingehender Analyse, weitgehend als mechanisch bedingt verstehen. Die starke Streuung der Spindelstellungen kann ihrerseits mechanisch begriffen werden. Bei Berücksichtigung aller morphologisch-mechanischen Bedingtheiten ist eine mechanistische Deutung von Eigentümlichkeiten, die als Organisationsmerkmale erscheinen, möglich. Dies bedeutet nicht, daß es überhaupt keine Organisation (oder keinen Bauplan) gibt oder daß in Fällen differenzierterer Embryonen eine mechanistische Betrachtung das gleiche leisten kann. Doch ist zu bedenken, daß auch in diesen Fällen ein „Bauplan" zu seiner Verwirklichung einer realen Grundlage bedarf und daß analoge mechanische Bedingtheiten auch dann gegeben sein müssen, wenn die Kausalzusammenhänge nicht so klar zutage treten wie im Fall von *Epipogium*.

Literatur.

ALFERT, M.: Symposion on fine structure of cells. P. Nordhoff Ltd. Groningen 1955. — ALFERT, M., u. W. BALAMUTH: Chromosoma 8, 371—379 (1957). — AMANO, S., S. DOHI, F. UCHINO and M. NANAOKA: Cytologia (Tokyo) 21, 241—251 (1956). — AMBROSE, E. J.: Progr. Biophysics Biophys. Chem. 6, 26—55 (1956). — ANDERSON, N. G.: Quart. Rev. Biol. 31, 169—242 (1956).

BOSEMARK, N. O.: Hereditas (Lund) 40, 346—376 (1954). — (1) Hereditas (Lund) 42, 235—260 (1956). — (2) Hereditas (Lund) 42, 443—466 (1956). — BRYAN, G. S., and R. I. EVANS: Amer. J. Bot. 43, 640—646 (1956).

CAVE, MARION C., and MARY A. PACOCK: Amer. J. Bot. 43, 122—134 (1956). — CLEVELAND, L. R.: J. Protozool. 3, 78—83 (1956). — CZEIKA, G.: Österr. bot. Z. 103, 356—566 (1956).

DARLINGTON, C. D.: Nature (London) 176, 1139—1144 (1955). — DAVIES, D.R.: Chromosoma 8, 221—228 (1956). — DRAWERT, H., u. INGEBORG METZNER: Ber. dtsch. bot. Ges. 69, 291—300 (1956). — DREWS, G., u. W. N. NIKLOWITZ: Arch. Mikrobiol. 24, 147—162 (1956); 25, 333—351 (1957).

EBERLE, P.: Chromosoma 8, 285—316 (1956).

FRÖST, S.: Hereditas (Lund) 42, 415—431 (1956).

GEITLER, L.: (1) Planta (Berlin) 47, 359—373 (1956). — (2) Österr. bot. Z. 103, 312—335 (1956). — GODWARD, MAUD B. E.: J. Linn. Soc. London 55, Botany, 532—546 (1956). — GOTTSCHALK, W., u. N. PETERS: Chromosoma 7, 708—725 (1956).

HAGA, T., and H. KAYANO: Cytologia (Tokyo) 20, 218—224 (1955). — HARTE, CORNELIA: Chromosoma 8, 87—113 (1956). — HASITSCHKA, GERTRUDE: Chromosoma 8, 87—113 (1956). — HASITSCHKA-JENSCHKE, GERTRUDE: Österr. bot. Z. 104, 1—24, (1957). — HOFMEISTER, L.: Protoplasma (Wien) 46, 367—379 (1956). — HUGHES-SCHRADER, SALLY, u. F. SCHRADER: Chromosoma 8, 135—151 (1956).

KAYANO, H.: (1) Mem. Fac. Sci. Kyushu Univ., Ser. E (Biol.) 2, 45—52 (1956). — (2) Mem. Fac. Sci. Kyushu Univ., Ser. E (Biol.) 2, 53—59 (1956). — KUPILA, S.: Arch. Soc. Zool. Bot. Fenn. „Vanamo" 10, 38—50 (1956).

LIMA DE FARIA, A.: Hereditas (Lund) 42, 85—160 (1956). — LINDEMANN, R.: Planta (Berlin) 48, 2—23 (1956). — LINNERT, GERTRUD: Ber. dtsch. bot. Ges. 68, (15)—(16) (1955).

McMAHON, R. M.: Caryologia (Firenze) 8, 250—256 (1956). — METZNER, INGEBORG: Arch. Mikrobiol. 22, 45—77 (1955). — MÜNTZING, A., u. A. NYGREN: Hereditas (Lund) 41, 405—422 (1956).

NIKLOWITZ, W., u. G. DREWS: Arch. Mikrobiol. 24, 134—146 (1956).

OEHLKERS, F., u. P. EBERLE: Chromosoma 8, 351—363 (1957). — OKSALA, T.: Caryologia (Firenze) Suppl. VI, 272—281 (1954).

PFEIFFER, H.: Naturwiss. 43, 229 (1956).

RIS, H.: (a) The submicroscopic structure of chromosomes, S. 122—134 (ohne Erscheinungsort und Zeitangabe). — Cell division. Analysis of development III/3, 91—125 (1956). — ROBINOW, C. F.: Symposia Soc. Gen. Microbiol. VI, Bact. Anatomy, 181—214 (1956). — RUTISHAUSER, A., u. L. F. LaCOUR: Chromosoma 8, 317—340 (1956).

SCHLICHTINGER, F.: Österr. bot. Z. 103, 485—528 (1956). — SCHULZ, G.: Arch. Mikrobiol. 21, 335—370 (1955). — SHARMA, A. K.: Caryologia (Firenze) 9, 93—130 (1956). — SORSA, V.: Ann. Acad. Scient. fenn. Ser. A, VI, Biologica 33, 1—64 (1956). — STEFFEN, K.: Planta (Berlin) 47, 625—652 (1956). — SWAMI-NATHAN, M. S., and J. NATH: Current Sci 25, 113—124 (1956).

THERMAN, EEVA: Caryologia (Firenze) 8, 325—348 (1956). — TJIO, J. H., u. A. LEVAN: Anales Aula Dei 4, 185—190 (1956). — TSCHERMAK-WOESS, ELISA-BETH: (1) Protoplasma (Wien) 46, 798—834 (1956). — (2) Chromosoma 8, 114—134 (1956). — TSCHERMAK-WOESS, ELISABETH, u. RUTH DOLEŽAL: Österr. bot. Z. 103, 457—468 (1956). — TSCHERMAK-WOESS, ELISABETH, u. RUTH DOLEŽAL-JANISCH: Österr. bot. Z. 103, 588—599 (1956).

WARDEN, JUANA: Portugal. Acta Biol. Ser. A 4, 135—152 (1955). — WHITE, M. J. D.: Evolution (Lancaster, Pa.) 8, 350—358 (1954). — WILSON, J. Y.: Genetica ('s Gravenhage) 28, 223—230 (1956). — WOLF, B. E.: Chromosoma 8, 396—435 (1957).

2. Morphologie einschließlich Anatomie.

Von Wilhelm Troll und Hans Weber, Mainz.

Mit 5 Abbildungen.

Vorbemerkung.

Dieser Bericht berücksichtigt nur Arbeiten, die sich auf Blüte, Frucht und Samen beziehen und die im vorhergehenden Referat (Fortschr. Bot. **18**, 12) aus Raumgründen nicht behandelt werden konnten. Im nächsten Band wird nach Möglichkeit wieder das Gesamtgebiet von Morphologie und Anatomie zur Darstellung gelangen.

I. Blüte.

1. Allgemeines.

In Fortschr. Bot. **17**, 42 wurde über leitbündelanatomische Untersuchungen berichtet, deren Ziel es war, neue Einblicke in die morphologische Natur bestimmter Blütenorgane zu gewinnen. Solche Bemühungen sind inzwischen fortgesetzt worden; sie haben insbesondere das unterständige Ovar und die Diskusbildungen in verschiedenen Verwandtschaftsbereichen zum Gegenstand. Was das erstere anlangt, so stehen sich zwei Auffassungen gegenüber. Die eine betont die Achsennatur des Blütenbechers, in den die Karpelle verlagert sind, nach der anderen soll dieser lediglich ein Produkt basal verschmolzener Blütenorgane, vor allem der Sepalen und der Petalen, sein. Ob diese beiden Meinungen für verschiedene Fälle zu recht nebeneinander bestehen, läßt sich heute nicht entscheiden. Auf keinen Fall aber kann man, wie Berkeley es möchte, die Achsennatur des Bechers ganz allgemein in Frage stellen (Fortschr. Bot. **17**, 42). Zweifellos sind echte axiale Bildungen dieser Art weit verbreitet. Guenot führt neuerdings die Primulacee *Samolus valerandi*, Hegedüs *Symphoricarpus racemosus* als Beispiele dafür an. Axialer Natur ist nach Cadet auch der Blütenbecher der Lythraceen, das gleiche trifft nach Straka für die Mesembryanthemaceen zu.

Auch das Auftreten eines Diskus im Blütenbereich wird heute verschieden gedeutet. Im allgemeinen wird man geneigt sein, ihn als eine Bildung der Achse aufzufassen. Dem widersprechen aber neuerdings verschiedene Autoren entschieden. Nachdem schon Berkeley den Diskus von *Celastrus* auf Grund der Leitbündelversorgung als ein Gewebe gedeutet hatte, das dem Androeceum angehört, faßt ihn auch Prichard für die Rhamnaceen als ein Verschmelzungsprodukt basaler Teile von Blütenorganen auf. Insbesondere soll der äußere, bei der genannten Familie bekanntlich fehlende Staminalkreis in den Diskus eingegangen sein. Androecealer Herkunft ist nach Rao der Diskus weiter bei Acanthaceen (2) und Bignoniaceen (3) sowie nach MURTY bei den Tamaricaceen. Gleiches wird von RAO (4) auch für die Pedaliaceen vermutet, wenngleich bei *Pedalium murex* wenigstens das den Diskus versorgende Leitgewebe unmittelbar vom Zentralzylinder der Achse abzweigt und keinerlei Beziehungen zu den Leitsträngen der Stamina aufweist. Bei all diesen Untersuchungen ist die Entwicklungsgeschichte nicht berücksichtigt. Ontogenetische Studien müssen aber für die Beurteilung der hier angeschnittenen Fragen herangezogen werden; solange dies nicht der Fall ist, können die oben genannten Auffassungen, die sich zu einseitig auf den Leitbündelverlauf stützen, nicht als gesichert gelten.

Auf weitere leitbündelanatomische Untersuchungen an den Blüten der Convolvulacee *Pharbitis purpurea* (1) und an *Cyclamen persicum* (2) durch MOTTE sowie an 13 Arten aus der Familie der Verbenaceen durch RAO (1) sei hingewiesen. Mit der Innervierung der Nektarien einer größeren Zahl von dikotylen Pflanzen hat sich FREI beschäftigt. Sie betont, daß jene Organe nur zum Teil durch reguläre Leitbündel versorgt werden; in zahlreichen Fällen kommt es zur Ausbildung spezifischer Phloemstränge oder zumindest von Nerven, deren Xylemanteil stark reduziert ist.

PICKLUM hat die Entwicklungsgeschichte der Blüte von *Trifolium pratense* beschrieben. Bemerkenswert daran ist u. a. die Tatsache, daß sowohl die Kelchblätter als auch die Stamina sämtlich als selbständige Primordien angelegt werden. Erst später wächst in beiden Kreisen eine gemeinsame basale Zone aus und führt so zu den im adulten Zustand vorhandenen „Verwachsungen“. Eingehendere Angaben über den Blütenbau der Crassulaceen finden sich in einer umfassenden Arbeit von WASSMER. Genannt seien auch Untersuchungen von HUMMEL u. STÜRNER über die Entwicklung der Kamillenblüte (*Matricaria chamomilla*), in denen die Entstehung der Öldrüsen besondere Beachtung findet.

In den traubigen Inflorescenzen mancher Pflanzen — besonders bekannte Beispiele liefern verschiedene Arten von *Thesium* — ist nach der heute vorherrschenden und auch wohlbegründeten Meinung das Tragblatt rekaulescent mit dem Blütenstiel verwachsen, so daß es erst in gewisser Entfernung von der Abstammungsachse frei wird. Am Beispiel von *Norantea guianensis* (Marcgraviaceae), deren Brakteen nahe an den Kelch herangerückt sind, hat zuletzt WEBER (2) wieder auf diese Erscheinung hingewiesen (vgl. auch Fortschr. Bot. **18**, 22). Danach müßten jene blütentragenden Äste von ihrem Ursprung an der Inflorescenzachse bis zur Abzweigung der Braktee, von BUGNON (1949) als Hypokladien bezeichnet, Achsen- und Blattgewebe miteinander vereinen (man vergleiche hierzu die zusammenfassende Darstellung in TROLLs Vergl. Morphol. I,1; S. 528), was zumindest bei *Norantea* durch den Leitbündelverlauf auch wahrscheinlich gemacht wird. Gegen diese Auffassung wenden sich aber in neuerer Zeit BUGNON und einige seiner Schüler (DELOSME, KURSNER, THIBAUT). Sie möchten dem Hypokladium den morphologischen Wert eines verlängerten Nodiums zusprechen, an dessen Ende das Tragblatt normal inseriert ist. Freilich ist dieser Standpunkt entwicklungsgeschichtlich nicht begründet, und es ist die Frage, ob sich überhaupt ontogenetische Beweise dafür beibringen lassen.

Einige neue Beispiele für Heterostylie bringt VOGEL; sie sind vor allem deshalb interessant, weil sie sich auf zygomorphe Blüten beziehen, von denen das Phänomen bisher kaum bekannt war. Im einzelnen werden in diesem Zusammenhang die südafrikanischen Arten *Bauhinia burkeana* (Caesalpiniaceae), *Cleome diandra* (Capparidaceae) und *Aneilema aequinoctiale* (Commelinaceae) beschrieben. Bei den beiden letztgenannten Formen werden neben Pflanzen mit heterostyl zwitterigen Blüten auch eingeschlechtige Individuen angetroffen. VOGEL möchte darin die Annahme bekräftigt sehen, daß, wenigstens in bestimmten Fällen, Heterostylie eine Vorstufe von Diöcie sein kann. Ähnliche Vermutungen wurden ja schon von GRAY (1862) und von DARWIN (1863) in ihren Arbeiten über den Blütendimorphismus geäußert.

2. Perianth.

Unmittelbar unter den Kelchzipfeln vieler Lythraceen, alternierend zu diesen, finden sich kleine blattartige Anhängsel, die in ihrer Gesamtheit im allgemeinen als „Außenkelch" bezeichnet werden. Über ihre morphologische Natur ist damit nichts ausgesagt, insbesondere nichts über die Frage, ob es sich dabei um Auswüchse bzw. um Stipeln der Sepalen handelt. CADET verneint dies und kommt auf Grund anatomischer Befunde zu dem Schluß, daß hier selbständige, wenn auch reduzierte Hochblätter vorliegen. Eigenartig ist die Ausbildung des Blütenkelches bei einer Reihe tropischer Rubiaceen, so bei *Warscewiczia* und verschiedenen *Mussaenda*-Arten. Und zwar sind es, wie WEBER (1) ausführt, stets nur einzelne, im Rahmen der Inflorescenz an bestimmter Stelle stehende Blüten, deren abaxiales Kelchblatt zu einem mächtigen, leuchtend rot oder gelb gefärbten, foliosen Organ auswächst, wogegen die übrigen Kelchzipfel klein und unscheinbar bleiben (Abb. 3). In morphologischer Hinsicht sind jene foliosen Sepalen dem Oberteil der Laubblätter homolog. Anatomisch unterscheiden sie sich von diesen insofern, als ihnen ein typisches Palisadengewebe fehlt. Diesem entspricht lediglich eine einheitliche subepidermale Zellschicht, deren weitere Aufteilung im Verlauf der Histogenese unterblieben ist. Die foliosen Sepalen von *Mussaenda*, *Warscewiczia* und verschiedenen anderen Rubiaceen werden bereits vor der Anthese voll entwickelt, im Verlauf der Fruchtbildung aber abgeworfen. Ihnen stehen in anderen Fällen persistierende Organe gegenüber, die später als Flugeinrichtung für die reife Frucht dienen. Entweder handelt es sich dabei um Kelchblätter, die sich schon präfloral vergrößern (*Otiophora, Otomeria, Cruckshanksia*), oder um solche, die erst postfloral auswachsen (z. B. *Gaillonia*).

Unifaciale Vorläuferspitzen an Kelch- und Kronblättern sind schon mehrfach beschrieben worden (Fortschr. Bot. **13**, 54; **16**, 46). Für die letzteren schildert LEINFELLNER (1) in *Escheveria, Sedum, Pachyphytum, Passiflora, Impatiens, Ipomoea, Cucurbita, Ecballium* eine Reihe z. T.

neuer Beispiele. Wenn aber bei den Sepalen jene unifacialen Spitzen vielfach als Rudimente des gesamten Oberblattes zu werten sind, soll es sich bei den entsprechenden Abschnitten der Petalen jeweils nur um den Endteil des Oberblattes handeln, da das Unterblatt am Aufbau der Kronenblätter — im Gegensatz zu den Verhältnissen bei den Sepalen — kaum beteiligt sei. Eine weitere Studie LEINFELLNERs (4) befaßt sich u. a. mit der Deutung der eigentümlichen Randleisten auf

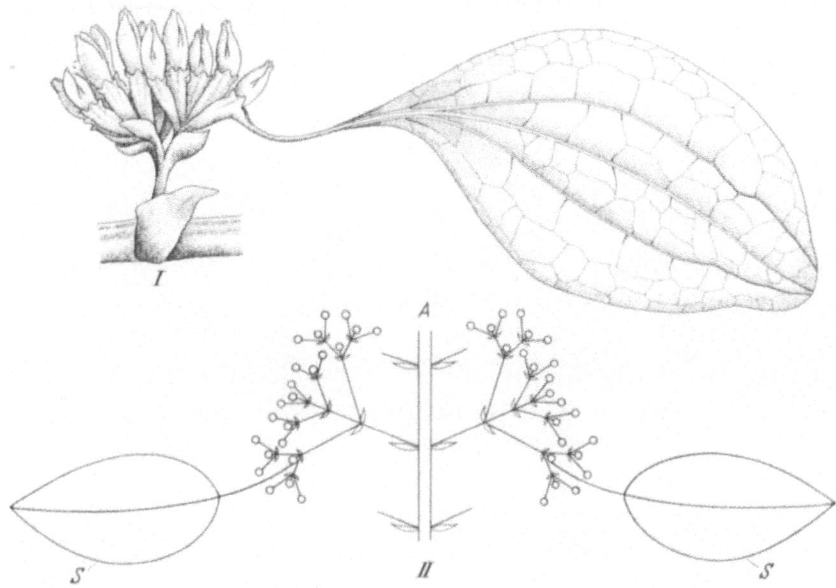

Abb. 3. *Warscewiczia coccinea Klotsch.* I Einzelne Partialinflorescenz (Bereicherungstrieb), aus der Achsel eines Schuppenblattes der Synflorescenzachse hervorgehend. Die Endblüte des auswärts gerichteten Seitenastes 1. Grades hat abaxial ein folioses Kelchblatt gebildet. II Schematische Darstellung eines Ausschnittes aus der Synflorescenz. *A* Synflorescenzachse, *S* foliose Sepalen. Nach WEBER (1).

der Dorsalseite des Nagelteiles der Kronblätter von *Reinwardtia* und *Linum* sowie mit der Schildform der Kronblätter von *Hugonia.* Es zeigte sich, daß bei allen diesen Linaceen die Petalen über ein lokal gesteigertes Wachstum des Blattrückens verfügen, das in seinem Endeffekt die genannten Strukturen bedingt.

3. Androeceum.

Eine umfassende, auf die Anregung TROLLs zurückgehende Darstellung von Entwicklung und Bau der Stamina sympetaler Blüten verdanken wir TRAPP (1, 2). Ihr ist zu entnehmen, daß die Mannigfaltigkeit der einzelnen Staubblattformen aus sekundären, d. h. im Laufe der Ontogenese eintretenden Abänderungen resultiert. Dabei spielen vor allem Reduktion und Fusion der Sporangien, Lageveränderungen der einzelnen Staubblatteile sowie Filamentbewegungen eine Rolle. Immer aber zeigt sich in der Einzelentwicklung eine deutliche Abhängig-

keit vom Gesamtplan der Blüte, wofür besonders dorsiventrale Androe-
ceen eindrucksvolle Beispiele abgeben. Bei der Reduktion im Antheren-
bereich lassen sich nach TRAPP laterale und faciale Rückbildung unterscheiden. Die erstere ist dadurch gekennzeichnet, daß eine gesamte
Theke verkümmert (*Salvia, Rosmarinus, Calceolaria,Crossandra, Acanthus*
u. a.), bei der facialen Reduktion dagegen geraten jeweils nur die beiden vor-
deren oder die hinteren Sporangien der Anthere in Fortfall. Das letztere
Verhalten findet sich unter den Sympetalen nur bei den Asclepiadaceae.
Analog zu diesen Vorgängen kann bei der Sporangienverschmelzung

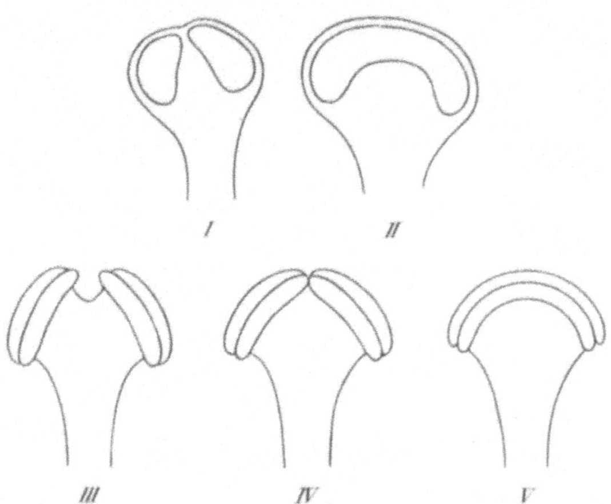

Abb. 4. I—II *Scrophularia nodosa L.* I medianer und II transversaler Längsschnitt durch eine reife
Anthere, Lage und Ausdehnung der Lokulamente zeigend. III—V Schemata zur Veranschaulichung der
Thekenfusion. I—II nach TRAPP (2), III—V Original.

von einer lateralen und von einer facialen Fusion gesprochen werden,
je nachdem nämlich, ob sich nur die Sporangien ein und derselben
Theke miteinander vereinigen oder ob sich dieser Prozeß auf die beiden
Theken bezieht. Interessante Beispiele für den letzteren Fall finden sich
bei den Scrophulariaceen, so bei *Scrophularia, Hebenstreitia, Zaluzian-
skya, Selago* u. a. Man vergleiche Abb. 4 I und II, in der ein median und
ein transversal geführter Längsschnitt durch ein Staubblatt von
Scrophularia nodosa wiedergegeben ist. Es sieht aus, als bildete die
Anthere nur eine einzige Theca aus. In Wirklichkeit ist sie dithekisch,
nur sind die beiden Theken gemäß Schema Abb. 4 III-V über den
Scheitel der Anthere hinweg miteinander verbunden. Solche Antheren
werden von TRAPP als synthekisch bezeichnet und durch diesen Begriff
von monothekischen Antheren unterschieden, bei denen tatsächlich
nur eine der beiden dem Typus nach vorhandenen Theken entwickelt
wird. Damit werden ältere, insbesondere auf VAN TIEGHEM zurückgehende Auffassungen korrigiert, nach denen alle bisporangiaten
Scrophulariaceen-Antheren auf Reduktionsprozesse zurückgeführt werden sollten. Was die zahlreichen Lageveränderungen im Antheren-
bereich anlangt, so ist vor allem auf die häufig zu beobachtende Theken-

divergenz hinzuweisen, die von TRAPP anhand zahlreicher Beispiele dargestellt wird. Diese Thekenspreizung, bei der die beiden Theken im Entwicklungsablauf an ihrer Basis auseinandertreten und eine Winkellage zum Filament einnehmen, die wie bei *Ceranthera linearifolia* (Bignoniaceae) sogar einen Winkel von 180° überschreiten kann, erweist sich als eine aktive Entfaltungsbewegung und ist von der passiven Überkippung zu unterscheiden, die bei versatilen Antheren mancher hängenden Blüten zu beobachten ist (Abb. 5). Auch das Zustandekommen der besonders für die Gesneriaceen charakteristischen Synantherie konnte TRAPP klären. Sie ist das Ergebnis eines aktiven Entfaltungsvorganges, an dem mehrere, an sich voneinander unabhängige, aber harmonisch aufeinander bezogene Wachstumsvorgänge beteiligt sind. Die Vereinigung der Antheren wird dabei durch eine

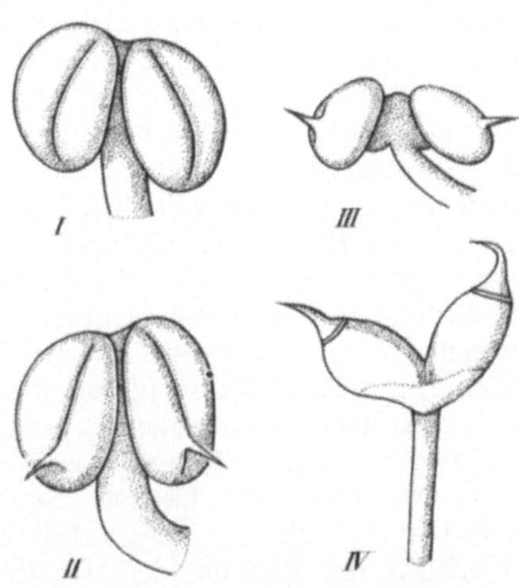

Abb. 5. *Ceranthera linearifolia Ell.* Verschiedene Stadien der Thekenspreizung. Die Filamente sind nicht vollständig gezeichnet. Nach TRAPP (2).

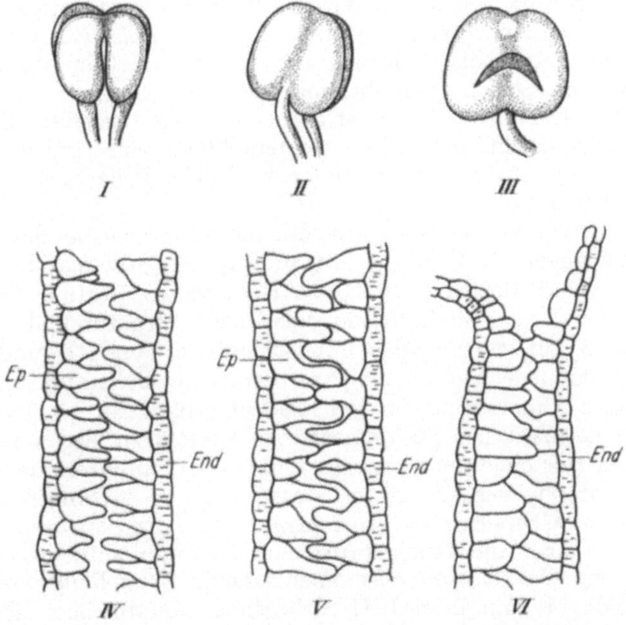

Abb. 6. *Saintpaulia ionantha Wendl.* I Androeceum von vorn, II von der Seite. III Einzelnes Staubblatt von innen. IV—VI transversale Längsschnitte durch die Verbindungsregion, die Verzahnung der Epidermis in fortschreitenden Stadien zeigend. *End* Endothecium, *Ep* Epidermis. Nach TRAPP (2).

Verzahnung der papillösen Epidermen eingeleitet und führt zu einer Verschmelzung der Cuticularlamellen in der Verbindungsregion (Abb. 6).

Daß die von Baum und später von Leinfellner (Fortschr. Bot. **16**, 46; **17**, 44) verfochtene These, nach der sämtlichen Angiospermen-Staubblättern dem Bauplan nach peltate Struktur zukäme, nicht widerspruchslos hingenommen werden würde, war vorauszusehen. Wir selbst haben darauf hingewiesen, daß ein solcher Schluß zumindest so lange verfrüht erscheinen muß, als er nicht durch exakte entwicklungsgeschichtliche und histogenetische Befunde bestätigt werden kann. Für die Staubblätter von *Pulsatilla* liegen neue Untersuchungen dieser Art jetzt von Bütow vor mit dem Ergebnis, daß jene Organe als einfache Höcker am Blütenvegetationspunkt angelegt werden und auf Teilungsvorgänge in der zweiten Tunica-Schicht zurückzuführen sind. Für Peltation in der frühen Ontogenese ergaben sich keine Hinweise. Gleiches betont Wassmer für die Staubblätter von *Sedum spectabile*. Weiterhin kommt Trapp (2) zu einer Ablehnung der Baum-Leinfellnerschen Ansicht. Demgegenüber erweisen sich nach Leinfellner (2) petaloid verbildete Stamina von *Koelreuteria paniculata* (Sapindaceae) als peltat-diplophylle Organe. Sie stimmen darin mit den ebenfalls peltaten Kronblättern dieser Pflanze überein, bei denen jedoch der Abschnitt der Lamina, der sich durch kongenitale Verwachsung der beiden Teilspreiten auszeichnet und der im wesentlichen die Staubblattanthere aufbauen soll, extrem reduziert ist. Auch die Staubblätter von *Berberis* sollen diplophyller Natur sein, ebenso die Nektarblätter dieser Pflanze, die, wie Leinfellner (3) weiter ausführt, in engster Beziehung zum Androeceum stehen. Für die *Pulsatilla*-Anthere sei noch erwähnt, daß die Anlegung des sporogenen Gewebes von der subepidermalen Schicht ausgeht und zunächst in zwei voneinander getrennten Gewebekomplexen erfolgt. Erst im weiteren Entwicklungsablauf vollzieht sich durch Septenbildung eine erneute Unterteilung, so daß auf diese Weise die späteren vier Pollensäcke zustande kommen (Bütow).

Einige Arbeiten befassen sich mit der Morphologie des Pollens selbst, vor allem im Hinblick auf Fragen der Systematik. So hat Wagenitz den Pollen von etwa 350 Arten aus der Gattung *Centaurea* (im weitesten Sinne) studiert und dabei nach Struktur und Skulptur der Exine 8 gut voneinander unterscheidbare Typen gefunden. Es zeigte sich, daß jeder Sektion ein ganz bestimmter Pollentyp zugeordnet ist. Weitere Untersuchungen zur Pollenmorphologie, wiederum zur Klärung systematischer Zusammenhänge ausgeführt, liegen von Snigirevskaja (für einige polykarpe Familien wie Nymphaeaceae, Cabombaceae, Ceratophyllaceae) und von Dahl (1, 2) für Gattungen aus dem Verwandtschaftsbereich der *Icacinaceae* vor. Straka bringt einige Mitteilungen über die Pollenkörner von Mesembryanthemaceen. Im übrigen vergleiche man die zusammenfassende Darstellung von Erdtmann, die die bis zum Jahre 1951 vorliegende Literatur über die Pollenmorphologie und deren Bedeutung für die systematische Botanik berücksichtigt.

4. Gynoeceum.

Vor allem durch verschiedene Arbeiten von LAM ist neuerdings wieder die Frage aufgeworfen worden, ob es neben der blattbürtigen Placentation („Phyllosporie") auch eine achsenbürtige Stellung der Samenanlagen („Stachyosporie") gebe. LAM bejaht bekanntlich diese Frage und hat aus seiner Auffassung weittragende systematische Folgerungen gezogen, indem er in dem von ihm aufgestellten Cormophyten-System sog. stachyospore Formen von den phyllosporen scharf abgrenzt. Zu den ersteren zählt er insbesondere alle Fälle von frei zentraler und basaler Placentation. Es ist das Verdienst ECKARDTs, durch sorgfältige histogenetische Untersuchungen, die bislang noch fehlten, neues Licht auf dieses Problem geworfen zu haben. Nachdem er schon in einer früheren Mitteilung (Fortschr. Bot. **17**, 46) den blattbürtigen Ursprung der Samenanlagen der Phytolaccaceen nachgewiesen hatte, kommt er jetzt für weitere Vertreter der Centrospermae mit basaler Placentation zum gleichen Ergebnis. Selbst der sehr reduzierte Typ von *Corrigiola* (Caryophyllaceae) konnte als phyllospor erkannt und dieser Befund durch die weniger abgeleiteten Fälle von *Herniaria* und *Scleranthus* vergleichsweise bekräftigt werden. Damit wird für alle untersuchten Arten die Auffassung der klassischen Blütentheorie bestätigt, nach der Samenanlagen allein an den Karpellen entstehen. Auch

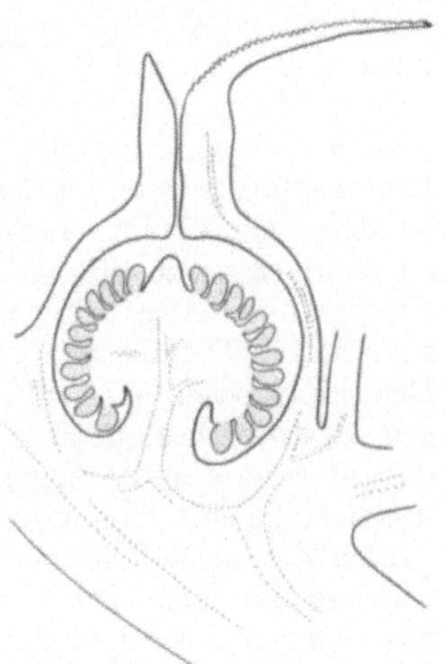

Abb. 7. *Pinguicula alpina L.* Medianer Längsschnitt durch einen Fruchtknoten in der Präfloration, die zentrale Placenta zeigend. Nach HARTL.

STRAKA betont in seinen Studien über die Mesembryanthemaceen die Richtigkeit dieser alten Konzeption. Auf deren Boden befindet sich ebenfalls HARTL bei der Schilderung der zentralen Placenta der Lentibulariaceen. Diese wird von vornherein als freie Säule angelegt, läßt sich also nicht als Folge einer ontogenetischen Auflösung der Scheidewände aus zentralwinkelständiger Placentation herleiten, wie dies etwa für Caryophyllaceen zutrifft. Im typischen Fall weist sie einen sterilen Scheitel auf, der oft zapfenförmig zur Mündung des Griffelkanals vorspringt und der als Karpellgewebe gedeutet wird (Abb. 7). Eigenartig ist die bei manchen Formen stark betonte dorsiventrale Abflachung der Zentralplacenta, die im Extremfall bei *Utricularia herzogii* Samenanlagen nur auf ihrer abaxialen Seite hervorbringt.

In seiner sorgfältigen Analyse der Placentationsverhältnisse bei den Cucurbitaceae geht PURI u. a. auf die Natur der Placentarleisten ein. Er findet, daß an ihrem Aufbau außer den Karpellrändern auch Gewebe der Septen beteiligt sei. Demzufolge soll auch die die Frucht ausfüllende Pulpa zum Teil placentaler, zum anderen Teil septaler Herkunft sein.

Im übrigen weist Puri auf Reduktionserscheinungen hin, die sich in
dieser Familie, wie auch in anderen Verwandtschaftsbereichen, in einer
Verminderung der Zahl der Karpelle und der Samenanlagen bei einzelnen
Vertretern kundtun. Von solchen Reduktionen der Fruchtblattzahl
berichtet auch Schaeppi für die Spiraeoideen. Über das Gynoeceum
der Crassulaceen finden sich genauere Angaben in der schon früher
(S. 19) zitierten Arbeit von Wassmer.

II. Frucht und Samen.

Aufbauend auf Mitteilungen von Schwantes hat Straka die Entwicklung und die Anatomie der Früchte verschiedener Mesembryanthemaceen studiert mit dem besonderen Ziel, die Entstehung ihrer eigenartigen „Samentaschen" zu klären. Es sind dies kleine Kammern, die
von den abaxialen Teilen der Placenta und den Septen des Fruchtknotens umschlossen und paarweise vom übrigen Fruchtfach abgetrennt
werden. Gewöhnlich bergen sie je einen Samen, wogegen sich im
zugehörigen großen Fruchtfachraum meist deren viele befinden. Diese
Erscheinung hatte Schwantes als Paraspermie bezeichnet. Auf die
zahlreichen Details der genannten Arbeit, die sich vorwiegend auf
Dehiszenzerscheinungen der Frucht beziehen, kann hier nicht eingegangen werden. Dies gilt auch für eine schon etwas weiter zurückliegende,
uns aber erst jetzt zugänglich gewordene Abhandlung von Černohorsky, die eine genauere morphologisch-anatomische Beschreibung der
Samen der in Böhmen vorkommenden Cruciferen enthält. Eine entwicklungsgeschichtliche Studie über die *Sorghum*-Frucht liegt von
Sanders vor. Mehr ökologischer Natur ist eine Betrachtung van der
Pijls über Samen mit fleischiger Testa.

Mit der Anatomie des Perikarps der Leguminosen haben sich Fahn
u. Zohary beschäftigt. Sie halten solche Formen für ursprünglich,
deren Karpelle eine aus zwei Lagen bestehende sklerenchymatische
Faserschicht besitzen. Hülsen ohne jegliche sklerenchymatische Elemente werden als am stärksten abgeleitet betrachtet. Im übrigen
bestehen mancherlei Beziehungen zwischen der Struktur des Perikarps
und der Dehiszenzweise der Früchte, auf die hingewiesen wird. Die
Samen vieler Leguminosen besitzen bekanntlich eine Testa mit palisadenförmigen Epidermiszellen, die gelegentlich nach ihrem Entdecker
als Malpighische Zellen bezeichnet werden. Durch Untersuchungen von
Cavazza an *Gleditschia* war es fraglich geworden, ob jene Elemente
tatsächlich in allen Fällen die äußerste Abschlußschicht der Samenschale darstellen. Steiner u. Jancke, die den Sachverhalt jetzt überprüft haben, kommen zu dem Ergebnis, daß Cavazzas Angaben, denen
zufolge wenigstens bei *Gleditschia* auf die Palisadenschicht nach außen
noch weitere Zellagen folgen sollen, auf falschen Beobachtungen beruhen.
Auch Rowson hat kürzlich beim Studium der Testa zahlreicher Legu-
minosen-Samen auf die palisadenförmigen Epidermiszellen hingewiesen.

Im Rahmen der von Zimmermann geleiteten *Pulsatilla*-Arbeiten
wurden durch Seyfried die postfloral verlängerten Griffel — von
Verfasserin kurz als Grannen bezeichnet — von *Anemone pulsatilla*

anatomisch untersucht und die Befunde zur Klärung der an diesen Organen sich abspielenden Bewegungsmechanismen ausgewertet.

Literatur.

BERKELEY, E.: J. Elisha Mitchell Sci. Soc. 69, 185—208 (1953). — BÜTOW, R.: Z. Bot. 43, 423—449 (1955). — BUGNON, F.: Bull. Sci. Bourgogne 15, 201—211 (1954—1955).

CADET, CH.: Bull. Sci. Bourgogne 15, 53—81 (1954—1955). — CAVAZZA, L.: Ber. schweiz. bot. Ges. 60, 596 (1950). — ČERNOHORSKY, Z.: Opera Bot. Cechica 5, 1—95 (1947).

DAHL, A. O.: (1) J. Arnold Arboretum Harvard Univ. 33, 252—286 (1952). — (2) J. Arnold Arboretum Harvard Univ. 36, 159—163 (1955). — DELOSME, J.: Bull. Sci. Bourgogne 14, 135 (1952—1953).

ECKARDT, TH.: Ber. dtsch. bot. Ges. 68, 167—181 (1955). — ERDTMANN, G.: Pollen morphology and plant taxonomy. Stockholm 1952.

FAHN, A., and M. ZOHARY: Phytomorphology (Delhi) 5, 99—111 (1955). — FREI, E.: Ber. schweiz. bot. Ges. 65, 60—114 (1955).

GUENOT, TH.: Bull. Sci. Bourgogne 15, 85—120 (1954—1955).

HARTL, D.: Beitr. Biol. Pflanz. 32, 471—490 (1956). — HEGEDÜS, A.: Bot. Közlemények (Budapest) 45, 35—39 (1954). — HUMMEL, K., u. E. STÜRNER: Arzneimittelforsch. 5, 484—488 (1955).

KURSNER, E.: Bull. Sci. Bourgogne 15, 145—177 (1954—1955).

LAM, H. J.: (1) Sv. bot. Tidskr. 44, 517—534 (1950). — (2) Sv. bot. Tidskr. 48, 347—366 (1954). — LEINFELLNER, W.: (1) Österr. bot. Z. 102, 73—79 (1955). — (2) Österr. bot. Z. 102, 89—98 (1955). — (3) Österr. bot. Z. 102, 186—194 (1955). — (4) Österr. bot. Z. 102, 322—338 (1955).

MOTTE, J.: (1) C. r. Acad. Sci. (Paris) 240, 2010—2012 (1955). — (2) C. r. Acad. Sci. (Paris) 240, 2432—2434 (1955). — MURTY, Y. S.: J. Ind. Bot. Soc. 33, 226—238 (1954).

PICKLUM, W. E.: Iowa State Coll. J. Sci. 28, 477—495 (1954). — PIJL, L. VAN DER: Proc. Kon. Nederl. Akad. Wetensch., Ser. C. 58, 154—161 u. 307—312 (1955). — PRICHARD, E. C.: J. Elisha Mitchell Sci. Soc. 71, 82—106 (1955). — PURI, V.: Phytomorphology (Delhi) 4, 278—299 (1954).

RAO, V. S.: (1) J. Ind. Bot. Soc. 31, 297—315 (1952). — (2) J. Univ. Bombay 21 (5), 18—26 (1953). — (3) J. Univ. Bombay 22 (5), 55—70 (1954). — (4) J. Univ. Bombay 23 (5), 18—26 (1955). — ROWSON, J. M.: J. Roy. Microscop. Soc. 72, 46 (1952).

SANDERS, E. H.: Cereal Chem. (USA) 32, 12—25 (1955). — SCHAEPPI, H.: Mitt. naturwiss. Ges. Winterthur 27, 1—7 (1954). — SCHWANTES, G.: Vschr. naturforsch. Ges. Zürich 97, Beih. 2, 1—38 (1952). — SEYFRIED, L.: Z. Bot. 42, 437—457 (1954). — SNIGIREVSKAJA, N. S.: Bot. Z. (Moskau) 40, 108—113 (1955) (russ.). — STEINER, M., u. I. JANCKE: Österr. bot. Z. 102, 542—550 (1955). — STRAKA, H.: Nova Acta Leopoldina 17, 127—190 (1955).

THIBAUT, D.: Bull. Sci. Bourgogne 15, 179—199 (1954—1955). — TRAPP, A.: (1) Beitr. Biol. Pflanz. 32, 279—312 (1956). — (2) Bot. Studien (Jena), H. 5, 1—93 (1956).

VOGEL, S.: Österr. bot. Z. 102, 486—500 (1955).

WAGENITZ, G.: Flora (Jena) 142, 213—279 (1955). — WASSMER, A.: Arb. Inst. allgem. Bot. Univ. Zürich, Ser. A, 7, 1—112 (1955). — WEBER, H.: (1) Abh. Akad. Wiss. u. Lit. Mainz, Math.-naturwiss. Kl. 1955, 448—466. — (2) Beitr. Biol. Pflanz. 32, 313—329 (1956).

3. Entwicklungsgeschichte und Fortpflanzung.

Von Kurt Steffen, z. Z. Braunschweig.

Mit 1 Abbildung.

Myxomycetes. Ein Sammelreferat über Wachstums- und Differenzierungsfaktoren bei den *Acrasieae* liegt von Raper vor. — Unsere Kenntnisse über das Acrasin, über den Stoff, der die Aggregation der Myxamöben auslöst (vgl. Fortschr. Bot. **15**, 433; **18**, 748; **18**, 39), sind durch die Untersuchungen von Shaffer (Gewinnung des Acrasin-Rohextraktes) und von Sussman, Lee u. Kerr (chromatographische Fraktionierung) erweitert worden. Das Acrasin von *Dictyostelium* ist ein Stoffgemisch, dessen beide Bestandteile nur in Kombination wirksam sind. Da der eine Stoff enzymatisch in den anderen umgewandelt wird, verliert das ursprüngliche Stoffgemisch binnen kurzer Zeit seine Wirksamkeit. Auf diese Weise erklärt sich die Instabilität des Acrasins. — Gregg geht bei seinen immunologischen Untersuchungen von der Hypothese aus, daß der Zusammenhalt von Zellen und insbesondere die Bildung des Fusionsplasmodiums bei den Myxomyceten durch eine Antigen-Antikörper-Reaktion bedingt ist. Das aus den mit Amöben beimpften Versuchstieren gewonnene Antiserum vermochte die Myxamöben zu ,,agglutinieren'', wenn die Kultur nicht älter als 26 Std. war. Daraus schließt der Verf., daß nach 26 Std. von den Myxamöben neue Antigene gebildet werden, die die Oberflächenkräfte der Myxamöben verändern. — Nach Untersuchungen von Sussman besitzen Amöben, die den Kulturen entweder während der stationären Phase oder im Stadium des logarithmischen Wachstums entnommen wurden, dieselbe Aggregationsfähigkeit. Sie bilden Populationen gleicher Dichte, und da die Zahl der Aggregationszentren von der Dichte abhängig ist (vgl. auch Takeuchi u. Tazawa, ferner Fortschr. Bot. **17**, 749; **18**, 39), auch gleich viel Plasmodien. Nach Takeuchi u. Tazawa sollen übrigens K- und Ca-Ionen Zahl und Größe der gebildeten Plasmodien gegensinnig beeinflussen. Mit steigender K-Konzentration nimmt die Plasmodienzahl zu, aber deren Größe ab. Bei großer Ca-Konzentration werden wenige, aber große Plasmodien gebildet.

Die künftigen Sporen- und Stielzellen lassen sich bei drei *Dictyostelium*- und zwei *Polysphondylium*-Arten schon relativ früh mit Hilfe histochemischer Methoden durch die Verteilung der nicht stärkeartigen Polysaccharide und der Phosphatase-Aktivität unterscheiden (Bonner, Chiquoine u. Kolderie). Nur die Stielzellen zeigen eine hohe Phosphatase-Aktivität. Dies dürfte im Hinblick auf den erhöhten Energiebedarf bei der Stielbildung verständlich sein. Bei den zukünftigen Sporen werden die Polysaccharide im Cytoplasma und in der Zellwand abgelagert.

Cyanophyceae. Bei einem Versuch der Neuordnung der coccoiden Formen wird von DROUET u. DAILY erneut auf die große Plastizität und Modifikabilität der Blaualgen hingewiesen. Diese Variabilität veranlaßt auch DEMETER, Reinkulturen unter genau definierten Bedingungen als Grundlage für die taxonomische Arbeit zu fordern. Durch Substrateinflüsse (p_H-Wert, Salzkonzentration), Temperatur und Lichtqualität werden u. a. Form und Farbe des Lagers sowie die Gestalt der Trichomzellen modifiziert. Besonders tiefgreifend sind die Veränderungen bei Nitratmangel, bei dem nur die als N-Binder bekannten Nostocaceen: *Anabaena, Cylindrospermum* und *Nostoc* sowie zwei *Scytonema*-Arten wachsen können. Bei *Anabaena oscillarioides* werden fast alle Zellen innerhalb von 14 Tagen in Dauerzellen umgewandelt, die Heterocysten bei *Scytonema, Cylindrospermum licheniforme* und bei *Anabaena apospora* vermehrt. Die Farbe der Lager ändert sich. Über durch N-Mangel im Kulturmedium bedingte Farbänderungen bei *Plectonema nostocorum* berichtet auch KINGSBURY. Mit dem Wachstumsstillstand tritt gleichzeitig eine Umfärbung von Grün zu Gelb zu Braun auf. Der Farbstoffwechsel, der auf Verlust von Chlorophyll a und Phycocyanin beruht, läßt sich durch Nitratzufuhr innerhalb von 1—3 Tagen beheben. — Aus der Carotinoidbildung an den Enden von langgestreckten *Oscillatoria*-Zellen möchte GEITLER (1 u. 2) auf einen physiologischen Gradienten innerhalb der Zelle schließen. Während die Zellmitte noch embryonal ist, sollen die Zellenden schon in einen Dauerzustand übergegangen sein. — Der recht komplizierte Scheidenbau der in wärmeren Meeren vorkommenden *Gardnerula corymbosa* wird von FRIEDMANN beschrieben. Die einzelnen Trichome sind von einer Scheide umgeben und diese wiederum in eine Scheide eingelagert, die die einzelnen Thallusäste umgibt. Letztere gliedert sich in einen zentralen geschichteten Teil, der beidseitig von homogenen Schichten flankiert ist.

Die Frage nach der Bedeutung der Heterocysten ist noch immer ungeklärt, bemerkenswert ist die Feststellung von DRAWERT u. TISCHER, daß sie Zellen erhöhter Stoffwechselaktivität sind.

Lichenes. Das Auftreten von fruktifikativen Organen in ungewöhnlicher Zahl und Lage und an sonst nicht üblichen Thallusteilen wird von GRUMMANN anhand der vorhandenen Literatur kritisch untersucht und z. T. als Reaktion auf traumatische Reize (Tierfraß) oder Lageveränderungen gedeutet (vgl. auch Fortschr. Bot. **18**, 75). Systematische Bedeutung kommt diesen teratologischen Bildungen also nicht zu. Infolge Lageveränderung können partiell isolaterale Thalli entstehen (ULLRICH). Bei *Peltigera* dürften nach unten verlagerte Algen und bei *Cladonia*-Arten aufgewehte eigene Soredien die Ursache für die Berindung der sonst rindenfreien Thallusunterseite sein. Für das Problem der Artenabgrenzung ist die Feststellung von ULLRICH von Bedeutung, daß das massenhafte Auftreten von Calciumoxalatkristallen, das bei *Cladonia subrangiformis* zu den charakteristischen knolligen Markausbrüchen führt, meist nur auf Kalkböden beobachtet wird. Es wird angenommen, daß *Cladonia subrangiformis* nur eine phaenotypisch abgeänderte Form von *Cladonia furcata* ist. GEITLER (3) fand bei der weiteren Untersuchung der Basidiolichene, *Clavaria mucida*, seine frühere Auffassung, daß es sich um eine typische Flechte handelt, bestätigt (vgl. Fortschr. Bot. **18**, 45). Da der Fruchtkörper gonidienfrei ist, muß angenommen werden, daß das Pilzmycel, das aus den Basidiosporen entsteht, sich jedesmal die Alge von neuem einfängt. Freie Gonidien fanden sich bisher nur im Bereich des Flechtenthallus. Die Thallusgonidien sind wesentlich größer als die freien, was wohl auf Teilungshemmung durch den Pilz zurückgeführt werden kann. Die Fortpflanzung der *Coccomyxa*-artigen Alge erfolgt durch zwei bis vier sich frühzeitig behäutende Autosporen. — Nach der Auffassung von JAAG soll *Botrydina vulgaris* eine Symbiose einer *Coccomyxa* mit den jüngsten chlorophyllfreien Endigungen des Protonemas von *Georgia pellucida* sein. Die Form wäre also eine einzigartige Kopie einer Flechte. Nach den Untersuchungen GEITLERs (4) handelt es sich jedoch um eine Halbflechte, bei der der Pilzpartner ein steril bleibender Eumycet ist. Die Pilznatur des Partners wird u. a. durch das Auftreten von Anastomosen, durch das Fehlen von Cellulose in der Zellmembran, durch die ringförmigen Querwände und durch den Bau des Zellkernes nachgewiesen. Für das Verhältnis der Symbiosepartner sind die Untersuchungen von SCOTT von Bedeutung. Mit Hilfe der Isotopenmethode ließt sich bei *Peltigera praetexta* die Bindung von Luftstickstoff nachweisen. Es wird angenommen, daß der von *Nostoc* gebundene Stickstoff z. T. an den Pilz weitergegeben wird. Vor Verallgemeinerung und vor einer Überschätzung muß jedoch gewarnt werden, da ALLEN u. ARNON bei *Anabaena* gezeigt haben, daß nur geringe Mengen löslicher organischer Stickstoffverbindungen an das Kultursubstrat abgegeben werden. Über auf Flechten parasitierende Flechten berichten POELT u. DOPPELBAUR. Es werden verschiedene Formen des Parasitismus (fakultativer, obligater und Jugend-Parasitismus) sowie wirtskonstante und wirtsvage Parasiten beschrieben. Der Thallus des Vollparasiten ist bis auf die Apothecien reduziert. Die Parasiten sind meist nitrophil, die Wirtsflechten nitrophob.

Bryophyta. Bei *Mannia* und *Asterella* wird die Bildung der weiblichen Receptakel am Ventralthallus offensichtlich durch die männliche Receptakel bildenden Zonen kontrolliert [KACHROO (1)]. Dies geht aus Regenerationsversuchen hervor, bei denen isolierte Ventralthalli nicht mehr fähig waren, weibliche Receptakel zu bilden. Waren die Receptakel jedoch schon vor der Isolierung angelegt, so erfolgte die weitere Entwicklung und Sporogonbildung schneller. Bei *Chiloscyphus (Lophociaceae)* und *Cololejeunia (Lejeuniaceae)* findet bereits eine Vorkeimung der Sporen in der Kapsel statt, ohne daß die Exine gesprengt wird [KACHROO (2)].

Das Protonemawachstum von *Funaria hygrometrica* ist substratabhängig (KOFLER). Nur auf Erdkulturen oder mit Erdextrakt wird das typische Caulonema ausgebildet, jedoch nicht auf flüssigem oder festem künstlichen Nährboden. Da in den Gelatinekulturen auch Knospenbildung beobachtet wurde, wird gefolgert, daß im Gegensatz zu Bopp (vgl. dazu Fortschr. Bot. Bot. 17, 53, 741) das Caulonemastadium nicht die obligate Vorstufe für die Knospenbildung ist.

Die vegetative Bildung von Sporogonen aus diploidem Protonema war bisher nur bei *Phascum cuspidatum* beobachtet worden, neuerdings glückte sie bei *Georgia pellucida* (BAUER). Bei der Kultur in vitro zeigte sich, daß Protonemawachstum und Sporogonbildung durch Ausscheidungen von Bakterien gefördert werden, die Sporogonbildung auch durch Einschränkung der Feuchtigkeit. MOUTSCHEN konnte nur Regenerationsprotonema und Gametophyten bei seinen Kulturen von Sporogonfragmenten von neun verschiedenen Moosen erzeugen.

In Fortführung seiner Versuche kommt BOPP (vgl. Fortschr. Bot. 17, 55, 741) zu der Auffassung, daß der Einfluß der Calyptra auf das Wachstum der Laubmoossporogone allgemein verbreitet ist. Die Wirkung der Haubenentfernung auf die Setaverdickung ist graduell verschieden: keine oder geringe Setaverdickung (*Polytrichaceae*), Setaverdickung nur durch Zellvergrößerung (*Mnium hornum*) und starke Setananschwellung durch Zellvergrößerung und -teilung (*Funaria, Physcomitrium*). Entwicklungshemmungen an der Kapsel kommen in allen Fällen besonders stark bei den Polytrichaceen vor.

SAITO kommt auf Grund seiner Untersuchungen an *Dicranum japonicum* zu dem Schluß, daß das einfache Peristom der *Haplolepideae* dem inneren Peristom der *Diplolepideae* homolog ist.

Pteridophyta. Unsere Kenntnisse über die Morphologie und Entwicklung der unterirdischen Prothallien der *Ophioglossales* sind sehr beschränkt. Um so wertvoller sind die Untersuchungen von NISHIDA (1, 2 u. 3) an *Botrychium japonicum* und *B. virginianum*, zumal gleichzeitig die Angaben von NOZU berichtigt werden. Die Zahl der Wandschichten im Antheridium scheint variabel zu sein (zwei bei *B. obliquum* und *B. virginianum*, drei bei *B. japonicum*). An den jungen Sporophyten von *B. japonicum* und *obliquum* läßt sich ein Gewebe feststellen, das als Suspensor gedeutet werden muß. Als systematisches Merkmal ist jedoch das Vorkommen eines Suspensors nicht zu verwenden, da es sich innerhalb der *Marattiales* oder sogar bei derselben Art (*Angiopteris evecta*) als variabel erwiesen hat. Die Aufstellung eines Genus *Sceptridium* allein auf Grund dieses Merkmales ist also nicht berechtigt. Die Mycorrhiza von *B. virginianum* [NISHIDA (3)] entspricht dem thamniscophagen Typ BURGEFFs, der Pilz selbst dürfte zu den *Peronosporales* gehören.

Die Sporenkeimung der leptosporangiaten Farne wird durch Rotlicht ausgelöst, Blaulicht wirkt hemmend auf die bereits induzierte Keimung [MOHR (1)]. Durch die Untersuchungen MOHRs (2) ist auch die bekannte Beeinflussung der Prothallienentwicklung durch die Lichtintensität deutbar geworden. Längenwachstum und Polarität der Farnchloronemen sind von der Lichtqualität und -intensität abhängig. Blaulicht wirkt hemmend, Rotlicht fördernd. Da die Hemmwirkung des Blaulichtes bei steigender Lichtintensität stärker zunimmt als die Förderung im

Rotlicht, muß starkes Weißlicht zur Aufhebung der Polarität und damit zur Prothalliumausbildung führen.

Die Untersuchungen über den Einfluß des Nährsubstrates auf Keimung und Prothallienentwicklung wurden von I. SOSSOUNTZOV (1—4) fortgesetzt. Sie verdienen die Beachtung des Entwicklungsgeschichtlers, da er bei der Beschreibung eines Entwicklungsganges die möglichen Einflüsse des Substrates kennen muß. Es zeigt sich, daß für die Kultur von *Gymnogramme calomelanos* die K-Konzentration der normalen Knop-Lösung zu hoch ist. Zu hohe K-Dosen erhöhen die Zahl der kurzen Rhizoiden und lassen kugelige Zellen mit degenerierten Chloroplasten entstehen. Die Verzweigung der Prothallien wird durch NH_4-Ionen gefördert. Werden Aminosäuren statt Nitrat als Stickstoffquelle geboten, so treten Wachstumsanomalien auf [I. SOSSOUNTZOV (4) vgl. auch Fortschr. Bot. **17**, 54]. Mit Phenylalanin als einziger Stickstoffquelle verkümmern die Prothallien, und die Archegonbildung wird unterdrückt [I. SOSSOUNTZOV (1)].

Die Prothallienentwicklung der Osmundaceen weicht von der aller anderen Familien ab, wie aus vergleichenden Untersuchungen an sieben Vertretern dieser Familie hervorgeht (STOKEY u. ATKINSON). Charakteristisch für die Osmundaceen sind die bipolare Keimung, die Stellung der Archegonien in zwei Reihen links und rechts seitlich der Mittelrippe und das Vorkommen von Stärke in der Eizelle und den Halszellen. Als primitive Merkmale müssen angesehen werden die über Wochen und Monate dauernde Produktion von sehr chloroplastenreichen Rhizoiden, die relativ lange farblos bleibenden Rhizoidwände, die Septierung der Rhizoide und die Antheridien mit ihrer großen Anzahl von spermatogenen Zellen sowie ihrem abweichenden Wandbau. Ungewöhnlich für primitive Formen sind die Bildung von Antheridien am Prothalliumrand und ihr gelegentliches Vorkommen auf der Prothalliumoberseite. Die Antheridien- und Archegonenentwicklung wurde von J. VAZART cytologisch bei zwei *Equisetum*-Arten und 14 Farnen untersucht. In jeder Spermatidmutterzelle soll das Centrosom als Organell sui generis entstehen, sich bei der Mitose teilen und sich unter Verwendung von Kernsubstanz in den Blepharoplasten umbilden. Bei der Befruchtung wird das Geißelband, das übrigens nach den Untersuchungen von IGURA (2) schwach anisotrop sein soll, innerhalb der Eizelle abgeworfen und im Gegensatz zu den Angaben von YUASA auch nicht teilweise mit in den Eikern einbezogen. Eine färberische Unterscheidung der Chondriosomen und Plastiden ist an den reifen Spermatozoiden nicht möglich. Leider kann die Verfasserin wegen färbetechnischer Schwierigkeiten auch nichts über das Verhalten dieser Organelle beim Sexualakt (vgl. dazu auch Fortschr. Bot. **17**, 58) aussagen. Bei der Reifung des Eikernes wird der DNS-Gehalt wie bei den befruchtungsbereiten weiblichen Kernen der Angiospermen vermindert [STEFFEN (1), GEROLA, B. VAZART]. Von den entwicklungsgeschichtlichen und cytologischen Untersuchungen indischer [NINAN (1—3), NAYAR (1, 2), MEHRA u. SINGH, PANIGRAHI] und japanischer Autoren [IGURA (1, 2), KAWASAKI] sind eigentlich nur die taxonomischen Schlußfolgerungen von Bedeutung. So erwies sich z. B.

die Gattung *Gleichenia* als heterogen und die Abtrennung von *Hicriopteris* und *Dicranopteris* (MEHRA u. SINGH) sowie die Aufstellung der Familie *Parkeriaceae* mit *Ceratopteris* als einziger Gattung als berechtigt [NINAN (3)]. Die Osmundaceen dürfen auf Grund ihrer Chromosomenzahl nicht als Bindeglied zwischen Eu- und Leptosporangiaten angesehen werden [NINAN (1 u. 2)].

Von einer unter EMBERGERs Leitung durchgeführten Dissertation über *Salvinia, Azolla* und *Pilularia* liegt als erste Veröffentlichung die Beschreibung der Entwicklungsgeschichte von *Pilularia globulifera* und *P. minuta* vor (BONNET). Die Entwicklungsgeschichte des Mikroprothalliums wird wie folgt berichtigt: die erste Teilung in der Mikrospore ist zwar inäqual, jedoch liefert die kleinere Zelle erst nach einer weiteren Teilung die Rhizoidzelle. Die große Zelle wird durch eine schräge Wand in zwei Tochterzellen geteilt, die ihrerseits wieder je eine sterile Zelle abgeben. Die verbleibenden Restzellen werden von BONNET als Antheridien aufgefaßt. Sie bestehen jeweils aus einer fertilen Zelle, die 16 Spermatozoiden liefert, und aus einer parietalen sowie einer inneren sterilen Wandzelle. Rechnet man die erst abgegebenen sterilen Zellen zur Antheridienwand, so würde jedes Antheridium drei Wandzellen besitzen. Die Entwicklung des Makroprothalliums erfolgt in der bereits früher von SCHULTZ angegebenen Weise. Das Sporokarp von *Pilularia minuta* entspricht in Gegensatz zu dem von *P. globulifera* nur einem Fiederblattpaar.

Gymnospermae. Die drei in Tasmanien endemisch vorkommenden *Athrotaxis*-Arten beanspruchen ein besonderes phylogenetisches Interesse, sind sie doch die einzigen lebenden Vertreter der Taxodiaceen auf der südlichen Hemisphäre. Fossile *Athrotaxis*-Arten wurden im Norden nicht gefunden, ebensowenig wie fossile Vertreter der Familie im Süden. Wenn nun die nördlichen Taxodiaceen vom *Voltzia*-Komplex abstammen, so folgert FLORIN, muß *Athrotaxis* ein Abkömmling einer südlichen Sektion desselben Komplexes sein. Gestützt wurde diese Auffassung durch das Vorkommen von *Voltziopsis* in Ostafrika und Madagaskar. Die embryologischen Untersuchungen von BRENNAN u. DOYLE an drei *Athrotaxis*-Arten haben diese Theorie bestätigt. *Athrotaxis* ist durch die Art der Makroprothalliumbildung, durch die Proembryoentwicklung und durch das Fehlen von Spaltungs-Polyembryonie von allen anderen Taxodiaceen deutlich unterschieden. Vergleicht man die Entwicklung des Mikroprothalliums innerhalb der Familie, so sind nur geringfügige Abweichungen vom Normalschema (*Athrotaxis selaginoides*) zu beobachten. Luftsäcke und Prothalliumzellen sind nicht ausgebildet, die mittlere Intineschicht funktioniert als Quellschicht wie bei den *Cupressaceae* und *Taxaceae*, die Pollenkörner enthalten nur die generative Zelle. Ob bei *A. selaginoides* eine echte Stielzelle oder nur deren Kern gebildet wird, bleibt offen. Die beiden aus der Körperzelle entstehenden Spermazellen sind im Gegensatz zu *Sciadopitys* (zuletzt TAHARA) gleich groß. Bei *Sequoia* und *Athrotaxis* wachsen die Pollenschläuche seitlich am Nucellus herab, während bei *Cryptomeria, Cunninghamia, Taxodium* und *Taiwania* der Pollenschlauch direkt die apikal gelegenen Archegonien erreicht.

Die Unterschiede in der Makroprothallienentwicklung betreffen die Zahl der Makrosporenmutterzellen, Vorhandensein oder Fehlen eines Tapetums, die zellige Differenzierung im Makroprothallium und die Lage der Archegonien. Bei *Sequoia sempervirens*, die übrigens hexaploid ist (STEBBINS), ist eine Gruppe von mehreren Makrosporenmutter-

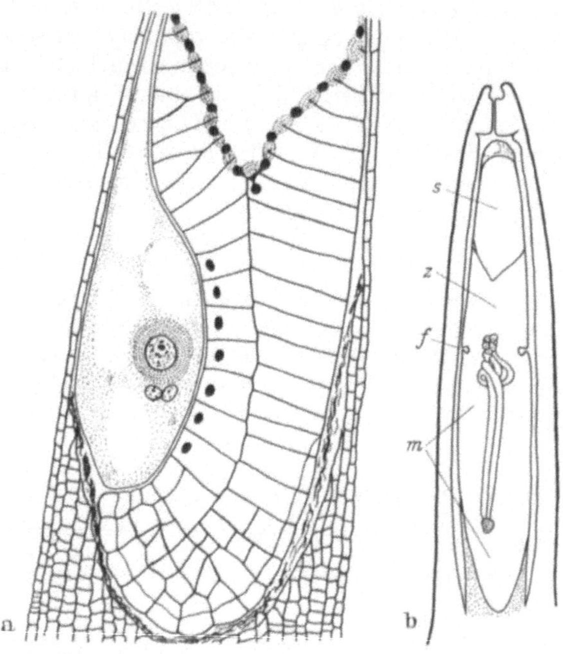

Abb. 8. *Athrotaxis selaginoides* (nach BRENNAN und DOYLE verändert). *a* Längsschnitt durch den unteren Teil des Makroprothalliums. Links der Pollenschlauch mit Körperzelle, vegetativem Kern und Stielkern. An der Kontaktstelle durch eingezeichnete Kerne gekennzeichnet die Archegoninitialen. Im unteren Teil das Meristem, das den zylindrischen Gewebeflock bildet, in den später der Embryo hineinwächst. 130 fach. *b* Längsschnitt durch die Samenanlage. *s* syncytialer, *z* cellulärer Teil des Makroprothalliums oberhalb der Archegonien, *m* durch Meristemtätigkeit sekundär gebildeter Gewebeflock unterhalb der Archegonien, *f* eingefaltete Nucellarepidermis, gleichzeitig ungefähre Grenze zwischen primär und sekundär gebildetem Prothallium. Die Einfaltung ist durch den Stillstand des Wachstums im oberen Abschnitt (*s* und *z*) und durch den Wachstumsdruck des Embryos und des sekundär gebildeten Prothalliums bedingt. 25 fach.

zellen, bei *S. gigantea* eine Makrosporenmutterzelle von einem Tapetum umgeben, bei *Athrotaxis* ist ebenfalls nur eine Makrosporenmutterzelle aber kein Tapetum vorhanden. Bei *Sciadopitys, Cryptomeria, Cunninghamia, Taiwania* und *Taxodium* wird das ganze Makroprothallium zellig, bei den beiden *Sequoia*-Arten ist die Zellbildung im apikalen Teil verzögert, und es tritt in diesem Bezirk die Tendenz zum Kollabieren auf. Bei *Athrotaxis* bleibt der apikale Teil des Prothalliums syncytial (bei *A. cupressoides* ist dieser Abschnitt noch relativ klein, bei *A. selaginoides* beträgt er ein Drittel des gesamten Prothalliums). Unterhalb dieses Abschnittes (vgl. Abb. 8b) ist das Prothallium normal zellig ausgebildet. Die basalen zwei Zellagen des Makroprothalliums werden meristematisch. Dieses Meristem bildet einen nach unten wachsenden Zylinder, in den später die Embryonen eindringen, eine Erscheinung, die einzig darsteht. Archegonien werden nur in Gegenwart von Pollenschläuchen und nur an den Kontaktstellen, also meist lateral gebildet (vgl. Abb. 8a) im Gegensatz zu den übrigen Vertretern der Familie, die scheitelständige Archegonien erzeugen. Es scheint also die Archegonbildung durch den Pollenschlauch induziert zu werden. Daß der Pollenschlauch das Wachstum und die Entwicklung des Makroprothalliums beeinflußt, konnte übrigens auch FAVRE-DUCHATRE bei *Gingko biloba* zeigen. Ähnlich wie bei den Podocarpaceen (vgl. Fortschr. Bot. **17**, 87) läßt sich auch bei den Taxodiaceen eine Reduktionsreihe bezüglich der Zahl der freien Zellteilungen in der Zygote feststellen: bei *Sciadopitys* kommen 5 freie Kernteilungen vor, bei *Cryptomeria, Cunninghamia, Taxodium, Taiwania* und *Sequoia gigantea* 3, bei *S. sempervirens* und *Athrotaxis* schließlich nur noch 2. Die Entwicklung des Proembryos bei *Athrotaxis* ist nun völlig abweichend. Nach den beiden freien Kernteilungen entsteht durch Wandbildung eine 1—2—1 Zellkonfiguration, wobei das mittlere Stockwerk den Suspensor und das untere den Embryo i. e. S. bilden werden. Der Proembryo ist nicht, wie sonst üblich, gegen das Archegonium hin offen, sondern allseitig von einer Membran umgeben, die nicht die Archegoniumwand ist. Darin gleicht er übrigens dem vierzelligen Embryo von *Cupressus sempervirens* (SUGIHARA). Es ist interessant, daß zu gleicher Zeit bei zwei verschiedenen Familien dieser neue Typ des Coniferenembryos aufgefunden wurde. Bei *Cupressus sempervirens* ist die Zellanordnung im Proembryo allerdings variabel, und es werden meist nur 2 Stockwerke ausgebildet. In der Reduktion von 3 bei den übrigen Cupressaceen auf 2 freie Kernteilungen (wie bei *Fitzroya* und *Callitris*, LOOBY u. DOYLE) ist eine weitere Parallelentwicklung zu sehen.

Die Untersuchungen von FAVRE-DUCHATRE an *Gingko biloba* sind unter anderem im Hinblick auf die Homologie der Makro- und Mikrosporenmembran interessant. Bei der Makrospore wird zunächst die Intine und später die Exine angelegt. Da die Makrosporenmembran später als Wandung des Makroprothaliums zu funktionieren hat, wird sie zusätzlich noch durch die verdickten und später kutinisierten tangentialen Außenwände der peripheren Prothalliumzellen verstärkt, übrigens ähnlich wie bei *Pedicularis* unter den Angiospermen, bei der die Außenwände der Endospermzellen verdickt werden [STEFFEN (2)]. — Zwischen der Ausbildung der Pollenkammer und der Archegonanlage und zwischen Pollenkornkeimung (nicht nur Bestäubung) und der weiteren Entwicklung des Makroprothalliums andererseits scheinen kausale Beziehungen zu bestehen. Die Sclerotesta ist wie bei den Cycadeen (im Gegensatz zu *Cephalotaxus* und evtl. allen übrigen Coniferen) schon vor der Befruchtung ausgebildet. Einzelheiten der Prothallium- und Embryoentwicklung konnten berichtigt werden, so z. B. daß der Archegonhals (wie bei *Cycas revoluta*) aus vier Halszellen besteht und daß im Proembryo nur 128 statt 256 freier Kerne gebildet werden (vgl. dazu Fortschr. Bot. **17**, 88).

3*

Bei *Ephedra helvetica* und *monostachya* wurde ein besonders für die Palynologie wichtiger Pollendimorphismus festgestellt (BEUG), der durch Teilungsstörungen in der Tedrade verursacht sein dürfte und zu Komplexpollenkörner führt, wie sie z. B. auch schon für *Pinus* und *Picea* (LAKHANPAL u. NAIR) beobachtet wurden.

Von LEREDDE wird die Theorie von PORSCH, wonach der Embryosack der Angiospermen zwei Gymnospermenarchegonien homolog ist, wieder aufgegriffen und modifiziert. Die Archegonien sollen mit der Basis aneinanderstoßen, die Polkerne den Gymnospermen-Eizellen und die Eizelle der Angiospermen der Bauchkanalzelle homolog sein. Dieser Vorstellung liegt der Gedanke zugrunde, daß in der phylogenetischen Entwicklung des Archegoniums die oberhalb der Eizelle gelegenen Zellen fortschreitend reduziert werden. So läßt sich bei den Archegoniaten die Tendenz zur Verminderung der Halskanalzellen beobachten, bei den Gymnospermen ist nur noch die Bauchkanalzelle oder deren Kern vorhanden. Bei den Angiospermen, so wird gefolgert, ist nun die Bauchkanalzelle selbst zur Eizelle geworden. Bei der konsequenten Verfolgung dieser Hypothese muß LEREDDE dann zu dem Schluß kommen, daß das nucleare Endosperm der Angiospermen dem syncytialen Stadium des Gymnospermenproembryo entspreche. Daß diese Theorie nicht haltbar ist, geht aus der notwendigen Folgerung hervor, daß dann der Angiospermenembryo eine Neuerwerbung und nicht dem Embryo der Gymnospermen homolog ist. Im übrigen sind die Einwände zu machen, die bereits vor längerer Zeit von MAHESHWARI bei der Besprechung der Homologietheorie zusammengefaßt wurden (vgl. dazu auch Fortschr. Bot. **17**, 96).

Literatur.

ALLEN, M. B., and D. I. ARNON: Plant. Physiol. **30**, 366—372 (1955).

BAUER, L.: Planta (Berlin) **46**, 604—618 (1956). — BEUG, H. J.: Naturwiss. **43**, 332—333 (1956). — BONNER, J. T., A. D. CHIQUOINE and M. Q. KOLDERIE: J. of Exper. Zool. **130**, 133—157 (1955). — BONNET, A. L. M.: Cellule **57**, 129—239 (1955). — BOPP, M.: Ber. dtsch. bot. Ges. **69**, 455—468 (1956). — BRENNAN, M., and J. DOYLE: Sci. Proc. Roy. Dublin Soc. **27**, 193—252 (1956).

DEMETER, O.: Arch. Mikrobiol. **24**, 105—133 (1956). — DRAWERT, H., u. I. TISCHER: Naturwiss. **43**, 132 (1956). — DROUET, FR., and W. A. DAILY: Butler Univ. Bot. Stud. **12**, 1—218 (1956).

FAVRE-DUCHATRE, M.: Rev. Cytol. et Biol. végét. **17**, 1—218 (1956). — FLORIN, R.: K. Sv. vetensk. Handl. **19**, 1—107 (1940). — FRIEDMANN, I.: Österr. bot. Z. **103**, 336—341 (1956).

GEITLER, L.: (1) Protoplasma (Wien) **46**, 213—222 (1956). — (2) Österr. bot. Z. **103**, 342—345 (1956). — (3) Österr. bot. Z. **103**, 164—167 (1956). — (4) Österr. bot. Z. **103**, 469—479 (1956). — GEROLA, F. M.: Commentationes **14**, 1—96 (1951). — GREGG, J. H.: J. Gen. Physiol. **39**, 813—820 (1956). — GRUMMANN, V. J.: Bot. Jb. Systematik usw. **76**, 463—509 (1955).

IGURA, I.: (1) Bot. Mag. (Tokyo) **68**, 119—124, 184—186, 208—212 u. 289—293 (1955). — (2) Bot. Mag. (Tokyo) **69**, 47—53 (1956).

JAAG, O.: Ber. schweiz. bot. Ges. **42**, 169—185 (1933).

KACHROO, P.: (1) J. Indian Bot. Soc. **35**, 120—122 (1956). — (2) J. Indian Bot. Soc. **35**, 423—425 (1956). — KAWASAKI, T.: J. Jap. Bot. **31**, 139—143 (1956). — KINGSBURY, J. M.: Biol. Bull. **110**, 310—319 (1956). — KOFLER, L.: C. r. Acad. Sci. (Paris) **242**, 1755—1758 (1956).

LAKHANPAL, R. N., and P. K. NAIR: J. Indian Bot. Soc. 35, 426—429 (1956). — LEREDDE, C.: C. r. Acad. Sci. (Paris) 241, 982—983 (1955). — LOOBY, W. J., and J. DOYLE: Sci. Proc. Roy. Dublin Soc. 22, 241—255 (1940).

MAHESHWARI, P.: Bot. Rev. 14, 1—56 (1948). — MEHRA, P. N., and G. SINGH: Current Sci. 25, 168 (1956). — MOHR, H.: (1) Planta (Berlin) 46, 534—551 (1956).— (2) Planta (Berlin) 46, 127—158 (1956). — MOUTSCHEN, J.: Lejeunia, Rev. Bot.15, 41—50 (1955).

NAYAR, B. K.: (1) J. Indian Bot. Soc. 34, 395—407 (1955). — (2) J. Indian Bot. Soc. 35, 333—343 (1956). — NINAN, C. A.: (1) J. Indian Bot. Soc. 35, 233—239 (1956). — (2) J. Indian Bot. Soc. 35, 248—251 (1956). — (3) J. Indian Bot. Soc. 35, 252—256 (1956). — NISHIDA, M.: (1) Jap. J. Bot. 29, 239—244 (1954). — (2) Phytomorphology (Delhi) 5, 449—456 (1955). — (3) Phytomorphology (Delhi) 6, 67—73 (1956). — NOZU, Y.: Phytomorphology (Delhi) 4, 430—434 (1954).

PANIGRAHI, G.: Proc. Nat. Inst. Sci. India, Part B 21, 143—146 (1955). — POELT, J., u. H. DOPPELBAUR: Planta (Berlin) 46, 467—480 (1956).

RAPER, K. B.: Mycologia (N. Y.) 48, 169—205 (1956).

SAITO, S.: Bot. Mag. (Tokyo) 69, 53—58 (1956). — SCOTT, G. D.: New Phytologist 55, 111—116 (1956). — SHAFFER, B. M.: Science (Lancaster, Pa.) 123, 1172—1173 (1956). — SOSSOUNTZOV, I.: (1) C. r. Soc. Biol. (Paris) 149, 1209—1212 (1955). — (2) C. r. Soc. Biol. (Paris) 150, 35—38 (1956). — (3) C. r. Soc. Biol. (Paris) 150, 123—128 (1956). — (4) Physiol. Plantarum (Copenh.) 9, 190—196 (1956). — STEBBINS, G. L.: Science (Lancaster, Pa.) 108, 95—98 (1948). — STEFFEN, K.: (1) Planta (Berlin) 39, 175—244 (1951). — (2) Planta (Berlin) 47, 625—652 (1956). — STOKEY, A. G., and L. R. ATKINSON: Phytomorphology (Delhi) 6, 19—40 (1956). — SUGIHARA, Y.: Sci. Rep. Tôhoku Univ. Ser. 4, 22, 1—4 (1956). — SUSSMAN, M.: Biol. Bull. 110, 91—95 (1956). — SUSSMAN, M., F. LEE and N. S. KERR: Science (Lancaster, Pa.) 123, 1171—1172 (1956).

TAHARA, M.: Cytologia, Fujii Festschr. 1937, 14—19. — TAKEUCHI, I., and M. TAZAWA: Cytologia (Tokyo) 20, 157—165 (1955).

ULLRICH, J.: Ber. dtsch. bot. Ges. 69, 239—244 (1956).

VAZART, B.: Rev. Cytol. et Biol. végét. 16, 209—390 (1955). — VAZART, J.: Rev. Cytol. et Biol. végét. 17, 263—402 (1956).

4. Submikroskopische Morphologie.

Von Kurt Mühlethaler, Zürich.

Mit 2 Abbildungen.

1. Cytoplasma.

Die bisherigen elektronenmikroskopischen (EM) Untersuchungen ergaben kein genaues Bild über den Feinbau des Protoplasmas. Durch die Fixierung und anschließende Entwässerung tritt sehr oft eine Veränderung des ursprünglichen Strukturgefüges ein, über deren Ausmaße man keinen genauen Einblick erhalten kann. Weiter kommt dazu, daß der Kontrastunterschied der verschiedenen Proteine, wegen ihrem ähnlichen chemischen Aufbau so gering ist, daß eine Differenzierung zwischen den verschiedenen stofflichen Komponenten nicht möglich ist. Um eine bessere Kontrastierung des Protoplasmas zu erhalten, ist von Strugger (2) eine Imprägnierungsmethode mit Uranylacetat ausgearbeitet worden. Die Uranylkationen werden an den negativ geladenen Proteid- und Proteinmolekeln elektrostatisch adsorbiert und bewirken wegen ihres hohen Atomgewichtes eine stärkere Elektronenstreuung. Nach Strugger (3) stellen die Plasmaelemente fädige, schraubig gewundene Gebilde dar, welche meist in dichter, manchmal aber auch in sehr lockerer Packung im Hyaloplasma liegen. Sie werden als „Cytonemata" bezeichnet und sollen eine Fadenbreite von 170—200 Å aufweisen. Der Durchmesser dieser spirillenähnlichen Stränge beträgt von Rand zu Rand gemessen 200—400 Å. Diese Abmessungen sind aber nach Strugger (3) recht variabel, während der Fadendurchmesser konstant sein soll. Die Länge dieser Schrauben konnte nicht genau bestimmt werden, dürfte aber um $0,3\,\mu$ liegen. Der Cytonemafaden selbst soll aus einem stark uranophilen Docht mit perlschnurartigem Aussehen und einem körnig erscheinenden, schwächer uranophilen Mantel bestehen. Wie weit diese Proteinschrauben ein allgemeines Bauelement der pflanzlichen oder tierischen Zellen darstellen, bleibt noch abzuklären.

Das bis jetzt hauptsächlich in tierischen Zellen gefundene und untersuchte endoplasmatische Reticulum ist nun auch in pflanzlichen Zellen studiert worden (vgl. Bericht 1955). Diese kompliziert gebaute Plasmastruktur ist nach Hodge, McLean und Mercer in *Nitella*-Zellen recht deutlich zu erkennen. In jungen apikalen Zellen ist noch kein zusammenhängendes System vorhanden, sondern nur einzelne Ansammlungen von Bläschen mit einem Durchmesser von $0,1$—$0,3\,\mu$. Oft sind sie zu Gruppen vereinigt, wobei im Zentrum bereits einzelne Lamellenpakete zu erkennen sind. Aus diesen Befunden wird von Hodge, McLean u. Mercer geschlossen, daß diese Struktur durch Fusion von Bläschen entsteht, wie das auf Abb. 9 schematisch wiedergegeben ist. An der Peripherie, wo die Zusammenlagerung noch nicht erfolgt ist, löst sich das Doppellamellensystem in einzelne Bläschen auf.

Die Lipoproteinschichten, welche das endoplasmatische Reticulum bilden, sind gegenüber äußeren Einflüssen sehr unstabil (Hodge). In hypotonischen Medien tritt sofort eine starke Quellung ein, wobei das ursprüngliche Gefüge in zahlreiche Bläschen verschiedenster Größe zerfällt. Dünnschnitte durch sog. Mikrosomenfraktionen, wie sie für die histochemischen Analysen verwendet werden, zeigen, daß der größte Teil dieser Teilchen aus Elementen des endoplasmatischen Reticulums

Abb. 9. Entstehung einer Doppellamellenstruktur im Cytoplasma einer jungen *Nitella* Zelle. Durch Verschmelzen kleiner Bläschen bildet sich ein flachgepreßtes Zysternensystem, wie es für das endoplasmatische Reticulum typisch ist. (Nach einer Abbildung aus Hodge, McLean u. Mercer.)

bestehen (Palade). Ähnliche Quellungseffekte entstehen auch bei der Fixierung anderer lipoproteinhaltiger Zellorganelle, wie z. B. Mitochondrien, Chloroplasten und Myelinscheiden von Nervenzellen.

2. Kern.

Durch die heute allgemein verwendete Osmiumsäurefixierung läßt sich die Kernstruktur nicht befriedigend darstellen, und die elektronenmikroskopischen Befunde sind daher recht unsicher. Marquardt, Liese u. Hassenkamp haben im Zellkern von Liliengewächsen schraubig gewundene Stränge beobachtet, ähnlich wie sie von Strugger im Cytoplasma beschrieben wurden. In der meiotischen Prophase sollen diese Elementarfibrillen einen Durchmesser von 110—120 Å aufweisen. Stränge gleicher Größenordnung wurden früher bereits von Beermann u. Bahr in den *Drosophila*-Speicheldrüsenchromosomen beschrieben. Nach Marquardt, Liese u. Hassenkamp bestehen diese Elementarfibrillen aus einem osmophilen Faden von 20—30 Å Dicke, der zu einer Spirale von 110—120 Å Durchmesser gewunden ist. Mehrere solcher Stränge sollen sich zu Bündeln, die den lichtmikroskopisch erkennbaren Chromonemasträngen entsprechen, vereinigen. Nach diesen Befunden müßte sich also der lichtmikroskopisch sichtbare Schraubenbau bis hinab zum molekularen Bauelement (Nucleinsäure) fortsetzen.

3. Chloroplasten.

Wie ich in meinem letzten Bericht erwähnte, hat das EM unsere Kenntnisse über den Aufbau der Chloroplasten sehr stark erweitert. In diesem Berichtsjahr sind wieder zahlreiche Arbeiten erschienen, die sich vor allem mit der Bildung der Grana- und Stromalamellen befassen. Die Kristallgitterstruktur in den jungen Chloroplasten wurden bisher vor allem in Monokotylen untersucht. Es war daher von Interesse, zu erfahren, ob eine analoge Struktur auch in den jungen Plastiden von Dikotyledonen vorhanden ist. Die von HEITZ durchgeführte Untersuchung an *Eranthemum leuconeurum* (Acanthacee) ergab die gleichen räumlich-periodischen Systeme wie z. B. bei *Chlorophytum* oder *Aspidistra*. Beobachtungen zur Frage der ontogenetischen Entwicklung der Chloroplasten bei einer anderen dikotylen Pflanze (*Helianthus tuberosus*) sind von STRUGGER u. PERNER veröffentlicht worden. Auch diese Autoren fanden, daß die Proplastiden in ihrer Struktur völlig jenen der bisher beschriebenen Pflanzen entsprechen. Als erste Differenzierung im jungen Plastiden wird zwar nicht ein kristallgitterartiger Körper gefunden, wie das HEITZ bei *Eranthemum* beschrieben hat, sondern zwei oder mehr deutlich individualisierte Lamellenbündel, die als „Grana" bezeichnet werden. Von PERNER ist weiter eine ausführliche Arbeit über die Entwicklung der Chloroplasten von *Chlorophytum comosum* veröffentlicht worden. Besonders eingehend wurde die „Kristallgitterstruktur" im sog. Primärgranum untersucht und mit zahlreichen Aufnahmen illustriert. Die annähernd kreisrunden Gitterpunkte zeigen bei einem Durchmesser von etwa 190 Å nur in den äußeren Schichten eine stärkere Elektronenstreuung, im Inneren sind sie dagegen nicht osmiert und erscheinen hell. Nach PERNER sind diese Elementareinheiten auf einem fädigen Strukturelement, wie eine Perlenkette in einem Abstand von etwa 450 Å aufgereiht. Oft tritt dieser Körper auch als lamellierter Schichtenkörper in Erscheinung, was nur durch eine Vernetzung der Elementareinheiten in bevorzugten Ebenen erklärt werden kann. Die früheren Befunde über die Entstehung der Stromalamellen aus den „Kristallgitterbereichen" [LEYON, MÜHLETHALER (2)] konnten bestätigt werden. Die direkt an die Elementareinheiten anschließenden Stromalamellen sind etwa 70 Å dick. Bei der weiteren ontogenetischen Entwicklung der Jungchloroplasten tritt dann das anfänglich noch gut sichtbare „Primärgranum" immer mehr zugunsten der Stromalamellen zurück. Die Zahl der ausgewachsenen Schichten ist in diesen Entwicklungstadien viel geringer als im ausdifferenzierten Plastiden. Es ist daher vermutet worden, daß sich diese Lamellen im Verlaufe der weiteren Entwicklung durch identische Reduplikation in der Fläche weiter vermehren, gleich wie das v. WETTSTEIN bei *Fucus* gefunden hat.

Von HODGE, McLEAN u. MERCER wird die Ansicht vertreten, daß die Lamellen gleich gebildet werden, wie das oben bereits besprochene endoplasmatische Reticulum, also durch Verschmelzung kleiner Bläschen (Abb. 10).

Die Elementarteilchen, die den kristallähnlichen Körper, der von diesen Autoren als „Prolamellarkörper" bezeichnet wird, aufbauen,

haben einen Durchmesser von 250 Å. Wie PERNER finden sie bei
hoher Auflösung, daß die Teilchen eine Bläschenstruktur aufweisen.
Das im EM beobachtete „Auswachsen" der Lamellen soll durch Verschmelzen dieser Bläschen entstehen. Die Entwicklung der Stroma-
schichten ist von HODGE, McLEAN u. MERCER auch an etiolierten

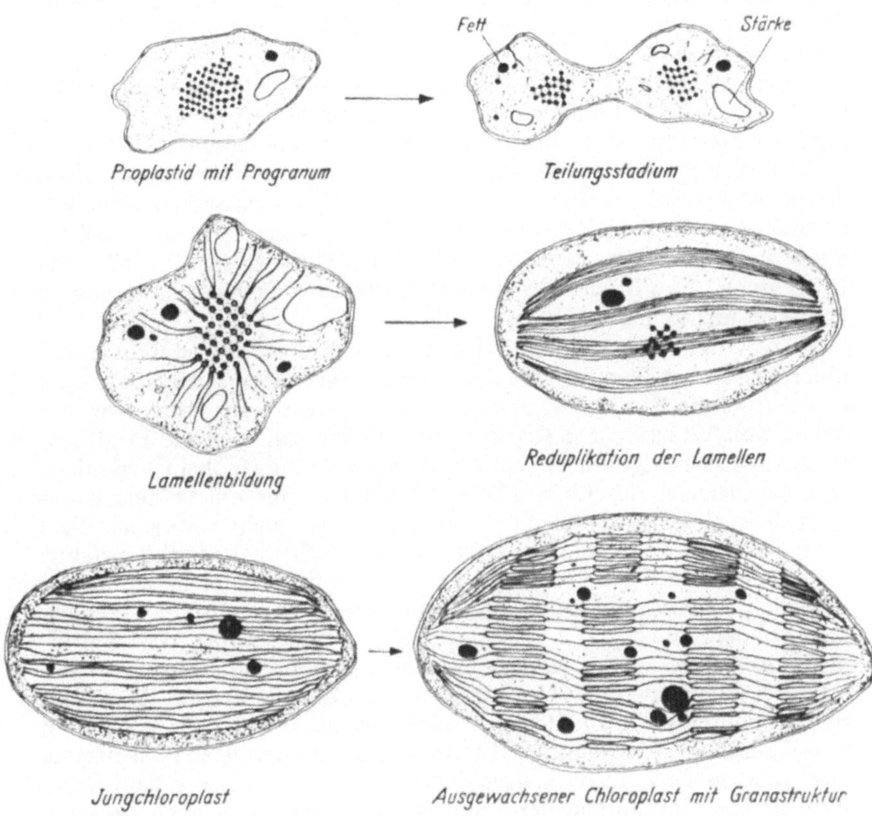

Abb. 10. Schema der Chloroplastenentwicklung.

Pflanzen untersucht worden. In den jüngsten Proplastiden wurde eine
Kristallgitterstruktur nie beobachtet. An ihrer Stelle ist eine kompakte
Ansammlung kleinster Partikel mit Bläschenstruktur zu sehen. Bereits
bei geringer Belichtung bildet sich in diesen Haufen die typische
Lamellenstruktur. Bei bester Auflösung zeigte sich, daß eine Ver-
schmelzung dieser Bläschen durch kettenartiges Aneinanderreihen die
Lamellenstruktur ergibt. Nach zwei Tagen Belichtung ist die Chloro-
plastenstruktur wieder gleich wie bei einer normal gewachsenen Pflanze
nach 3 Wochen. Die endgültige Lamellenzahl entsteht nach HODGE,
McLEAN u. MERCER durch eine Neubildung von der Peripherie aus.
Die oben erwähnte Vermehrung durch identische Reduplikation aus
bereits gebildeten Schichten wird also nicht bestätigt. In der als Peri-

stromium bezeichneten Außenzone erscheinen zuerst kleinste Vacuolen-ähnliche Bläschen, die teils isoliert, teils bereits zu flachen Zysternen verschmolzen sind. Die nach dem Verschwinden des Primärkörpers neu zu bildenden Lamellen werden somit vom Peristromium aus nach innen abgeschieden. Auch für die Bildung des kristallähnlichen „Progranums" wird ein analoger Prozeß postuliert. Durch diese Untersuchung wird die von STRUGGER (1) geforderte genetische Kontinuität der „Primär-grana" nicht bestätigt.

Zusammenfassend würde also die Bildung der Chloroplastenlamellen durch eine Bläschenbildung vom Peristromium her eingeleitet, die dann gitterartig geordnet das „Primärgranum" bilden und anschließend durch Verschmelzung zu flachen Zysternen die Lamellen aufbauen. Nach ihrem Streuvermögen und ihrer Affinität zu Osmiumsäure zu schließen, müßten diese kleinen Körper hauptsächlich aus Lipoiden und Nuclein-säure bestehen. Bei normaler Belichtung läuft dieser Prozeß ohne Unterbruch ab, während bei etiolierten Pflanzen die Verschmelzung zu Lamellen nicht eintreten kann.

Von WOLKEN (1) ist eine Untersuchung über die Stabilität der Chloroplastenlamellen von *Euglena gracilis* gegenüber chemischen und physikalischen Einflüssen veröffentlicht worden. In einer früheren Arbeit von WOLKEN u. PALADE wurde gezeigt, daß sich die Plastiden-struktur dieser Algen nach kurzem Aufenthalt im Dunkeln verändert. Das Ausbleichen des Chlorophylls ist nämlich mit einem Zerfall des Lamellensystems verbunden. Dieser Prozeß ist nicht reversibel, denn bei einer erneuten Belichtung ist der Plastid nicht mehr funktionsfähig. Ein Ausbleichen des Chlorophylls und der damit verbundene Zerfall der Lamellenstruktur erfolgt aber nicht nur unter dem Einfluß der Dunkel-heit, sondern auch durch Erhöhung der Temperaturen des Kultur-mediums auf 33—45° C (PRINGSHEIM u. PRINGSHEIM), durch Strepto-mycin (PROVASOLI, HUTNER u. PINTNER) und Pyribenzamin (MANTEN). Spektrophotometrisch läßt sich nachweisen, daß durch die erwähnten physikalischen und chemischen Einflüsse das Chlorophyll zu Phaeophytin und anderen noch nicht identifizierten Komponenten abgebaut wird. Eine Störung im Aufbau der Stromalamellen tritt aber auch bei einer gestörten Magnesium-Zufuhr ein. Algen, die in Mg-freien Medien ge-wachsen sind, zeigen strukturlose Plastiden. Auch bei Mutanten (Zea mais) mit schweren Chlorophyllverlusten unterbleibt nach HODGE, McLEAN u. MERCER die Bildung einer normalen Schichtenstruktur. In einer völlig pigmentfreien Mutante wurde im Plastiden nur ein dichter Haufen von kleinsten Bläschen, ähnlich wie in etiolierten Chloro-plasten, gefunden. Aus diesen Experimenten kann geschlossen werden, daß ein Zerfall des Chlorophyllmoleküls eine Störung des lamellaren Aufbaues des Plastiden bewirkt. Dieses Ergebnis bestätigt die Richtig-keit der Ansicht von HUBERT u. FREY-WYSSLING, daß die Pigment-moleküle als monomolekulare Schichten die Lipoid- und Protein-lamellen stabilisieren. Das Chlorophyll muß, wie TAKASHIMA fand, an einen Komplex gebunden sein, der aus zwei Molekülen Chlorophyll pro Molekül Lipoprotein besteht und ein Molekulargewicht von 19 200 besitzt. Diese als Chloroplastin bezeichnete Verbindung ist von WOLKEN u. SCHWERTZ mit verschiedenen Methoden nochmals untersucht worden, wobei für das *Euglena* Chloroplastin ein Molekulargewicht zwischen 21000—37000 gefunden wurde.

4. Zellwand.

Arbeiten über die Entstehung der Zellwandporen, ihre Beziehung zum Flächenwachstum und die Veränderungen, die sie während der Zellstreckung durchmachen, sind von WARDROP, WILSON u. SCOTT, HAMNER, BAKER u. BOWLER veröffentlicht worden. In den Parenchym-Membranen der *Avena*-Koleoptile soll nach WARDROP die Zahl der Tüpfel vor und nach der Streckung konstant sein. Daraus wird geschlossen, daß deren Plasmodesmen nicht zeitlich begrenzt funktionieren. Durch die Membranvergrößerung rücken die Poren mit zunehmendem Alter der Zelle auseinander, so daß in ausgewachsenen Zellen die Zahl dieser Tüpfel pro Flächeneinheit kleiner wird. Zu ähnlichen Ergebnissen kommen auch SCOTT, HAMNER, BAKER u. BOWLER in ihrer Studie an wachsenden Parenchymzellen aus der Zwiebelwurzel. Für die Zellwand von *Elodea canadensis* findet WILSON andere Verhältnisse. Hier nimmt die Zahl der Plasmodesmen-Felder in den Internodialzellen bis zu einer Länge von 12 mm ungefähr linear zu und bleibt dann konstant. Das heißt also, daß die Zahl der Tüpfel in den ersten Stadien der Zellstreckung zunimmt, später aber keine Neubildung mehr erfolgt. Die Membranvergrößerung soll nach dem Multi-Netz-Wachstumtyp (ROELOFSEN u. HOUWINK) erfolgen, da ein gleichmäßiges Auseinanderwandern der Tüpfel gegen ein Spitzenwachstum spricht.

Noch recht wenig ist über die Entstehung der Cellulose-Fibrillen und die für ihre Orientierung maßgebenden Kräfte bekannt. Eine neue Untersuchung über die Entstehung der Mikrofibrillen ist von COLVIN, BAYLEY u. BEER an dem von uns früher bereits untersuchten Objekt, *Bacterium xylium*, veröffentlicht worden [MÜHLETHALER (3)]. Cellulosefreie Zellen wurden in einem synthetischen Medium mit niedrigem Molekulargewicht direkt auf der Formvar-Folie kultiviert. Die ersten Mikrofibrillen von etwa der doppelten Länge der Bakterien waren schon nach 1—2 min erkennbar. Sehr rasch nahm ihre Länge zu und konnte nach 10 min nicht mehr genau bestimmt werden. Eine amorphe Vorstufe vor der Kristallisation konnte nie beobachtet werden. Die Versuche zeigen, daß die Cellulose-Stränge von Anfang an zu ihrer endgültigen Dicke sich zusammenlagern und anschließend an beiden Enden weiterwachsen. Aus diesen Versuchen muß geschlossen werden, daß zur Bildung der Cellulose-Stränge das lebende Plasma nur als Lieferant der Grundbausteine, Glucose, Enzyme usw. wichtig ist. Die Polymerisation zum Cellulosemolekül und die anschließende Zusammenlagerung zu Mikrofibrillen muß nach thermodynamischen Gesetzen erfolgen. Um zu untersuchen, ob ein Unterschied in der Fibrillenbildung bei extra- und intracellulärem Aufbau im EM zu beobachten ist, wurde ein Organismus gesucht, der beide Arten der Cellulosesynthese beherrscht. Wie PAPER u. FENNELL zeigten, wird im Fruchtkörper des Schleimpilzes *Dictyo-*

stelium discoideum zuerst extracellulär eine Celluloseröhre aufgebaut, die als Stütze für den Fruchtkörper dient. Diese. als Sorophor-Hülle bezeichnete Membran, wird von den Amöben beim Hinaufkriechen ausgeschieden (BONNER, CHIQUOINE u. KOLDERIE), worauf die Organismen am oberen Ende in die Röhre hineinschlüpfen und intracellulär eine weitere Membran ausscheiden. Dadurch wird die Röhre innen versteift und zeigt dann im Schnitt eine parenchymartige Struktur. Die EM = Untersuchung ergab nur, daß die Fibrillendicke der Sorophor-Hülle und im Innern des Stieles gleich ist [MÜHLETHALER (4)]. Die zuerst extracellulär abgelagerte Membran zeigt Paralleltextur, während die darin enthaltenen Stielzellen von einer Primärwand-artigen Membran mit Streutextur umgeben sind. Die erste Membran ist sehr dick, während die später abgeschiedene Haut nur sehr locker aufgebaut ist. Wir haben also den seltenen Fall, daß zuerst eine Membran mit Paralleltextur entsteht und erst später eine mit Streutextur. Dieser Befund deutet darauf hin, daß die Textur bis zu einem gewissen Grad durch die Konzentration der Mikrofibrillen bestimmt wird. Ist die Zahl der Cellulosestränge pro Oberflächeneinheit gering, so können sie sich, da keine sterische Hinderung vorhanden ist, in jeder Richtung entwickeln. Bei höheren Konzentrationen müssen sie, um Platz zu finden, zu einer geordneten räumlichen Packung nebeneinandergelegt werden. Als Modell für diese Anschauung können die langen Stäbchen des Tabak-Mosaik-Virus benützt werden. Läßt man eine geringe Konzentration dieser Viren auf dem EM-Objektträger eintrocknen, so liegen die Teilchen richtungslos durcheinander, ergeben also eine Streutextur. Bei hoher Konzentration dagegen legen sie sich schön geordnet parallel nebeneinander (WYCKOFF). Dieser Versuch zeigt klar, daß die Tendenz zur Parallelisierung schon durch die Erhöhung der Konzentrationen gegeben ist und dürfte auch die Ausbildung der Zellwände beeinflussen. In den jungen Primärwänden ist die Konzentration von Cellulose sehr gering und nimmt dann mit zunehmendem Alter der Zelle stetig zu. In gleicher Weise ist auch der Umschlag von Primärwandtextur zur Paralleltextur der Sekundärmembranen ein allmählicher. Die Streichrichtung der Fibrillen, bezogen auf die Zellachse, kann bei den verschiedenen Zelltypen wechseln und muß daher als vererbtes Merkmal angesehen werden.

Literatur.

BEERMANN, W., and G. F. BAHR: Exper. Cell. Res. 6, 195—201 (1954). — BONNER, J. T., A. D. CHIQUOINE and M. Q. KOLDERIE: J. of Exper. Zool. 130, 133—158 (1955).

COLVIN, J. R., S. T. BAYLEY and M. BEER: Biochem. et Biophysica Acta 23, 652—653 (1957).

FREY-WYSSLING, A.: Protoplasma (Wien) 29, 279—299 (1935). — FREY-WYSSLING, A.: Suomen Kemistilehti 29, 147—152 (1956).

HEITZ, E.: Experientia (Basel) 12, 476—477 (1956). — HODGE, A. J.: J. Biophysic. Biochem. Cytol. 2, Suppl. 221—228 (1956). — HODGE, A. J., J. D. McLEAN and F. V. MERCER: J. Biophysic. Biochem. Cytol. 2, 597—608 (1956). — HUBERT, B.: Rec. Trav. bot. néerl. 32, 323—390 (1935).

LEYON, H.: Exper. Cell. Res. 7, 609—611 (1954).

MANTEN, A.: Phototaxis, Phototropism and Photosynthesis in purple Bacteria and blue-green Algae. Schatanus Jens, Utrecht 1948. — MARQUARDT, H., W. LIESE u. G. HASSENKAMP: Naturwiss. **43**, 540—541 (1956). — MÜHLETHALER, K.: (1) Fortschr. Bot. **17**, 107—117 (1955). — (2) Protoplasma (Wien) **45**, 264—279 (1955). — (3) Biochem. et Biophysica Acta **3**, 527—535 (1949). — (4) Amer. J. Bot. **43**, 673—678 (1956).

PALADE, G. E.: J. Biophysic. Biochem. Cytol. **2**, Suppl. 85—98 (1956). — PERNER, E. S.: Z. Naturforsch. **11 b**, 560—573 (1956). — PRINGSHEIM, E. G., and O. PRINGSHEIM: New Phytologist **51**, 65—76 (1952). — PROVASOLI, L., S. H. HUTNER and I. J. PINTNER: Cold Spring Harbor Symp. Quant. Biol. **16**, 113—120 (1951).

RAPER, K. B., and D. I. FENNEL: Bull. Torrey Bot. Club **79**, 25—51 (1952). — ROELOFSEN, P. A., and A. L. HOUWINK: Acta bot. neerl. **2**, 218—225 (1953).

SCOTT, F. M., K. C. HAMNER, E. BAKER and E. BOWLER: Amer. J. Bot. **43**, 313—324 (1956). — STRUGGER, S.: (1) Protoplasma (Wien) **43**, 120—173 (1954). — (2) Naturwiss. **43**, 357—358 (1956). — (3) Naturwiss. **43**, 451—452 (1956). — STRUGGER, S., u. E. PERNER: Protoplasma (Wien) **46**, 711—742 (1956).

TAKASHIMA, S.: Nature (London) **169**, 182—183 (1952).

WARDROP, A. B.: Austral. J. Bot. **3**, 137—148 (1955). — WETTSTEIN, D. v.: Z. Naturforsch. **9 b**, 476—481 (1954). — WILSON, K.: Ann. of Bot. **21**, 1—11 (1957). — WOLKEN, J. J.: J. Protozool. **3**, 211—221 (1956). — WOLKEN, J. J., and G. E. PALADE: Ann. N. Y. Acad. Sci. **56**, 873—881 (1953). — WOLKEN, J. J., and F. A. SCHWERTZ: Nature (London) **177**, 136—138 (1956). — WYCKOFF, R. W. G.: Biochim. et Biophysica Acta **2**, 139—146 (1947).

B. Systemlehre und Pflanzengeographie.

5a. Systematik und Phylogenie der Algen.

Von Bruno Schussnig, Jena.

Mit 1 Abbildung.

Im Vordergrund der literarischen Erscheinungen des Jahres 1956 steht die große Abhandlung von Skuja. Sie behandelt das Phytoplankton von 85 schwedischen Seen und anderen Gewässern, mit sorgfältiger Beschreibung von 1346 Arten und 171 Varietäten. Bearbeitet sind die Gruppen der *Bacteriophyta, Cyanophyta, Glaucophyta, Chlorophyta, Euglenophyta, Chrysophyta, Pyrrophyta* und *Mycophyta*. Besonders hervorzuheben sind die beigefügten 63 Tafeln mit lauter Originalzeichnungen, die geradezu künstlerisch ausgeführt sind.

Schizophyceae.

Im Jahre 1948 beschrieb Skuja eine apochlorotische *Oscillatoria*-ähnliche Form, die er *Achroonema* nannte und zunächst bei den Oscillospiraceen und Trichobakterien unterbrachte. In der Zwischenzeit hat er noch weitere farblose Formen, welche auf Schlamm oder in verschiedenen Gewässern mit verwesenden pflanzlichen und tierischen Resten vorkommen, kennengelernt und er ist zu der wohl richtigen Überzeugung gelangt, daß es sich um farblose Cyanophyceen vom Oscillatorientypus handelt. In der vorliegenden Abhandlung vereinigt er sie in der neuen Ordnung der *Pelonematales* (Cyanophytorum apochromaticorum), mit der Familie der *Pelonemataceae*, welche die gut unterschiedenen Gattungen *Achroonema* Skuja (mit 12 Arten), *Pelonema* Lauterborn (mit 4 Arten), *Peloploca* Lauterborn (mit 5 Arten) und *Desmanthos* (diese nicht weiter behandelt) umfaßt. Die *Pelonematales* stellen zweifellos echte, mehrzellige, fadenförmige Cyanophyceen dar, die sich nur durch den Mangel an Pigmenten von den autotrophen Oscillatoriaceen unterscheiden. Mit der von Peshkoff (1940) aufgestellten Ordnung der *Caryophanales* haben die Pelonematalen kaum engere Beziehungen. Es ist möglich, daß die zu den Caryophanalen zugezogene Gattung *Pontothrix* auch eine apochlorotische Cyanophycee vorstellt und somit Beziehungen zu den Pelonematalen aufweist. Die anderen Gattungen der Caryophanalen, nämlich *Arthromitus, Oscillospira* und *Caryophanon*, gehören nach Ansicht Skujas, die zweifellos richtig ist, zu den Bacteriophyten. Die Querseptierung bei *Oscillospira*, die Ref. gut kennt, ist nicht als der Ausdruck eines mehrzelligen Fadens anzusehen, sondern

es handelt sich vielmehr um eine plasmatische Septierung eines großen
stäbchenförmigen Bacteriums. Dafür spricht auch die typische Endo-
sporenbildung und, wie das Elektronenmikroskop letzthin erwiesen
hat, die peritriche Begeißelung. Man wird außerdem mit Skuja übereinstimmen, wenn er die Trichobacterien nicht als apochlorotische Cyanophyceen auffaßt.

Glaucophyceae.

Von *Gloeochaete wittrockiana* Lagerh. bringt Skuja eine ausführliche
Beschreibung und sehr gute Zeichnungen der Schwärmer, die in der
Ein- bis Zweizahl in einer Mutterzelle entstehen. Sie sind stark metabol,
im freischwimmenden Zustand bohnen- bis verkehrt eiförmig und ± dor-
soventral, vorne schief ausgerandet. Die zwei etwa körperlangen
Geißeln entspringen der ventralen Seite genähert, in einer subapikalen
Einsenkung. Die Geißeln sind ungleich lang und heterodynamisch, d. h.
die eine schwingt als Schwimmgeißel, die andere ist eine Schleppgeißel.
Im apikalen Zellende sind zwei pulsierende Vacuolen vorhanden, der
Kern liegt in der Mitte, doch mehr dorsal verlagert. Die schwach sichel-
förmigen, lebhaft grünlichblauen Cyanellen (20—100) sind entweder
gleichmäßig verteilt, das Vorder- und Hinterende der Zelle doch frei
lassend, oder sie sammeln sich in eine breite, schief gestellte Mittelzone.
Als Reservestoffe treten winzige Stärkekörnchen in Erscheinung. Nach
dem Festsetzen runden sich die Schwärmer ab, umgeben sich mit einer
Gallerthülle und machen 1—2 Teilungen durch, woraus die 2—4 zelligen
Gallertverbände hervorgehen. Der Bau der Schwärmer und ihr Be-
geißelungstypus zeigt eindeutig, daß *Gloeochaete* nicht zu den Tetrasporalen, wie dies früher geschah, gerechnet werden kann, da bei keiner
Form, die zum Verwandtschaftskreis der Phytomonadinen gehört,
dorsoventral gebaute Schwärmer und heterokonte und heterodynamische Geißeln vorkommen. Wie man sich aber zu den Glaucophyten
überhaupt zu stellen hat, ist unklar. Im Augenblick gewinnt man den
Eindruck, daß es sich um eine heterogene Gruppe handelt.

Chlorophyceae.

In seiner Abhandlung über das Süßwasserplankton bedient sich
Skuja eines Systems der Chlorophyta, welches zwar auf keine Voll-
ständigkeit Anspruch erhebt, nichtsdestoweniger aber einer Erörterung
bedarf. An den Anfang stellt er die *Proto-* oder *Polyblepharidinae*, die
er in die beiden Familien der *Protoblepharidaceae* und *Nephroselmidaceae*
unterteilt. Zur ersteren Familie werden die Gattungen *Pedinomonas*
Korshikoff, *Scourfieldia* G. S. West, *Spermatozopsis* Korshikoff,
Mesostigma Lauterborn, *Collodictyon* Carter, *Gyromitus* Skuja und
Aulacomonas Skuja zugezählt, zur zweiten Familie die Gattung *Nephro-*
selmis Stein. Man wird Skuja beistimmen, daß er die Polyblepharidinen
aus dem Rahmen der Phytomonadinen herausgenommen hat. Die
heterogene Zusammensetzung der Polyblepharidinen und die weitgehende Abweichung der meisten Gattungen vom Typus der Chlamydomonaden rechtfertigt durchaus ein solches Vorgehen (vgl. Fortschr.

Bot. **17**, 156). Aus dem gleichen Grunde erscheint es dem Ref. nicht als opportun, die Polyblepharidinen an den Anfang des Chlorophyceen-Systems zu stellen, weil sie, ausgenommen die Plastidenpigmente, keine mit den dikonten und radialsymmetrischen Chlorophyceen-Schwärmern übereinstimmende, stammesgeschichtlich vergleichbare Merkmale besitzen (vgl. Fortschr. Bot. **17**, 155).

Völlig unverständlich ist weiters die Einschaltung der heterotrophen Polymastiginae in das System der Chlorophyta. Die zur Gänze heterotrophen Polymastiginen weisen im Bau des Zellkörpers wie auch in der Art ihrer Begeißelung nicht die geringsten Ähnlichkeiten mit den Schwärmern der Chlorophyceen auf. Selbst der akronematische Bau der Geißeln, der bei einigen wenigen Gattungen nachgewiesen wurde, kann nicht als Anhaltspunkt gewertet werden, weil dieser Geißelbau zwar bei den Chlorophyceen, so weit bekannt, durchgehend vertreten ist, aber sonst an vielen anderen Stellen des Flagellatensystems entgegentritt, ohne daß daraus verwandtschaftliche Schlüsse gezogen werden können. Es ist nicht möglich, die Gründe für die Einbeziehung der Polymastiginen in das System der Chlorophyceen anzugeben, weil SKUJA keine solche angibt. Ref. glaubt aber, daß kein Protistologe sich damit befreunden wird.

Die Gliederung der Polymastiginen nimmt SKUJA folgendermaßen vor:

Tetramitaceae

Tetramitus PERTY

Chilomastigaceae

Chilomastix ALEXEIEFF

Paramastigaceae

Paramastix SKUJA (1948)

Hexamitaceae (Distomataceae)

Hexamitus DUJARDIN   *Trigonomonas* KLEBS
Urophagus KLEBS   *Trepomonas* DUJARDIN

Diese Aufzählung umfaßt natürlich nur jene Gattungen und Arten, die im Untersuchungsgebiet festgestellt worden sind.

Als 3. Gruppe folgen dann die Euchlorophyceae. Für diese ergibt sich folgende Gliederung:

Volvocales
Sphaerellaceae

Haematococcus AGARDH emend. FLOTOW
Stephanosphaera F. COHN

Chlamydomonadaceae

Carteria DIESING
Platymonas G. S. WEST (vgl. Ref. 1956!)
Scherffelia PASCHER
Chlamydomonas EHRENBERG, angeführt 53 Arten, davon 25 neu beschrieben:
Ch. metapyrenigera, Ch. dalecarlica, Ch. leptobasis, Ch. klinobasis, Ch. depressa, Ch. passiva, Ch. duplex, Ch. endogloea, Ch. nova, Ch. opisthopyren, Ch. confinis, Ch. altera, Ch. insolita, Ch. quiescens, Ch. planctogloea, Ch. acuminata, Ch. mediocris, Ch. ulla, Ch. tapeta, Ch. vernalis, Ch. paraserbinowi, Ch. vesterbottnica, Ch. tecta, Ch. diplochlamys und *Ch. lateperforata.*

Chlorogonium EHRENBERG, neu: *Ch. metamorphum, Ch. intermedium, Ch. perforatum.*
Sphaerellopsis KORSHIKOFF
Lobomonas DANGEARD, neu: *P. verrucosa*
Brachiomonas BOHLIN

Von den farblosen Chlamydomonaden, den

Polytomeae

sind *Polytoma* EHRENBERG und *Furcilla* STOKES angeführt.

Phacotaceae

Coccomonas STEIN
Hemitoma SKUJA
Phacotus PERTY
Pteromonas SELIGO, neu: *Pt. denticulata*

Spondylomoraceae

Characiochloris PASCHER, neu: *Ch. pyriformis* und *Ch. clathrata*
Chlorangium STEIN

Tetrasporales

Tetrasporaceae

Asterococcus SCHERFFEL
Gemellicystis TEILING emend. SKUJA
Gleoecystis NAEGELI
Planctosphaeria G. M. SMITH

Pascheriella KORSHIKOFF

Volvocaceae

Basichlamys nov. gen.
Gonium MÜLLER
Eudorina BORY
Volvox (P.) EHRENBERG

Characiochloridaceae

Chlorophysema PASCHER, neu: *Ch. ovalis*
Ch. ampliata, *Ch. microcystidis*
Stylosphaeridium GEITLER et GIMESI
Cecidochloris SKUJA
Phacomyxa n. gen. (*Ph. sphagnophila*)
Gloeococcus A. BRAUN
Chlorosarcina GERNECK, neu:
Ch. superba
Tetraspora LINK
Schizochlamys A. BRAUN, neu: *Sch. planctonica*
Apiocystis NAEGELI
Paulschulzia SKUJA

An dieser Stelle muß die außerordentlich wichtige Arbeit von THOMPSON (1) über *Schizochlamys gelatinosa* und *Placosphaera opaca* besprochen werden. Die Untersuchung wurde auch an Kulturmaterial durchgeführt, mit folgendem, anhand des beigefügten Entwicklungsschemas ersichtlichem Resultat (Abb. 11). Dem typischen *Schizochlamys*-Stadium geht ein intermediärer, pseudociliater Zustand voraus. In diesem sind die 8—16 Zellen nackt und in einer umfangreichen Gallerte eingeschlossen. Diese Zellen, welche von den starren Pseudocilien abgesehen, noch den Monadencharakter aufweisen, können eine oder zwei Teilungen durchmachen, woraus viergeißelige Monadenschwärmer gebildet werden. Diese letzteren können entweder wieder ein intermediär-pseudociliates Stadium liefern, oder es geht aus ihnen die typische *Schizochlamys*-Form hervor. In diesem Stadium umgeben sich die Zellen mit einer festen Membran, durch deren (wahrscheinlich vier) Poren die Pseudocilien büschelartig hinausragen. Durch schizogone Teilungen entstehen innerhalb der gemeinsamen Gallerthülle Aggregate von Zelltetraden. Der Cytoplast erfüllt hier nicht das ganze Zellumen, sondern läßt zwischen sich und der Membran einen konzentrischen Raum frei. Der schwach dorsoventral gebaute Cytoplast liegt so, daß der Geißelpol am Ursprungsort der Pseudocilien liegt.

Durch schizogone Teilung der *Schizochlamys*-Zellen entstehen vier zweigeißelige Schwärmer, die durch Sprengung der Membran in vier Kalotten frei werden. Diese zweigeißeligen Schwärmer erweisen sich als Gameten, die paarweise kopulieren, vorerst eine viergeißelige Planozygote liefern, welche sich dann abrundet und eine feste Membran ausscheidet. Diese Membran ist mit Calcitkristallen bedeckt. Bei der Keimung der Zygote — wobei sicherlich die Reduktionsteilung stattfindet — entstehen vier stipitate Aplanosporen. Der Stiel entspricht einer Pseudocilie.

Mit der Bildung der Zygote beginnt die *Placosphaera*-Phase, deren Zellen durch die stark verkalkte Membran ausgezeichnet sind. Das

Placosphaera-Stadium, das ursprünglich als eine gesonderte Gattung beschrieben wurde, kann sich in verschiedener Weise verhalten. So können die Zellen bis auf das Vierfache des ursprünglichen Volumens heranwachsen und zerfallen dann in eine Anzahl von Aplanosporen.

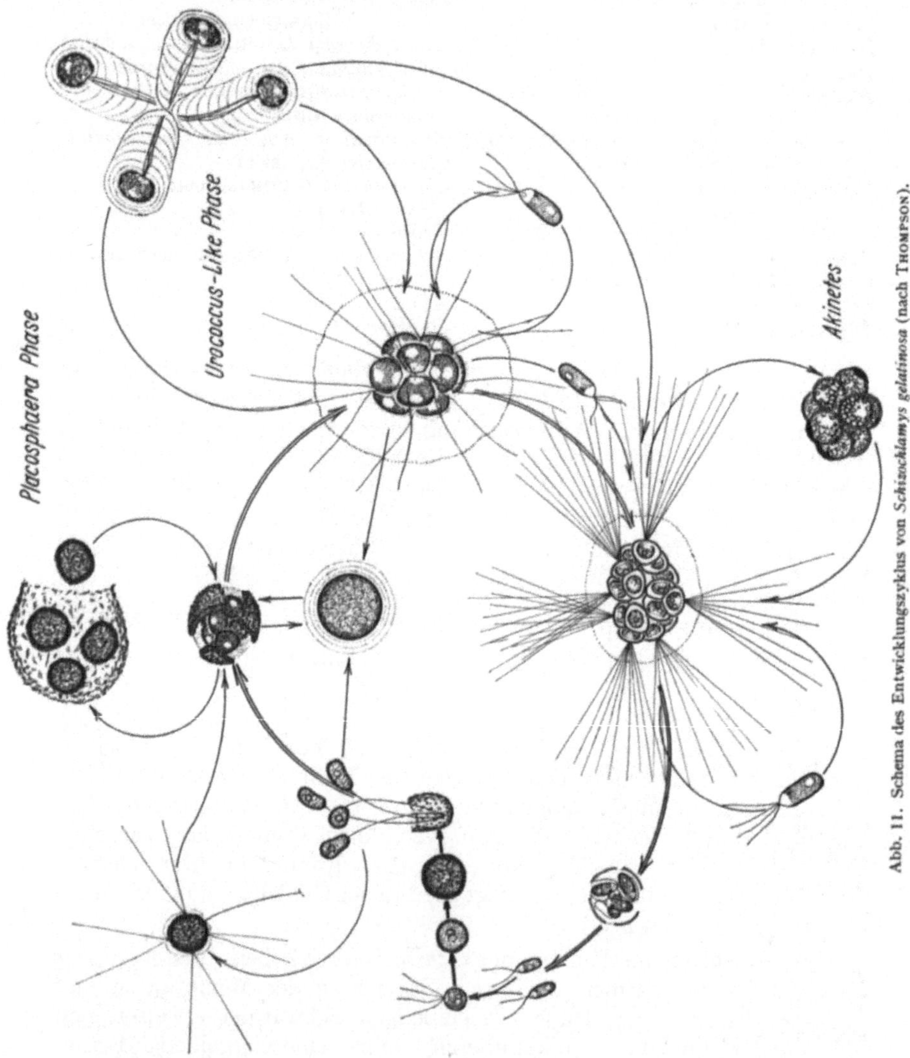

Abb. 11. Schema des Entwicklungszyklus von *Schizochlamys gelatinosa* (nach THOMSON).

Diese treten bereits mit verkalkten Membranen aus der Mutterhülle heraus. Oder aber der Inhalt zerfällt in unbehäutete Tochterzellen (Aplanogonidien), welche durch Ausscheidung von Gallerte und Ausbildung von Pseudocilien in den intermediär-pseudociliaten Zustand übergehen. Aus den Aplanogonidien können auch große runde Gallertcysten hervorgehen. Letztere entstehen oft auch direkt von den stipitaten Aplanosporen der Zygote. Außerdem können sich auch die Zellen des intermediär-pseudociliaten Zustands in derartige Gallertcysten umwandeln.

Aus den stipitaten Keimzellen entwickeln sich einzelne, mit Pseudocilien versehene Zellen vom *Schizochlamys*-Typus. Die Zellen des *Schizochlamys*-Stadiums können auch in Akineten übergehen. Bei zunehmender Trockenheit bildet sich auch noch eine *Urococcus*-ähnliche Phase, mit polarer Gallertausscheidung aus. Die Pseudocilien liegen in den geschichteten Gallertschläuchen axial gerichtet.

Die hier rekapitulierten Befunde sind vorerst systematisch interessant, weil sie zeigen, daß zwei bis dahin getrennt existierende Gattungen zu einem komplexeren ontogenetischen Entwicklungszyklus zusammengehören. Da dem Namen *Schizochlamys* die Priorität gebührt, muß dieser zur Kennzeichnung dieses Organismus beibehalten werden. *Placosphaera* DANGEARD und *Coelastrella* CHODAT werden zu Synonymen. Es erweist sich einmal mehr die Notwendigkeit, mit Hilfe der Reinkulturmethodik die Entwicklungsgeschichte einfacher Algenformen zu analysieren. Phylogenetisch wichtig ist der vorliegende Tatbestand ferner deswegen, weil hier im Gesamtzyklus eine monadoide und eine phycoide (coccale) Phase vereinigt sind. Diese letztere nimmt von der Zygote ihren Anfang, wodurch innerhalb der Ontogenese ein Typuswechsel vollzogen wird. Und schließlich noch eine Frage, die der Verf. nicht berührt hat. Die Zellen des intermediär-pseudociliaten und auch des *Urococcus*-ähnlichen Zustandes zeigen eine deutliche schiefe Ausrandung. In dieser schwach muldenförmigen Vertiefung entspringen die zwei Pseudocilien, die doch den Geißeln homolog sind. Die Zellen erweisen sich somit schwach pleurokont. Auch die begeißelten Schwärmer zeigen eine schwach angedeutete Dorsoventralität. Eigenartig ist auch der Chromatophorenbau der erwachsenen Zellen. Von einem basalen Pyrenoid strahlen mehrere bandförmige Lappen aus, in deren distalen Ende das Chlorophyll angereichert ist. In der optischen Draufsicht der Zelle entsteht daher das Bild von zahlreichen peripheren Plastidenscheibchen.

Alle diese Merkmale erheben die Frage, ob *Schizochlamys* wirklich zu den Tetrasporalen gehört. Oder stellt die von THOMPSON beschriebene Alge vielleicht einen konvergenten Typus hierzu dar? Allerdings, der Chromatophor der Schwärmer, wie auch die Lage des Augenfleckes, stimmen mit den Merkmalen der Phytomonadinen soweit überein.

Chloro- oder Protococcales
Characiaceae
Dictyococcus GERNECK
Characium A. BRAUN
Hydrodictyaceae
Euastropsis LAGERHEIM
Pediastrum MEYEN
Sorastrum KÜTZING
Oocystaceae
Eremosphaera DE BARY
Chlorella BEYJERINCK
Scenedesmus MEYEN

Actinastrum LAGERHEIM
Acanthosphaera LEMMERMANN
Micractinium FRESENIUS
Lagerheimia CHODAT
Chodatella LEMMERMANN em. FOTT
Oocystis NAEGELI
Nephrocytium NAEGELI
Kirchneriella SCHMIDLE
Gloeotaenium HANSGIRG
Tetraëdron KÜTZING
Treubaria BERNARD

4*

Coelastraceae
Steiniella BERNARD
Tetrallantos TEILING
Dictyosphaerium NAEGELI
Dimorphococcus A. BRAUN
Westella DE WILDEMAN
Crucigenia MORREN
Dispora PRINTZ
Hofmania CHODAT
Tetrastrum CHODAT
Coelastrum NAEGELI
Selenastrum REINSCH
Ankistrodesmus CORDA
Quadrigula PRINTZ
Elakatothrix WILLE
Closteriospora REVERDIN
Coccomyxa SCHMIDLE

Ulotrichales
Ulotrichaceae
Ulothrix KÜTZING
Hormidium (KÜTZ) KLEBS, neu:
  H. tribonematoideum
Geminella TURPIN
Radiofilum SCHMIDLE, neu:
  R. mesomorphum
Binuclearia WITTROCK
Planctonema LAUTERBORN
Gleotila KÜTZING, neu: *G. curta*
  G. turfosa
Catena CHODAT
Stichococcus NAEGELI, neu: *St. atomus,*
  St. minutissimus
Microsporaceae
Microspora THURET

Auf die hier aufgezählten Euchlorophyceen folgen dann als 4. Gruppe die *Conjugatae.* Während diese lediglich eine reichhaltige Artenaufzählung bringt, zeigt die Bearbeitung der Euchlorophyceen, welchen Formenreichtum selbst ein verhältnismäßig eng begrenztes Untersuchungsgebiet zu Tage gefördert hat. Dieser Unterschied springt besonders beim Vergleich mit den leider noch immer nicht neubearbeiteten Monographien in Paschers Süßwasserflora in die Augen.

Euglenomonadina (Euglenophyta).

Davon werden die beiden Ordnungen der Euglenales und Peranematales angeführt. Von den

Euglenaceae
sind die Gattungen behandelt:
Euglena EHRENBERG, neu: *E. vester-*
  bottnica, E. pyriformis, E. radians,
  E. gentilis
Lepocinclis PERTY
Phacus DUJARDIN
Strombomonas DEFLANDRE
Trachelomonas EHRENBERG
Colacium EHRENBERG
Eutreptia PERTY
Khawkinea JAHN et MCKIBBEN, neu:
  Kh. proxima
Cyclidiopsis KORSHIKOV
Astasia DUJARDIN, neu: *A. euglenoides,*
  A. curta, A. gibberula, A. norrvicensis,

A. elongata, A. robusta
Menoidium PERTY
Petalomonas STEIN, neu: *P. scutulum,*
  P. unguiformis
Distigma EHRENBERG, neu: *D. elongatum*
Sphenomonas STEIN, neu: *Sph. angusta*
Peranemataceae
Anisonema DUJARDIN
Notosolenus STOKES
Tropidoscyphus STEIN
Urceolus MERSCHKOWSKY, neu:
  U. gloeochlamys, U. vas
Heteronema STEIN, neu: *H. spirogyra,*
  H. plicatum
Peranema DUJARDIN, neu: *P. caudatum*
Entosiphon STEIN

Bemerkenswert ist, daß SKUJA in die Familie der Euglenaceen auch die apochlorotischen Gattungen aufnimmt und daß er die Gattung *Khawkinea,* die von PRINGSHEIM aufgegeben wurde, beibehält. In einem Anhang zu den farblosen Euglenalen wird noch die thiophile Gattung *Pelosigma* LAUTERBORN angeführt.

Hier muß auch auf die sorgfältige, auf jahrzehntelanger experimenteller Arbeit beruhende monographische Bearbeitung der Gattung *Euglena* durch PRINGSHEIM hingewiesen werden. Während die Darstellung von SKUJA, auch dank vorbildlich ausgeführter Abbildungen, für die Erkennung der Arten aus den natürlichen Standorten ein unentbehrliches Hilfsmittel darstellt, dringt PRINGSHEIM in die Unterscheidung der Arttypen und in die Analyse ihrer erblich und ökologisch bedingten Variabilität viel tiefer ein. Obwohl PRINGSHEIM seine Arbeit bescheiden als einen Anfang kennzeichnet, darf gesagt werden, daß sie einen Markstein der modernen, durch Reinkultur und physiologische Erforschung unterbaute Systematik dieser an sich schwierigen Protistengruppe bedeutet, und somit richtunggebend für die Erforschung der Flagellaten in modernem Sinne ist.

Die Arbeit gliedert sich in drei Abschnitte, in die Schilderung der morphologischen Verhältnisse, in die Darstellung der Reinkultur, Physiologie und Ökologie, und in die systematische Bearbeitung der Gattung *Euglena*, mit Berücksichtigung der anderen Euglenaceen. Im Hinblick auf die große Bedeutung vorliegender Arbeit mögen hier die Grundgedanken des Verf. wiedergegeben werden.

Die Klasse der *Euglenineae* oder *Euglenophyta* faßt PRINGSHEIM mit Recht als eine natürliche systematische Einheit innerhalb der Flagellaten auf, die zu keiner anderen Klasse nachweisbare Beziehungen aufweist. Bemerkenswert dabei ist, daß die Euglenaceen die einzigen Organismen sind, welche, wie die Chlorophyceen und die höheren Pflanzen, das Chlorophyll b nebst dem Chlorophyll a führen. Das Mengenverhältnis des Chlorophylls a zum Chlorophyll b ist sogar höher als bei den zwei genannten Gruppen und kann 10 übersteigen. Das Paramylon verrät im polarisierten Licht eine ähnliche Mikrostruktur wie die Stärke, unterscheidet sich von dieser jedoch dadurch, daß sie mit Jod keine für die Stärke charakteristische Farbreaktion gibt. Algenartige Gestaltungen fehlen bei den Eugleninen ganz; sie sind somit typische Monaden.

Zu den grünen Euglenaceen werden 11 Gattungen, und zwar

Euglena	*Phacus*	*Strombomonas*
Colacium	*Lepocinclis*	*Ascoglena*
Eutreptia	*Cryptoglena*	*Klebsiella*
Eutreptiella	*Trachelomonas*	

gerechnet. Unter diesen Gattungen zeigt *Euglena* die weitestgehenden Verschiedenheiten in der Form, im Starrheitsgrad des Periplasten und in der Zellstruktur, insbesondere in der Gestaltung des Plastidoms. Die frühere Vorstellung, die PRINGSHEIM (1948) gewonnen hatte, wonach alle anderen Gattungen einfacher und einförmiger in diesen Beziehungen seien, hat er später, auf Grund neuerer Erkenntnisse, fallen lassen (1953). Die Mehrzahl der *Trachelomonas*-Arten besitzt ein inneres Pyrenoid, welches bei keiner Art von *Euglena* vorgefunden wurde. Ähnlich verhält sich auch *Colacium*. Zwei von PRINGSHEIM (1953) untersuchte Arten von *Eutreptia* stimmen in der inneren Zellstruktur mit *Euglena* überein. Daraus ergibt sich, daß allgemeine Diagnosen für die Gattungen der Euglenaceen nicht leicht zu fassen sind. Trotzdem versucht PRINGSHEIM, auf Grund seiner reichen Erfahrungen, die folgende Charakterisierung zu geben, die zweifellos als grundlegend gelten kann.

Euglena. Zellkörper asymmetrisch. Starke Variation in Form, Metabolie, Chromatophoren, Pyrenoiden und Geißellänge. Niemals mehr als eine aktive Geißel. Beziehungen zwischen gewissen Arten oder Artengruppen von *Euglena* und den anderen Gattungen der Euglenaceen sind erkennbar, obwohl die Gattungsgrenzen im wesentlichen klar sind. Dagegen ist die Abgrenzung zwischen *Euglena* und *Astasia* nicht leicht, weil es chlorophyllfreie Formen gibt, die vornehmlich zu *Astasia* gerechnet werden, welche von *Euglena gracilis* abgeleitet werden können. Das Vorkommen eines Augenflecks bei einer farblosen Form wird im allgemeinen als ein Indizium für eine nahe Beziehung zu einer grünen Form aufgefaßt. Apochlorotische Parallelformen zu *E. acus, E. mutabilis* und *E. viridis* sind bekannt, ebenso wie zu *Trachelomonas, Phacus* und *Lepocinclis.*

Colacium. Zellen asymmetrisch mit schwacher Metabolie. Die Zellen setzen sich mit dem apikalen Ende, namentlich auf kleinen Wassertieren, mittels Gallertausscheidung fest. Diese Haftgallerte kann rosettenförmig oder als lange, verzweigte Gallertstiele ausgebildet sein. Die Plastiden sind schildförmig, mit inneren, hervortretenden Pyrenoiden, die mit schalenförmigen Paramylonkappen bedeckt sind. Mehrkernige Palmellastadien kommen vor.

Eutreptia. Stark metabol mit Bildung sphärischer Anschwellungen, was an das farblose *Distigma* erinnert. Paramylonherde, von denen die bandförmigen Plastiden radial ausstrahlen, ähnlich wie in der *Euglena viridis*-Gruppe. Auch die häufige Umwandlung der Bänder in kürzere Chromatophoren erinnert an diese Gruppe. Zwei gleich- oder ungleichlange Geißeln (letzteres bei *Eutreptiella*). In verschmutztem Brackwasser.

Lepocinclis. Keine Metabolie, Periplast fest. Zelle im Querschnitt kreisrund. Mündung des Pharynx median. Keine Pyrenoide. Nebst kleinen Paramylonkörnchen zwei große, gebogene „Ringe", die an der breitesten Stelle der Zelle opponiert liegen. Spiralstreifung der Zelle oft stark ausgeprägt. Farblose Parallelformen als *Gyropaigne* (Skuja 1939) beschrieben. Eine lange und aktive Geißel, und eine ganz kurze, nicht über die Mündung hinausragende Geißel. Plastiden klein.

Phacus. Ähnlich der vorangehenden Gattung, doch $\pm$ abgeflacht, oft ganz flach und mit Falten, Querschnitt selten regelmäßig. Chromatophoren ähnlich wie bei Lepocinclis. Farblose Form: *Hyalophacus* (Pringsheim, 1936). Große hut- oder ringförmige Paramylonkörper, einzeln, zu zweit oder zu dritt vorhanden. Die oft augenfällige Streifung spiralig. Geißeln wie bei *Lepocinclis.*

Trachelomonas. Braune, spröde Gehäuse mit enger Öffnung, durch welche die Geißel hervortritt. Hülle verschiedentlich skulpturiert, bestehend aus einer mit Eisen- und Manganverbindungen vererzten, zarten organischen Hülle. Der Protoplast innerhalb der Hülle mit weichem Periplast, metabol. Zwei Chromatophoren mit in der Regel inneren, oder mit nackten Pyrenoiden oder selten ohne solche; in einer Gruppe mit doppelter Schalenhülle. Geißeln lang, sonst ähnlich wie bei *Lepocinclis.*

PRINGSHEIM führt dann aus, daß die Gattung *Euglena* stillschweigend als der Grundtypus hingenommen wird, von dem die übrigen Euglenineen im Laufe der evolutiven Gestaltung abstammen. In Wirklichkeit aber stellt er fest, daß die *Euglena*-Arten so sehr von der mutmaßlichen Ausgangsform abweichen, daß die Gattung mit keiner anderen Gattung der Euglenaceen verglichen werden kann. Einige Arten von *Phacus*, z. B. *Ph. pyrum*, werden von einigen Autoren zu *Euglena* gerechnet, und KORSHIKOV (1941) belegt ein Glied der *Phacus pyrum*-Gruppe, infolge seiner leichten Metabolie, mit dem Namen *Euglena torta*. Doch ist Metabolie bei allen *Phacus*-Arten bekannt. Oder, *Euglena tripteris* und angeschlossene Formen wurden manchmal als Arten von *Phacus* aufgefaßt, dem sie tatsächlich näher als *Euglena gracilis* stehen.

Eine Unterteilung der Gattung *Euglena* in natürliche Artengruppen stößt auf ernstliche Schwierigkeiten. PRINGSHEIM wirft folgende drei Fragen auf: 1. Welche sind die systematisch wichtigsten Hauptmerkmale? 2. Wie sind die Beziehungen zwischen den Gliedern von *Euglena* und den anderen Gattungen? 3. Welche *Euglena*-Art ist die primitivste, d. h. welche Art hat sich am wenigsten von der gemeinsamen Ursprungsform verwandelt?

1. PRINGSHEIM gelangt zu der Erkenntnis, daß weder die Form, noch der Grad der Metabolie, und noch viel weniger die Dimensionen ausreichen, um eine Art zu erkennen, ohne das Chromatophoren-System zu berücksichtigen, welches von PRINGSHEIM [in Übereinstimmung mit SCHMITZ (1884) und kürzlich mit CHU (1947] als das wertvollste taxonomische Merkmal erkannt wird.

2. *Phacus* und *Lepocinclis* besitzen kleine, linsenförmige Plastiden, ähnlich wie *Euglena tripteris*, *E. limnophila* u. a. *Trachelomonas* hat schildförmige Chromatophoren mit doppeltbehüllten Pyrenoiden, ähnlich wie *Euglena gracilis* u. a. Die Mehrzahl jedoch besitzt nach innen hervorragende Pyrenoide, ähnlich wie bei *Colacium* auch, eine Eigentümlichkeit, die PRINGSHEIM bei keiner *Euglena*-Art beobachten konnte. *Eutreptia* hat ein sternförmiges Plastiden-System, ähnlich dem von *Euglena viridis*. Die Merkmale des Plastidoms können somit die Grenzen der Gattungen überschneiden, so daß Beziehungen zwischen Gruppen innerhalb der Gattung *Euglena* und anderen Euglenaceen bestehen; doch hebt PRINGSHEIM hervor, daß das Chromatophoren-Merkmal deshalb nicht wertlos ist.

3. Bekanntlich hatte MAINX (1927) die Gattung *Eutreptia*, mit ihren zwei gleichlangen Geißeln und dem symmetrischen Zellkörper als primitiv angesprochen. PRINGSHEIM jedoch schließt sich dieser Anschauung nicht an, weil sich bei näherer Kenntnis dieses Organismus gezeigt hat, daß *Eutreptia* weder in der Form einfach ist, noch daß sie zwei gleichlange Geißeln besitzt, noch daß sie in ihrer Zellstruktur primitiv ist. MAINX (1928) hat ferner auf Grund physiologischer Betrachtungen vermutet, daß *Euglena gracilis* der gemeinsamen Ursprungsform der Gattung am nächsten stünde. PRINGSHEIM meint dazu, daß diese Art in bezug auf ihr ernährungsphysiologisches Verhalten eine große Plastizität beibehalten hat. Sie nützt ihr photosynthetisches System

aus, und zugleich ist sie in der Lage, ohne Lichtenergie, von organischen Substanzen Gebrauch zu machen. Sie hat auch zu apochlorotischen Rassen geführt, welche sich wie selbständige Arten verhalten. Jedoch, ihre Chromatophoren mittlerer Größe und Zahl, und mit doppelschaligen Pyrenoiden, erwecken bei PRINGSHEIM nicht den Eindruck von Primitivität.

PRINGSHEIM setzt sich noch mit einigen anderen Autoren auseinander, weswegen auf das Original verwiesen wird. Er kommt dann auf die Validität der fast hundert beschriebenen Arten und Varietäten zu sprechen, von denen nach ihm rund die Hälfte abgeschafft werden kann. Es ist nicht möglich, ohne eine Kulturenkontrolle die vielen im Freien auffindbaren Formen mit Sicherheit zu bestimmen. Selbst bei Heranzüchtung einer genügenden Anzahl von Klonen findet man mehr und mehr selbständige Formen, welche zwar in bestimmte Gruppen eingereiht werden können, obwohl sie oft so ähnlich sind, daß es unmöglich ist zu entscheiden, welche von ihnen den ursprünglich beschriebenen Typus vorstellen. Solchen abweichenden Formen wurden Artbezeichnungen beigelegt wie z. B. *Euglena fusca* LEMM., *E. stellata* MAINX, *E. terrestris* DANG., die den Arten *E. spirogyra* EHRBG., *E. viridis* EHRBG., *E. geniculata* SCHMITZ nahestehen. Der beste Weg ist, nach PRINGSHEIM, der, die alten Namen zu verwenden, so weit sie bestimmte morphologische Eigenschaften erfassen, die für Gruppen von Formen im Sinne von Sammelarten charakteristisch sind. Dieses Vorgehen läßt sich bei den Typen *E. viridis*, *E. deses*, *E. pisciformis*, *E. acus* usw. anwenden. Die kleineren Einheiten, die durch die Klone repräsentiert werden, könnten dann als Varietäten beschrieben werden, soweit dies als notwendig erscheint. Dies kann auch dort angewandt werden, wo zu kleine Einheiten als Arten benannt worden sind. Oder man kann, dem Beispiel von KLEBS (1883) folgend, diese kleinen Einheiten mit α, β, γ usw. bezeichnen, die, wenn erwünscht, immer noch mit Namen belegt werden können. Diese Vorschläge beruhen auf experimentell gewonnenen Erfahrungen des Verf's.

Es kommt nämlich vor, daß ein gewisses cytologisches oder physiologisches Merkmal, bei wiederholten Untersuchungen ein und derselben Species, nicht bestätigt werden kann. Ein solcher Widerspruch kann nur geklärt werden, wenn brauchbare Klone für den Vergleich vorliegen. Es kann weiter auch vorkommen, daß bei der Artbeschreibung ein schwer zu beobachtendes Merkmal übersehen wurde. In einem solchen Fall kann der Irrtum nur dann beseitigt werden, wenn der betreffende Stamm konserviert wurde oder ausreichende Abbildungen vorliegen. Solche glückliche Umstände erlauben z. B. *E. deses* MAINX als *E. geniculata*, *E. klebsii* MAINX als *E. mutabilis*, *E. rostrifera* JOHNSON als *E. granulata*, und *Lepocinclis radiata* CHADEFAUD als eine *Euglena* zu identifizieren.

Eine Erschwerung bei der Erkennung der Arten ist auch ihre weitgehende Größenvariation. DEFLANDRE hat sich mit dieser Frage bei *E. acus* eingehend beschäftigt und kam zu dem Resultat, daß es sich hier um eine Sammelform handelt, und zwar im Sinne einer Vereinigung von

Varietäten und nicht um eine ultrapolymorphe Species. Die Experimente von PRINGSHEIM haben diese Auffassung bestätigt. Ähnliches gilt auch für die Sammelarten *E. pisciformis*, *E. deses*, *E. viridis* u. a. In einer Anzahl von Fällen gibt es Gruppen ähnlicher Formen, die z. T. sogar mit eigenen Artnamen belegt wurden, die sich hauptsächlich in der Größe voneinander unterscheiden. Solche ähnlich aussehenden Größenvarianten findet man bei *E. spirogyra* und *E. fusca*, oder bei den verschiedenen Formen von *E. oxyuris*. Bei genauerer Betrachtung findet man jedoch noch andere Unterschiede als die in der Größe, so z. B. bei *E. thinophila* SKUJA, *E. anabaena* MAINX typ., var. *minor* und *major* MAINX, *E. caudata* HÜBNER und vielleicht auch bei *E. pisciformis* und *E. granulata*. In diesen Formengruppen ist die Zahl der Chromatophoren ungefähr proportional zum Volumen des Zellkörpers und des Zellkernes. PRINGSHEIM vermutet auch eine Korrelation zur Zahl der Chromosomen, obwohl die Bestimmung dieser Zahl noch bei keiner Eugleninee bisher gelungen ist. Bei *E. gracilis*, *E. variabilis*, *E. proxima* u. a. sind die Größenvarianten weniger stark ausgeprägt. Aus all dem schließt PRINGSHEIM, daß innerhalb einer solchen Formengruppe die kleinsten davon die ursprünglichsten darstellen dürften, von denen sich die anderen ableiten lassen. Wichtig sind weiter geringe morphologische und physiologische Unterschiede, welche als ökologisch bedingte Anpassungen angesehen werden können, woraus sich die Notwendigkeit eines genauen Studiums von Klonen im Wege der Reinkultur ergibt. So sind für *Euglena gracilis* Stämme bekannt, welche sich bei einer Temperatur über 28° C nicht vermehren, während andere noch bei 32° C gedeihen und die meisten davon bei 34° C die Chromatophoren verlieren. Solche Unterschiede dürften eine ökologische Bedeutung haben.

Trotz allen hier wiedergegebenen Komplikationen hält es PRINGSHEIM doch für geboten, innerhalb der Gattung *Euglena* eine taxonomische Gliederung zu entwerfen, die sich auf das System von CHU stützt. Versuchsweise nimmt er eine Einteilung vor in die Untergattungen:

Rigidae	Typusart:	*Euglena acus*
Centiferae	,,	*E. proxima*
Latilliferae	,,	*E. gracilis*
Radiatae	,,	*E. viridis*
Serpentes	,,	*E. deses*

Gemäß dem Charakter dieses Berichtes muß es dem Ref. versagt bleiben, auf die vielen morphologischen und physiologischen Details, welche in der Pringsheimschen Abhandlung enthalten sind, einzugehen. Wenn Verf. am Schluß meint, daß eine ,,wirkliche'' Monographie der Gattung *Euglena* der Zukunft vorbehalten sein muß, so ist das der Ausdruck eines vorsichtigen und erfahrungsreichen Forschers, der die Schwierigkeiten, erbliche Variationen von umweltbedingten Modifikationen zu unterscheiden, aus dem Experiment heraus erkannt hat.

Chrysophyceae (Chrysophyta).

Die Gruppe der Chrysophyta gliedert SKUJA, dem Beispiel PASCHERs folgend, in die drei Gruppen der *Chrysophyceae*, der *Diatomeae* oder

Bacillariophyceae und der *Heterokontae* oder *Xanthophyceae*. Die Einwände, die gegen eine solche Zusammenziehung erhoben werden können, fallen nicht so sehr ins Gewicht, da die vorliegende Abhandlung vornehmlich floristischen Charakters ist, bei der phylogenetische Fragen weniger in den Vordergrund treten. Immerhin, einiges kann nicht ganz unwidersprochen bleiben.

Was die   *Chrysophyceae*

im engeren Sinne betrifft, so entspricht die Aufteilung den bisher üblichen Vorstellungen.

Chrysomonadidae
Chromulinales
Euchromulinaceae

Chromulina Cienkowsky, neu: *Ch. dalecarlica*, *Ch. tenera*, *Ch. diachloros*, *Ch. suprema*, *Ch. pigra*, *Ch. pyramidata*
Monochrysis Skuja, neu: *M. parva*, *M. agilissima*, *M. hyalina*
Chrysococcus Klebs
Kephyrion Pascher, neu: *K. boreale*
Chrysococcocystis Doflein, neu: *Ch. ampulla*
Stenokalyx Schiller

Cyrtophoraceae
Pseudopedinella N. Carter

Mallomonadaceae
Mallomonas Perty   *Conradiella* Pascher
Isochrysidales
Isochrysidaceae

Erkenia Skuja

Coccolithophoraceae
Hymenomonas Stein

Synuraceae (Euhymenomonadaceae)

Synura Ehrenberg, neu: *S. lohammari*, *S. lapponica*
Chlorodesmus Philipps

Ochromonadales
Ochromonadaceae

Ochromonas Wyssotzky, neu: *O. obliqua*, *O. globosa*, *O. basivacuolata*, *O. sparseverrucosa*, *O. carinata*, *O. caliginea*, *O. ornata*, *O. margaritata*, *O. sessilis*, *O. angulosa*.
Chrysomorum n. gen.
Uroglena Ehrenberg
Synochromonas Korshikov, neu: *S. perlata*
Eusphaerella Skuja
Cyclonexis Stokes

Lepochromonadaceae

Pseudokephyrion Pascher ampl. Ger. Schmid   *Chrysoxys* Skuja
Stylochrysallis Stein   *Derepyxis* Stokes
                                                     Dinobryon Ehrenberg
Rhizochrysidae
Rhizochrysidales
Rhizochrysidaceae

Chrysamoeba Klebs, neu: *Ch. mikrokonta*
Rhizochrysis Pascher, neu: *Rh. nobilis*, *Rh. tetragena*
Chrysidiastrum Lauterborn
Chrysostephanosphaera Scherffel

Chrysosphaeridae
Chrysosphaerales
Diceraceae n. fam.

Diceras REVERDIN

Chrysosphaeraceae

Phaeogloea CHODAT

Stichogloeaceae

Stichogloea CHODAT

Man wird hier, wie im Falle der Chlorophyta Bedenken äußern, die Rhizomastiginen, Craspedomonadinen und Amphimonadinen dem Verwandtschaftskreis der Chrysophyceen zuzuzählen. Der Nachweis typischer Chrysomonaden-Cysten bei einigen Monadalen hingegen lassen es gerechtfertigt erscheinen, sie als farblose Chrysomonaden (Ochromonaden) aufzufassen. Was die ebenfalls heterotrophen Amphimonaden betrifft, so läßt sich, wenn überhaupt, bestenfalls ein Anschluß an die autotrophen Phytomonadinen vermuten. Zwischen Craspedomonaden und Chrysomonaden ist es, nach unseren gegenwärtigen Kenntnissen vom Zellbau und von der Geißelstruktur, nicht möglich, phylogenetische Beziehungen aufzudecken, und bei der heterogenen Beschaffenheit der Rhizomastiginen erübrigen sich heute derartige Spekulationen von selbst. Hingegen verdienen die Erörterungen von SKUJA über die Chrysomonaden s. str. Erwähnung. Er hebt hervor, daß in drei verschiedenen Ordnungen, nämlich den Chromulinalen, Isochrysidalen und Ochromonadalen, homologe Gestaltungen von solitären und kolonialen Formen, mit grundsätzlich gleichgestalteten Kieselschuppen und -nadeln des Periplasten, bekannt sind. Auch in der cytologischen Beschaffenheit (Plastidenform, Pigmente, Leucosin-Speicherung, Cystenbau) stimmen alle diese Reihen überein, aber in der Begeißelung sind Unterschiede, vor allem in der Längenverschiedenheit der Nebengeißel, vorhanden. Allerdings kommt es hier nicht bloß auf die absolute bzw. relative Länge, die selbst bei Individuen ein und derselben Art variieren kann, sondern weit mehr auf die Feinstruktur und auf die Dynamik der Geißeln an. Die Bemerkung von SKUJA: „Die traditionelle und bequeme ‚Geißelsystematik' bedarf daher in vielen Fällen, so auch bei den Chrysomonaden, noch einer gründlichen Revision" ist sicherlich richtig, wenn man alle Geißelmerkmale mit berücksichtigt. Für die Chrysomonaden stellt sich die interessante Tatsache heraus, daß zwar die Grundorganisation der Zelle einen einheitlichen Aspekt bietet, in der Morphologie und in der Dynamik der Geißeln jedoch Unterschiede vorhanden sind, welche, so weit unsere derzeitigen Kenntnisse reichen, geeignet erscheinen, die drei Ordnungen der Chromulinales, Isochrysidales und Ochromonadales voneinander abzugrenzen.

Hinzu kommt jetzt noch eine weitere Formengruppe, welche durch die von PARKE, MANTON u. CLARKE (1), (2) untersuchte marine Gattung *Chrysochromulina (Ch. kappa, Ch. minor, Ch. brevifilum, Ch. ericina, Ch. ephippium* und *Ch. alifera)* repräsentiert wird. Die Vertreter dieser Gattung besitzen zwei gleichlange oder höchstens ganz wenig ungleich lange, in der Regel homodynamische bis heterodynamische Geißeln, mit nur kurzem akronematischen Anhänsel und ohne seitliche Mastigonemen.

Sie entspringen apikal oder ± subapikal. Dazu kommt ein retraktiles, ± langes Haptonema, welches eine andere Feinstruktur als die Geißeln besitzt und wohl als Tastorganell bzw. als eine die feste Nahrung einfangende Vorrichtung funktionieren dürfte. In diesem Punkt besteht eine Ähnlichkeit mit der Gattung *Prymnesium* und, wie letzthin KORNMANN (vgl. Fortschr. Bot. **18**, 60) gezeigt nat, auch mit *Phaeocystis*.Von den letztgenannten Gattungen liegen aber noch keine elektronenmikroskopischen Beobachtungen über den Feinbau der Geißeln und des Haptonemas vor. Sollte darin eine Übereinstimmung gefunden werden, dann stünde gegen die Aufstellung einer vierten, genau charakterisierbaren Ordnung innerhalb der Chrysomonaden nichts im Wege.

Ergänzend sei noch darauf hingewiesen, daß der Periplast von *Chrysochromulina* von kleinen Kieselschüppchen von rundlichem Umriß bedeckt ist. Bei einigen Arten erhebt sich vom Zentrum der Schuppen ein ± langer Dornfortsatz. Im Elektronenmikroskop zeigen die Schüppchen eine radiale Feinstruktur. Der Rand der Schuppe ist ± wulstförmig verdickt. Ähnliche Schüppchen besitzt, wie aus Untersuchungen im Labor des Ref. hervorgeht, auch die Gattung *Physomonas*.

Aus den Austernbecken der Biologischen Anstalt Helgoland in List (Sylt) hat v. STOSCH eine Rohkultur einer sessilen *Syracosphaera*-ähnlichen Form gewonnen. Daraus wurde neben einigen Klonen dieses Organismus' eine braungefärbte Alge isoliert, die wegen des ähnlichen Aussehens mit der Xanthophycee *Heterococcus* als *Heterococcus*-Phase protokolliert wurde. In allen weitergeführten Kulturröhrchen fanden sich die *Syracophaera*-Panzerflagellaten mit den Thallis der *Heterococcus*form vergesellschaftet. Letztere geht als Keimungsprodukt nackter, zweigeißeliger und isokonter — „oder genauer dem *Prymnesium*-Typ folgender" — Schwärmer hervor. Diese Schwärmer entstehen zu viert innerhalb der Mutterschale der *Syracosphaera*-Form. Bei der normalen Zellteilung hingegen schnüren sich die Zellen samt dem Panzer durch; „dabei treten also keine nackten Schwärmzellen auf". In Weiterkulturen wächst die *Heterococcus*-Phase in Gestalt von mehr als 1 mm im Durchmesser großen Einzelpflanzen von algenartigem Aussehen weiter. Eine Weitervermehrung derselben geschieht durch isokonte Schwärmer, „und wenn diese in größeren Mengen auftreten, finden sich später auch *Syracosphaera*-Monaden in der Kultur". Die kurz abgefaßten Befunde sind von großem systematischen Interesse. Leider läßt beigefügte Abbildung nicht klar erkennen, ob es sich um eine echte *Syracosphaera* handelt. Die Angabe, daß die Schwärmer nach dem *Prymnesium*-Typ gebaut sind, läßt die Möglichkeit offen, daß es sich um einen konvergenten, coccolithenführenden Typus, wie im Falle der heterokonten *Ochrosphaera*, handeln könnte. Auch der Zellvermehrungsmodus wäre dann analog. Von Bedeutung ist ferner der Passus: „Sollte mit dem Übergang zwischen den beiden Formen ein Kernphasenwechsel verbunden sein, was denkbar ist und noch geklärt werden soll, so könnte die Alge nur den Gametophyten darstellen". Das wäre ein Fall, der, wie Verf. richtig betont, noch niemals bei einem Flagellaten beobachtet worden ist. Man wird dabei mit Spannung auf die ausführliche Veröffentlichung warten dürfen.

Von systematischem Interesse ist weiters die Feststellung von BOURRELLY u. DRAGESCO, wonach sich der lange Zeit unter dem Namen *Nitzschia closterium* f. *minutissima* geführten Organismus im Meeresplankton auf Grund einer neueren cytologischen und elektronenmikroskopischen Untersuchung als eine Chrysococcale, und zwar als *Phaeodactylon tricornutum* BOHLIN, erwiesen hat. Die ursprüngliche Diagnose von BOHLIN aus dem Jahre 1897 wird damit als richtig befunden.

Bacillariophyceae.

Hier sei bloß auf die Artenaufzählung von SKUJA über das von ihm untersuchte Seengebiet hingewiesen.

Xanthophyceae.

Die Ausbeute von SKUJA an diesen Organismen erstreckt sich auf die Familien der *Pleurochloridaceae, Gloeobotrydaceae, Characiopsidaceae, Chlorotheciaceae, Botryococcaceae* und *Tribonemataceae.* Am Schluß wird die Familie der *Microthamnionaceae,* mit *Microthamnion strictissimum* angeführt. Die Stellung dieser Gattung ist lange Zeit etwas kontrovers. Ref. möchte hier bloß darauf hinweisen, daß auf Grund von in seinem Laboratorium ausgeführten chromatographischen Pigmentuntersuchungen und von elektronenmikroskopischen Aufnahmen der Schwärmer, die Zugehörigkeit dieser Gattung zu den Chlorophyceen entschieden ist (noch unveröffentlicht).

Pyrrophyta.

Mit der Existenzberechtigung für die von PASCHER seinerzeit vorgeschlagene Klasse der Pyrrophyten hat sich Ref. in seinem ersten Sammelreferat (vgl. Fortschr. Bot. **17**, 152) auseinandergesetzt. Er steht auch heute noch auf dem, auch von den französischen Autoren mit Recht bezogenen Standpunkt, daß die Beibehaltung der *Pyrrophyta* nicht vertretbar ist. Zwischen den Chloromonaden, Cryptomonaden und Dinomonaden, die SKUJA, wohl mehr aus praktischen Bedürfnissen heraus, als *Chloromonadophyceae, Cryptophyceae* und *Peridineae* seu *Dinophyceae* in diese übergeordnete Gruppe vereinigt, lassen sich beim besten Willen keine phylogenetisch begründeten Zusammenhänge nachweisen. Und noch eine Parenthese: Phyceen sind Algen und Monaden sind Flagellaten. Man kann daher eine Organismengruppe, die, wie die Chloromonadinen, ausnahmslos aus typischen Monadenformen besteht, nicht Chloromonadophyceen nennen. Das ist eine contradictio in adjecto.

Was nun die von SKUJA vorgenommene Gliederung der Chloromonaden anbelangt, so stellt er an den Anfang die Familie der *Monomastigaceae* mit der einzigen Gattung *Monomastix* SCHERFFEL, von der er drei neue Arten (*M. astigmata, M. minuta* und *M. pyrenigera*) und zwei Varietäten (*M. astigmata* var. *simplex* und *M. opisthostigma* var.

tenuis) beschreibt. Die Gattung *Monostigma* bereitet dem Systematiker immer noch Schwierigkeiten, wenn es sich darum handelt, ihre natürliche Stellung im System der Flagellaten zu ermitteln. Immerhin, daß sie zu den Chloromonaden nicht gerechnet werden kann, dürfte wohl anzunehmen sein. Dagegen bedeutet die Aufstellung der Familie der *Thaumatomastigaceae*, mit der alten Gattung *Thaumatomastix* LAUTER-BORN und der interessanten neuen Gattung *Hyaloselene*, eine wertvolle Bereicherung der Chloromonaden. Man hat den Eindruck, daß diese Familie, trotz der Farblosigkeit, am richtigen Ort steht. Es darf allerdings nicht übersehen werden, daß HOLLANDE, im Grasséschen Handbuch (1952), die *Thaumatomonadidae*, nov. f., in die Ordnung der Bodoniden untergebracht hat, wofür auch gewichtige Umstände sprechen.

Cryptomonadinae

Hier werden die Familien der

Cryptomonadaceae

Rhodomonas KARSTEN
Chroomonas HANSGIRG
Cryptomonas EHRENBERG, neu: *C. cylindracea, C. cuprea, C. borealis*
Chilomonas EHRENBERG, neu: *Ch. cryptomonadoides*
der

Cyathomonadaceae

Cyathomonas FROMENTEL
der

Katablepharidaceae

mit der von SKUJA 1948 aufgestellten Gattung Katablepharis
Cryptaulax SKUJA
neu: C. taeniata, C. conoidea, C. thiophila
Phyllomitus STEIN
Cyanophora KORSHIKOV
und der

Senniaceae

Sennia PASCHER em. SKUJA

Dinomonadina

(Dinophyceae seu Peridineae)

Adiniferae
Athecales
Protaspidaceae

Protaspis SKUJA

Diniferae
Gymnodiniales
Gymnodiniaceae

Amphidinium CLAPARÈDE et LACHMANN, neu: *A. lohammari*
Gymnodinium STEIN, neu: *G. limitatum, G. purpureum, G. oligoplacatum. G. simile,*
G. poculiferum
Spirodinium SCHÜTT
Massartia CONRAD

Peridiniales
Glenodiniaceae

Hemidinium STEIN
Glenodinium (EHRENBERG) STEIN
Staszicella WOLOSZYNSKA

Peridiniaceae

Peridinium EHRENBERG
Diplopsalis BERGH
Ceratium SCHRANK

              Dinococcales
              Dinococcaceae

Cystodinium KLEBS
Tetradinium KLEBS

THOMPSON (2) hatte Gelegenheit, eine größere Zahl von Arten der von EHRENBERG (1845) aufgestellten Gattung *Cenchridium* zu studieren, die SCHILLER (1933) in die Familie der Prorocentraceae gestellt hatte. THOMPSON hält dies für unrichtig, ohne jedoch eine sichere systematische Stellung für diese Gattung angeben zu können. Am wahrscheinlichsten dürfte sie in den Kreis der *Testaceae* unter den Sarcodinen gehören.

Literatur.

BOURRELLY, P., et J. DRAGESCO: Bull. Microsc. Appl. 5, 41—44 (1955).

PARKE, M., I. MANTON and B. CLARKE: (1) J. Mar. Biol. Assoc. U. Kingd. 34, 579—609 (1955). — (2) J. Mar. Biol. Assoc. U. Kingd. 35, 387—414 (1956).

PRINGSHEIM, E. G.: Nova Acta Leopoldina, N. F. 18, Nr. 125 (1956).

SKUJA, H.: Nova Acta Reg. Soc. Sci. Upsaliensis, Ser. IV, 16, Nr. 3 (1956).—

STOSCH, H. A. v.: Naturwiss. 42, 423 (1955).

THOMPSON, R. H.: (1) Amer. J. Bot. 43, 665—672 (1956). — (2) Trans. Roy. Soc. New Zealand, 83, 637—642 (1956).

5 b. Systematik und Stammesgeschichte der Pilze.

Von HEINZ KERN, Zürich.

I. Archimyceten und Phycomyceten.

Zur Ergänzung der im Bereich der wasserbewohnenden Phycomyceten gebräuchlichen stammesgeschichtlichen Merkmale (Begeißelung der Zoosporen, Organisationshöhe des Vegetationskörpers, Fortpflanzungstypen) zieht CANTINO einige physiologische Eigenschaften dieser Pilze heran. An den Anfang seines Entwicklungsschemas stellt er hypothetische Ausgangsformen, welche die notwendigen Wuchsstoffe selbst synthetisieren und sich von Nitraten und Sulfaten ernähren können. Von hier aus leitet er zwei Reihen ab, in denen die physiologischen Leistungen Schritt für Schritt rückgebildet werden.

Die erste Reihe führt über die Chytridiales zu den Blastocladiales, umfaßt also eingeißelige Formen. Die bis heute untersuchten Vertreter dieser Gruppen wandeln die aufgenommenen Kohlenstoffverbindungen weitgehend in Säuren (vor allem Milchsäure) um und benötigen z. T. sehr wenig Sauerstoff. Die Fähigkeit zur Assimilation von Nitraten und Sulfaten und zur Wuchsstoffsynthese geht mehr und mehr verloren (Wachstum nur mit Ammonsalzen oder mit organischem Stickstoff, Aneurin- und Biotinheterotrophie u. a.). Die zweite Reihe umfaßt die (zweigeißeligen) Oomyceten. Diese Pilze scheinen einen vorwiegend oxydativen Stoffwechsel zu besitzen und wenig organische Säuren zu bilden. Auch in dieser Reihe werden die assimilatorischen und synthetischen Fähigkeiten stufenweise reduziert.

Diese Befunde bestätigen somit im wesentlichen das auf Grund der Zoosporenbegeißelung usw. anzunehmende Schema. Fraglich bleibt noch der Ursprung der beiden Entwicklungsreihen; fraglich bleibt auch die Stellung der Monoblepharidales, die sich am ehesten an die Blastocladiales anschließen lassen, jedoch nach früheren Angaben (die mit neueren Methoden nachgeprüft werden sollten) in den Zellwänden Cellulose statt Chitin enthalten. Es ist zu hoffen, daß weitere physiologisch-biochemische Untersuchungen die noch offenen Lücken schließen werden; auch für Systematik und Stammesgeschichte anderer Pilzgruppen lassen sich zweifellos ähnliche Gesichtspunkte vermehrt in Betracht ziehen.

Synchytriaceen. KARLING (2) erörtert die stammesgeschichtlichen Beziehungen innerhalb der Synchytriaceen, soweit dies heute schon möglich ist. An den Anfang stellt er die Arten von *Micromycopsis* mit zwei Zoosporengenerationen (Fortschr. Bot. **13**, 92) und gelangt von hier aus durch Rückbildung der primären Zoosporen zu *Endodesmidium* und schließlich zu *Synchytrium* (inkl. *Micromyces*). Innerhalb dieser Gattung treten weitere Rückbildungen ein (endogener statt exogener Zoosporangiensorus bei der asexuellen Fortpflanzung; Verlust des Sorusstadiums bei der Dauersporenkeimung; Verlust der sexuellen oder der asexuellen Fortpflanzung). Die *Synchytrium*-Arten mit demselben Entwicklungstyp faßt KARLING (1) in Untergattungen zusammen. In verschiedenen Punkten sind freilich unsere Kenntnisse noch lückenhaft; so ist über die Dauersporenbildung bei *Micromycopsis* und *Endodesmidium* noch nichts bekannt. Auch die Frage des stammesgeschichtlichen Anschlusses der Synchytriaceen überhaupt (Fortschr. Bot. **13**, 91) muß noch offenbleiben.

Auch die Unterscheidung der *Synchytrium*-Arten ist noch in mancher Hinsicht unsicher [KARLING (3)]. Die Variabilität der morphologischen Merkmale, die Breite des Wirtsspektrums, die Befallsstärke auf verschiedenen Pflanzenarten und die Struktur der am Wirt ausgelösten Wucherungen [KARLING (4)] bedürfen in kritischen Fällen der vergleichenden experimentellen Untersuchung. Zahlreiche unsichere Arten werden sich erst auf diesen Grundlagen sauber charakterisieren lassen.

Größere oder kleinere Arbeiten befassen sich mit der Systematik der Gattungen *Monoblepharis* (THOMAS PERROTT), *Achlya* (JOHNSON), *Phytophthora* (WATERHOUSE), *Albugo* (BESTAGNO BIGA), *Thamnidium* (HESSELTINE u. ANDERSON) und *Empusa* (MACLEOD).

II. Ascomyceten.

Synascomyceten. Einem eigenartigen, in Beobachtung und Deutung umstrittenen Entwicklungsgang folgt *Pericystis apis* Maass., der Erreger der Kalkbrut der Bienen. Nach früheren Untersuchungen (VARITCHAK; PRÖKSCHL) erfolgt eine Kopulation zwischen vielkernigen weiblichen und männlichen Gametangien. Das weibliche Gametangium ist anfänglich gleich groß wie das männliche, im befruchtungsreifen Zustand jedoch deutlich größer. Das männliche Gametangium läßt durch einen Befruchtungsschlauch zahlreiche Kerne ins weibliche übertreten. Dieses wird in der Folge zu einem Sporangium; in seinem Innern entsteht aus jedem diploiden Kern ein Sporenballen. Die Sporen können als Ascosporen, die Sporenballen als nackte Asci und das Sporangium als S y n a s c u s gedeutet werden. Nach dieser Deutung nimmt *Pericystis* innerhalb der bekannten Ascomyceten eine ursprüngliche (und isolierte) Stellung ein.

Zu teilweise abweichenden Ergebnissen gelangt SPILTOIR. Nach seinen Beobachtungen besteht die weibliche Komponente aus einem großen, kugeligen, vielkernigen Ascogon und einem (ebenfalls vielkernigen) Trichogyn, das mit einer oder mehreren wenig differenzierten männlichen Hyphen kopuliert. Nach Eintritt von Kernen und Plasma ins Ascogon grenzt sich in diesem eine primäre ascogene Zelle ab, die (immer im I n n e r n d e s A s c o g o n s) zu sekundären ascogenen Hyphen auswächst. Diese sind zunächst vorwiegend vielkernig; später gliedern sie sich in zweikernige Zellen, und es kommt zur Bildung von Haken und Asci, zur Kernverschmelzung, (vermutlich) Reduktionsteilung und

Sporenbildung. Nach der dritten Kernteilung lösen sich die Ascuswände auf; mehrere Asci gruppieren sich zu Sporenballen und umgeben sich mit einer Membran (die offenbar beim Reifen des Sporangiums und beim Auseinandertreten der Sporenballen gegen die Peripherie wieder verschwindet).

Auch nach dieser Darstellung geht also das Sporangium aus dem weiblichen Gametangium (bzw. dem Ascogon) hervor und kann als Synascus bezeichnet werden; nur entsprechen die einzelnen Sporenballen nicht je einem Ascus, sondern einer Gruppe von Asci. Darüber hinaus zeigt der Pilz jedoch Züge der höheren Ascomyceten (Ascogon mit Trichogyn, ascogene Hyphen, Haken); SPILTOIR u. OLIVE stellen ihn denn auch zu den Plectascales und geben ihm aus nomenklatorischen Gründen den neuen Namen *Ascosphaera apis* (Maass.) Ol. et Spilt. Weitere Untersuchungen werden sich mit diesem Pilz und seinen stammesgeschichtlichen Beziehungen befassen müssen; er behält jedenfalls seine eigenartige und isolierte Stellung bei.

Plectascales. Die Struktur der Konidienwand wird in der Gattung *Aspergillus* als systematisches Merkmal herangezogen. Mit Hilfe des Elektronenmikroskops läßt sie sich in manchen Fällen genauer erfassen und die Artunterscheidung erleichtern (IIZUKA).

In einer zusammenfassenden Diskussion der Grundlagen für die Artumschreibung in den Gattungen *Penicillium* und *Aspergillus* unterstreicht THOM erneut die Notwendigkeit der genauen Charakterisierung der Stämme bzw. Arten (Verhalten auf definierten Nährböden, Variabilität unter veränderten Bedingungen usw.). Das von GÜNTHER untersuchte *Penicillium claviforme* Bain. bildet bei günstiger Ernährung und Temperatur seine charakteristischen Koremien; unter schlechten Bedingungen wird deren Bildung mehr und mehr unterdrückt, und die Kulturen verlieren ihr typisches Aussehen.

Die Gattung *Phaeotrichum* Cain et Barr [CAIN (1)] ist durch kugelige, schwarze Fruchtkörper mit schwarzen Anhängseln und durch dunkelbraune, zweizellige Ascosporen mit endständigen Keimporen charakterisiert. Die beiden beschriebenen Arten wurden auf Tierkot gefunden. Beim Typus *Ph. hystricinum* Cain et Barr wird der Fruchtkörper als stromatischer Körper angelegt; im Innern wachsen — nach Art der Ascoloculares — aus ascogenen Zellen zerstreute Büschel von Asci ins Grundgeflecht hinein (BARR). Die Asci sind einwandig; ihre Wand ist dünn und vergänglich. Die Verf. stellen die Gattung zu den Plectascales, betrachten sie aber als Bindeglied zwischen dieser Reihe und den Sphaeriales. Eine ähnliche Zwischenstellung dürfte *Tripterospora* Cain (2) einnehmen. Auch hier finden sich kugelige, schwarze Fruchtkörper ohne Mündung; die Asci sind keulig-zylindrisch und verschleimen leicht; die Ascosporen sind ellipsoidisch und dunkelbraun mit einer farblosen Anhängselzelle. Der Ascusscheitel zeigt bei einem Teil der Arten eine differenzierte Struktur. Die zuletzt genannten Merkmale erinnern an höhere Ascomyceten (z. B. *Sordaria*), die leicht verschleimenden Asci und die mündungslosen Fruchtkörper sprechen für eine tiefere Stellung. Es mag in diesem Zusammenhang auf die unregelmäßige Ausbildung der Mündung in der sphärialen Gattung *Melanospora* hingewiesen werden; Stämme, die normalerweise durch eine deutliche Mündungspapille oder einen Hals ausgezeichnet sind, bilden unter Umständen vollkommen geschlossene Fruchtkörper (Doguet). Vergleichende entwicklungsgeschichtliche Untersuchungen an diesen und verwandten Formen der Plectascales und Sphaeriales werden zweifellos wichtige Hinweise auf die stammesgeschichtlichen Beziehungen der beiden Reihen liefern. Die Plectascales sind in ihrer heutigen Umgrenzung sicher heterogen und umfassen Formen mit Ansätzen zu verschiedenen Entwicklungsreihen der Sphaeriales, Pseudosphaeriales usw.

Pseudosphaeriales. *Venturia inaequalis* (Cke.) Wint., der Erreger des Apfelschorfes, zerfällt in zahlreiche Biotypen, welche verschiedene Apfelsorten unterschiedlich befallen. Auch einige Biotypen auf andern Rosaceen lassen sich morphologisch nicht unterscheiden, sind aber biologisch spezialisiert (f. sp. *aucupariae* u.a.; Menon). Daneben finden sich auf Rosaceen auch *Venturia*-Formen, die als eigene Arten abgetrennt bzw. erhalten werden müssen [z. B. *V. pirina* (Bref.) Aderh. auf dem Birnbaum].

Helotiales. Dennis schließt sich in seiner Übersicht der britischen Helotiaceen weitgehend der Einteilung von Nannfeldt an; die Arbeit wird für weitere Untersuchungen in dieser noch schlecht bekannten Pilzgruppe eine wertvolle Grundlage bilden. Mains bearbeitet die nordamerikanischen Arten der Gattungen *Cudonia*, *Leotia* und ihrer Verwandten.

Laboulbeniales. Die Laboulbeniales bilden in Morphologie, Entwicklungsgeschichte, Spezialisierung auf bestimmte Insekten und deren Organe usw. eine sehr eigenartige Pilzgruppe. Shanor gibt eine Zusammenfassung der Ergebnisse bisheriger Forschungen und der zahlreichen Probleme, die noch der Lösung harren.

III. Basidiomyceten.

Hymenomyceten. Eine eigenartige Form der Sporenbildung zeigt die von Martin aus Panama beschriebene *Syzygospora alba*. An den weißen, gallertigen, Tremella-ähnlichen Fruchtkörpern gliedern sich an einem Hyphenende zwei hintereinanderliegende Zellen ab, die zu beiden Seiten der sie trennenden Querwand je eine Spore abschnüren; die beiden Sporen verschmelzen in der Folge und fallen ab. Nach neueren Untersuchungen (Kao) bildet der Pilz überdies normale Holobasidien; beide Fortpflanzungsformen wurden an derselben Hyphe beobachtet. Ob das zuerst beschriebene Gebilde als eigenartige Nebenfruchtform oder als Phragmobasidie (die hier zusammen mit der Holobasidie vorkäme) zu deuten ist, läßt sich noch nicht entscheiden; im letzteren Fall käme dem Pilz eine wichtige phylogenetische Stellung zu.

Im Hinblick auf forstpathologische Fragen verglich *Etheridge* nordamerikanische und europäische Stämme des Rotfäuleerregers *Trametes radiciperda* Hart. [syn. *Fomes annosus* (Fr.) Cke] in ihrem Verhalten in Reinkultur. Die Stämme zeigten wohl in Wachstumsgeschwindigkeit, Wuchsform des Mycels, Celluloseabbau usw. individuelle Unterschiede, ließen sich aber nicht in zwei mit der Herkunft korrelierte Gruppen scheiden. Infektionsversuche liegen noch nicht vor.

Von Romagnesis Pilzatlas und von Locquins kleiner Pilzflora von Frankreich ist je der erste Band erschienen. Arbeiten liegen ferner vor über die Gattungen *Stereum* u. a. (Lentz, Nobles), *Phlebia* (Cooke), *Poria* (Gilbertson), *Rhodophyllus* (Kühner u. Romagnesi), *Armillaria* [Singer (1)] und *Pluteus* [Singer (2)].

Gastromyceten. Malençon verfolgt die Entwicklung von *Torrendia pulchella* Bres. Die jungen Fruchtkörper finden sich als ziemlich gleichmäßig struierte Kugeln von einigen Millimetern Durchmesser unter der Erdoberfläche. Beim Heranwachsen differenzieren sie sich in eine einfache Peridie, in die Gleba und in einen Stiel. In der Gleba werden zahlreiche, von einem regelmäßigen Basidienhymenium ausgekleidete Kammern angelegt. Schließlich streckt sich der Stiel und hebt die Gleba einige Zentimeter über die Erde; die Peridie zerreißt und bleibt am Stielgrund als Volva, auf der Gleba in Form von Hautfetzen erhalten. Die Fruchtkörperentwicklung folgt dem lacunären Typus; *Torrendia* läßt sich wohl am ehesten als eigene, ziemlich hochstehende Familie an die Melanogastraceen anschließen.

In Kulturversuchen mit *Cyathus Poeppigii* Tul. (Nidulariaceen; BRODIE) trat spontan ein Stamm mit wesentlich abweichenden Fruchtkörpern auf; diese zeigten nicht die gewohnte Becherform mit zahlreichen Peridiolen, sondern waren kugelig und geschlossen und besaßen nur eine einzige, große Peridiole ohne Funiculus. Die übrigen Merkmale (Struktur der Peridie usw.) entsprachen der Normalform. Der Pilz mag eine Vorstellung von einer primitiven (oder stark rückgebildeten) Nidulariacee vermitteln.

Ustilaginales. Die Gestalt der Sporenoberfläche in der Gattung *Ustilago* läßt sich in manchen Fällen im Lichtmikroskop nur schwer beurteilen. Auch hier liefert das Elektronenmikroskop deutlichere Befunde (HILLE u. BRANDES). Die Sporen von *U. hordei* (Pers.) Lagh. erweisen sich auch unter dem Elektronenmikroskop als glatt; dagegen zeigen die im allgemeinen ebenfalls als glatt beschriebenen Sporen von *U. hypodytes* (Schlecht.) Fr. sehr feine Stacheln. Bei andern, auch im Lichtmikroskop skulpturierten Sporen sind die Stacheln verschieden groß, verschieden dicht und verschieden geformt.

IV. Fungi imperfecti.

SNYDER u. HANSEN stellen die Ergebnisse ihrer langjährigen Untersuchungen über die Artumgrenzung in der Gattung *Fusarium* zusammenfassend dar. Vergleicht man systematisch eine große Zahl von Stämmen, werden viele Artgrenzen mehr und mehr verwischt, und manche morphologischen Merkmale erweisen sich als sehr variabel (ZACHARIAH, HANSEN u. SNYDER). Die Verf. gelangen schließlich zu einer Reduktion der Artenzahl auf neun; jede der so umschriebenen Arten umfaßt eine große Zahl von Stämmen, die sich in untergeordneten morphologischen Merkmalen und vor allem in ihren physiologischen Leistungen wesentlich voneinander unterscheiden können. — Eine ähnliche Situation besteht z. B. in der Dermatophytengattung *Trichophyton*. Der Vergleich zahlreicher Stämme und die Berücksichtigung der Variabilität der Merkmale (in jungen oder alten Kulturen usw.) führt zu einer wesentlichen Reduktion der Artenzahl (GEORG). Analoge Probleme stellen sich zweifellos in vielen andern Imperfektengattungen.

Literatur.

BARR, M. E.: Canad. J. Bot. 34, 563—568 (1956). — BESTAGNO BIGA, M. L.: Sydowia 9, 339—358 (1955). — BRODIE, H. J.: Amer. J. Bot. 42, 168—176 (1955).

CAIN, R. F.: (1) Canad. J. Bot. **34**, 675—687 (1956). — (2) Canad. J. Bot. **34**, 699—710 (1956). — CANTINO, E. C.: Quart. Rev. Biol. **30**, 138—149 (1955). — COOKE, W. B.: Mycologia (N. Y.) **48**, 386—405 (1956).

DENNIS, R. W. G.: Mycological Papers (Kew) Nr. **62**, 1—216 (1956). — DOGUET, G.: Botaniste **39**, 1—313 (1955).

ETHERIDGE, D. E.: Canad. J. Bot. **33**, 416—428 (1955).

GEORG, L. K.: Mycologia (N. Y.) **48**, 65—82, 354—370 (1956). — GILBERTSON, R. L.: Lloydia **19**, 65—85 (1956). — GÜNTHER, F.: Beitr. Biol. Pflanzen **32**, 371—402 (1956).

HESSELTINE, C. W., and P. ANDERSON: Amer. J. Bot. **43**, 696—703 (1956). — HILLE, M., u. J. BRANDES: Phytopath. Z. **28**, 104—109 (1956).

IIZUKA, H.: J. Gen. Appl. Microbiol. **1**, 10—17 (1955).

JOHNSON, T. W. jr.: The Genus *Achlya*. Univ. Mich. Stud., Sci. Ser. **20**, 1—180 (1956).

KAO, C. J.: Mycologia (N. Y.) **48**, 677—684 (1956). — KARLING, J. S.: (1) Mycologia (N. Y.) **45**, 276—287 (1953); Proc. Ind. Acad. Sci. **64**, 248—249 (1955). — (2) Bull. Torrey Bot. Club **81**, 353—362 (1954). — (3) Mycologia (N.Y.) **46**, 293—313 (1954). — (4) Amer. J. Bot. **42**, 540—545 (1955). — KÜHNER, R., et H. ROMAGNESI: Revue Mycol. **20**, 3—230 (1955).

LENTZ, P. L.: Agric. Monogr. (U.S.D.A.) Nr. **24**, 1—74 (1955). — LOCQUIN, M.: Petite Flore des Champignons de France. Bd. 1, 377 S. Paris 1956.

MACLEOD, D. M.: Canad. J. Bot. **34**, 16—26 (1956). — MAINS, E. B.: Mycologia (N. Y.) **48**, 694—710 (1956). — MALENÇON, G.: Revue Mycol. **20**, 81—130 (1955). — MARTIN, G. W.: Wash. Acad. Sci. **27**, 112—114 (1937). — MENON, R.: Phytopath. Z. **27**, 117—146 (1956).

NANNFELDT, J. A.: Nova Acta Reg. Soc. Sci. upsaliensis, Ser. IV, **8**, Nr. 2, 1—368 (1932). — NOBLES, M. K.: Canad. J. Bot. **34**, 104—130 (1956).

PRÖKSCHL, H.: Arch. Mikrobiol. **18**, 198—209 (1953).

ROMAGNESI, H.: Nouvel Atlas des Champignons. Bd. 1, 95 S., 79 Taf. 1956,

SHANOR, L.: Mycologia (N. Y.) **47**, 1—12 (1955). — SINGER, R.: (1) Lloydia **19**, 176—187 (1956). — (2) Trans. Brit. Myc. Soc. **39**, 145—232 (1956). — SNYDER, W. C., and H. N. HANSEN: Ann. N. Y. Acad. Sci. **60**, 16—23 (1954). — SPILTOIR, C. F.: Amer. J. Bot. **42**, 501—508 (1955). — SPILTOIR, C. F., and L. S. OLIVE: Mycologia (N. Y.) **47**, 238—244 (1955).

THOM, CH.: Ann. N. Y. Acad. Sci. **60**, 24—34 (1954). — THOMAS PERROTT, P.E.: Trans. Brit. Myc. Soc. **38**, 247—282 (1955).

VARITCHAK, B.: Botaniste **25**, 343—390 (1933).

WATERHOUSE, G. M.: Comm. Myc. Inst. (Kew), Misc. Publ. Nr. 12, 1—120 (1956).

ZACHARIAH, A. T., H. N. HANSEN and W. C. SNYDER: Mycologia (N. Y.) **48**, 459—467 (1956).

5c. Systematik der Flechten.

Von JOSEF POELT, München.

Der Beitrag folgt in Band XX.

5 d. Systematik der Moose.

Bericht über die Jahre 1955 und 1956.

Von Josef Poelt, München.

Mit 1 Abbildung.

Allgemeiner Teil.

Phylogenetische Fragen vgl. im Abschnitt: Systematik der Pteridophyten.

Die an und für sich alte Erkenntnis, daß die wesentlichen vegetativen Organe bei den verschiedenen Abteilungen der Embryophyten nicht homolog seien, scheint nun auch zum Vollzug der daraus entstehenden formalen Forderungen zu zwingen. Ähnlich wie Schwarz für die Pteridophyten (vgl. dort), fordert Koch die Annahme ungewohnter Begriffe auch für die Moose: Phylloid = Blättchen, Axis = Stämmchen, Theka = Kapsel (die Bildung entsprechender Bezeichnungen für die Lebermoose steht noch aus).

Im morphologischen Bereich wurde die außerordentliche Brauchbarkeit der Ölkörper als Merkmalsträger bei den Lebermoosen weiterhin bestätigt. Eine von Hattori (1) bzw. Schuster u. Hattori vorgenommene Inventur japanischer Lebermoose führte sowohl zu recht wertvollen Einzelergebnissen wie zur Aufstellung einer Anzahl von Typen der Ölkörperverteilung in den normalen Blattzellen bzw. den Ocellen. Mit Hilfe der Ölkörper lassen sich oft nahe verwandte, bisher verwechselte Arten unterscheiden.

Die weitere Einbeziehung der Sporen in die Systematik konnte nicht ausbleiben. Ladyshenskaja bezeugt die Brauchbarkeit der Sporenmerkmale anhand der allerdings früher schon weitgehend nach den Sporenskulpturen gegliederten Gattung *Fossombronia*; McClymont analysiert zahlreiche Laubmoose nach dieser Richtung, (unter besonderer Berücksichtigung von *Bruchia*).

Fraglich bleibt bei einer modifikativ so variablen Pflanzengruppe die Anwendung statistischer Methoden im morphologischen Bereich. Readfern kommt mit seinen genauen Messungen der Blattvariation im Komplex des *Plagiothecium micans* (in den USA) zu recht unbefriedigenden Ergebnissen, die vor der Anwendung ohne sichere Kenntnis der bewirkenden Faktoren nur warnen können.

In recht erfolgversprechender Weise schreitet dagegen die cytologisch-genetische Analyse fort, besonders bei den Laubmoosen. Zahlreiche neue Werte wurden erarbeitet, so von Vaarama für finnische und kalifornische Arten, von Steere, Anderson u. Bryan ebenfalls für Moose aus Kalifornien, von Tatuno für japanische *Marchantiales*[1]. Bei

---

[1] Eine Zusammenfassung der seit Erscheinen des Tischlerschen Chromosomenatlas' bekanntgewordenen Chromosomenzahlen von Kryptogamen legt Delay vor.

genügender Vorsicht — die Chromosomenformen variieren bei den Musci sehr, ihre Zahl kann durch das Auftreten frühzeitig dissoziierender accessorischer Chromosomen, dies besonders bei den Polyploiden, verschleiert werden — lassen sich die cytologischen Verhältnisse zur Klarlegung oder Sicherung systematischer Einordnungen verwenden (STEERE). So wurde etwa die Scheidung der Sectionen *Gymnoporus* und *Calyptoporus* der Laubmoosgattung *Orthotrichum* durch die abweichenden Zahlen 6 bzw. 11—13 bestätigt. Einige weitere Einzelergebnisse seien hier noch zusammengefaßt.

Nach den Untersuchungen des genannten Autorentrios divergieren die *Ditrichaceae* von den verwandten *Dicranaceae* durch die Basiszahl $n = 13$ gegenüber $n = 10 - 12$. Die *Encalyptaceae* erweisen sich auch im cytologischen Verhalten als den *Pottiaceae* verwandt. An weiteren Grundzahlen ließen sich eruieren für die *Grimmiaceae* 10, 13 und 14, die *Funariaceae* 10, 16, und 18, die *Bryaceae* 10—14, die *Mniaceae* 7, die *Aulacomniaceae* 12. Innerhalb der cytologisch einheitlicheren pleurokarpen Laubmoose fanden sich z. B. bei den *Amblystegiaceae* die Zahlen 10, 12, 20, 24 und 48, also auch offensichtlich polyploide. Die *Brachytheciaceae* zeichnen sich durch ihre schwierig zu fixierenden und färbenden Chromosomen aus.

Zwischen europäischen und kalifornischen Pflanzen der gleichen Art lassen sich oft Differenzen feststellen. Im großen und ganzen zeugen vielfache Polyploidie, Aneuploidie, Vorkommen von Geschlechts- und accessorischen Chromosomen vom Wirken gleicher cytologischer Prinzipien wie bei den Blütenpflanzen.

Daß eine große Formenmannigfaltigkeit aber nicht unbedingt etwas mit Polyploidie usw. zu tun haben muß, erwies BERRIE bei den *Lejeuneaceae*. Vertreter recht verschiedenartiger Gattungen (*Colo-*, *Archi-*, *Cauda-*, *Mastigolejeunea*) verfügen allesamt über ein Genom von 9 Chromosomen.

BRYAN (1) konnte die nahe Verwandtschaft der nur im Kapselbau verschiedenen Gattungen *Astomum* (kleistokarp), *Hymenostomum* (Mündung durch eine Ringhaut verschlossen) und *Weisia* (mit Peristom) anhand der nämlichen Grundzahl $n = 13$ erhärten; die gleiche Zahl gilt für *Phascum* und *Acaulon*. Im allgemeinen neigen innerhalb der komplizierten *Pottiaceae* sens. ampl. die *Pottioideae* zu höheren Zahlen als die *Trichostomoideae*. — Die Kernverhältnisse haben auch der aus morphologischen Gründen längst durchgeführten Einordnung der kleistokarpen Genera *Pleuridium* bei den *Ditrichaceae* und *Bruchia* bei den *Dicranaceae* recht gegeben [BRYAN (2)].

Drei Autoren befaßten sich recht gleichzeitig mit der Cytologie der Gattung *Sphagnum* [BRYAN (3), HOLMEN, SORSA]. Einheitliche Grundzahl ist 19, dazu kommen in wechselnder Zahl Nebenchromosomen. Polyploidie konnte nur bei insgesamt drei Arten festgestellt werden (so bei *Sph. robustum*, das nach HOLMEN möglicherweise aus einer Paarung *S. girgensohnii* × *plumulosum* oder *nemoreum* hervorgegangen sein könnte).

Die Cytologie scheint auch die mitunter großen Schwierigkeiten zu erklären, denen die Feststellung der Geschlechterverteilung auf den Moospflänzchen begegnet. Während sich haploides *Bryum capillare* recht einheitlich diözisch verhält — bei auffallendem Geschlechtsdimorphismus — neigen Bivalens-Rassen zu stark wechselnder Verteilung der männlichen und weiblichen Organe. Neben Rhizautöcie oder Zonenheteröcie kommen vielerlei Zwitterbildungen zwischen Antheridien und Archegonien vor (Hoffmann).

Einen Gattungsbastard, sonst bei den Moosen nur von den vieluntersuchten *Funariaceae* bekannt, meldet Ochi (1) zwischen *Bryum argenteum* und *Brachymenium exile*.

Allgemeine Gesichtspunkte der Bryophytensystematik faßt Lazarenko (1) zusammen. Er unterstreicht die Wichtigkeit der Gametophyten ebenso wie die Unmöglichkeit, nach ihnen allein Systeme zu bilden. Artentstehung durch Kreuzung scheint bei den Moosen keine große Rolle zu spielen. Seine Forderung nach stärker phyletischer Betrachtungsweise unterbaut der Autor durch eine Analyse der *Syntrichia-ruralis*-Gruppe, die besonders in ariden Gebieten durch eine Zahl auffallender, teilweise stark xeromorpher Kleinarten vertreten ist. (Ob man hier aber von einer randlichen Abspaltung dieser Sippen von der weit verbreiteten Großart *S. ruralis* sprechen sollte, möchte Ref. dahingestellt sein lassen. In ganz anderem Sinne gelöste Parallelfälle bei den Blütenpflanzen lassen dies zumindest fraglich erscheinen.)

Ein wertvolles Hilfsmittel auch für systematische Studien ist Jendralski zu verdanken. Die Verf. stellt ein reiches Beobachtungsmaterial über die Jahresperiodizität der Laubmoose im Rheinland zusammen; die Abhängigkeit von den klimatischen und ökologischen Bedingungen scheint bei den einzelnen recht verschieden zu sein.

Spezieller Teil.

(B = Beiträge; F = Flora; L = Liste; S = Schlüssel).

Anthocerotales. *Anthoceros* u. *Nothothylas* in Indien, S.: Kachroo u. Deb. — B. indische Arten: Bhardwaj.

Sphaerocarpaceae. *Sphaerocarpus* und *Riella* in Südafrika, S: Proskauer (1); — *Sph. stipitatus* mit gestielten, doppelwandigen Archegonhüllen: Proskauer (2).

Monocarpaceae. Der Familie liegt eine neue Sippe zugrunde, *Monocarpus sphaerocarpus* Carr, die als eine Art missing link zwischen den *Marchantiales* und den *Sphaerocarpales* betrachtet werden muß und so eine Bestätigung der viel umstrittenen Verwandschaft beider Taxa darstellt. Der Bau des kleinen australischen Erdmooses geht im wesentlichen aus der beigegebenen Abb. 12 hervor. Thallusbau, die glattwandigen Rhizoiden usw. weisen eindeutig zu den *Sph.*, während das Vorkommen von Luftkammern mit (fast tonnenförmigen) Atemporen im Involucrum zu den *Marchantiales* vermittelt. Der Autor kommt deshalb zu folgender Gliederung der ganzen Verwandtschaft; Marchantiineae-Monocarpineae-Sphaerocarpineae.

Marchantiales. Von Japan: Shimizu u. Hattori (1). — *Asterella* in Japan: Shimizu u. Hattori (2). — *Marchasta areolata nov. gen. et sp.*, ohne Ölkörper: Campbell (1) u. (2). — Die Sporenkeimung von *Targionia* weicht sehr von der bei

Cyathodium beobachteten ab, weshalb beide nicht in dieselbe Familie zu stellen sind: KACHROO.

Monocleaceae. *Monoclea forsteri* zeigt Ähnlichkeiten zu *Calobryum* (in der Archegonentwicklung) wie zu den *Marchantiales*, mehr als zu den *Jungermanniales*. Die ersten Stadien der Embryoentwicklung können mit denen anderer *Hepaticae* nicht verglichen werden [CAMPBELL (3)].

Ricciaceae. *Riccia* in Indien: KACHROO u. DEB.

Lophoziaceae. *Acrobolbus* in Japan: HATTORI (2).

Gyrothyraceae. *Nov. fam.*, für die monotypische Gattung *Gyrothyra*, mit Beziehungen zu den *Jungermanniaceae* und den *Southbyaceae*: SCHUSTER (1).

Plagiochilaceae. Diskussion und Definition von *Plagiochila* u. Verwandten: CARL. — Revision trop. *Plag.*-Arten: HERZOG.

Balantiopsidaceae *nov. fam.*, auf *Balantiopsis*. Die Gattung wird von BUCH wegen des Fehlens eines rhizomartigen Stammteiles sowie der Flügelbildungen wie wegen der Zweilappigkeit von Ober- und Unterlappen, abweichender Insertionsverhältnisse und Vorkommen von Marsupien aus den *Schistochilaceae* heraus genommen.

Scapaniaceae. Revision der japan. Arten: AMAKAWA u. HATTORI.

Cephaloziaceae. Sporen- und Gemmenkeimung bestätigen die Einreihung von *Nowellia* in diese Familie: FULFORD.

Lepidoziaceae. Rev. von *Bazzania* u. *Acromastigum* in Neuseeland, S.: HODGSON. Die Gattungen *Telaranea* u. *Microlepidozia* sind mehrerer Merkmale wegen getrennt zu halten: SCHUSTER u. BLOMQUIST.

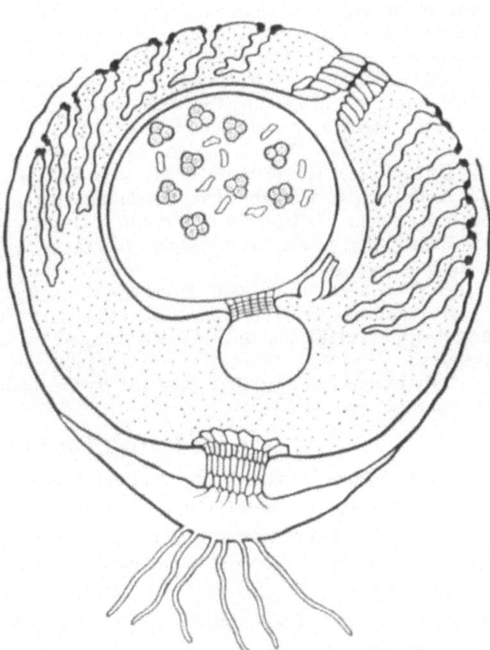

Abb. 12. *Monocarpus sphaerocarpus*, medianer Schnitt durch die ganze Pflanze, nach CARR.

Porellaceae. *Madotheca-vernicosa*-Gruppe (mit bemerkenswertem Geschlechtsdimorphismus) in Japan: HISATSUGU. — *M. inaequalis* u. *pinnata*: PERSSON.

Lejeuneaceae. Chromosomenzahl von Arten verschiedener Gattungen ist durchwegs 9: BERRIE. — Definition und Einteilung der Fam. nach dem Stämmchenbau in drei Unterfam. mit S der nordamerikanischen Gattungen: SCHUSTER (2); dazu die Einzelbearbeitungen: *Aphanolejeunea* (3), *Cololejeunea Minutissimae* (4), *Cololejeunea* u. *Diplasiolej.* (5), *Ceratolej.* (6). — Bearbeitungen für Afrika bei JONES: *Euosmolejeunea* (1), *Cheilolej.* (2), *Diplasiolej.* (3), *Ptychocoleus* (5), *Leptocolea* u. *Cololejeunea* (6). — Analyse der *Lejeunea patens*-Gruppe in England — von Wert bes. der Unterlappen —: GREIG-SMITH.

Frullaniaceae. Taxonom.-ökol. Studien an *Jubula* in Japan: HORIKAWA u. ANDO. — Zahlreiche Bearbeitungen jeweils einer Frullania-Art durch CLARK in mehreren Jahrgängen von „The Bryologist". — *Frullania arecae*-Gruppe in Burma: SVIHLA. —

Sphagnaceae. *Sph.* in Großbritannien; S: PROCTOR, in Hokkaido: SUZUKI (1), im Ozedistrikt, Japan: S. HORIKAWA u. SUZUKI (2). — *S. junghuhnianum*-Gruppe: SUZUKI (2); *S.* von Uganda, B: TAYLOR u. TOMPSON, von Alaska: EYERDAM.

Seligeriaceae. Kritik der *S.*-Arten von Quebec: KUCYNIAK.

Dicranaceae. *Dicranoweisia-cirrhata*-Gruppe: FLOWERS. — *Kiaeria, Paraleucobryum, Orthodicranum* u. *Dicranoloma* in Japan: Sakurai (1). — Formenkreis des *Campylopus polytrichoides,* S: GIACOMINI. — *Dicranum* Japan: Sakurai (2).

Leucobryaceae. *Octoblepharum,* amerik. Arten: FLORSCHÜTZ. (Rippenbau!).

Pottiaceae. *Hydrogonium,* eingeh. Studie: ABRAMOVA u. ABRAMOV.

Grimmiaceae. *Bucklandia (bartramii) nov. gen.* zw. *Racomitrium* u. *Cinclidotus:* ROIVAINEN. — *Racomitrium* in Feuerland, S: ROIVAINEN (2). — *Indusiella,* eingeh. Studie: ABRAMOVA (1).

Splachnaceae. *Tayloria splachnoides*-Gruppe in N-Amerika: CRUM.

Bryaceae. B japan. Arten: OCHI (1) u. (2). — **Mniaceae.** Von Japan: INOUYE. — **Bartramiaceae.** *Microphilonotis nov. gen.*: SAKURAI. — **Meeseaceae.** Eingehende Monographie für Sowjetunion: ABRAMOVA (2). — **Timmiaceae.** Peristombau: LAZARENKO (2).

Orthotrichaceae. *Orthotrichum stramineum*-Gruppe in Amerika: CRUM u. ANDERSON. — *Hypnodon:* CRUM.

Hookeriaceae des trop. Afrika, S der (12) Gattungen und Arten: DEMARET.

Pterobryaceae. Von USA bis Mittelamerika: ARZENI.

Leskeaceae. Kritik von *Pseudoleskea:* KOCH.

Amblystegiaceae. Die *Drepanocladus uncinatus*-Gruppe ist besser als Section denn als eigene Gattung zu behandeln: SMIRNOVA.

Brachytheciaceae. Von Japan, Korea u. Sachalin: TAKAKI; Dabei *Pseudopleuropus nov. gen.*

Hypnaceae, Von Japan: DOIGNON.

Rhytidiaceae u. **Hylocomiaceae.** Nach ANDREWS wären beide Familien als unnatürlich aufzulösen und ihre Gattungen bs. den *Hypnaceae* u. *Leskeaceae* zuzuteilen.

Polytrichaceae. *Philocrya (aspera)* ist ein bisher mißverstandenes gutes Genus der amerik. Arktis: STEERE.

Floren, Floristik.

a) Größere Werke. „Die Lebermoose Europas" von K. MÜLLER (2) sind nun bis zu den *Madothecaceae* einschl. gediehen. Die zuletzt erschienenen drei Lieferungen umfassen 14 Familien mit zusammen 33 Gattungen. — Von der neuen Moosflora Fennoskandiens sind erschienen die „*Hepaticae*" von ARNELL (1) vollständig, die *Musi* von NYHOLM in zwei Lieferungen bis zu den *Splachnaceae.* — Kryptogamenflora der Sowjetunion: I *Sphagnales:* SAVICZ-LJUBITZKAJA; II *Andreaeales, Tetraphidales, Polytrichales, Buxbaumiales, Schistostegales:* ABRAMOVA, LADYSHENSKAJA u. SAVICZ-LJUBITZKAJA. — Lebermoosflora (innerhalb der Flore Générale) von Belgien (bis *Jungerm. anakrog.* einschl.): VANDEN BERGHEN. — Laubmoose von Neuseeland: SAINSBURY (1) — Für die Laubmoose Europas liegt ein auch auf Varietäten und formae genau eingehender Conspectus vor: PODPĚRA. — Prodromus für Jugoslawien: PAVLETIĆ.

b) Floren kleinerer Gebiete usw. Als Musterbeispiel einer in vieler Hinsicht allerdings über das Niveau einer Lokalflora weit hinausragenden Zusammenfassung der Flora eines kleineren Gebietes kann die Bearbeitung gelten, die MÅRTENSSON (1) für die Torne Lappmark in Schweden vorlegt (154 Leber-, 333 Laubmoose, 25 Sphagna, kritisch durchgearbeitete Nomenklatur, genaue Standorts- und Fundortsangaben).

Die Moose lassen sich, gleich anderen Kryptogamen, aber im Gegensatz zu den Gefäßpflanzen viel weniger leicht in erschöpfendem Maße sammeln; zum großen Teile deswegen spielt heute in der Bryologie die Zusammenstellung von Artenlisten für bestimmte Gebiete noch eine so große Rolle. In ihnen steckt eine Unsumme von Arbeit und Kenntnissen wie auch wertvolle Erkenntnisse. Es mag deshalb im Folgenden auf eine Auswahl wichtigerer Listen, Lokalfloren und Sammlungsbearbeitungen hingewiesen werden:

Europa. Schweden: Päldsaregion: MÅRTENSSON (2); Muddus: v. KRUSENSTJERNA. — Harzvorland: REIMERS (1) u. (2). — British Mosses and Liverworts: WATSON. — Frankreich: Bryologie in Fr.: BIZOT; F Bretagne: GAUME (1) u. (2); Baskenland: Allorge (1) u. (2); Vanoise: CASTELLI. Fichtelgeb. u. Fränk. Schweiz: KOPPE. — Oberschlesien: KUC. — Slowakei B.: SMARDA. — Waldkarpaten: LISOWSKI. — B Ungarn: BOROS. — B Spanien: LATORRE. — B. Italien: REIMERS. — Polarer Ural: KILDJUSCHEVSKI. — Südural: SELIVANOVA-GORODKOVA.

Gemäßigtes Asien. NO-Asien: ABRAMOVA (3). — Baschkirien: SELIVANOVA-GORODKOVA u. SCHLAKOV. — Afghanistan: FROEHLICH. — NW-Himalaja: BARTRAM (1).

Afrika. Marokko: JOVET-AST (1) u. (2). — Fernando Po u. Annobom, *Hepat.*: ARNELL (2). — Tropisch Afrika: TAYLOR u. POTIER DE LA VARDE. — Ostafrik. Gebirge, *Hepat.*: ARNELL (3). — Ostafrika, *Musci*: POTIER DE LA VARDE (1). — Ruwenzori, *Musci*: DEMARET u. POTIER DE LA VARDE. — Natal: POTIER DE LA VARDE (2). -

Tropisch- und Ost-Asien. Java-Sumatra: *Musci*: FROEHLICH (2), Hep.: SCHIFFNER. — Neuguinea: NOGUCHI. — Formosa, HERZOG u. NOGUCHI. — China, B: CHENG. — Japan, geogr. Studien: HORIKAWA (1); B: TAKAKI (2); Hep. v. Okuhyuga: AMAKAWA; trop. Moose in Japan: HORIKAWA (2). — Karolinen u. Marshallinseln: MILLER (1) u. (2).

Australien. *Hepat.* v. Neukaledonien: HERZOG. — N. Queensland, *Musci*: BARTRAM (2). — B. Victoria: WILLIS. — B. Tasmanien: SAINSBURY (2).

Amerika. *Hepat.* Neufundland: BUCH u. TUOMIKOSKI. — W-Pennsylvanien: *Musci*: JENNINGS. — Kansas, *Hepat.*: McGREGOR. — Santa Catalina, Kalif.: STEERE. — Dominica, Westindien, Ekuador: BARTRAM (3). — Puerto Rico, *Musci*: CRUM u. STEERE. — Kuba u. Hispaniola, *Hepat.*: ARNELL (4). — Kolumbien u. Peru: HERZOG. — Veget. Rio Grande do Sul: SEHNEM. —Bolivien bis Patagonien, *Hepat.*: MÜLLER (2). — Chile, *Hepat.*: ARNELL (5) u. (6).

Nomenklatur. Nomina generica conservanda bei LANJOUW; Speciesnamen für boreale Moose bei MÅRTENSSON (1).

Literatur.

ABRAMOVA, A.: Notul. syst. Sect. crypt. Inst. bot. Komarov 11, 186—191 (1956). — (2) Sporovie Rastenija 10, 393—489 (1956). — (3) Sporovie Rastenija 10, 490—511 (1956). — ABRAMOVA, A., u. I. ABRAMOV: Notul. syst. Sect. crypt. Inst. bot. Komarov 11, 191—200 (1956). — ABRAMOVA, A., K. LADYSHENSKAJA u. L. SAVICZ-LJUBITZKAJA: Flora Plant. cryptog. URSS 3, Musci frondosi 2, 1—329 (1954). — ALLORGE, V.: Rev. bryol. 24, 96 —131 (1955). — (2) Rev. bryol. 24, 248—333 (1955). — AMAKAWA, T.: J. Hattori Bot. Lab. 13, 52—62 (1955). — AMAKAWA, T., and S. HATTORI: J. Hattori Bot. Lab. 9, 45—62 (1953); 12, 91—112 (1954); 14, 71—90 (1955). — ANDREWS, A. Le Roy: Bryolog. 57, 251—267 (1954). — ARNELL, S.: Illustr. Moss Flora of Fennoskandia 1 Hepaticae, 1—308 (1956). — (2) Sv. bot. Tidskr. 50, 527—534 (1956). — (3) Ark. f. Bot. Ser. 2. 3, 517—562 (1956). — (4) Bryolog. 59, 271—276 (1956). — (5) Sv. bot. Tidskr. 49, 229—239 (1955). — (6) Sv. bot. Tidskr. 50, 308—312 (1956). — ARZENI, C.: Amer. Midl. Natur. 52, 1—38 (1954).

BARTRAM, E.: Bull. Torrey Bot. Club 82, 22—29 (1955). — (2) Farlowia 4, 235—247 (1952). — (3) Brit. Mus. Bull. Bot. 2, 35—64 (1955). — BERRIE, G.: Trans. Brit. Bryol. Soc. 2, 532—536 (1955). — BHARDWAJ, D.: J. Ind. Bot. Soc. 29, 145—163 (1950). — BIZOT, M.: Bull. Soc. bot. France 101, 443—456 (1954). — BOROS, A., u. L. VAJDA: Ann. hist. nat. Mus. nat. Hung. 6, 155—165 (1955). —

BRYAN, V.: Bryolog. **59**, 118—129 (1956). — (2) Amer. J. Bot. **43**, 460—468 (1956). — (3) Bryolog. **58**, 16—39 (1955). — BUCH, H.: Mitt. thüring. bot. Ges. **1**, 2/3, 23—24 (1955). — BUCH, H., u. R. TUOMIKOSKI: Arch. Soc. Vanamo **9**, Suppl., 3—29 (1955).

CAMPBELL, E.: Trans. Roy. Soc. New Zealand **81**, 485—488 (1954). — (2) Trans. Roy. Soc. New Zealand **82**, 249—262 (1954). — (3) Trans. Roy. Soc. New Zealand **82**, 237—248 (1954). — CARL, H.: Feddes Rep. sp. nov. **59**, 98—113 (1956). — CARR, D.: Austral. J. Bot. **4**, 175—191 (1956). — CASTELLI, L.: Rev. bryol. **24**, 227 bis 238 (1955). — CHEN, P.: Feddes Rep. sp. nov. **58**, 23—52 (1955). — CRUM, H.: Rev. bryol. **24**, 215—221 (1955). — (2) Bryolog. **59**, 26—34 u. 255—256 (1956). — CRUM, H., and I. ANDERSON: J. E. Mitchell Soc. **72**, 276—291 (1956). — CRUM, H., and W. STEERE: Bryolog. **59**, 246—255 (1956).

DELAY, C.: Rev. Cytol. et de Biol. végét. **14**, 59—107 (1953). — DEMARET, F.: Bull. Jard. bot. Brux. **25**, 375—394 (1955). — DEMARET, F., et R. POTIER DE LA VARDE: Bull. Jard. bot. Brux.: **26**, 265—275 (1956). — DOIGNON, P.: Rev. bryol. **25**, 159—163 (1956).

EYERDAM, W.: Bryolog. **58**, 211—215 (1955).

FLORSCHÜTZ, P.: Mitt. thüring. bot. Ges. **1**, 2/3, 51—56 (1955). — FLOWERS, S.: Bryolog. **59**, 239—244 (1956). — FROEHLICH, J.: Mitt. thüring. bot. Ges. **1**, 2/3, 59—70 (1955). — (2) Arch. hydrobiol. Suppl. **21**, 299—342 (1955). — FULFORD, M.: Rev. bryol. **24**, 41—48 (1955).

GAUME, R.: Rev. bryolog. **24**, 183—192 (1955). — (2) Rev. bryol. **25**, 1—115 (1956). — GIACOMINI, V.: Atti Istit. bot. Lab. critt. Pavia ser. 5, **13**, 3—41 (1955). — GREIG-SMITH, P.: Trans. Brit. Bryol. Soc. **2**, 458—469 (1954).

HATTORI, S.: J. Hattori Bot. Lab. **5**, 69—97 (1951); **10**, 63—78 (1953). — (2) J. Jap. Bot. **26**, 243—244 (1951). — HERZOG, TH.: Rev. bryol. **24**, 193—201 (1955). — (2) Ark. f. Bot. **3**, 43—61 (1955). — (3) Feddes Rep. sp. nov. **57**, 156 bis 203 (1955). — HERZOG, TH., and A. NOGUCHI: J. Hattori Bot. Lab. **14**, 29—70 (1955). — HISASTUGU, A.: J. Sci. Hiroshima Un. Ser. B. Dir. 2, **7**, 45—62 (1955). — HODGSON, E.: Trans Roy. Soc. New Zealand **82**, 7—24 (1954). — HOFFMANN, A.: Z. Abstammungslehre **87**, 753—768 (1956). — HOLMEN, K.: Bot. Tidsskr. **52**, 37 bis 42 (1956). — HORIKAWA, Y.: Distribut. Studies of Bryophytes in Japan usw. Hiroshima 1955. — (2) J. Sci. Hiroshima Un. Ser. B. 2, **6**, 27—38 (1951); **6**, 3—103 (1952); **6**, 273—279 (1954). — HORIKAWA, Y., and H. ANDO: J. Sci. Hiroshima Un. Ser. B. 2, **6**, 297—314 (1954). — HORIKAWA, Y., and H. SUZUKI: Jap. J. Bot. **14**, 325—348 (1954).

INOUYE, T.: Classific. of the Genus Mnium in Japan. Verteilt vom Autor, Kita Highschool, Shikoku, 1—37 (1955).

JENDRALSKI, U.: Decheniana (Bonn) **108**, 105—163 (1955). — JENNINGS, O.: A Manual of the Mosses of western Pennsylv. usw., 2. ed. Amer. Midl. Nat. Monogr. **6**, 324 p. — JONES, E.: (1) Trans. Brit. Bryol. Soc. **2**, 375—379 (1954). — (2) Trans. Brit. Bryol. Soc. **2**, 380—392 (1954). — (3) Trans. Brit. Bryol. Soc. **2**, 392—395 (1954). — (4) Trans. Brit. Bryol. Soc. **2**, 396—407 (1954). — (5) Trans. Brit. Bryol. Soc. **2**, 408—438 (1954). — JOVET-AST, Mme: Rev. bryol. **25**, 128—133 u. 136 bis 158 (1956). -

KACHROO, P.: J. Hattori Bot. Lab. **15**, 70—74 (1955). — KACHROO, P., and D. DEB: J. Univ. Gauhati **10**, 121—133 (1954). — KILJUSCHEVSKY, I.: Sporovie Rastenija **11**, 312—332 (1956). — KOCH, L.: Bryolog. **59**, 23—25 (1956). — (2) Rev. bryol. **24**, 222—226 (1956). — KOPPE, F.: Mitt. thüring. bot. Ges. **1**, 2/3, 113—144 (1955). — KRUSENSTJERNA, E. v.: K. sv. Vetenskapsakad. Av. i Naturskyddsär. **10**, 1—37 (1954). — KUC, M.: Acta Soc. Bot. pol. **25**, 629—673 (1956). — KUCYNIAK, J.: Ann. de l'Acfas **21**, 110—115 (1955).

LADYSHENSKAJA, K., u. E. ZENKOVA: Bot. Ž. **40**, 853—857 (1955). — LANJOUW, J.: International Code of bot. Nomenclature. Utrecht 1956. — LATORRE, C.: Ann. Inst. bot. Cavanillies **12**, 300—394 (1954). — LAZARENKO, A.: (1) Mitt. thüring. bot. Ges. **1**, 2/3, 31—46 (1955). — (2) Bot. Žurn. **41**, 1495—1498 (1956). — LISOWSKI, S.: Poznanskiego Towarz. Przys. Nauk **17**, 1—93 (1956).

MÅRTENSSON, O.: (1) K. Sv. Vetenskapsakad. Avh. i. Naturskyddsär. **12**, 1—107 (1955); **14**, 1—321 (1956); **15**, 1—94 (1956). — (2) In O. HEDBERG, O. MÅRTENSSON u. St. RUDBERG: Bot. Not. (Lund) Suppl. 3, 2 (1953). — McCLY-

Mont, J.: Bryolog. **58**, 287—306 (1955). — McGregor, R.: Univ. Kansas Sci. Bull. **37**, 55—141 (1955). — Miller, H.: (1) Bryolog. **59**, 167—173 u. 174—180 (1956). — (2) Atoll Res. Bull. **40**, 1—4 (1955). — Müller, K: Rabenh. Kryptogamenfl. **6**, Lief. 6, 7 u. 8. — (2) Müller, K.: Feddes Rep. sp. nov. **58**, 59—74 (1955).

Noguchi, A.: J. Hattori Bot. Lab. **10**, 1—23 (1953). — Nyholm, E.: Illustrated Moss Flora of Fennoskandia **2**, Fasz. 1 u. 2. (1954 bzw. 1955).

Ochi, H.: (1) J. Jap. Bot. **29**, 49—51 (1954). — (2) Sci. Rep. Liberal Arts Dept. Tottori Univ. **6**, 23—27 (1955). — (3) J. Jap. Bot. **31**, 22—28 (1956). — (4) Bryolog. **59**, 213—216 (1956).

Pavletič, Z.: Prodrom. Flore Briofita Jugoslaviie. Zagreb 1955. — Persson, H.: Arch. Soc. Vanamo 9, Suppl., 225—231 (1955). — Podpěra, J.: Conspectus muscorum europaeorum. Prag 1954, 697 p. — Potier de la Varde, R.: Ark. f. Bot. **3**, 125—204 (1955). — (2) Rev. bryol. **24**, 29—32 (1955). — Proctor, M.: Trans. Brit. Bryol. Soc. **2**, 552—560 (1955). — Proskauer, J.: (1) J. South Afric. Bot. **21**, 63—75 (1955). — (2) J. Linn. Soc. London **55**, 143—157 (1954).

Readfern, P.: Bryolog. **59**, 256—263 (1956). — Reimers, H.: (1) Feddes Rep. sp. nov. **58**, 145—156 (1955). — (2) Feddes Rep. sp. nov. **59**, 117—140 (1956). — (3) Willdenowia **1**, 532—562 (1956). — Roivainen, H.: (1) Arch. Soc. Vanamo **9**, 2, 98—100 (1955). — (2) Arch. Soc. Vanamo **9**, 2, 85—98 (1955).

Sainsbury, G.: (1) A Handbook of the New Zealand Mosses, 490 p, Wellington 1955. — (2) Pap. Proc. Roy. Soc. Tasman. **89**, 1—53 (1955). — Sakurai, K.: Bot. Mag. (Tokyo) **65**, 251—256 (1952). — (2) J. Jap. Bot. **27**, 153—158 (1952). — (3) J. Jap. Bot. **26**, 199—202 (1951). — Savicz-Ljubitzkaja, L.: Flora Plant. cryptog. SSSR. **1**, 1—262 (1952). — Schiffner, V.: Arch. Hydrobiol. Suppl. **21**, 382—407 (1955). — Schuster, R.: (1) Bryolog. **58**, 137—141 (1955). — (2) J. E. Mitchell Soc. **71**, 106—126 (1955). — (3) J. E. Mitchell Soc. **71**, 126—148 (1955). — (4) J. E. Mitchell Soc. **71**, 218—247 (1955). — (5) J. E. Mitchell Soc. **72**, 87—125 (1956). — (6) J. E. Mitchell Soc. **72**, 292—316 (1956). — Schuster, R., and H. Blomquist: Amer. J. Bot. **42**, 588—593 (1955). — Schuster, R., u. S. Hattori: J. Hattori Bot. Lab. **11**, 11—86 (1954). — Sehnem, A.: Mitt. thüring. bot. Ges. **1**, 2/3, 208 bis 221 (1955). — Selivanova-Gorodkova, E.: Sporovie Rastenija **11**, 333—345 (1956). — Selivanova-Gorodkova, E., u. R. Schlakov: Sporovie Rastenija **11**, 347—388 (1956). — Shimizu, D., and S. Hattori: (1) J. Hattori Bot. Lab. **9**, 32—42 (1953); **10**, 49—55 (1953); **12**, 53—75 (1954). — (2) J. Hattori Bot. Lab. **9**, 25—31 (1953). — Smarda, J.: Biologia Casopis Slov. Acad. **9**, 12—34 (1954). — Smirnova, S.: Bot. Žurn. **41**, 1499—1503 (1956). — Sorsa, V.: Hereditas (Lund) **41**, 250—258 (1955). — Steere, W.: Bot. Gaz. **116**, 93—133 (1954).— (2) Bryolog. **59**, 161—167 (1956). — (3) Madrene **12**, 180—189 (1954). — Steere, C., L. Anderson u. V. Bryan: Mem. Torrey Bot. Club **20**, 4—79 (1954). — Suzuki, H.: J. Sci. Hiroshima Un. Ser. B. **2**, 7, 63—89 (1955). — (2) Jap. J. Bot. **15**, 186—198 (1956).— Svihla, R.: Bryolog. **59**, 277—283 (1956).

Takaki, N.: J. Hattori Bot. Lab. **14**, 1—28 (1955). — (2) J. Hattori Bot. Lab. **15**, 1—69 (1955). — Tatuno, S.: J. Hattori Bot. Lab. **14**, (1955). — Taylor, J., u. R. Potier de la Varde: Kew Bull. 1954, 505—516. — Taylor, J., u. A. Thompson: Kew Bull. 1954, 517—521.

Vaarama, A.: Bryolog. **56**, 169—177 (1953). — Vanden Berghen, C.: Flore Génér. de Belgique, Bryoph. **1**, Fasz. 1, Bruxelles 1955.

Watson, V.: British Mosses and Liverworts, 3. ed. London 1955. — Willis, J.: Victorian Nat. **71**, 157—163 (1955).

5 e. Systematik der Pteridophyten.

Von JOSEF POELT, München.

Allgemeiner Teil.

Über die Grundlagen der Entstehung der Archegoniaten — aus dem großen Bereich der Chlorophyten heraus — wie die langsame Differenzierung und Festigung des kennzeichnenden antithetischen Generationswechsels besteht bei den meisten Autoren einigermaßen Einigkeit. ZIMMERMANN (1) leitet in einer zusammenfassenden Darstellung diesen heute festdefinierten Vorgang über den haploiden Typ des Fortpflanzungswechsels zum isomorphen und schließlich heteromorphen Generationswechsel ab, der schon der ancestralen Vorläufergemeinschaft der Archegoniaten gemeinsam gewesen sein muß. Von hier aus sei die Entwicklung von Moosen und Farnpflanzen divergierend erfolgt, bei den Moosen unter Reduzierung des Sporophyten, bei den Farnen unter dessen Förderung zur Hauptgeneration.

Viel weniger Klarheit herrscht über die Beziehungen der Moose zu den Farnen und umgekehrt. Während ZIMMERMANN (1) die wahrscheinliche parallele Entstehung und die daraus resultierende Gleichberechtigung durch ihre Zusammenordnung zu einem Großtaxon *Archegoniatae* unterstreicht (das als formale Ordnungseinheit nicht unbedingt die gemeinsamen Ahnen mit umfassen müßte), und BREMEKAMP die Möglichkeit der Entstehung der Farnpflanzen aus dem Gesamtbereich der Bryophyten heraus einräumt, diskutiert CHRISTENSEN ähnlich wie STEINBÖCK [vgl. Fortschr. Bot. **17**, 241 (1955)] nur die umgekehrten Ableitungsmöglichkeiten; SCHWARZ zieht schließlich aus der gleichen Haltung heraus auch die taxonomischen Konsequenzen und reiht die Bryophyten als zweiten Unterstamm an die Psilophyten an.

Im Bereich der Farnpflanzen führt die mehrminder allgemein durchgedrungene Erkenntnis der Grundverschiedenheit der einzelnen Hauptgruppen mehr und mehr auch zur fomellen Auflösung des Gesamttaxons, die SCHWARZ durch unterschiedliche Bezeichnungen für die inhomologen Blattorgane zu unterstützen trachtet. So stehen denn in seinem System neben den durch Lepidophylle — aus Emergenzen entstandene Organe — gekennzeichneten *Lepidophyten* (von *Drepanophycus* über die Bärlappe zu den Selaginellen und Isoeten) die mikrophyllen *Stachyophyta* (von *Hyenia* bis zu den Nadelhölzern), die *Psilophyta*, die neben den *Psilophytinen* auch die Moose beinhalten, schließlich die *Phyllophyta*, die bei *Asteroxylon* beginnen und mit den Blütenpflanzen schließen. (Ein kühnes System!).

In ähnlicher Weise zergliedert BREMEKAMP, der die Grundgruppen nach der Verschiedenheit der — in Kürze kaum darstellbaren — primären Differenzierungsvorgänge anordnet. Aus der sicher differenten Entstehung der großen Gruppen leitet er die Forderung nach jeweils spezieller morphologischer Betrachtungsweise ab (da eine allgemeine Morphologie hier notwendigerweise nur Analogien erfassen könne und deshalb phyletisch nicht brauchbar sei) und kommt schließlich wie SCHWARZ zu einer Befürwortung spezieller Termini für die lediglich physiologisch, nicht aber phyletisch gleichen Grundorgane (daß die konsequente Durchführung dieser Forderung zu einer sehr beträchtlichen Erhöhung der Termini im ganzen Pflanzenreich führen müßte, sei nur am Rande vermerkt). An speziellen Einzelheiten fällt bei BREMEKAMP u. a. die starke Heraushebung der Wasserfarne und Eusporangiaten als *Salviniopsida*, *Marsiliopsida* und *Botrychiopsida* auf.

Grundsätzliches über die Entstehung der Pterophylle (Blattorgane der *Pterophyta*) faßt ZIMMERMANN (2) zusammen. Sie läßt sich in zwei Grundvorgänge gliedern, zunächst die Planation, d. h. das Einrücken der Telome eines Wedels in eine Ebene, dann die Übergipfelung, die wechselnde Förderung der Telome und Telomsysteme. Sekundäre Verwachsung, Reduktion der Teilorgane und schließlich dorsiventrale Differenzierung lassen sich als weitere gestaltende Prinzipien anschließen.

Die Cytologie hatte auch im Berichtsjahr einen wichtigen Anteil an allgemeinen Erkenntnissen zu verbuchen. WAGNER faßte die bisher gewonnenen Ergebnisse an amerikanischen Sippen zusammen; Einzelheiten vgl. im speziellen Teil. Er tritt angesichts der Tatsache, daß sich viele der bisherigen „guten" Arten als Hybridogene herausgestellt haben und viele der Hybriden die Fähigkeit erworben haben (durch Polyploidie, Aposporie usw.) Populationen zu bilden und sich wie gute Arten zu verhalten), für die binominale Bezeichnung der Bastarde ein.

WALKER findet im *Dryopteris-spinulosa*-Komplex in Europa 3 tetraploide Sippen, die dem Verhalten ihrer Genome nach aus vier verschiedenen Ursprungsformen hervorgegangen sein müssen. Eines der Vorfahrengenome ist den Arten *Dr. cristata* und *spinulosa* gemein, ein anderes dem Paar *Dr. spinulosa* und *dilatata*, deren einer gemeinsamer Eltern in Gestalt zweier heute geographisch getrennter Sippen noch lebt.

Bei der Vielfalt von Chromosomengrundzahlen wirkt die Feststellung von NINAN überraschend, daß die meisten alten Farngattungen einheitlich im einfachen Satz 13 Chromosomen aufzuweisen haben.

Die weitere Heranziehung der Sporen als wichtiger Merkmalsträger konnte bei den großen Erfolgen der Palynologie nicht ausbleiben. Die Brauchbarkeit hat sich vor allem für den spezifischen und generischen Bereich erwiesen. FOSTER faßt die technische Seite des Problems zusammen. KNOX ist eine Übersicht über die Sporen der Farne Großbritanniens zu verdanken. REED (1) kommt bei den nordamerikanischen Arten der Gattung *Dryopteris* (sens. str.) zu recht brauchbaren Unterschieden nicht nur der Sporen sondern auch der Sporangien und der Indusien. CRANE (1) vermag auch nach Sporenmerkmalen *Phegopteris* und *Thelypteris* sauber von *Dryopteris* zu trennen und hebt die leichte Erkennbarkeit von Hybriden anhand der Sporen hervor, die sich umgekehrt entsprechend als brauchbares Hilfsmittel für die Sicherung einer ganzen Anzahl bisher als fraglicher Hybriden angesehener Arten erwiesen haben. Überraschend wirkt die Feststellung CRANEs (2), daß sich die Sporen diploider und tetraploider *Dryopteris dilatata* nicht durch Größe, sondern durch Textur und Ornamentation (Membran dünn und hell bei den diploiden, dick und gebräunt bei den tetraploiden, Warzen zerstreut und zart gegen gedrängt und kräftig) unterscheiden.

Spezieller Teil.

(B = Beiträge; F = Flora; L= Liste; S = Schlüssel)

Psilotales. Nach NINAN umfaßt das weitverbreitete *Psilotum nudum* eine intraspezifische Polyploidiereihe bei Basis $n = 52$. BARBER kann die taxonomischen Schwierigkeiten bei *Tmesipteris* ebenfalls durch das Vorkommen von polyploiden Reihen erklären (Grundzahl $2n = 204 — 210$).

Ophioglossales. ST. JOHN sieht in der Gefäßstruktur der basalen und zentralen Teile des Blattes ein Zeugnis der Primitivität, wogegen die Anordnung der marginalen Venen Zeichen einer fortgeschrittenen Entwicklung gebe. Als primitivste Art wird diesen Merkmalen gemäß *Botrychium dissectum* betrachtet. — Nach den cytologischen Befunden erweist sich das Subgenus *Osmundopteris* von *Botrychium* als das deutlichst abgegrenzte ($n = 46$ kleine Chromosomen); auch bei dieser Gattung vermochte die Cytologie mehrere als Bastarde angesprochene Arten zu bestätigen; Polyplodiereihen kommen auch bei *Eubotrychium* vor (WAGNER). — NOZU fordert auf Grund morphologisch-anatomischer Details die Erhebung von *Helminthostachys* zu einer eigenen Familie *Helminthostachyaceae* (kriechendes Rhizom, palmate Blätter, freie Adern, geteilte Blattspuren), desgleichen die Wiederaufrichtung der Gattung *Ophioderma*. Rhizom- und Wurzelanatomie bestätigen im wesentlichen die genannten Folgerungen [NOZU (2)]. — Morphologisch-pflanzengeographische Studien an Botrychien Mitteleuropas bei WOLF, an sowjetischen *Ophioglossaceae* bei SLADKOV.

Schizaeaceae. *Anemia* in Afrika einschließlich Madagaskar, S: TARDIEU-BLOT (1).

Adiantaceae. *Notholaena* in Amerika, S 59 Arten: TRYON. — *Pellaea* in Chile, S: LOOSER (1). — B *Adiantum* in Mexiko: MORTON (1). — *Notholaena tomentosa*: PICHI-SERMOLLI (1). — Diskussion von *Isoloma*: TARDIEU-BLOT (8). — *Syngrammatopsis nov. gen.* (auf *Gymnogramme elaphoglossoides*: ALSTON (1).

Cyatheaceae. Von Australien, S: TINDALE, die meisten Arten endemisch.

Athyriaceae. *Athyrium* in Franz. tropisch Afrika, S: TARDIEU-BLOT (2). — *Woodsia* in Italien, S: PICHI-SERMOLLI (2). — Die *Chromosomengrundzahl* ist bei *Thelypteris* nicht einheitlich; entweder sie fluktuiert oder die Gattung ist polyphyletisch: WAGNER. — *Onoclea* und *Mateuccia*, gewöhnlich nebeneinandergestellt, sind ihrem Chromosomensatz nach sehr verschieden ($N = 37$ bzw. 40): WAGNER. — Im Komplex von *Cystopteris fragilis* kommen in Nordamerika mehrere Bulbillen-tragende Formen vor, die zu Unrecht als Hybriden angesehen wurden (mit *C. bulbifera*). Bei diesen Typen entstehen die Sporangien nicht nur in den Sori, sondern auch an der Rhachis an der Basis der Fiedern, an denen die Bulbillen sitzen: WAGNER u. HAGENAH.

Aspidiaceae. *Pseudotectaria nov. gen.* (auf *Aspidium decaryanum*): TARDIEU-BLOT (3). — Cytotaxonomische Studien am Komplex von *Cyclosorus parasiticus* bei PANIGRAHI. — *Dryopteris* in Uruguay, S: LEGRAND. — *Dryopteris inaequalis*-Gruppe in Madagaskar usw. S: TARDIEU-BLOT (4). — *Ctenitis protensa*-Gruppe in Afrika, S: TARDIEU-BLOT (5). — *Ctenitis* für Madagaskar u. Mascarenen, S: TARDIEU-BLOT (6). — *Rumohra* in Madagaskar usw., S: TARDIEU-BLOT (7). — *Heterogonium* B, S der indusiaten Arten: HOLTTUM (1).

Blechnaceae. *Doodia* in Hawaii: BLASDELL.

Aspleniaceae. Cytotaxonomische Studien im Komplex von *Asplenium aethiopicum*: PANIGRAHI. — Anatomie von *Aspl. ruta-muraria* u. *trichomanis*: GOLIZIN u. TSCHERPAKOVA.

Polypodiaceae. B. *Loxogramme*: NAYAR. — *Ctenopteris* in Amerika, S. 120 Arten: COPELAND (1).

Floren, Floristik.

(Im letzten Band nicht behandelt, daher hier auch weiter zurückliegende Werke aufgeführt.)

Ein großer Teil der Gefäßpflanzenfloren (vgl. Abschnitt: Systematik der Spermatophyta) enthält auch Bearbeitungen der Pteridophyten. Auf solche Werke ist hier nur verwiesen, wenn es sich um bedeutendere, oder irgendwie neuartige Bearbeitungen handelt.

Europa. Fennoskandien, F: HYLANDER. — *Ceterach* auf Gotland: NYHLEN. — Dänemark, F.: WIINSTEDT. — Großbritannien, F: CLAPHAM, TUTIN u. WARBURG. — Belgien, F: LAWALREE. — Luxemburg: LAWALREE (2). — Österreich, Katal.: JANCHEN (1). — Frankreich, Dept. du Nord: DUVIN. — Spanien, B: LAWALREE (3). — Jugoslawien, Übers.: JANCHEN (2).

Gemäß. Asien. Kaschmir: STEWART. — Nepal: ALSTON u. BONNER; dto. KITAMURA.

Afrika. Nordafrika: MAIRE. — Sudan: MacLEAY (1) u. (2), dto. Geographie (3). — Äthiopien, F (*Ophiogloss.*, *Osmund.*, *Schiz-*, *Hymenophyll.*, *Negripterid.*, *Cyatheac.*): PICHI-SERMOLLI (3) u. (4). — Äthiopien, Enum.: CUFODONTIS. — Fernando Po, L: ALSTON (2). — Liberien, F: HARLEY. — Goldküste, L: ADAMS u. ALSTON. — Franz. tropisch Afrika, F: TARDIEU-BLOT (9). — Franz. West- u. Zentr. Afrika, Katal.: TARDIEU-BLOT (10). — Franz. Westafr.: SCHNELL u. TARDIEU-BLOT. — Kongo, F: DEMARET (*Eusporangiatae* u. *Osmundaceae* (1), *Schizaeaceae* (2). — Geogr. SW-Afrika: SCHELPE. — Südafrika, B: ALSTON u. SCHELPE. — Madagaskar (F excl. *Polypodiac. sens. ampl.*): TARDIEU-BLOT (11).

Ost- u. Südasien. Formosa: KENG. — Japan, B: KURATA. — Malaya, B: MOLESWORTH-ALLEN. — Malaya, wichtige Flora: HOLTTUM. — Philippinen, B: COPELAND (2); dto. Genese der Flora: COPELAND (3). -

Australien, Südsee. Australien, B: PICHI-SERMOLLI (5). — Neuseeland, F.: STEVENSON. — Fidschi-Inseln: COPELAND (4). — Admiralitätsinseln: WAGNER u. GRETHER.

Amerika. Nordöstl. USA u. anlieg. Kanada, F: MORTON (2). — östl. USA: FERNALD. — Maryland: REED. — Illinois: JONES. — Minnesota: TRYON M. — TENNESSEE: SHARER, S: SHARP. — New Mexico: DITTMER, CASTETTER u. CLARK. — Arizona: KEARNEY u. PEEBLES. — Kalifornien: JEPSON. — Franz. Antillen: STEHLE (1) u. (2). — DOMINICA: HODGE; dto. L: HOWARD. — Costarica, L: LOSCH. — San Salvador: LÖTSCHERT. — Kolumbien, L: ALSTON (1). — Franz. Guayana, B: KRAMER. — Nordanden, B: MAXON. — Peru, Ekuador, L: MEYER (1) u. (2). — Rio Grande do Sul, *Hymenophyll.* u. *Cyatheac.*: SEHNEM. — Ouro Preto: MOACYR DE AMARAL LISBOA. — Uruguay: HERTER. — M-Chile: LOOSER (2).

Nomenklatur.

Obwohl die Benennung der Farne zur Zeit verworrener denn je scheint, bahnt sich durch Quellen- u. Typenstudium sowie Konservierung von Gattungsnamen langsam eine Stabilisierung an, an der vor allem PICHI-SERMOLLI (6), (7) u. (8) große Verdienste hat. — Angenommene Namen finden sich bei LANJOUW, eine Zusammenstellung von mehrfach gebrauchten Gattungsbezeichnungen bei REED (3).

Literatur.

ADAMS, C., and A. ALSTON: Bull. Brit. Mus. Nat. Hist. 1, 6, 145—185 (1955). — ALSTON, A.: (1) Mutisia 7, 1—11 (1952). — (2) Bol. Real. Soc. Españ. Hist. nat. **49**, 189 (1951). — ALSTON, A., and C. BONNER: Candollea **15**, 193—220 (1956). — ALSTON, A, and E. SCHELPE: J. South Afric. Bot. **18**, 153—176 (1952).

Barber, H.: Victorian Nat. **71**, 89—98 (1954). — Blasdell, R.: Bull. Torrey. bot. Club. **83**, 62—71 (1956). — Bremekamp, C.: Acta bot. neerl. **5**, 122—134 (1956). Clapham, A., T. Tutin and E. Warburg: Flora of the Brit. Isles. Cambridge 1952. — Copeland, E.: (1) Philippine J. Sci. **84**, 381—494 (1955). — (2) Philippine J. Sci. **81**, 1—45 (1952). — (3) Philippine J. Sci. **79**, 1—5 (1950). — (4) J. Arnold Arboretum Harvard Univ. **30**, 433 (1949). — Crane, F.: (1) Amer. Fern. J. **43**, 159—173 (1953). — (2) Watsonia **3**, 168—169 (1955). — Cufodontis, G.: Phyton (Horn N.-Ö.) **4**, 176—193 (1952).

Demaret, F.: (1) Bull. Jard. bot. Brux. **19**, 251—269 (1949). — (2) Bull. Jard. bot. Brux. **20**, 51—59 (1950). — Dittmer, H., E. Castetter and D. Clark: Univ. New Mexico Publ. Biol. **6**, 1—139 (1954). — Duvin, L.: Ann. Sci. nat. **16**, 481—492 (1953).

Fernald, M.: Gray's Man. of. Botany, 8. Aufl. New York 1950. — Foster, G.: Amer. Fern. J. **46**, 7—14 (1956).

Golizin, S., u. N. Tscherpakova: Bot. Žurn. **41**, 861—863 (1956).

Harley, W.: Contrib. Gray Herb. **177**, 58 (1955). — Harris, W.: New Zealand Dept. Sci. Indust. Res. Bull. 116 (A Manual of the spores of New Zealand Pteridophyta) 1955. — Herter, G.: Rev. südamer. Bot. **9**, 1—31 (1949). — Hodge, W.: Lloydia **17**, 1 z. 2 (1954). — Holttum, R.: Reinwardtia **3**, 269—274 (1955). — (2) Ferns of Malaya. In "A revised Flora of Malaya" **2**, 1—643 (1954). — Howard, R.: Contr. Gray Herb. **171**, 29—41 (1950). — Hylander, N.: Nord. Kärlväxtfloran 1, Uppsala 1953.

Janchen, E.: (1) Catalogus Florae Austriae 1, Wien 1956. — (2) Jb. Biol. Inst. Sarajewo **5**, 219—234 (1952). — Jepson, W.: A Manual of the flowering Plants of California. Berkeley 1951. — Jones, G.: Amer. Midld. Naturalist **38**, 76 (1947).

Kearney, T., and R. Peebles: Arizona Flora. Los Angeles 1951. — Keay, R.: Bull. Jard. bot. Brux. **25**, 213—220 (1955). — Keng, H.: Quart. J. Taiwan Mus. **5**, 25—56 (1952). — Kitamura, S.: Sci. Res. Japan. Exped. Nepal Himalaja **1**, 73—290 (1955). — Knox, E.: Trans. Bot. Soc. Edinburgh **35**, 437—449 (1951). — Kramer, K.: Acta bot. neerl. **3**, 481 (1954). — Kurata, S.: Hokuriku J. Bot. **3**, 35—37, 62—65, 80—83 (1954); **4**, 14—17, 43—44, 62—64, 114—115 (1955).

Lanjouw, J.: Internat. Code of Bot. Nomencl. Utrecht 1956. — Lawalree, A.: (1) Pteridophytes, in Flore Générale de Belgique, 1, Brux. 1950. — (2) Bull. Soc. roy. Bot. Belg. **83**, 225 (1951). — (3) Veröff. Geobot. Inst. Rübel H. **31**, 268—272 (1955). — Legrand, D.: Comunic. bot. Mus. Hist. Montevideo 2, 21, 1—27 (1952). — Looser, G.: (1) Rev. sudamer. Bot. **10**, 221—228 (1956). — (2) Moliniana **1**, 5—95 (1955). — Losch, J.: Mitt. bot. Staatssamml. München H. 1, 20—24 (1950). — Lötschert, W.: Ceiba **4**, 241 (1954).

MacLeay, K.: (1) Sudan Notes a. Records **34**, 286—298 (1954). — (2) Webbia **11**, 587—606 (1956). — Maire, R.: Flore de l'Afrique du Nord 1, Paris 1952. — Meyer, D.: Willdenowia **1**, 642—653 (1956). — Moacyr de Amaral Lisboa: 8. Congr. Internat. Bot. Rapp. **4**, 21 (1954). — Molesworth-Allen, B.: The Gardeners Bull. Singapore **14**, 9—16 (1953). — Morton, C.: (1) Amer. Fern. J. **45**, 113—117 (1955). — (2) Pteridophyta. In H. Gleason, The New Britton a. Brown ill. Flora etc. 1—56 (1950).

Nayar, B.: J. Indian Bot. Soc. **34**, 395—407 (1955). — Ninan, C.: Cellule **57**, 307—317 (1956). — Nozu, Y.: Jap. J. Bot. **15**, 83—101 (1955). — Nyhlen, G.: Bot. Not. (Lund) **1949**, 395.

Panigrahi, G.: Proc. Ind. Sci. Cong. Univ. Ser. **4**, 373 (1955). — Pichi-Sermolli, R.: (1) Webbia **8**, 177—190 (1951). — (2) Webbia **12**, 179—216 (1956). — (3) Webbia **9**, 623—660 (1954). — (4) Webbia **12**, 121—146 (1956). — (5) Webbia **8**, 201—221 (1951). — (6) Webbia **9**, 387—454 (1953). — (7) Webbia **12**, 1—40 (1956). — (8) Taxon **3**, 68—71 (1954).

Reed, C.: (1) Bartonia **27**, 47—56 (1953). — (2) The Ferns and Fern Allies of Maryland etc., 1—286, Baltimore 1953. — (3) Taxon **4**, 105—117 (1955).

Schelpe, E.: J. South Afric. Bot. **22**, 5—22 (1956). — Schnell, M., et Mme Tardieu-Blot: Rev. gén. Bot. **54**, 461 (1947); **55**, 18 (1948). — Schwarz, O.: Mitteil. thüring. bot. Ges. 1, 2/3, 292—302 (1955). — Sehnem, A.: Sellowia Nr. 7, 299—326 (1956). — Sharer, J.: Ferns of Tennessee, 1—502, Tennessee 1954. —

SHARP, A.: J. Tennessee Acad. Sci. 30, 85—89 (1955). — SLADKOV, A.: Dokl. Akad. Nauk SSSR 103, 329—332 (1955). — STEHLE, H.: (1) Bull. Soc. Bot. France Mem. 1953/54, 39. — (2) Bull. Soc. Bot. France Mem. 1953/54, 34. — STEVENSON, G.: A Book of Ferns, 1—60, 1954. — STEWART, R.: J. Ind. Bot. 30, 137—142 (1951). — ST. JOHN, E.: Quart. J. Florida Acad. Sci. 15, 1—19 (1952).

TARDIEU-BLOT, Mme: (1) Notul. syst. Paris 14, 207—209 (1951). — (2) Notul. syst. Paris 14, 333—335 (1952). — (3) Notul. syst. Paris 15, 86 (1956). — (4) Notul. syst. Paris 15, 160—164 (1956). — (5) Notul. syst. Paris 14, 210—212 (1951). — (6) Notul. syst. Paris 15, 77—85 (1954). — (7) Notul. syst. Paris 15, 168—176 (1956). — (8) Notul. syst. Paris 14, 330—332 (1952). — (9) Mém. Inst. franç. d'Afrique noire 28, 1—241 (1953). — (10) Notul. syst. Paris 14, 335—365 (1952). — (11) Fam. 1 mit 4 u. 6 mit 11, in H. HUMBERT; Flore de Madagascar. Paris 1951 bzw. 1952. — TINDALE, M.: Contr. N. S. Wales Nat. Herb. 2 47, 327—361 (1956), — TRYON, R.: Contr. Gray Herb. 179, 1—106 (1956).

WAGNER, W.: Rhodora 57, 219—240 (1955). — WAGNER, W., and D. GRETHER: Univ. Calif. Publ. Bot. 23, 17—110 (1948). — WAGNER, W., and D. HAGENAH: Amer. Fern. J. 46 137—146 (1956). — WALKER, S.: Watsonia 3, 193—209 (1955). — WIINSTEDT, K.: Bot. Tidsskr. 49, 305 (1953). — WOLF, H.: Verh. naturhist.-med. Ver. Heidelberg, N. F., 20, 51—84 (1956).

ZIMMERMANN, W.: (1) Feddes Rep. spes. nov. 58, 283—307 (1955). — (2) Ber. dtsch. bot. Ges. 68, 275—284 (1955).

5 f. Systematik der Spermatophyta.

Von Hermann Merxmüller, München.

Allgemeiner Teil.
1. Phylogenie.

Die neuen Systeme dieses Jahres stammen von Boivin (1) und Schwarz; beiden gemeinsam ist die Überzeugung, daß der grundsätzliche Ablauf der Evolution bei den Cormophyten ganz eindeutig geklärt ist, womit der beträchtliche strukturelle Unterschied zwischen den beiden Systemen merkwürdig genug kontrastiert.

Die traditionellen „Gymnospermen" gibt Schwarz wegen ihrer ihm klar erwiesenen Diphylie, nämlich des prinzipiellen Unterschiedes makrophyll-phyllosporangiater und mikrophyll-stachyosporangiater Struktur, völlig auf. Die Formen des letzteren Typs werden als Stamm der *Stachyophyta* zusammengefaßt; ihre wichtigste Gruppe sind neben *Hyeniophytina* und *Equisetophytina* die „*Abietophytina*", die sich in *Aspermophytariae*, *Ginkgospermae* und die eigentlichen *Gymnospermae* s. str. (*Cordaitopsida*, *Taxopsida*, *Ephedropsida* und *Abietopsida*) gliedern.

Die *Phyllophyta* werden in *Asteroxylophytina* und *Phyllophytina*, diese in *Pteridophytariae* und *Spermatophytariae* unterteilt; bei den letzteren finden wir unter den *Cycadospermae* auch die *Welwitschiopsida* und *Gnetopsida* (deren syndetocheile Stomata, Hüllorgane und Samenanlagen sie „als Bennettiten" erkennbar machen), während die Unterklasse der *Angiospermae*, etwas verblüffend, in die nicht näher erläuterten Abteilungen *Magnoliopsida*, *Nymphaeopsida*, *Paeoniopsida*, *Annonopsida* und *Hamamelidopsida* zerfällt.

Neben die Makro- und Mikrophylle werden als gleichberechtigter dritter Blatttyp die „Lepidophylle" gestellt, nämlich die entsprechenden Organe der Lycopodien usw., die den Pleuridien und deren weiteren Verzweigungen bei den Grünalgen homolog seien: sie kennzeichnen den Stamm der *Lepidophyta* (mit *Drepanophycophytina*, *Lycopodiophytina* und *Selaginellophytina*, zu letzteren auch die *Isoetopsida!*), z. T. aber auch den Stamm der *Psilophyta*. Bei diesen finden wir nicht nur die *Psilophytina*, denen außer den Rhynien und verwandten fossilen Abteilungen auch die rezenten *Psilotopsida* zugerechnet werden, sondern auch die *Bryophytina*, wobei der angegebenen Eindeutigkeit dieser Zuteilung die bekannten Charaktere von *Horneophyton* einerseits, von *Anthoceros* andererseits zugrunde gelegt werden.

Die Annahme dieses methodisch interessanten und großzügigen, wenn auch kaum überzeugenden Systems erzwingt nach Schwarz den Ausschluß der Termini Blatt, Blüte, Sporophyll und Karpell außerhalb des Phyllophyten-Bereichs, da keinerlei Homologie existiere. Der (Angiospermen-) Blüte wird eine merkwürdige Genese zugeschrieben: die ursprünglich anemogamen Sporophyllsprosse hätten sich unter dem Einfluß des Insektenfraßes (an den eiweißhaltigen Sporangien) gestaucht und zum Schutz mit einer Hülle umgeben; diese Hülle hätte dann den

Funktionswechsel zur Entomogamie erzwungen. An den Beginn eines jeden Systems der Blütenpflanzen seien daher die entomogamen, polystaminalen und apokarpen Typen mit meist gut entwickelter Hülle zu stellen. — Die Existenz von Kittstoff- und Pollenduft-Resten bei vielen Anemogamen bringt PORSCH als weiteres Argument für das von ihm ebenfalls geforderte Primat der Insektenblütigkeit der Angiospermen bei.

BOIVIN (1) stellt wieder einmal in geringfügiger eigener Modifizierung „Leitende Gesichtspunkte bei der systematischen Anordnung" voran, wie sie im Prinzip seit BESSEY, WETTSTEIN, ENGLER und HUTCHINSON immer wiederkehren, geleitet von dem „Ariadnefaden" seines „Prinzips ersten Ranges", wonach die Evolution nicht durch Schöpfung oder Produktion neuer Organe voranschreitet, sondern durch Fixierung, Modifizierung, Spezialisierung, Differenzierung und Reduktion bereits vorhandener Organe wirkt. Auch ihm erscheinen Evolution und Phylogenie der Gefäßpflanzen (Moose und Fossilien werden nicht behandelt) so evident und klar, daß ein Großteil seines Interesses einer einheitlichen, praktischen Diagnostizierung und Namensgebung der Großeinheiten gilt. Man mag es als Abwehrreaktion gegenüber den achtsilbigen Namensungeheuern der Schwarzschen Taxa verstehen, wenn er meist nur die erste Silbe des namengebenden Stammes mit der obligaten Endung kombiniert.

Die *Trachaeophyta*, wie BOIVIN (1) die Gefäßpflanzen unschön nennt, werden von ihm in einigermaßen konventioneller Weise in *Psilophyta* (*Psilotum!*), *Lycophyta* (*Lycopsida* und *Isopsida*), *Equisophyta* und *Pterophyta* aufgegliedert; die letztgenannten enthalten die Unterabteilungen *Pterophytina*, *Gymnophytina* (mit *Cycopsida*, *Ginkgopsida*, *Pinopsida*, *Gnetopsida* und *Welwopsida*) und *Angiophytina* (mit *Dicopsida* und *Monopsida*). Die *Angiophytina* werden weitgehend im Sinne HUTCHINSONs behandelt und die *Dicopsida* demgemäß zunächst in die Unterklassen *Lignidae* und *Herbidae* geteilt, wobei die *Herbidae* von der Typusgruppe der *Lignidae*, den *Magnoliales*, abgeleitet werden. Offen bleibt allerdings eine mögliche Polyphylie der *Herbidae*: die *Cruciferae* etwa könnten als eigene Klasse, parallel zum Rest der *Dicopsida*, betrachtet werden — hier spielen die Blütentheorien der französischen Morphologen herein —; die herbiden *Saxifragales* mögen sich getrennt von den ligniden *Cunoniales* herleiten. Den Angelpunkt der *Monopsida* stellen die *Butomales* dar, die über die *Scheuchzeriales* die Unterklasse der *Achenidae* (= *Helobiae*) erreichen, andererseits über *Commelinales*, *Liliales* und *Arales* alle anderen Gruppen zusammenfassen, die den *Achenidae* als Unterklasse der *Folliculidae* gegenübergestellt werden.

Wenig Ähnlichkeit mit dieser Darstellung BOIVINs zeigt das Monocotylen-System KIMURAs, über das schon in Fortschr. Bot. 18, S. 98, kurz berichtet wurde, das nun aber in stark erweiterter Form vom Autor erläutert wird. Der Vorteil seines Systems dünkt KIMURA darin zu liegen, daß es in ihm keine isolierten Gruppen gibt (was dem Ref. zumindest theoretisch als etwas fragwürdiger Effekt erscheint). Die Einteilung in sieben Klassen und 28 Ordnungen basiert auf vier Gruppen von Charakteren, nämlich Entwicklung von Ovar, Plazentation, Perianth und Albumen, wobei die angenommene Richtung dieser Progressionen einigermaßen subjektiv zum Prinzip erhoben wird. Subjektiv zu sein gilt freilich dem Autor als Vorrecht des System-Baumeisters, was der Glaubwürdigkeit seiner präsumptiven Entwicklungsrichtungen ebenso zum Schaden gereicht wie der unbewiesenen Behauptung, die „Monocots seien eben monophyletisch".

Auf persönlicher Untersuchung beruhend und damit mehr Vertrauen erweckend als die bisher geschilderten Darstellungen sind die Versuche SCHLITTLERs, durch morphologischen Vergleich die organphyletischen

Zusammenhänge im Bereich der Monocotylen, zumindest speziell innerhalb der Liliifloren, zu klären. Als primitive Grundgestalten werden hier kriechende bis lianoide Pflanzen mit gleichartig verzweigtem und gleichmäßig beblättertem Achsensystem, ohne inflorescenzartig begrenzte Blütenregion, betrachtet; Ableitungen sind Inflorescenzbildung, Trennung der Inflorescenz vom vegetativen Teil, Rhizome, Knollen und Zwiebeln, Schwertblätter und Rundblätter, Schäfte mit traubiger oder doldiger Inflorescenz, Syntepalie u. a. Diese Betrachtungsweise führt zu einleuchtenden Neugliederungs-Vorschlägen, über die im speziellen Teil im einzelnen berichtet wird.

Die geschilderten „primitiven Grundgestalten" finden sich bei gewissen *Commelinaceae (Tradescantia, Zebrina, Commelina), Liliaceae (Melanthioideae, Asparagoideae, Luzuriagoideae, Smilacoideae), Stemonaceae* und *Dioscoreaceae.* Bezeichnenderweise treten in diesen Gruppen häufig „dicotyloide" Charaktere auf wie die Ochrea der *Commelinaceae* und von *Dianella,* die transversalen Vorblättchen der *Asparagoideae,* die dicotylenartigen Blattformen der *Luzuriagoideae.* Als mögliche Bindeglieder werden neben den *Helobiae* nicht zu Unrecht wieder einmal die *Berberidaceae* in engeren Betracht gezogen.

Weniger leicht wird man allerdings dem Autor folgen wollen, wenn er die ericoiden Blätter der Luzuriagoidee *Philesia* zum Anlaß nimmt, eine gemeinsame, wenn auch weit zurückliegende Wurzel mit den *Epacridaceae* zu vermuten, die damit in gewissem Sinne ein Verbindungsglied von alten *Guttiferae* (SCHLITTLER nennt, wohl etwas unglücklich, *Rhododendreae* und *Theeae*) zu den *Liliiflorae* bilden könnten.

Wenig gemein mit dem erkenntnistheoretischen Optimismus SCHWARZ' und BOIVINs hat GOODs neues Buch, das er "Features of Evolution in the Flowering Plants" betitelt. Ihm scheint es ungemein schwierig, die weitgehend aus dem Tierreich gewonnenen, gebräuchlichen Vorstellungen von der Evolution auf die Blütenpflanzen zu übertragen. Ein für ihn prinzipieller Unterschied liegt in der Abhängigkeit der meisten Tiere von den Pflanzen, so daß er die pflanzliche Evolution als konsequent, den Umweltbedingungen folgend, von der sub- und obsequenten (zeitlich nach- und den Pflanzen folgend) Evolution der Tierwelt trennt. In der weitgehend grundlosen und unmotivierten pflanzlichen Evolution findet er wenig Darwinistisches; sie sei offensichtlich durch einen fortgesetzten „automatischen Impetus" bewirkt und schließe ein bedeutendes „Element der Wiederholung" ein. Dies drängt ihm den Vergleich mit einem Kaleidoskop auf — oder in Anbetracht des von ihm nicht geleugneten „großen progressiven Marsches der Evolution" das Gleichnis von Strom und Welle. Jedenfalls spreche wenig oder nichts für Konkurrenz und Elimination; die Natur erscheine eher expansiv als kontraktiv.

Das hier von GOOD gebotene System der Blütenpflanzen ist demgemäß unorthodox und recht verblüffend. Die Monocotylen werden in Humboldtisch anmutende Gruppen verteilt (Palmen, Rotangs, Baumlilien, phyllokladische, kletternde, aquatische M.), während er bei den Dicotylen isolierte und halbisolierte Gruppen (Proteaden, Kätzchenblütler, Cruciferen; Composeiten, Podostemonaden, Begonien u. a.) vom „Kern", den „Durchschnittstypen" (Terebinthalen, Sapindalen, Myrsinalen; Hamamelidalen usw.) trennt. Als neues System-Abbild wird vom Verf. gemäß einer von ihm gesehenen "stellar analogy" ein Kugelhaufen verwendet, dessen Kugeln einen Durchmesser gleich der Kubikwurzel der Specieszahl besitzen und der Verwandtschaft entsprechend einander genähert oder entfernt sind. Von Interesse ist eine hübsche Darstellung der Entwicklungsrichtungen bei *Asclepiadaceae* und *Compositae*, von zweifelloser Originalität das Kapitel „Ähnlichkeiten" mit einer teilweise allerdings geradezu absurden Aufführung „verwechselbarer Pflanzen".

Aus dem paläobotanischen Schrifttum ist kurz auf eine Arbeit von ANDREWS u. ALT zu verweisen, die von der Notwendigkeit eines a l l g e m e i n e n Z u r ü c k d a t i e r e n s der Entstehung vieler Großgruppen des Pflanzenreiches spricht. So halten die Autoren das wohlbekannte und weitverbreitete devonische *Callixylon* nach seiner Stammanatomie mit aller Wahrscheinlichkeit bereits für eine echte Coniferophyte, und zwar für ein recht spezialisiertes Glied der Gruppe, während sie in BROWNs neuentdeckter, palmähnlicher *Sanmiguelia* aus der Trias Colorados die bislang früheste Angiosperme erblicken und daraus einen paläozoischen Ursprung der Angiospermen ableiten wollen.

Auf die merkwürdige Arbeit HANSENs, der die fossilen Lebensformen im Sinne RAUNKIÄRs in einer Abfolge gruppieren zu können glaubt, die ihr geologisches Alter widerspiegelt, sei hier nur kurz verwiesen; sie krankt an dem etwas naiven Glauben des Verf., daß die bekannten Fossilien getreulich die Gesamtflora repräsentieren, ihre rezenten Nächstverwandten stets eindeutig festlegbar sind und deren Lebensform der der fossilen entsprechen müsse. Auch daß die Schließung des Angiospermenkarpells durch eine kretazische Klimaverschlechterung bewirkt sei, wird man dem Autor nur ungern glauben. — Erfreulicher ist hier schon der erneut vorgetragene originelle Versuch LEPPIKs, das relative phylogenetische Alter verschiedener Phanerogamengruppen an der biologischen Spezialisierung heteröcischer Rostpilze zu messen. — Was die Dicotylen anlangt, so erscheint Weichholzigkeit (Hemixylie, der Pachycaulie CORNERs entsprechend) sowohl innerhalb der ganzen Gruppe als auch innerhalb einzelner Sippen als primitiver Charakter gegenüber Holoxylie und Perxylie (SCHMID).

BUXBAUM (2) stellt ein „Gesetz der Verkürzung der vegetativen Phase" auf, das einen von ihm kreierten Verwandtschaftsbereich der *Illiciaceae — Phytolaccaceae — Cactaceae* sowie der *Mesembryanthemaceae* beherrscht. Der Vereinfachung unterliegen nicht nur Sproß, Blatt und Inflorescenz; auch die Förderung des Embryos (Voraneilen der Filial- vor der Parentalgeneration) und die Samenreife vor der Testabildung werden in sie einbezogen. Viele scheinbare „Anpassungen" seien nur Ausdruck dieses allgemeinen Formgesetzes.

Mit Freuden verweist der Ref. noch auf die zweite, erweiterte und verbesserte Auflage von ROTHMALERs „Allgemeiner Taxonomie und Chorologie der Pflanzen", die immer noch das einzige Lehrbuch dessen darstellt, was man als „allgemeine spezielle Botanik" bezeichnen könnte und dem man nur noch eine stärkere Betonung des cytotaxonomischen Anteils wünscht.

2. Anatomie und Morphologie.

Aus seinen nun über vierzigjährigen Arbeiten über die Blattknoten-Anatomie zieht BAILEY (1) ein etwas zwiespältiges Resumé. Gesichert erscheint auch ihm, daß die alten Angiospermen relativ stattliche, ausdauernd-holzige Pflanzen sind und die krautigen Dicotylen als abgeleitet gelten müssen; gesichert auch, daß die Xylemstruktur der *Amentiferae*, vor allem der *Casuarinaceae, Betulaceae* und *Fagaceae* relativ hochspezialisiert, nicht echt primitiv ist. Hingegen erscheinen ihm die früher gezogenen, z. T. recht überzeugenden Schlüsse hinsichtlich der Form und Vascularisation des Angiospermenblattes erneuter Überprüfung und Betrachtung zu bedürfen; hier handle es sich wohl kaum um ebenso einbahnige und irreversible Phänomene, wie sie die Phylogenie der Angiospermen-Gefäße zeigt.

Von bedeutendem taxonomischem Interesse erweisen sich die morphologischen Untersuchungen der Trollschen Schule über die systematische Verteilung von Stipelbildungen [WEBERLING (1—5)]. So sind Rudimentärstipeln bei den *Cruciferae* und den übrigen *Rhoeadales* weit verbreitet, fehlen aber den *Papaveraceae*, die nur Scheidenbildung zeigen. Nahezu allgemein finden sie sich auch bei den *Myrtales* (die bislang als typisch nebenblattlos galten), wenn auch nicht ohne Schwankungen: so mag das Fehlen von Stipularbildungen bei den *Halorrhagidaceae* — *Gunnereae* durchaus ein neues Argument für deren Eigenständigkeit beibringen. Auch bei den *Myrtaceae* und *Onagraceae* scheinen stipellose und stipulate Formen jeweils ganz wohldefinierte Verwandtschaftskreise zu umgreifen. Von Interesse könnte das Vorkommen von Rudimentärstipeln bei *Coriaria* für eine endgültige Festlegung ihres systematischen Anschlusses werden.

Keine echten Stipeln finden sich dagegen, entgegen manchen Lehrmeinungen, bei den *Convolvulaceae, Plumbaginaceae* und *Balsaminaceae*, weiters auch nicht bei *Peganum* und *Tetradiclis*, die damit unter den sonst durchwegs stipulaten *Zygophyllaceae* eine deutliche (auch sonst schon gemutmaßte) Sonderstellung einnehmen. Auch bei den *Scrophulariaceae* werden niemals echte Stipeln gebildet; sowohl die so gedeuteten Organe von *Limosella* als auch vor allem der *Buddleioideae* stellen lediglich verlaubte Teile des gamophyllen Blattgrundes dar (TROLL u. HARTL), worauf schon HASSELBERG 1937 hingewiesen hat. Nach Ansicht der Verf. entfällt damit jeder Grund zur Ausgliederung der *Buddleioideae* aus den *Scrophulariaceae*, so daß man hier wieder zu der alten Eichlerschen Auffassung zurückkehren kann.

Bei den *Compositae* finden sich als Unterblattbildungen sowohl echte Stipeln als auch vaginale Öhrchen und Scheidenlappen [WEBERLING (1)]; möglicherweise läßt sich auch hier noch eine gewisse systematische Verteilung herausarbeiten.

Verwachsene Stipeln müssen nach MAEKAWA zumindest bei den *Leguminosae, Rubiaceae* und *Rhizophoraceae* als primitiv, freie als Resultat einer Zerreißung betrachtet werden. Bei den *Phaseoleae*, denen seine Studie besonders gewidmet ist, sind gestielte Primärblätter abgeleitet gegenüber sitzenden, was ebenfalls taxonomisch ausgewertet wird. In morphologisch-anatomischen Untersuchungen an Keimpflanzen zeigen HACCIUS u. REH, daß *Hydrocotyle* zwar im Bau der Leitelemente und Exkretkanäle typisches Umbelliferen-Verhalten aufweist (und deshalb nicht aus dieser Familie ausgeschlossen werden sollte), aber doch durch das Fehlen von Marginalnerven von allen anderen *Umbelliferae* geschieden wird.

Die Anatomie der in ihrer systematischen Stellung immer noch reichlich unklaren Gattungen *Sphenostemon* und *Nouhuysia* (= *Idenburgia*) widmet BAILEY (2) eine Studie, die aber nur zu dem Schlusse kommt, daß sicher kein Anschluß an *Guttiferae, Trimeniaceae* und *Aquifoliaceae* in Betracht gezogen werden kann. Neben der sehr primitiven Xylemstruktur machen die eigenartig breiten Mikrosporophylle die Gattungen phylogenetisch interessant. LEINFELLNER, nach dem alle Staubblätter kompliziert gebaute diplophylle bzw. peltat-diplophylle Blätter darstellen, sieht allerdings in den blattartig flachen Mikrosporophyllen der *Nymphaeaceae, Magnoliaceae* u. a. sekundär verbreiterte, also abgeleitete Bildungen, so daß ihnen die phylogenetische Bedeutung zu nehmen wäre, die ihnen heute fast allgemein zugebilligt wird.

Über die bisher wenig beachtete Neigung mancher *Scrophulariaceae*, das O v a r teilweise in die Blütenachse einzusenken, berichtet HARTL (2); so ist etwa das Ovar mancher Calceolarien in Wirklichkeit halbunterständig. Nicht ohne Interesse ist auch das Vorkommen ± unvollkommener falscher Scheidewände in dieser Familie, rippenförmiger Vorwölbungen der Karpell-Oberseite, die mit der Leitbündelverteilung in gewissem Zusammenhang stehen. Andererseits ist die Zentralplacenta der *Lentibulariaceae* zwar schon in der Anlage völlig frei, läßt sich aber morphologisch aus dem Verhalten anderer *Scrophulariaceae*, besonders von *Limosella*, in klaren Zusammenhang mit dieser Familie bringen [HARTL (1)]. Die Bildung eines einheitlichen Ovarlumens erscheint dem Autor als allgemeines Zeichen besonderer Synorganisation; es findet sich bislang bei etwa 70000 Arten aus nur 27, meist am Ende morphologischer Reihen stehenden Familien und muß demgemäß wohl meist als stark abgeleiteter Charakter gelten.

Von TAMAMSCHIAN stammen erneute Untersuchungen am Compositen-Pappus. Im Gegensatz zu LEONHARD scheinen ihm Gewebedifferenzierung und Gefäßbündelverlauf den Beweis für die Blattnatur bei fast allen Typen zu liefern; in vielen Fällen wiederhole der Pappus offensichtlich die Entwicklung der Hüllblätter. Mit BOISSIER wird daher der Pappus wieder grundsätzlich als Sonderform des Kelches bzw. seines distalen Endes betrachtet.

3. Biochemie und Serologie.

In leider ausnehmend schlechter Übersetzung wird BLAGOWES-TSCHENSKIs interessantes Werk ,,Die biochemischen Grundlagen des Evolutionsprozesses der Pflanzen" vorgelegt, das dem Taxonomen eine ausgezeichnete Zusammenstellung moderner Daten über die systematische Verteilung der Inhaltsstoffe im Pflanzenreich bietet. Des Autors spezielles Interesse gilt der b i o c h e m i s c h e n E v o l u t i o n, für die er einen gewissen Maßstab in dem (artverschiedenen) ,,energetischen Stand" einer Pflanze, nämlich in der meßbaren Fähigkeit einzelner ihrer Fermente, die Aktivierungsenergie der von ihnen katalysierten Reaktionen zu senken, gefunden hat. Niedriger energetischer Stand, also ein weniger rationell arbeitendes System, verursacht Abweichungen vom normalen, unspezialisierten Stoffwechsel und führt zur Bildung sehr besonderer Produkte wie Alkaloide, Saponine u. v. a.; ihr Vorherrschen kennzeichnet stark spezialisierte (was vom Verf. mit ,,verhältnismäßig alt" gleichgesetzt wird) Gruppen, die überdies meist auch durch den Oxydase-Typ der Atmung charakterisiert sind. Hoher energetischer Stand, unspezialisierter Stoffwechsel, Fehlen ungewöhnlicher Produkte und Peroxydase-Typ der Atmung kommen jüngeren, (noch) wenig spezialisierten Gruppen zu.

In dieser Sicht stellen etwa die heutigen *Filicales* junge, die *Equisetales, Lycopodiales, Gnetales* und *Cycadales* alte Gruppen dar, während die Coniferen die

Mitte halten; der gleiche Unterschied kennzeichnet *Ranales* und abgeleitete *Personatae*. Eine Ableitung der *Helobiae* von den (biochemisch bereits sehr stark spezialisierten) *Ranales* ist hier schlecht denkbar; auffallend ist auch der Unterschied zwischen den („jungen") *Papaveraceae* und den (wieder stärker spezialisierten) übrigen *Rhoeadales* sowie zwischen *Campanulaceae* (mit *Goodeniaceae* und *Stylidiaceae:* Peroxydase-Typ) und *Compositae* (Oxydase-Typ). Im übrigen werden die Ergebnisse weitgehend in Einklang mit den Systemen GROSSHEIMs und KOSO-POLJANSKIs gebracht, gelegentlich auch noch HUTCHINSON zur Hilfeleistung beigezogen. Immerhin scheint hier ein neuer Merkmalskomplex vorgegeben, den man künftig in systematische Betrachtungen einbeziehen kann.

Unter dem Titel „Pflanzenchemie und Pflanzenverwandtschaft" betont HÄNSEL die phytochemisch meist gute Charakterisierung morphologisch einheitlicher Familien, für die u. a. die *Gramineae* mit ihren Prolaminen, die *Cruciferae* mit ihren Senfölglykosiden, die *Labiatae* und *Umbelliferae* vorgestellt werden; auch eine negative Charakterisierung wie das Fehlen des sonst allgemein verbreiteten Ca-Oxalats bei den *Cruciferae* kann bedeutsam sein. Während einfache Stoffwechselprodukte verständlicherweise konvergent an verschiedenen Stellen des Systems erscheinen (Cumarin, Coffein), wächst die taxonomische Signifikanz mit der Komplexität; sehr schön zeigt dies die Verteilung einiger vom Tryptophan abzuleitender Alkaloide, die mit steigender Kompliziertheit erst auf einige wenige Familien, dann sogar auf einzelne Gattungen eingeschränkt werden. Stark betont wird das Fehlen von phytochemischen Gemeinsamkeiten zwischen *Cornaceae* und *Rubiaceae,* dem überzeugende Ähnlichkeiten zwischen den letzteren und den *Apocynaceae/Loganiaceae* gegenüberstehen (vgl. u. a. das gemeinsame Vorkommen von Yohimbin bei *Rauwolfia* und *Corynanthe*). HÄNSELs Behauptung, daß morphologische und phytochemische Merkmale allgemein eng gekoppelt sein dürften, wird wohl zuzustimmen sein.

Eine dritte größere Darstellung über das genannte Gebiet, GIBBS' "Comparative Chemistry and Phylogeny of Flowering Plants" blieb dem Ref. bislang unzugänglich. — Eine nicht uninteressante chemische Differenzierung findet LYS bei den *Primulaceae*; hier enthalten die Gattungen *Anagallis, Lysimachia* und *Cyclamen* (also die vielleicht den *Myrsinaceae* näherstehenden Sippen, Ref.) in allen vegetativen Organen Glucofructoside, während sich bei *Primula* an ihrer Statt Heteroside finden.

Größere Aufmerksamkeit wird nun auch wieder serologischen Studien geschenkt, über die in Deutschland MORITZ u. ROHN berichten. Die Autoren arbeiten mit Absättigungsreaktionen an anaphylaktisch sensiblen Organen, wobei sie für „Fernreaktionen" anstelle von Totalextrakten nur die Albuminfraktionen injizieren. Sie glauben mit erheblichem Grad von Sicherheit das Bestehen (nicht das Fehlen) einer Antigengemeinschaft feststellen zu können, in weit geringerem Maße dagegen den Grad der Verwandtschaft; dieser bestimmt sich ja nicht nach der Quantität, in der ein einzelnes Merkmal auftritt, sondern nach der Zahl qualitativ voneinander unterscheidbarer, gemeinsamer Charaktere. Trotz dieser sympathischen Einschränkung weichen die (wenigen) bislang gewonnenen Ergebnisse nicht wesentlich von den alten der Königsberger Schule ab.

In den vorliegenden Untersuchungen sichern die Autoren die Zusammengehörigkeit der unter den *Rhoeadales* zusammengefaßten Familien, wobei sie auch für *Cruciferae—Papaveraceae* und *Cruciferae —Moringaceae* eindeutige positive Reaktionen erhalten. Wenig Evidenz läßt sich für Verbindungen von den *Rhoeadales* zu den *Guttiferae* und den *Polycarpicae* gewinnen. Freilich werden von HAMMOND (1), der die serologische Stellung der *Ranunculaceae* untersucht, nicht einmal Reaktionen zwischen diesen und den *Berberidaceae* und *Paeoniaceae* erzielt.

Hingegen erweisen sich für HAMMOND *Hydrastis* als eng mit anderen *R.*-Genera verwandt, *Cimicifuga* und *Actaea* ununterscheidbar, *Adonis Anemone* näherstehend als *Ranunculus*. Die Trennung der Genera mit Achänen von denen mit Follikeln erscheint aus serologischer Sicht recht künstlich. Unter den *Solanaceae* [HAMMOND (2)] erscheinen die Gattungen mit Beeren untereinander enger verwandt und von den kapseltragenden deutlich getrennt; auch *Hyoscyamus*, das trotz seiner Kapseln meist den beerenfrüchtigen *Solaneae* zugerechnet wird, zeigt serologisch größere Affinität zu den kapselfrüchtigen *Nicotianinae*.

4. Pollenmorphologie und Embryologie.

Die "recent" bzw. "current" trends der Palynologie werden erneut in zwei anspruchsvollen Referaten dargestellt. Hierbei widmet FAEGRI einen eigenen Abschnitt dem Thema „Palynologie und Taxonomie"; als Erfolgsbeispiele werden in übersichtlicher Knappheit vor allem die Ergebnisse von KUPRIANOVA (1954) an den Monocotylen, von CAMPO-DUPLAN (1950—1953) an den Coniferen aufgezeigt. Ein weiterer Abschnitt ist den Nomenklaturfragen der Palynologie gewidmet. ERDTMAN (2) bringt eine dankenswerte Übersicht über all die Institute, an denen z. Z. pollenkundlich gearbeitet wird; auch er führt nochmals eine Reihe interessanter und wichtiger, aber schon anderweitig veröffentlichter Ergebnisse dieser Arbeit vor.

Auch für außereuropäische Floren werden nun nach und nach Pollenatlanten fertiggestellt, die sich einerseits taxonomischen Interessen, andererseits paläobotanischen (Tertiärfloren Europas und Nordamerikas!) dienstbar machen lassen; Beiträge aus der Berichtszeit stammen von IKUSE (Japan, 584 Arten) und VAN ZINDEREN-BAKKER (Südafrika, *Polygonales—Rosales*). Unmittelbar systematisch auszuwertende Befunde bringt ERDTMAN (1) für die *Chlaenaceae*, deren Pollen eindeutige und ausschließliche Ähnlichkeit zu *Ericaceae* und *Epacridaceae* zeigt, und für die *Caesalpiniaceae* bei; unter diesen letzteren finden sich keine Pollenunterschiede zwischen den afrikanischen Gattungen *Macrolobium*, *Gilbertiodendron* und *Pellegriniodendron*, deutliche dagegen zwischen den afrikanischen und südamerikanischen Makrolobien. In beträchtlichem Ausmaß wird die Pollenmorphologie bei der systematischen Neugliederung der brasilianischen *Bignoniaceae* [GOMES (1)] und der Euphorbiaceen-Gattung *Phyllanthus* (WEBSTER) verwendet. Auch unter den *Labiatae* lassen sich recht natürliche Einheiten vielfach durch ihre Pollenform charakterisieren (wobei der Bearbeiter RISCH, vom allgemeinen Gebrauch abweichend, mit trockenem Pollen operiert), so daß sogar ein Schlüssel für die verschiedenen Formtypen und die darunterfallenden Sippen geboten werden kann.

Ein weiterer Bestimmungsschlüssel, nämlich für die europäischen *Valerianaceae*, wurde von WAGENITZ (1) erarbeitet. Von Interesse ist auch der Bericht BEUGS über den auf unvollständige Tetradenbildung zurückzuführenden Pollendimorphismus bei *Ephedra*, wo der abweichende Pollen durch Längsfurchenbildung fälschlich als monocolpat erscheint und dadurch dem Welwitschien-Pollen ähnelt. Möglicherweise hat TSCHIGURJAJEWA bei ihrem angeblichen Welwitschien-Fund in Rußland ein solches aberrantes Korn getäuscht.

Eine auffallend große Zahl von Arbeiten befaßt sich im Berichtsjahr mit embryologischen Untersuchungen und ihrer taxonomischen Auswertung. Einen Überblick mit zahlreichen schönen Beispielen gibt P. MAHESHWARIs "Retrospect and Prospect", der von der deskriptiven zur phylogenetischen (wie auch zur angewandten und experimentellen) Embryologie hinzuführen sucht. — Während sich bei der Untersuchung der Embryosack-Entwicklung von *Freycinetia* nur wenige Ähnlichkeiten mit *Pandanus*, eher mehr mit den *Cyclanthaceae* fanden (STRÖMBERG) und hier also eine klare Lösung versagt blieb, sichert S. C. MAHESHWARI die eindeutige Verwandtschaft der (von LAWALREE den *Helobiae* genäherten) *Lemnaceae* mit den *Araceae*. Unter den Liliifloren erweisen die Studien von DE VOS die nahe Zusammengehörigkeit der südafrikanischen Haemadoraceen *Dilatris* und *Wachendorfia* mit den südamerikanischen *Xiphidium* und *Anigosanthus*; alle vier stehen den *Hypoxideae* näher als allen vergleichbaren Gruppen.

Exocarpus, die vermeintliche Chlamydosperme GAGNEPAINs u. BOUREAUs, erweist sich embryologisch klar als aberrante Santalacee, wodurch also die ursprüngliche Zuteilung gesichert wird (P. MAHESHWARI); ebenso zeigt die Resedacee *Astrocarpus*, die wegen ihrer Polycarpellie oft als Bindeglied zu den *Ranales* in Betracht gezogen wurde, keinerlei embryologische Ähnlichkeit mit dieser Ordnung, sondern fügt sich durchaus in den Rahmen der recht einheitlichen *Resedaceae* (MANANT). Einheitlich sind auch die *Hedysareae*, denen embryologisch die *Genisteae* zur Seite gestellt werden können (SOUEGES). Weitere Untersuchungen P. MAHESHWARIs sprechen, immer aus embryologischer Sicht, für die Zugehörigkeit der *Cactaceae* zu den *Centrospermae*, der *Empetraceae* zu den *Ericales*, der *Callitrichaceae* zu den *Tubiflorae* und endlich von *Sphenoclea* zu den *Campanulaceae*, nicht etwa zu den *Phytolaccaceae* oder *Primulaceae*. Die Notwendigkeit der Abtrennung der *Trapaceae* von den *Onagraceae* wird vom Autor nochmals betont.

CRETE berichtet über Albumen und Embryo der *Campanulaceae* und *Lobeliaceae*, die keinerlei Hinweis auf die von WIMMER vermuteten Zusammenhänge mit den *Scrophulariaceae* liefern; nach wie vor lassen sich dagegen Ähnlichkeiten der *Lobeliaceae* mit den *Compositae* erkennen, wenn auch nicht im Sinne einer Ableitbarkeit, sondern als Hinweis auf gemeinsame, heute unbekannte Vorfahren, denen die beiden Familien als jetzt völlig individualisierte evolutive Serien entstammen.

5. Cytotaxonomie.

Im Sachlichen ausgezeichnet, blendend und eingängig geschrieben, unterrichtet DARLINGTONs "Chromosome Botany" über den vielfältigen Einfluß, den die moderne genetische Kenntnis auf alle Teilgebiete der Taxonomie nimmt. Einem allgemeinen Teil ("The Chromosomes" — instruktiv vor allem der Abschnitt über die B-Chromosomen) folgen die Kapitel "Plants in Groups" (= Taxonomie), "in Space" (= Chorologie), "in Time" (= Evolution).

In den "Plants in Groups" wird freilich über der „orthodoxen" Systematik der Stab gebrochen: sie klebe an den fixen Gruppen des klassischen Systems und bleibe letztlich der Schöpfungstheorie verhaftet; kein Kompromiß könne diese „Scholastik" und DARLINGTONs experimentelle „Dynamik" überbrücken. Man kann sich nur damit trösten (dies als Anmerkung des Ref.), daß sich die orthodoxen Systematiker gemeinhin intensiver um das Verständnis der Cytotaxonomie mühen als DARLINGTON vice versa. Den Sinn der Typen-Methode mißversteht er jedenfalls völlig; und zu dem jetzt so gerne vorgeführten *Crepis*-Beispiel sei bei aller Bewunderung doch einmal angemerkt, daß BABCOCK kaum eine Umstellung vorgenommen hat, die nicht schon von alten „Orthodoxen" als wahrscheinlich angenommen oder sogar durchgeführt worden war.

Das chorologische Kapitel bringt eine fesselnde Zusammenstellung meist neugezeichneter Karten für eine Reihe cytotaxonomisch instruktiver Fälle, aus denen *Paeonia, Primula § Farinosae, Rhododendron, Buddleia, Leucojum* und *Oenothera* herausgehoben seien. In den "Plants in Time" erfahren vor allem die Polyploidie, zumal die „dibasische", und die Änderungen der Chromosomenform sachkundige und lehrreiche Darstellung; wie meist, überzeugen auch hier die Beispiele aus dem Bereich der niedrigeren Sippen, während sie für die höheren Einheiten vielfach rein arithmetisch bleiben (vgl. etwa *Magnoliales* und *Laurales*). Während die sehr schönen Studien an *Amaryllidaceae, Agavaceae* und *Liliaceae* Fakten bringen, die man zu berücksichtigen hat (ohne allerdings eine Lösung per se zu bieten), stellt der „Chromosomen-Stammbaum" der *Dicotyledoneae-Lignosae* wohl noch eine Überforderung der Chromosome Botany dar. Uneingeschränkt gilt die Bewunderung des Ref. dagegen wieder den letzten Kapiteln über die "Cultivated" und "Ornamental Plants", die die Genese einer Reihe von Gartenpflanzen so blendend illustrieren (Schema der Gartenrosen!), daß man dem Verf. zumindest für diesen Bereich jüngerer, vielfach erst vom Menschen geprägter und gesteuerter Zeiträume gerne die Überlegenheit der Omega-Botanik konzedieren wird.

Gleichsam den speziellen Teil zu diesem Buche stellt der "Chromosome Atlas of Flowering Plants" von DARLINGTON u. WYLIE dar, der im Gegensatz zur Erstauflage (D. u. JANAKI AMMAL, 1945) die Chromosomenzahlen nicht nur der kultivierten, sondern auch der Wildarten bringt — und dies für eine Zahl von 17000 Species; kurze Sigel über Verbreitung und Nutzung der Arten bereichern das Werk. — Mit verständlicherweise weit geringeren, aber in allen Fällen selbst ermittelten Zahlen wartet der "Cytonomical Conspectus of the Icelandic Flora" von LÖVE u. LÖVE (1) auf, in dem einheimisches (!)Material aller isländischen Arten und Rassen durchuntersucht und die cytologischen Ergebnisse auf ihre taxonomische Bedeutung hin diskutiert werden. Wichtig erscheint, daß praktisch alle Chromosomenzahlen des isländischen Materials mit den an auswärtigem festgestellten identisch sind; dies unterstützt zweifellos die Theorie von der Konstanz der Zahlen, die letztlich ein Fundament der Cytotaxonomie bildet.

C. E. HUBBARD führt allerdings in seinem ausgezeichneten Buch über die britischen Gräser eine Reihe auffallender Ausnahmen von dieser Regel vor (*Hierochloe odorata* mit $2n = 28$ in England gegenüber 42 und 56 anderwärts; *Puccinellia maritima* $2n = 63$ gegen 56 und 70; *Sieglingia decumbens* gar $2n = 124$

gegen 18 und 36); es dünkt aber doch recht wahrscheinlich, daß es sich hier um noch nicht klar erkannte Rassenbildungen handelt.

Eine gewisse Einsicht in die Grundstruktur der *Coniferae* verdanken wir Mehra u. Khoshoo; die Familien und vielfach auch die Gattungen erweisen sich durch Chromosomenzahl und -form gut charakterisiert. Die Evolution wird hier offensichtlich durch Chromosomenverluste oder -gewinne, strukturelles Rearrangement und Genmutationen gelenkt; Polyploidie spielt eine geringe Rolle. Die Artdifferenzierung scheint cyt. vielfach durch sekundäre Zusammenziehungen an Einzelchromosomen oder durch Satellitenbildung gekennzeichnet. Ganz ähnliche Vorgänge (die man vielleicht als frühzeitige aneuploide Variation umreißen könnte) beherrschen die europäische *Cistaceae* (Proctor), wo selbst die Untergattungen durch spezifische Chromosomenzahlen ausgezeichnet sind. — Vor bedeutsame (nomenklatorisch leider unerfreuliche) Konsequenzen werden wir von Yarnell im Bereich der „Gemüse"-Cruciferen gestellt: in der Kohl-, Senf- und Rapsgruppe lassen sich (unter Einschluß von *Raphanus* und *Eruca*) sieben Genom-Typen ausgliedern, die, z. T. auch in wechselweisem amphidiploidem Zusammentreten, den Artenbestand aufbauen; so stellt etwa *Brassica napus* eine Kombination des *campestris*- und *oleracea*-Genoms, *B. juncea* eine solche des *campestris*- und *nigra*-Genoms dar. Die Betrachtung der Teilgenome rückt überhaupt in den Vordergrund und führt zu Ergebnissen, wie man sie bisher vorwiegend bei den *Oenothera*-Komplexen gewöhnt war; so klärt, nur beispielsweise, Jones die schwierige *tenuis*-Gruppe von *Agrostis* dahin, daß die tetraploiden *A. tenuis* und *stolonifera* je einen Satz gemeinsam haben, während die hexaploide *A. gigantea* über alle drei Sätze der vorgenannten Arten verfügt.

Als systematisch recht bedeutsam erweist sich in manchen Fällen die unterschiedliche Größe der Chromosomen, wie wir dies ja u. a. schon bei den *Ranunculaceae* und *Juncaceae* erfuhren. So lassen sich bei den *Liliaceae—Polygonateae* nach Therman zwei Gruppen deutlich scheiden, deren eine, mit *Polygonatum, Convallaria, Reineckia, Smilacina* und *Maianthemum* (diese beiden cyt. engst verwandt!) sowie die ostasiatischen *Diasporum*-Arten große Chromosomen mit vielen, nicht terminalisierten Chiasmata besitzt und sich dadurch scharf von *Streptopus* und den nordamerikanischen *Diasporum*-Sippen unterscheidet. Bei *Oxalis* (Marks) sind die südafrikanischen Arten durch ausschließlich kleine Chromosomen, eine geringe Auswahl von Grundzahlen, dafür aber durch starke Polyploidie ausgezeichnet; sie erweisen sich dadurch als beschränkte Sonderentwicklung gegenüber dem breiten Stock der südamerikanischen Arten, die sich durch Chromosomen-Vielfalt charakterisieren.

Immer größere Bedeutung erhält die Hereinnahme cytotaxonomischer Daten für die Systematik der Gräser. So geraten de Wet u. Anderson bei der Untersuchung der Chromosomenzahlen transvaalischer Gräser hinsichtlich der Gruppierung verschiedener Gattungen in Gegensatz zu Pilger; da sich gerade hier in bestimmten Gruppen die Zahlenverhältnisse als auffallend konstant erweisen, muß hierin abweichenden Genera zwangsläufig größeres Augenmerk zugewendet werden. Für England führt Tutin (2) ähnliche Daten vor, aus denen nur auf die zuerst im chromosomalen Bereich erkannten, grundlegenden Unterschiede zwischen *Festuca* und *Puccinellia* verwiesen sei. BJÖRKMAN fand bei einigen bislang zu *Agrostis* (n = 7) gestellten Sippen die bei Gräsern sehr seltene Grundzahl 4; sie erwiesen sich auch taxonomisch als generisch aberrant (MELDERIS). In großem Ausmaß werden in Nordamerika Bastardierungsversuche zwischen den Gattungen *Agropyrum* und *Elymus* unternommen (STEBBINS u. SNYDER), die den Autoren den Beweis für die komplexen Verwandtschaftsverhältnisse zwischen diesen Gattungen zu liefern scheinen; in einem Parallelfall, nämlich den von JENKIN studierten *Festuca-Lolium*-Bastarden, dürfte allerdings die relative Leichtigkeit, mit der hier F_1-Bastarde entstehen, nicht immer genau der phylogenetischen Verwandtschaft entsprechen. Auch TUTIN (2) betont, daß Abwesenheit von Sterilitätsbarrieren zwar stets von systematischem Interesse, aber keineswegs grundsätzlicher Anlaß zur „Vernichtung" von Gattungen sei.

Die nun schon mehrfach erwähnte Arbeit TUTINs (2) befaßt sich vor allem mit dem Gattungsbegriff. Der Autor fordert einerseits die Begrenzung einer Gattung durch eine größere Zahl differenter, aber korrelierter Charaktere (und die Über-prüfung von Genera, die nur durch ganz wenige, wenn auch dem reproduktiven Bereich entnommene und daher traditionell respektable Merkmale geschieden werden) — andererseits aber eine enge Fassung, also Kleingattungen, die eher natürliche Einheiten darstellen sollten, infolge ihrer Einheitlichkeit "at sight" erkennbar und somit praktischer zu handhaben seien. Durch eine Reihe sehr instruktiver Beispiele (*Gramineae, Cyperaceae, Vicieae, Compositae*) wird dargelegt, daß auch bei unseren herkömmlichen Gattungen noch reichliche Erschütterungen zu erwarten sind.

Die große Rolle, die die Polyploidie im Evolutionsgeschehen kleinerer Verwandtschaftskreise spielt, behandelt LÖVE (2) erneut in einer kritischen Studie über den Vikariismus. Immer mehr vermeintlich echte Vikaristen-Paare (bei denen sich also der zweite Partner im neuen Lande graduell aus dem ersten entwickelt haben sollte) erweisen sich bei genauerer Analyse als Polyploidserien, deren Sekundärsippen am alten Ort abrupt entstanden und erst nachträglich in die neuen Räume eingewandert sind. Aus solchen Untersuchungen ergeben sich vielfach ganz neue Aspekte für die wirklichen genetischen Zusammenhänge, wofür der instruktive Fall von *Pentaphylloides* als Beispiel angeführt sei. NORDENSKIÖLD zeigt bei einer anderen Serie, dem *Luzula-campestris*-Komplex, daß oft die sog. „kritischen" Sippen solcher Verwandtschafts-kreise (hier: *L. multiflora*) die Polyploidformen zusammenfassen, die bedeutend variabler als die diploiden Grundtypen sind. Bei den unter-suchten *Luzula*-Sippen sind im übrigen die Ökotypen ein und desselben Gebiets enger untereinander verwandt als mit morphologisch ähnlichen Ökotypen anderer Areale. — Der von LÖVKVIST untersuchte Komplex von *Cardamine pratensis* folgt in der Zahlenverteilung nicht nur der Tischler-Regel (Polyploidiegrad steigt mit geographischer Breite), son-dern die höheren Zahlen gehen hier in merkwürdiger Weise auch mit dem steigenden Wassergehalt des Substrats konform. Die Hochpoly-ploiden besitzen wie bei EHRENDORFERs Leptogalien die schwächsten Sterilitätsbarrieren. — Auch die nordischen *Papaver*-Arten sind nach LÖVE (1) samt und sonders hochpolyploid, während die mitteleuropä-ischen und z. T. auch die zentralasiatischen diploid sind, was klare Hin-weise für ihre Genese gibt.

Als hochgradig komplex erweist sich die Gattung *Dentaria* im östlichen Nord-amerika (MONTGOMERY), bei der Polyploidisierung, Bastardierung und Apomixis die Artgrenzen (einer an sich relativ alten Gattung) zu verwischen drohen. Stärkste

Komplexbildung, hier vom Morphologischen her schon lange vermutet, herrscht auch bei *Mentha* [MORTON (2)]; hier wird der durch Bastardierung geschaffene Formenreichtum durch die gelegentliche Produktion diploider Gameten sowie durch sekundäre Autopolyploidie vervielfältigt. Ein merkwürdiger Mechanismus erklärt das Auftreten diploider Zahlen bei einigen britischen *Euphrasiae*, die nachweislich Hybridabkömmlinge eines diploiden und eines tetraploiden Elters sind: hier bildet die triploide Bastardform gelegentlich haploide, funktionstüchtige Gameten, die mit dem diploiden Elter normal kreuzbar sind und stabilisierte Populationen erzeugen (YEO). Auf amphidiploidem Wege dürfte auch ein Großteil der alpinen Aurikeln entstanden sein (2n = 62), nachdem in der *P. auricula* so ähnlichen lukanischen *P. palinuri* nun eine offensichtliche Grundform mit 2n = 44, also einem normalen Elfersatz gefunden wurde (CHIARUGI). Weniger beistimmen wird man ZIELINSKI, wenn er die cyt. sehr komplexe Gattung *Escallonia* als ein ursprüngliches Kreuzungsprodukt anderer rezenter Gattungen (mit Chromosomenverlust und Amphidiploidie) betrachtet und als vermutliche parentes ausgerechnet *Deutzia* und *Philadelphus* nennt.

Bei den *Cyperaceae* scheinen Auto- und Allopolyploidie eine geringere, die ausschlaggebende Rolle dagegen Aneuploidie zu spielen [DAVIES (2 u. 3)]. Hier handelt es sich gerade um den entgegengesetzten Prozeß wie bei *Crepis* (wo sich ursprünglich zahlreichere, kleine Chromosomen durch ungleiche Translokationen zu Polysomen zusammenschließen): Ausgangspunkt sind hier einige wenige, große Chromosomen, die in lebensfähig bleibende Fragmente zerbrechen; hier steigt also mit voranschreitender Evolution die Zahl an und die Größe wird vermindert. Der gleiche Prozeß ist bei den *Juncaceae* bekannt, was nach Ansicht des Ref. ein sehr gewichtiges Argument zugunsten der heute so gerne angezweifelten Verwandtschaft bedeutet. Die Aneuploidie scheint im übrigen ohne erkennbaren Einfluß auf die Verbreitung zu bleiben.

Aus dem Bereich der Apomixis ist nur berichtenswert, daß nach HELMQVIST afrikanische Arten von *Alchemilla* zwar auch, aber in deutlich geringer fortgeschrittenem Maße apomiktisch sind als die europäischen. TURESSON betont nochmals, wie schon 1943, nachhaltig die Existenz einer ganz eindeutigen und allgemeinen apomiktischen Variation bei *Alchemilla*: die Apomikten verdienen das ihnen in Lehrbüchern so gerne verliehene Prädikat der „Konstanz und Uniformität" in keiner Weise. — Bei 42 Mikrospecies von *Ranunculus auricomus* treten so offensichtlich junge Kreuzungsprodukte auf, daß ROUSI die Apomixis in dieser Gruppe (theoretisch) zumindest teilweise als nur fakultativ betrachten kann.

Die große Bedeutung, die der vegetativen Vermehrung zumindest innerhalb mancher Familien zukommt, wird unter anderem von LÖVKVIST für die arktischen (hochpolyploiden) Sippen von *Cardamine pratensis* unterstrichen; von ausschlaggebender Wichtigkeit ist sie auch für Fortpflanzung und Ausbreitung der vielfach hochgradig sterilen *Mentha*-Bastarde, bei denen sie überhaupt erst Populations- und Sippenbildung ermöglicht [MORTON (2)]. SHARMA u. BHATTACHARYYA erachten gar bei den *Hydrocharitaceae* die vegetative Vermehrung für einen wichtigeren Reproduktionsmechanismus als die Sexualität, zumal die von ihnen bei den untersuchten Arten festgestellte hochgradige somatische Dysploidie und Aneuploidie eine gewisse Differenzierung innerhalb der Klone bewirken dürfte.

Auf die Gefahr der Falschzählung von Chromosomenzahlen weist TURNER (1) mit Nachdruck hin (diese Möglichkeit muß zweifellos auch bei Benutzung der Chromosomen-Kataloge und -Atlanten stets im Auge behalten werden); so war man seit SENN 1938 geneigt, *Sesbania* wegen der bei dieser Gattung gemeldeten

Zahlen (6, 7 und 16) als heterogen zu betrachten, während TURNERs Nachprüfung ein völlig einheitliches Auftreten von 6 bzw. 12 ergab. — Kein Erfolg war der Untersuchung ROTTGARDTs beschieden, ob Turessonsche Ökotypen ohne besondere Untersuchung allein aus Habitus und Standort mit Sicherheit erkennbar seien; zumindest bei den geprüften Sippen (*Erodium, Matricaria, Odontites*) ergab die morphologische, cytologische und physiologische Prüfung ein völlig negatives Resultat. — Zu guter Letzt sei noch auf die Mitteilung KOSHOOs verwiesen, der an Herbarexemplaren von himalayischen *Impatiens*-Arten in generativen Pollenkernen Chromosomen gezählt haben will.

6. Nomenklatur.

Die von LANJOUW u. STAFLEU betreuten Arbeiten der I.A.P.T. haben im Berichtsjahr erfreuliche Fortschritte gemacht. Besonders bemerkenswert ist die Herausgabe des neuen International Code of Botanical Nomenclature (LANJOUW), der den offiziellen (englischen, französischen und deutschen) Text und eine spanische Übersetzung der auf dem 8. Kongreß in Paris erarbeiteten Regeln bringt. Vom „Index nominum genericorum", einer Namenskartei aller gültig veröffentlichten Gattungsnamen, erschien bereits das zweite Tausend, vom Index Herbariorum die 3. Auflage der "Herbaria of the World" (LANJOUW u. STAFLEU).

Auch für die Kulturpflanzen wird vielerorts eine Angleichung der Namen an die modernen Regeln erstrebt. JACOBSEN u. ROWLEY bemühen sich um die Succulenten; bei einer Anzahl von Gemüsepflanzen wird sogar eine regelgetreue Namensgebung bis zu den Sorten herab versucht, worüber man unter anderem DANERT (*Solanum tuberosum*), HELM (*Allium*) und SHINNERS (*Capsicum*) vergleichen mag.

Spezieller Teil.
7. Taxonomische Ergebnisse im Familienrahmen.

Gramineae. Für die *Oryzoideae* (als Unterfamilie durch weitere Merkmale gesichert) zeigen SCHWEICKERDT u. MARAIS Zusammenhänge mit den *Bambusoideae* auf; der angebliche Mittelnerv der Vorspelze ist ein mit ihr verschmolzener Rachilla-Fortsatz. — Zu den *Oryzoideae* gehören nach DE WET u. ANDERSON wegen ihrer Chromosomenzahlen auch *Phyllorachis* und *Ehrharta*, zu den *Eragrosteae Tetrachne*; *Stipeae* und *Aristideae* werden entgegen PILGERs Einreihung als nahe verwandt und von den *Arundineae* ableitbar betrachtet. — DE WET betont in einer phylogenetischen Studie über die *Danthonieae* die völlige Verschiedenheit der früher mit ihnen zusammengefaßten *Aveneae*. — Das südamerikanische *Leptosaccharum* ist nach CAMUS nicht mit der Andropogonee *Saccharum*, sondern mit der Panicee *Anthenanthia* verwandt. — Zur Bambuseen-Gattung *Nastus* gehören auch *Chloothamnus* und *Oreiostachys* [HOLTTUM (2)]; die neue "Classification of Bamboos" desselben Autors (3) hat Ref. nicht gesehen. — Neue Standardwerke sind PILGERs Gramineae in den „Nat. Pfl. Fam." (Unterfamilien 2—5, *Micrairoideae, Eragrostoideae, Oryzoideae* und *Olyroideae*, mit großem Nachtrag zu *Panicoideae, Andropogonoideae* und *Anemochloideae*), C. E. HUBBARDs "Grasses" (der Britischen Inseln) und CHIPPINDALLs "Grasses und Pastures of South Africa".

Cyperaceae. PFEIFFER benützt die bei *Carex* und *Gahnia* bewährte Beschaffenheit von Nüßchen und Hypogynium jetzt auch zur Gliederung von *Scleria*. — **Palmae:** Die Gattungen der *Arecoideae* liegen in zweifacher Bearbeitung vor; BECCARIs unvollendetes Manuskript über die altweltlichen Genera (102) wird von PICHI-SERMOLLI herausgegeben, während BURRET u. POTZTAL (2) mit der gleichen Unterfamilie ihre systematische Übersicht über die Palmengattungen beenden. Die letztgenannten Autoren diskutieren ferner (1) die systematische Stellung einer Anzahl in neuerer Zeit beschriebener Gattungen und verteilen (4) *Symphyogyne* auf die Genera *Liberbaileya* und *Maxburretia*.

Liliaceae. Die ursprünglichsten Formen stellen nach SCHLITTLER die *Herrerioideae* und *Luzuriagoideae* dar, von denen die *Asparagoideae, Smilacoideae* und *Dianellinae* herzuleiten sind; die letzteren haben enge Beziehungen zu den *Dracaenoideae* und den articulaten *Asphodeloideae,* die ihrerseits über die *Aloineae* zu den *Agavoideae* weiterführen. Ein anderer Ast der *Amaryllidaceae,* die nebenkronigen Gattungen, werden von den *Scilloideae* und *Allioideae* aus erreicht. Unter den von ENGLER an den Anfang der *Liliaceae* gestellten *Melanthioideae* sind die *Uvularieae* ursprünglicher, nicht aber *Tofieldia* und *Veratrum;* abgeleitet sind auch die *Anguillarieae* und *Colchiceae.* — **Zingiberaceae:** Erneute anatomische Untersuchungen TOMLINSONs sichern die klare Trennung der *Costoideae* und *Zingiberoideae,* während die Triben der letzteren nur durch Blattinsertion und Kieselzellen-Typ unterscheidbar sind.

Fagaceae. *Quercus sagraeana,* die einzige Eiche Cubas, erweist sich (MULLER) als hybridogen aus *Q. oleoides* (Mexico) und *Q. geminata* (USA): Florengeschichte! — **Ulmaceae:** Variation und Gliederung von *Ulmus* in Ostengland wird von RICHENS mit biometrischen Methoden überprüft. — **Aristolochiaceae:** GREGORY leitet in getrennten Linien, aber aus gemeinsamer Wurzel die *Sarumeae* (*Saruma, Asarum*), die intermediären *Bragantieae (Thottea, Apama)* und die *Aristolochieae* (mit *Holostylis* und *Euglypha*) her, die alle drei eine gewisse cytologische und geographische Sonderentwicklung zeigen. Bei *Aristolochia* herrscht $2n = 14$ im tropischen, $2n = 28$ im temperierten Bereiche vor.

Polygonaceae. Die von HEDBERG aus morphologischen und palynologischen Gründen geforderte Aufteilung von *Polygonum* unterstützen LÖVE u. LÖVE (2) mit cytologischen Daten; man hätte demnach die Gattungen *Bistorta, Pleuropteropyrum (= Aconogonum), Bilderdykia (= Tiniaria), Reynoutria (= Pleuropterus), Persicaria* (einschl. *Tovara*) und *Polygonum* (= § *Avicularia, Duravia, Pseudomollia* und *Tephis*) zu trennen. — Der diözische *Rumex paucifolius* Nordamerikas sollte mit seinem abweichenden Geschlechtsbestimmungs-Mechanismus (Melandrium-Schema, $2n = 28$) als eigene § *Paucifoliae* (sic) neben die § *Acetosa* gestellt werden (LÖVE u. SARKAR).

Centrospermae. Die ausgezeichneten, vor allem auf sehr genauen Blütendiagrammen basierenden Untersuchungen FRIEDRICHs (2) lassen als Grundgruppe die *Phytolaccaceae* erkennen, die mit den basalen Seitenästen der *Achatocarpaceae, Gyrostemonaceae* und *Tetragoniaceae,* den etwas abgeleiteten *Molluginaceae* und *Ficoidaceae* sowie den über die *Rivineae* angeschlossenen *Nyctaginaceae* die *P h y t o l a c c i n e a e* bilden. Abgeleitete Einzeläste führen zu den *P o r t u l a c i n e a e* (*Basellaceae, Portulacaceae*), von den *Microteae* zu den *C h e n o p o d i i n e a e (Chenopodiaceae, Amaranthaceae, Dysphaniaceae, Paronychiaceae),* von den *Molluginaceae* zu den *C a r y o p h y l l i n e a e* und von *Phytolacca* vielleicht parallel mit *Stegnosperma* zu den *P l u m b a g i n i n e a e.* Aus den alten *Caryophyllaceae* werden also die *Paronychiaceae* mit ihren deutlichen Beziehungen zu den *Chenopodiineae* ausgeschieden, so daß nur mehr *Alsinoideae* und *Silenoideae* verbleiben. Chorologische und ökologische Fakten unterstreichen die Neugliederung: die hier als primitiv angenommenen *Centrospermae* bewohnen vorwiegend tropische Areale, die abgeleiteten vielfach erst spät Festland gewordene, xerische oder halische Gebiete.

Nymphaeaceae. Von LI wird die Heterogenität der früher hierher gerechneten Sippen mit bislang ungewohnter Schärfe herausgestellt; er gliedert in die uralten, völlig isolierten *Nelumbonales* (verwandt mit sehr primitiven Gliedern sowohl der Mono- wie der Dicotylen) und die *Nymphaeales* (mit den deutlich Ranunculaceen-verwandten *Cabombaceae* und den ebenfalls den *Ranales* nicht fern stehenden *Nymphaeaceae*), während die *Euryalales* (incl. *Barclayaceae*) wegen ihrer Tendenz zu Syntepalie und Epigynie erst nach den *Rhoeadales* und *Aristolochiales* einzureihen sind. — *Nuphar* wird für Europa und Nordamerika von BEAL auf eine einzige, allerdings hochpolymorphe und infraspezifisch stark bastardierende Art beschränkt.

Gomortegaceae. W. L. STERN findet im Xylem primitive Merkmale vorherrschend, während die Blütenorganisation ziemlich abgeleitet ist; er lehnt eine vermutete Verwandtschaft mit *Canellaceae* oder *Chloranthaceae* ab und zieht statt dessen *Hortonia*-ähnliche *Monimiaceae* sowie *Lauraceae* zum Vergleich heran. —
Papaveraceae: Die Familie nimmt nach morphologischen [keine Rudimentär-

stipeln — WEBERLING (3)] wie nach biochemischen (BLAGOWESTSCHENSKI) Merkmalen eine Sonderstellung unter den *Rhoeadales* ein, während MORITZ u. ROHN serologisch die bisherige Auffassung einer engen Zusammengehörigkeit bestätigen. **Caesalpiniaceae.** *Bauhinia* s. lat. und *Cassia* werden für Malesien von DE WIT revidiert; während *Cassia* (1), im Gebiet größtenteils nicht indigen, in weitem Sinne gefaßt bleibt und auch als weniger heterogen betrachtet wird als es BRITTEN u. ROSEs Aufsplitterung erwarten läßt, wird *Bauhinia* in eine Reihe von (meist schon früher aufgestellten, aber bislang in die Synonymie verwiesenen) Gattungen zerlegt. — Durch eingehenden Merkmalsvergleich wird von MIRANDA die enge Verwandtschaft von *Peltophorum* mit *Conzattia* nachgewiesen, während *Cercidium* etwas abseits steht. — **Papilionaceae:** GAMS skizziert einen Vorschlag zur Neugliederung der *Astragaleae* und überprüft ihr Verhältnis zu *Galegeae*, *Hedysareae*, *Vicieae* und *Trifolieae*, wobei er die Progression von den Holzpflanzen zu den „Tragacanthen" (mit Blattspindelverdornung) einerseits, zu Hemikryptophyten und Therophyten andererseits als höchstwertigen systematischen Charakter betrachtet. Demgemäß stellt er *Astragalus* subg. *Tragacantha* s. lat. als primitiv vor die krautigen und einjährigen *Astragali*, *Dendrobrychis* vor *Onobrychis*, *Acanthocicer* vor *Cicer*. — Die Chromosomenstudien LARSENs (1) an *Lotus* lassen die Gliederung BRANDs von 1898 als im wesentlichen richtig erscheinen.

Euphorbiaceae. Die Gattungen *Paivaeusa* und *Cecchia* gehören nach LEONARD (2) zu *Oldfieldia*; wie in manchen ähnlichen Fällen (*Panda*, *Diospyros*) wurden hier jeweils männliche und weibliche Individuen in verschiedenen Gattungen beschrieben. — **Didiereaceae:** Diese hochinteressante, in ihrer systematischen Stellung (*Sapindales?*) immer noch recht unklare Familie wird von RAUH (1) morphologisch bearbeitet. Es handelt sich um Endemiten des trockenen Südwestens von Madagaskar (4 Gattungen mit 8 Arten), die habituell an baumförmige Euphorbien oder Kandelaber-Cereen erinnern; mit den letzteren haben sie faktisch eine Reihe morphologischer Eigenschaften gemein.

Malvaceae. Als neues subgenus *Rauhia* wird von HOCHREUTINER eine andine *Palaua* beschrieben, die als erste Malvacee nur drei Sepalen besitzt. — *Malvastrum* wird von KEARNEY (1) auf die ausdauernden Arten des tropischen und subtropischen Amerikas beschränkt. — **Guttiferae:** *Ochrocarpus* ist nach DE WILDE in *Mammea* einzubeziehen. — **Dipterocarpaceae:** Die bisherige Fassung von *Balanocarpus* umgrenzt nach VAN SLOOTEN eine durchaus heterogene Gruppe; eine Reihe von Arten ist jedenfalls zu *Shorea* zu ziehen. — **Begoniaceae:** *Begoniella* und *Semibegoniella* sind nach L. B. SMITH zu wenig distinkt, um als Gattungen von *Begonia* trennbar zu bleiben.

Cactaceae. FRIEDRICH (2) lehnt vor allem wegen des streng spiraligen Aufbaus der Blütenhülle nach wie vor eine Einbeziehung der *C.* in die *Centrospermae* ab, da bei diesen von Anbeginn an zyklischer Bau herrscht; er betrachtet die Gruppe als eigene Reihe mit gewissen Beziehungen zu *Ranales* und *Parietales*. — Aus embryologischer Sicht erscheint andererseits P. MAHESHWARI die Zugehörigkeit zu den *Centrospermae* gesichert — und BUXBAUM (2) hält auf Grund seines neuen Gesetzes (vgl. S. 87) sogar eine phylogenetische Reihe *Illiciaceae—Phytolaccaceae—Cactaceae* für erwiesen. Diese Reihe, vorzüglich auf dem Fortschreiten der Perisperm-Reduktion begründet, bedarf jedenfalls noch der Sicherung. — Die bemerkenswerte Uniformität der Chromosomenstruktur innerhalb der *C.* von Puerto Rico verallgemeinert SPENCER zu der Angabe, daß die Evolution der *C.* nicht von deutlichem Wechsel des Caryotyps, sondern nur von Genmutationen und Rekombinationen geleitet wurde. — Die Konsole an der Griffelbasis von *Consolea* und *Nopalea* kommt nach BUXBAUM (1) rein mechanisch durch Pressung des heranwachsenden Griffels in der Knospe zustande; die Gattungen sind folglich kaum von *Opuntia* zu trennen.

Myrtaceae. Die überaus stark vernetzte Merkmalsstruktur erfordert leider auch in KAUSELs neuem System den Vorrang embryologischer (also nicht sehr praktisch zu handhabender) Merkmale. Aus den durch nährstoffreiche, hypogäisch keimende Embryonen ausgezeichneten Gruppen bildet er die Unterfamilien *Eugenioideae* (mit ungegliedertem Embryo), *Plinioideae* (mit getrennten Kotyledonen) und *Cryptorhizoideae* (mit großem Kotyledonen-Körper); nährstoffarme, epigäisch keimende Embryonen besitzen die *Myrtoideae* (mit kleinen Kotyledonen) und *Myrcioideae* (mit großen, blattartigen K.). Aus der Monstergattung *Eugenia* (2500 Arten beschrieben) werden zunächst einmal alle Arten mit freiliegenden Keimblättern entfernt (*Myrcianthes, Plinia, Reichea* und besonders die altweltlichen, zum *Syzygium*-Kreis gehörigen Sippen), wie dies schon bei DE CANDOLLE angedeutet war. Die *Orthostemon*-Gruppe wird zu den *Myrcioideae* gezogen, während die Leptospermaceae überhaupt als eigene Familie betrachtet werden. — Rudimentärstipeln, die von WEBERLING (3) unter den *Myrtales* bei fast allen Familien festgestellt wurden, fehlen innerhalb der *Myrtaceae* den *Eucalyptinae* (auch manchen Eugenien und Melaleucen), innerhalb der Onagraceae den *Epilobieae, Onagreae* und *Gaureae*, innerhalb der Halorrhagidaceae den *Gunneroideae* (und *Loudonia*). — **Umbelliferae:** *Psammogeton* stellt, auf die § *Crinita* eingeengt, eine gute Gattung dar, während die § *Setifolia* zu *Cuminum* gehört [WAGENITZ (2)].

Primulaceae. Die neuweltlichen, strauchigen Arten von *Lysimachia* kommen den allerdings etwas primitiveren *Myrsinaceae* recht nahe (RAY); *Naumburgia* kann als Gattung nicht aufrechterhalten werden. — **Plumbaginaceae:** Es kann als absolut gesichert gelten, daß die Familie eine stark abgeleitete, sympetale Gruppe der Centrospermen darstellt, die deren höher entwickelten Ästen phylogenetisch gleichwertig zur Seite zu stellen ist. Allerdings können sie nach FRIEDRICH (2) keineswegs an einen dieser höher entwickelten Formenkreise angeschlossen werden, wie man dies bislang versuchte, sondern sie sind als eigener, isolierter Ast (*Plumbaginineae*) von jenem primitiven Kreis herzuleiten, dessen Rest die heutigen *Phytolaccaceae* bilden. — Die gelegentlich angegebenen ,,Stipeln'' mancher *P.* sind lediglich ,,vaginale Öhrchen'' [WEBERLING (4)]. — **Sapotaceae:** Die afrikanischen Arten mit aufspringender Frucht werden von AUBREVILLE wieder unter dem Pierreschen Namen *Lecomtedoxa* (bei ENGLER subgen. von *Mimusops*) zusammengefaßt; in diese Gattung ist auch *Walkeria* einzubeziehen. — **Ebenaceae:** Die Übertragung von *Maba* zu *Diospyros*, bei den asiatischen Sippen bereits durchgeführt, erweist sich nach WHITE (2) auch für die afrikanischen Arten als notwendig.

Apocynaceae. Die 16 Sektionen, die PICHON für die amerikanischen Rauwolfien verwendet, können nach RAO auf neun reduziert werden. — Die Abtrennung von *Himatanthus* (von *Plumeria*) und die Zersplitterung von *Tabernaemontana* hält DUCKE (1) für unnötig. — Über die Notwendigkeit der Versetzung der *Loganiaceae—Buddleioideae* (bzw. Buddleiaceae) zu den *Scrophulariaceae* vgl. S. 88, über die biochemische Affinität zwischen *Loganiaceae* und *Rubiaceae* S. 90. — **Rubiaceae:** Ein neues schönes Beispiel lange zurückliegender (nur morphologisch erschlossener) Hybrid-Infiltration führt EHRENDORFER (2) mit dem amerikanischen *Galium-multiflorum*-Komplex vor, bei dem sich einige wenige alte, heute weit isolierte Randsippen einem extrem polymorphen, zentralen Netzwerk gegenüberstellen lassen.

Compositae. Als ,,Prototyp'' der *C.* betrachtet CRONQUIST eine natürlich nicht mehr existente Form mit gegenständigen Blättern, wenigen, aber vielblütigen Köpfchen, mehrreihigem Hüllkelch mit blattartigen Hüllblättern, spreuschuppigem Blütenboden, zungenförmigen, gelben, weiblichen und fertilen Randblüten, gelben, zwitterigen Diskusblüten, mit ausgeprägtem Mittelnerv der Blütenzipfel,schuppigem, fünfteiligem Pappus, verwachsenen, ungeschwänzten Antheren und wenig differenzierten Narben. Eine solche Pflanze müßte den *Heliantheae* zugerechnet werden, die demnach als Grundgruppe zu betrachten seien. Im übrigen seien die *C.* eine ganz natürliche Gruppe, die vielleicht mit den *Rubiales* in Zusammenhang stehe, während die Ähnlichkeiten mit gewissen *Campanulaceae* und *Lobeliaceae* wahrscheinlich rein zufällig seien. — CRETE findet andererseits embryologische Fakten, die doch für einen gewissen Zusammenhang von *Campanales* und *Asterales* sprechen. — Eine vorzügliche Studie liefert BELCHER über die *Senecioninae* (mit z. T. bedeutend verbessertem Gattungsschlüssel), in der er besonders die Grenzen zwischen *Erechtites, Arrhenechthites, Senecio* und *Ligularia* überprüft. Die von ihm schon früher festgelegte Unterscheidung von *Gynura* und *Crassocephalum* wird eingearbeitet, die Rydbergsche Abtrennung der Gattungen *Psacalium, Perocalia, Mesadenia* und *Odontotrichum* akzeptiert; *Adenostyles* scheint er wieder in *Cacalia* einbegreifen zu wollen. — In der Gattung *Hieracium*, die SLEUMER für Argentinien meistert, verdient die frühere Untergattung *Mandonia* kaum den Rang einer Sektion von subg. *Stenotheca*.

8. Monographische und cytotaxonomische Arbeiten.

Coniferae: cyt.: MEHRA u. KHOSHOO. — Pinaceae: *Pinus*, China: WU. — Cupressaceae: *Thujopsidineae:* CUCCHI. — Podocarpaceae: *Podocarpus* § *Eu-P.* sub§ *D:* GRAY. — Ephedraceae: cyt. Argentinien: HUNZIKER.

Alismataceae: *Echinodorus*, amerikanische Tropen: FASSETT. — Hydrocharitaceae: cyt. Indien: SHARMA u. BHATTACHARYYA. — Gramineae: Brit. Inseln: C. E. HUBBARD. Brit. Columbia: W. A. HUBBARD. Südafrika: CHIPPINDALL. *Aveneae*, Spanien: PAUNERO. *Bambusoideae*, Gattungsschlüssel: HOLTTUM (3). *Danthonia*, Australien: VICKERY. *Digitaria*, Burma und Indien: BOR. *Festuca*, Spanien: MARKGRAF-DANNENBERG. *Glyceria*, England: BORRILL (1). *Sorghum* § *Eu-S.*, Wildarten: SNOWDEN. cyt.: *Agropyrum* × *Elymus:* STEBBINS u. SNYDER. *Agrostis:* JONES. *Andropogoneae:* GOULD. *Festuca* × *Lolium:* JENKIN. *Glyceria*, England: BORRILL (2). *Keniochloa:* MELDERIS. *Zingeria:* BJÖRKMAN. — Cyperaceae: *Carex-flava*-Komplex, Brit. Inseln: DAVIES (1). *Scleria*, Afrika: NELMES. *Scleria*, Para- u. Uruguay: PFEIFFER. cyt.: Chrom. Zahlen-Übersicht: DAVIES (4). *Carex-flava*-Komplex: DAVIES (3). — Palmae: Micronesien u. Bonin-Inseln: MOORE u. FOSBERG. *Arecoideae*, Gattungen: BURRETT u. POTZTAL (2). *Arecoideae*, altweltliche Gattungen: BECCARI u. PICHI-SERMOLLI. *Calamus*, Malaya: FURTADO. — Bromeliaceae: Peru, Studie: RAUH (2). — Commelinaceae: *Commelina*, Goldküste: MORTON (1). *Tradescantia* und *Zebrina*, Studie: GARRIGUES. — Pontederiaceae: *Eichhornia*, Belg. Kongo: W. ROBYNS. — Juncaceae: cyt. *Luzula-campestris*-Komplex: NORDENSKIÖLD. — Liliaceae: *Allium*, cult.: HELM. *Ipheion:* TRAUB u. MOLDENKE. cyt.: *Colchicum*, Italien: D'AMATO. *Polygonateae:* THERMAN. — Amaryllidaceae: *Galanthus* und *Leucojum:* F. C. STERN. *Phycella* und *Rhodophiala:* TRAUB. — Iridaceae: *Romulea*, Frankreich: BOUCHARD. *Synnotia:* LEWIS. — Orchidaceae: Zentralamerika, Br. Honduras u. Panama, Enum.: WILLIAMS. *Brachionidium:* GARAY (2). *Dichaea* und *Notylia*, Trinidad: SCHULTES (3). *Gomphichis:* SCHNEIDER. *Spiranthinae*, Argentinien: CORREA. *Stelis:* GARAY (1).

Proteaceae: *Macadamia*, S. Queensland: L. S. SMITH. — Polygonaceae: *Polygonum*, östl. Nordamerika: LÖVE u. LÖVE (2). *Polygonum*, Argentinien: BUCHINGER. cyt. *Eriogonum:* STOKES u. STEBBINS. — Amaranthaceae: *Gomphrena*, Amerika, 2. Teil: HOLZHAMMER. — Molluginaceae: *Limeum:* FRIEDRICH (1). — Ficoidaceae: *Galenia:* ADAMSON. — Caryophyllaceae:, *Cerastium*, brit. Inseln, biometr.: WHITEHEAD. *Cerastium-alpinum*-Komplex: HULTEN. *Stellaria* § *Umbellatae:* BOIVIN (2). — Nymphaeaceae: *Nuphar,* Nordamerika u. Europa: BEAL. — Ranunculaceae: Südamerika, Studie: LOURTEIG. *Ranunculus*, Alaska: BENSON. *Ran.-auricomus*-Komplex, Polen: JASIEWICZ. cyt. *Ran.-auricomus*-Komplex, Finnland: ROUSI. — Menispermaceae: *Stephania*, Malesien: FORMAN. — Papaveraceae: *Papaver*, Island u. Fennoskandien, auch cyt.: LÖVE (1). — Cruciferae: *Biscutella*, Belgien: LAWALREE (2). *Biscutella*, Württemberg: BERTSCH. *Cardamine-pratensis*-Komplex: LÖVKVIST. *Dentaria*, östl. Nordamerika: MONTGOMERY. *Graellsia:* POULTER. *Lesquerella*, aurikulat beblätterte: ROLLINS. cyt.: *Brassica:* YARNELL. *Cardamine-pratensis*-Komplex, Brit. Inseln: HUSSEIN. id., allgemein: LÖVKVIST. *Dentaria*, Nordamerika: MONTGOMERY. — Capparidaceae: *Maerua*, Madagaskar: HADJ-MOUSTAPHA. — Podostemonaceae: Argentinien: PONTIROLI. — Saxifragaceae: *Hydrangea*, cult.: McCLINTOCK. cyt. *Escallonia:* ZIELINSKI. — Pittosporaceae: *Pittosporum*, Australien u. Neuseeland: COOPER. — Rosaceae: *Dryas*, Neufundland: ROULEAU (1). *Potentilla-fruticosa*-Komplex, cult.: DIETERICH. *Rubus*, Niederlande: BEYERINCK. — Mimosaceae: *Acacia* mit ähriger Inflorescenz, Transvaal: YOUNG. — Caesalpiniaceae: *Bauhinieae*, Malesien: DE WIT (2). *Cassia*, Malesien: DE WIT (1). *Schotia*, Südafrika: CODD. — Papilionaceae: *Aeschynomene*, Amerika: RUDD. *Hedysareae*, north centr. USA.: ISELY. *Indigofera*, west-trop. Afrika: GILLETT. *Lupinus* § *Micranthi*, Pacific Coast, auch cyt.: DUNN (1). *Sophora*, Hawaii: CHOCK. cyt.: Chrom. Zahlen: TURNER (2). *Lotus:* LARSEN (1). *Sesbania:* TURNER (1).

Oxalidaceae: cyt. *Oxalis:* MARKS. — Tropaeolaceae: *Tropaeolum*, Chile: SPARRE. — Euphorbiaceae: Taiwan: KENG. *Caperonia*, Afrika: LEONARD (1).

Oldfieldia: LEONARD (2). *Phyllanthus,* Westindien: WEBSTER. — Celastraceae: Argentinien u. Chile: LOURTEIG u. O'DONELL. *Denhamia,* S. Queensland: L. S. SMITH. *Elaeodendron,* Neukaledonien: HÜRLIMANN. *Salaciopsis:* HÜRLIMANN. — Aceraceae: *Acer-opalus*-Gruppe: D'ERRICO. — Sapindaceae: Gabon: PELLEGRIN. — Sabiaceae: *Meliosma,* Colombia: CUATRECASAS u. IDROBO. — Elaeocarpaceae: Neukaledonien, anatom. Schlüssel: DESCAMPS. — Malvaceae: China: HU. *Eremalche:* KEARNEY (2). — Bombacaceae: *Cullenia:* KOSTERMANS. — Sterculiaceae: *Cola,* Ostafrika: BRENAN. — Eucryphiaceae: DRESS. — Guttiferae: *Calophyllum,* Malaya: HENDERSON u. WYATT-SMITH. — Tamaricaceae: *Tamarix,* Israel: ZOHARY. — Cistaceae: Spanien: GUINEA. cyt. europ. Sektionen: PROCTOR. — Loasaceae: cyt. *Mentzelia:* THOMPSON u. LEWIS. — Cactaceae: cyt. Puerto Rico: SPENCER. — Combretaceae: *Combretum,* baumf. Arten südl. Congo: DUVIGNEAUD. — Myrtaceae: Gattungsschlüssel: KAUSEL. — Melastomataceae: *Rhexia:* JAMES. — Onagraceae: *Oenothera,* europ. Wildarten III: RENNER. — Umbelliferae: *Heteromorpha,* Madagaskar: HUMBERT (2). *Oenanthe,* Rheingebiet: SCHWEITZER. *Phlojodicarpus:* POPOV. *Psammogeton:* WAGENITZ (2).

Ericaceae: *Kalmia:* HOLMES. — Epacridaceae: cyt., Pollen: SMITH WHITE. — Primulaceae: *Lysimachia,* neuweltl.: RAY. cyt.: *Anagallis-monelli*-Komplex: LEHMANN. *Dodecatheon,* NW-Amerika: BEAMISH. — Ebenaceae: *Diospyros,* Afrika: WHITE (1). *Diospyros-piscatoria*-Gruppe: WHITE (2). — Oleaceae: Südafrika: VERDOORN. — Loganiaceae: *Strychnos,* Brasilien, Enum.: DUCKE (2). *Strychnos § Eufloribundae:* BRUCE. — Gentianaceae: *Blackstonia,* Benelux: A. ROBYNS. *Gentiana,* Yeso: TOYOKUNI. *Gent.-acaulis*-Gruppe, Frankreich: RUFFIER-LANCHE. *Sabatia:* WILBUR. — Apocynaceae: *Aspidosperma,* Amazonas: DUCKE (1). *Rauwolfia,* Amerika: RAO. *Rauwolfia,* Indo-Burma: CHAKRAVARTY. — Asclepiadaceae: *Glossonema:* BULLOCK. — Polemoniaceae: *Gilia § Arachnion,* auch cyt.: GRANT u. GRANT. — Hydrophyllaceae: *Phacelia §§ Whitlavia* u. *Gymnobythus:* G. W. GILLETT. — Boraginaceae: *Coldenia,* Peru: JOHNSTON. *Eritrichum-nanum*-Komplex: LECHNER-POCK. *Hackelia,* Himalaya: JOHNSTON. *Heliotropium,* Argentinien: GANGUI. *Symphytum,* England: TUTIN (1). — Verbenaceae: *Duranta,* Argentinien: CARO. *Vitex,* Studien: MOLDENKE. — Labiatae: Schlüssel der Pollenformen: RISCH. *Teucrium-polium*-Gruppe, Marokko: COHEN. cyt. *Mentha,* brit. Inseln: MORTON (2).

Solanaceae: *Capsicum,* nomenkl.: SHINNERS. *Datura,* cult.: DE WOLF (1). *Solanum tuberosum:* DANERT. *Solanum,* knollentragende, auch cyt.: HAWKES. — Scrophulariaceae: *Alonsoa,* cult.: DE WOLF (2). *Antirrhinum* u. *Asarina,* cult.: DE WOLF (3). *Celsia, Staurophragma* u. *Verbascum,* Orient, Studie: HUBER-MORATH. *Euphrasia* u. *Odontites,* Slowenien: MAYER. *Linaria,* cult.: DE WOLF (4). *Odontites,* Finnland: MARKLUND. *Veronica,* cult.: DE WOLF (5). — Bignoniaceae: Gattungsschlüssel, Brasilien: GOMES (1). *Tabebuia,* Colombia: DUGAND. *Tourretia:* FABRIS. — Rubiaceae: Sta. Catarina, Bras., Übersicht: SMITH u. DOWNS. *Galium § Leptogalium,* Bayern: EHRENDORFER (1). *Galium-boreale*-Gruppe, Studie: URSCHLER. *G.-multiflorum*-Komplex: EHRENDORFER (2). — Valerianaceae: Schlüssel f. Pollen, Europa: WAGENITZ (1). — Cucurbitaceae: *Echinocystis, Echinopepon* u. *Marah:* STOCKING. — Compositae: *Apodocephala:* HUMBERT (2). *Arrhenechthites* und *Erechtites:* BELCHER. *Aspilia, Blainvillea* und *Wedelia,* Westafrika: ADAMS (1). *Calostephane:* MERXMÜLLER. *Eupatorium,* Valle Centr. v. Mexico: PARAY. *Hieracium,* Argentinien und Nachbarländer: SLEUMER. *Spilanthes,* Westafrika: ADAMS (2). *Tagetes,* Argentinien: FERRARO. *Taraxacum,* Belgien: VAN SOEST. *Vernonia § Critoniopsis,* Columbien und Peru: CUATRECASAS. cyt.: *Helianthus-debilis*-Komplex: HEISER. *Sonchus-perennis*-Gruppe, nordöstl. Nordamerika: SHUMOVICH u. MONTGOMERY. *Townsendia:* BEAMAN.

9. Neue Gattungen.

Gramineae: *Keniochloa* (auf *Agrostis chionogeiton*): MELDERIS. *Racemobambos* (auf *Bambusa gibbsiae*): HOLTTUM (1). *Reitzia* (aff. *Diandrolyra*): SWALLEN. — Palmae: *Burretiokentia* (= *Rhynchocarpa* Becc.): BECCARI u. PICHI-SERMOLLI.

Microcoelum (aff. *Syagrum* und *Lytocaryum*): BURRET u. POTZTAL (3). — Loranthaceae: *Berhautia* (aff. *Odondella* und *Englerina*): BALLE. — Caryophyllaceae: *Ochotonophila* (aff. *Acanthophyllum* und *Gypsophila*): GILLI. — Annonaceae: *Froesiodendron* (aff. *Cardiopetalum*): FRIES. — Cruciferae: *Lignariella* (aff. *Cochlearia*): BAEHNI. — Caesalpiniaceae: *Bracteolanthus* und *Lysiphyllum* (aff. *Bauhinia*): DE WIT (2). *Librevillea* (aff. *Brachystegia* und *Oddoniodendron*): HOYLE. — Papilionaceae: *Rudua* (auf *Phaseolus aureus*): MAEKAWA. — Meliaceae: *Pseudobersama* (aff. *Trichilia*): VERDCOURT. — Euphorbiaceae: *Vaupesia* (aff. *Hevea* und *Micrandra*): SCHULTES (2). — Hippocrateaceae: *Bequaertia* (aff. *Tristemonanthus*) und *Apodostigma* (aff. *Cheiloclinium*): WILCZEK. — Theaceae: *Melchiora*: KOBUSKI. — Cactaceae: *Backebergia* (auf *Pilocereus chrysomallus*): BRAVO. — Myrtaceae: *Acreugenia, Amomyrtella, Myrciariopsis, Pseudanamomis* und *Pseudomyrcianthes* (von *Eugenia, Myrciaria* und *Myrtus* abgespalten): KAUSEL. — Solanaceae: *Methysticodendron* (unsicher, ob zu dieser Familie): SCHULTES (1). — Bignoniaceae: *Kuhlmannia* (aff. *Neojobertia*) und *Spathicalyx* (aff. *Dolichandra*): GOMES (2). — Compositae: *Chucoa* (aff. *Gochnatia*): CABRERA.

10. Floren.

Europa. HERMANN, Flora von Nord- und Mitteleuropa. — Verbreitung in Dänemark [*Ranunculaceae:* LARSEN (2); *Rubiaceae, Polygalaceae, Linaceae, Oxalidaceae* und *Balsaminaceae:* PEDERSEN]. — A. LARSEN, Flora von Bornholm. — HEUKELS u. VAN OOSTSTROOM, Flora van Nederland, 14. Aufl. — REICHGELT, Flora Neerlandica I/4 (*Cyperaceae* excl. *Carex*). — LAWALREE (1), Flore générale de Belgique II (II) (*Papaveraceae—Cruciferae*). — CHASSAGNE, Inventaire Analytique de la flore d'Auvergne, I. — SZAFER u. PAWLOWSKI, Flora Polska VII (*Parietales, Rosales*). — JANCHEN, Catalogus Florae Austriae I/1 (*Pteridophytae—Apetalae*). — BECHERER, Florae Vallesiacae Supplementum. — OFFNER u. LE BRUN, Un siècle de floristique à travers les Alpes françaises. — LITARDIERE, Prodrome de la Flore Corse III (2) (*Plumbaginaceae—Solanaceae*). — MONSERRAT, Flora der Küstencordillere von Catalonien.

Asien. BLAKELOCK, Flora of Iraq with keys II *(Cruciferae — Frankeniaceae)*. — POJARKOVA, Flora Murmanskoj Oblasti III (*Salicaceae—Cruciferae*). — SCHISCHKIN, Flora Ljeningradski oblasti I (Pteridophyten—Monocotylen). — KLOKOV u. VISULINA, Flora U. R. S. R. VII *(Geraniaceae — Umbelliferae)*. — RUBZOW, Flora des nördl. Tian-Schan. — HU, Flora von China (1. Lieferung: *Malvaceae*). — CHONG, Korean Flora II (herbaceous plants). — VAN STEENIS, Flora Malesiana (*Pentaphylacaceae:* VAN STEENIS; *Malpighiaceae:* JACOBS; *Proteaceae:* SLEUMER; *Betulaceae:* VAN STEENIS; *Burseraceae:* LEENHOUTS). — BAKHUIZEN V. D. BRINK, Beknopte flora van Java, nooduitgave XV (*Rubiaceae*). — CURTIS, The student's flora of Tasmania I (*Gymnospermae—Myrtaceae*).

Afrika. ANDREWS, The flowering plants of the Sudan III (*Compositae — Gramineae*). — CUFODONTIS, Enumeratio plantarum Aethiopiae (*Geraniaceae—Euphorbiaceae*). — TISSERANT, Matériaux pour la flore de l'Oubangui-Chari [*Cruciferae, Nymphaeaceae, Violaceae, Ranunculaceae* (1—4), mit SILLANS: *Capparidaceae* und *Rosaceae* (5—6)]. — TURRILL u. MILNE-REDHEAD, Flora of Tropical East Africa [*Connaraceae:* HEMSLEY; *Menispermaceae:* TROUPIN; *Rhizophoraceae* (LEWIS); *Caryophyllaceae:* TURRILL; *Canellaceae:* VERDCOURT]. — HUMBERT (1), Flore de Madagascar (*Verbenaceae* und *Avicenniaceae:* MOLDENKE).

Amerika. PORSILD, Vasc. Plants of the Western Canadian Arctic Archipelago. — ROULEAU (2), Checklist f. Neufundland. — SHERFF u. ALEXANDER, North American Flora II/2 (*Compositae—Coreopsidinae*). — ST. JOHN, Flora of Southeastern Washington and of adjacent Idaho. — JONES u. FULLER, Vasc. Plants of Illinois. — HITCHCOCK, CRONQUIST, OWNBEY u. THOMPSON, Vasc. plants of the Pacific North West V (*Compositae:* CRONQUIST). — Contr. tow. a flora of Nevada [*Chenopodiaceae:* REED; *Portulacaceae:* HOLMGREN; *Lupinus:* DUNN (2); *Astragalus* und *Oxytropis:* BARNEBY; *Mimulus:* EDWIN; fam. div.: LITTLE]. — RAMBO, Phanerogamenflora der Aparados Riograndenses. — REITZ, Manipulus der Monocotylen von S. Catarina. — HERTER, Flora del Uruguay VII—X (*Liliiflorae—Microspermae*). — SOUKUP, Katalog der Flora des Dep. de Puno (Peru).

Literatur.

ADAMS, C. D.: (1) Webbia 12 (1), 217—250 (1956). — (2) Webbia 12 (1), 325—330 (1956). — ADAMSON, R. S.: J. S. Afric. Bot. 22 (3), 87—128 (1956). — AMATO, F. D'.: Caryologia (Pisa) 7, 292—349 (1955). — ANDREWS, F. W.: The flowering plants of the Sudan III, 579 S. Arbroath 1956. — ANDREWS, H. N., and K. S. ALT: Ann. Miss. Bot. Gard. 43 (4), 355—378 (1956). — AUBRÉVILLE, A.: Bull. Soc. bot. France 103 (1—2), 8—11 (1956).

BAEHNI, CH.: Candollea 15, 47—62 (1954—56). — BAILEY, I. W.: (1) J. Arnold Arboretum Harvard Univ. 37 (3), 269—287 (1956). — (2) J. Arnold Arboretum Harvard Univ. 37 (4), 360—365 (1956). — BAKHUIZEN V. D. BRINK, R. C.: Beknopte flora van Java XV, 202 S. Leiden 1956. — BALLE, S.: Bull. Soc. roy. Bot. Belg. 88, 133—146 (1956). — BARNEBY, R. C.: Contr. tow. a Fl. of Nevada 38, 1—86 (1956). — BEAL, E. O.: J. El. Mitchell Sci. Soc. 72 (2), 317—345 (1956). — BEAMAN, J. H.: Madroño 12 (6), 169—180 (1954). — BEAMISH, K.: Bull. Torrey Bot. Club 82 (5), 357—366 (1955). — BECCARI, O., e R. E. G. PICHI-SERMOLLI: Webbia 11, 1—188 (1956). — BECHERER, A.: Denkschr. schweiz. Naturforsch. Ges. 81, 1—556 (1956). — BELCHER, R. O.: Ann. Miss. Bot. Gard. 83 (1), 1—85 (1956). — BENSON, L.: Amer. Midl. Nat. 53 (1), 242—255 (1955). — BERTSCH, K.: Jb. Ver. vaterl. Naturk. Württ. 111 (1), 137—152 (1956). — BEUG, H.-J.: Naturwiss. 43 (14), 332—333 (1956). — BEYERINCK, W.: Verh. Kon. Nederl. Akad. Wetensch. 51 (1), 1—156 (1956). — BJÖRKMAN, S. O.: Sv. bot. Tidskr. 50 (3), 513—516 (1956). — BLAGOWESTSCHENSKI, A. W.: Die biochemischen Grundlagen des Evolutionsprozesses der Pflanzen. 281 S. Berlin 1955. — BLAKELOCK, R. A.: Kew Bull. 1955 (4), 497—565 (1956). — BOIVIN, B.: (1) Bull. Soc. bot. France 103 (7—8), 490—505 (1956). — (2) Sv. bot. Tidskr. 50 (1), 113—114 (1956). — BOR, N. L.: Webbia 11, 301—367 (1956). — BORRILL, M.: (1) Watsonia 3 (6), 291—298 (1956). — (2) Watsonia 3 (6), 299—306 (1956). — BOUCHARD, J.: Bull. Soc. bot. France 103 (5—6), 286—292 (1956). — BRAVO, H. H.: Cact. and Succ. J. 27 (1), 3—12 (1955). — BRENAN, J. P. M.: Kew Bull. 1956 (1), 141—142 (1956). — BROWN, R. W.: U. S. Geol. Surv., Prof. Pap. 274—H: 205—209 (1956). — BRUCE, E. A.: Kew Bull. 1955 (4), 627—629 (1956). — BUCHINGER, M.: Bol. Soc. Argent. Bot. 6 (2), 98—106 (1956). — BULLOCK, A. A.: Kew Bull. 1955 (4), 611—626 (1956). — BURRET, M., u. E. POTZTAL: (1) Willdenowia I (3), 348—349 (1956). — (2) Willdenowia I (3), 350—385 (1956). — (3) Willdenowia I (3), 386—388 (1956). — (4) Willdenowia I (3), 529—530 (1956). — BUXBAUM, F.: (1) Phyton (Horn, N.-Ö.) 6 (1—2), 92—97 (1955). — (2) Österr. bot. Z. 103 (2—3), 353—362 (1956).

CABRERA, A. L.: Bol. Soc. Argent. Bot. 6 (1), 40—44 (1956). — CAMUS, A.: Bull. Soc. bot. France 103 (3—4), 142—144 (1956). — CARO, J. A.: Rev. Arg. Agron. 23 (1), 1—28 (1956). — CHAKRAVARTY, H. L.: Bull. Bot. Soc. Bengal. 9, 1—9 (1955). — CHASSAGNE, M.: Inventaire Analytique de la Flore d'Auvergne I, Paris 1956. — CHIARUGI, A.: Webbia 11, 861—888 (1956). — CHIPPINDALL, L. K. A.: In D. MEREDITH, The Grasses and Pastures of South Africa. 771 S. Parow, C.P., 1955. — CHOCK, A. K.: Pacific Sci. 10 (2), 136—158 (1956). — CHONG, T'AE-HYON: Korean Flora II, 1025 S. Seoul 1956. — CODD, L. E.: Bothalia 6 (3), 515—533 (1956). — COHEN, E.: Trav. Inst. Sci. Chérif., Bot. Ser. 9, 1—88 (1956). — COOPER, R. C.: Ann. Miss. Bot. Gard. 43 (2), 87—188 (1956). — CORREA, M. N.: Darwinia 11 (1), 24—88 (1955). — CRÉTÉ, P.: Bull. Soc. bot. France 103 (7—8), 446—454 (1956). — CRONQUIST, A.: Amer. Midl. Nat. 53 (2), 478—511 (1955). — CUATRECASAS, J.: Bot. Jb. 77 (1), 52—84 (1956). — CUATRECASAS, J., et J. M. IDROBO: Caldasia 7 (33), 187—211 (1956). — CUCCHI, C. C.: Delpinoa 8, 195—238 (1955). — CUFODONTIS, G.: Bull. Jard. bot. Brux. 26 (3), 345—440 (1956). — CURTIS, W. M.: The student's flora of Tasmania I, 234 S. Hobart, Tasm., 1956.

DANERT, S.: Kulturpflanze 4, 83—129 (1956). — DARLINGTON, C. D.: Chromosome Botany. 186 S. London 1956. — DARLINGTON, C. D., and A. P. WYLIE:: Chromosome Atlas of flowering Plants, 2. Aufl. 519 S. London 1956. — DAVIES, E. W.: (1) Bot. Not. (Lund) 109 (1), 50—74 (1956). — (2) Hereditas (Lund) 42 (3—4), 349—365 (1956). — (3) Watsonia 3 (3), 129—137 (1955). — (4) Watsonia 3 (5), 242—243 (1956). — DESCAMPS, R.: Ann. Sci. Nat. Bot., N. sér. 17 (2),

187—257 (1956). — Dieterich, H.: Dtsch. Baumschule 8, 273—276 (1956). — Dress, W. J.: Baileya 4 (3), 116—127 (1956). — Ducke, A.: (1) An. Acad. Bras. Cienc. 27 (3), 381—384 (1955). — (2) Bol. técn. Inst. Agron. Norte 30, 1—64 (1955). — Dugand, A.: Mutisia 25, 1—22 (1956). — Dunn, D. B.: (1) Aliso 3 (2), 135—171 (1955). — (2) Contr. tow. a Fl. of Nevada 39, 64 S. Beltsville 1956. — Duvigneaud, P.: Bull. Soc. roy. Bot. Belg. 88, 59—90 (1956).

Edwin, G.: Contr. tow. a Fl. of Nevada 37, 1—21 (1955). — Ehrendorfer, F.: (1) Ber. bayer. bot. Ges. 31, 5—12 (1956). — (2) Contr. Dudley Herb. 5 (1), 3—21 (1956). — Erdtman, G.: (1) Webbia 11, 405—412 (1955). — (2) Gran. palynol. 1 (2), 127—139 (1956). — Errico, P. d': Webbia 12 (1), 41—120 (1956).

Fabris, H. A.: Bol. Soc. Argent. Bot. 6 (1), 51—53 (1955). — Faegri, K.: Bot. Rev. 22 (9), 639—664 (1956). — Fassett, N. C.: Rhodora 57 (677), 133—156 (1955); 57 (678), 174—188 (1955); 57 (679), 202—212 (1955). — Ferraro, M.: Bol. Soc. Argent. Bot. 6 (1), 30—39 (1955). — Forman, L. L.: Kew Bull. 1956 (1), 41—70 (1956). — Friedrich, H.-Chr.: (1) Mitt. Bot. Staatss. München 14/15, 133—166 (1956). — (2) Phyton (Horn, N.-Ö.) 6 (3—4), 220—263 (1956). — Fries, R. E.: Ark. Bot. (Stockh.) 3 (5), 439—442 (1956). — Furtado, C. X.: Gard. Bull. Singapore 15, 32—265 (1956).

Gams, H.: Veröff. Geobot. Inst. Rübel 31, 217—243 (1956). — Gangui, N.: Rev. Fac. Ci. ex. fis. nat. (Cordoba, Arg.) 17 (2), 481—560 (1955). — Garay, L. A.: (1) Canad. J. Bot. 34 (3), 346—359 (1956). — (2) Canad. J. Bot. 34, 721—743 (1956). — Garrigues, R.: Feddes Rep. 59 (2), 140—157 (1956). — Gibbs, R. D.: Trans. Roy. Soc. Canada V. 48, 1—47 (1955). — Gillett, G. W.: Univ. Calif. Publ. Bot. 28 (2), 19—78 (1955). — Gillett, J. B.: Kew Bull. 1955 (4), 573—585 (1956). — Gilli, A.: Feddes Rep. 59 (2), 162—178 (1956). — Gomes, J. C. jr.: (1) Arq. Serv. Flor. (Rio) 9, 261—295 (1955). — (2) Not. Syst. (Paris) 15 (2), 220—225 (1956). — Good, R.: Features of Evolution in the flowering Plants. 405 S. London 1956. — Gould, F. W.: Amer. J. Bot. 43 (6), 395—404 (1956). — Grant, A., and V. Grant: Aliso 3 (3), 203—287 (1956). — Gray, N. A.: J. Arnold Arboretum Harvard Univ. 37 (2), 160—172 (1956). — Gregory, M. P.: Amer. J. Bot. 43 (2), 110—121 (1956). — Guinea, E.: Inst. Forest. Invest. Exper. 181 S. Madrid 1954.

Haccius, B., u. K. Reh: Beitr. Biol. Pflanz. 32 (2), 185—218 (1956). — Hadj-Moustapha, M.: Bull. Soc. bot. France 103 (7—8), 471—477 (1956). — Hammond, H. D.: (1) Serol. Mus. Bull. 14, 1—3 (1955). — (2) Serol. Mus. Bull. 14, 3—5 (1955). — Hänsel, R.: Arch. Pharmaz. 289 (61)/11, 619—628 (1956). — Hansen, H. Mølholm: Life Forms as Age Indicators. 48 S. Ringkjøbing 1956. — Hartl, D.: (1) Beitr. Biol. Pflanz. 32, 471—490 (1956). — (2) Österr. bot. Z. 103 (2—3), 185—242 (1956). — Hawkes, J. G.: Ann. Rep. Scott. Soc. Res. Pl.-Breed. 37—109 (1956). — Heiser, Ch. B.: Madroño 13 (5), 145—167 (1956). — Helm, J.: Kulturpflanze 4, 130—180 (1956). — Henderson, M. R., and J. Wyatt-Smith: Gard. Bull. Singap. 15, 283—376 (1956). — Hermann, F.: Flora von Nord- und Mitteleuropa. 1154 S. Stuttgart 1956. — Herter, W. G.: Rev. Sudam. Bot. 9 (7—10), 199—280 (1956). — Heukels, H., en S. J. van Ooststroom: Flora van Nederland, 14. Aufl. 890 S. Groningen 1956. — Hitchcock, C. L., A. Cronquist, M. Ownbey and J. W. Thompson: Vascular Pl. of the Pacific Northwest V, 343 S. Seattle 1956. — Hjelmquist, H.: Bot. Not. (Lund) 109 (1), 21—32 (1956). — Hochreutiner, B. P. G.: Candollea 15, 175—181 (1954—56). — Holmes, M. L.: Baileya 4 (2), 89—94 (1956). — Holmgren, A. H.: Contr. tow. a Fl. of Nevada 36, 1—18 (1955). — Holttum, R. E.: (1) Gard. Bull. Singap. 15, 267—273 (1956). — (2) Kew Bull. 1955 (4), 591—594 (1956). — (3) Phytomorphology (Delhi) 6 (1), 73—90 (1956). — Holzhammer, E.: Mitt. Bot. Staatss. München 14/15, 178—257 (1956). — Hoyle, A. C.: Bol. Soc. Broter. 29, 17—21 (1955). — Hu, Sh.-Y.: Flora of China. *Malvaceae.* 80 S. Arnold Arboretum Harvard Univ. Cambridge, Mass. 1955. — Hubbard, C. E.: Grasses. A Guide to their Structure, Identification, Uses, and Distribution in the British Isles. 428 S. Harmondsworth 1954. — Hubbard, W. A.: Brit. Columb. Prov. Mus. Handb. 9, 1—205 (1955). — Huber-Morath, A.: Bauhinia 1 (1), 1—84 (1955). — Hultén, E.: Sv. bot. Tidskr. 50 (3), 411—495 (1956). — Humbert, H.: Flore de Madagascar

174°, 174 bis (1956). — (4) Notul. Syst. (Paris) 15 (2), 113—134 (1956). — Hunziker, J. H.: Rev. Invest. Agric. 9 (3), 208—209 (1955). — Hürlimann, H.: Candollea 15, 69—78 (1955). — Hussein, F.: Watsonia 3 (3), 170—174 (1955).

Ikuse, M.: Pollen Grains of Japan. 303 S. Tokyo 1956. — Isely, D.: Iowa State Coll. J. Sci. 30 (1), 33—118 (1955).

Jacobsen, H., and G. D. Rowley: Nat. Cact. a. Succ. J. 10 (4), 80—81 (1955); 11 (3), 59—61 (1956). — James, Ch. W.: Brittonia 8 (3), 201—230 (1956). — Janchen, E.: Catalogus Fl. Austriae I (1), 1—176. Wien 1956. — Jasiewicz, A.: Fragm. Fl. Geobot. (Krakow) 2 (1), 62—110 (1956). — Jenkin, T. J.: J. of Genet. 53 (3), 467—486 (1955). — Johnston, I. M.: J. Arnold Arboretum Harvard Univ. 37 (3), 288—306 (1956). — Jones, G. N., and G. D. Fuller: Vascular Plants of Illinois. 593 S. Urbana 1955. — Jones, K.: J. of Genet. 54 (3), 370—376, 377—393, 394—399 (1956).

Kausel, E.: Ark. f. Bot. 3 (5), 491—516 (1956). — Kearney, Th. H.: (1) Leafl. Western Bot. 7 (10), 238—241 (1955). — (2) Madroño 13, 241—243 (1956). — Keng, H.: Sci. Rep. Nat. Taiwan Univ. 1955 (6), 27—66 (1955). — Khoshoo, T. N.: Stain Technol. 31 (1), 31—33 (1956). — Kimura, Y.: Notul. Syst. (Paris) 15 (2), 137—159 (1956). — Klokov, M. B., et O. D. Visulina: Fl. U. R. S. R. VII, 657 S. Kiew 1955. — Kobuski, C. E.: J. Arnold Arboretum Harvard Univ. 37 (2), 153—159 (1956). — Kostermans, A. J. G. H.: Forest Res. Inst. Bogor Comm. n° 51 (1956).

Lanjouw, J.: Regn. veget. 8; International Code of Nomenclature. 338 S. Utrecht 1956. — Lanjouw, J., and F. A. Stafleu: Regn. veget. 6: Index Herbariorum Part I, 3. Aufl. 224 S. Utrecht 1956. — Larsen, A.: Bot. Tidsskr. 52 (3—4), 189—316 (1956). — Larsen, K.: (1) Bot. Tidsskr. 53, 49—56 (1956). — (2) Bot. Tidsskr. 53, 198—252 (1956). — Lawalrée, A.: (1) Fl. générale de Belgique Spermatophytes II (II), 121—285 (1956). — (2) Bull. Jard. bot. Brux. 26 (1), 129—136 (1956). — Lechner-Pock, L.: Phyton (Horn, N.-Ö.) 6 (3—4), 98—206 (1956). — Lehmann, E.: Gartenwelt 56 (21), 338—339 (1956). — Leinfellner, W.: Österr. bot. Z. 103 (2—3), 247—290 (1956). — Léonard, J.: (1) Bull. Jard. bot. Brux. 26 (4), 313—320 (1956). — (2) Bull. Jard. bot. Brux. 26 (4), 335—344 (1956). — Leppik, E. E.: Arch. Soc. Bot. Fenn. „Vanamo" 9 (suppl.), 149—160 (1955). — Lewis, G. J.: Ann. S. Afric. Mus. 40 (4), 137—151 (1956). — Li, H.-L.: Amer. Midl. Nat. 54 (1), 33—41 (1955). — Litardière, R. de: Prodrome de la Flore Corse 3 (2), 264 S. Paris 1955. — Little, E. L.: Contr. tow. a Fl. of Nevada 40, 81 S. Beltsville 1956. — Lourteig, A.: C. r. Soc. Biogéogr. 289, 56—69 (1956). — Lourteig, A., et C. A. O'Donell: Natura (Buenos Aires) 1 (2), 181—233 (1955). — Löve, A.: (1) Nytt Mag. f. Bot. 4, 5—18 (1955). — (2) Acta Soc. Fauna et Flora fenn. 72 (15), 1—14 (1955). — Löve, A., and D. Löve: (1) Acta Hort. Gotoburg. 20 (4), 1—190 (1956). — (2) Canad. J. Bot. 34, 501—521 (1956). — Löve, A., and N. Sarkar: Canad. J. Bot. 34 (2), 261—268 (1956). — Lövkvist, B.: Symb. Bot. Upsal. 14 (2), 1—129 (1956). — Lys, J.: Rev. gén. Bot. 63, 95—100 (1956).

Maekawa, F.: Jap. J. Bot. 15 (1), 103—116 (1955). — Maheshwari, P.: Curr. Sci. 25, 106—110 (1956). — Maheshwari, S. C.: Phytomorphology (Delhi) 6 (1), 51—55 (1956). — Manant, P.: Bull. Soc. bot. France 103, (7—8), 429—431 (1956). — Markgraf-Dannenberg, I.: Veröff. Geobot. Inst. Rübel 31, 217—243 (1956). — Marklund, G.: Acta Soc. Fauna et Flora fenn. 72 (16), 1—18 (1955). — Marks, G. E.: New Phytologist 55 (1), 120—129 (1956). — Mayer, E.: Slov. Akad. Razprave III, 1—65 (1955). — McClintock, E.: Baileya 4 (4), 165—175 (1956). — Mehra, P. N., and T. N. Khoshoo: J. of Genet. 54 (1), 165—180, 181—185 (1956). — Melderis, A.: Sv. bot. Tidskr. 50 (4), 535—547 (1956). — Merxmüller, H.: Mitt. Bot. Staatss. München 14—15, 172—173 (1956). — Miranda, F.: Bol. Soc. Bot. Mexico 18, 7—10 (1955). — Moldenke, H. N.: Phytologia 5 (8), 343—393 (1956). — Monserrat, P.: Collect. Bot. 4 (3), 351—398 (1955). — Montgomery, F. H.: Rhodora 57 (678), 161—173 (1955). — Moore, H. E., and F. R. Fosberg: Gent. Herb. 8 (6), No 20, 423—478 (1956). — Moritz, O., u. H. L. Rohn: Planta (Berlin) 47, 16—46 (1956). — Morton, J. K.: (1) J. Linn. Soc. Bot. 55 (361), 507—531 (1956). — (2) Watsonia 3 (5), 244—252 (1956). — Muller, C. H.: Rev. Soc. Cubana Bot. 12, 41—47 (1955).

NELMES, E.: Kew Bull. **1956** (1), 73—111 (1956). — NORDENSKIÖLD, H.: Hereditas (Lund) **42** (1—2), 7—73 (1956).

OFFNER, J., et P. LeBRUN: Bull. Soc. bot. France **103** (5—6), 198—375 (1956).

PARAY, L.: Bol. Soc. Bot. Mex. **19**, 1—15 (1956). — PAUNERO, E.: An. Inst. Cavan. **13**, 149—230 (1955). — PEDERSEN, A.: Bot. Tidsskr. **53** (2), 139—196 (1956). — PELLEGRIN, F.: Bull. Soc. bot. France Mém. **1955**, 51—78 (1955). — PFEIFFER, H. H.: Rev. Sudam. Bot. **10** (7), 213—221 (1956). — PILGER, R.: Nat. Pfl. Fam. 2. Aufl. **14 d**, 225 S. Berlin 1956. — POJARKOVA, A. I.: Flora Murmanskoj Oblasti III, 449 S.Moskau-Leningrad 1956. — PONTIROLI, A.: Bol. Soc. Argent. Bot. **6** (1), 1—20 (1955). — POPOV, M.: In B. K. SCHISCHKIN, Spisok rast. Gerb. Fl. SSSR **13**, 33—34 (1955). — PORSCH, O.: Österr. bot. Z. **103** (1), 1—18 (1956). — PORSILD, A. E.: Nat. Mus. Canad. Bull. **135**, 1—226 (1955). — POULTER, B. A.: Not. R. Bot. Gard. Edinb. **22**, 85—93 (1956). — PROCTOR, M. C. F.: Watsonia **3** (3), 154—159 (1955).

RAMBO, B.: Sellowia **7**, 235—298 (1956). — RAO, A. S.: Ann. Miss. Bot. GARD **93** (3), 253—354 (1956). — RAUH, W.: (1) Akad. Wiss. u. Lit. Mainz, Abh. Math.-Nat. Kl. **1956** (6), 341—444 (1956). — (2) „Cactus", Rev. Trim. Assoc. Franc. Amat. Cact. **11**, No 48—49, SA 1—16 (1956). — RAY, J. D.: Ill. Biol. Monogr. **24** (3—4), 160 S. Urbana 1956. — REED, C. F.: Contr. tow. a Fl. of Nevada **41**, 96 S. Beltsville 1956. — REICHGELT, TH. J.: Flora Neerlandica I (4), 52 S. Amsterdam 1956. — REITZ, P. R.: Sellowia **7/8**, 93—174 (1956). — RENNER, O.: Planta (Berlin) **47**, 219—254 (1956). — RICHENS, R. H.: Watsonia **3** (3), 138—153 (1955). — RISCH, C.: Willdenowia I (4), 617—641 (1956). — ROBYNS, A.: Bull. Jard. bot. Brux. **26** (4), 353—368 (1956). — ROBYNS, W.: Bull. Acad. Roy. Sci. Col. n. s. I (6), 1116—1137 (1956). — ROLLINS, R. C.: Rhodora **57** (681), 241—264 (1955). — ROTHMALER, W.: Allgemeine Taxonomie und Chorologie der Pflanzen 2. Aufl. 215 S. Jena 1955. — ROTTGARDT, K.: Beitr. Biol. Pflanz. **32**, 225—278 (1956). — ROULEAU, E.: (1) Contr. Inst. Bot. Univ. Montreal **69**, 5—19 (1956). — (2) Contr. Inst. Bot. Univ. Montreal **69**, 41—103 (1956). — ROUSI, A.: Ann. Soc. Zool. Bot. fenn. „Vanamo" **29** (2), 1—64 (1956). — RUBZOW, I. N.: Bot. J. (Moskau-Leningrad) **41** (1), 23—42 (1956). — RUDD, V. E.: Contr. US Nat. Herb. **32** (1), 1—172 (1956). — RUFFIER-LANCHE, R.: J. Scott. Rock Gard. Cl. V (1), No 18, 1—4 (1956).

SCHISCHKIN, B. K.: Flora Ljeningradky oblasti I (von O. A. MURAVJEVA), 189 S. Leningrad 1955. — SCHLITTLER, J.: Vjschr. naturforsch. Ges. Zürich **100** (3), 182—193 (1955). — SCHMID, E.: Ber. Geobot. Inst. Rübel **1955**, 38—50 (1956). — SCHNEIDER, M.: Caldasia **7** (33), 247—257 (1956). — SCHULTES, R. E.: (1) Bot. Mus. Leafl. Harvard Univ. **17** (1), 1—11 (1955). — (2) Bot. Mus. Leafl. Harvard Univ. **17** (1), 27—36 (1955). — (3) Bot. Mus. Leafl. Harvard Univ. **17** (7), 179—209 (1956). — SCHWARZ, O.: Mitt. thüring. bot. Ges. I (2—3), 292—302 (1955). — SCHWEICKERDT, H. G., u. W. MARAIS: Bot. Jb. **77** (1), 1—24 (1956). — SCHWEITZER, H. J.: Senck. Biol. **37**, 171—177 (1956). — SHARMA, A. K., et B. BHATTACHARYYA: $\Phi v \tau o v$ **6** (2), 121—132 (1956). — SHERFF, E. E., and E. J. ALEXANDER: North Amer. Flora II (2), 190 S. New York 1955. — SHINNERS, L. H.: Baileya **4** (2), 81—84 (1956). — SHUMOVICH, W., and F. H. MONTGOMERY: Canad. J. Agric. Sci. **35** (6), 601—605 (1955). — SLEUMER, H.: Bot. Jb. **77** (1), 85—148 (1956). — SLOOTEN, D. F. VAN: Reinwardtia **3** (3), 315—346 (1956). — SMITH, L.B.: J. Wash. Acad. Sci. **45** (4), 110—114 (1955). — SMITH, L. B., and R. J. DOWNS: Sellowia **7/8** (7), 13—92 (1956). — SMITH, L. S.: Proc. Roy. Soc. Queensl. **67** (5), 29—40 (1956). — SMITH-WHITE, S.: Austral. J. Bot. **3** (1), 48—67 (1955). — SNOWDEN, J. D.: J. Linn. Soc. Bot. **55** (358), 191—260 (1955). — SOEST, J. L. VAN: Bull. Jard. bot. Brux. **26** (2), 211—235 (1956). — SOUÈGES, R.: Ann. Sci. Nat. Bot. 11. sér. **17** (2), 325—352 (1956). — SOUKUP, J.: Biota 1 (3—4), 36—50, (5—6), 108—139 (1955). — SPARRE, B.: Darwinia **11** (1), 89—132 (1955). — SPENCER, J. L.: Bot. Gaz. **117** (1), 33—37 (1955). — STEBBINS, G. L., and L. A. SNYDER: Amer. J. Bot. **43** (4), 305—312 (1956). — STEENIS, C. G. G. J. VAN: Flora Malesiana ser. I 5 (2), 1956. — STERN, F. C.: Snowdrops and Snowflakes. 128 S. London 1956. — STERN, W. L.: Amer. J. Bot. **42** (10), 874—885 (1955). — ST. JOHN, H.: Flora of southeastern Washington and of adjacent Idaho. Rev. ed. 561 S. Pullman, Wash. 1956. — STOCKING, K. M.: Madroño **13** (3), 84—100,

(4), 113—137 (1955). — STOKES, S. G., and G. L. STEBBINS: Leafl. West. Bot. 7 (10), 228—233 (1955). — STRÖMBERG, B.: Sv. bot. Tidsskr. 50 (1), 129—134 (1956). — SWALLEN, J. R.: Sellowia 7, 7—12 (1956). — SZAFER, W., et B. PAWLOWSKI: Flora Polska 7, 302 S. Kraków 1955.

TAMAMSCHIAN, S. G.: Bot. J. (Moskau) 41 (5), 634—651 (1956). — THERMAN, E.: Amer. J. Bot. 43 (2), 134—142 (1956). — THOMPSON, H. J., and H. LEWIS: Madroño 13 (3), 102—107 (1955). — TISSERANT, P. CH.: (1) Notul. Syst. (Paris) 15 (2), 183—184 (1956). — (2) Notul. Syst. (Paris) 15 (2), 184—187 (1956). — (3) Notul. Syst. (Paris) 15 (2), 187—194 (1956). — (4) Notul. Syst. (Paris) 15 (2), 194—196 (1956). — TISSERANT, P. CH., et R. SILLANS: (1) Notul. Syst. (Paris) 15 (2), 197—206 (1956). — (2) Notul. Syst. (Paris) 15 (2), 206—212 (1956). — TOMLINSON, P. B.: J. Linn. Soc. 55 (361), 547—592 (1956). — TOYOKUNI, H.: Act. Phytotax. Geobot. (Kyoto) 16 (4), 113—119 (1956). — TRAUB, H. P.: Plant Life 12, 67—76 (1956). — TRAUB, H. P., and H. N. MOLDENKE: Plant Life 11, 125—130 (1955). — TROLL, W., u. D. HARTL: Akad. Wiss. u. Lit. Mainz, Abh. Math.-Nat. Kl. 1955 (5), 143—154 (1955). — TURESSON, G.: Bot. Not. (Lund) 109 (4), 400—404 (1956). — TURNER, B. L.: (1) Rhodora 57 (680), 213—218 (1955). — (2) Amer. J. Bot. 43 (8), 577—581 (1956). — TURRILL, W. B., and E. MILNE-REDHEAD: Flora of tropical East Africa, London 1956. — TUTIN, T. G.: (1) Watsonia 3 (5), 280—281 (1956). — (2) Watsonia 3 (6), 317—323 (1956).

URSCHLER, I.: Phyton (Horn, N.-Ö.) 6 (1—2), 48—56 (1955).

VERDCOURT, B.: J. Linn. Soc. Bot. 55 (361), 503—506 (1956). — VERDOORN, I. C.: Bothalia 6 (3), 549—639 (1956). — VICKERY, J. W.: Contr. N. S. Wales Nat. Herb. 2 (3), 249—325 (1956). — VOS, M. P. DE: J. S. Afric. Bot. 22 (2), 41—64 (1956).

WAGENITZ, G.: (1) Flora (Jena) 143, 473—485 (1956). — (2) Ber. dtsch. bot. Ges. 69 (5), 227—238 (1956). — WEBERLING, F.: (1) Beitr. Biol. Pflanz. 32 (1), 27—105 (1955). — (2) Flora (Jena) 142, 629—630 (1955). — (3) Flora (Jena) 143, 201—218 (1956). — (4) Beitr. Biol. Pflanz. 33 (1), 17—32 (1956). — (5) Beitr. Biol. Pflanz. 33 (1), 149—161 (1956). — WEBSTER, G.: J. Arnold Arboretum Harvard Univ. 37 (1), 91—122 (3), 217—268 (4), 340—359 (1956). — WET, J. M. J. DE: Amer. J. Bot. 43 (3), 175—182 (1956). — WET, J. M. J. DE, and L. J. ANDERSON: Cytologia (Tokyo) 21 (1), 1—10 (1956). — WHITE, F.: (1) Webbia 11, 525—540 (1956). — (2) Bull. Jard. bot. Brux. 26 (2), 237—246 (1956). — WHITEHEAD, F. H.: Watsonia 3 (4), 213—227 (1955), 3 (6), 324—326 (1956). — WILBUR, R. L.: Rhodora 57 (673), 1—33 (674), 43—71 (675), 78—104 (1955). — WILCZEK, R.: Bull. Jard. bot. Brux. 26 (4), 399—428 (1956). — WILDE, J. J. F. E. DE: Acta bot. neerl. 5 (2), 171—178 (1956). — WILLIAMS, L. O.: Ceiba 5 (1—4) 1—256 (1956). — WIT, H. C. D. DE: (1) Webbia 11, 197—292 (1956). — (2) Reinwardtia 3 (4), 381—539 (1956). — WOLF, G. P. DE: (1) Baileya 4 (1), 13—23 (1956). — (2) Baileya 4 (1), 34—39 (1956). — (3) Baileya 4 (2), 55—68 (1956). — (4) Baileya 4 (3), 102—114 (1956). — (5) Baileya 4 (4), 143—160 (1956). — WU CHUNG-LWEN: Acta Phytotax. Sin. 5, 131—164 (1956).

YARNELL, S. H.: Bot. Rev. 22 (2), 82—165 (1956). — YEO, P. F.: Watsonia 3 (5), 253—269 (1956). — YOUNG, R. G. N.: Candollea 15, 79—123 (1956).

ZIELINSKI, QU. B.: Bot. Gaz. 117 (2), 166—172 (1955). — ZINDEREN BAKKER, E. M. VAN: South African Pollen Grains and Spores II. 72 S. Amsterdam-Cape Town 1956. — ZOHARY, M.: Trop. Woods 104, 24—60 (1956).

6. Paläobotanik.

Bericht über die Jahre 1955 und 1956.

Von Karl Mägdefrau, München.

Da der für das Paläobotanik-Referat zur Verfügung stehende Raum gegenüber den früheren Berichten auf mehr als die Hälfte reduziert wurde, kann nur noch eine begrenzte Zahl von Arbeiten berücksichtigt werden. Es sei daher zur Ergänzung dieses Berichtes auf die überwiegend von Kräusel verfaßten kritischen Referate paläobotanischer Veröffentlichungen im „Zentralblatt für Geologie und Paläontologie", auf den «Rapport sur la paléobotanique dans le monde» von Boureau und auf die Zusammenstellung der paläobotanischen Literatur von Mamay in den "Biological Abstracts, Section D" verwiesen.

I. Zusammenfassende Darstellungen.

Die „Paläobiologie der Pflanzen" von Mägdefrau (2) erschien in der 3. Auflage. Ein neues Kapitel über die Oligocänflora des Siebengebirges wurde eingefügt, so daß jetzt alle Tertiärstufen vom Eocän bis zum Pliocän durch je ein Kapitel vertreten sind. Ferner wurden die Bildnisse von 27 Paläobiologen nebst kurzen biographischen Hinweisen beigegeben. Im „Fossilium Catalogus" hat Jongmans (5) die *Filicales*, *Pteridospermae* und *Cycadales* zu bearbeiten begonnen (wobei wegen der zahlreichen Überschneidungen diese drei Ordnungen miteinander behandelt werden) und Wonnacott die Funde fossiler *Celastraceae* zusammengestellt. In seiner „Einführung in die Mikropaläontologie" behandelt Matthes auch die pflanzlichen Mikrofossilien (Diatomeen, Characeen, Silicoflagellaten, Peridineen, Coccolithineen), so daß sie zur ersten Orientierung über diese Gruppen zu dienen vermag. Die „Geschichte der Paläobotanik in der UdSSR" von Kryshtofovich bietet eine gute Übersicht über die paläobotanische Literatur dieses Gebietes bis 1953.

II. Fossile Pflanzensippen und Stammesgeschichte.

1. Thallophyta. Eine Übersicht über die gesteinsbildenden *Cyanophyceae*, *Codiaceae*, *Dasycladaceae*, *Characeae* und *Corallinaceae* hat Johnson gegeben, wobei auch die ökologischen und sedimentpetrographischen Fragen besprochen werden.

a) Cyanophyceae. Die vom Präcambrium durch alle Erdzeitalter bis zur Gegenwart zu verfolgenden Stromatolithe [Abbildung bei Mägdefrau (2), S. 16] sind in den letzten Jahren mehrfach Gegenstand der Diskussion gewesen. Daber [vgl. Fortschr. Bot. 17, 258 (1955)] hatte in Stromatolithen aus dem unteren Buntsandstein des nördlichen Harzvorlandes Strukturen beschrieben, die er als Cyanophyceen deutete. Mägdefrau [(2), S. 16] konnte an Material derselben Fundschicht keinerlei als Cyanophyceen anzusprechende Strukturen feststellen. Unabhängig davon hat SCHINDEWOLF die Angaben DABERs anhand der Originalschliffe nachgeprüft, und zwar ebenfalls mit negativem Befund. Auch DORN hatte vorher an Schliffen von Stromatolithen des Buntsandsteins keine Zellstrukturen zu erkennen vermocht. Aber sowohl DORN als auch MÄGDEFRAU betonen, daß der äußere Bau wie die Textur der Stromatolithe auf organische Entstehung hinweisen, wofür sich ebenfalls KRÄUSEL (3) nach der Untersuchung eines Stromatoliths der südwestafrikanischen Karrooformation entscheidet. Dafür sprechen auch die Beobachtungen von GINSBERG an rezenten stromatolithischen Sedimenten der Küste von Süd-Florida, an deren Bildung eindeutig Cyanophyceen beteiligt sind. Auffälligerweise kommen, worauf DORN, SCHINDEWOLF und MÄGDEFRAU in Übereinstimmung mit KALKOWSKY (1908) aufmerksam machen, Stromatolithe oft in Gesellschaft von Oolithen vor, was für fazielle Zusammenhänge zwischen Stromatolith- und Oolithbildung spricht.

b) Peridineae. In den letzten zwei Jahrzehnten war eine erstaunliche Formenfülle fossiler Peridineen aus dem europäischen Mesozoikum bekannt geworden (vgl. Fortschr. Bot. 14, 103). Durch DEFRANDE u. COOKSON und COOKSON wurden jetzt auch von der Südhalbkugel (Australien und Neuguinea) aus kretazischen und tertiären Sedimenten zahlreiche Peridineen beschrieben, und zwar, wenn man einige in ihrer systematischen Stellung unsichere Formen einschließt, insgesamt 25 Gattungen mit über 80 Arten, darunter mehrere, die auch in Europa festgestellt sind.

c) Coccolithineae finden sich in vielen kalkigen Sedimenten des Meso- und Känozoikums, mitunter sogar massenhaft als Gesteinsbildner, aber meist nur die isolierten Coccolithen, selten wohlerhaltene ganze Gehäuse. Da einerseits manche Coccolithentypen mehreren Gattungen gemeinsam sind, andererseits sich bei gewissen Gattungen das Gehäuse aus verschiedenen Coccolithenformen aufbaut, hat KAMPTNER (2) rein morphologisch definierte Sammel-Gattungen aufgestellt (*Calyptrolithus, Discolithus, Cyclolithus, Zygolithus, Tremalithus, Rhabdolithus*), in welche alle diejenigen Coccolithen eingeordnet werden, die sich nicht mit Sicherheit in eine Gattung des natürlichen Systems eingliedern lassen. Als Refugium für diejenigen Coccolithen, die in keines der genannten Form-Genera hineinpassen, dient die Sammelgattung *Coccolithites.* Diesem Verfahren haben sich auch DEFLANDRE und DEFLANDRE u. FERT angeschlossen. — Die ursprünglichsten, geologisch ältesten Coccolithen waren nach KAMPTNER (1) (3) wahrscheinlich kreisrunde Scheibchen, aus denen sowohl die undurchbohrten, elliptischen Discolithen und Calyptrolithen wie auch die kreisrunden, durchbohrten Placolithen hervorgegangen sind. Daß wir in der Erforschung der fossilen Coccolithineen noch ganz am Anfang stehen, ersehen wir daraus, daß von 112 Coccolithen-Formen, die KAMPTNER (1) aus einem Schreibkreide-ähnlichen, jungmesozoischen Kalk der Insel Rotti bei Timor beschreibt, nur 12 bereits bekannt, dagegen 100 neu sind. Bemerkenswert ist schließlich eine von KAMPTNER (4) beschriebene Coccolithinee, *Thoraco-*

sphaera Delfandrei, aus dem südwestfranzösischen Eocän, deren Gehäuse aus weit über 1000 Coccolithen von nur 1 μ Durchmesser besteht, so daß es im Polarisationsmikroskop ein klares Sphäritenkreuz erkennen läßt. Mittels des Abdruckverfahrens lassen sich gute elektronenmikroskopische Aufnahmen des Oberflächenreliefs und des Umrisses von Coccolithen gewinnen, die an sich für Elektronenstrahlen undurchlässig sind (Downie u. Honecombe).

d) Dasycladaceae. Die Dasycladaceen des Malm von Savoyen hat Carozzi (1), der hierüber schon zahlreiche Einzelfunde veröffentlicht hatte, zusammenfassend dargestellt. Die hier behandelten und abgebildeten 10 Arten, die sich auf 9 Gattungen verteilen, finden sich sämtlich im oberen Malm (Portland, Purbeck), während der mittlere und untere Malm ärmer an Dasycladaceen ist. Eine von Carozzi (2) neu entdeckte *Griphoporella* reicht vom oberen Jura bis zur untersten Kreide (unt. Valendis).

e) Charophyceae. Horn af Rantzien (1) hat eine kritische Liste aller bisher beschriebenen Charophyten-Gattungen zusammengestellt, mit Angabe des Autors, des Typus, der Artenzahl sowie der geologischen Verbreitung. Unsere frühere Tabelle (Fortschr. Bot. **17**, 261) erfährt dadurch aber keine wesentlichen Veränderungen (vgl. auch Mädler). In einer terminologischen Studie führt Horn af Rantzien (2) für das weibliche Gametangium der Charophyten den 1853 von Alexander Braun geprägten Ausdruck „Sporophyadium" wieder ein (da es sich nicht um ein gewöhnliches, sondern um ein berindetes Oogonium handelt), während er die umhüllte Zygote als „Oosporangium" bezeichnet. Für die botanische Terminologie dürften diese beiden Worte keinen Gewinn bedeuten, da der Begriff „Sporen" für obligate, ungeschlechtliche Fortpflanzungszellen festgelegt ist. Mädler hat ein umfangreiches Characeen-Material aus dem Oligocän und Miocän Süddeutschlands und der Schweiz untersucht, das sich auf 12 zum Teil neue Gattungen verteilt.

f) Thallophyta incertae sedis. Die Devon-Schichten, denen wir schon so viele paläobotanische Überraschungen verdanken, haben wiederum einige Pflanzenfossilien geliefert, die wir in unser bisheriges System nicht einzuordnen vermögen. So beschreibt Kräusel (1) aus den unterdevonischen Ponta-Grossa-Schichten von Paraná unter dem Namen *Spongiophyton* unverzweigte oder lappig bis gabelig verzweigte Thalli, die aus einem lockeren, von einer cellulären Außenhaut umhüllten Plektenchym bestehen. Außen ansitzende Gewebekörper haben nach ihrem Abfallen scharf umrissene, rundliche Löcher hinterlassen. Ebenso rätselhaft ist das von Andrews u. Alt im Oberdevon von Kentucky gefundene *Crocalophyton:* stumpfkegelförmige, etwa 12 cm hohe Körper, deren parenchymatisches Grundgewebe von verzweigten oder konzentrischen Bändern aus langgestreckten Zellen durchzogen wird. — Die erstmals von Williamson (1880) aus der englischen Steinkohle als *Sporocarpon* beschriebenen hohlkugeligen Gebilde von $^1/_4$—$^1/_2$ mm Durchmesser, deren Wandung aus septierten Hyphen besteht, rechnet Hutchinson zu den Pilzen, ohne aber eine genauere systematische Position angeben zu können.

2. Pteridophyta. *a) Psilophytinae.* Nach unserer bisherigen Kenntnis haben die Psilophyten die Grenze Mittel-/Ober-Devon nicht überlebt. Deshalb verdient die Auffindung einer Pflanze von dichotomem Bau und mit endständigen Sporangien im untersten Oberkarbon von Velbert bei Essen [JONGMANS (4)] besondere Beachtung. Eine eingehende Untersuchung dieses bemerkenswerten Fundes steht noch aus. — Das vor einem Jahrhundert von DAWSON aus dem Unterdevon von Canada beschriebene *Psilophyton robustius* hat HOPPING (2) erneut untersucht und wegen des von *Psilophyton princeps* abweichenden Verzweigungsmodus in eine neue Gattung (*Trimerophyton*) gestellt.

b) Lycopodiinae. Im Obercarbon von Kansas fanden HOSKINS u. ABBOTT einen vorzüglich erhaltenen *Selaginellites*-Sporophyllstand (12 mm lang, 5 mm Durchmesser); seine Megasporen entsprechen *Triletes triangulatus*, seine Mikrosporen stimmen mit *Cirrotriradites annulatus* überein. Da diese beiden Sporenformen im Oberkarbon regional weit verbreitet sind, dürfen wir die Selaginellen als Charakterpflanzen der Steinkohlenwälder ansprechen. Die Untersuchung eines umfangreichen Materials von Zapfen baumförmiger Lycopodiinen aus dem nordamerikanischen Carbon (FELIX) hat ergeben, daß manche *Lepidostrobus*-Arten keine Ligula besaßen und daß es neben bisexuellen Zapfen gelegentlich unisexuelle vorkommen, wie dies ja auch von den heutigen Selaginellen bekannt ist. In einem als *Sporangiostrobus Langfordi* beschriebenen Lycopodiinen-Zapfen fand CHALONER die bisher nur isoliert bekannte Megasporenform Triletes superbus. Von *Sigillariostrobus* unterscheidet sich *Sporangiostrobus* durch den breiten Saum der Megasporen, durch die relativ langen Brakteen und die dicke Zapfenachse. Ein *Sigillariostrobus* aus dem obersten Obercarbon von Portugal (TEIXEIRA) fällt durch die starke Zähnung der Brakteenränder auf. Ein von HOPPING (1) aus dem englischen Untercarbon beschriebener *Sublepidophloios* zeichnet sich durch auffallend weit vorspringende Blattpolster aus. Aus dem Unterkreide-Sandstein der Flinders Ranges (Südaustralien) haben GLAESSNER u. RAO 5—6 cm starke Stämmchen bekannt gemacht, die an gleichaltrige *Nathorstiana* [vgl. MÄGDEFRAU (2), S. 270] erinnern und deshalb *Nathorstianella* benannt wurden. In der Entwicklungsreihe *Sigillaria-Pleuromeia-Nathorstiana-Isoëtes* steht *Nathorstianella* genau in der Mitte.

c) Articulatae. *Sphenophyllum costae* aus dem obersten Obercarbon Westeuropas (TEIXEIRA) fügt sich gut in die morphologische Reihe der Gattung ein [vgl. MÄGDEFRAU (2), S. 165]; seine ungeteilten Blätter erreichen eine Länge von 4 cm und unterscheiden sich von dem ähnlichen, etwas jüngeren *Sph. Thoni* durch ihre Nervatur, ihre abgerundeten Blattzähne und eine schwache mediane Kerbe.

Die *Sphenophyllum*-Sporophyllstände, bisher insgesamt als *Sphenophyllostachys* bezeichnet, teilt W. REMY (1) in 3 Gattungen auf: *Koinostachys* (Sporongiophore einzeln oder zu mehreren aus dem Winkel zwischen Achse und Braktee entspringend, ohne „Schildchen"), *Aspidostachys* (Sporangiophore schildförmig, mit mehreren Sporangien, aus dem Winkel zwischen Achse und Braktee entspringend) und *Anastachys*

(Sporangiophor ohne Schildchen, oberhalb der Braktee der Achse entspringend). Einen weiteren Typ stellt *Tristachya* dar, bei welcher aus dem Winkel zwischen Achse und Braktee eine aus schildförmigen Sporangiophoren zusammengesetzte Ähre entspringt (vgl. Fortschr. Bot. **10**, 70).

Ein im Obercarbon von Colorado gefundener Calamiten-Stamm (ARNOLD) zeigt den seltenen Fall, daß sowohl die Außenseite der Rinde als auch die Innenseite des Holzzylinders und sogar die Grenzfläche zwischen Holz und Rinde erhalten geblieben sind. Der zur Untergattung *Stylocalamites* gehörige, einen halben Meter dicke Stamm läßt außen die Knotenlinien erkennen und ist von längsverlaufenden Runzeln bedeckt. Der Marksteinkern zeigt die für *Calamites* kennzeichnende Rippung, die in gleicher Weise an der Außenfläche des Holzcylinders zu erkennen ist.

ANDERSON hat die Studien von ANDREWS über die echt versteinerten Calamiten des amerikanischen Obercarbons fortgesetzt. An einer *Palaeostachya* beobachtete er, daß die Zahl der Sporangiophore nicht genau der Hälfte der Brakteenzahl ist (z. B. 14 Sporangiophore auf 24 Brakteen). Erstere ist bedingt durch die Zahl der Leitbündel, der Brakteenquirl dagegen ist weniger streng gebunden. Sollte dies nicht eine zufällige Anomalie sein? Hat doch BAXTER an einer außergewöhnlich gut erhaltenen *Palaeostachya* festgestellt, daß Quirle von 24 Brakteen und solche von 12 Sporangiophoren miteinander abwechseln. Die Brakteen reichen in der Längsrichtung über zwei Internodien hinweg und lassen an ihrer nach außen weisenden Unterseite ein wohl ausgebildetes Palisadengewebe erkennen. Schließlich beschreibt DELEVORYAS (2) aus dem Oberkarbon von Kansas eine neue *Palaeostachya*-Art, bei der ebenfalls die Zahl der Brakteen das Doppelte der Sporangiophor-Zahl beträgt (20:10).

d) Filicinae. In weiterer Ausbildung seiner Telomtheorie setzt ZIMMERMANN auseinander, wie aus der *Rhynia*-Gestalt durch Planation (Einordnung der Telome in eine Ebene) und durch Übergipfelung der primitive Farnwedel (Pteridophyll) zustande gekommen ist, der sich durch Verwachsung, Reduktion und dorsiventrale Differenzierung in verschiedenen Richtungen weiter entwickelt hat. Die gerade bei Farnen häufigen Monstrositäten stellen Rückbildungen einzelner, eben erwähnter Prozesse dar. — Zur Telomtheorie steht auch eine von MAMAY entdeckte Farnfruktifikation, *Acrangiophyllum*, in näherer Beziehung, bei welchem — gewissermaßen auf psilophytale Ahnen hinweisend — eusporangiate, monangiale Sporangien am Rande der Fiederabschnitte dersphenopteridischen Wedel getragen werden. Bei fossilen Baumfarnen finden sich Stämme und Wedel nur selten im Zusammenhang. Nach langjährigen Untersuchungen von CORSIN u. DALINVAL gehören zu den zweizeilig beblätterten *Megaphyton*-Stämmen (*Psaronius* sect. *Distichi*) gegabelte, pecopteridische Wedel der Schizaeacee *Senftenbergia*, zu den ebenfalls zweizeilig beblätterten *Hagiophyton*-Stämmen nicht gegabelte, pecopteridische Wedel, vielleicht zu der Marattiacee *Ptychocarpus* gehörig, während an den vier- bzw. vielzeilig beblätterten

Caulopteris-Stämmen (*Psaronius* Sect. *Tetrastichi* und *Polystichi*) pecopteridische Wedel der Marattiaceengattungen *Asterotheca* und *Acitheca* angesessen sind. Bemerkenswert ist hierbei vor allem, daß demnach die paläozoischen Schizaeaceen baumförmig waren, während die heutigen durchweg nur krautig sind. R. u. W. Remy (1) beschreiben die Sporen der Marattiaceen *Acitheca longifolia* (trilet) und *Ptychocarpus unitus* und *hexastichus* (monolet), der Osmundacee *Senftenbergia* (trilet, mit kegelförmigen Warzen dicht besetzt) und der Schizaeacee *Corynepteris* (trilet, mit flachen Pusteln bedeckt).

Der Befund von Surange (Fortschr. Bot. 17, 265), daß sich bei *Botryopteris ramosa* aus horizontalen Rhizomen mit dorsiventraler Stele Sprosse mit radiärer Stele erheben, hat Corsin (2) anhand einer Schliffserie bestätigt. Die Tracheiden des Rhizoms besitzen einen größeren Durchmesser als diejenigen der vertikalen Sprosse. Die Blattspuren zweigen in sehr kurzen Intervallen ab. Außerdem entspringen dem Sproß Adventivwurzeln. Letztere wies Surange auch an einer neuen Art (*B. elliptica*) nach.

Für die in ihrer systematischen Stellung immer noch unklare *Noeggerathia* fanden W. u. R. Remy (3), daß es neben Arten mit granulierten Mikrosporen auch solche mit glatten gibt.

Unsere Kenntnis der fossilen Schizaeaceen hat eine beträchtliche Erweiterung durch Chandler erfahren, der von mehreren *Aneimia*- und *Lygodium*-Arten aus dem englischen Alt-Tertiär fertile Fiedern untersucht und ihre Sporen eingehend beschrieben hat. Beide Gattungen sind gegenwärtig fast rein tropisch und dürfen daher auch als paläoklimatische Indicatoren verwendet werden.

3. Gymnospermae. Die Gesamtdarstellung der rezenten und fossilen Gymnospermen von Gaussen behandelt in ihrem 4. und 5. Teil die Pentoxyleen und die „Pinoidinen", worunter sämtliche Coniferen außer Podocarpaceen und Taxaceen verstanden werden. Erwähnung verdient hier auch der holzanatomische Atlas der heutigen Gymnospermen von Greguss (1), in welchem 360 Arten beschrieben und vorzüglich abgebildet werden, womit eine sichere Grundlage zur Bestimmung känozoischer Coniferenhölzer geschaffen worden ist.

a) Pteridospermales. Die Samen der Pteridospermen enthalten niemals einen Embryo und haben möglicherweise auch keine Ruhezeit durchgemacht. Potonié (1) schlägt daher vor, nicht von „Samen" sondern von „Megasporangien" zu sprechen und anstelle von „*Pteridospermae*" wieder die ältere Bezeichnung „*Cycadofilices*" zu setzen.

Ähnlich wie *Lyginodendron* ist ein Pteridospermenstamm aus dem Oberkarbon von Lancashire, *Syncrama liratum*, gebaut; er unterscheidet sich jedoch von jenem durch rein parenchymatische Rinde und durch ein in drei Gruppen getrenntes Primärxylem (Holden).

Stewart u. Delevoryas haben unsere Kenntnis der *Medulloseae*, besonders ihrer Stammstruktur und Phylogenie, knapp und übersichtlich zusammengefaßt und eine Rekonstruktion von *Medullosa Noei* von der Gestalt eines aufrechten Baumfarns gegeben. Anhand umfangreichen Materials hat Delevoryas (1) den inneren Bau des Stammes vom Gipfel bis zur Basis verfolgt und dabei eine eindeutige Beziehung zwischen Größe des Primärxylems und Entwicklung des Sekundärholzes festgestellt. Dies setzt voraus, daß sich auch nach dem Einsetzen der Sekundärholzbildung das Primärholz noch vermehrt hat. Das parenchymartige Gewebe innerhalb des letzteren hält DELEVORYAS für ein persistierendes Procambium. Daraus folgt, daß mehrere früher beschriebene *Medullosa*-Arten (*M. distelica*, *M. pandurata*, *M. endocentrica*) lediglich verschiedene Entwicklungszustände von *Medullosa Noei* repräsentieren.

Eine gewisse Ähnlichkeit mit *Medullosa*-Stämmen erkennen wir auch bei den von WALTON und von KRÄUSEL (2) aus der afrikanischen Karrooformation beschriebenen *Rhexoxylon*-Arten. KRÄUSEL sieht darin aber weniger eine wirkliche Verwandtschaft als eher eine ökologisch bedingte Konvergenz. Auch das höchst eigentümliche, von KRÄUSEL (2) in der oberen Karrooformation Südafrikas gefundene *Tordoxylon* mit konzentrischen Parenchymbändern und mit sekundär entstandenen, von Parenchym erfüllten Hohlräumen sei hier erwähnt.

Von *Callistophyton* (vgl. Fortschr. Bot. **17**, 267) hat DELEVORYAS (3) eine Sproßspitze auf einer Serie von Querschliffen untersucht und die schon früher vermutete Verwandtschaft mit *Lyginodendron* durch weitere Argumente bestätigt.

Als *Simplotheca* machen W. u. R. REMY (2) spindelförmige, monosaccate Mikrosporen (*Schulzospora*) enthaltende Sporangien aus dem Obercarbon von Niederschlesien bekannt, die wohl zu *Sphenopteris dicksonioides* gehören.

Die Reproduktionsorgane von *Glossopteris*, über die bereits (Fortschr. Bot. **17**, 270—271) berichtet wurde, hat PLUMSTEAD nochmals unter Beigabe etwas besserer Abbildungen beschrieben; sie faßt die den Blättern ansitzenden Gebilde jetzt als bisexuelle Blüten auf und meint, *Glossopteris* stünde den Angiospermen näher als den Gymnospermen. Neuerdings hat auch SEN (1, 2, 3) sowohl weibliche als auch männliche Organe von *Glossopteris* (letztere mit bisaccatem Pollen) aus Indien beschrieben. Aber die Angaben sind noch zu widerspruchsvoll, um ein einigermaßen klares Bild entwerfen zu können.

b) Bennettitales. Das vor 25 Jahren von SAHNI im Jura Indiens entdeckte *Homoxylon rajmahalense* lag damals nur als Sekundärholz vor. HSÜ u. BOSE fanden vollständige Stücke, welche die Diagnose zu erweitern gestatten: Mark mit zahlreichen Sklerenchymestern, Primärxylem endarch, Phloem alternierend aus dick- und dünnwandigen Zellen aufgebaut, außen Borke mit Korkbögen. Da der Name *Homoxylon* bereits früher von HARTIG für ein fossiles Abietineen-Holz verwendet wurde, schlagen BOSE u. SAH die Bezeichnung „*Sahnioxylon*" vor und beschreiben eine weitere Art, *S. Andrewsi*, aus der gleichen Fundschicht. Wahrscheinlich handelt es sich um Bennettiteenstämme. In diese Verwandtschaft gehört wohl auch *Paradoxoxylon* aus dem Keuper von Basel (KRÄUSEL u. LESCHIK). — *Ptilophyllum amarjolense* aus dem indischen Jura entspricht nach BOSE (2) in der Histologie seines Blattstiels den Blattbasen des Bennettiteenstammes *Bucklandia Sahnii*. Der

Blattquerschnitt läßt Epidermis, Hypodermis, Palisaden- und Schwamm-parenchym erkennen. Stomata finden sich nur unterseits, und zwar in Längsstreifen angeordnet und quergestellt.

c) Cordaitales. Ein von BAXTER u. ROTH untersuchter Samen aus dem Obercarbon von Iowa, *Cardiocarpus magnicellularis,* läßt eine aus extrem dickwandigen Steinzellen bestehende Sklerotesta und eine Sarkotesta erkennen, deren äußerste Schicht aus ungewöhnlich großen (200 × 400 μ!) Zellen bestehen, die wohl ein Sekret enthalten haben. ROTH schildert die verschiedenen Erhaltungsmöglichkeiten der Cardio-carpen und stellt die Theorien zusammen, die sich auf das Fehlen von Embryonen in diesen Samen beziehen. Den sonderbaren Bau eines schlanken, männlichen Zapfens aus dem thüringischen Keuper, *Ruehleo-stachys pseudarticulatus* [Abbildungen bei MÄGDEFRAU (2), S. 238], hat ROSELT durch ungewöhnlich geschickte Präparation aufgeklärt. Je 6—8 lang-keulenförmige Mikrosporangien sind zu einem Bündel ver-einigt, und diese Bündel, die als akrosporangiate Mikrosporophylle auf-zufassen sind, stehen alternierend übereinander in flacher Schrauben-linie um die Achse. Die Pollenkörner tragen zwei Luftsäcke, die seitlich miteinander in Verbindung stehen. Der Bau der Sporophylle wie der Pollenkörper weisen auf eine Verwandtschaft mit den Cordaiten hin.

d) Ginkyoales. In Gesellschaft mit *Dichophyllum Moorei* (Fortschr. Bot. **14**, 131, Abb. 53) im Obercarbon von Kansas fand sich ein als Fusit erhaltenes Holz, das nach BAXTER u. HARTMAN in seinem Bau weit-gehend mit dem von *Ginkyo biloba* übereinstimmt. Dies wäre ein weiterer Hinweis darauf, daß wir es bei *Dichophyllum* mit einer Ginkyale zu tun haben.

e) Coniferales. Unsere Kenntnis der im süddeutschen Keuper häufigen *Voltzia coburgensis* wurde in einigen Punkten erweitert [MÄGDEFRAU (1)]; Die Nadeln blieben viele Jahre am Zweig sitzen, Heterophyllie wurde eindeutig erwiesen (kurze und lange Nadeln am selben Sproß), Zugehörig-keit elliptischer männlicher Zapfen wahrscheinlich. Aus dem Keuper von Basel beschreiben KRÄUSEL u. LESCHIK eine neue *Voltzia*-Art, *V. novomundensis,* deren weiblicher Schuppenkomplex aus einer kleinen Deckschuppe und einer großen, lappigen Fruchtschuppe besteht, die meist 3 Samen trägt.

Von 12 *Brachyphyllum*- und *Pagiophyllum*-Arten aus dem Jura Norditaliens hat WESLEY die Epidermisstruktur aufgeklärt. Bemerkens-wert ist ein verkieselt erhaltener *Brachyphyllum*-Zweig aus dem Jura Indiens, dessen uniseriat getüpfelte Tracheiden Spiralbänder besitzen, was auf Taxaceen-Verwandtschaft hindeutet [BOSE (1)]. Über ein ähn-liches Holz aus dem indischen Jura berichtet auch BHARDWAJ.

Daß Podocarpaceen in der Kreide weit verbreitet waren, wird durch Funde von Hölzern aus Ungarn [GREGUSS (3)] einerseits und aus Indien (VARMA) andererseits bezeugt. Auch im indischen Tertiär kamen mehrere hierher gehörige *Mesembrioxylon*-Arten zutage (RAMANUJAM). Ein aus der Unterkreide der Insel Wight stammender weiblicher *Pityostrobus*-Zapfen zeigt zwar den allgemeinen Charakter der Gattung *Pinus,* ohne aber mit einer rezenten Art übereinzustimmen (CREBER).

Auch die vor 50 Jahren von FLICHE aus der Unterkreide beschriebene Gattung *Pseudoaraucaria* gehört nach ALVIN zu den Pinoideen. Verkieselte weibliche *Araucarites*-Zapfen aus dem Jura Indiens erwiesen sich als sehr ähnlich denen der tertiären *Araucaria mirabilis* von Patagonien und der heutigen *Araucaria Bidwillii* (VISHNU-MITTRE).

Metasequoia wurde jetzt auch im mitteleuropäischen Tertiär, und zwar in der Braunkohle von Düren bei Köln SCHÖNFELD (3) und im Alttertiär von Spitzbergen (SCHLOEMER) festgestellt, und zwar durch Holzfunde. Die Blattstellung (und somit auch die Zweigstellung) von *Metasequoia* ist, wie GREGUSS (2) festgestellt hat, nicht gegenständig, sondern spiralig; die Distichie ist wohl nur durch den Lichteinfall bedingt. ARNOLD u. LOWTHER entdeckten in der Kreide von Alaska eine neue Coniferengattung (*Paratoxodium*), die zwischen *Taxodium* und *Metasequoia* steht und vielleicht in den Ahnenbereich dieser beiden Gattungen gehört.

4. Angiospermae. Vgl. Kap. III, 2, b bis III, 3

III. Fossile Floren.

1. Paläozoikum. *a) Cambrium.* Über die cambrischen Schichten der Salt-Range (Pakistan) ist die Diskussion, über die bereits früher (Fortschr. Bot. **15**, 99) berichtet und an der sich etwa 50 Geologen und Paläontologen beteiligt haben, noch nicht zur Ruhe gekommen. Neuerdings haben SCHINDEWOLF u. SEILACHER aus diesen Schichten, deren cambrisches Alter nunmehr feststehen dürfte, Proben entnommen und von EISENACK, KIRCHHEIMER, POTONIÉ, REMY, TEICHMÜLLER und THOMSON untersuchen lassen. Keiner dieser Forscher hat auch nur eine Spur der von indischen Paläobotanikern beschriebenen Gefäßpflanzen- (sogar Angiospermen-!) Reste gefunden. So bleibt nur die Möglichkeit, daß es sich bei letzteren um eingeschwemmte Reste jüngeren Alters handelt. — Die mit Sicherheit aus dem Cambrium isolierten Sporen repräsentieren lediglich primitive Typen (vgl. RADFORTH u. McGREGOR).

b) Devon. Aus einer Übersicht über die nordfranzösischen Unterdevonfloren (DANZÉ-CORSIN) ersehen wir, daß die Flora der Gedinne-Stufe, ebenso wie im übrigen Europa, im wesentlichen aus Algen besteht, die in einer lagunären Facies zur Ablagerung kamen. In den kontinentalen Schichten der Siegen- und Koblenz-Stufe tritt uns eine arten- und individuenreiche Psilophyten-Flora entgegen, in der auch bereits Articulaten und Lycopodiinen auftreten. — Im Oberdevon von New York fanden FRY u. BANKS als Abdrücke erhaltene marine Algen.

c) Untercarbon (Mississippian). Die Carbonflora Ägyptens, von welcher JONGMANS u. VAN DER HEIDE neues Material aus Bohrkernen untersuchten, besteht vorwiegend aus *Lepidodendropsis*- und *Cyclostigma*-Arten, gehört also dem Untercarbon an. Auffallend ist die Ähnlichkeit mit der gleichaltrigen Flora von Peru (vgl. Fortschr. Bot. **17**, 279). — Auch einige von JONGMANS (2) beschriebene fossile Floren aus dem südwestlichen Spanien gehören in das Untercarbon. — Eine formenreiche Sporomorphen-Flora fand sich in untercarbonischen Schichten von Illinois und Kentucky (HOFFMEISTER, STAPLIN u. MALLOY).

d) Obercarbon (Pennsylvanian). Bezüglich der Entstehung der Steinkohle muß auf die Sammelreferate von M. u. R. TEICHMÜLLER verwiesen werden. Auch auf das kleine Buch von PETRASCHEK über die Kohle sei hingewiesen. Botanisch bemerkenswert sind die Pilz-Sklerotien, wie sie nicht nur in der Braunkohle vorkommen (vgl. MÄGDEFRAU (2), Abb. 291), sondern jetzt auch in der Steinkohle von STACH (2, 3, 4) und HAVLENA festgestellt wurden.

Wie BODE (2) auseinandersetzt, ermöglichen die Pflanzenreste nur eine grobe Gliederung der Schichtenfolge des Carbons. Neuerdings treten die Sporomorphen als Leitfossilien mehr und mehr in den Vordergrund, da diese auch aus Bohrkernen, stets in größerer Zahl zu isolieren sind. In vorbildlicher Weise haben POTONIÉ u.

KREMP die Sporen des Ruhr-Carbons beschrieben und abgebildet. Es zeigt sich, daß die Sporen bei einer statistischen Erfassung nach Art der Pollenanalyse quartärer Torfe für die Feinstratigraphie gute Dienste zu leisten vermögen. Die Einteilung der fossilen Sporen geschieht nach einem rein morphologischen System [POTONIÉ (2)], doch ist in vielen Fällen die Zugehörigkeit zu bestimmten Taxa des natürlichen Systems sichergestellt, worüber bei POTONIÉ u. KREMP nähere Angaben zu finden sind. Entsprechend der Ähnlichkeit, die im Gesamtcharakter der Obercarbonfloren Europas und Nordamerikas besteht, weisen auch die Sporengesellschaften gemeinsame Züge auf, wie DIJKSTRA (1) für die Megasporen im oberen Westfal der verschiedenen Steinkohlenbecken gezeigt hat. Den Sporomorphen des Namur von Westoberschlesien und Mährisch-Ostrau hat HORST eine umfangreiche Abhandlung gewidmet. — Eine sonderbare Anreicherung von dickwandigen Sporen in bestimmten Duritbänken ist nach STACH (1) auf Windsichtung zurückzuführen.

Die strukturbietend erhaltenen Pflanzenreste des Carbons stammen durchweg aus den Torfdolomiten. Deshalb ist die Entdeckung von Kieselknollen im Obercarbon von Essen (TEICHMÜLLER u. SCHÖNEFELD) höchst bedeutsam, in denen sich die Pflanzenteile ebenso gut erhalten haben wie in den Torfdolomiten. Während letztere im Ruhrgebiet vorwiegend Farne und Pteridospermen enthalten und von Lepidophyten durchwurzelt sind, herrschen in den Kieselknollen Blätter, Stengel und Sporenphyllstände von Calamiten vor.

R. TEICHMÜLLER vergleicht die carbonischen Moore des Ruhrgebietes mit den heutigen küstennahen Mooren von Sumatra und Florida; letztere weisen auch Spuren mariner Einflüsse auf wie manche Flöze des Ruhrcarbons. Für das Westfal D erweist sich nach BODE (1) *Neuropteris ovata* wegen ihrer weltweiten Verbreitung als vorzügliches Leitfossil.

Im Steinkohlenbecken von Holländisch-Limburg hat JONGMANS (1) die wohl meist zu *Lepidodendron* gehörigen Stämme und Stubben genau vermessen. Letztere weisen einen Durchmesser von 0,5—2,5 m, in einem Fall sogar von 5 m auf. Daraus ist zu ersehen, welch enorme Ausmaße die Lepidodendren erreicht haben.

In Ergänzung ihrer früheren Monographie der Flora des belgischen Namur behandeln STOCKMANS u. WILLIERE die Pflanzen der untersten Zone des Namur (*Neuropteris, Alethopteris, Rhodea, Sphenopteris*).

CROOKALL setzt KIDSTONs englische Carbonflora mit der Behandlung der Gattungen *Alethopteris, Lonchopteris, Desmopteris, Caulopteris* und *Megaphyton* fort.

Die Megasporen von sechs spanischen Steinkohlenbecken hat DIJKSTRA (2) in einer ausführlichen Monographie bearbeitet.

Im Kohlenbecken von Eregli (Anatolien) hat JONGMANS (3) nochmals umfangreiche Aufsammlungen durchgeführt (vgl. Fortschr. Bot. 14, 144). Insgesamt ließen sich über 300 Arten bestimmen, die sämtlich der euramerischen Carbonflora angehören, aber keinerlei Hinweis auf die Gondwanaflora ergeben. Stratigraphisch umfaßt die Flora das gesamte Obercarbon von Namur bis zum unteren Stephan; bestimmte Horizonte auszuscheiden ist jedoch sehr schwierig.

e) Perm. Bei dem Steinkohlenvorkommen im Unter-Rotliegenden von Stockheim (Oberfranken) sprechen die stark zerhäckselten Pflanzenreste und das Fehlen von Wurzelböden für Allochthonie. Auch die petrographische Untersuchung der Kohle selbst (HOFFMANN u. HOEHNE) führte zum gleichen Ergebnis.

Daß in den Tonschichten, welche die Salzlage des mitteldeutschen Zechsteins begleiten, Sporomorphen vorkommen, ist zwar schon lange bekannt [vgl. MÄGDEFRAU (2), Abb. 174], aber eine gründliche paläobotanische Untersuchung wurde erst kürzlich von LESCHIK (3) durchgeführt, wobei sich 35 Arten ergaben, unter denen solche mit Luftsäcken weit vorherrschen. Leider läßt sich aber über die systematische Zugehörigkeit der Sporomorphen nichts Sicheres aussagen.

f) Gondwana-Formation. Wenn wir mit KRISHNAN die Entwicklung der Gondwana-Formation in den vier südlichen Erdteilen verfolgen, so ergibt sich eine so auffällige Übereinstimmung in der Schichtenfolge wie in der Zusammensetzung der Flora und der Landfauna, daß wir eine ehemals sehr enge Verbindung der Südkontinente annehmen müssen, wie sie WEGENER und, ihm folgend, DU TOIT in der Theorie der Kontinentverschiebung dargelegt haben.

In Argentinien liegen die unteren Gondwana-Schichten, über die FRENGUELLI zusammenfassend berichtet, im allgemeinen diskordant auf präcambrischem Kristallin, an einigen Stellen folgen sie auf ordovizische bzw. unterdevonische Sedimente. Die darin enthaltene Flora führt oberdevonische Gattungen wie *Archaeopteris* und *Cyclostigma*, teils untercarbonische, wie *Rhodea*, *Adiantites* und *Sphenopteridium*. — Die Gondwanakohlen Südbrasiliens, die zeitlich ins Obercarbon gehören, sind allochthoner Entstehung; hierfür sprechen einmal das Fehlen von Wurzelböden und von Stämmen [PUTZER (1), 2)], wenn auch der gute Erhaltungszustand der Glossopteris-Blätter darauf hinweist, daß kein weiter Transport erfolgt sein kann. Petrographische Untersuchungen von Gondwanakohlen aus Südafrika, Indien und Australien (HOFFMANN u. HOEHNE) sprechen ebenfalls für Allochthonie der Flöze. Die Megasporen der brasilianischen Gondwanakohle sind, wie DIJKSTRA (3) gezeigt hat, mit den gleichaltrigen indischen Megasporen identisch, mindestens aber sehr ähnlich.

Über die Flora der oberen Gondwana-Schichten Indiens, die zeitlich dem Jura, vielleicht sogar der unteren Kreide entsprechen, berichtet SITHOLEY unter Beigabe einer Florenliste, während SRIVASTAVA einige Neufunde aus den Raniganj-Schichten beschreibt und SURANGE u. SINGH die bisher nur aus Australien bekannte Conifere *Walkomiella* auch für die unteren Gondwanaschichten Indiens nachweisen.

In australischen Kohlen permischen Alters haben BALME u. HENNELY (1, 2) einen beträchtlichen Formenreichtum an bisaccaten (*Lueckisporites*, *Alisporites*, *Florinites*, *Pityosporites*. *Vestigiosporites*) sowie an monoleten, monocolpaten und aleten Sporen festgestellt.

2. Mesozoicum. Im Bereich der UdSSR hat in den letzten Jahren die Erforschung der Vegetation, vor allem des Meso- und Kaenozoicums mittels der Sporomorphen wesentliche Fortschritte gemacht. Die Ergebnisse der schwer zugänglichen Veröffentlichungen, über die KLOTZ berichtet, decken sich im großen und ganzen mit dem aus den Großfossilien gewonnenen Befunden: Die zu Beginn der Trias noch verbreiteten paläzoischen Typen, wie Cordaiten und Pteridospermen, werden sehr bald von mesozoischen Gymnospermen (*Ginkyoales*, *Cycadales*, *Bennettitales*, *Caytoniales*) und Pteridophyten (*Osmundaceae*, *Matoniaceae*, *Dipteridaceae* u. a.) verdrängt, die weiterhin das Vegetationsbild bestimmen, um dann in Jura und Kreide von Pinaceen, Taxodiaceen und Angiospermen abgelöst zu werden. Bezüglich der Veröffentlichungen von SZE und seinen Mitarbeitern über mesozoische Floren Chinas sei auf das Sammelreferat von DABER verwiesen.

a) Trias. Die berühmte, dem Mittelkeuper angehörende Flora von Neuewelt bei Basel haben KRÄUSEL u. LESCHIK einer Revision unterzogen, beginnend mit den Coniferen, die durch die Gattungen *Voltzia*, *Widdringtonites*, *Stachyotaxus* und *Desmiophyllum* vertreten sind; außerdem wird noch ein Mikrosporangienstand von *Sphenobaiera* und ein Bennettiteenholz, *Paradoxoxylon Leuthardti*, wohl verwandt mit *Homoxylon*, beschrieben. Den Iso- und Mikrosporen von Neuewelt hat LESCHIK (1) eine umfangreiche Abhandlung gewidmet. MÄGDEFRAU (1) ergänzt seine frühere Bearbeitung der Flora des Semionotussandsteins von Haßfurt am Main (vgl. Fortschr. Bot. 15, 95 und 105) und weist daraufhin, daß der Unterschied zwischen der Flora der Lettenkohle und des Schilfsandsteins einerseits und des Semionotussandsteins andererseits vorwiegend ökologisch bedingt ist, indem erstere eine hygrophytische, letztere eine xerophytische Lebensgemeinschaft widerspiegeln, während sich der floristische Gesamtcharakter während des Keupers kaum geändert hat. — Scharf ausgeprägte, parallelriefige Wülste, die sich im Mittleren Keuper finden, hat LINCK als Drift-Marken von *Equisetites* erkannt. Referent hat dieselben Gebilde auch im thüringischen Chirotheriensandstein beobachtet. — Unter den Mikrofossilien, die WICHER aus dem terrestrischen Rhät Nordwestdeutschlands abbildet, befinden sich auch mehrere charakteristische Megasporenformen.

b) Jura. Für die zuerst von GOTHAN (1914) vertretene Auffassung, daß die pflanzenführenden Tone in den Rhät/Lias-Grenzschichten Frankens nicht dem Rhät, sondern dem untersten Lias angehören, hat jetzt KUHN (1) den paläozoologischen Beweis erbracht: In einer von der Oolithenbank (Lias α 2) unmittelbar überlagerten Lettenlinse östlich Bamberg fand sich neben einigen Psiloceraten eine artenreiche Flora mit *Podozamites*, *Dictyophyllum*, *Clathropteris*, *Baiera*, *Equisetites* usw. Ein nach Kuhn (2) derselben Fundstelle entstammendes Dicotylenblatt ist leider verloren gegangen, bevor es einem Paläobotaniker zur Untersuchung vorgelegen hat. — Die Megasporen von *Lycostrobus Scotti*, die in Grönland, Nord- und Mittel-europa vorkommen, gehören nach Lundblad der *Thaumatopteris*-Flora an, stellen also ein Leitfossil für den untersten Lias dar. Formenreiche Sporenfloren beschreiben Rogalska aus der Lias-Kohle Oberschlesiens und Sah aus einem kohligen Schiefer jurasischen Alters von Andigama auf Ceylon. — Ebenfalls aus dem Lias stammen die meisten der von Schultze-Motel beschriebenen jurasischen Gymnospermenhölzer (*Dadoxylon, Xenoxylon*, Protopinaceen, viele Hölzer mit abietoider Tüpfelung). — Als sehr artenreich hat sich die Liasflora Australiens erwiesen [Medwell (1)].

Die durch Zigno berühmt gewordene, früher dem Dogger zugerechnete Flora der Venetianischen Alpen (nordöstlich Verona) hat durch Wesley eine gründliche Neubearbeitung erfahren und wird jetzt in den Lias δ gestellt. Wesley behandelt zunächst die Coniferen der Gattungen *Brachyphyllum, Pagiophyllum, Dactylethro-phyllum* und *Elatocladus*, wobei von allen Arten auch Epidermis und Stomata beschrieben werden. — Das von Thomas u. Bose aus dem Dogger von Yorkshire untersuchte *Pachydermophyllum* ist wohl eine Pteridosperme.

c) Kreide. Aus der Unteren Kreide von Victoria (Australien) beschreibt Medwell (2) mehrere Pflanzenabdrücke, darunter mehrere, leider nicht voll-ständig erhaltene Dicotylen-Blätter. — Recht sonderbar erscheint das Vorkommen zweier bisher nur aus Perm und Unter-Trias bekannten Sporomorphen (*Nuskoi-sporites* und *Lueckisporites*) in Australien, wo sie von Cookson (1) in Sedimenten angeblich oberkretazischen, sogar alttertiären Alters festgestellt wurden. Im Ober-senon von Süd-Limburg (Holland) gefundene verkieselte Sproß- und Wurzelstücke von *Thalassocharis* ließen zahlreiche morphologische Einzelheiten erkennen, die einen Vergleich mit der rezenten *Cymodocia* nahe legen (Voigt u. Domke). An Oberkreide-Sedimenten hat Voigt die Möglichkeit aufgezeigt, fossil nicht erhaltene Algen und Seegräser und somit das Phytal (= Zone des pflanzlichen Benthos im Meer) indirekt mit Hilfe der ehemals ihnen aufsitzenden kalkschaligen Bryozoen und Serpuliden nachzuweisen. — Aus der Oberkreide von Nigeria macht Chesters *Anonaspermum* und *Icacinicarya* bekannt. — Radforth u. Ronse stellen die als Leitfossilien verwendbaren Sporomorphen der nordamerikanischen Unter- und Oberkreide zusammen.

3. Kaenozoicum (Tertiär). Allgemeines. Das botanisch bedeutsamste Ergebnis der Braunkohlenpetrographie besteht in dem Nachweis Pilzsklerotien und -Sporen, die sich im Anschliff durch ihre hell reflektierenden Zellwände zu erkennen geben, im Dünnschliff aber nur mit Mühe wahrzunehmen sind. Diese Pilzsklerotien weisen eine weiträumige Verbreitung auf: Nordamerika, Europa, Kleinasien, Indien, Indonesien (Stach u. Chandra).

Nordeuropa. Die Tone von Trällatunga auf Island, die Heer (1868) auf Grund der Pflanzenreste für miocänen Alters hielt, hat Pflug nach darin enthaltenen Sporomorphen in das Eocän eingestuft. Ein sehr ähnliches Pollenspektrum zeigen die Kohlen von Spitzbergen, die man jetzt ebenfalls für paläocän-eocän hält (Manum). Aus dem Tertiär von Island beschreibt Schönfeld (5) einige zu *Picea* (bzw. *Larix*) und *Ilex* gehörige Hölzer. — In die vulkanische Gesteinsserie Ost-Islands eingeschaltete Lignite führen reichlich Sporomorphen sowie Diatomeen und werden danach in das Pliocän oder Altpleistocän gestellt (Meyer u. Pirrit). — Aus den jungtertiären Ligniten von Jütland beschreibt Ingwersen zahlreiche Pollenformen, darunter *Sciadopitys*, mehrere Juglandaceen, *Liquidambar*, *Ilex*, *Tilia, Nyssa* u. a.

Mitteleuropa. Es ist ein besonderes Verdienst von Kirchheimer (3), alle bisher im mitteleuropäischen Tertiär gefundenen Früchte und Samen, denen er selbst in den drei letzten Jahrzehnten fast 60 Veröffentlichungen gewidmet hat, in einem kritischen, mit 55 Tafeln versehenen Katalog zusammengestellt zu haben, aus dem sich ein zuverlässigereres Bild der mitteleuropäischen Tertiärflora ergibt als es sie Blattabdrücke zu entwerfen gestatten. Kirchheimers Werk wird auf lange Zeit ein sicheres Fundament der Tertiär-Paläobotanik bleiben. — Daß gewisse Beziehungen zwischen der faziellen Ausbildung der Braunkohle und dem Ca- und Fe-Gehalt ihrer Aschen bestehen, hat Hunger aufgezeigt und damit einen Weg angedeutet, die edaphrischen Verhältnisse (Bodenacidität!) zu klären.

In der jüngeren Braunkohle lassen sich ähnliche Sedimantationszyklen wie im Ruhrcarbon beobachten; |mit Winkelabweichung verknüpfte Erosionsdiskordanzen weisen auf tektonische Ursachen hin (QUITZOW). — Die Pollenanalyse ist in der Braunkohle weiterhin erfolgreich für stratigraphische Zwecke [REIN (1, 2), v. D. BRELIE u. REIN, THOMSON (1)] wie auch zur Klärung des Vegetationswandels [THOMSON (1)] verwendet worden. Nach GREBE dürfte es auch möglich sein, das obermiocäne bis oberpliocäne Deckgebirge der niederrheinischen Braunkohle mittels der Pollenanalyse zu gliedern. — SCHÖNFELD (4) beschreibt ein Lauraceenholz aus dem Pliocän von Brüggen westlich Mönchen-Gladbach.

In Ergänzung seiner umfassenden Bearbeitung der Obermiocänflora von Öhningen (Fortschr. Bot. **17**, 283) hat HANTKE (1) die Betulaceen revidiert und die Gattungen *Alnus*, *Betula* und *Corylus* festgestellt. Früher zu *Prunus* gerechnete Früchte von Öhningen erkannte KIRCHHEIMER (1) als zu der Cornacee *Nyssa* gehörig. In der etwas älteren (untermiocänen) Flora vom Buechberg bei Zürich fanden sich neben vorherrschenden *Cinnamomum*-Blättern vor allem *Myrica*, *Pinus* sowie *Sapindus*, *Alnus* und eine Fächerpalme [HANTKE (2)].

Die der miocänen Braunkohle von Salzhausen am Vogelsberg eingelagerte, vorwiegend aus kleinen Samen und Früchten bestehende, $1^1/_2$ m mächtige „Karpolithenkohle" enthält nach KIRCHHEIMER vor allem *Symplocos*, ferner *Brasenia*, *Vitis*, *Magnolia* und *Stratiotes*. Der oberpliocänen Braunkohle der Hungener Senke (Wetterau) hat LESCHIK (2) eine eingehende Untersuchung gewidmet, etwa zwei Dutzend Sporen- und Pollenformen bestimmt und ein Zurückgehen der tertiären Elemente vom Liegenden zum Hangenden festgestellt.

Seine Bearbeitung der Pliocänflora von Willershausen (Harz) hat STRAUS mit der Behandlung der Gattungen *Castanea* und *Quercus* fortgesetzt.

Die Stubben in der eocänen Braunkohle von Böhlen bei Leipzig sind nach der Inkohlung noch durch Kieselsäure versteinert und gehören acht verschiedenen Nadelhölzern (besonders *Taxodioxylon sequoianum* und *Cupressinoxylon polonicum*) sowie *Palmoxylon* und *Celastoxylon* an; sie zeigen mancherlei Zerstörungen durch Pilze und Insekten [SCHÖNFELD (1)]. — In der Braunkohle von Borna wies SCHÖNFELD (2) *Taxodio-*, *Cupressino-*, *Junipero-* und *Podocarpoxylon* sowie Samen der Zingiberacee *Spirematospermum* nach.

Im bayrischen Miocän stellten SELMEIER ein Ulmenholz und MÄGDEFRAU (3) *Palmoxylon lacunosum* fest; letzteres war vom europäischen Festland noch nicht bekannt.

In Ergänzung seiner früheren Bearbeitung der unterpliocänen Flora von Brunn-Vösendorf bei Wien beschreibt BERGER (1) Reste von mehreren *Quercus*-Arten, *Ailanthus* und *Dombeyopsis*. Letztere ist ein wärmeliebendes Miocänrelikt, das in unterpliocänen Floren Mitteldeutschlands nicht mehr vorkommt. Die gleichalterige Flora des Laaerberges in Wien [BERGER (2)] ist der von Vösendorf auch in der Zusammensetzung ähnlich, aber die Reste wurden aus einem weiteren Gebiet zusammengeschwemmt und geben daher den Gesamtcharakter der damaligen Flora gut wieder, die mehrere Miocänrelikte enthält (*Laurus*, *Paliurus*, *Smilax*). Schließlich sei ein Blatt von Sabal aus dem Miocän von Limberg (Niederösterreich) erwähnt [BERGER (3)]; bisher war im niederösterreichischen Jungtertiär nur ein unbestimmbarer Stammrest gefunden worden. — In einem eigentümlichen, pliocänen Süßwasseropal des südlichen Burgenlandes fand KÜMEL Hölzer einer Ulmacee, von *Quercus* und von *Lillia* (Menispermacee).

Von der bekannten Tertiärflora von Bilin (Tschechoslowakei) hat JÄHNICHEN (1) die bisher beschriebenen 23 *Laurus*-Arten kritisch untersucht mit dem Ergebnis, daß sie „sich wahrscheinlich um einen einheitlichen Formenkreis gruppieren".

Osteuropa. Russische Autoren, deren Arbeiten KLOTZ referiert, haben durch Sporomorphen-Analyse die Entwicklung der Tertiärflora im Raume der UdSSR verfolgt. Während der nordasiatische Nadelwaldkern so gut wie unverändert bleibt und sogar die Eiszeit übersteht, muß das westasiatische Angiospermenzentrum infolge des zunehmend kontinentalen Klimas (Rückzug der Tethys!) der Steppe weichen. Das fernöstliche Nadel-Laubmischwaldgebiet ändert sich kaum bis in die Gegenwart. — Früher als *Myrica* und *Quercus* angesehene Blätter aus der alttertiären Braunkohle von Kiew hat JÄHNICHEN (2), eine Vermutung von SCHMALHAUSEN bestätigend, auf Grund des Epidermisbaues als *Castanopsis* erkannt.

Aus dem Eocän von Tokod (Ungarn) beschreibt RASKY (2) eine Anonaceen-frucht (*Xylopiaecarpum*). Im Obereocän von Budapest fand sich eine Palmenfrucht, ähnlich der rezenten *Actinorhytis* [RASKY (3)]. Eocän-oligocäne Sande bei Budapest lieferten Früchte von *Engelhardtia, Betula, Hooleya, Ailanthus, Tetrapteris, Embo-thrites, Zizyphus* und *Kydia* sowie Blätter von *Maoutia* [RASKY (1)].

Indien. Über die Fortschritte in der Erforschung der indischen Tertiärfloren gibt SITHOLEY einen Überblick, auf den verwiesen werden muß. Ergänzend seien Funde einer Palmenfrucht (PRAKASH) und von *Nelumbium*-Blattabdrücken (LAKH-ANPAL) genannt. Das vorzeitliche Verbreitungsgebiet von *Nelumbium* reicht von Nordamerika, Grönland über Europa und Nordafrika bis Indien und Japan; es schließt also die Areale der heutigen Nelumbium-Arten ein. Schließlich verdient noch der Nachweis des Pollens der Olacacee *Ctenolophon* im indischen Tertiär durch ERDTMAN (2) erwähnt zu werden.

Ostasien. Im japanischen Tertiär sind nach MIKI die Juglandaceen-Gattungen *Carya, Juglans* und *Pterocarya* mit je 3 Arten durch Früchte belegt. Das bisher in Japan nur aus dem Alttertiär bekannte Nelumbium weist MATSUO jetzt aus der Oberkreide nach OGURA macht ein Palmenholz aus der chinesischen Provinz Kaga bekannt. HUZIOKA u. SUZUKI beschreiben eine obermiocäne Flora von Hukushima, während SOHMA (1, 2) miocäne und pliocäne Braunkohlen von Sendai pollenana-lytisch untersucht hat.

Australien. Pollenfunde von *Ephedra* (COOKSON) bezeugen, daß diese Gattung im Tertiär auch in Australien vorhanden war, während sie heute auf der Südhalb-kugel nur in Südamerika vorkommt, wo sie bereits in der Kreide (Venezuela) lebte (KUEGL, MULLER u. WATERBOLK).

Südamerika. DOLIANITI weist *Nipa* erstmals in Südamerika nach (Paläocän, Pernambuco) und stellt auf einer Karte die frühere und heutige Verbreitung der Gattung dar (vgl. Fortschr. Bot. 17, 274).

Nordamerika. Aus dem Alttertiär des Yellowstone-Parks beschreibt BEYER Hölzer von *Pinus, Picea, Abies, Thuja, Libocedrus, Sequoia, Quercus, Fagus* und *Platanus*. Wie DORF zeigt, ist im Bereich der westlichen Vereinigten Staaten die Durchschnittstemperatur vom Paläocän bis zum Pliocän zwar gefallen, aber nicht stetig, sondern mit zwischenliegenden Anstiegen im Obereocän und im Mittel-miocän. — Gegen die von BARGHOORN konstruierten graphischen Darstellungen zur stratigraphischen Einordnung kaenophytischer Floren unbekannten Alters (vgl. Fortschr. Bot. 15, 109) erhebt AXELROD zahlreiche Einwände.

Literatur.

ALVIN, K. L.: Ann. of Bot., N. S. 21, 33—51 (1957). — ANDERSON, B. R.: Ann. Missouri bot. Garden 41, 395—418 (1954). — ANDREWS, H. N.: Ann. Missouri Bot. Garden 43, 379—380 (1956). — ANDREWS, H. N., and K. S. ALT: Ann. Missouri bot. Garden 43, 355—378 (1956) ARNOLD, CH. A.: Contrib. Museum Paleontol. Univ. Michigan 13, 161—173 (1956). — ARNOLD, CH. A., and J. ST. LOWTHER: Amer. J. Bot 42, 522—528 (1955). — AXELROD, D. J.: J. Palaeontol. 31, 273—280 (1957).

BALME, B. E., and J. P. F. HENNELY (1): Austral. J. Bot. 3, 89—98 (1955). — (2) Austral. J. Bot. 4, 54—67 (1956). — BAXTER, R. W.: Amer. J. Bot. 42, 342 bis 351 (1955). — BAXTER, R. W., and E. L. HARTMAN: Phytomorphology (Delhi) 4, 316—325 (1954). — BAXTER, R. W., and E. A. ROTH: Trans. Kansas Acad. Sci. 57, 458—460 (1954). — BERGER, W.: (1) Palaeontographica (Stuttgart) B 97, 74—80 (1955). — (2) Palaeontographica (Stuttgart) B 97, 81—113 (1955). — (3) Anz. österr. Akad. Wiss. Wien, Math.-naturwiss. Kl. 1955, 181—185. — BEYER, A.: Amer. Midld. Naturalist 51, 553—576 (1954). — BHARDWAJ, D. C.: Lloydia 15, 234—240 (1952). — BODE, H.: (1) Geol. Jb. 71, 77—86 (1955). — (2) Z. dtsch. geol. Ges. 107, 1—14 (1956). — BOSE, M. N.: (1) J. Ind. Bot. Soc. 31, 287—296 (1952). — (2) Proc. nat. Inst. Sci. India 29, 605—612 (1953). — BOSE, M. N., and S. D. C. SAH: Palaeobotanist 3, 1—8 (1954). — BOUREAU, E.: Rapport sur la paléobotanique dans le monde 1950—1954. Utrecht 1956. — BOUREAU, E., et W. J. JONGMANS: Rev. gén. Bot. 62, 720—733 (1955). — BREILE, G. VON DER, u. U. REIN: Braunkohle, Wärme u. Energie 8, 209—221 (1956).

CAROZZI, A.: (1) Eclogae geol. Helvet. **48**, 32—67 (1955). — (2) Arch. Sci. phys. nat. **8**, 203—207 (1955). — CHALONER, W. G.: Amer. Midld. Naturalist **55**, 437—442 (1956). — CHANDLER, M. E. J.: Bull. Brit. Museum (nat. Hist.), Geol.,**2**, 291—314 (1955). — CHESTERS, K.: Ann. a. Magaz. nat. Hist. **8** (91), 498—504 (1955). — COOKSON, I.: (1) Austral. J. Sci. **18**, 56—58 (1955). — (2) Nature (London) **177**, 47—48 (1956). — (3) Austral. J. Marine a. Freshwater Res. **7**, 183—191 (1956). — CORSIN, P.: (1) Ann. Sci. nat. Bot. Ser. 11, **16**, 493—501 (1955). — (2) Ann. Sci. nat. Bot. Ser. **17**, 303—312 (1956). — CORSIN, P., et A. DALINVAL: C. r. Acad. Sci. (Paris) **239**, 1529—1531 (1954). — CREBER, G. T.: Ann. of Bot., N. S. **20**, 375—383 (1956). — CROOKALL, R.: Mem. geol. Survey Great Britain, Palaeontol. **4**, pt. 1 (1955).

DABER, R.: Geologie **5**, 136—143 (1956). — DANZÉ-CORSIN, P.: Ann. Sci. nat., Bot. 11 Sér. **17**, 259—268 (1956). — DEFLANDRE, G.: In P.-P. GRASSÉ, Traité de Zool. **1**, 439—470 (Paris 1952). — DEFLANDRE, G., and I. C. COOKSON: Austral. J. Marine a. Freshwater Res. **6**, 242—313 (1955). — DEFLANDRE, G., et CH. FERT: Ann. de Paléontol. **40**, 117—176 (1954). — DELEVORYAS, TH.: (1) Palaeontographica (Stuttgart) B **97**, 114—167 (1955). — (2) Amer. J. Bot. **42**, 481—488 (1955). — (3) Contrib. Mus. Paleontol. Univ. Michigan **12**, 285—299 (1956). — DIJKSTRA, S. J.: (1) Mededel. geol. Stichting, N. S. **8**, 5—12 (1955). — (2) Consejo Sup. Invest. Cient. Estud. geol. **27/28**, 277—354 (1955). — (3) Mededel. geol. Stichting, N. S. **9**, 5—10 (1956). — DOLIANITI, E.: Dep. nacion. produz. min., Div. Geol. Mineral., Bol. Nr. **158** (1955). — DORF, E.: Geol. Soc. Amer. spec. Pap. **62**, 575—592 (1955). — DORN, P.: N. Jb. Geol. Paläontol, Abh. **97**, 20—38 (1953). — DOWNIE, C., and R. W. K. HONECOMBE: Nature (London) **177**, 947—948 (1956).

EISENACK, A.: N. Jb. Geol. Paläontol., Abh. **102**, 402—408 (1956). — ERDTMAN, G.: (1) Sv. bot. Tidskr. **1954**, 804—805 (1954). — (2) Bot. Not. (Lund) **108**, 142 bis 144 (1955).

FELIX, CH.: Ann. Missouri Bot. Garden **41**, 351—394 (1954). — FRENGUELLI, J.: Physis **20**, 424—437 (1954). — FRY, W. L., and H. P. BANKS: J. of Palaeontol. **29**, 37—44 (1955).

GAUSSEN, H.: Les Gymnospermes actuelles et fossiles, fasc. iv—v. Toulouse 1950—55. — GINSBERG, R. N.: J. of Palaeontol. **29**, 723—724 (1955). — GLAESSNER, M. F., and V. R. RAO: Trans. roy. Soc. South Austral. **78**, 134—140 (1955). — GOTHAN, W., u. W. REMY: Steinkohlenpflanzen. Essen 1957. — GREBE, H.: Geol. Jb. **70**, 535—574 (1955). — GREGUSS, P.: (1) Xylotomische Bestimmung der heute lebenden Gymnospermen. Budapest 1955. — (2) Acta Univ. Szeged., Acta biol., N. s. **2**, 29—38 (1956). — (3) Acta Univ. Szeged., Acta biol., N. s. **2**, 39—49 (1956).

HANTKE, R.: (1) Ber. schweiz. bot. Ges. **64**, 210—218 (1954). — (2) Ber. schwyz. naturforsch. Gesellschaft **1955**. — HAVLENA, V.: Paläontol. Z. **30**, 163—168 (1956). — HOFFMANN, H., and K. HOEHNE: Proc. internat. Comm. Coal Petrology **2**, 62—65 (1955). — HOFFMEISTER, W. S., FR. L. STAPLIN and R. E. MALLOY: J. Paleontol. **29**, 372—399 (1955). — HOLDEN, H. S.: J. Linn. Soc. Bot. **55**, 313—317 (1955). — HOPPING, C. A.: (1) Proc. roy. Soc. Edinburgh, Sect. B, **66**, 1—9 (1956). — (2) Proc. Roy. Soc. Edinburgh **66**, Sect. B 10—28 (1956). — HORN AF RANTZIEN, H.: (1) Micropaleontology **2**, 243—256 (1956). — (2) Bot. Not. (Lund) **109**, 212—259 (1956). — HORST, U.: Palaeontographica (Stuttgart) B **98**, 137—236 (1955). — HOSKINS, J. H., and M. L. ABBOTT: Amer. J. Bot. **43**, 36—46 (1956). — HSÜ, J., and M. N. BOSE: J. Ind. Bot. Soc. **31**, 1—12 (1952). — HUNGER, R.: Bergakademie (Freiburg) **9**, 13—17 (1957). — HUTCHINSON, S. A.: Ann. of Bot., N. S. **19**, 425—435 (1955). — HUZIOKA, K., and K. SUZUKI: Trans. Proc. palaeontol. Soc. Japan, N. S. **14**, 133—142 (1954).

INGWERSEN, P.: Danmarks geol. Undersøg. II, **80**, 31—64 (1954).

JÄHNICHEN, H.: (1) Jb. staatl. Mus. Mineral. Geol. Dresden **1**, 59—79 (1955). — (2) Jb. staatl. Mus. Mineral. Geol. Dresden **2**, 142—147 (1956). — JOHNSON, J. H.: An Introduction to the study of rock-building Algae and algal limestones. Quart. Colorado School Mines **49**, Nr. 2. Golden 1954. — JONGMANS, W. J.: (1) Publ. Assoc. Etud. Paléontol. Stratigr. houill. Bruxelles **21**, 65—69 (1955). — (2) Estud. geolog. **12**, 19—58 (1956). — (3) Mededel. geol. Stichting, N. S. **9**, 55—89 (1956). — (4) Geol. en Mijnbouw **18**, 249—252 (1956). — (5) Fossilium Catalogus, II: Plantae, Pars 27 und 28 (Filicales, Pteridospermae, Cycadales 1 und 2). s'Gravenhage 1954—1955. —

Jongmans, W. J., en S. van der Heide: Mededel. geol. Stichting, N. S. 8, 59—75 (1955).

Kamptner, E.: (1) Verh. Kon. Nederl. Akad. Wetensch., Afd. Naturk., 2. reeks, L, Nr. 2 (1955). — (2) Anz. österr. Akad. Wiss., Math.-naturwiss. Kl. 1956, Nr. 1. — (3) Österr. bot. Z. 103, 142—163 (1956). — (4) Österr. bot. Z. 103, 448—456 (1956).— Kirchheimer, F.: (1) Paläontol. Z. 29, 109—118 (1955). — (2) Notizbl. hess. Landesamtes Bodenforsch, Wiesbaden 83, 47—70 (1955). — (3) Die Laubgewächse der Braunkohlenzeit. Halle 1957. — Klotz, G.: Wiss. Z. Univ. Halle-Wittenberg 5, 25—34 (1955). — Kräusel, R.: (1) Paleontol. do Paraná 1954, 195—210. — (2) Senckenberg. lethaea 37, 1—23 (1956). — (3) Senckenberg. lethaea 37, 25—37 (1956). — Kräusel, R., u. G. Leschik: Schweiz. paläontol. Abh. 71, 1—27 (1955).— Krishnan, M. S.: History of the Gondwana Era. Lucknow 1954. — Krystofovich, A. N.: Geschichte der Paläobotanik in der UdSSR. Moskau 1956. — Kuegl, O. S., Muller, J. en H. Th. Waterbolk: Geology en Mijnbouw 17, 49 (1955). — Kümel, Fr.: Jb. österr. geol. Bundesanst. 100, 1—66 (1957). — Kuhn, O.: (1) Neues Jb. Geol. Paläontol. Mh. 1955, 408—411. — (2) Neues Jb. Geol. Paläontol. Mh. 1955, 495—498 (1955).

Lakhanpal, R. N.: J. Ind. bot. Soc. 34, 222—224 (1955). — Leschik, G.: (1) Schweiz. paläontol. Abh. 72, 1—70 (1956). — (2) Palaeontographica (Stuttgart) B 100, 26—64 (1956). — (3) Palaeontographica (Stuttgart) B 100, 122—142 (1956). — Linck, O.: Senckenberg. lethaea 37, 39—51 (1956). — Lundblad, B.: Sv. geol. Undersökn., Ser. C. Nr. 547 (= Årsbok 50, Nr. 3) (1956).

Mädler, K.: Geol. Jb. 70, 265—328 (1955). — Mägdefrau, K.: (1) Geol. Bl. NO-Bayern 6, 84—90 (1956). — (2) Paläobiologie der Pflanzen. 3. Aufl. Jena 1956. — (3) Neues Jb. Geol. Paläontol., Mh., 1956, 532—535. — Mamay, S.: Amer. J. Bot. 42, 177—183 (1955). — Manum, S.: Norsk Polarinst. 79, (1954). — Matsuo, H.: Trans. Proc. palaeontol. Soc. Japan, N. S. 14, 155—158 (1954). — Matthes, H. W.: Einführung in die Mikropaläontologie. Leipzig 1956. — Medwell, L. M.: (1) Proc. Roy. Soc. Victoria 65, 63—111 (1954). — (2) Proc. roy. Soc. Victoria 66, 17—23 (1954). — Meyer, B. L., u. J. Pirrit: Proc. roy. Soc. Edinburgh, Ser. B, 66 III, 262—275 (1957). — Miki, Sh.: J. Inst. Polytechn. Osaka City Univers. Ser. D, 6, 131—144 (1955).

Ogura, Y.: Trans. Proc. palaeontol. Soc. Japan, N. S. 19, 85—87 (1955).

Pant, D. D.: Ann. Magaz. nat. Hist. 8 (94), 757—764 (1955). — Petraschek, W.: Kohle. Verständliche Wissenschaft Bd. 59. Berlin-Göttingen-Heidelberg 1956. — Pflug, H.: Neues Jb. Geol. Paläontol., Abh., 102, 409—430 (1956). — Plumstead, E. P.: Palaeontographica (Stuttgart) B 100, 1—25 (1956). — Potonié, R.: (1) Paläontol. Z. 30, 88—94 (1956). — (2) Beih. geol. Jb. 23 (1956). — Potonié, R., u. G. Kremp: Palaeontographica (Stuttgart) B 98, 1—136; B 99, 85—191; B 100, 65—121 (1955/56). — Prakash, U.: Palaeobotanist 3, 91—96 (1954). — Putzer, H.: (1) Z. dtsch. geol. Ges. 107, 44—54 (1956). — (2) Geol. Rdsch. 45, 599—608 (1957).

Quitzow, H. W.: Neues Jb. Geol. Paläontol., Mh. 1955, 173—184.

Radforth, N. W., and C. McGregor: Trans. roy. Soc. Canada, 3. Ser., Sect. V, 50, 27—33 (1956). — Radforth, N. W., and G. E. Rouse: Trans. roy. Soc. Canada, 3. Ser., Sect. V, 50, 17—26 (1956). — Ramanujam, C. G. K.: Palaeobotanist 3, 40—50 (1954). — Rásky, Kl.: (1) Földtani Közlöny 86, 167—179 (1956). — (2) Földtani Közlöny 86, 291—294 (1956). — (3) Földtani Közlöny 86, 295—298 (1956). — Rein, U.: (1) Congr. geol. internat., C. r., Alger 1952, Sect. XII, fasc. 12, 143—171 (1954). — (2) Grana palynol. 1, 108—114 (1956). — Remy, R. u. W.: (1) Abh. deutsch. Akad. Wiss. Berlin, Kl. Chem., Geol. Biol. 1955, Nr. 1, 41—48. — (2) Abh. dtsch. Wiss. Berlin, Kl. Chem., Geol. Biol. 1955, Nr. 2, 1—7. — (3) Abh. dtsch. Akad. Wiss. Berlin, Kl. Chem., Geol. Biol. 1955, Nr. 2. — Remy, W.: (1) Abh. dtsch. Akad. Wiss. Berlin, Kl. Chem., Geol. Biol. 1955, Nr. 1, 1—40. — (2) Abh. dtsch. Akad. Wiss. Berlin, Kl. Chem., Geol. Biol. 1955, Nr. 2, 8—17. — Rogalska, M.: Inst. geol. Biuletyn 89 (1954). — Roselt, G.: Wiss. Z. Univ. Jena 5, Math.-naturwiss. R., 75—119 (1956). — Roth, E.: Univ. Kansas Sci. Bull. 37, 151—174 (1955).

Sah, S. Ch. D.: Spolia zeylanica 27, 1—12 (1953). — Schindewolf, O. H.: Geotekt. Symposium z. Ehren v. Hans Stille, 455—480 (1956). — Schindewolf,

O. H., u. A. Seilacher: Abh. Akad. Wiss. Liter. Mainz, Math.-naturwiss. Kl. Nr. 10 (1955). — Schloemer, A.: Paläontol. Z. 30, 13 (1956). — Schönfeld, E.: (1) Palaeontographica (Stuttgart) B 99, 1—83 (1955). — (2) Neues Jb. Geol. Paläontol., Abh., 100, 431—448 (1955). — (3) Senckenberg. lethaea 36, 389—399 (1955). — (4) Geol. Jb. 71, 711—728 (1956). — (5) Neues Jb. Geol. Paläontol., Abh. 104, 191—225 (1956). — Schultze-Motel, J.: Paläontol. Z. 30, 15 (1956). — Selmeier, A.: Ber. naturwiss. Ver. Landshut (Bay.) 22, 48—54 (1956). — Sen, J.: (1) Proc. nat. Inst. Sci. India 21, B, 48—52 (1955). — (2) Botan. Not. (Lund) 108, 244—252 (1955). — (3) Nature 177, 337—338 (1956). — Sitholey, R. V.: Palaeobotanist 3, 55—69 (1954). — Sohma, K.: (1) Ecol. Review 14, 121—132 (1956). — (2) Ecol. Review 14, 133—136 (1956). — Srivastava, P. N.: Palaeobotanist 3, 70—78 (1954). — Stach, E.: (1) Geol. Jb. 69, 207—238 (1954). — (2) Proc. internat. Comm. coal Petrology 2, 56—58 (1955). — (3) Ann. Mines Belg. 1956, 3—19. — (4) Ann. Mines Belg. 1956, 73—89. — Stach, E., u. D. Chandra: Braunkohle, Wärme u. Energie 8, 465—471 (1956). — Stewart, W. N., u. Delevoryas, Th.: Bot. Review 22, 45—80 (1956). — Stockmans, F., et Y. Willière: Publ. Assoc. Etude Paléontol. et Stratigr. houll. Nr. 23 (1955). — Straus, A.: Abh. dtsch. Akad. Wiss. Berlin, Kl. Chem., Geol. Biol. 1956, Nr. 4. — Surange, K. R.: Palaeobotanist 3, 79—86 (1954). — Surange, K. R., and Singh, P.: J. ind. bot. Soc. 30, 143—147 (1951).

Teichmüller, M.. u. R.: Zbl. Geol. Paläontol. I, 1955, 110—128, 519—565. — Teichmüller, R.: Geol. Jb. 71, 197—220 (1955). — Teichmüller, M., u. W. Schonfeld: Geol. Jb. 71, 91—112 (1955). — Teixeira, C.: (1) Comunic. Serv. geol. Portugal 36, (1955). — (2) Bol. Mus. Laborat. mineral geol. Faculd. Ci. Univers. Lisboa 7 Ser., 24 (1956). — Thomas, H. H., and M. N. Bose: Ann. Magaz. nat. Hist. 8 (91), 535—543 (1955). — Thomson, P. W.: (1) Neues Jb. Geol. Paläontol., Mh., 1955, 69—71. — (2) Geol. Rdsch. 45, 62—70 (1956).

Varma, C. P.: Palaeobotanist 3, 97—102 (1954). — Vishnu-Mittre: Palaeobotanist 3, 103—108 (1954). — Voigt, E.: Geol. Rdsch. 45, 97—119 (1956).

Walton, J.: Colon. Geol. Min. Resourc. 6, 159—168 (1956). — Wesley, A.: Mem. Instit. Geol. Mineral. Univers. Padova 19, 1—69 (1956). — Wicher, O.: Erdöl u. Kohle 4, 755—760 (1951). — Wonnacott, F. M.: Fossilium Catalogus II, Plantae, Pars 29 (1955).

Zimmermann, W.: Ber. dtsch. bot. Ges. 68, 275—284 (1955).

7. Systematische und genetische Pflanzengeographie.

a) Areal- und Florenkunde.

Von Helmut Gams, Innsbruck.

1. Grundbegriffe und allgemeine Arealkunde.

Ein für arealkundliche Arbeiten in Osteuropa und Nordasien bestimmtes Hilfsbuch haben Fedorov u. Kirpicznikov als erstes Bändchen des von Schischkin herausgegebenen „Vademecum der Systematik u. Pflanzengeographie" zusammengestellt. Es enthält neben den in Herbarien, Diagnosen und Verbreitungsangaben üblichen lateinischen Abkürzungen besonders alphabetische Verzeichnisse lateinischer und historischer Landschafts- und Ortsnamen mit Angabe der heute offiziellen Namen und der Lage. — Die Grundlagen der gesamten Biogeographie glaubt H. Erhart (Paris) um eine in 30 jähriger Arbeit zunächst auf Madagaskar erarbeitete, erst 1956 veröffentlichte „Theorie der Biorhexistasie" bereichern zu können, deren wesentlichste Teile jedoch schon in den amerikanischen Successsionslehren (Clements u. a.) enthalten sind. Unter „Biostasie" versteht er die Erlangung eines einigermaßen stabilen Gleichgewichtszustands in der Boden- und Vegetationsentwicklung, unter „Rhexistasie" die Zerstörung dieses Gleichgewichts durch geologische oder klimatische Veränderungen, welche die Entwicklung in neue Bahnen lenken, wofür Beispiele vom Praecambrium Madagaskars bis zur Gegenwart angeführt werden. Nach dem im Mai 1956 in der Pariser Biogeographischen Ges. gehaltenen Vortrag teilten R. Furon u. E. Boureau Ergänzungen über die ältesten, mindestens bis ins Cambrium zurückreichenden Landfloren mit.

Außer dem von der genannten Gesellschaft herauszugebenden Atlas de Biogéographie, an dem bisher 9 Pflanzengeographen und 5 Zoologen arbeiten, sind eine gänzlich neue Auflage von Meusels Vergleichender Arealkunde als „Chorologie der mitteleuropäischen Flora" und als Ergänzung zu Hulténs Atlas der nordischen Gefäßpflanzenflora ein Atlas der Gesamtareale der nordischen Gefäßpflanzen in Vorbereitung.

Ein Musterbeispiel für umsichtige Auswertung sämtlicher erreichbarer Ergebnisse der Floristik und Faunistik einzelner Gebiete für deren Arealgeschichte ist der 3. Teil des I. Bandes von Skottsbergs Naturgeschichte von Juan Fernandez und der Osterinsel; von allgemeinem Interesse für die Beurteilung und Wahl verschiedener Kartierungsmethoden eine Zusammenstellung von 3 verschiedenen Karten 1:25 000

für den gleichen Teil einer Insel (Mt. Desert-Insel in Maine) von KÜCH-
LER: nach seinem rein physiognomischen System, nach dem vorwiegend
floristischen von HUECK (ähnlich dem in den neueren Schweizer Karten
üblichen) und nach dem physiognomisch-floristischen von WIESLANDER,
das mit seinen vielen Zeichen für einzelne Holzpflanzen, Gräser und
Kräuter an das französische von GAUSSEN erinnert. An diesen Beispielen versucht der Autor zu zeigen, welchen Wert solche Karten für
6 verschiedene Zwecke, wie solche der Bodenkunde, Arealkunde, Lebens-
mittelversorgung usw. haben.

2. Floren und Ikonographien.

Ein eigenartiges, Thallo- und Cormophyten zu speziellen Zwecken
behandelndes Florenwerk hat der russische Wiesenforscher LARIN mit
mehreren seiner Mitarbeiter in 3 Bänden über die Futterpflanzen der
Wiesen und Weiden der ganzen Sowjetunion herausgegeben. Mit seinen
2514 Seiten, 1396 Illustrationen (meist neuen Federzeichnungen) und
vielen Analysentabellen enthält es weit mehr, als der Titel erwarten
läßt. Im 1950 erschienenen 1. Bd. behandeln ZAFREN die als Futterpflanzen verwendbaren Algen (besonders der Meeresküsten), RABOTNOW
u. GOWORUCHIN die Pilze, Flechten, Moose und Pteridophyten, der
Herausgeber mit andern die Gymnospermen und Monokotylen, im 2.
und 3. die Dikotylen mit vielen Tabellen über ihre chemische Zusammensetzung und ihren Futterwert, dazu abschließend viele allgemeine Ergebnisse (u. a. über Gift- und Heilpflanzen), deren wichtigste auf
18 Seiten englisch resümiert werden. Dagegen werden weder Schlüssel
noch Karten gegeben.

Kryptogamenfloren. Außer den in Bd. XVIII angezeigten Pilz-
floren sind in Paris noch 2 weitere im Erscheinen: eine mehr für An-
fänger bestimmte von LOCQUIN, deren 1. Bd. 1035 Arten von Clava-
riaceen, Cantharellaceen, Boletaceen und Agaricalen mit einfachen
Schlüsseln, schematischen Zeichnungen und Kochrezepten behandelt.
Im 2. Bd. sollen 1000 dieser Arten nach Farbphotographien abgebildet
werden, in weiteren Bänden noch andere Arten. Mehr an Fachleute
von ganz Europa wendet sich ein zweibändiges, ebenfalls mit Farbtafeln
versehenes Pilzwerk von R. HEIM.

Von der neuen 2bändigen Flechtenflora der Tschechoslovakei von
ČERNOHORSKY, SERVIT u. NADVORNIK mit photographischen Tafeln von
ŠILHAN enthält der 1. Bd. den allgemeinen Teil, die Pyrenolichenen
und Cyanophili von SERVIT und die cyclocarpen Blatt- und Strauch-
flechten von den beiden andern Bearbeitern. Der 2. soll die Krusten-
flechten und Bibliographie bringen.

Wie die von RABENHORST begründete große Kryptogamenflora von
Mitteleuropa immer mehr auf ganz Europa ausgedehnt werden mußte,
ist das auch bei der kleinen, von GAMS (1) herausgegebenen zunächst
in der 4. Auflage des Archegoniatenbändchens geschehen. Von der

3. Auflage des VI. Bandes der Rabenhorst-Flora (Lebermoose Europas) konnte der Bearbeiter K. Müller noch 1954 mit Lief. 5 den I. Bd. abschließen, wogegen die Fertigstellung des II., ebenfalls viele Verbreitungskarten enthaltenden nach Müllers Tod (13. 3. 1955) Th. Herzog besorgt hat. Zu dessen 75. Geburtstag (7. 7. 1955) sind 2 Festschriften mit vielen vorwiegend bryogeographischen Beiträgen als Bd. **58** von Feddes Repertorium und Bd. 1 der Mitt. d. Thüring. Bot. Ges. erschienen. Von der bereits angezeigten Illustrierten Moosflora Fennoskandiens liegt nunmehr auch der von Sigfried Arnell verfaßte Lebermoosband vor, in dem außer 297 für Fennoskandien nachgewiesenen Arten auch dort noch zu erwartende im Anschluß teils an K. Müller, teils an H. Buch behandelt werden; von van den Berghens Bearbeitung der belgischen Lebermoose die 2. Lief. (Anfang der Jungermaniales). Eine wichtige Ergänzung zu Müllers Werk gibt auch Frau Jovet-Ast für Marokko mit Puk[1] für 22 der dort bisher nachgewiesenen 104 Lebermoosarten. Von der Moosflora der Bretagne von Gaume ist der letzte Teil (Laubmoose) erschienen, von der Laubmoosflora der UdSSR der 3. Teil (Dicranales-Grimmiales) in Vorbereitung.

Gefäßpflanzenfloren. Von der 2. Auflage der Natürl. Pflanzenfamilien ist aus Pilgers Nachlaß der 3. Teil seiner Gramineenbearbeitung (Micrairoideae, Eragrostoideae, Oryzoideae, Olyroideae) herausgegeben worden, der 1. (Festucoideae) und ein Neudruck des vergriffenen 2. (Panicoideae, Andropogonoideae), sowie weiterer vergriffener Bände in Vorbereitung. Unter den großen Florenwerken für die Tropen muß an erster Stelle die von van Steenis in Leiden mit vielen Mitarbeitern herausgegebene Flora Malesiana genannt werden, von der bisher 2 Bände abgeschlossen und vom 5. 2 Teile vorliegen. Mit dem 4. (1948—1953) beginnen die monographischen Bearbeitungen der in Südostasien vertretenen Blütenpflanzenfamilien: Gnetaceae (von Markgraf), 11 Monokotylen- und 48 Dikotylen-Familien; vom 5. liegen bisher 3 Monokotylen- und 14 Dikotylen-Familien vor, die meisten von C. A. Backer und C. van Steenis bearbeitet und mit vielen, auch über das engere Florengebiet hinausgreifenden Flk, darunter besonders umfangreiche von Lenhouts (Burseraceae) und Sleumer (Flacourtiaceae und Proteaceae). Als 15. Teil einer ebenfalls in Leiden erscheinenden Flora von Java liegen die Rubiaceae von Bakhuizen vor, als 1. Bd. einer neuen Flora Tasmaniens von Curtis die Gymnospermen und Ranunculaceae bis Myrtaceae, von einer von Shui-Ying-Hu (Arnold Arboretum) verfaßten Flora von China als 153. Fam. die Malvaceae, von einer neuen Flora von Korea von Chong Tae-Hyon (japanisch Taigen Kawamoto) in Seoul der 2. Bd. — Ebenso sind von den in Bd. XVIII angezeigten Florenwerken für das tropische Afrika weitere Lieferungen erschienen, so von der Flora des tropischen Ostafrikas von Turrill u. Milne-Readhead die Caryophyllaceen (Turrill), Connaraceen (Hemsley) und Canellaceen (Verdcourt), von Humberts Madagaskar-Flora die Verbenaceen und Avicenniaceen (Moldenke).

---

[1] Puk = Punktkarten, Flk = Flächenkarten, Urk = Umrißkarten.

Aus Nordamerika seien weitere Lieferungen der Flora von Nevada (Pinaceae von LITTLE, Chenopodiaceae von REED, Lupinus von DUNN u. a., z. T. mit Karten) und die 2. Auflage der Flora von SW-Washington und Idaho von H. ST. JOHN genannt. Für Grönland ist eine reichillustrierte Gefäßpflanzenflora von BÖCHER, HOLMEN u. JAKOBSEN sowohl dänisch wie englisch erschienen; für Island eine cytotaxonomische Flora von A. u. D. LÖVE.

Dem längst bestehenden Bedürfnis nach einer modernen Gefäßpflanzenflora von ganz Europa sucht, nachdem die Verwirklichung des 1943 von ROTHMALER ausgearbeiteten Projekts durch den Krieg verhindert worden ist, ein neues nachzukommen, für das sich in Liverpool ein Ausschuß gebildet hat, über dessen bisherige Arbeit sein Sekretär HEYWOOD berichtet. Als eine Vorarbeit dazu kann die einbändige „Flora von Nord- und Mitteleuropa" von F. HERMANN dienen, eine auf mehr als den doppelten Umfang erweiterte Neubearbeitung der 1912 in Leipzig erschienenen „Flora von Deutschland, Fennoskandien, Island und Spitzbergen", die nunmehr den größten Teil Europas mit Ausschluß nur der westlichsten, südlichsten und östlichsten Teile umfaßt. Großen Wert legt der Autor auf klare Schlüssel und genaue Bezeichnung der Arealgrenzen, wogegen er sich nicht streng an die Nomenklaturregeln hält, nur wenige Synonyme bringt und ganz auf Abbildungen verzichtet. Von HEGIs Illustrierter Flora von Mitteleuropa werden z. Z. der III. Bd. (von K. H. RECHINGER) und der IV. (von F. MARKGRAF) ganz neu bearbeitet. Besonders großes Bedürfnis besteht auch nach einer modernen Flora des gesamten Alpenraums, doch sind die Vorbereitungen noch nicht über Besprechungen zwischen Vertretern aller Alpenstaaten gediehen. An größeren Vorarbeiten dazu sind zu nennen der Catalogus Florae Austriae von JANCHEN (I. Lief. 1956 Pteridophyta bis Platanaceae, 2. 1957 übrige Dikotylen, 3. Monokotylen, 4. Nachträge), die Schlußlieferung (Monokotylen) von HAYEKs Flora der Steiermark und BECHERERs Supplement zu JACCARDs Katalog der Walliser Flora (1895), das mit 520 Seiten dessen Umfang um 60 Seiten übertrifft und für die Kenntnis der reichsten Schweizer Kantonsflora einen großen Fortschritt bedeutet. Keine vollständigen Floren, sondern für weitere Kreise bestimmte Einführungen mit vielen von Künstlern gemalten Farbtafeln sind die Taschenbücher der Alpenflora, wie die schon in 13. Auflage von MERXMÜLLER überarbeitete von HEGI u. SCHRÖTERs „Flora des Südens", die nach dem Tode des Verf. E. SCHMID gänzlich neu bearbeitet und mit vorzüglichen neuen Tafeln von MAY OSTERTAG geschmückt hat. Während die 1. Auflage das Insubrische Seengebiet vom Langen- bis zum Gardasee behandelt hat, sind in der 2. die Grenzen westwärts verschoben: vom Orta- bis zum Comersee, wogegen das östlich anschließende, noch größere und reichere Gebiet um den Gardasee von anderer Seite ähnlich dargestellt werden wird.

Aus Mittelfrankreich ist eine zweibändige Flora der Auvergne von M. CHASSAGNE (etwa 5000 Gefäßpflanzenarten) im Erscheinen. Als Ergänzung zur Britischen Flora von CLAPHAM u. Mitarb. folgen ebenfalls von CLAPHAM redigierte Abbildungsbände, deren 1. die Pteridophyten bis Papilionaceen umfaßt. Von dem bereits angezeigten Tafelwerk von Ross-Craig sind 3 weitere Lieferungen erschienen, als letzte die 9. mit 39 Rosaceentafeln und 10. mit 33 Saxifragaceen und Crassulaceen.

Einen ähnlichen Botanischen Atlas stellen auch Peterson u. Hagerup zusammen, in dem auf etwa 560 Tafeln alle wildwachsenden Gefäßpflanzen Dänemarks abgebildet werden sollen. Die Gefäßpflanzenflora von Island von A. u. D. Löve ist dadurch ausgezeichnet, daß nicht nur für alle 540 Arten die Chromosomenzahl, sondern auch für viele Puk der Verbreitung in Island und Karten (teils Urk, teils Puk) des Gesamtareals gegeben werden. Von der von Robijns herausgegebenen großen Flora von Belgien sind außer den bereits angezeigten 2 Lieferungen des Moosbands der 1. Band der Gefäßpflanzen von Lawalrée (Pteridophyta, 1950; Archichlamydeen bis Centrospermen, 1952—1954) und 2 Lief. des 2. Bd. (Ranales und Rhoeadales, 1955—1956) erschienen. Bei etwa der Hälfte der Arten wird die Verbreitung der Arten in einem ähnlichen Quadratnetz dargestellt, wie es zuerst in Holland üblich geworden ist. Von einer neuen Holländischen Flora liegt die 4. Lief. (Cyperaceae excl. *Carex*) von Reichgelt vor; von der von Szafer u. Pawlowski herausgegebenen Ikonographie der Flora Polens die 7. Lief. (Parietales, Rosales).

Zur Ergänzung der in Bd. XVIII besprochenen russischen Floren sei außer auf die S. 127 genannte Futterpflanzenflora von Larin auf den Plan einer 3bändigen Flora der in 16 Sektoren gegliederten Sowjetischen Arktis hingewiesen, die 1957—1960 von Tolmatschov, Tichomirov u. a. veröffentlicht werden soll. Schischkin, der seit Komarovs Tod dessen große Flora weiterführt, gibt außer dem S. 126 genannten Vademecum auch eine neue Flora des Leningrader Gebiets (mit Murawjewa, Bd. 1 Pteridophyten, Gymnopermen und Monokotylen) und eine Flora von Weißrußland heraus (bisher 4 Lief.). Von der von Gorodkov begründeten Murman-Flora ist Bd. 3 erschienen (Salicaceae bis Cruciferae, meist von Pojarkova), von der Armenischen Flora von Tachtadshjan Bd. 2 (Portulacaceae-Plumbaginaceae), von einer neuen Flora von Kasachstan von Pavlov Bd. 1. Ein Bestimmungsbuch für die Holzpflanzen (einschl. Lianen) Sachalins von Tolmatschov enthält Schlüssel für 179 Arten aus 34 Familien und Photographien von 83 Arten.

3. Arealkarten im Dienst der Systematik
und Karten einzelner Arten.

Kartographische Darstellungen der Verbreitung mehrerer brackischer und Süßwasser-Algen im Ostseegebiet gibt H. Luther, so eine Puk für die Rotalge *Hildenbrandia rivularis*. Die ihr habituell ähnliche Grünalge *Rhodoplax Schinzii*, die bis vor kurzem nur aus dem Rheinfall bekannt war, hat er auf den Ostseeinseln Gotland und Åland gefunden.

Aus den zahlreichen Veröffentlichungen über die Verbreitung einzelner Pilze seien die sorgfältigen Untersuchungen von Frau Kraft über den Kaiserling *Amanita caesarea* hervorgehoben, der als Mycorrhizabildner an Eichen und Kastanien in Südeuropa weit verbreitet und als geschätzter Speisepilz wohl durch Römer über große Teile Frankreichs und Mitteleuropas ausgebreitet worden ist, wie anhand einer Flk für ganz Europa und von Puk für die Schweiz und Frankreich gezeigt wird. Eine Karte für 10 seltenere Pucciniaceen in Lettland gibt SMARODS. — Puk einzelner Flechtenarten liegen vor für *Verrucaria rheitrophila* um die Ostsee von LUTHER, für nordische *Rhizocarpon*-Arten von RUNEMARK und für die von DES ABBAYES 1939 als var. von *Cladonia alpestris* aus der Bretagne beschriebene, von STUCKENBERG als Art bewertete *Cladonia aberrans*, die von ihrem Hauptareal um die Beringstraße bis Japan und über Nordamerika bis zu den Atlantischen Küsten ausstrahlt.

Die Areale vieler Leber- und Laubmoose behandeln HORIKAWA für Japan (56 Karten), OCHSNER für die Schweiz (ohne Karten) und weitere Autoren der S. 128 genannten Moosfloren und Festschriften. Besonders aufmerksam sei noch auf die Puk einzelner Lebermoose von LADYSHENSKAJA in den Notulae des Leningrader Kryptogameninstituts gemacht, so in Bd. IX für die arktische *Mesoptychia Sahlbergii* und die atlantisch-mediterrane *Cololejeunea Rossettiana*, in X für *Mylia Taylori* und die ostasiatische *M. verrucosa*, in XI für *Riella Paulsenii* in Mittelasien und am W-Ufer des Kaspi und die in wärmeren Ländern weiter verbreitete *Fossombronia angulosa*. Andere Lebermoose haben kartiert ABRAMOWA (2) (*Macrodiplophyllum* in Ostasien), SZWEYKOWSKI (*Chandonanthus setiformis* und *Barbilophozia Kunzei* in Polen, diese auch für Europa) und WASSCHER (*Barbilophozia lycopodiodes* in Holland, *Anthoceros* und *Gymnocolea* in Drente). ABRAMOWA (2) und WLASTOWA behandeln die Verbreitung der *Sphagnum*-Arten in Ostasien (Puk für die von L. SAVICZ aus Sibirien neu beschriebenen *S. orientale* und *perfoliatum*, alle 26 Arten Sachalins auch in Europa). Neue Arealkarten einzelner Laubmoose geben A. u. I. ABRAMOW (1) für *Pogonatum aloides* und das von Südasien bis um den Kaukasus verbreitete *P. inflexum* sowie (3) das ähnlich verbreitete *Mnium immarginatum*, GIACOMINI für die bisher verwechselten, aber morphologisch und geographisch unterschiedenen *Campylopus introflexus* und *polytrichoides*, PETTERSSON für *Trochobryum carniolicum*, LOHAMMAR für *Fissidens (Octodiceras) Julianus* um die Ostsee, VAJDA (1) für den mediterran-atlantischen *F. algarvicus* und (2) das osteuropäische *Plagiothecium (Taxiphyllum) densifolium*, SAVICZ-LJUBICKAJA für das bisher nur aus Nordamerika bekannte, in Ostsibirien entdeckte *Trichostomum cuspidatissimum*, JALAS für die amphiarktisch-oreophytische Grimmiacee *Rhacomitrium lanuginosum* in Fennoskandien, SMIRNOWA (1) für 2 asiatische und 3 amerikanische Arten der Grimmiaceengattung *Scouleria* und (2) für den australdisjunkten *Drepanocladus brachiatus*, ABRAMOWA (1) für die in Mittelasien endemische Grimmiacee *Indusiella thianschanica* und (2) für alle Meeseaceen (Urk der Gesamtareale, Puk für die 6 Arten der UdSSR), CRUM für *Lindbergia brachyptera* in Nordamerika und Kaukasus, STÖRMER für *Isothecium (Plasteurhynchium) striatulum* in Norwegen, J. u. A. KORNAS für *Hookeria lucens* im Karpatengebiet.

9*

Die Verbreitung von Farnen in Amerika behandeln unter anderem LOOSER für Zentral-Chile und TRYON (Revision der Gattung *Notholaena*, 67 Karten); in Äthiopien und Italien PICHI-SERMOLLI.

Viele Coniferenareale sind unter anderem im 2. Textband zur Vegetationskarte der UdSSR von LAVRENKO u. SOCZAVA und im Tschechischen Waldatlas von ČERMAK u. Mitarb. farbig dargestellt. Eine ausführliche Darstellung der Verbreitung von *Pinus cembra-sibirica* im Ural gibt GORTSCHAKOVSKY und über neue Funde spontaner *Biota orientalis* in Mittelasien berichten ZAKIROV u. BURYGIN, WASSILCZENKO u. DSHANGURASOV.

Angiospermenareale: In der Ökologischen Flora der Britischen Inseln behandeln zumeist mit Flk für ganz Europa und Puk für die Brit. Inseln, TAYLOR *Carex flacca*, OVINGTON u. SCURFIELD *Holcus mollis*, JONES u. RICHARDS *Saxifraga oppositifolia*, HEPPER *Silene nutans*, PROCTOR *Helianthemum chamaecistus, appenninum* und *canum*, COOMBE *Impatiens parviflora*, RITCHIE *Vaccinium myrtillus*. ROCHETTE zeigt die disjunkte Verbreitung der *Orchis spitzelii* vom Balkan bis Dauphiné. SCHLITTLERs Darstellung der Areale der von ihm früher monographisch bearbeiteten Liliaceengattung *Dianella* enthält Puk für 8 ihrer Arten auf Neukaledonien und den Loyalty-Inseln, sowie Urk der Gesamtareale von 4 *Dianella*- und 8 anderen austral-subantarktisch verbreiteten Gattungen (u. a. *Luzuriaga*) und Ausführungen über diesen Arealtyp. A. LOURTEIG (Paris) gibt in einem vorläufigen Bericht über ihre Untersuchungen an südamerikanischen Ranunculaceen 2 Flk und 3 Urk unter anderem für 3 *Ranunculus*-Arten mit subantarktischer Disjunktion. LANDOLT gliedert die Gesamtart *Ranunculus montanus* in 5 Kleinarten und gibt für 4 Puk ihrer Verbreitung in den Pyrenäen; K. LARSEN 35 Puk für die Ranunculaceen Dänemarks. BEIJERINCKs Monographie der niederländischen *Rubi* (72 Arten) enthält neben Abbildungen auch Arealkarten sämtlicher Arten und Angaben über ihre Gesamtverbreitung. LÖKVIST unterscheidet in der Gesamtart *Cardamine pratensis* 7 Kleinarten und stellt ihre Verbreitung in 16 Karten dar.

Als Ergänzung zu den Familienbearbeitungen und Flk der Flora Malesiana seien die Arbeiten R. C. COOPERs über australische und neuseeländische Pittosporaceen (mit Karten) und SLEUMERs über die altweltlichen Proteaceen genannt. Die Bearbeitung der Malpighiaceen für den von der Pariser Biogeograph. Ges. herauszugebenden Biogeographischen Atlas von ARÉNES enthält Urk für sämtliche heutige Tribus und Gattungen sowie Karten der Fundorte im amerikanischen, australischen und europäischen Tertiär. Das Areal und die Konsoziation der in der mittelasiatischen Wüste Betpak-Dala endemischen Spiraeoidee *Spiraeanthus schrenkianus* stellt KUBANSKAJA in Flk und Tabellen dar; die Verbreitung der *Dryas*-Arten in Neufundland ROULEAU. ERKAMO gibt (2) eine Puk für *Fragaria viridis* und ihren Bastard mit *vesca* in Süd-Finnland und (3) viele weitere Puk aus Finnland zur Veranschaulichung jüngster Arealverschiebungen. Die Verbreitung von 28 Caesalpiniaceen-Gattungen besonders in W-Afrika erörtert AUBREVILLE (ohne Karten). Der Autor mehrfach genannter Floren und Atlanten (s. Bd. VII

156, XIV 203, XVII 357) HULTÉN diskutiert (1) anhand von 30 Puk die Herkunft der skandinavischen Gebirgsflora und stellt (2, 3) die Formenkreise von *Cerastium alpinum* mit 9 teilweise durch „introgressive Hybridisierung" verbundenen Kleinarten mit Karten dar. An neuen Arbeiten über die Verbreitung von Laubhölzern seien der tschechische Forstatlas von ČERMAK u. Mitarb. (mit farbigen Karten vieler Arten in ČSR und auf der ganzen Erde), die Textbände zur Vegetationskarte der UdSSR von LAVRENKO u. SOCZAVA und 2 weitere russische Arbeiten über bemerkenswerte Vorkommnisse in Mittelasien genannt: von GOLOSKOKOV über *Celtis caucasica* und BONDARENKO über *Diospyros lotus*; ferner der von KÁRPÁTI erbrachte Nachweis, daß die mediterrane *Fraxinus oxycarpa* wild bis ins südliche Donaugebiet reicht. An weiteren Arealdarstellungen für krautige Dicotylen seien angeführt die für *Mercurialis perennis* in Irland von BOATMAN, wo sie mit Ausnahme von 1 oder 2 Fundorten nur in Parken verwildert wächst, für die *Blackstonia*-Arten in den Benelux-Staaten von ROBIJNS (2), für *Eritrichium nanum* und seine 4 Verwandten von LORE LECHNER-POCK (Puk für *E. nanum* in den Alpen und *E. Jankae* in den Karpaten), die Gattung *Antirrhinum* in der Monographie ROTHMALERs, die Ausbreitung von *Galinsoga parviflora* in der alten Welt und im besondern in Israel bei BOYKO und die Ausbreitung von *Crepis biennis* in Finnland und Karelien bei ERKAMO (1). In den russischen palynologischen Arbeiten von GRITSCHUK (2) über frühere Verbreitung von *Selaginella selaginoides*, *Ephedra* und *Carpinus*, MONOSSON über Pollen der *Quercus*-Arten der UdSSR, GLUBONINA über eine altpleistozäne Flora an der unteren Wolga mit Taxodiaceen und Juglandaceen und von SLADKOV über die Pollen von 15 Bicornes der UdSSR und 14 mittelasiatischen Zygophyllaceen sind auch Urk, in der letzten Arbeit auch Puk der behandelten Arten enthalten.

4. Arealkarten im Dienst der regionalen Pflanzengeographie und Biozönotik.

Als wichtigste, $^1/_6$ der Landoberfläche der Erde umfassende Neuerscheinung der Pflanzengeographie sind die 8 Blätter der Vegetationskarte der UdSSR 1:4 Millionen mit 2 Textbänden von LAVRENKO, SOCZAVA u. Mitarb. hervorzuheben, von denen SOCZAVA die Einführung, die Tundren (mit GORODKOV), Schneeböden (mit HOLLERBACH) und meisten Wälder (mit Ausnahme der von SEMJONOWA-TIANSCHANSKAJA bearbeiteten Föhrenwälder, der von T. ISSATSCHENKO u. LUKITSCHEWA beschriebenen Birken- und Espenwälder und eines Teils der übrigen Laubwälder), RUBZOV die meisten subalpinen Gehölze und Bergxerophyten, LAVRENKO die Steppen, SOKOLOWA, SCHIFFERS, RODIN u. a. die Wiesen und Wiesenmoore, GALKINA die Sphagnummoore, ZALENSKY die Polsterheiden der Gebirge, KOROWIN die Wüsten-Oasen übernommen haben. Durch Flächensignaturen sind 109 Vegetationseinheiten, durch 60 Zeichen die Verbreitung einzelner Arten (besonders von Bäumen) dargestellt. Literaturnachweise füllen 69, Register 54 Seiten. Während

die Karten alle bisherigen Übersichtskarten ersetzen, bilden die Textbände einen teilweisen Ersatz für die beiden 1938—1940 erschienenen
Bände der unvollendeten „Vegetatio USSR". Weitere Ergänzungen
enthält unter anderem die Festschrift zum 75. Geburtstag des führenden
Wald- und Moorforschers SUKATSCHEW (1956), so den Beitrag SOCZAVAs
über die Gebirgstundren mit vielen Urk (so für 3 ostsibirische *Rhododen-
dron, Cassiope ericoides, Dryas grandis, Dicentra peregrina*) und den
BYKOVs über die Waldflora des Tianschan mit Urk mehrerer endemisch-
mittelasiatischer und weiter verbreiteter Arten. Im Rahmen der von
der Geogr. Ges. herausgegebenen Monographien haben SOCZAVA, TOL-
MATSCHOV u. a. einen Band über die Pflanzendecke Sachalins verfaßt.
Ein Buch JUNATOVs über die Futterpflanzen der Mongolei ist eine
Ergänzung zum Futterpflanzenwerk LARINs mit einer schematischen
Vegetationskarte und Flk für mehrere Arten von *Stipa, Kobresia,*
Wüsten-Chenopodiaceen und *Tanacetum.*

Über den engeren regionalen Rahmen reicht außer dem bereits
genannten tschechischen Forst- und Industrieatlas von ČERMAK u. Mitarb. auch eine Untersuchung TILLs über den Zusammenhang zwischen
Frosthärte und Arealgrenzen mitteleuropäischer Laubwaldpflanzen (ohne
Karten) und die umfangreiche Diss. ERKAMOs (3) über die Auswirkungen
der jüngsten Klimaschwankung auf die wilde und kultivierte Flora
Finnlands (mit vielen Puk und Urk) hinaus. Ein kürzeres schwedisches
Lehrbuch der Nordischen Pflanzengeographie von HUGO SJÖRS bringt
108 Textabb., darunter viele ausgewählte Karten. HULTÉN, von dem
viele dieser Karten stammen, unterscheidet in der skandinavischen
Gebirgsflora (2) anhand von 30 bis Novaja Semlja und zum Ural rei-
chender Kärtchen 5 Gruppen und mehrere Untergruppen: Endemiten
(besonders *Papaver-, Taraxacum-* und *Hieracium*-Kleinarten), Arten mit
großer Lücke zwischen den skandinavischen und den übrigen Arealen
im Westen, Süden und Osten und solche mit Zwischenstationen zwischen
Fennoskandien, Kanin und Ural. Die weitgehende Isolierung von $^2/_3$
aller skandinavischen Gebirgspflanzen sei teils durch Fehlen geeigneter
Zwischenstandorte, teils durch historische Ursachen, wie Eiszeit-
überdauerung und Klimaänderungen zu erklären. Eine natürliche Groß-
gliederung der fennoskandischen Vegetation und Flora versucht ZOLLER.
Aus den zahlreichen Arbeiten über kleinere Gebiete Dänemarks und
Fennoskandiens seien die von MATHIESEN u. NIELSEN über die Brack-
wasserflora im Randers-Fjord, von LUTHER (1) über die Brackwasser-
flora um Ekenäs in Südfinnland (mit 94 Puk), von SÖYRINKI über eine
Lokalflora in Ostkarelien, von LOUNAMAA über Vorkommen und Bedeutung von Spurenelementen in finnischen Pflanzen von verschiedenem
Gestein, von PETTERSSON über die Elemente der Moosflora Gotlands
und weitere floristische Monographien schonischer Gemeinden genannt,
von denen als 109. die von SNOGERUP über Loshult erschienen ist.

Auch in Mittel- und Südeuropa wird die Notwendigkeit guter Areal-
und Vegetationskarten immer mehr erkannt. So enthalten einige der
bisher 14 „Beiträge zur Flora und Vegetation Brandenburgs" Puk, wie
der 10. von SCHOLZ über *Oenothera*-Arten und der 11. von BUTZKE über

Waldpflanzen der Umgebung Strausbergs. Neue Übersichten über Flora und Vegetation der Ostalpen enthalten die vom italienischen (NEGRI, CHIARUGI u. a.) und vom österreichischen Comité (GAMS, AICHINGER, WAGNER u. a.) für die XI. I.P.E. herausgegebenen Exkursionsführer. Die gleichzeitig mit ausführlichem Textband erschienene Vegetationskarte der auch von der I.P.E. besuchten Pasterzenumrahmung 1:5000 von FRIEDEL ist mit ihren 53 Flächen- und 15 Zeichensignaturen die bisher wohl genaueste Darstellung der Pflanzendecke einer größeren Hochgebirgslandschaft.

Für die Britischen Inseln sei außer auf die mehrfach erwähnte „Biologische Flora" und das im 5. Abschnitt besprochene Buch GODWINs auf weitere zumeist im Journ. of Ecol. erschienene Beiträge verwiesen, wie den von PIGOTT über das obere Teesdale in Cumberland mit mehreren Puk für die Britischen Inseln und 1 für *Minuartia stricta* in Europa. HARRISON, CLARK u. a. haben die Flora der westschottischen Inseln, besonders der Hebriden untersucht und erörtern ihre Einwanderung über ehemalige Landverbindungen.

Aus Grönland liegt wieder eine gründliche Untersuchung BÖCHERs über Arealgrenzen und Isolierung durch Vergletscherung und Klimaschranken in 3 Spezialgebieten der Südostküste (mit Puk für 10 Arten), um die Südspitze (Kap Farvel) und in 4 Gebieten der Südwestküste vor. Als in Grönland mehr oder weniger endemische Arten werden *Arabis holboellii, Braya linearis, Potentilla ranunculus* und *rubella* anhand von Puk besprochen.

Aus Nordamerika liegen einige von der Geogr. Ges. herausgegebene Ökologische Monographien vor, die eine deutliche Abwendung von der früheren Successionistik und stärkere Berücksichtigung der Autökologie erkennen lassen, weiter unter anderem die S. 127 angeführten, mit verschiedenen Zielen aufgenommenen Karten KÜCHLERs von der Mt. Desert-Insel an der Küste von Maine, darunter 2 mit Eintragung zahlreicher Arten. Ähnlich detailliert hat STOFFERS die Pflanzendecke der niederländischen Antilleninseln Aruba, Curaçao, Bonaire, Saba usw. kartiert. Der seit einigen Jahren in Venezuela tätige Tiroler VARESCHI hat mit der Veröffentlichung geobotanischer Monographien und Vegetationskarten aus Venezuela begonnen und legt zunächst solche vom Pico de Naiguata (1:50000) und zusammen mit ARISTIGUETA vom Estado Yaracuy vor. Der abgeschlossene I. Bd. von SKOTTSBERGs großer Naturgeschichte von Juan Fernandez und der Osterinsel enthält nach geologischen Beiträgen und einer geographischen Übersicht eine Analyse der gesamten Flora und Fauna beider Inselgruppen und Erörterungen darüber, weshalb der Endemismus der Osterinsel so viel geringer als der von Juan Fernandez ist. — Eine ähnliche, wesentlich kürzere Analyse einer südpazifischen Inselflora gibt BAUMANN-BODENHEIM für Neucaledonien, das mit 450 endemischen Gefäßpflanzen aus 120 Gattungen noch reicher an solchen ist als Juan Fernandez (18 Farne und 101 Blütenpflanzen). Beide Autoren behandeln auch die Beziehungen zu andern pazifischen Inseln und zu den Festländern der Südhemisphäre.

Für Frankreich und seine Besitzungen in Afrika sei außer auf die noch immer nicht vollständig erschienenen Berichte des Pariser Kongresses und dessen Exkursionsführer auf die Berichte mehrerer ausländischer Kongressisten, namentlich der russischen verwiesen, von denen LAVRENKO (1) eine ausführliche Zusammenstellung und Würdigung der ausgestellten Vegetationskarten und einen Bericht über die Exkursion nach Franz. Guinea, SCHENNIKOV eine kritische Darstellung der Vegetationssystematik BRAUN-BLANQUETs und BARANOV ein illustriertes Buch über die Exkursionen im tropischen Westafrika mit einer von V. ALEXANDROWA gezeichneten schematischen Vegetationskarte verfaßt haben.

5. Arealgeschichte
auf paläogeographischer und paläontologischer Grundlage.

Die wichtigste Neuerscheinung ist GODWINs große Geschichte der Britischen Flora, in der sämtliche aus Quartärablagerungen der Britischen Inseln bisher durch Makro- und Mikrofossilien nachgewiesenen Gefäßpflanzen systematisch zusammengestellt werden, die meisten mit diagrammatischer Darstellung ihrer zeitlichen und mengenmäßigen Verbreitung, viele mit Bildern von Makro- und Mikrofossilien und Karten ihrer heutigen und früheren Verbreitung (*Potamogeton-* und *Najas-*Arten, *Sparganium angustifolium, Scheuchzeria, Subularia, Thalictrum alpinum, Salix phylicifolia* und *herbacea, Dryas, Empetrum, Polemonium*). Die Entwicklung von den älteren Interglazialen bis zum Postglazial wird durch Pollendiagramme und Spektralkarten belegt. Von der heutigen Flora sind 11% bereits für das Hochglazial, 19% für das Spätglazial, 21% für die frühe und 29% für die späte Wärmezeit subfossil nachgewiesen. — Die Einwanderungsgeschichte der Flora und Fauna der Hebriden untersucht eine von H. HARRISON gegründete Arbeitsgemeinschaft. Er nimmt an, daß die Inseln bis ins frühe Postglazial mit Schottland und mindestens bis ins letzte Interglazial auch mit Irland verbunden waren.

Mit der Frage nach den eiszeitlichen Refugien der nordischen Floren und Faunen befassen sich außer den angeführten Arbeiten HULTÉNs (1), SJÖRS' und BÖCHERs auch 2 entomologische B. PETERSENs, der auf Grund der Fossilfunde und der heutigen Verbreitung (besonders von Coleopteren und Lepidopteren) die Ausbreitung in Europa vom Pliozän bis ins Postglazial untersucht.

Für die Geschichte der südalpinen Lebewelt stellt GAMS (1) neue Befunde zusammen.

Für die Geschichte tropischer Inselfloren sei nochmals auf die im 1. und 4. Abschnitt angeführten Arbeiten SKOTTSBERGs und BAUMANNs verwiesen.

Wiederum liegen zahlreiche russische Beiträge zur tertiären und quartären Florengeschichte vor; so von KOLESNIKOWA über eine wahrscheinlich miocäne Braunkohle am SW-Ural mit *Glyptostrobus, Sequoia* cf. *sempervirens, Myrica suppanii, Brasenia tuberculata* und *Aralia* spec., von DOROFEJEW (1) über eine Pliocänflora von der unteren Kama und (2) über größtenteils mittelpleistocäne Floren von der unteren Wolga, jene mit *Azolla pseudopinnata* (nächstverwandt mit der lebenden *pinnata*), diese mit der ebenfalls von Nikitin beschriebenen „*A. interglacialica*" und der neubeschriebenen *Bunias sukaczewii*. Wahrscheinlich eiszeitliche Schichten über den interglazialen Singhilschichten enthalten unter anderem *Betula humilis* und *nana*. Gritschuk behandelt anhand von Pollen- und Sporendiagrammen (2) die Vegetationsgeschichte des russischen Tieflands in den älteren Eis- und Zwischeneiszeiten, weiter (1) wie auch seine Mitarbeiterin Glubonina altpleistozäne, z. T. noch für pliozän gehaltene Floren von der unteren Wolga und (3) zusammen mit Fedorowa Pollendiagramme aus der Umgebung sibirischer Gletscher auf der Kotelny-Insel und aus Jakutien. Kolakovsky behandelt die Geschichte der Kolchischen Flora seit dem Pliocän. Das Buch Jakovlevs über das Quartär des russischen Tieflands enthält unter anderem eine neue Quartärkarte von Osteuropa und Vorderasien 1:5 Millionen, viele Profile und 12 Pollendiagramme verschiedener Interglaziale, von denen der Autor nunmehr 7 unterscheidet: 2 Altinterglaziale (z. B. bei Minsk), 1 Mittelinterglazial (z. B. Lichvin, Tschernikov, Isina, z.T. wohl Cromerien entsprechend) und 4 Junginterglaziale (1. z. B. von Klevinovo, Grodno, Kopys, Troizkoje, 2. von Mikulino, 3. von Rybinsk, 4. von Minsk). Dem 2. Altinterglazial entspreche die Urundlik-Transgression des Pontus und das Spät-Sicilien des Mittelmeers, dem Mittelint. die Usunlar-Transgr. des Pontus und die 1. Strombus-Transgr. des Mittelmeers, dem 1. und 2. Jungint. die Karangat-Transgr. des Pontus und die 2. Strombus-Transgr. des Mittelmeers usw. Markov teilt Ergebnisse einer großen palynologischen Gemeinschaftsarbeit aus dem Obgebiet in Westsibirien mit, darunter 6 Pollendiagramme, die nach dem Vorkommen von Taxodiaceen, *Liquidambar*, *Nyssa* und anderen Exoten wohl bis ins Pliocän hinabreichen, falls es sich nicht um sekundär umgelagerte Pollen handelt. Das Ehepaar Katz hat 5 nord- und mittelrussische Ablagerungen aus dem „letzten" Interglazial (wohl Eemien) analysiert, namentlich die von Nemykary bei Smolensk. Außer 5 Pollendiagrammen wird die Verbreitung der Samen und Früchte wärmeliebender Wasser- und Sumpfpflanzen (*Najas flexilis* und *marina*, *Brasenia*, *Aldrovanda*, *Dulichium*) in den Eichenmischwaldabschnitten, sowie von *Juncellus serotinus* und *Tilia platyphyllos* in der späteren Hainbuchenphase dargestellt.

6. Arealgeschichte auf cytogenetischer Grundlage.

Zu den letzten Berichten (Bd. XVII 301, XVIII 143) sind weitere Arbeiten Löves zunächst (1) (2) über die Cytotaxonomie korrespondierender Arten Eurasiens und Nordamerikas nachzutragen. Den Begriff „Pseudovikaristen" faßt er enger als dessen Urheber Vierhapper, indem er dazu auch alle Artenpaare mit verschiedener Chromosomenzahl und selbst (z. B. bei *Zostera*) nur abweichender Chromosomenform zählt. Mit Frau D. Löve gibt er weiter eine gründliche cytotaxonomische Bearbeitung sämtlicher Gefäßpflanzen seiner isländischen

Heimat, weiter (2) eine cytotaxonomische Bearbeitung der *Papaver*-Section *Scapiflora*, deren 13 arktische Sippen im Gegensatz zu den 6 bisher untersuchten der europäischen Gebirge durchwegs polyploid sind, sowie von 21 *Polygonum*-Arten seines nunmehrigen Arbeitsgebietes in Nordamerika. Aus der slowakischen Tatra teilen HADAČ und HAŠKOVA Chromosomenzahlen für 2 *Lycopodien* und 12 Monokotylen mit, die in mehreren Fällen (so *Lycopodium alpinum* und *annotinum*, *Juncus trifidus, Carex atrata*) ebenfalls niedriger sind als in Nordeuropa gezählte. K. LARSEN teilt weitere Chromosomenzahlen für 60 südeuropäische und kanarische Blütenpflanzen mit (Die Angabe in Bd. XVIII 144, er habe oktoploide *Lotus*-Sippen gefunden, beruht auf Mißverständnis). Große Fortschritte bringt LÖKVISTs Analyse des *Cardamine pratensis*-Komplexes. Von den 7 Kleinarten sind die südeuropäischen *crassifolia* und *granulosa* noch nicht untersucht, *Mathioli* und *rivularis* diploid. *C. pratensis s.* str. umfaßt neben diploiden auch polyploide Sippen. Die rein nordischen *Nymani* und *palustris* scheinen durchwegs polyploid, zumeist okto- bis dekaploid; auf Gotland wurde auch eine dodekaploide Form gefunden. Die Darstellung aller Kleinarten in Puk läßt eine ähnliche Ausbreitung von Süden nach Norden erkennen, wie sie E. MANTON für *Biscutella* festgestellt hat. BÖCHER (1) gibt in einer Untersuchung über 8 arktische *Braya*-Sippen (4 Unter- und Abarten von *B. novae-angliae*, 2 von *B. humilis*, 1 von *B. intermedia* und 1 vermuteten Bastard) auch eine Zusammenstellung von 7 zwischen 20 (bei *B. humilis*) und 35 (bei *B. intermedia*) schwankenden Chromosomenzahlen, die vorerst noch keine geographische Gesetzmäßigkeit erkennen lassen.

Literatur.

ABRAMOW, A. u. I.: (1) Notul. syst. Inst. cryptog. 10, 248—257 (1955). — (2) Notul. syst. Inst. cryptog. 11, 191—200 (1956). — (3) Bot. J. 41, 89—91 (1956). — ABRAMOWA, A.: (1) Notul. syst. Inst. cryptog. 11, 186—191 (1956). — (2) Plant. cryptog. 10, 393—511 (1956). — ARÈNES, J.: C. r. Soc. Biogéogr. 290, 81—108 (1957). — ARNELL, S.: Ill. Moss Flora of Fennosc. 1, 313 S. (1956). — AUBREVILLE, A.: C. r. Soc. Biogéogr. 289, 70—72 (1956).

BACKER, C. A.: Flora Males. 4, 195—278 (1951); 5 (1957). — BAKHUIZEN, R. C. v. D. BRINK: Flora van Java 15 (1956). — BARANOV, P. A.: Trop. Afrika, Akad. Verl. Moskau 274 S. (1956). — BAUMANN- BODENHEIM, M. G.: Ber. Geobot. Inst. Rübel 1955, 64—74 (1956). — BECHERER, A.: Denkschr. schweiz. naturforsch. Ges. 81, 556 S. (1956). — BEIJERINCK, W.: Verh. Nederl. Akad. Wet. Natuurk. R. 2, 51, 1—156 (1956). — BOATMAN, D. J.: J. Ecology 44, 587—596 (1956). — BÖCHER, T. W.: Medd. Grönl. 124, No 7, 1—29 (1956); 124, No 8, 1—39 (1956). — BÖCHER, T. W., K. HOLMEN og K. JAKOBSEN: Grönlands Flora, Kopenhagen, 314 S. 1957. — BONDARENKO, I. P.: Bot. J. 42, 72—78 (1957). — BOYKO, E.: Bull. Agric. Stat. Rehovot 2, 1—18 (1956). — BUTZKE, H.: Wiss. Z. Pädag. Hochsch. Potsdam 2, 209—217 (1956). — BYKOV, B. A.: Festschr. f. SUKATSCHEW Moskau-Leningrad, S. 119—130 (1956).

ČERMAK, K., u. J. HOFMAN: Lesn. a mysliv. Atlas, Praha (1955). — ČERNOHORSKY, Z., J. NADVORNIK u. M. SERVIT: Klič k určov. lišejn. ČSR 1, Akad. Verl. Prag, 156 S. (1956). — CHASSAGNE, M.: Flore d'Auvergne, Paris, 1000 S. 1957. — CHONG TAE-HYON: Flora of Corea 2, 1162 S. (1956). — CLAPHAM, A. R.: Illustr. Brit. Flora 1 (1957). — CLARK, W. A.: Proc. Linn. Soc. London 167, 96 bis 103 (1956). — COOMBE, D. E.: J. Ecol. 44, 701—713 (1956). — COOPER, R. C.: Ann. Morg. Bot. Gard. 43, 87—188 (1956). — CRUM, H. A.: Bryologist 59, 203 bis 212 (1956). — CURTIS, W. M.: Students Flora of Tasmania, Hobart 1, 251 S. (1956).

DOROFEJEW, P. I.: (1) Festschr. f. SUKATSCHEW, 171—181 (1956). — (2) Bot. J. 41, 810—829 (1956). — DUNN, G. B.: Flora of Nevada 2, 64 S. (1956). ERHART, H.: (1) La Genèse des Sols, Paris (1956). — (2) C. r. Soc. Biogéogr. 288, 45—55 (1956). — ERKAMO, V.: (1) Arch. Soc. Fenn. Vanamo 7, 121—130 (1953). — (2) Acta Soc. Faun. et Fl. fenn. 72, 1—6 (1955). — (3) Ann. Bot. Soc. Fenn. Vanamo 28, 301 S. (1956). FEDOROV, A. i M. KIRPICZNIKOV: Vademecum meth. syst. pl. vasc. 1, 110 S. (1954). — FRIEDEL, H.: Wiss. Alpenver.-H. 16, 153 S. (1956). GAMS, H., m. E. AICHINGER, H. WAGNER u. a.: Exkursionsführer f. d. XI I.P.E. in Angew. Pflanzensoz. 16, 151 S. (1956). — GAMS, H.: (1) Schlern, Bozen 31, 38—45 (1957). — (2) Kl. Kryptog.-Flora 4 (4. Aufl. v. 1), 240 S. (1957). — GAUME, R.: Rev. Bryol. et Lich. 25, 1—115 (1956). — GIACOMINI, V.: Atti Ist. Bot. Pavia 13, 1—41 (1955). — GLUBONINA, Z. P.: Trud. Inst. Geogr. SSSR 61, 80—92 (1954). — GODWIN, H.: The History of the British Flora, Cambridge, 384 S. (1956). — GOLOSKOKOV, W. P.: Bot. J. 42, 32—40 (1957). — GORTSCHAKOVSKY, P. L.: Festschr. f. SUKATSCHEW, 131—141 (1956). — GRITSCHUK, W. P.: (1) Trud. Inst. Geogr. 61, 5—79 (1954). — (2) Trud. Comm. Tschetwert. 12, 82—105 (1955). — (3) mit R. W. FEDOROWA: Izv. Akad. N., Geogr. Ser. 2, 66—71 (1956).

HADAČ, E., V. HAŠKOVA: Biologia, Bratislava 11, 717—723 (1956). — HARRISON, J. W. H.: Proc. Linn. Soc. London 167, 103—106 (1956). — HAYEK, A.: Flora v. Steiermark II 2, 147 S. (1956). — HEIM, R.: Champignons d'Europe, Paris (Boubée), 848 S., 56 Taf. (1957). — HEPPER, F. N.: J. Ecology 44, 693—700 (1956). — HERMANN, F.: Flora von Nord- u. Mitteleuropa, 1154 S. Stuttgart: G. Fischer 1956. — HEYWOOD, V. H.: Taxon 6, 33—42 (1957). — HORIKAWA, Y.: Distrib. Stud. of Bryoph. in Japan, Hiroshima, 152 S. (1955). — HULTÉN, E.: (1) Acta Soc. Faun. et Fl. fenn. 72, 1—22 (1955). — (2) Arch. Soc. Fenn. Vanamo 9, 62—69 (1955). — (3) Sv. bot. Tidskr. 50, 411—495 (1956).

JAKOVLEV, S. A.: Trud. Geol. Inst. Moskau, N. S. 17, 314 S. (1956). — JALAS, J.: Arch. Soc. Fenn. Vanamo Suppl. 9, 73—88 (1955). — JANCHEN, E.: Catalogus Florae Austriae, Wien, 1, 176 S. (1956); 2 (1957). — JOHN, H. ST.: Flora of SW-Washington 2. ed., 586 S. (1956). — JONES, V., and P. W. RICHARDS: J. Ecology 44, 300—316 (1956). — JOVET-AST, S.: Rev. Bryol. et Lichénol. 25, 136 bis 158 (1956). — JUNATOV, A. A.: Trud. Mongolsk. Komm. Akad. N. 56, 353 S. (1954).

KÁRPÁTI, I. u. V.: Acta Bot. Acad. sci. Hungar. II 3—4, 275—280 (1956). — KATZ, N. u. S.: (1) Geogr. Ser. d. Wiss. Akad. 2, 72—78 (1956). — (2) Bot. J. 41, 1420—1427 (1956). — KOLAKOVSKY, A. A.: Festschr. f. SUKATSCHEW, 275—285 (1956). — KOLESNIKOWA, T. D.: Dokl. Akad. N. 111, 695—698 (1956). — KORNÁS, J. u. A.: Fragm. Florist. et Geobot. 2, 72—77 (1956). — KRAFT, M. M.: (1) Ber. schweiz. bot. Ges. 66, 39—91 (1956). — (2) Bull. Soc. Mycol. France 72, 273—317 (1957). — KUBANSKAJA, Z. W.: Bot. J. 41, 1579—1590 (1956). — KÜCHLER, A. W.: Geogr. Rev. 46, 155—167 (1956).

LADYSHENSKAJA, K.: Notul. syst. Inst. cryptog. 9, 168—176 u. 11, 167—176 (1956). — LADYSHENSKAJA, K., u. E. J. ZENKOWA: Notul. syst. Inst. cryptog. 10, 231—240 (1955). — LADYSHENSKAJA, K., u. V. OBUCHOWA: Notul. syst. Inst. cryptog. 11, 176—182 (1956). — LANDOLT, E.: Ber. schweiz. bot. Ges. 66, 92—117 (1956). — LARIN, I. V., mit 8 Mitarb.: Kormovye rastenija senokossov i pastb. SSSR 1, 687 S. (1950); 2, 947 S. (1951); 3, 879 S. (1956). — LARSEN, K.: (1) Bot. Tidskr. 53, 197—252 (1956). — (2) Bot. Not. (Lund) 109, 293—307 (1956). — LAVRENKO, E. M.: (1) Bot. J. 40, 144—153 (1955). — (2) Geogr. Ser. d. Izv. Akad. N. 16—29 (1955). — (3) LAVRENKO, E. M., mit V. B. SOCZAVA u. vielen anderen Mitarb.: Descriptio vegetationis URSS, ad tabulam geobot. 1:4000000 annotationes 1, 1—460 (1956); 2, 461—971 (1956). — LAWALRÉE, A.: Flore gén. Belgique 1, 505 S. (1952—1954); 2, 285 S. (1956). — LECHNER-POCK, L.: Phyton (Horn, N.-Ö.) 6, 98—206 (1956). — LENHOUTS, P. W.: Flora Males. 5, 209—296 (1955). — LITTLE, E. L.: Flora of Nevada, Beltsville 40 (1956). — LOCQUIN, M.: Petite Flore des Champignons, Paris 1, 379 S. (1956). — LOHAMMAR, G.: Sv. bot. Tidskr. 48, 162—173 (1954). — LÖKVIST, B.: Symb. Bot. Upsal. 14, 131 S. (1956). — LOOSER, G.: Moliniana 1, 5—95 (1955). — LÖVE, A.: (1) Vegetatio (Den Haag) 5/6, 212—224 (1954). — LÖVE, A.: (1) Vegetatio (Den Haag) 5/6, 212—224 (1954). — (2) Acta Fauna et Flora Fenn. 72, 1—14 (1955). — (3) N. Mag. f. Bot. (Oslo) 4, 5—55 (1955). — LÖVE, A., u. D.: (1) Acta Horti Gotoburg. 20, 65—291 (1956). — (2) Canad. Journ. Bot. 34, 501—521 (1956). — LOUNAMA, J.: Ann. Soc. Fenn. Vanamo 29, 196 S. (1956). — LOURTEIG, A.: C. r. Soc. Biogéogr. 288, 56—69 (1956). — LUTHER, H.: (1) Acta bot. fenn. 49/50, 602 S. (1951). — (2) Acta bot. fenn. 55, 61 S. (1954).

MARKOV, K. K.: Festschr. f. SUKATSCHEW, 363—373 (1956). — MATHIESEN, H., og J. NIELSEN: Bot. Tidskr. 53, 1—34 (1956). — MOLDENKE, H. N.: Flore de Madagascar 174, 278 S. (1956). — MONOSSON, M. CH.: Trud. Inst. Geogr. SSSR 61, 93—118 (1954). — MÜLLER, K.: Rabenh. Kryptog. Fl. 6 (1956/57).

NEGRI, G., A. CHIARUGI, A. MARCELLO et al.: Guide itinéraire XIe I.P.E. Firenze, 110 S. (1956).

OCHSNER, F.: Mitt. thüring. bot. Ver. 1, 151—166 (1955). — OVINGTON, J. D., and G. SCURFIELD: J. Ecology 44, 272—280 (1956).

PAVLOV, N. V.: Flora Kasachstana, Alma-Ata 1 (1954). — PETERSEN, B.: Zool. Bidr. fr. Uppsala 30, 233—314, 355—397 (1956). — PETERSON, V., og O. HAGERUP: Bot. Atlas Danm. Planter, Kopenhagen (1957). — PETTERSSON, B.: Mitt. thüring. bot. Ver. 1, 167—174 (1955). — PICHI-SERMOLLI, R.: Webbia 12, 121—146 u. 179—216 (1956). — PIGOTT, C. D.: J. Ecology 44, 545—586 (1956). — POJARKOVA, A. I.: Murmansk. Flora 3, 449 S. (1956). — PROCTOR, M. C. F.: J. Ecology 44, 675—692 (1956).

REED, C. F.: Chenopodiac. in Flora of Nevada, 96 S. (1956). — REICHGELT, TH. J.: Flora van Nederland I 4, 52 S. (1956). — RITCHIE, J. C.: J. Ecology 44, 290—299 (1956). — ROBIJNS, A.: (1) Flore gén. de Belgique 2, 285 S. (1955—1956). — (2) Bull. Jard. bot. Brux. 26, 353—368 (1956). — ROCHETTE, P.: Bull. Soc. bot. France 103, 480—484 (1956). — ROSS-CRAIG, S.: Drawings of Brit. Plants 8—10 (1956/7). — ROTHMALER, W.: Feddes Repert. 59, 195 S. (1957). — ROULEAU, E.: Contrib. Inst. Bot. Montréal 69, 5—24 (1954). — RUNEMARK, H.: Studies in Rhizocarpon, 302 S. (1956).

SAVICZ-LJUBICKAJA, L.: Notul. syst. Inst. cryptog. 11, 200—210 (1956). — SCHENNIKOV, A. P.: Festschr. f. SUKATSCHEW, 581—590 (1956). — SCHISCHKIN, B.: (1) Vademecum meth. syst. 1 (1954). — (2) SCHISCHKIN, B., mit O. MURAWJEWA: Flora Leningr. Obl. 1, 289 S. (1955). — (3) Flora Bjeloruss. 4, 526 S. (1956). — SCHLITTLER, A.: Vierteljahrsschr. Naturf. Ges. Zürich 102, 1—38 (1957). — SCHOLZ, H.: Wiss. Z. Pädag. Hochsch. Potsdam 2, 205—209 (1956). — SCHRÖTER, C., u. E. SCHMID: Flora d. Südens, 2. Aufl. Zürich, 167 S., 105 Taf. 1956. — SCUR-FIELD, G.: Vegetatio (Den Haag) 7, 3—8 (1956). — SHUI-YING HU: Flora of China 153, 80 S. (1955). — SJÖRS, H.: Nordisk Växtgeografi, Stockholm, 229 S. 1956. — SKOTTSBERG, C.: Nat. Hist. of Juan Fernandez a. Easter Island I 3, 89—439 (1956). — SLADKOV, A. N.: Trud. Inst. Geogr. SSSR 61, 119—167 (1954). — SLEUMER, H.: (1) Flora Malesiana 5, 1—106 u. 147—206 (1955). — (2) Blumea 8, 1—95 (1955). — SMARODS, J.: Notul. syst. Inst. cryptog. 11, 146 bis 149 (1956). — SMIRNOWA, Z.: Notul. syst. Inst. cryptog. 11, 210—228 (1956). — SNOGERUP, S.: Bot. Not. (Lund) 109, 117—142 (1956). — SOCZAVA, V. B.: Festschr. f. SUKATSCHEW, 522—536 (1956). — SÖYRINKI, N.: Ann. Soc. Fenn. Vanamo 27, 118 S. (1956). — STEENIS, C. G. G. J., VAN: Flora Malesiana 1, 639 S. (1950); 4, 631 S. (1948—1951); 5 (1954—1957 noch nicht abgeschlossen). — STÖRMER, P.: N. Mag. f. Bot. 4, 87—94 (1955). — STOFFERS, A. L.: Med. Bot. Mus. Utrecht 135, 1—142 (1956). — STUCKENBERG, E. C.: Notul. syst. Inst. cryptog. 11, 12—18 (1956). — SZAFER, W., u. B. PAWLOWSKI: Flora Polska 7, 302 S. (1955). — SZWEYKOWSKI, J.: Acta Soc. Bot. polon. 25, 589—613 (1956).

TACHTADSHJAN, A. L.: Flora Armenii 2 (1956). — TAYLOR, F. J.: J. Ecology 44, 281—290 (1956). — TILL, O.: Flora (Jena) 143, 499—542 (1956). — TOLMAT-SCHOV, A. I.: (1) Bot. J. 41, 783—796 (1956). — (2) Bäume, Sträucher und Lianen Sachalins, Moskau-Leningrad (Akad. Verl.) S. 172 (1956). — (3) mit V. SOCZAVA u. a.: Monogr. 8 d. Geogr. Ges., 115 S. (1956). — TRYON, R. M.: Contrib. Gray Herb. 179, 1—106 (1956). — TURRILL, W. B., and MILNE-REDHEAT: Flora of Trop. East-Africa (1956).

VAJDA, L.: (1) Mitt. thüring. bot. Ver. 1, 225—230 (1955). — (2) Ann. hist. nat. Mus. nat. Hungar. 7, 299—301 (1956). — VAN DEN BERGHEN, C.: Flore gén. de Belgique 2, 131—270 (1956). — VARESCHI, V.: (1) Acta cient. Venezol. 6, 2—23

(1955). — (2) VARESCHI, V., mit L. ARISTIGUETA: Asp. bot. d. Estado Yaracuy, Caracas, 1—279 (1955).

WASSCHER, J.: Buxbaumia 11, 8—22 (1957). — WASSILTSCHENKO, I., u. F. CH. DSHANGURASOV: Bot. J. 42, 88—92 (1957). — WLASTOWA, N. V.: Bot. J. 41, 1520—1524 (1956).

ZAKIROV, K., u. W. BURYGIN: Bot. J. 41, 1331—1333 (1956). — ZOLLER, H.: Ber. Geobot. Inst. Rübel 1955, 74—98 (1956).

b) Floren- und Vegetationsgeschichte seit dem Ende des Tertiärs.

Von FRANZ FIRBAS, Göttingen.

Der Beitrag folgt in Band XX.

8. Ökologische Pflanzengeographie.

Von HEINRICH WALTER, Stuttgart-Hohenheim.

Größere Werke.

Eine umfassende Vegetationsbeschreibung der UdSSR in 2 Bänden mit 971 Seiten und 83 Abb. (Descriptio Vegetationis UdRSS, Moskau-Leningrad 1956) ist in russischer Sprache von E. M. LAVRENKO und V. B. SOCZAVA mit zahlreichen Mitarbeitern herausgegeben worden. Sie dient als Erläuterung zu der großen Vegetationskarte der UdSSR (1:4 Millionen), deren Legende 109 Farbsignaturen aufweist, die sich auf 16 Vegetationstypen verteilen. Die russische ökologische und geobotanische Literatur wurde von D. V. LEBEDEV in einer Bibliographie (Moskau-Leningrad 1956) auf 382 Seiten zusammengestellt. Im Handbuch der Pflanzenphysiologie Bd. III (1956) werden unter dem Titel „Pflanze und Wasser" mehr physiologische Probleme behandelt, es sei aber besonders auf den Abschnitt „Wasserhaushalt ökologischer Pflanzentypen" hingewiesen. Auch die Fragen des Nebels und des Taues, des Wasserzustandes im Boden, der Abhängigkeit der Transpiration von den Umweltfaktoren usw. sind für Ökologen von Interesse.

I. Standortslehre.
1. Wärmefaktor (Temperatur).

Der Temperaturfaktor bestimmt mit dem Wasserfaktor zusammen das für die Pflanze ausschlaggebende Klima; wir können dieses durch ein Klimadiagramm [WALTER (1, 2)] anschaulich zur Darstellung bringen. Die Klimadiagramme erlauben es uns, die Klimate verschiedener Orte zu vergleichen oder nach dem Auftragen auf eine Karte eine Klimagliederung des betreffenden Landes durchzuführen. Solche Karten sind bereits für die Türkei und den Irak veröffentlicht worden [WALTER (3)]. Für Venezuela wurden von PANNIER die Klimadiagramme zusammengestellt. Trägt man in ein Klimakoordinatensystem (Abszisse = mittlere Jahrestemperatur, Ordinate = jährlicher Niederschlag) die Werte für die einzelnen Vegetationstypen, wie Nadel- oder Laubwälder, Steppen usw. ein, dann nehmen diese streng abgegrenzte und sich nur z. T. überschneidende Bezirke ein (LIETH und LIETH u. ZAUNER).

Eine neuartige Wuchsklimakarte hat ELLENBERG für Südwest-Deutschland im Maßstab 1:200000 entworfen (Reise- und Verkehrsverlag Stuttgart). Er unterscheidet 12 Wärmestufen und 3 Kontinentalitätszonen. Als Grundlage dienten phänologische Geländeaufnahmen und die Verbreitung ozeanischer und kontinentaler Florenelemente.

Im Walde entspricht die Bodentemperatur in 15 cm Tiefe den mittleren wöchentlichen Lufttemperaturen. Sie gibt uns deshalb die Möglichkeit, auf einfache Weise kleinklimatische Unterschiede festzustellen (SHANKS). Den Jahresgang der Bodentemperaturen bis zu 180 cm Tiefe unter verschiedenen Pflanzendecken untersucht POTTER.

Die phänologischen Daten von 51 in Indiana vor dem 1. Mai blühenden Arten stimmen mit den Temperatursummen gut überein, wenn man ein physiologisches T-Minimum von 5—10° annimmt und für die Berechnung die Tagesmaxima und -minima benützt (LINDSEY u. NEWMAN).

Ökologisch sehr interessante Temperaturverhältnisse wies der Spätwinter 1956 in Mitteleuropa auf (LINCK). Nach sehr mildem Wetter setzte am 31.1. durch Einbruch arktischer Luftmassen scharfer Frost ein, der am 1. und 2. Februar schon —20° unterschritt und bis Ende Februar anhielt. Die Laubbäume waren vor der Kälteperiode bereits verwöhnt und standen „im Saft", z. B. waren die Knospen bereits vergrößert. Die Folge waren reine Kälteschäden, die im Obst- und Weinbau große Ausmaße erreichten. Auch die immergrünen atlantischen Arten froren meist ganz oder bis auf die Wurzeln ab (*Sarothamnus* 95%). Während alte Walnußbäume schwere Kambiumschäden erlitten, kamen junge gut durch, vielleicht weil sie noch in Ruhe waren. Alle spätaustreibenden Bäume wurden nicht geschädigt (Esche, Robinie, *Sorbus domestica*, Edelkastanie nur z. T.). Über die Frosthärte von Pflanzen unserer Laubwälder berichtet TILL. Untersucht wurden 19 Laubhölzer und 27 Kräuter [Methode vgl. Fortschr. Bot. 7, 250 (1938); 12, 132 (1949)]. Die weniger frostgeschützten oberirdischen Teile sind frosthärter als die unterirdischen (Unterschiede bis zu 11,5° bei derselben Pflanze). Junge Blätter sind gefährdeter als alte. Kontinentale Elemente sind im Winter frosthärter. Alle Arten zeigen die übliche Jahresperiodizität der Frosthärte.

Die Blattgröße der Pflanze nimmt beim Übergang von den feuchten Tropen zu den trockenen Savannen ab, bzw. die Blätter weisen eine feinere Zerteilung auf. Dasselbe beobachtet man in den feuchten Tropen, wenn man aus dem Schatten am Boden des Urwaldes in vertikaler Richtung gegen das voll bestrahlte Kronendach aufsteigt. RASCHKE legt sich die Frage vor, ob diese Verringerung der Blattgröße für die Pflanze irgendwelche Vorteile hat. Auf Grund einer Gleichung des Wärmehaushalts für ein Blatt, deren Richtigkeit durch direkte Messungen bestätigt wird, kommt er zum Schluß, daß die Verkleinerung oder Zerteilung der Blätter in heißen Klimaten einer Überhitzung vorbeugt. Zwar macht sich dabei als Nachteil auch eine Transpirationsförderung bemerkbar; diese kann die Pflanze jedoch durch Regulationsvorgänge kompensieren. BERGER-LANDEFELDT u. Mitarb. benützten besonders schnell arbeitende elektrische Meßgeräte, um die Tagesgänge der Temperatur und des Dampfdruckes der Luft in verschiedener Höhe über Pflanzenbeständen zu messen. KREEB zeigt am Beispiel eines Eichen-Hainbuchenwaldes, wie man phänologische Beobachtungen zur Klimagliederung auf kleinstem Raume benützen kann. Es wird hierbei die Entwicklung eines ganzen Bestandes berücksichtigt, somit die Phänologie mit der Pflanzensoziologie gekoppelt.

Um der Verwirrung durch verschiedenartige Bezeichnungen zu steuern, schlägt WEISCHET folgende Stufengliederung der Klimatologie mit Hilfe gebräuchlicher geographischer Raumbegriffe vor: 1. Regionalklima (statt Makroklima, Großklima), 2. Subregionalklima (statt Geländeklima, Landschaftsklima), Lokalklima (statt Mesoklima, Kleinklima), 4. Mikroklima (statt Kleinstklima, Ökoklima, Pflanzenklima).

2. Wasserfaktor (Hydratur).

Als Grundlage zur Beurteilung der Wasserverhältnisse in einem Gebiet dienen die Niederschlagsmessungen der meteorologischen Stationen. Wie problematisch diese in vieler Hinsicht sind, zeigt GRUNOW (1). Die Meßergebnisse werden beeinflußt durch den Windeffekt, die Auffanghöhe und das Verwirbeln von Schnee. Namentlich im Gebirge machen sich diese Faktoren störend bemerkbar. An Hängen kann der tatsächliche Niederschlag nur durch hangparallele Messungen erfaßt werden. Außerdem spielt der Nebelniederschlag eine große Rolle. Er macht am Hohenpeissenberg im Waldinneren 20%, am Waldrand 50% aus [GRUNOW (2)]. Viel höhere Werte werden von der nebelreichen Halbinsel bei San Franzisko gemeldet. Diese zeichnet sich durch trockene, doch sehr nebelreiche Sommer aus. Trotzdem brennt das Grasland völlig aus und der Boden wird steinhart. Infolge der Winterregen wachsen aber an der Küste entlang immergrüne Wälder. An den Bäumen, die dem Wind direkt exponiert sind, kondensiert sich der Nebel, und unter ihnen stehen im Sommer oft Pfützen und die Pflanzendecke bleibt grün. OBERLANDER hat mit Totalisatoren die Menge des abtropfenden Wassers während eines Sommers bestimmt und Beträge von fast 1500, 435, 225, 180 und 46 mm gemessen. Die hohen Werte wurden nur unter frontal stehenden Bäumen erhalten. Der Nebelniederschlag wirkt sich also ganz lokal aus. Als Nebeloase wird auch Erkawit im Sudan bezeichnet, doch beträgt dort die Regenhöhe 218 mm (Extreme 40—679 mm) und der Nebel begünstigt nur die Vegetationsentwicklung, die ohne diese Winter- und Sommerregen nicht möglich wäre [KASSAS (1)]. Taubildung und Verdunstung wird in einer theoretischen Studie, die von der energetischen Seite ausgeht, von HOFMANN untersucht. Die Verdunstungssumme der Vegetationsperiode hängt von der Strahlung stärker ab, als vom Ventilations-Feuchte-Faktor. Deswegen ist für den Vergleich mit der Blatttranspiration die Anwendung von grünem Papier bei Evaporationsmessungen zweckmäßig. Die maximale Taumenge kann 0,7 mm nicht überschreiten, was durch empirische Messungen bestätigt wird. Bewässerungsanlagen im Schwarzwald wirken sich nach REICHELT (1) auf die Luftfeuchtigkeit und Verdunstung nur bis zu etwa 1 m Höhe über den Grünlandbeständen meßbar aus. Auf das Regional- und selbst auf das Lokalklima haben sie daher keinen Einfluß.

Eine neue Methode zur Feststellung der Spaltenweite schlägt FROESCHEL vor. Ganze Blätter werden in Wasser durch Drucksteigerung infiltriert. Die Reaktion der Spalten verschiedener Blätter derselben Pflanze auf kleine Belichtungsunterschiede läßt sich dabei leicht erkennen.

Gegen die in der Ökologie gebräuchliche Schnellwägemethode zur Bestimmung der Transpiration wird immer wieder der Einwand erhoben, daß beim Abschneiden der Zweige der Kohäsionszug aufgehoben wird und die ersten ermittelten Werte zu hoch sind. RAWITSCHER kann diesen Einwand durch genaue Messung der Transpiration vor und nach dem Durchschneiden der Stengel entkräften. Eine andere Fehlerquelle bei solchen Messungen im Freiland ist die außerordentlich große Streuung der Werte. Diese beruht, wie HÖLZL auf Grund einer kritischen Nachprüfung der Methode zeigen konnte, auf dem verschiedenen Verhalten der einzelnen Blätter einer Pflanze (wobei das Alter eine große Rolle spielt) oder auf Abweichung im Transpirationsverlauf der verschiedenen Pflanzen. Gesicherte Einzeltagesgänge der Transpiration kann man deshalb nur erhalten, wenn man mehrere Parallelmessungen durchführt und mittelt oder bei gleichmäßigen Kulturpflanzenbeständen ganze Pflanzen verwendet.

Sehr interessant sind die Befunde von KLEMM, daß die stomatäre Transpiration bei *Sedum* bis zu 40 % von den Mesophyllmembranen (Innencuticula) eingeschränkt wird (incipient drying). Die Luftfeuchtigkeit in den Intercellularen kann bei trockener Außenluft bis auf 65 % fallen.

Vergleicht man die Transpiration der tropischen Loranthaceen in Venezuela mit der ihrer Wirte, so übertrifft sie letztere um ein Vielfaches. Selbst in Trockenzeiten schränken die Misteln die Wasserabgabe im Gegensatz zu den Wirtspflanzen nicht ein, was für letztere katastrophal werden kann (VARESCHI u. PANNIER).

Die Transpiration entlaubter Bäume in den milden Wintern der Ukraine untersuchte OBRAZTSOVA in dem normalen Winter 1953/54 und in dem milden Winter 1954/55. In letzterem war die Transpiration sehr viel höher. Die relativen Werte für die einzelnen Baumarten änderten sich dabei, wie folgende Tabelle zeigt:

Tabelle 1. *Transpirationsverluste in g/100 g Frischgewicht entlaubter Zweige im Januar-Monat.*

	1953/54	1954/55
Acer platanoides	0,14	1,80
Acer negundo	0,32	4,20
Acer campestre	0,72	2,60
Acer tataricum	0,74	3,40
Acer pseudoplatanus . .	0,82	3,00
Fraxinus excelsior . . .	0,30	0,88
Fraxinus pubescens . . .	0,46	2,20
Fraxinus viridis	0,96	2,80
Quercus robur (frühe) . .	0,46	3,90
Quercus robur (späte) . .	1,18	4,25
Robinia pseudacacia . . .	0,70	2,40
Gleditschia triacanthos . .	0,44	2,80
Elaeagnus angustifolia . .	0,60	1,80

Der Wassergehalt der Zweige nahm im Laufe des Winters ab, doch wurde der größte Teil der Transpirationsverluste durch Nachschub aus dem Stamm ersetzt.

In der Nogaischen Steppe (nördl. der Krim) zeigen nach BEJDEMAN die Arten, die das Grundwasser nicht erreichen, ab Juni (*Stipa* u. a.) oder ab Juli (*Artemisia* u. a.) einen starken Transpirationsabfall (Austrocknen des Bodens). Im Gegensatz dazu weisen die an Grundwasser gebundenen Arten im Hochsommer die höchsten Werte auf. Der Wasserverbrauch in den 5 Sommermonaten beträgt beim *Stipeto-Festucetum* 78—99 mm, bei den Halophyten des trockeneren Bodens 70—150 mm, bei Sumpfvegetation und nassen Halophytenvereinen 410 bis 643 mm und bei *Tamarix* oder Pappelbeständen auf Grundwasser 572—1143 mm.

Den Wasserhaushalt von 4 typischen immergrünen Sträuchern des ariden Monte-Gebiets in Argentinien, das sich über 2000 km erstreckt und unter 200 mm Regen aufweist, untersucht MORELLO. *Larrea nitida* ist an Grundwasser gebunden und schränkt die Transpiration nicht ein. Bei den anderen *Larrea*-Arten und einer *Zuccagnia* treten in der Dürrezeit starke Defizite auf, obgleich die Blattfläche und die Transpiration reduziert werden. Die dürreresistentesten Sträucher durchwurzeln eine Fläche über 100 m². Sie verbrauchen 3—21% der Niederschläge, während die Wasserabgabe von *L. nitida* diese 4mal übersteigt. Im südlichen Teil des Monte-Gebiets sind die Sträucher einer starken Bodenerosion (Entblößung des Wurzelsystems), aber auch einer Bedeckung durch Ton oder Sand ausgesetzt. Im ersten Fall wird die transpirierende Oberfläche noch stärker eingeschränkt, im zweiten muß ein neues Wurzelsystem näher zur Bodenoberfläche gebildet werden.

Zum ersten Mal haben ZOHARY u. ORSHAN den Wasserhaushalt extremer, vorderasiatischer Wüstenpflanzen im Wadi Araba (Totes Meer) ein ganzes Jahr hindurch verfolgt. In 2 m Tiefe ist der Boden am feuchtesten (6% H_2O). Die Transpirationswerte erinnern an die der mediterranen Hartlaubgewächse. *Acacia* und *Ochrodenus, Calligonum* und *Zilla spinosa* haben den ausgeglichensten Wasserhaushalt (osmotischer Wert um 10—20 Atm., bei anderen im Sommer bis zu 40—55 Atm.)

Über die kryoskopisch bestimmten Werte der wichtigsten Arten des *Pamirs* aus 3860—5000 m Höhe berichtet ausführlich SWESCHNIKOWA. Mit zunehmender Höhe erhöht sich der osmotische Wert bei derselben Art um 1—20 Atm. Im allgemeinen sind jedoch die Werte bei Arten der subalpinen Wüsten höher (17,1—34,9 Atm.) im Vergleich zu denen der alpinen Wüsten (13,8—19,0). Die Unterschiede der optimalen Werte sind bei den Arten geringer, als die der maximalen. Im Laufe der Vegetationszeit nimmt die Zellsaftkonzentration ständig zu. Die höchsten gefundenen Werte übersteigen 40 Atm. (bis 57,8).

Mit der Dürreresistenz der Holzpflanzen beschäftigt sich PARKER. Diese kann nicht auf eine bestimmte Eigenschaft zurückgeführt werden, sondern in den einzelnen Fällen anatomischer, physiologischer, plasmatischer oder ökologischer Natur sein. Nach SATOO (1) ist für die Überstehung von Trockenperioden bei Keimpflanzen von *Pinus densiflora, Chamaecyparis obtusa* und *Cryptomeria japonica* bei trockenem Boden die cuticuläre Transpiration ausschlaggebend, bei feuchterem dagegen die Ausbildung des Wurzelsystems. Im trockenen Juli 1955 traten in Dänemark Dürreschäden nur bei spätaustreibenden Fichten auf, bei denen die Streckung der jungen Triebe gerade in die Dürrezeit fiel, wobei eine Vergrasung der Bestände die Ausfälle erhöhte (OKSBJERG). „Xeromorphosen" können nach LUNDKVIST selbst durch Wasserüberschuß im Boden hervorgerufen werden, ebenso wie durch N-Mangel. Deshalb schlägt GREB vor in solchen Fällen lieber von Peinomorphosen, d. h. durch Mangel bewirkte morphologische Änderungen, zu sprechen. Er experimentierte mit Pflanzen, deren Wurzelsystem geteilt war, wobei die eine Hälfte warm, die andere kalt gehalten wurde. Er fand, daß die N-Aufnahme bei normaler Konzentration durch Kälte stark gehemmt wurde, nicht aber bei erhöhter. Nur im ersten Falle traten Peinomorphosen auf. Wir wissen auch, daß die Pflanzen N-überdüngter Stellen in der kalten alpinen Stufe einen hygromorphen Charakter aufweisen.

3. Assimilathaushalt (Lichtfaktor und Gaswechsel).

Die Photosynthese wird wenigstens bei den in unserem Gebiet vorkommenden Pflanzen bei zunehmenden Wasserdefiziten ausschließlich durch die Schließbewegung der Spalten beeinflußt. Die Nettoassimilation sinkt auf Null, wenn die Spalten geschlossen sind. Eine direkte Beeinflussung der Photosynthese durch Wassergehaltsabnahme bei noch geöffneten Spalten wurde nicht beobachtet (PISEK u. WINKLER).

Den Einfluß von Zinkgaben auf die Photosynthese von *Silene inflata* untersuchten BAUMEISTER u. BURGHARDT. Sie vergleichen dabei eine Gartenform mit einer Galmeiform. Letztere weist eine höhere CO_2-Assimilation, entsprechend einem höheren Pigmentgehalt auf, aber die Frischgewichte sind bei der Gartenform viel höher. Dabei wird das Optimum der Zinkgabe bei dieser schon bei 10 mg/l erreicht, bei der Galmeiform erst bei 50 mg.

Die Stoffproduktion eines 25—40 jährigen Espenbestandes (*Populus Davidiana*) in Hokkaido, wird von SATOO (2) bestimmt. Die Blattmenge und die Blattoberfläche nimmt fast proportional mit dem Stammdurchmesser zu. Ebenso ist auch die Trockensubstanzproduktion (Stamm + + Zweige + Blätter) proportional zur Blattfläche, nicht dagegen die Bildung von Stamm-Holzmasse, die mit dem Alter relativ abnimmt. Pro ha Wald betrug die Blattfläche (einseitig) 2,3 ha, das Blatttrockengewicht 2,2 t, die Stoffproduktion ohne die Kräuter 8,7 t, mit diesen 12,3 t.

WALTER (4) weist darauf hin, daß in Gebieten mit feuchten Sommern und milden Wintern (Nordspanien, Nordanatolien, Insubrisches Gebiet) die sommergrünen Laubwälder in Wettbewerb mit der mediterranen Hartlaubvegetation treten und sich als konkurrenzkräftiger erweisen. Die Ursache dafür ist ihr rasches Wachstum, infolge der größeren Stoffproduktion. Zwar müssen die Laubbäume jedes Jahr neues Laub bilden, aber ihr Blatttrockengewicht ist auf gleiche Blattfläche berechnet dreimal geringer und der Blattanteil am Gesamttrockengewicht größer, somit der Assimilathaushalt günstiger.

4. Bodenverhältnisse (chemische Faktoren).

In ungestörte Bodenprofile eingebaute Trichter-Lysimeter liefern im Gegensatz zu den üblichen Gefäß-Lysimetern in der Regel kein Sickerwasser, weil sie nach STEUBING vom Wasser umgangen werden.

Zur raschen und genauen physiologischen Bestimmung des Welkungskoeffizienten von Böden hat sich die von ANDERSSON benutzte Methode besonders bewährt. Er sät um einige Sonnenblumen in der Mitte des Versuchsgefäßes einen dichten Kranz von Hafer an, der den Boden rasch sehr intensiv durchwurzelt und ihm schnell Wasser entzieht, während die jungen Blattspreiten der extensiv wurzelnden Sonnenblumen den Eintritt des Welkens besonders deutlich erkennen lassen.

Böden, in denen das Grundwasser in einer geringen Tiefe steht, sind durch eine bestimmte Vegetation ausgezeichnet. Aber die Tiefe des Grundwasserspiegels ändert sich im Laufe eines Jahres oft sehr stark. Man spricht deshalb von charakteristischen Grundwassergang-Linien. TÜXEN wertet die Messungen sehr zahlreicher Grundwassermeßstellen in Norddeutschland ökologisch aus, indem er die Pflanzengesellschaften mit den jeweiligen Grundwassergang-Linien vergleicht. Es zeigt sich, daß diese bei ein und derselben Gesellschaft sehr verschieden sein können, doch lassen sich aus den pflanzensoziologischen Tabellen gewisse Zeigerarten der Grundwasserformen ausscheiden. Allerdings ändert sich dabei oft auch die Bodenart, so daß u. E. diese Zeigerarten evtl. mehr von dieser abhängen könnten.

Sehr anschaulich geht die Abhängigkeit der Pflanzendecke vom Grundwasser auch aus den schematischen Vegetationsprofilen hervor, die PREISING in seiner Übersicht der Acker- und Grünlandgesellschaften NW-Deutschlands bringt. Sie umfassen die Landschaften des Eichen-Birkenwaldes, des Eichen-Hainbuchenwaldes, der Eschen-Ulmen-Auen und der Birken-Erlenwald-Niederung mit den Ersatzgesellschaften.

Besseres Wachstum der Pflanzen auf alten Termitenhaufen ist auf bessere physikalische Eigenschaften (Durchlüftung) des Bodens zurückzuführen. In der chemischen Zusammensetzung ergeben sich keine wesentlichen Unterschiede (HESSE).

Die Wurzelsysteme der subalpinen Grasnarben sind nach ROCHOW im allgemeinen flach. Nur im *Nardetum* kommen auch „Tiefwurzler", die über 25 cm in den Boden eindringen, vor (*Nardus, Arnica*) z. T. mit Pfahlwurzeln (*Crepis conyzifolia, Gentiana purpurea, Plantago alpina*). Die größte Tiefe dürfte bei 50 cm liegen.

Die verschieden große Resistenz von Apfel- und Birnensorten gegen Überflutung mit Salzwasser in Holland untersuchte BEEFTING (1). Entscheidend für die Salzverträglichkeit ist der Genotyp, doch spielen auch Ernährungszustand, Wurzeltiefe und Bodenstruktur eine Rolle.

Auf den Salzgehalt des Quellwassers (0,5—1,6% NaCl) ist das Auftreten von Halophyten in den Wiesen bei Bad Nauheim zurückzuführen (BÜCKNER).

Man kann dabei eine ähnliche Zonierung wie an der Wattmeerküste beobachten, nur fehlen heute *Salicornia* und *Aster tripolium*, die in alten Floren angeführt werden. Die *Spergularia salina*-Ass. mit viel *Puccinellia distans* zeigt die höchste Salzkonzentration im Boden an, dann folgen das *Armerietum maritimae* ohne

Armeria, aber mit *Plantago maritima, Triglochin maritima, Juncus gerardi, Glaux maritima* u. a. Eine *Festuca arundinacea*-Subass. mit *Lotus tenuifolius* leitet dann zur süßen Fettwiese über. In Gräben steht *Scirpus maritimus.*

Die Ostsee und die Boddengewässer bei Hiddensee besitzen nur einen Salzgehalt von 7,8—8,6 %/₀₀. Eine Übersicht über die dortige Algenvegetation gibt KÜNZENBACH. An seichten Stellen im Bodden konnte er im Sommer Temperaturen bis 30—34° messen.

Einen knappen, aber sehr inhaltsreichen und mit vielen Literaturhinweisen versehenen Überblick über „Anwuchs, Landgewinnung und Deichbau in Nordfriesland" und über die ökologischen Probleme der Wattenmeerküsten geben WOHLENBERG u. SNUIS. Die Standorte von *Salicornia* und *Spartina* sind im Schelde-Mündungsgebiet nach BEEFTING (2) deutlich verschieden, so daß man nicht von einem *Salicornieto-Spartinetum* sprechen darf.

Für den Kreislauf des Phosphors in dem Seewasser ist dessen Remineralisation im Plankton von Bedeutung. Nach HOFFMANN werden beim Absterben der Zellen des Planktons 20—25% des Gesamtphosphors als anorganisches Phosphat abgegeben und 30—40% als organisch gebundenes Phosphat. Der Restphosphor wird durch Fermenteinwirkung innerhalb von 2 Tagen ebenfalls zu 70% remineralisiert.

5. Mechanische Faktoren.

Die natürliche Regeneration des Laubwaldes in den Neu-England-Staaten (USA) nach einem Wirbelsturm, der 1938 den Wald auf 240000 ha zerstörte, untersucht SPURR. Dort wo die untere Baumschicht erhalten blieb, wachsen Baumarten der späten Sukzessionsstadien heran, sonst herrschen Pionierarten (Birken und Traubenkirschen) vor.

Die Kalifornische Macchie (CHAPARRAL) verdankt ihre Verbreitung den periodisch wiederholten Bränden. HORTON u. KRAEBEL verfolgten die Sukzession 25 Jahre lang. Nach 10 Jahren ist die ursprüngliche Zusammensetzung wieder erreicht. Aber nach 25 Jahren treten neue Gehölzarten auf. Die Macchie ist also keine Klimaxgesellschaft.

6. Verschiedenes.

Die günstige Windschutzwirkung von Hecken konnte MÜLLER auf der Schwäbischen Alb bestätigen. Beeinflußt wird die Wasserversorgung der Pflanzen, was darin zum Ausdruck kommt, daß der osmotische Wert der Kartoffelblätter im Windschutz 9,8 Atm. gegenüber 10,1 Atm. ohne diese betrug. Entsprechend waren die Erträge bei Kartoffel im trockneren Jahr 1953 um 19,4%, im feuchteren 1954 um 9% gesteigert. Gewisse Nachteile wie Frostgefahr, Schneeanhäufung, Maikäfergefahr und Landverlust müssen in Kauf genommen werden. Die Hecken des Vogelsberges, ihre Entstehung und Zusammensetzung vorwiegend aus Arten des Buchenwaldes sowie ihre Problematik mit den fördernden und nachteiligen Auswirkungen behandelt sehr ausführlich BAULE.

Eine sehr eingehende Untersuchung über die obere Waldgrenze in den Gebirgen der Erde und ihres Abstandes zur Schneegrenze verdanken wir HERMES. Die Verhältnisse an der Waldgrenze sind sehr unterschiedlich, aber man kann doch drei Großtypen aufstellen: 1. Die nördlich polare wird durch den Temperaturfaktor bestimmt, jedoch nicht durch eine einzige Isotherme. 2. In den ariden Gebirgen läßt sich nicht entscheiden, ob der Wärme- oder der Niederschlagsfaktor ausschlaggebend ist. 3. In den tropischen Gebirgen könnte die Frostwechselhäufigkeit oder ein Tagesminimum noch über 0° von Bedeutung sein.

In Finnland sind die Sommer seit 1910 deutlich wärmer geworden. In den 30er Jahren wurde allerdings der Gipfelpunkt dieser Erscheinung bereits überschritten. Nach den sorgfältigen Untersuchungen von ERKAMO hat diese Klimaschwankung eine größere Jahresringbreite und längere Jahrestriebe bei den Bäumen zur Folge gehabt; auch die Zeit der Belaubung hat sich verlängert und Arten mit südlicher Verbreitung wurden weiter nördlich gefunden. Der Ackerbau war in letzter Zeit bis weit nach Lappland möglich, doch muß man damit rechnen, daß die Wärmeperiode nur eine vorübergehende ist und dann ein Rückschlag eintritt.

Eine genaue Beobachtung von 75 Moosarten bei Bonn durch JENDRALSKI bestätigte Lackners Ansicht, daß die Periodizität in der Entwicklung der Moose in viel geringerem Maße autonomen Charakter trägt, als es HAGERUP annahm. Als poikilohydre Arten verlangen die Moose für ihr Wachstum eine genügende Feuchtigkeit.

Über die jahreszeitlichen Schwankungen des Phytoplanktons im Dechsendorfer Weiher bei Erlangen berichtet GLENK.

II. Vegetationskunde.

1. Kausale Vegetationskunde.

Die Pflanzengesellschaften werden als Indicator für die Standortsbedingungen benützt. Wie McMILLAN (1) durch Kulturen der vorherrschenden Präriearten zeigen konnte, zerfallen diese jedoch in so viele Ökotypen, die an die jeweiligen Standorte angepaßt sind, daß Pflanzengesellschaften aus gleichen Arten in verschiedenen Gebieten noch keinen Rückschluß auf gleiche Standorte zulassen.

Mit dem Wettbewerb verschiedener arktisch-alpiner Arten in den Rocky Mts. beschäftigt sich GRIGGS. Er beobachtet das Eindringen der Arten in die Polsterpflanzen (z. B. *Silene acaulis*) und stellt eine Wettbewerbsreihe auf. Den sehr interessanten Wettkampf zwischen *Calluna* und *Pteridium* in England schildert WATT. Je nach den äußeren Bedingungen und der Entwicklungsphase kann die eine oder die andere Art die Oberhand gewinnen. Der Einfluß des Wettbewerbes anderer Arten auf die Keimung und Entwicklung von *Juncus effusus* auf verschiedenen Böden und bei verschiedenem Grundwasserstand wird von LAZENBY untersucht.

Aus Aschenanalysen von Flach- und Hochmoorpflanzen schließen MALMER u. SJÖRS, daß viele Pflanzen an ihren ,,normalen" Standorten mehr oder minder unterernährt sind, insbesondere was K, P und N anbetrifft. Sie müssen in der Natur mit unteroptimalen Verhältnissen vorlieb nehmen, weil sie durch konkurrenzkräftigere Arten von Standorten verdrängt werden, die physiologisch für sie optimal wären.

Mit diesen Befunden stehen die Ergebnisse der von VALMARI ausgewerteten Düngungsversuche in nordfinnischen Mooren im Einklang. *Eriophorum vaginatum*, *Rubus chamaemorus* und *Betula nana* wurden nämlich durch PK- und besonders durch NPK-Düngung stark in ihrem Wachstum gefördert. Ihr Fehlen auf nährstoffreichen Mooren ist also lediglich als eine Folge der dort stärkeren Konkurrenz anzusehen. Auch *Carex canescens* verhielt sich ähnlich. Bemerkenswert ist außerdem, daß sich in diesen Versuchen *Rumex acetosella* als gegen den p_H-Wert des Moorbodens völlig indifferent, aber als phosphorbedürftig erwies.

In Zentralkalifornien kommen *Cupressus* und *Pinus* mit einer bestimmten Begleitflora nur auf Serpentin oder auf bestimmten sauren Böden vor. Um dieses Verhalten zu verstehen, wurden Gefäßversuche mit diesen und normalen Böden angesetzt, um die Toleranzbereiche für die Arten oder Varietäten festzustellen. Sie bestimmen zusammen mit dem Konkurrenzkampf die Anzahl der Einzelpflanzen am Standort und damit die Herausbildung der Pflanzengesellschaften [McMILLAN (2)].

Die Entstehung der Laubwiesenvegetation bei Stockholm ist geschichtlich bedingt. Im 18. Jahrhundert war der Laubwald auf die Gesteinsböden beschränkt. Das übrige Gelände wurde von Wiesen eingenommen, die im 19. Jahrhundert eine Umwandlung in Äcker erfuhren. Nachdem man diese aufließ, breitete sich wieder die Wiesenvegetation zugleich mit den Gehölzen aus (RYBERG).

Für die Bereicherung der Gipfelflora am Piz Languard (Engadin) seit 1903 ist die Akzessibilität dieses Wuchsortes von Bedeutung. Er steht mit berasten Steillehnen in Verbindung und der Wildgang ist in letzter Zeit sehr stark geworden. Das Höherwandern zahlreicher Arten braucht somit nicht auf einer Klimaänderung zu beruhen (BRAUN-BLANQUET (2)].

Die immer häufigere Anwendung von Herbiciden greift in den Wettbewerb ein und läßt eine Änderung in der Zusammensetzung der Unkrautgesellschaften erwarten (RADEMACHER).

Enge Beziehungen zwischen Pflanzengesellschaften und Bodentypen fanden DETHIOUX in den Wäldern Mittelbelgiens und REICHELT (2) bei den Wiesen im S-Schwarzwald. Dagegen geht aus den gründlichen Untersuchungen der Vegetation in der Wald- und Zwergstrauchstufe der Zentralalpen von BRAUN-BLANQUET, PALLMANN u. BACH hervor, daß ein und dieselbe Pflanzengesellschaft auf verschiedenen Bodentypen vorkommen kann. Nur die A_0- und die A_1-Horizonte sind gleich. Saure Humusbildungen im Kalkgebiet sind an das Vorkommen von Moränendecken oder kolluviale Feinerdeansammlungen gebunden. Eine direkte Bodenentwicklung von Kalkfels bis zum metermächtigen Auflagehumus-Profil scheint hier ebenso wenig vorzukommen wie in der alpinen Stufe.

2. Allgemeine Fragen der Vegetationsgliederung.

POORE (1) erläutert sehr eingehend für englische Leser das Braun-Blanquetsche System und seine Anwendung. Da die theoretischen Grundlagen dieser Schule nicht genügend fundiert erscheinen, wird die Brauchbarkeit des Systems praktisch in Schottland geprüft. Er kommt zu dem Schluß, daß man nicht dogmatisch vorgehen darf. Es gibt kein Prinzip, das allein richtig ist; alle haben ihre Nachteile und Vorteile und man muß fallweise das eine oder das andere benützen. Eine allgemeine Diskussion der pflanzensoziologischen Probleme schließt die kritische Studie ab.

Auch EGLER nimmt kritisch zu dieser Arbeitsweise und ihrer Anwendung in den USA Stellung. Nach seiner Ansicht wird sie dem Wesen der Pflanzengemeinschaften nicht voll gerecht.

EHWALD weist auf die Parallelen bei der Vegetations- und Bodensystematik hin. Beide müssen auf einer großzügigen Typisierung beruhen und elastisch bleiben, ohne eine hierarchische Gliederung bis ins Kleinste anzustreben. Bei der Gliederung der Vegetation des Unterspreewaldes begnügt sich z. B. SCAMONI (1) mit der Unterscheidung lokaler Gesellschaften, die mindestens durch eine Gruppe von Differentialarten gekennzeichnet sind. Auch MRAZ schlägt eine Neuordnung der *Nardus*-Rasen auf dynamisch-genetischer Grundlage vor, ohne den Boden des Braun-Blanquetschen Systems zu verlassen.

Für die Rekonstruktion der natürlichen Waldgesellschaften reichen die Bodenvegetation und das Bodenprofil nicht aus. Deshalb greift REINHOLD in der Baar zu historischen Methoden und gelangt zu einem großklimatisch bedingten Tannen-Kiefernwald-Typus. Ebenso kombiniert auch SAUER in der niederrheinischen Bucht bei Köln die soziologische Methode mit der pollenanalytischen und historischen. Er ist der Ansicht, daß die Buche auch auf der jetzt waldlosen Niederterrasse vertreten wäre.

Einen Prodromus der mitteleuropäischen Flechtengesellschaften verdanken wir KLEMENT (1). Er unterscheidet 3 Klassen: 1. *Epipetraetea* (Gesteinsflechten) mit den 3 Ordnungen der Silikat-, Kalk- und Wasserflechten (12 Verb., 50 Assoz.); 2. *Epigaeetea* (Erdflechten) mit 1 Ordnung (6 Verb., 18 Assoz.); 3. *Epiphytetea* mit 3 Ordnungen der Rinden- und Holz-, der Moos- und der Blätterflechten (10 Verb., 38 Assoz.). Eine interessante amphibische Flechtengesellschaft auf den Molassebänken des Lechs wurde von KLEMENT (2) kürzlich beschrieben.

Die Moosgesellschaften im Alpenvorland beschreibt PÖLT, die Algenbiozönosen des Neusiedler Sees LOUB und die Algenzonierung in den Mooren des österreichischen Alpengebiets derselbe mit 4 Mitarbeitern.

3. Vegetationskartierung.

Eine Bibliographie der bisher in Deutschland veröffentlichten und der zahlreichen unveröffentlichten Vegetationskarten wurde von TÜXEN u. HENTSCHEL zusammengestellt. Eine Vegetationskarte der Steiermark 1:500000 mit Erläuterungen liegt von SCHARFETTER vor.

Im Rahmen der französischen Vegetationskartierung 1:200000 (vgl. Fortschr. Bot. 16, 227) sind neu erschienen die Blätter Rabat-Casablanca von THERON u. VINDT sowie Beni Abbés (Algerie) von GUINET.

Methodisch neuartig ist das „Vegetations-Kartogramm" 1:400000 des niederländischen Grünlandes, das DE BOER herausgebracht und erläutert hat. Durch Farben werden 31 „Gruppen" unterschieden, die durch ungleich großen prozentualen Anteil von 7 „Kartierungseinheiten" an der Grünlandfläche charakterisiert sind. Letztere wiederum sind Zusammenfassungen von ökologisch ähnlichen Pflanzengesellschaften. Auf diese Weise wird eine sehr übersichtliche und trotzdem recht fein differenzierte ökologische Landschaftsgliederung der Niederlande erreicht. Ein schwarz-weißes Kartogramm in gleichem Maßstab ergänzt diese Übersicht, indem es die Wasserversorgung des Grünlandes in 8 Stufen darstellt.

4. Spezielle Vegetationskunde.

a) *Europa*. Eine Gliederung der Vegetation Fennoskadiens an Hand eines kleinen Kärtchens führt ZOLLER (1) durch. Die Schneebodenvegetation dieses Gebietes, sowohl auf basenreichen wie auch -armen Böden, hat eine besonders eingehende Bearbeitung durch GJAEREVOLL erfahren. Aus den Alpen bringt FRIEDEL jetzt eine ausführliche Erläuterung zu der Vegetationskarte der Pasterze (Großglockner). Von BRAUN-BLANQUET (1) liegt eine meisterhafte Darstellung der alpinen und nivalen Vegetation der französischen Alpen vor. Auf seine (u. a.) Bearbeitung der Wald- und Zwergstrauchstufe im Schweizer Nationalpark wurde bereits hingewiesen. Die alpinen *Calluna*- und *Erica carnea*-Heiden behandelt AICHINGER als Entwicklungstyp im Rahmen eines kurzen Überblicks über ganz Europa. Einen Einblick in die Verteilung der Pflanzengesellschaften in belgischen Heidegebieten und ihre ökologischen Beziehungen gibt TRAETS. Auch in England wurden Moor- und Heidestudien durchgeführt: in Sutherland (PEARSALL), in dem floristisch reichen Gebiet der nördl. Penninen (PIGOTT), im Moorbecken von East Anglia [POORE(2)] in Central-Westmorland mit einer eigenen Kalktuff-Quellvegetation (HOLDGATE) und auf nassen Heideflächen mit *Molinia* in SE-England (RUTTER).

Die Buchenwälder der Ardennen beschreibt NOIRFALISE. Die Pflanzengesellschaften des „Jura Central" schildert TROUCHET, diejenigen der Alpes Maritimes et Ligures (mit Vegetationskarte) OZENDA (1). Die Höhenstufen der Vogesen gliedert ZOLLER (2). Auf die pflanzengeographische Gliederung Mitteldeutschlands von MEUSEL sei hingewiesen. Aus N-Deutschland beschreibt SCAMONI (2) eine baltische Ausbildung des *Melico-Fagetums*.

Pflanzensoziologische und bodenkundliche Untersuchungen in dem 800 ha großen Forstrevier Ruda bei Pulawy (Weichsel) führen W. u. A. MATUSZKIEWIECZ durch. Sie weisen auf die durch den Menschen verursachten Veränderungen hin und betrachten als Klimaxgesellschaft einen Kiefern-Eichenwald. Die Waldgesellschaften in den Ostkarpaten behandelt sehr ausführlich MEDWECKA-KORNAS, während ZARZYCKI die zum *Alnetum incanae* führenden Sukzessionen in den Sandstein-Alluvionen zweier Flußtäler in den West-Beskiden untersucht.

Nach WRABER spielt auf dem Urgesteinsmassiv des Waldberglandes von Pohorje (Slovenien) *Fagus* eine geringere Rolle als *Abies* und in den höheren Lagen *Picea*. Die Waldgesellschaften auf der Arala bei Belgrad studieren BORISLAVJEVIĆ u. Mitarb. in ihrer Abhängigkeit vom Standort, während JOVANOVIĆ im östlichen Serbien dieselben Fragen auf dem hohen Kalkmassiv der Suva Planina bearbeitet. Die Weide- und Wiesentypen in diesem Gebiet enthalten schon viele Steppenelemente und Arten mediterraner Herkunft (JOVANOVIĆ-DUNJIĆ).

Trockengesellschaften werden auch aus Mitteleuropa beschrieben, z. B. die linksrheinischen Trockenwälder von RÜHL, die Flugsandvegetation bei Darmstadt von ACKERMANN, die thermophilen Busch-, Trockenrasen- und Ackerunkrautgesellschaften des Oberen Tiroler Inntales von KIELHAUSER. WENDELBERGER gibt einen Überblick über Struktur und Geschichte der pannonischen Vegetation. Von letzterer liegt eine schöne Arbeit aus der kleinen ungarischen Tiefebene von BORHIDI vor, während Waldtypen bei Pecs von HORVÁT beschrieben werden. Beide Autoren bringen Florenelement-Diagramme. UBRIZSY hat mehrere Jahre hindurch die Pilzvegetation in verschiedenen Waldtypen Ungarns beobachtet. Eine sehr wichtige Arbeit über die Karsterscheinungen, ihre Entstehung und die Methode der Aufforstung in Ungarn verdanken wir JAKUCS, während SOÓ uns mit der für Ungarn einzigartigen Vegetation des Bátorliget bekannt macht, die zahlreiche subalpine Relikte enthält.

Die Regeneration der Steppe bei Woronesch auf zwischen 1882—1914 umgepflügten und seither nur gemähten Flächen schildert KAMYŠEV. Man kann 4 Stadien unterscheiden: 1. Feldunkräuter (*Artemisia absinthium* und *Compositen*), 2. Rhizomstauden (*Poa, Bromus, Agropyron, Artemisia austriaca*), 3. kleinrasige Steppengräser (*Festuca*) und 4. kräuterreiche *Stipa*-Steppen. Die Ergebnisse der 10. I.P.E. durch Spanien sind in einem von LÜDI redigierten Bande erschienen. Er umfaßt 15 verschiedene Aufsätze, darunter über die Bodenbildung (KUBIENA), die Vegetationsgürtel (RIVAS—GODAY), die Vegetation von Katalonien (BOLòS), der Pyrenäen (GAUSSEN), der alpinen Höhenstufe (LÜDI). Letztere zeigt in den

Pyrenäen noch starke Anklänge an die Alpen. Diese werden südlicher immer geringer und die Sierra Nevada ist schon ausgesprochen mediterran und erinnert an die Hochgebirge des Atlas; alpine Arten findet man nur in den höchsten Lagen an dauernd feuchten Biotopen. Die vergleichenden Betrachtungen der Iberisch-Berberischen Gebirge (SCHMID), von Irak und Spanien (REGEL) und der *Tragacantha*-Igelheiden bis zum Kaspischen Meer (GAMS) greifen schon über Europa hinaus.

b) *Asien.* Die Zentralanatolische Steppe war nach WALTER (5) ursprünglich eine Grassteppe *(Stipa-Bromus)* mit vielen Kräutern, die sich aber von den osteuropäischen durch einen stärker mediterranen Einschlag unterschied. Durch die jahrhundertlange Beweidung ist sie zu einer *Artemisia-Festuca*-Gesellschaft degradiert. Sonst war Anatolien zu 70% ein Waldland, das sich nach den vorherrschenden Baumarten in 7 Waldtypen gliedern läßt [WALTER (6)]. Einen geobotanischen Überblick über Transjordanien mit Boden- und Vegetationskarte geben FEINBRUN u. ZOHARY. Sie unterscheiden ein mediterranes, ein irano-turanisches und ein saharo-sindisches Vegetationsgebiet. Aus Palästina beschreibt ORSHAN ein Sanddünengebiet an der Küste und ZOHARY u. ORSHAN das *Acacietum tortilis anabasidetosum* und das *Haloxyletum persici* aus dem Wadi Araba.

Wüstenhaft ist auch die Vegetation an der Küste des Roten Meeres südlich von Jedda. Eine reichere Vegetation findet man nur in den Wadis und im Gebirge, wo mehr Regen fällt. In der Gezeitenzone wächst eine *Avicennia marina*-Mangrove (VESEY-FITZGERALD).

Das *Saseto-Fagetum* ist der Klimax-Wald um das Ozegahara-Moor herum in Japan in 1400 m Höhe (HORIKAWA u. SASAKI).

Eine Vegetationsbeschreibung der Waldtundra am Jana-Fluß (Ost-Sibirien) unter den 70—71° N gibt TYRTIKOW.

c) *Afrika.* Auf die sekundären Sukzessionen im tropischen Regenwald, die heute eine sehr wichtige Rolle in Afrika spielen, geht RICHARDS ein. JONES führt Untersuchungen im Regenwald von Süd-Nigerien durch. Die Bestände sind nicht völlig unberührt und weisen eine mosaikartige Zusammensetzung ohne scharfe Grenze auf. Die verschiedenen Waldtypen in Belg.-Kongo auf trockenem und überschwemmtem Boden, sowie im Gebirge bis 3800 m Höhe bearbeitet LEONARD Eine detaillierte Vegetationsbeschreibung des erloschenen Vulkans Hanang (3360 m) in Tanganyika gibt GREENWAY. Auf die Höhenstufen der Imatong-Berge an der Sudan-Uganda Grenze geht JACKSON ein. Wie überall in Afrika spielen auch hier die Grasbrände eine große Rolle. Die Vegetation des Hochlandes von Äthiopien schildert SCOTT. Im zentralen Teil findet man *Juniperus procera* — *Podocarpus*-Wälder (bis 2700 m), im südlichen bis 1800 m Akazien-Savannen mit Kandelabereuphorbien.

Auf die Möglichkeit, die verschiedenen ökologischen Verhältnisse auf Grund der mannigfachen Ausbildungen der Savannen und Grasländer im Kongogebiet zu erkennen, weist DUVIGNEAUD hin.

Die heterogene Vegetation der Kanarischen Inseln skizziert SCHMID vom arealgeographischen Standpunkt aus.

Eine gute Übersicht über die semiariden Vegetationsverhältnisse der südalgerischen Hochebene (600—1550 m) gibt OZENDA (2). Sie besteht hauptsächlich aus Salzsteppen, den *Stipa tenacissima-Lygeum spartum-* und *Artemisia herba-alba-*Steppen und Wäldern (*Pinus halepensis, Quercus ilex*) mit ihren Degradationsstadien. Eine Übersicht über das Klima und die Vegetationszonen von NE-Afrika verdanken wir KASSAS (2). Es sei auch insbesondere auf seine früheren Arbeiten über die Pflanzengesellschaften der ägyptischen Wüste hingewiesen (3).

d) *Nord-Amerika.* BÖCHER, HOLMEN u. DUNBAR bringen eine Übersicht über die biologischen Arbeiten auf Grönland. Im Umiat-Gebiet (Alaska) lassen sich 5 Vegetationstypen unterscheiden: Zwergstrauchheiden, Frostbodenvegetation, *Salix*- und *Alnus*-Gebüsche, sowie *Carex aquatilis*-Wiesen (CHURCHILL). Eine ausgezeichnete Monographie der Wälder der Great Smoky Mts. bis in die subalpine Stufe verdanken wir WHITTAKER. Die natürliche Vegetation des südlichen Ästuariums des St. Lorenz-Stromes bestand aus *Acer saccharum*-Wäldern; im NE herrschte Nadelwald vor (HAMEL). In den ursprünglichen Wäldern von Missouri spielten Eichen- und Hickory-Arten die Hauptrolle. Wie Bodenuntersuchungen zeigen, haben sich frühere Prärieflächen mit Wald bedeckt (HOWELL u. KUCERA).

Den Übergang von den Nadelwäldern der Rocky Mts. zu dem Grasland der Great Plains bildet in Montana und nach Kanada hinein eine Parklandschaft aus Pappelwäldchen und Grasflächen (*Koeleria, Festuca*). Das Mosaik wird bedingt durch Bodenunterschiede und Beweidung durch Schafe (LYNCH). Von Alberta liegt eine Übersicht der Vegetation (mit Karte) von Moss vor. Er unterscheidet verschiedene Prärietypen, die *Populus*-Wälder, die verschiedenen Nadelwälder, die alpine Vegetation, sowie die Sumpf-, Gewässer- und Salzvegetation.

Die Zusammensetzung der Winter- und Sommerannuellen-Vegetation in den Wüsten Kaliforniens wird hauptsächlich durch die Keimungstemperatur bedingt, wie JUHREN, WENT u. PHILLIPS durch Feld- und Laboratoriumsbeobachtungen zeigen konnten.

e) *Zentral- und Süd-Amerika.* Die Klassifikation der tropisch-amerikanischen Vegetationstypen nach neuesten Erkenntnissen verdanken wir BEARD. Er unterscheidet 6 Formationsgruppen mit 28 Formationen. Vegetation, Landnutzung und Agrarpotential von Salvador werden unter Beifügung zahlreicher Kärtchen durch LAUER behandelt. In der Sierra de los Organos auf Cuba findet man auf Kalken einen eigenartigen, endemismenreichen Trockenwald, während Sandstein und Schiefer von Kiefern- und Eichenmischwäldern bedeckt werden. Die Karrenbildung schreitet in den Tropen sehr rasch vor (LEHMANN, KRÖMMELBEIN u. LÖTSCHERT). Vegetationskarten der niederländischen Antillen bringt STOFFERS; die Trocken- und Strandvegetation erinnert physiognomisch an Südamerika, floristisch tendiert sie dagegen mehr zu den nördlichen Westindischen Inseln.

Vollständige Vegetationsaufnahmen, Karten und Linienprofile der küstennahen Gebiete Surinams veröffentlicht LINDEMAN. Aus Venezuela schildert VARESCHI anhand einer Vegetationskarte die verschiedenen Vegetationstypen. Die Savannen und Paramos sind wohl anthropogen bedingt. Eine besonders eingehende Bearbeitung hat in diesem Gebiet der Staat Yaracuy erfahren (ARISTIGUETA u. VARESCHI). Über Natur und Mensch im Amazonas-Gebiet berichtet SIOLI.

Ein Vegetationsprofil durch Peru von der Küste bei Lima bis zu dem Hochplateau der Anden ist bei KOEPCKE veröffentlicht. Im Sonderheft „Forschungen in Chile" bringt SCHMITHÜSEN eine Darstellung der Vegetation in ihrer räumlichen Ordnung und KLAPP einen Überblick über die Probleme des Futterheues.

f) *Australien und Südsee.* Die Vegetation des Mount Angustos (Neu-Seeland) schildern MASON u. MOAR.

Literatur.

ACKERMANN, H.: Schriftenr. Natursch. Darmstadt 2, 134 S. (1954). — AICHINGER, E.: Angew. Pflanzensoziol. (Wien) 12, 5—125 (1956). — ANDERSSON, S.: Grundförbättring (Uppsala), Spez. 2, 98 S. (1955). — ARISTIGUETTA, L. y V. VARESCHI: Aspector botanicos del edo. Yaracuy (Caracas 1955).

BAULE, H.: Lauterbacher Samml. H. 12, 1—63 (1956). — BAUMEISTER, W. u. H. BURGHARDT: Ber. dtsch. bot. Ges. 69, 161—168 (1956). — BEARD, J. S.: Ecology 36, 89—100 (1955); 37, 42—56 (1956). — BEEFTING, W. G.: (1) Medd. Dir. Tuinbouw 18, 234—249 (1955). — (2) Biol. Jb. Dodonaea 23, 37—43 (1956).— BEJDEMAN, J. N.: Bot. Žurn. 41, 212—219 (1956). — BERGER-LANDEFELDT, U., J. KIENDL u. H. DANNEBERG: Meteorol. Rsch. 9, 120—130 (1956). — BÖCHER, T. W., K. HOLMEN and M. J. DUNBAR: Arctic 7, 284—295 (1955). — BOER, T. A. DE: Versl. landbouwk. Onderzoek 62, 1—69 (1956). — BORHIDI, A.: Acta lot. Acad. Sci. Hungar. 2, 241—274 (1956). — BORISLAVLJEVIC, L., R. JOVANOVIĆ-DUNJIĆ u. V. MISIĆ: Acad. serbe Sci., Inst. d'écolog. et de biogéogr. 6, Nr. 3 (1955). — BRAUN-BLANQUET, J.: (1) Rec. Trav. Bot. sur l'étage alpin, VIII Congr. Int. Bot., Paris-Nice 1954, 3—72 (1954). — (2) Sv. bot. Tidskr. 49, 1—8 (1955). — BRAUN-BLANQUET, J., H. PALLMANN u. R. BACH: Erg. wiss. Unters. schweiz. Nationalparks 28, 200 S. (1954). — BÜCKNER, E.: Ber. oberhess. Ges. Natur- u. Heilkunde 26, 27—50 (1956).

CHURCHILL, E. D.: Ecology 36, 606—627 (1955).

DETHIOUX, M. H.: Agricultura 3, 2. sér., 261—292 (1955). — DUVIGNEAUD, P.: Année biol. Sér. 3, 31, 375—392 (1955). -

EGLER, F. E.: Castanea 19, 45—60 (1954); Smithonian Rep. 1953, 299—322 (1954). EHWALD, E.: Sitzgsber. dtsch. Akad. Landwirtschaftswiss. Berlin 4, H. 14, 24 S. (1955). — ERKAMO, V.: Ann. Bot. Soc. „Vanamo" 28, 1—290 (1956). FEINBRUN, N., and M. ZOHARY: Bull. Res. Counc. Israel 5 D, 5—35 (1955). — FRIEDEL, H.: Wiss. Alp.-Ver. H. 16, 153 S. (1956). — FROESCHEL, P.: Cellule 57, 299—303 (1956).

GJAEREVOLL, O.: Kgl. Norske Vidensk. Selsk. Skr. 1956, 1, 405 S. (1956). — GLENK, H. O.: Sitzgsber. Phys.-med. Soz. Erlangen 77, 58—157 (1956).—GREB, H.: Planta (Berlin) 48, 523—563 (1957). — GREENWAY, P. J.: J. Ecology 43, 544—563 (1955). — GRIGGS, R. F.: Ecology 37, 8—20 (1956). — GRUNOW, J.: (1) Meteorol. Rdsch. 9, 62—68 (1956); (2) Forstwiss. Zbl. 74, 21—36 (1955).

HAMEL, A.: Canad. J. Bot. 33, 223—250 (1955). — HERMES, K.: Kölner Geogr. Arb. 5, 277 S. mit Karten (1955). — HESSE, P. R.: J. Ecology 43, 449 bis 461 (1955). — HOFFMANN, C.: Kieler Meeresforsch. 12, 25—36 (1956). — HOFMANN, G.: Planta (Berlin) 47, 303—322 (1956). — HOLDEGATE, M. W.: J. Ecology 44, 80—89; 44, 389—403 (1956). — HÖLZL, J.: Sitzgsber. österr. Akad. Wiss., Mathem., Naturwiss. Kl., Abt. I, 164, 659—721 (1955). — HORIKAWA, J., and J. SASAKI: Sci. Res. Ozegabara Moor (Tokio) 1954, 288—304. — HORTON, J. S., and C. J. KRAEBEL: Ecology 36, 244—262 (1955). — HORVAT, A. O.: Különl. Pannonius Muz. 1956, 1—18. — Különl. Földr. Közlem. 2, 153—162 (1954). — HOWELL, D. L., and C. L. KUCERA: Bull. Torrey Bot. Club. 83, 207—217 (1956).

JACKSON, J. K.: J. Ecology 44, 341—373 (1956). — JACUCS, P.: Acta bot. Acad. Sci. Hungar. 2, 89—132 (1956). — JENDRALSKI, U.: Decheniana (Bonn) 108, 105—163 (1955). — JONES, E. W.: J. Ecology 43, 564—594 (1955); 44, 83—117 (1956). — JOVANOVIĆ, B.: Diss. Beograd 1953, 101 S. (1955). — JOVANOVIĆ-DUNJIĆ, R.: Acad. serbe Sc., Inst. d'écolog. et de biogéogr. 6, Nr. 2 (1955). — JUHREN, M., F. W. WENT and E. PHILLIPS: Ecology 37, 318—330 (1956).

KAMYŠEV, N. S.: Bot. Ž. 41, 43—63 (1956). — KASSAS, M.: (1) J. Ecology 44, 180—194 (1955). — (2) Sudan Surv. Dep. Nr. 1167 (1956). — (3) J. Ecology 40, 342—351 (1952); 41, 248—256 (1953); 42, 424—441 (1954). — KIELHAUSER, G. E.:, Verh. zool.-bot. Ges. Wien 94, 138—146 (1954). — Angew. Pflanzensoziologie Festschr. Aichinger 1, 646—666 (1954). — Vegetatio (Den Haag) 7, 9—14 (1956). — KLAPP, E.: Bonner geogr. Abh. 17, 87—188 (1956). — KLEMENT, O.: (1) Feddes Rep. Beih. 135, 5—194 (1955). — (2) Ber. bayer. bot. Ges. 31, 124—128 (1956). — KLEMM, G.: Planta (Berlin) 47, 547—587 (1956). — KOEPKE, M.: Mem. Museo Hist. Nat. (Lima), 3, 1—119 (1954). — KREEB, KH.: Ber. dtsch. bot. Bes. 69, 361—374 (1956). — KÜNZENBACH, R.: Wiss. Z. Univ. Greifwald 5, 373—388 (1955/56).

LAUER, W.: Schr. Geogr. Inst. Kiel, 16, 1—89 (1956). — LAZENBY, A.: J. Ecology 43, 103—119 (1955); 43, 595—605 (1955).— LEHMANN, H.,K.KRÖMMELBEIN u. W. LÖTSCHERT: Erdkunde 10, 187—204 (1956). — LEONARD, J.: Lejeunia, Rev. Bot. 16, 81—93 (1955). — LIETH, H.: Ber. dtsch. bot. Ges. 69, 169—176. —LIETH, H., u. F. ZAUNER: Flora (Jena) 144, 290—296 (1957). — LINCK, O.: Heimat 64, 178—192 (1956). — LINDEMAN, J. C.: The vegetation of Suriname 1, 1—135 (1953). — LINDSEY, A. A., and J. E. NEWMAN: Ecology 37, 812—823 (1956). — LOUB, W.: Sitzgsber. österr. Akad. Wiss., Math.-naturwiss. Kl. I, 164, 81—107 (1955). — LOUB, W., W. URL, O. KIERMAYER, A. DISKUS u. K. HILMBAUER: Sitzgsber. österr. Akad. Wiss., Math.-naturwiss. Kl. I, 163, 447—494 (1954). — LÜDI, W.: Veröff. Geobot. Rübel 31, 298 S. (1956). — LUNDKVIST, L. O.: Sv. bot. Tidskr. 50, 361—384 (1956). — LYNCH, D.: Ecol. Monogr. 25, 321—324 (1955).

MALMER, N., and H. SJÖRS: Bot. Not. (Lund) 108, 46—80 (1955). — MASON, R., and N. T. MOAR: J. Sci. Techn. A 37, 175—186 (1955). — MATUSZKIEWICZ, W. u. A.: Acta Soc. Bot. polon 25, 331 —400(1956). —McMILLAN, C.: (1) Ecology 37, 330 bis 340 (1956). — (2) Ecol. Monogr. 26, 177—212 (1956). — MEDWECKA-KORNAŚ, A.: Ochrony przyrody 23, 111 S. (1955). — MEUSEL, H.: Wiss. Z. Univ. Halle Math.-naturwiss. R. 4, 637—642 (1955). — MORELLO, I.: Revista Agr. d. NE-Argentino 1, 301—370, 385—524 (1955); 2, 79—152 (1956). — MOSS, E. H.: Bot. Rev. 21, 493—567 (1955). — MRAZ, K.: Biologia. Časop. slovensk. Akad. Vied. 11, 3—11 (1956). — MÜLLER, TH.: Umschaudienst (Hannover), 6, 3—47 (1956).

NOIRFALIS, A.: Bull. Inst. agron. et Stat. Rech. Gembloux 26, 208—240 (1956)—

OBERLANDER, G. T.: Ecology **37**, 851—852 (1956). — OBRAZTSOVA, V. I.: Fiziol. Rastenij **3**, 409—413 (1956). — OKSBJERG, E.: Dansk Skovfor. Tidsskr. **41**, 273—302 (1956). — ORSHAN, G.: Israel Exper. J. **5**, 109—113 (1955). — OZENDA, P.: (1) Doc. Cartes Prod. Veg., Serie Alpes, **1**, 1—40 (1954). — (2) Bull. Soc. Hist. Nat. d'Afrique du Nord **45**, 134—169 (1954).

PANIER, F.: Erg. deutsch. limnol. Venezuela-Exp. 1952, **1**, 57—66 (1956). — PARKER, J.: Bot. Rev. **22**, 241—289 (1956). — PEARSALL, W. H.: J. Ecology **44**, 493—516 (1956). — PIGOTT, C. D.: Ecology **44**, 545—586 (1956). — PISEK, A., u. E. WINKLER: Protoplasma (Wien) **46**, 597—611 (1956). — POELT, J.: Sitzgsber. österr. Akad. Wiss., Math.-naturwiss. Kl. I, **163**, 495—539 (1954). — POORE, M. E. D.: (1) J. Ecology **43**, 226—269, 606—651 (1955); **44**, 28—50 (1956). — (2) J. Ecology **44**, 455—492. — POTTER, L. D.: Ecology **37**, 62—70 (1956). — PREISING, E.: Angew. Pflanzensoziologie **8**, 19—30.

RADEMACHER, B.: Wiss. Z. Univ. Leipzig, Math.-naturwiss. R. **5**, 251—256 (1955/56) — Mitt. Biol. Bundesanst. **85**, 171—186 (1956). — Pflanzenschutzkongr. Berlin 1955, 197—222. — RASCHKE, K.: Planta (Berlin) **48**, 200—238 (1956). — RAWITSCHER, F.: Ber. dtsch. bot. Ges. **68**, 287—296 (1955). — REICHELT, G.: (1) Arch. Meteorol., Geophys. u. Bioklimatol. Ser. B, **6**, 374—399 (1955). — (2) Acker- u. Pflanzenbau **98**, 67—68 (1954). — REINHOLD, F.: Schrift. Ver. Gesch. u. Naturgesch. d. Baar u. angrenz. Landesteile i. Donaueschingen **24**, 224—268 (1956). — RICHARDS, P. W.: Sci. Progr. (Lond.) **43**, 45—57 (1955). — ROCHOW, M.: Ber. Geobot. Inst. Rübel 1955, 50—64 (1956). — RÜHL, A.: Allg. Forst- u. Jagdztg. **127**, 221—227 (1956). — RUTTER, A. J.: J. Ecology **44**, 507—543 (1955). — RYBERG, M.: Sv. bot. Tidskr. **50**, 163—185 (1956).

SATOO, T.: (1) Bull. Tokyo Univ. Forests Nr. **51**, 104—108 (1956). — (2) Bull. Tokyo Univ. Forests Nr. **52**, 33—51 (1956). — SAUER, E.: Ber. dtsch. bot. Ges. **69**, 109—120 (1956). —SCAMONI, A.: (1) Wiss. Z. Humboldt-Univ. Berlin **5**, 253—267 (1955/56). — (2) Forstarch. **27**, 55—59 (1956). — SCHARFETTER, R.: Mitt. naturwiss. Ver. Steiermark **84**, 121—158 (1954). — SCHMID, E.: Ber. Geobot. Inst. Rübel 1953, 28—49 (1954). — SCHMITHÜSEN, J.: Bonner geogr. Abh. **17**, 1—86 (1956). — SCOTT, H.: Lejeunia, Rev. Bot. **16**, 67—80 (1955). — SHANKS, R. E.: Ecology **37**, 1—7 (1956). — SIOLO, H.: Erdkunde **10**, 89—109 (1956). — SOÓ, R.: Acta bot. Acad. Sci. Hungar. **1**, 301—334 (1955). — SPURR, S. H.: Ecology **37**, 443—451 (1956). — STEUBING, L.: Ber. dtsch. bot. Ges. **69**, 35—48 (1956). — STOFFERS, A. L.: Uitg. natuurw. Studiekring Suriname et Nederl. Antillen **15**, 1—142 (1956). — SWESCHNIKOWA, W. M.: Trudy Akad. Nauk Tadjikistan, **45**, 3—54 (1956).

TILL, O.: Flora (Jena) **143**, 499—542 (1956). — TRAETS, J.: Calmpthoutiana 1955—1956, 1—43 (1956). — TROUCHET, A.: Ann. Sci. Univ. Besançon, 2. Serie, **6**, 19—44 (1956). — TÜXEN, R.: Angew. Pflanzensoziologie **8**, 64—98 (1956). — TÜXEN, R., u. G. HENTSCHEL: Mitt. florist.-soziol. Arbeitsgemein. N. F. **5**, 1—38 (1954). — TYRTIKOW, A. P.: Bjul. Moskov. Ob. Ispyt. Prir. **60**, 135—146 (1955). —

UBRIZSY, G.: Acta bot. Acad. Sc. Hungar. **2**, 391—424 (1956).

VALMARI, A.: Acta agralia fenn. **88**, 1—126 (1956). — VARESCHI, V.: Acta cient. Venezolana **6**, 2—23 (1955). — VARESCHI, V., u. F. PANNIER: Phyton (Horn, N.-Ö.) **5**, 140—152 (1953). — VESEY-FITGERALD, D. F.: J. Ecology **43**, 477—489 (1955).

WALTER, H.: (1) Ber. dtsch. bot. Ges. **68**, 331—334 (1955). — (2) Wasser u. Nahrung **1956/57**, 3—11 (1956). — (3) Klimadiagrammkarte der Türkei u. d. Irak. Stuttgart: Ulmer 1956. — (4) Ber. dtsch. bot. Ges. **69**, 263—273 (1956). — (5) Naturwiss. **43**, 97—102 (1956). — (6) Flora (Jena) **143**, 295—326 (1956). — WATT, A. S.: J. Ecology **43**, 490—506 (1955). — WEISCHET, W.: Erdkunde **10**, 109—122 (1956). — WENDELBERGER, G.: Schr. Ver. naturwiss. Kennt. Wien **95**, 61—86 (1954/55). — WHITTAKER, R. H.: Ecolog. Monogr. **26**, 1—80 (1956). — WOHLENBERG, E., u. H. SNUIS: Schr. Nissenhauses Husum **3**, 40 S. (1955). — WRABER, M.: Biol. Vestn. **4**, 7—22 (1955).

ZARZYCKI, K.: Fragm. florist. et geobot. **2**, 111—142 (1956). — ZOHARY, M., and G. ORSHAN: Vegetatio (Den Haag) **7**, 15—37 (1956). — ZOLLER, H.: (1) Ber. Geobot. Inst. Rübel 1955, 74—102 (1954). — (2) Ber. schweiz. bot. Ges. **66**, 342 bis 354 (1956).

9. Ökologie.

Von THEODOR SCHMUCKER, Göttingen — Hann.-Münden.

Die Ökologie ist nicht einfach Freilandphysiologie, sondern insofern auch mit Ganzheitsbetrachtungen verbunden, als es sich um die exakte Erforschung der Reaktionen des ganzen Organismus handelt (WALTER [1]). Das bringt gegenüber der Laboratoriumsphysiologie erhebliche Schwierigkeiten mit sich, die aber überwunden werden können (STOCKER).

Die starke Abhängigkeit der Vegetation z. B. von der Bodenbeschaffenheit kann nur dann klar erkannt werden, wenn Vegetation und Boden möglichst vielseitig, und zwar quantitativ untersucht werden (WILDE u. Leaf). Nicht ein einzelner Faktor, sondern ein Faktorenkomplex (Klima, Topographie, Boden, Konkurrenz usw.) von ungeheurer Variationsmöglichkeit ist entscheidend, was nie vergessen werden sollte (DANSEREAU). KLAUSING will allerdings aus Bodenacidität und Temperaturdiagramm (ja sogar dem Jahresmittel) die Verbreitung der Baumarten Mitteldeutschlands herleiten, desgleichen die Waldtypen.

Umfassende Gebiete behandeln GESSNER (Ökologie der Wasserpflanzen), HARVEY (Produktion in den Meeren) und AZZI (Agrikulturökologie).

Blütenbiologie.

KNOLL gab eine ausgezeichnete populär-wissenschaftliche Darstellung des Gebietes.

Die Übersicht über die Beziehungen zwischen *Ophrys* und ihren Besuchern (aculeaten Hymenopteren) von KULLENBERG (3) enthält sehr eingehende, exakte neue Befunde, besonders über die Wirkung der Blütenfarben. Die große Bedeutung des Ultravioletts wird hervorgehoben. Bei *Ophrys*blüten und *Gorytes*weibchen enthalten zwar die reflektierten Strahlen weitgehend ähnliche Komponenten, aber die Gestaltunterschiede sind groß. Das Verhalten der männlichen Besucher beruht auf Kombination von taktiler und chemischer Stimulation. Die sehr eingehenden Untersuchungen KULLENBERGs (2) über von Insekten ausgehende Duftstoffe erschließen auch für die Blütenbiologie Neuland. Die Tatsache, daß es bei *Salvia* auch Rückbildungsreihen gibt, die, vom höchstausgebildeten Hebelmechanismus ausgehend, zu funktionsuntüchtigen Gestaltungen führen, ist für WERTH ein Beweis, daß mindestens letzteres nicht durch Anpassung, sondern nur durch zielstrebige, innere Gründe erklärt werden kann. Bei den großblütigen tropischen *Loranthaceen* sind nach Docters VAN LEEUWEN im Gegensatz zu den kleinblütigen, oft getrenntgeschlechtlichen, extratropische Vögel (*Nectariniden* u. *Dicaeiden*) die Bestäuber. Nach DUNN verhalten sich die kleinblütigen *Lupinus*-Arten der sect. *Micranthae* trotz gleichen Blütenbauplans blütenbiologisch ganz anders als die großblütigen Formen, wofür oft kleine Gestaltunterschiede ausreichen. Bei Fliegenblumen wird der Reizwert, z. B. der braunen und purpurnen Farben, durch Düfte (Aas- und Kotgeruch) erheblich gesteigert; die Auflösung von Blütenteilen in Zipfel usw. wirkt gleichfalls anziehend. Im übrigen ist das Farbunterscheidungsvermögen von Fliegen beträchtlich (KUG-LER). Die Blüten von *Freycinetia* sind, entgegen anderen Angaben, typisch an wenig spezialisierte, fruchtfressende Fledermäuse angepaßt. Die Kauliflorie ist als Anpassung dafür, nicht einfach als primitives Merkmal zu werten [VAN D. PIJL (2)].

Während bei Hummeln, deren Verhalten Blüten gegenüber übrigens recht verschieden sein kann, die Anlockung so grob erfolgt, daß zuweilen sogar blütenlose Pflanzen angeflogen werden [MANNING (1) u. (2)], ist bei Honigbienen die Blütenstetigkeit so groß, daß die Beschaffenheit des Honigs selbst in benachbarten Stöcken recht verschieden sein kann (LOUVEAUX). Doch müssen Neulinge der Honigbienen individuelle Erfahrungen an Blüten hinsichtlich Zugang usw. sammeln, wobei verschiedene Individuen zu verschiedenen Methoden an gleichen Blüten kommen können (SCHREMMER). Die vielen Forschungen über das Farbsehen der Biene stellte DAUMER zusammen. Es ist grundsätzlich ähnlich dem menschlichen, aber nach kürzeren Wellenlängen etwas verschoben. Typische Windblütler werden zwecks Pollenerwerb von nicht wenigen Insekten, insbesondere zahlreichen Käfern und Blumenfliegen, besucht, wobei der Pollenduft mitwirkt (PORSCH). Die meisten Blütenpflanzen Spitzbergens haben große, farbenprächtige, aber einfach gestaltete Blüten, die fast ausschließlich von Dipteren besucht werden. Die meisten Arten können sich auch selbst bestäuben (HØEG).

Pollen und weibliche Blüten der Eiche leiden durch Temperaturen knapp unter dem Nullpunkt bereits stark; kurz danach ertragen aber die Fruchtknoten noch —3,5° gut (PANKRATOVA). Die Blüten von 17 *Ericaceen*arten lassen ihre Knospen in streng artspezifischem, ganz verschiedennartigem Entwicklungszustand überwintern; bei *Oxycoccus* z. B. sind Antheren und Karpelle noch kaum angelegt, bei *Epigaea* sind entwickelte Embryosäcke und Pollentetraden vorhanden (BELL u. BURCHILL). Bei der Fichte erfolgt in der Gegend von Stockholm die Befruchtung um Mittsommer etwa 4 Wochen nach Bestäubung; der Embryo ist bereits Anfang August weitgehend differenziert. Die Phänomene bei der Kiefer verlaufen ganz synchron, nur daß zwischen Bestäubung und Befruchtung ein ganzes Jahr liegt (HÅKANSSON). Der Blühbeginn bei Apfelsorten ist keineswegs einfach durch Wärmesummen, sondern viel komplizierter festgelegt (SCHMIDT).

Thuja- und ostasiatische *Picea*-Arten sind weitgehend selbstfertil. Bei letzteren ist Artkreuzung fast nur bei nah verwandten Arten möglich (WRIGHT). Bei *Pinus monticola* ergibt Selbstbestäubung viel weniger Samen und erheblich schwächere Keimlinge (BINGHAM u. SQUILLACE). Die meisten *Cruciferen* sind selbstfertil (BATEMAN). Wenn leicht entstehende Bastarde bei *Phacelia* in der Natur selten sind, so beruht das nicht nur auf Selbstfertilität, sondern auch auf ökologischen Unterschieden des Lebensraumes, Arealstetigkeit der Insekten usw. (GILLETT).

Über den Chemismus der auffallenden Farben von *Medicago* berichtet TWAMLEY, über die außerordentliche Mannigfaltigkeit der Darbietung des Pollens im Tagesverlauf PERCIVAL. Die Nektarproduktion steigt bei erhöhter Temperatur; die Lage des Optimums ist auch von den präfloralen Wärmeverhältnissen abhängig (HUBER). Unsere Kenntnisse über die Physiologie der Nektarien hat STOCKING gesammelt dargestellt.

Ausbreitung.

Schon innerhalb einer Familie, z. B. *Leguminosen*, ist die ökologische Mannigfaltigkeit der Fruchtformen sehr groß und entspricht keineswegs nur dem Typ etwa der Bohnenhülse. Entsprechend groß ist im Zusammenhang damit die Mannigfaltigkeit der Verbreitungsweisen (z. T. Fledermäuse, Vögel, Säugetiere usw.) [VAN D. PIJL (1)]. Ameisen spielen bei der Wiederbewaldung in Finnland eine große Rolle (OINONEN). Die Einwanderung mancher Arten auf atlantische Inseln muß postglazial erfolgt sein, offensichtlich mit Hilfe von Vögeln (Gänse?) (CLARK). Aber die Annahme ehemaliger Landbrücken erscheint doch zuweilen nötig (HARRISON). Der Samenverbreitung durch fließende Gewässer kommt mindestens am mittleren Kongo keine große Bedeutung zu, weil die Embryonen oft frühzeitig absterben (STOPP).

Neben der Transportmöglichkeit kommt für den Erfolg die produzierte Samenmenge in Betracht. Ein Fruchtstand von *Orobanche crenata* erzeugt etwa 40 000 Samen, die 10 Jahre ungekeimt im Boden liegen können; der Keimungsreiz von einer Wirtswurzel her ist auf höchstens 3 mm effektiv (KADRY u. TEWFIC). Der Materialverbrauch für die Zapfen beträgt für 1 ha guten Fichtenwaldes ebensoviel wie für den gesamten Holzzuwachs [5,5 m^3; entsprechend bei *Pinus Strobus* nach MESSER (2) 3,7 m^3], es werden etwa 100 kg Samen erzeugt, je m^2 über 1600 Samen [MESSER (1)].

Der Keimverzug bei *Fraxinus* beruht nicht auf allmählich sich vollziehender Entwicklung des Embryos, sondern auf Hemmstoffen (FERENCZY). Der Stratifikationseffekt beim Apfel bleibt nach Trocknen bei tiefer Temperatur erhalten (SCHANDER). Die jahreszeitliche Keimbereitschaftsrhythmik ist bei Kulturpflanzen oft wenig ausgeprägt [RUGE (1)]. Es ist ökologisch wichtig, daß das Keimlingsstadium ein Gefahrenstadium ist (VAARTAJA). Andererseits sind ganz junge Pflanzen, z. B. der Eiche, besonders plastisch (ORLENKO). *Drosera*-Arten blühen als Wasserformen nicht, erzeugen aber auf Blättern und Sprossen reichlich Adventivknospen, besonders gegen Ende der Vegetationszeit (KALELA).

Mycorrhiza, Symbiosen.

Das Interesse für die Mycorrhiza ist in Zunahme. Nur Arbeiten von allgemeinerem Interesse werden hier behandelt. LOBANOV hat in einem Buch die Ergebnisse umfassender Untersuchungen im europäischen Rußland dargestellt. Eine Bibliographie über Mycorrhiza von STRZEMSKA (1) enthält bis 1953 fast 1100 Titel. In einer Zusammenfassung weisen RUBIN und OBRUČEVA auf die vielen noch nicht genügend geklärten

Probleme hin, die dringend der Erforschung bedürfen, wobei Immunitätserscheinungen usw. mehr Gewicht beizulegen wäre. Aber die grundlegenden Fragen sind nunmehr doch einigermaßen beantwortet. GARRETT behandelt in seinem Buch über wurzelinfizierende Pilze umfassend ein ökologisch wichtiges Gebiet und meint, die ektotrophen Mycorrhizapilze seien zwar ursprünglich obligate Parasiten, hätten sich aber zu recht spezifischen Symbionten weiterentwickelt, die den Wirt nicht schädigen, sondern ihm sogar nützen. Die endotrophen Pilze, z. B. vom Typ der *Rhizoctonia*, seien primär Saprophyten und als solche relativ leicht zu kultivieren. BJÖRKMAN kommt in seiner Übersicht zu folgenden Thesen: Seine Theorie, daß die ektotrophen Pilze Kohlenhydrate (und damit Energie) vom Partner erhalten und nicht durch Humusaufschluß usw. selbst gewinnen und dem Partner zuleiten, treffe im allgemeinen zu; der Nutzen für letzteren im Sinne der Vergrößerung und Leistungssteigerung des absorbierenden Systems im Boden mit geringem Baustoffaufwand werde allgemein anerkannt, sei aber auf guten, nährstoffreichen Böden von minderer Bedeutung. Im besonderen spreche z. B. der Befund von BAYLISS, daß die Lichtabhängigkeit der Mycorrhizaentwicklung bei so verschiedenen Pflanzen wie *Pernettya (Ericaceen)* und *Nothofagus* ähnlich ist, für die Richtigkeit der erstgenannten These. Nach MELIN (1) u. (2) gibt es jetzt sichere Beweise genug, daß vom Pilz Mineralstoffe zugeführt werden, und zwar mit größerer Kraft als das die Wurzelhaare vermögen (ähnlich HARLEY und BRIERLEY, die P^{32} anwandten). In manchen Fällen scheint ähnliches für Stickstoff zu gelten; aber bezüglich der Zufuhr (aufgeschlossener) Kohlenhydrate usw. ist auch MELIN skeptisch, zumal diesen Pilzen Cellulasen u. dgl. meist fehlen. In der Tat besitzen nach LINDEBERG cellulosezersetzende Streupilze meist Phenoloxydasen und Laccasen, Mycorrhizapilze aber nur ausnahmsweise. Die Beschleunigung der Ionenaufnahme und die Bedeutung der Anwesenheit von hinreichend Sauerstoff dabei schildert HARLEY. Der Sauerstoffreichtum lockerer Streuschichten ist also von Wichtigkeit. Man beginnt mit Erfolg den eigenartigen Aufnahmemechanismus, bei dem es zuweilen zu Ionenansammlung in der Pilzschicht kommt (vgl. auch BAYLISS), insbesondere den Zusammenhang mit Atmungsvorgängen, zu erforschen (HARLEY; HARLEY u. Mitarb., KRAMMER u. HODGSON).

Bei *Fagus* beginnt die Mycorrhizenausbildung erst mit der Entfaltung der ersten Blätter und ist bei guter Belichtung am stärksten. Bei Beschattung nimmt die Ansammlung hemiparasitischer Pilze an der Wurzeloberfläche zu, desgleichen die Empfänglichkeit für parasitische Pilze (HARLEY u. WAID). So mag es bei Pinus *taeda* von gewisser Bedeutung sein, daß ihre Jungpflanzen bei geringer Belichtung relativ besonders stark assimilieren (BORMAN). Bei *Betula lutea* fand REDMOND ein Massensterben, das wahrscheinlich darauf beruht, daß bei hoher Temperatur das Gleichgewicht in der Rhizosphäre zu ungunsten der Mycorrhizapilze gestört wird. Das paßt gut zu der Ansicht von WILDE, wonach die Mycorrhiza ein Sonderfall symbiontischer Rhizosphaeren sei; die Art der Beziehungen hängt von der Art der Partner und den

Milieufaktoren ab. In Waldböden halten sich die Mycorrhizapilze nach Abholzung noch sehr lange; im Prärieboden können die Pilze vielleicht erst durch das Zusammenleben mit Bäumen gegenüber den Präriepflanzen bzw. den von diesen stammenden Toxinen bestehen. Im übrigen schätzt WILDE die aufschließende Wirkung der Mycorrhizapilze (N u. P z. B. aus Proteinaten) hoch ein, nicht dagegen die durch sie bewirkte Oberflächenvergrößerung. Wenn ektotrophe Pilze auch Arten mit endotropher Mycorrhiza, also ohne Infektionsmöglichkeit, fördern können, so handelt es sich dabei wohl um Aufschluß organischer Bodenbestandteile [LEVISOHN (3)]. Auch die beobachtete Fernwirkung [LEVISOHN (1)] wird dadurch erklärbar.

Nach SLANKIS kann die Gestaltung der verpilzten Kiefernwurzeln durch erhöhte Auxinkonzentration erklärt werden; das Längenwachstum wird gehemmt, das Dickenwachstum gefördert, die Wurzelhaarbildung unterdrückt. Mit der Auxinkonzentration kann die relative Dicke der Wurzel schwanken; Hemmung der Langwurzeln fördert die Bildung von Seitenwurzeln. (Über jahreszeitliche Schwankungen berichtet WAHL.) Zur Entwicklungsphysiologie von Mycorrhizapilzen selbst trugen MELIN u. DAS bei durch den Nachweis, daß Wurzeln verschiedener, nicht verwandter Pflanzen Stoffe ausscheiden, welche Baum-Mycorrhizapilze (z. B. *Boletus*-Arten) fördern. Dieser M-Faktor fehlt den Pilzen selbst ganz oder weitgehend.

Eine Reihe von Einzelbefunden kann nur kurz gestreift werden. Nach STRZEMSKA (2) u. (3) findet sich ektotrophe Mycorrhiza bei allen vier Hauptgetreidearten; am häufigsten bei Gerste, weniger bei Weizen (hier aber stärkste Pilzentwicklung) und Hafer, ziemlich selten bei Roggen. Die Infektion erfolgt meist im Frühjahr, oft durch Wurzelhaare (beim Hafer stets); worauf sich besonders in den großen Zellen um den Zentralzylinder Pilzknäuel bilden. Deren Verdauung beginnt schon im Frühjahr; doch werden andauernd neue Zellen infiziert. Unverpilzte Wurzeln unterscheiden sich auch bezüglich der Zellform von verpilzten. Nach LANOWSKA sind die Wurzeln von Kartoffeln auf Ackerboden, nicht auf Waldboden, stets verpilzt. LEVISOHN (2) fand bei *Chamaecyparis Lawsoniana* neben der normalen endotrophen auch ektotrophe Mycorrhiza vor. BURGEFF fand im Hochmoortorf neben *Mortierella-* und *Penicillium*-Arten die wenig spezifischen *Ericaceen*symbionten (wahrscheinlich *Cladosporium*), die bei der N-Ernährung eine Rolle spielen. Phagocytose findet nicht statt, sondern zu Ende der Vegetationszeit Autolyse der intracellularen Hyphen. N-Assimilation tritt nicht ein. Die Symbionten vermögen sowohl Pektin wie z. T. auch Cellulose abzubauen. So kommt in der dicht mit *Ericaceen*-Wurzeln durchsetzten obersten Hochmoorschicht der *Ericaceen*-Mycorrhiza „die erste Bedeutung beim Abbau der absterbenden Teile der Pflanzendecke zu". Übrigens waren auf sterilisiertem Torf auch *Sphagnum*-Arten erst nach Zusatz von Pilzen (*Mortierella*-Arten; *Penicillium spec.*) zum Wachsen zu bringen. Die weite Verbreitung der Mycorrhiza an manchen Standorten geht aus Befunden DOMINIK u. Mitarb. hervor. In Fichtenwäldern der Hohen Tatra sind 75% der Arten mycotroph, in den höchsten Lagen sogar 100%. Die Mycotrophie der Fichte steigt im Gegensatz zu anderen Arten mit der Bestandsdichte. Auf Kalk nimmt sie (außer bei Bäumen) mit zunehmender Beschattung ab. Es gibt Arten, bei denen der Mycorrhizatyp je nach der Assoziation wechselt; andere sind nie verpilzt. Die Bedeutung der Mycorrhiza geht aus Befunden von MOSER hervor, wonach in Hochgebirgslagen, denen offenbar die entsprechenden Pilze fehlen, deren Beibringung sich sehr günstig auswirkt (Fichte), ferner aus hochinteressanten Befunden von PRYOR, daß das völlige Versagen gewisser *Eucalyptus*-Untergruppen bei Kultur im Mittelmeergebiet einfach auf das Fehlen der Pilze zurückzuführen und daher leicht zu beheben ist.

Zwar ist die Stickstoffassimilation der Rhizothamnien von *Alnus* jetzt auch mit der Isotopenmethode nachgewiesen (BOND), aber bezüglich des Endophyten ergeben sich neue Zweifel. Bei der Entwicklung der Knöllchen (POMMER, TAUBERT) erfolgt die Infektion durch Wurzelhaare. In der Wurzelrinde (mit Ausschluß des Hypoderms) setzen in scharf umschriebenen Bezirken Zelleinteilungen ein; die Zellen sind mit den Fäden des Symbionten dicht erfüllt. Innerhalb dieses Bezirks entsteht (spontan oder induziert?) eine Wurzelanlage, zuweilen mehrere. Die sich ziemlich normal weiter entwickelnde Seitenwurzel bildet allein die Knöllchen, schließlich die Rhizothamnien. Mit zerriebenen Knöllchen gelingt die Neuinfektion. Reinkultur des Endophyten gelang QUISPEL (1) u. (2) indessen nicht; mit den Kulturen, die POMMER erhielt, war eine Infektion auch nicht möglich. Ältere Befunde müssen wieder als zweifelhaft gelten. POMMER kommt zwar zu der Überzeugung, daß die langlebigen natürlichen Rhizothamnien durch einen *Actinomyceten* hervorgerufen werden; indessen ließen sich auch zwei segmentierte Fadenpilze (*Penicillium albidum* und *Cylindrocarpon radicicola*) isolieren. Mit deren Reinkulturen ließ sich die Bildung von Knöllchen induzieren, die aber klein und kurzlebig waren (höchstens 12 Wochen). Es setzen Abwehrreaktionen ein, das infizierte Gewebe wird von Periderm umschlossen und stirbt ab, bald auch das ganze Knöllchen. Bei *Myrica gale* konnte FLETCHER mit Knöllchenbrei Infektion erzielen, aber den Endophyten (vermutlich einen *Actinomyceten*) trotz vieler Mühe nicht isolieren. Auch hier sind die Knöllchen umgewandelte Seitenwurzeln.

Auch bei den viel untersuchten *Leguminosen* sind nach RUDIN die entwicklungsgeschichtlichen Beziehungen zwischen ihnen und ihren Bakterien noch ungenügend bekannt, ebenso die Bedingungen für die verschiedenen Ausbildungsweisen der Knöllchen (über den Feinbau der Bakterien vgl. ZIEGLER). Die Stickstoffautotrophie von *Hippophae* haben BOND u. Mitarb. einwandfrei nachgewiesen. YAMADA hat wahrscheinlichgemacht, daß die Blattknöllchen von *Ardisia* wahrscheinlich durch ein Sekret der Bakterien hervorgerufen werden.

BJÖRKMAN zeigte, daß *Monotropa* vermittels Pilzfäden mit den Mycorrhizen von BÄUMEN in Verbindung steht, also anscheinend z. T. auf deren Kosten sich ernährt.

In Böden, die mit Biociden behandelt wurden, entwickeln sich die Mycorrhizen von *Pinus* anormal; bei höherer Konzentration werden sie mehr oder weniger unterdrückt (WILDE und PERSIDSKY).

Symbiosen i. w. S.

Die meisten Bakterien in der Rhizosphaere von *Gramineen* werden durch Zufuhr von Aminosäuren mindestens stimuliert (GYLLENBERG, GYLLENBERG u. HANIOJA); andererseits vermag die Ausscheidung von Alkaloiden (z. B. bei *Papaveraceen*) *Acotobacter* fernzuhalten (BUKATSCH). Etwa die Hälfte der *Aktinomyceten* in Waldböden wirkt auf *Polyporus annosus* antibiotisch ein (NISSEN). Während in manchen Fällen Bodenpilze durch Wurzelausscheidungen gefördert werden, können pathogene

Bodenpilze die Wurzeln schon vor der Berührung durch Toxine schädigen (KERR). Algen (*Chlorella, Thalassiosira*) können Bactericide ausscheiden (STEEMANN). Aber die Beziehungen sind komplizierter. Zwischen *Chlorella* usw. und den stets auf ihnen lebenden Mikroben bestehen symbiontische Beziehungen, wie zwischen höheren Pflanzen und der Bodenmikroflora. Die Mikroflora von *Chlorella* ist auch bei sog. Reinkulturen fast stets vorhanden und erhält offenbar reichlich Kohlehydrate. Auf eine Stäbchen- und Coccenflora pflegt eine solche aus Corynebacterien, Pilzen und Hefen zu folgen (RUSCHMANN). Zwischen nitrifizierenden autotrophen Bakterien und heterotrophen Bakterien scheinen symbiontische Beziehungen zu bestehen. Letztere erhalten wohl Assimilate und schützen die gegen bestimmte organische Stoffe (Peptone, Tyrosin usw.) sehr empfindlichen ersteren vor solchen (GUN-DERSEN). Auf die große Bedeutung von Pilzen ausgeschiedener Antibiotika für die Bodenbiocönose und damit die Bodenbildung weist FRANZ hin. Man hat mit einigem Erfolg anstelle von Saatbeizmitteln bereits antagonistische Mikroben verwendet (TVEIT u. WOOD). Bodenmikroben können Toxine, die von den Wurzeln von Wüstenpflanzen ausgeschieden werden, unwirksam machen, sofern es sich nicht um Adsorption handelt (MULLER u. MULLER).

Die Flechte *Botrydina* ist eine normale Halbflechte, nicht wie angegeben wurde, ein Konsortium aus Alge und Moosprotonema (GEITLER). Gewisse Flechtenarten scheinen auf Moosen zu parasitieren; aber viel häufiger parasitieren Flechten auf Flechten, von schwachen Ansätzen bis zum Holosaprophytismus in der Jugend oder andauernd. Da dann die Gonidien zurücktreten, ist der Übergang von parasitierenden Flechten zu parasitischen Pilzen gleitend. Es wurde ein Konsortium gefunden, bei dem auf einer epilithischen *Lecanora* folgeweise noch drei parasitische Flechtenarten aufeinander saßen. Flechtenparasiten, bei Rindenflechten überhaupt selten, finden sich am häufigsten in trocken-warmen Gebieten (POELT u. DOPPELBAUER). Das Alter von Flechten ist oft schwer bestimmbar. Extreme: 1—5 Jahre bei tropischen epiphyllen Flechten und weit über 1000 Jahre bei epipetren arktischen Arten (BESCHEL). In der Stadt Caracas kommen, entgegen anderen Städten, Flechten auch im Stadtinnern vor, bedingt durch die Eigenart der Luftströmungen [VARESCHI (2)].

Die entscheidende Bedeutung der Konkurrenz für den Aufbau der Pflanzenvereine wird heute fast allgemein anerkannt [STOCKER, WALTER (1)]. VARESCHI (1) suchte sie durch einen Zahlenausdruck für die „Wettbewerbsspannung" zu charakterisieren. Für den Jungwuchs in lichten Wäldern Afghanistans spielt sie keine bedeutende Rolle; die zufällige Gunst oder Ungunst des Keimorts ist hier wichtiger (NEUBAUER). (Einer ganzen Reihe von Waldtypen Anatoliens fehlt infolge der Sommertrockenheit nach WALTER (1) u. (2) Unterwuchs sogar ganz.) Ausschaltung der natürlichen Konkurrenz durch menschliche Eingriffe kann die Ausbreitung seltener und anspruchsvoller Arten mindestens zeitweise sehr fördern (SCHMUCKER). Für die Anordnung der Pflanzen in Kalifornien ist nicht ein einzelner Faktor entscheidend, sondern deren

Gesamtheit; aber die Konkurrenz ist dabei von besonderer Wichtigkeit (McMillan). Noch in 12 m Entfernung von Alleebäumen (60jährige Eichen) ist die Entwicklung von Kulturpflanzen stark gehemmt (Wurzelkonkurrenz usw.) (Steubing). Außerordentlich stark ist die Wurzelkonkurrenz in den oberen Bodenschichten von Aufforstungswäldern in russischen Steppengebieten(Karpow).ImKonkurrenzkampf sind häufig amphidiploide Arten (nicht autodiploide) überlegen, was nicht in äußerlicher Heterosis zum Ausdruck kommen muß (Sakai u. Suzuki). Bei eingeführten Arten sind oft kleine Eigenheiten (Spätfrostresistenz, photoperiodische Einstellung usw.) entscheidend (Veen). Nach Buschbränden in Kalifornien erscheint eine dichte Krautvegetation. Die Samen lagen schon lange ungekeimt im Boden; für sie bedeutete die hohe Temperatur Keimstimulation [vgl. Keimstimulation durch 70° bei *Althaea* nach Ruge (2)]. Bei der weiteren Sukzession ist die Konkurrenz entscheidend (Sweeney). Ebenso bei der Wiederbesiedlung abgebrannter Fichtenwälder in Finnland. Die neu entstehenden Fichtenwälder sind aber keine Dauergebilde, sondern sterben allmählich von selbst ab, worauf eine birkenreiche Verjüngungsphase folgt. Dieser säkulare Cyclus der Waldbestände wird von Sirén eingehend beschrieben. Sehr anschaulich führt Plochmann ähnliche Verhältnisse in Alberta vor. Wenn in Trockengebieten Anatoliens Schwarzkieferwälder abbrennen und Beweidung durch Ziegen nachfolgt, bedeckt sich der Boden auf riesige Strecken dauernd mit *Cistus*-Gebüsch [Walter (2)]. Nach Sebald führen physiologische Versuche bezüglich Optimalverhältnissen usw. zu anderen Ergebnissen, als man sie aus den natürlichen Standorten ableiten kann. Die Mitwirkung der Konkurrenz auf letzteren ist für die Erklärung gewiß von Bedeutung.

Parasitismus.

Cuscuta hyalina kommt in Indien zwar auf 42 recht verschiedenen Wirten vor; aber außer einem halben Dutzend sind es nur Zwischenwirte, auf denen nur wenige Haustorien angelegt werden und die nur zum Überschreiten von Zwischenräumen dienen (Narajana). *Cuscuta*-Arten können Viren übertragen, was in ganz spezifischer Weise geschieht. In ihnen kann auch Vermehrung stattfinden (Schmelzer). *Loranthus micranthus* kommt in Neuseeland auf 8 recht verschiedenen Baumarten vor (Menzies). *Phoradendron*-Arten transpirieren weit stärker als ihre Wirte und setzen die Wasserabgabe auch zu Zeiten höchster Verdunstungskraft kaum herab. Da sie massenhaft vorkommen können, wird der Tragbaum leicht zum Vertrocknen gebracht (Vareschi u. Pannier). *Arceuthobium*-Arten (Monographie der Gattung von *Kuijt*) sind z. T. fast Holoparasiten mit z. T. mycelartigen intramatrikalen Teilen. Sie sind stellenweise die schlimmsten Nadelwaldschädigungen, so in Neumexiko nach Hawksworth u. Lusher.

Armillaria mellea kann in Wurzeln direkt durch die Borke eindringen; für andere Pilze sind nur Lenticellen oder Wunden wegsam (Woeste). Durch Sonnenbrand entstehende Schäden ermöglichen in Kalifornien in recht spezifischer Weise den Eintritt von Pilzen (Sommer). Narbeninfektion durch Pilze führt nie zur Infektion des Fruchtknotens, obwohl das Narbensekret wachstumsfördernd wirken kann. Die pilzhemmenden Stoffe im Griffel hemmen die Pollenschläuche nicht und können die Pollenkeimung stimulieren (JUNG). Die cuticular aus Blättern ausgeschiedener Exkrete enthalten sowohl Förder- wie Hemmstoffe für Pilze (KOVACS u. SZEÖKE). Unser Wissen über von Pilzparasiten ausgeschiedene Toxine hat GÄUMANN kurz und eindrucksvoll dargestellt. Die Menge des ausgeschiedenen Toxins eines bestimmten *Fusarium*stammes hängt sehr von der Lebenslage ab; die Stoffausscheidung des Pilzes in das Wirtsgewebe ist durch C^{14} nachgewiesen (SANWAL). Über den Mechanismus der Entstehung von *Tumefaciens-Gallen* (Wuchsstoffe, Viren) können KLEIN u. LINK, die an 500 Arbeiten zusammengefaßt haben, immer noch wenig berichten. In Nadelwaldgebieten von Alberta beginnt die Stammfäule etwa in hunderjährigem Alter und nimmt dann rasch zu; fast jeder dreihundertjährige Stamm ist befallen (ETHERIDGE). In Eschenkrebswunden fanden sich neben *Pseudomonas fraxini* stets drei weitere Fadenpilze; das Quartett, dessen Partner sich nicht gegenseitig hemmen, ist wirksamer als *Pseudomonas* allein (RIGGENBACH). Der Widerstand von Coniferenholz gegen Pilzzersetzung geht weitgehend parallel mit der Menge isolierbarer fungicider Stoffe, die z. T. in geringsten Konzentrationen (0,001 %) wirksam sind (RENNERFELT u. NACHT).

Pilzsporen werden von „Ambrosia"-Käfern in ausgeschiedenen Sekreten mitgeführt, in denen sie auch keimen, Dauersporen bilden usw. An geeigneten Stellen der Körperoberfläche treten Ansammlungen auf. Hier erfolgt nach Überwinterung Keimung; nach dem Schwärmflug erfolgt dann durch Abstreifen Infektion der neuen Brutgänge (FRANCKE-GROSMANN).

Pflanzen und Tiere.

Die Reinkultur der Symbionten von Schaben (*Blatta*), die für die Entwicklung des Trägers von großer Bedeutung sind, gelang auch HALLER nicht; auch bei der Kleiderlaus ist sie nicht gelungen (PUCHTA). Die Bakteriensymbionten im Blinddarm von Nagetieren, denen ebenfalls hohe Wichtigkeit zukommt, ließen sich höchstens sehr schwierig züchten (KELLNER). Im Darm von Regenwürmern (*Eisenia*) überwiegen *Aktinomyceten* stark, was für die Boden-, besonders die Krümelbildung, von Bedeutung sein kann (SCHÜTZ u. FELBER).

Ameisen können jährlich in einem Fichten-Kiefern-Mischbestand je Hektar mehr als 1500 kg „Honigtau" (Läusehonig) einholen (etwa 500 kg Trockengewicht, entsprechend etwa einem Fünftel des Holzzuwachses). In Fichtenwäldern leben mindestens 250 Insektenarten vom Honigtau (ZOEBERLEIN). Ameisen bringen es, anscheinend durch antibioticahaltige Ausscheidungen (Speichel, Exkremente) fertig, unerwünschte Pilze und Bakterien aus ihren Pilzzuchten fernzuhalten (WEBER). Die starke Rotfärbung von Blatteilen bei *Drosera* dürfte für die Anlockung von Fliegen nicht von großer Bedeutung sein, eher der Ultraviolettgehalt des reflektierten Lichtes. Bei *Drosophyllum* kommt Duftwirkung hinzu (ZIEGENSPECK).

Besonderheiten.

Die merkwürdige Abhängigkeit der Aktivität von *Azotobacter* von Sonnenflecken, Luftkörperwechsel usw., konnten STÜVEN u. ENGELS nicht bestätigen. Die Blüten von *Helianthemum* schließen sich prompt bei Eintritt einer Sonnenfinsternis (KULLENBERG (1)].

Literatur.

AZZI, G.: Agricultural ecology. 424 S. London: Constable u. Co. 1956.

BATEMAN, A. J.: Heredity (London) 9, 53—68 (1955). — BAYLISS, G. T. S.: Congrès internat. de Bot. Paris 1954, Sér. 13 S. 135. — BELL, H. P., and J. BURCHILL: Canad. J. Bot. 33, 547—561 (1955). — BESCHEL, R.: Phyton (Horn, N.-Ö.) 6, 60—68 (1955). — BINGHAM, R. T., and A. E. SQUILLACE: Forest Sci. 1, 121—129 (1955). — BJÖRKMAN, E.: Forstwiss. Cbl. 75, 265—286 (1956). — BOND, G.: New Phytologist 55, 147—153 (1956). — BOND, G., J. T. MacCONNEL and A. H. McCALLUM: Ann. of Bot. N. S. 20, 501—512 (1956). — BORMAN, F. H.: Ecology 37, 70—75 (1956). — BUKATSCH, F.: Arch. Mikrobiol. 24, 281—296 (1956). — BURGEFF, H.: Ber. dtsch. bot. Ges. 69, 257—262 (1956).

CLARK, W. A.: Proc. Linnean Soc. London 167, 96—103 (1956).

DANSEREAU, P.: Rev. Canad. Biol. 15, 1—71 (1956). — DAUMER, K.: Z. vgl. Physiol. 38, 413—478 (1956). — DOCTERS VAN LEEUWEN, W. M.: Publ. Zool. Mus. Amsterdam. 4, Nr. 41, 105—208 (1954). — DOMINIK, T., A. NESPIAK u. R. PACHLEWSKI: Acta soc. bot. poloniae 23, 471—485, 487—504 (1954). — DUNN, D. B.: Amer. Midld Naturalist 55, 443—472 (1956).

ETHERIDGE, D. E.: Canad. J. Bot. 34, 805—816 (1956).

FERENCZY, L.: Acta biol. Szeged. N. S. 1, 17—24 (1955). — FLETCHER, W. W.: Ann. of Bot. N. S. 19, 501—513 (1955). — FRANCKE-GROSMANN, H.: Naturwiss. 43, 286—287 (1956). — FRANZ, H.: Studium gen. 9, 24—31 (1956).

GARRETT, S. D.: Biology of root-infecting fungi. 293 S. London: Cambridge Univ. Press. 1956. — GÄUMANN, E.: Endeavour 13, 199—206 (1954). — GEITLER, L.: Österr. bot. Z. 103, 469—474 (1956). — GESSNER, F.: Hydrobotanik. Bd. 1. 517 S. Berlin: Dtsch. Verl. Wiss. 1955. — GILLETT, G. W.: Univ. Calif. Publ. Bot. 28, Nr. 2, 19—78 (1955). — GUNDERSEN, K.: Plant a. Soil 7, 26—34 (1955). — GYLLENBERG, H.: Physiol Plantarum (Copenh.) 9, 119—129 (1956). — GYLLENBERG, H., u. P. HANIOJA: Physiol. Plantarum (Copenh.) 9, 441—445 (1956).

HÅKANSSON, A.: Medd. Fran Statens Skogsforskunigsinst. 46, Nr. 2, 1—20 (1956). — HARLEY, J. L.: Endeavour 15, 43—48 (1956). — HARLEY, J. L., and J. K. BRIERLEY: New Phytologist 54, 296—301 (1955). — HARLEY, J. L., C. C. McCREADY, J. K. BRIERLEY and D. H. JENNINGS: New Phytologist 55, 1 1—28 (1956). — HARLEY, J. L., and J. S. WAID: Plant a. Soil 7, 96—112 (1955). — HARRISON, J. W. H.: Proc. Linnean Soc. London 167, 103—106 (1956). — HARVEY, H. W.: The chemistry and fertility of sea waters. 224 S. London: Cambridge Univ. Press. 1955. — HAWKSWORTH, F. G., and A. A. LUSHER: J. Forestry 54, Part 1, 384—390 (1956). — HØEG, O. A.: Proc. Linnean Soc. London 166, 144—149 (1956). — HUBER, H.: Planta (Berlin) 48, 47—98 (1956).

JUNG, J.: Phytopath. Z. 27, 405—426 (1956).

KADRY, A. E. R., and H. TEWFIC: Sv. bot. Tidskr. 50, 270—286 (1956). — KALELA, E.: Mem. Soc. fauna et flora fenn. 29, 80—98 (1954). — KARPOW, V. G.: Dokl. Akad. Nauk. SSSR, N. S. 104, 487—490 (1956). — KELLNER, W.: Z. Morph. u. Ökol. Tiere 44, 518—554 (1956). — KERR, A.: Austral. J. Biol. Sci. 9, 45—52 (1956). — KLAUSING, O.: Ber. dtsch. bot. Ges. 69, 3—20 (1956). — KLEIN, R. M., u. G. K. K. Link: Quart. Rev. Biol. 30, 207—277 (1955). — KNOLL, F.: Die Biologie. der Blüte. 164 S. Springer-Verlag 1956. — KOVÁCS, A., u. E. SZEÖKE: Phytopath. Z. 27, 335—349 (1956). — KRAMMER, P. J., and R. H. HODGSON: Congrès internat de Bot. Sér. 13. S. 133. Paris 1954. — KUGLER, H.: Ber. dtsch. bot. Ges. **69**, 387—398 (1956). — KUIJT, J.: Bot. Review **21**, 569—627 (1955). — KULLENBERG, B.: (1) Oikos **6**, 51—60 (1955). — (2) Zool. Bidrag Fran Uppsala **31**, 253—354 (1956). — (3) Sv. bot. Tidskr. **50**, 25—46 (1956).

LANOWSKA, H.: Acta microbiol. pol. **4**, 265—270 (1955). — LEVISOHN, I. (1) Congrès internat. de Bot. Paris 1954, Sér. 13 S. 131. — (2) Forestry **27**, 145—146 (1954). — (3) Forestry **29**, 53—59 (1956). — LINDEBERG, G.: Z. Pflanzenernährg. **69**. 142—150 (1955). — LOBANOV, N. V.: Mykotrophie der Holzgewächse (russisch) 232 S. Moskau: Staatsverlag ,,Sovjet-Wissenschaft'' 1953. — LOUVEAUX, J.: Physiol. comp. et oecol. (Den Haag) **4**, 1—54 (1955).

McMILLAN, C.: Ecol. Monogr. **26**, 177—212 (1956). — MANNING, A.: (1) Behaviour (Leiden) **9**, 114—139 (1956). — (2) Behaviour (Leiden) **9**, 164—201 (1956). — MELIN, E. (1): Uppsala Univ. Årsskr. **1955**, 3; 1—29. — (2) Annual Rev. Plant Physiol. **4**, 325—346 (1953). — MELIN, E., u. V. S. R. DAS: Physiol. Plantarum (Copenh.) **7**, 851—858 (1954). — MENZIES, B. P.: Phytomorphology (Delhi) **4**, 397—409 (1954). — MESSER, H.: (1) Z. Forstgenetik **5**, 33—40 (1956). — (2) Fortschritte des forstlichen Saatgutwesens. S 79—117. Frankfurt-Main: Sauerländer 1956. — MOSER, M.: Forstwiss. Cbl. **75**, 8—18 (1956). — MULLER, W. H., and C. H. MULLER: Amer. J. Bot. **43**, 354—361 (1956).

NARAYANA, H. S.: Sci. a. Culture **21**, 447—450 (1956). — NEUBAUER, H. F.: Ann. Naturhist. Museum Wien **60**, 77—113 (1955). — NISSEN, T. V.: Experientia (Basel) **12**, 229—230 (1956).

OINONEN, E. A.: Acta entomol. fenn. **12**, 1—178 (1956). — ORLENKO, E. G.: Dokl. Akad. Nauk SSSR **106**, 555—557 (1956).

PANKRATOVA, N. M.: Bot. Ž. **41**, 263—266 (1956). — PERCIVAL, M. S.: New Phytologist **54**, 353—368 (1955). — PIJL, L. VAN DER: (1) Kon. Nederl. Akad. Wetensch. Amsterdam, Ser. C **59**, 301—313 (1956). — (2) Acta bot. neerl. **5**, (2), 135—144 (1956). — PLOCHMANN, R.: Beih. Forstwiss. Cbl. **1956**, Heft 6, 96 S. — POELT, J. u. H. DOPPELBAUER: Planta (Berlin) **46**, 467—480 (1956). — POMMER, E. H.: Flora (Jena) **143**, 603—634 (1956). — PORSCH, O.: Österr. bot. Z. **103**, 1—18 (1956). — PRYOR, L. D.: Proc. Linnean Soc. N. S. Wales **81**, 91—96 (1956). — PUCHTA, O.: Z. Morph. u. Ökol. Tiere **44**, 416—441 (1956).

QUISPEL, A.: (1) Acta bot. neerl. **3**, 495—532 (1954). — (2) Acta bot. neerl. **4**, 671—689 (1955).

REDMOND, D. R.: Canad. J. Bot. **33**, 595—627 (1955). — RENNERFELT, E., and G. NACHT: Sv. bot. Tidskr. **49**, 419—432 (1955). — RIGGENBACH, A.: Phytopath. Z. **27**, 1—40 (1956). — RUBIN, B. A., u. N. V. OBRUČEVA: Uspechi Sovrem. Biol. **40**, 192—210 (1955). — RUDIN, P. E.: Phytopath. Z. **26**, 57—80 (1956). — RUGE, U.: (1) Gartenbauwiss. **2**, 291—300 (1955). — (2) Gartenwelt **55**, 178—179 (1955). — RUSCHMANN, G.: Biol. Zbl. **75**, 129—149, 476—499 u. 576—597 (1956).

SAKAI, K., and Y. SUZUKI: J. Genet. **53**, 585—590 (1955). — SANWAL, B. D.: Phytopath. Z. **25**, 333—384 (1956). — SCHANDER, H.: Z. Pflanzenzüchtg. **35**, 89—97 (1955). — SCHMELZER, K.: Phytopath. Z. **28**, 1—56 (1957). — SCHMIDT, MARTIN: Arch. Gartenbau **2**, 355—440 (1954). — SCHMUCKER, TH.: Ber. dtsch. bot. Ges. **69**, 287—290 (1956). — SCHREMMER, F.: Österr. bot. Z. **102**, 551—571 (1955). — SCHÜTZ, W., u. E. FELBER: Z. ACKER- u. Pflanzenbau **101**, 471—476 (1956). — SEBALD, O.: Mitt. Württembg. Forstl. Versuchsanst. **13**, 1—83 (1956). — SIRÉN, G.: Acta forest. fenn. **62**, 1—408 (1955). — SLANKIS, V.: Proc. Canad. Phytopath. Soc. **23**, 20—21 (1955). — SOMMER, N. F.: Phytopathology **45**, 607—613 (1955). — STEEMANN NIELSEN, E.: Nature (London) **176**, 553 (1955). — STEUBING, L.: Plant a. Soil (The Hague) **7**, 1—25 (1955). — STOCKER, O.: Umschau **56**, 71—74 (1956). — STOCKING, C. R.: Handbuch der Pflanzenphysiologie Bd. 3. S. 503—510. Berlin, Göttingen, Heidelberg: Springer 1956. — STOPP, K.: Beitr. Biol. Pflanz. **32**, 427—449 (1956). — STRZEMSKA, J.: (1) Acta microbiol. pol. **3**, 2, 155—194 (1954). — (2) Acta microbiol. pol. **4**, 191—204 (1955). — (3) Acta microbiol. pol. **4**, 183—188 (1955). — STÜVEN, K., u. H. ENGELS: Arch. Mikrobiol. **24**, 347—361 (1956). — SWEENEY, J. R.: Univ. Calif. Publ. Bot. **28**, Nr. 4, 143—250 (1956).

Taubert, H.: Planta (Berlin) 48, 135—156 (1956). — Tveit, M., und R. K. S. Wood.: Ann. Appl. Biol. 43, 538—552 (1955). — Twamley, B. E.: Canad. J. Agricult. Sci. 35, 461—476 (1955).

Vaartaja, O.: Acta forest. fenn. 62, 1—31 (1955). — Vareschi, V.: (1)Phyton (Horn, N.-Ö.) 3, 142—155 (1951). — (2) Acta Ci. Venezolana 4, 89—95 (1953). — Vareschi, V., u. F. Pannier: Phyton (Horn, N.-Ö.) 5, 140—152 (1953). — Veen, B.: Euphytica 3, 89—96 (1954).

Wahl, J.: Congrès internat. de Bot. Paris 1954, Ser. 13. S. 130. — Walter, H.: (1) Ber. dtsch. bot. Ges. 69, 263—273 (1956). — (2) Flora (Jena) 143, 295—326 (1956). — Weber, N. A.: Ecology 37, 150—161 u. 197—199 (1956). — Werth, E.: Ber. dtsch. bot. Ges. 69, 381—386 (1956). — Wilde, S. A.: Congrès internat. de Bot. Paris 1954, Ser. 13. S. 123—126. — Wilde, S. A., and A. L. Leaf: Ecology 36, 19—22 (1955). — Wilde, S. A., and D. J. Persidsky: Proc. Soil Sci. Soc. Amer. 20, 107—110 (1956). — Woeste, U.: Phytopath. Z. 26, 225—227 (1956). — Wright, J. W.: Forest Sci. 1, 319—349 (1955).

Yamada, T.: Bot. Mag. (Tokyo) 68, 267—273 (1955).

Ziegenspeck, H.: Die Farbanlockung von Drosera-Arten. Privatdruck. (Augsburg. Marienapotheke) 9 Seiten. — Ziegler, H.: Planta (Berlin) 48, 266 bis 268 (1956). — Zoeberlein, G.: Z. angew. Entomol. 39, 129—167 (1956).

C. Physiologie des Stoffwechsels.

10. Physikalische und chemische Grundlagen der Lebensprozesse (Strahlenbiologie).

Von Wilhelm Simonis und Hellmut Glubrecht, Hannover.

Die Forschungen auf dem Gebiete der Strahlenbiologie erfahren gegenwärtig von den verschiedensten Seiten her eine so intensive Förderung, daß in der hier gegebenen Übersicht nur ein Teil der insgesamt in der Berichtszeit erschienenen Arbeiten berücksichtigt werden konnte. Die Auswahl erfolgte aus einem von uns durchgesehenen Material, das ein Mehrfaches der im Literaturverzeichnis angegebenen Arbeiten umfaßte, und mußte vor allem dem Wunsche der Herausgeber auf weitgehende Kürzung gegenüber den früheren Berichten Rechnung tragen. Eine gewisse Willkür war deshalb unvermeidlich. Immerhin haben wir versucht, die uns wesentlich erscheinenden neuen Tendenzen sowohl in der experimentellen Problemstellung wie in der Deutung der Versuchsergebnisse herauszustellen. Damit ist über den objektiven Gehalt der großen Zahl unerwähnter Arbeiten natürlich nichts ausgesagt. Auch konnte nur gelegentlich eine Beweisführung für die Stichhaltigkeit der Befunde und eine Kritik von Einzelheiten gegeben werden. Die Darstellung ist lediglich als eine Orientierung über die Weiterentwicklung des behandelten Gebietes zu betrachten.

I. Wirkungen ionisierender Strahlen.

1. Zusammenfassende Darstellungen.

Eine Übersicht über das Gesamtgebiet geben die Bücher von Zirkle, Lawrence und Tobias, Bacq und Alexander sowie der von Haissinsky herausgegebene Band mit Beiträgen von Gray, Lefort und Dale. Eine Sammlung von Aufsätzen über Einzelgebiete stellt das Buch von Friedrich u. Schreiber dar. Ein weiteres Buch von Patt behandelt die biochemischen Aspekte der Strahlenbiologie. Wichtige Beiträge enthält ferner der Kongreßband des Radiobiologischen Symposions 1954 (herausgegeben von Bacq u. Alexander). Über die entsprechenden Symposia 1955 und 1956 liegen nur zusammenfassende Referate vor, z. B. von Ebert u. Howard (1, 3).

Etwa 400 Veröffentlichungen aus den Jahren 1953—1955 werden von Mortimer u. Beam besprochen. Für die Beziehungen zur Radiochemie sind die zusammenfassenden Darstellungen von Barron und von Burton u. Magee wichtig. Die neuesten Entwicklungen und Gesichtspunkte hinsichtlich der strahlenbiologischen Grundprozesse werden in den Übersichtsreferaten von Rajewsky, Marquardt, Butler und Hollaender (1) und Kimball herausgestellt. Hierauf wird im folgenden Abschnitt näher eingegangen.

2. Grundvorstellungen über den Mechanismus der Strahlenwirkung.

a) Allgemeines.

Noch vor etwa zwei Jahren (vgl. Fortschr. Bot. **17**) bestand bei der Deutung experimenteller Ergebnisse über die Wirkung ionisierender

Strahlen eine überwiegende Tendenz: im Gegensatz zu den klassischen Vorstellungen der Treffertheorie („direkte" Wirkung der Primärionisationen in biologisch wichtigen Molekülen oder Zellorganellen) neigte man weitgehend zu der Annahme einer „indirekten" Wirkung auf Grund der Bildung aktiver diffusibler Radikale in der unmittelbaren Umgebung der „empfindlichen Bereiche". Diese Auffassung stützte sich vorwiegend auf die radiochemischen Prozesse bei der Zerlegung des Wassers, insbesondere aber auf die Tatsachen, daß die Anwesenheit von Wasser, von O_2 und die Erhöhung der Temperatur (d. h. stärkere Diffusion) bei den meisten untersuchten Wirkungen ionisierender Strahlen eine Erhöhung der Ausbeute ergaben (vgl. Fortschr. Bot. **17**). Auch die Beobachtungen über den chemischen Strahlenschutz durch leicht oxydierbare Substanzen schienen diese Auffassung zu stützen.

Als ein wesentliches Ergebnis zahlreicher im Berichtszeitraum erschienener Arbeiten kann man nun herausstellen, daß sich diese erweiterte Theorie der indirekten Strahlenwirkung durch kurzlebige im Wasser gebildete Radikale ebenfalls als zu eng erwiesen hat. Wie im 3. Abschnitt unter den entsprechenden Stichworten näher ausgeführt, sind inzwischen viele Fälle bekannt geworden, in denen sowohl H_2O wie O_2 gerade hemmend auf die Ausbildung der Strahlenreaktion wirken. Ebenfalls wurde in vielen Fällen keine eindeutige Zunahme der Wirkung mit steigender Temperatur gefunden. Bei anderen Untersuchungen konnte fördernder Einfluß von H_2O durch eine sorgfältigere Beobachtung der biologischen, insbesondere der metabolischen Vorgänge erklärt werden.

Einige Autoren neigen daher dazu, die Vorstellungen einer „direkten" Strahlenwirkung wieder mehr heranzuziehen [BUTLER, ALPER, EBERT und HOWARD (2)]. ALPER schlägt — analog zum Begriff des potentiellen Chromosomenbruches — allgemein die Hypothese eines latenten Primärschadens ("metionic reaction") als unmittelbare Wirkung der ionisierenden Strahlung vor. Die erwähnten indirekten Wirkungen könnten dann positiv oder negativ auf das Manifestwerden dieses Primärschadens einwirken. Ähnlich versucht SWANSON (1, 2) die Frage der O_2-Einwirkung auf Chromosomenaberrationen durch die Annahme von drei Stufen, potentiellen, primären und echten (sichtbar gewordenen) Brüchen zu klären. Welche vielseitigen Möglichkeiten für den Primäreffekt bestehen, geht aus der genannten Arbeit von BURTON u. MAGEE hervor: für die Wirkung der im biologischen Material erzeugten Elektronen bestehen keine Auswahlregeln (wie für UV-Quanten); so können sie noch bei geringer Energie (etwa 5 eV) verbotene Zustände mit hoher Lebensdauer anregen. Die Möglichkeiten komplizieren sich damit, indem schon verschiedene Typen von Primärereignissen in Rechnung gestellt werden. HOUTERMANS weist auf Grund eigener Ergebnisse bei der Bestrahlung von trockenen und feuchten *B. subtilis*-Sporen darauf hin, daß Wasser — mehr oder weniger an die organischen Moleküle adsorbiert — schon die statistische Verteilung dieser verschiedenen Primärwirkungen beeinflussen kann.

Gegen die Annahme von H_2O_2 als primärem Wirkungsagens sprechen u. a. die Versuche von KIMBALL u. Mitarb. Die bei *Paramecium aurelia* durch Röntgenstrahlen induzierten Mutationen konnten durch H_2O_2 allein bei keiner Konzentration erzielt werden. Sehr fruchtbar für die Grundvorstellungen der Strahlenwirkungen erwies sich ferner die stärkere Berücksichtigung der während und nach der Bestrahlung ablaufenden Stoffwechselvorgänge im Organismus (RAJEWSKY). HUG und WOLF konnten in diesem Sinne an *Achromobacter fischeri* den zeitlichen Abfall und Wiederanstieg des Bakterienlichtes aus dem Ab- und Aufbau des Luciferins deuten. Dabei bewährten sich quantitative Überlegungen aus der Reaktionskinetik offener Systeme. Die Wechselwirkung zwischen Strahlung und Stoffwechsel konnte ferner an verschiedenen fermentativen Prozessen unmittelbar nachgewiesen werden. RAJEWSKY, GERBER und PAULY fanden eine je nach den Kulturbedingungen verschiedene Hemmung des Glukosestoffwechsels von *E. coli* und konnten durch Analyse der Aktivitäts-Dosiskurven das Vorliegen zweier von einander unabhängiger fermentativer Abbauwege nachweisen. Fermente der Atmungskette untersuchten RAJEWSKY u. Mitarb., LANGENDORFF u. HAGEN sowie HAGEN am lebenden Objekt durch Messung der O_2-Aufnahme bzw. spektroskopisch. Dabei zeigte sich besonders für das Cytochromsystem eine hohe Strahlenresistenz in vivo im Vergleich zu in vitro-Messungen.

Eine erstaunliche Erhöhung der Strahlenempfindlichkeit isolierter Zellbestandteile erhielt FRITZ-NIGGLI (2, 4, 5) bei der Bestrahlung von durch mehrfaches Zentrifugieren gewonnenen Leber-Mitochondrien. Bei geeigneter Zusammensetzung des Aufbewahrungsmediums erreichte sie eine 60prozentige Verminderung der Citratoxydation gegenüber der unbestrahlten Kontrolle innerhalb einer Stunde nach der Bestrahlung mit der minimalen Dosis von 0,1 r.

Für die Wichtigkeit einer stärkeren Beobachtung der biologischen Gegebenheiten seien noch zwei Beispiele genannt: PITTMAN erhielt bei Dosiseffektkurven der Tötung diploider Hefe für sehr hohe Dosen einen horizontalen Verlauf, der auf die Populationsheterogenität (Beginn des Sprossens einzelner Zellen) zurückgeführt werden konnte. GONZALEZ u. BARRON stellten fest, daß die von ZIRKLE u. TOBIAS (vgl. Fortschr. Bot. 17) benutzten haploiden und diploiden Hefestämme metabolische Unterschiede aufwiesen (die haploide war eine fermentierende, die diploide eine respirierende Hefe). Die Unterschiede beider Stämme in der Strahlenempfindlichkeit müssen demnach zumindest teilweise durch den unterschiedlichen Fermentgehalt erklärt werden, ein Ergebnis, daß die Bedeutung der theoretischen Überlegungen von ZIRKLE u. TOBIAS einschränkt.

Schließlich sei noch eine Arbeit von SOMMERMEYER erwähnt, in der die klassischen Vorstellungen der Treffertheorie im Hinblick auf die Auslösung von Genmutationen einer Kritik unterzogen und dem gegenwärtigen Stande der Erfahrungen auf diesem Gebiete angepaßt werden.

b) Radiochemische Gesichtspunkte.

Das Schrifttum über die Radiochemie biologisch wichtiger organischer Verbindungen ist außerordentlich angewachsen. Der gegenwärtigen Tendenz in der

Strahlenbiologie (s. 2a) entspricht zwar eine große Vorsicht in der Übertragung radiochemischer Erfahrungen auf die Verhältnisse im lebenden Organismus; dennoch ist wohl der Hinweis von BURTON u. MAGEE zu beachten, daß gewisse Modellvorstellungen für die Planung radiobiologischer Experimente unentbehrlich sind. Eine solche Modellvorstellung für die biochemische Deutung von Chromosomenbrüchen gibt BUTLER. COX u. Mitarb. leisten einen entsprechenden Beitrag durch ausführliche Diskussion und experimentelle Untersuchung der grundsätzlich möglichen Aufspaltungen von DNS-Molekülen unter γ-Strahleneinwirkung. Eine besondere Rolle bei der Veränderung von DNS und Nucleotiden in wäßriger Lösung scheint die Hydrolyse der durch die Bestrahlung labilisierten Kohlenstoff-Phosphat-Bindungen zu spielen. DANIELS u. Mitarb. belegten dies durch Untersuchung des Viscositätsabfalls entsprechender Lösungen bis zu 70 Std. nach der Strahleneinwirkung. O_2-Anwesenheit setzte die Nachwirkungen erheblich herauf.

Die Bestrahlungsversuche mit getrockneten Proteinen (vgl. Fortschr. Bot. 17) wurden von POLLARD u. Mitarb. auf weitere Enzyme und Antigene ausgedehnt. Hier bewährte sich weiterhin die „Eintreffervorstellung": das einzelne Proteinmolekül ist „Treffbereich", eine Wirkung aus „angrenzenden Bereichen" ist nicht möglich. Dennoch fand SETLOW bei ähnlichen Versuchen gelegentlich das Auftreten von „Partialschäden", die erst durch weitere Ionisationen, evtl. auch von einem Nachbarmolekül aus manifest wurden.

Die radiochemischen Umsetzungen des Wassers stehen noch in der Zusammenfassung MINDERs im Vordergrund. Am Beispiel der Polymethyl-arcrylsäure wiesen ALEXANDER u. FOX in einer sehr exakten Arbeit die Einwirkung von strahleninduzierten HO_2-Radikalen nach.

Demgegenüber konnten JOHNSON u. Mitarb. zeigen, daß bei starker Erhöhung der Konzentration von Milchsäure- bzw. Äthanol-Lösungen die Ausbeute an Brenztraubensäure bzw. Acetaldehyd, die durch Röntgenbestrahlung entstehen, zunimmt, während die H_2O_2-Bildung einen bestimmten Sättigungswert nicht überschreitet. Auch radiochemisch scheint also eine Erweiterung der Grundvorstellung, vielleicht wieder in Richtung auf „direkte Wirkung" erforderlich. HAGEN konnte z. B. am Cytochrom C statt einer oxydierenden eine reduzierende Wirkung der Röntgenstrahlen nachweisen. Das Problem der Energieleitung in Makromolekülen nach Einwirkung ionisierender Strahlen behandeln ALEXANDER u. CHARLESBY.

c) Methodisches.

Für die Weiterentwicklung der Grundvorstellungen über die Wirkung ionisierender Strahlen scheint eine Reihe von Arbeiten wichtig, die in methodischer Hinsicht neue Wege gehen. POLLARD u. WHITMORE konnten bestätigen, daß es beim Tabakmosaikvirus zulässig ist, einen zylindrisch geformten „empfindlichen Bereich" (100×3000 Å) anzunehmen. Durch ein geeignetes Austrocknungsverfahren erzielten sie vor der Bestrahlung (4 MeV-Deuteronen) eine axial ausgerichtete Lagerung der Virusstäbchen und konnten durch Drehen des Präparates zur Strahlrichtung die erwartete Änderung des Wirkungsquerschnittes feststellen.

BURNS (1) bestrahlte Hefe unter hohem hydrostatischen Druck (bis 700 at) und stellte keinen Einfluß auf die Röntgenschädigung der Vermehrung fest. Dies kann als Beweis dafür angesehen werden, daß als Sekundärreaktionen keine molekularen Veränderungen stattfinden, die mit erheblicher Volumenzunahme verbunden sind (Quellung). Das Auftreten verschiedenartiger Schädigungstypen in genetischer Hinsicht bewies MORTIMER durch mikromanipulatorische Paarung bestrahlter und unbestrahlter Hefezellen. Es ließ sich so unmittelbar ein Verhältnis 15:1 zwischen recessiven und dominanten Letalmutationen erweisen.

An Gewebekulturen wies PETERS (3) durch gleichzeitige Beobachtung der Mitosehemmung und der Zunahme nukleärer Vacuolen nach Röntgenbestrahlung, Kälte- und Megapheneinwirkung den Einfluß auf verschiedene voneinander unabhängige Fermentsysteme nach. Am strahlenempfindlichsten scheint die Umbildung von RNS in DNS zu sein.

Unmittelbaren Aufschluß über die verschiedene Strahlenempfindlichkeit der Zellbestandteile geben Untersuchungen, bei denen eine partielle Bestrahlung einzelner Zellteile stattfindet. BLOOM u. Mitarb. ließen in Fortsetzung früherer Versuche (Fortschr. Bot. 17) ein Protonenstrahlbündel von etwa 3 μ Durchmesser auf einzelne Chromosomenteile in Gewebekulturen von *Triturus viridescens* einwirken. Wieder erwies sich die Centromer-Region der Chromosomen als besonders empfindlich. Bei Bestrahlung in der Prophase genügten wenige Dutzend Protonen zur Erzielung von Fragmentationen und Verklebungen in der Anaphase. Die auf gröbere Bereiche beschränkten Partialbestrahlungsversuche von HÄMMERLING (*Acetabularia*), ULRICH (*Drosophila*-Eier) und TH. PETERS (geschnürte Molchkeime) zeigten durchweg höhere oder gar ausschließliche Strahlenempfindlichkeit der zellkernhaltigen Teile.

Interessant erscheint noch der Versuch von COMBÉE u. ENGSTRÖM, aus der Absorption extrem weicher Röntgenstrahlen (5 kV$_s$) den Gehalt an Atomen bestimmter Elemente (z. B. N) im lebenden biologischen Objekt nachzuweisen. Die Verfasser geben ein Auflösungsvermögen < 0,5 μ an.

3. Beeinflussung der Wirkung ionisierender Strahlen.

Die im vorhergehenden Abschnitt herausgestellte Abkehr von einer einseitigen „Radikaltheorie" und die Neigung zur stärkeren Beachtung der physiologischen, insbesondere metabolischen Vorgänge im bestrahlten Objekt finden ihre Stütze in zahlreichen Arbeiten, in denen die Modifikation der Wirkung ionisierender Strahlen durch die Bestrahlungstechnik selbst oder durch zusätzliche Faktoren untersucht wird.

a) Strahlenqualität und Dosisleistung.

Mit der Frage der relativen biologischen Wirksamkeit (RBW, vgl. Fortschr. Bot. 17) sehr harter Gammastrahlung (Betatron) beschäftigen sich erneut ZUPPINGER u. Mitarb., FRITZ-NIGGLI (1, 3, 6), GÄRTNER, ARNASON und MORRISON, sowie GUNTER, KOHN u. Mitarb. Es scheint jedoch, daß die RBW für verschiedene Objekte und verschiedene Testreaktionen nicht einheitlich angegeben werden kann. Den möglichen Einfluß der Ultrafraktionierung bei der Betatronstrahlung untersuchten OEHLERT sowie HOFMANN und MÜLLER. Eine mathematische Theorie der unterschiedlichen Strahlenwirkung stellte WIJSMAN (1, 2) auf, wendete sie aber nur auf die Hefeinaktivierung an.

Variation der Dosisleistung und Fraktionierung machen sich besonders bemerkbar, wenn die dabei auftretenden verschiedenen Bestrahlungszeiten in der Größenordnung physiologischer Prozesse am bestrahlten Objekt liegen. Eine Fraktionierung wirkt sich daher insbesondere auf Mitosehäufigkeit und Chromosomenaberrationen aus [KOLLER, BEATTY und BEATTY, BEATTY u. Mitarb., LANE, FETNER (1, 2), HAQUE (1), SAX u. Mitarb., STEFFENSON u. ARNASON, WOLFF u. LUIPPOLD, STAPLETON (1, 2), BURNS]. Demgegenüber fanden BELLAMY u. LAWTON bei der *E. coli*-Inaktivierung keinen Unterschied, wenn sie die Intensität der Strahlung von 1 auf 143 kr/min erhöhten.

b) Temperatur.

Das extreme Absinken der Strahlenempfindlichkeit verschiedener Objekte bei sehr tiefen Temperaturen (vgl. RAJEWSKY, NYBOM u. Mitarb., Fortschr. Bot. 16, 17) wies besonders eindeutig auf die Rolle hin, die Diffusionsvorgänge bei den betreffenden Strahlenwirkungen spielen. Auch NILAN stellte wieder bei der Röntgenbestrahlung ruhender Gerstensamen fest, daß die Hemmung von Keimung und Längenwachstum sowie die Häufigkeit von Chromosomenaberrationen in den Wurzelspitzenzellen bei —80° geringer als bei Zimmertemperaturen waren. Nur die Mutationshäufigkeit (chlorophyllarme Varianten) wies keine Temperaturabhängigkeit auf. Die „schützende" Wirkung einer Temperaturerniedrigung konnte von POWERS jedoch auch dann festgestellt werden, wenn nur die Temperatur nach der Bestrahlung erniedrigt wurde [vgl. auch STAPLETON (1)]. Der Einfluß der Temperatur scheint also zu einem wesentlichen Teil bei eventuellen Erholungsprozessen eine Rolle zu spielen. So erscheint es verständlich, daß z. B. BILQUEZ eine Abnahme der Strahlenempfindlichkeit von *Crepis zacintha*-Samen mit steigender Temperatur (13—28° C) feststellte. Daß dies durch die Temperaturabhängigkeit von Erholungsprozessen bedingt ist, wird dadurch wahrscheinlicher, daß die Empfindlichkeitsabnahme bei keimenden Samen geringer als bei ruhenden war.

HOUTERMANS fand an *Bacill. subtilis*-Sporen ein weitgehendes Ineinandergreifen von Temperatur und Wassereinfluß. Ihre Ergebnisse decken sich allerdings nur teilweise mit denen, die PROCTOR u. Mitarb. am gleichen Objekt erhielten.

c) Wassergehalt.

Die Frage der Beeinflussung von Strahlenwirkungen durch den Wassergehalt des bestrahlten Objektes wurde von verschiedenen Autoren auch weiterhin an trockenen und vorgequollenen Samenkörnern untersucht. Nach der Radikaltheorie („indirekte Strahlenwirkung") wäre allgemein eine stärkere Strahlenwirkung bei höherem Wassergehalt zu erwarten. LEFORT sowie MILLS und SCHRANK fanden dies auch an Samen von *Lycopersicum esculentum* bzw. *Avena*. Bei Röntgenstrahlendosen von 3—80 kV waren die vorgequollenen Samen etwa 3—5mal empfindlicher als die trockenen. Zu ähnlichen Ergebnissen kam KONZAK bei Röntgenbestrahlung von Gerstensamen. Hier zeigte sich aber die Empfindlichkeitserhöhung vorgequollener Samen temperaturabhängig: Vorquellen bei etwa 0° C brachte keine wesentliche Empfindlichkeitserhöhung mehr. Gegenüber thermischen Neutronen war sogar kein wesentlicher Einfluß des H_2O-Gehaltes festzustellen.

Zu wesentlich anderen Ergebnissen am gleichen Objekt kamen EHRENBERG (1, 2) und CALDECOTT (1, 3, 4) sowie IVANOFF an *Avena*- und BURDICK an Tomatensamen. Übereinstimmend fanden alle genannten Autoren zwar auch, daß die Wirkung schneller und thermischer Neutronen auf die Keimung von Samenkörnern praktisch vom Wassergehalt unabhängig ist. Bezüglich der Röntgenstrahlenwirkung wurde jedoch eine abnehmende Keimungshemmung bei zunehmendem Wassergehalt festgestellt. Einen Hinweis auf die Ursache dieser verschiedenartigen Befunde geben die Untersuchungen von CALDECOTT (3) und IVANOFF: ließ man die vorgequollenen Samen vor der Bestrahlung wieder eintrocknen, so zeigten sich jetzt diejenigen am empfindlichsten, die vorher den höchsten Wassergehalt erreicht hatten. Dies spricht für die Deutung, daß das im bestrahlten Objekt verfügbare H_2O seine entscheidende Rolle nicht bei der Primärwirkung (vermehrte Bildung von Radikalen), sondern bei der Beeinflussung des physiologischen Zustandes und bei den Erholungsvorgängen der bestrahlten Samen spielt. In der Unabhängigkeit der Neutronenwirkung vom Wassergehalt sieht ALPER einen Beweis für den provisorischen Charakter der strahleninduzierten Primärschäden (vgl. oben, S. 171), der bei dicht ionisierenden Strahlen die Möglichkeit von Restaurationen weitgehend ausschließt.

d) Sauerstoffeinwirkung.

Bei Untersuchung des O_2-Einflusses auf die Wirkung ionisierender Strahlen bietet sich ein ähnlich mannigfaltiges Bild wie bei der Frage der Bedeutung von H_2O. Verdoppelung der Wirkung durch O_2-Zugabe findet BEAM bei Bestrahlung von Hefen verschiedenen Ploidiegrades. SCHJEIDE u. Mitarb. versuchen in einem

Übersichtsreferat eine physiologische Begründung der früher oft (Fortschr. Bot. **17**) festgestellten Wirkungssteigerung durch O_2 zu geben. An Hämoglobin und verschiedenen Fermenten fanden LASER sowie BONET-MAURY u. PATTI jedoch Unabhängigkeit der Inaktivierung von der O_2-Konzentration, zumindest in Hinblick auf die Primärreaktion. LANGENDORFF u. Mitarb. stellten mit spektroskopischen Methoden fest, daß oxydative Prozesse des Cytochroms c nach Bestrahlung wohl in wäßriger Lösung, aber nicht an Suspensionen von lebenden Hefe- und *E.-coli*-Zellen zu beobachten waren. Auch Versuche von EBERT u. HOWARD (Bestrahlung von Bohnenwurzeln in H_2-Atmosphäre, z. T. unter Zugabe von Luft) sprechen dafür, daß O_2 höchstens bei einem Teil der Primärreaktionen mitwirkt. Einen ähnlichen Standpunkt nimmt KIMBALL auf Grund eigener und durch Vergleich früherer Ergebnisse anderer Autoren ein. Nach SOBELS könnten an Stelle von H_2O organische Peroxyde eine Rolle spielen. Auf die für das O_2-Problem wichtige Arbeit von ALPER war schon hingewiesen (S. 171).

e) Reaktivierung und aktiver Strahlenschutz.

Neben zahlreichen Arbeiten, die den Schutzeffekt der bekannten Verbindungen, insbesondere der Sulfhydrylsubstanzen, bestätigen, wurden einige neue Gesichtspunkte zum aktiven Strahlenschutz herausgestellt. Bei der Katalase-Inaktivierung durch Röntgenstrahlen stellten BONET-MAURY und PATTI die Bedeutung von Fremdatomen für die Schädigung fest. Hochgradig gereinigte Katalase erwies sich als besonders resistent. SUTTON konnte eine Schutzwirkung der Katalase durch Bindung der Fe-Zentren in organischen Komplexen erreichen. Auf relativ einfache Mechanismen lassen Schutzwirkungen schließen, die BAIR u. STANNARD durch den Ionenaustauscher Dovex 50 und BURGER u. PETERS durch Kollidon erzielten. In beiden Fällen liegt es nahe, die unmittelbare Beseitigung von „Radiotoxinen" durch einen physikochemischen Prozeß anzunehmen. Dagegen sind die Ergebnisse von WRAINBRIGHT u. NEVILL nur vom Biologischen aus zu deuten: *Streptomyces*-Sporen ließen sich durch Nachbehandlung mit Stoffwechselinhibitoren (Aqua dest., NH_4Cl u. a.) gegen γ-Strahlenwirkung schützen.

Wichtig scheinen ferner die Beobachtungen von HOLLAENDER u. Mitarb., sowie von STAPLETON u. Mitarb.: danach wirken Schutzsubstanzen wie Cysteamin u. a. bei der Röntgenbestrahlung von *E. coli* nur, wenn das Nährmedium bestimmte Erholungsfaktoren (z. B. Glutaminsäure, Uracil und Guanin) enthält. In diesem Falle scheint die Schutzwirkung offenbar auf das engste mit der Neubildung von Enzymen verbunden zu sein. Nach DOUDNEY handelt es sich um Enzyme, die für die DNS-Synthese wichtig sind; KIGA u. Mitarb. liefern einen weiteren Beitrag zu dieser Frage, der auf eine Beeinflussung der oxydativen Phosphorylierung hinweist.

4. Anwendung von Radioisotopen in der Strahlenbiologie.

Als Quellen ionisierender Strahlung stehen in ständig zunehmendem Maße radioaktive Isotope zur Verfügung. Sie bieten grundsätzlich zwei Möglichkeiten der Bestrahlung, nämlich einmal (bei hinreichend hoher Aktivität) von außen und zweitens von innen nach Inkorporation in das Untersuchungsobjekt. Über beide Anwendungsarten sind eine Reihe von Arbeiten erschienen. In einem weiteren Sinne haben die radioaktiven Isotope auch als Indicatoren für die Strahlenbiologie Bedeutung erlangt, indem sie die Beobachtung unter Umständen sehr geringfügiger biochemischer Veränderungen nach Strahleneinwirkung ermöglichen.

a) Radioisotope als äußere Strahlenquellen.

SPARROW u. SINGLETON, SPARROW u. CHRISTENSEN, GRANHALL u. Mitarb. sowie EHRENBERG u. Mitarb. berichten über die Bestrahlung der verschiedensten Arten höherer Pflanzen auf „Gammastrahlen-Versuchsfeldern", d. h. auf einem kreisförmig bepflanzten Feld, in dessen Mitte sich ein γ-strahlendes radioaktives Präparat (20—2000 Curie ^{60}Co) befindet. Die Bedeutung einer solchen Anordnung im Vergleich zur Bestrahlung mit Röntgengeräten wird von den Autoren vor allem in zwei Gesichtspunkten gesehen: erstens kann ein sehr umfangreiches Material verschiedenartiger Objekte gleichzeitig, d. h. unter völlig gleichen physiologischen Bedingungen bestrahlt und damit auf unterschiedliche Strahlungsempfindlichkeit untersucht werden; zweitens bietet die Permanenz und das hohe Durchdringungsvermögen der γ-Strahlung die Möglichkeit, die Abhängigkeit einer Strahlenwirkung von der Dosisleistung in äußerst weiten Grenzen zu prüfen. SPARROW u. SINGLETON applizierten Dosisleistungen zwischen 0,1 und 2000 r/d. Dabei zeigte sich u. a., daß die Chromosomenaberrationstypen in Antheren von *Tradescantia paludosa* in erster Linie durch die Dosisleistung und nicht durch die Gesamtdosis bestimmt werden. Einige der genannten Autoren finden für kleine Dosisleistungen eine Wachstumsstimulation. Auch eine spezifische Strahlenempfindlichkeit während bestimmter Entwicklungsperioden (z. B. Gerste vor der Ährenbildung) ist bei dieser Art Versuchsanordnung gut zu erkennen. COOKE untersuchte in einem Gammafeld an umfangreichem Material die Veränderung des Ascorbinsäuregehaltes und fand ein stetiges Ansteigen vor dem Auftreten äußerer Strahlenschäden.

b) Inkorporation von Radioisotopen.

Radioaktive Isotope, die sich im Inneren einer Zelle befinden, wirken zunächst — ähnlich wie äußere Strahlungsquellen — durch die beim Zerfall ausgesandte Strahlung. Außerdem ist aber noch eine zweite Schädigungsart zu berücksichtigen: jedes Atom eines radioaktiven Elementes verwandelt sich beim Zerfall in ein Atom eines anderen Elementes. Dadurch ist es nicht mehr in der Lage, seine alte chemische Funktion zu erfüllen und wird sogar in den meisten Fällen für die Zelle als Gift wirken. FREKSA u. KAUDEWITZ konnten diese beiden Wirkungsmechanismen von inkorporiertem ^{32}P an *Amoeba proteus* beobachten. Sie verfolgten das Auftreten von Letalfällen über 100 Generationen der Nachkommenschaft von Zellen, die mit 10^{-8} C/ Zelle markiert waren. Neben einem Maximum in der 5. Generation, das auf die Wirkung der β-Strahlen zurückzuführen war, fanden sie ein zweites Maximum in der 31. Generation, das — unter Annahme einer bestimmten Struktur der genetischen Einheiten — durch die Umwandlung $^{32}\mathrm{P} \xrightarrow{e^-} {}^{32}\mathrm{S}$ erklärt werden konnte. Einen Anstieg der Schädigungsrate nach mehreren Teilungen fanden neuerdings auch FUERST u. STENT bei *E. coli* nach Inkorporation von ^{32}P. CASTAGNOLI u. GRAZIOSI benutzten bei Versuchen mit ^{32}P an *Bacillus megatherium* den Temperatureffekt um den Einfluß der beiden Schädigungsarten auseinanderzuhalten: Die Wirkung der Kernumwandlung kann mit hoher Wahrscheinlichkeit als temperaturunabhängig angenommen werden. Der Anteil beider Schädigungsmechanismen scheint in diesem Falle etwa gleich zu sein (vgl. auch STRAUSS u. Mitarb.).

Die Tatsache, daß die Schädigungsquelle bei Inkorporation von Radioisotopen exakter lokalisiert ist als bei äußerer Bestrahlung, benutzten verschiedene Autoren für die Untersuchung der Vorgänge bei der Phageninfektion [CASTAGNOLI u. Mitarb., STENT (1, 2), STENT u. FUERST]. LINDEMANN verfolgte elektronenmikroskopisch die strukturellen Änderungen von Erythrocyten, die mit ^{32}P markiert waren. Oftmals reichen schon Isotopenkonzentrationen in der Zelle aus, wie sie bei Tracer-Untersuchungen gebräuchlich sind, um morphologisch sichtbare Schäden zu verursachen (GREEN u. ROTH, MARTIN u. RUSSEL). An Gerste und Tomaten, die in Gefäßkulturen mit max 200 μC ^{32}P pro kg Boden gezogen wurden, konnten BOULD u. Mitarb. keine signifikanten Änderungen des Trockengewichts von Sproß und Wurzeln feststellen. Auch bei den Schäden durch Inkorporation macht sich jedoch der Einfluß des Entwicklungsstadiums der Zelle bei Aufnahme der Radioisotope bemerkbar (BATEMAN).

Während die meisten strahlenbiologischen Arbeiten über die Wirkung inkorporierter Radioisotope mit ^{32}P durchgeführt wurden (unter besonderer Berücksichtigung der Bedeutung von P für die Nucleinsäuren), stellten BALL sowie VLASSIUK u. GRODSINSKY vergleichende Untersuchungen mit verschiedenen Isotopen an (^{32}P, ^{35}S, ^{14}C und ^{45}Ca). BALL konnte insbesondere an kultiviertem Callusgewebe von *Sequoia sempervirens* eine relativ geringe Wirkung von ^{14}C beobachten. Untersuchungen mit einem natürlichen Radioisotop (Thorium X) stellten DULUCQ u. LASCOMBES an Samen von *Pisum* an. Sie beobachteten Mitosestörungen und mit Hilfe von Autoradiographien eine spezifische Ablagerung im meristematischen Gewebe.

c) Prüfung von Strahlenwirkungen mit Hilfe von Radioisotopen.

Verwendet man die Tracer-Methode zur Untersuchung von Strahlenwirkungen, so ist zu berücksichtigen, daß das Testmittel unter Umständen gleichartige Wirkungen wie das zu testende Agens hat. Daß Radioisotope wirklich schon in Tracerkonzentrationen wie 5 μ C/l strahlenbiologisch wirksam sein können, zeigten MARTIN u. RUSSEL. Andererseits bietet gerade ^{32}P ein ausgezeichnetes und bewährtes Hilfsmittel für die Untersuchung der DNS-Synthese. PELC u. HOWARD führten entsprechende Untersuchungen an *Vicia-faba*-Wurzeln durch und konnten eine Strahlenwirkung des β-Zerfalls beim Test durch Änderung der ^{32}P-Konzentration und -Einlagerungszeit ausschließen. Ähnlich verfuhren POLLARD u. SETLOW, PAOLETTI u. KELLY u. Mitarb., die alle ^{32}P zur Kontrolle der Strahlenwirkung auf die DNS-Synthese verschiedener Objekte benutzten.

In anderen Fällen schließt die Höhe der verwendeten Strahlendosis den Einfluß der Isotopenstrahlung bei einem Tracer-Test aus: so bei den Untersuchungen von ZILL u. TOLBERT an Weizenpflanzen; die Verfasser bestrahlten mit 100 kr und kontrollierten die CO_2-Bindung durch Verwendung von ^{14}C.

Bei sehr harter Strahlung können andererseits Radioisotope im bestrahlten Objekt erzeugt werden; BALDWIN u. CLARK stellten nach

Bestrahlung mit einem 100 MeV-Betatron in Hefezellen die Bildung von ^{15}O, ^{11}C und ^{13}N fest.

II. Wirkungen ultravioletter Strahlung.

1. Zusammenfassungen.

Eine Grundlage für das Studium der Wirkungen ultravioletter Strahlung bietet das Buch von HOLLAENDER. Weitere Zusammenfassungen liegen von FRIEDRICH u. SCHREIBER, MORTIMER u. BEAM sowie SIMONIS vor. Hinweise finden sich ferner in den kürzeren Übersichten von CATSCH und von MARQUARDT. Einzelne Teilgebiete werden von GRAY (physikalische Aspekte), LEFORT (chemische Wirkungen), DUBOIS u. PETERSEN und DALE (biochemische Effekte) dargestellt. Die Ergebnisse eines Symposiums über Strahlenwirkungen auf Zellen und Bakterien haben KELNER u. Mitarb. bearbeitet.

2. UV-Wirkungen auf Zelle und Organismus.

a) Allgemeine Übersicht.

Es ist eine Fülle von neuem Material gesammelt worden, das die Kompliziertheit der nach einer Ultraviolett-(UV-)Bestrahlung auftretenden Vorgänge aufweist. Selbst bei relativ einfachen UV-absorbierenden Verbindungen laufen nach Bestrahlung komplizierte photochemische Primär- und thermochemische Folgeprozesse unter Auftreten freier Radikale oder gebundener Radikalstellen ab, wie wieder an verschiedenen Beispielen untersucht, wenngleich noch längst nicht völlig aufgeklärt wurde (ENGELHARD u. E. EIKENBERG, SETLOW, Abbau von Eiweißen; SERAYDARIAN, Diphosphopyridinnucleotidabbau; ESTERMANN u. Mitarb., Abbau von Acetylamin; INGRAM u. Mitarb., EGERTON u. FITTON, FORD, HELLER u. GORDON, Auftreten von Radikalen).

Zur Erklärung der UV-Strahlenwirkungen nimmt eine viel verwendete Hypothese mit NOVICK u. SCILLARD (Fortschr. Bot. 15) an, daß als photochemische Reaktion ein diffusibler Giftstoff als toxisch wirkendes Produkt [BARNER u. COHEN; WAINWRIGHT u. NEVILL (1)] gebildet wird, der in Form freier Radikale (HIRSCH), giftiger Stoffwechselprodukte (BUZZEL) bzw. organischer Peroxyde (ALTENBURG, STEIN und HARM) in den Zellen entsteht. Die Schutzfunktion von Katalase, über die z. T. positive Befunde vorliegen (OGG u. Mitarb.; BACHOFER u. POTTINGER), deren Wirkung nach anderen [GIESE u. Mitarb (1); HIRSCH] aber nicht einheitlich ist, wird für das Auftreten von Peroxyden herangezogen (vgl. 2c). Auch der Befund, daß die durch in die Zellen eingeführte organische Peroxyde auftretenden Schäden ähnlich wie UV-Schäden selbst durch Licht wieder rückgängig zu machen sind, spricht dafür (STEIN u. LASKOWSKI). Schließlich lassen sich sowohl die Wirkung von Schutzstoffen (vgl. 2c) als auch die Ergebnisse von FLUKE, daß die Dosiseffektkurve bei getrockneten Phagen einem Eintreffervorgang, in Gegenwart von Wasser dagegen einem Mehrtreffergeschehen entspricht (Diffusion), auf das Vorhandensein toxischer Produkte zurückführen.

Bei der UV-Strahlenwirkung sind aber sicher auch andere Vorgänge im Spiel. Eine direkte Wirkung in dem gleichen Molekül, das die Strahlung absorbiert, wird neuerdings wieder in steigendem Maße diskutiert (YOST u. Mitarb., HARGREAVES, ENGELHARDT u. EIKENBERG, EGERTON u. FITTON, R. W. KAPLAN u. CH. KAPLAN u. a.). Kompliziert wird die Entscheidung zwischen den beiden genannten Möglichkeiten dadurch, daß neben diffusiblen UV absorbierenden Stoffwechselprodukten (z. B. Aminosäuren, Purinen, Pyrimidinen) die Strukturelemente (Eiweiße, Nucleinsäuren, Nucleoproteide) selbst die Strahlung absorbieren (vgl. 2b), die dort aber nicht unbedingt sofort wirksam zu werden braucht, weil ein Energietransport möglich ist (S. 189). Manche UV-Wirkungen lassen sich zudem nur durch mehrere verschiedene Gifte erklären [WAINWRIGHT u. NEVILL (1), Jodacetat- und Peptoneinfluß; WEATHERWAX, p_H-Wirkung; BRANDT u. GIESE, verschiedene Wirkungsspektren für Immobilisierung und Teilungsverzögerung bei Protozoen].

Ein Teil der aufgetretenen Schäden dürfte aber noch auf andere Weise zustande kommen. Möglicherweise tritt durch die Bestrahlung eine Desorption von strukturgebundenen Enzymen (z. B. Katalase) oder eine Oxydation der die katalytischen Wirkungen tragenden Strukturen der Zelle auf (GOUCHER u. Mitarb., I. KAPLAN u. PAIK; Katalaseaktivität, Succinatoxydation). Schließlich könnten Strahlenschäden durch Änderung der „Permeabilität" bestrahlter Zellen hervorgerufen werden [PAYNE u. Mitarb. (2), GIERSBERG u. BÖHMER, GOUCHER u. Mitarb., TANADA].

Wie die im langwelligen UV-Bereich (> 300 mμ) gemessenen Strahlenwirkungen (z. B. Inaktivierungen; Mutationen; Wachstumshemmungen und Förderungen, vgl. BRODFÜHRER) zustande kommen, ist weitgehend unbekannt. Die Vorgänge sind jedoch wahrscheinlich anderer Art als bei UV von 220—300 mμ; der Unterschied geht allein schon daraus hervor, daß hier keine Wärmereaktivierung (s. unten) und höchstens eine geringe Photoreaktivierung (STEIN u. HARM) vorhanden zu sein scheint, dagegen ist eine Dunkelreaktivierung (HILL) festgestellt worden.

Von den primären, oft durch sehr kurzzeitige UV-Bestrahlung erzielten photochemischen Reaktionen bis zu den mannigfaltigen, schließlich sichtbaren Wirkungen des UV-Lichtes ist ein relativ weiter Weg zurückzulegen. An erster Stelle sei hier die zentrale, wohl nur nach UV-Absorption im Zellkern (BRANDT u. GIESE) auftretende, zunächst reversible und schon früher von KELNER (Fortschr. Bot. **17**) festgestellte Hemmung der DNS-Synthese genannt (vgl. BARNER u. COHEN S. 185, ferner S. 182). Die Hemmung der Synthesen kommt dabei vielleicht auf dem Weg über eine Hemmung enzymatischer Zentren oder ihrer Neubildung zustande (TORRIANI, UV-bedingte Hemmung der Penicillinase-Synthese von *Bacillus cereus*). Nach der Bestrahlung läuft bei Bakterien der Stoffwechsel im Cytoplasma, die NS-Synthese und auch die Proteinsynthese weiter, wie die Größenzunahme der Bakterien beweist, dagegen ist die DNS-Synthese offenbar abgestoppt; es kommt zu einem nicht ausbalanzierten Wachstum

[Barner u. Cohen; Payne u. Mitarb. (1)]. Hemmung des Stoffwechsels durch Jodacetat [Wainwright u. Nevill (1 u. 2), Ellison u. Mitarb.] unterdrückt das unbalanzierte Wachstum oder ermöglicht den Abtransport des „Giftes" durch Diffusion und führt ebenso wie das Ingangsetzen von synthetischen Prozessen zur Erholung (Harding, Heinmets u. Lehmann).

Die UV-Strahlenwirkung läßt sich in viel stärkerem Maße als zunächst angenommen sowohl von dem biologischen Ausgangsmaterial und dem Aktivitätszustand der Zellen, als auch von der Umgebung beeinflussen (vgl. 2c, 3). Bestimmte Schäden entstehen nur nach einer Absorption im Zellkern (z. B. Teilungsverzögerung), und nur die durch im Zellkern absorbierte Strahlung hervorgerufenen Wirkungen sind anscheinend photoreaktivierbar (Saracheck, Brandt und Giese), auch der Polyploidiegrad ist für den Verlauf der Inaktivierung wichtig [Uretz, Last und Buxton, Weinfurtner u. Voerkelius (1, 2)]. Schon längst ist bekannt, daß die Resistenz gegen UV-Schäden genetisch bedingt ist (neuerdings u. a. Streisinger, Ellison u. Mitarb., Stein u. Harm, Charles u. Zimmerman, Brodführer, Barner u. Cohen, Ogg u. Mitarb.). Die Fähigkeit zur Reaktivierung durch Licht ist unter Umständen lediglich von einem Gen abhängig (Streisinger)! Es sind jedoch längst nicht alle UV-Strahlenschäden unmittelbar vom Kern abhängig. Auch kernlose Zellteile verlieren nach Bestrahlung ihr Formbildungsvermögen (Six, Hämmerling).

b) UV-Wirkungsspektrum.

Wirkungsspektren der UV-Bestrahlung wurden für verschiedene UV-Effekte untersucht: Die Inaktivierung von getrockneten T_1-Bakteriophagen (Fluke); die Infektivität und Interferenz beim Influenza-Virus (Powell u. Setlow); die Latenzperiode von T_1-Phagen (Setlow u. Mitarb.). Die mittlere Lebensdauer bzw. das Formbildungsvermögen bei kernlosen Teilen von *Acetabularia* (Six). Die Inaktivierung der Cytochromoxydase in Mitochondrien (Yost u. Mitarb.).

Die Immobilisierung (Aufhören der Beweglichkeit) von Paramaecien folgt der Absorption eines albuminähnlichen Proteins, während die Teilungsverzögerung ein Wirkungsspektrum besitzt, das am ehesten mit der Absorption eines Nucleoproteins zu vergleichen ist (Brandt u. Giese). Das Wirkungsspektrum der Wärmereaktivierbarkeit nach UV versuchten Stein u. Harm bei *Escherichia coli* B zu bestimmen. Eine Reaktivierung ist nur bei Wellenlängen kleiner als 313 mμ möglich.

c) Beeinflussung der UV-Bestrahlung.

Katalase und Peroxyde. Zum Nachweis von Peroxydwirkungen bei der UV-Bestrahlung wurde von Giese u. Mitarb. (1) bei vielen Protozoen vor, während und nach der Bestrahlung Katalase geboten. Die Ergebnisse waren jedoch nicht einheitlich. Altenburg fand, daß alleinige Bestrahlung von Peroxyddampf keine erhöhte Mutationsrate von *Drosophila*-Eiern zustande brachte, bei Bestrahlung der Eier in Gegenwart von Peroxyddampf war sie dagegen deutlich erhöht. Auch Bachofer u. Pottinger erzielten bei der Bacteriophagen-Inaktivierung bei H_2O_2-Gegenwart mit UV größere Effekte. Ogg u. Mitarb. konnten die Frage durch ein sinnreiches Experiment noch weiter klären: sie benutzten dazu zwei Stämme (Monod und H_7) von *E. coli*. Stamm H_7 ist eine Katalase- und Cytochrom-Mangelmutante, deren Katalase- bzw. Cytochromaktivität durch Häminzugaben wiederhergestellt werden kann. Die UV-Resistenz des Monod-Stammes wurde durch Häminzugaben nicht beeinflußt, während die von H_7 deutlich erhöht wurde. Hierdurch ist wahrscheinlich gemacht, daß die Schutzwirkung von der Katalase oder der Cytochromaktivität herrührt. Die Vermutung liegt dabei nahe, daß die Katalase wieder gebildet wird, so daß bei der UV-Bestrahlung entstehende Peroxyde abgebaut werden können.

Eine Schutzwirkung bei der UV-Bestrahlung von *Penicillium*-Conidien durch Zugabe verschiedener Substanzen, z. B. Natriumacid, Natriumthiosulfat, Natriumsuccinat, erzielten WHITTINGHAM u. STAUFFER. Nach HELMKE (1, 2, 3) bewirken auch zugesetzte Farbstoffe eine Änderung der UV-Strahlenwirkung.

Wasser. R. KAPLAN u. CH. KAPLAN sowie R. KAPLAN (1, 2) untersuchten den hemmenden (!) Einfluß des Wassers auf Inaktivierung und Farbsektor-Mutationen von *Serratia (Bact. prodigiosum)* nach UV-Bestrahlung genauer (vgl. Abschnitt KAPLAN S. 307).

Temperatur. Da eine Beeinflussung photochemischer Prozesse selbst durch Temperaturänderungen kaum eine Rolle spielt, was FLUKE bei der UV-Bestrahlung getrockneter T_1-Phagen (90° und 300° K) bestätigte, sind Temperatureffekte nach UV-Bestrahlung ein Zeichen für Diffusionsvorgänge und für das Ablaufen von chemischen Folgeprozessen. Besonders fanden GIESE u. Mitarb. (2) bei intermittierender UV-Bestrahlung eine von der Länge der Dunkelperiode abhängige, mit steigender Temperatur steigende Teilungsverzögerung bei Protozoen (*Didinium*). Vergleiche auch KAPLAN u. PAIK, Hefekatalase-Inaktivierung, sowie SETLOW u. Mitarb., Latenzperiode von T_1-Phagen; auch hier waren unter besonderen Umständen die Effekte durch UV bei niedriger Temperatur geringer als bei höherer.

d) Verschiedene Wirkungen der UV-Bestrahlung.

Wachstum. Zur Frage der fördernden oder hemmenden Wirkung des UV im Sonnenlicht untersuchte BRODFÜHRER eine Reihe von höheren Pflanzen im Freiland mit abgestuftem UV-Anteil. Die verwendeten Pflanzenarten reagierten unterschiedlich. *Epilobium parviflorum* wurde durch zunehmenden UV-Anteil zunehmend gehemmt, bei *Arabidopsis* und *Linum* dagegen war das Wachstum bei mittlerem UV-Gehalt am besten. Rassen bzw. Ökotypen der gleichen Art verhielten sich oft unterschiedlich. Ob ein Zusammenhang mit der Wuchsstoffproduktion besteht, ist möglich, aber im einzelnen nicht untersucht. Auch SZALAI u. VARGA stellten eine Förderung des Wachstums von Baumwollpflanzen durch kurzzeitige UV-Bestrahlung fest.

Die Teilungshemmung und Inaktivierung von Bakterien untersuchten HELMKE (1—5), CORTELYOU u. Mitarb., PAYNE u. Mitarb. (1) von Hefen I. KAPLAN u. PAIK, WEINFURTNER u. VOERKELIUS (1, 2) und URETZ, von Protozoen GIESE u. Mitarb. (1, 2) und die von Viren u. a. BACHOFER u. POTTINGER, FOGH, MARTINEZ u. ROMERO sowie POWELL u. SETLOW.

Cytologische Wirkungen. Eine Reihe von Arbeiten beschäftigte sich mit den cytologischen Veränderungen von kurzzeitig bestrahlten verschiedenen Stämmen von *Escherichia coli*. Nach anfänglicher Kontraktion und Aggregation des Chromosomenmaterials treten Kernveränderungen auf, dabei wachsen die Zellen wesentlich in die Länge, ohne sich zu teilen. Schließlich tritt ein Zerfall des Chromosomenmaterials ein. Die Entwicklung scheint für die verschiedenen *E. coli*-Stämme sehr ähnlich zu verlaufen [CORTELYOU u. Mitarb., HARTMAN u. Mitarb., KELLENBERGER u. RYTER, PAYNE u. Mitarb. (1. 2).]

HÄMMERLING bzw. SIX untersuchten die Veränderungen kernloser Teile von *Acetabularia* nach Bestrahlung; sie konnten eine Verminderung des Formbildungsvermögens der Zellen feststellen. Stets kam der Wellenlänge von 254 mμ die größte biologische Wirksamkeit zu. Die UV-Absorption durch Purine und Pyrimidine scheint demnach auch für den Wirkungsmechanismus der Bestrahlung kernloser Zellteile besonders wichtig zu sein.

Auch bei der UV-Bestrahlung wurde die unterschiedliche Strahlenwirkung auf haploide und diploide Hefe festgestellt. Bei haploiden Hefen ergaben sich Eintrefferkurven, bei diploiden Mehrtrefferkurven (URETZ). WEINFURTNER u. VOERKELIUS (1, 2) fanden dagegen bei ihren untersuchten Hefen immer sigmoide Kurven.

Physiologische Wirkungen. Die Hemmung der DNS-Synthese (vgl. S. 180) wurde von KANAZIR u. ERRERA (2) weiter untersucht. Bei *E. coli* konnte nach UV-Bestrahlung keine Veränderung in dem Gehalt an ATP und DNS festgestellt werden. Der ATP-Gehalt sinkt erst in dem Augenblick, wenn die DNS-Synthese als Zeichen der Erholung nach Bestrahlung wieder einsetzt. KANAZIR u. ERRERA (1) bestimmten ferner den ATP-Gehalt bei in ihrer Beweglichkeit durch UV gehemmten Frosch-Spermatozoen. Hier wurde offenbar keine ATP nach UV-Bestrahlung mehr gebildet; ihr Gehalt nimmt dauernd ab (70—90%); das Fehlen dieses Energielieferanten führt zur Verringerung der Beweglichkeit.

Bei der starken, UV-bedingten Abnahme der Enzymaktivität der Cytochromoxydase von isolierten Mitochrondrien lag zwar das Maximum der UV-Strahlenwirkung wahrscheinlich bei 260 mμ, trotzdem beeinflußte Zugabe des Adenylsäuresystems die Schädigung nicht (YOST u. Mitarb.). Hier soll deshalb das UV auf das Enzym-Molekül selbst eingewirkt haben. Die Aktivität von Katalase in der Hefezelle ist im Vergleich mit Enzymlösungen sehr niedrig (I. KAPLAN u. PAIK). Bei UV-Bestrahlung der Hefe trat jedoch zunächst eine starke Aktivitätssteigerung auf, erst nach längerer Bestrahlung kam es zur Inaktivierung (vgl. oben S. 180).

Die nach UV-Bestrahlung auftretende Abnahme der Photosynthese ($^{14}CO_2$-Bindung) untersuchten ZILL u. TOLBERT an Weizenblättern. In ähnlichen Versuchen prüften NYSTROM u. Mitarb. die Frage eines Schutzes vor UV-Bestrahlung durch anthocyanhaltige Epidermisblätter (*Coleus*). Bei anthocyanhaltigen Blättern wurde jedoch die CO_2-Reduktion noch eher gehemmt als in den Kontrollen. Die Durchlässigkeit von Blattepidermen für UV untersuchte LAUTENSCHLAGER-FLEURY. Alpenpflanzen besaßen die geringste Transparenz, Sonnenpflanzen eine niedrigere als Schattenpflanzen.

Auch die Salzaufnahme und -abgabe wird durch UV verändert. Bei abgeschnittenen Wurzeln von *Phaseolus aureus* zeigte TANADA, daß zwar die Rubidiumaufnahme nach UV-Bestrahlung gefördert wird; gibt man jedoch zum Außenmedium Ca-Ionen, die als solche sowohl die Rb- als auch die Phosphataufnahme stimulieren, so fällt die Aufnahme des Rubidiums als auch die des Phosphats mit steigender UV-Bestrahlung erheblich. Die UV-Schädigung soll für eine Beteiligung von NS sowohl als Träger der Kationen als auch der Anionen bei der Ionenaufnahme sprechen. Eine Förderung des Ionenaustritts (K, Na, Ca) fanden bei tierischen Zellen GIERSBERG u. BÖHMER.

THIMANN u. CURRY konnten durch UV-Bestrahlung einen „Phototropismus" bei *Avena*-Keimlingen hervorrufen. Empfindlich ist vorwiegend der Bereich unter der Spitze und um den Mesocotylknoten. Das Wirkungsspektrum hat einen Gipfel bei 297 mμ. Hieraus folgt der wichtige Befund, daß Riboflavin als absorbierendes Pigment hier wohl nicht in Frage kommt.

3. Reaktivierungsvorgänge.

a) Allgemeine Übersicht.

Eine intensive Bearbeitung haben die Erholungsvorgänge nach Bestrahlung erfahren, die unsere Kenntnis der Strahlenwirkungen wesentlich vertieft haben. Allgemein verbreitet und schon länger bekannt ist die Erholung durch kurzzeitige Belichtung (Photoreaktivierung), durch Wärme, durch Chemikalien und Stoffwechselprodukte. Neuerdings ist noch die „Dunkelreaktivierung" dazugekommen. Bei Parasiten und Viren spielt die „Wirtsreizreaktivierung" und bei Phagen außerdem die Erholung durch Mehrfachinfektion eine Rolle. Eine Zusammenfassung über die Reaktivierungsvorgänge hat DULBECCO (s. HOLLAENDER) gegeben, die verschiedenen Erholungsvorgänge bei Phagen wurden von BRESCH behandelt.

b) Photoreaktivierung.

Grenzen der Erholung. Bei der Erholung von durch UV hervorgerufenen Reaktionen des Organismus durch nachfolgende Belichtung ist ihr Ausmaß vom jeweils untersuchten Objekt abhängig (z. B. BAWDEN u. KLECZKOWSKI bei verschiedenen Pflanzen-Viren). Bei inaktivierten Bakteriophagen (T_2) bestimmt unter Umständen ein einziges Gen das Ausmaß der lichtbedingten Erholung (STREISINGER). Schließlich können längst nicht alle durch UV beeinflußten Vorgänge (vgl. Fortschr. Bot. 17) reaktiviert werden, wie neuerdings BRANDT u. GIESE für die photoreaktivierbare Teilungsverzögerung und die nicht durch Belichtung zu regenerierende Immobilisierung an Protozoen erneut zeigten.

UV-Wirkungsspektrum. Die Teilungsverzögerung von Protozoen, deren Wirkungsspektrum einem NS-Proteinkomplex entspricht, ist durch Licht reaktivierbar. Demgegenüber folgt das UV-Wirkungsspektrum der nicht photoreaktivierbaren Immobilisierung der UV-Absorption eines albuminartigen Proteins (BRANDT u. GIESE). Da für die lichtbedingte Erholung der Zellkern erforderlich ist (vgl. SARACHECK), liegt also offenbar der primäre Locus für photoreversible UV-induzierte Effekte im Zellkern und dort wieder im Nucleoprotein. Cytoplasmaeffekte scheinen nicht photoreversibel zu sein.

Umwelteinflüsse. In trockenem Zustand bestrahlte Sporen von verschiedenen Bakterien sind nicht photoreaktivierbar (STUY); auch trocken bestrahlte *Serratia (Bacterium prodigiosum)* konnte durch spätere Belichtung nicht beeinflußt werden (R. KAPLAN u. KAPLAN). Das Ausmaß der Reaktivierung scheint von der Temperatur während der UV-Bestrahlung unabhängig zu sein; auch eine Belichtung vor der UV-Bestrahlung hatte keinen Einfluß auf die Erholung bei der Inaktivierung von Bakterien (STUY); vgl. HELMKE (4) sowie unten S. 186 über wirtsbeeinflußte Reaktivierung von Phagen. Für die Größe der lichtabhängigen Erholung ist schließlich auch noch die Behandlung und die Zeitdauer zwischen UV-Bestrahlung und Belichtung von Bedeutung. 40 min Pause zwischen UV und Licht verringert den Lichteffekt in bezug auf Tötung und Auftreten von Mutationen bei *Serratia* [R. W. KAPLAN (3)].

Über das Photoreceptorsystem der Photoreaktivierung bestehen Diskrepanzen. Es ist auf Grund des Wirkungsspektrums des reaktivierenden Lichtes als wesentliches System ein Eisen-Porphyrin-Komplex vermutet worden (z. B. KELNER u. Mitarb.). Deshalb wurden von BELLAMY u. GERMAIN mehrere Bacteriengruppen überprüft, unter denen sich Streptococcen ohne Eisen-Porphyrin-System befanden. Diese zeigten in der Tat keine Photoreaktivierung. LATARJET u. BELJANSKI verwendeten zum gleichen Zwecke 2 biochemische Mutanten von *E. coli* B und ML, die keine Porphyrine bilden können. Es fehlt ihnen Katalase und Cytochrom, wie u. a. das Fehlen der Soretbande (403 mμ) und der Fluorescenzbande bei 590 mμ im Zellextrakt zeigt. In Hämingegenwart ist besseres Wachstum zu erzielen. UV-Bestrahlung der mit Hämin behandelten Mutanten und der Kontrollen sowie anschließende Belichtung ergab gleichartige Photoreaktivierbarkeit bei Mutanten und Kontrollen. Hiernach können also Porphyrine keine Photoreceptoren der lichtbedingten Erholung darstellen. Auch sollte damit die Reaktivierung durch Katalase nichts mit der Photoreaktivierung zu tun haben, wie gelegentlich angenommen wurde. Es sei aber darauf hingewiesen, daß STEIN u. LASKOWSKI nach Inaktivierung von *E. coli* B durch organische Peroxyde auch eine schwache Photoreaktivierung feststellen konnten.

Beeinflussung während der Belichtung. Die Höhe der Photoreaktivierung ist durch die während der Belichtung einwirkende Temperatur und durch begleitende Dunkelprozesse zu beeinflussen. Durch Lichtblitzversuche vermochte schon BOWEN bei Phagen die Photoreaktivierung in eine wohl temperaturunabhängige Licht- und eine temperaturabhängige Dunkelreaktion aufzutrennen. BRANDT u. GIESE sowie CHRISTENSEN u. GIESE untersuchten die Steigerung der Photoreaktivierung durch intermittierendes Licht bei Protozoen (*Tetrahymena, Colpidium*). Kontinuierliches Licht niedriger Intensität war wirksamer als Blitzlicht hoher Intensität und niedriger Frequenz. Die beste Photoreaktivierung ergab sich bei hoher Lichtintensität und hoher Blitzfrequenz. Durch eine Dunkelreaktion könnte ein Stoff gebildet werden, dessen Menge die Photoreaktion begrenzt. Damit kommen wir aber bereits zur Frage der Reaktivierung durch „Dunkelreaktionen".

Welche zur Erholung führenden Reaktionen durch die Belichtung eingeleitet werden, ist einstweilen völlig unbekannt. Man ist weithin der Ansicht, daß ein durch UV-Bestrahlung gebildetes Gift (z. B. Peroxyde) entweder zerstört oder leichter entfernt wird. Auch glaubt man, daß ein ursprünglicher Schaden repariert wird; ein Umgehungsweg dürfte nicht aufgebaut werden, weil dann wiederholte UV-Bestrahlungen von bereits durch Licht reaktivierten Objekten unterschiedliche Wirkungen hervorrufen müßten, was aber nicht der Fall ist (BOWEN, BRESCH, LENNOX u. Mitarb.).

c) Dunkelreaktivierung.

Eine weitere Möglichkeit zur Reaktivierung ist auf Grund der Untersuchungen von WAINWRIGHT u. NEVILL (1 u. 2) sowie CHARLES u. ZIMMERMANN dadurch gegeben, daß UV bestrahlte Organismen (hier *Streptomyces-* oder *E. coli*-Stämme) für verschieden lange Zeit im Dunkeln in Wasser oder in Saline aufbewahrt wurden. Nach Übertragung auf Nähragar war sowohl die Überlebendenzahl als auch die Zahl der Varianten deutlich erhöht. BARNER u. COHEN konnten ähnlich durch Einlagerung von *E. coli* 15 T für 20 min in ein flüssiges Wachstumsmedium eine 50—60% Erholung erzielen. Die „Dunkelreaktivierung" ist temperaturabhängig. Zusätzlich zur Dunkelreaktivierung besaß Licht keine additive Wirkung.

Die „Dunkelreaktivierung" läßt sich durch Monojodessigsäure erhöhen; Peptonmedium setzt die Jodacetateffekte ganz stark herab (WAINWRIGHT u. NEVILL). BARNER u. COHEN beobachteten außerdem nach der anfänglichen Erhöhung einen sekundären Abfall der überlebenden Bakterien. Dieser Abfall trat besonders deutlich bei einem thyminbedürftigen Stamm (15 T) auf und konnte durch Thymingaben aufgehoben werden. Auf Grund dieser und weiterer Untersuchungen nehmen die Autoren einen „Tod durch nichtausbalanciertes Wachstum" nach UV und auch bei thyminloser Anzucht an. Monojodessigsäure (vgl. WAINWRIGHT u. NEVILL) würde dann den Verlauf des anomalen Wachstums verlangsamen und eine normalisierte Entwicklung ermöglichen.

d) Reaktivierung durch Chemikalien.

Das Überleben UV-bestrahlter Mikroorganismen hängt sehr stark vom p_H des benutzten Nährmediums ab (WEATHERWAX, *E. coli*). Auch muß man mit einem bisher seiner Konstitution nach noch unbekannten, von den Bakterien ausgeschiedenen „Erholungs"-Faktor rechnen (WHITEHEAD). ELLISON u. Mitarb. entdeckten, daß Na-Acetat sowohl die letalen als auch die mutagenen Effekte von UV-bestrahlten Bakterien zu verringern vermag. UV-resistente *E. coli* B/15—17 zeigten diese Erholung jedoch nicht. HEINMETS u. LEHMAN setzten ihre Untersuchungen zur Erholung von UV-Schäden mit Hilfe von Stoffwechselzwischenprodukten und Coenzymen fort. Maximale Effekte wurden bei der Mischung Oxalacetat + Citrat + Pyruvat + CoA + DPN erzielt. Durch Belichtung ist eine weitere zusätzliche Erholung möglich. Ob hier Wachstumseffekte wirklich ausgeschlossen sind, erscheint fraglich.

e) Reaktivierung durch Wärme.

Auf den Einfluß der Temperatur bei Reaktivierungsprozessen wurde bereits verschiedentlich hingewiesen (neuerdings BARNER u. COHEN, CHARLES u. ZIMMERMANN, BRANDT u. GIESE, BUZZELL). STEIN u. HARM fanden bei *E. coli* B nur nach Bestrahlung mit Wellenlängen von 254

bis 313 mμ eine deutliche Wärmereaktivierung, bei längeren Wellenlängen jedoch ebensowenig wie bei den durch Farbstoffe sensibilisierten
Zellen.

f) Wirtsreizreaktivierung.

Ein weiterer, sehr komplexer, durch Licht bedingter Erholungsvorgang liegt
schließlich in der sog. Wirtsreizreaktion (WRR) vor (WEIGLE). Werden an *E. coli*
K 12 S vorher UV-bestrahlte λ-Phagen adsorbiert, so erhält man eine bestimmte
Inaktivierung der Phagen. Die Inaktivierung der Phagen ist aber viel geringer,
wenn die Bakterien vorher mit UV, ja auch mit Röntgenstrahlen oder mit Senfgas
behandelt wurden. Die WRR bleibt bei niedriger Temperatur über Tage erhalten.
Wenn sie durch UV bewirkt wurde, kann sie durch Belichtung rückgängig gemacht
werden. Außerdem sind die λ-Phagen selbst nach erfolgter WRR und nach Adsorption bei Belichtung der infizierten Bakterien auch noch zusätzlich photoreaktivierbar (vgl. hierzu auch BRESCH).

Eine Photoreaktivierung durch WRR könnte auch bei Untersuchungen von
LAST u. BUXTON an mit UV bestrahlten Sporen von *Botrytis fabae* vorliegen. Die
Sporen ließen sich durch anschließende Lichtbehandlung reaktivieren. Wurde
aber außerdem auch noch die Wirtspflanze (*Vicia faba*) nach der Inokulation der
Sporen belichtet, so war hier die Zahl der Läsionen gegenüber den Kontrollen
noch wesentlich stärker erhöht.

III. Lichtwirkungen.

Über die Wirkungen des sichtbaren Lichtes wird im nächsten Jahr
berichtet. Hier kann nur auf einige wesentliche Zusammenfassungen
hingewiesen werden:

Im vergangenen Berichtsabschnitt wurden vor allem zwei wesentliche Veröffentlichungen vorgelegt, die einen zusammenfassenden Überblick über Gebiete der Photobiologie geben: der 3. Band von HOLLAEN-
DERS Radiation Biology über das sichtbare Licht und RABINOWITSCHs
letzter Band über die Photosynthese, der weit in die Nachbargebiete
der Photosynthese hineinreicht und für die zukünftige Forschung
unentbehrlich sein wird. An sonstigen Zusammenfassungen sei auf die
Artikel von PLATT (physikalische Grundlagen), MASSON u. Mitarb.
(photochemische Reaktionen), SIMONIS (Wirkung von Licht und Strahlung auf die Zelle), BRAUNER (Stoffaufnahme und Licht) und STÅLFELT
(Viscosität und Licht) hingewiesen.

IV. Magnet- und Hochfrequenzfelder.

Die vorliegenden Erfahrungen über die Wirkungen von Magnet-
bzw. Hochfrequenzfeldern auf Organismen sind widerspruchsvoll
(Zusammenfassung SIMONIS, RAMSHORN, dort ältere Literatur). Bei
Wechselfeldern über 30 MHz fand RAMSHORN in Bestätigung früherer
Befunde von KÖHLER eine Beeinflussung der Samenkeimung. KAUDE-
WITZ konnte dagegen mit einer genauen Methode weder bei 166 MHz
noch bei 10—15 kHz eine Beeinflussung der Generationsdauer von
Amöben und Protozoen feststellen, während nach REITER bei Einwirkung von 7 kHz geringe p_H-Änderungen in tierischem Gewebe gemessen
wurden. Neuerdings wurde ein Einfluß statischer Magnetfelder auf
tierisches Material angegeben (BARNOTHY u. Mitarb., AVIO u. TAROZZI).

Schließlich sei auf Untersuchungen von Bortels über Änderungen der Gefrierfähigkeit unterkühlten Wassers aufmerksam gemacht, die vielleicht mit Änderungen der erdmagnetischen Aktivität in Zusammenhang gebracht werden können. Das wirksame Agens könnte von einer solaren Strahlung ausgehen. Vielleicht besteht ein Zusammenhang mit Ergebnissen von Tzschaschel u. Bergter, Bergter u. Noack, die unter verschieden dicker Bleibedachung u. a. Änderungen der Wachstumsintensität von *Mucor racemosus* sowie Änderungen von Fällungsreaktionen von Neutralrotlösungen mit auffallenden Schwankungen in der Größe des Effekts in Abhängigkeit von Tageszeit und Wetterlage feststellten. Auch sie diskutieren eine ,,Wasseraktivierung" durch eine Strahlung solaren Ursprungs. Ob es sich um eine elektromagnetische oder um eine Corpuscularstrahlung handelt, steht jedoch trotz mancher weiterer Befunde noch nicht fest.

V. Bioluminescenz.

1. Leuchten der Organismen.

Bereits aus dem von Johnson herausgegebenen Buch über die Luminescenz biologischer Systeme ist zu ersehen, daß sich das Interesse der Forschung seit der Entdeckung, den Vorgang des Leuchtens der Organismen im Reagenzglas verfolgen zu können (Fortschr. Bot. 17), weitgehend den biochemischen Grundlagen des Leuchtvorganges zugewendet hat.

Die Leuchtprozesse bei Bakterien wurden vor allem an Bakterienextrakten weiter untersucht. McElroy u. Green stellten nochmals fest, daß zur Lichterzeugung aus Bakterienextrakten gewonnene Bakterien-Luciferase (La), ferner Flavinmononucleotid (FMN; ,,Bakterien-Luciferin"), red. Diphosphopyridinnucleotid (DPNH) und Dodekylaldehyd (RCHO) erforderlich ist:

$$La + FMN + DPNH + RCHO \xrightarrow{O_2} h\nu$$

Weiter ergab sich aus der Abhängigkeit des Leuchtprozesses von reduziertem FMN ($FMNH_2$), daß die La mit einem und auch mit zwei $FMNH_2$ Molekülen reagieren kann und ferner, daß die Gesamtlichtausbeute proportional zum zugegebenen Aldehyd erfolgt, der offenbar als Substrat dient. Ein stark angeregter Molekülkomplex, jedoch nicht $FMNH_2$, soll dann beim Zerfall das Licht aussenden, hierbei soll die La DPNH zur Lichterzeugung oxydieren. Totter u. Cormier zeigten dagegen nach Reinigung der Luciferase, daß die La selbst keine Eigenschaften einer DPNH-Oxydase besitzt; der ungereinigte Extrakt enthielt vielmehr noch eine auch zum Leuchten notwendige DPNH-Oxydase, die sich aber von der La abtrennen läßt und durch eine DPNH-Oxydase aus *Escherichia coli* ersetzt werden kann. Sie zeigten weiter, daß gereinigte Luciferase selbst FMN jedoch kein Eisen enthält. Nach Cormier u. Mitarb. kann die Luminescenz u. a. durch Cytochrom c und Menadion (2-methyl-1,4-Naphthochinon) gehemmt werden. Es handelt sich dabei vermutlich um eine konkurrierende Hemmung um das reduzierte FMN; denn FMN-Zugabe fördert in Gegenwart der Hemmstoffe das Leuchten wieder. So ergibt sich also folgendes vereinfachtes Schema:

$$DPNH + FMN \xrightarrow[\text{DPNH-Oxydase}]{} FMNH_2 \xrightarrow[\text{RCHO; } O_2]{\text{Luciferase}} h\nu$$
$$\searrow$$
$$\text{Cytochrom C}$$
$$\text{oder Chinon}$$

Mit Hilfe der empfindlichen nunmehr zur Verfügung stehenden Nachweismethoden für Photonen wurde von COLLI u. Mitarb. bei höheren Pflanzen, und zwar besonders bei 4—8 Tage alten Keimlingen u. a. von Weizen, Mais, Bohnen und Linsen eine schwache Bioluminescenz (Maximum bei 550 mμ) der Wurzel und auch des Sprosses festgestellt, der möglicherweise eine weite Verbreitung zukommt.

2. Nachleuchten der Pflanzen.

In den letzten Jahren ist das Auftreten einer von STREHLER u. ARNOLD zuerst gemessenen Phosphorescenz, also ein Nachleuchten nach vorangehender Belichtung, bei chlorophyllhaltigen Pflanzen in steigendem Maße beobachtet wurden. ARNOLD u. DAVIDSON zeigten bei *Chlorella*, daß das Emissionsspektrum der sehr geringen Phosphorescenz nach Belichtung das gleiche ist wie das Fluorescenzspektrum. Die verzögerte Lichtproduktion rührt also offenbar vom Chlorophyll her. STREHLER u. LYNCH konnten zusätzlich Veränderungen dieser Luminescenz feststellen, die Hinweise für eine Modifikation des Chlorophylls bei Belichtung geben. Weitere Versuche von ARNOLD u. THOMPSON ergaben auch bei Blau- und Rotalgen sowie bei Purpurbakterien Nachleuchten; auch hier gleicht das Spektrum des auftretenden Lichtes dem Fluorescenzspektrum der entsprechenden Chlorophylle. Aus allem folgt, daß an dem Nachleuchten nur die Chlorophylle beteiligt sind und daß Begleitpigmente des Chlorophylls Energie absorbieren können, die nach Übertragung auf das Chlorophyll beim Nachleuchten von diesem wieder abgegeben wird (vgl. S. 188 unten und Abschnitt Photosynthese).

VI. Energietransport.

Auf die verschiedenen Möglichkeiten des Energietransportes in lebenden Systemen ist an dieser Stelle früher (Fortschr. Bot. **15**, sowie BÜCHER, vgl. Fortschr. Bot. **17**) hingewiesen worden. Eine neue Zusammenfassung stammt von LUMRY u. EYRING. Neuerdings konnte in verschiedenen Modellsystemen eine Energieübertragung bewiesen werden, die am besten durch eine auch in Lösungen mögliche elektrodynamische Resonanz-Übertragung erklärt wird (GEMMILL, BANNISTER). BOWEN u. LIVINGSTON haben zwei chemisch nicht miteinander reagierende fluorescierende Substanzen, deren Absorptionsspektrum sich überlagert, in Lösungen untersucht und eine Energieübertragung durch Resonanz von einen auf das andere Molekül (z. B. Chloranthrazen-Perylen) dadurch beobachtet, daß das eine Molekül A in seinem Absorptionsspektrum durch Belichtung angeregt wurde und dann das Fluorescenzspektrum des anderen Moleküls B auftrat. Die Fluorescenz von A wurde dabei wesentlich verringert. Auch die Energieübertragung von Chlorophyllbegleitpigmenten zum Chlorophyll (vgl. Fortschr. Bot. **15** und neuerdings ARNOLD u. THOMPSON; CALVIN) stellt einen Fall der Resonanzübertragung dar. Als besonders aufschlußreiches Beispiel sei die Energieübertragung bei Protein- bzw. Nucleinfarbstoffverbindungen erwähnt [SHORE u. PARDEE (1 u. 2)]. Der für eine Resonanzübertragung vom Protein zum Farbstoff notwendige Nachweis einer Fluorescenz des Donators gelang den Autoren für Protein. Ein beträchtlicher Anteil der Protein-UV-Absorption trägt zur Farbstoff-Fluorescenz bei. Besonders beachtenswert ist jedoch, daß bei Nucleinsäure-Farbstoffverbindungen keine derartige Energieleitung festgestellt werden konnte. Purine, Pyrimidine und ihre Abkömmlinge fluorescieren allerdings auch nicht.

Eine andere Untersuchungsgruppe betrifft die Energieleitung bei der photochemischen Spaltung von Kohlenoxyd-Hämochromogenen (vgl. BÜCHER). Mit Hilfe von in ihrem chemischen Aufbau bekannten Fermentmodellen und ihren Kohlenoxydverbindungen prüften BROSER u. LAUTSCH (1 u. 2) die Frage der Energiefortleitung in Peptidketten. Aus der Größe der auftretenden Spaltung der Kohlenoxydverbindung ergibt sich ebenfalls eine Beteiligung der von der Peptidkette absorbierten Energie. Die Art der Energiefortleitung ist allerdings noch unklar. Es kommt entweder auch hier eine gegenseitige elektrodynamische Kopplung oder eine elektronische Leitung längs der Peptidkette in Frage. Vor allem wird eine Wechselwirkung an dem Paulingschen Modell der Peptidwendel erörtert; wegen der räumlichen Beziehung der einzelnen Peptidgruppen mit jeweils der folgenden dritten Gruppe in der gleichen Kette erscheint eine Wechselwirkung (elektronenlieferndes System) längs der Peptidkette in der Weise möglich, wie sie in der Amidkettentheorie von SCHMITT u. PURRMANN (vgl. Fortschr. Bot. **15**) quer zu den Peptidketten vorgeschlagen wurde. Zur Frage nach der Art der Energieleitung in Makromolekülen nach Bestrahlung mit ionisierenden Strahlen bzw. mit inaktivierendem UV siehe ALEXANDER u. CHARLSBY sowie R. W. KAPLAN u. CH. KAPLAN.

Literatur.

ALEXANDER, P., and A. CHARLESBY: Nature (London) **173**, 578 (1954). — ALEXANDER, P., and M. FOX: Trans. Faraday Soc. **50**, 605—612 (1954). — ALPER, T.: Radiation Res. **5**, 573—586 (1956). — ALTENBURG, L. S.: Proc. Nat. Akad. Sci. USA **41**, 624—628 (1955). — ARNASON, T. J., and M. MORRISON: Radiation Res. **2**, 91—95 (1955). — ARNOLD, W., and J. B. DAVIDSON: J. Gen. Physiol. **37**, 677—684 (1954). — ARNOLD, W., and J. THOMPSON: J. Gen. Physiol. **39**, 311—318 (1956). — AVIO, C. M., e G. TAROZZI: Riv. Biol. N. S. **8**, 49—74 (1956).

BACHOFER, C. S., and M. A. POTTINGER: J. Gen. Physiol. **40**, 289—310 (1956). — BACQ, Z. M., and P. ALEXANDER (Edit.): Radiobiology Symposion 1954. London: Butterworths Scientific Publications 1955. — BACQ, Z. M., et P. ALEXANDER: Principes de radiobiologie. Paris 1955. — BAIR, W. J., and J. N. STANNARD: J. Gen. Physiol. **38**, 505—513 (1955). — BALDWIN, G. O., and L. B. CLARK: Science (Lancaster, Pa.) **117**, 9—10 (1953). — BALL, E.: Bot. Gaz. **114**, 353—363 (1953). — BANNISTER, T. T.: Arch. of Biochem. a. Biophysics **49**, 222—233 (1954). — BARNER, H. D., and S. S. COHEN: J. Bacter. **71**, 149—157 (1956). — BARNOTHY, J. M., M. F. BARNOTHY and I. BOSZORMENYI-Nagy: Nature (London) **177**, 577—578 (1956). — BARRON, E. S. G.: Ann. New York Acad. Sci. **59**, 574—594 (1955). — BATEMAN, A. J.: Heredity **9**, 187—198 (1955). — BAWDEN, F. C., and A. KLECZKOWSKI: J. Gen. Microbiol. **13**, 370—382 (1955). — BEAM, C. A.: Proc. Nat. Acad. Sci. USA **41**, 857—861 (1955). — BEATTY, A. V., and J. W. BEATTY: Amer. J. Bot. **43**, 325—328 (1956). — BEATTY, A. V., J. W. BEATTY and C. COLLINS: Amer. J. Bot. **43**, 328—332 (1956). — BELLAMY, W. D., and M. T. GERMAIN: J. Bacter.

70, 351—352 (1955). — BELLAMY, W. D., and E. J. LAWTON: Ann. New York Acad. Sci. 59, 595—603 (1955). — BERGTER, F., u. D. NOACK: Naturwiss. 43, 208 (1956). BILQUEZ, A.: C. r. Acad. Sci. (Paris) 241, 900—902 (1955). — BLOOM, W., R. E. ZIRKLE and R. B. URETZ: Ann. New York Acad. Sci. 59, 503—513 (1955). — BONET-MAURY, P., et F. PATTI: J. Chim. phys. 52, 616—619 (1955). — BONNICHSEN, R., and G. HEVESY: Acta chem. scand. (Copenh.) 9, 509—518 (1955). — BORTELS, H.: Arch. f. Meteor., Geophys. u. Bioklimatol. 7, 270—276 (1956). — BOULD, C., D. J. D. NICHOLAS and W. D. THOMAS: Plant a. Soil (The Hague) 5, 36—53 (1953). — BOWEN, G.: Ann. Inst. Pasteur 84, 218 (1953). — BOWEN, F. J., and R. J. LIVINGSTON: J. Amer. Chem. Soc. 76, 6300—6304 (1954). — BRANDT, C. L., and A. C. GIESE: J. Gen. Physiol 39, 735—752 (1956). — BRAUNER, L.: In Handbuch der Pflanzenphysiologie, Bd. II, S. 381—397. Berlin 1956. — BRESCH, C.: In FRIEDRICH u. SCHREIBER, Probleme und Ergebnisse aus Biophysik und Strahlenbiologie. S. 337—353. Leipzig 1956. — BRODFÜHRER, U.: Planta (Berlin) 45, 1—56 (1955). — BROSER, W., u. W. LAUTSCH: (1) Naturwiss. 42, 513—514 (1955). — (2) Z. Naturforsch. 11 b, 453—460 (1956). — BURDICK, A. B.: Nature (London) 178, 360—361 (1956). — BURGER, H., u. K. PETERS: Acta radiol. (Stockh.) 43, 256—264 (1955). — BURNS, V. W.: (1) Arch. of Biochem. a. Biophysics 53, 450—456 (1954). — (2) Radiation Res. 4, 394—412 (1956). — BURTON, M., u. J. L. MAGEE: Naturwiss. 43, 433—442 (1956). — BUTLER, J. A. V.: Radiation Res. 4, 20—32 (1956). — BUZZELL, A.: Arch. of Biochem. a. Biophysics 62, 97—108 (1956).

CALDECOTT, R. S.: (1) Nature (London) 176, 306 (1955). — (2) Ann. New York Acad. Sci. 59, 514—539 (1955). — (3) Radiation Res. 2, 339—350 (1955). — (4) Radiation Res. 3, 316—330 (1955). — CALVIN, M.: Nature (London) 176, 1215 (1955). — CASTAGNOLI, C., and F. GRAZIOSI: Nature (London) 174, 599—600 (1954). — CASTAGNOLI, C., P. DONINI and F. GRAZIOSI: Nature (London) 175, 992—993 (1955). — CATSCH, A.: Atomkernenergie 1, 361—364 (1956). — CHARLES, R. L., and L. N. ZIMMERMAN: J. Bacter 71, 611—616 (1956). — COLLI, L., u. Mitarb.: Experientia (Basel) 11, 479—481 (1955). — COMBÉE, and A. ENGSTRÖM: Biochim. et biophysica Acta (Amsterd.) 14, 432 (1954). — CONGER, A. D., and A. H. JOHNSTON: Nature (London) 178, 271 (1956). — COOKE, A. R.: Science (Lancaster, Pa.) 117, 588—589 (1953). — CORMIER, M. J., J. R. TOTTER and H. H. ROSTORFER: Arch. of Biochem. a. Biophysics 63, 414—426 (1956). — CORTELYOU, J. R., L. M. AMUNDSON and M. A. McWHINNIE: J. Bacter. 71, 462—473 (1956). — COX, R. A., u. Mitarb.: Nature (London) 176, 919—921 (1955). — CROUSE, H. V.: Science (Lancaster, Pa.) 119, 485—487 (1954).

DALE, W. M.: In M. HAISSINSKY Actions chimiques et biologiques des radiations. Paris 1955. — DANIELS, M., G. SCHOLES and J. WEISS: Experientia (Basel) 11, 219—221 (1955). — DESCHNER, E., and A. H. SPARROW: Genetics 40, 460—475 (1955). — DOUDNEY, C. O.: J. BACTER. 72, 488—493 (1956). — DuBOIS, K. B., and D. F. PETERSEN: Annal. Rev. Nucl. Science 4, 351—376 (1954). — DULUCQ, TH., et A. LASCOMBES: Bull. Soc. bot. France 100, 191—195 (1953).

EBERT, M., and A. HOWARD: (1) Nature (London) 176, 683—684 (1955). — EBERT, M., and A. HOWARD: (2) Nature (London) 176, 828—829 (1955). — EBERT, M., and A. HOWARD: (3) Nature (London) 178, 842—843 (1956). — EGERTON, G. S., and S. L. FITTON: Nature (London) 178, 41—42 (1956) — EHRENBERG, L.: (1) Bot. Not. (Lund) 1955, 184—215. — (2) Hereditas (Lund) 41, 123—146 (1955). — EHRENBERG, L., u. Mitarb.: Proc. Radioisotope Conf. 1, 391—396 (1954). — ELLISON, S. A., B. F. ERLANGER and P. ALLEN: J. BACTER. 69, 536—540 (1955). — ENGELHARD, H., and K. R. EIKENBERG: Z. Naturforsch. 11 b, 625—632 (1956). — ESTERMANN, E. F., R. A. LUSE and A. D. McLAREN: Radiation Res. 5, 1—8 (1956).

FETNER, R. H.: (1) Radiation Res. 4, 510—518 (1956). — (2) Radiation Res. 5, 365—371 (1956). — FLUKE, D. J.: Radiation Res. 4, 193—205 (1956). — FOGH, J.: Proc. Soc. Exper. Biol. a. Med. 89, 464—465 (1955). — FORD, R. A.: Nature (London) 176, 1023—1024 (1955). — FRIEDRICH, W., u. H. SCHREIBER: Probleme und Ergebnisse aus Biophysik und Strahlenbiologie. Leipzig 1956. — FRIEDRICH-FREKSA, H., u. F. KAUDEWITZ: Z. Naturforsch. 8 b, 343—355 (1953). — FRITZ-NIGGLI, H.: (1) Fortschr. Röntgenstr. 83, 178—200 (1955). — (2) Naturwiss. 42,

585—586 (1955). — (3) Naturwiss. 43, 112—113 (1956). — (4) Naturwiss. 43, 113—114 (1956). — (5) Naturwiss. 43, 425—426 (1956). — (6) Oncologia (Basel) 9, 269—279 (1956). — FUERST, C. R., and G. S. STENT: J. Gen. Physiol. 40, 73 bis 90 (1956).

GÄRTNER, H.: Strahlenther. 96, 201—227 und 378—395 (1955). —GEMMILL, CH. L.: Radiation Res. 5, 216—224 (1956). — GIERSBERG, H., u. U. BÖHMER: Naturwiss. 42, 651 (1955). — GIESE, A. C., R. M. IVERSON u. Mitarb.: Exper. Cell. Res. 8, 369—386 (1955). — GIESE, A. C., D. C. SHEPARD u. Mitarb.: J. Gen. Physiol. 40, 311—326 (1956). — GONZALEZ, E. L., and E. S. G. BARRON: Biochim. et biophysica Acta (Amsterd.) 19, 425—432 (1956). — GOUCHER, C. R., A. WALDMAN and W. KOCHOLATY: J. Bacter. 69, 703—705 (1955). — GRANHALL, I., L. EHRENBERG and S. BORENIUS: Bot. Not. (Lund) 1953, 155—162. — GRAY, L. H.: In HAÏSSINSKY, M.: Actions chimiques et biologiques des radiations. Paris 1955. — GREEN, W. J., and J. S. ROTH: Biol. Bull. 108, 21—28 (1955). — GUNTER, S. E., H. I. KOHN u. Mitarb.: Radiation Res. 4, 326—338 (1956).

HÄMMERLING, J.: Z. Naturforsch. 11b, 217—221 (1956). — HAGEN, U.: (1) Naturwiss. 42, 185 (1955). — (2) Z. Naturforsch. 10b, 210—214 (1955). — HAQUE, A.: (1) Heredity 6, Suppl. 35—40 (1953). — (2) Cytologia (Tokyo) 20, 229—236 (1955). — HARDING, C. V.: Pubbl. Staz., zool. Napoli 27, 318—330 (1955). — HARGREAVES, A. B.: Arch. of Biochem. a. Biophysics 57, 41—51 (1955). — HARTMAN, P. E., J. I. PAYNE and ST. MUDD: J. Bacter. 70, 531—539 (1955). — HEINMETS, F., and I. I. LEHMAN: Arch. of Biochem. a. Biophysics 59, 313—325 (1955). — HELLER, C. A., and A. S. GORDON: J. Physic. Chem. 60, 1315—1317 (1956). — HELMKE, R.: (1) Naturwiss. 42, 99 (1955). — (2) Naturwiss. 42, 515 (1955). — (3) Naturwiss. 43, 111—112 (1956). — (4) Zbl. Bakter. I Orig. 163, 38—41 (1955). — (5) Zbl. Bakter. I Orig. 163, 42—45 (1955). — HILL, R. F.: J. Bacter. 71, 231—235 (1956). — HIRSCH, H. M.: Radiation Res. 5, 9—24 (1956). — HOFMANN, D., u. K. MÜLLER: Strahlenther. 96, 403—407 (1955). — HOLLAENDER, A.: (1) Radiation Biology, Bd. II. New York 1955. — (2) Radiation Biology, Bd. III. New York 1956. — HOLLAENDER, A., D. BILLEN and C. O. DOUDNEY: Radiation Res. 3, 235 (1955). — HOLLAENDER, A., and R. F. KIMBALL: Nature (London) 177, 726—730 (1956). — HOUTERMANS, T.: Z. Naturforsch. 11b, 636—643 (1956). — HUG, O., u. J. WOLF: Strahlenther. Sonderb. 35, 209—219 (1956).

INGRAM, D. J. E., u. Mitarb.: Nature (London) 176, 1227—1228 (1955). — IVANOFF, S. S.: Science (Lancaster, Pa.) 123, 1125—1126 (1956).

JAGGER, J., and R. LATARJET: Radiation Res. 5, 484 (1956). —JOHNSON, F. H.: Luminescence of Biological Systems. Washington 1955. — JOHNSON, G. R. A., G. SCHOLES and J. WEISS: Nature (London) 177, 883—884 (1956).

KANAZIR, D., and M. ERRERA: (1) Biochim. et biophysica Acta (Amsterd.) 16, 198—202 (1955). — (2) Biochim. et biophysica Acta (Amsterd.) 16, 477—481 (1955). — KAPLAN, R. W.: (1) Naturwiss. 42, 184—185 (1955). — (2) Naturwiss. 42, 466—467 (1955). — (3) Arch. Mikrobiol. 24, 60—79 (1956). — KAPLAN, R. W., and CH. KAPLAN: Exper. Cell. Res. 11, 378—392 (1956). — KAPLAN, J. G., and W. K. PAIK: J. Gen. Physiol. 40, 147—169 (1956). — KAUDEWITZ, F.: Z. Naturforsch. 9b, 145—148 (1954). — KELLENBERGER, E., et A. RYTER: Schweiz. Z. Pathol. 18, 1122—1137 (1955). — KELNER, A., u. Mitarb.: Bacter. Rev. 19, 22—44 (1955). — KELLY, L. S., u. Mitarb.: Radiation Res. 2, 490—501 (1955). — KIGA, M., Y. ANDO and H. KOIKE: Science (Lancaster, Pa.) 122, 331—332 (1955). — KIHLMAN, B. A.: (1) Hereditas (Lund) 41, 384—404 (1955). — (2) Exper. Cell. Res. 8, 345—368 (1955). — KIMBALL, R. F.: Ann. New York Acad. Sci. 59, 638—648 (1955). — KIMBALL, R. F., J. Z. HEARON and N. GAITHER: Radiation Res. 3, 435—443 (1955). — KOLLER, P. C.: Heredity 6, 5—22 (1953). — KONZAK, C. F.: Science (Lancaster, Pa.) 122, 197 (1955).

LANE, G. R.: Heredity 6, 23—34 (1953). — LANGENDORFF, H., u. U. HAGEN: Experientia (Basel) 11, 485—489 (1955). — LANGENDORFF, H., R. KOCH u. U. HAGEN: Strahlenther. 97, 218—230 (1955). — LASER, H.: Nature (London) 176, 161—162 (1955). — LAST, F. T., and E. W. BUXTON: Nature (London) 176, 655 (1955). — LATARJET, R., et M. BELJANSKI: Ann. Inst. Pasteur 90, 127—132 (1956). — LAUTENSCHLAGER-FLEURY, D.: Ber. schweiz. bot. Ges. 65, 343—386

(1955). — LAWRENCE, H., and C. A. TOBIAS: Advances in biological and medical Physics. Vol. III. New York 1953. — LEFORT, M.: (1) C. r. Acad. Sci. (Paris) **239**, 1401—1404 (1954). — (2) in M. HAÏSSINSKY: Actions chimiques et biologiques des radiations. Paris 1955. — LENNOX, E. S., S. E. LURIA and S. BENZER: Biochim. et biophysica Acta (Amsterd.) **15**, 471—474 (1954). — LINDEMANN, B.: Strahlenther. **101**, 3—10 (1956). — LUMRY, R., and H. EYRING: In A. HOLLAENDER (Edit.) Radiation Biology Vol. III. New York 1956. —

MARQUARDT, H.: Atompraxis **2**, 240—248 (1956). — MARTIN, R. P., and R. S. Russell: J. of Exper. Bot. **5**, 91—109 (1954). — MARTINEZ, J. S., e L. H. ROMERO: Ciencia (Mexico, D. F.) **15**, 77—82 (1955). — MASSON, C. R., V. BOEKEL-HEIDE and A. NOYES: In A. WEISSBERGER, Technique of organic chemistry Vol. II. Intersci. Publ. New York 1955. — McELROY, W. D., and A. A. GREEN: Arch. of Biochem. a. Biophysics **56**, 240—255 (1955). — McLEISH, J.: Nature (London) **175**, 890—891 (1955). — MILLS, K. S., and A. R. SHRANK: Growth **20**, 29—36 (1956). — MINDER, W.: Bull. schweiz. Akad. Wiss. **10**, 290—302 (1955). — MORTIMER, R. K.: Radiation Res. **2**, 361—368 (1955). — MORTIMER, R. K., and C. A. BEAM: Annual. Rev. Nucl. Science **5**, 327—368 (1955). — MOUTSCHEN, J., and J. GOVAERTS: Nature (London) **172**, 350—351 (1953).

NILAN, R. A.: Genetics **39**, 943—953 (1954). — NYSTROM, C. W., N. E. TOLBERT and S. H. WENDER: Plant Physiol. **30**, Suppl. XV (1955).

OEHLERT, G.: Strahlenther. **95**, 291—295 (1954). — OGG, J. E., H. I. ADLER and M. R. ZELLE: J. Bacter. **72**, 494—496 (1956). — OSTER, I. I.: Genetics **40**, 692—696 (1955).

PAOLETTI, M.: Nuntius radiol. (Firenze) **21**, 325—330 (1955). — PATT, H. M.: Biochemical aspects of basic mechanisms in radiobiology. Washington 1954. — PAYNE, J. J., u. Mitarb.: (1) J. Bacter. **70**, 540—546 (1955). — (2) J. Bacter. **72**, 461—472 (1956). — PELC, S. R., and A. HOWARD: Radiation Res. **3**, 135—142 (1955). — PETERS, K.: (1) Z. Zellforsch. **39**, 414—420 (1954). — (2) Strahlenther. **93**, 263—273 (1954). — (3) Z. Zellforsch. **44**, 14—26 (1956). — PETERS, TH.: Naturwiss. **44**, 19 (1957). — PITTMAN, D. D.: J. Bacter. **71**, 500—501 (1956). — PLATT, J. R.: In A. HOLLAENDER (Edit.), Radiation Biology III, 71—123. New York 1956. — POLLARD, E. C., u. Mitarb.: Progress in Biophysics and biophysical Chemistry **5**, 72—108 (1955). — POLLARD, E., and J. SETLOW: Radiation Res. **4**, 87—101 (1956). — POLLARD, E., and G. F. WHITMORE: Science (Lancaster, Pa.) **122**, 335 (1955). — POWELL, W. F., and R. B. SETLOW: Virology **2**, 337—343 (1956). — POWERS, E. L.: Ann. New York Acad. Sci **59**, 619—637 (1955). — PROCTOR, B. E., u. Mitarb.: Radiation Res. **3**, 295—303 (1955).

RABINOWITCH, E.: Photosynthesis and related Processes II, 2. New York 1956. — RAJEWSKY, B.: Strahlenther. Sonderbd. **35**, 156—167 (1956). — RAJEWSKY B., G. GERBER u. H. PAULY: Naturwiss. **43**, 228 (1956). — RAJEWSKY, B., u. Mitarb.: Z. Naturforsch. **11b**, 415—416 (1956). — RAMSHORN, K.: Kulturpflanze **1**, 79—110 (1953). — REITER, R.: Naturwiss. **41**, 22—23 (1954). — RILEY, H. P.: Amer. J. Bot. **42**, 765—769 (1955). — ROSENSTOCK, G.: Planta (Berlin) **45**, 591—595 (1955). — RUBIN, B. A., I. A. CERNAVINA u. A. V. MICHEEVA: Dokl. Akad. Nauk SSSR **105**, 1039—1041 (1955).

SARACHECK, A.: Cytologia **19**, 77 (1954). — SAX, K., E. D. KING and H. LUIPPOLD: Radiation Res. **2**, 171—179 (1955). — SCHAEFER, G.: Flora (Jena) **143**, 327—355 (1956). — SCHJEIDE, O. A., u. Mitarb.: Science (Lancaster, Pa.) **123**, 1020—1022 (1956). — SETLOW, R.: (1) Biochim. et Biophysica Acta (Amsterd.) **16**, 444—445 (1955). — (2) Ann. New York Acad. Sci. **59**, 471—483 (1955). — SETLOW, R., S. ROBBINS and E. POLLARD: Radiation Res. **2**, 262—266 (1955). — SHORE, V. G., and A. B. PARDEE: (1) Arch. of Biochem. a. Biophysics **60**, 100 (1956). — (2) Arch. of Biochem. a. Biophysics **62**, 355—368 (1956). — SIMONIS, W.: In Handbuch der Pflanzenphysiologie II, 655—705. Berlin 1956. — SIX, E.: Z. Naturforsch. **11b**, 463—470 (1956). — SOBELS, F. H.: Nature (London) **177**, 979—982 (1956). — SOMMERMEYER, K.: Strahlenther. **98**, 255—264 (1955). — SPARROW, A. H., and E. CHRISTENSEN: Science (Lancaster, Pa.) **118**, 697—698 (1953). — SPARROW, A. H., and W. R. SINGLETON: Amer. Naturalist **87**, 29—48 (1953). — STÅLFELT, M. G.: (1) In A. HOLLAENDER (Edit.), Radiation Biology III, 551—580. New York 1956. — (2) Protoplasma (Wien) **45**, 285—292 (1956). —

Stapleton, G. E.: (1) Ann. New York Acad. Sci. **59**, 604—618 (1955). — (2) J. Bacter. **70**, 357—362 (1955). — Stapleton, G. E., A. J. Sbarra and A. Hollaender: J. Bacter. **70**, 7—14 (1955). — Steffensen, D., and T. J. Arnason: Genetics **39**, 220—228 (1954). — Stein, W., u. W. Harm: Z. Naturforsch. **10b**, 519—534 (1955). — Stein, W., u. W. Laskowski: Z. Naturforsch. **11b**, 643—653 (1956). — Stent. G. S.: (1) Proc. Nat. Acad. Sci. **39**, 1234—1241 (1953). — (2) J. Gen. Physiol. **38**, 853—865 (1955). — Stent, G. S., and C. R. Fuerst: J. Gen. Physiol. **38**, 441—458 (1955). — Strauss, B. S., u. Mitarb.: Radiation Res. **5**, 25—38 (1956). — Strehler, B. L., and W. A. Arnold: J. Gen. Physiol. **34**, 809 (1951).— Strehler, B. L., and V. H. Lynch: Science (Lancaster, Pa.) **123**, 462—463 (1956). — Streisinger, G.: Virology **2**, 1—12 (1956). — Stuy, J. H.: Biochim. et biophysica Acta (Amsterd.) **17**, 206—211 (1955).— Sutton, H. C.: (1) Biochemic. J. **64**, 447—455 (1956). — (2) Biochemic. J. **64**, 456—460 (1956). — Swanson, C. P.: (1) Genetics **40**, 193—203 (1955). — (2) J. Cellul. a. Comp. Physiol. **45**, 285—298 (1955). — Szalai, I., u. M. B. Varga: Acta biol. Szeged, N. S. **1**, 63—70 (1955).

Tanada, T.: Plant Physiol. **30**, 221—225 (1955). — Thimann, K. V., and G. M. Curry: Science (Lancaster, Pa.) **123**, 676 (1956). — Torriani, A. M.: Biochim. et biophysica Acta (Amsterd.) **19**, 224—235 (1956). — Totter, J. R., and M. J. Cormier: J. of Biol. Chem. **216**, 801—811 (1955). — Tzschaschel, R., u. F. Bergter: Naturw. **42**, 649 (1955).

Ulrich, H.: Biol. Zbl. **74**, 498—515 (1955). — Uretz, R. B.: Radiation Res. **2**, 240—252 (1955).

Vlassiuk, P. A., and D. M. Grodzinsky: Dokl. Akad. Nauk SSSR **106**, 562—564 (1956).

Wainwright, S. D., and A. Nevill: (1) J. Gen. Microbiol. **12**, 1—12 (1955). — Weatherwax, R. S.: J. Bacter. **72**, 329—332 (1956). — Weigle, J. J.: Proc. Nat. Acad. Sci. (Paris) **39**, 628 (1953). — Whitehead, H. A.: Canad. J. Microbiol. **1**, 266—270 (1955). — Whittingham, W. F., and J. F. Stauffer: Amer. J. Bot. **43**, 54—60 (1956). — Wijsman, R. A.: (1) Radiation Res. **4**, 257—269 (1956). — (2) Radiation Res. **4**, 270—277 (1956). — Wolff, S., and H. E. Luippold: Science (Lancaster, Pa.) **122**, 231—232 (1955).

Yost, H. T. jr., H. H. Robson and I. M. Spiegleman: Biol. Bull. **110**, 96—106 (1956).

Zill, L. P., and N. E. Tolbert: Plant Physiol. **30**, Suppl. XIV—XV (1955). — Zirkle, R. E.: Biological effects of external X and gamma radiation. Part 1. New York 1954. — Zuppinger, A., u. Mitarb.: Radiol. clin. (Basel) **23**, 360—365 (1954).

11. Zellphysiologie und Protoplasmatik.

Von HANS JOACHIM BOGEN, Braunschweig.

Ein ansehnlicher Teil der Arbeiten über die Vorgänge in der Zelle ist biochemischer Art, vor allem soweit die partikulären Gebilde betroffen sind. Durch sie konnten manche Reaktionsketten und deren Verflechtung und „Rückkoppelung" (vgl. S. 205) aufgeklärt werden. Unter dem Eindruck der großen Fortschritte, die in der Biochemie zu verzeichnen sind, wird sich mancher fragen, ob dergleichen überhaupt noch unter dem Kapitel Zellphysiologie abzuhandeln sei. In der Tat ist die biochemische Forschung zu einem Schwerpunkt in der Biologie geworden; manche Autoren fassen die Zellphysiologie schon „auf weite Strecken als Proteinchemie" (HAAS) auf oder sehen die „Pflanzenphysiologie von allen Seiten in biochemische Bereiche einmünden". Der Ref. vertritt demgegenüber die Ansicht, daß Pflanzenphysiologie (und Zellphysiologie) durchaus eigenständige Gebiete der Botanik sind, keineswegs zu verwechseln mit Biochemie, und schon gar nicht deren Anhängsel. Die biochemische Analyse ist vielmehr ein Hilfsmittel, und zwar eines, das sehr erfolgreich ist und noch weitere Erfolge verspricht, weil es gegenwärtig über die verläßlichsten Methoden verfügt — aber das braucht nicht dazu zu verleiten, lediglich aus methodischen Gründen wesentliche Gebiete der Physiologie zu vernachlässigen oder gar über Bord zu werfen. Schon im makromolekularen Bereich (und erst recht bei den organisierten Partikeln der Zelle) „werden Gestalt und Struktur dominant im Geschehen. So vollzieht sich auf dieser Stufe der Übergang aus dem Quantitativen mit seiner Statistik ins Reich der Qualität mit seiner andersartigen Gesetzlichkeit, in dem die quantitativen Gesetze als Grundlage beibehalten werden. Diese spezifischen Gesetze der zunehmenden Kompliziertheit sind Gegenstand künftiger Forschung" (H. u. M. STAUDINGER). Wie sehr das zutrifft, zeigen z. B. die erheblichen Kontroversen der Biochemiker, wenn sie über die Lokalisation der o. a. Reaktionsketten aussagen (vgl. S. 204 ff.). Der Ref. hat versucht, den „Strukturfaktor" (um ein Schlagwort zu gebrauchen) immer wieder in die Diskussion zu ziehen, und er hat die biochemischen Arbeiten nur insoweit angeführt, als sie zu diesem zentralen Problem der Zellphysiologie Beiträge liefern.

1. Cytoplasma.

Ts'O, J. BONNER, EGGMAN u. VINOGRAD isolieren aus dem Plasmodium von *Physarum polycephalum* ein contractiles Protein, das sie Myxomysin nennen. Das Protein, dessen Lösung eine um so höhere Viscosität besitzt, je besser es gereinigt ist, reagiert auf Zugabe geeigneter Mengen von ATP mit einer starken Viscositätsherabsetzung. Es besteht überdies aus 2 Komponenten, die sich in der Empfindlichkeit und in der Geschwindigkeit der Elektrophorese und der Sedimentierung unterscheiden. Die Autoren äußern die Vermutung, daß das ATP-sensitive Protein bei der Sol/Gel-Umwandlung eine Rolle spielt, wie sie im lebenden Plasmodium beständig stattfindet (und die nachMikroinjektion von ATP auf den Sol-Zustand gerichtet wird.) Dieser Proteinanteil des Cytoplasmas, der möglicherweise beim aktiven Stofftransport beteiligt ist, ist offenbar weiter verbreitet: HOFFMANN-BERLING extrahiert aus JENSEN- und JOSHIDA-Sarkomzellen ein ganz gleich reagierendes contractiles Eiweiß. Es enthält gleichfalls 2 Komponenten. Gegenüber dem *Physarum*-Protein bestehen indessen Unterschiede hinsichtlich der Ionenstärke, bei der das Protein gelöst wird. Das *Physarum*-Protein ist bei $I = 0{,}05\ \mu$ (p_H 7) löslich, das Sarkom-Protein hingegen bei $I > 0{,}3\ \mu$, während es bei $I < 0{,}15\ \mu$ als Gel gefällt wird. Ferner ist das Sarkom-Protein eine ATP-ase, während das *Physarum*-Protein ATP anscheinend nicht spaltet.

Die Sol/Gel-Umwandlung ist nicht allein für die physiologische Forschung von Interesse; sie läßt erneut die Frage auftauchen, welcher Zustand in den elektronenmikroskopischen Aufnahmen abgebildet ist. Heute ist die durch zahlreiche Aufnahmen belegte Ansicht verbreitet, dem „Grundplasma" käme eine granuläre Struktur zu, wobei sich die Granula an den Grenzflächen des endoplasmatischen Reticulums anreichern (vgl. aber STRUGGER, der in den Meristemzellen der Wurzelspitzen von *Allium cepa* das Auftreten schraubig gewundener submikroskopischer Fäden beschreibt). Es scheint nicht ausgeschlossen zu sein, daß diese Granula kontrahierte Strukturkomponenten sind, die unter anderen Bedingungen expandiert auftreten können und dann wohl nicht sichtbar sind. DE ROBERTIS u. RAFFO haben in Follikelzellen von *Laplatacris dispar* (Heuschrecke) weite Plasmabereiche gefunden, die durchaus agranuläre Struktur haben. Lediglich in gewissen Bereichen der Zelle, häufig in der Nähe des Zellkerns, erscheinen die bekannten cisternae mit den der Membran anliegenden Granula, wie sie PALADE beschreibt (vorjähr. Bericht). —

Der Einwand, es handle sich bei den Granula um Nucleoproteide (EGGMAN, vgl. vorjähr. Bericht), die überdies ja durch Zentrifugieren aus dem Homogenat abgetrennt und danach elektronenmikroskopisch abgebildet werden können, braucht nicht stichhaltig zu sein. Einmal weisen Ts'O, EGGMAN et al. nach, daß auch das contractile *Physarum*-Protein mit größeren Mengen von RNS verbunden ist; ferner kann bei der Präparation des Homogenates sehr wohl expandiertes (Nucleo-) Protein in die kontrahierte Form übergeführt werden. Es ist also nach wie vor äußerste Vorsicht geboten, wenn man vom elektronenmikroskopischen Bild auf die native Struktur und die an ihr ablaufenden Vorgänge schließen will.

Im gleichen Sinne äußern sich LEHMANN, MANNI u. BAIRATI (1, 2) sowie MANNI (1). Sie untersuchen den Feinbau der Plasmagrenzschicht (mit Recht schlägt W. J. SCHMIDT vor, die sprachlich schlechte Bildung „Plasmalemma", die ja auf PLOWE zurückgeht, durch „Plasmolemm" zu ersetzen) von *Amoeba proteus*. Sie verwenden neue Fixierungsgemische, die zum Teil bessere Ergebnisse liefern als die von PALADE benutzten, und finden eine fein granulierte bis schleimige (!) äußerste Schicht, die polysaccharid-(bzw. mucoproteid-)reich ist, also hydrophil. Sie liegt auf einer inneren fibrillären Schicht, die überdies reichlich Mikrosomen und fibrilläre Elemente des endoplasmatischen Reticulums aufweist, also wohl als verdichtetes Hyaloplasma angesprochen werden kann.

13*

Sibaoka u. Oda weisen auf die engen Zusammenhänge hin, die zwischen der Plasmaströmung und dem Aktionspotential bestehen (*Chara braunii*). Auf einen elektrischen Reiz hin wird die Plasmaströmung sofort gestoppt, parallel mit dem Auftreten bzw. dem Maximum des Aktionspotentials. Es handelt sich dabei um eine „Alles-oder-nichts"-Reaktion. Das Wiedereinsetzen der Strömung fällt mit dem Wiederaufbau des Ruhepotentials zusammen. Da sich überdies die "shock stoppage" zugleich mit dem Aktionsstrom über die Zelle ausbreitet, wird vermutet, daß es zwei Aspekte des gleichen Prozesses sind, der in der gereizten Zelle abläuft, und daß sie dem Aktionspotential und der Kontraktion in der Muskelfibrille vergleichbar sind.

2. Zellkern.

Die Vorstellungen über den Bau der Kernmembran, wie sie in voraufgegangenen Berichten wiedergegeben sind, galten zunächst nur für tierische Zellen. Kaufmann u. De sowie De haben nunmehr in den Zellen der Staubfadenhaare von *Tradescantia* analoge Bilder gefunden, d. h. poröse Doppelmembranen; sie vertreten die Ansicht, daß die Strukturen bei Pflanzen und Tieren grundsätzlich gleich seien.

Im Amoebenkern finden sich in der Nähe der Kernmembran zahlreiche Granula, vermutlich Nucleoli (Manni); sie sind durch feine Ausläufer miteinander verbunden. Über die Struktur der Nucleoli besteht noch keine einheitliche Auffassung. Wie Stich in seinem Sammelreferat ausführt, werden sehr verschiedenartige Partikel mit dem Namen Nucleolus belegt. Dementsprechend gehen auch die Ansichten über deren Funktion weit auseinander, vgl. S.204.

3. Plastiden.

Ergänzend zu den im Abschnitt „Submikroskopische Morphologie" besprochenen Arbeiten sei noch auf Fragen der Differenzierung der Chloroplasten und der Plastizität der Feinstrukturen eingegangen. Bereits 1955 hatten Hodge, McLean u. Mercer (1) gezeigt, daß bei *Zea mays* zwar die Mesophyllchloroplasten Granastruktur besitzen, nicht hingegen die Plastiden aus der Parenchymscheide, die lediglich lamelliert sind. Bei *Agapanthus* werden unter starker Beleuchtung viele kleine Grana gebildet, bei geringer hingegen weniger, aber größere Grana (Fasse-Franzisket). Abel bestätigt bei *Antirrhinum majus* (haploid) das Bestehen ähnlicher Unterschiede zwischen den Chloroplasten der Schwamm- und der Palisaden-Parenchymzellen (die schon Heitz gefunden hatte). Diese Unterschiede sind auf den verschiedenen Lichtgenuß der beiden Gewebe zurückzuführen, und es gelang dem Verf., durch gleichmäßige Beleuchtung von oben und unten die Unterschiede aufzuheben und zum Teil sogar umzukehren. Die Vorgänge sind also reversibel; inwieweit die Befunde der Theorie Frey-Wysslings widersprechen, derzufolge die Plastidenmetamorphose einseitig gerichtet, also irreversibel ist (Proplastid → Leukoplast → Chloroplast → Chromoplast), bedarf noch der Prüfung. W. Stubbe u. v. Wettstein zeigen, daß die Plastiden der gelbgrünen Mutanten des *Oenothera suaveolens*-Plastidoms normal entwickelt sind, während die Plastidenentwicklung der *xantha*- und *albina*-Mutanten von *Hordeum* an einer bestimmten Stelle (genabhängig) gehemmt wird. Somit scheint die Anwesenheit von Chlorophyll für die Ausbildung der Lamellen und Grane nicht unbedingt erforderlich zu sein (vgl. die gegenteilige Schlußfolgerung, zu der Sager u. Palade kamen, vorjähriger Bericht).

Über die Verteilung und Anordnung des Wassers und der Lipide in Chloroplasten legen MENKE u. MENKE neue Untersuchungen vor. Sie schließen aus der Anisotropie der Gestaltänderung von Mooschloroplasten bei Wasserentzug bzw. Extraktion der Lipide, daß das Wasser zum größten Teil interlamellar eingelagert ist. Ebenso müssen die Lipide lamellar angeordnet sein. Aus den physikalischen und chemischen Daten läßt sich dann berechnen, daß auf jede Proteinlamelle von etwa 100 Å Dicke zwei Lipoidlamellen von etwa 50 Å kommen.

4. Chondriosomen und Mikrosomen.

Das Interesse ist gegenwärtig vorwiegend den Stoffumsätzen zugewandt, die man quantitativ zu erfassen sucht; diese biochemische Arbeitsrichtung wird unter „Stoffwechsel organischer Verbindungen" besprochen. Die Strukturforschung gilt vielfach als abgeschlossen, gleichwohl bleiben noch einige Fragen offen. So haben DE ROBERTIS u. FRANCO RAFFO den im vorjährigen Bericht erwähnten, vom „Normaltyp" der *Cristae mitochondriales* abweichenden Bau, nämlich das Vorliegen langer gewundener *tubuli*, auch bei *Laplatacris dispar*, einer Heuschrecke, aufgefunden. Hier verschmelzen sie übrigens zu einem mitochondrialen Körper, der als Nebenkern bekannt ist. Auch über die Chondriosomenmatrix wurden neue Befunde erhoben: während sie bislang als unstrukturiert galt und die gelegentlich aufgefundenen Granula als Fixierungsartefakte angesprochen wurden, demonstrieren DE ROBERTIS u. FRANCO RAFFO eine makromolekulare fädige Komponente; diese soll beim Stofftransport innerhalb des Chondriosoms eine Rolle spielen.

Die verfeinerte Technik, Chondriosomen zu zertrümmern und die Bruchstücke durch Zentrifugieren zu fraktionieren, eröffnet die Möglichkeit, die Enzymverteilung innerhalb der Chondriosomen zu untersuchen. Nach WATSON u. SIEKEVITZ und SIEKEVITZ u. WATSON hat die „Membranfraktion" (bzw. die „aktive" Fraktion) eine höhere Phospholipid/Protein-Komponente als das ganze Chondriosom; sie zeigt ferner die 7- bis 11fache Menge an Bernsteinsäureoxydase- und Cytochrom-c-Oxydase-Aktivität. Hingegen ist keine Adenylatkinase vorhanden, ebenso fehlen DPNH-Cytochrom-c-Reduktase, Phosphorylierungen und die Fähigkeit, andere Substrate des Tricarbonsäurecyclus zu oxydieren. Zu den gleichen Schlußfolgerungen hinsichtlich der Bernsteinsäureoxydase gelangen FARRANT, POTTER, ROBERTSON u. WILKINS auf Grund ihrer Untersuchungen an *Beta vulgaris*. Die Hexokinase scheint in der Matrix lokalisiert zu sein (in Übereinstimmung mit SALTMAN 1953).

Über die Ionenverhältnisse in den Chondriosomen von roten Rüben berichten HONDA u. ROBERTSON. Die Partikel halten eine hohe Kaliumkonzentration aufrecht, und zwar wenigstens z. T. auf Grund eines Donnan-Effektes. Immerhin ist ein Teil der Kationen, vor allem des Kalium, nicht austauschbar. Offenbar ist die Ionenkonzentration stark stoffwechselabhängig, was angesichts der Befunde von PRESSMAN u. LARDY an Rattenleber verständlich wird: zur maximalen Sauerstoffaufnahme und oxydativen Phosphorylierung werden Kaliumionen benötigt, die vermutlich bei der Bindung von anorganischem Phosphat beteiligt sind.

TEDESCHI u. HARRIS halten die Chondriosomen für ein osmotisches System, in das Anelektrolyte gemäß dem Verteilungskoeffizienten Öl/Wasser aufgenommen werden (Messung der optischen Dichte mit einem Spektralphotometer; Rattenleber). Immerhin gibt es bei den registrierten Volumänderungen in anisotonischen Lösungen „sekundäre" Veränderungen, die der osmotischen Grundgleichung nicht gehorchen.

Die Inhomogenität der Chondriosomen und Mikrosomen-Population (vgl. vorjähr. Bericht) wird erneut festgestellt. Nach KMETEC u. NEWCOMB sind sowohl die Chondriosomen als auch die Mikrosomen kugelig, und es besteht ein kontinuierlicher Übergang im Durchmesser (Cotyledonen von *Arachis hypogea*). Dem entspricht der Befund R. MÜLLERs, daß die Hefechondriosomen sich innerhalb von 2 Stunden aus lichtmikroskopisch eben erkennbaren „Mikrosomen" entwickeln. Da KMETEC u. NEWCOMB (wie auch BAUTZ, s. u.) mit einfacher fraktionierter Zentrifugierung gearbeitet haben, sind nachträgliche Größenveränderungen nicht ausgeschlossen (Schwellung).

KUFF, HOGEBOOM u. DALTON haben die Methodik wesentlich verbessert, so daß nicht nur Temperaturschwankungen, sondern auch die Konvektion bei der Sedimentierung vermieden werden. Sie unterscheiden wenigstens 3 Fraktionen, von denen allenfalls die erste eine einigermaßen reine Chondriosomenfraktion ist. Die zweite enthält blasige Partikel von etwa 120 mμ Durchmesser, die dritte sehr verschiedenartige Partikel, deren Lokalisierung in der Zelle nicht bekannt ist. Durch mathematische Überarbeitung einer Methode von SVEDBERG u. RINDE (1922) und Erstellung sog. „Zuwachskurven" (Aktionszunahme pro Einheit der Gradientenlänge in Abhängigkeit von der Partikelgröße) kommen sie zu der Auffassung, daß ein kontinuierliches Spektrum von „Cytoplasma-Partikeln" nicht bestehe. BAUTZ findet wechselnden Anteil der Chondriosomen in vier verschiedenen Sedimenten von Hefe-Homogenaten; nach SMILLIE (1, 2) sind die Chondriosomen und Mikrosomen (Sphärosomen?) etiolierter Erbsenblätter nicht größenverschieden und auch durch fraktionierte Zentrifugierung nicht zu trennen. Alle Daten über die Enzymausstattung bestimmter Partikel wie auch über die Größe und Funktion der Partikel einer bestimmten Fraktion müssen daher noch immer mit größter Vorsicht bewertet werden.

CASPARI kann an Mäuseleber-Chondriosomen zeigen, daß das P/N-Verhältnis erblich fixiert und je nach Stamm verschieden ist. Kreuzungsexperimente lassen erkennen, daß es nicht allein genomatisch einreguliert wird, sondern daß (insbesondere bei den Unterschieden in der F_2) auch plasmatische und plasmonsensitive Faktoren eine Rolle spielen.

Erweisen sich so Struktur und Ausstattung der Chondriosomen als „genetisch gesteuert", so sind die Chondriosomen ihrerseits als Träger der Plasmavererbung bekannt (vgl. die Berichte der letzten Jahre). DANIELLI schlägt für Plasmadeterminanten (zu denen auch Centrosomen, Chloroplasten, Kinetosomen usw. gehören) den Terminus „Homoeostaten" vor. Er definiert sie „als eine Organisation von Makromolekülen oder Prozessen, die sich selbst reproduziert und die Ausprägung eines oder mehrerer Merkmale in einer Zellfolge determinieren und kontrollieren kann (und das gewöhnlich auch tut)".

MICHAELIS hat sich der Musterbildung der plasmatischen Erbträger in einer theoretischen Studie angenommen und eine Methode entwickelt, die es gestattet, die im Kreuzungsexperiment aufgefundenen Erbfaktoren cytologisch zu lokalisieren. Die Musterbildung ist abhängig a) von der Zahl der konkurrierenden „Homoeostaten" in der teilungsfähigen Zelle, b) von deren Ausgangs-Mischungsverhältnis und c) von der Zahl der Zellteilungsfolgen. Umkombination, Segregation usw. lassen sich darstellen bzw. vorausberechnen. Eine erste Anwendung der Methode bei *Epilobium*-Schecken wird versucht.

Von zoologischer Seite liegen neue Beiträge zum Problem des Verteilungsmusters der Chondriosomen (und Lipoidtröpfchen) vor: bei Mollusken (CLEMENT u. LEHMANN), Echinodermen (SHAVER), Ascidien (REVERBERI) und Tubifex (LEHMANN). In allen Fällen treten bei der Entwicklung und Teilung des Eies aufschlußreiche Veränderungen in der Chondriosomenzahl und in der Anordnung innerhalb der Zelle und/ oder Chondriosomensegregationen auf, wenigstens in oder nach bestimmten Entwicklungsabschnitten. Beziehungen zu morphogenetischen Prozessen, wie sie fraglos gegeben sind, lassen sich freilich noch nicht immer erkennen.

5. Stoffaufnahme.

Unter dem Einfluß früherer Argumente von BURSTRÖM wie auch neuer Ergebnisse von ORDIN, APPLEWHITE u. BONNER sowie von ORDIN u. BONNER sind Zweifel an der Existenz einer echten nichtosmotischen Wasseraufnahme laut geworden. Die letzten Befunde sprechen deutlich gegen eine auxininduzierte, metabolisch kontrollierte Wasseraufnahme bei der Zellstreckung; stets standen die Zellen des Koleoptilzylinders mit der jeweiligen äußeren Lösung im Diffusionsdruckgleichgewicht. Das bestätigt frühere Befunde, darunter auch die des Ref., der gleichfalls keinen Einfluß von Indolylessigsäure auf die meta- und nicht osmotische Wasseraufnahme hatte feststellen können. Allerdings ist dabei zu berücksichtigen, daß BONNER den IES-Einfluß erst nach 96 stündiger Einwirkung prüft, der Ref. jedoch sofort nach IES-Zugabe. Ferner mißt BONNER die Veränderungen des Wasserhaushaltes als Änderungen der Zylinderlänge, d. h. osmotisch, und zwar mit Mannitlösungen. Das ist insofern bedenklich, als damit nur der scheinbare osmotische Wert, nicht aber der reale osmotische Wert und „osmotische" Wassergehalt bestimmt wird. Überdies macht POHL in einer Besprechung darauf aufmerksam, daß BONNER u. Mitarb. IES-Konzentrationen anwenden, die zu hoch sind, als daß Effekte auf die Permeabilität bzw. nichtosmotische Wasserführung zu erwarten wären. Schließlich scheint auch das Mannit besondere Wirkungen auszuüben: nach CHARLIER u. BUFFEL beeinflußt Mannit den Glucosestoffwechsel (des Speichergewebes von Kartoffelknollen) bei auxininduzierter Wasseraufnahme in dem Sinne, daß es die Pektinsynthese erheblich herabsetzt. Nach Ansicht des Ref. darf aus den Befunden BONNERs nicht die Existenz einer nichtosmotischen Wasseraufnahme generell abgelehnt werden.

Die nichtosmotischen Aufnahmeprozesse scheinen auch bei ein- und derselben Zellsorte verschiedener Art zu sein: PRELL zeigt, daß sowohl die Wasser- wie auch die Harnstoffaufnahme in eine azidempfindliche und eine azidunabhängige nicht osmotische Komponente zerlegt werden kann (an *Taraxacum, Helodea* und *Oenothera*). Gleiches gilt für den aktiven Kaliumtransport in Hefezellen, wobei das Azid an einen in der Zellmembran befindlichen Kaliumträger gebunden wird (FOULKES). — Fusarinsäure schädigt die nichtosmotische Wasseraufnahme; dies ergibt sich aus den Versuchen von BACHMANN an *Rhoeo,* von NAEF-ROTH u. REUSSER an Tomaten-Blattgewebe und von REUSSER u. NAEF-ROTH an Hefezellen. Durch Kombinationsversuche mit Azid kann BACHMANN zeigen, daß das Welketoxin die Cytochrom-Oxydase blockiert, nicht aber durch Metallchelate die Wasserpermeabilität verändert. Auf die interessanten Zusammenhänge zwischen der nichtosmotischen Wasserführung und den Welketoxinen kann hier leider aus Raumgründen nicht eingegangen werden.

Nach JOHNSON u. BONNER schließlich erfolgt die Aufnahme von markiertem 2,4 D auf drei verschiedenen Wegen: 1. durch eine von der Konzentration in der Außenlösung abhängige, innerhalb von etwa 30 min beendeten Diffusion, 2. durch reversible Bindung, 3. durch kontinuierliche Speicherung.

Auch Streptomycin, für das ja pflanzliche Zellen im Gegensatz zu tierischen ein starkes Akkumulationsvermögen haben, wird anfangs mit einer der Außenkonzentration linear proportionalen Geschwindigkeit aufgenommen, später aber unter Energieaufwand. Alle diese Befunde, die die metabolisch kontrollierte Aufnahme der verschiedensten Stoffe erneut bestätigen, geben freilich noch immer keine Aufschlüsse über die Mechanismen; allenfalls die Bindung an labile Vacuolenkolloide, wie sie nach BOGEN, PRELL, FOLLMANN (vgl. vorjähr. Ber.) u. a. anzunehmen ist, kann als erster, wenn auch noch etwas hypothetischer Ansatzpunkt gelten.

Daß man aus der (Veränderung der) Binnenkonzentration eines aufgenommenen Stoffes nicht ohne weiteres auf die Aufnahmemechanismen schließen darf, lehren die Versuche von CASTEL an *Neurospora:* enthält die Kulturflüssigkeit Strontium anstelle von Calcium, so ist der Gehalt an den freien Aminosäuren Glutaminsäure, Threonin, Alanin und Valin 4fach größer, der Gehalt an Cystin dagegen geringer. Ob freilich die Auffassung der Verfasser zutrifft, daß Strontium die Permeabilität der Zelle für die ersten 4 Aminosäuren erhöht, für Cystin hingegen erniedrigt, bedarf wohl noch der Prüfung; mindestens ebenso wahrscheinlich ist eine unterschiedliche Beeinflussung des Aminosäurepools bzw. der Aminosäurebildung durch die Ionen.

Über der aktiven Aufnahme sollte die osmotische Stoffaufnahme nicht vergessen werden, die in der Regel, wenigstens bei höherem Konzentrationspotential, mengenmäßig weitaus am stärksten sein dürfte. KAMIYA u. TAZAWA zeigen, daß in der Vacuole einer *Nitella*zelle deren beide Enden sich in verschieden konzentrierten Lösungen befinden, eine entgegengesetzt gerichtete Wasserströmung stattfindet. Berechnet man die Wasserpermeabilität des Plasmolemms, so liegt sie bei 18,5 μ pro min $\times$ atm. (Eintritt) bzw. 7,0 μ/min u. atm. (Austritt); die Verff. schließen hieraus auf das Vorliegen einer polar gebauten Grenzschicht.

Farbstoffaufnahme, Vitalfärbung. Die Aufnahme von basischen Vitalfarbstoffen in die Vacuole ist nicht immer ein reversibler Vorgang, wie das bei rein „physikalischer" Aufnahme zu erwarten wäre. Dafür ist u. a. die Bindung von Farbstoffionen an Vacuoleninhaltsstoffe verantwortlich zu machen. Solche liegen aber nicht nur in sog. „vollen" Zellsäften (HÖFLER) vor, sondern auch in „leeren". So kann z. B. Neutralrot mit entsprechenden Pufferlösungen aus leeren Säften leicht ausgewaschen werden, Brillantkresylblau und Toluidinblau aber weder aus vollen noch aus leeren (FLASCH). Die Verfn. vermutet, daß Farbstoffe mit hoher (Basen-)Dissoziationskonstante festere (?) Bindungen eingehen als solche mit niedriger; die Bindungsfestigkeit soll der Dissoziationskonstante proportional sein (hierbei wäre zu berücksichtigen, daß sich die Menge gebundener Ionen aus dem Zusammenwirken von Bindungsindex und Bindungsenergie ergibt, letztere aber u. a. maßgeblich vom Molekulargewicht bestimmt wird; vgl. KLOTZ 1949). KIERMAYER zeigt, daß neben der Dissoziationskonstante auch der rH-Wert eine wesentliche Rolle spielt; eine Entfärbung bzw. Umfärbung von Vacuolen erfolgt unter Sauerstoffabschluß und kann als intracelluläre Reduktion gedeutet werden; Sauerstoffzusatz erzeugt wieder eine Färbung (Reoxydation). So beteiligen sich auch bei der Speicherung basischer Farbstoffe in der Vacuole Stoffwechselprozesse der Zelle. Ähnliches war für die Sulfosäurefarbstoffe seit langem bekannt. In einer neuen Studie zeigen DRAWERT u. ENDLICH, daß deren Aufnahme und Speicherung nicht allein durch Sauerstoffentzug, sondern auch durch die wohlbekannten Atmungsgifte Natriumazid, DNP, Jodessigsäure und KCN gehemmt bzw. verhindert wird. Gleichwohl ist hier der Mechanismus ein anderer, da die gleichen Gifte die Aufnahme und Speicherung der basischen Farbstoffe Neutralrot und Nilblau unbeeinflußt lassen. Vielleicht besteht für die sauren Farbstoffe ein aktiver Aufnahmemechanismus, der durch die Atmungsgifte blokkiert wird; die Verff. diskutieren diese Möglichkeit vorerst nicht, stellen aber weitere Versuche (mit schwächer dissoziierten sauren Farbstoffen) in Aussicht.

Hält man dazu, daß selbst das generell als „harmlos" angesehene Neutralrot (wie auch Methylenblau, Rhodamin B u. a. m.) stark schädigend wirkt (auf *Spirogyra*zellen; E. HUBER), so wird verständlich, daß Färbe- und Entfärbeversuche oft sehr unterschiedlich ausfallen, und daß die Unterteilung in volle und leere Zellsäfte der Vielfalt der Farbbilder nicht gerecht werden kann (HÖFLER u. SCHINDLER).

Farbdifferenzen mit demselben Objekt können ferner durch Inhomogenität des Farbstoffes bewirkt werden. Brillantkresylblau-Präparate verschiedener Herkunft haben verschiedene Zusammensetzung (HÖFLER

u. Schindler); sie sind überdies durch Nilblau und Nilrot verunreinigt (Drawert u. J. Metzner). Toluylenblau enthält je nach Alter der Lösung ein Gemisch aus Toluylenblau und Neutralrot (Kiermayer) u. dgl. mehr.

Eine große Zahl von Untersuchungen dient der fluorescenz-mikroskopischen Identifizierung der partikulären Gebilde der Zelle (Chondriosomen, Sphärosomen, Mikrosomen; besonders in der Hefezelle). Diese werden elektiv gefärbt („Speicherung" des Farbstoffs), indessen ergeben sich bemerkenswerte Differenzen. Während z. B. Nilrot vielfach immer die gleichen Strukturen fluorochromiert, sind es bei manchen Objekten sehr verschiedene Komponenten: in der oberen Epidermis der Zwiebelschuppe die Chondriosomen, in Pilzhyphen „Granula" und Öltropfen (Gutz); Berberinsulfat färbt kurzfristig diffus in der Hefezelle verteilte Granula (Chondriosomen?), später andere, größere Granula, die sich hauptsächlich an der Grenze Vacuole/Cytoplasma aufhalten (Drawert, Kärber); ein aliphatisch im N substituiertes Aminopyren fluorochromiert in Zwiebelzellen die Sphärosomen, während die Chondriosomen nicht fluorescieren (Drawert) usw. Da diese Färbungen z. T. von der Sauerstoffspannung beeinflußt werden, ergibt sich eine Möglichkeit, bestimmte Enzyme bzw. Enzymsysteme in der Zelle zu lokalisieren; hier sind jedoch die Untersuchungen noch nicht weit fortgeschritten und in ihren Ergebnissen kontrovers. Das betrifft vor allem die Janusgrünfärbung der lebenden Zelle (und die Altmann-Färbung der fixierten Zelle — Bautz). Nach Yotsuyanagi werden nur die Chondriosomen (der Hefezelle) mit Janusgrün gefärbt, nicht die mit Indophenolblau oder Tetrazolium färbbaren Granula. Da die Janusgrünfärbung bei der Mutante „petite colonie" ausbleibt, obgleich die Chondriosomen nach Altmann darstellbar sind, schließt der Verfasser, daß die Janusgrünfärbung an die Gegenwart von Cytochrom c gebunden ist. Andererseits weisen Showacre u. Du Buy (an Leber- und Gehirnzellen von Mäusen) nach, daß die Janusgrünfärbung bei schneller Adsorption und Speicherung des Farbstoffes an bestimmten Loci der Chondriosomen erfolgt; dort wird er durch die Dehydrogenasen des Tricarbonsäure-Cyclus entfärbt. Die glykolytischen Dehydrogenasen sind wirkungslos. Auch das Cytoplasma soll solche farbstoffbindende Loci und farbstoffreduzierende Dehydrogenasen besitzen. Mit Recht weist daher Bautz auf die großen Schwierigkeiten hin, die der Korrelierung von Färbebefunden mit funktionellen Leistungen der Zelle im Wege stehen.

6. Eiweiß- und Nucleinsäure-Stoffwechsel.

Um die noch immer offene Frage nach dem Mechanismus der Protein-Synthese zu lösen, wurden vor allem zahlreiche Versuche über den Einbau markierter Aminosäuren durchgeführt. Sie bestätigen zunächst den bekannten Befund, daß ohne RNS keine Proteinsynthese möglich ist: Ribonuclease hemmt die Synthese (Brachet an Amöben und *Allium*-Wurzelspitzen; Webster u. Johnson an einer partikulären Fraktion aus Erbsenkeimlingen — Glutaminsäureeinbau; Bridoux u. Hanotier an *Micrococcus lysodeikticus* — Glycineinbau). Die Hemmung kann durch Zugabe von RNS wieder aufgehoben werden, wobei die Herkunft der RNS belanglos ist. Hydrolysierte RNS ist wirksamer als native, Pyrimidine wirken stärker als Purine, der stärkste Effekt (100% Steigerung) ist bei einem Gemisch aus Nucleosiden zu beobachten (WEBSTER u. JOHNSON). ZAMECNIK, KELLER, LITTLEFIELD, HOAGLAND u. LOFTFIELD schreiben den Guanosin-di und -triphosphaten eine wesentliche (aber noch unbekannte) Rolle bei der Aktivierung der Aminosäuren (Aminoacyl-AMP) zu.

Anders verhält es sich im Kern. Isolierte Kerne (aus Thymocyten) bilden — entgegen anderen Befunden, s. u. — ATP und bauen markierte Aminosäuren in Protein ein, und zwar am stärksten in die Nicht-Histon-Fraktion. Der Einbau wird durch Dinitrophenol und Azid gehemmt. Eine Vorbehandlung mit RNase ist wirkungslos, wohingegen DNase den Aminosäureeinbau verhindert. Im Kern scheint also die DNS maßgebend zu sein (ALLFREY u. Mitarb.).

Auch die Hemmung der RNS-Synthese führt zu einer Hemmung der Proteinbildung; umgekehrt ist jedoch die Hemmung der Proteinsynthese ohne Einfluß auf die RNS-Synthese (BEN-ISHAI).

BRITTEN, ROBERTS u. FRENCH ist es gelungen, durch verbesserte Methoden, die ein sehr schnelles Arbeiten gestatten, über einige Teilschritte Klarheit zu gewinnen. Sie fanden zunächst, daß der Einbau von C^{14}-Prolin in die Gesamtzelle (*Escherichia coli*) bereits nach 3 min beendet ist (Halbwertszeit etwa $^1/_2$ min). In der durch Trichloressigsäure gefällten Fraktion ist die Aktivität nach 6 min maximal, bei den „freien" Aminosäuren, d. h. der trichloressigsäurelöslichen Fraktion, erreicht das markierte Prolin sein Konzentrationsmaximum schon nach 1—2 min; danach sinkt die Konzentration schnell wieder ab. Um zu entscheiden, ob lediglich Akkumulation oder aber Adsorption an spezifische Stellen eintritt, wurden Kombinationsversuche mit „Vorsättigung" mittels C^{12}-Prolin und anschließender Zugabe von C^{14}-Prolin ausgeführt. Sie zeigen, daß das Prolin gebunden wird, wenn auch nicht sehr fest (es ist extrahierbar mit 5% TCE, 40% Äthanol, HCl p_H 1,8 u. a.). LITTLEFIELD, KELLER, GROSS u. ZAMECNIK kommen zu ganz ähnlichen Zeitwerten (Lebermikrosomen). Sie finden ferner, daß die markierten Aminosäuren zuerst innerhalb der RNS-Fraktion angereichert werden (Maximum nach 3 min); die löslichen Zellproteine enthalten erst später entsprechende Mengen markierter Aminosäuren.

Die „adsorbierende" Fraktion ist wohl identisch mit dem Aminosäurepool, den COWIE u. WALTON untersucht haben (an *Torulopsis utilis*), denn in ihm wird die Aminosäure gleichfalls adsorbiert, und zwar an eine makromolekulare Komponente. Die Verff. vermuten jedoch, daß diese nicht aus Nucleinsäuren besteht, sondern aus Protein, vielleicht auch einem Nucleoproteid oder einem Gemisch aus Nucleinsäure und Protein. Wichtig ist ferner, daß es verschiedene "Pools" gibt, nämlich "metabolic pools with essential intermediates and reservoir pools"; eine Überführung aus dem einen in den anderen ist möglich.

Nach LAIRD, BARTON u. NYGAARD bestehen zwei getrennte Mechanismen der Proteinsynthese; der eine ist im Kern lokalisiert und von einer RNS-Synthese begleitet; der andere arbeitet im Cytoplasma, unabhängig vom Zellkern.

Die angeführten Resultate sprechen nach Ansicht der meisten Autoren gegen die Transpeptidierungshypothese (vgl. vorjähr. Bericht), zumal keine niederen Peptide aufgefunden werden (z. B. BRITTEN, ROBERTS u. FRENCH). Die Proteine werden sukzessiv aus einzelnen Aminosäuren aufgebaut, bzw. beim turnover können einzelne Aminosäuren ausgewechselt werden. Lediglich SISAKJAN u. FILIPPOVIČ nehmen in den Chloroplasten einen Transpeptidierungsmechanismus an, aber auch sie halten einen direkten Einbau einzelner Aminosäuren für möglich. In diesem Sinne sind wohl auch die Befunde von MUNIER u. COHEN zu verstehen, die verschiedene Bakterien mit Strukturanalogen von Aminosäuren gefüttert haben. Dabei findet keine Blockierung der Proteinsynthese statt, sondern es werden anomale Proteine gebildet.

Im Vergleich zum Problem der Eiweiß-Synthese liegen über die NS-Bildung nur vereinzelt Daten vor. TAYLOR, McMASTER u. CALUYA untersuchen autoradiographisch den Einbau von P^{32} in Zellen von Drosophila-Larven. Die ersten Spuren treten in den Chromosomen auf, bald danach sind sie im Nucleolus zu finden. Dieser ist nach etwa 3 Std. der Sitz der höchsten Radioaktivität; das Cytoplasma holt diesen Vorsprung erst nach weiteren 2—3 Std. ein. Die Verf. nehmen an, daß entweder nucleoläre und cytoplasmatische RNS einen gemeinsamen Vorläufer haben (wofür die mathematische Analyse spricht), oder daß die RNS in den Chromosomen synthetisiert wird, dann in den Nucleolus gelangt und von dort ins Cytoplasma ausgeschieden wird. Diese Diskussion berührt jedoch schon das Problem der Lokalisation innerhalb der Zelle und der Koordination der Reaktionssysteme und soll daher im nächsten Abschnitt weitergeführt werden.

7. Die Rolle des Zellkerns im Stoffwechsel, Koordinationsfragen.

Hierzu liegen wieder zahlreiche Versuche an entkernten Zellen vor (Amöben, *Acetabularia*); ihre Ergebnisse widersprechen einander erheblich und zeigen, daß nicht allein die Methoden noch unvollkommen sind (vgl. die Einbau- und Umsatzraten, die im vorigen Abschnitt erwähnt wurden, und die eine hohe Analysengeschwindigkeit verlangen), sondern auch unsere Vorstellungen über die Wechselbeziehungen der Zellkonstituenten noch viel zu grob und zu konventionell. PRESCOTT zeigt, daß kernlose Amöben zwar C^{14}-Uracil aufnehmen, dieses aber nicht in die RNS einzubauen vermögen. Alle RNS werde, wie TAYLOR u. Mitarb. folgern, im Kern gebildet, von wo sie über den Nucleolus ins Cytoplasma gelangt; sie diene als "molecular communication". Das steht im Gegensatz zu den Befunden von SZAFARZ u. BRACHET (vgl. vorjähr. Bericht), wonach C^{14}-Orotsäure auch in die RNS kernloser Amöben eingebaut wird. In einer neuen Arbeit berichtet indessen auch BRACHET, daß die Anwesenheit von RNS(-Granula) im Cytoplasma vom Zellkern beherrscht wird.

Zu gegenteiligen Schlußfolgerungen gelangen STICH (1) und HÄMMERLING u. STICH (1, 2). Die Synthese der energiereichen Phosphate und der cytoplasmatischen RNS soll im Cytoplasma selbst erfolgen; kernlose Acetabularien sind der RNS-Synthese fähig. Die nucleoläre RNS ist von der cytoplasmatischen in ihrem molekularen Aufbau unterschieden und wird im Nucleolus gebildet — weder ihm zugeleitet, noch aus ihm in das Cytoplasma abgegeben. Kerntätigkeit, Kernvolumen und Nucleolusvolumen sollen vom Energiezustand (Gehalt an energiereichen Phosphaten bzw. Polyphosphaten) des Cytoplasmas gesteuert werden.

Andererseits hatte BRACHET schon früher gefunden, daß der Kern, obgleich er selbst keine Oxydation ausführt, die Rolle der oxydativen Vorgänge (Phosphorylierungen und Glykogenolyse im Cytoplasma) kontrolliert.

Es ist schwer, hier eine gemeinsame Linie zu finden. Die Differenzen können sicherlich nicht einfach mit der Verschiedenheit der Versuchsobjekte erklärt werden (zumal BRACHET z. T. gleichfalls mit *Acetabularia* gearbeitet hat). Bemerkenswert ist in diesem Zusammenhang eine neue Mitteilung von BRACHET, nach der in kernlosen Zellen offenbar zahlreiche Synthesen unterbleiben und daher ATP unverbraucht liegenbleibt. Die Anhäufung von ATP im Cytoplasma entkernter Zellen beweist also noch nicht, daß der Kern lediglich ATP-Verbraucher ist und insoweit vom Cytoplasma gesteuert wird. Es darf ja nicht vergessen werden, daß isolierte Kerne, obgleich sie nach STERN kein O_2 verbrauchen, doch in Gegenwart von O_2 ATP bilden (ALLFREY, MIRSKY u. OSAWA).

Die Wechselbeziehungen zwischen Kern, Nucleolus und Cytoplasma sind offenbar wesentlich vielgestaltiger als bisher angenommen. Sie erschöpfen sich keinesfalls in Stoffverschiebungen und Konzentrationsgefällen für Phosphate, Proteine und NS, wie sie bisher analytisch erfaßbar sind. Hierfür liefern die ausgedehnten Untersuchungen von YATES u. PARDEE (1, 2) über eine Pyrimidinsynthese in *Escherichia coli* wertvolle Beiträge. Die Koppelung von Carbamylphosphat und Asparaginsäure zu Ureidobernsteinsäure, einer Vorstufe für Cytidin-5′-Phosphat, ist irreversibel und müßte bei blockierter NS-Synthese zu einer nutzlosen, ja schädlichen Anhäufung dieses Stoffes führen. Cytidin-5′-Phosphat hemmt aber schon in geringfügiger Konzentration seine eigene Synthese und die seiner Vorstufen, nämlich der Ureidobernsteinsäure. Andererseits wird das Cytidinphosphat bei intensiver NS-Synthese so schnell verbraucht (seine Konzentration so gering gehalten), daß es die Ureidobernsteinsäuresynthese nicht blockieren kann. Es besteht also eine Synthesenkette, die sich nach Art einer Rückkoppelung selbst reguliert.

Einen weiteren Hinweis kann man der bereits zitierten Arbeit von STERN u. TIMONEN entnehmen: setzt man einer Kernfraktion (aus Rattenleber), die selbst kein O_2 verbraucht, eine Chondriosomensuspension zu, so wird deren Sauerstoffaufnahme und ATP-Synthese erhöht. Ein Kernkochsaft wirkt in gleicher Weise, und zwar ist sein Effekt um so größer, je geringer die Chondriosomenmenge ist. Diese Wechselbeziehung basiert also nicht auf der Stoffwechseltätigkeit des Kerns, sondern ist auf einen unspezifischen Faktor zurückzuführen. Es muß wohl noch viel experimentelles Material erarbeitet werden, bevor an eine widerspruchsfreie Darstellung der Koordination innerhalb der Zelle gedacht werden kann.

Einen sehr interessanten Beitrag liefern DANIELLI, LORCH, ORD u. WILSON. Es gelang ihnen, zwischen *Amoeba proteus* (P) und *A. discoides*

(D) reziproke Kerntransplantationen durchzuführen. Ein Klon mit P-Kern in D-Plasma wurde über 6 Jahre in 500 aufeinander folgenden Generationen gezüchtet. Zellteilungsrate, Kerndurchmesser und Kerngröße ist dabei vom D-Plasma, die Reaktion auf Antiseren hingegen vom P-Kern bestimmt. Wurden nun die P-Kerne aus der „Chimäre" zurück in (entkerntes) P- bzw. D-Plasma verpflanzt, so verhielten sich die Transplantate z. T. so, als ob sie einen D-Kern enthielten. Die P-Kerne waren also in der langen Generationsfolge durch das D-Plasma in Richtung auf den D-Kern verändert worden. Diese sehr bedeutungsvollen Befunde werden nur kurz mitgeteilt; die ausführliche Publikation wird mit Spannung erwartet.

8. Kälteresistenz.

Konnten im vorigen Bericht vor allem Untersuchungen über den Mechanismus der Eisbildung und des Auftauens angeführt werden, so liegen diesmal einige Arbeiten vor, die sich mit dem Stoffwechsel bzw. seinen Produkten in frostresistenten und nicht resistenten Pflanzen befassen. Erneut wird die schon früher diskutierte und begründete Ansicht bestätigt, daß weder der Kohlenhydratstoffwechsel noch der KH-Gehalt eine deutliche Korrelation zur Frostresistenz erkennen läßt (BULA, SMITH u. HODGSON). Wohl aber finden sich bei winterharten Pflanzen mehr Kohlenhydrate in der Eiweißfraktion als in nicht gehärteten. Unter ihnen sind Pentosen offenbar wichtig; dementsprechend erhöhen Ribosegaben die Resistenz (JEREMIAS). Der Verf. vermutet, daß es Glykoproteide sind, die bei der Resistenzsteigerung eine Rolle spielen; sie werden möglicherweise in Grana abgelagert, die mit Hämatoxylin und alkoholischem Toluidinblau färbbar sind und die nach TONZIG Mucoproteide enthalten. Nach ULLRICH u. HEBER schützen die Zucker die Proteine vor Denaturierung durch Kälte.

BULA, SMITH u. HODGSON sowie HODGSON u. BULA beobachten bei Luzerne, *Medicago falcata* und *Melilotus* (verschiedener Herkunft auf dem gleichen Felde bzw. gleiche Sorten in verschiedenen Breiten) eine Korrelation zum Stickstoffgehalt, vor allem in den wasserlöslichen Proteinen. Anscheinend geht den nicht-resistenten Rassen die Fähigkeit ab, Aminosäuren und Peptide während der Härtung in wasserlösliches Protein zu überführen. Allerdings darf hieraus nicht ohne weiteres auf die Wasserbindungsverhältnisse geschlossen werden, wie es naheliegen scheint; entscheidend ist ja wohl nicht allein das Wasserbindungsvermögen, sondern die „Immobilisierung" der Proteine, die auch auf anderen Wegen erreicht werden kann.

ZIRM, PONGRATZ u. POLESOFSKY weisen an *Rhododendron* und *Hedera helix* nach, daß zwar der Prozentsatz des Trockengewichts das ganze Jahr über ziemlich konstant bleibt, der Gehalt (der Blätter) an Lipoiden jedoch mit beginnender Härtung stark ansteigt, bis zum 3fachen des Sommerwertes. Dazu erhöht sich bei den ersten starken Frösten der Gehalt an ungesättigten Fettsäuren erheblich. Andererseits sinkt der Lipoidgehalt stark ab (bei gleichzeitiger schneller Erhöhung des Trockengew.-%), wenn enthärtete Pflanzen in —15% C übergeführt werden. Es erscheint nicht ausgeschlossen, daß die Lipoide bei der Immobilisierung der Proteine eine hervorragende Rolle spielen.

Anders ist es um diejenigen kälteempfindlichen Pflanzen bestellt, die bereits bei Temperaturen oberhalb 0° erfrieren. Hier scheinen Stoffwechselblockierungen stattzufinden, die auch in die Plasmaviscosität bzw. Plasmaströmung eingreifen. Lewis vermutet auf Grund seiner Untersuchungen über die Plasmaströmung nach Temperaturschocks (*Lycopersicum*, *Nicotiana*, *Citrullus*, *Ipomoea*), daß der Unterschied zwischen kälteempfindlichen und -unempfindlichen Pflanzen vom ATP-Vorrat bestimmt wird. Freilich ist der Schluß von der Plasmaströmung auf den ATP liefernden Stoffwechsel ziemlich gewagt; hier wären Messungen des Stoffwechsels und der Enzymaktivität dringend zu wünschen.

Literatur.

ABEL, B.: Naturwiss. 43, 136—137 (1956). — ALLFREY, V. G., A. E. MIRSKY and S. OSAWA: Nature (London) 176, 1042—1049 (1955).

BACHMANN, E.: Phytopath. Z. 27, 255—288 (1956). — BAUTZ, E.: Naturwiss. 42, 619—622 (1955). — BAUTZ, E.: Z. Naturforsch. 11b, 26—31 (1956). — BEN-ISHAI, R., and B. E. VOLCANI: Biochim. et Biophysica Acta 21, 265—270 (1956). — BRACHET, J.: Publ. Staz. zool. Napoli 27, 146—159 (1955). — BRACHET, J.: Nature (London) 175, 851—853 (1955). — BRACHET, J.: Biochim. et Biophysica Acta 18, 247—268 (1955). — BRACHET, J.: Exper. Cell Res. 10, 255—256 (1956). — BRACHET, J.: Biochim. et Biophysica Acta 19, 583 (1956). — BRIDOUX, M., et HANOTIER: Biochim. et Biophysica Acta 22, 103—110 (1956). — BRITTEN, R. J., R. B. ROBERTS and E. F. FRENCH: Proc. Nat. Acad. Sci. USA 41, 863—870 (1955). BULA, R. J., D. SMITH and H. J. HODGSON: Agronomy J. 48, 153—156 (1956).

CARLIER, A., and K. BUFFEL: Acta bot. neerl. 4, 551—564 (1955). — CASPARI, E.: Genetics 41, 107—117 (1956). — CASTEL, G.: C. r. Acad. Sci. (Paris) 242, 2056—2057 (1956). — CLEMENT, A. C., u. F. E. LEHMANN: Naturwiss. 43, 478 bis 479 (1956). — COWIE, D. B., and B. P. WALTON: Biochim. et Biophysica Acta 21, 211—216 (1956).

DANIELLI, J. F.: Nature (London) 178, 214—215 (1956). — DANIELLI, J. F., I. J. LORCH, M. J. ORD and E. G. WILSON: Nature (London) 176, 1114—1115 (1955). — DE, D. N.: Exper. Cell Res. 12, 181—184 (1957). — DRAWERT, H.: Naturwiss. 42, 419 (1955). — DRAWERT, H., u. B. ENDLICH: Protoplasma (Wien) 46, 170—183 (1956). — DRAWERT, H., u. M. KÄRBER: Naturwiss. 43, 161 (1956). — — DRAWERT, H., u. I. METZNER: Ber. dtsch. bot. Ges. 68, 385—394 (1955).

FARRANT, J. L., C. POTTER, R. N. ROBERTSON and M. J. WILKINS: Austral. J. Bot. 4, 117—124 (1956). — FASSE-FRANZISKET, U.: Protoplasma (Wien) 45, 194—227 (1955). — FLASCH, A.: Protoplasma (Wien) 45, 593—614 (1956). — FOLLMANN, G.: Planta (Berlin) 48, 393—417 (1957). — FOULKES, E. C.: J. Gen. Physiol. 39, 687—704 (1956). — FREY-WYSSLING, A., F. RUCH u. X. BERGER: Protoplasma (Wien) 45, 97—114 (1955).

GUTZ, H.: Planta (Berlin) 46, 481—511 (1956).

HAAS, J.: Physiologie der Zelle. Berlin: Gebr. Borntraeger 1955. — HÄMMER-LING, J., u. H. STICH: Z. Naturforsch. 11b, 158—161 (1956); 11b, 162—165 (1956).— HODGE, A. J., J. D. McLEAN and F. V. MERCER: J. of Biophys. a. Biochem. Cytol. 1, 605—614 (1955). — HODGSON, H. J., and R. J. BULA: Agronomy J. 48, 157 bis 160 (1956). — HÖFLER, K., u. H. SCHINDLER: Protoplasma (Wien) 45, 173—193 (1955). — HOFFMANN-BERLING, H.: Biochim. et Biophysica Acta 19, 453—463 (1956). — HONDA, S. I., and R. N. ROBERTSON: Austral. J. Biol. Sci. 9, 305—320 (1956). — HUBER, E.: Protoplasma (Wien) 45, 491—506 (1956).

JEREMIAS, K.: Planta (Berlin) 47, 81—103 (1956). — JOHNSON, M. P., and J. BONNER: Physiol. Plantarum (Copenh.) 9, 102—118 (1956).

Kamiya, N., and M. Tazawa: Protoplasma (Wien) **46**, 394—422 (1956). — Kaufmann, B. P., and D. N. De: J. Biophys. a. Biochem. Cytol. 2. Suppl. 419 (1956). — Kiermayer, O.: Sitzgsber. österr. Akad. Wiss. Wien, Math.-naturwiss. Kl. Abt. I, **164**, 275—302 (1955). — Klotz, I. M.: Cold Spring Harbor Symp. Quant. Biol. **14**, 97—112 (1950). — Kmetec, E., and E. H. Newcomb: Amer. J. Bot. **43**, 333 bis 341 (1956). — Kuff, E. L., G. H. Hogeboom and A. J. Dalton: J. Biophys. a. Biochem. Cytol. **2**, 33—54 (1956).

Laird, A. K., A. D. Barton and O. Nygaard: Exper. Cell Res. **9**, 523—540 (1955). — Lehmann, F. E., E. Manni u. W. Geiger: Naturwiss. **43**, 91 (1956). — Lehmann, F. E., E. Manni u. A. Bairati: Rev. suisse Zool. **63**, 246—255 (1956), Lewis, D. A.: Science (Lancaster, Pa.) **124**, 75—76 (1956). — Littlefield, J. W., E. B. Keller, J. Gross and P. C. Zamecnik: J. of Biol. Chem. **217**, 111—123 (1955).

Manni, E.: Boll. Soc. ital. sper. **32**, 113—115 (1956). — Menke, W., u. G. Menke: Protoplasma (Wien) **46**, 535—546 (1956). — Michaelis, P.: Cytologia (Tokyo) **20**, 315—338 (1955). — Müller, R.: Naturwiss. **43**, 86—87 (1956). — Munier, R., and G. N. Cohen: Biochim. et Biophysica Acta **21**, 592—593 (1956). Naef-Roth, St., u. P. Reusser: Phytopath. Z. **22**, 281—287 (1955).

Ordin, L., Th. H. Applewhite and J. Bonner: Plant Physiol. **31**, 44—53 (1956). — Ordin, L., and J. Bonner: Plant Physiol. **31**, 55—57 (1956).

Perner, E. S.: Z. Naturforsch. **11** b, 560—566 (1956); **11** b, 567—573 (1956). — Pramer, D.: Arch. of Biochem. a. Biophysics **62**, 265—273 (1956). — Prell, H.: Planta (Berlin) **46**, 361—380 (1955); **46**, 272—285 (1955). — Prescott, D. M.: Exper. Cell Res. **12**, 196—198 (1957). — Pressman, B. C., and H. A. Lardy: Biochim. et Biophysica Acta **18**, 482—487 (1955).

Reusser, P., u. St. Naef-Roth: Phytopath. Z. **26**, 273—296 (1956). — Reverberi, G.: Experientia (Basel) **12**, 55—56 (1956). — Robertis, E. de, and H. Franco Raffo: Exper. Cell Res. **12**, 66—79 (1957).

Saltmann, P.: Biol. Chem. **200**, 145—154 (1953). — Shaver, J. R.: Exper. Cell Res. **11**, 548—559 (1956). — Showacre, J. L., and H. G. Du Buy: J. Nat. Cancer Inst. (Bethesda) **16**, 173—194 (1955). — Sibaoka, T., and K. Oda: Science Rep. Tôhoku Univ. (Biology) **22**, No. 3, 157—166 (1956) Sendai/Japan. — Siekevitz, Ph., and M. L. Watson: J. Biophys. a. Biochem. Cytol. **2**, 653—669 (1956). — Sisakjan, N. M., u. I. I. Filippovič: Dokl. Akad. Nauk SSSR. N. S. **102**, 579—582 (1955). — Smillie, R. M.: Austral. J. Biol. Sci. **9**, 339—346 (1956); **9**, 347—353 (1956). — Stern, H., and S. Timonen: Exper. Cell Res. **9**, 101—107 (1955). — Stich, H.: Chromosoma (Heidelberg) **7**, 693—707 (1956). — Stich, H.: Experientia (Basel) **12**, 7—14 (1956). — Stubbe, W., u. D. v. Wettstein: Protoplasma (Wien) **45**, 241—250 (1955).

Taylor, J. H., R. D. McMaster and M. F. Caluya: Exper. Cell Res. **9**, 460 bis 473 (1955). — Tedeschi, H., and D. L. Harris: Arch. of Biochem. a. Biophysics **58**, 52—67 (1955). — Ts'O, P. O. P., J. Bonner, L. Eggman and J. Vinograd: J. Gen. Physiol. **39**, 325—347 (1956). — Ts'O, P. O. P., L. Eggman and J. Vinograd J. Gen. Physiol. **39**, 801—812 (1956).

Ullrich, H., u. U. Heber: Planta (Berlin) **48**, 724—728 (1957).

Watson, M. L., and Ph. Siekevitz: J. Biophys. a. Biochem. Cytol. **2**, 639 bis 652 (1956). — Webster, G. C., and M. P. Johnson: J. of Biol. Chem. **217**, 641 bis 649 (1955).

Yates, R. A., and A. B. Pardee: J. of Biol. Chem. **221**, 743—756 (1956); **221**, 757—770 (1956). — Yotsuyanagi, Y.: Nature (London) **176**, 1208—1209 (1955).

Zamecnik, P. C., E. B. Keller, J. W. Littlefield, M. B. Hoagland and R. B. Loftfield: J. Cellul. a. Comp. Physiol. **47**, Suppl. 1, 81—101 (1956). — Zirm, K. L., A. Pongratz u. W. Polesofsky: Z. Naturforsch. **11** b, 110—113 (1956).

12. Wasserumsatz und Stoffbewegungen.

Von Bruno Huber, München und Leopold Bauer, Tübingen.

Mit 2 Abbildungen.

A. Allgemeines.

Im Berichtsjahr sind die Bände 2 (Allgemeine Physiologie der Pflanzenzelle) und 3 (Pflanze und Wasser) des Handbuchs der Pflanzenphysiologie erschienen. Wir benützen diese Ereignisse, um zu zwei Grundfragen Stellung zu nehmen, deren Behandlung wir bis zum Erscheinen der entsprechenden Darstellungen im Handbuch zurückgestellt hatten.

1. Aktive Stoffbewegungen.

Seit dem Kriege haben die verschiedensten Berichte in den „Fortschritten" immer wieder Anlaß, auf den Begriff „aktiver" Lebensvorgänge, insbesondere aktiver Aufnahme-, Transport- und Sekretionsvorgänge hinzuweisen (vgl. dazu auch den Symposiumsbericht der Gesellschaft für experimentelle Biologie "Active Transport and Secretion", Cambridge 1954, Harris, Transport and accumulation in biological systems, London 1956, sowie kleinere Sammelberichte von Broyer u. Lundegårdh). Als aktiv bezeichnet man dabei Vorgänge, welche nicht im erwarteten Sinn physikalisch-chemischer (z. B. osmotischer) Gleichgewichte verlaufen, sondern unter nachweislicher Beteiligung (zusätzlicher) Atmungsenergie in gleichgewichtsmäßig unwahrscheinliche Richtungen gesteuert werden.

Eine solche aktive Komponente galt zunächst als nachgewiesen, wenn Sauerstoffentzug, z. T. auch einfach niedere Temperaturen den Vorgang wesentlich beeinträchtigen. Neuerdings werden dazu aber in wachsendem Umfang und mit sichtlichem Erfolg Atmungs- und allgemeiner Enzymgifte herangezogen. Nach den Aufnahmevorgängen — zur Ausschaltung der Transpirationssaugung meist abgeschnittener — Wurzelsysteme und der Blutung sind die zellphysiologischen Vorgänge bei der Plasmolyse[1], neuestens auch die Stoffwanderung im Phloem (s. u.) Gegenstand solcher Vergiftungsversuche geworden. Bünning u. Mitarb. haben mit ähnlichen Mitteln, und zwar Mitosegiften (Colchicin, Phenylurethan und Urethan) sogar die endogene Rhythmik zeitlich beeinflussen (die Periodenlänge von 24 auf bis zu 36 Std. verlängern) können und schließen daraus auf eine maßgebliche Beteiligung des Zellkerns an diesem Geschehen.

Nachdem die Existenz solcher Vorgänge von keiner Seite bestritten wird, dürfen hier auch Stimmen registriert werden, welche vor Übertreibungen auf diesem Gebiete warnen: Jedermann weiß, daß das Leben als unwahrscheinlicher Zustand nur durch dauernden Energieaufwand aufrecht erhalten werden kann; es wird aber manchem doch etwas unheimlich beim Gedanken, daß schon die einzelne Zelle dauernd Energie einsetzen soll, um osmotisch unwahrscheinliche Zustände zu erhalten. Es berührt sympathisch, daß in dem von Bogen redigierten 2. Band des Handbuchs der Pflanzenphysiologie solche Bedenken, die in der amerikanischen Diskussion vor allem von Levitt (1) hartnäckig vorgetragen werden,

---

[1] Die modische Hypothese von Williams, daß es sich auch in den Stomata um atmungsabhängige aktive Wasserverschiebungen handle, hielt der experimentellen Nachprüfung durch Heath u. Orchard insofern nicht stand, als Sauerstoffentzug eine deutliche Schließtendenz auslöste; eine aktive Wasseraufnahme beim Öffnen bleibt weiterhin möglich.

freimütig referiert werden [KRAMER (2) 326 ff]. Wenn freilich HÖFLER ohne Zahlenbelege behauptet, die Atmung von Diatomeen sei für die von BOGEN angenommenen nichtosmotischen Stoffverschiebungen um 2—3 Zehnerpotenzen zu klein, so wird man mit KRAMER bei der energetischen Beurteilung von Vorgängen, deren Mechanik noch weitgehend im Dunkeln liegt, zur Vorsicht mahnen und weitere experimentelle Unterlagen fordern, wobei quantitativen Atmungsbestimmungen zweifellos besondere Bedeutung zukommt.

Auch wenn ein Vorgang nur bei aerober Atmung abläuft und nach Vergiftung der Atmung sistiert wird, ist noch nicht entschieden, ob die Atmung in den betreffenden Vorgang unmittelbar eingreift oder etwa nur zur Erhaltung des Systems notwendig ist. In dieser Hinsicht übt WILLENBRINK bei der Interpretation seiner Befunde über Atmungsabhängigkeit des Phloemtransportes bemerkenswerte Zurückhaltung (Näheres s. S. 217 f).

2. Gebundenes Wasser, Welkepunkt.

Die Kräfte, mit denen hydrophile Körper Wasser festhalten, nehmen mit der Entfernung gesetzmäßig ab. Es liegt dabei in der Natur der Sache, daß in größeren Abständen, also in lockererer Bindung immer größere Wassermengen unterzubringen sind oder, umgekehrt gesehen, daß dem Quellkörper mit steigenden Kräften immer kleinere zusätzliche Wassermengen zu entreißen sind. Dieser Tatbestand kommt in allen Diagrammen zum Ausdruck, welche die Beziehungen zwischen Wassergehalt und Dampfdruck eines Körpers wiedergeben (es genügt auf die Abb. 1 und 7 des Beitrages VEIHMEYER im Handbuch der Pflanzenphysiologie Bd. 3, S. 69 und 82 zu verweisen). Da sich alle diese Kurven stetig und nicht mit einem Knick krümmen, kann es nur Verwirrung stiften, wenn man Wasser willkürlich von einem bestimmten Punkt an als „gebunden" bezeichnen und bei Böden einen bestimmten „Welkepunkt" festlegen will[1]. Solche Fixpunkte hatten nur als erste Annäherung eine gewisse Berechtigung, in der heutigen Forschung aber erweisen sie sich als Hemmnis, das über Bord geworfen werden sollte. Statt von gebundenem Wasser schlechthin sollte man nur noch von jenen Wassermengen sprechen, die mit 14 Atm. (99% rel. Feuchtigkeit), 28 Atm. (98%), 100 Atm. (93%) usw. gebunden sind.

B. Wasser- und Stoffaufnahme.

1. Zellphysiologische Grundlagen.

KAMIYA u. TAZAWA ist es mit Hilfe der in Abb. 13 schematisch abgebildeten Anordnung gelungen, die Internodialzellen von Nitella so in ein osmotisches System einzuspannen, daß die Wasserverschiebung ohne Plasmolyse gemessen werden konnte (wenn bei B eine höhere hypotonische Konzentration ansetzt als bei A). Die Wasserpermeabilität liegt etwa zehnmal höher als nach Plasmolyse; ähnlich wie bei Plasmolyseversuchen ist sie für den Wassereintritt etwa doppelt so groß als für den Austritt. Wenn Verff. (KAMIYA u. KURODA) die Internodialzellen durch Fadenschlingen abschnüren, gelingt es nach osmotischer Inhalts-

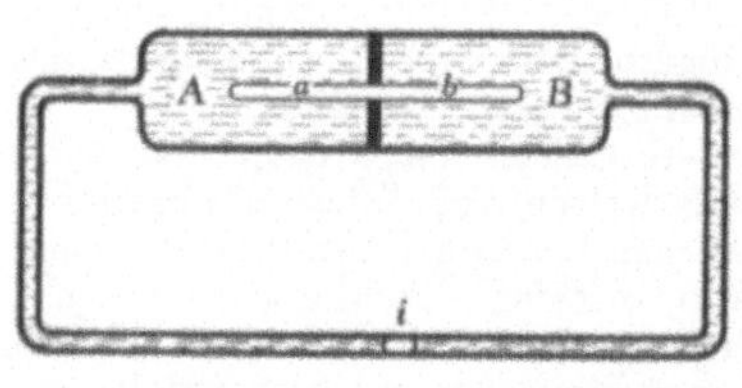

Abb. 13. Schematische Darstellung des Zweikammer-Volumeters zur Messung der Wasserverschiebung in Nitella-Zellen (a—b) nach KAMIYA u. TAZAWA. Die Wasserverschiebung äußert sich in einer Verschiebung der in die Capillare eingeschlossenen Luftblase i.

---

[1] Wenn kürzlich eine Arbeit über das Verhalten von Kiefernsämlingen jenseits des dauernden Welkepunktes von Sonnenblume erschienen ist (STONE), beweist das zur Genüge, daß ein solcher Punkt keine allgemeine Konstante darstellt [vgl. dazu auch LEVITT (2)].

verlagerung Zellhälften sehr verschiedenen osmotischen Wertes (von $^1/_4$—3 des normalen) zu erzielen; solche Zellen stellen aber innerhalb einiger Tage ihren normalen osmotischen Wert wieder her. — KETELLAP-PER bestimmt wie schon WARTIOVAARA (1944) die Wasserpermeabilität von Coleoptil-Stückchen mit schwerem Wasser und bestätigt die bekannte Größenordnung. — Auf LEVITTS Buch "Hardiness of Plants" (3) und entsprechende Abschnitte im Handbuch der Pflanzenphysiologie [LEVITT (4), STOCKER (1)] kann nur hingewiesen werden.

2. Wurzeltätigkeit.

Ob die dem Wurzeldruck zugrunde liegenden Prozesse an der Gesamtwasseraufnahme wesentlich beteiligt sind oder nicht, wird wohl je nach Objekt und Versuchsanstellung eine etwas unterschiedliche Beantwortung erfahren. BROUWER (1) jedenfalls kommt für *Phaseolus multiflorus* auf Grund sinnreicher Mikropotometerversuche zu dem Schluß, daß die Wasseraufnahme hauptsächlich durch die mechanische Saugspannung in den Gefäßen und nur in untergeordnetem Ausmaß durch aktive Leistungen seitens der Wurzel reguliert wird (vgl. Fortschr. Bot. **18**, 228 u. 230f).

Bezüglich der Abhängigkeit der Ionenaufnahme von der Transpirationssaugung ist die Diskussion ebenfalls noch nicht abgeschlossen (vgl. Fortschr. Bot. **17**, 496). So ist noch strittig, welcher Prozentsatz der gesamten Ionen passiv durch die Wurzelrinde in die Gefäße gesaugt und welcher Anteil aktiv mit Hilfe des Wurzelstoffwechsels transportiert wird. BROUWER (2) bekräftigt in einer neuen Arbeit an *Vicia faba* seinen Standpunkt, daß die weitaus überwiegende Menge der Ionen durch stoffwechselabhängige Prozesse in die Gefäße gelangt, während nur ein sehr geringer Teil passiv verschleppt wird.

MOTHES hat auf der Jahrestagung der Berliner Akademie einen souveränen und an neuen Tatsachen und Gedanken reichen Überblick über „Die Wurzel — eine chemische Werkstätte besonderer Art" gegeben, der zum Studium im Original empfohlen sei. Die Wurzel ist nicht nur das auf die Zufuhr von Zuckern und Vitaminen angewiesene heterotrophe Organ, sondern ihrerseits offenbar nicht nur der Mittler der Bodenlösung, sondern ein Zentrum spezifischer synthetischer Leistungen. Nachdem sich das zunächst überraschend für Alkaloide wie Nicotin erwiesen hatte, hat es sich inzwischen auch für Kautschuk, Cumarin u. a. bestätigt[1]. Auf einen regen Stoffaustausch zwischen ober- und unterirdischen Organen deutet, daß isolierte Wurzeln sauerstoffbedürftiger[2], isolierte Blätter und Sprosse kurzlebiger sind, als

---

[1] BOLLARD hat den Gefäßsaft von über 100 verschiedenen Holzarten auch außerhalb der Blutungsperiode durch Absaugen gewonnen und auf seine Stickstoffverbindungen analysiert. Entgegen der Lehrmeinung erwiesen sich dabei in allen Fällen über 99% des Gesamtstickstoffs als bereits organisch gebunden (meist vorwiegend Aminosäuren, bei bestimmten Pflanzen aber vorwiegend Citrullin, bzw. Allantoin und Allantoinsäure). Auch Phosphor fand sich z. T. (als Phosphoryl-Cholin) bereits in organischer Bindung. Diese ausgedehnten Befunde bestätigen die hohe und selbständige synthetische Leistungsfähigkeit des Wurzelsystems.

[2] Nach LEYTON sterben Weidenwurzeln in sauerstofffreier Nährlösung zum Unterschied von Nadelholzwurzeln nicht ab, und zwar offenbar, weil sie vom Sproß her ausreichend mit Sauerstoff versorgt werden: Der Lösung beigegebenes reduziertes Indigcarmin wird nämlich im Umkreis der Wurzeln rasch oxydiert.

bewurzelte. Die Unverträglichkeit und anderseits Verträglichkeit von Pfropfpartnern (manchmal trotz weiten systematischen Abstands: *Zinnia* auf Tabak) dürfte mit solchen komplizierten Stoffwechselbeziehungen zusammenhängen.

Nach ZIEGLER (2) ist der Frühjahrsblutungssaft ähnlich wie der Siebröhrensaft ein Transportsaft, aber noch keine völlig ausgeglichene Nährlösung. Immerhin gedeihen isolierte Mais- und Robinienwurzeln in den Blutungssäften von Ahorn, Erle, Birke, Hainbuche und Nußbaum. Wird der Ionengehalt „harmonisiert", so übersteigt das Wachstum sogar das in gleichkonzentrierten Zucker-Salz-Lösungen, was auf einen zusätzlichen Gehalt an Vitaminen zurückgeführt wird.

C. Wasser- und Stoffabgabe.

1. Methodisches.

Die Wasserdampfmessung blieb weiterhin ein Schwerpunkt methodischer Entwicklung: Die Meteorologie bedient sich schon seit etwa 20 Jahren (DUNMORE 1938 und 1940) der hohen Hygroskopizität von Lithiumchlorid zur Feuchtigkeitsanzeige bei Radiosondenaufstiegen. Dabei wird die Änderung der elektrischen Leitfähigkeit von LiCl-getränkter Gelatine angezeigt und gesendet. Über die weitere Entwicklung der Verfahren vgl. u. a. STEIGER u. LIENEWEG. Unabhängig voneinander haben nun GRIEVE in WENTs Laboratorium und PISEKs Schüler JUNG-MAYR dieses Verfahren als Feldmethode in den Dienst der ökologischen Transpirationsforschung gestellt: Stülpt man eine Plexiglaskammer mit Lithium-Gelatine-Fühler[1] über ein Blatt, so zeigt der Feuchtigkeitsanstieg (die Leitfähigkeitszunahme) schon innerhalb 30 sec die Transpirationsintensität an. Der Versuch kann mehrmals am Tage wiederholt und so der Tagesgang der Transpiration am selben Blatt bzw. Sproß verfolgt werden; dabei wird nicht nur der Nachteil des Abschneidens, sondern auch der eines dauernden Cuvetteneinschlusses vermieden. Mit Thermo-Element-Psychrometern arbeiten die von Hartmann & Braun serienmäßig hergestellten „Feuchtigkeitsmeßgeräte nach DIEM". (Näheres bei DIEM 1953 und im Firmenprospekt.)

2. Physik der Transpiration.

Die Meteorologen nähern sich immer mehr dem Ideal einer quantitativen Erfassung des gesamten Energieumsatzes, wobei sich das Verdunstungsglied zwangsläufig ergibt (vgl. Fortschr. Bot. **12**, 201). Für die Botanik besonders erfreulich ist, daß im Berichtsjahr RASCHKE solche Umsätze erstmals für ein einzelnes Blatt (*Alocasia*), BAUMGARTNER für eine Fichtenverjüngung gemessen hat. Wir müssen uns damit begnügen, hier das durchsichtigere Ergebnis der Blattmessungen wiederzugeben (Abb. **14**, S. 213): Von der ganz vorwiegend durch die Blattoberseite absorbierten Energie geht tagsüber mehr als die Hälfte durch die Transpiration der spaltöffnungsführenden Unterseite, sehr viel weniger durch die cuticuläre Transpiration der Oberseite verloren; den Rest verliert das tagsüber übertemperierte Blatt teils durch Konvektion (schräg schraffiert), teils durch Strahlung (weiß). Eine genaue „Transpirationstopographie" [RASCHKE (1)] ermöglicht sogar Aussagen über die Beteiligung der einzelnen Flächenelemente am Gesamtumsatz.

---

[1] Diese sind als Serienfabrikate der American Instrument Company Silver Spring/MD für verschiedene Feuchtigkeitsbereiche im Handel (Stückpreis etwa $ 8,—).

3. Physiologische Transpirationsregelung.

a) Durch Membranquellung. Blätter mit abziehbaren Epidermen (Fortschr. Bot. **15**, 265) ermöglichen eine experimentelle Prüfung der alten Streitfrage nach dem Anteil der Transpirationsregelung durch den Widerstand der Mesophyllmembranen ("incipient drying") ohne Störung durch Spaltbewegungen. KLEMM beweist eindeutig eine solche Quellungskomponente: Beispielsweise steigt die Transpiration bei Überführung enthäuteter Blätter aus 75% in 10% rel. Feuchtigkeit nur auf knapp das Doppelte, während die Verdunstung von Filtrierpapier und

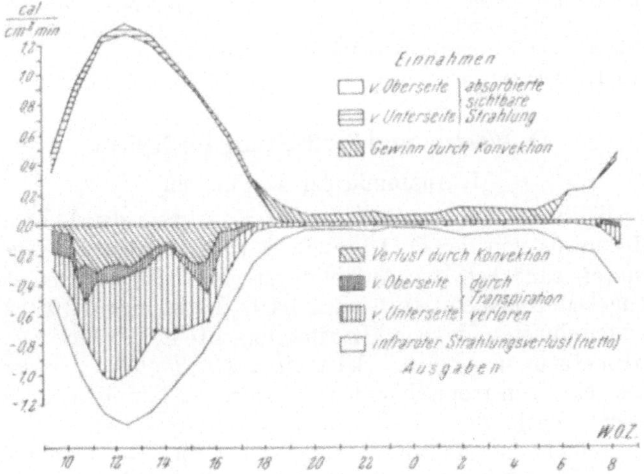

Abb. 14. Tagesgang der Energieumsätze eines waagerechten Alocasia-Blattes an einem Sommertag (7./8. Mai 1954): Auf der Ordinate sind die Energieumsätze in cal/cm²/min aufgetragen, und zwar nach oben die Einnahmen: Strahlenabsorption der Oberseite (weiß), der Unterseite (waagerecht), Zufuhr durch Konvektion (schräg schraffiert); nach unten die Ausgaben: Verlust durch Ausstrahlung (weiß), Konvektion (schräg schraffiert), durch Transpiration der spaltöffnungsführenden Unterseite (senkrecht locker) und der spaltöffnungsfreien Oberseite (senkrecht dicht schraffiert). Weitere Erklärung im Text. Nach RASCHKE (2).

aus starren multiperforaten Septen (Spinndüsen aus Tantal) auf das 5—6fache steigt. Bei mittleren Feuchtigkeiten liegt die Transpiration aus feuchter Luft kommender Blätter über der aus trockner Luft kommender. Verf. stellt sich vor, daß dieser Entquellungseffekt nicht nur auf einem Zurückweichen der Menisken, sondern auch auf einer Kontraktion der Mikrofibrillen (unter Umständen bis zum Verschluß von Mikrocapillaren) beruht. Größenordnungsmäßig bleibt freilich die Transpirationsregelung durch die Spalten (etwa im Verhältnis 1:10) der durch Quellung (etwa 1:2) überlegen, wobei das Gesetz des Minimums gilt (Quellungseinfluß am deutlichsten bei weitgeöffneten Spalten).

Der Quellungszustand der Gerüstsubstanzen der Membran ist auch stark abhängig von den in den Membranen mitströmenden Ionen. Dies kommt in Versuchen zum Ausdruck, in denen abgeschnittene Blätter bei unterbundener Transpiration zur Aufsättigung a) in Wasser, b) in Elektrolytlösungen gestellt werden. Die Sättigungswassergehalte in b) liegen je nach der Hydratationskraft der Ionen z. T. über denen von a) (FRITZ).

Auch die Durchlässigkeit der Cuticula der Epidermiszellen ist durch p_H-Änderungen oder Ionen verschiedener Kolloidaktivität direkt, ohne Umweg über das Cytoplasma, beeinflußbar; und zwar führt verstärkte Hydratation zu einer Abnahme der Durchlässigkeit. Dies spricht für Hydratationsänderungen in engen Poren (HÄRTEL). Ob dabei die verschiedentlich elektronenoptisch nachgewiesenen porenartigen Strukturen in der Cuticula von Bedeutung sind, oder ob man auch an einen Zusammenhang mit den Plasmodesmen in den Epidermisaußenwänden (Fortschr. Bot. **17**, 486) denken soll, ist noch ungewiß. SCHUMACHER und LAMBERTZ zeigen, daß sich die Zahl der Plasmodesmen („Ektodesmen") durch von außen aufgebrachte Lösungen (Aminosäuren, Zucker, Coffein) verändern läßt. Besonders in den Versuchen mit Histidin (0,01%-Abnahme; 0,00001%-Zunahme) dürfte in erster Linie eine Reizwirkung im Spiele sein.

b) Spaltöffnungen; Lenticellen. Bei der den Sapindales zuzuordnenden madagassischen Pflanzenfamilie der Didieraceae findet RAUH einen vom sonst bekannten Bau der Lenticellen abweichenden Typ von Korkporen, indem am Grunde des engen Porenkanals ein Schließzellpaar erhalten bleibt. Sie vermitteln den Gaswechsel der von Blattdornen bewehrten Assimilationssprosse.

Auf den Luftwurzeln von Arceen finden sich axial gestreckte Lenticellen (DUTT).

D. Wasser- und Stoffleitung im Xylem.

1. Anatomie der Leitbahnen.

In vorbildlichen Untersuchungen hat FOSTER in den letzten Jahren unsere Kenntnis von der Ontogenie der Blattnervatur gefördert: Nachdem er zunächst die Aufhellungstechnik im fertigen Blatt zu einzigartiger Meisterschaft entwickelt hatte, nahm er seit 1950 an Quer- und Flächenschnitten die so gut wie unerforschte Entwicklungsgeschichte der Blattnervatur in Angriff. Bei *Quiina pteridophylla* aus der zu den Parietales gehörigen tropisch-südamerikanischen Familie der *Quiinaceae* differenzieren sich die „Procambiumstränge" in der mittleren (dritten) Schicht streng alternierend mit dem die Intercostalfelder liefernden „Grundmeristem". Beide werden nach und nach mehrschichtig, wobei sich die Procambiumstränge in Xylem, Phloem und Scheide differenzieren; das Überwiegen der schließlich 80% der Fläche einnehmenden Intercostalfelder wird aber erst im letzten Entwicklungsabschnitt erreicht. Ganz anders entsteht die feinere Nervatur bei *Liriodendron*: Hier fehlt die frühe Determinierung; die Nervatur ergänzt sich vielmehr nach dem Grade der Weitung der Intercostalfelder. Man wird den angekündigten weiteren vergleichenden Untersuchungen mit Interesse entgegensehen, weil sie zeigen werden, wie häufig die beiden Typen sind und wie sich ihr Vorkommen über das System verteilt.

RESCH hat seine Untersuchungen zur Anatomie, insbesondere Cytologie des Phloems (Fortschr. Bot. **17**, 499) zu einer Habilitationsschrift erweitert: Mit Hilfe der von GEITLER und seiner Schule entwickelten Kriterien kann er zeigen, daß die Siebröhren und Geleitzellen endopolyploid, wahrscheinlich tetraploid sind, die Siebröhren natürlich nur bis zum Verlust des Kerns, die Geleitzellen bemerkenswerterweise nur dann, wenn sie ungeteilt bleiben oder sich höchstens einmal unterteilen („Zweierzellen"); der verbreitete vierzellige Geleitzell-Strang ist dagegen stets diploid. Das deutet darauf hin, daß der Geleitzell-Strang ursprünglicher ist als die höher spezialisierte Einzelgeleitzelle, eine Auffassung, welche bereits der Vergleich mit dem Parenchymstrang nahelegte, aber bisher nicht bewiesen werden konnte.

Im Polarisationsmikroskop leuchten die Siebröhren schon in frühen Entwicklungsstadien durch Paralleltextur ihrer Längswände (Siebfelder) auf, während die auf dem Stadium der Streutextur beharrenden Geleitzellen dunkel bleiben. — Aus dem anatomischen Teil der Arbeit RESCHs sei hervorgehoben, daß sich bei *Vicia faba* und *Cucurbita* neben den primären Bündeln eine ganze Hierarchie vollständiger (d. h. Holz- und Siebteile umfassender) und unvollständiger (auf Siebteile beschränkter) sekundärer Bündel und außerdem zahlreiche interfasciculäre und extrafasciculäre Einzelsiebröhren finden. Letztere dürften z. T. der Stoffverschiebung zwischen den Bündeln, z. T. aber auch ganz örtlichen Aufgaben wie der Zufuhr der Baustoffe für die Kollenchymbildung dienen. Die Physiologen sollten bei der Interpretation gelegentlicher Befunde über „unabhängige Wanderung" verschiedener Stoffe im Phloem (s. u. S. 219) an diesen anatomischen Tatsachen nicht vorübergehen.

Durch Beiträge von verschiedenen Seiten erstaunlich gefördert wurde die Kenntnis der Kallose; wir haben die Behandlung des Fragenkomplexes für den nächsten Bericht vorgemerkt und verweisen vorläufig auf die Sammeldarstellung von ESCHRICH.

2. Wasserleitung.

Die alte Streitfrage nach den Anteilen äußerer und innerer Wasserleitung bei Moosen hatte BUCH 1945—47 dahin entschieden, daß es neben Moosen mit ausschließlich oder doch vorwiegend äußerer Leitung (ektohydre Moose) Spezialisten wie *Mnium punctatum* gibt, bei welchen die äußere Leitung infolge lockerer Beblätterung gegenüber der inneren eines verhältnismäßig hochdifferenzierten Zentralstrangs zurücktritt (endohydre Moose); bei diesen findet sich zugleich eine deutliche Transpirationseinschränkung durch sehr dichte Kutikeln [über deren elektronenmikroskopischen Bau vgl. BAUER (1), ihre Permeabilität BIEBL; im übrigen sei auf die Sammeldarstellungen von STOCKER (2) und HUBER (2) im Handbuch der Pflanzenphysiologie verwiesen]. Neue Untersuchungen mit Fluorochromen verfeinern dieses Bild: ZACHERL findet im Zentralstrang von *Mnium undulatum* und *Polytrichum commune* Aufstiegsgeschwindigkeiten von 120 bis 140 cm/h, also die Größenordnung unserer zerstreutporigen Gehölze. BOPP und STEHLE verfolgen den Übertritt aus dem Gameto- in den Sporophyten, in dessen Zentralstrang die Strömung langsamer weitergeht (etwa 60 cm/h). Die Transpirationssaugung geht hier eindeutig von den Spaltöffnungen der Apophyse aus, während sich die Calyptra als Transpirationsschutz erweist. Die Rhizoide leiten nur capillar mit entsprechender Geschwindigkeit.

Die Protonemafäden der Laubmoose sind eigentlich nicht für einen ausgiebigen Stofftransport bestimmt. Bei genügend hoher Luftfeuchtigkeit (im Kulturgefäß mit Agarnährboden) kann aber bisweilen durch einen einzigen Faden über eine Strecke von mehr als 10 mm der gesamte Wasser- und Nährstoffbedarf geleitet werden, der für die Entwicklung einer beblätterten Moospflanze oder eines am Protonema vegetativ entstehenden Sporophyten benötigt wird. Dies ist der Fall, wenn die Pflanzen an Protonemafäden entstehen, die sich vom Substrat in den Luftraum des Kulturgefäßes erheben (BAUER).

3. Stoffaustausch mit dem Phloem.

Die Wasser- und Assimilatleitbahnen der höheren Pflanzen laufen fast stets parallel miteinander durch den Pflanzenkörper, doch sind wir im allgemeinen gewohnt, die aneinander vorbeilaufenden „aufsteigenden" und „absteigenden" Saftströme getrennt voneinander zu betrachten, es sei denn, man denkt an die von MÜNCH für das Funktionieren einer Massenströmung postulierte Übernahme des überschüssigen Lösungswassers am Verbrauchsort der Assimilate in das Xylem. Wir sollten aber mehr als bisher die Aufmerksamkeit darauf lenken, in welchem Umfang und unter welchen Bedingungen ein gegenseitiger Stoffaustausch zwischen ihnen möglich ist. Dies könnte auch die Diskussion über die Mechanik der Assimilatleitung befruchten.

KISSELEV beobachtet, daß markierte Mineralstoffe in den Stämmen verschiedener Bäume leicht in horizontaler Richtung aus dem Holz in den Siebteil (über Markstrahlen?) wandern und dort gespeichert werden. In der gleichen Richtung liegen Beobachtungen BAUERs (2), an krautigen Pflanzen. Sauere Fluorochrome (Oxypyrengelb), die im Xylem aufsteigen, haben eine ausgesprochene Neigung, in das Phloem auszuwandern. Wird das Xylem durch nachgesaugtes reines Wasser wieder entfärbt, verschwindet auch nach kurzer Zeit die Fluorescenz im Phloem bis auf die der Geleitzellen; noch nach Tagen sind in Querschnitten die Geleitzellen im UV-Licht als hell leuchtende Pünktchen sichtbar. Ebenso tritt Tetrazoliumchlorid aus dem Transpirationsstrom in das Phloem über und läßt sich dort in nachträglich angefertigten Querschnitten als rotes Formazan nachweisen. Auch Bleiionen werden aus dem Xylem heraus lebhaft in den Geleitzellen gespeichert. Damit ist zugleich eine neue Methode gefunden, in unverletzten Pflanzenorganen den Stoffwechsel des Phloems zu studieren.

Der Stoffübertritt vom Xylem in das Phloem scheint ein normaler physiologischer Vorgang zu sein. Über einen Stoffübertritt in umgekehrter Richtung sind die Beobachtungen noch spärlich: S. BIDDULPH beobachtet, daß markierte P- und S-Verbindungen, die in den Siebröhren transportiert werden, teilweise in das Xylem übertreten, wenn die Konzentration (gemessen als Aktivität) in den Leitbahnen hoch ist (vgl. unten S. 218); entsprechende Erfahrungen kann man auch bei Farbstoffversuchen machen. Ausgedehnte einschlägige Erfahrungen mit radioaktiv markierten Verbindungen verschiedener Molekulargröße besitzt CRAFTS, wie wir mit Zustimmung des Autors mitteilen dürfen. Da diese Versuche noch nicht veröffentlicht sind, soll Näheres erst im nächsten Band berichtet werden.

E. Assimilat- und Stoffleitung in Parenchymen und im Phloem.

1. Parenchymleitung.

ARISZ faßt die vielen Einzelbefunde der letzten Jahre zu diesem Problem, unter besonderer Berücksichtigung seiner Schule, zu einer „Symplastentheorie" zusammen. Besonders haben die Arbeiten an *Vallisneria spiralis* das Problem gefördert, bei der er den Ionen-Aufnahmeprozeß experimentell in Aufnahme in das Plasma und Sekretion in die Vacuole zerlegen kann. Wenn er die beiden Teilprozesse in verschiedene Abschnitte eines *Vallisneria*blattes verlegt, kann er einen Ionen-Transport im „Symplasten" des Parenchymgewebes demonstrieren (Fortschr. Bot. 18, 239). Nach dieser Theorie findet der Ionentransport (geprüft wurden Cl-Ionen) im Cytoplasma und von Zelle zu Zelle durch die Plasmodesmen statt. Den Beweis hierfür sieht ARISZ vor allem in der Wirkung von Stoffwechselgiften

(KCN, Dinitrophenol), durch die er die einzelnen Teilprozesse unterschiedlich beeinflussen kann. Wie schwierig es ist, sämtliche möglichen Transportwege exakt auseinander halten zu können, zeigen ARISZ und SCHREUDER (1), indem sie dartun, daß auch die Siebröhren am Ionentransport teilhaben und sogar eine größere Transportkapazität besitzen als die Parenchymzellen. Die Beteiligung des Membranweges wird vor allem durch Wahrscheinlichkeitsüberlegungen ausgeschaltet.

Mit Spannung erwartet man die weitere Aufhellung des Problems. Die Richtung ist in den neuesten Befunden dieses Arbeitskreises gegeben: Belichtung und Zucker beeinflussen in mannigfacher Weise Aufnahme und Transport der Ionen, je nachdem man sie in der absorbierenden oder in der benachbarten, nichtabsorbierenden Zone einwirken läßt. Dabei fördert auch Vorbelichtung im CO_2-freien Medium die Aufnahme (allerdings sollte noch geprüft werden, wieweit nicht gespeicherte Carbonate eine Photosynthese ermöglichen), und die maximale Lichtwirkung läßt sich durch Zuckergaben noch weiter steigern (ARISZ u. SOL). Obwohl das Aktionsspektrum der Photosynthese mit dem der lichtabhängigen Cl⁻-Aufnahme und Speicherung übereinstimmt (VAN LOOKEREN-CAMPAGNE), ist offenbar noch eine andere Lichtwirkung im Spiele. ARISZ u. SOL rechnen dabei weniger mit einer Permeabilitätsbeeinflussung als mit der Bildung einer transportablen (Träger?-)Substanz.

Rohrzucker fördert die Ionenspeicherung nur lokal, unmittelbar am Applikationsort. Dazu kann aber als Komplikation eine osmotische Fernwirkung kommen: Zuckergabe in der freien, nicht absorbierenden Blattzone kann die Cl⁻-Speicherung in der absorbierenden Zone herabsetzen. Diese Zuckerwirkung läßt sich durch einen Transpirationssog ersetzen und wird durch Dehydratation des „Symplasten" und damit Herabsetzung seiner Leitungsfähigkeit erklärt [ARISZ u. SCHREUDER (2)].

2. Phoemleitung.

Um die Klärung des Siebröhrenproblems ringen noch immer zwei verschiedene Grundvorstellungen über den Mechanismus der Assimilatleitung [vgl. HUBER (1); ESAU, CURRIER u. CHEADLE). Das ist im gegenwärtigen Stadium der Forschung durchaus ein Vorteil. Zur Zeit stehen Befunde im Vordergrund, die einen Einfluß des Phloemstoffwechsels auf die Assimilatleitung dartun, doch scheint es uns verfrüht, darin schon eine Entscheidung zugunsten einer Diffusionstheorie zu sehen[1].

Der Schüler SCHUMACHERs WILLENBRINK bestätigt zunächst einmal an einer Reihe verschiedener Pflanzen die Angaben KURSSANOVs (Fortschr. Bot. **17**, 502), daß die Atmung isolierter Leitbündel gegen-

---

[1] Auf die Diskussion des gesamten Problemkreises auf dem Symposium über Baumphysiologie (Harvard Forest, April 1957), an dem der erste Ref. [HUBER (3)] teilnehmen konnte, kann erst im nächsten Bericht eingegangen werden. Es sei aber jetzt schon hervorgehoben, daß nach den Befunden des Zoologen MITTLER, die vom Botaniker HILL bestätigt und weiter ausgenützt werden, aus abgeschnittenen Blattlausrüsseln (Fortschr. Bot. **17**, 504) tagelang Siebröhrensaftmengen austreten, welche pro Rüssel stündlich dem Inhalt von etwa 100 000 Siebröhrengliedern entsprechen. Da nachweislich jeweils eine einzige Siebröhre angestochen wird, ist das natürlich nur bei einer nachhaltigen Massenströmung quer durch die Platten möglich.

über dem Grundgewebe stark erhöht ist. Die Interpretation sowohl der Atmungsgröße als auch des Atmungsquotienten bedarf aber großer Vorsicht; denn wir wissen ja nicht, welche O_2-Mengen den Phloemzellen im intakten Gewebeverband tatsächlich zur Verfügung stehen. Für Bäume gilt jedenfalls, daß die Rinde — besonders die Peridermschichten ein erhebliches Diffusionshindernis für Sauerstoff darstellen, welches die Zellen des Holzes in beträchtlichem Umfang zu anaerober Gärung (RQ meist um 3—4) zwingt. Die Beseitigung der Rinde hat ein „Aufflammen der Atmung" zu Werten zur Folge, welche bei Laubhölzern das 2—12fache der Werte mit Rinde betragen, während sie bei Nadelhölzern nur 10—70% über diesen liegen [ZIEGLER (3)]. ZIEGLER vermutet, daß die Gärungsprodukte bei den spezifischen Synthesen dieser Gewebe, vor allem bei der Ligninbildung eine wesentliche Rolle spielen. Die erhöhte Atmung isolierter Bündel könnte auch dadurch wesentlich mitbestimmt sein, daß das Phloem ja besonders reich an veratembarem Material ist, welches aber erst bei O_2-Zutritt nach Freilegung stärker abgebaut wird. WILLENBRINK prüft weiter den Einfluß von Hemmstoffen der Atmung auf die Leitungsfähigkeit frei präparierter Leitbündel für Fluorescein, pflanzeneigene N- und P-Verbindungen und durch Assimilation gebildete C^{14}-Verbindungen (Zucker). N_2- und H_2-Atmosphäre sind wirkungslos (nicht völlige O_2-Verdrängung?) ebenso aber auch CO (geringe Wasserlöslichkeit?). Im Mittelpunkt der Enzymgiftuntersuchungen steht HCN, dessen Hemmwirkung reversibel ist. Aber auch 2,4-Dinitrophenol, Arsenit, Azid, Jodessigsäure und Fluorid (schwach) hemmen die Leitung, wenn auch irreversibel. Die Hemmung betrifft alle geprüften Wanderstoffe, — ob allerdings wirklich in unterschiedlichem Ausmaß, wie WILLENBRINK seine Ergebnisse interpretiert, muß wohl im Hinblick auf die Tragweite der Aussage noch mit subtileren Methoden erhärtet werden. Ein Vergleich der Versuche untereinander (allein das Fluorescein kann auf seiner Wanderbahn wirklich verfolgt werden; bei den N- und P-Versuchen dient die Stauung in der Spreite bzw. in deren Nerven als Kriterium der Transporthemmung) ist nicht nur wegen der verschiedenen Nachweisempfindlichkeit problematisch (was auch WILLENBRINK einräumt), sondern die möglichen Verluste an das Xylem, die offenbar bei hohen Konzentrationen auch unter physiologischen Bedingungen möglich sind (BIDDULPH, vgl. oben S. **216**), bergen nicht übersehbare Fehlerquellen.

Gesichert scheint uns aber auf jeden Fall, daß der Assimilattransport entscheidend gestört wird, wenn der Stoffwechsel im Phloem vergiftet wird. In welchen Zellen laufen die empfindlichen Stoffwechselprozesse ab? Sicher ist wohl jetzt schon, daß dabei den Geleitzellen eine tragende Rolle zukommt (vgl. oben S. **216**, BAUER (2)]. Welche spezifischen Stoffwechselleistungen kommen in Betracht? Die intensive Formazanbildung spricht für eine lebhafte Dehydrasetätigkeit, die HCN-Wirksamkeit für die Mitwirkung schwermetallhaltiger Enzyme. BAUER (3) fand in den Geleitzellen von Vicia faba eine besonders hohe Peroxydaseaktivität, die auf ein anderes Atmungssystem als das Cytochromsystem (evtl. neben diesem) hinweist. In welcher Weise der Stoffwechsel in das Transportgeschehen eingreift, ist noch völlig offen (vgl. auch oben S. 216).

Auch mit radioaktiven Substanzen werden laufend neue Befunde zu unserem Problem beigesteuert: Das weitaus umfangreichste Material haben im Berichtsjahr CRAFTS u. LEONARD über die Wanderung markierter Herbicide vorgelegt (über CRAFTS vorläufige Mitteilung vor dem Pariser Kongreß, vgl. Fortschr. Bot. **17**, 504). Ihre über 100 Seiten und 14 Tafeln umfassende Veröffentlichung beschäftigt sich mit der Wanderung von C^{14}-markierter 2,4-Dichlorphenoxyessigsäure (2,4-D); ausgedehnte und aufschlußreiche Versuche mit weiteren Herbiciden verschiedener Molekulargröße (über 1000 Kontaktradiographien!) werden zur Veröffentlichung vorbereitet und sollen das nächste Mal referiert werden. Während die ursprüngliche Heißtrocknung infolge nachträglicher Diffusion leicht verschwommene Bilder lieferte, treten seit Einführung der Gefriertrocknung die Wanderwege auf den Kontaktradiographien in wunderbarer Deutlichkeit hervor. Den Blättern innerhalb eines Lanolinringes verabreichtes 2,4-D wandert dabei nach Durchquerung des Mesophylls auf größere Strecken ausschließlich im Phloem, und zwar nur mit, niemals gegen den Assimilatstrom: Wo entfaltete grüne Blätter vorhanden sind, kommt es aus nicht entfalteten oder chlorophyllfreien Blättern (panaschierter Pflanzen) nicht heraus, während es in solche Blätter aus entfalteten grünen einwandert; es bewegt sich bei mehrblätterigen Pflanzen aus den untersten Blättern stets in die Wurzeln, aus den obersten entfalteten meist apikal, aus mittleren oft nach beiden Seiten. Während der Vegetationsruhe findet sich kaum eine Ausbreitung, beim Einsetzen des Wurzelwachstums überwiegen basale, beim Austreiben der Sprosse apikale Wanderungen; Zusatzbelichtung fördert mit der Assimilation die Auswanderung von 2,4-D aus den Blättern. An den Endpunkten der Wanderung erscheint das Radiocarbon oft angereichert, was nach der Massenströmungslehre ohne weiteres zu erwarten ist, von der Molekularwanderungshypothese auf Speicherung zurückgeführt werden müßte [nach ZIEGLER (1) S. 456 steigt auch die Phosphatkonzentration im Siebröhrensaft basal an].

Für die Aufnahme und Leitung von 2,4-D ist nach ROHRBAUGH Phosphat erforderlich; Bormangeltomaten leiten markierten Zucker bei gleichzeitiger B-Gabe schneller und gleichmäßiger (SISLER)[1]; markierter S (Wanderform nicht bekannt) wandert ebenso schnell wie P und Rohrzucker (> 40 cm/h); auch Co^{60} (geboten als $CoCl_2$) wird in den Siebröhren geleitet, und zwar in Abhängigkeit vom Assimilattransport (GUSTAFSON), wie dies auch für andere Substanzen gefunden wurde (2,4-D, CRAFTS u. LEONARD s. o.; Fortschr. Bot. **17**, 504; **18**, 236). Dies ist jedoch noch kein zwingender Beweis für eine Lösungsströmung (HAY, WILLENBRINK). Für die Beurteilung des leitenden Querschnitts eines Bündels muß in Zukunft der Befund berücksichtigt werden, daß nicht alle Siebröhren eines größeren Bündels von Phaseolus gleichmäßig für sie Leitung markierter Substanzen ausgenutzt werden (BIDDULPH u. Mitarb.).

Literatur.

ARISZ, W. H.: Protoplasma (Wien), **46**, 5—62 (1956). — ARISZ, W. H., u. M. J. SCHREUDER: (1) Proc. Kon. Nederl. Akad. Wetensch. C **59**, 454—460 (1956). — (2) Proc. Kon. Nederl. Akad. Wetensch. C **59**, 461—470 (1956). — ARISZ, W. H., u. H. H. SOL: Acta bot. neerl. **5**, 218—246 (1956).

BAUER, L.: (1) Z. Naturforsch. **11 b**, 673—675 (1956). — (2) Planta (Druck in Vorbereitung). — (3) Z. Naturforsch. (Druck in Vorbereitung). — BAUMGARTNER, A.: Ber. dtsch. Wetterdienst **5**, Nr. 28 (1956). — BECKING, J. H.: Acta bot. neerl. **5**, 1—79 (1956). — BIDDULPH, S.: Amer. J. Bot. **43**, 143—148 (1956). — BIDDULPH, O., R. CORY and S. BIDDULPH: Plant Physiol. **31**, 28—33 (1956). — BIEBL, R.: Protoplasma (Wien) **44**, 73—88 (1954). — BLOODWORTH, M. E., J. B. PAGE and W. R. COWLEY: (1) Soil Sci. Soc. Amer. Proc. **19**, 411 (1955). — (2) Agronomy J. **48**, 222—228 (1956). — BOLLARD, E. G.: Harvard Symposium on Tree Physiology, Abstracts of Papers 2 (1957). — BOPP, M., u. E. STEHLE: Z. Bot. **45**, 161—174 (1957). — BROUWER, R.: (1) Acta bot. neerl. **5**, 208—276 (1956) — (2) Acta bot.

---

[1] Vgl. aber Fortschr. Bot. **18**, 235, Fußnote 1.

neerl. **5**, 287—314 (1956). — BROYER, T. C.: Proc. amer. hortic. Sci. **67**, 570—586 (1956). — BÜNNING, E.: Z. Bot. **44**, 515—529 (1956).

CRAFTS, A. S., u. O. A. LEONARD: Hilgardia **26**, 287—415 (1956).

DIEM, M.: Arch. f. Meteorol. B **5**, 59—65 (1954). — DUNMORE, F. W.: Bull. amer. meteorol. Soc. **19**, 225—243 (1938); **21**, 249—256 (1940). — DUTT, B. S. M.: Sci. a. Culture **22**, 163—164 (1956).

ESAU, K., H. B. CURRIER and V. I. CHEADLE: Annual Rev. Plant Physiol. **8**, 349—374 (1957). — ESCHRICH, W.: Protoplasma (Wien) **47**, 487—530 (1957).

FOSTER, A. S.: Amer. J. Bot. **37**, 848—862 (1950); **39**, 752—766 (1952). — FRITZ, M.: Protoplasma (Wien) **46**, 198—209 (1956).

GUSTAFSON, F. G.: Amer. J. Bot. **43**, 157—160 (1957).

HARRIS, E. J.: Transport and Accumulation in Biological Systems, London 1956. — HAY, J. R.: Plant Physiol. **30**, Suppl. 5 (1955). — HÄRTEL, O.: Protoplasma (Wien) **46**, 301—316 (1956). — HEATH, O. V. S., and B. ORCHARD: J. of exper. Bot. **7**, 313—325 (1956). — HILL, G. P.: A technique for the study of the physiology of the sievetube. 130 Seiten. Diss. Nottingham 1955. — HÖFLER, K.: Ber. dtsch. bot. Ges. **69**, 301—308 (1956). — HUBER, B.: (1) Die Saftströme der Pflanzen. Verständliche Wissenschaft, Bd. 58, 1956. — (2) Handbuch der Pflanzenphysiologie Bd. 3, S. 541—582, 1956. — (3) Z. Bot. (1957, in Vorbereitung).

JUNG-MAYR, F.: Briefliche Mitteilung von A. PISEK.

KAMIYA, N., u. M. TAZAWA: Protoplasma (Wien) **46**, 394—422 (1956). — KAMIYA, N., u. K. KURODA: Protoplasma (Wien) **46**, 423—436 (1956). — KETELLAPPER, H. J.: Acta bot. neerl. **2**, 387—444 (1953). — KISSELEV, N. N.: Dokl. Akad. Nauk SSR **108**, 349—351 (1956). — KLEMM, G.: Planta (Berlin) **47**, 547—587, (1956). — KRAMER, P. J.: Handbuch der Pflanzenphysiologie, Bd. 2, S. 316—336, 1956; Bd. 3, S. 124—159, 1956.

LEVITT, J.: (1) Zit. bei KRAMER. — (2) Handbuch der Pflanzenphysiologie, Bd. 2, S. 584—590, 1956; Bd. 3, S. 650—651, 1956. — (3) The Hardiness of Plants New York 1956. — (4) Handbuch der Pflanzenphysiologie, Bd. 2, S. 632—638. 1956. — LEYTON, L.: (1) Imp. Forestry Inst. Oxford, Annual Rep. **32**, 11/12 (1956).— (2) Harvard Univ. Symposium on Tree Physiology April 1957, Abstracts of Papers, S. 9. — LIENEWEG, S.: Siemens-Z. **29**, 212 (1956). — LOOKEREN-CAMPAGNE, R. N. VAN: Proc. Kon. Nederl. Akad. Wetensch. C **60**, 70—76 (1957). — LUNDEGÅRDH, H.: Annual Rev. Plant Physiol. **6**, 1—24 (1955).

MITTLER, T. E.: (1) The feeding and nutrition of aphids. 234 Seiten. Diss. Cambridge 1954. — (2) Harvard Univ. Symposium on Tree Physiology, Abstracts of Papers, S. 7 (April 1957). — MOTHES, K.: (1) Abh. Akad. Wiss. Berlin **1955**, Nr. 6 (1956). — (2) Angew. Bot. **30**, 125—128 (1956).

RASCHKE, K.: (1) Naturwiss. **41**, 308 (1954). — (2) Arch. f. Meteorol. **B 7**, 240—268 (1956). — (3) Planta (Berlin) **48**, 200—238 (1956). — RAUH, W.: Abh. Mainz. Akad. **1956**, Nr. 6, 341—444 (1956). — RESCH, A.: Habilitationsschrift Freiburg i. B. 1957. — ROHRBAUGH, L. M., and E. L. RICE: Plant Physiol. **31**, 196—199 (1956).

SISLER, E. C., W. M. DUGGER jr. and H. G. GAUCH: Plant Physiol. **31**, 11—17 (1956). — SCHANDERL, H.: Mitt. Rebe und Wein, Klosterneuburg, **A 6**, 269—286 (1956). — SCHUMACHER, W., u. P. LAMBERTZ: Planta (Berlin) **47**, 47—52 (1956). — STEIGER, R. W.: Science (Lancaster, Pa.) **114**, 152—153 (1951). — STOCKER, O.: (1) Handbuch der Pflanzenphysiologie, Bd. 2, S. 639—654, 1956; Bd. 3, S. 696—741, 1956. — (2) Handbuch der Pflanzenphysiologie, Bd. 3, S. 514—521, 1956. — STONE, E. C.: Harvard Univ. Symposium on Tree Physiol. Abstracts of Papers, 2/3 (1957).

VEIHMEYER, F. J.: Handbuch der Pflanzenphysiologie, Bd. 3, S. 64—123, 1956.

WENT, F. W.: The experimental control of plant growth. Erscheint 1957. — WILHELMI, TH.: Forstarch. **27**, 241—246 (1956). — WILLENBRINK, J.: Planta (Berlin) **48**, 269—342 (1957). — WILLIAMS, W. T.: J. of exp. Bot. **5**, 343—520 (1954).

ZACHERL, H.: Z. f. Bot. **43**, 409—436 (1956). — ZIEGLER, H.: (1) Planta (Berlin) **47**, 447—500 (1956). — (2) Planta (Berlin) **48**, 190—199 (1956). — (3) Flora (Jena) **144**, 229—250 (1957).

13. Mineralstoffwechsel.

Von HANS BURSTRÖM, Lund (Schweden).

Wegen Raummangel sind weitere Einschränkungen der Stoffauswahl vorgenommen worden. Insbesondere der ökologische Teil mußte davon leider getroffen werden. Die ökologischen Fragestellungen sind interessant; aber die Probleme wenig geklärt, weshalb sie auch meistens wenig genau präzisiert sind, und sich schwierig kurz zusammenfassen lassen. Bodenverhältnisse werden nicht behandelt. Es erschien zweckmäßig, in diesem Band eine zusammenfassende Übersicht über die sehr aktuelle Chelatbildung zu geben.

A. Mechanismus der Ionenaufnahme.

Die Literatur über die Ionenaufnahme ist wegen der kontroversen Ansichten über die grundlegenden Fragen recht undurchsichtig und einen Nichtfachmann schwer zugänglich. Wie in den „Fortschritten" wiederholt hervorgehoben, beruht dies in gewissem Maße darauf, daß die Forscher das Problem von verschiedenen Gesichtspunkten aus betrachten und verschiedene Teile des Prozesses hervorheben, ohne sich ein Gesamtbild des Verlaufs zu machen. Gelegentlich werden die Ergebnisse anderer Autoren in bemerkenswert hohem Grad vernachlässigt (BENNET-CLARK).

Ein Rückblick auf die gegenwärtige Lage erscheint daher vor der Besprechung neuer Beiträge am Platz (vgl. Fortschr. Bot. **17**, 509; **18**, 243 ff., auch BROYER). Einige wichtige neue Arbeiten sind während des Berichtsjahres erschienen.

1. Die nicht-metabolische Anfangsphase.

Nach einer weit verbreiteten aber nicht ganz allgemein anerkannten Ansicht fängt die Ionenaufnahme mit einer nicht-metabolischen Diffusion und Adsorption der Ionen in den „apparenten freien Raum" (AFS) an. Dieses Moment der Ionenaufnahme wird durch seine Reversibilität gekennzeichnet. HOPE u. ROBERTSON haben hervorgehoben, daß der ganze Verlauf ein Donnangleichgewicht anstrebt, indem die Ionen an nicht-diffusible Anionen gebunden werden. Wie früher erwähnt (Fortschr. Bot. **16**, 272), bedeutet AFS laut dieser Auffassung keinen definierten Raum, sondern eine reversibel aufgenommene Ionenmenge. Man hat aber vermutet, daß der Prozeß sich in den Zellwänden und an der Cytoplasmaoberfläche abspielt. Nun hat aber EPSTEIN in einer wichtigen Arbeit diese passive Aufnahme einer näheren Analyse unterworfen. Er hat mit Gerstenwurzeln gezeigt, daß Diffusion und primäre Bindung experimentell auseinander gehalten werden können. Die Diffusion ist idealisch reversibel; sie verläuft bis zum Gleichgewicht mit der Außenlösung und ist vom p_H unabhängig; auch diffundieren die einzelnen Ionen, wie gefordert werden kann, unabhängig von einander. Das der freien Diffusion zugängliche Volumen der Wurzel wird für SO_4^{2-} zu 0,25, SeO_4^{2-} 0,22, $H_2PO_4^-$ 0,24 und für Ca^{2+} zu 0,24 ml je Gramm Frischgewicht berechnet; die Konstanz der Werte berechtigt die Annahme, daß es sich um einen Raum handelt, den *wirklichen freien Raum*, der von EPSTEIN jetzt als *äußerer Raum* bezeichnet wird. Er soll alle Teile der Zelle umfassen, die sich außerhalb der semipermeablen Membran befinden und somit freier Diffusion und Massenströmung der Außenlösung zugänglich sein. *Der innere Raum*, in den Ionen nur durch aktive Aufnahme gelangen können, entspricht der Vacuole.

Dieses allgemeine Bild, das die *Theorie des freien Raums* genannt werden kann, ist mit zwei wichtigen früheren Vorstellungen völlig vereinbar, und zwar sowohl mit der einer aktiven Aufnahme laut LUNDEGÅRDH und ROBERTSON, die also aus dem freien Raum in die Vacuole vor sich geht, wie auch mit der einer passiven Massenströmung im freien Raum laut HYLMÖ und anderen. Wesentliche Einwände gegen dieses Bild sind von ARISZ und seiner Schule erhoben worden, die in einer neuen Arbeit von ARISZ zusammengefaßt sind. Der Grundgedanke im System von ARISZ ist das Bestehen von zwei semipermeablen Grenzschichten, im Plasmalemma und im Tonoplasten, mit aktiver Beförderung der Ionen durch diese beiden; ein passiver Transport in der Zellwand soll überhaupt nicht vorkommen, und der Transport durch ein Gewebe geschieht durch Vermittlung von Plasmodesmen in einem Symplast (*die Symplasttheorie*). Auch diese Theorie rechnet mit einer aktiven Aufnahme in die Vacuole. ARISZ hat seine Einwände gegen die Theorie des freien Raums präzisiert. Für die Symplasttheorie sprechen kontroverse Angaben über die Wirkung von DNP auf die Aufnahme nebst zwei Beobachtungen von ARISZ über die Salzaufnahme in *Vallisneria*-Blätter; die eine ist, daß die Aufnahme durch KCN vollständig gehemmt wird, und daß somit gar keine passive Aufnahme vorkommt, ein Ergebnis, das jedoch laut ARISZ schwer reproduzierbar ist; die andere ist, daß eine Ionenspeicherung nur in belichteten Teilen der Blätter vorkommt, und daß Salze aus verdunkelten in belichtete Teile wandern, ohne an das Außenmedium abgegeben zu werden, ferner daß Licht eine Fernwirkung auf die Aufnahme ausübt. Gegen die Symplasttheorie sprechen natürlich insbesondere die erwähnten Ergebnisse über Ionendiffusion, die kaum bestritten werden können. — Zu dieser Kontroverse verdient folgendes hervorgehoben zu werden. Ein passiver Salztransport innerhalb eines Symplasten dürfte auch mit der Theorie des freien Raums sehr gut vereinbar sein. Die lichtbedingte Speicherung in *Vallisneria*-Blättern hat kein Gegenstück in Wurzeln; sie hängt laut ARISZ und SCHREUDER (2) nicht mit der Transpiration zusammen, möglicherweise mit den Energieverhältnissen bei der aktiven Speicherung (ARISZ und SOL). Sie ist aber mit einer Zuckerzufuhr oder Photosynthese nicht identisch. ARISZ und SOL haben überhaupt keine Rückdiffusion von Cl aus *Vallisneria*-Blättern nachweisen können. Ob es möglich ist, in einem Material sowohl freie Diffusion wie primäre Bindung und aktive

Speicherung nachzuweisen, hängt natürlich von den quantitativen Verhältnissen zwischen diesen Teilprozessen ab. Möglicherweise beruht der Gegensatz zwischen der Symplasttheorie und der des freien Raums auf wesentlichen Unterschieden in den benutzten Versuchsobjekten (vgl. Abschn. A 4).

2. Die primäre Bindung der Ionen.

Es wird angenommen, daß die Ionen primär an Träger gebunden werden, die für verschiedene Ionen oder Ionenarten mehr oder weniger spezifisch sind. Die Natur dieser Träger und ihre cytologische Lokalisation ist tatsächlich unbekannt, sie bietet aber ein Problem ersten Ranges. ROTHSTEIN u. HAYES haben den Eintausch von Kationen an Hefe nebst der Blockierung der an die Oberfläche geknüpften Saccharoseinversion studiert. Sie konnten schließen, daß zwei Arten Bindungsstätten vorliegen, und zwar Carboxyl- und Phosphorylgruppen. Phosphorsäure nimmt anscheinend eine Sonderstellung ein, da sie laut PAUWELS bei der Aufnahme direkt als Nucleosidtriphosphat (ATP und andere) gebunden wird. Erwähnt sei hier, daß laut MARTELL und SCHWARZENBACH ATP auch Metalle wie Ca und Mg komplex binden können (vgl. Abschnitt B). SMITH u. WALLACE haben die nicht-metabolische Austauschkapazität bei verschiedenen isolierten Wurzeln gemessen und für K und Ca keine gute Korrelation mit der Gesamtaufnahme gefunden, was kaum zu erwarten war, da diese Bindung nur ein Glied des Gesamtprozesses darstellt. LEGGETT u. EPSTEIN haben gezeigt, daß SO_4^{2-} und SeO_4^{2-} an denselben Träger aber von $H_2PO_4^-$, NO_3^- und Cl^- getrennt gebunden werden.

In diesem Zusammenhang muß eine umfangreiche Arbeit von BECKING über die Ammoniumaufnahme von erwachsenen Maispflanzen erwähnt werden. Er glaubt gezeigt zu haben, daß Ammonium als NH_4^+-Ionen durch Austausch gegen H^+-Ionen aufgenommen wird, und daß mit einer Zufuhr von mehr als 10 mg NH_4^+ je Liter der Aufnahmemechanismus gesättigt wird. Hierzu muß bemerkt werden, daß der Nachweis einer H^+-Ionenabgabe nicht einwandfrei ist. Noch wichtiger ist aber, worauf die Methode basiert, daß die Aufnahme aus allen Lösungen von 10 mg oder mehr willkürlich gleich eins gesetzt worden ist, so daß auch die Sättigung des Systems nicht überzeugend nachgewiesen erscheint. Ein einziger Versuch ist in seinen Einzelheiten wiedergegeben, und in diesem beträgt die Aufnahme 98—99% der zugeführten Menge. Trotzdem nimmt BECKING gegen andere Ansichten über Ionenaufnahme kategorisch Stellung. Er hat aus seinem Material berechnet, daß der Eintausch von NH_4^+ einer Formel folgt, die zwischen denjenigen von FREUNDLICH und LANGMUIR liegt. Diese Arbeit wurde ausführlich erwähnt, da solche scheinbar exakten mathematischen Deduktionen in diesem Zusammenhang nicht selten sind, und zu verlockend einfachen Lösungen der Probleme führen können. In Wirklichkeit können aber die Schlußfolgerungen nicht richtiger werden als die experimentellen Daten. MacMILLAN hat mit *Scopulariopsis* überzeugender dargetan, daß Ammonium bis zum Gleichgewicht reversibel aufgenommen wird, was als eine Diffusion von undissoziiertem NH_3 gedeutet werden kann.

3. Die aktive Ionenspeicherung.

Es unterliegt keinem Zweifel, daß die Salzspeicherung in der Vacuole aktiv, d. h. mit Stoffwechsel als Energiequelle verbunden ist. Dies tritt als Salzatmung zutage. Die spezielle Theorie von LUNDEGÅRDH über Anionenatmung (vgl. Fortschr. Bot. **15**, 297) besagt in Kürze, daß die Anionen über das Cytochromsystem unter Aktivierung dieses und Atmungssteigerung transportiert werden, während die Kationen aus elektrostatischen Gründen nachfolgen. Es ist ferner wohlbekannt, daß das Cytochromsystem in den Mitochondrien lokalisiert ist, und damit ist der Ausgangspunkt für die neuen Beiträge zu diesem Problem gegeben. Diese behandeln hauptsächlich die Frage, ob LUNDEGÅRDHs Schema allgemein gültig ist.

HONDA (2) hat die Salzatmung im Zusammenhang mit einer Untersuchung über den Längsgradienten der Respiration in Gerstenwurzeln ausführlich besprochen. MIDDLETON hat eine salzstimulierte Respiration in Rübenscheiben nachgewiesen und meint, daß die Anwesenheit von Mineralsalzen an und für sich ein CN-empfindliches Atmungssystem stimuliert. In isolierten Erbsenwurzeln folgen laut NIEMAN Atmung und Ionenaufnahme in einer Weise aufeinander, die das Lundegårdhsche Prinzip stützen kann. Ohne die aktive Aufnahme besonders zu behandeln hat EPSTEIN hervorgehoben, daß SO_4^{2-} schnell aus dem äußeren Raum aufgenommen wird, während die Kationen nur langsam gespeichert werden; das Prinzip von LUNDEGÅRDH setzt einen solchen Unterschied zwischen An- und Kationenaufnahme voraus, auch wenn andere Deutungen möglich sind. Abweichende Verhältnisse liegen laut HARLEY u. Mitarb. in Buchenmycorrhiza vor, wo die CN-empfindliche Respiration von der Salzatmung unabhängig ist; diese soll mit einem Verbrauch von Energiephosphaten verbunden sein. Zu einem ähnlichen Schluß ist LEWIN gekommen. Die Aufnahme von Si bei *Navicula* verläuft aerob an Respiration geknüpft; DNP hemmt die Aufnahme, ebenso wie CN, Azid u. a., erhöht aber die Respiration, was gleichfalls als eine Verbindung zwischen Aufnahme und Energiephosphaten, nicht aber als Einwirkung auf die terminale Oxydation gedeutet wird.

Entschieden gegen eine Anionenatmung äußern sich HANDLEY u. OVERSTREET, die mit einer speziellen Technik mit isolierten Gerstenwurzeln keine quantitative Beziehung zwischen Atmung und Anionenaufnahme, wohl aber eine gewisse Wirkung von Kationen finden könnten. Entgegengesetzte Ergebnisse sind mit ähnlichem Material früher erhalten worden, und eine Auseinandersetzung ist nur unter Vergleich der Versuchsanstellungen möglich. MILLER u. EVANS (2) haben gezeigt, daß Neutralsalze die Cytochromoxydase in der Mitochondrienfraktion stimulieren; besonders wirksam sind K und Na. Einen Spezialfall behandelt VICKERY in der Aufnahme von Oxalat und Succinat durch Tabakblätter, die CN-unempfindlich sind. Das Prinzip von LUNDEGÅRDH wird erörtert, aber es können keine sicheren Schlüsse gezogen werden; man könnte annehmen, daß die erwähnten Säuren direkt am Atmungsstoffwechsel teilnehmen. BECKING verwirft in seiner oben erwähnten Arbeit kategorisch die Theorie der Anionenatmung. In bis sieben Wochen an N oder P ausgehungerten Maispflanzen, die starke Mangelerscheinungen aufweisen, vermag nur der fehlende Stoff eine Atmungssteigerung hervorzurufen, oder richtiger gesagt, er vermag eine Abnahme zu verhindern. In K-Mangelpflanzen ist die Atmung dagegen hoch, was auch eine alte Erfahrung ist. BECKING meint, daß die

Änderungen der Respiration auf Störungen des Stoffwechsels durch Mangel an K, N bzw. P beruht, was zweifellos richtig ist. Warum aus diesem Grunde die Theorie der Anionenatmung verworfen werden sollte, ist vollkommen unbegreiflich. Es handelt sich in den Versuchen von BECKING vermutlich um ganz andere Erscheinungen.

Die Lokalisierung des Cytochromsystems in den Mitochondrien hat die Aufmerksamkeit in Verbindung mit der Ionenaufnahme auf diese gelenkt. HONDA u. ROBERTSON haben gezeigt, daß Mitochondrien Kationen bis zum Donnangleichgewicht binden. Die Reversibilität ist jedoch nicht vollständig; so wird z. B. K spezifisch festgehalten. HONDA (1) hat entgegen früheren Angaben gezeigt, daß Cytochromoxydase in Gerstenwurzeln jeden Alters vorhanden ist. Laut FLORELL ruft Ca in Weizenwurzeln eine Bildung von Mitochondrien hervor, ohne die Cytoplasmamenge oder die spezifische Aktivität der Mitochondrien zu ändern. Dies konnte eine früher bekannte Erhöhung der Nitrataufnahme durch Ca erklären. Es verdient ferner erwähnt zu werden, daß laut LEGGET u. EPSTEIN Ca auch die Aufnahme von SO_4^{2-} beträchtlich erhöht.

Mit Respiration verbunden muß die aktive Ionenspeicherung durch Atmungsgifte gehemmt werden, wovon bei der Identifizierung der bei der Aufnahme wirksamen Enzymsysteme in großem Umfang Gebrauch gemacht worden ist. Von neueren Angaben sei erwähnt, daß, laut JAMES, 2,2-Dipyridyl, das die Ionenaufnahme in Wurzeln hemmt, Fe-haltige Aconitase im Säurecyclus hemmen soll. SKELDING hat bestätigt, daß im Speichergewebe natürliche Hemmstoffe vorkommen. Ihr Gehalt steigt bei Zufuhr von CO_2, und vermutlich werden sie unter Bindung von CO_2 gebildet. Ihre Natur ist i. ü. unbekannt. Dagegen meinen DALE u. SUTCLIFFE, daß die Hemmung der Kationenaufnahme durch Auszüge aus roten Rüben auf Malationen beruht, die langsamer als Cl aufgenommen werden und deshalb die Kationenaufnahme bremsen, ohne in den Mechanismus selbst einzugreifen. TANADA hat dagegen gezeigt, daß SH-Inhibitoren die Rb-Aufnahme bei Anwesenheit von Ca hemmen, nicht aber bei dessen Abwesenheit. Die Ergebnisse sollen auf eine Beteiligung von Ribonucleinsäure als Ionenbinder bei der Aufnahme hindeuten.

4. Salztransport und Salzumsatz in Blättern.

Von den erwähnten Arbeiten der Ariszschen Schule abgesehen, gibt es keine planmäßigen Untersuchungen über die Salzaufnahme oder -abgabe durch Blätter, wohl aber eine Fülle von zerstreuten Beobachtungen. Diese alle sind mit Hinblick auf die erwähnten Unterschiede zwischen Blättern und Wurzeln von Interesse. GUSTAFSON hat gezeigt, daß Bohnenpflanzen Co leicht durch die Blätter aufnehmen, falls sie mit Zuckerlösungen gespritzt werden; die Aufnahme geht auch im Dunkeln vor sich, was hervorgehoben werden soll. Laut HELDER u. BONGA geben Bohnenblätter im Licht P ab, was als eine normale Auswanderung mit dem Assimilatstrom gedeutet wird. Andererseits können laut LONG, SWEET u. TUKEY beträchtliche Salzmengen, bis 1% während

5 Std., durch Nebel zusammen mit Galaktanen ausgewaschen werden. Dies wird auch durch Licht beschleunigt. Diesbezüglich ist es bemerkenswert, daß laut ARISZ *Vallisneria*-Blätter auch im Dunkeln keine Salze abgeben; dies geschieht nur unregelmäßig als eine Fernwirkung von Zuckerzusatz. Jedenfalls sind die bisherigen Angaben über Salzexkretion aus Blättern widersprechend. Folgendes sollte aber erwähnt werden. Laut dem Prinzip der Salzatmung wandern die Ionen entlang eines Konzentrationsgefälles des O_2 in die Zellen hinein; in belichteten Blättern sollte man einen umgekehrten O_2-Gradienten erwarten, und demnach Bedingungen für *eine aktive Salzabgabe*.

Im allgemeinen werden Schwermetalle unter natürlichen Bedingungen durch Blätter verhältnismäßig leichter aufgenommen als durch Wurzeln, z. B. Zn nach MALVOLTA u. Mitarb. In *Citrus* beruht die Aufnahme nach WALLIHAN u. HEYMANN-HERSCHBERG auf der Konzentration, in der Zn zugegeben wird. Sie ist aber auf der Ober- und Unterseite gleich groß und geht nicht durch die Stomata. Dagegen haben GUSTAFSON u. SCHLESSINGER in Bodenblättern eine stärkere Aufnahme durch die Unterseite gefunden. OLAND u. OPLAND haben die Aufnahme von Mg und die Abgabe von Ca durch die Blätter beschrieben.

WILLIAMS hat das bisher recht undurchsichtige Probleme der Umverteilung der Ionen in der Pflanze nebst der Rückwanderung aus der Pflanze zusammengefaßt. Die hierfür maßgebenden Prinzipien sind jedoch noch unklar. Folgende interessante Beobachtung hat WILKINSON gemacht. Wenn *Vicia Faba*-Wurzeln P aufnehmen, so wird dieser zuerst vorübergehend in Seitenwurzeln gespeichert und alsdann weitertransportiert. DE KOCK vermutet, daß der Transport von Fe im Phloem ein aktiver Prozeß ist; es ist aber nichts Näheres darüber bekannt. BOWEN u. DYMOND haben indessen gefunden, daß in Tomatenblättern Ca und Sr im gleichen Verhältnis wie im Medium vorkommt, was auf einen passiven Transport hindeutet, um so mehr als in der Wurzel Ca überwiegt. In *Vallisneria*-Blättern bewirkt die Transpiration nach ARISZ u. SCHREUDER (1) eine Verminderung der Salzaufnahme, was mit allen Erfahrungen an anderen Objekten im Widerspruch steht und am ehesten auf traumatische Einflüsse hindeutet.

B. Chelatbildung.

In früheren Bänden der Fortschritte ist die Bedeutung der Chelatisierung für die Aufnahme von Fe bei verschiedenen Pflanzen und unter verschiedenen Bedingungen hervorgehoben worden. Während des Berichtsjahres hat sich das Chelatproblem so entwickelt, daß eine allgemeine Übersicht notwendig erscheint.

Unter *Chelat* versteht man eine reversible Komplexbindung zwischen einem organischen Molekel (*Chelatbildner*) und einem zwei- (bis mehr-) wertigen *Metallkation*. Das Kation ist am Chelatbildner gewöhnlich mit zwei Haupt- und zwei Nebenvalenzen gebunden. Die Metallchelate sind durch verhältnismäßig große Stabilität und oft größerer Löslichkeit als die anorganischen Metallsalze (z. B. Phosphate) ausgezeichnet. Die Metalle sind auch je nach den Komplexkonstanten der Chelate austauschbar. Regelmäßige Chelatbildner binden die Ionen im allgemeinen nach der Reihenfolge Cu > Ni > Co > Zn > Fe > Mg. Ausnahmen kommen aber infolge von spezifischen Bindungsverhältnissen und p_H-Abhängigkeit vor. Bisher wurden in der Pflanzenphysiologie Chelat-bildner für zwei Arbeitsweisen verwendet. Einmal dienten sie dazu, Fe in Lösung zu halten und seine Aufnahme zu erleichtern; dafür wurde schon lange Citronensäure und später Äthylendiamintetraessigsäure nebst einer Reihe verwandter Stoffe benutzt (s. z. B. HEINONEN u. WARIS). Im Englischen wird für diese Säure allgemein die Abkürzung EDTA benutzt; eine solche neutrale Abkürzung wäre vor verschiedenen Warennamen der Säure und ihrer Salze wie Versen, Sequestren u. dgl. vorzuziehen. Die andere Anwendung der Chelatbildner erfolgte um Metallkationen zu inaktivieren; hierfür hat man z. B. Diäthyldithio-carbamat (DIECA) und 8-Hydroxychinolin (Oxin) benutzt, letzteres als spezifischen Inaktivator des Cu. HAERTL u. MARTELL haben aller-dings hervorgehoben, daß eine Chelatbildung in großem Ausmaße ganz normal vorkommt; so können Metallporphyrine wie Chlorophyll (mit Mg), Cytochrome und Katalase (mit Fe) nebst Vitamin B_{12} (mit Co) als gute Chelate betrachtet werden. Natürliche Chelatbildner sind ferner Dicarbonsäuren, Aminosäuren, Proteine und Humusstoffe (vgl. Fortschr. Bot. **18**, 289). Cu in Cu-Oxydasen soll als Chelat gebunden sein. MALM-STRÖM hat gezeigt, daß Mg, Mn und Zn als Enzymaktivatoren an Proteine komplexgebunden sind. Laut SZENT GYÖRGYI dürften ADP und ATD durch Chelatbildung mit zweiwertigen (Mg-)Ionen auf einem hohen Energieniveau stabilisiert werden; er hat hervorgehoben, daß es sonst nicht leicht verständlich sei, warum nicht auch anorganische Pyrophos-phate als Energieüberträger dienen könnten. (Vgl. hierzu MARTELL u. SCHWARZENBACH.) Unter anderen natürlichen Chelatbildnern können laut SCHATZ (2) auch Flechtensäuren erwähnt werden; die ökologische Bedeutung dieser leuchtet ohne weiteres ein.

Allgemein dürfte man sagen können, daß, soweit z. Z. überblickbar ist, zwei- bis mehrwertige Metalle in physiologisch aktiver Form nur als Chelate verschiedener Stabilität anzutreffen sind. Hierzu kommt, daß in der Pflanze reiche Möglichkeiten zur Bildung inaktiver Chelate mit allgemein vorkommenden Substanzen vorliegen. Man dürfte deshalb, wenigstens als eine fruchtbare Arbeitshypothese, annehmen können, daß zwei- bis mehrwertige Metalle, insofern sie nicht anorganisch ausgefällt und inaktiviert vorkommen, im Plasma als Chelate gebunden vorliegen. Dieses *allgemeine Chelatprinzip* dürfte allerlei undurchsichtige Erschei-nungen erklären können. Zunächst kann auf die vielen Fälle von Ant-agonismus zwischen Ionen verwiesen werden, nebst Fällen von schein-barer oder wirklicher Möglichkeit, Ionen durch andere zu ersetzen oder synergistisch zu beeinflussen (vgl. Fortschr. Bot. **18**, 251, **17**, 518; **16**, 284 usw.).

Als neue Anwendung sei erwähnt, daß nach DEKOCK die Giftwirkung von Cu, Ni, Co, Zn, Cr und Mn auf ihrer Neigung zur Chelatbildung beruht oder auf der Fähigkeit Ca aus wahrscheinlich mit Phosphor-proteiden gebildeten Chelaten zu verdrängen. Diese Annahme gründet sich auf Versuche, in denen die Metalle teils als anorganische Salze teils als EDTA-Komplexe zugeführt wurden. Fe soll auch nach DeKock als Chelat transportiert werden. In bester Übereinstimmung hiermit stehen sehr interessante Ergebnisse von Gäumann u. Naef-Roth über Welketoxine. Solche vom Typus des Lycomarasmins bilden regelmäßig Chelate und können deshalb teils Fe aus aktiven Verbindungen frei machen, teils Fe an anderen Stellen in der Pflanze in toxischen Konzentrationen wieder abgeben. Tatsächlich wurden dieselben Krankheitserscheinungen mit Lycomarasmin und EDTA erhalten. Auch Fusarinsäure, die das Streckungswachstum pathologisch erhöht, soll ein Chelatbildner sein. Die strukturelle Ähnlichkeit zwischen dieser Säure und 8-Hydroxychinolin sei hervorgehoben, sowie auch die zwischen den als Herbiciden benutzten Wuchsstoffen aus den Gruppen der Carbamate und Xanthate und DIECA. Daher ist kaum unerwartet der Gedanke aufgetaucht, auch das normale Streckungswachstum stehe mit Chelatisierung in Verbindung, obwohl es noch unbewiesen ist, daß das natürliche Auxin (IES) ein Chelatbildner ist. Diese Möglichkeit ist von Bennet-Clark geäußert und von Heath u. Clark weiter entwickelt worden. Diese Forscher haben an Koleoptilen und Wurzeln gezeigt, daß EDTA und andere Chelatbildner, im Gegensatz zu nicht-chelatbildenden Isomeren, wuchsstoffaktiv sind. Dies ist scheinbar eine Bestätigung der Annahme, daß auch IES Metallchelate in der Pflanze bildet, und vielleicht dank dieser Eigenschaft wuchsstoffaktiv ist. Gewisse eigentümliche Züge im Zusammenspiel zwischen IES und bekannten Chelatbildnern sind aber schwer zu deuten. Gegen diese Annahme haben auch Fawcett, Wain u. Wightman Einwände gemacht, weil laut ihren Erfahrungen die Ähnlichkeit zwischen IES und Chelatbildnern nicht besonders groß sei. Die Frage ist natürlich ungelöst, bietet aber interessante Möglichkeiten, Metallionen auch in das Zentrum des Wachstumsmechanismus einzuführen. Soweit bisher bekannt, greift hier nur Ca direkt ein (Fortschr. Bot. **15**, 301).

Diese Versuche, das Chelatprinzip auf verschiedene Gebiete anzuwenden, sind noch unsicher und vorläufig, die Betrachtungsweise bedeutet aber, nach Ansicht des Ref., einen der größten bisherigen Fortschritte auf dem Gebiete der Physiologie der Mineralnährstoffe. Sie eröffnet Möglichkeiten disparate Erscheinungen auf einheitlichem Grund zu erklären.

C. Bedeutung und Funktion der Elemente.

1. Alkalimetalle. Die physiologische Wirkung von K ist viel erörtert worden. Ein wichtiger Beitrag stammt von Coleman u. Richards. Sie haben mit Gerste, Hafer und Rotklee gezeigt, daß bei K-Mangel Putrescin (Tetramethyländiamin) in Mengen auftritt, das die für K-Mangel kennzeichnenden Nekrosen der Blätter hervorruft. Diese werden also nicht durch einen Mangel an K, sondern durch einen pathologischen Überschuß an Putrescin bedingt. Eine schöne Bestätigung liegt darin, daß Putrescin auch bei normalem K-Gehalt ähnliche Nekrosen hervorrufen kann. Rb und Na können die Putrescinbildung einigermaßen unterdrücken, und auch durch Ca-Salze wird sie gehemmt. Fujiwara

u. IIDA haben im großen ganzen bestätigen können, daß K die Respiration vermindert und den Kohlenhydratgehalt erhöht.

Mangel an K und P ist von ALONSO bei *Mentha, Melissa, Foeniculum* und *Pimpinella* beschrieben worden, nebst seinem Einfluß auf die Bildung ätherischer Öle in diesen Drogenpflanzen. Ferner sei erwähnt, daß MULDER u. BAKEMA die Aminosäurebildung in Kartoffeln bei Mangel an K, P und N untersucht haben.

2. Magnesium und Erdalkalien. Die Einwirkung von Mg auf den Kohlenhydratzustand ist von SHUGAR papierchromatographisch untersucht worden. Unter Arbeiten über Ca sei insbesonders der oben erwähnte Befund von FLORELL erwähnt, daß Ca die Bildung von Mitochondrien in Weizenwurzeln ohne Änderung der Plasmamenge erhöht. Dies stimmt mit der üblichen Auffassung überein, daß Ca für die kolloidalen Strukturen von Bedeutung ist, obwohl in diesem Fall die Wirkung genau präzisiert werden kann. KALRA hat die cytologischen und histologischen Veränderungen bei Ca-Mangel in der Tomate ausführlich beschrieben; besonders sei hervorgehoben, daß der Mangel sehr schnell in den Meristemen zutage tritt. Ca wird im allgemeinen als in der Pflanze recht unbeweglich betrachtet. Laut PETERBURGSKIJ u. SIDOROVA gilt dies für *Solanum* und *Pyrus,* aber nicht für *Helianthus, Trifolium* und *Pisum,* wo es leicht beweglich ist, ebenso wie für *Rosa* laut ABUTALYBOV. Sr soll Ca in beschränktem Grad ersetzen können. Laut WALKER ist dies auch bei *Chlorella*-Arten der Fall, aber nicht bei *Scenedesmus. Coccomyces* wird von Sr stark gehemmt. Es wird angenommen, daß alle diese Pflanzen gleich viel Ca verlangen, aber gegen Sr verschieden empfindlich sind.

3. Phosphor und Schwefel. TOLBERT u. WIEBE haben Blutungssaft aus Tomatenpflanzen auf P und S analysiert und gefunden, daß dieser ausschließlich als Sulfat, P teils als Phosphat teils in einer unbekannten Form vorkommt. Zwei Arbeiten, die den P-Mangel behandeln, sind oben unter K erwähnt (ALONSO nebst MULDER u. BAKEMA). SCHATZ (1) hat sog. Cu-liebende Moose untersucht und ist zu dem überraschenden Schluß gekommen, daß ihr Vorkommen, wie man angenommen hat, weder von Cu noch von Fe abhängig ist, sondern von einem Bedarf an reduziertem S für ihre Photosynthese, die nach einem primitiven Schema verlaufen soll.

Fraktionierung von Proteinen und löslichem N bei S-Mangel haben MERTZ u. MATSUMOTO ausgeführt. TURRELL u. WILSON haben gezeigt, daß *Citrus*-Blätter elementares S^{35} aufnehmen und assimilieren.

4. Spurenelemente im allgemeinen. LENHOFF, NICHOLAS u. KAPLAN berichten über einen interessanten Zusammenhang zwischen Fe und Mo bei *Pseudomonas.* Bei niedriger O_2-Spannung ist der Fe-Bedarf groß und Cytochromoxydase dient als terminale Oxydase, bei hoher O_2-Spannung dagegen ist der Bedarf an Mo groß und ein Mo-Flavoproteidsystem tritt als terminale Oxydase auf. Bisher kennt man eine Wirkung des Mo nur vom Stickstoffwechsel (vgl. unten).

WARINGTON hat ihre Arbeiten über die Entgiftung vom Mo und V durch Fe fortgesetzt. TSUI hat ein z. Z. sehr aktuelles, halb-praktisches Problem studiert, und zwar die Einwirkung mehrerer Spurenelemente auf die Samenkeimung.

ENGLISH u. BARNARD haben über Rassendifferenzen hinsichtlich Bedarf an Spurenelementen in *Trichophyton* berichtet, und STEINBERG u. JEFFREY über die Einwirkung der Spurenelementen auf die Nicotinbildung in Tabak.

5. Valenzwechselnde Spurenelemente. Daß Fe-Chlorose im Zusammenhang mit dem N-Stoffwechsel steht, ist mehrfach angenommen worden. JACOBSON u. OERTLI haben gezeigt, daß chlorotische Pflanzen schnell Fe aufnehmen; die Chlorose beruht aber auf irreversible Schädigungen und sie meinen, daß Fe die Proteinsynthese nicht direkt beeinflußt. SIDERIS u. YOUNG haben die durch zahlreiche Kohlenhydrat-, Chlorophyll-, Protein- und Fe-Analysen belegte Ähnlichkeit zwischen N- und Fe-Mangel bei der Ananas hervorgehoben. Ferner hat DÉMÉTRIADES die Aminosäurefraktionen in Fe-chlorotischen *Hibiscus*-Pflanzen untersucht. — Mn erfüllt eine nicht näher bekannte Aufgabe bei der Photosynthese, was laut FINCK sich dadurch äußert, daß die Periode des Mn-Bedarfs bei Hafer mit der der Photosynthese zusammenfällt. KESSLER hat über den Mn-Bedarf bei *Ankistrodesmus* berichtet. Die Photosynthese wird bei Mn-Mangel gehemmt, nicht aber die Photoreduktion mit H_2, weshalb Mn beim O_2-produzierenden Mechanismus mitwirken soll. Es ist außerdem bekannt, daß Mn beim oxydativen Metabolismus wenigstens als Aktivator fungiert. *Chlorella* fordert aber laut REISNER u. THOMPSON, entgegen früheren Angaben, Mn sowohl auto- wie mixo- und heterotroph. Mn aktiviert laut ANDERSON u. EVANS in *Phaseolus* Isocitronensäure- und Malatdehydrogenase ohne Änderung der Enzymmenge. Mn greift auch im IES-Oxydasesystem ein, was von HILLMAN u. GALSTON sowie MACLACHLAN u. WAYGOOD behandelt wird. OSTROVSKAJA hat gezeigt, daß Reissamen um so besser keimen, je höher der Cu-Gehalt ist (vgl. oben Abschnitt C 4).

Die Bedeutung des Mo bei der Nitratassimilation ist ziemlich gut bekannt (Fortschr. Bot. **18**, 253). Von neuen Beiträgen zum Mo-Problem sei erwähnt, daß Bd. 81, H. 3 von Soil Science ganz dem Mo gewidmet ist, mit Aufsätzen über Mangelerscheinungen (HEWITT) mit ausgezeichneten Farbbildern, über das Auftreten von Mo-Mangel im Feld (ANDERSON, RUBIN) und über seine Funktion (EVANS).

6. Andere notwendige Spurenelemente. Nach einer von GAUCH u. DUGGAR (Fortschr. Bot. **18**, 254) entwickelten Ansicht liegt die Wirkung des B darin, daß es an Zucker gebunden den Transport und die Verteilung der Kohlenhydrate in der Pflanze besorgt. SISLER, DUGGAR u. GAUCH haben bestätigt, daß Zucker bei B-Mangel nicht transportiert wird, während B auf den Transport der Aminosäuren keinen Einfluß hat. Laut BAKER, GAUCH u. DUGGAR bewirkt daher B-Mangel eine Abnahme der Transpiration; Zucker- und Kolloidgehalte der Blätter steigen, die Wasseraufnahme wird erschwert und die Stomata werden schlecht ausgebildet. Primär wirkt dabei B nur auf den Zuckertransport ein. Diese Ansicht wird jedoch auch bestritten. ZIEGLER hat nachgewiesen, daß in verschiedenen Bäumen der B-Gehalt des Siebröhrensafts so niedrig ist, $< 5\,\mu\mathrm{g/ml}$, daß keine wesentlichen Mengen von B-Kohlenhydratverbindungen vorliegen können. PALSER u. McILRATH haben die anatomischen und cytologischen Veränderungen der Meristeme bei B-Mangel sehr ausführlich beschrieben, und ferner gezeigt, daß diese nur durch Bespritzung mit B, aber nicht mit Zucker geheilt werden können. In einer anderen Arbeit haben McIlrath u. Palser keine eindeutige Wirkung von B auf den Zuckertransport nachweisen können. Der Transport wird dadurch gehemmt, daß bei B-Mangel das Phloem nekrotisiert. Die Wirkungsweise des Bors muß deshalb immer noch als umstritten angesehen werden.

Anhangsweise sei erwähnt, daß Torsell bemerkenswerte Wirkungen von Phenylborsäuren auf das Streckungswachstum von Wurzeln gefunden hat; diese dürften aber mit der Wirkung der freien Borsäure nichts zu tun haben. — Über das ebenfalls unvollständig bekannte Zn hat Ozanne berichtet; Zn wird in Wurzeln in Mengen zurückgehalten, die dem Proteingehalt proportional sind, und es kann angenommen werden, daß Zn an Proteine gebunden vorliegt (vgl. Abschn. B).

7. Die fraglichen Nährstoffe. Zu dieser Gruppe müssen noch Cl und Si gerechnet werden, obwohl wenigstens für gewisse Pflanzen Belege für ihre Unentbehrlichkeit vorliegen. Arnold hat Cl in Pflanzen monographisch behandelt und die Literatur über Vorkommen, Aufnahme, physiologische Wirkung, ökologische Bedeutung sowie über Korrelationen zwischen Cl und z. B. Kohlenhydrat- und Stickstoffwechsel zusammengestellt. Der größte Wert liegt natürlich in der Literatursammlung, andrerseits liegt eine Gefahr darin, daß ein Nicht-Fachmann in beschriebenen Korrelationen dieser Art ursächliche Zusammenhänge erblicken kann, was nicht berechtigt ist. Ulrich u. Ohki haben bestätigt, daß Cl für Rüben unentbehrlich ist und Mangelerscheinungen nebst Minimumgehalten und die Verteilung des Cl in der Pflanze beschrieben.

Angaben über Si-Aufnahme stammen von Holzappel u. Engel, die zeigen, daß Weizenpflanzen Quarzkieselsäure aufzunehmen vermögen; sie wird in Form von Quarzkristallen transportiert, erreicht aber nur in Spuren den Stamm und nicht die Blätter.

D. Ökologische Probleme.

1. Ökologie einzelner Stoffe. Mit Hilfe von P* hat Rigler die Umsatzgeschwindigkeit von P in einem See bestimmt, wobei die Verluste durch Sedimentierung und Abfluß klein waren; 95% wurden binnen 20 min von Organismen aufgenommen, der größte Teil durch Bakterien. Die Methode dürfte überhaupt für die Bestimmung der Umsatzgeschwindigkeit in natürlichen Gemeinschaften sehr brauchbar sein und ist in beschränktem Maß in Gebrauch gekommen. Die sehr groß angelegten Untersuchungen von Bertrand u. Silberstein über Spurenelemente in Pilzen sind mit Mn fortgesetzt worden; die Gehalte schwanken zwischen 3 und 89 mg je kg.

Lounamaa hat eine sehr große Untersuchung über das Vorkommen von 15 Spurenelementen, u. a. Ga, Y, Zn, Cd, Sn und Pb in Böden und wilder Vegetation in Finnland durchgeführt. Auffallende Unterschiede zwischen Lebensformen werden nachgewiesen; bzgl. Einzelheiten muß auf das Original verwiesen werden.

2. Die Ökologie spezieller Typen. Daß Kalkchlorose entsteht, weil Fe in der Pflanze inaktiv gebunden wird, dürfte festgestellt sein. DeKock vermutet, daß jede Art von Chlorose, Kalkchlorose, N-Mangelchlorose sowie genetisch bedingte Chlorose auf einer Verdrängung von Fe aus aktiven Chelaten irgendeiner Art beruht; alle anderen Erscheinungen, die mit Kalkchlorose zusammenhängen, sollten somit sekundärer Natur sein. BROWN u. HOLMES haben bestätigt, daß Kalkchlorose auf mangelhafter Fe-Versorgung beruht; bei einem Vergleich zwischen Mais, Weizen und zwei Soja-Rassen zeigte sich, daß Kalkchlorose in einer der Soja-Rassen durch ein Unvermögen zur Fe-Aufnahme verursacht wurde, bei Mais dadurch, daß Fe durch Cu verdrängt wurden. Nach BROWN, HOLMES u. SPECHT wird die Chlorose durch Cu und P verstärkt. Dieser allgemeine Gesichtspunkt löst jedoch die Frage nicht befriedigend, warum hoher Kalkgehalt (oder hohes p_H) in jedem einzelnen Fall Fe in der Pflanze inaktiviert, auch wenn es aufgenommen wird. Dieses ökologische Problem ist also noch unaufgeklärt. Ein anderer Gesichtspunkt wird von MILLER u. THORNE und MILLER u. EVANS (1) hervorgehoben. Sie haben gezeigt, daß Bicarbonationen Cytochromoxydase in vitro hemmen und auch daß ein hoher Gehalt an Bicarbonat in der Außenlösung die Cytochromoxydaseaktivität in Wurzeln herabsetzt. Gleichzeitig tritt Chlorose auf. Es ist jedoch nicht klar, ob der Bicarbonatgehalt in der Pflanze mit dem in der Außenlösung parallel geht. — Die Wirkung des Boden-p_H an sich dürfte mit dem spezifischen Kalkchloroseproblem nicht identisch sein. WEAR hat gezeigt, daß die Aufnahme von Zn aus einem Boden mit steigendem p_H abnimmt, und daß dies ein reiner p_H-Effekt, unabhängig von Ca, ist. Die schädliche Wirkung vom Ammoniumsalzen im Boden auf die Mg-Versorgung beruht laut MULDER nicht nur auf einer Ansäuerung und Auslaugung sondern auf einer direkten Konkurrenz bei der Aufnahme.

SEBALD hat 26 Waldpflanzen bei verschiedenen p_H-Werten kultiviert und feststellen können, daß ihre physiologischen p_H-Optima im großen und ganzen mit den ökologischen Vorkommen übereinstimmen; mit steigendem p_H sinken im allgemeinen die P-Gehalte und steigen, wie zu erwarten war, die an Ca.

Serpentinpflanzen sind früher (Fortschr. Bot. **18**, 258) entweder durch ihren Schwermetallbedarf oder ihren Ca-Haushalt gekennzeichnet worden. Sie sollen z. B. ihren Ca-Bedarf einem sehr Ca-armen Medium entnehmen können. CROOKE meint aber, daß auf Serpentinböden kein Mangel an Ca vorliegt, sondern daß die günstige Wirkung von Kalkung auf einer Verminderung der sonst hohen Ni-Aufnahme beruht. — Das Serpentinproblem ist gewissermaßen eine Umkehrung des Kalkchloroseproblems, und die Lösung scheint ebenfalls in der Bilanz zwischen zwei- bis mehrwertigen Kationen zu liegen.

Die Eigenschaften der Halophyten gehören auch zu den klassischen ökologischen Fragen. FLANNERY hat die Literatur über halophile Bakterien zusammengestellt. In diesem Zusammenhang sei auch erwähnt, daß laut LYUBICH *Quercus robur* in der Natur an einen Cl-Gehalt des Bodens von 0,09% angepaßt werden kann.

Aus der reichen Literatur über *praktische Diagnostizierung von Mangelkrankheiten,* die auch von theoretischem Interesse ist, sollen nur drei Arbeiten angeführt werden. BOLLARD hat B-, Mn- und Zn-Mangel in Obstbäumen vom diagnostischen Gesichtspunkt beschrieben. Ein neues Prinzip für die Blattdiagnose hat NICHOLAS angegeben; Blätter werden mit Acetat und Zitrat extrahiert, und die Auszüge auf K, Mg, Ca, N und P analysiert; die Methode dürfte auch theoretisch wohlbegründet sein. LEYTON hat bei Bäumen die Korrelation zwischen Höhe und Gehalt der Blätter an N, P, K und Ca studiert, und schließt daraus, daß die begrenzenden Nährfaktoren unter Umständen auf diesem Wege bestimmt werden können.

Literatur.

ABUTALYBOV, M. G.: Dokl. Akad. Nauk SSSR 105, 1042—1044 (1955). — ALONSO, M. G.: Farmacognosia (Madrid) 15, 3—47 (1955). — ANDERSSON, I., and H. J. EVANS: Plant Physiol. 31, 22—28 (1956). — ARISZ, W. H.: Protoplasma (Wien) 46, 5—62 (1956). — ARISZ, W. H., and M. J. SCHREUDER: (1) Proc. Kon. Ned.Akad.v.Wetensch.59, 454—460 (1956).— (2) Proc. Kon. Ned.Akad.v.Wetensch. 59, 461—470 (1956). — ARISZ, W. H., and H. H. SOL: Acta bot. neerl. 5, 218—246 (1956). — ARNOLD, A.: Die Bedeutung der Chlorionen für die Pflanze. Jena 1955.

BAKER, J. E., H. G. GAUCH and W. W. DUGGER jr.: Plant Physiol. 31, 89—94 (1956). — BECKING, J. H.: Acta bot. neerl. 5, 1—79 (1956). — BENNET-CLARK, T. A.: In Wain and Wightman: The chemistry and mode of action of growth substances. p. 284—291, 1956. — BERTRAND, G., et L. SILBERSTEIN: C. r. Acad. Sci. (Paris) 242, 37—40 (1956). — BOLLARD, E. G.: New Zeal. D. S. I. R. Bull. 115, 1—52 (1955). — BOWEN, H. J. M., and J. A. DYMOND: J. of Exper. Bot. 7, 264—272 (1956). — BROWN, J. C., and R. S. HOLMES: Plant Physiol. 30, 451—457 (1955). — BROWN, J. C., R. S. HOLMES and A. W. SPECHT: Plant Physiol. 30, 457—462 (1956). — BROYER, T. C.: Proc. Amer. Hort. Soc. 67, 570—586 (1956).

COLEMAN, R. G., and F. J. RICHARDS: Ann. of Bot. 20, 393—409 (1956). — CROOKE, W. M.: Soil Sci. 81, 269—276 (1956).

DALE, J. E., and J. F. SUTCLIFFE: Nature (London) 177, 192—193 (1956). — DeKOCK, P. C.: Ann. of Bot. 20, 133—142 (1956). — DÉMÉTRIADES, S. D.: Nature (London) 177, 95 (1956).

ENGLISH, M. P., and N. H. BARNARD: Trans. Brit. Mycol. Soc. 38, 78—82 (1955). — EPSTEIN, E.: Plant Physiol. 30, 529—535 (1956).

FAWCETT, C. H., R. L. WAIN and F. WIGHTMAN: Nature (London) 178, 972 bis 974 (1956). — FINCK, A.: Plant a. Soil 7, 389—396 (1956). — FLANNERY, W. L.: Bacter. Rev. 20, 49—66 (1956). — FLORELL, C.: Physiol. Plantarum (Copenh.) 9, 236—242 (1956). — FUJIWARA, A., and S. IIDA: Tôhoku J. Agric. Res. 6, 57—65 (1955).

GÄUMANN, E., u. ST. NAEF-ROTH: Phytopath. Z. 25, 418—444 (1956). — GUSTAFSON, F. G.: Amer. J. Bot. 43, 157—160 (1956). — GUSTAFSON, F. G., and N. J. SCHLESSINGER jr.: Plant Physiol. 31, 316—318 (1956).

HAERTL, E. J., and A. E. MARTELL: J. Agric. Food Chem. 4, 26—32 (1956). — HANDLEY, R., and R. OVERSTREET: Plant Physiol. 30, 418—426 (1956). — HARLEY, J. L., C. C. McCREADY, J. K. BRIERLY and D. H. JENNINGS: New Phytologist 55, 1—28 (1956). — HEATH, O. V. S., and J. E. CLARK: Nature (London) 177, 1118—1121 (1956); 178, 600—601 (1956). — HEINONEN, S., and H. WARIS: Physiol. Plantarum (Copenh.) 9, 618—623 (1956). — HELDER, R. J., and J. M. BONGA: Acta bot. neerl. 5, 115—121 (1956). — HILLMAN, W. S., and A. W. GALSTON: Physiol. Plantarum (Copenh.) 9, 230—235 (1956). — HOLZAPPEL, L., u. W. ENGEL: Z. Naturforsch. 11 b, 226—228 (1956). — HONDA, S. I.: (1) Plant Physiol. 30, 402—410 (1956). — (2) Plant Physiol. 31, 62—70 (1956). — HONDA, S. I., and R. N. ROBERTSON: Austral. J. Biol. Sci. 9, 305—320 (1956). — HOPE, A. B., and R. N. ROBERTSON: Nature (London) 177, 43—44 (1956).

JACOBSON, L., and J. J. OERTLI: Plant Physiol. 31, 199—204 (1956). — JAMES, W. O.: New Phytologist 55, 269—279 (1956).

KALRA, G. S.: Bot. Gaz. 118, 18—37 (1956). — KESSLER, E.: Arch. of Biochem. a. Biophysics 59, 527—529 (1956).

LEGGETT, J. E., and E. EPSTEIN: Plant Physiol. 31, 222—226 (1956). — LENHOFF, H. M., D. J. D. NICHOLAS and N. O. KAPLAN: J. of Biol. Chem. 220, 983 bis 995 (1956). — LEWIN, J. C.: J. Gen. Physiol. 39, 1—10 (1956). — LEYTON, L.: Plant and Soil 7, 167—177 (1956). — LONG, W. G., D. V. SWEET and H. B. TUKEY: Science (Lancaster, Pa.) 123, 1039—1040 (1956). — LOUNAMAA, J.: Ann. bot. Soc. Vanamo 29, (4) 1—196 (1956). — LYUBICH, F. P.: Dokl. Akad. Nauk. SSSR 107, 175—177 (1956).

MACLACHLAN, G. A., and E. R. WAYGOOD: Plant Physiol. 31, 403—406 (1956).— MACMILLAN, A.: J. of Exper. Bot. 7, 113—126 (1956). — MALMSTRÖM, B. G.: The mechanism of metal-ion activation of enzymes. Diss. Uppsala 1956. — MALAVOLTA, E., J. P. ARZOLLA and H. P. HAAG: Phyton (Buenos Aires) 6, 1—6 (1956). —

MARTELL, A. E., u. G. SCHWARZENBACH: Helvet. chim. Acta 39, 653—661 (1956). — McILRATH, W. J., and PALSER, B. F.: Bot. Gaz. 118, 43—52 (1956). — MERTZ, E. T., and M. MATSUMOTO: Arch. of Biochem. a. Biophysics 63, 50—63 (1956). — MIDDLETON, L. J.: New Phytologist 55, 117—119 (1956). — MILLER, G. W., and H. J. EVANS: (1) Nature (London) 178, 974—976 (1956). — (2) Plant Physiol. 31, 357 bis 364 (1956). — MILLER, G. W., and D. W. THORNE: Plant Physiol. 31, 151—155 (1956). — MULDER, E. G.: Plant a. Soil 7, 341—372 (1956). — MULDER, E. G., and K. BAKEMA: Plant a. Soil 7, 135—166 (1956).

NICHOLAS, D. J. D.: J. Hort. Sci. 30, 260—267 (1955). — NIEMAN, R. H.: Bot. Gaz. 118, 1—18 (1956).

OLAND, K., and T. B. OPLAND: Physiol. Plantarum (Copenh.) 9, 401—411 (1956). — OSTROVSKAJA, L. K.: Fiziol. rastenii 3, 73—78 (1956). — OZANNE, P. G.: Austral. J. Biol. Sci. 8, 47—55 (1955).

PALSER, B. F., and W. J. McILRATH: Bot. Gaz. 118, 53—71 (1956). — PAUWELS, G. W. F. H. B.: Opname van phosphationen door de gistcel, Diss. Leiden 1956. — PETERBURGSKIJ, A. V., and N. K. SIDOROVA: Dokl. Akad. Nauk SSSR, 105, 1049—1052 (1955).

REISNER, G. S., and J. F. THOMSON: Nature (London) 178, 1473—1474 (1956).— RIGLER, F. H.: Ecology 37, 550—562 (1956). — ROTHSTEIN, A., and A. D. HAYES: Arch. of Biochem. a. Biophysics 63, 87—99 (1956).

SCHATZ, A.: (1) Bryologist 58, 113—120 (1956). — (2) Umschau 1955, 746 bis 747. — SEBALD, O.: Mitt. württ. forstl. Versuchsanst. 13, 1—83 (1956). — SHUGAR, Y. A.: Fisiol. rastenii 3, 32—35 (1956). — SIDERIS, C. P., and H. Y. YOUNG: Plant Physiol. 31, 211—222 (1956). — SISLER, E. C., W. M. DUGGER jr. and H. G. GAUCH: Plant Physiol. 31, 11—17 (1956). — SKELDING, A. D.: Nature (London) 177, 1038 (1956). — SMITH, R. L., and A. WALLACE: Soil Sci. 81, 97—109 (1956). — STEINBERG, R. A., and R. N. JEFFREY: Plant Physiol. 31, 377—382 (1956). — SZENT-GYÖRGYI, A.: In Gaebler: Enzymes, units of biological structure and function. p. 393—397, 1956.

TANADA, T.: Plant Physiol. 31, 403—406 (1956). — TOLBERT, N. E., and H. WIEBE: Plant Physiol. 30, 499—504 (1956). — TORSELL, K.: Physiol. Plantarum (Copenh.) 9, 652—664 (1956). — TSUI, CH.: Scientia Sinica 4, 129—135 (1955). — TURRELL, F. M., and J. B. WEBER: Science (Lancaster, Pa.) 122, 119—121 (1955). — ULRICH, A., and K. OHKI: Plant Physiol. 31, 171—181 (1956).

VICKERY, H. B.: J. of. Biol. Chem. 217, 83—93 (1955).

WALKER, J. B.: Arch. of Biochem a. Biophysics 60, 264—265 (1956). — WALLIHAN, E. F., and L. HEYMANN-HERSCHBERG: Plant Physiol. 31, 294—299 (1956). — WARINGTON, K.: Ann. Appl. Biol. 44, 535—546 (1956). — WEAR, J. I.: Soil Sci. 81, 311—315 (1956). — WILKINSON, J.: J. of Exper. Bot. 7, 290—295 (1956). — WILLIAMS, R. F.: Annual Rev. Plant Physiol. 6, 25—42 (1955).

ZIEGLER, H.: Planta (Berlin) 47, 447—500 (1956).

14. Stoffwechsel organischer Verbindungen I. (Photosynthese).

Von André Pirson, Marburg a. d. Lahn.

Mit 2 Abbildungen.

Vorbemerkung.

Bei der üblichen Begrenzung der Berichtszeit auf Jahresspannen und der erforderlichen Umfangsbeschränkung ist es unmöglich, alle derzeit bearbeiteten Teilfragen der Photosyntheseforschung in einem sinnvollen Zusammenhang darzustellen; ein solcher ließe sich nur durch weite Rückgriffe auf frühere Arbeiten gewinnen. Um den Fernerstehenden dennoch bei den oft sehr speziell erscheinenden, aber doch wichtigen Teilproblemen eine gewisse Orientierung zu ermöglichen, ist oft auf frühere Berichte hingewiesen.

Das Gebiet der neueren Photosyntheseforschung ist durch eine enorme Zahl von Einzelarbeiten, denen die Hast der Publikation oft deutlich anzumerken ist, und durch manche ungenügend begründete Hypothesen belastet. Daß auch scheinbar „lehrbuchreife" Vorstellungen immer wieder revidiert werden müssen, kann bei der unruhigen Entwicklung nicht überraschen. Wenn Ref. im folgenden auch unscheinbare Befunde neben solchen mit publizistischem Blickfang erwähnt hat, so bringt er damit die Meinung zum Ausdruck, daß der echte Fortschritt auch in der Photosyntheseforschung auf die zurückhaltend sorgsame Kleinarbeit nicht verzichten kann.

I. Photosynthesepigmente.

1. Biogenese und Abbau.

Die bisherigen Einsichten in die für Tier und Pflanze zweifellos gemeinsamen Anfangsschritte der Porphyrinsynthese und den daran anschließenden Chlorophyllaufbau sind, soweit sie an *Chlorella* gewonnen wurden, von Granick (S) zusammenfassend dargestellt worden. Wie von Erythrocyten und deren Extrakten (Schmid u. Shemin) wird auch von *Chlorella*suspensionen δ-Aminolävulinsäure CH_2NH_2—CO—CH_2— —CH_2—COOH als Vorstufe der Pyrrolverbindung Phorphobilinogen (vgl. Fortschr. Bot. **17**, 531) verwertet, wobei offensichtlich 2 Moleküle kondensiert werden. Die Porphyrinbildung aus Porphobilinogen bedient sich nach Bogorad einer in Spinatblättern nachgewiesenen spezifischen Desaminase. Schwierig ist zu entscheiden, welche von den karboxylreichen Porphyrinen (Uro- und Koproporphyrinen u. a.), die von *Chlorella*mutanten ausgeschieden werden, in die direkte Biosynthesekette gehören, weil der Mutationsblock der Porphyrinmutanten nicht durch Zufütterung umgangen werden kann; bei dieser Schwäche der Beweisführung ist es verständlich, daß sogar Zweifel daran bestehen, ob Protoporphyrin IX — von Granick als Schlüsselsubstanz für Hämin-

und Chlorophyllsynthese betrachtet — wirklich als ein echtes Zwischenprodukt zu bewerten ist (DRESEL u. FALK). — Die Porphyrinsynthese ist in letzter Zeit besonders intensiv an Purpurbakterien untersucht worden, und zwar ohne Ausnutzung von Mutationsblocks im unmittelbaren Fütterungsversuch und unter variierten biochemischen und physiologischen Voraussetzungen. Außer δ-Aminolävulinsäure und Porphobilinogen können hier auch Ketoglutarat + Glycin als Ausgangsmaterial für Porphyrine, darunter auch für Bakteriochlorophyll dienen [LASCELLES (1, 2, S), LASCELLES u. COOPER, COOPER]. Bemerkenswert ist, daß für die ersten Schritte der Porphyrinsynthese Magnesium (neben Mn) unentbehrlich ist und andererseits das Eisen erst bei Aufbau des Bakteriochlorophylls aus Porphyrinen wesentlich in Funktion tritt [LASCELLES (2)]. Die durch einige frühere Befunde gestützte Annahme, man könne durch entsprechende Veränderung der Mineralsalzversorgung die Porphyrinsynthese vom Mg-Zweig auf den Fe-Zweig umleiten, ist also nicht selbstverständlich und wohl nur für einen sehr engen Konzentrationsbereich zulässig. Eisen und Magnesium haben eben eine weit über ihre Rolle als Pigmentkonstituenten hinausgehende biochemische Funktion. — In Euglenen folgt die Chlorophyllsynthese im Licht dem Absorptionsspektrum des Protochlorophylls, ohne daß dieses isoliert worden wäre (WOLKEN u. Mitarb.). Porphyrine sollen hier nicht nur innerhalb der Chlorophyllsynthese, sondern auch bei Auf- und Abbau der Carotinoide eine Rolle spielen (WOLKEN u. MELLON).

Für höhere Pflanzen ist die Suche nach Vorstufen des Chlorophylls bzw. Protochlorophylls noch nicht weit fortgeschritten. In etiolierten Gerstenblättern tritt nach LOEFFLER neben Protochlorophyll auch dessen phytolfreier Vorläufer, das von Chlorellamutanten bekannte Mg-Vinylphäophorbid a 5, auf. — SMITH u. AHRNE bemühten sich um die nähere optische und strukturelle Kennzeichnung des genuinen, noch in vitro zur Photoreduktion zu Chlorophyll befähigten Protochlorophyll-„Holochroms". Es liegt offenbar in partikulärer, zentrifugierbarer Form vor (SMITH u. KUPKE). Welche Beziehung diese Partikel zur Struktur der Plastiden (Proplastiden) haben, ist eine interessante Frage. — Mit der besonders empfindlichen fluorescenzphotometrischen Methode verfolgt VIRGIN (2) quantitativ den Pigmentumsatz bei Ergrünen etiolierter Weizenblätter im Licht. Die Reduktion Protochlorophyll → Chlorophyll a erfolgt mit geringem Temperaturkoeffizienten außerordentlich viel schneller als die temperaturabhängige Nachbildung des Protochlorophylls; aus dem Verlauf des Chlorophyllanstiegs ergibt sich, daß das Licht auch die Bildung des Protochlorophylls direkt oder indirekt fördert. Chlorophyll b entsteht erst sekundär und in keinem erkennbaren Zusammenhang mit Chlorophyll a. Der Ausfall nicht ganz eindeutiger Lichtblitzexperimente [VIRGIN (1)] bei der Photoreduktion des Protochlorophylls spricht im Normalfalle nicht für eine Beteiligung enzymatischer Dunkelreaktionen, wie sie bei Sondertypen (Coniferenkeimlinge, Chlorellen und ähnliche Algen) ausschließlich wirksam sind. Doch muß nach interessanten Befunden von RÖBBELEN auch bei den Phanerogamen eine fermentative Komponente in Betracht gezogen werden. In einer monohybrid spaltenden Mutante von Arabidopsis thaliana war die Reaktion Protochlorophyll $\rightarrow$ Chlorophyll a blockiert, worin allein schon ein Hinweis auf die Beteiligung eines Enzyms gegeben ist; darüber hinaus riefen pigmentfreie wäßrige Extrakte aus nicht mutierten etiolierten Pflänzchen im belichteten Mutantenextrakt eine Protochlorophyllreduktion hervor. Auch im Dunkeln erfolgt eine geringe Reduktion (vgl. KUTJURIN); in etiolierten Maisblättern ist nach GODNEV u. SHLYK durch Coniferenwundsaft eine Dunkelreduktion von Protochlorophyll erzielbar. Insgesamt kann man schließen, daß die Chlorophyllbildung im Licht oder im Dunkeln jeweils als Extremfall eines durch Übergänge verbundenen Reaktionskomplexes zu werten ist. Über die Natur einer enzymatischen Protochlorophyllreduktion wissen wir noch nichts; einige Beobachtungen (RÖBBELEN) sprechen für Mitwirkung eines Pyridinferments. —

Wie kompliziert die Pigmentwechselwirkungen bei der Biogenese sein können, haben erneut KAY u. PHINNEY (1, 2) gezeigt; von den mannigfaltigen Verschiebungen im Verhältnis der Chlorophylle und Carotinoide beim Ergrünen von Maiskeimlingen ist das Verhalten einer „virescens"-Mutante interessant, in der nur während der ersten 8 Tage nach der Keimung die Ausbildung des Protochlorophylls und der oxydierten Carotinoide bei normaler Carotinsynthese blockiert ist; diese Mutantensymptome sind bei Abwesenheit des Endosperms (isolierte Aufzucht von Embryonen) besonders ausgeprägt. — Extensive Untersuchungen über die Wirkung von Giften auf die Chlorophyllbildung in etiolierten Weizenblättern (mit engeblicher Stimulation bei sehr niedrigen Dosen) sind von BREBION u. SCUFLAIRE angestellt worden.

Recht widerspruchsvoll erscheinen bisher die Angaben über einen dynamischen Umsatz der Photosynthesepigmente. Nach KUTJURIN wird N^{15} bei *Helodea* etwa 3mal langsamer ins Chlorophyll eingebaut als in das Blatteiweiß; BECKER u. SHELINE konnten in 65 Std. trotz guter Isotopenaufnahme keinen Einbau von Mg^{28} oder C^{14} ins Chlorophyll von *Coleus*blättern nachweisen, während wachsende Chlorellen in 18 Std. eine beträchtliche etwa gleichmäßige Markierung von Chlorophyll a und b ausführten; beim Carotin war der C^{14}-Einbau wesentlich stärker als bei den Xanthophyllen. GJUBBENET u. BAZANOVA rechnen mit einer völligen Erneuerung des Chlorophylls in Kartoffelblättern innerhalb von 3—5 Tagen, wobei Abbau und Resynthese in starken tagesperiodischen Wellen ablaufen sollen. Soweit diese Angaben stichhaltig sind, zwingen sie zur Annahme beträchtlicher Unterschiede je nach Species und physiologischem Zustand. Als bisher wenig beachtete Tatsache sei hier erwähnt, daß Chlorophyll und Carotinoide in jungen Maissämlingen bei Verdunkelung nicht stabil sind; insbesondere das Chlorophyll wird nach FRANK u. KENNEY rasch abgebaut (bei 27° in 24 Std. bereits über 30%). Im Licht sorgt das Zusammenspiel von Abbau und Synthese für eine dynamische Stabilität; der Dunkelabbau kann durch Rohrzuckerzufuhr aufgehalten werden.

Auf die zahlreichen Publikationen über die Entstehung der Carotinoide in C-autotrophen und heterotrophen Organismen kann hier nicht im einzelnen eingegangen werden. Kurz verwiesen sei auf die von CLAES mit Hilfe von heterotrophen *Chlorella*mutanten weitergeführte Analyse des Carotinoidaufbaus, bei der nunmehr alle zu erwartenden Einzelglieder vom farblosen Phytoën bis zum Lycopin aufgefunden wurden. Da jede Blockierung der Synthese zum Auftreten aller stärker gesättigten Vorstufen vom Block bis zum Phytoën liefert, erscheint heute die Hypothese einer schrittweise erfolgenden Dehydrierung (PORTER-LINCOLN) für die Biogenese der Carotinoide gut begründet. Ein grundlegender Unterschied im Hauptverlauf der Carotinoidsynthese besteht wohl zwischen Chlorellen und anderen (auch heterotrophen) Organismen nicht. MACKINNEY u. Mitarb. bezweifeln allerdings für die Tomate die Funktion des Phytoëns als Startsubstanz der Synthese. Natürlich können als Blockierungsfolge echte Zwischenprodukte der Carotinoidsynthese auf Seitenwegen auch weiterreagieren; man kann z. B. an einer bestimmten Chlorellamutante mit Blaulicht eine normalerweise nicht eintretende Nebenreaktion herbeiführen, während im Rotlicht (Chlorophyllabsorption?) die Blockierung aufgehoben wird. Dieser Befund löst erneut die oft diskutierte, aber ganz ungeklärte Frage nach einer biochemischen Kopplung von Chlorophyll- und Carotinoidumsatz aus. Daß dieselbe auf einer Gemeinsamkeit von Vorstufen beruht, ist höchst unwahrscheinlich (CHICHESTER u. Mitarb., FRANK u. KENNEY). Vergiftungsversuche mit Chloroform (VOGT-BEEKMANN) oder Diphenylamin [GOODWIN u. LAND (2)] legen nahe, daß Carotinoide oder Carotinoidvorstufen als H-Acceptoren dienen können, d. h. zugleich, daß der vermutliche Syntheseweg teilweise umgekehrt werden kann. Möglicherweise stehen Zwischen- oder Endglieder der beiden Syntheseketten durch spezifische Fermente bzw. in einer durch die Struktur ihrer Organellen festgelegten Lokalisation zueinander im Verhältnis von Wasserstoffdonatoren und -acceptoren. — Wie der Porphyrinaufbau ist auch die Carotinoidsynthese an Photobakterien eingehend studiert worden [VAN NIEL u. Mitarb., GOODWIN u. SISSINS bei Purpurbakterien, GOODWIN u. LAND (1, 3) bei Chlorobium]. Für vergleichende Untersuchungen und für die Beurteilung der viel erörterten Beziehungen zwischen Phototaxis und Photosynthese ist die starke Abhängigkeit der Carotinoidgarnitur von Kulturalter und physiologischen Bedingungen wichtig. Bei Athiorhodaceen fand GOODWIN (2) charakteristische Unterschiede in den Pigmenten bei aerober und anaerober Anzucht. — DROOP weist darauf hin, daß Astaxanthinbildung in Haematococcus auch im Dunkeln möglich ist.

Der biologische Chlorophyllabbau wird auch weiterhin hauptsächlich an Defektmutanten untersucht. Daß bei gärtnerischen Aureaformen die Chlorophyllarmut oft auftritt, weil das Chlorophyll besonders „lichtunecht" ist, wird erneut bestätigt [BAUER, SAGROMSKY (1)]. Die Lichtresistenz wird in einer Tomatenmutante offenbar vom N-Spiegel mitbestimmt; reichliche N-Zufuhr und vermutlich gleichsinnig wirkende niedrige Kaliumdosen stabilisieren in diesem Fall das Pigment [SAGROMSKY (2)]. Bemerkenswert ist in diesem Zusammenhang eine blaugrüne Rhodopseudomonas-Mutante, die keine gefärbten Carotinoide (nur farbloses Phytoën?), sondern allein Bacteriochlorophyll enthält (GRIFFITHS u. Mitarb.); bei aerober Belichtung wird hier das Bacteriochlorophyll rasch zerstört; die alte Hypothese, daß die Carotinoide im Normalfalle das Chlorophyll vor photodynamischer Autoxydation schützen (vgl. CALVIN), erschöpft jedoch schon angesichts der Tatsache, daß in anderen spontanen und induzierten lichtempfindlichen Chlorophylldefekt-Mutanten Carotinoide verfügbar sind, das Problem durchaus noch nicht. Darüber hinaus haben KANDLER u. SCHÖTZ festgestellt, daß eine heterotrophe Chlorellamutante (CLAES) zwar einen (erwiesenermaßen photooxydativen) Chlorophyllabbau durchführt, dessen Aktionsspektrum aber für eine besonders starke photodynamische Wirkung der noch vorhandenen Carotinoide spricht. Die photodynamischen Störungen bei intensiver Bestrahlung sollten allgemein nicht nur nach augenfälligen Pigmentveränderungen, sondern auch an Hand anderer Symptome des Stoffwechsels (KANDLER u. SCHÖTZ) oder des zellphysiologischen Verhaltens

(BIEBL an marinen Rotalgen) bewertet werden. KOK (1) hat in einer seiner reaktionskinetischen Photosyntheseuntersuchungen den Pigmentabbau in Chlorella bei sehr hohen Beleuchtungsstärken indirekt verfolgt. Die Starklichthemmung muß danach in zwei Komponenten zerlegt werden, eine photochemische Inaktivierung (vergleichbar einer Narkotisierung) des Pigmentkomplexes, welche durch gegenläufige Dunkelvorgänge wieder aufgehoben werden kann und die anschließende eigentlich photooxydative Pigmentzerstörung (vgl. auch KOK u. BUSINGER).

2. Optische Eigenschaften und Feinstruktur.

Von besonderem Interesse sind die verstärkten Bemühungen, mit Hilfe physikochemischer Methoden und unter Heranziehung präparativer Verfahren zur Aufklärung der Chloroplastenstruktur und dabei besonders des Ordnungszustandes der Pigmente beizutragen. Untersuchungen dieser Art haben heute höheres Gewicht als früher, da ihnen die Elektronenoptik gewisse direkte Kontrollen ermöglicht und neue Anregungen verschafft. Andererseits macht die Elektronenoptik ein gründliches Studium der physikalischen Kennzeichen und Voraussetzungen einer strukturellen Differenzierung keinesfalls überflüssig, zumal auch fernerhin die indirekte Strukturanalyse in Bereiche vorzudringen vermag, die dem Elektronenmikroskop verschlossen sind und vermutlich auch bleiben werden. Jedenfalls ist der oft geäußerte Wunsch morphologische und funktionelle Gesichtspunkte auch in der Photosyntheseforschung enger zu korrelieren, heute kein reines Fernziel mehr. Wir lassen dennoch die rein elektronenoptischen Fortschritte der Plastidenanalyse beiseite, da diese an anderer Stelle gewürdigt werden.

Die indirekte Strukturuntersuchung wird zur Zeit besonders durch die aktive Utrechter biophysikalische Forschergruppe verfolgt. GOEDHEER (1—4) versucht, anknüpfend an ältere Erfahrungen (MENKE), durch Vermessung von Doppelbrechung und Dichroismus die Auffassung zu stützen, daß die Chlorophyllmoleküle auf den Lamellen der Plastiden- bzw. Granastruktur monomolekular gelagert sind. Vergleichsversuche an Lecithin- und Oleatmodellen in Verbindung mit Messungen der Polarisation des Fluorescenzlichtes (bei linear polarisiertem Anregungslicht) machen es wahrscheinlich, daß eine Formdoppelbrechung (und entsprechender Dichroismus) vorliegt und die auf Lipoproteidkomplexen angeordneten Pigmentmoleküle (Chlorophylle und Carotinoide) selbst keine ausgesprochen strenge Orientierung besitzen. Allerdings muß die Anordnung der Pigmentmoleküle untereinander dennoch den erwiesenen Energieübergang durch Resonanz ermöglichen. Vorerst für den Chloroplastentyp von Mougeotia wird ein Strukturbild entworfen, in dem die pigmenttragenden Lipoproteidschichten mit pigmentfreien Lagen orientierter freier Lipoide (und außerdem schmalen wäßrigen Schichten) abwechseln. Zu ähnlichen Ergebnissen an grünen Flagellatenplastiden (Elektronenmikroskopie kombiniert mit Präparation und Ultrazentrifugation) kommen WOLKEN u. SCHWERTZ; das „Molekulargewicht" des (lipoidhaltigen?) „Chloroplastins" liegt danach bei

$2—4 \cdot 10^4$. THOMAS, MINNAERT u. ELBERS haben die Vorstellungen von GOEDHEER durch analytische Daten über den Chlorophyllgehalt der Plastiden verschiedener Pflanzentypen ergänzt. Die u. a. auf THOMAS zurückgehende verbreitete Vorstellung, die lamellaren Chloroplasten seien den Einzelgrana innerhalb der Chlorophyllkörner höherer Pflanzen homolog, ist fallengelassen worden, da nach Ansicht der Autoren zwischen dem granulären und dem lamellären Plastidentyp tiefergreifende Unterschiede (verschiedene Aggregation der Einzelschichten und deren Gruppierung in Lamellen) bestehen. Die holländischen Forscher betonen jedoch, daß für die Pigmente grundsätzlich — und zwar auch dort, wo eine Lokalisation in nur elektronenoptisch nachweisbaren „Chromatophoren" vorliegt (Photobakterien, Blaualgen) — eine einschichtige Anordnung auf Lipoproteidträger-Oberflächen in Betracht kommt. Diese Anordnung spricht gegen die Existenz sog. Chlorophylleinheiten als morphologisch faßbarer Bauelemente, schließt aber die Möglichkeit funktioneller „units" für die Energieübertragung nicht aus. Die Realität solcher Einheiten wird von ARNOLD u. MEEK wieder nachdrücklich betont, und zwar auf Grund der Überlegung, daß die geringe Polarisation des Fluorescenzlichtes anzeigt, daß nicht alle absorbierenden Chlorophyllmoleküle selbst wieder Energie abgeben, sondern eine Energieleitung vom Ort der Absorption zum Ort der Fluorescenz stattfinden muß; bei dieser Gelegenheit wird die Lichtblitzmethodik von EMERSON u. ARNOLD (1932), die ja seinerzeit mit zur Konzeption der Chlorophylleinheiten beigetragen hat, gegen kritische Einwände verteidigt (vgl. Fortschr. Bot. **14**, 327), allerdings die Zahl der Chlorophyllmoleküle pro Einheit neueren Erfahrungen entsprechend (unter Annahme einer Quantenzahl von 4—10) auf 200—500 herabkorrigiert. — Die Annahme eines Lipoidproteid-Pigmentkomplexes als Komponente der Plastidenstruktur findet eine gewisse Stütze durch präparative Befunde. ANDERSON, SPIKES u. LUMRY bestätigen, daß ein kristallisierbares Material dieser Zusammensetzung aus Chloroplasten erhalten werden kann (vgl. Fortschr. Bot. **17**, 538), welches das Pigment allerdings nur locker gebunden hält und ebenso Präparationsartefakt wie Konstituent des lebenden Plastiden sein könnte. Weiter geht CHIBA, der zwei kristallisierende Chlorophyll-Lipoproteide beschreibt, welche (nach ihrem Absorptionsverhalten beurteilt) Chlorophyll a bzw. b führen.

Der offenbar besonders komplizierte Bindungszustand des Bakteriochlorophylls in vivo macht der indirekten Strukturanalyse besondere Schwierigkeiten. Die für Chromatium mehrfach beschriebenen 3 Absorptionsmaxima in vivo (890, 850, 800 mμ) werden bei Behandeln mit Aceton durch eine Bande (780 mμ) ersetzt; bei Wiederzugabe von Wasser wird die differenzierte Absorption teilweise regeneriert (KOMEN). Die ursprüngliche Hypothese verschiedener Trägerbindung eines Pigments erklärt danach die Bandenverteilung in vivo besser als die Annahme chemischer Unterschiede am Pigment selbst. In wäßrigen Bakterienextrakten wird für die pigmentführenden Teilchen aus der Sedimentationsgeschwindigkeit auf der Ultrazentrifuge ein Partikelgewicht von $3 \cdot 10^7$ ermittelt, was zu den elektronenoptischen Beobachtungen an diesen „Mikroorganellen" paßt. Die Lebendabsorption der Photobakterien ist auch vom äußeren p_H-Wert mitbestimmt, und zwar bei einzelnen Stämmen in verschiedenem Ausmaß [THOMAS u. Mitarb. (1)]. Die

Fluorescenz in vivo (nur eine Bande etwas oberhalb 900 m), die nur vom Bakteriochlorophyll „890" ausgesandt, aber von den anderen optischen Modifikationen (850, 800) und auch von einem Teil der Carotinoide mitangeregt ist, wird in allen Spektralbereichen vom p_H-Wert gleichermaßen beeinflußt; somit greift entweder die H-Ionenkonzentration nicht in den Mechanismus der Energieübertragung von Pigment zu Pigment ein oder der fluorescenzregulierende p_H-Einfluß setzt ausschließlich am Bakteriochlorophyll „890" an. Dies Beispiel sei als typisch für Arbeitsweise und Argumentation der indirekten Strukturanalyse angeführt. Es zeigt zugleich den manchmal unvermeidlichen Mangel an Beweiskraft und die Notwendigkeit, Aussagen dieser Arbeitsweise kritisch zu bewerten, was von den beteiligten Forschern selbst durchaus anerkannt wird. — Bandenaufspaltung eines Chlorophylls in vivo soll nach KRASNOVSKI u. Mitarb. auch bei der Rotalge Phyllophora vorkommen; 3 Maxima des Chlorophylls a (um 670, 676 u. 687 mμ, gegenüber Chlorophyll d bei 705 mμ), in ihrer relativen Höhe abhängig vom physiologischen Zustand des Materials, weichen beim Erhitzen einer Bande bei 670 mμ. Die Maxima werden hier hypothetisch auf einen verschiedenen Polymerisationsgrad zurückgeführt. — Bestritten wird übrigens die Angabe von SEYBOLD u. HIRSCH (vgl. Fortschr. Bot. **17**, 542), daß grüne Bakterien (Chlorobium-Typ) kein gruppenspezifisches Pigment besitzen, sondern nur Bakteriochlorophyll [RABINOWITCH (S), GOODWIN (2)]. Umgekehrt scheint es möglich, daß das „Bakterioviridin" (Acetylchlorophyll a) bzw. ein Pigment annähernd gleicher Absorption in Purpurbakterien vorkommt [FRENCH (S), SMITH u. BENITEZ (S)]; doch ist es dort vielleicht sekundärer Herkunft.

3. Optische Eigenschaften des Chlorophylls und photochemische Funktion.

Die von Fernerstehenden oft gestellte Alternativfrage, ob das Chlorophyll als chemisch inerter „Sensibilisator" oder als chemisch wirksamer „Katalysator" am Photosynthesevorgang beteiligt sei, verkennt — wie sich immer deutlicher erweist — das Wesen photochemischer Reaktionen. Die Wirkung des Chlorophylls ist ohne eine chemische Änderung am Molekül undenkbar; es muß aus dem primären (fluorescenzfähigen) Anregungszustand in einen metastabilen Zustand von genügend langer Lebensdauer übergehen, um seine Energie auf weitere Reaktionspartner, d. h. höchstwahrscheinlich auf Wassermoleküle, übertragen zu können. Die physikochemische und chemische Kennzeichnung des metastabilen Chlorophylls ist eine schwierige Aufgabe, mit der sich die Photosyntheseforscher photochemischer Richtung intensiv beschäftigen. Andererseits greift das Pigment vielleicht über eine primäre photochemische Funktion hinaus noch als chemischer Partner in Folgereaktionen ein; eine solche Möglichkeit wird den biochemisch gerichteten Forscher besonders ansprechen.

FRANCK (S) hat u. a. dargelegt, daß der metastabile Zustand des Chlorophylls ein Biradikal darstellt, dessen Bildung sich an einer Enol-Doppelbindung des Cyclopentanon-Rings abspielen dürfte. Die Möglichkeiten der Wasserspaltung am metastabilen Chlorophyll und der Übertragung der Photolyseprodukte auf intermediäre Acceptoren sind zuletzt von ALLEN u. FRANCK erörtert worden. Um eine Photolyse des Wassers herbeizuführen, muß nach FRANCK der metastabile Zustand noch zusätzliche Energie von Molekülen des ersten Anregungszustandes übernehmen können; denn es werden nach seinen Berechnungen pro H-Atom > 1 Quant, d. h. 2 Quanten benötigt. — Bei der Suche nach dem metastabilen Chlorophyll in actu spielt die Lichtblitztechnik eine

bedeutende Rolle, weil sie anhand nachweisbarer spektraler Veränderungen Aussagen über die Lebensdauer der reaktionsfähigen
Pigmente und darüber hinaus über die Kinetik der photochemischen
Reaktionsabläufe zu liefern verspricht. Einige Forscher gehen hierbei
von Lösungen des Chlorophylls aus; ob ihre Befunde auf lebende Zellen
übertragen werden können, ist zwar noch ungewiß, aber auf jeden Fall
durchaus diskutabel. Aus der erheblichen Zahl einschlägiger Beobachtungen können hier nur einige bemerkenswertere herausgegriffen werden.

BECKER u. KASHA haben bei —190° in fester Lösung das früher mehrfach
bestrittene Auftreten einer Phosphorescenz nachgewiesen; diese unterscheidet sich
durch ihre Wellenlänge (865 mμ) völlig von der Fluorescenz (657 mμ für Chlorophyll b in Methanol) und läßt sich als Kennzeichen des Übergangs vom niedrigsten
Anregungszustand zum Grundzustand deuten. Das Phänomen ist allerdings aus
unbekanntem Grunde nur bei Chlorophyll b (und einigen photosynthetisch inaktiven Porphyrinen) zu beobachten. Eine Beziehung zu den von LIVINGSTON in
Lichtblitzversuchen (bei Normaltemperatur) an Chlorophyllen in organischer
Lösung beobachteten reversiblen Absorptionsänderungen ist vorerst noch ungewiß.
Die halbe Lebensdauer dieser Bandenänderungen beträgt zwischen 1 und 13 sec^{-4}
gegenüber 10^{-10} sec (neuester Wert von LATIMER, BANNISTER u. RABINOWITCH)
für den fluorescierenden ersten Anregungszustand. Da die Absorptionsänderungen
denen des Molisch-Tests und des reversibel oxydierten bzw. reduzierten Chlorophylls ähnlich sind, mag hier eine beträchtliche chemische Veränderung des Pigments im Spiele sein.

Die an lebenden Zellen beobachtbaren reversiblen Absorptionsänderungen, welche beim Belichten auftreten und durch Anwendung
der Lichtblitztechnik einer Dauerbeobachtung zugänglich gemacht
werden können, sind zunächst von unmittelbarerem Interesse. Aus
den diesbezüglichen Arbeiten sei die (von DUYSENS eingeführte) Darstellung eines „Differenzspektrums" abgebildet, welche auf neueste
Messungen von KOK (3) zurückgeht (Abb. 15); sie zeigt als einzige die
Änderungen der Absorption in dem Gesamtbereich von 400—720 mμ.
Ein kritischer Vergleich muß ergeben, wieweit diese optischen Phänomene, die mit neuen und älteren Angaben anderer Autoren (DUYSENS
(1, 2); SPRUIT (2); LUNDEGÅRDH; WITT; COLEMAN, HOLT u. RABINO
WITCH) z. T. übereinstimmen, dem Chlorophyll zuzuordnen sind bzw.
anderen Pigmenten zugehören; als solche kommen in Betracht: Cytochrom f (423, bzw. 555 mμ), Cytochrom b$_6$ (565 mμ) und ein bisher
unbekanntes Pigment, da sich KOK (2) durch einen Bandenschwund
bei 705 mμ in vielen grünen Zellen von Blau- und Rotalgen bis zu
höheren Pflanzen (u. isolierten Chloroplasten) zu erkennen gibt. Dem
Chlorophyll a gehören wahrscheinlich die Änderungen zwischen 650
und 700 mμ an; sie haben vermutlich eine Beziehung zu dem viel
untersuchten „reversible photobleaching", der bisher nur in Lösungen
beobachteten oxydativen Veränderung am Chlorophyll (vgl. Fortschr. Bot. **17**, 535); COLEMAN, HOLT u. RABINOWITCH glauben diese
Erscheinungen nun auch in vivo erfaßt zu haben. Die markante Absorptionszunahme bei 515 mμ (siehe Abb. 15) gehört vielleicht ebenfalls dem Chlorophyll selbst an. Sie ist von DUYSENS und insbesondere
von WITT (von letzterem mit Lichtblitztechnik) untersucht worden.
An oszillographisch aufgenommenen Kurven des Entstehens und Ver-

schwindens dieser Zusatzabsorption konnten Witt u. Mitarb. mehrere Teilreaktionen ablesen, die aus dem engeren photochemischen Bereich bereits in das Gebiet der Dunkelreaktionen hinüberführen; die Zeitfaktoren des Absorptionsverlaufs können mit denen der früheren photosynthetischen Lichtblitzversuche in Einklang gebracht werden. Intakte Zellen und Chloroplastenfragmente mit H-Acceptoren verhalten sich hier in charakteristischer Weise verschieden, wobei noch Unterschiede in der Wirkung verschiedener Hill-Reagentien (Chinon und Dichlorphenol-Indophenol) nachweisbar sind. — Charakteristische Änderungen des Bakteriochlorophyll-Spektrums im langwelligen Rot werden

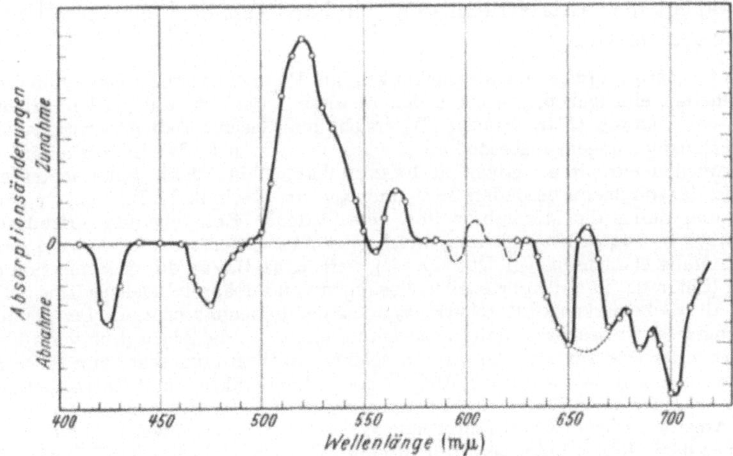

Abb. 15. Absorptionsänderungen („Differenzspektrum"), durch starkes Blitzlicht in Suspensionen von *Scenedesmus* hervorgerufen. Die Änderungen um 600 mμ (gestrichelte Linie) waren nicht regelmäßig nachweisbar [nach Kok (3)].

von Duysens u. Mitarb. beschrieben und mit der photosynthetischen Betätigung des Pigments in Zusammenhang gebracht. Da sich bei Untersuchungen von Duysens Anhaltspunkte für eine optisch faßbare Einschaltung von Pyridinfermenten und Cytochromen in den Photosyntheseverlauf ergeben haben, erscheint Hoffnung gegeben, daß es einmal gelingen wird, an Hand der zeitlichen Folge von Absorptionsänderungen in verschiedenen Spektralbereichen die Reaktionskette von den primären Photovorgängen am Chlorophyll bis zur Übertragung des Photolyseprodukts auf ihre Endacceptoren zur Darstellung zu bringen; angesichts der großen, hier nicht zu erörternden methodischen Schwierigkeiten ist dies allerdings vorerst noch eine optimistische Prognose.

Im gleichen Zusammenhang muß der von Strehler u. Lynch angestellte Vergleich zwischen lichtabhängigen spektralen Änderungen in Chlorella und dem Verlauf der nach Verdunkeln auftretenden verzögerten Emission von Rotlicht der Fluorescenzwellenlänge (bisher als Chemiluminescenz im Gefolge von Rückreaktionen im Photosyntheseapparat gedeutet, vgl. Fortschr. Bot. 17, 556) erwähnt werden. Auch hier lassen sich die verschiedenen optischen Übergangsphänomene formal gut koordinieren. SPRUIT (2) sucht durch Gegenüberstellung der „Differenzspektren" (Licht/Dunkel) lebender und abgetöteter Chlorellen (die letzteren erscheinen wesentlich einfacher) einen Ansatzpunkt für die Analyse der photochemischen Teilschritte. — Daß das schon erwähnte Nachleuchten (685 mμ) einer physiologischen Steuerung unterliegt, haben ARNOLD u. THOMPSON bestätigt; seine Intensität ist abhängig vom Wirkungsspektrum der Photosynthese, und zwar trotz der diesbezüglichen Unterschiede bei Blau-, Grün- und Rotalgen in grundsätzlich gleicher Weise. Dasselbe gilt für Purpurbakterien, nur liegt hier die Wellenlänge des Nachleuchtens entsprechend der Wellenlänge der Fluorescenz oberhalb von 900 mμ. Über die Deutung des Phänomens der "delayed emission" sind zur Zeit noch genauere Untersuchungen im Gange.

Auf sonstige optische Untersuchungen an Photosynthesepigmenten in allen Einzelheiten einzugehen, verbietet sich in diesem Bericht. Aus vielen Arbeiten [z. B. von FRENCH (S) u. VIRGIN (3)] ersieht man erneut, daß Absorptions- und Fluorescenzmessungen, insbesondere in vivo, noch manche Unstimmigkeiten und Fehlerquellen enthalten. GIESE u. FRENCH haben ein Spektralphotometer entwickelt, das durch eine besondere Meß- und Registriertechnik die Bandensymmetrie prüft und daher die Mischabsorption verschiedener Komponenten aufzudecken gestattet. — Die Schwierigkeiten, welche der Absorptionsmessung in vivo durch die Streuung erwachsen, vgl. DUYSENS (2), verringert BARER durch Immersion der Zellen (Chlorella) in adjustierte Eiweißlösungen von annähernd gleicher Brechzahl; er erhält so bemerkenswert scharfe Banden der Lebendabsorption. Bei genauen Messungen ist zu beachten, daß die Streuung nicht nur die Absorption vergrößert, sondern ihrerseits von der Absorption selektiv mitbestimmt sein kann (LATIMER u. RABINOWITCH). — LATIMER u. Mitarb. geben für Struktur- und Energieleitungsfragen wichtige neue Daten der Fluorescenzausbeute in vitro und in vivo; von ihren Angaben seien erwähnt (anregende Wellenlänge in Klammern): Chlorophyll a in Äther 0,33 (436), Chlorophyll b 0,16 (436), Chl a in Chlorella 0,027 (436), Phykoerythrin in Wasser 0,85 (480), Phykocyan in Wasser 0,53 (546), dasselbe in Synechocycstis 0,030 (546). FRENCH u. Mitarb. legen verbesserte Fluorescenzspektren der Chlorophylle, Phaephytine und Algenchromoproteide vor. Bei den letzteren liefert die Papierchromatographie eine noch größere Zahl von Komponenten als bisher bekannt wurde (HAXO u. Mitarb.). Die Klassifizierung der „Bilichromoproteide" durch „C" und „R" (vgl. Fortschr. Bot. 17, 543) ist offenbar nicht ganz treffend bzw. ausreichend. Die Fluorescenzspektren machen allgemein einen einheitlicheren Eindruck als die Absorptionsspektren. — Eine genaue Vermessung des Infrarotspektrums von Chlorophyll-Lösungen dient besonders der Untersuchung des Cyclopentanon-Rings, der ja für das chemische und optische Verhalten des Pigments besonders wichtig ist (HOLT u. JACOBS).

Vorerst auf einer eigenen Bahn bewegen sich die seit längerem betriebenen Untersuchungen aus der Schule des russischen Physikochemikers KRASNOVSKI, welche eine reversible Photoreduktion geeigneter Substrate in Lösungen von Chlorophyll in Pyridin mit verschiedenen H-Donatoren (vgl. Fortschr. Bot. 17, 535) als Photosynthesemodelle ansehen. Die Wasserstoffübertragung durch das belichtete Chlorophyll soll auch hier mit der Bildung von Radikalen vor sich gehen, welche EVSTIGNEEV u. GAVRILOVA (1) durch Leitfähigkeitsmessungen zu erfassen und reaktionskinetisch zu verfolgen suchen. Nach den gleichen Autoren (2) entspricht das intermediäre Photoreduktionsprodukt des Chlorophylls optisch einem Dunkelreduktionsprodukt (Zn und Eisessig). KRASNOVSKI u. UMRICHINA benutzen Kettenpolymerisationen zum Nachweis der geforderten Radikale bei der Chlorophyll-Photoreduktion. Diese allgemeine Nachweismethode ist übrigens auch von URI angewandt worden, der mit belichteten Chlorophyll-Lösungen und Algenzellen eine Polymerisation von Vinylmonomeren feststellte. Eine qualitative Kennzeichnung der Radikale ist hierbei nicht möglich. Gegenüber den Untersuchungen der russischen Autoren bedeutet es grundsätzlich nichts Neues, wenn FUJIMORI mit Chlorophyll eine photosensibilisierte Reduktion von Triphenyltetrazoliumchlorid durch Hydrazinhydrat durchführen kann. Es fehlt gerade hier zur Zeit ein sicherer Anhaltspunkt dafür, daß es sich bei der Photosynthese und diesen Reaktionen des Chlorophylls um wirklich vergleichbare Vorgänge handelt.

Eine schon früher einmal vorübergehend diskutierte monomolekulare Beziehung zwischen Chlorophyll und CO_2 im Photosynthesevorgang (MCALISTER 1939, vgl. Fortschr. Bot. 9, 203) ist neuerdings von WARBURG u. Mitarb. in den Vordergrund gestellt worden. Ausgangspunkt war die Beobachtung, daß aus lebenden Chlorellen im Dunkeln durch verschiedene Gifte CO_2 ausgetrieben werden kann, und zwar im Falle von NaF reversibel und streng proportional dem Chlorophyllgehalt im molaren Verhältnis 1:1. Der „Kohlensäurekapazität" („funktionelle Kohlensäure") im Dunkeln sollte bei der Photosynthese eine gleich große „O_2-Kapazität" entsprechen. [WARBURG u. KRIPPAHL (2, 3), WARBURG u. SCHRÖDER]. Es wurde gefolgert, daß sich der Gesamtablauf der Photosynthese an bzw. im Chlorophyllmolekül abspiele. Chemische Vorstellungen hierzu wurden in verschiedenen Modifikationen entwickelt, und mit weitgehendem Anspruch [WARBURG, KRIPPAHL u. SCHRÖDER (2)] ein Mechanismus der Gesamtphotosynthese gefordert, der nahezu allen bisherigen begründeten Vorstellungen konträr entgegengesetzt schien. Bei anschließenden Versuchen ergab sich, daß die Menge der freisetzbaren Kohlensäure von physiologischen Bedingungen abhängt und nicht dem Chlorophyllgehalt zu entsprechen braucht [WARBURG u. KRIPPAHL (4)]. Es wurde deshalb weiterhin von verschiedenen Arten der Kohlensäure gesprochen. Eine bei Abschluß des Manuskripts vorliegende Mitteilung (WARBURG, KLOTZSCH u. KRIPPAHL) besagt schließlich, daß Glutaminsäure mit der Kohlensäurebindung in engem Zusammenhang steht. Angesichts dieser Sachlage sind die erwähnten Hypothesen zum ausführlichen Referat derzeit nicht mehr bzw. noch nicht geeignet.

II. Präparative Wege zur Analyse des Photosynthesevorgangs.

Nach unserem derzeitigen, wesentlich bereicherten Wissensstande [vgl. Zusammenfassungen von ARNON (S 1, 2) und MOYSE (S)] können an isoliertem Chloroplastenmaterial, z. T. auch an defekten oder abgetöteten Zellen, je nach Art der Präparations- und Versuchsbedingungen im wesentlichen drei lichtabhängige Reaktionstypen beobachtet werden, die in aufsteigender Reihe den Verhältnissen in vivo nahekommen:

1. Sauerstoffentwicklung in Gegenwart zugesetzter Acceptoren (Oxydationsmittel) für den Photowasserstoff (Hill-Reaktion[1]; sie ist als Defektreaktion von Chloroplastenmaterial zu werten, dem die Fähigkeit zur CO_2-Reduktion verloren gegangen ist.

2. Photosynthetische Phosphorylierung; sie ist zwar an intakten und strukturell oder funktionell gestörten Chloroplasten nachweisbar, aber offensichtlich auch in der lebenden Zelle im Gang und von wesentlicher Bedeutung.

3. Komplette Photosynthese, die nur an Plastiden im optimalen Präparationszustand zu erwarten ist; ihre Auffindung und Sicherstellung

---

[1] Da der Terminus „Hill-Reaktion" nicht eindeutig definiert ist, wird er oft in etwas verschiedener Bedeutung verwendet. Verschiedentlich wird die „Photolyse des Wassers" mit Hill-Reaktion gleichgesetzt. Hierzu ist zu bemerken, daß HILL nicht diesen Vorgang, sondern die (stöchiometrische) O_2-Entwicklung belichteten Chloroplastenmaterials bei Zusatz von Ferrikomplexsalzen entdeckt hat, die nach einleuchtender, aber nicht völlig sicher bewiesener Annahme eine echte Photolyse von H_2O enthält. Die erforderlichen H-Acceptoren (Oxydationsmittel) werden oft als Hill-Reagentien bezeichnet. Nach ihnen kann man „die" Hill-Reaktion in mehrere Modifikationen aufteilen.

ist für die richtige Beurteilung der biochemischen Funktion des Chloroplasten als Organell von größter Wichtigkeit.

1. Hill-Reaktion.

Die Stöchiometrie stützt zwar die Annahme, daß die verwendeten Hill-Reagentien echte Homologa sind, deren Reaktionsfähigkeit lediglich quantitative Unterschiede zeigt. Es fragt sich jedoch, ob sich hier nicht doch Differenzen qualitativer Art verbergen. Die Unterschiede sind vom Redoxpotential und von anderen schwer definierbaren Faktoren bestimmt (vgl. HORWITZ, WITT u. Mitarb.). Beim vergleichenden Angebot von 6,8-thioctic acid (α-Liponsäure) und Chinon in Verbindung mit Lichtblitztechnik (Bestimmung der für maximale Blitzausbeute erforderlichen Dunkelzeit) kamen BRADLEY u. CALVIN zu Befunden, die es möglich erscheinen lassen, daß die Liponsäure mit ihrem disulfidischen Ring anderen H-Acceptoren übergeordnet ist und auch in vivo als primärer und spezifischer Protonenacceptor dient. — Für die Modifikation der Hill-Reaktion nach MEHLER, die Reduktion von O_2 durch belichtete Chloroplasten zu H_2O_2 (mit Folgereaktionen derselben, vgl. Fortschr. Bot. **14**, 304), haben BROWN u. GOOD den ursprünglich angenommenen stöchiometrischen Verlauf mit massenspektrographischer Methode (O^{18}) sichergestellt. Es ist jedoch unwahrscheinlich, daß diese Reaktion in normalen lebenden Zellen als ein zur Photosynthese gegenläufiges Prinzip eine größere Rolle spielt. Die Mehler-Modifikation darf wohl nur als Artefakt und nicht etwa als Glied einer biologischen Steuerung der Photosynthese gewertet werden. Es handelt sich offenbar um eine zusammengesetzte Reaktionskette, nämlich um eine von H-Überträgern (Flavinen, aber nicht Pyridinfermenten) vermittelte Autoxydation.

Immer mehr wird deutlich, wie sehr die richtige Beurteilung der photochemischen Aktivität von Plastidenpräparationen eine Arbeitstechnik voraussetzt, die zumindest die völlige Abtrennung nicht plastidärer Bestandteile (z. B. Mitochondrien) sicherstellt. Unscharfe Partikeltrennung ist zweifellos Ursache mancher Fehlurteile oder Unstimmigkeiten, z. B. bei der Frage einer DPN- oder TPN-Spezifität von Plastidenreaktionen [vgl. JAGENDORF (2)]. Außer ARNON u. Mitarb. hat sich JAGENDORF (1) mit der präparativen Methodik (Partikeltrennung durch Ultrazentrifugation) besonders befaßt. — SAN PIETRO u. LANG fanden an Chloroplastenfragmenten[1] mit dem optischen Test (340 mμ) eine DPN-Reduktion im Licht, während TPN schwächer reagierte; dünne Suspensionen benötigen zur Reduktion noch einen Zusatz von Chloroplastenextrakt.

Auch lebende Zellen können photochemische Reaktionen ausführen, welche einer Hill-Reaktion ähnlich sehen. Im Falle der Kaliumferricyanid-Reduktion, die von Chlorellen im Licht bei CO_2-Mangel zur stöchiometrischen O_2-Entwicklung führt, ist jedoch von verschiedenen Seiten gezeigt worden, daß eine Sonderatmung

---

[1] Leider werden von biochemischer Seite Plastidenfragmente immer wieder als „Grana" bezeichnet, ohne daß im Einzelfall der geringste Anhaltspunkt dafür besteht, daß es sich um die allein so zu benennenden Strukturelemente des Chloroplasten handelt.

im Spiele ist, die Extra-CO_2 für eine normale Photosynthese zur Verfügung stellt [WARBURG u. KRIPPAHL (1), GOOD, SCHWARTZ (1—3)]. SCHWARTZ vergleicht diese Reaktionsfolge mit der Reduktion von Nitrat in der belichteten grünen Zelle. — Mit Chinon als Oxydationsmittel wird andererseits, wie schon länger bekannt, eine echte Hill-Reaktion (in der Modifikation von WARBURG u. LÜTTGENS) betrieben, weil die CO_2-Reduktion der Zellen durch die Giftwirkung des Chinons ausgeschaltet ist. Als ein ohne Präparationsschwierigkeit zugängliches Material zum Studium der Hill-Reaktion werden von SCHWARTZ (2, 3) lyophilisierte Chlorellen empfohlen; der Quantenbedarf der O_2-Entwicklung der frischen und der lyophilisierten Chlorellen beträgt mit Chinon etwa 19 pro Molekül O_2 (ebenso mit Ferricyanid bei lyophilisiertem Material); geringere, d. h. bessere Werte (EHRMANTRAUT u. RABINOWITCH) werden aus methodischen Gründen für angreifbar gehalten.

BISHOP, LUMRY u. SPIKES heben im Zusammenhang reaktionskinetischer Studien erneut hervor, daß die Hill-Reaktion aus einer Photoreaktion und einer Dunkelreaktion besteht. Eine ihrem Ausmaß nach bisher unbekannte Cyanidempfindlichkeit der Hill-Reaktion wird von BISHOP u. SPIKES beschrieben. Reihenuntersuchungen über die Wirkung zahlreicher Ionenzusätze auf die Hill-Reaktion führten SPIKES u. Mitarb. aus. Lyophilisierte Chlorellen benötigen nach SCHWARTZ (2) wie die Plastidenfragmente zur Aktivierung des Hill-Systems u. a. einen Chloridzusatz. Mit o-Phenanthrolin vergiftete Zellen werden durch zweiwertige Schwermetallionen (Zn^{++}, Co^{++}, Cu^{++}, Mn^{++} und Fe^{++}) reaktiviert; Ca^{++}, Mg^{++} und Fe^{++} sind dabei unwirksam. In den Bereich der angewandten Botanik führt die Angabe, daß das sehr wirksame Herbizid 3-(3,4-Dichlorphenyl)-1,1-Dimethylharnstoff besonders intensiv (ab 10^{-7} m) und spezifisch Photosynthese und Hill-Reaktion hemmt (WESSELS u. VAN DER VEEN).

2. Photosynthetische Phosphorylierung.

Die Bildung energiereicher Phosphate (ATP) durch belichtete Chloroplasten oder deren Fragmente ist als spezifische Reaktion des Photosyntheseapparats erkannt und grundsätzlich von der oxydativen Phosphorylierung im Dunkelstoffwechsel (Mitochondrien) abgesetzt worden. Die Problematik dieser Unterscheidung, in erster Linie wiederum eine präparative Angelegenheit, hat ARNON (S 1, S 2) zusammen mit den sonstigen hier einschlägigen Problemen in erschöpfenden Berichten dargelegt; es braucht hier also nur auf wenige Punkte eingegangen zu werden. Zunächst ist wesentlich, daß die Lichtphosphorylierung der Plastiden unter anaeroben Bedingungen erfolgt und damit nicht der Mithilfe des freien bzw. des nach der Photolyse freigesetzten Sauerstoffs bedarf; der zunächst von OHMURA (1, 2) angenommene Mechanismus einer oxydativen Phosphorylierung ist also als integrierende Komponente auszuschließen [ARNON u. Mitarb. (1, 2), WHATLEY u. Mitarb.]. Hierher gehört auch die Auffindung einer Photophosphorylierung von AMP und ADP zu ATP durch Extrakte von fakultativ (FRENKEL) und obligat (WILLIAMS) anaeroben Purpurbakterien, wenn auch die Verschiedenheit des Stoffwechsels von Photobakterien und höheren grünen Pflanzen den unmittelbaren Vergleich der Ergebnisse erschweren mag. Ferner muß die Unabhängigkeit der photosynthetischen Phosphorylierung von der CO_2-Reduktion hervorgehoben werden. Umgekehrt bedient sich höchstwahrscheinlich im kompletten Photosyntheseapparat die CO_2-Reduktion in einem oder mehreren Reaktionsschritten des ATP der Photophosphorylierung; in vivo besteht dabei zwischen CO_2-Reduktion und Phosphorylierung vielleicht eine gewisse Balance bzw. Konkurrenz. Bei Hemmung der ersteren fängt die Phosphorylierung

möglicherweise einen Teil der nicht verbrauchten Energie auf und betätigt
sich damit regulatorisch im Dienste einer rationellen Energetik. Diese
Vorstellung bedarf aber noch einer sorgfältigen experimentellen Über-
prüfung; so werden u. a. genaue Angaben über die photochemische Ausbeute
der Photophosphorylierung benötigt. Auf die Photophosphorylierung in
intakten Zellen wird auf S. 254f. kurz eingegangen. Schon an dieser Stelle
sei aber ein Schema der vermuteten Beziehungen zwischen CO_2-Reduktion
und photosynthetischer ATP-Produktion angeführt, das sich aus den
Beobachtungen an isolierten Chloroplasten ergeben hat (Abb. 16). — Es

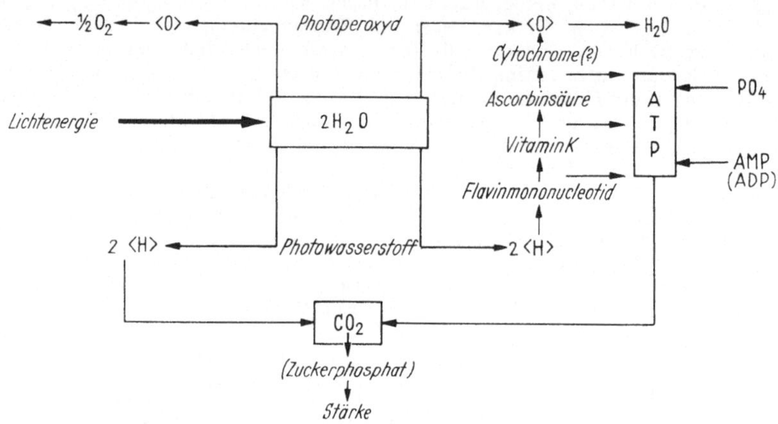

Abb. 16. Photosynthetische Phosphorylierung im Rahmen der Gesamtphotosynthese
(Schema nach Arnon u. Mitarb.) *Calvin*-Cyclus nicht einbezogen.

wird heute von den meisten Autoren angenommen, daß die Rückreaktion eines Teils der Photolyseprodukte als Quelle der phosphat-
gebundenen Energie der Photosynthese dient (vgl. Fortschr. Bot. **17**,
559). Diese Rückreaktion soll nach Arnon u. Mitarb. durch eine
spezifische Fermentkette (Elektronenleiter) gesteuert werden. Die
Bestandteile dieser Kette (Ascorbinsäure, Vitamin K, Flavinmononucleotid) sind jedenfalls zum Teil als notwendige Zusätze bei solchen
Plastidenfragmenten erkannt, die ihre volle Phosphorylierungsaktivität
im Zuge der Präparation verloren hatten (Whatley u. Mitarb.). Vielleicht fungiert Vitamin K dabei als primärer Elektronenacceptor der
Reihe (Wessels).

3. Photosynthese isolierter Chloroplasten.

Ein wesentlicher Erfolg sorgsamer Präparation ist die von Arnon
u. Mitarb. in der Berichtszeit sichergestellte CO_2-Bindung intakter Chloroplasten im Licht [Allen u. Mitarb., Arnon, Arnon u. Mitarb. (1, 2)].
Die Bedeutung dieses Befundes besteht in erster Linie darin, daß bei
tatsächlichem Vorliegen einer kompletten Photosynthese alle Vermutungen, der Chloroplast müsse mit anderen Zellbestandteilen — insbesondere
mit Komponenten des respiratorischen Systems — chemisch zusam-
menarbeiten, um die CO_2-Assimilation zu bewältigen, gegenstandslos

geworden sind. Die Selbständigkeit des Organells und damit die Eigenständigkeit der Photosynthese kann dann nicht mehr bezweifelt werden. Alle für die Photosynthese erforderlichen chemischen und strukturellen Elemente sind danach im Chloroplasten vereinigt. Was also intakten Plastiden fehlt, kann für die Photosynthese keine unmittelbare Bedeutung haben. Umgekehrt ist es wahrscheinlicher als bisher, wenn auch nicht generell erwiesen, daß die charakteristischen Bestandteile des Chloroplasten (insbesondere dessen Fermente) eine Funktion bei der Photosynthese ausüben. Man wird in dieser Erkenntnis besonders vorsichtig sein müssen mit der Vermutung, daß dem Photosyntheseapparat alle erdenklichen Reduktionen in der Zelle unmittelbar möglich seien, wenn auch nicht ausgeschlossen zu sein braucht, daß eine Elektronen- bzw. Wasserstoffübertragung vom Plastiden auf extraplastidäre Acceptoren erfolgt. Die energetische Reichweite des Photosyntheseapparats, d. h. die Möglichkeit, Energie (in Form von ATP) an die übrige Zelle abzugeben, wird von diesen Überlegungen nicht betroffen; vielmehr ist durchaus denkbar, daß die phosphatgebundene Energie aus der Photosynthese anderen Prozessen zugute kommt als etwa nur der photosynthetischen CO_2-Reduktion selbst (vgl. hierzu Fortschr. Bot. **14**, 317).

IRMAK berichtet ebenfalls von einer photosynthetischen Aktivität schonend isolierter Chloroplasten; auf die Photosynthese wird allerdings nur aus der im Licht beobachteten Stärkebildung geschlossen. Die Suspension enthielt Saccharose, so daß der Befund nicht eindeutig ist, wenn auch die Dunkelkontrollen stärkefrei geblieben waren. Es kann immerhin eine lichtgeförderte Stärkebildung aus Saccharose im Spiele gewesen sein. — Interessant ist die Mitteilung von THOMAS u. HAANS, daß Chloroplastenfragmente von Spirogyra einen zwar verminderten aber (bei erheblicher Streuung der Resultate) doch noch offenbar kompletten Photosynthesegaswechsel besaßen; vielleicht ist der lamelläre Plastidentyp dieser Algen gegen strukturellen Abbau stabiler als der granuläre Typ höherer Pflanzen.

III. Photosyntheseverlauf in vivo.

1. Weg des Kohlenstoffs.

Seit dem letzten Bericht ist in der Formulierung des Calvinschen Zyklus zunächst noch keine wesentliche Änderung eingetreten. CALVIN hat die Ergebnisse seiner Schule mehrfach zusammengefaßt; ein Bericht liegt auch in deutscher Sprache vor (S), so daß hier eine erneute und ausführliche Darlegung überflüssig erscheint. Eine große Experimentalarbeit haben WILSON u. CALVIN noch vorgelegt; sie enthält zahlreiche methodische Angaben zur Anstellung von Isotopenversuchen unter Einfluß veränderter Außenbedingungen (z. B. CO_2-Konzentration). Die bisher fehlende Tetrose ist offenbar noch nicht in vivo als Photosyntheseprodukt gefaßt; im enzymatischen Test ist jedoch d-Erythrose-4-phosphat als Produkt einer Transaldolase-Reaktion $C_7 + C_3 = C_6 + C_4$ nachgewiesen [HORECKER u. Mitarb. (1)]. Das Interesse konzentrierte sich in letzter Zeit auf die photosynthetische Carboxylierungsreaktion und ihr Fermentsystem, von CALVIN als „Carboxydismutase" bezeichnet. Es wurde nachgewiesen, daß 3-Phosphoglycerinsäure tatsächlich aus Ribulosediphosphat entstehen kann und der Bildung dieser Säure ein entsprechender Pentosediphosphatschwund entspricht (KORNBERG, QUAYLE u. CALVIN; BASSHAM u. Mitarb.); eine einleitende Anlagerung von HCO_3^- an die Enol-Doppelbindung des Ribulosediphosphats wird angenommen. WEISSBACH u. Mitarb., sowie JAKOBY u. Mitarb. demonstrieren die offenbar reversible Carboxylierung von Ribulosediphosphat mit Enzympräparaten aus Spinat in vitro. Insgesamt betrachten WILSON u. CALVIN die von ihnen angenommene photosynthetische Carboxylierung als eindeutig bewiesen. Um so mehr überrascht es, daß KANDLER u. GIBBS als frühe Photosyntheseprodukte unsymmetrisch markierte Hexosephosphate finden, welche die Annahme einer Aldolasereaktion $C_3 + C_3 \rightarrow C_6$ auszuschließen, gegen eine Reduktion auf der C_3-Stufe, die Beteiligung der Phosphorglycerinsäure am Photosynthesecyclus und demnach auch gegen die angenommene „Carboxydismutase-Reaktion" $C_5 + C_1 = 2 C_3$ zu sprechen scheinen. Es ist zur Zeit noch nicht möglich, die volle Tragweite dieses Befundes abzuschätzen. — Über die Synthese des Ribulosediphosphats liegen ebenfalls enzymatische Daten vor [HORECKER u. Mitarb. (2)]; besonders aktiv wird aus Spinat die Phosphoribulokinase (R 5-phosphat + ATP $\rightarrow$ R—1,5-diphosphat + + ADP) gewonnen (HURWITZ u. Mitarb.). Daß Phosphoglycerinsäure als ein frühes Produkt (wenn auch möglicherweise nicht in der Hauptreaktion) des Photosyntheseapparats auftritt, dürfte auf jeden Fall feststehen. Als solches ist sie jetzt auch von STOPPANI u. Mitarb. bei Purpurbakterien, wo übrigens das frühe Erscheinen von Glutaminsäure besonders auffällt, und bei Rotalgen (BEAN u. HASSID) nachgewiesen. TRUDINGER hat eingehende Untersuchungen über die Chemosynthese des obligat autotrophen Thiobacillus denitrificans mit Hilfe von C^{14} angestellt und in Extrakten dieses Organismus CO_2-Bindung und Zuckerumsatz festgestellt, die weitgehend denjenigen der grünen Pflanzen entsprechen; Phosphoglycerinsäure wird als Produkt einer Pentosephosphatcarboxylierung auch von Extrakten des Thiobacillus thioparus angegeben (SANTER u. VISHNIAC).

Unter den „frühen" Produkten der Photosynthese befinden sich auch einige Aminosäuren, deren Synthese wahrscheinlich unmittelbar vom photosynthetischen Cyclus abspaltet. TOWERS u. MORTIMER betonen auf Grund von tracer-Experimenten, daß die Entstehung der Aminosäuren durch Transaminierung auf dem im Dunkelstoffwechsel bekannten Wege in der Photosynthese treibenden Zellen und Geweben zumindest nicht für Serin, Glykokoll (u. Glyoxylsäure) in Betracht kommt; sie nehmen die photosynthesespezifische Entstehungsfolge Brenztraubensäure $\rightarrow$ Serin $\rightarrow$ Glykokoll $\rightarrow$ Glyoxylsäure an. — Bemerkenswert ist auch die frühe Produktion von Glykolsäure, die unter Umständen aus Chlorella (TOLBERT u. ZILL) in beträchtlicher Menge ins Kulturmedium ausgeschieden wird. Es liegen einleuchtende Anhaltspunkte dafür vor, daß die Glykolsäure eine spezifische Funktion ausübt, indem ihre Anionen von der Zelle zum Austausch gegen Bicarbonationen herangezogen werden. ALLEN chromatographiert aus Filtraten belichteter Chlamydomonaden neben Glykolsäure noch Zitronen- und Oxalsäure heraus.

Bei der Untersuchung des Einflusses von Sauerstoff und CO_2 auf die lichtinduzierte $C^{14}O_2$-Bindung von Chlorella kommen MIYACHI, IZAWA u. TAMIYA — entgegen BROWN u. GOOD (S. 246) — zu dem Schluß, daß Sauerstoff und CO_2 in gewissem Ausmaß bei der Photosynthese um den Photowasserstoff konkurrieren können. Die hemmende Wirkung des Sauerstoffs auf die CO_2-fixierung (und Photosynthese) kann mit der Hemmung durch Chinon verglichen werden, bei der bekanntlich die normale Verwertung des Photowasserstoffs ausgeschaltet wird (MIYACHI, HIROKAWA u. TAMIYA). Die Dunkelfixation von $C^{14}O_2$ wird im Gegensatz zur Lichtreaktion durch erhöhten O_2-Druck gefördert.

Mit den Beziehungen zwischen Dunkelfixation des Kohlendioxyds (über die β-Carboxylierung) und der Photosynthese haben sich MOYSE (1, 2), sowie MOYSE u. JOLCHINE in Untersuchungen an Bryophyllumblättern eingehend beschäftigt. Durch Kombination der CO_2- und O_2-Dosierung lassen sich Anhaltspunkte für eine Balance bzw. eine von den Außenbedingungen abhängenden Konkurrenz der photosynthetischen und nichtphotosynthetischen CO_2-Bindung gewinnen, die für die Erklärung der komplexen Phänomene der Säuerung und Absäuerung im Dunkeln und im Licht Bedeutung haben; auch die Beziehungen der einzelnen Säuren untereinander werden erörtert. Markierungsversuche sprechen auch bei Bryophyllum für die bevorzugte Bildung von Aminosäuren im Licht (CHAMPIGNY). NUERNBERGK vermutet neuerdings, daß die von ihm mit dem URAS-Gerät nachgewiesene ausgeprägte nächtliche CO_2-Fixierung (SAUSSURE-Effekt) durch Sukkulentenblätter mit Hilfe von TPNH + H^+ erfolge, das zuvor im Licht durch Photoreduktion entstanden sei; diese Annahme beruht auf mehreren vorerst noch unbewiesenen Voraussetzungen. Daß Licht- und Dunkelfixation grundsätzlich verschiedene Wege gehen, bestätigt neuerdings DOMAN (1).

Einen interessanten Weg zur Analyse der photosynthetischen CO_2-Verarbeitung haben TOLBERT u. GAILEY mit dem Versuch eingeschlagen, die lichtabhängige $C^{14}O_2$-Bindung etiolierter Pflanzen im Zuge der Ausbildung des photosynthetischen Apparats nach einsetzender Belichtung fortlaufend zu erfassen. Die Reihenfolge der Produkte spricht hierbei dafür, daß der primäre CO_2-Acceptor (Ribulosediphosphat) den begrenzenden Faktor im noch nicht voll funktionsfähigen Photosyntheseapparat bildet.

Von den Calvinschen Befunden weicht die Folge der photosynthetischen Kohlenhydratvorstufen, die BOICHENKO u. Mitarb. für Primelblätter angeben, unerklärlicherweise stark ab. Als $C^{14}O_2$-Fixationsprodukt soll hier eine Säure mit einer Doppelbindung [Bruttoformel $(C_6H_{10}O_8)_7$ Fe P] auftreten; es folgt eine den Polyuronsäuren nahe verwandte Ketosäure mit konstantem Fe-Gehalt (Ketogruppe: Fe = 1:1). Schließlich werden Trisaccharide gefunden, die neben Ketosen auch Uronsäuren enthalten. Ähnliche Markierungsexperimente von DOMAN (2), die an zellfreien Blattextrakten durchgeführt wurden, haben schon nach wenigen Sekunden zu „hochmolekularen" Produkten und Phosphorsäureestern geführt; die Identität mit den von CALVIN u. Mitarb. identifizierten Gliedern des Photosynthesecyclus ist zumindest zweifelhaft.

2. Photosynthesefermente.

Die Suche nach Fermenten des Photosynthesevorgangs ist noch immer stark von der wohl überholten Vorstellung bestimmt, daß die Enzymgarnitur der respiratorischen Vorgänge auch in der Photosynthese eingesetzt sei. Sicher können wir im Chloroplasten mit Cytochromen,

Pyridinfermenten (und Flavinmononucleotid) rechnen, während für andere Fermente die Lokalisation noch nicht erwiesen ist, weil ihr bisheriger Nachweis strengeren präparativen Forderungen nicht mehr genügt. So scheint z. B. noch nicht gewiß, ob Cytochromoxydase wirklich in Chloroplasten vorkommt (wie zuletzt von SISSAKYAN u. FILIPPO-VITCH angegeben), ja selbst an der Lokalisation der Katalase im Chloroplasten sind Zweifel möglich (vgl. dazu MITSUDA u. YASUMATSU).

Die Cytochrome haben in letzter Zeit besonderes Interesse gefunden, einerseits wegen der reversiblen Bandenänderungen im 550 mμ, die im aktiven Photosyntheseapparat auftreten (vgl. S. 242) und Cytochromen zuzuschreiben sein dürften, andererseits wegen des Vorkommens von Cytochromen, die dem Cytochrom c nahestehen, in verschiedenen (auch anaeroben!) Purpurbakterien [KAMEN (S 1—2), NEWTON u. KAMEN (1, 2), VERNON u. KAMEN, KAMEN u. VERNON, VERNON, CHANCE u. SMITH, für Chlorobium GIBSON u. LARSEN]. Die Funktion der Cytochrome wird von den meisten Bearbeitern darin gesehen, daß sie im Photosynthesemechanismus als Elektronendonatoren für das oxydierte Photolyseprodukt (Photoperoxyd) dienen und sich damit möglicherweise zugleich an der Regulation der Rückreaktionen und der an diese angeschlossenen Phosphorylierungsvorgänge beteiligen (vgl. Abb. 16). Wirkliche Beweise für diese Annahme liegen freilich noch nicht vor. KRAS-NOVSKI hat andererseits festgestellt, daß photochemisch reduziertes Chlorophyll in Lösung bei O_2-Ausschluß an Ferri-Cytochrom c Elektronen abgibt, was natürlich keine bindenden Schlüsse auf die Verhältnisse in vivo gestattet. Für die Anwesenheit und Wirksamkeit der Cytochromoxydase im Photosyntheseapparat haben KRALL u. BURRIS, sowie KRALL (1, 2) mit dem Nachweis einer reversiblen Anaerobiose- und Kohlenmonoxyd-Hemmung der photosynthetischen CO_2-Bindung eine Stütze beizubringen versucht.

Nach dem heutigen Stand unserer Kenntnisse erscheint die Beteiligung einer terminalen Oxydase an der Photosynthese keine zwingende Notwendigkeit. Bei den Purpurbakterien wird eine „Cytochromphotooxydase" vermutet, die bei der Übertragung von Donatorwasserstoff auf das Photoprodukt (OH) über die Cytochrome mitwirkt; von ihr zu unterscheiden ist eine „Cytochromdunkeloxydase", die bei aeroben Typen der Photobakterien als Endoxydase mit dem Luftsauerstoff reagiert (KAMEN u. VERNON). Bei fakultativ aeroben Photobakterien kann es unter bestimmten Versuchsbedingungen zu einer Konkurrenz dieser „Oxydasen" um denselben H-Donator kommen [vgl. CLAYTON (1, 2)].

Die Beurteilung der CO-Wirkung auf die Photosynthese wird kompliziert durch die interessante mit markiertem $C^{14}O$ gemachte Beobachtung, daß CO in den photosynthetischen Umsatz einbezogen und sein C zuerst im Serin (β-Kohlenstoff) gefunden wird. Ein ähnlicher Einbau erfolgt auch bei Formaldehyd und Ameisensäure (KRALL u. TOLBERT). Diese Befunde müssen noch sorgsam weiterverfolgt werden, bevor sie ein klares Bild geben können.

Für die Beteiligung der im Plastiden vorhandenen Pyridinfermente liefern reversible Absorptionsänderungen (Differenzspektren) photosynthetisch aktiver Zellen (DUYSENS) den besten Anhaltspunkt; sie überzeugen jedenfalls mehr als die mehrfach demonstrierte Ankopplung von Reduktionsvorgängen an das photochemische System von Chloroplasten mit Hilfe von zugesetzten Pyridinfermenten oder die Reduktion von TPN oder DPN mit belichteten Plastiden in vitro. Vorläufig jedenfalls ist festzuhalten, daß Photowasserstoff nicht a priori auf eine Übertragung von Pyridinfermenten angewiesen ist; er findet ja in vitro in den verschiedensten Hill-Reagentien Acceptoren, für die keine enzymatische Vermittlung benötigt wird. Vielleicht aber werden unter den Bedingungen in vivo spezifische Reduktionswege von entsprechenden Überträgerfermenten sichergestellt. AVRON u. JAGENDORF berichten von einer TPN-„Diaphorase" (mit Flavinadenosinnucleotid assoziiert), die in Chloroplasten, aber auch sonst vorkommt. ROSENBERG u. ARNON beschreiben ausführlich eine neue TPN-spezifische Glycerinaldehyd-3-phosphat-Dehydrogenase aus photosynthetisch aktiven Geweben, die als reduzierendes Ferment in den Calvin-Cyclus passen würde. Die TPN-Spezifität entwickelt sich bei Erbsen erst während der Keimung im Licht; der Samen enthält nur eine DPN-spezifische Glycerinaldehyd-Dehydrase (HAGEMAN u. ARNON).

MARRÈ u. LAUDI glauben, daß eine Kette TPN-Glutathion-Ascorbinsäure den Photowasserstoff isolierter Chloroplasten (im Sinne von MEHLER) auf Sauerstoff überträgt. — KRALL (3) hat auf chromatographischem Wege aus Blättern und Chlorellen ein hochaktives Redoxsystem mit reaktionsfähigen SH-Gruppen gewonnen, das zwar noch nicht identifiziert wurde, aber offensichtlich nicht α-Liponsäure ist; er betrachtet diese Verbindung als primären Acceptor für den Photowasserstoff (vgl. dagegen CALVIN u. Mitarb., S. 246). — Über das Ferment der photosynthetischen Carboxylierung („Carboxydismutase") und die Möglichkeit, den Carotinoiden eine enzymatische Funktion bei der Photosynthese zuzusprechen, ist an anderer Stelle berichtet (S. 249, 256).

Über die für die Enzymologie des Photosyntheseapparats wichtigen spezifischen Giftwirkungen liegen einige neuere vergleichende Untersuchungen vor. DAMASCHKE u. Mitarb. (1, 2) haben die Beeinflußbarkeit der Photosyntheseinduktion und der reaktionsbegrenzenden Dunkelreaktion im Lichtblitzexperiment durch Gifte eingehend bearbeitet. Hier seien auch Mitteilungen von YUAN u. DANIELS, sowie von LEWIN u. MINTZ erwähnt. Die Ergebnisse dieser Publikationen, die hier im einzelnen nicht dargestellt werden können, werden bei Behandlung verschiedenster Probleme der Photosynthese-Enzymologie in Betracht zu ziehen sein.

3. Die oxydative Seite des Photosynthesemechanismus („Weg des Sauerstoffs").

Der Reaktionsverlauf vom Photolyseprodukt (OH) bis zum Vorgang der Sauerstoffausscheidung war einer Untersuchung bisher nur schwer zugänglich. Wesentliche Hilfe leistet hier nur der Vergleich der Normalphotosynthese mit der anaeroben photosynthetischen H_2-Verwertung („Photoreduktion"), wie sie bei Photobakterien und einigen wasserstoffadaptierten Grünalgen vorkommt (vgl. Fortschr. Bot. 11, 211). KESSLER hat durch Untersuchung der Photoreduktion von Ankistrodesmus bei Mn-Mangel einen bemerkenswerten Fortschritt erzielt; die Photoreduktion (CO_2-Aufnahme + H_2-Verbrauch) ist unbeeinflußt durch Manganmangel, während am gleichen Material die normale Photosynthese (mit O_2-Entwicklung) stärkstens gehemmt ist. Die anaerobe Photoreduktion erwies sich sogar bei Manganmangel stabiler gegen Deadaption als im Normalfall und kann daher auch bei höheren Beleuchtungsstärken verfolgt werden. Man muß daraus schließen, daß das Spurenelement Mangan in dem sauerstoffentwickelnden Teil der

Photosynthese eine Rolle spielt. Damit ist der spezifischen Wirkung des Mangans auf die Photosynthese, die in autotrophen und mixotrophen Chlorellakulturen einer eingehenden Untersuchung unterzogen worden ist (PIRSON u. BERGMANN, BERGMANN) ein genauer definierter Platz im Photosyntheseapparat zugewiesen. In dieses Bild fügt sich die Beobachtung gut ein, daß Manganmangel-Chlorellen nicht zu einer Hill-Reaktion befähigt sind (EYSTER u. Mitarb.). Diese ins Auge springende Funktion des Mangans wird in ihrer Bedeutung nicht dadurch eingeschränkt, daß Mangan in allergeringster Menge auch im Dunkelstoffwechsel heterotroph ernährter Algen wirksam ist (REISNER u. THOMPSON). KENTEN u. MANN fanden in Chloroplastenpräparationen bei Belichten eine Oxydation von zugesetztem Mn^{++} zu Mn^{+++}; sie vermuten daher ebenfalls, daß das Redoxsystem des Mangans in die photosynthetische O_2-Entwicklung eingeschaltet ist.

Bemerkenswert ist die Beobachtung von ALLEN u. FRANCK, daß ein einzelner sehr kurzer Lichtblitz hoher Intensität, der bei der Hill-Reaktion von Scenedesmus (in Gegenwart von Chinon) eine Sauerstoffentwicklung auslöst, in der Normalphotosynthese diese Wirkung nicht erzielt; dieser Unterschied beider Systeme verschwindet erst bei viel längerer Dauer des Blitzes. Die Erklärung wird darin gesucht, daß im kompletten Photosyntheseapparat bei Starklicht „narkotisch" wirkende Nebenprodukte entstehen, welche die Sauerstoffentwicklung blockieren bzw. erschweren.

Die Photoreduktion von Chlamydomonas moewusii bedarf nach FRENKEL u. LEWIN einer nur sehr geringen anaeroben Adaptationszeit von wenigen Minuten, ist aber dann nur wenig größer als die endogene Atmung in Aerobiose. Ausführliche Untersuchungen über Photosynthese und Photoreduktion hat unter vergleichendem Gesichtspunkt ULUBEKOVA angestellt und dabei in der Hauptsache Bekanntes bestätigt. — Geringe, aber interessante Ausschläge des Gaswechsels erhält SPRUIT (1) beim Belichten von Chlorella in $N_2 + 5\% CO_2$; es wird wie in Scenedesmus und Purpurbakterien Wasserstoff abgegeben, jedoch zugleich aus zelleigenen H-Donatoren und auch photosynthetisch Sauerstoff entwickelt, ohne daß beide Vorgänge interferieren. Es wird näher zu prüfen sein, welche Bedeutung diese Feststellung für die vergleichende Biochemie der photosynthetischen Mikroorganismen hat.

4. Lichtphosphorylierung in vivo.

Während die photosynthetische Phosphorylierung durch Chloroplasten und deren Fragmente (vgl. S. 247) dank der Untersuchungen von ARNON u. Mitarb. schon ein relativ klares Bild bietet, liegen bei den Phosphorylierungsvorgängen in grünen Zellen die Dinge wesentlich anders. Es besteht zwar kein Grund zur Annahme, daß der in Plastiden beobachtete Prozeß nicht auch in vivo — wenigstens in qualitativer Hinsicht — gleichartig abläuft; aber die Zelle verfügt darüber hinaus noch über andere Phosphorylierungsmechanismen und -bedingungen, deren Mitwirkung in Rechnung zu setzen ist. Auf die vielfältige Problematik kann hier nicht eingegangen werden; es sei auch dazu auf das erschöpfende Spezialreferat von ARNON (S 2) verwiesen. SIMONIS u. KATING heben hervor, daß beim Phosphatumsatz im Licht zwischen der unmittelbar photosynthetischen Phosphorylierung und einer durch die Photosynthese mittelbar geförderten oxydativen Phosphorylierung unterschieden werden muß; hinzu kommt, daß auch in nichtgrünen Organen eine photosensibilisierte Phosphorylierung vorkommt, mit deren Beteiligung an der lichtabhängigen Phosphatbindung auch in der grünen Zelle gerechnet werden muß (SIMONIS u. EHRENBERG); schließlich bedarf es von Fall zu Fall einer kritischen Prüfung, wieweit eine Beeinflussung des Phosphataufnahme-Vorganges durch das Licht mit im Spiel ist. Im Falle von Hydrodictyon ist diese Komponente der quantitativ hervorstechende Effekt innerhalb des lichtabhängigen Phosphatumsatzes der Zelle (KUHL). — Um den direkten Nachweis der ATP-Bildung bei Lichtphosphorylierungen in grünen Zellen hat sich SCHWINCK mit kritischer präparativer Sorgfalt erfolgreich bemüht (^{32}P-Einbau, Papierchromatographie, UV-Absorption); es treten erwartungsgemäß neben ATP auch noch verschiedene andere Phosphatverbindungen auf. Wir sind eben noch weit von einer vollständigen Einsicht in die Veränderungen der Phosphatbilanzen in der belichteten Zelle entfernt. KANDLER (1, 2) hat die Lichtphosphorylierung in Chlorella mit Hilfe von Giftwirkungen als photosynthesespezifisch zu kennzeichnen versucht. KRALL (2) glaubt aus einer (im Gelb reversiblen) CO-Empfindlichkeit der ^{32}P-Bindung in Gerstenblättern auf eine Beteiligung der Cytochromoxydase bei der Lichtphosphorylierung schließen zu können. SIMONIS u. QUENSELL haben für den Fall der Jodessigsäure festgestellt, daß die Giftwirkung auf Einbau und Verteilung von ^{32}P im Licht und im Dunkeln einem Zeitfaktor unterworfen ist, wodurch die Versuchsauswertung erschwert wird. — Unbeachtet ist eine Arbeit von MARUO u. Mitarb. geblieben, die von einem Lichteinbau des ^{32}P in Chlorella berichtet, der von CO_2 und O_2 kaum beeinflußt, jedoch von Azid und Cyanid gehemmt werden soll.

Der Einsatz der Lichtphosphorylierung in vivo beschränkt sich wohl kaum auf die Nutzung energiereichen Phosphats beim Reduktionswege des Kohlenstoffs (vgl. Abb. 16) im engeren Photosynthesemechanismus. SIMONIS u. KATING (vgl. auch SIMONIS) haben weiteres Versuchsmaterial beigebracht, welches für eine im Licht geförderte Glucoseverarbeitung (vgl. Fortschr. Bot. **17**, 559) spricht und die Vermutung nahelegt, daß Glukose und CO_2 in gewissem Maße um die Energie der photosynthetischen Phosphorylierung konkurrieren können. Nach SCHLEGEL (2) werden von Chlorella im Licht außer Glucose auch organische Säuren unter Verwertung phosphatgebundener Energie zum Aufbau polymerer Kohlenhydrate verwendet, wobei Abwesenheit von CO_2 fördernd wirkt; Phosphorylierungsvorgänge im Dunkeln benötigen dagegen in manchen Fällen (Wasserstoffbakterien, auch Grünalgenstämme) einen bestimmten Minimalspiegel von CO_2 (1). Für einen besonderen „Photostoffwechsel" der Glucose hat auf anderem Wege auch BERGMANN Stützen beigebracht; er benutzt hierzu vor allem die spezifische Hemmung der Lichtverarbeitung von Glucose von Chlorella bei photosynthesehemmendem Manganmangel. Ähnliche Schlüsse lassen sich auch aus Beobachtungen von KILLAM u. MYERS ziehen.

Durch Untersuchungen von WINTERMANS (vgl. Fortschr. Bot. 17, 561) hat die schon von STICH geförderte Frage einer Speicherung photosynthetisch nicht unmittelbar genutzter Lichtenergie in Polyphosphaten neuen Auftrieb erhalten. Daß bei mangelhafter CO_2-Verwertung diese analytisch nicht mit befriedigender Eindeutigkeit faßbare P-Fraktion gefördert wird, wird auch von NIHEI angegeben; in teilungsreifen Chlorellazellen, in denen die CO_2-Reduktion herabgesetzt ist, soll die photosynthetische O_2-Entwicklung mit der Vermehrung dieser Speicherform des Phosphats verbunden sein. THILO u. Mitarb. kommen bei der Charakterisierung der Polyphosphate von Acetabularia zu dem Schluß, daß es sich um Polymere mit einem Kondensationsgrad von > 10 handelt. Auch nach Erfahrungen im Laboratorium des Ref. an Hydrodictyon (KUHL) kommt eine Erhöhung der Polyphosphatfraktion im Licht bei gehemmter Photosynthese unter Umständen (z. B. bei CO_2-Ausschluß) in Betracht; jedoch ist der Nachweis, daß diese Produkte wirklich Energiespeicher und nicht nur Phosphatreservoire darstellen, noch nicht sicher geführt; zudem sind die Energieverhältnisse in diesen höheren Polymeren noch nicht genau bekannt. Auch hier gilt es, ansprechende Hypothesen nicht mit experimentellen Beweisen zu verwechseln.

5. Blaues Licht und Photosynthese (Carotinoidproblem).

Die Beobachtung, daß blaugrünes Licht in calorisch belanglosem Zusatz die photochemische Ausbeute von Chlorella im Rotlicht erheblich verbessert, ist von WARBURG u. Mitarb. (1) weiter ausgebaut worden. Der Wirkungsbereich des kurzwelligen Spektralbezirkes enthält ein deutliches Maximum zwischen 440 und 470 mμ. Es wird vermutet, daß das blaue Licht aus einem Proferment ein „Luminoferment" der Photosynthese bildet und dieses in den Vorgang der CO_2-Reduktion eingreift. Als wirksame Komponente dieses Ferments werden Carotinoide angesehen und deren (reversible) Aktivierung mit dem Verhalten der Sehcarotinoide in Vergleich gesetzt. Diese Überlegungen müssen vorerst als interessante Hypothese gewertet werden und sind zweifellos als wesentliche Anregung für die weitere Arbeit an dem noch recht unbefriedigend geklärten Problem der Carotinoidfunktion anzusehen. Übrigens konnten BASSHAM u. Mitarb. keine Wirkung zusätzlichen Blaulichts auf die Photosynthese (und deren photochemische Ausbeute) im Rot finden.

Im Augenblick läßt sich noch nicht übersehen, ob sich zwischen den Befunden WARBURGs und den Beobachtungen anderer Autoren über einen spezifischen Einfluß des kurzwelligen Spektralbereiches auf den Syntheseweg bei der CO_2-Reduktion Beziehungen finden lassen. Es hat sich bestätigt (vgl. Fortschr. Bot. 17, 565), daß für die an die Photosynthese eng angeschlossenen Vorgänge der N-assimilation blaues Licht besonders förderlich ist. STOY (1) hat aus dem Vergleich der Wirkungsspektren von CO_2-Reduktion und lichtabhängiger Nitratassimilation von Weizenblättern eine solche Sonderwirkung des Blaubereiches auf den letzteren Prozeß herausgelesen und ferner (2) an einem Modellsystem (Nitratreduktase, Riboflavin + Nitrat in Phosphatpuffer) die Möglichkeit einer anaeroben Photoreduktion des Nitrats zu Nitrit aufgezeigt; wenn auch fraglich bleibt, ob diese Teilreaktion ein Abbild der Vorgänge in vivo darstellt, so muß doch bemerkt werden, daß auch in diesem Bereich der Pflanzenphysiologie nicht einfach Blauwirksamkeit mit Carotinoidwirksamkeit gleichgesetzt werden darf. VOSKRESENSKAJA hat in kurzfristigen Markierungsexperimenten eine Verschiebung des Verhältnisses von N-freien Säuren zu Aminosäuren im Blaulicht zugunsten der letzteren gefunden (ohne eine qualitative Änderung in der Säuregarnitur). Bei längeren Beleuchtungsversuchen an Kulturpflanzen ist im Blaulicht der Eiweißanteil zumindest relativ gegenüber dem Kohlenhydratanteil im Vorsprung (VOSKRESENSKAJA u. GRISINA). Die Verläßlichkeit solcher Befunde ist allerdings etwas beeinträchtigt durch die bekannte Schwierigkeit, eine Dosierung der Farblichtbereiche so vorzunehmen, daß ein energetisch einwandfreier Vergleich gestattet ist. CAYLE u. EMERSON finden beim Rot-Blau-Vergleich an Chlorella mit $C^{14}O_2$ keine Verschiebung zwischen Kohlenhydrat und Protein, jedoch im Blau eine signifikante Vermehrung des ^{14}C-Einbaus Alanin, Glycin und Serin, wobei eine abweichende Markierungs-Reihenfolge im Glycin auffällt, für die vorerst noch keine Erklärung gefunden ist. — Über mögliche Carotinoidfunktionen siehe auch S. 238

6. Photochemische Ausbeute.

Man hat hier zu unterscheiden zwischen Messungen des Quantenbedarfs im kontinuierlichen Licht und solchen im intermittierenden Licht von Minutenlänge. Dauerlichtmessungen haben auch in letzter Zeit unterschiedliche Ergebnisse gebracht; jedoch scheinen sich die Resultate insofern zu nähern, als die außerhalb des Instituts von O. WARBURG gemessenen Werte eine offensichtlich signifikante Depression unter den Quantenbedarf von 8 zeigen, die nach neuesten Gesichtspunkten von WARBURG u. Mitarb. (3) erhaltenen Werte andererseits nahezu ausnahmslos merklich über 4 liegen. BURK u. Mitarb. berichten allerdings wieder von Versuchen mit Quantenzahlen von 3—4 hν/O$_2$. YUAN, EVANS u. DANIELS haben (ähnlich wie BASSHAM, SHIBATA u. CALVIN) bei simultaner magnetischer O_2-Bestimmung und Ultrarotabsorptionsmessung des CO_2-Verbrauchs untere Grenzwerte von 6 erhalten, die einen weiteren wünschenswerten Vergleich zur manometrischen Technik liefern. WARBURG bezeichnet allerdings alle Verfahren, welche andere als die von seinem Arbeitskreis mit manometrischer Methodik erhaltene Ergebnisse liefern, als ungeeignet für die Photosynthesemessung. FRANCK (S) hat erneut betont, daß nach seiner energetischen Kalkulation ein Bedarf von 4 Quanten pro Molekül O_2 (bzw. CO_2) „höchstwahrscheinlich" zu niedrig, ein noch geringerer Wert aber unmöglich ist. Er rechnet mit einem Verbrauch von 2 Quanten beim Umsatz von 1 Atom Photowasserstoff. Daß der daraus errechnete Gesamtbedarf von 8 Quanten tatsächlich als eine echte Konstante zu werten ist, wird man wohl auch heute nicht mit Bestimmtheit vertreten können (vgl. DUYSENS (S)].

Zweifellos sind Unterschiede in der Leistungsfähigkeit des Zellmaterials an den viel umstrittenen Abweichungen der Ergebnisse aus verschiedenen Laboratorien beteiligt. WARBURG u. Mitarb. haben diesen Gesichtspunkt seit Jahren in den Vordergrund gestellt und immer wieder andere anzuchttechnische Voraussetzungen für die Erzielung optimaler Ausbeuten gesucht und angegeben. Erstaunlich ist, daß erst jetzt eine „fluktuierende" Beleuchtung bei der Algenzucht für entscheidend angesehen wird (2, 3), nachdem schon vor 37 Jahren ohne die später eingeführten Kautelen dieselben Ausbeuten gemessen wurden wie heute. Diese verwirrende Tatsache läßt eine streng systematische Untersuchung der Ausbeuten unter der Wirkung der einzelnen Anzuchtfaktoren mit jeweils simultan ausgeführten Kontrollmessungen als besonders notwendig erscheinen. Nach Erfahrungen bei Hydrodictyon (SCHÖN) wäre z. B. zu erwarten, daß nicht eine fluktuierende Beleuchtung, sondern schon ein einfacher Licht-Dunkel-Wechsel bei der Anzucht Einfluß auf die Leistungsfähigkeit des Versuchsmaterials hat. Wenn nach TAMIYA u. Mitarb. (vgl. Fortschr. Bot. 17, 571) die Photosyntheseleistung von Chlorellen von deren Entwicklungszustand abhängt, müßten alle bisherigen Kulturen, die notwendigerweise ein Gemisch von Zellen verschiedenen Alters enthielten, suboptimale Leistungen aufgewiesen haben; freilich fragt es sich, ob vom Entwicklungszustand abhängige Leistungsunterschiede sich auf den photochemischen Teil der Photosynthese auswirken und daher auch unter den Bedingungen hervortreten, welche bei einer Messung der photochemischen Ausbeute vorliegen.

Die von WARBURG u. BURK bei langfristig (in Minutenabständen) intermittierender Belichtung durchgeführten Gaswechselmessungen und ihre Auswertung (einquantige Photoreaktion und Rückreaktion mit freiem Sauerstoff, vgl. Fortschr. Bot. 14, 325 u. 17, 567) werden von WARBURG als „die wichtigste Entdeckung auf dem Gebiet der Photosynthese seit THEODOR VON SAUSSURE" bezeichnet. Außerhalb des Dahlemer Arbeitskreises hat sich diese Wertung bisher offensichtlich nicht durchgesetzt; so sind z. B. in einem Referat von DUYSENS (S) über die Energieverhältnisse bei der Photosynthese die betreffenden Untersuchungen nicht erwähnt. Der Grund für die anhaltend kritische Zurückhaltung, welche die meisten Photosyntheseforscher in dieser Beziehung üben, liegt wohl in erster Linie in begründeten Zweifeln an dem Aussagewert von kurzfristigen manometrischen Druckänderungen. Da hier auf Einzelheiten nicht eingegangen werden kann, sei dem interessierten Leser ein sorgfältiger Vergleich der Publikationen von GAFFRON u. ROSENBERG (S) und WARBURG empfohlen. Zu den in Frage stehenden methodischen Problemen liegen zudem einige neuere Äußerungen vor. BROWN u. WHITTINGHAM haben mit veränderter Methodik die Existenz eines CO_2-Ausstoßes unmittelbar nach Belichtung von Chlorellasuspensionen bestätigt. SPRUIT u. KOK fanden bei Kombination einer polarographischen (O_2) und elektrochemischen Messung (p_H bzw. CO_2) erhebliche Abweichungen zwischen CO_2-Aufnahme und O_2-Abgabe bei intermittierender Belichtung (vgl. auch KOK u. SPRUIT). EMERSON u. CHALMERS bekräftigen ihre Bedenken gegen die Anwendung der manometrischen Technik bei Gaswechselmessungen im Wechsellicht durch weitere Hinweise auf solche „Übergangsphänomene" des Gaswechsels. Diese im einzelnen noch ungeklärten Erscheinungen müssen wohl sicher als physiologische Reaktionen gewertet werden, wenn auch rein physikalische Fehlerquellen bei diffizilen Messungen dieser Art mit in Betracht kommen.

CLENDENNING u. BROWN beobachteten keinen Einfluß des Zentrifugierens auf die Photosyntheseleistungen von Chlorella; CLENDENNING u. Mitarb. können ferner nicht bestätigen, daß bei Chlorella andere Carbonat-Bicarbonat-Puffer als das bekannte „Gemisch Nr. 9" eine stärkere Photosynthese ermöglichen. Beide Gesichtspunkte waren ehedem von WARBURG u. Mitarb. bei der Diskussion von Fehlerquellen bei Photosynthesemessungen bzw. Ausbeutebestimmungen in den Vordergrund gestellt worden [vgl. jetzt dazu WARBURG u. Mitarb. (1, S. 634)].

Literatur.

Sammelberichte.

ARNON, D. I.: (1) Henry Ford Hospital Internat. Sympos. 1956, 279—313 (New York: Acad. Press.). — (2) Annual Rev. Plant Physiol. 7, 325—354 (1956).

CALVIN, M.: Angew. Chem. 68, 253—264 (1956).

DUYSENS, L. N. M.: Annual Rev. Plant Physiol. 7, 25—50 (1956).

FRANCK, J.: Daedalus, Proc. Amer. Acad. Arts Sci. 86, 17—42 (1955). — FRENCH, C. S.: In The Luminescence of Biological Systems. p. 51—74. Ed. by F. H. Johnson. Washington 1955.

GAFFRON, H., u. J. ROSENBERG: Naturwiss. 42, 354—364 (1955). — GRANICK, S.: Ciba Found. Sympos. on Porphyrin Biosynthesis and Metabolism 1955, 143—152.

KAMEN, M. D.: (1) Bacter. Rev. 19, 250 (1955). — (2) Internat. Sympos. on Enzymes. p. 483—498. Detroit 1955.

LASCELLES, J.: Ciba Found. Conf. p. 265—282. Ed. G. E. W. WOLSTENHOLME. London 1955.

MOYSE, A.: Année biol. 32, 5—23 (1956).

RABINOWITCH, E. I.: Photosynthesis and related processes. Vol. II, 2. pp. 1211 bis 2088. New York 1956.

SMITH, J. H. C., and A. BENITEZ: In. K. PAECH u. M. V. TRACEY, Moderne Methoden der Pflanzenanalyse. Band IV, 142—184, 1955.

Originalarbeiten.

ALLEN, M. B.: Arch. Mikrobiol. 24, 163—168 (1956). — ALLEN, M. B., D. I. ARNON, J. B. CAPINDALE, F. R. WHATLEY and L. J. DURHAM: J. amer. chem. Soc. 77, 4149—4155 (1955). — ALLEN, F. L., and J. FRANCK: Arch. of Biochem. a. Biophysics 58, 124—143 (1955). — ANDERSON, D. R., J. D. SPIKES and R. LUMRY: Biochim. et biophysica Acta 15, 298 (1954). — ARNOLD, W., and E. S. MEEK: Arch. of Biochem. a. Biophysics 60, 82—90 (1956). — ARNOLD, W., and J. THOMPSON: J. Gen. Physiol. 39, 311—318 (1956). — ARNON, D. I.: Science (Lancaster, Pa.) 122, 9—16 (1955). — ARNON, D. I., M. B. ALLEN and F. R. WHATLEY: Biochim. et biophysica Acta 20, 449—461 (1956). — ARNON, D. I., M. B. ALLEN, F. R. WHATLEY, J. B. CAPINDALE and L. L. ROSENBERG: Proc. 3rd Internat. Congr. Biochem. Brussels 1955, 227—232. — AVRON, M., and A. T. JAGENDORF: Arch. of Biochem. a. Biophysics 65, 475—490 (1956).

BARER, R.: Science (Lancaster, Pa.) 121, 709—715 (1955). — BASSHAM, J. A., K. SHIBATA and M. CALVIN: Biochim. et biophysica Acta 17, 332—340 (1955). — BASSHAM, J. A., K. SHIBATA, K. STEENBERG, J. BOURDON and M. CALVIN: J. amer. chem. Soc. 78, 4120—4124 (1956). — BAUER, A.: Beitr. Biol. Pflanz. 32, 403—426 (1956). — BEAN, R. C., and W. Z. HASSID: J. of Biol. Chem. 212, 411—425 (1955). — BECKER, R. S., and M. KASHA: J. amer. chem. Soc. 77, 3669—3670 (1955). — BECKER, R. S., and R. K. SHELINE: Arch. of Biochem. a. Biophysics 54, 259—265 (1955). — BERGMANN, L.: Flora (Jena) 142, 493—539 (1955). — BIEBL, R.: Protoplasma (Wien) 46, 63—89 (1956). —BISHOP, N. I., R. LUMRY and J. D. SPIKES: Arch. of Biochem. a. Biophysics 58, 1—18 (1955). — BISHOP, N. I., and J. D. SPIKES: Nature (London) 176, 307—308 (1955). — BOICHENKO, E. A., N. I. ZACHAROVA i V. I. VERNADSKI: Biokhimiya 21, 374—379 (1956). — BOGORAD, L.: Science (Lancaster, Pa.) 121, 878—879 (1955). — BRADLEY, D. F., and M. CALVIN: Proc. Nat. Acad. Sci. 41, 563—571 (1955). — BREBION, G., et R. SCUFLAIRE: Mém. Services chim. État (Paris) 39, 303—310 (1954). — BROWN, A. H., and N. GOOD: Arch. of Biochem. a. Biophysics 57, 340—354 (1955). — BROWN, A. H., and C. P. WHITTINGHAM: Plant Physiol. 30, 231—237 (1955). — BURK, D., G. HOBBY and J. HUNTER: Science (Lancaster, Pa.) 121, 620 (1955).

CALVIN, M.: Nature (London) **176**, 1215 (1955). — CAYLE, T., and R. EMERSON: Nature (London) **179**, 89—90 (1957). — CHAMPIGNY, M.-L.: C. r. Acad. Sci. (Paris) **243**, 83—85 (1956). — CHANCE, B., and L. SMITH: Nature (London) **175**, 803—806 (1955). — CHIBA, Y.: Arch. of Biochem. a. Biophysics **54**, 83—92 (1955). — CHICHESTER, C. O., T. NAKAYAMA and G. MACKINNEY: J. of Biol. Chem. **221**, 819—822 (1956). — CLAES, H.: Z. Naturforsch. **11b**, 260—266 (1956). — CLAYTON, R. K.: (1) Arch. Mikrobiol. **22**, 180—194 (1955). — (2) Arch. Mikrobiol. **22**, 195—203 (1955). — CLENDENNING, K. A., and T. E. BROWN: Physiol. Plantarum (Copenh.) **9**, 515—518 (1956). — CLENDENNING, K. A., T. E. BROWN and H. C. EYSTER: Canad. J. Bot. **34**, 943—966 (1956). — COLEMAN, J. W., A. S. HOLT and E. I. RABINOWITCH: Science (Lancaster, Pa.) **123**, 795—796 (1956). — COOPER, R.: Biochemic. J. **63**, 25P—26P (1956).

DAMASCHKE, K., u. L. ROTHBÜHR: (1) Biochem. Z. **327**, 39—61 (1955). — DAMASCHKE, K., L. ROTHBÜHR u. F. TÖDT: (2) Z. Naturforsch. **10b**, 215—222 (1955). — DOMAN, N. G.: (1) Biochimija **20**, 734—739 (1955). — (2) Biokhimiya **21**, 78—83 (1956). — DRESSEL, E. I. B., and J. E. FALK: Biochemic. J. **63**, 388—395 (1956). — DROOP, M. R.: Nature (London) **175**, 42 (1955). — DUYSENS, L. N. M.: (1) Science (Lancaster, Pa.) **121**, 210—211 (1955). — (2) Biochim. et biophysica Acta **19**, 1—12 (1956). — DUYSENS, L. N. M., W. J. HUISKAMP, J. J. VOS and J. M. VAN DER HART: Biochim. et biophysica Acta **19**, 188—190 (1956).

EHRMANTRAUT, H., and E. I. RABINOWITCH: Arch. of Biochem. a. Biophysics **38**, 67—84 (1952). — EMERSON, R., and R. CHALMERS: Plant Physiol. **30**, 504—529 (1955). — EVSTIGNEEV, B. V., i V. A. GAVRILOVA: (1) Dokl. Akad. Nauk SSSR **103**, 97—100 (1955). — (2) Dokl. Akad. Nauk SSSR, **108**, 507—510 (1956). — EYSTER, C., T. E. BROWN and H. A. TANNER: Arch. of Biochem. a. Biophysics **64**, 240—241 (1956).

FRANK, S., and A. L. KENNEY: Plant Physiol. **30**, 413—418 (1955). — FRENCH, C. S., J. H. C. SMITH, H. I. VIRGIN and R. L. AIRTH: Plant Physiol. **31**, 369—374 (1956). — FRENKEL, A. W.: J. of biol. Chem. **222**, 823—834 (1956). — FRENKEL, A. W., and R. A. LEWIN: Amer. J. Bot. **41**, 586—589 (1954). — FUJIMORI, E.: J. amer. chem. Soc. **77**, 6495—6498 (1955).

GIBSON, J., and H. LARSEN: Biochemic. J. **60** (Proc.), 27 (1955). — GIESE, A. T., and C. S. FRENCH: Carnegie Inst. Washington Yearbook **54**, 165—166 (1954/55). — GJUBBENET, E. R., i N. V. BAZANOVA: Dokl. Akad. Nauk SSSR **105**, 586—587 (1955). — GODNEV, T. N., i A. A. SHLYK: Priroda (Leningrad) **1955**, 48—51. — GOEDHEER, J. C.: (1) Biochim. et biophysica Acta **16**, 471—476 (1955). — (2) Nature (London) **176**, 928—929 (1955). — (3) Thesis Utrecht 1957. — GOOD, N.: Plant Physiol. **30**, 483—484 (1955). — GOOD, N. and R. HILL: Arch. of Biochem. a. Biophysics **57**, 355—366 (1955). — GOODWIN, T. W.: (1) Biochim. et biophysica Acta **18**, 309—310 (1956). — (2) Arch. Mikrobiol. **24**, 313—322 (1956). — GOODWIN, T. W., and D. G. LAND: (1) Biochemic. J. (Proc.), 17 (1955). — (2) Arch. Mikrobiol. **24**, 305—312 (1956). — (3) Biochemic. J. **62**, 553—556 (1956). — GOODWIN, T. W., and M. E. SISSINS: Biochemic. J. **61**, (Proc.) 13—24 (1955). — GRIFFITHS, M., W. R. SISTROM, G. COHEN-BAZIRE, R. Y. STANIER and M. CALVIN: Nature (London) **176**, 1211—1215 (1955).

HAGEMAN, R. H., and D. I. ARNON: Arch. of Biochem. a. Biophysics **57**, 421 bis 436 (1955). — HAXO, F. T., C. O'h EOCHA and P. NORRIS: Arch. of Biochem. a. Biophysics **54**, 162—173 (1955). — HOLT, A. S., and E. E. JACOBS: Plant Physiol. **30**, 553—559 (1956). — HORECKER, B. L., P. Z. SMYRNIOTIS, H. H. HIATT and P. A. MARKS: (1) J. of biol. Chem. **212**, 827—836 (1955). — HORECKER, B. L., J. HURWITZ and A. WEISSBACH: (2) J. of biol. Chem. **218**, 785—794 (1956). — HORWITZ, L.: Plant Physiol. **30**, 10—15 (1955). — HURWITZ, J., A. WEISSBACH, B. L. HORECKER and P. Z. SMYRNIOTIS: J. of Biol. Chem. **218**, 769—783 (1956).

IRMAK, L. R.: Rev. Fac. Sci. Univ. Instanbul, Sér. B **20**, 237—243 (1955).

JAGENDORF, A.: (1) Plant Physiol. **30**, 138—143 (1955). — (2) Arch. of Biochem. a. Biophysics **62**, 141—150 (1956). — JAKOBY, W. B., D. O. BRUMMOND and S. OCHOA: J. of biol. Chem. **218**, 811—822 (1956).

KAMEN, M. D., and L. P. VERNON: J. of biol. Chem. **211**, 663—675 (1954). — KANDLER, O.: (1) Z. Naturforsch. **10b**, 38—46 (1955). — (2) Naturwiss. **42**, 390 (1955). — KANDLER, O., and M. GIBBS: Plant Physiol. **31**, 411—412 (1956). —

KANDLER, O., and M. GIBBS: Plant Physiol. 31, 411—412 (1956). — KANDLER, O., u. F. SCHÖTZ: Z. Naturforsch. 11b, 708—718 (1956). — KAY, R. E., and B. PHINNEY: (1) Plant Physiol. 31, 226—231 (1956). — (2) Plant Physiol. 31, 415—420 (1956). — KENTEN, R. H., and P. J. G. MANN: Biochemic. J. 61, 279—286 (1955). — KESSLER, E.: Arch. of Biochem. a. Biophysics 59, 527—529 (1955). — KILLAM, A., and J. MYERS: Amer. J. Bot. 43, 569—572 (1956). — KOK, B.: (1) Biochim. et biophysica Acta 21, 234—242 (1956). — (2) Biochim. et biophysica Acta 22, 399—401 (1956). — (3) Nature (London) 179, 583—584 (1957). — KOK, B., and J. A. BUSINGER: Nature (London) 177, 135—136 (1956). — KOK, B., and C. J. P. SPRUIT: biochim. et Biophysica Acta 19, 212—223 (1956). — KOMEN, J. G.: Biochim. et Biophysica Acta 22, 9—15 (1956). — KORNBERG, H. L., J. R. QUAYLE and M. CALVIN: Univ. Calif. Unclass. Rep. Chem. 1955, 2885. — KRALL, A. R.: (1) Physiol. Plantarum (Copenh.) 8, 869—876 (1955). — (2) Comm. Biol. Div. Oak Ridge Nat. Lab. 1956, 11 pp. — (3) Comm. Biol. Div. Oak Ridge Nat. Lab. 1956, 9 pp. — KRALL, A. R., and R. H. BURRIS: Physiol. Plantarum (Copenh.) 7, 768—776 (1954). — KRALL, A. R., and N. E. TOLBERT: Comm. Biol. Lab. Oak Ridge Nat. Lab. 1956, 26 pp. — KRASNOVSKI, A. A.: Dokl. Akad. Nauk SSSR 103, 283—286 (1955). — KRASNOVSKI, A. A., E. A. NESTERVOSKAYA i A. B. GOLDENBERG: Biofizika 1, 328—333 (1956). — KRASNOVSKI, A. A., i A. V. UMRICHINA: Dokl. Akad. Nauk SSSR 104, 882—885 (1955). — KUHL, A.: Diss. Marburg 1957. — KUTJURIN, V. M.: Dokl. Akad. Nauk SSSR 106, 355—357 (1956).

LASCELLES, J.: (1) J. gen. Microbiol. 15, 404—416 (1956). — (2) Biochemic. J. 62, 78—93 (1956). — LASCELLES, J., and R. COOPER: 3e Congr. Internat. biochem. Rés. comm. Brussels 1955, 88. — LATIMER, P., T. T. BANNISTER and E. I. RABINOWITCH: Science (Lancaster, Pa.) 124, 585—586 (1956). —LATIMER, P., and E. I. RABINOWITCH: J. chem. Phys. 24, 480 (1956). — LEWIN, R. A., and R. H. MINTZ: Arch. of Biochem. a. Biophysics 54, 246—247 (1955). — LIVINGSTON, R.: J. amer. chem. Soc. 77, 2179—2184 (1955). — LOEFFLER, J. E.: Carnegie Inst. Washington Yearbook 54, 159—160 (1954/55).

MACKINNEY, G., C. M. RICK and J. A. JENKINS: Proc. Nat. Acad. Sci. USA 42, 404—408 (1956). — MARRÉ, E., e G. LAUDI: Atti Acad. naz. Lincei Ser. 8. 18, 402—408 (1955). — MARUO, B., M. NAKAMURA, T. OMURA, T. KONO and S. MATSUMOTO: J. agric. chem. Soc. Japan 27, 348—354 (1953). — MITSUDA, H., and K. YASUMATSU: Bull. Inst. Chem. Res. Kyoto Univ. 33, 136—143 (1955). — MIYACHI, S., T. HIROKAWA and H. TAMIYA: J. of Biochem. (Tokyo) 42, 737—743 (1955). — MIYACHI, S., S. IZAWA and H. TAMIYA: J. of Biochem. (Tokyo) 42, 221—224 (1955). — MOYSE, A.: (1) C. r. Acad. Sci. (Paris) 236, 111—113 (1953). — (2) Physiol. Plantarum (Copenh.) 8, 453—477 (1955). — MOYSE, A., et G. JOLCHINE: Bull. Soc. Chim. biol. 38, 761—784 (1956). — MYERS, J., and W. A. KRATZ: J. gen. Physiol. 39, 11—22 (1955).

NEWTON, J. W., and M. D. KAMEN: (1) Arch. of. Biochem. a. Biophysics 58, 246—247 (1955). — (2) Biochim. et biophysica Acta 21, 71—80 (1956). — NIEL, C. B. VAN, T. W. GOODWIN and M. E. SISSINS: Biochemic. J. 63, 408—412 (1956). — NIHEI, T.: J. of Biochem. 42, 245—256 (1955). — NUERNBERGK, E. L.: Mitt. Staatsinstitut Allg. Bot. Hamburg 11, 205—232 (1957).

OHMURA, T.: (1) Nature (London) 176, 467—468 (1955). — (2) Arch. of Biochem. a. Biophysics 57, 187—194 (1955).

PIRSON, A., u. L. BERGMANN: Nature (London) 174, 209—210 (1955).

REISNER, G. S., and J. F. THOMPSON: Nature (London) 178, 1473—1474 (1956). — RÖBBELEN, G.: Planta (Berlin) 47, 532—546 (1956). — ROSENBERG, L. L., and D. I. ARNON: J. of Biol. Chem. 217, 361—371 (1955).

SAGROMSKY, H.: (1) Z. Naturforsch. 11b, 548—554 (1956). — (2) Z. Naturforsch. 11b, 554—560 (1956). — SAN PIETRO, A., and H. M. LANG: Science (Lancaster, Pa.) 124, 118—119 (1956). — SANTER, M., and W. VISHNIAC: Biochim. et biophysica Acta 18, 157—158 (1955). — SCHLEGEL, H. G.: (1) Arch. Mikrobiol. 23, 195—206 (1955). — (2) Planta (Berlin) 47, 510—526 (1956). — SCHMID, R., and D. SHEMIN: J. Amer. Chem. Soc. 77, 506 (1955). — SCHÖN, W. J.: Flora (Jena) 142, 347—380 (1955). — SCHWARTZ, M.: (1) Arch. of Biochem. a. Biophysics 59, 5—16 (1955). — (2) Arch. of Biochem. a. Biophysics 63, 201—211 (1956). — (3) Biochim. et biophysica Acta **22**, 463—470 (1956). — SCHWINCK, L.: Planta (Berlin) **47**, 165—218 (1956). — SIMONIS, W.: Z. Naturforsch. **11b**, 354—363 (1956). — SIMONIS, W., u. M. EHRENBERG: Z. Naturforsch. **12b**, 156—163 (1957). — SIMONIS, W., u. H. KATING: Z. Naturforsch. **11b**, 165—172 (1956). — SIMONIS, W., u. E. QUENSELL: Naturwiss. **43**, 204—205 (1956). — SISSAKYAN, N. M., and I. I. FILIPPOVICH: Biochimija **21**, 163—167 (1956). — SMITH, J. H. C., and I. M. AHRNE: Carnegie Inst. Washington Yearbook **54**, 157—159 (1954/55). — SMITH, J. H. C., and D. W. KUPKE: Nature (London) **178**, 751—752 (1956). — SPIKES, J. D., R. LUMRY and J. S. RIESKE: Arch. of. Biochem. a. Biophysics **55**, 25—37 (1955). — SPRUIT, C. J. P.: (1) Proc. 1st Internat. Photobiol. Congr. Amsterdam **1954**, 323—327. — (2) Rec. Trav. chim. Pays-Bas (Amsterd.) **75**, 1097—1100 (1956). — SPRUIT, C. J. P., and B. KOK: Biochim. et biophysica Acta **19**, 417—424 (1956). — STICH, H.: Z. Naturforsch. **10b**, 281—284 (1955). — STOPPANI, A. O. M., R. C. FULLER and M. CALVIN: J. Bacter. **69**, 491—501 (1955).— STOY, V.: (1) Physiol. Plantarum (Copenh.) **8**, 963—986 (1955). — (2) Biochim. et biophysica Acta **21**, 395—396.— STREHLER, B., and V. H. LYNCH: Science (Lancaster, Pa.) **123**, 462—463 (1956). — THILO, E., H. GRUNZE, J. HÄMMERLING und H. WERZ: Z. Naturforsch. **11b**, 266—270 (1956). — THOMAS, J. B., J. C. GOEDHEER and J. G. KOMEN: (1) Biochim. et biophysica Acta **22**, 1—8 (1956). — (2) Biochim. et biophysica Acta **22**, 342—348 (1956). — THOMAS, J. B., and A. M. J. HAANS: Biochim. et biophysica Acta **18**, 286—288 (1955). — THOMAS, J. B., K. MINNAERT and P. F. ELBERS: Acta bot. neerl. **5**, 315—321 (1956). — TOLBERT, N. E., and F. B. GAILEY: Plant Physiol. **30**, 491—499 (1955). — TOLBERT, N. E., and L. P. ZILL: J. of biol. Chem. **222**, 895—906 (1956). — TOWERS, G. H. N., and D. C. MORTIMER: Canad. J. Biochem. Physiol. **34**, 511—519 (1956). — TRUDINGER, P. A.: Biochemica. J. **64**, 274—286 (1956).

ULUBEKOVA, M. V.: Dokl. Akad. Nauk SSSR **104**, 491—493 (1955). — URI, N.: Biochim. et biophysica Acta **18**, 209—215 (1955).

VERNON, L. P.: J. of biol. Chem. **222**, 1045—1049 (1956). — VERNON, L. P., and M. D. KAMEN: J. of biol. Chem. **211**, 643—662 (1954). — VIRGIN, H. I.: (1) Physiol. Plantarum (Copenh.) **8**, 389—403 (1955). — (2) Physiol. Plantarum (Copenh.) **8**, 630—643 (1955). — (3) Physiol. Plantarum (Copenh.) **9**, 674—681 (1956). — VOGT-BEEKMANN, H.: Z. Bot. **44**, 289—296 (1956). — VOSKRESENSKAJA, N. P.: Fiziol. Rastenji 3, 49—57 (1956).—VOSKRESENSKAJA, N. P., i G. S. GRISINA: Dokl. Akad. Nauk. SSSR **106**, 565—568 (1956).

WARBURG, O.: Naturwiss. **42**, 449—450 (1955). — WARBURG, O., u. G. KRIPPAHL: (1) Z. Naturforsch. **10b**, 301—304 (1955). — (2) Z. Naturforsch. **11b**, 52—54 (1956). — (3) Z. Naturforsch. **11b**, 179—180 (1956). — (4) Z. Naturforsch. **11b**, 179—180 (1956). — (5) Z. Naturforsch. **11b**, 718—727 (1956). — WARBURG, O., u. W. SCHRÖDER: Z. Naturforsch. **10b**, 639—642 (1955). — WARBURG, O., G. KRIPPAHL u. W. SCHRÖDER: (1) Naturwiss. **43**, 237—241 (1956). — (2) Naturwiss. **43**, 237—241 (1956). — (3) Z. Naturforsch. **10b**, 631—639 (1955). —WARBURG, O., W. SCHRÖDER u. H. W. GATTUNG: (4) Z. Naturforsch. **11b**, 654—657 (1956). — WARBURG, O., H. KLOTZSCH und G. KRIPPAHL: (5) Z. Naturforsch. **12b**, 266 (1957).— WEISSBACH, A., B. L.HORECKER and J. HURWITZ: J. of biol. Chem. **218**, 795—810 (1956). — WESSELS, J. S. C.: Rec. Trav. chim. Pays-Bas (Amsterd.) **73**, 529—536 (1954). — WESSELS, J. S. C., and R. VAN DER VEEN: Biochim. et biophysica Acta **19**, 548—549 (1956). — WHATLEY, F. R., M. B. ALLEN, L. L. ROSENBERG, J. B. CAPINDALE and D. I. ARNON: Biochim. et biophysica Acta **20**, 462—468 (1956). — WILLIAMS, A. M.: Biochim. et biophysica Acta **19**, 570 (1956). — WILSON, A. T., and M. CALVIN: J. amer. chem. Soc. **77**, 5948—5957 (1955). — WINTERMANS, J. F. G. M.: Meded. Landbouwhoogeschool Wageningen **55**, 69—126 (1955). — WITT, H. T.: Z. Elektrochem. **59**, 981—986 (1955). — WITT, H. T., R. MORAW u. A. MÜLLER: Z. Elektrochem. **60**, 1148—1153 (1956). — WOLKEN, J. J., A. D. MELLON and C. L. GREENBLATT: J. Protozool. 2, 89—96 (1955). — WOLKEN, J. J., and A. D. MELLON: J. gen. Physiol. **39**, 675—685 (1956). — WOLKEN, J. J., and F. A. SCHWERTZ: Nature (London) **177**, 136—138 (1956).

YUAN, E. L., and F. DANIELS: J. gen. Physiol. **39**, 527—534 (1956). — YUAN, E. L., R. W. EVANS and F. DANIELS: Biochim. et biophysica Acta **17**, 185—193 (1955).

15. Stoffwechsel organischer Verbindungen II.

Von FRANK EBERHARDT, Tübingen.

1. Kohlenhydrate.

Methodik. Immer mehr wird die phytochemische Synthese von C^{14}-Verbindungen nicht nur für die Analyse der markierten Produkte selbst, sondern auch für präparative Zwecke ausgenutzt (vgl. PORTER; KROTKOV u. RIZVI). Wird $C^{14}O_2$ als Ausgangsmaterial dazu verwendet und die Photosynthese über längere Zeit ausgedehnt, so erhält man natürlich nicht wie bei chemischen Synthesen markierte Verbindungen, die das Isotop an einem bestimmten C-Atom des Moleküls tragen, sondern Produkte, bei denen die Radioaktivität mehr oder weniger gleichmäßig über die Kohlenstoffatome verteilt ist. Wie einheitlich die Isotopenverteilung in photosynthetisch markierten Endprodukten sein kann, zeigt das Beispiel von Xylose-C^{14}, die aus Weizen-Hemicellulose gewonnen wurde (BROWN):

C-Atom	1	2	3	4	5
Prozent der Gesamtradioaktivität	20,1	20,6	20,8	20,7	19,1

Die markierten Präparate können nun wieder an geeignete Pflanzen verfüttert werden und ihre Umsetzungen anhand der Aktivitätsverteilung studiert werden. Besonders aufschlußreich sind oftmals solche Versuche, bei denen markierte Verbindungen eingesetzt werden, die C^{14} nur an bestimmten Stellen des Moleküls enthalten[1,2]. Im allgemeinen werden spezifische Markierungen auf chemischem Wege erreicht, aber unter geeigneten Bedingungen lassen sich derartige Markierungen auch durch enzymatische Umsetzungen in vitro oder in vivo erzielen, z. B. durch Kurzzeit-Photosynthese in $C^{14}O_2$, oder dadurch, daß die Radioaktivität nicht als $C^{14}O_2$, sondern in Form von anderen C^{14}-Verbindungen eingeführt wird (z. B. Disaccharide mit nur einer markierten Zuckerkomponente; PORTER).

Um nun die Wege verfolgen zu können, die das gebotene C^{14}-Produkt im Organismus nimmt, ist es in den meisten Fällen unerläßlich, die Position des Radiokohlenstoffs innerhalb eines Moleküls festzustellen und die Markierungsverteilung quantitativ zu vergleichen. Dazu

---

[1] Im vorliegenden Kapitel werden für die Bezeichnungsweise von markierten Verbindungen die vom Oak Ridge Nat. Lab. ausgearbeiteten Vorschläge benutzt, die bei ARONOFF zusammengefaßt sind; z. B.: gleichförmig markierte Glucose $=$ Glucose-C^{14}, Glucose mit isotopem C in der Aldehydgruppe $=$ Glucose-1-C^{14}; Glykokoll-2-C^{14} oder Glykokoll-α-C^{14} für H_2N-H_2C^{14}-COOH.

[2] Vgl. z. B. S. 272

bedarf es chemischer oder biologischer Abbaumethoden, die zu kleinen Bruchstücken des C-Gerüstes führen. Für die Untersuchung von Glucose und Aldopentosen (s. o. Xylose) sind chemische Verfahren eingeführt worden, bei denen nur noch die Aktivität von C_1 durch Differenzbildung gewonnen wird (BOOTHROYD, BROWN, THORN und NEISH; BROWN). Der biologische Abbau der Glucose mit Hilfe der Milchsäuregärung von *Leuconostoc mesenteroides* liefert äquimolekulare Mengen von Milchsäure, Äthanol und CO_2. Durch weiteren chemischen Abbau des Lactats und des Alkohols werden für die 6 Kohlenstoffatome der Glucose getrennte Fraktionen erhalten. Der Vorteil dieses Verfahrens besteht also darin, daß der Aktivitätsanteil in jedem einzelnen C-Atom ohne Differenzbildung erfaßt werden kann. Die Methode ist deshalb der Vergärung durch *Lactobacillus casei* vorzuziehen, bei der ohnehin die C-Atome nur paarweise $(1 + 6, 2 + 5, 3 + 4)$ erhalten werden können (BERNSTEIN, LENTZ, MALM, SCHAMBYE u. WOOD). Weitere Abbaumethoden sind bei ARONOFF zusammengestellt.

Isomerisierung der Monosaccharide. In den letzten Jahren sind vereinzelt Enzyme aufgefunden worden, die an freien Monosacchariden eine Aldose-Ketose-Isomerisierung katalysieren. *Pseudomonas saccharophila* besitzt eine Mannose-Isomerase mit hoher Affinität zu freien Hexosen, die außer der Reaktion Mannose $\rightleftarrows$ Fructose aber auch noch die Isomerisierungen Rhamnose $\rightleftarrows$ Rhamnulose (= 6-Desoxyfructose) und Lyxose $\rightleftarrows$ Xylulose durchführt (PALLERONI u. DOUDOROFF). In *Pseudomonas hydrophila* kommt eine Xylose-Isomerase vor: d-Xylose $\rightleftarrows$ d-Xylulose (HOCHSTER)[1].

Eine bedeutendere Rolle scheinen solche Umwandlungen zu spielen, an denen die Monosaccharide nicht in ihrer freien, sondern in phosphorylierter Form teilnehmen. Dabei gehen aber nicht einfache Hexosephosphorsäureester, sondern Nucleosiddiphosphat-Hexosen in die Reaktion ein. Da die Nucleosiddiphosphat-Hexosen neuerdings als wichtige Komponente zahlreicher enzymatischer Umsetzungen gefunden wurden (vgl. S. 269, 277) und da in dem vorliegenden Bericht noch mehrfach von ihnen zu sprechen sein wird, sollen schon an dieser Stelle einige allgemeine Bemerkungen dazu eingeflochten werden. Die erste Verbindung dieser Art, die bei Hefe entdeckt wurde, war die als Cofaktor bei der biologischen Isomerisierung von Galaktose in Glucose wirkende Uridindiphosphat-Glucose (UDP-Glucose oder UDPG; CAPUTTO, LELOIR, CARDINI u. PALADINI). Diese Verbindung, die als Glucosyl-Donator fungiert, ist ähnlich aufgebaut wie das phosphoryl-spendende Adenosintriphosphat (ATP):

UDPG: Uracil-Ribose-Phosphorsäure $\sim$ Phosphorsäure-Glucose
ATP: Adenin-Ribose-Phosphorsäure $\sim$ Phosphorsäure $\sim$ Phosphorsäure
($\sim$ = energiereiche Phosphatbindung).

Die Bildung von UDP-Glucose aus UTP und Glucose-1-phosphat wird durch eine UDPG-Pyrophosphorylase katalysiert (MUNCH-PETERSEN):

UTP + Glucose-1-phosphat $\rightleftarrows$ UDP-Glucose + Pyrophosphat.

---

[1] Zur Terminologie der Ketosen vgl. Fortschr. Bot. **17, 583**.

Galaktose-adaptierte Hefezellen bauen Galaktose-1-phosphat in UDP-Glucose unter Bildung von UDP-Galaktose und Glucose-1-phosphat ein. An dieser Reaktion (1) ist eine Hexosephosphat-Uridyltransferase beteiligt. Die Isomerisierung (2), die durch die sog. Galaktowaldenase (= Phosphogalaktoisomerase) katalysiert wird, setzt dann erst an der Nucleosidform der Hexosen an (MAXWELL, KALCKAR und BURTON):

(1) UDP-Glucose + Galaktose-1-phosphat $\rightleftharpoons$ UDP-Galaktose + Glucose-1-phosphat

(2)   UDP-Galaktose $\rightleftharpoons$ UPD-Glucose.

Die UDP-Hexosen nehmen also nur in katalytischer Weise an dieser Umsetzung teil, so daß auch kein weiteres UTP mehr benötigt wird, wenn einmal ausreichend UDP-Glucose gebildet worden ist (HANSEN u. FREEDLAND). Die beteiligten Fermente kommen auch in tierischen Geweben vor; ihr Nachweis für höhere Pflanzen scheint noch auszustehen. Eine Glucose-Galaktose-Umwandlung läuft aber auch in Blättern ab. Wird Glucose-C^{14} an Blattstücke von *Canna* oder an Weizenkeimlinge verfüttert, so ist die aus der Hemicellulose isolierte Galaktose radioaktiv. Auch die umgekehrte Reaktion ist hier beobachtet worden. Wird Galaktose-C^{14} gefüttert, so ist neben Hexosephosphaten, Milchsäure und Alanin auch Rohrzucker radioaktiv, und zwar in beiden Zuckeranteilen des Moleküls. Aber eine direkte Umwandlung läßt sich nur mit spezifisch markierter Hexose nachweisen. Wird Galaktose-1-C^{14} an *Canna*-Blätter verabreicht, so ist die Radioaktivität im Glucoseanteil des Rohrzuckers folgendermaßen verteilt:

C-Atom	1	2	3	4	5	6
Prozent der Radioaktivität	72		5	2	0	21

Die Umwandlung von Galaktose in Glucose scheint also zum größten Teil direkt zu sein, obwohl der beachtliche Anteil an isotopem Kohlenstoff in C_6 wenigstens für einen Teil der Galaktose-1-C^{14} einen glykolytischen Abbau anzeigt. Ob im übrigen die direkte Umwandlung durch ein Galaktowaldenase-System vermittelt wird, bleibt noch zu untersuchen (HASSID, PUTMAN u. GINSBURG).

In der Rotalge *Iridophycus flaccidum* scheint UDP-Galaktose ein Zwischenprodukt bei der Bildung von Galaktosyl-2-glycerin zu sein, dem Hauptreservekohlenhydrat dieser Alge, das wahrscheinlich aus UDP-Galaktose und α-Glycerinphosphat hervorgeht (BEAN u. HASSID 1955).

In freier Form wird Galaktose in Pflanzen nicht angetroffen, sie ist aber als gebundene Galaktose vor allem in Polysacchariden und in Heterosiden weitverbreitet. Aus einer Reihe von Pflanzen (Labiaten, Papilionaceen, *Verbascum*) wurden Tri- und Tetragalaktosidosaccharosen isoliert (COURTOIS, ARCHAMBAULT u. LE DIZET). Diese Saccharide stellen also höhere Homologe der Raffinose (Galaktose-Saccharose) und Stachyose (Galaktose-Galaktose-Saccharose) dar; auch Penta- und Hexagalaktosidosaccharosen sind bekannt (in Wurzeln von *Verbascum*; HERISSEY, FLEURY, WICKSTROM, COURTOIS und LE DIZET). Allgemein lassen sich diese Kohlenhydrate als n(α-Galaktosido-1-6)-Saccharosen formulieren, wobei $n = 1$—6. Ihr Aufbau legt den Gedanken nahe, daß sie auf ähnliche Weise gebildet werden wie das Inulin (das ebenfalls Saccharose-Endgruppen enthält: s. S. 268), nur daß hier anstelle von Fructosyl-Gruppen Galaktosyl-Reste übertragen werden.

Rohrzuckersynthese. Es war zunächst angenommen worden, daß die Rohrzuckersynthese in Pflanzen nach einem ähnlichen Prinzip verlaufe wie die Stärkebildung (3):

$$(3) \quad \text{Glucose-1-phosphat} + (\text{Glucose})_n \xrightarrow[\text{phosphorylase}]{\text{Stärke-}} (\text{Glucose})_{n+1} + H_3PO_4$$
$$\longrightarrow \text{Stärke}$$

$$(4) \quad \text{Glucose-1-phosphat} + \text{Fructose} \xrightarrow[\text{phosphorylase}]{\text{Rohrzucker-}} \text{Rohrzucker} + H_3PO_4.$$

Die seit mehr als 10 Jahren bekannte Rohrzuckerphosphorylase, die bei *Pseudomonas saccharophila* die Reaktion (4) katalysiert, konnte aber trotz intensiver Suche nicht in höheren Pflanzen aufgefunden werden. Nun hat sich herausgestellt, daß die Rohrzuckerbildung in Pflanzen nach einem ganz anderen Mechanismus abläuft, und dieser Fall kann deshalb als warnendes Beispiel dafür gelten, daß die bei heterotrophen Mikroorganismen gefundenen Verhältnisse nicht ohne kritische Prüfung auf grüne Pflanzen übertragen werden dürfen.

Aus Weizenkeimlingen wurde ein Ferment isoliert, das die Übertragung des Glucoserestes aus UDP-Glucose auf Fructose unter Bildung von Rohrzucker katalysiert (a) (CARDINI, LELOIR u. CHIRIBOGA). Ein weiteres Enzym überträgt die Glucose in gleicher Weise auf Fructose-6-phosphat, wobei Rohrzuckerphosphat entsteht (b) (LELOIR u. CARDINI). In diesem Fall wird freie Saccharose erst nach Einwirkung einer Phosphatase auf Rohrzuckerphosphat erhalten.

(a) UDP-Glucose + Fructose $\rightleftarrows$ Rohrzucker + UDP

(b) UDP-Glucose + Fructose-6-phosphat $\rightleftarrows$ Rohrzuckerphosphat + UDP.

Das Gleichgewicht der sog. UDPG-Fructose-Transglykosylase-Reaktion begünstigt die Rohrzuckersynthese im neutralen Bereich. Auch dadurch unterscheidet sich dieser Vorgang von der Rohrzuckersynthese in *Pseudomonas*, bei der das Gleichgewicht so liegt, daß die Spaltung des Disaccharides überwiegt.

Gewebebrei von Zuckerrübenblättern synthetisiert radioaktiven Rohrzucker, wenn Fructose-6-phosphat, radioaktives Glucose-1-phosphat und UTP vorhanden sind. Alle Komponenten dieses Enzymsystems sind in der Cytoplasma-Zellsaft-Fraktion (im Gegensatz zur Plastiden-Fraktion) lokalisiert. Die Synthese von UDP-Glucose aus radioaktivem Glucose-1-phosphat und UTP konnte auch am intakten Blatt beobachtet werden. Die Ergebnisse dieser Versuche von BURMA u. MORTIMER zeigen, daß Saccharose im Zuckerrübenblatt in einer Reaktionsfolge entsteht, bei der UDP-Glucose mit Fructose-6-phosphat unter Bildung von Rohrzuckerphosphat reagiert. Rohrzuckerphosphat wird dephosphoryliert. UTP wird aus UDP mit Hilfe von ATP regeneriert, wobei als Quelle für ATP die photosynthetische oder die Atmungskettenphosphorylierung in Frage kommen.

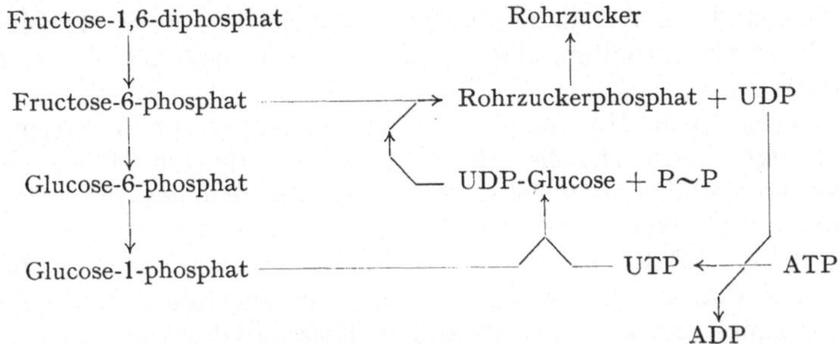

Schematische Darstellung der Saccharosesynthese im Zuckerrübenblatt (nach BURMA u. MORTIMER). (P~P=Pyrophosphat).

Es ist nahegelegen, daran zu denken, daß UDP-Glucose eine ganz allgemeine Bedeutung als Donator für Glucosereste auch bei der Bildung von anderen Disacchariden besitzt (MUNCH-PETERSEN, KALCKAR und SMITH).

Polysaccharide. Für die Reaktionsweise der Phosphorylase bei der Stärkesynthese sind zwei Möglichkeiten denkbar: 1. Die Einzelkettenreaktion, bei der zunächst ein Molekül des Kohlenhydratkeimes zur vollen Länge aufgebaut wird, ehe die Kettenverlängerung am nächsten einsetzt, und 2. die Vielkettenreaktion, bei der die vorhandenen, aus mindestens 3 Glucoseresten bestehenden Keime simultan und in etwa gleichem Maß verlängert werden. Eine Reihe von Beobachtungen sprechen für den Ablauf der Vielkettenreaktion (WHELAN u. BAILEY). Die in vitro aus Glucose-1-phosphat mit Kartoffelphosphorylase synthetisierte Stärke unterscheidet sich von der nativen Kartoffelamylose durch einen wesentlich geringeren Polymerisationsgrad, geringere Löslichkeit und intensivere Färbung mit Jod. Wird der Kartoffelpreßsaft vor der Phosphorylasegewinnung kurz auf 50—55° C erhitzt, so erhält man mit dem Enzympräparat eine synthetische Stärke, die der natürlichen sehr ähnlich ist. Aus dieser Beobachtung wird auf ein zweites, abbauendes Ferment im Preßsaft geschlossen, das durch die Erwärmung inaktiviert wird. Möglicherweise ist ein Zusammenspiel solcher auf- und abbauenden Enzyme in vivo die Ursache für die uneinheitlichen Molekulargewichte mancher Polysaccharide (HUSEMANN, FRITZ u. PFANNE-MÜLLER).

Triebe und Tochterknollen von Kartoffeln und Stengel von *Pellionia* bilden auch unter konstanten Außenbedingungen Stärkekörner mit deutlich ausgeprägter Schichtung. Kartoffel-Internodien, die in 5%iger Glucoselösung gehalten wurden, bildeten 2—3 Schichten täglich (HESS). Eine periodische Änderung der Phosphorylaseaktivität scheint dafür nicht verantwortlich zu sein, soweit sich dies aus Messungen, die in sechsstündigem Abstand angestellt wurden, entnehmen läßt (BADEN-HUIZEN u. MALKIN).

Der Abbau der Chloroplastenstärke im Dunkeln geht bei Tabakpflanzen je nach dem Alter mit unterschiedlicher Geschwindigkeit vor sich. Bei 2—6 Monate alten Pflanzen genügen 5 Tage Verdunkelung zum vollständigen Abbau der Chloroplastenstärke, bei 9—11 Monate alten Pflanzen enthalten alle Plastiden selbst nach 30 Tagen noch Stärke (IRMAK).

Fütterung von Maltose-C^{14} an Tabakblätter im Dunkeln hat gezeigt, daß die spezifische Aktivität der zugeführten Maltose keine Verdünnung erfährt, obwohl unter diesen Bedingungen die endogene Stärke abgebaut wurde. Das bedeutet also, daß bei der Stärkehydrolyse im Blatt keine Maltose entsteht. Demnach scheint Amylase nicht am Abbau der Blattstärke beteiligt zu sein. Die zugeführte Maltose wird aber veratmet und zum Teil in andere Kohlenhydrate eingebaut. Sie ist jedoch für die Stärke- oder Rohrzuckerbildung kein günstigeres Substrat als etwa Glucose (KROTKOV u. RIZVI).

Die Stärkehydrolyse durch heiße normale Schwefelsäure führt selbst nach mehreren Stunden nicht zu einer vollständigen Aufspaltung in Glucose. Es tritt eine Reihe unvollständig hydrolysierter Stärkefragmente auf, die bei Verfütterung an Tabakblätter im Licht zur Synthese anderer Kohlenhydrate verwendet werden und bessere Substrate für die Stärkebildung abgeben als Glucose-1-phosphat oder Maltose (VITTORIO, KROTKOV, NELSON u. BIDWELL).

Die wasserlöslichen Polyglucosen im reifen Süßmais haben eine Kettenlänge von etwa 11 Glucoseeinheiten und sind nicht vom tierischen Glykogen unterscheidbar. Sie werden daher als Phytoglykogen A und B bezeichnet. In unreifen Körnern ist nur Phytoglykogen A enthalten, das sich durch seine Unlöslichkeit in 67% Essigsäure von B unterscheidet (PEAT, WHELAN u. TURVEY).

Acetobacter xylinum synthetisiert aus Glucose-2-C^{14} eine Cellulose, deren Glucoseeinheiten nur 60% der Aktivität im 2-C-Atom tragen, während die restlichen 40% auf die übrigen 5 C-Atome verteilt sind. Ein größerer Anteil der gebotenen Glucose wird offenbar zunächst abgebaut, so daß schließlich in die Cellulose Glucoseeinheiten eintreten, deren C-Gerüst eine weitgehende Umordnung erfahren hat (MINOR, GREATHOUSE u. SHIRK).

Inulin ist kein reines Polyfructosid, sondern es enthält ebenso wie manche anderen Fructosane (z. B. aus *Lolium multiflorum*; SCHLUBACH u. LÜBBERS 1956) auch Glucosereste in Form von terminalen Glucopyranosyl-Einheiten, die damit der Endgruppe die Konfiguration des Rohrzuckers geben (FEINGOLD u. AVIGAD). Da es aber auch glucosefreie Polyfructosane gibt, sind zwei verschiedene Arten der Polyfructosidbildung zu erwarten: Durch Transfructosidierung auf Saccharose oder auf Fructoseanhydrid (SCHLUBACH, LÜBBERS u. BOROWSKI 1955).

Die Beobachtung, daß Glucose-1-C^{14} für die Xylanbildung in Weizen ein günstigeres Substrat als Xylose-1-C^{14}, Ribose-1-C^{14} oder Sedoheptulose-1-C^{14} darstellt, bringt die alte Decarboxylierungstheorie der Pentosanbildung in moderner Form wieder zur Geltung. Die Verteilung des Radiokohlenstoffs im gebildeten Xylan läßt erkennen, daß die Xyloseeinheiten durch Abspaltung von C_6 aus einer Hexose entstanden sind und daß die gefütterten Pentosen erst über eine Hexose-Zwischenverbindung zur Xylose umgebaut werden (NEISH). Freie

Xylose wurde erst nach einer tiefgreifenden Umlagerung ihres Kohlenstoffgerüstes zu Xylaneinheiten verwendet. Markierte Zuckeralkohole (Mannit-1-C^{14}, Arabit-1-C^{14}, Arabit-5-C^{14}) wurden weder zu Xylan noch zu Cellulose umgebaut. Auf Grund dieser Isotopenversuche wird ein allgemeines Schema für die Bildung der verschiedensten polymeren Zellwandkohlenhydrate entworfen, das zwar in seinen Einzelheiten noch zu beweisen ist, mit den Ergebnissen aber durchaus im Einklang steht. UDP-Glucose nimmt darin die Stellung eines zentralen Intermediärproduktes ein. Es ist aber auch denkbar, daß andere Nucleosiddiphosphat-Glucosen dafür in Frage kommen (ALTERMATT u. NEISH). Diese Vorstellungen erhalten noch eine weitere Stütze darin, daß jetzt auch UDP-Pentosen, und zwar gerade UDP-Xylose und UDP-Arabinose in Keimlingen von *Phaseolus aureus* aufgefunden worden sind (GINSBURG, STUMPF u. HASSID; NEUFELD, GINSBURG, PUTMAN, FANSHIER u. HASSID).

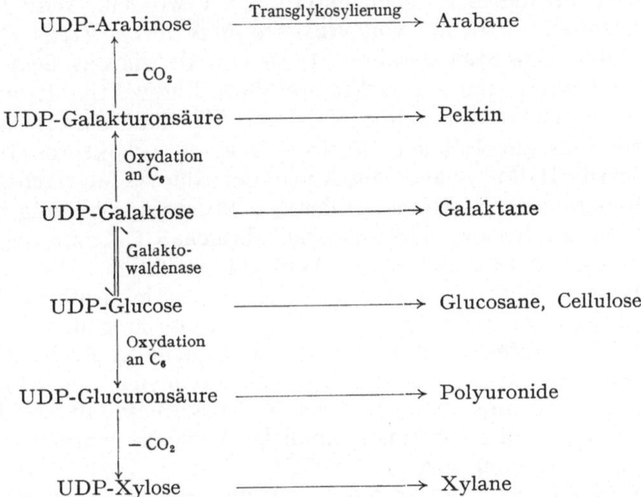

Schema für die möglichen biosynthetischen Zusammenhänge zwischen verschiedenen Zellwandkohlenhydraten (nach ALTERMATT u. NEISH).

Über den Mechanismus der Uronsäurebildung in Pflanzen ist nur wenig bekannt, jedoch weiß man aus Untersuchungen an Leberenzymen, daß UDP-Glucose zu UDP-Glucuronsäure oxydiert werden kann und daß Enzyme derselben Präparate aus UDP-Glucuronsäure durch Transglykosylierungen verschiedene Uronide bilden können. Damit ist also mindestens die Möglichkeit der Reaktionen des obigen Schemas angedeutet.

Polyuronide. In Pflanzen kommen Uronsäuren vereinzelt als glykosidische Komponenten sekundärer Pflanzenstoffe vor (in Flavonen, Triterpenen; MARSH; MARSH u. LEVVY), ihre Hauptbedeutung erlangen sie jedoch in der Form von Polyuroniden.

Während man bisher annahm, daß die für Phaeophyceen so typische Alginsäure ausschließlich aus linear 1,4-β-glykosidisch verknüpften d-Mannuronsäureeinheiten aufgebaut sei, hat sich jetzt herausgestellt, daß die damit zum ersten Male als Naturstoff nachgewiesene l-Guluronsäure als Baustein an den Polyuronsäuren der Braunalgen beteiligt ist (FISCHER u. DÖRFEL). Mannuronsäure und Guluronsäure sind in den Alginsäurepräparaten zahlreicher Braunalgen in wechselndem Verhältnis (von etwa 2:1 bis 1:2) enthalten. Glucuronsäure findet sich ebenfalls in den untersuchten Phaeophyceen, jedoch nicht als Bestandteil der Alginate. Offen bleibt zunächst noch die Frage, ob die Polyuronide der Braunalgen Heteropolyuronsäuren oder Gemische von Homopolyuronsäuren sind.

Über die chemische Struktur des Pektins sind wir heute recht gut unterrichtet (vgl. Fortschr. Bot. **13**, 275), aber über die Biosynthese dieser Polygalacturonsäure wußte man bis vor kurzem noch nichts. Erst in jüngster Zeit ist von SEEGMILLER, AXELROD und MCCREADY ein Vorstoß auf dieses Problem unternommen worden. Wird Glucose-1-C^{14} an unreife Früchte von *Rubus ursinus loganobaccus* ("*boysenberry*") durch den Stiel verabreicht, so enthält die aus dem Pektinhydrolysat hervorgegangene Galakturonsäure Radioaktivität, und zwar zum überwiegenden Anteil im 1-C-Atom. Das läßt darauf schließen, daß mindestens ein Teil der Glucose direkt zu Galakturonsäure umgeformt wird. Daß aber auch ein Abbau der Glucose mit nachfolgender Neukombination der C-Atome an der Galakturonsäurebildung beteiligt ist, geht daraus hervor, daß auch die übrigen 5 C-Atome der Uronsäure — besonders C_2 und C_5 — Aktivität enthalten. Die Arabinose des Arabans, welches das Pektin begleitet, hatte den isotopen Kohlenstoff praktisch ausschließlich in das 1-C-Atom aufgenommen. Das deutet auf eine direkte Umwandlung von Glucose in Arabinose unter Decarboxylierung an C_6 hin und fügt sich gut in das von ALTERMATT u. NEISH im Zusammenhang mit der Xylansynthese entwickelte Bild ein (s. voranstehendes Schema). Ähnliche Versuche wurden auch am Pektin von Erdbeeren durchgeführt (SEEGMILLER, JANG u. MANN).

Beim Abbau des Pektins durch Enzyme von *Aspergillus* entsteht zunächst ein Gemisch von Di- und Triuroniden (JONES u. REID). Für die Aufspaltung der Oliguronsäuren zu Monogalakturonsäuren scheint ein weiteres Ferment erforderlich zu sein (BROOKS u. REID). Hier liegen also offenbar ähnliche Verhältnisse hinsichtlich der Substratspezifität vor, wie wir sie von Amylase und Maltase beim hydrolytischen Stärkeabbau kennen. Die *Aspergillus*-Pektinase enthält keine Pektinesterase, so daß der Abbau zu einem Gemisch von partiell veresterten Galakturonsäuren führt. Die Pektinesterase höherer Pflanzen spaltet die Polygalakturonsäureester unabhängig von ihrer Molekülgröße in Methanol und Pektinsäure. Nur die Methylester von Oliguroniden werden nicht angegriffen (SOLMS u. DEUEL).

Kohlenhydratabbau. Man hatte lange Zeit den klassischen Glykolyseweg für den einzigen Abbauweg von Kohlenhydraten in der Pflanze gehalten. Für meristematische Gewebe, wie z. B. Maiswurzelspitzen, und für die Alge *Ochromonas* trifft das wohl auch zu (BEEVERS u. GIBBS; REAZIN u. GIBBS; REAZIN). Aber in den meisten Geweben ist die direkte

Oxydation der phosphorylierten Hexosen mehr oder weniger stark am Zwischenstoffwechsel der Kohlenhydrate beteiligt (vgl. auch Fortschr. Bot. 17, 583; GIBBS, EARL u. RITCHIE), wobei Hexose-6-phosphat ohne vorherige Aufspaltung in zwei Triosen oxydiert wird. Der erste Schritt ist die Oxydation am 1-C-Atom zu 6-Phosphogluconsäure. Die Decarboxylierung der 6-Phosphogluconsäure am 1-C-Atom führt dann zu Pentosephosphat, dem Produkt, nach dem dieser Reaktionsmechanismus auch als Pentosephosphat-Abbauweg benannt wird. Dieser Weg ist ein komplexes Reaktionssystem, an dessen weiterem Verlauf Isomerisierungen, Übertragungen von C_2- und C_3-Verbindungen und die Synthese von Sedoheptulosephosphat mitwirken. Angesichts der zusammenfassenden Darstellung von AXELROD u. BEEVERS kann hier auf einen ausführlichen Bericht über dieses wichtige Glied des intermediären Stoffwechsels verzichtet werden. Im Folgenden ist der gesamte Reaktionsablauf mit 6 Molekülen Hexosemonophosphat schematisch wiedergegeben. Die C-Bilanz besteht also in der Oxydation von 1 Äquivalent Hexose zu 6 Molekülen CO_2.

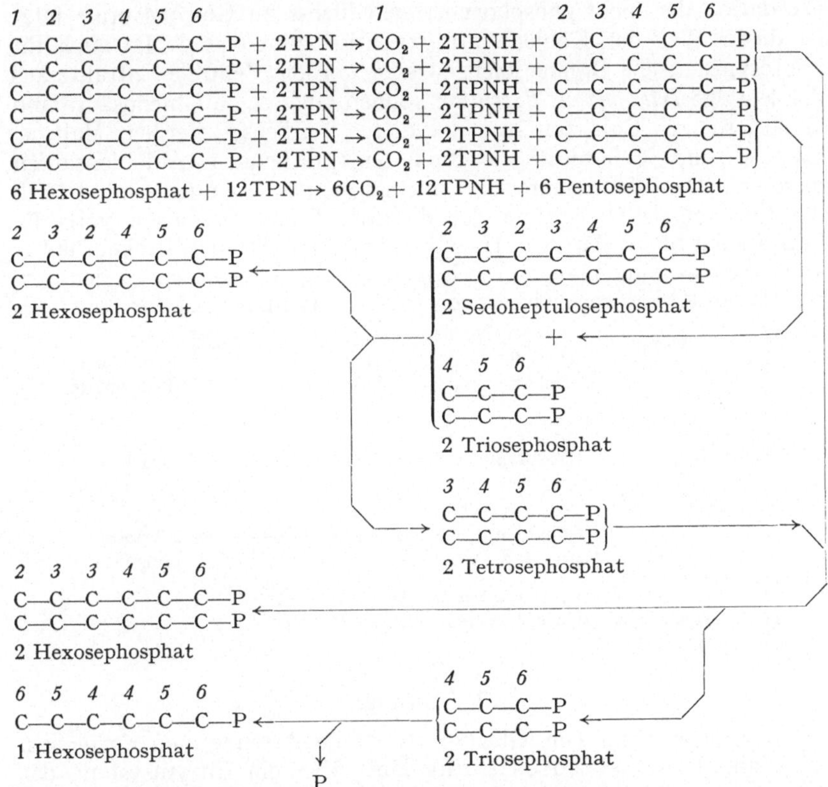

Der Durchlauf von 6 Molekülen Hexose-6-phosphat durch den Pentosephosphat-Cyclus. Kursiv gedruckte Zahlen kennzeichnen die Lage der Kohlenstoffatome in der ursprünglichen Hexose (nach AXELROD u. BEEVERS).

Der Anteil der direkten Oxydation der phosphorylierten Hexosen an der gesamten Kohlenhydratveratmung kann je nach Art und Alter des Gewebes verschieden sein. Wird an zwei parallele Gewebeproben Glucose-1-C^{14} bzw. Glucose-6-C^{14} verfüttert, so läßt sich aus dem Verhältnis

$$\frac{\%\ C^{14}O_2\ \text{aus Glucose-6-}C^{14}}{\%\ C^{14}O_2\ \text{aus Glucose-1-}C^{14}}\ \text{im gebildeten Kohlendioxyd}$$

der Anteil des glykolytischen und des direkten Abbaues abschätzen: Bei Glykolyse werden C_1 und C_6 in gleichem Ausmaß zum Atmungskohlendioxyd beitragen, d. h. das Verhältnis wird den Wert 1 haben; spielt sich ein Teil des Kohlenhydratumsatzes aber über die direkte Oxydation am C_1 ab, so wird die Radioaktivität aus C_1 früher im CO_2 erscheinen als die vom C_6-Atom, und das Verhältnis der Radioaktivitäten wird kleiner als 1 werden (BLOOM u. STETTEN; GIBBS u. BEEVERS).

Außer dem glykolytischen Abbau über Hexosediphosphat und der direkten Oxydation von Glucose-6-phosphat kennt man seit längerer Zeit in Bakterien, Pilzen und tierischen Geweben auch noch die C_1-Oxydation der nicht-phosphorylierten Glucose zu Gluconsäure. Jetzt ist dieser Weg der Kohlenhydratoxydation zum ersten Mal auch für photosynthetische Organe nachgewiesen worden: Zellfreie Extrakte aus der Rotalge *Iridophycus flaccidum* können Glucose zu Gluconsäure und Galaktose zu Galaktonsäure oxydieren. Ebenso werden Maltose, Lactose und Cellobiose zu ihren entsprechenden Aldobionsäuren oxydiert. Die Gluconsäure wird nur langsam weiter umgesetzt, so daß die funktionelle Bedeutung der direkten Hexoseoxydation vorläufig noch unklar bleibt (BEAN u. HASSID 1956). Der Übersichtlichkeit halber seien die Zusammenhänge zwischen den Ausgangspunkten zu den verschiedenen Abbauwegen hier noch einmal zusammengestellt:

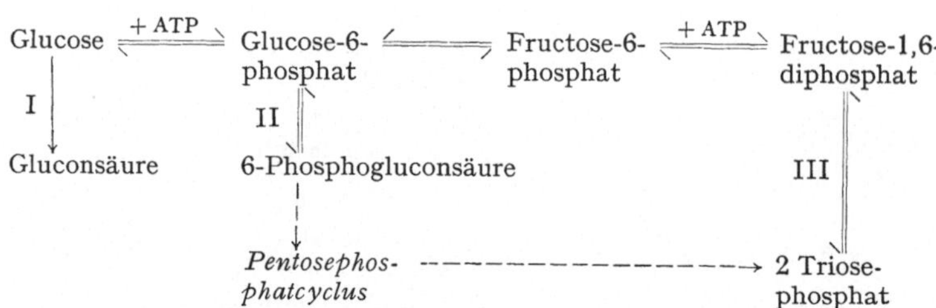

I = *Direkte Oxydation der freien Hexose*
II = *Direkte Oxydation der phosphorylierten Hexose*
III = *Glykolyse.*

2. Atmung.

Nach Fütterung von Glucose steigt die Atmung von Grünalgen stark an. Diese Glucoseatmung läuft über ein Enzymsystem, das vom System der Grundatmung (d. h. der Veratmung endogener Substrate) verschieden ist. Trotzdem hatte man bisher angenommen, daß die endogene Atmung durch zugesetzte Glucose unterdrückt wird.

Diese Annahme konnte jetzt eindeutig widerlegt werden. Wenn C^{13}-markierte Chlorellen verwendet werden, so ist der bei Zusatz von Glucose aus den endogenen Substraten stammende Anteil an $C^{13}O_2$ nicht geringer, sondern sogar etwas höher als bei unveränderter Fortdauer der endogenen Atmung zu erwarten war (PIRSON, DANIEL u. BECKER). Bei Weizenblättern ist mit der Atmungssteigerung, die nach Zugabe von C^{14}-Glucose auftritt, sogar in erster Linie ein Anstieg der endogenen Atmung verbunden (VITTORIO, KROTKOV u. REED).

Hohe Sauerstoffdrucke (5 Atm.) hemmen die CO_2-Abgabe von Kartoffelknollen und Erbsen. Diese „Sauerstoffvergiftung" wird von einer Zunahme an Brenztrauben- und Citronensäure, und von einer Abnahme an α-Ketoglutar- und Äpfelsäure begleitet. Es wird deshalb vermutet, daß der Citronensäurecyclus durch hohe O_2-Konzentrationen zwischen Citronensäure und α-Ketoglutarsäure blockiert wird (BARKER u. MAPSON; TURNER u. QUARTLEY).

Die Senkung der CO_2-Abgabe, die beim Übergang von anaeroben zu normalen aeroben Bedingungen zu beobachten ist (Pasteur-Effekt; in Maiswurzeln: vgl. NEAL u. GIRTON) wurde an Erbsen (Samen ohne Testa) im Hinblick auf die Frage untersucht, ob hier eine regulierende Funktion der Phosphorylierungskapazität vorliegt. Dabei ergab sich, daß bei Überführung aus Sauerstoff in Stickstoffatmosphäre der anorganische Phosphatspiegel und das ADP/ATP-Verhältnis rasch ansteigen (ROWAN, SEAMAN u. TURNER). Dadurch wird anscheinend das „steuernde Ventil" des glykolytischen Abbaues, die von der H_3PO_4-Konzentration abhängige Geschwindigkeit der Triosephosphatdehydrierung, geöffnet und die Glykolyse steigt an. Unter aeroben Bedingungen hingegen wird mehr Phosphat in organischer Bindung festgelegt (Atmungsketten-phosphorylierung) und die verfügbare Menge an organischem Phosphat-acceptor (ADP) wird kleiner, so daß auch die Triosephosphatdehydrierung verlangsamt wird. Die unter diesen Umständen zu erwartende Erhöhung des endogenen Triosephosphatspiegels ist schon früher von HOLZER u. HOLZER an Hefe nachgewiesen worden.

Immer mehr Beobachtungen zeigen, daß sich im Verlauf von Entwicklung und Differenzierung nicht nur quantitative, sondern auch qualitative Wandlungen im Atmungssystem vollziehen (vgl. Fortschr. Bot. 17, 595). So nimmt z. B. der Kohlenhydratabbau in jungen und alten Pflanzengeweben einen verschiedenartigen Verlauf. In jugendlichen Geweben herrscht der Glykolyseweg vor, während sich mit fortschreitendem Alter die direkte Oxydation immer stärker am Hexosephosphat-abbau beteiligt (GIBBS u. BEEVERS). Die unterschiedliche Giftempfindlichkeit der Atmung in verschiedenen Zonen der Weizenwurzel deutet darauf hin, daß mehrere Endoxydase-Systeme an der Gesamtatmung teilhaben, deren proportionale Zusammensetzung in den einzelnen Wurzelabschnitten unterschiedlich ist (ELIASSON u. MATHIESEN). Im Verlauf der Gerstenwurzelentwicklung wird die Fe-Oxydase gegen eine Cu-Oxydase ausgewechselt (JAMES u. BOULTER). Auch bestimmte Außenfaktoren können die Atmung in qualitativer Hinsicht verändern.

Pseudomonas fluorescens atmet bei niedriger O_2-Konzentration wahrscheinlich über ein Fe-Cytochromoxydase-System, bei hohem Sauerstoffpartialdruck aber mit einem Molybdän-Flavoproteid als Endoxydase (LENHOFF, NICHOLAS u. KAPLAN). Auch die bei Infektionen durch Rost- und Mehltaupilze gesteigerte Atmung von Weizenkeimlingen ist mit dem Übergang von einem enzymatischen System auf ein anderes verbunden: Die O_2-Aufnahme gesunder Pflanzen ist wesentlich stärker malonsäureempfindlich als diejenige infizierter Pflanzen; anscheinend läuft der Brenztraubensäureabbau nur in gesunden Keimlingen in größerem Ausmaß über den Citronensäurecyclus ab (FARKAS u. KIRALY). Die Endoxydation im gesunden Weizen wird von Fe-Enzymen katalysiert, die parasitogene Atmungssteigerung hingegen läuft unter Beteiligung der Ascorbinsäureoxydase ab (KIRALY u. FARKAS). Vielleicht spielt hier die unterschiedliche Lokalisation der beiden Enzymsysteme eine gewisse Rolle. Ascorbinsäureoxydase ist an der Zelloberfläche nahe der Zellwand lokalisiert (HONDA). Als Sitz des Cytochromsystems gelten dagegen die Mitochondrien (vgl. z. B. SMILLIE, HACKETT) und auch die Chloroplasten (SISSAKIAN u. FILIPPOVICH). In Mitochondrien können aber außerdem auch cyanidresistente Oxydasen vorkommen (*Arum*-Spadix, JAMES u. ELLIOT).

Bisher wurden aus pflanzlichen Objekten Zellorganelle mit bestimmten Enzymsystemen meistens aus Samen, fleischigen Kotyledonen, Kotyledonen etiolierter Keimlinge (HUMPHREYS u. CONN) und aus Reserveorganen (HACKETT) gewonnen. Jetzt ist es gelungen, Mitochondrien, die sämtliche Reaktionen des Tricarbonsäurekreislaufes ausführen können, auch aus grünen Geweben zu isolieren (SMILLIE an 10 bis 20 Tage alten Erbsenpflanzen). Der O_2-Verbrauch von Zellpartikeln aus Salatkeimlingen steigt mit zunehmendem Keimlingsalter an und erreicht nach etwa 96 Std. ein Maximum (POLJAKOFF-MAYBER). Aus Erbsenmitochondrien konnte eine große Zahl von Enzymen extrahiert werden (DAVIES).

3. Enzyme.

Allgemeines. Schon früher war beobachtet worden, daß manche Fermente durch organische Lösungsmittel aktiviert werden (z. B. Chlorophyllase, MAYER). In den letzten Jahren sind noch mehrere derartige Fälle bekannt geworden, die nicht nur von theoretischer Bedeutung sind, sondern auch für die experimentelle Praxis wichtig sein können. Man wird z. B. für die Extraktion von Phosphatiden Lösungsmittel wie Propanol dem Äthyläther vorziehen, nachdem KATES (1953) beobachtet hat, daß Äthyläther die Aktivität der Chloroplasten-Lecithinase erheblich steigert (vgl. auch TOOKEY u. BALLS). Der Mechanismus solcher Fermentaktivierungen wird sicher bei den verschiedenen Enzymen nicht einheitlich sein. Bei der Aktivierung der Katalaseaktivität durch Chloroform ändern sich manche Eigenschaften des Enzyms (KAPLAN). Für die Phosphatidaseaktivierung wird eine reversible Assoziation des Lösungsmittels mit dem Substrat und den Plastiden angenommen. Die

Beobachtung, daß durch die wirksamen Lösungsmittel eine Verschmelzung von Plastiden und Substrattröpfchen herbeigeführt wird, spricht für eine Oberflächenwirkung (KATES 1957; KATES u. GORHAM). Obwohl Äthyläther die enzymatische Spaltung von Lecithin in Cholin und Phosphatidsäure beschleunigt, hat das Lösungsmittel gleichzeitig einen schwachen inaktivierenden Effekt auf das Enzym selbst, der jedoch verschwindend gering ist im Vergleich zur anfänglichen Intensität der Cholinabspaltung in Gegenwart von Äther. Ein anderer Mechanismus scheint der Wirkung von Alkoholen auf die Aktivität der β-Glucuronidase zugrunde zu liegen. Durch Äthylenglykol wird die Glucuronidaseaktivität um 102%, durch Glycerin um 70% gesteigert (NAYYAR u. GLICK). Alle diese Beobachtungen lehren, daß quantitative Bestimmungen von Substanzen aus biologischem Material oft entscheidend von der Auswahl des Extraktionsmittels aus der Reihe der möglichen Lösungsmittel abhängen.

Enzymsynthese. Aus dem Gebiet der induzierten oder adaptiven Enzymbildung, das im Stoffwechsel der Mikroorganismen eine so große Rolle spielt und für die Erforschung der Proteinsynthese von hervorragender Bedeutung ist (vgl. Fortschr. Bot. **13**, 269; **18**, 214) soll hier nur auf einige neue Ergebnisse und Gesichtspunkte hingewiesen werden, da kurze Übersichten über dieses Gebiet und eine Darstellung der Theorie der Fermentadaptation erst vor kurzem erschienen sind (KLUYVER; LEINER; BLADERGROEN). Es sei noch vorausgeschickt, daß die induzierte Enzymbildung bisher nur bei Bakterien und Pilzen beobachtet worden war. Jetzt hat sich diese Erscheinung auch bei Algen nachweisen lassen (bei der heterotrophen Volvocale *Polytoma*; CIRILLO).

Am Beispiel der β-Galaktosidasebildung bei *Escherichia coli* wird noch einmal die Frage untersucht, ob bereits vorhandene Proteine entweder direkt als spezifische Fermentvorstufen oder indirekt als Quellen von Aminosäuren- und Peptidbaumaterial in das induzierte Ferment eingehen. Mit Hilfe von radioaktivem S^{35}, dessen Einbau in das β-Galaktosidasemolekül verfolgt wurde, konnten HOGNESS, COHN u. MONOD zeigen, daß das Enzymprotein von Grund auf neu synthetisiert wird ohne nennenswerte Beteiligung von S-haltigen Bauelementen aus den schon vorhandenen Zellproteinen. Dabei hat sich außerdem der interessante Befund ergeben, daß der Schwefel der β-Galaktosidase nicht erneuert wird und daß auch andere Enzyme der *Escherichia*-Zellen keinen meßbaren Abbau- und Resynthesevorgängen während des Wachstums unterliegen. Das steht in einem deutlichen Gegensatz zu der bisher allgemein verbreiteten Annahme eines dynamischen Zustandes der Zelleiweiße.

Zur induzierten Fermentsynthese wird zwar kein zelleigenes Proteinmaterial verwendet, doch treten andere zelleigene Kohlenstoffverbindungen in das C-Gerüst des induzierten Enzyms ein (vgl. dazu Fortschr. Bot. **17**, 607). Bei ruhenden Zellen von *Pseudomonas saccharophila* gingen zwei Drittel des Kohlenstoffs in der gebildeten α-Amylase aus endogenem und nur ein Drittel aus dem im Substrat gebotenen Kohlenstoff hervor. In schnellwachsenden Kulturen ist der Anteil des zelleigenen Kohlenstoffs zwar geringer, aber doch noch deutlich nachweisbar (MARKOVITZ u. KLEIN).

Bei *Escherichia coli*, *Staphylococcus aureus* und *Pseudomonas fluorescens* läßt sich die adaptive Enzymbildung durch Antibiotica unterdrücken. Die induzierte Synthese von β-Galaktosidase wird bei *Staphylococcus* durch eine ganze Reihe von antibiotischen Stoffen, darunter Aureomycin, Terramycin und Chloromycetin gehemmt (CREASER). Besonders interessant ist die Beobachtung, daß Dihydro-Streptomycin die induzierte Enzymbildung in *E. coli* bei solchen Stämmen hemmt, die nicht in Gegenwart des Antibioticums wachsen können, nicht aber bei Stämmen die gegen Dihydro-Streptomycin resistent sind (ROOTE u. POLGLASE; POLGLASE). Auch bei *Ps. fluorescens* wird die Fermentinduktion durch Chloromycetin nur in den Chloromycetinempfindlichen Typen, aber nicht in resistenten Varianten gehemmt (KUSHNER). Es sieht danach so aus, als bestünde die bakteriostatische Wirkung zumindest einiger der Antibiotica darin, die Neubildung von spezifischen Proteinen, vielleicht von Eiweißen überhaupt zu verhindern (vgl. GALE u. FOLKES 1955a, PARDEE u. PRESTIDGE). Ein *E. coli*-Stamm, der anscheinend sogar Dihydro-Streptomycin zur Bildung von adaptiven Enzymen braucht, benötigt das „Antibioticum" auch zur Zellteilung. Dieser Befund unterstreicht noch die Parallelität der Wirkung auf Enzymbildung und Bakterienvermehrung (POLGLASE, PERETZ u. ROOTE). Es stellt sich hier das interessante Problem, ob manche Antibiotica nicht nur bei Mikroorganismen, sondern auch bei höheren Pflanzen ganz allgemein die Neubildung von Proteinen hemmen. Wenn sich eine derartige Wirkung auch einmal für grüne Gewebe bestätigen sollte, so würde das vielleicht ein neues Licht auf die Hemmwirkung von Streptomycin und Chloromycetin auf das Ergrünen der Plastiden werfen. Wir wissen ja heute, daß mit der Chlorophyllbildung in belichteten, vorher etiolierten Chloroplasten auch eine intensive Eiweißsynthese einhergeht (DEKEN-GRENSON 1954, 1955).

4. Nucleotide.

Mononucleotide. Die Herkunft der N-Atome bei der Biosynthese des Purin-Moleküls konnte weiter aufgeklärt werden (vgl. Fortschr. Bot. **17**, 608): N_7 entstammt dem Glykokoll, N_9 geht aus dem Amidstickstoff des Glutamins, $N_1 + N_3$ aus Glutamin und Glutaminsäure bzw. Asparaginsäure hervor (SONNE, LIN u. BUCHANAN). Die Kenntnisse über die Biosynthese des Purinringes hat LONG zusammengefaßt (vgl. auch STEGWEE).

In einer großen Zahl von tierischen und pflanzlichen Geweben sind Nucleosid-phosphotransferasen aufgefunden worden, die Phosphorsäure von organischen Phosphaten auf Nucleoside unter Bildung von Nucleotiden übertragen (BRAWERMAN u. CHARGAFF). Hefe besitzt Fermente, die den Phosphoribosyl-Rest auf eine entsprechende Basenkomponente übertragen. Dabei ist 5-Phosphoribosylpyrophosphat ein Zwischenprodukt, das unter Abspaltung von Pyrophosphat mit Pyrimidinen und Purinen zu Nucleosid-5-phosphaten kondensiert wird (KORNBERG, LIEBERMAN u. SIMMS).

Nucleosid-di- und -triphosphate. Zu der kleinen Zahl von pflanzlichen Objekten, in denen ATP nachgewiesen werden konnte (vgl. dazu ARNON), treten nun *Ankistrodesmus, Chlorella* und *Helodea*. Auch ADP ließ sich in diesen Pflanzen nachweisen (SCHWINCK). Der Wert für die freie Energie der ATP-Spaltung wurde revidiert. Er beträgt bei p_H 7 und 30° C —7,6 kcal/mol. Das ist erheblich weniger als der bisher allgemein angenommene Betrag von —12 kcal und bedeutet, daß ATP nach der üblichen quantitativen Klassifizierung nicht unter die „energiereichen Verbindungen" fallen würde. Trotzdem wird durch diese Abwertung die Energiespender-Rolle des ATP im Stoffwechsel nicht bedroht. Energetisch gesehen gleicht die Hydrolyse von ATP derjenigen von anorganischen Polyphosphaten wie Pyrophosphat oder Trimetaphosphat (PODOLSKY u. MORALES; ROBBINS u. BOYER).

In jüngster Zeit häufen sich die Beobachtungen über die Beteiligung der verschiedensten Nucleosid-di- und -triphosphate an biochemischen Umsetzungen. Die hervorragende Stellung dieser Klasse von P-Verbindungen im intermediären Stoffwechsel wurde bisher immer nur an einem einzigen Beispiel deutlich: an der Rolle, die ATP bei Phosphorylierungen spielt. Nun sind aber auch Nucleosidphosphate mit anderen Basenkomponenten als dem Adenin gefunden worden, die wichtige Cofaktoren im biochemischen Geschehen der Zelle sind[1]. Von diesen ist UTP bereits bei der Galaktose-Isomerisierung und bei der Rohrzuckersynthese genannt worden. In Hefe scheinen neben Guanosindiphosphat (GDP), das als Cofaktor an der Bernsteinsäurebildung aus Succinyl-Coenzym A teilnimmt, auch die Diphosphate der Nucleoside Uridin (UDP), Cytidin (CDP) und Thymidin (TDP) vorzukommen (AYENGAR, GIBSON, PENG u. SANADI; SANADI, GIBSON, AYENGAR u. JACOB). In tierischen Geweben ist Cytidindiphosphat-Cholin ein Zwischenprodukt bei der Lecithinsynthese (KENNEDY u. WEISS). Auch CDP-Äthanolamin wird gebildet, das in entsprechender Weise bei der Cephalinbildung mitspielt (WEISS u. KENNEDY). In Hefe wurde ein Enzym gefunden, das die Dismutation von zwei Molekülen Inosindiphosphat (IDP) zu ITP und IMP katalysiert (JOKLIK).

Man darf also sagen, daß die an fermentativen Reaktionen beteiligten Nucleosid-Cofaktoren eine große Mannigfaltigkeit aufweisen. Sie ist dadurch gegeben, daß sowohl die Stickstoffbasen als auch die an das terminale Phosphat geknüpften Reste R verschieden sein können. Alle diese Verbindungen entstehen nach dem Schema:

Base—Ribose—P~P~P + P—R $\rightleftharpoons$ Base—Ribose—P~P—R + P~P

(Nucleosid-triphosphat)   (Phosphat-Verbindung)   (Nucleosid-diphosphat-Verbindung)   (Pyrophosphat)

Der umgekehrte Vorgang ist eine pyrophosphorolytische Spaltung. In der folgenden schematischen Zusammenstellung von Reaktionen sind die

---

[1] Analog zu den Abkürzungen AMP (= Adenosinmonophosphat), ADP (= Adenosindiphosphat), ATP (= Adenosintriphosphat) werden auch die Kurzformen für die entsprechenden Verbindungen mit anderen Basenkomponenten gebildet, z. B. CMP, CDP, CTP für die Phosphate des Cytidins.

ähnlich aufgebauten H-übertragenden Pyridinnucleotide (DPN, TPN) und das acyl-übertragende Coenzym A eingeschlossen worden, um die strukturelle und dynamische Analogie herauszustellen. Unterschiede bestehen insofern, als in den drei ersten Reaktionen erst der Acceptor (für H bzw. Acyl-) entstanden ist, während die Produkte der beiden letzten Reaktionen bereits in der Donatorform (für Glucose bzw. Cholin) vorliegen.

Codehydrase I . : ATP + Nicotinsäureamidmononucleotid ⇌ DPN + P~P
Wirkungsgruppe des
gelben Fermentes: ATP + Riboflavin-phosphat ⇌ Flavinadenindinucleotid + P~P
Coenzym A . . : ATP + Pantethein-phosphat ⇌ Dephospho-CoA + P~P

$$\text{Dephospho-CoA} \xrightarrow{\; + \sim P \;} \text{CoA}$$

UDP-Glucose . .: UTP + Glucose-1-phosphat ⇌ UDP-Glucose + P~P
CDP-Cholin . . .: CTP + Phosphorylcholin ⇌ CDP-Cholin + P~P

Durch die Entdeckung der phosphorylierten Derivate von Uridin, Cytidin und Guanosin wird die Frage aufgeworfen, inwieweit die enzymatischen Reaktionen, die bisher als ATP-bedürftig beschrieben worden waren, hinsichtlich des Nucleosidtriphosphates spezifisch sind. Bei der Brenztraubensäure-Phosphokinase-Reaktion (Phosphoenolbrenztraubensäure + ADP ⇌ Brenztraubensäure + ATP) können auch CDP, GDP und UDP an die Stelle von ADP treten (STROMINGER). Aber es gibt auch Reaktionen, bei denen eine strenge Spezifität in bezug auf das Nucleosidtriphosphat besteht. So ist GTP bei der Synthese von Adenylobernsteinsäure in *Escherichia coli* spezifisch; es kann nicht durch Di- oder Triphosphate anderer Nucleoside ersetzt werden (CARTER u. COHEN). Bei den Transferase-Reaktionen scheint es ähnlich zu sein. Das Enzym, das den Einbau von Cholinphosphat in Lecithin katalysiert, ist spezifisch auf CDP-Cholin eingestellt; UDP-Cholin oder ADP-Cholin sind wirkungslos (WEISS u. KENNEDY).

Polynucleotide. Die enzymatische Synthese von Polynucleotiden in vitro ist GRUNBERG-MANAGO, ORTIZ u. OCHOA (1955, 1956) gelungen: Aus einer Mischung von Nucleosiddiphosphaten (ADP, GDP, UDP, CDP) bildet Polynucleotidphosphorylase aus *Azotobacter vinelandii* unter Abspaltung von Phosphorsäure Polynucleotide, die in ihren Eigenschaften der nativen RNS nahekommen.

In Hefe- und Bakterienzellen spielt sich ein verstärkter Einbau von Adenin und Uracil in Nucleinsäuren ab, wenn die Zellen zur induzierten Synthese von Enzymeiweißen übergehen (CHANTRENNE; GALE u. FOLKES 1955b). Da DNS kein Uracil enthält, spricht der Einbau von Uracil dafür, daß speziell RNS an der Enzymbildung beteiligt ist. Der Adenin-Einbau bleibt auch dann erhöht, wenn die Enzymsynthese durch p-Fluorphenylalanin blockiert wird. Auch Chloromycetin ermöglicht bei *Escherichia coli* eine Nucleinsäuresynthese, ohne daß gleichzeitig Protein gebildet wird (PARDEE u. PRESTIDGE). Andererseits wird die induzierte Fermentbildung bei *Staphylococcus* auch durch das Purinanaloge 8-Azaguanin gehemmt, das als unnatürlicher Bestandteil in RNS eingeht (CREASER 1955b). Alle diese Befunde unterstreichen die Tatsache, daß Proteinsynthese und Nucleinsäurebildung gekoppelt sind (vgl. auch Fortschr. Bot. **18**, 213—215 und den Beitrag Zellphysiologie und Protoplasmatik in diesem Band). Unter den Bedingungen eines Aminosäuremangels konkurrieren diese beiden Prozesse anscheinend miteinander um die verfügbaren Aminosäuren, denn bei Hemmung der Proteinsynthese durch Chloromycetin kommt die geringe Menge von Aminosäuren der Nucleotidsynthese zugute und es wird mehr RNS synthetisiert als bei ungehemmter Eiweißbildung (PARDEE u. PRESTIDGE). Die oben angedeutete Synthese des Purinringes aus Aminosäurevorstufen dürfte diese Verhältnisse mindestens teilweise erklären.

In Bohnenkeimlingen werden Nucleinsäuren in der Wurzel, nicht aber im Epikotyl synthetisiert. Es wird vermutet, daß Nucleinsäuren aus der Wurzel in den Stengel wandern (POTAPOV u. MAROTI). Lokalisierung und Verteilung der Nucleinsäuren innerhalb der Wurzel sind von JENSEN und von CLOWES an *Vicia faba* untersucht worden. Am Ort des Wurzelmeristems ist der Nucleinsäuregehalt pro Zelle und der Einbau von markiertem Adenin am geringsten. Die Periode der stärksten Synthese fällt in die Zone der primären Differenzierung. Vom Beginn der Zellstreckung an bleibt der RNS-Gehalt pro Zelle konstant. Der DNS-Gehalt, der etwa ein Drittel der RNS-Menge pro Zelle ausmacht, erreicht einen konstant-bleibenden Maximalwert schon im Anfang der primären Differenzierung.

5. Sekundäre Pflanzenstoffe.

Aromatisierung. In Mikroorganismen sind hydroaromatische C_7-Säuren die Vorstufen der aromatischen Aminosäuren (vgl. Fortschr. Bot. **17**, 612). In *Escherichia coli* wird 5-Dehydrochinasäure durch eine spezifische 5-Dehydrochinase unter H_2O-Abspaltung in 5-Dehydroshikimisäure überführt (MITSUHASHI u. DAVIS) und diese wiederum durch 5-Dehydroshikimisäure-reductase zu Shikimisäure reduziert (YANIV u. GILVARG). Als erstes aromatisches Produkt in der Synthesekette tritt Phenylbrenztraubensäure auf. Sie geht aus der Decarboxylierung der neuentdeckten Prephensäure hervor, einem substituierten Cyclohexadien, das also den Übergang von der hydroaromatischen Shikimisäure zur aromatischen Verbindung vermittelt (WEISS, GILVARG, MINGIOLI u. DAVIS an *E. coli*; für die Formulierung der vor Shikimisäure liegenden Umsatzschritte vgl. Fortschr. Bot. **17**, 612).

$$\text{Shikimisäure} \xrightarrow[- 2\,H_2O]{+ \text{ Pyruvatrest}} \text{Prephensäure} \xrightarrow[- H_2O]{- CO_2} \text{Phenylbrenztraubensäure}$$

Noch vor der Aromatisierung erfolgt die Anheftung einer C_3-Seitenkette, wobei wahrscheinlich nicht Shikimisäure selbst, sondern Shikimisäure-5-phosphat als Acceptor für den C_3-Rest eintritt (DAVIS u. MINGIOLI;

WEISS u. MINGIOLI). Nicht ein C_6-Ring, sondern eine C_6C_3-Verbindung ist also das unmittelbare Produkt der Aromatisierung. Damit ist zugleich die Schlüsselstellung der Phenylpropanderivate (s. u.) in der aromatischen Biosynthese offenkundig. In höheren Pflanzen ist Shikimisäure der Vorläufer von kondensierten C_6C_3-Verbindungen: Wird radioaktive Shikimisäure an Sprosse von *Acer negundo* und *Triticum vulgare* verfüttert, so läßt sich nach 24 Std. Radioaktivität in Ligninspaltprodukten nachweisen. Auch markiertes Phenylalanin, das der Phenylbrenztraubensäure nahesteht, wird etwa gleich stark in Lignin eingebaut, während die Aktivität des aromatischen C_7-Phenols Protocatechusäure nicht im Lignin erscheint (BROWN u. NEISH). Somit darf man mit einigem Recht erwarten, daß auch in Pflanzen ein ähnlicher Syntheseweg für aromatische Substanzen eingeschlagen wird wie in Bakterien. Seine wesentlichen Schritte sind:
1. Anknüpfung eines C_3-Restes an eine alicyclische C_7-Verbindung, 2. Aromatisierung und 3. weitere Substituierung am aromatischen Ring.

Damit sind also die Endglieder der zu aromatischen Verbindungen führenden Synthesekette für Bakterien und z. T. auch für höhere Pflanzen ermittelt. Anders verhält es sich mit den Anfangsgliedern dieser Reaktionskette. Hier liegt das Problem der Cyclisierung überhaupt. Die umstrittene Frage ist hier, ob die cyclischen Vorstufen der aromatischen Verbindungen direkt aus einem Ringschluß von Hexosen oder Heptosen hervorgehen, oder ob sie durch eine Kondensation von kleineren Einheiten, etwa von Acetyl-Resten, entstehen. Nach Fütterung von Glucose und Acetat-1-C^{14} bildet *Penicillium griseofulvum* radioaktive 6-Oxy-2-methylbenzoesäure. Der Einbau des C^{14} in die aromatische C_8-Verbindung läßt sich durch 4fache Kopf-Schwanz-Kondensation des markierten Acetats erklären (BIRCH, MASSY-WESTROPP u. MOYE). In Mikroorganismen bilden Glucose-Fragmente das Ausgangsmaterial für die Ringe der aromatischen Aminosäuren. Die Isotopenverteilung von markiertem Acetat und Glucose spricht nicht für eine direkte Cyclisierung der Zucker (vgl. EHRENSVÄRD 1955). Hingegen ist jetzt gefunden worden, daß zellfreie Extrakte aus einer *Escherichia coli*-Mutante, die Shikimisäure anhäuft, Erythrose-4-phosphat und Phosphoenolbrenztraubensäure quantitativ in Shikimisäure oder 5-Dehydroshikimisäure überführen (SRINIVASAN, KATAGIRI u. SPRINSON). 2-Keto-3-deoxy-7-phosphoglucoheptonsäure, die wahrscheinlich aus der Kopf-Schwanz-Kondensation der Tetrose mit der Phosphobrenztraubensäure hervorgeht, wird leicht von *E. coli* zur Shikimisäurebildung ausgenutzt (SRINIVASAN u. SPRINSON). Damit ist aufgezeigt, daß auch Glieder des Pentosephosphatabbauweges (s. S. 271, Tetrosephosphat) in die Synthese von aromatischen Stoffen eintreten können.

Phenylpropan-Derivate. Aus der Phenylbrenztraubensäure lassen sich die zahlreichen anderen, in Pflanzen weitverbreiteten C_6C_3-Verbindungen leicht ableiten. Ob der Weg für alle Phenylpropane über Phenylbrenztraubensäure läuft, bleibt im einzelnen noch zu klären, doch dürfte es als ziemlich sicher gelten, daß die große Schar der Zimtsäureabkömmlinge in einem engen biogenetischen Zusammenhang steht. Chlorogensäure, das Depsid aus Kaffee- und Chinasäure, wird immer wieder in neuen Objekten aufgefunden (RUCKENBROD; REZNIK 1955b; HÖRHAMMER u. SCHERM). Die nach Schädigung auftretende Bräunung von Pflanzengeweben ist häufig auf die Oxydation von Chlorogensäure und Kaffeesäure durch Polyphenoloxydase zurückzuführen (SHIROYA u. HATTORI; SHIROYA, SHIROYA u. HATTORI; HENZE). Die in vielen Holzpflanzen vorkommenden Lignane sind dimere Phenylpropane vom Typ des Coniferylalkohols (vgl. ERDTMAN).

Cumarine, die Lactone der Zimtsäureverbindungen, können ähnlich wie viele andere sekundäre Pflanzenstoffe von der Wurzel synthetisiert werden (vgl. MOTHES). Isolierte Wurzeln von *Atropa belladonna* bilden 6-Methoxy-7-oxycumarin (Scopoletin) und 7-Oxycumarin (Umbelliferon) aus Kohlenhydraten als C-Quelle (MOTHES u. KALA). Bei Haferkeimlingen ist die Synthese von Scopoletin offenbar nur dem differenzierten Wurzelgewebe möglich; Embryo, Wurzelmeristem und Sproß enthalten das Lacton nicht (EBERHARDT). Die Scopoletinbildung geht in Gewebekulturen von Tabakwurzeln mit der anatomischen Differenzierung parallel. Die differenziertere, Sproßknospen-tragende Gewebekultur bildet etwa 18mal mehr Scopoletin als der undifferenzierte Callus (TRYON). Andererseits hemmt Scopoletin gewisse Differenzierungsvorgänge im Wurzelgewebe, so die Ausbildung von Trichoblasten und das Weiterwachsen der Wurzelhaare (AVERS u. GOODWIN).

Verholzung. Die Cambialzone der Nadelhölzer enthält in reichlicher Menge das β-Glucosid des Coniferylalkohols, das Coniferin. Die Bildungsorte des Coniferins sind noch unbekannt; wahrscheinlich wird es aus anderen Geweben in die Verholzungszone transportiert. Dort wird es von einer β-Glucosidase gespalten, die streng auf einige Zellschichten in der Verholzungszone beschränkt ist (REZNIK 1955c). Der freigelegte Coniferylalkohol kann nun unter der Einwirkung von ebenfalls in der Nähe des Cambiums lokalisierten Oxydasen zu ligninartigen Produkten polymerisiert werden. Diese dehydrierende Polymerisation verläuft besonders gut in Gegenwart von Peroxydase und H_2O_2. Als sekundäre Ligninvorstufe wurde bei *Araucaria* ein dimerer dehydrierter Coniferylalkohol gefaßt (Dehydro-di-coniferylalkohol; FREUDENBERG, REZNIK, BOESENBERG u. RASENACK; FREUDENBERG, REZNIK, FUCHS u. REICHERT). Die enzymatischen Abläufe bei der Ligninbildung sind von FREUDENBERG zusammenfassend dargestellt worden.

Bemerkenswert ist, daß der Ligningehalt der verholzten Zellwand von den peripheren Schichten zum Lumen der Zelle hin abnimmt und daß sich der höchste Ligningehalt im Gebiet der Mittellamelle und in der Primärwand befindet (WARDROP u. DADSWELL; vgl. auch FREUDENBERG). Über die Frage, ob das Cellulosegerüst nur in mechanischer Weise vom Lignin inkrustiert wird, oder ob chemische Bindungen zwischen den Polysacchariden der Zellwand und dem Lignin bestehen, war bisher keine Entscheidung möglich (vgl. STEVENS u. NORD; FREUDENBERG). Verschiedene Beobachtungen sprechen jetzt aber doch für das Vorhandensein chemischer Bindungen zwischen den beiden Wandkomponenten (RICHTZENHAIN). SIEGEL hat an Modellsystemen in vitro zeigen können, daß für die Bildung von lignin-positiven Produkten aus Eugenol mit Hilfe von Peroxydase und H_2O_2 die Gegenwart einer Cellulosekomponente (Filterpapier) unerläßlich ist.

Flavanderivate. Vorkommen und Struktur der bis 1955 bekannt gewordenen Anthocyane und Flavonole sind von REZNIK (1956) tabellarisch zusammengefaßt worden. In einer systematisch-biochemischen Studie von REZNIK (1955a, 1957) werden die „N-haltigen" Anthocyane als typische Pigmente der Centrospermen herausgestellt. Farbstoffe wie das Betanin der Roten Rübe sind tatsächlich aberrante Anthocyane, wie schon aus ihrem Verhalten gegenüber Säuren hervorgeht (Entfärbung in der Hitze). Nach SCHMIDT u. SCHÖNLEBEN soll das Betanin zwei Carboxylgruppen enthalten; der Stickstoff ist offenbar nur locker gebunden und wird leicht an Ionenaustauscher adsorbiert. Die alte Erfahrung, daß vegetative Organe in der chemischen Ausdifferenzierung der Flavan-Abkömmlinge hinter der Mannigfaltigkeit der Blüten- und Fruchtpigmente zurückstehen (vgl. PAECH) hat sich auch bei der Untersuchung des Herbstlaubes bestätigt: In 38 von 40 Fällen wurde neben dem Quercetin-Derivat als einziges Anthocyan Cyanidin-3-glykosid gefunden (REZNIK 1955b; vgl. auch HAYASHI u. ABE).

Die lange bekannte Erscheinung, daß Licht die Anthocyanbildung fördert, wurde jetzt in verschiedenen Spektralbereichen untersucht (SLABECKA-SZWEYKOWSKA 1955b; SIEGELMAN u. HENDRICKS; MOHR). Bei Rotkohlkeimlingen und Keimlingen von *Sinapis alba* erweist sich Rotlicht als besonders wirksam. Das Aktionsspektrum der Anthocyansynthese hat einmal ein Maximum bei etwa 660 mμ, wobei Infrarot die Förderung teilweise wieder aufhebt. Es liegt also hier eine ähnliche Abhängigkeit von der Lichtqualität vor, wie sie auch die photoperiodischen Reaktionen zeigen. Jedoch spielt außer dem Rot-Infrarot-Effekt noch eine andere Photoreaktion bei der Anthocyansynthese eine sehr wichtige Rolle. Das Aktionsspektrum dieser Photoreaktion hat einen ausgeprägten Gipfel im langwelligen Rot und einen schwächeren im Blau. Im Gegensatz zu Rotkohl- und Senfkeimlingen fördert bei Keimlingen von *Brassica rapa* nur langwelliges Rotlicht die Pigmentsynthese. Die normalerweise farblosen Gewebekulturen von *Vitis vinifera* bilden reichlich Anthocyan, wenn viel Zucker und Licht geboten werden. Blauviolettes und grünes Licht fördern hier die Farbstoffbildung am stärksten, während Rotlicht nur schwache Wirkung zeigt (SLABECKA-SZWEYKOWSKA 1955a).

Das Leuco-Anthocyanidin Melacacidin

Die Rolle der farblosen Leuco-Anthocyane, die durch Erhitzen mit Säuren in die gefärbten Anthocyanidine überführt werden können, ist immer noch umstritten. Einen wesentlichen Fortschritt bedeutet aber ihre Strukturaufklärung (KING u. CLARK-LEWIS). Bis jetzt wurden

Leuco-Anthocyane nur aus wenigen Pflanzen isoliert, jedoch sind sie in einer großen Zahl von Objekten nachgewiesen worden (vgl. JOSLYN u. PETERSON; BATE-SMITH u. LERNER). Von manchen Autoren werden die Leuco-Anthocyane als natürliche Vorläufer von Flavonen, Anthocyanen und Catechinen angesehen (ALSTON u. HAGEN; HILLIS 1955, 1956). Die jungen, ungefärbten Knospen von *Impatiens balsamina* enthalten Leuco-Anthocyane, die bei der Entwicklung und Ausfärbung des Blütenblattes verschwinden (ALSTON u. HAGEN). Andererseits läßt die weite Verbreitung und oft hohe Konzentration dieser Verbindungen nicht unbedingt erwarten, daß sie nur Intermediärprodukte im Flavanoidstoffwechsel sein sollen. Unter diesem Gesichtspunkt würde man den Leuco-Typ in der Regel vielleicht besser als eines der möglichen $C_6C_3C_6$-Endprodukte auffassen, obwohl seine enzymatische Umwandlung zu gefärbten Produkten in einzelnen Fällen möglich ist (vgl. PAECH).

Stickstoffhaltige sekundäre Pflanzenstoffe. Die Frage nach der Entstehung der N-Methylgruppe wird mit Hilfe von markierten Verbindungen weiter untersucht (vgl. Fortschr. Bot. **17**, 614; Zusammenfassung bei HEUS). Zu den bereits bekannten Methyldonatoren für Nicotin (Methionin, α-C-Atom von Alanin, Ameisensäure) treten nun noch das β-C-Atom von Serin und Formaldehyd. Dabei ist Formaldehyd als Vorstufe etwa 3—4mal so wirksam wie Serin-3-C^{14}. Rückblickend auf die verlassene Formaldehyd-Hypothese der Kohlensäureassimilation ist hier noch der Befund von Interesse, daß Formaldehyd von Tabakpflanzen sehr leicht umgesetzt wird (BYERRUM, RINGLER, HAMILL u. BALL). Auch das C_2-Atom der Glykolsäure kann in der Methylgruppe des Nicotins landen; es taucht außerdem auch in der O-Methylgruppe des Lignins wieder auf (BYERRUM, DEWEY, HAMILL u. BALL).

Für die Bildung der N-Methylgruppen von Betain und Cholin in Blattstückchen von *Beta vulgaris* können ebenfalls Ameisensäure und das α-C-Atom von Glykokoll als Vorstufe dienen. Die Methylgruppe von Acetat wird nicht in Cholin und Betain eingebaut. Bei Fütterung von Ameisensäure-C^{14} oder Glykokoll-2-C^{14} ist die spezifische Aktivität in Cholin 10—30mal so hoch wie die im Betain. Das spricht dafür, daß Cholin in der Synthesekette dem Betain voraufgeht. Interessant ist auch der Befund, daß die Radioaktivität des Glykokoll-2-C^{14} nicht nur in die N-Methylgruppen, sondern auch in den C_2-Rest des Cholins und Betains eingeht (BREGOFF u. DELWICHE). Sowohl Äthanolamin als auch Ameisensäure können bei *Cicer arietinum* als Vorstufen des Cholins auftreten (AHMAD u. JABBAR).

Neuerdings gewinnt Phosphorylcholin, dessen Bildung mit Hilfe einer Cholinphosphokinase schon von WITTENBERG u. KORNBERG beschrieben worden war (Cholin + ATP $\leftrightharpoons$ Phosphorylcholin + ADP), mehr Beachtung. Es tritt nicht nur als Abbauprodukt von Phosphatiden (KATES 1955) und als Cholin-Donator bei der Bildung von CDP-Cholin (s. S. 278) auf, sondern es scheint auch eine wichtige Transportform des Phosphats zu sein. Gerste enthält Phosphoryl^{32}-Cholin im Xylemexudat nach Fütterung von P^{32} an die Wurzeln (MAIZEL u. BENSON).

Auch in *Scenedesmus* wurde der Phosphorsäureester des Cholins gefunden. Ein Cholinschwefelsäureester wurde im Mycel von *Penicillium chrysogenum* (FLINES) und in Flechten (LINDBERG) entdeckt.

Wird methyl-markiertes Methionin an reife *Datura stramonium* verfüttert, so geht das Isotop wohl in das Hyoscyamin, nicht aber in das Epoxyd Hyoscin (= Scopolamin) ein. Es scheint demnach so, als würde in der reifen Pflanze nur noch Hyoscyamin, aber kein Hyoscin mehr gebildet (MARION u. THOMAS). In jüngeren Pflanzen von *Datura ferox* kann das Sproßgewebe die Epoxydbildung Hyoscyamin → Hyoscin aus dem von der Wurzel zugeleiteten Hyoscyamin durchführen (RO-MEIKE).

Es schien lange Zeit so, als würde der Stickstoff ausschließlich in reduzierter Form in Naturstoffe eingebaut: Die Fülle von pflanzlichen N-Verbindungen zeichnet sich durch das auffällige Fehlen der Nitrogruppe aus. Erst in den letzten Jahren wurden auch vereinzelt N i t r o - N a t u r s t o f f e gefunden, und zwar zunächst in Mikroorganismen (Chloromycetin in *Streptomyces venezuelae*; β-Nitropropionsäure in *Aspergillus flavus*). β-Nitropropionsäure, die schon als Bestandteil der Glykoside Hiptagin und Karakin beschrieben wurde, ist jetzt in freier Form in *Indigofera*-Arten nachgewiesen worden (COOKE). Aristolochiasäure, eine gelbe Substanz aus *Aristolochia clematitis*, ist eine aromatische Nitroverbindung (PAILER, BELOHLAV u. SIMONITSCH).

Die Abschnitte über den Stoffwechsel der organischen Säuren, der Fette und Lipoide, und über einen Teil des Stickstoffumsatzes können aus räumlichen Gründen erst im folgenden Band erscheinen. Das gleiche gilt für einige Gruppen von sekundären Pflanzenstoffen. Zum Stoffwechsel der Carotinoide und Porphyrinverbindungen vgl. den Beitrag von A. PIRSON in diesem Band.

Literatur.

AHMAD, K., and A. JABBAR: Current Sci. **24**, 298 (1955). — ALSTON, R. E., and C. W. HAGEN jr.: Nature (London) **175**, 990 (1955). — ALTERMATT, H. A., and A. C. NEISH: Canad. J. Biochem. a. Physiol. **34**, 405—413 (1956). — ARNON, D. I.: Annual. Rev. Plant Physiol. **7**, 325—354 (1956). — ARONOFF, S.: Techniques of Radiobiochemistry. Iowa State College Press. Iowa, USA 1956. — AVERS, C. J., and R. H. GOODWIN: Amer. J. Bot. **43**, 612—620 (1956). — AXELROD, B., and H. BEEVERS: Annual. Rev. Plant Physiol. **7**, 267—298 (1956). — AYENGAR, P., D. M. GIBSON, C. H. L. PENG and D. R. SANADI: J. of Biol. Chem. **218**, 521—533 (1956). -

BADENHUIZEN, N. P., and M. I. MALKIN: Nature (London) **175**, 1134 (1955). — BARKER, J., and L. W. MAPSON: Proc. Roy. Soc. (London) Ser. B, **143**, 523—549 (1955). — BATE-SMITH, E. C., and N. H. LERNER: Biochemic. J. **58**, 126—132 (1954). — BEAN, R. C., and W. Z. HASSID: J. of Biol. Chem. **212**, 411—425 (1955); **218**, 425—436 (1956). — BEEVERS, H., and M. GIBBS: Plant Physiol. **29**, 322—324 (1954). — BERNSTEIN, I. A., K. LENTZ, M. MALM, P. SCHAMBYE and H. G. WOOD: J. of Biol. Chem. **215**, 137—152 (1955). — BIRCH, A. J., R. A. MASSY-WESTROPP and C. J. MOYE: Chem. a. Ind. **1955**, 683—684. — BLADERGROEN, W.: Einführung in die Energetik und Kinetik biologischer Vorgänge. S. 223—230. Basel: Wepf & Co. 1955. — BLOOM, B., and W. STETTEN: J. Amer. Chem. Soc. **75**, 5446 (1953). — BOOTHROYD, B., S. A. BROWN, J. A. THORN and A. C. NEISH: Canad. J. Biochem. a. Physiol. **33**, 62—68 (1955). — BRAWERMAN, G., and E. CHARGAFF: Biochim. et Biophysica Acta **16**, 524—532 (1955). — BREGOFF, H. M., and C. C. DELWICHE: J. of Biol. Chem. **217**, 819—828 (1955). — BROOKS, J., and W. W. REID: Chem. a.

Ind. **1955**, 325—326. — BROWN, S. A.: Canad. J. Biochem. a. Physiol. **33**, 368—373 (1955). — BROWN, S. A., and A. C. NEISH: Nature (London) **175**, 688—689 (1955). — BURMA, D. P., and D. C. MORTIMER: Arch. of Biochem. a. Biophysics **62**, 16—28 (1956). — BYERRUM, R. U., L. J. DEWEY, R. L. HAMILL and C. D. BALL: J. of Biol. Chem. **219**, 345—350 (1956). — BYERRUM, R. U., R. L. RINGLER, R. L. HAMILL and C. D. BALL: J. of Biol. Chem. **216**, 371—378 (1955).

CAPUTTO, R., L. F. LELOIR, C. E. CARDINI and A. C. PALADINI: J. of Biol. Chem. **184**, 333—350 (1950). — CARDINI, C. E. L., F. LELOIR and J. CHIRIBOGA: J. of Biol. Chem. **214**, 149—155 (1955). — CARTER, C. E., and J. COHEN: J. Amer. Chem. Soc. **77**, 499 (1955). — CHANTRENNE, H.: Nature (London) **177**, 579—580 (1956). — CIRILLO, V. P.: J. Protozool. **3**, 69—74 (1956). — CLOWES, F. A. L.: J. of Exper. Bot. **7**, 307—312 (1956). — COOKE, A. R.: Arch. of Biochem. a. Biophysics **55**, 114—120 (1955). —COURTOIS, J. E., A. ARCHAMBAULT et P. LE DIZET: Bull. Soc. Chim. biol. **38**, 359—363 (1956). — CREASER, E. H.: J. Gen. Microbiol. **12**, 289—297 (1955a). — Nature (London) **176**, 556—557 (1955b).

DAVIES, D. D.: J. of Exper. Bot. **7**, 203—218 (1956). — DAVIS, B. D., and E. S. MINGIOLI: J. Bacter. **66**, 129—136 (1953). — DEKEN-GRENSON, M. DE: Biochim. et Biophysica Acta **14**, 203—211 (1954); **17**, 35—47 (1955).

EBERHARDT, F.: Z. Bot. **43**, 405—422 (1955). — EHRENSVÄRD, G.: Annual. Rev. Biochem. **24**, 275—310 (1955). — ELIASSON, L., u. I. MATHIESEN: Physiol. Plantarum (Copenh.) **9**, 265—279 (1956). — ERDTMAN, H.: In Moderne Methoden der Pflanzenanalyse, herausgeg. v. K. PAECH u. M. V. TRACEY. Bd. 3, S. 428—449. Berlin-Göttingen-Heidelberg: Springer 1955.

FARKAS, G. L., u. Z. KIRÁLY: Physiol. Plantarum (Copenh.) **8**, 877—887 (1955). — FEINGOLD, D. S., and G. AVIGAD: Biochim. et Biophysica Acta **22**, 196—197 (1956). — FISCHER, F. G., u. H. DÖRFEL: Z. physiol. Chem. **302**, 186—203 (1955). — FLINES, J. DE: J. Amer. Chem. Soc. **77**, 1676—1677 (1955). — FREUDENBERG, K.: In Moderne Methoden der Pflanzenanalyse, herausgeg. v. K. PAECH u. M. V. TRACEY, Bd. 3, S. 499—516. Berlin Göttingen-Heidelberg: Springer 1955. — FREUDENBERG, K., H. REZNIK, H. BOESENBERG u. D. RASENACK: Chem. Ber. **85**, 641—647 (1952). — FREUDENBERG, K., H. REZNIK, W. FUCHS u. M. REICHERT: Naturwiss. **42**, 29—35 (1955).

GALE, E. F., and J. P. FOLKES: Biochemic J. **59**, 661—675 (1955a); **59**, 675 bis 684 (1955b). — GIBBS, M., and H. BEEVERS: Plant Physiol. **30**, 343—347 (1955). — GIBBS, M., J. M. EARL and J. L. RITCHIE: Plant Physiol. **30**, 463—467 (1955). — GINSBURG, V., P. K. STUMPF and W. Z. HASSID: Federat. Proc. **15**, 262 (1956). — GRUNBERG-MANAGO, M., P. J. ORTIZ and S. OCHOA: Science (Lancaster, Pa.) **122**, 907—910 (1955). — Biochim. et Biophysica Acta **20**, 269—285 (1956).

HACKETT, D. P.: Plant. Physiol. **31**, 111—118 (1956). — HANSEN, R. G., and R. A. FREEDLAND: J. of Biol. Chem. **216**, 303—307 (1955). — HASSID, W. Z., E. W. PUTMAN and V. GINSBURG: Biochim. et Biophysica Acta **20**, 17—22 (1956). — HAYASHI, K., and Y. ABE: Bot. Mag. (Tokyo) **68**, 299—307 (1955). — HENZE, R. E.: Science (Lancaster, Pa.) **123**, 1174—1175 (1956). — HÉRISSEY, H., P. FLEURY, A. WICKSTROM, J. E. COURTOIS et P. LE DIZET: Bull. Soc. Chim. biol. **36**, 1519—1524 (1954). — HESS, C.: Z. Bot. **43**, 181—204 (1955). — HEUS, J. G. DE: Acta bot. neerl. **3**, 161—214 (1954). — HILLIS, W. E.: Nature (London) **175**, 597—598 (1955). — Austral. J. Biol. Sci. **9**, 263—280 (1956). — HOCHSTER, R. M.: Canad. J. Microbiol. **1**, 346—363 (1955). — HOGNESS, D. S., M. COHN and J. MONOD: Biochim. et Biophysica Acta **16**, 99—116 (1955). — HOLZER, H., u. E. HOLZER: Hoppe-Seyler's Z. **292**, 232—239 (1953). — HONDA, S. I.: Plant Physiol. **30**, 174—181 (1955). — HÖRHAMMER, L., u. A. SCHERM: Arch. Pharmazie **288**, 441—447 (1955). — HUMPHREYS, T. E., and E. E. CONN: Arch. of Biochem. a. Biophysics **60**, 226—243 (1956). — HUSEMANN, E., B. FRITZ u. B. PFANNEMÜLLER: Z. Naturforsch. **9b**, 800—801 (1954).

IRMAK, L. R.: Rev. Fac. Sci. Univ. Istanbul Ser. B **20**, 117—120 (1955).

JAMES, W. O., and D. BOULTER: New Phytologist **54**, 1—12 (1955). — JAMES, W. O., and D. C. ELLIOTT: Nature (London) **175**, 89 (1955). — JENSEN, W. A.: Exper. Cell. Res. **10**, 222—224 (1956). — JOKLIK, W. K.: Biochim. et Biophysica Acta **16**, 610—611 (1955). — JONES, J. K. N., and W. W. REID: J. Chem. Soc.

(London) **1955**, 1890—1891. — JOSLYN, M. A., and R. PETERSON: Nature (London) **178**, 318 (1956).

KAPLAN, J. G.: Exper. Cell. Res. **8**, 305—328 (1955). — KATES, M.: Nature (London) **172**, 814 (1953). — Canad. J. Biochem. a. Physiol. **33**, 575—589 (1955); **35**, 127—142 (1957). — KATES, M., and P. R. GORHAM: Canad. J. Biochem. a. Physiol. **35**, 119—126 (1957). — KENNEDY, E. P., and S. B. WEISS: J. Amer. Chem. Soc. **77**, 250 (1955). — KING, F. E., and J. W. CLARK-LEWIS: J. chem. Soc. **1955**, 3384—3388. — KIRÁLY, Z., u. G. L. FARKAS: Agrokém. és talajtan (Budapest) **5**, 233—240 (1956). — KLUYVER, A. J.: In A. J. KLUYVER and C. B. VAN NIEL, The microbe's contribution to biology, p. 93—129. Harvard University Press 1956. — KORNBERG, A., I. LIEBERMAN and E. S. SIMMS: J. of Biol. Chem. **215**, 389—427 (1955). — KROTKOV, G., and S. RIZVI: Canad. J. Bot. **34**, 569—576 (1956). — KUSHNER, D. J.: Arch. of Biochem. a. Biophysics **58**, 332—347 (1955). —

LEINER, M.: Naturw. Rdschau **10**, 211—218 (1957). — LELOIR, L. F., and C. E. CARDINI: J. of Biol. Chem. **214**, 157—165 (1955). — LENHOFF, H. M., D. J. D. NICHOLAS and N. O. KAPLAN: J. of Biol. Chem. **220**, 983—995 (1956). — LINDBERG, B.: Acta chem. scand. (Copenh.) **9**, 917—919 (1955). — LONG, C.: Sci. Progress (London) **44**, 274—283 (1956).

MAIZEL, J. V., and A. A. BENSON: Plant Physiol. **31**, suppl. XXIV (1956). — MARION, L., and A. F. THOMAS: Canad. J. Chem. **33**, 1853—1854 (1955). — MARKOVITZ, A., and H. P. KLEIN: J. Bacter. **70**, 649—655 (1955). — MARSH, C. A.: Nature (London) **176**, 176—177 (1955). — Biochemic. J. **59**, 58—62 (1955). — MARSH, C. A., and G. A. LEVVY: Biochemic. J. **63**, 9—14 (1956). — MAXWELL, E. S., H. M. KALCKAR and R. M. BURTON: Biochim. et Biophysica Acta **18**, 444 bis 445 (1955). — MAYER, H.: Planta (Berlin) **11**, 294—330 (1930). — MINOR, F. W., G. A. GREATHOUSE and H. G. SHIRK: J. Amer. Chem. Soc. **77**, 1244—1245 (1955). — MITSUHASHI, S., and B. D. DAVIS: Biochim. et Biophysica Acta **15**, 54—61 (1954). — MOHR, H.: Planta (Berlin) **49**, 389—405 (1957). — MOTHES, K.: Abh. dtsch. Akad. Wiss. Berlin; Klasse f. Chemie, Geologie u. Biologie. **1955**, 24—37. — MOTHES, K., u. H. KALA: Naturwiss. **42**, 159 (1955). — MUNCH-PETERSEN, A.: Acta chem. scand. (Copenh.) **9**, 1537—1539 (1955). — MUNCH-PETERSEN, A., H. M. KALCKAR u. E. B. SMITH: Biol. Medd. danske Vidensk. Solsk. **22**, 3—22 (1955).

NAYYAR, S. N., and D. GLICK: J. of Biol. Chem. **222**, 73—83 (1956). — NEAL, M. J., and R. E. GIRTON: Amer. J. Bot. **42**, 733—737 (1955). — NEISH, A. C.: Canad. J. Biochem. a. Physiol. **33**, 658—666 (1955). NEUFELD, E. F., V. GINSBURG, E. W. PUTMAN, D. FANSHIER and V. Z. HASSID: Arch. of Biochem. a. Biophysics **69**, 602—616 (1957).

PAECH, K.: Annual. Rev. Plant. Physiol. **6**, 273 —298 (1955). — PAILER, M., L. BELOHLAV u. E. SIMONITSCH: Mh. Chem. **87**, 249—268 (1956). — PALLERONI, N. J., and M. DOUDOROFF: J. of Biol. Chem. **218**, 535—548 (1956). — PARDEE, A. B., and L. S. PRESTIDGE: J. Bacter. **71**, 677—683 (1956). — PEAT, S., W. J. WHELAN and J. R. TURVEY: J. Chem. Soc. (London) **1956**, 2317—2322. — PIRSON, A., A. L. DANIEL u. E. W. BECKER: Arch. Mikrobiol. **22**, 214—218 (1955). — PODOLSKY, R. J., and M. F. MORALES: J. of Biol. Chem. **218**, 945—959 (1956). — POLGLASE, W. J.: Canad. J. Biochem. a. Physiol. **34**, 554—557 (1956). — POLGLASE, W. J., S. PERETZ and S. M. ROOTE: Canad. J. Biochem. a. Physiol. **34**, 558—562 (1956). — POLJAKOFF-MAYBER, A.: J. of Exper. Bot. **6**, 313—320 (1955). — PORTER, H. K.: Progress in Nuclear Energy. Series VI, **1**, 132—152 (1956). — POTAPOV, N. G., u. M. MARÒTI: Agrokém. és talajtan (Budapest) **5**, 57—68 (1956).

REAZIN, G. H.: Plant Physiol. **31**, 299—303 (1956). — REAZIN, G. H., and M. GIBBS: Federat. Proc. **15**, 335 (1956). — REZNIK, H.: Z. Bot. **43**, 499—530 (1955a). — Naturwiss. **42**, 180—181 (1955b). — Planta (Berlin) **45**, 455—469 (1955c); **49**, 406—434 (1957).— Sitzgsber. Heidelberg. Akad. Wiss., math.-naturwiss. Kl. 2. Abh. 1956. — RICHTZENHAIN, H.: Z. Pflanzenernähr. **69**, 25—32 (1955). — ROBBINS, E. A., and P. D. BOYER: J. of Biol. Chem. **224**, 121—135 (1957). — ROMEIKE, A.: Flora (Jena) **143**, 67—86 (1956). — ROOTE, S. M., and W. J. POLGLASE: Canad. J. Biochem. a. Physiol. **33**, 792—796 (1955). — ROWAN, K. S., D. E. SEAMAN and J. S. TURNER: Nature (London) **177**, 333—334 (1956). — RUCKENBROD, H.: Planta (Berlin) **46**, 19—45 (1955).

SANADI, D. R., D. M. GIBSON, P. AYENGAR and M. JACOB: J. of Biol. Chem. 218, 505—520 (1956). — SCHLUBACH, H. H., u. H. LÜBBERS: Liebigs Ann. 595, 229 bis 236 (1955); 598, 225—227 (1956). — SCHMIDT, O. T., u. W. SCHÖNLEBEN: Naturwiss. 43, 159 (1956). — Z. Naturforsch. 12b, 262—263 (1957). — SCHWINCK, L.: Planta (Berlin) 47, 165—218 (1956). — SEEGMILLER, C. G., B. AXELROD and R. M. McCREADY: J. of Biol. Chem. 217, 765—775 (1955). — SEEGMILLER, C. G., R. JANG and W. MANN jr.: Arch. of Biochem. a. Biophysics 61, 422—430 (1956). — SHIROYA, M., u. S. HATTORI: Physiol. Plantarum (Copenh.) 8, 358—369 (1955). — SHIROYA, M., T. SHIROYA u. S. HATTORI: Physiol. Plantarum (Copenh.) 8, 594—605 (1955). — SIEGEL, S. M. J. Amer. Chem. Soc. 78, 1753—1755 (1956). — Plant Physiol. 31, XV (supplement) (1956). — SIEGELMAN, H. W., and S. B. HENDRICKS: Plant Physiol. 31, XIII (supplement) (1956). — SISSAKIAN, N. M., u. I. L. FILIPPOVICH: Biochimija 21, 163—167 (1956). — SLABECKA-SZWEYKOWSKA, A.: Acta Soc. bot. Poloniae 24, 3—11 (1955a); 24, 13—26 (1955b) — SMILLIE, R. M.: Austral. J. biol. Sci. 9, 81—91 (1956). — SOLMS, J., u. H. DEUEL: Helvet. chim. Acta 38, 321—329 (1955). — SONNE, J. C., I. LIN and J. M. BUCHANAN: J. of biol. Chem. 220, 369—378 (1956). — SRINIVASAN, P. R., M. KATAGIRI and D. B. SPRINSON: J. Amer. Chem. Soc. 77, 4943 (1955). — SRINIVASAN, P. R., and D. B. SPRINSON: Federat. Proc. 15, 360 (1956). — STEGWEE, D.: Acta bot. neerl. 4, 575—636 (1955). — STEVENS, G. DE, u. F. F. NORD: Fortschr. chem. Forsch. 3, 70—107 (1954). — STROMINGER, J. L.: Biochim. et Biophysica Acta 16, 616—617 (1955).

TOOKEY, H. L., and A. K. BALLS: J. of Biol. Chem. 218, 213—224 (1956). — TRYON, K.: Science (Lancaster, Pa.) 123, 590 (1956). — TURNER, E. R., and C. E. QUARTLEY: J. of Exper. Bot. 7, 362—371 (1956).

VITTORIO, P. V., G. KROTKOV, C. D. NELSON and R. G. S. BIDWELL: Canad. J. Bot. 34, 209—213 (1956). — VITTORIO, P. V., G. KROTKOV and G. B. REED: Canad. J. Bot. 33, 275—280 (1955).

WARDROP, A. B., and H. E. DADSWELL: Austral. J. Sci. Res. Ser. B 5, 223—236 (1952). — WEISS, S. B., and E. P. KENNEDY: Federat. Proc. 15, 381 (1956). — WEISS, U., C. GILVARG, E. MINGIOLI and B. D. DAVIS: Science (Lancaster, Pa.) 119, 774—775 (1954). — WEISS, U., and E. S. MINGIOLI: J. Amer. Chem. Soc. 78, 2894—2898 (1956). — WHELAN, W. J., and J. M. BAILEY: Biochemic. J. 58, 560—569 (1954). — WITTENBERG, J., and A. KORNBERG: J. of Biol. Chem. 202, 431 (1953).

YANIV, H., and C. GILVARG: J. of Biol. Chem. 213, 787—795 (1955).

D. Physiologie der Organbildung.

16. Vererbung.

a) Genetik der Mikroorganismen.

Von Reinhard W. Kaplan, Frankfurt/Main.

Die Einführung von Mikroorganismen als Versuchsobjekte, insbesondere der sich schnell vermehrenden Bakterien, seit dem Kriege (Luria u. Delbrück 1943, Demerec 1946, Kaplan 1947) erweist sich immer mehr als einer der fruchtbarsten Schritte in der jüngeren genetischen Forschung. Während zunächst Probleme der spontanen und induzierten Mutation im Vordergrund standen, hat sich nach der Entdeckung von Erbfaktorenaustausch bei Bakterien (Tatum u. Lederberg 1947) diese Objektgruppe auch zur Lösung noch offener Probleme der Hybridgenetik angeboten, ja neuerlich wurden in Transformation und Transduktion noch eigene, gänzlich ungeahnte Erscheinungen entdeckt und z. T. schon aufgehellt. Darüber hinaus hat die Mikrobengenetik entscheidende Beiträge zur Klärung der physiologischen Genwirkung (Phänogenetik) geliefert, und auch das fundamentale Problem des Wandels und der Anpassung von Mikroben-Populationen erscheint nach der Arbeit im letzten Jahrzehnt in einem neuen Licht. An dieser fruchtbaren „Invasion" haben die Bakterien allerdings nicht allein teilgenommen, sondern ihre Wirkung wurde seit längerem vorbereitet durch die Pilze, von denen besonders *Neurospora, Aspergillus* und Hefen zusätzlich ganz neue Erscheinungen offenbarten und Wege zur Erkenntnis lieferten. Hinzutraten dann noch die „unzelligen" Bakteriophagen (Delbrück). Außer der schnellen Vermehrung der Mikroorganismen war den Genetikern vor allem willkommen der meist einfache, z. T. einzellige Bau, welcher die biologischen Grundphänomene unkompliziert durch die Korrelationen in Zellenstaaten hervortreten läßt, sowie auch die Haploidie, welche die bei Diplonten oft unbequeme Verschleierung des Genotyps vermeidet, die infolge der Dominanz von Genen besonders die Koppelungsanalyse kompliziert.

Voraussetzung für die erfolgreiche Verwendung auch von asexuellen Mikroben zur Aufklärung genetischer Probleme, z. B. der Mutation, ist aber das Prinzip, daß die Erblichkeit eines Unterschieds keineswegs ausschließlich durch das Mendelsche Aufspalten der Typen nach Bastardierung nachweisbar ist. Vielmehr entspricht es dem Begriff der Erblichkeit als „konstante Weitergabe von Merkmalen an die Nachkommen" ebenso oder sogar mehr, wenn experimentell gezeigt wird, daß sich ein Unterschied zwischen zwei Nachkommenlinien (Clonen, Stämmen) über beliebig viele Generationen hin trotz identischen Milieus konstant erhält. Die Ursache für diese Konstanz ist ja gegeben durch die identische Reproduktion oder Idiosynthese[1] der Erbsubstanz. Sie verhindert das „Abklingen" im Laufe der Generationsfolge, welches ein nicht-erblicher Merkmalsunterschied erleidet, der durch einen nicht-idiosynthetischen Stoff, z. B. ein Hormon, erzeugt wird. Ein solcher Stoff wird ja bei jeder Zellteilung verdünnt und verschwindet somit schließlich aus fast allen Nachfahren. Eine Bakterienzelle von etwa $1\ \mu^3$ Volumen wächst z. B. in 30 Generationen zu $2^{30} \approx 10^9$ Zellen, das ist eine Kolonie von 1—2 mm

---

[1] Dieser Terminus wird anstelle der „Autokatalyse" oder „-synthese" verwendet, um den Irrtum zu vermeiden, daß „sich" die Erbsubstanz „selbst" vermehrt. Diese veranlaßt ja vielmehr die intakte Zelle, sie identisch zu synthetisieren.

Durchmesser. Bestünde jene Zelle hypothetisch zu 1% aus Hormon und ein Hormonmolekül aus 10 Atomen $\approx 10 \text{ Å}^3$, so würde sie $10^{12} \cdot 10^{-2} \cdot 10^{-1} = 10^9$ Hormonmoleküle enthalten. Von diesen käme, da sie ja nicht idiosynthetisch vermehrt werden, höchstens je eines auf jede der 10^9 Nachkommenzellen in der Kolonie. Der Nachweis der Konstanz einer Eigenart über eine Koloniepassage hin ist also bei Bakterien ein sicherer Beweis für Idiosynthese, d. h. für Erblichkeit.

Die Lokalisation der Erbdifferenz in den Chromosomen ist natürlich zunächst an den Nachweis des Mendelns nach Bastardierung gebunden und setzt somit Sexualität voraus. Nachdem sich jedoch die Transduktion durch Phagen sowie die Transformation durch DNS (s. u.) als Übertragungen von Chromosomengenen von einem Stamm in den anderen erwiesen haben, darf auch deren Nachweis für ein Merkmal als Indizium für chromosale Vererbung gewertet werden.

Somit zwingt uns die genetische Forschung an Mikroben heute zu einer Erweiterung der Vorstellungen, die zunächst durch die Arbeit an höheren Tieren u. Pflanzen entwickelt wurden. Die Mikrobengenetik ist nun aber keineswegs zu einem von der bisherigen Genetik höherer Organismen abgetrennten Gebiet geworden. Im Gegenteil wird es immer deutlicher, daß die Grundphänomene des Lebens, hier also der Vererbung, in den wesentlichen Zügen im ganzen Organismenreich, also bei Tieren, Pflanzen und Mikroben, auf den gleichen Mechanismen beruhen. Nur zeigen sich bei den Mikroben z. T. noch deutliche Spuren eines „Probierens" der Natur mit gewissen Grundelementen, z. B. beim Faktoraustausch.

Es ist somit heute schwieriger denn je, die Genetik (wie auch andere „Funktionsgebiete", z. B. den Stoffwechsel) in einzelne „Objektgebiete" zu zerteilen. Und so muß auch der folgende Überblick über die Fortschritte der Mikrobengenetik der letzten 4—5 Jahre hineingestellt werden in den Zusammenhang der Vererbungsprobleme, die quer durch die Objektgruppen „Tiere", „Pflanzen" und „Mikroben" hindurchgehen. Dabei mußte eine Beschränkung stattfinden auf die für das Gesamtbild der Genetik wichtig erscheinenden neueren Ergebnisse, deren Auswahl natürlich nicht frei vom subjektiven Standpunkt des Berichterstatters sein kann. Wer eine nahezu vollständige, wenn auch mehr stichwortartige Zusammenstellung der fast 500 mikrobengenetischen Veröffentlichungen pro Jahr wünscht, sei auf die Kapitel in den Annual Reviews of Microbiology verwiesen. Eine lehrbuchmäßige Einführung in die Bakteriengenetik liegt seit 1953 von W. BRAUN vor, ist aber leider in einigen Punkten schon wieder von der raschen Entwicklung überholt. Veraltet ist teilweise auch CATCHESIDEs Buch (1951); es ist jedoch trotzdem insbesondere wegen seiner Einführung in die Tetradenanalyse bei Pilzen und die Plasmongenetik von Paramaecium lesenswert. Weiterhin sei auf EPHRUSSIs Buch (1953) über plasmonische Vererbung bei Mikroben hingewiesen.

Wichtige Voraussetzungen für den raschen Fortschritt des Gebiets sind eine Reihe auf die Bedürfnisse der Genetik zugeschnittene Methoden. Hierzu gehört zuerst das „Ausplatten", d. h. Ausstreichen von abgemessenen, kleinen Zellsuspensionsmengen auf Agarboden in Petrischalen, oft in einer Reihe von Verdünnungsstufen. Die nach Bebrütung wachsenden sichtbaren Kolonien stellen meist die Nachkommenschaft einer Einzelzelle dar und offenbaren also deren Erbeigenart. Ist diese Eigenart eine physiologische (wie meist), so erlaubt der Gebrauch eines sterilen Samtstempels (LEDERBERG u. LEDERBERG 1952) die Überimpfung und somit gleichzeitige Prüfung vieler Kolonien unter Erhaltung ihrer gegenseitigen Lage auf einer Reihe Platten mit verschiedenen Nährböden. Zur Isolation von Mutanten mit Resistenz gegen Gifte und zur Messung von deren Resistenzgrad hat sich die Gradientenplatte (BRYSON u. SZYBALSKI 1952) bewährt. Auxotrophe Mutanten (Wuchs nur bei Zugabe bestimmter Wuchsstoffe wie Aminosäuren, Vitaminen u. a.) von Bakterien können durch Bebrütung der Elterpopulation in Minimalmedium (ohne Wuchsstoffe, nur anorganische Salze + C-Quelle) mit Penicillin angereichert werden, da dieses Gift bevorzugt die dort wachsenden anauxotrophen[1] Zellen tötet, die nicht wachsenden auxotrophen aber überleben läßt.

---

[1] Da das oft im Sinne von „nicht-wuchsstoffbedürftig" gebrauchte „prototroph" schon seit langem mit der Bedeutung „fähig zur Verarbeitung eines freien chemischen Elementes" (z. B. N_2) belegt ist, wird hier „anauxotroph" verwendet.

Bei Pilzen wie *Neurospora* wird dasselbe erreicht durch Bebrütung ohne Penicillin, jedoch Abtrennen der zu Mycelien gewachsenen Anauxotrophen durch Filtration (z. B. CATCHESIDE 1954). Unter den nach Penicillineinwirkung oder Filtration übrig bleibenden Zellen sind die Auxotrophen häufig und können nach Wuchs zu Kolonien auf Komplettmedium (mit allen möglichen Wuchsstoffen, z. B. Bouillon und Hefeextrakt), z. B. durch Stempeln auf Minimalboden, erkannt werden. Schließlich sei noch der ,,Chemostat" als ein Gerät zur dauernden Erhaltung einer Kultur in regelbar konstanter Wuchsrate erwähnt, in dem z. B. der Populationswandel über viele Generationen hin verfolgt und Mutationsraten bestimmt werden können (z. B. NOVICK u. SZILARD 1950).

A. Hybridgenetik (Erbfaktoraustausch).

I. Chromosomaler Erbgang.

Die Verursachung eines Merkmalsunterschieds durch eine Differenz in der Beschaffenheit von Chromosomen wird im allgemeinen nachgewiesen durch die Mendelsche Aufspaltung nach Kreuzung, die bei Haplonten 50% des einen: 50% des homologen Genotyps zeigt, falls keine Selektion der Gonen (z. B. Ascosporen) vorliegt.

1. Sexuelle Kreuzungen.

Als entscheidendes Merkmal für ,,volle" Sexualität ist die Verschmelzung zweier ganzer Kerne bzw. Chromosomensätze zwecks Gen-Umkombination nach Kontakt oder Fusion ganzer Zellen anzusehen. Die morphologische oder physiologische Differenzierung zweier Geschlechter oder Copulationsgruppen (mating types) ist weniger entscheidend, da ihre evolutorische Funktion im wesentlichen in der Einschränkung der Inzucht liegt. Sie ist aber wohl bei allen bekannten, hierher gehörigen Organismen vorhanden, also außer bei den diploiden Vielzellern auch bei den meist haploiden niederen Pilzen, Algen und Protisten.

a) Koppelungsanalyse. Best untersucht ist noch immer der Ascomycet *Neurospora crassa*, bei dem eine Tetradenanalyse technisch relativ einfach ist. Nach der letzten Zusammenstellung von BARRAT, NEWMEYER, PERKINS u. GARNJOBST (1954) sind etwa 75 Genloci, meist für Auxotrophie, kartiert in 7 Koppelungsgruppen, die den cytologisch in der Meiosis nachweisbaren 7 Chromosomen entsprechen. Eine genaue Überlegung PERKINs (1953) über die Brauchbarkeit der meist zur Kartierung verwendeten Tetradenanalyse zeigt zwar, daß diese nicht so geeignet zur Messung von Koppelungswerten ist wie die Auszählung großer Massen ungeordneter Ascosporen (random ascospors). Sie ist aber ein wichtiger Weg, um Fragen des Crossingover-(c. o.) Mechanismus zu erklären. So ist nun für alle untersuchten Objekte klar, daß der Austausch im 4-Strangstadium (also zwischen schon längsgeteilten, homolog gepaarten Chromosomen) geschieht, und zwar auch bei *Chlamydomonas* (LEWIN 1953, EBERSOLD 1954, SAGER 1955).

In manchen Versuchen gehören mehr als zwei Drittel der Gonentetraden zum Vierertyp (4 verschiedene Genotypen bei bifaktorieller Kreuzung: ab Ab aB AB). Daraus folgt, daß die Schwesterstrang-c.o.s entweder irgendwie eingeschränkt, wenn auch nicht ganz verboten, oder von einer besonderen Natur sind, so daß sie mit den normalen (zwischen homologen Chromatiden stattfindenden) c.o.s nicht interferieren (PERKINS 1955). Dies würde cytologischen Beobachtungen von SCHWARTZ (1954) an Mais nicht widersprechen, durch welche

Schwesterstrang-c.o. nachgewiesen erscheint. Sie veranlassen diesen Autor (1955), die alte Bellingsche Hypothese über die Entstehung des c.o. aufzugreifen und zu erweitern.

Nach dieser entsteht ein c.o. während des Aufbaus neuer Chromatiden parallel den alten, und zwar durch Bildung von „falschen", vertauschten Bindungen zwischen den Bausteinen der neuen Chromatiden der beiden homologen, eng gepaarten Chromosomen. Da hierbei jedoch Vierertypen nicht entstehen könnten, nimmt SCHWARTZ häufiges Schwesterstrang-c.o. an als einen vom Homologen-c.o. unabhängigen u. andersartigen Vorgang. Damit würde das c.o. als „Fehler" bei der Idiosynthese gepaarter Chromosomen verständlich und in einer Hinsicht ähnlich der Mutation sein, bei deren letztem Schritt auch ein „Fehler" der Idiosynthese mitwirken dürfte (s. u.). Diese Ähnlichkeit macht auch erklärlich, daß c.o. durch UV, Röntgenstrahlen und manche chemische Mutiva induziert werden kann. (Für Drosophila: WHITTINGHILL, Chlamydomonas: EVERSOLE u. TATUM, Hefe: JAMES, Bakterien: HAYES 1953, Phagen: JAKOB u. WOLLMAN.) Diese Hypothese mag aber vielleicht auch fruchtbar werden für die Erklärung von „Klumpung" des c.o., wie es insbesondere bei den Untersuchungen an Pseudoallelen angedeutet wird.

b) Pseudoallelie. Die Längsgegliedertheit des Gens, also einer „Stelle" oder „Region" im Chromosom, in der eine Mutation den Phänotyp in einer bestimmten Weise ändert, z. B. zur Auxotrophie für Adenin, wird immer deutlicher und ist offenbar allgemeingültig. Eine Mutation erfaßt meist nur einen Teil dieser Region, so daß in unabhängigen Mutanten, z. B. mit Adeninbedarf, meist verschiedene „Orte" in dem Adenin-Gen verändert sind. Zwischen diesen mutierten Orten (= Loci) kann c.o. stattfinden. Ein Gen ist also durch Mutation und c.o. unterteilbar, und es ist eine rein terminologische Frage, ob man die ganze Region als „Gen" bezeichnet oder die Teile. Das erstere erscheint zweckvoller, weil die Region durch das von ihr gesteuerte Phän klar definierbar und von anderen Regionen unterscheidbar ist (also genauer „Funktionsgen" heißen muß), ferner weil noch unklar ist, ob nicht die durch Mutation veränderbaren Teile sich überlappen, ineinanderschachteln oder auch ohne Grenze ineinander verschwimmen können. Die alte Vorstellung vom Gen als atomartig nichtunterteilbare Erb-„Einheit" und damit das Modell des Chromosoms als Perlenschnur aus „Erbeinheiten" ist damit natürlich zu revidieren bzw. gilt nur im Groben. 2 Mutanten gleichen Phäns, z. B. adeninabhängig ad_1 und ad_2, brauchen nicht identische mutierte Loci enthalten, obwohl sie im heterozygoten oder heterocaryotischen Zustand „allel" erscheinen können (also ad_1/ad_2 adeninabhängig ist). Solche „Pseudoallelie" wird durch das Vorkommen seltener Rekombinanten demonstriert, also z. B. durch einige Promille adeninunabhängiger Ascosporen der Konstitution $ad_1^+ ad_2^+$. Hier sind offenbar die unmutiert gebliebenen Teile der homologen Adenin-Gene ausgetauscht worden und haben sich zu einem „intakten" Gen ergänzt. Solche Pseudoallelie ist auch beim Phagen T 4 gefunden und analysiert worden, wobei dank raffinierter Methodik c.o.-Häufigkeiten zwischen Pseudoallelen bis 10^{-4} gemessen wurden (BENZER). Daß wirklich c.o., also Austausch von Chromosomenstücken zwischen den Loci ad_1 und ad_2, stattfand, läßt sich zeigen durch das Verhalten von anderen Genen auf beiden Seiten nahe des ad-Gens.

Zum Beispiel wurden von DE SERRES (1956) bei der Kreuzung von *Neurospora* hist2 ad2A nic2 × + ad2B + etwa $^1/_2\%$ adenin-unabhängige Typen nur der Konstitution + + nic, bei der Kreuzung hist2 ad2B nic2 × +ad2A + nur der Konstitution hist + + erhalten. Es müssen also Austausche zwischen den Loci ad2A und ad2B geschehen sein, die das ganze Chromosomenstück von ad2B⁺ bis nic bzw. hist bis ad2A⁺ intakt gelassen haben. Analoge Beweise für c.o. zwischen den pseusoallelen Teil-Loci eines Gens wurden bei verschiedenen Objekten in obiger Weise geführt, so für das bi-Gen von *Aspergillus nidulans* (PONTECORVO 1953) sowie das ad-Gen desselben Pilzes (PRITCHARD 1954).

Im letzten Falle schien jedoch negative Interferenz, d. h. Erhöhung der c.o.-Häufigkeit durch benachbarte c.o., zwischen den pseudoallelen Loci angezeigt, eine in größeren Genintervallen sehr ungewöhnliche Erscheinung.

Merkwürdig sind die Ergebnisse MITCHELLs (1955/56) beim Pyridoxin-Gen von *Neurospora*. Die beiden Mutationen pdx und pdxp (p_H-empfindlicher Bedarf) erscheinen im Heterocaryon allel. Kreuzungen zwischen beiden Mutanten geben etwa 0,2% Anauxotrophe, was nach Pseudoallelie aussieht; denn Mutationen zur Anauxotrophie sind sehr viel seltener und pdx × pdx und pdxp × pdxp liefert auch kaum +-Typen. Wurden jedoch die eng beiderseitig des Locus liegenden Gene pyr und co als Marker eingeführt und pyr pdx + × + pdxp co gekreuzt, so entstanden die Typen + + +, pyr + +, + + co und pyr + co in etwa gleicher Häufigkeit. Ganz Ähnliches wurde auch am q-Locus (Niacin-Auxotrophie) durch LAWRENCE (1956) gefunden. In diesen Fällen können die anscheinenden Rekombinanten unmöglich durch einfaches c.o. zwischen den pseudoallelen Loci entstanden sein. Es kommt höchstens ein kompliziertes Mehrfach-c.o. in kleinem Bereich (c.o.-„Klumpung") (SANSOME) oder „Genkonversion" in Frage, d. h. häufigere Mutation im heterozygoten als im homozygoten Zustand. Solche Konversion wurde schon früher von LINDEGREN (zuletzt 1956) zur Erklärung aberranter Spaltungen bei Hefe (z. B. in einer Tetrade 1:3 Spaltung für ad/Ad, während 7 andere Gene 2:2 spalteten) herangezogen. Seine Hypothese blieb aber nicht unwidersprochen, da anomale Spaltungen im Hefeascus auch durch überzählige Teilungen, Polyploidie, Polysomie u. a. zustandekommen können (WINGE u. ROBERTS 1954, H. ROMAN et. al. 1955, EMERSON 1956). Für obige Fälle kommen diese Mechanismen jedoch nicht in Betracht. Somit scheint Konversion ein nicht allzu seltener Vorgang zu sein, der sich von der üblichen Mutation durch das Ablaufen nur bei Heterozygotie in der Meiosis unterscheidet, aber gegensätzlich zum c.o. etwas Neues schafft. Möglicherweise besteht sie in einem Verdoppelungsfehler, durch den in ein mutiertes Gen ein Stück zusätzlich aus einem verdoppelten homologen, anders mutierten Gen eingebaut wird. Damit könnte sie künftig eine Informationsquelle über die Idiosynthese werden.

Die Ergebnisse über c.o. zwischen Pseudoallelen haben Anlaß gegeben zu Überlegungen über den Feinbau der Gene (PONTOCORVO u. ROPER 1956, BENZER). Die Anwendung von Selektionsmethoden zum Auffinden seltener Genotypen bei Mikroben läßt c.o.-Häufigkeiten bis 10^{-8} messen. Die niedrigsten gefundenen Werte sind bei *Drosophila* u. *Aspergillus* etwa 10^{-5}, beim Phagen T4 10^{-4}, die höchsten innerhalb eines Gens (= Gruppe von Pseudoallelen) je etwa 10^2 mal höher. Dieser letzte Wert kann als die Zahl möglicher c.o.-Intervalle in einem Gen angesehen werden; die Zahl der mutationsfähigen Loci im Gen wäre also etwa 10^2.

Da die Zahl der Nucleotidpaare in der DNS eines Kerns etwa 10^7 bis 10^5 und die Gesamtlänge der Chromosomen etwa 10^2 c.o.-Prozent ist, so würde also ein Genom etwa 10^8 durch c.o. trennbare Loci aus je 10^2—10^3 Nucleotidpaaren enthalten.

c) Kreuzung bei Homothallie. Bei homothallischen Organismen besteht die Schwierigkeit, unter den vielen Gonen aus Selbstbefruchtungen diejenigen herauszufinden, die aus Bastardierungen genetisch unterschiedlicher Typen entstanden sind. Dies gelang PONTECORVO (1953) bei *Aspergillus nidulans* durch Ausnutzung selektiv wirkender Gene, wodurch dieser Pilz der Genanalyse zugänglich wurde. Läßt man eine weiß-sporige Mutante mit Adeninbedarf (w ad) und eine gelbsporige mit Biotinbedarf (y bi) durcheinanderwachsen und impft große Mengen der Sporen auf Minimalmedium, so findet man wenige Mycelkolonien, die anauxotroph sind. Diese sind Heterokaryen, in denen sich die beiden verschieden-auxotrophen Kerne zur Anauxotrophie ergänzen und in einem bestimmten „balanzierten" Verhältnis bleiben. Das zeigt sich an den einkernigen Conidien dadurch, daß diese eine Mischung von weißen und gelben mit entsprechenden Auxotrophien sind. Die Perithecien solcher Heterokaryen enthalten neben Selbstungs- einen z. T. hohen Anteil Kreuzungsperithecien. Dies erweist sich bei Ausplattung von vielen Ascosporen auf Minimalboden. Hier wachsen nur die durch Faktoraustausch aus ad w $+ +$ $\times$ $+ +$ bi y entstandenen anauxotrophen grünsporigen ($+ + + +$) Rekombinanten, nicht die in Überzahl vorhandenen auxotrophen Elterntypen. Die Gene ad und bi ermöglichen also die Selektion von Rekombinanten und heißen daher „selektive Gene", während w und y vom Medium nicht ausgelesen werden. In manchen Elternkombinationen können die Bastardperithecien bis 100% betragen (relative Heterothallie). Die bisherige Analyse mit dieser Methode hat bereits Chromosomenkarten geliefert, z. B. vier lose gekoppelte Adenin-Gene auf dem bi-Chromosom, sowie drei Pseudoallele im bi-Gen aufgedeckt.

d) Parasexualität. Allgemeine Bedeutung hat die *Aspergillus*-Genetik durch das Auffinden von Faktorenaustausch außerhalb des üblichen Weges über die Ascusbildung erlangt. Zunächst gelang es ROPER (s. PONTECORVO 1953, 1955) aus Heterokaryen diploide Conidien und davon Mycelien zu isolieren. Dies geschah durch Ausplattung der Conidien auf Minimalboden, wo die heterozygoten Diplonten (z. B. ad w $+ +$ / $+ +$ y bi) als grünsporige Anauxotrophe wachsen. Solche Diploide können aber auch ohne Selektion aus den w/y-scheckigen heterokaryotischen Mycelien als grüne Flecken gefunden werden. Diese Diploiden erzeugen Asci mit 16 Sporen, welche die erwartete Aufspaltung zeigen.

In solchen grünsporigen, diploiden Mycelien traten nun nicht selten Flecken gelber oder weißer Konidienfarbe auf. Die genetische Analyse der Isolate zeigte, daß es sich meist (85%) um Diploide handelte, die homozygot für das Farbgen geworden, für die meisten anderen Gene aber heterozygot waren. Spontane Mutation kommt wegen der Häufigkeit kaum in Frage, und so fiel der Verdacht auf mitotisches c.o. analog dem von STERN (1936) bei *Drosophila* gefundenen somatischen c.o. Dies wurde durch Analyse der auftretenden Koppelungen, z. B. zwischen den Genen $paba_1$ und y bestätigt; sie entsprachen denen bei meiotischen Aufspaltungen in Asci (PONTECORVO u. KÄFER 1954). Etwa 15% der Flecken in diploiden Mycelien waren jedoch haploid. Die Genotypen dieser Haplonten zeigten Genkombinationen, die ein Entstehen durch Koppelungsbrüche (c.o.) in Chromosomen ausschließt. Vielmehr muß die Haploidisation durch irreguläre, $\pm$ zufällige Verteilung ganzer Chromosomen bei Kernteilungen in den diploiden Mycelien zustandekommen (PONTECORVO, GLOOR u. FORBES 1954).

Damit sind also die 3 Teilprozesse der Sexualität: Kernfusion, Crossingover und Haploidisation (= Reduktion), im diploiden Mycel als getrennt und unabhängig ablaufend nachgewiesen. Eine Abschätzung der Häufigkeiten ergibt $10^{-7}:10^{-3}:10^{-2}$. Der häufigste Prozeß und damit das „Endstadium" ist die Wiederherstellung des haploiden Zustandes, so daß also derselbe Effekt erzeugt wird wie bei fester Koppelung der Teilvorgänge in der „echten" Sexualität, nämlich die Schaffung neuer Genotypen durch Kombination von Mutationen. Der Erscheinungskomplex wird daher „Parasexualität" genannt. Daß er eine echte Ersatzsexualität darstellt und bei Fungi imperfecti verbreitet ist, wird nahegelegt durch sein Auffinden auch bei den apogamen (ascuslosen) *Aspergillus niger* (PONTECORVO, ROPER, FORBES) und *Penicillium chrysogenum* (PONTECORVO u. SERMONTI 1954). Auch hier konnten heterozygote Diploide hergestellt und darin mitotische Rekombinanten gefunden werden. Erwähnenswert ist noch das Vorkommen von mitotischen c.o. bei diploiden heterozygoten (gal/+) Hefen, wo es durch UV-Bestrahlung mit großer Häufigkeit induziert wird und zu sektorierten Kolonien führt (JAMES u. LEE-WHITING 1955).

2. Bakteriensexualität.

a) Copulationsgruppen. Der mittels selektiver Gene nachgewiesene Erbfaktoraustausch zwischen Mutantenstämmen von *B. coli K 12* sah zunächst aus wie Vollsexualität. Dies wurde nahegelegt durch den Befund, daß die Rekombinantenausbeute entsprechend einer bimolekularen Reaktion von der Konzentration der Eltern abhängt, also Kontakt zweier Zellen nötig ist (NELSON 1951). Weiterhin wurden Unterstämme von K 12 gefunden, die wie Geschlechter oder Fertilitätsgruppen erscheinen, nämlich F⁻, F⁺ und Hfr (LEDERBERG, CAVALLI und LEDERBERG 1952): F⁻× F⁻ gibt keine Rekombinanten, F⁺× F⁺ etwa 10^{-6} F⁻× F⁺ etwa 10^{-5} und F⁻× Hfr etwa 10^{-2}.

JACOB u. WOLLMAN (1956) zeigten, daß die Fertilität von F⁺-Populationen auf spontanen Hfr-Mutanten beruht, die sich isolieren ließen. Die Copulationsrate des Hfr-Typs ("high frequency of recombination") ist so hoch, daß die Paarung der etwas längeren und beweglichen Hfr- mit den unbeweglichen F⁻-Zellen im Mikroskop sichtbar ist (LEDERBERG 1955). Eigenartig ist, daß der F⁺-Charakter auf F⁻-Typen durch Mischen von F⁺ und F⁻ überführt werden kann, und zwar mit hoher Ausbeute. Dazu ist Zellkontakt nötig, und es wird eine Erbkomponente übertragen, die, wie Kreuzung zeigt, extrachromosomal ist. Hfr dagegen ist ein Chromosomengen, das nahe beim Gen gal liegt. Durch diese F⁺-„Infektion" gelang es, auch den Coli-Stamm B kreuzbar mit K 12 zu machen und Koppelungsanalyse zu treiben (DE HAAN).

Übrigens ist die Bakteriensexualität nicht auf *Coli K* 12 beschränkt, sondern es wurde Faktoraustausch analog K 12 bei mehreren *Coli*-Typen (LEDERBERG 1951) sowie auch bei *Pseudomonas* (HOLLOWAY) gefunden. Die Übertragung von Einzelgenen bei *Serratia HY* (BELSER u. BUNTING) erscheint jedoch eher wie Transduktion (s. u.) durch einen unfiltrablen (labilen?) Phagen. Die Rekombination bei *Streptomyces* ist noch unklar (SERMONTI).

b) Polarität des Genaustausches. Eine Abweichung von der üblichen Sexualität ergibt sich durch den Einfluß der „Geschlechter" F⁻ und F⁺ bzw. Hfr auf die Auswahl der in den Rekombinanten erscheinenden

Gene. Hier zeigt sich eine „Polarität", insofern der Hfr-Elter immer nur eine begrenzte Gruppe seiner Gene zum Genom der Rekombinanten beiträgt. Das Rekombinantengenom stammt meist und zum überwiegenden Teil aus dem F^--Elter. Zum Beispiel ergab die Kreuzung $F^-(M^-S^r)$ $Lac^+ Az^r Ara^+ \times F^+ (M^+ S^s)$ $Lac^- Az^s Ara^+$ (M^- = Methioninbedarf und S^s = Streptomycinsensibilität sind auf methioninfreiem Streptomycinboden die selektiven Gene) 80% $Lac^+ Az^r Ara^+$ und 3,8% $-s-$ Rekombinanten, während die (für $F^+ \times F^-$) reziproke Kreuzung nur 5% $+r+$ und 90% $-s-$ Typen lieferte (CAVALLI u. JINKS 1956). Als Ursache für die Polarität wird ein im Hfr-Elter regelmäßig in der Region Mal bis Gal stattfindender Bruch im Chromosom angenommen (CAVALLI u. JINKS 1955). Dieser Bruchort ist in der folgenden linearen Chromosomenkarte mit E (= Eliminationslocus) bezeichnet:

$$B \ M \ Xyl_1 \ Mal \ S \ E \ Hfr \ Gal \ V_6 \ Lac_1 \ V_1 \ Az \ Ara \ T \ L$$

Der Bruch verursacht das Entstehen eines defizienten, also letalen Rekombinanten, wenn das c. o. jenseits des Bruches (vom selektionierten Gen aus gesehen) liegt. Dann gelangen nämlich die jenseitigen Gene nicht in ausgelesene Rekombinanten. Die Annahme solcher „postzygotischen" Elimination von Genen wird ferner nahegelegt durch das Aufspalten der heterozygoten, diploiden Stämme, welche für das Segment Mal und S hemizygot (= haploid) sind (NELSON u. LEDERBERG). Außer dieser Elimination ist aber wohl auch noch ungleichmäßige Paarung der Chromosomen in der Meiosis für manche Unregelmäßigkeiten der Koppelung verantwortlich, z. B. für negative Interferenz (ROTHFELS). An der linearen Anordnung der Gene in der einzigen bekannten Koppelungsgruppe von *B. coli K 12* zu zweifeln, besteht jedenfalls kein Anlaß.

c) Lysogenitätsgene. Mit der Elimination von Genen scheint noch ein weiterer Faktor zusammenzuhängen, nämlich die Lysogenität für den Phagen λ. Der Stamm K 12 beherbergt als „Symbiont" den latenten Phagen λ, was z. B. an dem Vorkommen von Lysishöfen (Plaques) auf λ-sensiblen Indicatorbakterien um K 12(λ)-Kolonien erkennbar ist. (Wie bei anderen lysogenen Stämmen enthält eine K 12(λ)-Kultur freie λ-Phagen, da in einem kleinen Bruchteil der Zellen der Symbiont (= Prophage) spontan zum „parasitischen" Zustand übergeht, die Zelle lysiert und als Phagenpartikel frei wird.) Es wurden vom lysogenen K 12(λ) alysogene (= prophagenfreie, sensible) Mutanten K 12(s) gefunden, u. a. nach UV-Bestrahlung. Diese können durch Infektion mit freiem λ mit sehr hoher Ausbeute wieder in lysogene Typen umgewandelt werden. Überraschend waren die Kreuzungsergebnisse: Lysogen $\times$ lysogen ergibt nur lysogene Rekombinanten, alysogen $\times$ alysogen ergibt nur alysogene, alysogen $\times$ lysogen gibt lysogene und alysogene in bestimmtem Verhältnis (das von den F-Typen der Eltern abhängt). Damit erweist sich der Unterschied lysogen/alysogen als mendelnd, der „Prophage" ist also ein Bakteriengen! Die Koppelungsanalyse zeigte dieses Gen Lp (Lp^+ = lysogen, Lp^s = alysogen, sensibel) als sehr eng beim Galaktoselocus gal liegend (E. und J. LEDERBERG 1953). Die zur Lysogenie führende Infektion mit freiem λ-Phagen („Lysogenisation") stellt also eine Art Mutation des Lp^s-Allels zum Prophagen Lp^+ dar.

Ihre extrem hohe Rate von unter Umständen > 90%, also extrem „elektive" Auslösung durch die Infektion, legt die Vorstellung nahe, daß die ins Bakterium eingedrungene Phagen-DNS infolge Homologie mit der Gal-Region in das Bakterienchromosom (durch c.o. ?) inkorporiert wird. Die Gennatur des Prophagen wird weiter dadurch unterstrichen, daß Kreuzung zwischen einem alysogenen und einem doppeltlysogenen Stamm (2 verschiedene λ-Mutanten enthaltend) ebenfalls nur alysogene und doppeltlysogene Rekombinanten gibt, und daß Kreuzung zwischen zwei einfachlysogenen Stämmen mit verschiedenen λ-Prophagen wiederum nur für die beiden einfachlysogenen Stämme spaltet. Die Prophagen mischen sich also, ebenso wie Gene, nicht, und der Doppelprophage ist ein Allel des Lp-Gens wie die Einfachprophagen (Appleyard 1954). Die Koppelung des Prophagen mit dem Gal-Gen gilt jedoch nur für λ; denn der Phage P2 von Coli C besitzt mindestens 3 Prophagenloci, von denen einer am häufigsten „besetzt" wird (Bertani 1956).

Die λ-Lysogenität verschuldet offenbar wenigstens z. T. die obige Polarität der Rekombination zwischen Hfr und F$^-$: Bei der Kreuzung Hfr(λ) $\times$ F$^-$(s) finden sich nämlich nur sehr wenige lysogene Rekombinanten. Dies beruht auf einer durch die Copulation im Hfr(λ)-Elter induzierten häufigen Umwandlung des Prophagen in lytischen Phagen und also Lyse dieser Rekombinanten. Dadurch erscheint natürlich das den Prophagen Lp$^+$ enthaltende Chromosom des Hfr-Elters seltener in den Rekombinanten als das aus F$^-$. In der Kreuzung Hfr(s) $\times$ F$^-$(λ) findet diese Induktion dagegen selten statt und die lysogenen Rekombinanten sind daher viel häufiger (Frédéricq 1955).

d) Schrittweise Genüberführung. Nach Versuchen von Wollman und Jacob (1955) sowie Skaar u. Garen (1956) erscheint die Sexualität von *B. coli K 12* überhaupt in einem neuen Licht: Die Gene werden offenbar gar nicht gleichzeitig, sondern schrittweise nacheinander vom Hfr zum F$^-$-Elter überführt. Trennt man nämlich die copulierenden Partner durch starkes Rühren, Abtötung der Hfr-Zelle durch (UV-inaktivierte) T6-Phagen oder auch bloßes Ausplatten der Mischung nach verschiedenen Copulationsdauern, so erscheinen die Gene des Hfr-Elters zeitlich nacheinander in den Rekombinanten. Bei einem Hfr-Stamm wurde z. B. die Reihenfolge T$^+$, L$^+$, Az^r, V$_1^r$, Lac$^+$ beobachtet, in einem anderen die umgekehrte. Das Hfr-Chromosom scheint also langsam in den F-Partner „hinüberzukriechen", wobei es meist am E-Locus abbricht, wenn es nicht schon vorher durch obige Einwirkungen abgetrennt wurde. Damit erscheint aber die K 12-Rekombination nicht mehr als volle Sexualität und nähert sich der Transduktion (s. u.) an. Denn es können wohl lange Chromosomenpartien, nicht oder selten aber das ganze Genom überführt werden. Eine weitere Abweichung von normaler Sexualität bedeutet der Befund von Fredericq u. Betz-Bareau über häufige Rekombinanten mit Genen aus drei in Mischung kultivierten Eltern.

3. Transduktion durch Phagen.

a) Locus-unspezifische Phagen. 1952 berichteten Zinder und Lederberg, daß bei *Salmonella typhimurium* durch Einbringen des einen Elters („Rezipient") in das zellfreie Filtrat des anderen („Donor") Rekombinanten erhalten werden können. Das genübertragende Agens erwies sich durch seine Größe, Resistenz gegen Fermente, Hitze, Gifte u. a. als identisch mit dem Phagen PL22, für den der Donor lysogen, der andere Elter sensibel ist. Der Bruchteil der Phagenpartikel, welche durch Infektion bzw. Lysogenisierung einer Rezipientenzelle Gene des Donors zuführen, ist 10^{-6} bis 10^{-7}, also sehr gering. Die lineare Abhängigkeit des Rekombinantenertrages von der Phagenkonzentration zeigt, daß ein Phagenpartikel zur Erzeugung eines Rekombinanten ausreicht. Der Phage ist für das Bakterienerbgut nur passives Transportmittel, da jenes nicht bei Vermehrung des Phagen in einem Zwischenwirt mitvermehrt wird. Die Anzahl der von einem Phagenpartikel transportierten Bakteriengene ist sehr gering, meist eins; denn in den auf dem Selektivmedium wachsenden „transduzierten" Kolonien findet sich fast immer nur 1 Gen des Donors, z. B. gal$^+$ oder hi$^+$, nicht beide zusammen. Dabei enthält aber ein Lysat sehr viele oder alle Gensorten des Donors einzeln auf die Partikel verteilt.

Gemeinsame Transduktion von 2 Genen ist selten und betrifft immer nur ganz bestimmte Gengruppen, z. B. try und cys B, so daß es sich wohl um enggekoppelte Gene handelt. Diese Deutung wird erwiesen durch Transduktionen bei *Coli K 12* mit dem Phagen P 1, bei denen gemeinsame Überführung nur von sehr eng gekoppelten Genen gefunden wurde (LENNOX 1955). Interessant sind Versuche von JACOB (1955) an *Coli K 12*, in denen der Phage 363 (ähnlich P 1) den λ-Prophagen Lp$^+$ gekoppelt mit Gal$^+$ transduzierte. Dabei war es infolge von Faktoraustausch zwischen den Phagenchromosomen des transduzierten und des im Rezipienten „ansässigen" Prophagen möglich, die dem gal-Gen benachbarten (Pro-)Phagengene zu bestimmen. Dies zeigt eindringlich die enge Homologie zwischen (Pro-)Phagen und Bakteriengenen. Auch Indizien für Pseudoallelie im Lp-Gen sind vorhanden. Anscheinend wird das Bakteriengenom bei der Vermehrung des Phagen in kleinste Stücke zerhackt, von denen eines „versehentlich" in die Hülle eines reifen Phagen gelangt. Bei der Infektion des Rezipienten wird dann dies Stück zusammen mit der Phagen-DNS injiziert und schließlich in das Genom eingebaut, sofern die Zelle nicht infolge lytischer Entwicklung des Phagen zerstört wird. Meist werden die Rezipienten durch die verwendeten „schwachen" (symbiontischen = temperierten) Phagen lysogenisiert, nur selten ist in Transduzierten kein Prophage vorhanden. Jedoch konnte auch mit „starken" (parasitischen = virulenten) Phagen durch besondere Methoden Transduktion demonstriert werden (ZINDER 1955).

Daß Transduktionen auch zwischen verschiedenen Bakterien-„Gattungen" vorkommen, sofern nur gemeinsame Phagen vorhanden sind, wird gezeigt durch Übertragung von Colicinogenie von *B. coli* auf *Shigella Sonnei* und umgekehrt (FREDERICQ 1954).

Die Transduktion von nur sehr eng gekoppelten Genen kann als empfindlicher Test auf Allelie verwendet werden und ermöglichte eine Feinanalyse von Pseudoallelen bei *Salmonella* (DEMEREC u. Mitarb. 1955/56). 10 unabhängig isolierte Mutanten für Tryptophanbedarf wurden untereinander und mit dem anauxotrophen Wildtyp try$^+$ transduziert, wobei die Transduzierten auf Minimalmedium ausgelesen wurden. Dabei ergab z. B. try$^+$——$\times$ try 8 (d. h. try$^+$ als Donor, try 8 als Rezipient) $3264 \cdot 10^{-8}$ Transduzierte, try 8 ——$\times$ try 8 keine Transduzierten infolge Allelie und try 2 ——$\times$ try 8 nur $125 \cdot 10^{-8}$ infolge sehr enger Koppelung (Pseudoallelie) der beiden mutierten Loci. Die Inkorporation des vom Phagen mitgebrachten Fragments (Exogenot) in das Rezipientenchromosom (Endogenot) geschieht wahrscheinlich durch ein Doppel-Cross-over (DEMEREC 1956). Im Falle des Zusammenbaus der beiden pseudoallel mutierten Gene zu einem „intakten" + Gen muß ein c.o. zwischen den Loci liegen, was wegen deren geringer Distanz selten geschieht. Die 10 try-Mutanten konnten so nach den Transduktionshäufigkeiten in 4 Gruppen pseudoalleler Loci eingeordnet werden: A (try 8), B (try 2 und 4), C (try 3), D (try 1, 10, 11, 7, 9, 6). Auch die räumliche Folge der Gene A, B, C und D wurde daraus abgeleitet, und sie entsprach überraschenderweise der zeitlichen Folge der biochemischen Syntheseschritte, die in den Mutanten jeweils blockiert waren: $\xrightarrow{A}$ Anthranilsäure $\xrightarrow{B}$ Stoff B $\xrightarrow{C}$ Indol $\xrightarrow{D}$ Tryptophan. Eine ähnliche räumlich und biochemisch übereinstimmende Folge von Genen wurde für die Histidin-, Purin- und Methioninsynthese gefunden, ein auch für die Phänogenetik sehr bedeutsames Ergebnis.

Dem Einbau des Exogenoten in das Genom geht aber noch ein Stadium voraus, in dem dieser noch nicht vor der Mitose mitverdoppelt wird, sondern ungeteilt in eine der beiden Tochterzellen gelangt. Dort wird er zwar phänotypisch wirksam, kann aber noch viele Zellteilungen überstehen, bis er entweder dem idiosynthetischen System inkorporiert wird oder — meist — verloren geht. Diese „abortive Transduktion" ist im „trail-Phänomen" (STOCKER, ZINDER u. LEDERBERG 1953) direkt beobachtbar: Transduziert man das Gen für Beweglichkeit in einen unbeweglichen Rezipienten, so kann man häufig Reihen oder Gruppen von unbeweglichen Kolonien finden. Sie entstehen dadurch, daß die mit dem Motilitätsgen „infizierte" Zelle Tochterzellen ohne dieses Gen erzeugt und daher auf ihrem Weg eine „Spur" von Kolonien unbeweglicher Zellen hinterläßt.

b) Locus-spezifische Phagen. Die Transduktion durch den Phagen λ zeigt Besonderheiten gegenüber den bisher besprochenen Fällen (MORSE, LEDERBERG u. LEDERBERG 1956, a u. b). Von allen Genen wird einzig das eng am Lp-Gen liegende gal transduziert. Dabei sind nur UV-induzierte Phagen wirksam, jedoch nicht durch spontane Lyse freigesetzte. Die Transduziertenkolonien und -stämme aus $gal^+ {-\!\!\!-} \times gal^-$ sind meist „instabil", insofern als sie in gal^+ und gal^- mit einer Rate von $2 \cdot 10^{-3}$ pro Zellteilung aufspalten. Sie bilden daher auf Farbindicatorboden Kolonien mit Sektoren. Für andere Gene spalten sie nicht, sind also nur für das gal-Gen heterozygot („heterogenot"). Die gal^--Segreganten haben bei dieser „Reduktionsteilung" den Endogenoten erhalten, während die gal^+-Segreganten weiterspalten, also die Heterogenoten darstellen (Zellen mit nur dem Exogenoten sind defizient und also letal). Interessant ist, daß die heterogenoten Stämme nach UV-Bestrahlung ein Lysat liefern, welches so hoch transduktionsaktiv ist, daß fast jedes Phagenpartikel das gal-Gen des Exogenoten enthält und in eine Rezipientenzelle transduzieren kann (HFT = high frequency of transduction). Anscheinend ist der Exogenot hier so „passend zugeschnitten" und „zur Hand", daß er leicht in die reifen Phagen gepackt wird. Die HFT ermöglicht es, Transduziertenstämme ohne Selektivmedium in großer Zahl zu sammeln.

Die Analyse vieler Segreganten von Heterogenoten zeigte, daß darunter auch ein kleiner Anteil „Homogenoten" ist, also z. B. von der Konstitution $gal^+/_{ex} gal^+$ ($/_{ex}$ = Exogenot). Sie geben natürlich keine sektorierten Kolonien, sind aber an der Fähigkeit zur HFT erkennbar. Da das Gal-Gen eine Reihe Pseudoallele enthält, konnten Heterogenoten des Typs $gal_1^- gal_2^+/_{ex} gal_1^+ gal_2^-$ hergestellt werden. Sie lieferten neben haploiden Segreganten u. a. auch den Homogenoten $gal_1^- gal_2^+/_{ex} gal_1^- gal_2^+$. Hier muß ein Genaustausch im heterogenoten Zustand stattgefunden haben, also eine Art mitotisches Crossover. Der homogenote Typ kann aber nur durch c.o. im Vierstrangstadium entstanden sein. Wir finden damit bei diesen „Transduktionssyngenoten" alle wesentlichen Elemente der Meiosis getrennt: Chromosomenpaarung, Crossover, Reduktion, ähnlich wie bei der Parasexualität der Pilze.

4. Transformation durch freie DNS.

Die Erzeugung von giftresistenten Zelltypen durch Kontakt von sensiblen Zellen mit einem DNS-Präparat aus resistenten ist ein Erbfaktoraustausch analog der Transduktion, keine „gerichtete Mutation". Diese Genübertragung durch „Infektion mit DNS" wurde bei mehreren stark polyauxotrophen, parasitischen Bakterien gefunden und ist am besten untersucht bei *Pneumococcus* (HOTCHKISS 1955, RAVIN 1956) und *Haemophilus* (ALEXANDER, LEIDY u. HAHN). Die reinsten aktiven Zellextrakte enthalten höchstens 0,02% Protein; die Aktivität wird schnell zerstört durch D-, nicht aber durch R-Nuclease oder Proteasen. Reine DNS ist also fast mit Sicherheit der Genüberträger. Die verschiedensten Gene können durch diese DNS übertragen werden, so Gene für Resistenz gegen Streptomycin, Penicillin, Sulfonamid, für Mannitvergärung, für verschiedene Zellkapseltypen. Die lineare Abhängigkeit des Anteils transformierter Zellen von der DNS Konzentration bis zu einem Sättigungsniveau von einigen Promille zeigt, daß ein DNS-Molekel zur Transformation einer Zelle genügt. Das Molekulargewicht der aktiven DNS beträgt 10^6 bis 10^7.

Bei der Extraktion der DNS aus den Donorzellen wird das Genom offenbar in kurze Fragmente mit im allgemeinen nur einem Gen zerlegt, wie das Erscheinen meist nur eines genischen Merkmals des Donors im Rezipienten zeigt. Es wurde aber auch „gekoppelte" Transformation gefunden: Mannitvergärung und Streptomycinresistenz erschien etwa 14 mal häufiger in einer transformierten Zelle als bei Unabhängigkeit zu erwarten wäre.

Ein Analogon zur Herstellung des anauxotrophen Typs durch Transduktion oder Kreuzung zweier pseudoalleler Auxotropher ist anscheinend die „allogene" Transformation. Normalerweise, bei „autogener" Transformation, zeigt der transformierte Stamm als neu erworbenes Merkmal ein solches des Donors. Bei Transformation des Kapseltyps S III 1 von *Pneumococcus* mit DNS von S III 2 (beide Typen besitzen kleinere Schleimkapseln als der Normaltyp S III N) erscheinen neben den zu erwartenden S III 2-Zellen (autogen) auch Zellen vom Typ S III N (allogen). Hier scheint also eine Rekombination zwischen der S III 2-DNS und dem S III 1-Genom zum S III N-Gen erfolgt zu sein. Dies legt die Vermutung nahe, daß die transformierende DNS ähnlich wie die des vom Phagen mitgebrachten Bakteriengens bei Transduktion durch c.o. eingebaut wird.

Eine weitere Ähnlichkeit mit der Transduktion besteht in dem Ablauf in Phasen. Durch Zugabe von DNase kurz nach Kontakt der Zellen mit der DNS offenbarte sich als erster schneller Schritt die irreversible „Infektion". In der 2. Phase, etwa 30 min dauernd, wird der neue Phänotyp entwickelt, z. B. die Giftresistenz, wie Zufügen des Giftes zu verschiedenen Zeiten nach Infektion ergab. In der darauffolgenden Phase, in der die Transformantenzelle sich teilt, wird offenbar (wie beim trail-Phänomen) das neue Gen ohne Idiosynthese mitgeschleppt; denn der Transformant bildet einen Mischklon aus transformierten und normalen Zellen. Erst später wird das Gen in das Genom stabil eingebaut. — Die Rezipientenzellen sind während eines Teilungscyclus recht unterschiedlich empfänglich für die „Infektion" mit DNS. Wurden Kulturen durch einen kurzen Kälteschock in ihren Zellteilungen synchronisiert und DNS während verschiedener Zeiten zugesetzt und durch DNase schnell wieder entfernt, so zeigte die Periode während der Zelltrennung den geringsten Transformiertenertrag, die Interphase den höchsten.

II. Plasmon-Vererbung.

Die auffallenden Züge der plasmonischen Vererbung sind das Fehlen der Mendelspaltung und oft eine gewisse Inkonstanz, insbesondere ein Abklingen der Erbdifferenzen im Laufe mehrerer Generationen infolge von Milieueinflüssen. Dies erschwert häufig die Entscheidung zwischen erblich und nicht-erblich (exogen) oder macht sie unmöglich. Dieser zweite Zug ist eine Folge des Vorkommens von Plasmonkomponenten (= Plasmiden) in großer Zahl in der Zelle sowie ihrer von der Zellteilung unter Umständen unabhängigen Vermehrung und oft ungeregelten Verteilung auf die Tochterzellen. Die heterogene „Population" der Plasmiden einer Zelle kann durch intracelluläre Selektionsvorgänge eine gleitende Änderung ihrer Zusammensetzung bis zum Verlust mancher Plasmidentypen infolge von Milieueinflüssen erfahren. Dies erscheint dann als gerichtete genetische Adaption (Dauermodifikation). In modellhafter Klarheit ist dies für die Kappapartikel u. a. Plasmiden von *Paramaecium* durch sorgfältige Analyse aufgezeigt worden (SONNEBORN, s. a. EPHRUSSI). Unter dem Eindruck dieser Erscheinungen besteht nun die Gefahr, besonders bei Mikroorganismen, eine mendelistisch nicht auf Anhieb verständliche Variation ohne saubere Analyse einfach als „plasmonische Dauermodifikation" zu deklarieren. Dies Verfahren ist höchst unfruchtbar, da es die Aufdeckung wirklich interessanter, neuer Vorgänge verhindert. Vielmehr ist die Einreihung einer Beobachtung in die Plasmongenetik erst dann gerechtfertigt, wenn bewiesen wird, daß der fragliche Erbunterschied wirklich extrachromosomal lokalisiert ist. Das kann aber nur durch echte Kreuzung, Transduktion oder Beobachtung der Kernsegregation (s. u.) sicher geschehen. Eine andere Möglichkeit besteht unter Umständen in dem Nachweis, daß Mutation und Selektion von Zellen für das Entstehen der „Dauermodifikation" ausgeschlossen ist, z. B. wegen des Fehlens von genügendem Vermehren oder Sterben der Zellen als Voraussetzung für selektive Anreicherung von Mutanten. Jedoch sind dabei alle populationsgenetischen Gesichtspunkte zu beachten, wie Mutationsrate, kritische Populationsgröße u. a. (s. u.).

Als Objekte der Plasmonforschung unter den Mikroorganismen dienen wegen ihrer Kreuzbarkeit bevorzugt die Hefe, *Neurospora* u. a. Pilze, sowie neuerlich die Alge *Chlamydomonas* (SAGER). Bei Bakterien hat sich der Unterschied F^+/F^- (s. o.) als bisher einziger sicher extrachromosomal erwiesen. Er liegt ja in der Fähigkeit der F^+-Zellen, spontan zu Hfr zu mutieren, und diese Fähigkeit wird durch „Kontaktinfektion" von F^+ auf F^- übertragen. Ferner wurde vermutet, daß die "speckled"-Kolonien von *Serratia* HY wegen ihrer häufigen und vom Nährmedium abhängigen Entstehung auf Entmischung von Plasmiden zurückgehen (BUNTING u. HEMMERLY). Jedoch ist hohe Mutationsrate allein kein eindeutiges Indizium für plasmonische Bedingtheit einer Erbvariation.

Bei Hefe ist am besten der schon in früheren Berichten besprochene cytochromdefekte Typ „petit" untersucht (EPHRUSSI). Er kann außer durch Acridine u. a. Chemikalien auch durch Röntgenstrahlen und besonders durch UV mit hoher Rate induziert werden. Das Wirkungsspektrum entspricht der Nucleinsäureabsorption (RAUT u. SIMPSON) wie bei den meisten Genmutationen. Für die früher ebenfalls bereits dargestellte Spätadaption an Galaktose wurde von CAMPBELL u. SPIEGELMAN ein Modell entworfen, daß auf die Erkenntnisse über die adaptive Enzymbildung aufbaut und auch für diese gelten könnte.

Wenn langsam adaptierende (g^s) Zellen aus galaktosefreien auf -haltigen Agarboden geplattet wurden, so wuchsen neben vielen kleinen, galaktose-negativen Kolonien etwa 10^{-3} große positive. Nachkulturen der negativen enthielten 10 bis 60% positive, die der positiven fast nur positive Kolonien. Dies zeigt einen genetischen Unterschied zwischen jenen noch nicht und diesen schon adaptierten Klonen an. Der Anteil positiver Zellen stieg im Galaktosemedium allmählich oder mit Zellextrakten schnell auf 100%. Wurden Positive in galaktosefreies Medium gebracht, so revertierten sie in 5—7 Generationen zu Negativen. Die Kinetik dieser

Reversion legte ein „Ausverdünnen" von Plasmapartikeln bei der Zellvermehrung nahe, von denen volladaptierte Zellen etwa 100 enthalten würden.

Nach der neuen Hypothese sollen diese als idiosynthetisch angesehenen γ-Partikel die Monodschen Enzymmatrizen (templates) sein, welche beim Kontakt mit Substrat (oder Induktor) aktiviert werden, z. B. durch Einbau des Substrats, und dann erst Enzym bilden. Bei Fehlen des Substrates im Medium können nur die inaktiven Matrizen von der Zelle vermehrt werden. Dieses Modell muß wohl noch dahin ergänzt werden, daß die „Aktivierung" durch das Substrat ein mikrophysikalischer Trefferakt $\pm$ kleiner Chance ist, wodurch die anfängliche Ungleichheit der Kolonien verständlich wäre. Auch bestünde die eigentliche Erbdifferenz zwischen noch nicht und schon adaptierten Zellen darin, daß letztere das Substrat bei der Zellteilung sicher in die Matrize der Tochterzelle einbauen, während jene dies nicht oder nur selten tun.

Völlig gesichert erscheint nach den bisherigen Ergebnissen die extrachromosomale Natur dieser Erbdifferenz noch nicht, da Kreuzung zwischen Adaptiert und noch Nichtadaptiert nicht versucht worden (vielleicht nicht möglich) ist. Die Entstehungsrate der Positiven von etwa 10^{-4} bis 10^{-5}/Generation in Galaktosemedium würde nicht gegen Genmutation (evtl. durch Galaktose und Zellextrakte induziert) sprechen, eher schon die Reversionsrate von etwa 10^{-1} und die Reversionskinetik. Bei Erinnerung an die hohe Rate der Lysogenisation oder der HF-Transduktion durch Phageninfektion erscheint es aber auch nicht gänzlich ausgeschlossen, daß die „aktivierte Matrize" ein chromosomales Gen ist analog dem Prophagen, was natürlich höchst interessant wäre.

Als wichtiges Objekt der Plasmongenetik hat sich nun auch *Neurospora* erwiesen. M. u. H. MITCHELL entdeckten die Plasmonvariante poky und einige ähnliche, wie mi3 und mi4, welche Defekte im Cytochromsystem haben und langsam wachsen. Sie zeigen mütterliche Vererbung, und zwar auch dann, wenn andere Gene mendeln. Ähnlich wie bei „petit" der Hefe gibt es auch Genmutationen mit poky-Phän, z. B. C 115. Es wurde ferner ein Suppressorgen f gefunden, das den plasmonischen poky zu fast normalem Wuchs verhilft, obwohl die Cytochromdefekte bestehen bleiben, das aber weder auf die mi-Plasmone noch auf Gen C 115 wirkt (M. u. H. MITCHELL 1956). Von den poky-, mi3- sowie mi 4-Varianten wurden Heterokaryen hergestellt, und zwar durch Aufimpfung auf Minimalboden von 2 plasmonisch verschiedenen Stämmen, die zugleich verschiedene Auxotrophiegene enthielten, z. B. lys⁻mi4 und pan⁻ poky. Dabei wuchs dieses letztere genische und plasmonische Mischmycel oder „heterokaryotisches Heterocytosom" auf Komplettboden viel besser als beide Komponenten, wenn auch nicht wie der Wildtyp (PITTENGER 1956). Die beiden Plasmone poky und mi4 ergänzen sich also irgendwie in ihren physiologischen Leistungen, obwohl die Cytochromdefekte weiterbestehen.

In den Heterocytosomen scheinen die verschiedenen Plasmonkomponenten nicht überall gleich verteilt zu sein, z. T. finden auch *Entmischungen* zu den reinen Plasmonen statt. Dies ergibt sich aus der Beschaffenheit der Isolate von Konidien. Insbesondere sind die Wuchsraten der so gewonnenen homokaryotischen Heterocytosome, z. B. pan⁻ poky und mi4, sehr unterschiedlich, von fast normal bis poky -oder mi4. Auch fällt die Wuchsrate gutwüchsiger Heterocytosome bei langem Wuchs allmählich bis zu der der reinen poky bzw. mi4. Besonders schnell entmischen sich die Plasmone poky und mi3, vielleicht sind sie aber von Anfang an nicht mischbar. Denn Heterokaryen aus verschiedenen Auxotrophen mit poky und mi 3-Plasma zeigten entweder poky- oder mi 3-Charakter, niemals „Heterosis" und auch keine Intermediärtypen (GOWDRIDGE).

Ein weiteres interessantes Objekt der Plasmonforschung ist der Ascomycet *Podospora anserina*. Er hat eine merkwürdige „infektiöse" Umwandlung des Plasmons offenbart (RIZET, s. a. EPHRUSSI). Es gibt 2 genisch differente Stämme ohne morphologische Unterschiede, S und s. Wachsen beide Typen auf einer Platte, so bilden sie an der Kontaktlinie eine „barrage", einen Streifen gehemmten Wuchses. Kreuzung S × s gibt 50% S und 50% s^S. Dieser neue Typ s^S bildet weder mit S noch s eine barrage und erhält diesen Charakter vegetativ konstant. Kreuzung s × s^S ergibt nur s, die reziproke s^S × s nur s^S; der Unterschied ist also plasmonisch bedingt. Interessant ist nun, wenn s^S mit s-Mycelien in Kontakt kommen. Dann findet nämlich eine Umwandlung von s^S in s statt, die vom Kontaktpunkt ausgeht und etwa 1 cm pro Tag fortschreitet. Dies kann durch Isolation von Mycelstücken an verschiedenen Stellen der s^S-Kolonie und Testung gegen S-Mycelium sichtbar gemacht werden. Es scheint, als ob der s- den s^S-Typ „infiziert". Näheres über das sich im s^S-Mycel ausbreitende Agens ist nicht bekannt. Gelegentlich kommen auch spontane s^S ——→ s Umwandlungen ausgehend von einem Punkte im s^S-Mycel vor. Man wird etwas an die „Infektion" des F$^-$-Typs durch F$^+$ bei *B. coli* erinnert.

Eine neue Methode des Nachweises von Plasmondifferenzen mittels Heterokaryen hat JINKS benutzt, um bei *Aspergillus* und *Penicillium* den Verlust der Perithezienbildung nach langer vegetativer Vermehrung zu analysieren. Hierzu wurde z. B. ein Heterokaryon zwischen einem apogam gewordenen und einem perithezialen Stamm mit anderer Sporenfarbe hergestellt und geprüft, ob die einkernigen Konidien des Heterokaryons einheitlich bezüglich der Perithezienbildung sind oder ob sie infolge der Kernentmischung im Konidiophor dafür ebenso in 2 Typen „aufgespalten" sind wie für die genische Differenz der Sporenfarbe. Da das erste zutraf, ist der Verlust der Sexualität plasmonisch verursacht.

B. Mutationsgenetik

Nach dem bisher üblichen Sprachgebrauch ist eine Mutation die Änderung der erblichen Konstitution (chromosomal oder plasmonisch) einer Zelle ohne Beteiligung von Sexualvorgängen, also Erbfaktoraustausch und -umkombination. Diese Definition ist sicherlich in den meisten Fällen noch brauchbar, wenn wir auch bei einigen Erscheinungen in Schwierigkeiten geraten. Auf die in ihrer Natur noch ungeklärte „Genkonversion" in Heterozygoten war schon hingewiesen worden. Etwas deutlicher ist die Natur der Lysogenisation, bei der ja wohl ein Teil eines infizierenden Phagen in einem Locus (Lp^s) des Bakterienchromosoms eingebaut wird, wodurch ein neues Genallel (Lp$^+$ aus Lp^s) entsteht. Die sichere Koppelung des Vorgangs an die Phageninfektion und die offenbare Homologie zwischen Teilen des Bakterien- und Phagengenoms stellt die Lysogenisation in die Nähe der Sexualvorgänge und etwas abseits der Mutation. Dabei würde die lysogene Infektion als eine besondere Art „Copulation" mit Erbfaktorenaustausch zwischen Phage und Bakterium gewertet, was aber in Anbetracht der oft gleichzeitigen Transduktion nicht allzu absurd erscheint. Der umgekehrte Prozeß, die Induktion des Phagen im lysogenen Bakterium, macht ebenfalls Einordnungsschwierigkeiten. Hier wird ja das Bakterium durch das Phagengen veranlaßt, zunächst vegetative, intracellulär vermehrende und daraus reife, infektiöse Phagen zu produzieren sowie durch Lyse freizusetzen. Spontan ist dieser Vorgang meist selten (z. B. 10^{-3} pro Generation), er kann aber durch Röntgenstrahlen oder UV, auch durch Chemikalien, darunter Mutagene, in einem Ein- bzw. Zweitreffervorgang in bis fast 100% der Zellen ausgelöst werden (z. B. MARCOVICH). Diese und andere Ähnlichkeiten mit den gewohnten induzierten Genmutationen legen den Gedanken nahe, daß die Phagenproduktion zurückgeht auf eine Mutation des Lp$^+$-Gens, die infolge der resultierenden Zellzerstörung durch den entwickelnden Phagen letal ist. Die zukünftige Forschung wird entscheiden, ob jene Ähnlichkeiten ausreichen und die auch beobachteten Differenzen gegen die üblichen Genmutationen in den Rahmen der Variabilität zwischen Genen fallen, um die Phageninduktion unter die Mutationen zu stellen oder nicht. Man wird dabei auch auf die gleiche begriffliche Schwierigkeit stoßen wie schon bei gewöhnlichen Letalmutationen, die zwar eine Änderung der Erbsubstanz der Zelle bedeuten, die aber wegen der Letalität nicht „erblich" sind. Damit stoßen wir auf die Frage, ob wir alle Änderungen an Erbstrukturen, z. B. den Chromosomen, Mutationen nennen wollen oder nur die „erblichen". Daß dieses nicht sinnvoll ist, wird durch die Auxotrophiemutationen gezeigt, die bei Testung auf Minimalboden dann keine „Mutationen" wären, wohl aber auf Komplettboden. Daß jenes nicht zweckmäßig ist, wird beim Denken an z. B. den reversiblen Mitosezyklus oder die irreversible Chromosomenverklumpung in der Pyknose klar. Wir sind hier offenbar in dem gleichen Dilemma wie die Atomphysiker, für die auch die am normalen, alltäglichen Bereich gebildeten Begriffe zu komplex sind, um nichtalltägliche Dinge zu schildern. Auf diese passen eben nur einzelne Züge oder Seiten jener Komplexe! Das Beste ist wohl, die fraglichen Erscheinungen nicht mit einem der gewohnten Worte zu belegen, sondern für sie eigene Termini zu erfinden, wie „Phageninduktion", und explizit dazuzusagen, welche anderen Erscheinungen ähnliche und unähnliche, gewohnte und ungewohnte Züge sie umfassen.

Die meisten Mutationen, mit denen die Mikrobengenetik heute zu tun hat, sind Genmutationen. Dies zeigt sich in den Kreuzungen bei Bakterien, Hefen, Pilzen und Algen, wo die überwiegende Mehrzahl der spontan oder induziert entstandenen Erbänderungen durch ihren Erbgang als Mutationen der Kerngene ausgewiesen werden. Phänisch und in ihrer Entstehungsart ganz ähnliche Typen werden bei apogamen Organismen gefunden, und es liegt kein Grund vor, sie nicht auch für Genmutationen zu halten. Als Plasmon-Mutationen haben sich nur wenige Fälle (s. o.) erwiesen, und es ist wahrscheinlich, daß ein ähnlicher kleiner Anteil plasmonischer Änderungen sich unter den Mutationen der Apogamen befindet. Chromosomenumbauten haben bei höheren Lebewesen meist keinen merklichen Phäneffekt; von ihnen sind Defizienzen bei Haplonten wohl meist letal. ATWOOD hat für *Neurospora* eine Methode entwickelt, solche Letalmutanten zu erkennen, sie wird vielleicht in Zukunft fruchtbar werden. Daß auch bei apogamen Bakterien Mutationen im Kern (= Nucleoid) lokalisiert sind, wurde durch die „Kernsegregation" gezeigt. Mutieren nämlich Bakterien im Stadium mit mehreren Kernen (= Nucloiden), so erscheinen die Mutanten als Sektoren in sonst normalen Kolonien; ferner tritt eine Verzögerung im Erscheinen der ersten mutierten Zelle und damit scheinbare Verminderung der spontanen Mutationsrate ein. Mutieren dagegen einkernige Zellen, so sind die Kolonien in toto mutiert. Die Ursache dafür ist, daß von den 2 oder 4 Kernen nur einer die Mutation enthält und somit ein Heterokaryon vorliegt. Erst nach 1 bzw. 2 Zellteilungen wird dann neben einer bzw. mehreren unmutierten Zellen eine mit nur mutierten Kernen gebildet. Diese Segregation wurde bei *B. coli* für die Mutationen lac$^-$——> + (Lactosevergärung) sowie h$^-$——> + (Histidinbedarf) nachgewiesen (WITKIN 1951, RYAN et al. 1954a u. b).

I. Strahlengenetik.

1. Treffereignis.

a) Treffertheorie. Die Ursache dafür, daß Mutationen immer nur in einem ± kleinen Bruchteil der bestrahlten Zellen geschehen, kann einerseits ausschließlich in einer individuell unterschiedlichen Strahlenempfindlichkeit der Zellen gesucht werden (Variabilitätshypothese), andererseits vorwiegend in der mikrophysikalischen, particulären Zerteilung und damit statistischen Wirkungsweise der Strahlen analog ungezielten Schüssen (Treffertheorie). Trotz vielfältiger Einwände, die aber oft auf Mißverständnissen über obige Alternative beruhen, erweist sich die treffertheoretische Deutung immer wieder als zutreffend. Dazu trägt u. a. die wachsende Einsicht in die entscheidende Bedeutung submikroskopischer und makromolekularer Zellstrukturen für das Lebensgeschehen bei. Wirkt doch dadurch die wichtigste Konsequenz der Treffertheorie nicht mehr so anstößig wie vor 20 Jahren, nämlich daß eine Mutation oft durch ein einziges, absorbiertes Strahlenquant oder eine Ionisation eingeleitet wird, sofern dieses Ereignis nur eine besonders empfindliche Zellstruktur trifft, und daß also die Zelle Mechanismen für die Verstärkung dieser atomaren Vorgänge bis ins makroskopische Gebiet enthalten muß.

Als *entscheidende Beobachtungen*, welche gegen die erste und für die Treffertheorie sprechen, sind etwa die folgenden anzusehen (s. a. KAPLAN 1956a, ZIMMER):

1. Die Mutationsrate hängt oft etwa linear von der Strahlendosis ab. Dies gilt für die meisten Objekte hinsichtlich ionisierender Strahlung und für etwa die Hälfte der untersuchten Fälle bei UV. Die „Lineartät" bei niederen Dosen ist unmittelbar verständlich aus der Treffertheorie, da sich nach ihr die Zellen verhalten wie die reagierenden Molekel bei einer Reaktion 1. Ordnung. Sie ist jedoch kaum zu verstehen auf Grund individueller Variabilität der Strahlenempfindlichkeit.

2. Die Abhängigkeit der Strahleneffekte entsprechend einer Reaktion 1. Ordnung ist zu finden bei kleinen Einzelmolekeln, Enzymmolekeln, makromolekularen und höheren Viren, Bakterien bis zu Zellen höherer Organismen. Für molekulare Gebilde kommt nur die Treffertheorie in Frage, und es ist kein Grund ersichtlich für die Erklärung derselben Reaktionsweise bei graduell höher organisierten Gebilden durch die gegensätzliche 1. Hypothese.

3. Mutationen können mit merklicher Rate schon durch einige 100 r, Phageninduktion sogar schon durch wenige r (MARCOVICH) erzeugt werden. Da 1 r etwa 2 Ionisationen und 4—5 Anregungen pro μ^3, also nur wenig mehr pro Bakterienvolumen, entspricht, müssen schon wenige solche Mikroprozesse pro Zelle zur Auslösung dieser Effekte genügen.

4. Die Mutation findet nach dieser Theorie mit einer, meist kleinen Wahrscheinlichkeit pro Zelle statt (Treffwahrscheinlichkeit), nicht jedoch mit Sicherheit in Zellen bestimmter Beschaffenheit, z. B. „Sensibilität", wie es die Variabilitätshypothese fordert. Die Häufigkeit, mit der Zellen mit zwei verschiedenen mutierten Genen nach der Treffertheorie zu erwarten sind, ist auf Grund der Wahrscheinlichkeitsrechnung gleich dem Quadrat der Wahrscheinlichkeit für Einzelmutationen. Dies ist für Genmutation durch Röntgenstrahlen bei *Antirrhinum* (KAPLAN 1947/43), durch Neutronen bei *Drosophila* (FANO) bestätigt. Nach der Variabilitätshypothese ist ein solches Gesetz unverständlich.

b) Dosisabhängigkeit. Somit kann kein Zweifel mehr bestehen, daß ein einziges mikrophysikalisches Elementarereignis, d. h. „Treffer", die Erzeugung einer Mutation in einer Zelle auszulösen vermag. Dies gilt auch für Mikroorganismen. Ein wichtiger erster Schritt der Trefferanalyse ist die Feststellung der Abhängigkeit der Mutationshäufigkeit von der Strahlendosis. Leider besteht hier eine oft übersehene Schwierigkeit dadurch, daß die Zunahme des Anteils mutierter Zellen nicht nur infolge Neumutation, sondern auch durch das bevorzugte Überleben schon vor der Bestrahlung vorhandener spontaner Mutanten entstehen kann. Die Strahlen töten meist einen hohen Anteil der Zellen, und Mutanten haben oft eine andere Tötungschance als die Normalen. Ein Verdacht auf stärkere Beteiligung von Selektion besteht besonders bei aufwärts konkaven, weniger bei linearen Dosiskurven. Eine experimentelle Trennung des Anteils der Mutation von dem der Selektion ist zwar möglich (KAPLAN 1953), jedoch noch kaum durchgeführt. Bisweilen wird zwar qualitativ für einen Mutantentyp geprüft, ob er tötungsresistenter als der Normaltyp ist. Jedoch bleiben mangels quantitativer Daten bisweilen Zweifel über das Ausmaß beteiligter Selektion, wodurch besonders die gekrümmten Dosiskurven („Mehrtreffertyp") unsicher deutbar sind.

Wie erwähnt, ist die Mehrzahl der Dosis-Mutationskurven auch von Mikroorganismen bei ionisierenden Strahlen vom Eintreffertyp, während bei UV ein erheblicher Anteil der Fälle gekrümmte Mehrtrefferkurven ergibt. In den Fällen, in denen Selektion ausgeschlossen ist, z. B. bei *B. coli* 15 h^-— > h^+ durch UV (KAPLAN 1950, RYAN et al. 1954a), mag der geringere Energiegehalt der UV-Quanten gegenüber Ionisationen Ursache für die Notwendigkeit mehrerer Treffer sein. Die unterschiedliche Quantengröße könnte auch verantwortlich sein dafür, daß bei der Auslösung von Farbsektor(s-)mutationen in *Serratia* durch UV eine 1-Trefferkurve, durch sichtbares Licht nach Vitalfärbung mit Erythrosin eine 2-Trefferkurve gefunden wurde (KAPLAN 1956a). Bei solchen Deutungen ist aber zu bedenken, daß die Trefferorte für verschiedene Strahlenarten nicht identisch zu sein brauchen, insbesondere keineswegs immer in den Genen liegen müssen. Aus dem Wirkungsspektrum des UV ergibt sich zwar, daß in fast allen Fällen die Absorption der mutationswirksamen UV-Quanten in Nucleinsäure geschieht. Dies ist nun auch für Bakterien demonstriert (für *Serratia:* KAPLAN 1952, für *Bac. subtilis:* MOROWITZ). Jedoch ist es nur wahrscheinlich, nicht sicher, daß es die DNS der Gene ist; es könnte z. B. auch die RNS im Plasma sein. Aus der Dosiseffektkurve kann ja keineswegs der Ort des Treffers in der Zelle, sondern nur die Zahl und bei ionisierenden Strahlen die minimale Größe des(r) sensiblen Bereichs(e) erschlossen werden. Die meisten Treffer durch ionisierende Strahlen sind jedoch ziemlich sicher in oder sehr nahe den Chromosomen gelegen, wie u. a. Versuche von MULLER u. VALENCIA an *Drosophila* schon früher zeigten. Dicht ionisierende Protonen erzeugen hier nämlich häufig zwei eng beieinander liegende Mutationen oder Chromosomenbrüche, offenbar dadurch, daß eine Protonenbahn den Chromosomenfaden an zwei benachbarten Stellen kreuzt. Die locker ionisierenden Röntgenstrahlen ergeben dagegen fast immer nur einzelne, unabhängige solche Effekte. Leider fehlen bisher Versuche in dieser Richtung bei Mikroorganismen noch ganz.

Die Ähnlichkeit in der Erzeugung von Mutationen und Zelltötung bei Bakterien oder Pilzsporen legte den Gedanken nahe, daß die Tötung einer Zelle durch einen oder wenige Treffer in einer Letalmutation besteht. Obwohl NORMAN für *Neurospora*-Makrokonidien zeigen konnte, daß die UV-Trefferzahl mit der Kernzahl identisch ist, also die UV-Tötung am Kern einsetzt, zeigte ATWOOD, daß echte Letalmutationen dabei nur bei niederen Dosen eine merkliche Rolle spielen. Auch bei Bakterien ist Mutationsauslösung und Tötung durch Strahlen nicht absolut korreliert. So konnten s-Mutationen bei *Serratia* durch langwelliges UV ohne merkliche Zelltötung erzeugt werden. Durch sichtbares Licht wurden trockene Zellen getötet, ohne zu mutieren, während wieder befeuchtete Zellen durch Licht getötet wurden und auch mutierten (KAPLAN 1956a, b).

2. Phasen des Mutationsvorganges.

Die Mutations-Dosis-Kurven zeigen wohl immer bei höheren Dosen eine Abweichung von den einfachen Trefferkurven. Meist und insbesondere bei ionisierenden Strahlen wird ein konstantes Sättigungsniveau erreicht, bisweilen und insbesondere bei UV ein Maximum mit folgendem Abfall durchlaufen. Mit Röntgenstrahlen zeigt bisher nur *Streptomyces* eine Maximum-Kurve (NEWCOMBE u. MC GREGOR). Ursache dafür kann eine Heterogenität der bestrahlten Zellpopulation sein. Wahrscheinlicher ist aber, daß bei niederen Dosen „angefangene" Mutationsprozesse durch höhere Dosen wieder rückgängig gemacht werden (HARM u. STEIN, KAPLAN 1956a). Wenn auch zwischen der ersten und der letzten Möglichkeit in den vorliegenden Fällen noch nicht sicher entschieden ist, so führt uns diese Beobachtung zu einem wichtigen Problem, das oft mit dem Wort „indirekte Strahlenwirkung" unscharf umrissen wird. Dabei werden fast immer zwei Dinge miteinander vermengt, die getrennt beachtet werden müssen:

1. Die Möglichkeit, daß die Mutation mit der Energieabsorption noch nicht sofort fertig ist, daß also nach dem Treffer noch „prämutative" Zwischenschritte ablaufen.

2. Die Möglichkeit, daß der Treffer nicht im schließlich mutierten Gen geschieht, sondern anderswo in oder außerhalb der Zelle, daß die Trefferwirkung also irgendwie vom Trefferort zum Gen transportiert wird, z. B. durch diffundierende „Strahlengifte" oder eine Stoffwechseländerung. Weil zu diesem Transport Zeit benötigt wird, sind auch hier prämutative Phasen mitgegeben. Wir nennen die 1. Möglichkeit „zeitliche", die 2. „räumliche" Indirektheit. Als 3. Möglichkeit existiert die zeitliche und räumliche „Direktheit", also die Fertigstellung der Mutation sogleich mit dem Trefferereignis im Gen. Sie wird zwar öfters als identisch mit der Treffertheorie erachtet und diese daher in Bausch und Bogen abgelehnt, jedoch ist eine solche Meinung natürlich falsch. Wenn jene absolute Direktheit auch nicht undenkbar ist, so ist sie seit der Entdeckung des Einflusses von Behandlungen nach der Bestrahlung als nicht zutreffend erwiesen. Für die Chromosomenmutationen waren Zwischenschritte bis zu ihrer Fertigstellung schon frühzeitig in der Rekombination der Bruchflächen erkannt worden. Nun liegen aber viele Ergebnisse auch für die Genmutationen speziell auch bei Mikroorganismen vor, so daß auch für sie die zeitliche Indirektheit gesichert ist. Natürlich folgt daraus keineswegs auch die räumliche, wie oft fälschlich geschlossen wird. Vielmehr ist es durchaus möglich, daß prämutative Zwischenschritte im getroffenen Gen ablaufen. Dies ist sogar recht wahrscheinlich, nachdem ZAMENHOF u. Mitarb. nachgewiesen haben, daß transformierende DNS durch UV (u. a. Mutagene) „labil" wird, d. h. bei höherer Temperatur während Stunden nach der Bestrahlung noch immer an Aktivität verliert.

a) Nachbehandlungen zur Analyse der zeitlichen Indirektheit. Ein sehr wirksames Mittel zur Unterbrechung der nach UV-Bestrahlung ablaufenden, prämutativen Schritte ist sichtbares Licht. Die photoreversible Periode des Mutationsvorganges ist bei *Serratia* wohl nicht von gleicher Dauer wie die Periode der Reaktivierung (= Reversion der Tötung). Dies zeigt der stärkere Verlust an Revertierbarkeit als der an Reaktivierbarkeit durch 40 min Bebrütung bis zur Belichtung. Auch war die Revertierbarkeit der Mutation stärker als die der Tötung, so daß beide Vorgänge nicht identisch, nur ähnlich sein können (KAPLAN 1956a). Gar keine Photoreversibilität beider Strahleneffekte wurde jedoch gefunden, wenn die Zellen während der UV-Bestrahlung ausgetrocknet waren. Dagegen wurde in feucht UV-bestrahlten Zellen, die dann zur Lichtnachbehandlung ausgetrocknet wurden, die Mutation revertiert, nicht aber die Tötung (KAPLAN 1956b). Wie unten berichtet wird, scheint der Wasserentzug die DNS-Struktur in der Zelle zu verändern. Der trockne Zellzustand begünstigt anscheinend photostabile UV-Läsionen in der DNS, verhindert aber nicht die Lichtreversion der photosensiblen prämutativen Läsionen, die in feuchter DNS durch UV entstanden sind. Dieser photoreversible Schritt muß zeitlich früher liegen als derjenige, der sich in den Dosiseffektkurven mit Maximum abzeichnete. Denn bei *Streptomyces* (NEWCOMBE u. MC GREGOR) und *Serratia* besteht auch bei Nachbelichtung noch die Maximumkurve, nur ist sie nach höheren Dosen hin verschoben. Durch das Licht wird also die „UV-Dosis reduziert", d. h., die frühen UV-Effekte auf die prämutierenden Strukturen werden um einen Bruchteil vermindert. Erst dann kommt die andersartige revertierende Wirkung der hohen UV-Dosen zur Geltung; deren Früheffekte werden also wohl über die photosensible Phase hin (wohl außerhalb der prämutierten Stellen) „aufgestapelt".

Etwas geringeren Einfluß auf die prämutativen Vorgänge als Licht hat die Temperatur. Diese vermag auch auf die durch Röntgenstrahlen induzierten Mutationen einzuwirken. Bei *B. coli* wurde z. B. für den Absolutertrag an Anauxotrophiemutationen in vier verschiedenen Auxotrophen ein Maximum bei 24° C beobachtet, d. h. höhere und niedere Temperatur nach Bestrahlung verhindert anscheinend den Übergang von der Prämutation zur perfekten Mutation (ANDERSON und BILLEN).

Nach UV-Bestrahlung bewirkt höhere Temperatur eine Verminderung, also Reversion, der s-Mutationen von *Serratia*, wobei sich ein Temperaturkoeffizient von $Q_{10} \approx 2,3$ für diesen „Zerfall" des prämutativen Zustandes zwischen 5° und 37° ergab (KAPLAN 1953b). WITKIN (1953) sowie BERRIE beobachteten dagegen bei verschiedenen Mutationstypen von *B. coli* eine gleich hohe Mutationsrate bei 37 und 25°, bei 16° eine niedere. Hier wirkte jedoch die Temperatur während der Bebrütung auf Komplettmedium, nicht in Saline oder auf Minimalboden wie bei *Serratia*. Dies kompliziert die Beurteilung, weil Aminosäuren des Mediums zusätzlich die Übergänge vom prämutativen zum perfektmutierten Zustand vermehren.

Weitere Faktoren zur Beeinflussung des Übergangs von prämutierten Zellen zum mutierten (Perfektion) bzw. zurück zum unmutierten Zustand (Reversion) sind Chemikalien. Genügend Wasser ist offenbar für beide Vorgänge notwendig, da Austrocknung der Zellen von *Serratia* oder Lagerung in starker Zuckerlösung nach UV-Bestrahlung die Mutationsrate über 24 Std. konstant erhält (KAPLAN 1954). Wahrscheinlich sind also Stoffwechselvorgänge erforderlich. Als starke Reversionsmittel erwiesen sich bei *Serratia* einwertige Ionen in der Folge F > SCN > J > Br > Cl sowie K > Na (KAPLAN 1954b). Der „Wendepunkt" in der Anionenreihe könnte anzeigen, daß für die Reversion ein amphoterer Stoff (Protein?) verantwortlich ist, wofür auch die starke Reversion in Citratpuffer bei $p_H < 4$ und > 8 sprechen würde. Ob sich hier eine Eigenart des prämutierten Gens selber anzeigt, ist natürlich ganz ungewiß. Eine Erhöhung der UV induzierten Mutationsrate wurde mit DNP (SWANSON et al 1950), Harnstoff (KAPLAN 1954a) sowie eine Kombination von Aminosäuren u. a. gefunden. Da die Stoffe ohne UV nicht mutagen sind, fördern sie also die Perfektierung von Prämutationen, die ohne sie revertiert wären.

Die „perfektierende" Wirkung von Aminosäuren wurde anläßlich der weiteren Analyse der verzögerten Mutationsmanifestierung entdeckt (WITKIN u. THOMAS). Diese zeigt sich z. B., wenn bestrahlte Bakterien auf Komplettboden geplattet und nach verschiedenen Zeiten mit Phagenlösung zwecks Erkennen der Phagenresistenz-Mutationen besprüht werden. Je länger nach Bestrahlung mit dem Besprühen gewartet wird, desto mehr resistente Kolonien erscheinen. Daraus wurde geschlossen, daß zur „Ausprägung" (d. h. Perfektierung) der Mutation Zellteilungen ablaufen müssen (z. B. WITKIN 1953). Analoges schien sich zu ergeben, wenn Anauxotrophiemutationen in auxotrophen Stämmen auf wuchsstofffreien oder -armen Boden selektioniert wurden. Werden die bestrahlten Zellen auf Minimalboden mit gestuften, geringen Bouillonzusätzen geimpft, so wachsen auf dem stärker angereicherten Boden zunehmend mehr Mutanten-Kolonien. Dies wurde wiederum als bessere Mutationsausprägung nach größerer Zahl Zellteilungen auf reicherem Boden aufgefaßt (Expressionskurven, z. B. KAUDEWITZ). WITKIN u. THOMAS zeigten nun, daß dabei jedoch keineswegs die Zahl der Zellteilungen entscheidend ist, sondern lediglich die Konzentration gewisser Aminosäuren im angereicherten Boden (oder vielleicht auch die Dauer ihrer Einwirkung bis zum Besprühen mit Phagen). Die sensible Phase für die erhöhte Perfektierung der Mutationen liegt noch vor der 1. Zellteilung und endet anscheinend mit der DNS-Verdoppelung. Die Zellteilungen nach dieser Phase sind ohne Einfluß. Nach früheren Befunden WITKINS (1950) ist RNS ähnlich wirksam. Die von DEMEREC (1955) beschriebene individuelle Unterschiedlichkeit der Mutationstypen hinsichtlich der Abhängigkeit ihrer Verzögerung von der Zellteilungszahl ist also wohl in Wirklichkeit eine individuelle Abhängigkeit ihrer Perfektierung von der Bouillonkonzentration.

Mit dieser Analyse ist also die früher geübte Unterscheidung von „Null-" und „Endpunktmutationen" auf das sich nun allmählich klärende Phänomen der Beeinflussung prämutativer Schritte zurückgeführt. Was an „Verzögerung" sonst verbleibt, ist die schon erwähnte Kernsegregation sowie ein einfacher Zellteilungsverzug der bestrahlten Zellen. Dieser beträgt nach hohen UV-Dosen bei den nach h^+ mutierenden Zellen von *B. coli* bis 24 Std. gegenüber einem Verzug von nur 2 Std. in den mutierten h^- (RYAN 1954a). Bei niederen Dosen setzt die Teilung in frisch mutierten h^+ und normalen Zellen h^- jedoch gleichzeitig ein wie bei den meisten sonstigen Mutationen. Eine längere Verzögerung durch den Aufbau des neuen Phäns in eben mutierten Zellen ist nicht nachweisbar, sie beträgt für $h^- \longrightarrow h^+$ nur einen Bruchteil der Anlaufphase bis zur 1. Zellteilung (RYAN 1954c).

b) Postmutative Labilität. An dieser Stelle muß noch das bei *Serratia* eingehend studierte (KAPLAN 1952, 1956a), aber auch bei *Streptomyces* und vielleicht *B. coli* (NEWCOMBE 1953a, b) beobachtete Erscheinen von Mutationen als sektorierte Kolonien besprochen werden. Hierbei handelt es sich nicht um Kernsegregation und nicht um die Labilität eines prämutativen Zustandes, die zum baldigen revertierenden Zurück- oder perfektierenden Vorwärtsklappen führt. Vielmehr ist hier die induzierte Mutation bereits fertiggestellt; denn dieser Zustand vererbt sich und stellt damit eine fertige Mutation dar, ist also wohl ein sehr mutables „Allel" des (oder der) beteiligten Gens(e). Die Erblichkeit wird dadurch gezeigt, daß Nachkulturen aus sektorierten Kolonien mehr sektorierte Kolonien enthalten als Nachkulturen aus nicht sektorierten Kolonien. Die spontane Mutabilität des zunächst induzierten „Allels" ist so hoch (etwa 10^{-1}/Generation), daß schon während der frühen Zellteilungen in der wachsenden Kolonie meist mehrere Weitermutationen geschehen, die zu den beobachteten Sektoren führen. Im Falle von *Serratia* geht diese Weitermutation im allgemeinen nur in zwei Richtungen: „Vorwärts" zum stabilen, farbarmen w-Typ und „zurück" zum normalen roten r-Typ. Bei *Streptomyces* entstehen meist mehrere neue Mutantentypen. Dieser labile postmutative Zustand ist nicht allgemeingültig; denn die meisten Kolonien aus mutierten Zellen, z. B. bei *B. coli*, sind wohl in toto geändert (WITKIN u. THOMAS). Trotzdem ist die Sektorierung ein Hinweis darauf, daß es grundsätzlich keine obere Grenze der Mutationsrate gibt, sondern daß sich die selten mutierenden Genallele nur eben wegen der „Vergänglichkeit" des mutableren Zustands phylogenetisch angereichert haben, vielleicht auch, weil die größere genetische Stabilität einen Selektionsvorteil darstellt.

c) Beeinflussung der Treffwahrscheinlichkeit durch Simultanbehandlungen. Die Treffwahrscheinlichkeit ist die Chance, mit der ein in der Volumeneinheit (oder, bei gerichteten Partikelstrahlen, in der Flächeneinheit) stattfindender mikrophysikalischer Primärakt in einer Zelle mutativ wirksam wird, also einen Treffer darstellt. Dieses Maß für die Strahlenwirksamkeit gibt Anhalt für die Mindestgröße der sensiblen Region(en) in der Zelle, in der (denen) der Primärakt stattfinden muß, um eine zur Mutation führende Reaktionskette zu starten. Natürlich wird im allgemeinen nicht jeder in eine solche Region fallende Akt ein Treffer sein, d. h. zur Mutation führen. Je größer aber die Wirkungswahrscheinlichkeit eines solchen Aktes ist, um so mehr nähert sich das aus der Treffwahrscheinlichkeit berechnete minimale Volum (bzw. der Wirkungsquerschnitt) jener Region dem tatsächlichen. Besonders groß ist die Wirkungswahrscheinlichkeit der Durchgänge dicht ionisierender Partikel (Protonen, Deuteronen, α-Strahlen), und daher stimmen die mit ihnen gemessenen sensiblen Minimalvolumina mit den wirklichen Molekelgrößen meist gut überein, z. B. bei Viren und Enzymmolekeln. Es besteht also vielleicht die Möglichkeit, mit Hilfe der aus einer Dosiskurve sich ergebenden Treffwahrscheinlichkeit auch für einen Strahleneffekt wie die Mutation die Größe und vielleicht sogar sonstige Züge der die Trefferenergie aufnehmenden Zellstruktur zu erfahren. Schwierig bleibt nur die Entscheidung, ob die so abgetasteten Strukturen die Gene selber sind oder ganz andere Zellteile. Auf Grund der oben überlegten Möglichkeit räumlicher Indirektheit der Strahlenwirkung könnte ja ein unter Umständen weiter Transport der Trefferenergie vom Trefferort zum Gen geschehen. Es ist daher verständlich, daß man von dem Unterfangen, auf diesem Wege etwas über die Genstruktur zu erfahren, zurückstand, als Beobachtungen gemacht wurden, die im Sinne der räumlichen Indirektheit interpretiert wurden. Diese Beobachtungen betrafen die Beeinflussung der Strahlenwirksamkeit durch zusätzliche Faktoren während oder nach der Bestrahlung. Von diesen Faktoren wurde angenommen, daß sie mit dem Transport der Trefferwirkung interferieren. Zugleich ergab das Studium der Wirkung ionisierender Strahlen auf Wasser und wäßrige Lösungen organischer Stoffe, daß die Ionisationen H_2O in H und OH zerspalten. Diese Radikale vollbringen dann die als Strahleneffekt beobachteten Veränderungen an den gelösten Stoffen, und zwar z. T. nach weiter Diffusion. Dies weisen die berechneten Treffvolumina aus, da sie viel größer sind als die gelösten Molekel. Energietransport durch Radikale, somit räumliche Indirektheit, spielt also tatsächlich eine erhebliche Rolle in wäßrigen Lösungen! Wenn man jedoch die aus dem Wasser entstehenden Radikale durch Zugabe von gelöstem Protein u. a. „Schutzstoffen" abfängt, bei tiefer Temperatur oder auch mit getrockneten Präparaten arbeitet, so läßt sich diese indirekte Wirkung weitgehend beseitigen und die oben erwähnte Übereinstimmung von Treffvolumen und Partikelgröße bei Enzymen usw. finden.

Die Übertragung der Verhältnisse in wäßrigen Lösungen auf die Strahleneffekte in Zellen lag besonders nahe, als sich zeigte, daß sowohl in den Lösungen wie auch in den Zellen die Anwesenheit von Sauerstoff während der Bestrahlung oft die Strahlenwirkung sehr verstärkt (O_2-Effekt). Das Auffinden vieler weiterer Faktoren, die während der Bestrahlung die biologischen Effekte beeinflussen, bestärkte die Anschauung von der „Indirektheit" nicht nur der Mutationsauslösung, sondern auch z. B. der Zelltötung durch Strahlen. Leider wird aber meist räumliche und zeitliche Indirektheit vermengt, oft wird auch nur die Wirkung über die Wasserradikale allein als indirekt bezeichnet; z. T. wird von wandernden „Strahlengiften" gesprochen, es wird auch eine Umstellung des Zellstoffwechsels infolge der Strahlenwirkung angenommen, die schließlich zur Produktion von mutagenen

Metaboliten führt, ja bisweilen wird die Treffertheorie überhaupt als widerlegt betrachtet. So besteht z. Z. ein die Forschung oft hemmender Wirrwarr von Auffassungen der „Indirektheit", in dem z. B. nicht einmal wahrgenommen wird, daß (räumlich) „indirekte Tötung" ja nur heißen kann, daß die Strahlung außerhalb des Individuums angreift; denn die Struktureinheit, zu der Energie hintransportiert wird und an der der Effekt „Tod" abgelesen werden kann (analog der „Mutation" beim Gen), ist ja nur das ganze Individuum.

Bei unvoreingenommener Betrachtung ist mit der Beeinflussung der Strahleneffekte durch Zusatzfaktoren während der Bestrahlung eine räumliche Indirektheit jedoch gar nicht bewiesen, und der Nachweis zeitlicher Indirektheit durch Nachbehandlung beweist dafür auch nichts. Im Augenblick sind sogar die bekannten Indizien für eine räumliche Direktheit der Strahlenwirkung bei der Entstehung der meisten Mutationen besser als die für räumliche Indirektheit. Auf die Befunde von MULLER et. al. wurde schon hingewiesen. Sie zeigen, daß die Reichweite des eventuellen Energietransports (z. B. durch Wasserradikale) keinesfalls den Durchmesser eines Chromonemas wesentlich übersteigen kann. Ferner sprechen dafür auch die Versuche ZIRKLEs, in denen mit feinst ausgeblendeten Partikelstrahlen Chromosomen und Plasma von Gewebekulturzellen getrennt bestrahlt wurden und sich zeigte, daß beim Treffen jener etwa 10^2mal weniger Partikel nötig waren, um Chromosomenaberrationen zu erhalten als beim Treffen des Plasmas.

Damit und mit dem erwähnten Nachweis der Unabhängigkeit zweier Mutationsereignisse in einer Zelle durch Röntgenstrahlen ist aber auch die Hypothese eines durch Strahlentreffer „mutagen" gewordenen Stoffwechsels als Hauptquelle strahleninduzierter Mutationen (DEMEREC 1955) kaum verträglich. Es wäre ja dann zu erwarten, daß in „getroffenen" Zellen wegen ihrer Mutagenerzeugung Mehrfachmutation relativ häufig stattfindet. Für UV sind allerdings bei *B. coli B/r* die 2 Doppelmutationen zur Phagenresistenz bzw. Streptomycinunabhängigkeit und Lactosenegativität etwa 2—3mal so häufig als bei Unabhängigkeit zu erwarten wäre (WITKIN 1951). Dies muß aber nicht unbedingt auf einen (auch dann nur geringen) Anteil „Indirektheit" der UV-Wirkung beruhen, da durch Kreuzung nicht geprüft werden konnte, ob alle Doppelphäne wirklich auf Mutation zweier Gene und nicht auch z. T. auf Pleiotropie zurückgehen. Weitere solche Untersuchungen an kreuzbaren Mikroorganismen und auch mit anderen Mutagenen sind sehr erwünscht.

Nach Untersuchungen von DOWELL u. POLLARD kann nun auch ein Transport von H_2O-Spaltprodukten selbst über sehr kurze Strecken hin im Zellinnern durch Kälte oder Trocknung ausgeschaltet werden. Sie fanden nämlich, daß der Inaktivierungsquerschnitt gegen dicht ionisierende Deuteronen für Invertase und andere Enzyme in vitro und innerhalb der Zelle gleich ist. Die früher gehegte Hoffnung, mit Hilfe der Trefferanalyse intracelluläre strahlensensible Gebilde wie die Gene abzutasten, besteht also durchaus. Damit gewinnen die früher berechneten Werte über die Mutationstreffvolumina (z. B. TIMOFEEFF u. ZIMMER) erneute Bedeutung, nachdem sie im Zuge der „Indirektheitsmode" oft als sinnlos verworfen worden waren. Aber auch die an sich schon sehr schwache Beweiskraft der Einflüsse von Simultanfaktoren für die Existenz einer überwiegend räumlich indirekten Strahlenwirkung hat abgenommen. Es stellen sich Beobachtungen ein, die mit der Annahme eines Interferierens der Simultanfaktoren mit den wandernden „Strahlengiften"

weniger gut oder mindestens nicht besser verträglich sind als die Annahme einer
strukturellen Änderung der zu treffenden Zellorganelle infolge jener
Faktoren. Der O_2-Effekt bei ionisierenden Strahlen ist keineswegs so allgemein
verbreitet, wie nach der Wasserspaltungshypothese zu erwarten wäre. Im früheren
Bericht war seine sehr unterschiedliche Stärke bei Sd4- und ad-Mutationen von
B. coli schon erwähnt worden. Die Phageninduktion durch Röntgen- und Gamma-
strahlen bei *B. coli K 12*(λ) besitzt überhaupt keinen solchen Effekt (MARCOVICH).
Bei *Serratia* zeigte sich auch bei UV-Bestrahlung ein gesicherter, wenn auch
kleiner O_2-Einfluß auf die s-Mutationen, nicht auf die Zelltötung (KAPLAN 1953a).
Da nach Ausweis des Wirkungsspektrums die Primärwirkung des UV in Nucleinsäure, nicht im Wasser geschieht, kann die Entfernung des O_2 aus der Zelle
nicht in der Verringerung der aktiven Wasserspaltstücke beruhen, sondern dürfte die
UV-Sensibilität der Nucleinsäure, also die Wirkungschance der dort stattfindenden
Absorptionsakte, vermindern. Ähnliches kann aber dann auch für die Röntgenstrahlen zutreffen. In Richtung einer Strukturänderung der Chromosomen durch
den Aerobiegrad während der Röntgenbestrahlung scheinen auch die Ergebnisse
über Chromosomenmutation von *Tradescantia* und *Drosophila* zu deuten. Hier
wird durch den O_2-Entzug anscheinend nicht die Bruchhäufigkeit, sondern die
Beschaffenheit der Bruchflächen und damit deren weiteres Schicksal während der
Rekombination verändert (z. B. WOLF u. ATWOOD).

Neben dem O_2-Effekt für Röntgenstrahlen war es vor allem die Erzeugung
mutagener Peroxyde in Bouillonmedium durch UV-Bestrahlung (HAAS et al.),
die die Hypothese zu stützen schien, daß die Strahlen vorwiegend räumlich indirekt
wirken. Jedoch können diese ,,Strahlengifte" bei UV-Bestrahlung der Zelle höchstens eine untergeordnete Rolle als Mutationsursache spielen, da ihre Erzeugung
ein ganz anderes Wirkungsspektrum hat als die UV-Mutabilität. Da diese ein
Nucleinsäurespektrum zeigt, könnte man noch an Bildung von Giften aus DNS oder
RNS denken. Jedoch erzeugte UV-bestrahlte RNS- oder DNS-Lösung bei *Serratia*
keine s-Mutationen (KAPLAN 1953).

Ein weiterer, die Treffwahrscheinlichkeit beeinflussender Faktor ist
der Wassergehalt der Zellen. Die mutagene Wirkung von Röntgenstrahlen ist im allgemeinen in trocknen Zellen, z. B. *Aspergillus*sporen
(STAPLETON u. HOLLAENDER 1952), geringer als in feuchten. Dies
könnte im Sinne der Wasserspaltungshypothese durch verminderte
Radikalbildung bei Wassermangel erklärt werden. Versuche an *Serratia*
über den Zusammenhang von Trocknungsgrad und UV-Mutabilität
schienen diese Deutung zunächst zu bestätigen; denn es ergab sich hier
eine Zunahme der UV-Wirkung mit der Austrocknung (KAPLAN 1956b).
Da die UV-Wirkung nicht am Wasser angreift, dürfte dieses lediglich
als Lösungsmittel für evtl. gebildete mutagene Stoffe wirken, und bei
Austrocknung würde deren Konzentration und damit Wirksamkeit
erhöht. Der quantitative Zusammenhang von Trocknungsgrad und
UV-Effekt zeigte jedoch nur einen geringen Anstieg der UV-Wirkung
beim Übergang von 97% auf 50% relative Feuchte und dann einen
sehr starken auf 33%, was schwer zu dieser ,,Verdünnungswirkung" des
Wassers paßt. Hinzu kommt, daß eine UV-Wirkung auf DNS in vitro,
nämlich die schon bei geringen Dosen stattfindende Gelbildung, die gleiche
Abhängigkeit vom Feuchtegrad zeigte wie die Effekte an *Serratia*.
Hierfür muß wohl eine interne Strukturänderung der DNS durch die
Trocknung verantwortlich sein, die auch röntgenographisch bekannt ist
(JAKOBSON). Sie ist sehr wahrscheinlich die Ursache für die höhere
Effektivität des UV in trocknen Zellen und könnte auch für die Röntgen-
strahlen wichtig sein.

Leider ist bisher der Einfluß tiefer Temperaturen auf die Strahlenmutabilität noch nicht ausreichend untersucht. Für die Bakterientötung passen die ausführlichen Ergebnisse von HOUTERMANS mit ionisierenden Strahlen ebenfalls nicht zur Annahme diffundierender Radikale; sie zeigten für Sporen sogar auch einen „Schutzeffekt" des Wassers an.

3. Der Ablauf des induzierten Mutationsvorganges.

Beim Überblicken des bisher Erarbeiteten zeigt sich das Bild der strahleninduzierten Mutation noch in vielem unklar. Fest steht die Auslösung der Mehrzahl der Mutationen durch einen oder wenige mikrophysikalische Akte. Auch das Ablaufen prämutativer Prozesse nach dem Treffer ist gesichert durch ihre experimentelle Revertierbarkeit. Unter „normalen" Bedingungen wird meist nur in einem Teil prämutierter Zellen die Mutation perfekt, wie die Erhöhung des Mutationsertrages durch „Perfektierungsmittel" anzeigt. Unklar ist noch die Art und der Ort der prämutativen Abläufe. Es ist möglich, daß der Treffer im mutierenden Gen selber geschieht und die prämutativen Schritte dort ablaufen. Andrerseits könnten auch Treffer außerhalb des Gens stattfinden und die dort deponierte Energie dann zum Gen transportiert werden, z. B. durch strahlen-erzeugte Radikale, mutagene Molekel oder auch auf dem Wege über einen „mutagenisierten" Stoffwechsel. Die z. Z. spärlichen verwertbaren Indizien deuten mehr darauf, daß die meisten Mutationen auf dem ersten, räumlich direkten und nur zeitlich indirekten Wege zustande kommen, wobei das Verhältnis der verschiedenen Wege aber mit Strahlenart, Objekt und Mutationstyp schwanken mag. Da anscheinend alle prämutativen, reversiblen Phasen, soweit bekannt, bis zur 1. Zellteilung abschließen, könnte die Perfektierung während der Idiosynthese der Gene geschehen. Als Arbeitshypothese liegt es nahe, nach dem DNS-Modell von WATSON u. CRICK anzunehmen, daß die prämutativen Schritte in der Sprengung von H-Brücken zwischen Basen und dann der tautomeren Änderung von Basenpaaren bestehen. Sofern diese instabile Änderung nicht bis zur DNS-Verdoppelung revertiert ist (die Chance dafür mag milieuabhängig sein), führt sie zum Einbau falscher Basen bei der Kettenverdoppelung und damit zur Perfektierung der Mutation. In manchen Fällen entsteht zunächst ein ± hochmutables Allel, das in den folgenden Generationen schnell zu stabileren neuen weiter-, z. T. auch zum alten, normalen, Typ zurückmutiert.

II. Mutation durch Chemikalien.

1. Mutagene Stoffe.

Die mutationsauslösende Wirkung der Chemikalien ist sehr weit verbreitet. Vielleicht ein Viertel bis ein Drittel der geprüften Stoffe erweist sich als mutagen. Allerdings ist der Grad meist gering, jedoch finden sich auch eine Anzahl Mutativa von sehr viel stärkerer Wirkung als die Strahlen. So induziert z. B. Diepoxybutan das 100- bis 300fache an Anauxotrophen im ar3- Stamm von *B. coli* B als UV bzw. Röntgenstrahlen (GLOVER). Bei Vergleich der mutagenen Wirkung eines Stoffes an verschiedenen Organismen zeigen sich oft sehr erhebliche Unterschiede. Diese mögen z. T. auf unterschiedliche Aufnahme, Giftigkeit u. a. physiologische Differenzen zwischen den Organismen zurückgehen. Sie betreffen aber auch z. T. verschiedene Gene im gleichen Organismus. Die Gene werden also von den Mutativa elektiv angegriffen (s. u.), und auch zwischen Chromosomenbrüchen und Genmutationen bestehen wohl solche Differenzen (KÖLMARK u. WESTERGAARD 1953). An den Antibiotica Streptomycin und Chloramphenicol konnte bisher bei *B. coli* keine mutagene Wirkung entdeckt werden; die Resistenzmutanten sind also nicht vom Gift induziert, sondern alle vor der Gifteinwirkung schon vorhanden (CAVALLI u. LEDERBERG 1956). Cancerogene Stoffe sind häufig auch bei Mikroorganismen mutationsauslösend. Für die T 1-Phagenresistenzmutationen von *B. coli B/r* ergab sich unter Berücksichtigung der Löslichkeiten eine gute Parallelität der an sich schwachen Mutagenität von Methylcholanthren, Dibenzanthracen, Dihydroxymethylbenzanthracen, Benzpyren und o-Aminoazotoluol (SCHERR et. al.). Ein Vergleich der Mutagenität einer langen Reihe von Cancerogenen an vier verschiedenen auxotrophen Stämmen von *B. coli* zeigte sehr elektive Wirkung, nur N-Lost und Azaserin war in allen Stämmen stark mutagen, etwas schwächer Diaminobiuret (HEMMERLY u. DEMEREC). Ein sicherer Schluß von der Mutagenität an Mikroben auf Cancerogenität bei Säugern ist also nicht möglich, was aber bei Berücksichtigung der Elektivität kein Argument gegen die Mutationstheorie des Krebses ist.

2. Wirkungsweise.

Die Vielzahl mutagener Stoffe legt eine Vielfältigkeit der Wirkungsmechanismen nahe. Manche Mutagene scheinen mittels eines Treffermechanismus zu wirken. So ergibt die graphische Darstellung der von DEMEREC u. HANSON gemessenen Konzentrationsabhängigkeit der Mutationsrate in *B. coli* Sd4 Geraden für Diepoxybutan, Dimethansulfonoxypropan und einige aromatische N-Lostverbindungen; d. h. es genügt ein Molekül zum Start des Mutationsprozesses. Die Konzentrations- und Zeitabhängigkeitskurven für die Mutationen im ad-Gen von *Neurospora* durch Epoxyde und Sulfatester sind jedoch anscheinend z. T. konkav-mehrtrefferartig (KÖLMARK u. GILES, KÖLMARK). Außerdem durchlaufen sie ein Maximum, was vielleicht prämutative Schritte ähnlich wie bei UV anzeigt (s. o.).

Der Zusammenhang von chemischer Konstitution und Mutagenitätsgrad der Sulfat-, Sulfit- und Phosphatester bei *Neurospora* läßt vermuten, daß die geringere kationische Dipolladung des S bzw. P das Fehlen der Mutagenität bei Sulfit und Phosphat im Gegensatz zum mutagenen Sulfat bedingt. Unter dem Epoxyden lösen diejenigen stärker ad$^+$-Mutationen aus, die die stärkere elektronegative Seitengruppe am endständigen C-Atom des Epoxydrings besitzen, also z. B. $-CH_2Cl > -CH_2Br$. Die positive Ladung dieses C bedingt vielleicht die Attraktion an die sensible Zellstruktur, und dort wird dann durch Sprengung des Epoxydringes ein reaktionsfähiges Carboniumion gebildet (KÖLMARK u. GILES). Ob die sensible Zellregion(en) die Chromosomen sind oder ob die Wirkung über eine Stoffwechselumstellung geschieht, ist natürlich ganz unklar. Vielleicht können hier Studien über die Wirkung der Mutativa auf DNS in vitro weiterhelfen, wie sie ZAMENHOF u. Mitarb. am Transformationsagens durchführten. Eine ganze Reihe Mutativa inaktivieren diese DNS, darunter UV, die Loste, β-Propiolacton, Ascorbinsäure, Diaminobiuret, die Alkylsulfate, nicht aber das nichtmutagene Triäthylphosphat. Es ist also möglich, daß die Mutagenität dieser Stoffe in einem direkten Angriff auf die DNS beruht. Andere Mutativa inaktivieren DNS nicht, z. B. $MnCl_2$, Urethan, Methylcholanthren, Azaserin. Sie wirken also vielleicht „räumlich indirekt" über den Stoffwechsel. Von der Möglichkeit, durch Testung der Häufigkeit von Mehrfachmutationen zwischen der direkten Wirkung und der letzteren ähnlich wie bei Strahlen (s. o.) zu entscheiden, ist leider noch kaum Gebrauch gemacht worden. Nur BRYSON u. DAVIDSON berichten, daß nach $MnCl_2$-Behandlung in *B. coli* die Phagenresistenten häufig auch auxotroph für verschiedene Aminosäuren sind. Andererseits fanden KÖLMARK u. GILES unter 38 epoxyd-induzierten ad^+-Mutanten von *Neurospora* keine Mehrfachmutante. Eine weitere Möglichkeit, die DNS zu beeinflussen, besteht darin, Pyrimidin-Analoga, wie Brom-Uracil, in die DNS in vivo einzubauen, indem man Bakterien in einer Lösung davon kultiviert. Zwar konnten ZAMENHOF u. GRIBOFF keine Vermehrung bestimmter Mutationen in einem *B. coli* beobachten, das bis 35% Br-Uracil anstelle des Thymins enthielt. Jedoch zeigten auf solchen Zellen gewachsene T2-Phagen eine hohe Rate an Lochtyp-Mutationen (LITMAN u. PARDEE). Es wäre möglich, daß die „falsche" DNS in der evtl. direkt an ihr idiosynthetisch gebildeten, stellenweise homologen Phagen-DNS prämutative Änderungen verursacht, die zu den häufigen Mutationen in der neuen Phagengeneration führen. Vielleicht wirkt die Br-Uracil-DNS aber auch auf den Umweg über eine Stoffwechsel-Mutagenisierung.

Die Mutationsentstehung ist bisweilen von einer Störung des DNS-Stoffwechsels begleitet, wie z. B. durch Studien an dem Thyminauxotrophen *B. coli* 15 t^- gezeigt wird. Wenn dieser Stamm im Medium ohne Thymin „hungert", so stirbt er schnell ab, wobei biochemisch eine Hemmung der DNS- bei weitergehender RNS-Synthese und Proteinbildung feststellbar ist (COHEN u. BARNER). Solche „Entbalancierung" des NS-Stoffwechsels ist auch nach UV-Bestrahlung normaler Zellen vorhanden. In den hungernden t^--Zellen ist die Mutationsrate $h^- \longrightarrow h^+$ sowie die zur Streptomycinresistenz wesentlich über die in nichthungernden erhöht (COUGHLIN u. ADELBERG, WEINBERG u. LATHAM). Hier erscheint die Mutation wie die Tötung durch jene Stoffwechselverschiebung verursacht. Aber es ist natürlich ebenso wahrscheinlich, daß alle 3 Effekte auf „prämutative" Läsionen (s. o.) in der DNS als gemeinsame Ursache zurückgehen, die durch den Ausfall des Bausteins Thymin bei der DNS-Synthese (wie auch durch UV-Treffer) häufig entstehen.

III. Spontane Mutation.

1. Bestimmung der Mutationsrate.

Die Häufigkeit spontaner Mutationen ist im allgemeinen gering. Bei der quantitativen Beurteilung ist zu unterscheiden zwischen der Mutationsrate μ, das ist die mittlere Anzahl von Mutationen pro Zeiteinheit und Zelle, und dem Mutantengehalt m, das ist der Bruchteil mutierter Zellen in einer Zellmenge oder Population. Aus m kann nicht ohne nähere Analyse auf μ geschlossen werden, weil meist während der Mutantenentstehung noch Vermehrung oder Sterben in der Population stattfindet. Wenn die Mutanten z. B. schneller wachsen oder langsamer sterben als die Normalen, dann reichern sie sich in der Versuchszeit stärker an, als es der Mutationsrate entspricht. Die Mutationsrate ist unter konstanten Bedingungen eine konstante, $\pm$ kleine Chance zu mutieren; insofern verhält sich die Spontanmutation wie eine Reaktion 1. Ordnung oder ein Eintrefferprozeß. Hält man den

Wuchs (oder das Zellsterben) konstant, am besten im Chemostaten, so kann man die Zeitfunktion von m berechnen. Es sei v die Wuchsrate der Normalen, w die der Mutanten, A die Zahl normaler, M die Zahl mutierter Zellen in der Population. Dann folgt aus dem Ansatz $dM/dt = \mu A + wM$ und $dA/dt = -\mu A + vA$ durch Integration (KAPLAN 1950b).

$$\frac{M}{M+A} = m = \frac{(\mu + m_0 \, \Delta) - (1 - m_0)\,\mu\,e^{-(\Delta + \mu)t}}{(\mu + m_0 \Delta) + (1 - m_0)\,\Delta\,e^{-(\Delta + \mu)\,t}}$$

Dabei ist $\Delta = w - v$ der Selektionsvorteil der Mutanten gegen die Normalen. Die Zeit t wird am besten als Anzahl der Generationen der Normalen gemessen. Wenn $\mu \gg \Delta$, also bei sehr geringer Selektion, oder auch solange $(\Delta + \mu)t < 0,1$ und, wenn der Ausgangsmutantengehalt m_0 so klein ist, daß $1 - m_0 \approx 1$, ergibt sich $m = m_0 + \mu t$, also ein gerader Anstieg des Mutantengehaltes mit der Mutationsrate μ als Neigung. Diese Formel ist jedoch selten brauchbar zur Bestimmung der Mutationsrate (z. B. bei *Serratia r* $\longrightarrow$ *w*, *B. coli* 15 h⁻ $\longrightarrow$ h⁺), da meist $|\Delta| \gg \mu$, d. h. die Selektion größer ist als die Mutationsrate. Für nicht zu kurze und nicht zu lange Zeiten gilt die Näherung $m = \left(m_0 + \dfrac{\mu}{\Delta}\right) e^{\Delta t} - \dfrac{\mu}{\Delta}$. Mit dieser Formel könnte die Mutationsrate μ bestimmt werden, insbesondere wenn man Einzellkulturen verwendet, in denen $m_0 = 0$ und also $m = \dfrac{\mu}{\Delta}\,(e^{\Delta t} - 1)$ gilt. Diese Methode ist bisher noch nicht verwendet worden. MOSER hat obige Formel jedoch für Mutationen mit $\Delta < 0$, d. h. mit Wuchsnachteil der Mutanten verwandt, z. B. für T5-Phagenresistenz von *B. coli*. In diesem Falle strebt der Mutantengehalt dem Grenzwert $m_\infty = -\dfrac{\mu}{\Delta}$ zu, d. h. einem Gleichgewicht zwischen Mutation und Ausmerze der Mutanten. Aus obiger Näherung folgt dann $m = m_\infty + (m_0 - m_\infty)\,e^{-\Delta t}$; aus den im Chemostaten gewonnenen Kurven sind m_0, m_∞ und $-\Delta$ ablesbar, und so kann μ berechnet werden. Da die beobachtete Kurvenform mit den berechneten übereinstimmte, ist zugleich auch ein Beweis für die obige Behauptung gewonnen, daß die spontane Mutation ein Eintrefferprozeß ist.

Der komplizierende Einfluß der Selektion Δ kann mit 2 Methoden umgangen werden. Bei der „Nullkulturmethode" (LURIA u. DELBRÜCK, Lea u. COULSON) wird im Prinzip die Größe einer gewachsenen Population bestimmt, bei der gerade die erste Mutation stattfand. Dazu wird eine Reihe Parallelkulturen bis zur Zellzahl N wachsen gelassen und dann der Bruchteil p_0 derjenigen Kulturen festgestellt, in denen sich noch keine Mutante befindet. Die mittlere Anzahl Mutationsereignisse K pro Kultur, also pro Zellzahl N, ist dann $p_0 = e^{-K}$, und aus $\mu = K\,(\ln 2)/N$ ergibt sich die Mutationsrate pro Zellgeneration und Zelle. μ ist am genauesten, wenn $p_0 \approx 20\%$; aber auch dann ist der statistische Fehler meist groß, was an der ungenauen Bestimmung von K liegt. Die mittlere Zahl Mutationsprozesse K, d. h. Mutantenklone, in einer Population ist genauer mit der Papillenmethode RYANs u. Mitarb. (1955) bestimmbar. Sie verwendet die Tatsache, daß besserwüchsige Mutanten in einer Kolonie auf Agar sich zu vorwölbenden Sekundär-Kolonien oder „Papillen" entwickeln, und sie kann daher nur in diesen beschränkten Fällen benutzt werden. Bei Bestimmung der Mutationsrate zur Histidinunabhängigkeit (h⁻ $\longrightarrow$ h⁺) in *B. coli* 15 h⁻ wuchsen h⁻-Kolonien auf histidinarmem Medium heran bis zur Zellzahl N. In ihnen wurden die durch Mutation während des Wuchses entstandenen h⁺-Klone als Papillen gezählt und so die mittlere Zahl Papillen pro Kolonie K recht genau bestimmt.

Aus K und N ergibt sich μ nach obiger Formel zu $1{,}7 \cdot 10^{-8}$. Die Zahl der Papillen auf den Kolonien entsprach einer Poisson-Verteilung, was anzeigt, daß die Mutationen unabhängig mit kleiner Chance geschehen, wie es die mikrophysikalische Theorie fordert.

Die meisten Spontanmutationsraten der Bakterien liegen in der Größenordnung 10^{-10} bis 10^{-7}. Selten sind Raten bis 10^{-3}, und Ausnahmen sind solche von 10^{-2} oder höher (BRAUN p.63). Im ganzen liegt ein

Kontinuum von den niedersten bis zu hohen Raten ohne erkennbare Grenze vor. Hohe Raten, insbesondere in Verbindung mit hohem Selektionsvorteil, ergeben natürlich unter Umständen eine Massenwandlung der Population und legen den Gedanken an Vorgänge im Sinne des Lamarckismus nahe. Diese Interpretation ist jedoch keineswegs notwendig, wie weiter unten dargelegt werden wird.

Eine solche Massenreversion infolge hoher Mutations- und Selektionsrate wurde bei einem glycin- oder serinauxotrophen Stamm von *B. coli* als „Autoadaption" beschrieben (WRIGHT). Wird dieser Stamm in Minimalmedium bebrütet, so steigt nach etwa 60 Std. die Wuchsrate schrittweise an. Während dieses Anstiegs lassen sich nacheinander Zelltypen isolieren, die sich durch ihre immer höhere Wuchsrate in Minimalmedium unterscheiden und die diese Charaktere auf Komplettboden über viele Passagen konstant erhalten, die also Mutanten sind. Die Mutationsrate von einem schwächer zum nächsten stärker serinunabhängigen Typ, A nach B, wurde zu $3 \cdot 10^{-2}$/h berechnet, die Generationsdauer von A betrug 40 Std., die von B nur 8 Std. auf Minimalboden. Auf Grund dieser hohen Mutationsraten ist also das Phänomen der „Autoadaption" ganz gut verständlich, ja beim Fehlen einer oberen Grenze der Mutationsrate sind solche Fälle sogar zu erwarten. Ungewöhnlich erscheint jedoch die Stabilität der verschiedenen schwach-auxotrophen Mutanten im Komplettmedium, ohne die ja ihre Mutantennatur nicht erkannt worden wäre. Spezielle Versuche zeigten, daß die Weitermutation durch Bestandteile des Hefeextraktes sowie auch Glycin gehemmt wird. Diese Stoffe wirken also auf jene Mutationen wie die unten zu besprechenden „Antimutagene". Andererseits erwiesen sich eine Reihe von α-Hydroxysäuren (Milch-, Glycerin-, Weinsäure) als elektive Mutagene für die Mutationssequenz von der Vollauxotrophie zur Anauxotrophie. Die hohen Mutationsraten und ihre anscheinend elektive Beeinflussung nähern die „Autoadaption" im Aussehen der adaptiven Enzymbildung, insbesondere der oben besprochenen Spätadaption an Galaktose. Ob plasmonische Erbkomponenten mitspielen, ist hier wie dort unklar.

2. Beeinflussung der spontanen Mutation.

Die Mutationsrate bei Mikroorganismen ist ebenso wie bei Tieren und Pflanzen von den übrigen Genen abhängig. Oft genügt die Mutation eines Gens, um die Mutabilität aller, vieler oder einzelner Gene zu erhöhen. Ein Mutatorgen wurde z. B. bei *B. coli* K 12 gefunden und durch Kreuzung zwischen V_1 und L lokalisiert. Es erhöht die Mutationsrate des Streptomycin-Gens S^s auf das 100fache und wirkt auch auf andere Gene, jedoch nicht auf alle (SKAAR). Ein anderes Gen verursacht die Entstehung bis zu 4% Auxotropher verschiedenen Typs in *B. coli* (GOLDSTEIN u. SMOOT). Ein elektiv auf das Geschlechtsgen wirkender Mutator ist bei *Glomerella* bekannt (WHEELER). Umgekehrt wurde bei *Serratia* eine sulfonamidresistente, weiße Mutante gefunden, die im Gegensatz zum sehr häufig (10^{-3}) nach Rot mutierenden normalen *w*-Typ stabil war (KAPLAN 1953a). Das Resistenzallel ist also wohl zugleich „Antimutator". Man darf annehmen, daß die Mutatorgene das „innere Milieu" für das Genom ändern.

Auch das äußere Milieu ist von Einfluß auf die Mutabilität. Hierzu gehören natürlich alle oben schon besprochenen mutagenen Strahlen und Chemikalien. Im jetzigen Zusammenhang sind aber noch einige Faktoren zu besprechen, die etwas Licht auf die Ursachen der spontanen Mutationen werfen. Die Temperatur ist schon in der Anfangszeit der treffertheoretischen Deutung des Mutationsvorganges als aufschlußreicher Faktor untersucht worden. Bei *Drosophila* zeigte sich ein Einfluß, der dem auf übliche chemische Reaktionen entsprach. Die Temperaturkoeffizienten sind $Q_{10} = 3$ bei normalen Genen, 2 für das mutable bb-Gen, die zugehörigen Aktivierungsenergien 1,35 und 0,95 eV (TIMOFEEFF-RESSOVSKY u. ZIMMER). Bei Bakterien wurden eingehend die Farbmutationen $r \longrightarrow w$ und zurück in ruhenden Kolonien von *Serratia* studiert (KAPLAN 1947). Hier waren die Q_{10} für diese sehr mutablen Gene etwas niedriger, sie entsprachen Aktivierungsenergien von 0,5 eV. Ferner wurde bei *Phytomonas Stewartii* für 2 Mutationstypen $Q_{10} = 5$ und 2,5 (LINCOLN), bei *B. coli B/r* für die T1-Phagenresistenz $Q_{10} = 3$ (WITKIN 1953) in wachsenden Kulturen gefunden.

Auf Grund dieser und der oben erwähnten Befunde über die Reaktionsordnung liegt die Hypothese nahe, daß eine spontane Mutation durch eine zufällig überschwellige Wärmeschwingung als echte monomolekulare Reaktion im Genmolekel ausgelöst wird. Die Kinetik 1. Ordnung kann jedoch ebenso entstehen durch eine normale Reaktion zweier Molekel, wenn der eine Molekeltyp im Überschuß vorliegt. Da immer nur wenige Genexemplare in einer Zelle sind, würde also das Zusammentreffen und Reagieren mit einem mutagenen Stoffwechselprodukt ebenfalls diese Kinetik und Temperaturabhängigkeit ergeben. Daß wenigstens ein Teil der spontanen Mutationen durch mutagene Metaboliten entsteht, geht aus Versuchen von NOVICK an Phagenresistenzmutationen von *B. coli* hervor. Die Rate dieser Mutationen wird erhöht durch Theophyllin, Coffein u. a. Purine. Setzt man zugleich Adenosin oder Guanosin zu, so wird die Mutagenität jener Chemikalien aufgehoben. Diese antimutagenen Stoffe erniedrigen aber auch die spontane Mutationsrate auf $^{1}/_{2}$—$^{1}/_{4}$. Ferner ergab sich, daß die sehr niedere Spontanmutabilität bei Anaerobie von einer metabolischen Akkumulation von Adenosin begleitet ist, also auf dieser beruht. Damit ist recht deutlich, daß ein erheblicher Teil (etwa $^{1}/_{2}$—$^{3}/_{4}$) dieser spontanen Mutationen von *B. coli* in aerober Kultur durch im Stoffwechsel entstehende Purine induziert ist. Daß auch die purininduzierten Mutationen prämutative Schritte durchlaufen und das Antimutagen mit deren Erzeugung interferiert, wird durch den 11stündigen Verzug der Mutationsverminderung nach Adenosinzugabe angedeutet.

Als in den ersten Studien über Phagenresistenz keine Entstehung dieser Mutationen in ruhenden Kulturen festgestellt wurde (LURIA u. DELBRÜCK), entstand die Hypothese, daß die Bakterienmutationen durch Fehler während der Idiosynthese (copy errors) ausgelöst werden. Diese Vorstellung erschien gestützt durch den gleichen Temperaturkoeffizienten von Mutation und Wuchs (z. B. WITKIN 1953). Ausgedehnte Versuche im Chemostaten, der ja eine fast beliebige Variation der Zellteilungsdauer erlaubt, erbrachten jedoch den Beweis, daß die Mutationsrate keine Konstante pro Zellgeneration ist, wie es jene copy error Hypothese fordert (NOVICK u. SZILLARD 1950a). Vielmehr ist die Rate konstant pro physikalische Zeit für verschiedene Generationszeiten bei sonst gleichen Bedingungen. Nur bei sehr schnell folgenden Zellteilungen steigt die Spontanrate (pro Stunde) an (MOSER, FOX). Dies letztere mag vielleicht auf „Fehler" bei zu schnellem Arbeiten der Indiosynthesemaschinerie beruhen. Es kann aber natürlich ebenso auf eine Stoffwechseländerung bei besonders guter Ernährung und damit auf höhere Produktion oder geringere Abfuhr eines mutagenen Metaboliten zurückgehen. Daß spontane

Mutationen auch bei Bakterien im Ruhezustand geschehen, wurde an *Serratia* (KAPLAN 1947) und *B. coli* 15 h⁻ (RYAN 1955) gezeigt. Die Mutationsraten in diesem Zustand sind etwa 10fach niedriger als in der Wuchsphase.

Die möglichen Ursachen für spontane Mutationen sind somit nach unseren heutigen Kenntnissen: 1. Wärmeschwingungen, 2. mutagene Metaboliten, 3. Idiosynthesefehler. Sicher nachgewiesen ist nur der 2. Mechanismus. Idiosynthesefehler spielen vielleicht weniger als Einleitung des Mutationsvorganges eine Rolle als vielmehr bei der Perfektion, d. h. beim Übergang von den durch Wärme oder Mutagene gesetzten Prämutationen zur fertigen Mutation, ähnlich wie bei den „künstlichen" Mutationen durch Strahlen.

IV. Elektive Mutabilität

Schon mehrfach mußte erwähnt werden, daß die verschiedenen mutagenen Agenzien nicht einheitlich auf die verschiedenen Gene einwirken, sondern daß sie die Strukturen längs eines Chromosoms elektiv angreifen und damit unterschiedliche „Spektren" von Mutationstypen liefern. Zwar glaubte man früher auf Grund der beschränkten Erfahrungen an *Drosophila* und anderen höheren Organismen, daß das Spektrum induzierter und spontaner Genmutationen identisch sei. Aber schon damals stellte man sich meist vor, daß Genmutationen und Chromosomenumbauten unterschiedliche Natur besäßen. Der Vergleich von zytologischen und genetischen Befunden (die sog. Cytogenetik) ergab jedoch viele Ähnlichkeiten zwischen Gen- und Chromosomenmutationen, so daß die Hypothese einer wesensmäßigen Identität beider nahelag. Diese schien gestützt zu werden durch die Beobachtung besonders an den Riesenchromosomen von *Drosophila*, daß der Locus einer strahleninduzierten Genmutation oft nahe bei einer Chromosomenbruchrekombination (Defizienz, Duplikation usw.) lag. Dieser mikroskopisch sichtbare Umbau schien also jene Genmutation zu „sein", und es erschien möglich, daß alle Genmutationen solche, z. T. submikroskopischen Rekombinationsumbauten darstellen (z. B. GOLDSCHMIDT). Eine genaue Sichtung der Berichte (SUTTON, DEMEREC 1939) zeigt allerdings, daß die Befunde jene Hypothese nicht erzwingen. Es ist möglich, ja wahrscheinlich, daß die im Chromosom beisammenliegenden Gen- und Chromosomenmutationen getrennte Effekte einer gemeinsamen Ursache, z. B. eines Elektronendurchgangs, darstellen. Der Grad der Korrelation beider scheint vom Locus abzuhängen; denn von 8 homozygot vitalen yellow-Mutanten waren 5 ohne mikroskopisch sichtbaren Umbau im Riesenchromosom, von 11 white-Mutanten zeigten alle keinen, von 10 scute-Mutanten besaßen alle einen solchen Umbau. Ferner haben die meisten Chromosomenmutationen keinen Phäneffekt. Auch aus dem Befund, daß eine Defizienz am yellow-Locus ohne, eine andere mit Phäneffekt verbunden war, wird deutlich, daß das mikroskopische Bild der Chromosomen keinen Anhalt über die Ursache einer erblichen Phänänderung geben kann. Die Chromosomen sind eben keineswegs die reine Erbsubstanz, sondern sie enthalten diese nur ± verhüllt! Klar gegen jene Identitätshypothese entscheidet die unterschiedliche Reaktion von Gen- und Chromosomenmutationen auf verschiedene Zusatzbehandlungen zur Bestrahlung. Zum Beispiel verursacht Hitzevorbehandlung vor Röntgenbestrahlung bei Gerstenkörnern eine Verminderung der Chromosomen-, jedoch eine Vermehrung der Genmutationen gegenüber bloßer Bestrahlung (CALDECOTT u. SMITH). Damit ist die unterschiedliche Reaktion und damit heterogene Natur von Genmutationen und Chromosomenumbauten deutlich.

Die Heterogenität in der Antwort auf Mutagene hat sich in den letzten Jahren auch für die Genmutationen selber als gültig erwiesen. Zwar entstanden schon Zweifel an der alten These von der Gleichheit des Typenspektrums spontaner und induzierter Mutationen, als bei *Antirrhinum* statistisch gesichert sich zeigte, daß eine Quellung des Pollens während der Röntgenbestrahlung nur die Mutationen zur geänderten Blattform und zum Chlorophyllverlust vermehrte, die zur Blattfarbänderung aber unverändert ließ (KAPLAN 1943/47). Erst die Verwendung der Mikroorganismen offenbarte aber die weite Verbreitung der Elektivität der Mutationsauslösung; denn hier ist es ja viel leichter möglich, größere Zahlen von Mutationen verschiedener Gene zu erhalten als bei höheren Lebewesen.

Mit ihnen konnte auch die Frage entschieden werden, ob die Genmutationen nach Röntgenbestrahlung im Gegensatz zu den spontanen wirklich meist irreversible „Defekte", also kleine Defizienzen u. a. darstellen, wie es nach manchen Versuchen an Mais und *Drosophila* erschien. GILES et. al. (1955) untersuchten bei *Neurospora* eine ganze Anzahl röntgeninduzierter Anauxotrophiemutationen in inosit- und adeninauxotrophen Mutanten. Sie fanden, daß diese zum großen Teil echte Rückmutationen im inos- oder ad-Locus sind, welche die im Mutationsschritt zum auxotrophen Elterntyp verlorene Synthesepotenz wieder herstellen.

Bei *Neurospora* wurden auch besonders eindrucksvolle Beispiele von elektiver Wirkung der Mutativa auf verschiedene Gene gewonnen. Für die Rückmutationen in der ad⁻ inos⁻ Doppelauxotrophen fand KÖLMARCK deutlich unterschiedliche Reaktionsweise der beiden Loci:

Mutagen	Mutationen pro 10^6 überlebende Konidien		Verhältnis ad $^+$: inos $^+$
	ad $^+$	inos $^+$	
Diepoxybutan . . .	89,0	0,18	495
Dimethylsulfat . . .	64,0	3,4	19
Diäthylsulfat. . . .	16,8	4,3	3,9
Ultraviolett	3,5	7,1	0,5
Röntgenstrahlen . .	1,9	0,1	19
spontan	0,51	0,04	12

Diepoxybutan erzeugt vorwiegend Mutationen zu ad$^+$, Diäthylsulfat induziert relativ weniger ad$^+$ als Dimethylsulfat, Röntgenstrahlen und die Spontanfaktoren, während UV die inos$^+$ Mutationen gegenüber ad$^+$ bevorzugt. Ähnliche Elektivitäten wurden auch bei *B. coli* und *Salmonella* für viele Gene und Mutativa gefunden (DEMEREC u. Mitarb. 1956). Hier wirkte sich die Elektivität z. T. als sog. Mutagenstabilität aus, d. h. manche Gene mutieren zwar spontan normal, aber überhaupt nicht durch verschiedenste Mutagene. Zum Beispiel ergab ein prolinauxotrophes *B. coli* $2,5 \cdot 10^{-8}$ spontane Mutationen, jedoch keinerlei Erhöhung durch UV, β-Propiolakton oder $MnCl_2$ (DEMEREC 1953). Diese Unangreifbarkeit betrifft aber nur ein Gen bzw. Allel, nicht das ganze Genom. Denn in einem Stamm mit einem mutagenstabilen Histidinauxotrophie-Gen mutierte das Streptomycinabhängigkeits-Gen ganz normal durch obige Mutagene (DEMEREC u. HANSON 1953). All diese Ergebnisse zeigen, daß es nicht nur unmöglich ist, sicher von der Mutabilität des einen Locus auf diejenige anderer zu schließen, sondern daß auch spontane und induzierte Mutabilität keineswegs eng korreliert sind. Daß die Elektivität unter Umständen so weit geht, daß von manchen Mutagenen nur ein bestimmtes Gen angegriffen wird, ist zwar noch nicht experimentell gefunden, jedoch auf Grund der Existenz genspezifischer Mutatorgene (s. o.) möglich. Die heute bekannten Mutativa wirken, mit z. T. verschiedener Schwerpunktsverteilung, jedoch auf alle oder die meisten Loci. Ihre ± elektive Wirkung darf als Ausdruck des individuell verschiedenen Baus der Gene angesehen werden, der ja auch aus ihrer verschiedenen phänischen Wirkung folgt.

Mit der Erkenntnis der elektiven Mutagenität ist nicht dem Lamarckismus das Tor geöffnet. Dieser fordert ja, daß die durch einen Milieufaktor induzierte genetische Änderung eine Anpassung an eben diesen Faktor bedeutet, d. h. zu dessen besserem Ertragen führt. Die von elektiven Mutagenen mit einer meist nur kleinen Chance (s. o.) bevorzugt induzierten Mutationen sind jedoch nicht bevorzugt auf solche Anpassung eingestellt, sie sind als insofern „ungerichtet". Da es unter den vielen möglichen Mutationen eines Organismus auch meist einige gibt, die Anpassungen an bestimmte Faktoren ergeben (z. B. die Giftresistenz), ist es nicht völlig ausgeschlossen, daß Fälle auftreten, in denen ein elektives Mutagen (z. B. Gift) gerade die Mutation zur Anpassung an seine Anwesenheit bevorzugt. Dies ist aber natürlich ein seltener Zufall und stützt nicht den Lamarckismus, der dies als Regel oder wenigstens häufiges Ereignis annimmt. Bei der Beurteilung von Beobachtungen, die jene Lehre zu stützen scheinen, sind außer der Mutationshäufigkeit und -art aber immer auch die anpassenden Faktoren der Selektion zu analysieren. Wie vorsichtig man dabei vorgehen muß, zeigt folgendes Beispiel (SZYBALSKI 1956): Wenn streptomycinsensible *B. coli* lange in Streptomycinlösung bebrütet werden, so findet man unter Umständen am Ende die ganze Population resistent, wobei die Zellzahl etwa dieselbe ist wie am Anfang. Die genaue Analyse mit populationsgenetischen Methoden ergab, daß trotz des lamarckistischen Scheins ein Populationswandel durch seltene Resistenzmutation und Selektion abläuft. Zugabe kleiner Mengen genetisch markierter Zellen zeigte an, daß die Sensiblen mit etwa der gleichen Rate sterben, mit der die wenigen anfänglichen Resistenten auf Kosten der Autolyseprodukte und der Verunreinigungen des Streptomycinpräparates wachsen, bis sie schließlich die ganze sensible Population ersetzt haben. Aber selbst wenn sich dieser Fall als wirklich häufige, auf Anpassung gerichtete Mutation erwiesen hätte, wäre er kein Beweis für die Richtigkeit der Lamarckistischen These, da diese ja besagt, daß alle oder wenigstens die meisten Anpassungen so geschehen. Davon kann jedoch nach allem Bekannten keine Rede sein.

Literatur.

ALEXANDER, H. E., G. LEIDY and E. HAHN: J. of exper. Med. **99**, 505—533 (1954). — ANDERSON, E. H., and D. BILLEN: J. Bacter. **70**, 35—43 (1955). — APPLEYARD, R. K.: Genetics **39**, 429—439 (1954). — ATWOOD, K. C.: Genetics **35**, 15 (1950). — ATWOOD, K. C., and F. MUKAI: Proc. Nat. Acad. Sci. USA **39**, 1027 (1953).

BARRAT, R. W., D. NEWMEYER, D. D. PERKINS and L. GARNJOBST: Adv. in Genetics **6**, 1—94 (1954). — BELSER, W. L., and M. BUNTING: J. Bacter. **72**, 582—592 (1956). — BENZER, S.: Proc. Nat. Acad. Sci. USA **41**, 344 (1955). — BERRIE, A. M.: Proc. Nat. Acad. Sci. USA **39**, 1125—1133 (1953). — BERTANI, G.: Brookhaven Sympos. Biol. **8**, 50—57 (1956). — BRAUN, W.: Bacterial. Genetics. Philadelphia: W. B. Saunders & Co. 1953. — BRYSON, V. and H. DAVIDSON: Atti 9th Congr. Internat. Genet., Caryologia **6**, Suppl. II, 966 (1954). — BRYSON, V., and W. SZYBALSKI: Science (Lancaster Pa.) **116**, 45 (1952). — BUNTING, M. I., and I. H. HEMMERLY: Bact. Proc. **40** (1954).

CALDECOTT, R. S., and L. SMITH: Genetics **36**, 546 (1951). — CAMPBELL, A. M., u. S. SPIEGELMAN: C. r. Trav. Lab. Carlsberg **26**, 13—30 (1956). — CATCHESIDE, D. G.: The Genetics of Microorganisms. London: Sir Isaac Pitman and Sons, Ltd. 1951. — CATCHESIDE, D. G.: J. gen. Microbiol. **11**, 34—36 (1954).— CAVALLI,

L., and J. L. JINKS: J. Genetics 54, 87—112 (1956). — CAVALLI, L., and J. L. JINKS: Atti 9. Congr. internat. Genet. Bottagio 1953 I, Caryologia Suppl. 967 bis 969. — CAVALLI, L., and J. LEDERBERG: Genetics 41, 367—381 (1956). — COHEN, S. S., and H. D. BARNER: Proc. Nat. Acad. Sci. USA 40, 885—893 (1954). — COUGHLIN, C. A., and E. A. ADELBERG: Nature (London) 178, 531—532 (1956).

DEMEREC, M.: Proc. Nat. Acad. Sci. USA 32, 36 (1946). — DEMEREC, M.: Proc. 7. Internat. Congr. Genetics 99—103 (1939). — DEMEREC, M.: Symp. Soc. exper. Biol. Evolution 7, 43—54 (1953). — DEMEREC, M.: Atti 9. Congr. Internat. Genet., Caryologia 6, Suppl. I, 201—217 (1955). — DEMEREC, M. et. al. (9 Mitarb.) Carnagie Inst. Wash. Yearbook 54, 219—230 (1955). — DEMEREC, M., and Z. E. DEMEREC: Brookhaven Symp. Biol. 8, 75—87 (1956). — DEMEREC, M., and J. F. HANSON: Carnegie Inst. Wash. Yearbook 51, 204—205 (1952); 52, 210—211 (1953). — DEMEREC, M., Z. HARTMAN, P. E. HARTMAN, T. YURA, J. S. GOTS, H. OZEKI and S. W. GLOVER: Carnegie Inst. Wash. Publ. 612 (1956). — DE SERRES, F. J.: Genetics 41, 668—676 (1956).

EBERSOLD, W. T.: Ph. D. Thesis, Stanford Univ. 1954. — EMERSON, S.: C. r. Trav. Lab. Carlsberg 26, 71—86 (1956). — EPHRUSSI, B.: Nucleo-Cytoplasmic Relations in Microorganisms. Clarendon Press 1953. — EVERSOLE, R. A., and E. L. TATUM: Proc. Nat. Acad. Sci. USA 42, 68—73 (1956).

FANO, U.: Genetics 29, 361—369 (1944). — FOX, M. S.: J. gen. Physiol. 39, 267—278 (1955). — FRÉDÉRICQ, P.: C. r. Soc. Biol. (Paris) 149, 840—843 (1955). — FRÉDÉRICQ, P.: C. r. Soc. Biol. (Paris) 148, 399—402 (1954). — FRÉDÉRICQ, P., et M. BETZ-BAREAU: C. r. Soc. Biol. (Paris) 148, 1274—1276 (1954).

GILES, N. H., F. J. DE SERRES, and C. W. H. PARTRIDGE: Ann. New York Acad. Sci. 59, 536—552 (1955). — GLOVER, S. W.: Carnegie Inst. Wash. Publ. 612, 121—136 (1956). — GOLDSCHMIDT, R.: Cold Spring Harbor Symp. Quant. Biol. 16, 1—11 (1951). — GOLDSTEIN, A., and J. S. SMOOT: J. Bacter. 70, 588—595 (1955). — GOWDRIDGE, B. M.: Genetics 41, 780—789 (1956).

HAAN, P. G. DE: Genetics 27, 293 u. 364 (1955). — HAAS, F., J. CLARK, O. WYSS, W. S. STONE: Amer. Naturalist 84, 261—275 (1950). — HARM, W., u. W. STEIN: Z. Naturforsch. 11 b, 89—105 (1956). — HAYES, W.: Cold Spring Harbor Symp. Quant. Biol. 18, 75 (1953). — HEMMERLY, J., and H. DEMEREC: Cancer Res. Suppl. 3, 69—75 (1955). — HOLLOWAY, B. W.: J. gen. Microbiol. 15, 221—224 (1956). — HOTCHKISS, R. D.: J. cell. comp. Physiol. 45, Suppl. 2, 1—22 (1955). — HOUTERMANS, T.: Z. Naturforsch. 9 b, 600 (1954); 11b, 636 (1956).

JACOB, F.: Virology 1, 207—220 (1955). — JACOB, F., et E. L. WOLLMAN: C. r. Acad. Sci. (Paris) 242, 303—306 (1956). — JACOB, F., et E. L. WOLLMAN: Ann. Inst. Pasteur 88, 724—749 (1955). — JAKOBSON, B.: Nature (London) 172, 666 (1953). — JAMES, A. P.: Genetics 39, 974 (1954); 40, 826—831 (1955). — JAMES, A., P. and B. LEE-WHITING: Genetics 40, 26—31 (1955). — JINKS, J. L.: C. r. Trav. Lab. Carlsberg 26, 183—203 (1956).

KAPLAN, R. W.: Z. Naturforsch. 2 b, 308 (1947). — KAPLAN, R. W.: Ärztl. Mitt. 41, 574—581 (1956a). — KAPLAN, R. W.: Z. Vererbungslehre 82, 164—186 (1947/43). — KAPLAN, R. W.: Arch. f. Mikrobiol. 18, 210—231 (1953). — KAPLAN, R. W.: Naturwiss. 37, 547 (1950a). — KAPLAN, R. W.: Arch. f. Mikrobiol. 24, 60—79 (1956a). — KAPLAN, R. W.: Z. Naturforsch. 7 b, 291—304 (1952). — KAPLAN, R. W.: Exper. Cell Res. 11, 378—392 (1956b). — KAPLAN, R. W.: Zbl. Bakter. I Orig. 160, 181—193 (1953b). — KAPLAN, R. W.: Atti 9. Congr. Internat. Genet. Bellagio, Caryologia 6, Suppl. 2, 969—971 (1954a). — KAPLAN, R. W.: Micr. Gen. Bull. 11, 14 (1954b). — KAPLAN, R. W.: Naturwiss. 40, 25 (1953c). — KAPLAN, R. W.: Naturwiss. 11, 249—254 (1950b). — KAPLAN, R. W.: Z. Naturforsch. 2 b, 308—312 (1947). — KAUDEWITZ, F.: Z. Naturforsch. 10b, 562—572 (1955). — KÖLMARK, G., u. M. WESTERGAARD: Hereditas (Lund) 39, 209—224 (1953). — KÖLMARK, G., and N. H. GILES: Genetics 40, 890—902 (1955). — KÖLMARK, G.: C. r. Trav. Lab. Carlsberg 26, 205—220 (1956).

LAWRENCE, P. ST.: Proc. Nat. Acad. Sci. USA 42, 189—194 (1956). — LEA, D. E., and C. A. COULSON: J. of Genetics 49, 264 (1949). — LEDERBERG, J.: J. cell. comp. Physiol. 45, Suppl. 2, 75—107 (1955). — LEDERBERG, J.: Science

(Lancaster, Pa.) 114, 68 (1951). — LEDERBERG, J., L. L. CAVALLI and E. M. LEDERBERG: Genetics 37, 720—730 (1952). — LEDERBERG, J., and E. M. LEDERBERG: J. Bacter. 63, 399 (1952). — LEDERBERG, J., and E. M. LEDERBERG: Genetics 38, 51—64 (1953). — LENNOX, E. S.: Virology 1, 190—206 (1955). — LEWIN, R. A.: J. Genetics 51, 543—560 (1953). — LINCOLN, R. E.: J. Bacter. 54, 745—757 (1947). — LITMAN, R. M., and A. B. PARDEE: Nature (London) 178, 529—531 (1956). — LURIA, S. E., and M. DELBRÜCK: Genetics 28, 491—511 (1943).

MARCOVICH, H., et R. VAYNE: Ann. Inst. Pasteur 90, 458—481; 91, 511—522 (1956). — MITCHELL, M. B.: Proc. Nat. Acad. Sci. USA 41, 215—220 u. 935—937 (1955). — MITCHELL, M. B.: C. r. Trav. Lab. Carlsberg 26, 285—296 (1956). — MITCHELL, M. B., H. K. MITCHELL and A. TISSIERES: Proc. Nat. Acad. Sci. USA 39, 606—613 (1953). — MOROWITZ, H. J.: Arch. of Biochem. a. Biophysics 47, 325—337 (1953). — MORSE, M. L., E. M. LEDERBERG and J. LEDERBERG: Genetics 41, 142—156 (1956a); 41, 758—779 (1956b). — MOSER, H.: Carnegie Inst. Wash. Yearbook 54, 231—234 (1955). — MULLER, H. J., and J. J. VALENCIA: Genetics 36, 567 (1951).

NELSON, T. C.: Genetics 36, 162 (1951). — NELSON, T. C., and J. LEDERBERG: Proc. Nat. Acad. Sci. USA 40, 415—419 (1954). — NEWCOMBE, H. B.: Genetics 38, 134—151 (1953a). — NEWCOMBE, H. B.: J. gen. Microbiol. 9, 30—36 (1953b). — NEWCOMBE, H. B., and J. F. MC GREGOR: Genetics 39, 619—627 (1954). — NORMAN, A.: J. cell. comp. Physiol. 44, 1—10 (1954). — NOVICK, A., and L. SZILARD: Science (Lancaster, Pa.) 112, 715 (1950). — NOVICK, A.: Brookhaven Symp. Biol. 8, 210—216 (1956). — NOVICK, A., and L. SZILARD: Proc. Nat. Acad. Sci. USA 36, 708 (1950a).

PERKINS, D. D.: Genetics 38, 187—197 (1953). — PERKINS, D. D.: J. cell. comp. Physiol. 45, Suppl. 2, 119—149 (1955). — PITTENGER, TH. H.: Proc. Nat. Acad. Sci. USA 42, 747, 52 (1956). — PONTECORVO, G.: Adv. in Genetics 5, 141 — 238 (1953). — PONTECORVO, G.: Atti 9. Congr. internat. Genet. Bellagio 1953 I, Caryologia, Suppl. 192—200 (1954); Annual. Rev. Microbiol. 10, 393—400 (1956). — PONTECORVO, G., and J. A. ROPER: Nature (London) 178, 83—84 (1956). — PONTECORVO, G., and E. KÄFER: Proc. Roy. Physical Soc. 25, 10—20 (1956). — PONTECORVO, G., E. T. GLOOR and E. FORBES: J. Genet. 52, 226—237 (1954). — PONTECORVO, G., and G. SERMONTI: J. gen. Microbiol. 11, 94—104 (1954). — PONTECORVO, G., J. A. ROPER and E. FORBES: J. gen. Microbiol. 8, 198—210 (1953). — POWELL, W. F., and E. C. POLLARD: Rad. Res. 2, 109 (1955). — PRITCHARD, R. H.: Heredity 8, 433 (1954); 9, 343—371 (1955).

RAUT, C., and W. S. SIMPSON: Arch. of Biochem. a. Biophysics 57, 218—228 (1955). — RAVIN, A.: Brookhaven Symp. Biol. 8, 33—49 (1956). — RIZET, G.: Rev. Cyt. et Biol. veg. 13, 51—92 (1952). — ROMAN, H., M. PHILLIPS and S. M. SANDS: Genetics 40, 546—561 (1955). — ROTHFELS, K. H.: Genetics 37, 297—311 (1952). — RYAN, F. J., and L. K. WAINWRIGHT: J. gen. Microbiol. 11, 364—379 (1954a). — RYAN, F. J., P. FRIED and M. SCHWARTZ: J. gen. Microbiol. 11, 380—393 (1954b). — RYAN, F. J.: Proc. Nat. Acad. Sci. USA 40, 178—186 (1954c). — RYAN, F. J., M. SCHWARTZ and P. FRIED: J. Bacter. 69, 552—557 (1955). — RYAN, F. J.: Genetics 40, 726—738 (1955).

SAGER, R.: Genetics 40, 476—489 (1955). — SAGER, R.: Proc. Nat. Acad. Sci. USA 40, 356—363 (1954). — SANSOME, E.: C. r. Trav. Lab. Carlsberg 26, 315—333 (1956). — SCHERR, G. H., M. FISHMAN, R. H. WEAVER: Genetics 39, 141—149 (1954). — SCHWARTZ, D.: Genetics 39, 692—700 (1954). — SCHWARTZ, D.: J. cell. comp. Physiol. 45, Suppl. 2, 171—188 (1955). — SERMONTI, G., and I. SPADA-SERMONTI: Nature (London) 176, 121 (1955). — SKAAR, P. D.: Proc. Nat. Acad. Sci. USA 42, 245—249 (1956). — SKAAR, P. D., and A. GAREN: Proc. Nat. Acad. Sci. USA 42, 619—624 (1956). — SONNEBORN, T. M.: J. of exper. Zool. 113, 87 (1950). — STAPLETON, G. E., and A. HOLLAENDER: J. cell. comp. Physiol. 34, Suppl. 1, 101 (1952). — STERN, C.: Genetics 21, 625—730 (1936). — STOCKER, B. A. D., N. D. ZINDER and J. LEDERBERG: J. gen. Microbiol. 9, 410 (1953). — SUTTON, E.: Genetics 28, 97—107 u. 210—217 (1943). — SWANSON, C. P., and S. H. GOODGAL: Genetics 35, 695 (1950). — SZYBALSKI, W.: Microbial Genet. Bull. 14, 6 (1956).

TATUM, E. L., and J. LEDERBERG: J. Bacter. **53**, 673 (1947). — TIMOFEEFF-RESSOVSKY, N. W., u. K. G. ZIMMER: Biophysik I. Leipzig: Hirzel 1947.

WATSON, J. D., and F. H. CRICK: Cold Spring Harbor Symp. Quant. Biol. **18**, 123—131 (1953). — WEINBERG, R., and A. B. LATHAM: J. Bacter. **72**, 570—572 (1956). — WHEELER, H. E.: Amer. J. Bot. **37**, 304 (1950). — WHITTINGHILL, M.: J. cell. comp. Physiol. **45**, Supp. 2, 189—220 (1955). — WINGE, Ö., and C. ROBERTS: C. r. Trav. Lab. Carlsberg **25**, 285—329 (1954); Heredity **8**, 295—304 (1954). — WITKIN, E. M.: Carnegie Inst. Wash. Yearbook **50**, 185—190 (1951). — WITKIN, E. M.: Proc. Nat. Acad. Sci. USA **39**, 427—433 (1953). — WITKIN, E. M.: Genetics **35**, 141 (1950). — WITKIN, E. M., and T. THOMAS: Carnegie Inst. Wash. Yearbook **54**, 234—245 (1955). — WOLF, S., and K. C. ATWOOD: Proc. Nat. Acad. Sci. USA **40**, 187 (1954). — WOLLMAN, E. L., et F. JACOB: C. r. Acad. Sci. (Paris) **240**, 249 bis 251 (1955). — WOODWARD, V. K., J. R. DEQEEUW, A. M. SRB: Proc. Nat. Acad. Sci. USA **40**, 192 (1954). — WRIGHT, B. E.: J. Bacter. **66**, 407—420 (1954).

ZAMENHOF, S., and G. GRIBOFF: Nature (London) **174**, 307—308 (1954). — ZAMENHOF, S., G. LEIDY, E. HAHN and H. E. ALEXANDER: J. Bacter. **72**, 1—11 (1956). — ZIMMER, K. G.: Acta radiol. (Stockh.) **46**, 595—602 (1956). — ZINDER, N. D.: J. cell. comp. Physiol. **45**, Suppl. 2, 23—49 (1955). — ZINDER, N. D., and J. LEDERBERG: J. Bacter. **64**, 679—699 (1952). — ZIRKLE, R. E., and W. BLOOM: Science (Lancaster, Pa.) **117**, 487—493 (1953).

b) Genetik der Samenpflanzen.

Von Cornelia Harte, Köln/Rhein.

A. Allgemeines.

Im Berichtszeitraum haben sich die Arbeitsgebiete gegenüber dem Vorjahr nicht wesentlich verschoben, jedoch sind deutlicher einige Schwerpunkte zu erkennen. Dies ist einmal die Frage nach der Genwirkung, die Genphysiologie, dann die Mutationsforschung und das Verhalten der Allele eines Gens in der Population mit besonderer Berücksichtigung ihrer Bedeutung für die Evolution.

1. Sammelberichte.

Zu Anfang sind einige Sammelberichte über die Tätigkeit genetischer Institute zu erwähnen, die zugleich immer auch einen Überblick über die Entwicklung der Genetik geben. Als erstes sei der abschließende Bericht über die Forschungsstelle für Geschichte der Kulturpflanzen genannt (Schiemann), der die bisher dort durchgeführten und nun zu einem Abschluß gebrachten Arbeiten noch einmal zusammenfaßt. Der Jahresbericht des *National Institut of Genetics* in Misima (Japan), der jetzt für 1954 und 1955 vorliegt, zeigt wie immer den weit gespannten Rahmen der Untersuchungen dieses Instituts, von denen hier die Versuche an Agropyron, die ausgedehnten Untersuchungen am Reis, die Biochemie der Blütenfarben und die Genetik der Geschlechtsvererbung interessieren. Soweit ausführliche Publikationen vorliegen, werden diese in den entsprechenden Abschnitten erwähnt. Ähnliche Berichte werden vorgelegt vom *John-Innes-Institut* (England), von der *Deutschen Akademie der Landwirtschaftswissenschaften* zu Berlin [Stubbe (2)] und vom *Institut für Kulturpflanzenforschung* in Gatersleben. Da über die meisten der dort erwähnten Themen größere Arbeiten vorliegen, erübrigt sich hier eine nähere Besprechung. Im Wheat-Information-Service werden, ebenso wie neuerdings in den *Antirrhinum*-Forschungsberichten, kurze Zusammenfassungen über laufende Arbeiten gebracht, die meist an anderer Stelle ausführlich publiziert werden.

2. Vegetative Bastardierung.

Die Frage der Erzielung vegetativer Bastarde und der genetischen Beeinflussung durch Pfropfung wurde von sehr verschiedener Seite her weitergeführt, so an *Pisum* [Žebrak (1, 2)], *Antirrhinum* (Zacharias) und Tomaten [Stubbe (1)], aber immer mit eindeutig negativem Erfolg. Gerade in den beiden letzten Fällen wird ein sehr großes und exakt durchgearbeitetes Material vorgelegt, so daß das Fehlen einer genetischen Beeinflussung von Pfropfreis und Unterlage als gesichert gelten muß.

B. Genanalysen.

1. Qualitative Merkmale.

Die Genanalysen befassen sich neben dem Nachweis der genetischen Grundlagen verschiedener Merkmale zum Teil damit, die Vererbung bereits bekannter Allele in neuen Kreuzungen zu untersuchen, zum anderen Teil ist das Ziel gesetzt, die Homologie mehrerer Gene zu bestimmen.

Alle bisher bekannten Nacktgersten haben die gleiche genetische Konstitution n/n und auch einige neue Mutanten erweisen sich als diesem Locus zugehörig. Für die Zwischenformen zwischen bespelzten und nackten Gersten sind dagegen andere Loci verantwortlich und nicht eine Serie multipler Allele. Diese Gene zeigen eine starke Variabilität der Penetranz und Expressivität, was Veranlassung gibt, diese Begriffe zu diskutieren und eine feinere Klassifizierung und Beschreibung des Sachverhalts für ein bestimmtes Merkmal durch die Trennung nach inter- und intra-individueller Penetranz zu erreichen (Scholz). Ein ähnliches Problem liegt vor bei *Lactuca*. Die Stellung der Involucralblätter (zurückgeschlagen: aufrecht) wird vielfach als artunterscheidendes Merkmal angesehen. Eine Kreuzungsanalyse mehrerer Artbastarde zeigt eine monohybride Spaltung mit phänotypischer Variabilität der Ausprägung in den Heterozygoten (Lindquist).

Die Leguminosen sind wiederum in mehreren Fällen bearbeitet. Bei *Trifolium* konnten die bisherigen Befunde über die Vererbung der normalen Blütenfarben purpur, rosa und weiß bestätigt werden, wonach purpur recessiv ist gegenüber weiß (Picard). In einer neuen Mutante ist jedoch weiß recessiv. Die zusammen mit „weiß" aufgetretene Kurzröhrigkeit muß durch gleichzeitige Mutation in einem anderen Locus bedingt sein, da in späteren Kreuzungsgenerationen sich beide Merkmale trennen ließen (Scheibe u. Bruns-Neitzert). Bei *Medicago* ist die Analyse durch die Polyploidie erschwert. Besondere Komplikationen zeigen sich bei zwei abweichenden Eigenschaften (verzweigte Blütenstände und verkümmerte Blüte), die beide durch komplementäre Gene hervorgerufen werden, mit zum Teil tetrasomer, zum Teil disomer Vererbung (Dudley u. Wilsie). Für die Farbe der Samenschale (weiß recessiv) kommt noch hinzu, daß in den Heterozygoten für die Chromosomen mit dem c-Allel in manchen Kreuzungen eine bevorzugte Paarung stattfindet, während in Artbastarden unbeeinflußte Spaltungszahlen auftreten (Oldemeyer). Die komplizierten Farbmuster der Samenschalen bei *Vigna sinensis* werden durch 3 gekoppelte Gene bestimmt (F. Smith). Bei *Pisum* stellen die *obscuratum*-Samen mit dunkelvioletter Samenschale, die immer wieder vereinzelt in Linien mit gefleckten Samen auftreten, ein schon mehrfach behandeltes Problem dar. Die genaue Analyse zeigt, daß die Anwesenheit des dominanten Allels von mindestens einem der Grundgene für die Färbung die Voraussetzung für das Auftreten dieser Samen ist. Weiter wird die dunkle Färbung begünstigt durch alle Gene, die, gemessen am Ertrag, vitalitätssteigernd wirken. Auf dieser genetischen Grundlage haben die einzelnen Sorten eine verschieden starke Neigung für das obscuratum-Merkmal, die ihre Reaktion auf Außeneinflüsse, insbesondere die Insolation, bestimmt [Lamprecht (3)].

Eine zusammenfassende Darstellung der Purpur-Serie bei *Coleus* gibt Rife, zugleich mit der Beschreibung neuer Allele. Eine Zusammenstellung aller bisher bei *Vitis* bekannten Gene zeigt, daß trotz der intensiven Bearbeitung dieser Gattung zwar eine ganze Reihe von Genen bekannt sind, aber eine genauere Analyse, die durchaus möglich wäre, noch nicht vorliegt (DE LATTIN). Ein Beispiel dafür, daß auch in sehr komplizierten Fällen eine Aufklärung der genetischen Grundlagen eines Merkmalskomplexes möglich ist, bietet die Analyse der Blütenfärbung bei *Mimulus*. Aus einer Artkreuzung, die in der F_2 unter 1000 Pflanzen keine zwei mit der gleichen Blütenfarbe ergab, ließ sich doch nachweisen, daß unter der Vielzahl der Komponenten der Färbung und Musterbildung sowohl monogene wie polygene Vererbung vorkommt (VICKERY u. OLSON). Die Sepaloidie aus *Epilobium hirsutum* zeigt auch in verschiedenen Artkreuzungen eine monogene Spaltung. Die cruciate Rasse enthält neben dem Sepaloidie-Faktor alle Anlagen für normale Blütengröße und Kronblattfärbung, die sich in den homozygoten cr/cr-Pflanzen nicht auswirken können (ESCHENBERGER). Sehr zartwüchsige Pflanzen, die als *tenue* (*Epilobium:* ESCHENBERGER) oder *gracilis* (*Raphanus:* AXELSSON) bezeichnet werden, sind in diesen wie in allen früher beschriebenen Fällen monogen bedingt. Bei *Raphanus* trat dieses Allel als Mutante neu auf, während es bei Epilobium aus einer Kreuzung *hirsutum-cr × normal* herausspaltete. In Kreuzungen zwischen *Oenothera Berteriana* und *odorata* trat eine *chlorina*-Form auf, die außer in der Blattfärbung noch in einer Reihe anderer Merkmale von den normalen Pflanzen dieser Kreuzungen abweicht. Die Analyse ergab ein pleiotrop wirkendes, rezessives Allel als Ursache (HAUSTEIN).

2. *Quantitative Merkmale.*

Die Untersuchungen über die Vererbung quantitativer Merkmale gliedern sich in zwei Gruppen. Die erste umfaßt eine Reihe von Publikationen, in denen die statistischen Grundlagen der Planung und Auswertung von Versuchen mit quantitativen Merkmalen weiter ausgebaut werden, vor allem die Methode der diallelen Kreuzungen. Wenn dabei von einer zufälligen Kreuzungspopulation ausgegangen wird, ist eine Verallgemeinerung der bisherigen Methoden von GRIFFING (1) anwendbar. Eine andere Verallgemeinerung, bei der die Eltern sowohl homozygot wie heterozygot sein können, geben DICKINSON u. JINKS. In einigen weiteren Untersuchungen werden die Verfeinerungen der Methode gleich an Testkreuzungen angewendet, um ihre Möglichkeiten zu zeigen [JINKS, PAXMAN, ALLARD (1)]. Das Material sind Kreuzungen zwischen mehreren *Nicotiana*-Sorten und die aus ihnen gebildete Serie von diallelen Kreuzungen mit F_1, F_2 und Rückkreuzungsgenerationen. Es werden der Aufblühtermin (ALLARD, JINKS), die Griffellänge und Wuchshöhe (JINKS), die Länge des Filamentes und die Form (Längen-Breiten-Index) der drei obersten Blätter untersucht (PAXMAN). Die Feststellungen beziehen sich auf allele und nicht-allele Wechselwirkungen, Dominanz, Heterosis, Umweltwirkung und Koppelung zwischen den an der Ausbildung des betreffenden Merkmals beteiligten Loci. Für die Höhe der Pflanzen ist die Heterosis das Ergebnis der nicht-allelen Wechselwirkung zwischen komplementären Genen, wobei aber noch besonders die Wechselwirkung zwischen Genotyp und Umwelt mitspielt. Durch Wiederholung der Aufzuchten in mehreren aufeinander folgenden Jahren können die Umwelteinflüsse stärker erfaßt werden.

Mit den gleichen Methoden kann auch die genetische Stabilität der Entwicklungsprozesse geprüft werden, wenn die Varianzen innerhalb der Pflanzen und zwischen den Pflanzen einer Sorte mit in die Analyse einbezogen werden. Für die beiden Blütenmerkmale zeigten sich dabei Unterschiede in der Entwicklungsstabilität zwischen den Sorten, die genetisch bedingt sein müssen. Für die Blattform ist interessant, daß diese systematisch variiert in der Weise, daß mit zunehmender Höhe am Sproß die Blätter länger werden und außerdem Zufallsvariationen um die Regressionslinie Blattformindex/Blattstellung auftreten. Beide Größen, sowohl die Veränderung des Index wie die Variabilität, sind für jede Sorte charakteristisch und zeigen alle Eigentümlichkeiten der quantitativen Vererbung. Die positive Korrelation zwischen beiden Variationssystemen muß darauf zurückzuführen sein, daß beide während der Entwicklung über das gleiche plasmatische System wirken. Die genetische Komponente der Variabilität der beiden Blütenmerkmale geht parallel, ist aber von der Blattvariabilität unabhängig, so daß getrennte genetische Systeme angenommen werden müssen. Die genetische Kontrolle der Entwicklungsstabilität ist also nicht einheitlich für die ganze Pflanze, sondern jedes Organ hat sein eigenes Steuerungssystem, das unabhängig von den anderen nur einen Entwicklungsgang beeinflußt (PAXMAN). Das interessante an diesen Untersuchungen ist, daß nicht nur die schließlich erreichte Größe der Organe, sondern auch ihre Variabilität genetisch gesteuert ist. Einzelne Genotypen weisen eine viel stärkere Umweltlabilität auf als andere, wobei die Gene, die diese Labilität, und diejenigen, die das Ausmaß des Wachstums bestimmen, nicht identisch sind.

Einige weitere Untersuchungen befassen sich weniger mit theoretischen Überlegungen als mit der praktischen Bestimmung des Einflusses quantitativ wirkender Gene auf verschiedene Eigenschaften von wirtschaftlich wichtigen Pflanzen (Gerste: GOTOH, JOGI, WEXELSEN; *Lespedeza:* HANSON, ROBINSON u. COMSTOCK). Die gleichen Fragen der polygenen Beeinflussung des Wachstums und der Wechselwirkungen zwischen allelen und nicht-allelen Genen wird bei Antirrhinum angegangen und führt zu Schlüssen über die Beeinflussung der Wachstumskurven bei Heterozygotie in mehreren Loci (STERN).

Eine Anwendung finden die Erkenntnisse über die Genetik quantitativer Merkmale und ihre Untersuchungen mit Hilfe der diallelen Kreuzungen in der Feststellung der Kombinationseignung von Inzuchtlinien. Die theoretischen Grundlagen der Versuchsplanung für diese Fälle werden von GRIFFING (2) ausgearbeitet und an einem Beispiel illustriert. Die Vorteile, die sich durch die zwar komplizierte Auswertung der diallelen Kreuzungen nach MATHER gegenüber den anderen herkömmlichen Methoden ergeben, sind so groß, daß sich für ihre Anwendung noch weitere Möglichkeiten zeigen werden. Die praktische Anwendung der Ergebnisse über quantitative Merkmale und Selektion mit Hilfe der Berechnung eines Selektionsindex führt bei der Baumwolle zu erheblichen Verbesserungen der untersuchten Linien und zeigt gleichzeitig die Möglichkeiten, die durch konsequente Anwendung der theoretischen Erkenntnisse in der Praxis der Züchtung gegeben sind (MANNING).

3. Resistenz.

Die Untersuchungen über die Genetik der Resistenz gegen Krankheiten und Schädlinge lieferte keine grundsätzlich neuen Ergebnisse, wohl aber eine Erweiterung der Kenntnisse für einige Pflanzen. Es wurde eine monogene Resistenz gegen Tabak-Ätzvirus bei zwei *Capsicum*-Arten nachgewiesen (GREENLEAF). Die Resistenz gegen Rostpilze beim Weizen ist zum Teil monogen, zum Teil durch mehrere unabhängig wirkende Faktoren bestimmt (JONES u. AUSEMUS, KNOTT u. ANDERSON). Komplizierte, polygene Spaltungen liegen dagegen vor bei der Resistenz gegen den Kornbohrer beim Mais (PENNY u. DICKE) und gegen Nematoden bei *Trifolium pratense* (BINGEFORS). Auf theoretische Schwierigkeiten bei der Berechnung des Erblichkeitsanteils der Resistenz im Vergleich mit der Umweltvariabilität weist JOGI hin anhand eines Beispiels der Resistenzprüfung von Gerste gegen *Erysiphe.*

4. Geschlechtsvererbung.

In der Gattung *Streptocarpus* wurde durch neue Kreuzungen bestätigt, daß eine genetische Geschlechtsbestimmung vorliegt, unter entscheidender Mitwirkung des Plasmons und mit deutlicher Abhängigkeit der Geschlechtsausprägung von der Umwelt (OEHLKERS). Die Sterilität der Bastarde aus Kreuzungen kann verschiedene genetische Ursachen haben. Bei *Fragaria* ist die Pollensterilität der Bastarde zwischen *Fr.* vesca und *nilgerensis* bedingt durch eine Störung im Zusammenwirken von Plasmon und Genom (NÜRNBERG-KRÜGER). Bei den amphidiploiden Bastarden zwischen *Nicotiana tabacum* und den Arten *N. Setchellii* und *tomentosa* ist dagegen die Sterilität durch die Wirkung komplementärer Gene bedingt, die zusammen das Pollenschlauchwachstum verlangsamen und dadurch eine Befruchtung verhindern (AR-RHUSHDI).

Die Entstehung der Gynodiözie wird am Beispiel von *Origanum vulgare* untersucht (LEWIS u. CROWE). Die wahrscheinlichste Deutung ist hier diese, daß die Gynodiözie durch zwei Loci bedingt wird und auf der Grundlage eines genetischen, sporophytisch wirkenden Selbstinkompatibilitätssystems entstanden ist. Die Variabilität der Geschlechtsausprägung wurde an *Spinacia* (ZOSCHKE) und *Ricinus* (SHIFRISS) untersucht. Beim Spinat liegt ein X-Y-Mechanismus vor, der aber in seiner Wirkung durch Modifikationsgene soweit verändert werden kann, daß monözische Linien entstehen, wobei sich zeigt, daß der Habitus unabhängig von der Geschlechtsausbildung ist. Bei *Ricinus* ist der umgekehrte Fall gegeben, indem die Pflanzen vom monözischen Zustand abweichen und ein Überwiegen der weiblichen Tendenzen zeigen können. Der Übergang von der Bildung zwittriger Blütenstände zu rein weiblichen Inflorescenzen erfolgt für die einzelnen Linien zu einem verschiedenen Zeitpunkt der Entwicklung, der genetisch bedingt ist.

5. Selbststerilität.

Da eine allgemeine Übersicht über die genetischen Grundlagen der verschiedenen Formen der Selbstinkompatibilität bei Blütenpflanzen von ERNST-SCHWARZENBACH vorliegt, erübrigt es sich, an dieser Stelle auf Einzelheiten einzugehen. Einige Arbeiten bringen jedoch neue Gesichtspunkte, die sie erwähnenswert machen. Beim Roggen wurde in umfangreichen Kreuzungen festgestellt, daß die Selbstinkompatibilität auf der Wirkung von zwei multi-allelen Loci beruht, S und Z. Die Griffelreaktion ist dabei sporophytisch bedingt mit unabhängiger Wirkung der einzelnen Allele, während die Pollenreaktion gametophytisch gesteuert wird. Für eine vollständige Hemmung der Pollenschläuche ist dabei die Wirkung beider Loci nötig, die Wirkung nur eines Locus beeinträchtigt das Wachstum nicht wesentlich. Beide genetisch zu unterscheidende Loci wirken aber als physiologische Einheit, und die spezifischen Inkompatibilitätssubstanzen entstehen aus der Wechselwirkung der Allele dieser Loci (LUNDQUIST). Die Versuche mit Cruciferen führten zu einer weiteren Klärung der komplizierten Verhältnisse (*Raphanus:* KROH; *Brassica:* SHIBATA). Für *Rhaphanus* gibt, ähnlich

wie beim Roggen, ein 2-Gen-System die beste Erklärung der Kreuzungsergebnisse. Die Selbstfertilität von *Cheiranthus*, durch die diese Gattung
innerhalb ihres Verwandtschaftskreises isoliert steht, ist nur scheinbar,
da bei Bestäubung mit Pollengemischen die Selbst-Schläuche eindeutig
unterlegen sind (BATEMAN).

Die innere Konstitution des S-Locus wird in zwei Untersuchungen
behandelt. Bei *Primula obconica* (tetraploid) zeigt sich durch Einbeziehung der verschiedenen Formen der Homostylen in die Analyse,
daß der S-Locus ein zusammengesetztes Supergen ist, dessen einzelne
Teile die Griffellänge, die Ausdehnung des Leitgewebes im Griffel, die
Länge der Griffelpapillen, die Antherenhöhe, Griffelreaktion, Pollenreaktion und die Pollengröße bestimmen (DOWRICK). Wenn es auch
unmöglich ist, die Entstehung der selbstfertilen homostylen Formen
völlig zu erklären, so hat doch die Hypothese, daß sie durch crossing-
over innerhalb des Locus entstehen, die größte Wahrscheinlichkeit für
sich. Die Mutationsversuche mit *Trifolium repens* und *pratense* zeigten
ebenfalls die komplexe Konstitution des S-Locus, da die Anteile, die die
Pollen- und die Griffelreaktion bestimmen, unabhängig voneinander
mutieren können. Es treten jedoch bei *Tr. repens* mit großer Häufigkeit
auch Mutanten auf, bei denen beide Reaktionen verändert sind. Alle
Mutationen gehen in Richtung auf Selbstfertilität. Es erscheint möglich,
das Fehlen dieser Formen bei *Tr. pratense* darauf zurückzuführen, daß
bei dieser diploiden Form im Gegensatz zur tetraploiden Art *Tr. repens*
die Doppelmutation letal wirkt (PANDEY). Die Kreuzungen in der
trimorphen Gattung *Oxalis* lassen erkennen, daß die Genetik der Griffellänge nicht für alle Arten einheitlich ist. Die Kurzgriffligkeit ist bei
einzelnen Arten dominant, bei anderen recessiv (FYFE).

In der biennis-1-Gruppe von *Oenothera* ließ sich nachweisen, daß die
α-Komplexe der verschiedenen Formen einen Selbststerilitätsmechanis-
mus des *Nicotiana*-Typs enthalten, der die Entstehung der $\alpha \cdot \alpha$-Formen
nach Selbstung verhindert, während die β-Komplexe ein Selbst-
fertilitätsallel besitzen. Da der α-Komplex jeder Form ein anderes
Sterilitätsallel enthält, können aus Kreuzungen $\alpha \cdot \alpha$-Bastarde hervorgehen, die selbstfertil sind. Der Selbststerilität kommen hier eine
phylogenetische Bedeutung zu, da sie zusammen mit der Eizellenkon-
kurrenz bereits die Entstehung konstanter Bastarde innerhalb dieser
Gruppe erklären könnte (STEINER).

Untersuchungen an einem Farn (engl. *bracken*, lat. Name ist nicht angegeben)
zeigten, daß hier die Inkompatibilitätsreaktion nach Selbstung der Prothallien
durch multiple Allele bestimmt wird und die Hemmung der Spermien wahrscheinlich im Schleim des Archegonienhalses stattfindet (WILKIE).

6. Multiple Allelie.

Die neueren Untersuchungen über multiple Allelie beschränken sich auf die
Feststellung weiterer Loci und die Ausbreitung der Kenntnisse über bereits
bekannte Serien, so die R-Serie bei *Coleus*, von der drei weitere Allele beschrieben
werden, von denen ziemlich sicher angenommen werden kann, daß sie echte Allele
und keine Pseudoallele sind (RIFE). Bei diploiden Kartoffeln ist dagegen das
Anthocyangen B mit einer Serie von 5 Allelen als Supergen anzusehen, das aus

einzelnen Teilen zusammengesetzt ist, die auf die Färbung in verschiedenen Teilen der Pflanze einwirken (DODDS u. LONG).

In früheren Untersuchungen kam FLOR zu dem Schluß, daß bei *Linum usitatissimum* und dem Parasiten *Melampsora lini* eine genetische Parallele bestand von der Art, daß bestimmten Resistenzgenen des Wirtes Virulenzgene des Parasiten entsprechen würden. Es sollten bei *Linum* drei Serien multipler Allele für die Resistenz verantwortlich sein. Eine Nachuntersuchung von MAYO, bei der das Material von FLOR, einer eingehenden statistischen Analyse unterzogen wird, zeigt aber, daß nicht unbedingt multiple Allele vorliegen müssen, da das Material auf Grund von Mängeln der vorgenommenen Kreuzungsfolgen keine Entscheidung zwischen enger Koppelung und multipler Allelie zuläßt. Das gleiche gilt auch für die Virulenzgene des Parasiten, so daß das Verhältnis Wirt-Parasit bei *Linum* und *Melampsora*, das als ein genetisch besonders gut untersuchter Fall sowohl der Resistenz wie auch der multiplen Allelie galt, einer erneuten Bearbeitung mit besseren Kreuzungsschemata bedarf.

C. Genwirkung.

1. Synthese von Inhaltsstoffen.

Bei der Bearbeitung der physiologischen Wirkung der Gene stand wieder die Untersuchung des Anthozyane und verwandter Farbstoffe im Vordergrund. Die wichtigsten Ergebnisse dieser Arbeiten sind, daß es Grundgene für die Farbstoffbildung gibt, deren mutierte Allele jede Ausbildung von Blütenfarbstoffen verhindern, so bei *Antirrhinum* die Gene *nivea* (BÖHME u. SCHÜTTE) und *y* (DAYTON), die aber evtl. identisch sind. Das Gen *incolorata* beeinflußt bei *Antirrhinum* dagegen nur die Anthocyanbildung, nicht die Anthoxanthine. Eine Reihe von weiteren Genen bei verschiedenen Objekten, die Veränderungen der Farbstoffmoleküle bewirken, greift sowohl die Anthocyane wie die Anthoxanthine an, während andererseits der Synthesegang verschiedener Anthocyane, wie Cyanidin und Päonidin bei *Solanum* (HARBORNE) bereits frühzeitig getrennt werden muß, da beide von verschiedenen Genen abhängen. Grundsätzlich die gleichen Verhältnisse liegen vor bei *Dianthus* (GEISSMAN, HINREITER u. JÖRGENSEN) und *Viola* [ENDO (1)].

Bei *Medicago* waren in Pflanzen, die somatische Mutationen zu farblosen Blüten zeigten, jeweils mehrere Anthocyane ausgefallen. Die Mutationen müssen also Gene betreffen, die entweder auf gemeinsame Vorstufen einwirken oder direkt in die Anthocyansynthese eingreifen, und zwar dann so, daß der Einfluß vor der Trennung der Synthesegänge der verschiedenen Farbstoffe erfolgt oder mehrere, verschiedene Moleküle gleichartig angegriffen werden (LESINS). DAYTON u. BÖHME und SCHÜTTE geben Schemata der mutmaßlichen Farbsynthese, die davon ausgehen, daß die modifizierenden Gene auf Farbstoffvorstufen einwirken und nicht auf die Farbstoffe selber.

Die Wirkung polygener Gene auf die Anthocyanbildung und die Komplikationen durch Wechselwirkung mit anderen Erbfaktoren, die nicht direkt die Farbstoffsynthese beeinflussen, wurde am klassischen

Beispiel der Färbung von Weizenkaryopsen untersucht (PAQUET), wobei sich herausstellte, daß zwischen dem Grad der Ausfärbung und der Anzahl der Farbgene kein direkter Zusammenhang besteht, da die Färbung durch die erwähnten Wechselwirkungen wesentlich verändert wird. Daß Farbunterschiede nicht immer auf verschiedene Farbstoffe zurückgehen, ließ sich beim Reis zeigen (NAGAO, TAKAHASHI u. MIYA-MOTO), bei dem alle Farbvarianten einheitlich Cyanidin enthalten. Die einzelnen Serien multipler Allele, die nachgewiesen wurden, wirken nur auf sekundäre Faktoren ein, wie Farbstoffmenge oder Verteilung in der Pflanze. Serien multipler Allele für die Farbstoffverteilung kommen auch bei Solanum tuberosum vor (DODDS u. LONG).

Die Untersuchung der Flavone bei 6 Gramineengattungen (*Triticum, Aegilops* u. a.) zeigt nahe Verwandtschaft der gefundenen Flavonzusammensetzung innerhalb einer Gattung, dagegen größere Differenzen zwischen den Gattungen und einen deutlichen Zusammenhang der Komplikation des Farbstoffsystems mit der Ploidiestufe [ENDO (2)].

Auch bei den Anthocyanen liefert die Einbeziehung der polyploiden Formen in die Untersuchung Hinweise auf die Gendosiswirkung, die durch die Wechselwirkung zwischen den Allelen zu erklären sind unter der Annahme, daß jedes Allel eine selbständige Wirkung ausübt (*Antirrhinum*) oder beide Allele eines Gens komplementär arbeiten (*Silene:* SEYFFERT). Hierdurch kommt ein neuer Gesichtspunkt in die Diskussion über die Genwirkung, da bisher fast einheitlich angenommen wurde, daß die Allele eines Locus qualitativ gleich, aber quantitativ verschieden wirken.

Die zweite Gruppe von Farbstoffen, die intensiver bearbeitet wurde, sind die Carotinoide. Bei Paprika sind die Unterschiede im Gehalt an Carotinoiden zwischen roten und gelben sowie zwischen grünen und braunen Früchten monogen bedingt, wobei alle Carotinoide so reagieren, als ob sie in einem einheitlichen Synthesegang durch ein Oxydationssystem hergestellt würden [KORMOS u. KORMOS (1, 2)]. Bei Tomaten dagegen zeigte eine genauere Untersuchung, daß das β-Carotin anscheinend auf zwei verschiedenen Wegen entstehen kann, einmal unter dem Einfluß des Allels B durch Umwandlung aus Lycopin und parallel zu diesem Farbstoff in $B^+ B^+$ Pflanzen (TOMES, QUACKENBUSH u. KARGL).

Daß auch andere Stoffsynthesen genetisch gesteuert werden, zeigt der Befund, daß Rassen von *Sedum acre* verschiedener Herkunft sich durch die Bildung verschiedener Alkaloide unterscheiden, nämlich Sedridin bei Pflanzen aus Darmstadt und Sedamin und Nicotin bei einer Kanadischen Rasse (SCHÖPF u. UNGER). Eine Kreuzungsanalyse, die Rückschlüsse auf die Anzahl der beteiligten Gene und ihre Wirkungsweise zuließ, ist hier aber nicht vorgenommen.

Die Wirkung der Gene, die in den Chlorophyllhaushalt eingreifen, kann trotz sehr genauer Untersuchung einer Anzahl von Mutanten der Gerste noch nicht als geklärt angesehen werden (NYBOM, SAGROMSKY). Die besondere Temperaturempfindlichkeit der Wirkung der Chlorophyllgene zeigte sich auch bei einer neuen Mutante vom Reis, die bei optimaler Temperatur Chlorophyll besitzt, bei nur wenig davon abweichender Temperatur aber gelbe Blätter bildet (KATAYAMA u. SHIDA).

2. Morphologische Merkmale.

Die Genphysiologie der morphologischen Merkmale ist bisher nur sehr wenig bearbeitet, wird aber jetzt in fortschreitendem Maße berücksichtigt. Die Untersuchungen der Genwirkung für morphologische Merkmale zeigten für einige Sproßmutanten, daß hier die Mutation in irgendeiner Weise den Wuchsstoffhaushalt verändert. Beim Mais konnte bei vier von sechs Zwergmutanten durch Dauerzufuhr von Giberellinsäure das Längenwachstum von Sproßachse und Blättern normalisiert werden. Bei den anderen geprüften Formen bestand keine oder eine kaum meßbare Wirkung, so daß bei diesen ein anderer Vorgang, der nicht durch Zufuhr von Giberellinsäure ausgeglichen werden kann, gestört sein muß (PHINNEY). An genetisch einwandfreiem Material wurde festgestellt, daß bei zwei Zwergmutanten und der Normalform vom Mais das erste Blatt am Embryo gleichzeitig angelegt wird, und auch das erste Wachstum geht zunächst gleichartig bei allen drei Formen vor sich. Erst im Alter von 28 Tagen nach der Bestäubung stellen sich die ersten Unterschiede ein in der Geschwindigkeit des Wachstums, indem die Mutanten immer weiter zurückbleiben. Diese Differenz steigert sich weiter und führt dadurch zum Zwergwuchs (STEIN).

Bei *Pisum* scheint sich eine verbänderte Mutante im Wuchsstoffgehalt dadurch von der Normalform zu unterscheiden, daß vor der Ausbildung der Anomalie ein stark erhöhter Wuchsstoffspiegel vorhanden ist. Da sich bei normalen Sorten durch Zufuhr von Heteroauxin verbänderungsähnliche Anomalien erzeugen lassen, wird der Schluß gezogen, daß die primäre Störung bei dieser Mutante in einer Überproduktion von Wuchsstoffen liegt. Trotz erheblicher Ungenauigkeiten sowohl der morphologischen wie der physiologischen Untersuchungen und dem Fehlen jeglicher quantitativer Angaben scheinen doch die qualitativen Differenzen in die erwähnte Richtung zu deuten (GRUPE, SCHEIBE, SCHEIBE u. WÖHRMANN-HILL-MANN).

Die Blattbildung unter dem Einfluß verschiedener Mutanten wurde mehrfach untersucht, nachdem bisher wenig Befunde darüber vorlagen. Bei einer unifoliaten Mutante von *Vicia faba*, die auch Mißbildungen der Blüten aufwies, zeigte die Untersuchung der Entwicklung, daß eine Störung am Vegetationskegel vorliegt, wodurch die Ausdifferenzierung der Blattorgane verändert wird und besonders labil ist (SCHEIBE u. GOTTSCHALK). Bei laciniaten und asplenifoliaten Laubbäumen greifen die Gene, durch die sie sich von der Normalform unterscheiden, in die Differenzierung der verschiedenen Meristeme ein in der Weise, daß jeweils einer Hemmung an einer Stelle eine Förderung an einer anderen Stelle entspricht. Die unter dem Einfluß der mutierten Allele entstehenden, abweichenden Blattformen sind das Ergebnis dieser Veränderungen der Korrelationssysteme, die zwischen den einzelnen Meristemen bestehen. Die ersten feststellbaren Abweichungen liegen in sehr frühen Stadien der Blattentwicklung (LÜCK).

Bei den sepaloiden Kronblättern von *Oenothera* und *Epilobium* treten die Störungen ebenfalls bereits sehr früh auf, kurz nach dem Sichtbarwerden des Primordiums, bei der Ausbildung des Randmeristems. Das Ausmaß der Störung kann durch Modifikatorgene beeinflußt werden (KOVALEWICZ). Die *cruciata*-Gene hemmen die Umstimmung, die im Vegetationskegel der Blüten zwischen der Kelchblatt- und Kronblattbildung vor sich geht, so daß die Petalenprimordien bereits angelegt werden, wenn der Vegetationskegel sich noch im Sepalenstadium befindet. Bei einigen Blütenformmutanten von *Antirrhinum majus* greifen die betreffenden Gene in die Determination der Blütenanlagen ein. Es scheint möglich, diese Wirkung über die Hemmung eines Blühstoffes oder einer Vorstufe davon durch die mutierten Allele zu interpretieren (BERGFELD).

3. Dominanzwechsel.

In Kürbiskreuzungen zwischen grün- und gelbfrüchtigen Sorten wurde festgestellt, daß die Heterozygoten in jungen Entwicklungsstadien grüne Früchte haben, bei der Reife jedoch dem gelbfrüchtigen Elter ähneln (GREBENSČIKOV). Nach der Definition des Verfassers liegt hier ein Dominanzwechsel vor, wobei in jungen Früchten das grün-Allel, bei der Reife das gelb-Allel dominiert. Wenn man als Phänotyp jeweils nur den Zustand des Individuums in einem bestimmten Augenblick ansieht und die Dominanz nach dem Ergebnis der Auszählung der Spaltung in diesem Augenblick bestimmt, muß man tatsächlich zu der Auffassung kommen. Wenn man dagegen bei der Definition der Dominanz von der Genwirkung ausgeht, den Phänotyp dynamisch betrachtet und durch die Veränderungen während der Entwicklung charakterisiert, dann liegt hier ein Fall von intermediärer Ausprägung in den Heterozygoten vor. Bei einem Elter erfolgt der Chlorophyllabbau in der Fruchtknotenwand vor dem Öffnen der Blüte, beim anderen erst bei Überreife der Frucht, und in den Heterozygoten während der Fruchtreife, also zeitlich zwischen dem Abbau in den Eltern. Bei einer solchen Betrachtung ist der Phänotyp nicht zu umschreiben als „Fruchtfarbe", sondern als „Geschwindigkeit des Chlorophyllabbaues in der Fruchtwand" und im Bastard wechselt nicht die Dominanz der beiden Allele, sondern die vom gelb-Allel gesteuerte Geschwindigkeit des Abbaus zeigt eine Beziehung zur Gendosis. Auch alle übrigen, vom Verfasser angeführten Fälle, die als Dominanzwechsel klassifiziert werden, sind in dieser Weise als Beispiel einer intermediären, d. h. hier einer dosis-abhängigen Genwirkung aufzufassen. Ein echter Dominanzwechsel wäre dann in den Fällen anzunehmen, in denen zwischen den einzelnen Heterozygoten Unterschiede in der Merkmalsausbildung bestehen, so daß das eine Individuum den einen Elter, das andere dem anderen Elter ähnlich sieht.

D. Koppelung und crossing-over.

Die Arbeiten zu diesem Fragenkreis lassen sich in drei Gruppen ordnen. Die ersten befassen sich mit der grundlegenden Problematik des crossing-over und der Berechnung der Austauschwerte. ALLARD (2) bringt neue Formeln für die Berechnung der Austauschwerte, die es ermöglichen, verschiedenartige Daten (F_2+Rückkreuzungen) zu kombinieren und nach der Methode des wahrscheinlichsten Wertes den Grad des crossing-over zu bestimmen. PAYNE legt seiner Methode den mehrfachen Austausch zugrunde, und SHULT u. LINDEGREN gehen bei ihrer Ableitung von der Tetradenanalyse aus und stellen die Unterschiede im Ansatz heraus, die zu berücksichtigen sind, wenn ganze Tetraden im Gegensatz zu einzelnen Chromatiden den Beobachtungsdaten zugrunde liegen.

Die zweite Gruppe von Untersuchungen befaßt sich in klassischer Weise mit der Feststellung von Austauschwerten und der Lokalisation neuer Gene in bereits bekannten Koppelungsgruppen. So konnte das Gen *helix* von *Oenothera* dem Chromosomenende 3, distal von *P*, zugewiesen werden (CHROMETZKA). Die Koppelungsgruppen von *Pisum* wurden durch die Lokalisation weiterer Gene erweitert (*Gp—R*, LAMM) und die Gene *Tram* und *Cal* auf Grund umfangreicher Kreuzungen lokalisiert [LAMPRECHT (4, 5)]. Besonders für die Koppelungsgruppe I wurden die bisherigen Daten einer kritischen Revision unterzogen und mit Hilfe neuer Kreuzungen eine verbesserte Genkarte dieser Gruppe aufgestellt. Hierbei ergaben sich weitere Anhaltspunkte für die starke Variabilität der crossing-over-Werte bei *Pisum*. Besonders an den Chromosomenenden ist diese für eng gekoppelte Gene sehr groß, während in der Mitte der Koppelungsgruppen die Variabilität der Werte aus verschiedenen Kreuzungen am geringsten ist. Für sehr lange Strecken (42—55 Einheiten) sind dagegen statistisch bedeutsame Unterschiede kaum feststellbar [LAMPRECHT (6)].

Die letzte Gruppe der Arbeiten behandelt das Problem des crossing-over in Supergenen aus Reihen scheinbar multipler Allele. Innerhalb des R-Locus bei Mais können asymmetrische Koppelungsbrüche vorkommen, die eine starke Mutabilität der verschiedenen Allele vortäuschen (STADLER u. EMMERLING). Auch im Heterostylie-Locus bei *Primula obconica* können neue Allele, insbesondere für fertile Homostyle, durch crossing-over innerhalb des Locus entstehen (DOWRICK).

E. Heterosis.

Während in den letzten Jahren eine Anzahl von Autoren sich mit den grundsätzlichen Fragen des Heterosisproblems befaßte, liegen im Berichtszeitraum im wesentlichen nur Untersuchungen vor, die sich mit der Feststellung der Heterosis in bestimmten Fällen begnügen, daneben aber auf die Probleme bei der Bestimmung der Heterosis hinweisen und eine Kritik der bisherigen Methoden enthalten.

Durch kritische Untersuchungen der Heterosis beim Mais ließen sich zwei Fehlerquellen aufzeigen, deren Wirkung die Schlüssigkeit von Versuchen stark beeinträchtigen kann. Es werden meist Linien gekreuzt, von denen angenommen wird, daß sie nur in einem Gen unterschieden sind, nämlich Mutante und Ausgangslinie. Da aber beide bereits längere Zeit getrennt sind, ist mit Sicherheit zu sagen, daß sie in den polygenen Systemen, die die gemessene Eigenschaft beeinflussen, nicht identisch sind. Hierdurch ergibt sich, daß in den Elternlinien und den Bastarden die beiden Allele des untersuchten Gens auf einem unterschiedlichen genetischen Hintergrunde wirken und damit Verschiedenheiten in ihrer Wirkung auftreten können, durch die eine Heterosis vorgetäuscht wird. Zugleich lassen sich aber Wege aufzeigen, wie diese Fehlerquelle zu vermeiden ist, nämlich durch Kreuzung der beiden zu vergleichenden

Elterlinien mit verschiedenen, möglichst homozygoten Testlinien und Vergleich der jeweils zusammengehörenden Bastarde, von denen der eine (Testlinie × Normalform) für den untersuchten Locus homozygot, der andere (Testlinie × Mutante) heterozygot ist, während der Grad der Heterozygotie in den übrigen Loci für beide ungefähr gleich sein wird. Der andere Weg besteht in der Kreuzung der Elternlinien mit nachfolgender Selbstung über mehrere Generationen und Vergleich der herausspaltenden Typen, wenn angenommen werden kann, daß zwar die einzelnen Individuen in bezug auf die übrigen Gene nicht einheitlich sind, aber die Gesamtheit der Homo- und Heterozygoten den gleichen Anteil an der Variabilität des polygenen Systems aufweisen wird (SCHULER u. SPRAGUE). Auf die gleiche Schwierigkeit, nämlich daß Fehler bei der Deutung von gefundenen Unterschieden entstehen, wenn die Voraussetzung, daß jede der geprüften Formen das gleiche Maß an genetischer Variabilität aufweist, für das untersuchte Material nicht zutrifft, weisen auch andere hin (ROBINSON, COMSTOCK, KHALIL u. HARVEY).

Messungen an Bastarden einiger Mutanten von *Antirrhinum majus* mit der Ausgangssippe zeigten, daß selbst dann, wenn sich in einzelnen Entwicklungsstadien eines Bastards Meßwerte für die Größe ergeben, die über den Eltern liegen, hierin noch nicht sofort ein Beweis für Heterosis zu sehen ist. Bei Kreuzungen von Formen mit sehr unterschiedlichen Wachstumsrhythmen können solche Unterschiede durch die Annahme einer unterschiedlichen Dominanz der Allele in bezug auf ihre Wirkung auf Endgröße und Wachstumsgeschwindigkeit erklärt werden (STERN). Die oben dargelegten Gesichtspunkte wurden bei diesen Untersuchungen an *Antirrhinum* nicht berücksichtigt, so daß für diese auch eine einfachere Erklärung als die schwer verständlichen Unterschiede der Dominanz möglich ist, nämlich eine Beeinflussung der untersuchten Reaktionen durch den „genetischen Hintergrund", der in Elternformen und Bastard verschieden ist.

Bei tetraploiden *Arabidopsis thallianum* konnte dagegen Superdominanz bei einem Gen für Chlorophyllbildung eindeutig nachgewiesen werden (WRICKE). Der Vergleich von Wachstumsraten des Scutellums und der Anlegung der Blätter bei Maisembryonen aus Inzuchtlinien und deren Bastarden zeigte, daß hier die Heterosis sich in einer Entwicklungsbeschleunigung auf sehr frühen Entwicklungsstadien der Bastarde auswirkt, in einem Einzelfall auch durch eine Verlängerung der Wachstumsperiode, während der Zuwachs nach Anlegung der Organe bei Eltern und Bastarden gleich ist (STEIN).

Ein weiterer Aspekt der Heterosis, nämlich die Bedeutung für die Evolution, wird von WILLIAMS u. BROWN angeschnitten, und durch die Untersuchung des Heterozygotiegrades bei *Prunus avium* wird wahrscheinlich gemacht, daß hier die als Heterosis zu bezeichnende Bevorzugung der Heterozygoten durch die pleiotrope Wirkung der beteiligten Allele auf polygen bedingte Merkmale zustandekommt. Untersuchungen am Roggen zeigten die Bedeutung der Heterozygotie für die Selektion, und zwar ließ sich nachweisen, daß nicht die Bastardnatur an sich, sondern nur diejenige für eine bestimmte Translokation einen Selektionsvorteil darstellte (THOMPSON u. REES).

F. Mutationsforschung.

In der Mutationsforschung befassen sich eine Reihe von Autoren mit der vergleichenden Prüfung der mutagenen Wirkung verschiedener Strahlenquellen. Alle finden einige Unterschiede in der Wirkung, die sich einmal in der Häufigkeit der ausgelösten Mutationen und zum anderen in der Art der Mutanten anzeigen. Die Differenzen sind aber schwer zu interpretieren und auch die geringe Größe der Unterschiede macht eine weitere Bearbeitung dieser Fragen notwendig, bevor endgültige Schlüsse gezogen werden können [NYBOM (1)], LAWRENCE, KONZAK (1), KONZAK u. SINGLETON (1, 2)]. Eine Untersuchung chronischer γ-Strahlung mit ^{60}Co zeigte an Gerste, daß keine untere Grenze der Mutationsauslösung besteht, und daß die Menge der Mutationen die gleiche ist wie bei einmaliger Bestrahlung mit gleicher Strahlungsmenge in kürzerer Zeit [NYBOM (2), GUSTAFSSON, GRANHALL und EHRENBERG].

Die Wirkung von Begleitfaktoren wurde an zwei bereits bekannten Einflüssen erneut studiert. Der Unterschied zwischen der Bestrahlung in Luft, O_2 und N_2 zeigt den Effekt einer Herabsetzung der Mutationsrate in Stickstoff an Endospermmutationen beim Mais [KONZAK (3)] und wurde in Zusammenhang gebracht mit dem Bruch-Restitutions-Cyclus der Chromosomenmutationen, die wahrscheinlich den beobachteten Effekten zugrunde liegen. Die Bedeutung des Wassergehaltes während der Bestrahlung wurde an Gerste erneut bestätigt [KONZAK (1), GELIN].

Die Mutationsauslösung durch Chemikalien führte bei *Antirrhinum* zu dem Nachweis, daß auch bei diesem Objekt eine wesentliche Erhöhung der Mutationsrate durch die Anwendung des erprobten Urethan-KCl-Gemisches erzielt wird, und daß hiermit nicht nur Chromosomen-Veränderungen, sondern auch sichtbare Mutationen entstehen [OEHLKERS (2)]. Ein ausführlicher Sammelbericht über die chemische Mutationslösung durch Arzneimittel liegt vor von BARTHELMESS, so daß diese hier nicht weiter besprochen werden muß.

Eine Reihe weiterer Untersuchungen befaßt sich mit praktischen Fragen der Mutationszüchtung und zeigt die steigende Bedeutung dieser Arbeitsrichtung. Die Versuche führten zu Linien mit erhöhter Resistenz gegen Rostpilze bei Hafer und Weizen [KONZAK (2), KONZAK, BERLAUG, ACOSTA u. GIBLER] und zu verschiedenartigen Mutanten bei *Soja* (ZACHARIAS).

Eine ganz andere Fragestellung bearbeitet KAPPERT, der an *Matthiola* eine Reihe von Mutanten daraufhin überprüft, ob sie als Ausgangspunkt für eine phylogenetische Entwicklung dienen könnten, und diese Frage bejaht.

G. Populationsgenetik.

1. Statistische Behandlung.

Eine besondere Berücksichtigung erfahren die statistischen Probleme der Populationsgenetik. Die Grundlagen werden ausführlich, wenn auch einseitig, dargestellt bei LI (1) in einem Lehrbuch der Populationsgenetik. In einer anderen Arbeit wird in einer für Leser mit statistischer

Vorbildung leicht verständlichen Form die Verwendung der Pfad-koeffizienten in der Populationsgenetik und für verschiedene andere genetische Fragen dargestellt [LI (2)].

Die weiteren Veröffentlichungen beziehen sich auf speziellere Fragen, die nur mit gründlicher Kenntnis der Biometrie bearbeitet werden können. Dabei stehen die Probleme der Selektion unter verschiedenen Voraussetzungen im Vordergrund. Die Veränderungen der Genhäufig-keit unter natürlicher Selektion bei wechselndem Selektionsdruck unter-sucht KIMURA (1). Die Wirkung der Selektion für den Fall, daß zwei eng gekoppelte Loci vorliegen, die beide zwei Allele besitzen, wovon eines einen deutlichen Selektionsvorteil aufweist, ist Gegenstand einer anderen Untersuchung [KIMURA (3)]. Die Entstehung eines stabilen genetischen Gleichgewichts bei multi-allelen Loci erfordert eine weitere Ausarbeitung der Formeln [KIMURA (2, 4)].

Die Wirkung der extremen Inzucht durch Selbstbefruchtung bei gleichzeitiger Selektion gegen die Homozygoten behandelt HALDANE (1), während ein ähnliches Problem, nämlich die Wirkung der Selektion gegen extreme Varianten, von ROBERTSON allgemeiner angefaßt wird, ausgehend von den beiden Annahmen, daß die Selektion entweder gegen die extremen Abweicher, oder gegen die Homozygoten gerichtet ist. In einer Population, in der sowohl Selbstung wie Kreuzung möglich ist und zufallsgemäß erfolgt, strebt die Population einem Gleichgewichts-zustand zu, bei dem die Heterozygotie in relativ wenigen Individuen der Population konzentriert ist (BENNETT u. BINET). Die Selektion quantitativer Merkmale, die durch polygene Systeme beeinflußt werden, führt unter der Wirkung von Selbstung, zufallsgemäßer oder selektiver Paarung zu populationsgenetisch jeweils sehr verschiedenen Ergebnissen. Wenn sehr viele Gene beteiligt sind, kommt durch die selektive Paarung ähnlicher Individuen nicht sofort eine Verstärkung der Homozygotie zustande, sondern eine Förderung der Extreme auf Kosten der balan-zierten Genkombinationen. Am Beispiel des Blühtermins von *Nicotiana* wird die Wirkung und der Gang der statistischen Analyse demonstriert (BREESE). Eine allgemeine Übersicht über die statistischen Probleme der Selektion gibt schließlich WRIGHT.

Die Letalfaktoren erfordern wegen ihres stärkeren Selektionsnach-teiles eine besondere Bearbeitung, um die Lebenserwartung eines neu aufgetretenen, recessiven letalen Allels und die Wahrscheinlichkeit für die Bildung von balanzierten Letalfaktoren zu berechnen (BENNETT). Das besondere Problem einer Schätzung der Vitalität verschiedener Phänotypen wird von HALDANE (2) aufgegriffen am Beispiel einer Population, in der zwei Phänotypen im gleichen Verhältnis erwartet werden, aber in verschiedener Häufigkeit auftreten.

2. Praktische Anwendung.

Neben diesen mehr theoretisch-statistischen Arbeiten stehen eine Reihe von Untersuchungen, die sich mit den praktisch nachprüfbaren Veränderungen in einer empirischen Population befassen, vor allem mit der Wirkung des Bestäubungstyps auf die genetische Konstitution der Population. Allgemein bewirkt Selbstung eine Erhöhung der Homozygotie, während Fremdung eine Vermehrung der Heterozygotie in der Population zur Folge hat. Bei *Vicia faba* wirkt Selbstung gleichzeitig der Fertilität entgegen, so daß mit den 30% Fremdung, die festgestellt wurden, beide Wirkungen sich aufheben und ein mittlerer Heterozygotiegrad erhalten bleibt (DRAYNER). Bei *Acacia mollissima* zeigt sich in mehreren Populationen nach künstlicher Selbstung, daß die meisten Bäume heterozygot für mehrere Gene sind, die Blattform und -farbe betreffen. Durch Vergleich der Spaltungszahlen nach Selbstung und freier Bestäubung ließ sich eine Fremdbestäubung von 85% errechnen. Hierdurch wird von der Population ein hoher Grad an Heterozygotie angestrebt, dem dadurch entgegengewirkt wird, daß infolge des Verbreitungsmodus der Samen bei natürlicher Vermehrung des Bestandes benachbarte Bäume oft die gleichen Allele enthalten und so auch nach Fremdung ein Auftreten von Homozygoten möglich ist (MOFFET). Bei *Gossypium* wurde für eine ähnliche Fragestellung ein anderer Weg der Bearbeitung eingeschlagen. Ausgangspunkt war die Population, die aus Selbstung von Bastarden bekannten Genotyps hervorgegangen war, so daß die Ausgangsgenhäufigkeit bekannt war. Das Auftreten der verschiedenen Genkombinationen in der Nachkommenschaft der einzelnen Pflanzen läßt den Schluß zu, daß die Genhäufigkeit in der Nachkommenschaft dieser Mischpopulation nicht nur bestimmt wird von der vorhandenen Gendichte, sondern weitgehend beeinflußt wird durch die verschiedene relative Häufigkeit der verschiedenen Genotypen (nicht der Gene!), die Menge des Pollens je Blüte und das Ausmaß der Fremdung. Die bei den Berechnungen angewandte Methode wurde zwar für einen speziellen, praktischen Zweck ausgearbeitet, dürfte sich aber auch bei rein theoretischen Fragestellungen besser bewähren, als die bisher für die Messung der Fremdung üblichen Methoden (STEPHENS).

Eine Nachuntersuchung der vielbesprochenen Lysenkoschen Versuche über die Umwandlung von Winterweizen in Sommerweizen [STUBBE (3)] konnte keine Bestätigung hierfür ergeben, zeigte aber wohl, daß eine bestimmte Sorte, Kaschitzer Winterweizen, eine morphologisch einheitliche Mischpopulation aus Winter- und Wechselweizen darstellt, bei der durch Frühjahrsaussaat eine Trennung der beiden Linien möglich ist. Es erscheint wahrscheinlich, daß die russischen Autoren mit ähnlichem Material gearbeitet haben.

H. Artbildung.

1. Artbegriff.

Eine Fortführung der Kreuzungsanalysen bei „Artbastarden" der Gattung *Pisum* zeigt, daß einmal *P. sativum* als Varietät von *P. arvense* anzusehen ist und mit dieser Art vereinigt werden muß, da die erstere eine Kulturform ist, die durch die Mutation in einem Grundgen für Anthozyanbildung aus *P. arvense* hervorgegangen ist. Zum anderen halten sich die bisher als Arten beschriebenen Formen *P. elatius* und *Jormadi* auch in den als art-trennend angegebenen Merkmalen im Variationsbereich von *P. arvense* und lassen sich mit dieser fertil kreuzen. Die Analyse der Spaltungen in den Nachkommen ermöglicht eine vollständige Homologisierung der Koppelungsgruppen dieser Arten mit denen von *P. arvense var. sativum.* Diese vier Formen sind daher zu einer Art *P. arvense* zu vereinigen [LAMPRECHT (1, 2)]. An weiteren Formen werden die früher begonnenen Versuche über Artunterschiede und ihre Bedeutung für die Abgrenzung der Arten fortgesetzt (*Saxifraga:* MARSDEN-JONES; *Plantago:* GORENFLOT).

2. Artbildung durch Mutation.

Für *Avena fatua* läßt sich jetzt als wahrscheinlich annehmen, daß diese nicht die Stammform einer Reihe von *Avena*-Arten ist. Aus *Avena sterilis* ließen sich durch Röntgenbestrahlung der Samen mit

Dosen von 20—30000 r häufig *fatuid*-Mutanten erzeugen. Spontan aufgetretene *fatuid*-Formen dürften daher für die Artbildung von *A. fatua* aus *A. sterilis* eine Rolle gespielt haben (GRIFFITHS u. JOHNSTON). Die Fortführung der Studien über die Phylogenie der Gattung *Oenothera* zeigte u. a. für eine Form, daß einer der beiden Komplexe keinen Letalfaktor enthält, aber die Homozygoten schwach vital und pollensteril sind. Diese Anhäufung von subletalen Mutationen ist zu erwarten, wenn ein Komplex in einer konstanten Heterozygoten weitergegeben wird (STINSON u. STEINER).

3. Artbildung durch Bastardierung.

In der Gattung *Viola* führten die Untersuchungen über die Variabilität in Populationen, die Möglichkeiten der Artkreuzung, die Fertilität der Bastarde und die Analyse der genetischen Grundlagen einzelner Merkmale zu Einsichten über die Phylogenie innerhalb der Gattung. Die Gartenformen sind als auto-allopolyploide Bastarde zwischen *Viola lutea* und *tricolor* anzusehen (HORN). Wie am Beispiel von *V. riviniana* und *reichenbachiana* nachgewiesen wird, besteht auch zwischen Arten mit verschiedener Chromosomenzahl die Möglichkeit der Kreuzung und Rückkreuzung und damit der Introgression von Allelen einer Art in die andere. Aus den Nachkommen der Artbastarde können auch neue Arten entstehen, wenn die veränderte morphologische Variabilität mit einer Veränderung der Möglichkeiten einer ökologischen Anpassung parallel geht (VALENTINE). Eine Untersuchung von Mischpopulationen zwischen *Viola septentrionalis* und *cucullata* ließ dagegen zwei Möglichkeiten offen. Entweder ist hier die Introgression so weit vorgeschritten, daß in Zukunft eine der beiden Arten genetisch in der anderen aufgehen wird, oder es wird hier der Anfang der Artbildung beobachtet, die später einmal zu einer Trennung der beiden Arten führen wird (RUSSEL).

In der Gattung *Pentstemon* kommen mehrere Arten nebeneinander vor, ohne daß Artbastarde häufig beobachtet würden. Morphologisch sind die Arten deutlich unterschieden. Die künstlichen Bastarde *P. centrantifolius* und *palmeri* ähneln dagegen in der Blütenform der Art *P. spectabilis*. Wie Beobachtungen zeigten, werden die einzelnen Blütenformen von sehr verschiedenen Bestäubern besucht. Dies erklärt das Fehlen von natürlichen Bastarden trotz der guten Kreuzbarkeit im Versuch, ermöglicht es aber andererseits, daß sich aus den sehr seltenen spontanen Bastarden neue Arten entwickeln, weil sie fast sofort durch blütenmorphologische Eigenschaften von ihren Eltern isoliert sind. In einzelnen Fällen ist also doch mit der Möglichkeit der sympatrischen Artbildung zu rechnen [STRAW (1, 2)].

4. Kreuzungsbarrieren.

Für die Gattung *Clarkia* ergibt sich dagegen, daß hier Art- und Rassenkreuzungen künstlich sehr leicht möglich sind, in der Natur für Artdifferenzierung aber keine Rolle gespielt haben dürften (LEWIS u. ROBERTSON, ROBERTSON u. LEWIS). Bei den Tomaten *Lycopersicum esculentum* und *glabratum* besteht eine Barriere durch das Vorkommen von dominanten Komplementärgenen in beiden Arten, die in den Bastarden Semiletalität bewirken und hierdurch eine Vermischung der beiden Arten verhindern (SAWANT). In der Gattung *Cucurbita* bestehen zwischen den kultivierten Arten, die sich morphologisch sehr ähnlich sind, Kreuzungsbarrieren, die einen Genaustausch mit Sicherheit verhindern. Alle fünf geprüften Arten sind aber kreuzungsfertil mit einer mexikanischen Art *C. lundelliana*. Es wird daraus geschlossen, daß diese Art in der Phylogenie der Gattung eine zentrale Stellung einnimmt (WHITAKER).

Literatur.

AR-RUSHDI, ABBAS, H.: J. Genet. 54, 9—22 (1956). — ALLARD, R. W.: (1) Genetics 41, 305—318 (1956); (2) Hilgardia (Berkeley, Calif.) 24, 235—278 (1956). — AXELSSON, F.: Agri. Hort. Genetica 14, 54—65 (1956).

BARTHELMESS, A.: Arzneimittelforsch. 6, 157—168 (1956). — BATEMAN, A. J.: Heredity (London) 10, 257—261 (1956). — BENNETT, J. H.: Heredity (London) 10, 263—270 (1956). — BENNETT, J. H., and F. E. BINET: Heredity (London) 10, 51—55 (1956). — BERGFELD, R.: Z. Vererbungslehre 87, 784—794 (1956). — BINGEFORS, S.: Nematologica 1, 102—108 (1956). — BÖHME, H., H. R. SCHÜTTE: Biol. Zbl. 75, 597—611 (1956). — BREESE, E. L.: Heredity (London) 10, 323—343 (1956).

CHROMETZKA, P.: Planta (Berlin) 46, 643—648 (1956).

DAYTON, T. O.: J. Genet. 54, 249—260 (1956). — DICKINSON, A. G., and J. L. JINKS: Genetics 41, 65—78 (1956). — DODDS, K. S., and D. H. LONG: J. Genet. 54, 27—41 (1956). — DOWRICK, P. J.: Heredity (London) 10, 219—236 (1956). — DRAYNER, J. M.: Nature (London) 177, 489—490 (1956). — DUDLEY, J. W., and C. P. WILSIE: Agronomy J. 48, 47—50 (1956).

ENDO, T.: (1) Jap. J. Bot. 14, 187—193 (1954). — (2) Jap. J. Genet. 31, 109 bis 114 (1956). — ERNST-SCHWARZENBACH, M.: Arch. Klaus-Stiftg. Vererbungforsch. usw. 31, 260—276 (1956). — ESCHENBECHER, F.: Z. Bot. 44, 89—108 (1956).

FYFE, V. C.: Nature (London) 177, 942—943 (1956).

GEISSMAN, T. A., E. H. HINREINER and E. C. JØRGENSEN: Genetics 41, 93—97 (1956). — GELIN, O. E. V.: Agri. Hort. Genetica 14, 127—136 (1956). — GORENFLOT, R.: C. r. Acad. Sci. (Paris) 242, 275—277 (1956). — GOTOH, K.: Jap. J. Genet. 31, 172—175 (1956). — GREBENŠČIKOV, I.: Kulturpflanze 4, 247—276 (1956). — GREENLEAF, W. H.: Phytopathology 46, 371—375 (1956). — GRIFFING, B.: (1) Heredity (London) 10, 31—50 (1956). — (2) Austral. J. Biol. Sci. 9, 463—493 (1956). — GRIFFITHS, D. J., and T. D. JOHNSTON: Nature (London) 178, 99—100 (1956). — GRUPE, H.: Z. Bot. 44, 221—252 (1956).

HALDANE, J. B. S.: (1) J. Genet. 54, 56—63 (1956). — (2) J. Genet. 54, 294 bis 296 (1956). — HANSON, C. H., H. F. ROBINSON and R. E. COMSTOCK: Agronomy J. 48, 268—272 (1956). — HARBORNE, J. B.: Biochemic. J. 63, 30 p. (1956). — HAUSTEIN, E.: Ber. dtsch. bot. Ges. 69, 143—148 (1956). — HORN, N.: Züchter 26, 193—207 (1956).

Institut für Kulturpflanzenforschung: Kulturpflanze 4, 5—26 (1956).

JINKS, J. L.: Heredity (London) 10, 1—30 (1956). — JOGI, B. S.: Agronomy J. 48, 293—296 (1956). — JOHN Innes Hort. Institution: Bayfordbury, 1957. — JONES, G. L., and E. R. AUSEMUS: Agronomy J. 48, 435—439 (1956).

KAPPERT, H.: Ber. dtsch. bot. Ges. 68, 413—422 (1956). — KATAYAMA, Y., and S. SHIDA: Jap. J. Genet. 31, 131—136 (1956). — KIMURA, M.: (1) Cold Spring Harbour Symp. Quant. Biol. 20, 33—53 (1955). — (2) Evolution (Lancaster, Pa.) 9, 419—435 (1955). — (3) Evolution (Lancaster, Pa.) 10, 278—287 (1956). — (4) Proc. Nat. Acad. Sci. 42, 336—340 (1956). — KNOTT, D. R., and R. G. ANDERSON: Canad. J. Agric. Sci. 36, 174—195 (1956). — KONZAK, C. F.: (1) Science (Lancaster, Pa.) 122, 197 (1955). — (2) Phytopathology 46, 177—178 (1956). — (3) Radiation Res. 6, 1—10 (1957). — KONZAK, C. F., N. E. BORLAUG, A. ACOSTA and J. GIBLER: Phytopathology 46, 525—526 (1956). — KONZAK, C. F., and W. R. SINGLETON:

(1) Proc. Nat. Acad. Sci. 42, 78—84 (1956). — (2) Proc. Nat. Acad. Sci. 42, 239—245 (1956). — Kormos, J.: Ann. Biol. Tihany 22, 253—259 (1954). — Kormos, J., u. J. Kormos: Növenytermeles (Szeged) 5, 141—152 (1956).— Kowalewicz, R.: Planta (Berlin) 46, 569—603 (1956). — Kroh, M.: Z. Vererbungslehre 87, 365—384 (1956). — Kyoto University: Wheat Information Service Nr. 3 (1956).

Lamm, R.: Hereditas (Lund) 42, 520—521 (1956). — Lamprecht, H.: (1) Agri Hort. Genetica 14, 1—4 (1956). — (2) Agri. Hort. Genetica 14, 5—18 (1956). — (3) Agri. Hort. Genetica 14, 19—33 (1956). — (4) Agri. Hort. Genetica 14, 34—44 (1956). — (5) Agri. Hort. Genetica 14, 45—53 (1956). — (6) Agri. Hort. Genetica 14, 66—106 (1956). — Lattin, G. de: Vitis 1, 1—8 (1957). — Lawrence: T.: Canad. J. Bot. 33, 515—530 (1955). — Lesins, K.: J. Hered. 47, 171—179 (1956). — Lewis, D., and L. K. Crowe: Evolution (Lancaster, Pa.) 10, 115—125 (1956). — Lewis, H., and M. R. Robertson: Evolution (Lancaster, Pa.) 10, 126—138 (1956). Li, C. C.: Chicago: Univ. of Chicago Press. 1955. — Biometrics 12, 190—210 (1956). — Lindquist, K.: Hereditas (Lund) 42, 436—442 (1956). — Lück, H. B: Z. Vererbungslehre 87, 497—527 (1956). — Lundquist, A.: Hereditas (Lund) 42, 293—348 (1956).

Manning, H. L.: Heredity (London) 10, 303—322 (1956). — Marsden-Jones, E. M., and W. B. Turrill: J. Genet. 54, 186—193 (1956). — Mayo, G. M. E.: Austral. J. Biol. Sci. 9, 18—36 (1956). — Moffet, A. A.: Heredity (London) 10, 57—67 (1956).

Nagao, S., M. Takahashi and T. Miyamoto: Bot. Mag. (Tokyo) 69, 430—434 (1956). — National Institute of Genetics (Japan): (1) Annual Report 1954; (2) Annual Report 1955. — Nürnberg-Krüger, U.: Ber. dtsch. bot. Ges. 68, 16 (1956). — Nybom, N.: (1) Hereditas (Lund) 41, 483—498 (1955). — (3) Hereditas (Lund) 42, 211—217 (1956). — (3) Bot. Not. (Lund) 109, 1—11 (1956). — Nybom, N., A. Gustafsson, I. Granhall and L. Ehrenberg: Hereditas (Lund) 42, 74—84 (1956).

Oehlkers, F.: (1) Z. Vererbungslehre 87, 722—734 (1956). — (2) Z. Vererbungslehre 87, 584—589 (1956). — Oldemeyer, R. K.: Agronomy J. 48, 449—451 (1956).

Pandey, K. K.: Genetics 41, 327—343 (1956). — Paquet, J.: Ann. Améliorat. Plantes 1, 27—57 (1956). — Paxman, G. J.: Ann. of Bot. 20, 331—347 (1956). — Payne, L. C.: Proc. Roy. Soc. (London) Ser. B 144, 528—544 (1956). — Penny, L. H., and F. F. Dicke: Agronomy J. 48, 200—203 (1956). — Phinney, B. O.: Proc. Nat. Acad. Sci. 42, 185—189 (1956). — Picard, J.: Ann. Améliorat. Plantes 6, 141—149 (1956).

Rife, D. C.: J. Genet. 54, 195—198 (1956). — Roberts, M. R., and H. Lewis: Evolution (Lancaster, Pa.) 9, 445—454 (1955). — Robertson, A.: J. Genetics 54, 236—248 (1956). — Robinson, H. F., R. E. Comstock, A. Khalil and P. H. Harvey: Amer. Naturalist 90, 127—131 (1956). — Russel, N. H.: Evolution (Lancaster, Pa.) 9, 436—440 (1955).

Sagromsky, H.: Kulturpflanze 4, 187—194 (1956). — Sawant, A. C.: Evolution (Lancaster, Pa.) 10, 93—96 (1956). — Scheibe, A.: Angew. Bot. 30, 129—134 (1956). — Scheibe, A., u. A. Bruns-Neitzert: Züchter 26, 153—155 (1956). — Scheibe, A., u. W. Gottschalk: Angew. Bot. 30, 14—44 (1956). — Scheibe, A., u. B. Wöhrmann-Hillmann: Z. Bot. 45, 97—121 (1957). — Schiemann, E.: Mitt. Max-Planck-Ges. H. 1, 15—22 (1956). — Schöpf, C., u. R. Unger: Experientia (Basel) 12, 19 (1956). — Scholz, F.: Kulturpflanze 4, 228—246 (1956). — Schuler, J. F., and G. F. Sprague: Genetics 41, 281—291 (1956). — Schult, E. E., and C. C. Lindegren: J. Genet. 54, 343—357 (1956). — Seyffert, W.: Ber. dtsch. bot. Ges. 69, 435—440 (1956). — Shibata, K.: Jap. J. Genet. 31, 22—29 (1956). — Shifriss, O.: Genetics 41, 265—280 (1956). — Smith, F. L.: Hilgardia (Berkeley, Calif.) 24, 279—296 (1956). — Stadler, L. J., and M. H. Emmerling: Genetics 41, 124—137 (1956). — Stein, O. L.: (1) Growth 20, 37—50 (1956), (2) Amer. J. Bot. 42, 885—892 (1955). — Steiner, E.: Genetics 41, 486—500 (1956). — Stephens, S. G.: Amer. Naturalist 90, 25—39 (1956). — Stern, K.: Züchter 26, 121—127 (1956). — Stinson, T., and E. Steiner: Amer. J. Bot. 42, 905—911 (1955). — Straw, R. M.: (1) Evolution (Lancaster, Pa.) 9, 441—444 (1955). — (2) Amer. Naturalist 90, 47—53 (1956). — Stubbe, H.: (1) Kulturpflanze 4, 315—324 (1956). — (2) Dtsch. Akad. Landwirtsch. Wiss. Berlin Ber. u. Vortr.

II, 11—45 (1956). — (3) Züchter **25**, 321—330 (1955). — (4) Antirrhinum-Forschber. **1** (1956).

TOMES, M. L., F. W. QUACKENBUSH and T. E. KARGL: Bot. Gaz. **117**, 248—253 (1956).

VALENTINE, D. H.: Proc. Roy. Soc. (London) Ser. B **145**, 315—319 (1956). — VICKERY, R. K., and R. L. OLSON: J. Hered. **47**, 195—199 (1956).

WEXELSEN, H.: Meldinger fra Norges Landbrukshogskole Nr. 13, 171—194 (1955—56). — Wheat Information Service Nr. 4 (1956). — WHITAKER, T. W.: Amer. Naturalist **90**, 171—176 (1956). — WILKIE, D.: Heredity (London) **10**, 247—261 (1956). — WILLIAMS, W., and H. G. BROWN: Heredity (London) **10**, 237—245 (1956). — WRICKE, G.: Ber. dtsch. bot. Ges. **68**, (13)—(14) (1956). — WRIGHT, S.: Amer. Naturalist **90**, 5—24 (1956).

ZACHARIAS, M.: (1) Kulturpflanze **4**, 277—295 (1956), (2) Züchter **26**, 321—338 (1956). — ŽEBRAK, A. R.: (1) Bot. Ž. **41**, 358—370 (1956), (2) Dokl. Akad. Nauk SSSR **107**, 325—327 (1956). — ZOSCHKE, U.: Z. Pflanzenzücht. **35**, 257—296 (1956).

17. Cytogenetik.

Von JOSEPH STRAUB, Köln/Rhein.

Der Beitrag folgt in Band XX.

18. Wachstum.

Von Jakob Reinert, Tübingen.

Mit 1 Abbildung.

1. Methodisches. Die Einführung neuer Methoden, vor allem der Papierchromatographie, in die Auxinforschung hat in den letzten Jahren zu bemerkenswerten Fortschritten geführt, daneben aber auch gezeigt, daß nur weitere Verbesserung dieser neuen Methoden die Klärung wichtiger, strittiger Punkte ermöglichen kann. Die Folge dieser Situation ist eine beständig wachsende Zahl methodischer Arbeiten, bei denen hauptsächlich die Suche nach empfindlicheren biologischen Testverfahren, bzw. geeigneten Lösungsmitteln und Färbeverfahren für die Chromatographie im Vordergrund steht.

Die oft verwendete Trennungsmethode für saure und neutrale Auxine zwischen Äther und wäßrigen Lösungen mit verschiedenem p_H-Wert ist von Larsen eingehend auf ihre Zuverlässigkeit für die Erfassung der Indolylessigsäure (IES) überprüft worden. Grund für diese Untersuchung war die beobachtete Bildung von Hemmstoffen, die sich beim Ansäuern mit Weinsäure ergeben. In Lösungen dieser Säure bildet sich bei längerer Aufbewahrung — auch bei niedriger Temperatur ($+ 5^\circ$ C) — ein ätherlöslicher Hemmstoff, der sich im biologischen Test selbstverständlich störend auswirkt und geringere Mengen Auxin vortäuscht, als vorhanden sind. Diese Störung kann bei IES-Mengen über $0,08\,\gamma$ vernachlässigt werden, führt aber bei geringeren zu wesentlichen Fehlern. An Stelle der Weinsäure wird besser HCl (0,5 n) für das Ansäuern verwendet. Eine der wichtigsten Voraussetzungen für eine 100%ige Erfassung der Wuchsstoffe ist die sorgfältige Einstellung eines p_H-Wertes von 2,7—2,8 mit Hilfe eines den biologischen Test nicht störenden Indicators (Methylorange).

Zu den Faktoren, die außer H_2O_2 und Licht die Entwicklung des Farbkomplexes bei der Salkowski-Reaktion stören können, müssen nach Platt u. Thimann auch reduzierende Substanzen (Phenole, Ascorbinsäure, Cystein, zweiwertiges Eisen) gerechnet werden. Phenole können außerdem noch durch ihre starke Anfärbung mit dem gleichen Reagens (Salkowski) zu Fehlern führen (Stowe, Thimann und Kefford). Bei der Verbreitung derartiger Substanzen in Pflanzen dürfte die Beachtung dieser Ergebnisse für die Beurteilung qualitativer und quantitativer Bestimmungen extrahierter Indolkörper in Lösungen und auf Papierchromatogrammen sehr wichtig sein.

Die papierchromatographische Trennung und Identifizierung von Indolderivaten in Ätherextrakten (2stündige Extraktion bei 0° C) steht im Mittelpunkt einer Arbeit von Nitsch und Nitsch (1). Von den Ergebnissen, der methodisch äußerst sorgfältig durchgeführten Untersuchung, ist besonders die verbesserte Trennung saurer und neutraler Indolkörper (IES, Indolylacetonitril [IAN] Äthylester der IES [Ät-IES] usw.) mit Hilfe neuer ammoniakfreier Lösungsmittel (Isopropanol oder Acetonitril) beide 80% + Wasser für Säuren; Hexan 90% + Wasser für neutrale Substanzen) zu erwähnen. Die mögliche hydrolisierende Wirkung des Ammoniaks wird dadurch ausgeschaltet. Zur quantitativen Bestimmung der in Chromatogrammen vorliegenden Auxine sind von den gleichen

Autoren (2) zwei sehr empfindliche Streckungstests mit Segmenten aus Koleoptilen bzw. dem ersten Internodium (Mesokotyl) von *Avena*keimlingen entwickelt worden. Die Empfindlichkeit dieser Verfahren ist 40mal (Koleoptilen) bzw. 200mal höher, als diejenige der bisher benützten, ähnlichen Verfahren. Es sei noch bemerkt, daß für den Mesokotyltest nach der Anzucht der Keimlinge am besten nur grünes Licht (546 mμ) verwendet wird. Zur Verhinderung von Krümmungsreaktionen müssen die Objekte während der 20stündigen Testzeit in einer langsam um die Waagerechte rotierende Maschine gehalten werden. Der Vorzug einer von KIERMAYER ausgearbeiteten Modifikation des *Avena*segmenttests, bei der für die Messung Kontaktkopien auf Negativfilmen verwendet werden, ist das geringe Volumen der Testlösung (1 ml und weniger). Dadurch wird die Bestimmung minimaler Wuchsstoffmengen möglich, wie sie bei der Chromatographie anfallen. Interessant ist in diesem Zusammenhang die unterschiedliche Wirksamkeit des IAN in dem modifizierten Streckungstest und dem von LINSER entwickelten Pastenverfahren. Während in letzterem eine 8—10mal stärkere Wirksamkeit des Nitrils gegenüber der IES festgestellt wurde (LINSER u. KIERMAYER), ergaben sich in dem eben beschriebenen Segmentverfahren keine wesentlichen Wirkungsunterschiede für die beiden Indolverbindungen. Es ist anzunehmen, daß sekundäre Faktoren, die auf dem ausgesprochen lipophilen Charakter der neutralen Verbindung beruhen, bei diesen unterschiedlichen Ergebnissen eine Rolle spielen (Ref.).

Die Auxinwirkung beim Blattfall und der Wurzelbildung hat LUCKWILL für zwei quantitative Testverfahren ausgenützt, bei denen der störende Einfluß von Hemmstoffen in Extrakten fortfallen soll. Der Wurzelbildungstest ist allerdings unspezifisch und wird durch eine Reihe von Faktoren (Vitamine, Aminosäuren u. a. m.) gestört, so daß er kaum als bemerkenswerter Fortschritt gewertet werden kann. Anders steht es mit dem Blattfalltest, für den die schon seit den Versuchen LAIBACHs (1933) als sehr geeignet bekannte *Coleus*pflanze (*blumei* var. *Corunna*) benützt wird. Bei dieser Methode werden die Blattlamina durch auxinhaltige Papierscheiben ersetzt. Gemessen wird die Verzögerung der Bildung des Fallgewebes gegenüber auxinfreien Kontrollen, die dem Logarithmus der Wuchsstoffkonzentration proportional ist. Nach den bisherigen Angaben reicht die Empfindlichkeit des Verfahrens aus, um noch 5×10^{-8} g/ml IES zu bestimmen. Große Vorteile sind die recht einfache Methodik und die Unempfindlichkeit gegen Hemmstoffe. Bei dem letzten Punkt bleibt es abzuwarten, ob das Verfahren sich auch in weiteren Untersuchungen als unbedingt zuverlässig erweist.

2. Native Auxine und Hemmstoffe. Die Versuche zur vollständigen Erfassung der natürlich vorkommenden wachstumsfördernden Indolderivate und die Suche nach andersartigen Zellstreckungshormonen sind wie bisher (vgl. Fortschr. Bot. **17**) die Schwerpunkte bei diesem wichtigen Teilgebiet der Wachstumsphysiologie. Eine weitere Frage von Bedeutung ist die nach der chemischen Struktur der in steigender Zahl nachgewiesenen Hemmstoffe, deren Einordnung in die hormonale Regulierung des Wachstums erst nach Lösung dieses Problems möglich sein dürfte. In Spitzendiffusaten aus *Avena*koleoptilen konnten SÖDING u. RAADTS papierchromatographisch neben der IES einen zweiten Wuchsstoff feststellen, der äußerst labil und auch nicht in allen Fällen nachweisbar war. Die Frage, um welche Substanz es sich dabei handelt, konnte bis jetzt nur negativ beantwortet werden, es ist keine Indolylbrenztraubensäure (IBS). Außerdem liefern die Spitzendiffusate zwei Auxinvorstufen und zwei unbekannte Hemmstoffe. Der aus dekapitierten Koleoptilen abgefangene, aufsteigende Wuchsstoffstrom enthält dagegen nur einen Hemmstoff und einen neutralen, inaktiven Wuchsstoff, der in vitro und in vivo sehr leicht in IES umgewandelt wird. Ähnliche Ergebnisse hinsichtlich des Vorkommens der Indolverbindungen und z. T. auch des Nachweises eines oder mehrerer Hemmstoffe ergaben sich aus Untersuchungen mit Erdbeerachänen (NITSCH), Kartoffeln (BLOMMAERT), Orangenblüten, Hefe, Maisendospermkulturen (STOWE, THIMANN und KEFFORD), Erbsenkeimlingen, Maiskörnern (CARTWRIGHT, SYKES u. WAIN) und verschiedenen Kurztagspflanzen (VLITOS). Interessanterweise liegt in einer der Kurztagspflanzen, nämlich in „Maryland Mammut" Tabak, ein wachstumsfördernder Indolkörper vor, der sich von den bisher bekannten unterscheidet (VLITOS, MEUDT und BEIMLER). Diese Verbindung war im Segmenttest und verschiedenen Epinastie-Verfahren aktiv. Als Beweis für das Vorhandensein des Indolrings werden der positive Ausfall verschiedener Färbungsreaktionen (SALKOWSKI, EHRLICH, HOPKINS-COLE) und die Charakteristika des UV-Absorptionsspektrums angegeben. Der vermutliche Nachweis von nicht-indolartigen Auxinen in Apfelkernen, -pollen, -früchten und -blättern (I) und in Kohl, Tomatenwurzeln, Koleoptilen und Wurzeln von Mais (II) steht im Mittelpunkt der Veröffentlichungen von LUCKWILL u. POWELL (Apfel) und einer Arbeitsgruppe in Manchester (HOUSLEY u. BENTLEY; G. BRITTON, HOUSLEY u. BENTLEY; HOUSLEY, BOOTH u. PHILIPPS). Bei diesen Untersuchungen wurde keine IES und nur in einem Falle (Kohl) IAN definitiv nachgewiesen. Die unbekannten Auxine, die hauptsächlich in der wäßrigen Fraktion von Alkohol- und Ätherextrakten vorkommen (II), hatten teilweise die gleichen R_f-Werte wie IES und IAN. Mit verschiedenen Färbungsverfahren ergaben sie jedoch keine positive Indolreaktion, außerdem waren sie bei erneuter Chromatographie untereinander austauschbar. Der Grund für diesen Effekt ist noch unbekannt. Obwohl die Zerstörung der IES während der Aufarbeitung des Materials vorläufig nicht ausgeschlossen wird und verschiedene Unklarheiten und spekulative Momente bei diesen Untersuchungen noch zu überprüfen sind, wird es als wahrscheinlich angenommen, daß neben dem IES-System auch andere Hormone entscheidend an der Regulierung des Wachstums beteiligt sein können. Bei der engen Zusammenarbeit zwischen Botanikern und Chemikern in Manchester, die schon zur Isolierung des IAN führte, ist anzunehmen, daß die Ergebnisse über die „papierchromatographische Phase" hinaus eindeutig gelöst werden. Zu den Ergebnissen sei noch bemerkt, daß STOWE, THIMANN u. KEFFORD eine andere Indolverbindung (n-Methyltryptophan) nur dann bei der Chromatographie anfärben konnten (Salkowski-Ehrlich-Reagens), wenn das kristalline Produkt in reiner Lösung vorlag. Es war aber nicht möglich, die Verbindung mit den gleichen Verfahren nachzuweisen, wenn die Alkoholextrakte chromatographiert wurden, aus denen sie schließlich isoliert wurden.

3. Biogenese der IES. Zwei entscheidende Fragen, diejenige nach dem im Pflanzenreich vorherrschenden Weg für die Umsetzung des Tryptophans zur IES und die nach den dabei wirksamen Enzymsystemen, bestimmen das Gesamtbild der aus den letzten beiden Jahren vorliegenden Arbeiten.

Eine Bestätigung der Ergebnisse THIMANNs über die enzymatische Umwandlung des IAN zu IES im Koleoptilgewebe und zugleich ein weiterer Hinweis auf das Fehlen des hierzu notwendigen Enzymsystems in Erbsen ergibt sich aus einer Arbeit von SEELEY u. Mitarb. Bei den gleichen Versuchen konnte — ähnlich wie bei denjenigen von STOWE und THIMANN — das bei der Nitrilumwandlung als unmittelbare IES-Vorstufe postulierte Indolacetamid (JONES u. Mitarb.) trotz intensiver Bemühungen nicht nachgewiesen werden. Ein saurer „Precursor" des Nitrils, mit weitgehend unbekannten Eigenschaften, läßt sich nach HOUSLEY u. BENTLEY jedoch in der wäßrigen Fraktion von Alkoholextrakten aus Kohl nachweisen. Die Substanz hatte bei der Chromatographie eigenartigerweise den gleichen R_f-Wert wie die IES, wenn Isopropanol-Ammoniak-Gemische als Lösungsmittel verwendet wurden. Ein anderer Befund, der papierchromatographische Nachweis der Indolylbrenztraubensäure (IBS) mit Extrakten aus Maiskörnern (THIMANN; STOWE und THIMANN), der mittlerweile durch ähnliche Resultate mit anderen Objekten (BLOMMAERT, KEFFORD, VLITOS) ergänzt wurde, muß nach BENTLEY, FARRAR, HOUSLEY, SMITH und TAYLOR stark bezweifelt werden. Das Hauptargument für die Kritik der bisherigen IBS-Nachweise ist der schnelle Zerfall dieser Säure, vor allem in ammoniakhaltigen Lösungsmitteln, der einen eindeutigen chromatographischen Nachweis dieses Indolkörpers unmöglich machen soll. Die vermutete Identität der gleichen Verbindung mit dem α-Accelerator (s. Fortschr. Bot. **16**) wird ebenfalls von den gleichen Autoren bestritten, weil das Indolderivat im Gegensatz zu dem Accelerator das Wachstum von Kressewurzeln hemmt.

Einige bemerkenswerte Ergebnisse über den vermutlichen Weg der Biogenese der IES hat GORDON durch die Blockierung der dabei wirksamen Enzymsysteme mit Hilfe von Röntgenstrahlen erzielt (vgl. auch GORDON u. WEBER). Unter Ausnützung der Strahlenwirkung konnte er zeigen daß die Enzymsysteme und die Intermediärprodukte bei der Bildung nativer Auxine bzw. bei der Umsetzung des Tryptophans zur IES in Geweben und Homogenaten von Phaseolus mungo offenbar gleich sind. Tryptophan ist demnach auch in vivo die Ausgangssubstanz des Auxinstoffwechsels. Die unmittelbare Vorstufe der IES ist sehr wahrscheinlich Indolylacetataldehyd, denn bei der strahlungsbedingten Hemmung der Tryptophanumsetzung in Homogenaten führt zunehmende Akkumulierung des Aldehyds zu einer entsprechenden Abnahme der Säureproduktion. Unsicher ist dagegen die intermediäre Bildung von Tryptamin und Indolylbrenztraubensäure im Verlauf der Auxinbildung. Beide Substanzen werden zwar in vivo und in vitro zu IES umgesetzt, aber diese Umwandlung läuft sowohl in den durch Röntgenstrahlen blockierten wie in unbehandelten Reaktionsgemischen ab. In Hinsicht auf die Rolle des Amins muß noch ein weiterer Befund erwähnt werden. Inhibitoren von Aminoxydasen (Marsalid, Dipyridil u. a. m.) unterbinden die Umsetzung der Verbindung in Homogenaten, diese Hemmstoffe haben aber unter den gleichen Versuchsbedingungen keinen Einfluß auf die IES-Bildung aus Tryptophan. Auf Grund dieser Ergebnisse wird angenommen, daß Tryptamin und freie Indolylbrenztraubensäure nicht an der normalen Auxinsynthese beteiligt sind. Eine Beteiligung der

IBS in gebundener Form, vielleicht als Coenzym A-Ester, wird jedoch
für möglich gehalten. Da auch der Weg der IES-Bildung über das
Indolylacetonitril auf Grund theoretischer Überlegungen und verschiedener bisher vorliegender Ergebnisse anderer Autoren (siehe oben)
ebenfalls ausgeschlossen wird, erwartet GORDON weitere Fortschritte
nur bei Untersuchungen über die Umsetzungsvorgänge, die zwischen
dem Tryptophan und der Indolylacetaldehydbildung, vielleicht unter
Beteiligung gebundener Indolylbrenztraubensäure, ablaufen.

Eine sehr schöne Ergänzung der Arbeiten GORDONs ergibt sich aus
der p_H-Abhängigkeit des Auxinspiegels (freie IES) in Weizenwurzeln.
Erhöhung des p_H-Wertes, der für die Kultur der Wurzeln verwendeten
Nährlösungen von 5 auf 7,5 (p_H-Optimum für die IES-Bildung aus
Tryptophan in vitro, WILDMANN u. BONNER) resultierte in einer signifikanten Zunahme des IES-Gehaltes der Wurzeln. Diese Steigerung
war stets nur kurzfristig (24 Std.) zu beobachten, später fiel die Auxinkonzentration auf den Wert der Kontrollen zurück. Trotz dieser kurzfristigen Wirkung und verschiedener theoretischer Schwierigkeiten
sehen RUFELT u. FRANSSON in ihren Resultaten einen weiteren Hinweis
auf die Gleichheit der IES-Bildung in intakten Pflanzen und in Preßsäften.

4. Gibberelline. Als Gibberelline werden mehrere Wachstumsregulatoren bezeichnet, die von dem phytopathogenen Pilz Gibberella
fujikuroi (Saw.) Woll. (geschlechtliche Generation) gebildet werden. Die
genauen Strukturformeln dieser Wirkstoffe sind noch unbekannt. Nach
neueren Angaben dürfte die Gibberellinsäure (GBS) eine tetracyclische
Dihydroxylactonsäure mit der Summenformel $C_{19}H_{22}O_6$ sein (CROSS,
STODOLA u. Mitarb.). Bei saurer Hydrolyse liefert sie zwei Produkte,
die mit der Gibberellinsäure und dem Gibberellin A (GBA) japanischer
Autoren (YABUTA u. Mitarb., zit. nach CROSS) identisch sein sollen.
Im Unterschied zu diesem, welche für Gibberellin A eine Summenformel
von $C_{22}H_{26}O_7$ angeben, wird von CROSS ($C_{18}H_{20}O_3$) und STODOLA u.
Mitarb. ($C_{19}H_{24}O_6$) eine andere Zusammensetzung angenommen.

Von verschiedenen Seiten (PHINNEY, RADLEY, LOCKHART) ist das
natürliche Vorkommen von Gibberellinen oder ähnlichen Wirkstoffen
in höheren Pflanzen postuliert worden. Ausgangspunkt für diese
Annahme sind verschiedene Resultate, die auf die Kontrolle des Internodienwachstums durch einen gibberellinähnlichen Faktor hinweisen.
PHINNEY (1, 2) konnte zeigen, daß Zwergformen (Maismutanten) den
Habitus der normalen Pflanzen schon bei Gibberellinkonzentrationen
($0,1 \gamma$) erreichen, die bei großwüchsigem Mais keine oder nur geringe
Wirkung haben. Die hohe Reaktionsfähigkeit der Mutanten wird auf
das Fehlen bzw. den unteroptimalen Spiegel eines Gibberellin-Faktors
zurückgeführt, der in den normalen Pflanzen in optimaler Konzentration
vorliegen soll. WEST u. PHINNEY berichten außerdem über die Extraktion einer Substanz aus Bohnensamen, die bei den Zwergformen die
gleichen Wachstumseffekte wie Gibberellin induziert. Bei der Papierchromatographie entsprach der R_f-Wert des unbekannten Faktors
demjenigen von GBA. RADLEY fand bei der Chromatographie von

Extrakten aus Papilionaceen (*Phaseolus, Vicia faba*), deren Zwergformen stark auf GBS reagieren (BRIAN u. HEMMING), ebenfalls wachstumsfördernde Substanzen mit dem R_f-Wert der Gibberellinsäure. Bei der Anfärbung der entsprechenden Chromatogrammzonen ergaben sich jedoch keine Reaktionen, die für diese Verbindung spezifisch sind. LOCKHART begründet das vermutliche Vorkommen des Gibberellinfaktors sowohl mit der Aufhebung der Rotlichthemmung des Internodienwachstums von Erbsen mit Hilfe von GBA und GBS als auch mit der Tatsache, daß etiolierte, großwüchsige Pflanzen nicht oder kaum auf diese Regulatoren reagieren, während Zwergformen unter den gleichen Versuchsbedingungen die Größe der normalen erreichen. Die Wirkung der Gibberelline ließ sich bei den Versuchen LOCKHARTs ähnlich wie bei denjenigen PHINNEYs nicht durch Auxine ersetzen, während BRIAN und HEMMING bei ihren Zwergformen eine zwar geringe, aber signifikante Förderung des Stengelwachstums durch Auxine beobachten konnten.

Für die Zuordnung der Gibberelline zu den Wachstumsregulatoren ist eine Eigenschaft entscheidend, die sie mit den Auxinen gemeinsam haben, sie fördern eindeutig die Zellstreckung. Diese Eigenschaft läßt sich aber nur in Streckungstests mit isolierten Sproß- [BRIAN, HEMMING und RADLEY; KATO (1, 2)] bzw. Blattsegmenten (HAYASHI u. MURAKAMI) nachweisen. Im Gegensatz zu den Auxinen verursachen sie aber keine Reaktion bei den verschiedenen Krümmungstests, außerdem konnte bis jetzt keine Gibberellinwirkung bei der korrelativen Knospenhemmung, dem Blattfall und dem Calluswachstum festgestellt werden [BRIAN, HEMMING u. RADLEY, KATO (2)]. Beim Wurzelwachstum ließ sich nur in einem Fall eine Hemmung beobachten [KATO (1)]. Die Befunde über synergistische bzw. antagonistische Wirkungen zwischen Gibberellinen und Auxinen sind vorläufig zahlenmäßig zu gering, um klar beurteilt zu werden. Es sei jedoch bemerkt, daß KATO (2) Wachstumshemmungen (hohe Auxinkonzentrationen, Maleinhydrazid) bei Erbsensegmenten durch Gibberellin aufheben konnte. Ungeklärt ist vorläufig ebenfalls die Beeinflussung der Zellteilung durch die neuen Regulatoren. Einer möglichen Förderung des Teilungswachstums beim Schossen von Hyoscyamus (LANG) und bei der Vermehrung von *Lemna* [KATO (3)] steht die vorhin erwähnte Hemmung des Wurzelspitzenwachstums und die Wirkungslosigkeit der Gibberelline beim Calluswachstum gegenüber.

5. Streckungswachstum und Wasseraufnahme. Die beiden großen Gegensätze, die sich bisher im Zusammenhang mit der Mechanik der Streckung herausgestellt haben, lassen sich etwa folgendermaßen zusammenfassen. Erstens, der Zellstreckung geht eine Verringerung des Wanddruckes voraus, die hieraus resultierende Wasseraufnahme wird dann ausschließlich von osmotischen Kräften bestimmt. Zweitens, die Voraussetzung für das Wachstum ist eine nicht-osmotische Wasseraufnahme; die Streckung der Zellwände ist dann nur eine sekundäre Erscheinung. Der Besprechung der Arbeiten über dieses Problem kann vorausgeschickt werden, daß die Mehrzahl der Veröffentlichungen durchweg für die erste Möglichkeit spricht.

BURSTRÖM, der schon länger ein aktives Wandwachstum als die wesentlichste Voraussetzung der Zellstreckung vertritt, stellte an Weizenwurzeln die Wirkung von Auxin, Cumarin und des für das Wurzelwachstum wichtigen Calciums auf die Eigenschaften der Zellwände fest (1, 2, 4). Wie bei früheren Versuchen wurden die Versuchsobjekte in Nährlösungen gehalten (vgl. Fortschr. Bot. **16**). Auxin (Naphthylessigsäure, 10^{-7}m) unterdrückt die plastische Dehnbarkeit während der ersten Wachstumsphase (Zellänge bis $200\,\mu$) zugunsten einer gesteigerten Elastizität der Membranen. Es verkürzt außerdem bei der verwendeten hemmenden Konzentration die Zeit der Streckung.

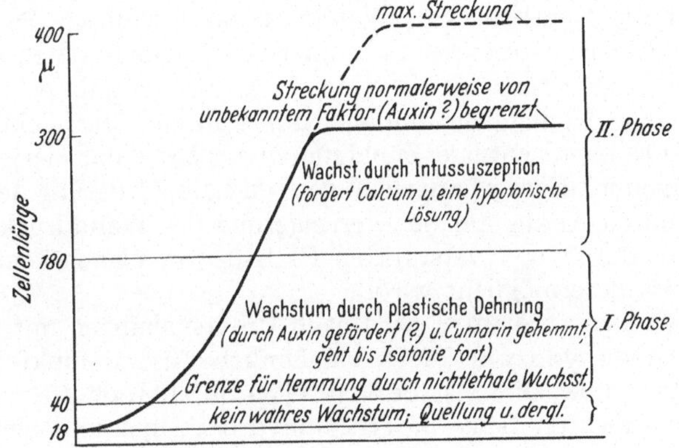

Abb. 17. Schematische Darstellung des Streckungswachstums und der Wirkungsweise der Wachstumsregulatoren nach BURSTRÖM (3).

Cumarin verhindert in hoher Konzentration (10^{-4}m) jegliches Wachstum, die Zellwände werden dabei völlig starr. Bei geringerer Konzentration (10^{-5}m) fällt jegliche plastische Dehnungsfähigkeit (1. Phase) fort. Das trotzdem zu beobachtende Wachstum beruht dann auf einer noch vorhandenen, minimalen elastischen Dehnbarkeit; unter diesen Bedingungen werden aber Zelllängen bis zu $300\,\mu$ erreicht. Calcium fördert in verschiedener Konzentration (10^{-6}—10^{-4}m) nur während der zweiten Streckungsphase (Zellänge über $200\,\mu$), es steigert dann die elastische Dehnbarkeit. Bei Calciumentzug werden die Zellen dagegen nicht größer als $200\,\mu$, ihre plastischen Eigenschaften bleiben dabei erhalten. Diese Ergebnisse und die daraus gezogenen Folgerungen — Beschränkung der Auxin- und Cumarinwirkung auf die erste und Beteiligung des Calciums an der zweiten Wachstumsphase — ergänzt durch ähnliche Resultate bei kombiniertem Zusatz der verschiedenen Substanzen, bilden die Grundlagen für die schematische Darstellung des Streckungswachstums (Abb. 17). Es sei noch bemerkt, daß die zweite Phase dabei der großen Wachstumsphase gleichgesetzt wird, während die erste nur einen vorbereitenden Prozeß darstellen soll.

Da das Gesamtbild z. T. auch durch hypothetische Annahmen gestützt wurde — Auflösung der Wandsubstanz durch Auxin, Aufbau der elastischen Komponente der Wand unter Mitwirkung von Calcium,

Beteiligung eines auxinähnlichen Faktors bei der normalen Wurzelstreckung u. a. m. — wird die Möglichkeit späterer Korrekturen offengelassen (BURSTRÖM, 3).

CARLIER u. BUFFEL haben die auxininduzierte Streckung von Kartoffelparenchym und die gleichzeitig ablaufenden Veränderungen des Kohlenhydratstoffwechsels untersucht. Die von ihnen beobachtete Steigerung der Wanddehnbarkeit und der Wasseraufnahme in Gegenwart von Naphthylessigsäure (10^{-5} g/ml) stimmt mit den bisher bekannten Tatsachen überein, dieser Punkt braucht deshalb nicht eingehend erörtert zu werden. Viel wichtiger sind die Daten über die Veränderung des Stoffwechsels. Bei den auxinbehandelten Geweben wird der Stärkeabbau und die Synthese von Wandmaterial (Cellulose, Pektine) beschleunigt. Der Einbau dieser Substanzen in die Membranen verschiebt sich jedoch zugunsten der Pektine, d. h. der Cellulosegehalt sinkt gegenüber den Kontrollen minimal ab, während die Pektine stark zunehmen. Ihre prozentuale Zunahme entspricht dabei derjenigen der Wasseraufnahme. Es wird angenommen, daß die Förderung der Wasseraufnahme durch Auxin auf der Verringerung des Wanddruckes beruht und letztere durch den verstärkten Einbau von plastischem Material in die Zellwände ermöglicht wird.

Von THIMANN u. SAMUEL wird nach Untersuchungen mit schwerem Wasser (Tritiumhydroxyd THO) ein ähnlicher Standpunkt vertreten. Bei Versuchen über die Abgabe von THO durch Kartoffelparenchymscheiben, die mehrere Tage in Tritiumhydroxyd mit und ohne Auxinzusatz (IES, 10^{-5} g/ml) gehalten und dann in reines Wasser gebracht wurden, stellte sich das Gleichgewicht der THO-Verteilung schon nach 20 min ein. Auxin förderte die Abgabe, signifikante Unterschiede (50%) gegenüber den Kontrollen ließen sich aber nur feststellen, wenn die Dicke der Gewebeblöckchen bei einem Durchmesser von 15 mm mehr als 1,5 mm betrug. Nach diesen Beobachtungen werden zwei bisher oft diskutierte, auxinabhängige Faktoren bei der Streckung als unwesentlich angesehen, nämlich eine erhöhte Wasserpermeabilität und eine nichtosmotische Wasseraufnahme. Veränderungen der per se vorhandenen hohen Wasserpermeabilität hätten sich bei dünnen Parenchymscheiben bemerkbar machen müssen. Gegen eine aktive Wasseraufnahme sprechen sowohl die Tatsache der durch Auxin beschleunigten THO-Abgabe als auch theoretische Überlegungen. Die Energien, die notwendig sind, um in einem derartigen labilen System eine aktive Wasseraufnahme zu gewährleisten, liegen völlig außerhalb des Kräftepotentials lebender Zellen. Es wird deshalb geschlossen, daß nur Wandveränderungen an dem gesteigerten THO-Austausch dickerer Parenchymscheiben beteiligt sind, die in ähnlicher Weise das Einströmen des Wassers bei der Streckung gewährleisten sollen.

ORDIN u. BONNER erzielten mit Koleoptilsegmenten aus Haferkeimlingen fast identische Resultate über die Aufnahme und Abgabe von Deuteriumhydroxyd (DHO). Das Gleichgewicht der DHO-Verteilung wird ebenfalls schon nach 16—20 min erreicht. Zusatz von Auxin (5×10^{-6} g/min) bzw. von Stoffwechselinhibitoren in nicht letalen Konzentrationen (KCN, $3 \times 10^{-4}/m$, 2,4-DNP, $5 \times 10^{-5}m$) und Änderungen des Turgors durch Wasserentzug haben keine oder nur minimale Wirkung auf den Diffusionsprozeß. Das gleiche ist der Fall, wenn die Gewebe durch Gifte (KCN) abgetötet werden. Außerdem konnten ORDIN, APPLEWHITE und BONNER bei der Untersuchung der Wasseraufnahme von Koleoptilensegmenten in Gegenwart von IES (5×10^{-6} g/ml) nur die Beteiligung osmotischer Kräfte nachweisen. Die Segmente stehen in hypo- und hypertonischen Lösungen stets in einem Diffusionsdruck-Gleichgewicht mit der Außenlösung. In auxinhaltiger, hypotonischer Mannitlösung ist ihre Gesamtverlängerung und die irreversible Streckung eine Funktion des außen angelegten osmotischen Druckes. In hypertonischen Lösungen wachsen die Gewebe nur, wenn an Stelle von Mannit absorbierbare Substanzen (Rohrzucker, Glucose u. a. m.) als Plasmolytikum verwendet werden. Das Wachstum setzt aber in diesem Fall erst dann ein, wenn der osmotische Wert der Zellen — wahrscheinlich durch Absorption — denjenigen der Außenlösung erreicht hat. Diese osmotische Regulation wird nicht durch Wuchsstoff bestimmt, sie verläuft in den auxinfreien Kontrollen in der gleichen Weise. Nach den Ergebnissen beider Arbeiten bleibt nur eine Möglichkeit für die Förderung der Wasseraufnahme durch Auxin offen, nämlich die Verringerung des Wanddruckes. Auf Grund der Parallele zwischen Gesamtverlängerung und irreversibler Streckung wird die Entspannung der Wände und die dadurch verursachte Wasseraufnahme auf eine gesteigerte Plastizität zurückgeführt.

Ergänzend muß noch auf zwei weitere Arbeiten über die Auxinwirkung bei der Wasseraufnahme von Kartoffelparenchym (HANSON u. BONNER), bzw. von Koleoptilsegmenten (CLELAND u. BONNER) hingewiesen werden, nach denen ebenfalls die Beteiligung einer aktiven Wasseraufnahme bei der Streckung mehr als unwahrscheinlich ist.

In das — im Vergleich zu den letzten Jahren (vgl. Fortschr. Bot. 16) — verhältnismäßig einheitliche Bild, welches sich trotz mancher Meinungsverschiedenheiten über Details der Wachstumsmechanik ergibt, läßt sich ein Ergebnis POHLs nur sehr schwer einordnen. Er konnte bei kurzfristigen Messungen zeigen, daß sich bei frischgeschnittenen Koleoptilsegmenten nach der Regeneration der physiologischen Spitze, in hypertonischen Mannitlösungen (0,15 m) eine verstärkte Wasseraufnahme einstellt. Dieser Effekt läßt sich aber nicht nachweisen, wenn die Segmente in reines Wasser gebracht werden. Ausgehend von der Annahme, daß die gewählten Versuchsbedingungen eine Zunahme der Wasserpermeabilität verhindern und eine Wirkung der Saugkraft auf osmotischem Wege nach weiteren Resultaten ausgeschlossen werden muß, wird die Beteiligung einer auxinabhängigen, nicht-osmotischen Komponente bei der Wasseraufnahme postuliert. Gemessen an der osmotischen Saugkraft ist diese aber ziemlich gering. Nach der Interpretation des Autors dürfte sie aber ausreichen, um im Zusammenwirken mit den osmotischen Kräften der Vacuole in jungen, per se plastisch dehnbaren Zellen eine Volumenvergrößerung zu ermöglichen.

6. Wachstum und Stoffwechsel. Nach der eben geschilderten Situation dürfte einer der erfolgversprechenden Wege zu einem weiteren Eindringen in die Wachstumsmechanik über die Untersuchung des Wandstoffwechsels führen. Die schon mehrfach betonte Bedeutung von plastischem Material für die Zellstreckung geht auch aus einer Arbeit von Kögl u. Mulder hervor. Bei Avenawurzeln, deren Wachstum durch Auxin (IES 5×10^{-8} g/ml) gehemmt war, steht einer Abnahme des Zellgehaltes an Pektin (46,5%) und an freien Zuckern (85%), die von Erhöhung des Calciumspiegels (116%) begleitet ist, eine beträchtliche Zunahme des Pektin-, Hemicellulosen- und Ca-Gehaltes in den Zellmembranen gegenüber. Erhebliche Verschiebungen des Pektin- und Cellulosestoffwechsels in wachsenden und nichtwachsenden Weizenwurzeln (Auxinhemmung) konnten auch von Perlis u. Nance nachgewiesen werden. Mit der Sistierung des Wachstums der Wurzeln durch IES (10^{-4} m) wird die Synthese von löslichem Material (Pektine, Zucker usw.) aus C^{14}-markiertem Acetat und markierter Brenztraubensäure reduziert, während der Aufbau der Cellulose aus den gleichen Substanzen ansteigt. Einige andere bemerkenswerte Effekte, Hemmung der Synthese organischer Säuren und Herabsetzung der Abgabe C^{14}-haltigen Dioxyds, die in diesem Zusammenhang nur kurz erwähnt werden können, weisen auf drastische Veränderungen des gesamten Kohlenhydratstoffwechsels durch das Auxin hin. Die Begünstigung des Einbaus der C^{14}-Atome aus Methionin und Glucose in das wasserlösliche Wandmaterial von auxinversorgten (IES, 5×10^{-6} g/ml) Koleoptilsegmenten (Ordin, Cleland und Bonner) läßt sich in etwa mit den Beobachtungen an den Weizenwurzeln gleichsetzen. Es steht aber in diesem Falle nicht unbedingt fest, ob bei der Extraktion nur die löslichen Substanzen in den wäßrigen Fraktionen erfaßt wurden. Indolylessigsäure scheint bei der Umsetzung der markierten Substanzen einen zweifachen Effekt zu haben. Sie begünstigt den Einbau des radioaktiven Kohlenstoffs und hemmt außerdem dessen normalerweise wieder zu beobachtendes Heraustreten aus der Wand.

Gegen die zuletzt von Engel u. Avery (vgl. Fortschr. Bot. **17**) vertretene kausale Verbindung zwischen der Proteinsynthese und dem Streckungswachstum wenden sich Schumacher u. Mathaei, nachdem sie bei verschiedenen Objekten (*Pellia*sporogonen und Blüten) eine Abnahme des Proteinstickstoffs während der Zellstreckung ermittelten. Mathaei hat diese Resultate bei den gleichen und anderen Objekten (Staubfadenhaare, Blütenzungen) erweitert und sie unter anderem dadurch gestützt, daß er eine weitgehende, gegenseitige Unabhängigkeit beider Prozesse nachweisen konnte. In Fällen, bei denen N-Zunahme und gesteigerte Zellstreckung normalerweise synchron verlaufen, läßt sich erstere unabhängig vom Wachstum durch Temperaturveränderungen hemmen. Bei anderen Objekten kann der Eiweißspiegel weitgehend temperaturunabhängig sein, während sich bei der Wachstumsgeschwindigkeit Unterschiede ergeben. Selbst wenn man, im Gegensatz zu Mathaei, den Beginn der Streckung nicht unbedingt mit dem Aufhören der Zell- und Kernteilung gleichsetzt, wird die Beweiskraft seiner Ergebnisse dadurch nicht beeinträchtigt.

Bei den Untersuchungen über die Wachstumsatmung haben sich neue Gesichtspunkte ergeben, welche die Gültigkeit verschiedener Theorien zur Erklärung dieses Phänomens stark in Frage stellen. Ausgangspunkt zweier Arbeiten sind die Formulierungen BONNERs und seiner Mitarbeiter, nach denen eine Stimulierung energieliefernder Prozesse durch Auxin und eine dadurch gesteigerte Atmung vor dem Wachstum einsetzen und es ermöglichen sollen (vgl. Fortschr. Bot. **16**). Mit Koleoptilsegmenten konnte jedoch direkt (BUSSE u. KANDLER) und mit Wurzelsegmenten indirekt (ELIASSON) gezeigt werden, daß die gesteigerte O_2-Aufnahme wachsender Gewebe erst nach dem Beginn der Streckung einsetzt, also offenbar eine Folge des Wachstums ist. In Hinsicht auf die kausale Verbindung zwischen Wachstum und Atmung gehen die Meinungen jedoch auseinander. Unter Berücksichtigung des gleichen Befundes — Unabhängigkeit des Grades der Atmungssteigerung von der Konzentration der verwendeten Auxine bzw. Antiauxine (ELIASSON) — nehmen BUSSE u. KANDLER eine spezifische Wirkung des Auxins auf dem Kohlenhydratstoffwechsel als Ursache der Atmungssteigerung an, während ELIASSON einen vom Auxin unabhängigen Faktor, nämlich die Vermehrung des Protoplasmas als Grund für die zunehmende Atmungsintensität ansieht. Nach BETZ — der übrigens gleichfalls bei Mais- und Erbsenwurzeln einen gesteigerten Gaswechsel in Verbindung mit der Streckung der Wurzelzellen feststellte — ist noch ein dritter Faktor zu berücksichtigen, und zwar die Mitwirkung von Gärungsprodukten aus dem meristematischen Teil der Wurzeln an dem erhöhten Gaswechsel der Streckungszone.

Zum Schluß muß noch auf eine weitere Veröffentlichung hingewiesen werden, in welcher eine direkte Förderung der Wirksamkeit von Atmungsenzymen durch Auxin ausgeschlossen wird. POLJAKOFF-MAYBER geht bei dieser Stellungnahme davon aus, daß sie keine Förderung der oxydativen Aktivität von Mitochondrien aus Phaseolus mungo gegenüber auxinfreien Kontrollen feststellen konnte, wenn neben verschiedenen Säuren des Krebscyclus (Apfel-, Bernstein-, Brenztraubensäure) auch noch Auxin in physiologischer Konzentration in den Reaktionsgemischen vorlag.

7. Kinine und andere Faktoren der Zellteilung. Aus der Gruppe der Kinine ist neben dem Kinetin (vgl. LANG, Fortschr. Bot. **18**) jetzt eine weitere Verbindung — 1,3-Diphenylharnstoff — isoliert worden (STEWARD u. SHANTZ). Ausgangsmaterial bei der Isolierung war Cocosnußmilch, die außerdem noch andere Kinine enthält, deren chemische Eigenschaften nur teilweise bekannt sind. Überraschenderweise dürfte es sich dabei nicht nur um drei N-haltige Heterocyclen handeln, sondern auch um eine oder mehrere stickstofffreie Substanzen. Es liegen Hinweise dafür vor, daß letztere — die sich auch aus jungen Roßkastanien extrahieren lassen — Leucoanthocyane in glykosidischer Bindung enthalten.

Nach Untersuchungen von DAS, PATAU und SKOOG mit Markgewebe aus Tabakstengeln ist ein bestimmtes Verhältnis der Kinetin- und IES-Konzentration die notwendige Voraussetzung für eine normale Kern- und Zellteilung. Nur wenn beide Substanzen im Nährmedium der Gewebekulturen vorlagen, ließen sich über eine längere Zeitspanne (etwa 4 Wochcn) sowohl Mitosen als auch Zellteilungen nachweisen. Kinetin war ohne IES unwirksam und IES-Zusatz ohne Kinetin resultierte in einer sehr geringen Anzahl von Mitosen, die aber auf noch in den Geweben vorhandene Kinine zurückgeführt werden.

Kinetin ist aber offenbar nicht nur an der Regulation des Teilungswachstums beteiligt, sondern steigert unter bestimmten Versuchsbedingungen ausschließlich die Zellstreckung beim Blattwachstum (KURAISHI u. OKUMURA; MILLER; SCOTT u. LIVERMANN). Dieser Effekt ist jedoch nicht mit der bekannten Rotlicht- und Kobaltförderung des gleichen Prozesses (MILLER; SCOTT und LIVERMANN) identisch. Da Adenin gleichartige, wenn auch geringere Förderungen des Blattwachstumes verursachen kann (KURAISHI u. OKUMURA), bleibt zu erwägen, ob es sich in diesem Falle um eine unspezifische Wirkung handelt, die durch verschiedene Purinkörper verursacht werden kann (Ref.).

Literatur.

AVERY, G. S., and F. ENGEL: Amer. J. Bot. **41**, 310—315 (1954).

BENTLEY, J. A., K. R. FARRAR, S. HOUSLEY, G. F. SMITH and W. C. TAYLOR: Biochemic. J. **64**, 44—49 (1956). — BETZ, A.: Planta (Berlin), **46**, 381—402 (1955). — BLOMMAERT, K. L. J.: Nature (London), **174**, 970—972 (1954). — BRIAN, P. W., u. H. G. HEMMING: Physiol. Plantarum (Copenh.) **8**, 669—681 (1955). — BRIAN, P. W., H. G. HEMMING u. M. RADLEY: Physiol. Plantarum (Copenh.) **8**, 899—912 (1955). — BRITTON, G., S. HOUSLEY and J. A. BENTLEY: J. of exper. Bot. **7**, 239—251 (1956). — BURSTRÖM, H.: (1) Physiol. Plantarum (Copenh.) **7**, 332—342 (1954). — (2) Physiol. Plantarum (Copenh.) **7**, 548—559 (1954). — (3) Bot. Not. (Lund) **108**, 400—416 (1955). — (4) Physiol. Plantarum (Copenh.) **9**, 682—692 (1956). — BUSSE, M.: Ber. dtsch. bot. Ges. **67**, 31—32 (1954). — BUSSE, M., u. O. KANDLER: Planta (Berlin) **46**, 619—642 (1956).

CARLIER, A., u. K. BUFFEL: Acta bot. neerl. **4**, 551—564 (1955). — CARTWRIGHT, P. M., I. T. SYKES and R. L. WAIN: Plant Growth Substances. p. 32—39, London: Wain u. WIGHTMAN 1956. — CLELAND, R., and J. BONNER: Plant Physiol. **31**, 350—354 (1956). — CROSS, B. E.: J. Chem. Soc. (London) **1954**, 4670—4676.

DAS, N. K., K. PATAU u. F. SKOOG: Physiol. Plantarum (Copenh.) **9**, 640—651 (1956).

ELIASSON, L.: Physiol. Plantarum (Copenh.) **8**, 374—387 (1955).

GORDON, S. A.: Plant Growth Substances. p. 65—75, London: Wain u. Wightman 1956. — GORDON, S. A., and R. P. WEBER: Plant Physiol. **30**, 200—210 (1955).

HANSON, J. B., and J. BONNER: Amer. J. Bot. **42**, 411—416 (1955). — HAYASHI, T., and Y. MURAKAMI: J. agric. chem. Soc. (Japan) **28**, 543—546 (1954). — HOUSLEY, S., and J. A. BENTLEY: J. of exper. Bot. **7**, 219—233 (1956). — HOUSLEY, S., A. BOOTH and I. D. J. PHILIPPS: Nature (London) **178**, 255—256 (1956).

JONES, E. R. H., H. B. HENBEST, G. F. SMITH and J. A. BENTLEY: Nature (London) **169**, 485 (1952).

KARLSSON, B., u. L. ELIASSON: Physiol. Plantarum (Copenh.) **8**, 561—571 (1955). — KATO, Y.: (1) Bot. Gaz. **117**, 16—24 (1955). — (2) Science (Lancaster, Pa.) **123**, 1132 (1956). — (3) Mem. Coll. Sci. Kyoto **20 B**, 189—193 (1953). — KEFFORD, N. P.: J. of exper. Bot. **6**, 129—151 (1955). — KIERMAYER, O.: Planta (Berlin) **47**, 527—531 (1956). — KÖGL, F., en J. MULDER: Proc. Kon. Nederl. Akad. Wetensch. **59 B**, 231—241 (1956). — KURAISHI, S., and F. S. OKUMURA: Bot. Mag. (Tokyo) **69**, 300—306 (1956).

LAIBACH, F.: Ber. dtsch. bot. Ges. **51**, 386—392 (1933). — LANG, A.: Naturwiss. **43**, 257—258 (1956). — LARSEN, P.: Physiol. Plantarum (Copenh.) **8**, 343—357 (1955). — LINSER, H., u. O. KIERMAYER: Biochim. et Biophysica Acta **19**, 341 bis 344 (1956). — LOCKHART, J. A.: Proc. Nat. Acad. Sci. USA **42**, 841—848 (1956). — LUCKWILL, L. C.: J. Hort. Sci. **31**, 89—98 (1956). — LUCKWILL, L. C., and L. E. POWELL: Science (Lancaster, Pa.) **123**, 225—226 (1956).

MATHAEI, H.: Planta (Berlin) **48**, 468—522 (1957). — MILLER, C. O.: Plant Physiol. **31**, 318—319 (1956).

NITSCH, J. P.: Plant Physiol. **30**, 33—39 (1955). — NITSCH, J. P., u. C. NITSCH: (1) Beitr. Biol. Pflanz. **31**, 387—408 (1955). — (2) Plant Physiol. **31**, 94—111 (1956).

ORDIN, L., T. H. APPLEWHITE and J. BONNER: Plant Physiol. **31**, 44—53 (1956). — ORDIN, L., and J. BONNER: Plant Physiol. **31**, 53—57 (1956). — ORDIN, L., R. CLELAND and J. BONNER: Proc. Nat. Acad. Sci. USA **41**, 1023—1029 (1955).

PERLIS, I. B., and J. F. NANCE: Plant Physiol. **31**, 451—455 (1956). — PHINNEY, B. O.: (1) Plant Physiol. **31** (Suppl.) 20 (1956). — (2) Proc. Nat. Acad. Sci. USA **42**, 185—189 (1956). — PLATT, R. S., and K. V. THIMANN: Science (Lancaster, Pa.) **123**, 105—106 (1956). — POHL, R.: Planta (Berlin) **44**, 136—146 (1954). — POLJAKOFF-MAYBER, A.: J. of exper. Bot. **6**, 321—327 (1955).

RADLEY, M.: Nature (London) **178**, 1070—1071 (1956). — RUFELT, H., and P. FRANSSON: Physiol. Plantarum (Copenh.) **9**, 693—696 (1956).

SCHUMACHER, W., u. H. MATHAEI: Planta (Berlin) **45**, 213—216 (1955). — SCOTT, R. A., and J. L. LIVERMAN: Plant Physiol. **31**, 321—322 (1956). — SEELEY, R. C., H. F. TAYLOR, R. L. WAIN and F. WIGHTMAN: Plant Growth Substances. p. 234—247. London: Wain u. Wightman 1956. — SÖDING, H., and E. RAADTS: Plant Growth Substances. p. 52—56. London: Wain u. Wightman 1956. — STEWARD, F. C., and E. M. SHANTZ: Plant Growth Substances p. 165—185. London: Wain u. Wightman 1956. — STODOLA, F. H., G. E. N. NELSON and D. J. SPENCE: Arch. of Biochem. a. Biophysics. **66**, 438—443 (1957). — STODOLA, F. H., K. B. RAPER, D. I. FENNELL, H. F. CONWAY, V. E. SOHNS, C. T. LANGFORD and R. W. JACKSON: Arch. of Biochem. a. Biophysics **54**, 240—245 (1955). — STOWE, B. B., and K. V. THIMANN: Arch. of Biochem. a. Biophysics **51**, 499—516 (1954). — STOWE, B. B., K. V. THIMANN, and N. P. KEFFORD: Plant Physiol. **31**, 162—165 (1956).

THIMANN, K. V.: Arch. of Biochem. a. Biophysics. **44**, 242 (1953). — THIMANN, K. V., and E. W. SAMUEL: Proc. Nat. Acad. Sci. USA **41**, 1029—1032 (1955).

VLITOS, A. J.: Plant Growth Substances. p. 57—64. London: Wain u. Wightman 1956.- VLITOS, A. J., W. MEUDT and R. BEIMLER: Nature (London) **177**, 890—891 (1956).

WEST, C. A., and B. O. PHINNEY: Plant Physiol. **31** (Suppl.), 20 (1956). — WILDMAN, S. G., G. M. FERRI and J. BONNER: Arch. of Biochem. **13**, 131—139 (1947).

19 a. Entwicklungsphysiologie.

Von ANTON LANG, Los Angeles, Californien (USA).

Mit 1 Abbildung.

(*1*) In den letzten Jahren konnte einem zuweilen der Atem ausgehen, wenn man mit der rapiden Entwicklung der botanischen Entwicklungsphysiologie Schritt zu halten suchte. Schon in der letzten Berichtszeit war dies etwas anderes; es schien fast, als müßten die auf diesem Gebiete tätigen Forscher selbst verhalten, ihre Ergebnisse rückschauend überblicken, Lücken ausfüllen, Unklarheiten ausmerzen, und vor allen Dingen sich über die nächsten Aufgaben klar werden. In der neuen Berichtszeit hat diese Tendenz angehalten.

(*2*) Allerdings sieht es so aus, als nähere sich diese Phase relativer Ruhe rasch schon wieder ihrem Ende. Das Jahr 1956 hat eine Reihe ungemein interessanter und verheißungsvoller Entdeckungen gebracht. Bemerkenswerterweise haben sie alle mit der stofflichen Regulation der Entwicklung zu tun; dies ist ein Zeichen, daß es möglich ist, auf unserem Gebiet außer den rein physiologischen auch die biochemischen Arbeitsmethoden einzusetzen. Es ist gelungen, das Acrasin, den Stoff, oder Stoffkomplex, welcher den eigentümlichen Entwicklungsgang der Dictyosteliaceen steuert, in stabiler Form darzustellen. Daß er in den ersten Isolierungsversuchen hochgradig labil schien, beruhte darauf, daß die Myxamöben ein extracelluläres Enzym sezernieren, welches das Acrasin rasch inaktiviert. Doch dies Enzym selber scheint ein wichtiger Faktor in der Entwicklung dieser Organismen zu sein. Ein anderer hochinteressanter Stoff, der jetzt isoliert werden konnte, ist das „tumorinduzierende Prinzip" (TIP) des Erregers der Wurzelhalsgallen oder crown galls, *Agrobacterium tumefaciens*; der Stoff ist eine Desoxyribosenucleinsäure. Das Kinetin, das als ein Regulator der Zellteilung entdeckt wurde, erweist sich auch als ein Regulator der Differenzierung; zusammen mit dem Auxin bestimmt es, ob ein Gewebe als Callus, ohne Organe zu bilden, wächst, oder ob es Sprosse oder Wurzeln anlegt. Ein weiteres Gebiet, wo ein überraschender Fortschritt in der Kenntnis der chemischen Regulation gelungen ist, ist die Blütenbildung. Dieser Entwicklungsvorgang hat sich einer chemischen Beeinflussung bisher beharrlich entzogen. Jetzt zeigt sich, daß ein Stoff, welcher bemerkenswerte Wirkungen auf das Längenwachstum von Pflanzen ausübt, das Gibberellin, bei kältebedürftigen und bei Langtagpflanzen Blütenbildung unter strikt nichtinduktiven Außenbedingungen auslöst. Besonders bemerkenswert und für uns ein wenig peinlich ist, daß dieser Stoff japanischen Forschern seit beinahe 20 Jahren bekannt war, von ihren europäischen und amerikanischen Kollegen aber mehr als 15 Jahre lang vollständig übersehen wurde.

(*3*) Jedoch liegen über alle diese Fortschritte bisher entweder nur kurze und unvollständige Mitteilungen, oder aber nur zusammenfassende, keine Einzelheiten enthaltenden Arbeiten, zum Beispiel Niederschriften von „Symposion"-Vorträgen, vor. Wir halten es daher für zweckmäßig, die Besprechung auf den nächsten Band zu verschieben und uns diesmal auf die weniger sensationellen, aber dennoch nicht weniger wichtigen Arbeiten zu beschränken, welche der Konsolidierung und

Präzisierung dessen gelten, was in den früheren Jahren erreicht werden konnte. Zur ersten Orientierung über einige jener „sensationellen" Fragen können folgende Arbeiten dienen:

Acrasiales: B. M. SHAFFER, Amer. Naturalist **91**, 19—35 (1957).

TIP: W. H. KLEIN u. J. L. KNUPP, Proc. nation. Acad. Sci. USA. **43**, im Druck (1957); P. MANIGAULT, A. COMONDON u. P. SLIZEWICZ, Ann. Inst. Pasteur **91**, 114—117 (1956).

Blütenauslösung durch Gibberellin: A. LANG, Proc. nation. Acad. Sci. USA. **43**, im Druck (1957).

1. Determination, Differenzierung, Organisation.

Differenzierung und Stoffwechsel. „Biochemische Differenzierung". (*4*) Die in Fortschr. Bot. **17**, S. 721 fe. (§§ *13* und *14*) besprochenen Untersuchungen von NICKERSON und von CANTINO über den Zusammenhang bestimmter Differenzierungs- und Entwicklungsvorgänge mit dem Zellstoffwechsel sind fortgeführt und erweitert worden, und besonders NICKERSON konnte ein wichtiges neues Ergebnis erreichen, nämlich die Entdeckung eines Enzyms der Zellteilung. In den früheren Versuchen waren NICKERSON und Mitarbeiter zu dem Schluß gekommen, daß ein entscheidender Schritt in der Zellteilung von Dermatophyten, zum Beispiel *Candida albicans*, in der Übertragung von Wasserstoff an einen endogenen Acceptor durch ein DPN-abhängiges metallhaltiges Flavoproteinenzym besteht. Mutation und Erschöpfung des Nährmediums führen zu einer Abspaltung des Metalls vom Enzym; dieses wird zu einer Diaphorase, die nicht mehr den endogenen Acceptor, sondern nur noch exogene Substanzen, wie gewisse Farbstoffe, reduzieren kann. Metallbindende Substanzen haben eine ähnliche Wirkung, indem sie mit dem Metall des Enzyms einen Komplex bilden und das Enzym auf diese Weise an seiner Funktion hindern. In allen diesen Fällen geht der Pilz vom hefeartigen (Y-) zum mycelartigen (M-)Wachstum über.

(*5*) NICKERSON u. FALCONE [(1, 2), siehe auch FALCONE u. NICKERSON] zeigen nun folgendes: 1. In der Innenschicht der Zellwände von Hefe, welche größtenteils aus den Polysacchariden Mannan und Glucan bestehen, ist in monodisperser Form ein Mannan-Protein-Komplex vorhanden. Das Protein weist Ähnlichkeiten mit Keratin auf, insbesondere einen hohen Schwefelgehalt (2,1%). Der Schwefel liegt teils in der Form von —SH-(Sulfhydryl-), teils in Form von —S—S—(Disulfid-) Bindungen vor. 2. Aus *Candida* und aus Bäckerhefe kann ein an Mitochondrien gebundenes Enzym gewonnen werden, das die Disulfidbindungen des Mannan-Protein-Komplexes reduziert. Eine Mutante von *Candida*, welche stets in der M-Form wächst, also die Fähigkeit zur Zellteilung verloren hat, besitzt dies Enzym nicht.

(*6*) Keratine kommen in langen Kettenmolekülen vor, die miteinander durch Disulfidbindungen fest verbunden sind. Werden diese Bindungen reduziert, so lockert sich der Zusammenhalt des Keratingerüstes; bei erneuter Oxydation können die S-Atome in abweichender Weise verknüpft werden, was zu Verzerrungen im Gerüst führt. Stark schematisiert, läßt sich der Vorgang folgendermaßen illustrieren:

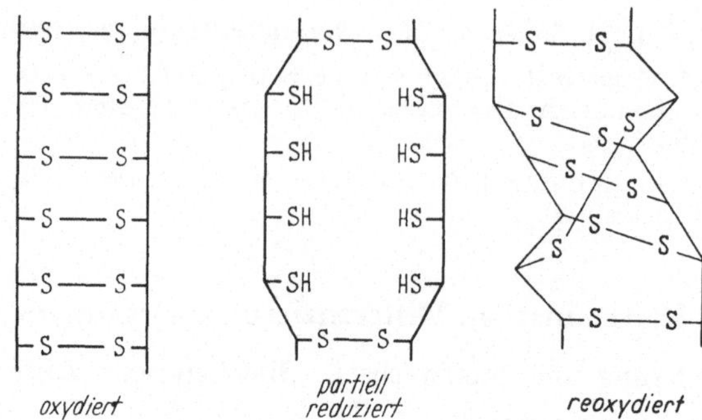

Etwas Ähnliches geschieht, wenn sich unser Haar kraust, sei es dank „Mutter Natur", sei es dank den Anstrengungen des Haarkünstlers; eine Oxydation von SH- zu S—S-Gruppen findet auch bei der Vulkanisierung von Leder statt. Wir können uns die Vorgänge bei der Zellteilung von *Candida* jetzt folgendermaßen vorstellen. Der endogene Acceptor, auf den das Metall-Flavoproteinenzym Wasserstoff überträgt, ist ein Zellwandmatrixprotein (der Mannan-Protein-Komplex). Die Reaktion wird durch ein spezifisches Enzym, eine Disulfidreduktase, katalysiert. Durch partielle Reduktion seiner Disulfidbindungen wird das Zellwandprotein in eine Form übergeführt, in welcher es seine Gestalt ändern kann. Die neue Gestalt kann dann durch einen Vulkanisierungsprozeß fixiert werden. Das in Fortschr. Bot. **17** (l. c.) wiedergegebene Schema läßt sich in folgender Weise vervollständigen:

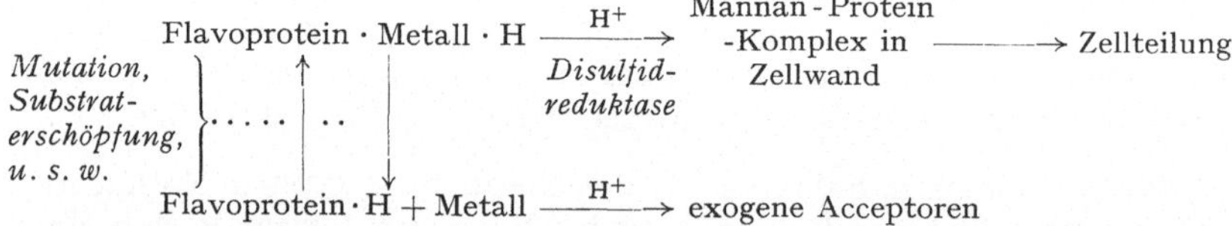

(7) Eine hübsche, wenn auch weiterer Untersuchung bedürftige Ergänzung zu den eben geschilderten Ergebnissen bringen NICKERSON, TABER u. FALCONE. Sie finden, daß Selenit und Tellurit bei *Candida* die Entstehung der Y-Form verursachen. Nun sind organische Verbindungen mit SeH-Gruppen bekannt; ganz im Gegensatz zu organischen Substanzen mit SH-Gruppen lassen sie sich aber nur schwer oxydieren und liegen meist in der reduzierten Form vor. Wenn man annehmen darf, daß Se (und Te) einen Teil des Schwefels im Zellwandprotein verdrängen und dasselbe infolgedessen in die reduzierte, plastische Form übergeht, so wird die zellteilungsfördernde Wirkung der beiden Elemente leicht verständlich.

(8) NICKERSON u. WEBB (siehe auch WEBB u. NICKERSON) stellen fest, daß Folsäureantagonisten, die bei tierischen Zellen die Nucleinsäuresynthese hemmen, bei *Candida* und bei Bakterien zur Entstehung

fädiger Formen führen. Da diese Formen weniger Desoxyribosenucleinsäure enthalten als die Y- bzw. die Normalformen, und da die Wirkung der Folsäureantagonisten durch Zufuhr von Thymin, dem spezifischen Baustein der DNS, überwunden werden kann, scheint DNS-Bildung in irgendeiner Weise für die Zellteilung von Bedeutung zu sein.

(9) CANTINO und Mitarbeiter hatten gezeigt, daß Bicarbonat, das bei *Blastocladiella emersonii* die Entstehung von Dauersporangienpflanzen auslöst, zu einer Anhäufung von α-Ketoglutarsäure in den Zellen führt. Diese wird durch eine TPNH-spezifische Dehydrogenase reduktiv zu Isocitronensäure carboxyliert; das dabei entstehende oxydierte TPN fungiert bei der Aktivierung einer Oxydase, welche die Umsetzung von Polyphenolen zu Melanin katalysiert. Melaninbildung ist eines der entwicklungsphysiologischen Charakteristika der Dauersporangien. Eine zusammenfassende Darstellung dieser früheren Ergebnisse ist bei CANTINO (1956) zu finden. In diesen früheren Versuchen war angenommen worden, daß das Bicarbonat die oxydative Decarboxylierung der Ketoglutarsäure zu Bernsteinsäure im Citronensäure- oder KREBS-Cyclus blockiert und dadurch die Anhäufung der Ketoglutarsäure herbeiführt. Auf Grund von Versuchen mit radioaktivem Bicarbonat und Kohlendioxyd kommen CANTINO u. HORENSTEIN neuerdings aber zu einer anderen Auffassung. Danach wird bei ausreichender CO_2- oder HCO_3^--Konzentration Bernsteinsäure zu Ketoglutarsäure, und diese ihrerseits zu Isocitronensäure carboxyliert; die Isocitronensäure geht unter Abgabe eines C_2-Körpers, wahrscheinlich Oxalsäure, wieder in Bernsteinsäure über, so daß ein Succinat-Ketoglutarat-Isocitrat(S.K.I.-)Cyclus vorhanden ist, welcher mit der Oxydation von Polyphenol zu Melanin gekoppelt ist:

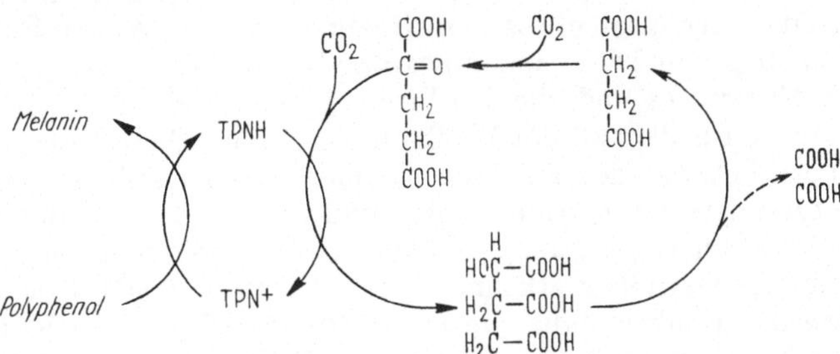

Der S. K. I.-Cyclus, der also von der Bernstein- zur Isocitronensäure dem KREBS-Cyclus entgegengesetzt läuft, dann aber einen abgekürzten Seitenweg zurück zur Bernsteinsäure einschlägt, wird durch Licht gefördert; doch kann auf diese Seite der Frage hier nicht eingegangen werden. Dem Referenten scheinen auch einige der experimentellen Befunde, auf denen der S.K.I.-Cyclus aufgebaut wurde, wenigstens in quantitativer Hinsicht noch nicht besonders befriedigend. Der entwicklungsphysiologisch interessante Teil der Untersuchungen, die Verbindung zwischen der reduktiven Carboxylierung der Ketoglutarsäure und der Aktivierung der Melaninbildung, wird dadurch aber nicht berührt.

(*10*) Die Ergebnisse von NICKERSON und von CANTINO lassen vorläufig keine Verallgemeinerungen zu. Die Zellwand höherer Pflanzen etwa ist sehr verschieden von der der Hefen, und es ist nicht wahrscheinlich, daß bei der Zellteilung bei diesen Pflanzen ein ähnliches System funktioniert wie bei *Candida*. Aber die Ergebnisse an den Dermatophyten und Phycomyceten sind dennoch von größtem Interesse, denn hier haben wir, für Pflanzen zum ersten Male, ein Modell dafür, wie wir uns die Verknüpfung ganz bestimmter Differenzierungsprozesse mit ganz bestimmten Stoffwechselprozessen denken können. NICKERSONs Ergebnissen kommt besonderes Interesse zu aus dem Grunde, als hier ein bestimmter biochemischer Vorgang in der strukturellen Änderung eines Zellbestandteils resultiert.

(*11*) Bei den höheren Pflanzen stehen ähnlichen Versuchen ganz offensichtlich weit größere Schwierigkeiten im Wege. Als ein erster Schritt in dieser Richtung können aber vielleicht verschiedene Arbeiten gelten, die die biochemischen Veränderungen, welche in den Zellen während ihres Wachstums und ihrer Entwicklung stattfinden, analysieren. Solche Versuche sind besonders von R. BROWN und Mitarbeitern an Wurzelspitzen ausgeführt worden (Zusammenfassung siehe BROWN u. ROBINSON 1955). Obgleich im einzelnen verschiedene Modifikationen existieren können, kann man sagen, daß im allgemeinen die Menge an Protein und an individuellen Enzymen in der Einzelzelle von der Wachstums- zur Differenzierungszone der Wurzelspitze hin abnimmt. Es scheint denkbar, daß das Absinken des Proteingehaltes der Zelle unter einen bestimmten Mindestwert für das Aufhören des Wachstums und damit den Eintritt der Differenzierung verantwortlich ist. ROBINSON findet nun, daß eine Enzymgruppe der eben genannten Regel nicht folgt: die Aktivität der proteolytischen Enzyme in der Wurzelspitze von *Vicia faba* steigt zur Differenzierungszone hin an. ROBINSON nimmt an, daß diese Enzyme es sind, die den Proteinspiegel in der Zelle reduzieren und damit zum Stillstand des Wachstums führen. Diese Interpretation beruht natürlich auf der Korrelation einer Reihe paralleler (oder einander entgegengesetzter) Änderungen, und es ist notorisch, daß man in solchen Situationen die kausale Folge der Veränderungen nicht, oder doch nicht mit Gewißheit erkennen kann. Ebensowenig läßt sich derzeit sagen, welche Funktion die einzelnen Enzyme beim Wachstum der Zelle ausüben. Obgleich interessant als Beweis für eine frühzeitige biochemische Differenzierung der wachsenden Zelle, verschaffen uns diese Untersuchungen, vorläufig jedenfalls, noch keinen Einblick in die Kausalität von Wachstum und Entwicklung auf der Ebene der Einzelzelle.

(*12*) Ein wenig weiter führen einige Untersuchungen von JENSEN, obgleich auch hier noch verschiedene Lücken zwischen den einzelnen Befunden geschlossen werden müssen. JENSEN zeigt, ebenfalls an Wurzeln von *Vicia faba*, daß die Peroxydase auf die Zellen der primären Epidermis und des prävascularen Gewebes beschränkt ist und daß ihre Aktivität insbesondere im Protophloëm und Protoxylem nach

Behandlung des Gewebes mit Indolylessigsäure stark zunimmt. Vorstellungen von GALSTON folgend, deutet JENSEN dies als adaptive Peroxydasebildung unter dem Einfluß von Indolylessigsäure. In denselben Zellen läßt sich zuerst auch die Fähigkeit zur Ligninbildung erkennen: bei Zufuhr von Eugenol entsteht in ihnen eine Substanz, die ein Intermediärprodukt der Ligninbildung zu sein scheint. JENSEN nimmt an, daß sich in den Protoxylem- und Protophloëmzellen unter dem Einfluß von Auxin ein System ausbildet, welches das Auxin zerstört und dadurch das Wachstum der Zelle zum Stillstand bringt, und daß ein Teil dieses Systems, die Peroxydase, gleichzeitig eine Funktion in der Ligninbildung ausübt, welche in diesen Zellen stattfindet.

Polarität. (*13*) Auf diesem Gebiete lassen sich zwei große Problemgruppen unterscheiden: 1. wie kommt die polare Differenzierung zustande und wie wird sie aufrechterhalten? 2. welche Bedeutung hat diese Differenzierung für die weitere Entwicklung des Organismus? Zum erstgenannten Fragenkomplex liefern Untersuchungen von JAFFE und von MOHR einige neue Beiträge. JAFFE findet, daß polarisiertes Licht Polarität in *Fucus*-Eiern induziert, und zwar keimen die Eier horizontal in der Richtung der Schwingungsebene des polarisierten Lichtes. Diese Entdeckung kann für die Analyse der der Polarisierung von Zellen zugrunde liegenden strukturellen Vorgänge von großer Bedeutung werden. Bisher wurden die Versuche mit weißem Licht ausgeführt: es wird interessant sein, sie mit monochromatischem Licht zu wiederholen.

(*14*) Nach MOHR kann die noch sehr labile Polarität von Farnprotonemen durch Licht und durch Auxin modifiziert werden. Langwelliges Licht (520—760 mμ, mit einem Bereich geringer Wirksamkeit zwischen 660 mμ und 670 mμ) fördert die Ausprägung der Polarität (unter anderem: apikales Wachstum, apikale Plasma- und Plastidenanhäufung in den Chloronemazellen) und fädiges Längenwachstum; kurzwelliges Licht (400—500 mμ) hemmt beides und führt zur Ausbildung von Prothallien, während in blauem Licht entstandene Prothallien, in rotes übertragen, wieder protonemaartiges Wachstum aufnehmen können (aus einer oder mehreren Randzellen). Indolylessigsäure hemmt in bestimmten Konzentrationen die Ausbildung der Polarität, ohne die Zellteilung zu unterdrücken. MOHR nimmt an, daß blaues Licht einen Auxingradienten in den Zellen zerstört, der für Ausbildung und Erhaltung der Polarität wichtig ist.

(*15*) Eine bemerkenswerte Modifikation der Polarität erreichten ČAJLAHJAN u. NEKRASOVA bei *Citrus*-Stecklingen mit Hilfe von Thiamin und Ascorbinsäure. Wurden die Stecklinge am apikalen Ende mit einer Mischung von einer dieser beiden Substanzen und Indolylessigsäure behandelt, so bildeten sie, nachher invers in Sand gepflanzt, an dem behandelten Ende reichlich Wurzeln. Nur mit Auxin behandelte Stecklinge waren zu solcher apikalen Wurzelbildung nicht imstande. Da die beiden Vitamine die normale (basale) Wurzelbildung bei am basalen Ende mit Auxin behandelten Stecklingen nicht nennenswert beeinflussen, wirken sie nicht auf den Vorgang der Wurzelbildung selbst, sondern beeinflussen die Polarität des Regenerationsvermögens.

(*16*) Die Bedeutung polarer Differenzierung für den normalen Entwicklungsablauf demonstrieren erneut BÜNNING, HUNCK u. LUTZ. Colchicin stört die Ausbildung der Polarität und verhindert zum Beispiel die Differenzierung in Chlorophyll- und Hyalinzellen in jungen *Sphagnum*-Blättern und die normale Ausbildung der Verdickungsleisten der Hyalinzellen in etwas älteren. Das Fehlen der Hyalinzellen in den Perichätialblättern von *Sphagnum* wird als Folge einer Polaritätsunterdrückung am Vegetationspunkt gedeutet. Da den Hochblättern von Blütenpflanzen oft Stomata — die, wie die Hyalin- und Chlorophyllzellen bei *Sphagnum*, durch inäquale Teilungen abgegliedert werden — fehlen, spekulieren die Verfasser, daß reproduktive Entwicklung allgemein mit einer Schwächung der Polarität verbunden sei. Auf diese Weise ließe sich auch der teilweise Verlust der strikten Polarität des Auxintransportes, den einige Autoren (GUERNSEY u. LEOPOLD 1953) bei *Coleus* beschrieben haben, verstehen. Andere Autoren (HAUPT) konnten allerdings diese Angabe weder für *Coleus* noch für eine große Anzahl anderer Pflanzen bestätigen.

Die morphogenetische Rolle von Spitzenmeristemen. (*17*) Die Größe des Spitzenmeristems des Sprosses scheint, wie schon seit längerer Zeit vermutet und in den vergangenen Jahren mehrfach experimentell gezeigt, eine große Bedeutung für die Entwicklung des Sprosses, insbesondere solche Dinge wie Blattstellung und auch Blattgestalt, zu haben; sie scheint ihrerseits durch die Ernährung des Spitzenmeristems beeinflußt zu werden. Mehrere Arbeiten bestätigen diese Auffassung wenigstens indirekt: sie zeigen, daß größere Wüchsigkeit einer Pflanze, sei sie durch Ernährungseinflüsse (besseres Licht), sei sie durch die genetische Konstitution bedingt, zum Auftreten mehrzähliger Blattwirtel oder zusätzlicher Blattschrauben führt (CHAMPAGNAT, LOISEAU, SCHWANITZ). WARDLAW zeigt, daß allseitige, aber seichte, nicht ins Prävasculargewebe hineinreichende Einschnitte um das Spitzenmeristem des Sprosses von *Dryopteris aristata* die Entwicklung des Sprosses nicht nennenswert beeinflussen — sehr im Gegensatz zu tieferen Einschnitten, welche unter anderem Umwandlung von Blatt- zu Sproßanlagen außerhalb des Einschnittes bewirken können. Das Prävasculargewebe scheint also die Leitbahn zu sein, über welche das Spitzenmeristem mit den Substanzen versorgt wird, die für seine Ernährung und seine regulatorische Funktion bei der Sproßentwicklung notwendig sind.

(*18*) An zwei verschiedenartigen Objekten, *Gingko*-Embryonen bzw. *Sinapis*-Sämlingen, zeigen BALL (2) und REINHARD, daß das Spitzenmeristem der Wurzel hinsichtlich seines Differenzierungsvermögens einen weitgehend autonomen Charakter hat. Im *Gingko*-Embryo ist noch kein Wurzelmeristem vorhanden; es entsteht im Inneren des unteren Teils des Hypokotyls, während sich das äußerste basale Gewebe des Hypokotyls zu einer „Hypokotylhaube" entwickelt, die der vom Wurzelmeristem gebildeten echten Wurzelhaube außen aufsitzt [siehe BALL (1)]. Wird nun das Ende des Hypokotyls im Embryo durch einen Längsschnitt in zwei Hälften gespalten, so entstehen zwei normal entwickelte Wurzeln. Wird die Sämlingswurzel von *Sinapis* längsgespalten, so entstehen ebenfalls zwei Wurzeln, darunter auch solche mit triarchem Bau, während die Sämlingswurzel sonst stets diarch gebaut ist. Vor der Ausbildung der neuen regelmäßigen Struktur machen diese Wurzeln aber eine Regenerationsperiode durch, in welcher unregelmäßig angeordnete Xylem- und Phloëmteile angelegt werden. Die regelmäßige Struktur der „neuen" Wurzeln ist also keine direkte Fortsetzung derjenigen der „alten" Wurzel. Diese Ergebnisse zeigen uns zweierlei: das Wurzelmeristem ist in seiner Differenzierungstätigkeit nicht unbedingt auf Einflüsse seitens des differenzierten oder determinierten älteren Gewebes angewiesen; die einzelne Zelle des Spitzenmeristems ist aber nicht in einer bestimmten Weise prädeterminiert, sondern funktioniert entsprechend ihrer Lage im Spitzenmeristem. Das Spitzenmeristem ist also eine funktionelle Einheit mit einem hohen Maß von Autonomie.

Die Weiterentwicklung des Sprosses (Xylemdifferenzierung, Verzweigung, Jugend- und Altersformen, Blattentwicklung). (*19*) Jacobs hatte früher gezeigt, daß die Xylemregeneration im verletzten *Coleus*-Sproß von Auxin kontrolliert wird (siehe Fortschr. Bot. **15**, 422). In Erweiterung dieses qualitativen Befundes stellt er nunmehr fest, daß zwischen der Menge des zur Verfügung stehenden Auxins und der Xylemregeneration eine direkte Proportionalität besteht. Im *Coleus*-Sproß wird Auxin nicht nur basipetal, sondern auch akropetal geleitet; die Kapazität des basipetalen Transportes ist aber etwa dreimal so groß wie die des akropetalen. Werden nun alle oberhalb eines verletzten Internodiums befindlichen Blätter abgeschnitten, so ist die Regeneration des Xylems in demselben Verhältnis herabgesetzt (zum Beispiel in einem Versuch von 16 auf 5,6 regenerierte Xylemstränge). Werden einzelne Blätter abgeschnitten, so entspricht die Wirkung auf die Xylemdifferenzierung genau dem Anteil des betreffenden Blattes an der Gesamtauxinproduktion durch die Blätter. In der wachsenden Sproßspitze kann nun gezeigt werden, daß die Geschwindigkeit der Ausbildung von Xylemzellen an der Basis der jungen Blätter genau der jeweiligen Auxinproduktion derselben — die vom Alter eines Blattes abhängt — parallelläuft. Die Xylemdifferenzierung — d. h. die Ausgestaltung der als Xylemelement determinierten Zelle, nicht ihre Determination selbst — in der normalen Sproßentwicklung wird also ebenfalls durch Auxin geregelt. Da die Umwandlung einer parenchymatischen in eine Xylemzelle (bei Xylemregeneration) mit keiner ausgedehnten Teilungstätigkeit verbunden ist, die auffälligste Änderung vielmehr in der Ausbildung einer dicken Sekundärwand besteht, dürfte das Auxin in der Xylemdifferenzierung ebenso wie in der Zellstreckung die Struktur der Zellwand beeinflussen.

(*20*) Die Erscheinung der apikalen Dominanz war in den letzten Jahren, vor allem durch Libbert, wieder experimentell aufgegriffen worden. Alle neuen Ergebnisse sprechen dafür, daß das Auxin seine hemmende Wirkung auf die Achselknospen nicht direkt ausübt, sondern über einen „Korrelationshemmstoff". Einige Befunde von Allsopp (2) sprechen ebenfalls für diese Auffassung. Indolylessigsäure und ihr Nitril hemmten das Wachstum isolierter Seitenknospen von *Marsilea drummondii* nicht, und zwar auch nicht in solchen Konzentrationen

(10 mg/l), die das Längenwachstum des Hauptsprosses fördern (siehe § 25), also — wenn man eine direkte Hemmwirkung annimmt — die Seitenknospen bestimmt hemmen müßten.

(21) Daß das Auxin in der apikalen Dominanz nicht direkt wirkt, bedeutet natürlich nur, daß es nicht der einzige stoffliche Regulator der Sproßentwicklung ist. Daß es an den verschiedensten Vorgängen der Sproßentwicklung in maßgebender Weise beteiligt ist, wird von niemandem bezweifelt und wird durch eine Reihe neuer Beispiele bestätigt. So spielt es eine wichtige Rolle in der sog. Pendelübergipfelung von *Selaginella*-Arten, bei welchen an aufeinanderfolgenden Gabelungen immer abwechselnd einmal der rechte, dann der linke Gabelast im Wachstum gefördert ist. RZEHAK zeigt, daß Auxin den Haupttrieb fördert und den Nebentrieb hemmt; es handelt sich also um einen Sonderfall apikaler Dominanz. Wird der Haupttrieb dekapitiert, so kommt es infolgedessen zur Übergipfelung durch den nächsten Nebentrieb; wird der Stumpf des Haupttriebes mit Auxin behandelt, so ist diese Entwicklung zum mindesten verzögert.

(22) Nach Untersuchungen von ARNEY (1, 2) bestimmt Auxin in hohem Maße die Entwicklung der Blätter bei *Fragaria* (Gartenerdbeeren), und zwar scheint das von den jungen, noch in Entfaltung begriffenen Blättern erzeugte Auxin die Zellteilung in den jüngsten, noch vollkommen meristematischen Blattanlagen zu fördern, in den etwas älteren, nächsten Anlagen aber die Differenzierung der Zellen zu beschleunigen und dadurch die Dauer der Zellteilungsphase, die für die Größe des Blattes in erster Linie entscheidend ist, abzukürzen. Geschlossen wird dies aus der Wirkung, welche das Abschneiden der in Entfaltung begriffenen Blätter auf Zellzahl und Zellgröße in den jüngsten Blättern der Pflanze hat, und aus der Wirkung von Auxinapplikation bei den so operierten Pflanzen. Es scheint also eine Schlüsselreaktion zu existieren, die sowohl Zellteilung als auch Zelldifferenzierung regelt, und Auxin scheint über diese Reaktion zu wirken. Auch andere Faktoren, die die Zellteilungsaktivität während der Blattentwicklung von *Fragaria* fördern, kürzen meist gleichzeitig die Dauer der Zellteilungsperiode ab.

(23) Nach Versuchen von v. GUTTENBERG u. STEINWEG an 2 *Centradenia*-Species ist Auxin auch an der Ausbildung von Anisophyllie beteiligt. Das Zurückbleiben eines Blattes scheint auf Auxinmangel zu beruhen, denn Auxinzufuhr zum normalerweise reduzierten Blatt kann die Ausprägung der Anisophyllie abschwächen und sogar völlig aufheben.

(24) In einer Arbeit, die sich an die Pfropfversuche von DOORENBOS (Fortschr. Bot. **15**, 734, § 27) anschließt, finden FRANCK u. RENNER, daß ein Altersrieb des Efeus (*Hedera helix*) schon durch gemeinsame Nährlösungskultur mit einem Trieb der Jugendform zur Rückkehr zum juvenilen Habitus gebracht werden kann. Die Umwandlung tritt nur dann ein, wenn der Altersrieb Wurzeln bildet. Ob auch Wurzelbildung am Jugendtrieb (der sich in den Versuchen immer bewurzelte) notwendig ist, wurde noch nicht geprüft. Es sieht also immer mehr so aus, als beruhe die Jugendform auf dem Vorhandensein eines spezi-

fischen, in den Blättern und vielleicht auch in der Wurzel gebildeten stofflichen Faktors. Früher war allgemein vermutet worden, daß ein stofflicher Faktor gerade für die Ausbildung der Altersform verantwortlich sei, und es wurde immer wieder versucht, besonders bei Obstbäumen, Jugendformen durch Zusammenpfropfen mit Altersformen zu rascherem „Altern" zu veranlassen. Wenn die bei *Hedera* gefundene Situation allgemeiner Art ist, so wird der Mißerfolg solcher Versuche begreiflich. — SCHAFFALITZKY DE MUCKADELL zeigt bei *Fagus*, daß sich ein typisches Merkmal der Jugendform, die Fähigkeit, verwelkte Blätter am Sproß zu erhalten, durch Aufpfropfung auf die Altersform nicht beeinflussen läßt.

(*25*) Einige Untersuchungen befassen sich wieder mit der heteroblastischen Entwicklung, also den zeitlichen Veränderungen in der Entwicklung des Sprosses, vor allem in der Gestalt der Blätter. Dabei werden zwei gegensätzliche (aber einander durchaus nicht ausschließende) Meinungen vertreten: Determination der Blattform durch die Größe des Spitzenmeristems, welche ihrerseits durch dessen Ernährung beeinflußt werden kann, und Determination durch in den anderen Blättern gebildete Substanzen. Im ersten Falle wäre die heteroblastische Entwicklung ein weiterer, direkter Ausdruck der morphogenetischen Funktion des Sproßmeristems (siehe auch § *17*), im zweiten eine Korrelationserscheinung. EDWARDS u. ALLSOPP zeigen bei *Marsilea drummondii*, daß auch die Stickstoffernährung die heteroblastische Entwicklung beeinflußt; ALLSOPP (1) findet, daß Indolylacetonitril, das das Längenwachstum der jungen Pflanzen fördert, die heteroblastische Entwicklung und auch die Ausbildung von für die Landform typischen Merkmalen verzögert. Diese Befunde lassen sich zwanglos als Ernährungseinflüsse auf das Spitzenmeristem deuten; das Auxin wirkt dabei indirekt, indem das verstärkte Längenwachstum des Sprosses die Zufuhr von Nährstoffen zur Sproßspitze erschwert und den Verbrauch von Nährstoffen (wahrscheinlich Zuckern), deren Konzentration für die Ausbildung der Landform entscheidend zu sein scheint (vgl. Fortschr. Bot. **17**, 735, § *29*), beschleunigt.

(*26*) NJOKU (1, 2) stellt bei *Ipomoea caerulea* fest, daß abnehmende Lichtintensität sowie Entfernung der älteren Blätter die Blattlappung abschwächt, Entfernung der jüngsten, noch nicht entfalteten Blätter sie dagegen fördert. Er nimmt an, daß die Blattlappung durch zwei antagonistisch wirkende Stoffe (oder Stoffkomplexe) bestimmt wird, einen fördernden, der in den älteren Blättern in starkem Licht gebildet wird, und einen hemmenden, der in den jungen Blättern entsteht. Die Entwicklung eines neuen Blattes würde also durch Einflüsse von seiten der relativ jüngeren und älteren Blätter in gegensätzlicher Weise beeinflußt. Um was es sich bei den angenommenen Stoffen handelt, läßt sich noch nicht sagen. Da aber schon eine Verdunkelung von nur 24 Std. Dauer eine Änderung der Blattform hervorrufen kann und da die nach Operation älterer Blätter neugebildeten Blätter zwar weniger gelappt sind, aber größer sein können als die vorher gebildeten, werden einfache Ernährungseinflüsse auf den Vegetationspunkt für wenig wahrscheinlich gehalten.

(*27*) Die Tageslänge hat bei *Ipomoea* nur einen indirekten Einfluß auf die Blattform, indem Kurztag das Eintreten der Blütenbildung beschleunigt und die letzten vor Blütenanlage gebildeten Blätter — wie bei sehr vielen Pflanzen — immer relativ einfach gestaltet sind. Bei *Fragaria* ist dagegen nach ARNEY (3, 4) die Tageslänge für das Blattwachstum von großer Bedeutung, und zwar ist die im Herbst zu beobachtende Reduktion der Blattgröße eine Kurztagreaktion, die schon durch 45 min lange Unterbrechung der Dunkelphase mit Licht verhindert werden kann. Die Wirkung des Kurztags besteht in einer Abkürzung der Zellteilungsperiode im jungen Blatt (siehe § 22). Temperatur wird nur dann wirksam, wenn sie ziemlich extreme Werte erreicht, und beeinflußt das Blattwachstum der Pflanze daher nur im frühen Frühjahr und im späten Herbst.

(*28*) WHITE (1—3) zeigt bei *Phaseolus multiflorus,* daß zwischen Blattfläche und der Xylementwicklung (Xylemquerschnittfläche) im Blattstiel eine enge Korrelation besteht, wobei sich das Verhältnis im Laufe der Entwicklung des Blattes in regelmäßiger Weise ändert (und zwar abnimmt). Er kommt damit auf ältere Vorstellungen, zum Beispiel von PEARSALL u. HANBY (1926), zurück, nach denen Wassertransportkapazität und Verteilung der Gefäße Größe und Form des Blattes maßgebend beeinflussen. — HARTMAN findet, daß Samenvernalisation die Blattform von *Cichorium intybus* stark beeinflußt (die Blätter sind unter anderem tiefer gelappt und spitzer). Die Wirkung ist ausgesprochen induktiver Natur und irreversibel; sie tritt auch dann in Erscheinung, wenn die vernalisierte Pflanze durch Kurztagkultur im vegetativen Zustand erhalten wird, und beruht offenbar auf einer dauernden Änderung im Vegetationspunkt (Spitzenmeristem), welche mit der Induktion der Blühfähigkeit in keinem Zusammenhang steht.

Entwicklung der Wurzel. (*29*) TORREY hatte früher gezeigt, daß die Verzweigung der Sämlingswurzel von *Pisum* durch einen in der Spitze der Wurzel gebildeten Stoff (oder Stoffkomplex) gehemmt, durch aus den Kotyledonen kommende Faktoren aber gefördert wird; später ist die Wurzel imstande, diese letztgenannten Faktoren selbst zu synthetisieren (Fortschr. Bot. **15**, 425). Die Existenz von spezifisch die Verzweigung fördernden Faktoren war zwar durch GEISSBÜHLER angezweifelt worden (Fortschr. Bot. **18**, 300, § *21*), kann aber durch TORREY jetzt bestätigt werden. Die Verzweigung wurde durch Antagonisten des Thiamins, des Niacins und des Adenins gehemmt und ließ sich durch Zufuhr der betreffenden Substanzen dann „enthemmen". Offenbar sind diese drei Verbindungen für das Einsetzen von Zellteilungen im Pericykel, den ersten Schritt der Seitenwurzelbildung, erforderlich. Welcher von ihnen in den ersten Stadien des Wurzelwachstums aus den Kotyledonen stammt, läßt sich noch nicht sagen. TORREY konnte auch aus den *Pisum*-Wurzelspitzen einen Stoff mit Äther extrahieren, welcher die Seitenwurzelbildung unter sonst optimalen Bedingungen zu 50 % oder mehr hemmt. Die normale, akropetale Folge der Seitenwurzelbildung ist also das Produkt der Wirkung zweier antagonistischer Stoffe oder Stoffgruppen.

Knollenbildung. (*30*) Eine der interessantesten entwicklungsphysiologischen Entdeckungen, jedenfalls bei höheren Pflanzen, die in der Berichtszeit gemacht wurden, verdanken wir GREGORY. Er weist nach, daß die Knollenbildung bei der Kartoffel (*Solanum tuberosum*) durch einen in den Blättern produzierten stofflichen Faktor hervorgerufen wird. Knollenbildung bei der Kartoffel ist tageslängen- und temperaturabhängig. Die verwendete Varietät, Kennebec, bildet Knollen in kurzen Tagen mit kühlen Nächten (8 Std. Licht bei 20°, 16 Std. Dunkelheit

Abb. 18. Übertragung eines knollenbildenden Stimulus bei der Kartoffel (*Solanum tuberosum*, Varietät „Kennebec"). Oben: Kontrollpfropfung, nicht-induziertes Reis auf nicht-induzierter Unterlage: keine Knollenbildung. Unten: Induziertes Reis auf nicht-induzierter Unterlage: der „Empfänger" hat Knollen ausgebildet. Aus L. E. GREGORY.

bei 14°), aber nicht in Langtag bei höheren Temperaturen (8 Std. Tageslicht bei 26°, 8 Std. Kunstlicht von etwa 10000 Lux und 8 Std. Dunkelheit bei 20°). Pfropft man nun Triebe von Pflanzen, die sich unter den für Knollenbildung „induktiven" Bedingungen befunden hatten, auf Stecklinge von Pflanzen, die in den nicht-induktiven Bedingungen gehalten wurden, auf, so findet an den „Empfängern" Knollenbildung statt, während Kontrollpfropfungen (nicht induziert auf nicht induziert) knollenfrei bleiben (Abb. 18). Der „knollenbildende Stimulus" persistiert einige Zeit unter nichtinduktiven Bedingungen, ist aber nicht besonders beständig. Über seine Natur läßt sich noch nichts aussagen. *In vitro* bilden Sproßstücke von Kartoffelpflanzen auch dann Knollen, wenn die Pflanzen sich in nicht-induktiven Bedingungen befunden hatten, vorausgesetzt daß das Kulturmedium Zucker enthält; es ist aber aus verschiedenen Gründen unwahrscheinlich, daß der knollenbildende „Stimulus" einfach Zucker ist.

Fruchtentwicklung. *(31)* Die stofflichen und sonstigen korrelativen Einflüsse bei der Blütenbildung sollen im Zusammenhang mit der Wirkung der Außenfaktoren besprochen werden (siehe § *42 fe.*). Hier wollen wir einige interessante Fortschritte in der Physiologie der Fruchtbildung referieren. Es ist bekannt, daß das Wachstum von Früchten durch Auxin geregelt wird und daß in der wachsenden Frucht die jungen Samen als Auxinquelle fungieren (vgl. Fortschr. Bot. **15**, 468, § *63*). Jedoch weiß man auch, daß schon kurz nach der Bestäubung, noch vor der Befruchtung und unmittelbar danach, wenn die Samenentwicklung noch kaum eingesetzt hat, der Auxingehalt in Griffel und Fruchtknoten heraufgeht (vgl. Fortschr. Bot. **12**, 427). LUND (1, 2) zeigt nunmehr in schönen Versuchen an *Nicotiana tabacum*, daß 1. die wachsenden Pollenschläuche freies Tryptophan in Indolylessigsäure umwandeln können; daß 2. die Fähigkeit zu Auxinbildung aus Tryptophan auch im Griffel und später im Fruchtknoten nach der Bestäubung ansteigt, während der Gehalt an freiem Tryptophan im Griffel wenigstens vorübergehend absinkt; daß 3. die Zunahme an Auxin in Griffel und Fruchtknoten mit dem Vordringen der Pollenschläuche Hand in Hand geht; und daß 4. das Auxin von Griffel und Fruchtknoten Indolylessigsäure ist. Danach scheint es sicher, daß der Pollen an das Griffel- und Fruchtknotengewebe eine Substanz abgibt, möglicherweise zusätzliches Enzym, wodurch dies Gewebe zu verstärkter Umsetzung von Tryptophan zu Indolylessigsäure befähigt wird.

Determination in der Entwicklung von Moosen.
(Vgl. auch „Entwicklungsgeschichte und Fortpflanzung".)

(32) Diploide Protonemen von *Georgia pellucida* können Sporogone direkt, also unter völliger Auslassung der Entwicklungsstufe des beblätterten Pflänzchens, differenzieren. Wie BAUER feststellt, ist für das Einsetzen dieser Differenzierung ein partielles Nachlassen des Wachstums wesentlich. Es scheint gleichgültig zu sein, wodurch dies zustande kommt: von den Protonemen ins Kulturmedium abgegebene Hemmstoffe rufen Sporogonbildung ebenso hervor wie reduzierte Wasserversorgung. Ist ein Sporogon aber einmal angelegt, so ist die Anlage stabil und entwickelt sich auch unter Bedingungen weiter, die für die Anlegung von Sporogonen nicht günstig sind (z. B. Übertragung auf frisches Medium). In der normalen Entwicklung ist die Sporogonbildung natürlich die Folge eines Sexualakts, welcher die Ausbildung von Archegonien und Antheridien vorausgeht. Es ist daher schwer zu sagen, ob die Beobachtungen an den Regenerationssporogonen am Protonema uns etwas über die Vorgänge bei der normalen Sporogonentwicklung lehren werden.

2. Aktivitätswechsel und Entwicklung.

Bedeutung von Außenfaktoren bei Induktion und Beendigung von Ruhezuständen. *(33)* Die weite Verbreitung und große Bedeutung von

Tageslängeneinflüssen beim Aktivitätswechsel von Holzpflanzen wird durch eine Reihe von neuen Arbeiten unterstrichen (DOWNS u. BORTHWICK an einer größeren Zahl nordamerikanischer Species, WASSINK u. WIERSMA an *Liriodendron*, DOORENBOS an *Rhododendron* und *Azalea*). Ganz generell ruft Kurztag Eintritt der Ruhe hervor, während Langtag ihn hinausschiebt und bei manchen Species dauerndes Wachstum ermöglicht. Mit steigender Temperatur werden mehr Kurztage zur Induktion der Ruhe erforderlich; andererseits kann unterhalb gewisser Temperaturen das Wachstum sogar im 16-Std.-Tag zum Stillstand kommen. Ist die Ruhe einmal eingetreten, so läßt sich erneutes Wachstum bei manchen Species wieder durch Langtag, bei anderen aber nur durch Kälte auslösen. Bei *Catalpa* entwickelt sich dies Kältebedürfnis graduell, so daß kurz nach Eintreten der Pflanze in den Ruhezustand dieser auch durch Langtag, später dagegen nur noch durch Kälte beendet werden kann. Bei *Betula mandshurica* kann die Ruhe der Endknospe nur durch Kälte, diejenige der Seitenknospen aber auch durch Langtag gebrochen werden. Bei vielen Arten scheint der Ruhezustand vom Blatt auszugehen, da Entblätterung zur Wiederaufnahme des Wachstums führt; bei anderen ist solche Wirkung aber nicht vorhanden. Alle diese Ergebnisse bestätigen und erweitern die Arbeit früherer Autoren, insbesondere WAREINGs (siehe Fortschr. Bot. **17**, 715, § 7).

(*34*) WAREING selbst zeigt, zusammen mit ROBERTS, daß bei *Robinia pseudoacacia* Kurztag nicht nur Knospen-, sondern auch Cambiumruhe induziert, daß aber die Tätigkeit des Cambiums von der Aktivität der Endknospe unabhängig ist. Werden nämlich die Pflanzen nach Eintritt der Knospenruhe (d. h. nach Sistierung des Sproßwachstums) sogleich in Langtag zurückgebracht, so geht bei manchen von ihnen die Tätigkeit des Cambiums ungestört weiter; das gebildete Holz hat Sommerholzcharakter. Wesentlich ist hier die Langtagexposition der Blätter; der von Langtagblättern ausgehende Einfluß auf die Cambiumaktivität wird basipetal geleitet (Ringelungsversuche), und es ist möglich, aber noch nicht erwiesen, daß es sich um Auxin handelt. Bei *Robinia* bilden die Blätter also in Langtag einen „Cambialstimulus", während Kurztag wahrscheinlich die Bildung dieses Stimulus hemmt, und Wachstum der Endknospe ist für die Funktion des Cambiums nicht notwendig.

(*35*) Die Keimruhe der Samen von *Rosa*-Hybriden, die von Jahr zu Jahr große Schwankungen aufweist, wird nach VONABRAMS u. HAND vor allem durch die Temperaturen, und daneben auch durch die Lichtintensitäten bestimmt, welche während der letzten 30 Tage der Samenentwicklung herrschen, und zwar setzen höhere Temperaturen und starkes Licht die Ausbildung der Ruhe herab. Die „Ruhe" der *Rosa*-Samen ist in der Schale und vielleicht dem Endosperm lokalisiert, denn isolierte Embryonen keimen auch auf nährstofffreiem Medium normal und zeigen von Jahr zu Jahr praktisch dieselbe Keimfähigkeit. Temperatur und Licht beeinflussen hier also augenscheinlich die Struktur von Testa (und Endosperm), und es handelt sich um keinen Fall echter Ruhe.

Physiologische Grundlagen von Ruhezuständen und ihrer Beendigung.
(*36*) BORRISS u. ARNDT untersuchen Entstehung und Lokalisation des Ruhezustandes in den Samen von *Agrostemma githago*, welche, wenn

reif, einer Nachreifung (Stratifikation) bei Temperaturen von unter 12° bedürfen. Der Entwicklungsblock tritt in einer bestimmten Phase der Samenentwicklung auf, da noch nicht voll entwickelte Embryonen, isoliert und auf ein Nährmedium übertragen, ihr Wachstum im Gegensatz zu ausgereiften auch bei 20° fortsetzen können. Innerhalb des Embryos ist der Ruhezustand nicht gleichmäßig ausgeprägt; wie sich durch Zerlegung des Embryos in seine Einzelteile zeigen läßt, wird er in der Reihenfolge Hypokotyl — Keimwurzel — Kotyledonen schwächer. Vielleicht beruht es auf ähnlichen Differenzen des Ruhezustandes in verschiedenen Teilen des Embryos, daß — wie es VISSER (3) beim Apfel (*Pirus malus*) bestätigt — die Wurzel der aus nicht oder unvollständig nachgereiften Stein- und Kernobstsamen hervorgehenden verzwergten Sämlinge normal entwickelt ist.

(*37*) VISSER (1, 2) setzt seine Untersuchungen über Ruhe, Nachreifung und Keimung beim Apfel fort (vgl. Fortschr. Bot. **18**, 312) und findet weitere Beweise für die Anschauung, daß Hemmstoffe in Testa und Endosperm weder bei der Erhaltung noch der Beendigung des Ruhezustandes eine Rolle spielen, die Wirkung der beiden Organe auf Nachreifung und vor allem Keimung vielmehr darauf beruht, daß sie, besonders bei höheren Temperaturen, den Sauerstoffzutritt zum Embryo stark beeinträchtigen und dadurch für die Keimung ungünstige Atmungsbedingungen schaffen. Bei unvollständig nachgereiften Samen kann dies zur Entstehung eines sekundären Ruhezustandes führen. Das Wachstum der aus unvollständig nachgereiften Samen entstehenden Zwergsämlinge (siehe oben) kann durch hohe Lichtintensität weitgehend normalisiert werden [VISSER (3)].

(*38*) SUSSMAN, DISTLER u. KRAKOW finden, daß der Ruhezustand der Ascosporen von *Neurospora* — der durch einen Hitzeschock beendet werden muß — entgegen einer früheren Deutung (GODDARD 1935, 1939) nicht mit der Abwesenheit einer Brenztraubensäurecarboxylase erklärt werden kann, denn die Unterschiede in den Mengen sowohl des Apo- wie des Coenzyms in ruhenden und keimenden Sporen sind viel zu klein (1:2), um die Unterschiede in deren Atmungsintensität (1:20) zu erklären. Die physiologische und chemische Basis des Entwicklungsblockes bleibt weiterhin unbekannt. Durch stoffwechselphysiologische Untersuchungen an keimenden und ruhenden Sporen läßt sich aber nachweisen, daß Aktivierung, Keimung und vegetatives Wachstum offenbar mit dem schrittweisen Ausbau des aeroben Atmungssystems verbunden sind. Die Aktivierung induziert rasche Glykolyse, welche zur Entstehung relativ großer Mengen von Äthanol und Acetaldehyd führt. Zugleich entwickelt sich ein oxydatives System für die Verwertung der Brenztraubensäure, nämlich ein kondensierendes Enzym und vielleicht auch der Citronensäurecyclus (KREBS-Cyclus). Schließlich findet völliger Übergang zum aeroben Stoffwechsel statt, welcher das vegetative Wachstum einleitet. Die Aktivierung ist somit nur der Beginn einer Folge von Veränderungen im Stoffwechsel der Zelle, welche in der Ausbildung der vegetativen Zelle kulminieren.

Samenkeimung. (*39*) Daß die Keimung vieler Samen durch tiefe Temperaturen oder durch Licht gefördert wird, ist seit langem bekannt. Wie im vorigen Bericht besprochen, zeigte es sich, daß das Licht bei der Keimung vieler Samen photoperiodisch wirkt. Aus einer Reihe weiterer Arbeiten geht nunmehr hervor, daß auch thermoperiodische Effekte in der Samenkeimung häufig anzutreffen sind. Eine ganze Reihe von Samen, z. B. *Lepidium virginicum, L. campestre, Fragaria virginiana, Verbascum thapsus, Nicotiana tabacum* (TOOLE, TOOLE, BORTHWICK u. HENDRICKS), *Bidens tripartitus* (ROLLIN) und *Capsella bursa-pastoris* (ZAIN-UL-ABIDIN) keimen bei konstanter, sei es tiefer oder hoher, Temperatur schlecht, können aber oft schon durch einen einmaligen

Temperaturwechsel zu optimaler Keimung gebracht werden. Bei *Capsella* läßt sich durch Verwendung 48stündiger Cyclen zeigen, daß es tageszeitliche Schwankungen der Temperaturempfindlichkeit gibt; daraus wird geschlossen, daß zwischen der Wirksamkeit von Wechseltemperaturen und der endogenen Tagesrhythmik Beziehungen bestehen können. Temperaturwechsel kann die Wirkung von Licht auf die Samenkeimung erhöhen. So keimt *Lepidium virginicum* bei konstanter Temperatur auch nach optimaler Bestrahlung mit rotem Licht nur zu etwa 30%; ein einmaliger Temperaturwechsel zwischen 15° und 20° setzt die Keimung aber auf nahezu 90% herauf. Dieser Temperaturwechsel kann dabei bemerkenswerterweise in der Periode 20 Std. vor bis zu 20 Std. nach der Bestrahlung der Samen mit Licht geboten werden, Licht- und Temperaturwirkung sind also nicht direkt miteinander verknüpft. — Bei den Samen einiger *Betula*-Arten besteht nach VAARTAJA eine Beziehung zwischen Temperatur und Tageslängenwirkung. Bei 10—20° findet Keimung nur in Langtagslichtbedingungen statt, bei 25° auch in Kurztag, und bei noch höheren Temperaturen sogar in Dauerdunkel.

(*40*) Nach Untersuchungen von RUGE sind die besonders von BÜNNING beschriebenen endogen-jahresrhythmischen Keimfähigkeitsschwankungen bei Kulturpflanzensamen offenbar wesentlich seltener als bei Samen von Wildpflanzen. — OSTROVSKAJA findet eine auffällige positive Korrelation zwischen dem Kupfergehalt und der Keimfähigkeit von *Oryza-sativa*-Samen. Kupfersulfat und auch Auxin fördern die Keimung bei Cu-armen Samen (unter 2 mg/kg), während sie dieselbe bei Cu-reichen (4,8 mg/kg) sogar hemmen können. — Bei vielen relativ großen Samen ist beim Auskeimen nach trockener Lagerung oft Riß- und Bruchbildung in den Kotyledonen oder dem Endosperm und im Zusammenhang damit eine Reduktion der Keimfähigkeit beobachtet worden. YAMAMOTO zeigt, daß dies durch vorherige Anreicherung des Wassergehaltes der Samen (unter anderen *Pisum, Soja, Oryza*) in einer feuchten Kammer vermieden werden kann; kritisch ist also nicht die Austrocknung, sondern die plötzliche Wasseraufnahme. — Zusammenfassender Artikel über Samenkeimung: TOOLE, HENDRICKS, BORTHWICK u. TOOLE.

3. Außenfaktoren und Entwicklung.

Luftfeuchtigkeit. (*41*) Morphogenetische Wirkungen der Luftfeuchtigkeit scheinen selten und meist quantitativer Natur zu sein. Daher ist bemerkenswert, daß Luftfeuchtigkeit bei gewissen höheren Pilzen die Fruktifikation stark modifiziert. Es wurde wiederholt beobachtet, daß solche Pilze, in einem geschlossenen Gefäß kultiviert, keine oder abnorme Fruchtkörper bilden; dafür wurde die Erhöhung der Kohlendioxydkonzentration verantwortlich gemacht. PLUNKETT stellt nun fest, daß bei manchen Arten (*Collybia velutipes*) dies in der Tat richtig ist; schon 1% CO_2 in der Kulturatmosphäre hemmt die Entwicklung stark. Bei anderen Species (*Polyporus brumalis*) ist aber die Luftfeuchtigkeit entscheidend, denn wird die Atmosphäre des Kulturgefäßes rezirkuliert und dabei ihr Wasserdampf entfernt, ihre Zusammensetzung aber sonst unverändert gelassen, so findet normale Entwicklung statt. Wahrscheinlich ist für normale Entwicklung eine ausreichende Transpiration notwendig; ohne eine solche entstehen Pflanzen mit deformierten Stielen und Hüten, und schließlich werden überhaupt keine Hüte gebildet.

Temperatur: Vernalisation. *(42)* Die Temperatureinwirkung bei der Vernalisation wird bekanntlich von den embryonalen Geweben der Pflanze (Embryo oder Vegetationsspitze) perzipiert. ČAJLAHJAN kann aber zeigen, daß für ihre Wirksamkeit die Anwesenheit von Blättern nötig ist. In Pfropfungen zwischen unvernalisiertem und vernalisiertem zweijährigem Raps *(Brassica campestris)* oder unvernalisiertem zwei-jährigem Raps und einjährigem (sommerannuellem) Raps oder Kohl (*Br. oleracea*) kommt der Empfänger nur dann zur Blütenbildung, wenn dem Spender seine Blätter belassen werden und die Pfropfung in Langtag gehalten wird; Blätter am Empfänger üben eine hemmende Wirkung auf seine Blütenbildung aus. Die durch die Kälte im Vege-tationspunkt induzierten Veränderungen teilen sich also den Blättern mit — offenbar vor allem den neu gebildeten — und machen diese fähig, auf die induktive Tageslänge zu reagieren; die ersten Vorgänge der photoperiodischen Reaktion laufen, wie lange bekannt, im Blatte ab.

(43) Während bei den meisten kältebedürftigen Arten die Ver-nalisation die Pflanze überhaupt erst photoperiodisch empfänglich zu machen scheint, sind in den letzten Jahren einige Fälle bekannt geworden, in welchen sie die photoperiodische Reaktionsweise der Pflanze modifiziert, so daß dieselbe Blüten in kürzeren Tagen und bisweilen sogar im Dauerdunkel anlegen kann (siehe Fortschr. Bot. **17**, 754, § *54*, und **18**, 316, § *57*). Nun wird ein Fall geschildert, wo die Vernalisation die Reak-tion der Pflanze auf Temperatur, und zwar vor allem die Nachttempera-tur, verändert. Salat (*Lactuca sativa*) bedarf zu rascher Blütenbildung relativ hoher Nachttemperaturen; so blüht die Varietät "Great Lakes" nur bei Nachttemperaturen von 18° oder mehr. Werden aber die Samen vernalisiert, so ist Blütenbildung auch bei 10° Nachttemperatur möglich (RAPPAPORT u. WITTWER). Diese Wirkung kommt aber nur im Langtag zur Geltung; im Kurztag verhalten sich Pflanzen aus vernalisierten und unvernalisierten Samen gleich. Die photoperiodische Reaktion als solche scheint also nicht verändert zu sein.

(44) Bei den *Pisum*-Varietäten „Zelka" und „Unica" bewirkt Samenvernalisation frühere Blütenbildung und reduziertes Längen-wachstum; Devernalisation mit höheren Temperaturen annulliert aber nur den ersten und, insbesondere bei Unica, nicht den zweiten Effekt. Bei diesen Pflanzen sind also offenbar „vegetative" und „reproduktive" Vernalisation zu unterscheiden, die gewöhnlich gleichzeitig vor sich gehen, aber auf verschiedenen Prozessen beruhen müssen (HIGHKIN). Sowohl bei *Pisum* (HIGHKIN) als auch bei *Lactuca* (RAPPAPORT u. WITTWER) ist eine Vernalisation nur dann möglich, wenn die Samen bald nach der Einquellung behandelt werden. Werden sie nur wenige Tage bei höheren Temperaturen gehalten (*Lactuca*: 15—20°, *Pisum*: 20° oder 26°), so werden sie für die vernalisierende Wirkung der Kälte völlig unempfind-lich. Bei *Pisum* genügt 1 Tag bei 26°. Diese Empfindlichkeitsänderung beruht nicht darauf, daß die Keimlinge in dieser Periode aus dem

Vernalisationsalter „herauswachsen", denn bei *Pisum* werden selbst während 5tägiger Vorbehandlung mit höherer Temperatur keine zusätzlichen Nodien differenziert; vielmehr müssen irgendwelche physiologischen Änderungen stattfinden, welche die Vernalisierbarkeit der Pflanze auf ein sehr kurzes Stadium nach Beginn der Keimung beschränken.

(*45*) Was die durch die Vernalisation in der Pflanze bewirkten stofflichen Veränderungen angeht, so bringt die Berichtszeit keine entscheidenden Fortschritte, dafür aber einen Rückschritt. PURVIS und GREGORY glaubten, einen blühfördernden Extrakt aus vernalisiertem Roggen (*Secale cereale*) gewonnen zu haben (siehe Fortschr. Bot. **16**, 358, § *28*). NAPP-ZINN hatte bei winterannueller *Arabidopsis thaliana* mit derselben Methode (Chloroformextraktion) aber nur negative Ergebnisse und erwähnt eine persönliche Mitteilung von Dr. PURVIS, wonach die britischen Autoren ihren Befund nicht zu reproduzieren vermochten. — Verschiedene Autoren, besonders PURVIS (1948) und LANG (1952), hatten darauf hingewiesen, daß die Induktion der Blütenbildung durch Kälte wie durch Tageslänge einen autoreproduktiven Charakter aufweist, und hatten die Synthese autokatalytischer Substanzen vermutet. FINCH u. CARR können aber bei Winterroggen keine Veränderungen im Gehalt der Embryonen an Ribose- wie Desoxyribosenucleinsäuren — den einzigen zur identischen Reproduktion fähigen Substanzen, die wir heute kennen — nachweisen, welche sich mit Vernalisation oder Devernalisation in Beziehung setzen ließen. Die Entstehung einer spezifischen Nucleinsäure, die sich im Gesamtgehalt an Nucleinsäuren nicht äußert, wird damit, wie die Verfasser selbst betonen, nicht ausgeschlossen. Vielleicht ist es in diesem Zusammenhang von Interesse, daß nach Versuchen von TASHIMA u. IMAMURA Ribonucleinsäure bei unvernalisiertem Rettich (*Raphanus sativus*) die Blütenbildung, wenn auch nur recht schwach, fördert. Dieser Effekt wird durch Riboflavin verstärkt, welches für sich allein unwirksam ist. ČAJLAHJAN u. KUZNECOVA konnten die Vernalisationswirkung tiefer Temperaturen bei Winterroggen und Winterweizen durch Niacin und Thioharnstoff verstärken.

(*46*) OEHLKERS zeigt, daß bei kältebedürftigen unifoliaten *Streptocarpus*-Formen (*Str. wendlandii, Str. wendlandii × grandis*) im Gegensatz zu allen bisher untersuchten kältebedürftigen Pflanzen die Kältewirkung im Blatt (dem einzigen Blatt der Pflanze, dem sog. Makrocotyledo) lokalisiert ist. Embryonen lassen sich nicht vernalisieren. Im Blatt beginnt, wie mittels Stecklingskultur verschiedener Teile des Blattes nach verschieden langer Kältebehandlung gezeigt werden kann, die Vernalisation in der Mitte der Spreite und schreitet zur meristematischen Zone an der Basis hin fort. *Str. grandis* braucht Kälte nur für die Weiterentwicklung der Inflorescenzen, nicht für ihre Anlegung.

Licht. a) Morphogenetische Lichtwirkungen. (*47*) In den vergangenen 5 Jahren ist bewiesen worden, daß sehr zahlreiche Wachstumsund Entwicklungsprozesse bei Pflanzen durch geringe Mengen langwelligen Lichtes beeinflußt werden, wobei das kürzer- und das länger-wellige Rot antagonistisch wirken. (In Zukunft wollen wir diese beiden Bezirke, dem Vorgehen verschiedener Autoren folgend, einfach „Hellrot" und „Dunkelrot" nennen und mit HR bzw. DR abkürzen.) Es wird angenommen, daß beide Lichtqualitäten von zwei Formen ein und des-selben Pigmentes absorbiert werden. Die Bedeutung dieses HR-DR-Systems wird für mehrere Entwicklungsvorgänge bewiesen oder bestätigt. HR hemmt bei etiolierten *Phaseolus*-Sämlingen das Hypokotyl- und fördert das Blattwachstum [DOWNS (1)] und ruft Aufrichtung ihrer hakenförmig rückwärtsgekrümmten Plumula hervor (KLEIN, WITHROW u. ELSTAD). Als Störlicht in der Mitte der Dunkelphase geboten, hemmt es die Blütenbildung bei Kurztagpflanzen (*Xanthium pennsylva-nicum, Soja* „Biloxi" und *Amaranthus caudatus*) und fördert sie bei Langtagpflanzen (*Hyoscyamus niger, Hordeum vulgare*) [DOWNS (2)]. Das DR hebt in allen diesen Fällen die Wirkung des HR auf, und überall, wo das geprüft wurde, läßt sich die DR-Wirkung dann wieder durch HR annullieren, und das Spiel kann viele Male wiederholt werden. Auch die photoperiodischen Einflüsse auf die Knospenaktivität bei Bäumen (§ *33*) scheinen durch das HR-DR-System vermittelt zu werden (DOWNS u. BORTHWICK). Besonders interessant sind Untersuchungen von JONES u. BAILEY an den Samen von *Lamium amplexicaule:* Bei diesem „Dunkelkeimer" fördert das hellrote Licht die Samenkeimung genau so wie bei den früher untersuchten „Lichtkeimern" (*Lactuca, Lepidium* usw.), während DR diese Wirkung aufhebt. Viele Licht- und Dunkel-keimer unterscheiden sich also augenscheinlich nicht qualitativ, sondern quantitativ; jene sind relativ empfindlicher für das HR, diese für das DR im weißen Licht.

(*48*) An der Bedeutung des HR-DR-Systems für die Morphogenese der Pflanzen besteht nach alledem kein Zweifel. JOHNSON, HALL und LIVERMAN finden zudem Anhaltspunkte dafür, daß das System die Entwicklung einer Pflanze auch unter natürlichen Lichtverhältnissen beeinflußt. Gewisse Varietäten der Tomate (*Solanum lycopersicum*) weisen in den Sommern in Texas, die durch hohe Temperaturen und sehr hohe Lichtintensität charakterisiert sind, verschiedene Entwicklungs-störungen auf (siehe JOHNSON u. HALL 1955). Dieselben Störungen können im Winter durch zusätzliche Bestrahlung mit dem DR hervor-gerufen werden. Sie stellen offenbar eine Reaktion auf den relativ hohen Anteil von langwelligem Rot im Sommerlicht (hervorgerufen durch stärkere Absorption des kürzerwelligen Rot durch den Wasser-dampf in der Atmosphäre) dar.

(*49*) Dennoch ergeben sich gewisse Schwierigkeiten, wenn man alle Wirkungen von hell- und dunkelrotem Licht auf das Wachstum und die Entwicklung der Pflanzen mit dem einfachen HR-DR-System erklären will. Außer im Falle der Samenkeimung ist die Umkehrung der HR-Wirkung durch das DR niemals 100%ig und nimmt außerdem im Laufe wiederholter HR-DR-Bestrahlungen ab. Auch wenn die Dauer der DR-Bestrahlung über einen gewissen Wert ausgedehnt wird, kann ihre Wirksamkeit zurückgehen. So läßt sich die Wirkung eines

HR-Störlichts in der Mitte der Dunkelphase von *Xanthium* durch eine anschließende, relativ kurze DR-Bestrahlung weitgehend annullieren, d. h. man bekommt eine gute Blühreaktion. Wird aber die Dauer der DR-Bestrahlung ausgedehnt, so können die Pflanzen vegetativ bleiben. Auf Polarität und Längenwachstum von Farnprotonemen (MOHR, siehe § *14*) wirken HR und DR offenbar weitgehend gleichsinnig (fördernd), und in der photoperiodischen Reaktion von *Hyoscyamus* kann nach Ergebnissen von STOLWIJK u. ZEEVART die Wirkung des HR und des DR je nach Zeitpunkt und Zeitdauer der Bestrahlung gleichsinnig oder antagonistisch sein. Wenn die Pflanzen 16 Std. täglich nur mit ein- farbigem Licht hoher Intensität belichtet werden, so blühen sie bemer- kenswerterweise nur in Violett und Blau, aber nicht in Grün und Rot; jedoch kann Blütenbildung in den beiden langwelligeren Bereichen durch Beimengung von etwas DR hervorgerufen werden. (Die Wirkung des Blau und Violett beruht **nicht** auf einer solchen Beimengung von DR; dieser Spektralbereich hat also eine direkte fördernde Wirkung auf die photoperiodische Induktion. In 10std. Kurztag bleiben die Pflanzen in allen geprüften Spektralbezirken vegetativ.) Werden die Pflanzen täglich 10 Std. lang mit weißem Licht bestrahlt und erhalten HR oder DR als Zusatzlicht, so wirken **beide fördernd, wenn sie im Anschluß an die Hauptlichtzeit** geboten werden, während **in der Mitte der Dunkelphase,** entsprechend den Befunden von DOWNS (§ *47*), HR fördert und DR antagonistisch wirkt. Man muß nach allen diesen Befunden entweder annehmen, daß das HR-DR-System wesentlich komplizierter ist, als wir uns das vorstellen, oder aber — wahrschein- licher — daß noch ein anderes, unbekanntes Absorptionssystem für morphogenetische Lichtwirkungen existiert, welches im HR und im DR (und möglicherweise auch im Blau und Violett) absorbiert und dessen Wirk- samkeit diejenigen des HR-DR-Systems überdecken kann.

(*50*) Über die Natur des das HR und DR absorbierenden Pigments und seinen physiologischen Wirkungsmechanismus liegen nur indirekte und nicht besonders ergiebige Untersuchungen vor. HENDRICKS, BORTHWICK u. DOWNS versuchen, aus der Beziehung zwischen eingestrahlter Energie und dem „Reaktionsprodukt" (Keimprozent bei Samen, Zuwachs bei *Phaseolus*-Hypokotyl) Absorptionskoef- fizienten und Quantenausbeute des Pigments zu bestimmen. Aus ihren Berech- nungen folgern sie, daß eine frühere Annahme richtig war und daß das verantwort- liche Pigment keine cyclische Molekularstruktur hat (wie bei einem Porphyrin), sondern eine kettenförmige (wie bei Phycocyanen). KLEIN, WITHROW u. ELSTAD finden, daß die HR-Wirkung auf die Plumularschleife von *Phaseolus* (siehe § 47) durch Auxin reduziert wird. Jedoch scheint zwischen Lichtwirkung und Auxin keinerlei unmittelbare Beziehung zu existieren; vielmehr scheint der Wuchsstoff in irgendeiner Weise die Reaktion des Gewebes auf die durch das Licht induzierten Änderungen zu beeinflussen. — Wer sich für weitere Einzelheiten der Wirkungen langwelliger Strahlung auf das Pflanzenwachstum interessiert, sei auf 4 Sammel- berichte verwiesen, die das Problem von verschiedenen Gesichtspunkten her diskutieren: HENDRICKS und WASSINK u. STOLWIJK (allgemein); TOOLE, HEN- DRICKS, BORTHWICK u. TOOLE (Samenkeimung); WAREING (Holzpflanzen).

Über Lichtwirkungen in der Entwicklung von Pilzen siehe „Physiologie der Fortpflanzung und Sexualität".

b) **Photoperiodische Reaktionen (Blütenbildung).** (*51*) Die interessantesten neuen Ergebnisse auf diesem Gebiete sind ohne Frage diejenigen von SACHS (1—3) an *Cestrum nocturnum*, einer Lang-Kurztagpflanze, die zur Blütenbildung erst einiger Langtage (mindestens 5) und dann einiger Kurztage (mindestens 2) bedarf. SACHS zeigt, daß es sich sowohl bei der Langtag- wie bei der Kurztaginduktion um echte photoperiodische Reaktionen handelt, da Störlicht in der Dunkelphase die Kurztag- in eine Langtagwirkung umkehrt, und daß die Wirkung der Langtaginduktion strikt auf die direkt dem Langtag ausgesetzten Teile beschränkt ist, während die Wirkung der Kurztaginduktion sich auch auf nicht unmittelbar behandelte Teile der Pflanze ausbreiten kann.

(*52*) Es ist gewöhnlich angenommen worden, daß die Tageslänge bei Lang- und Kurztagpflanzen an ein und demselben Punkte der Blütenbildungsprozesse eingreift, wenn auch mit gegensätzlichem Effekt. SACHS' Ergebnisse lassen es als möglich erscheinen, daß dies doch nicht richtig ist und daß die Langtagreaktion in der Produktion einer unbeweglichen „Vorstufe" besteht, während in der Kurztagreaktion diese Vorstufe in irgendeiner Weise, vielleicht durch Verbindung mit einem „Kurztagsprodukt", in das transportfähige Blühhormon umgewandelt wird. Bei Langtagpflanzen wäre die „Kurztagreaktion", bei Kurztagpflanzen aber die „Langtagreaktion" tageslängenunabhängig:

$$\xrightarrow{\hspace{2cm}} \quad \text{unbewegliche} \atop \text{Vorstufe} \quad \xrightarrow{\hspace{2cm}} \text{Blühhormon}$$

Langtagpflanzen	nur in LT	in LT und KT
Kurztagpflanzen	in LT und KT	nur in KT
Lang-Kurztagpflanzen	nur in LT	nur in KT

(*53*) SACHS' Ergebnisse sind noch in einer anderen Hinsicht von Interesse. Die induktiven Tageslängen für die Lang- und die Kurztaginduktion von *Cestrum* überschneiden sich; die kritische Tageslänge für jene liegt zwischen 11 und $12^1/_2$ Std. Licht täglich, für diese zwischen 11 und 12 Std. In Tageslängen zwischen 11 und 12 Std. sollte *Cestrum* also ohne Tageslängenwechsel zur Blüte kommen. Das ist bisher zwar noch nicht beachtet worden; aber bei einer anderen Lang-Kurztagpflanze, *Bryophyllum daigremontianum*, fand RESENDE in der Tat, daß in dauerndem 12-Std.-Tag eine, wenn auch schwache, Blütenbildung stattfindet. Es gibt eine Reihe von Pflanzen, die nur in einem sehr engen Tageslängenbereich zur Blüte kommen. Diese „Mitteltagspflanzen" sind bisher meist als Kurztagpflanzen mit relativ langer Lichtphase gedeutet worden. Jetzt wird es zum mindesten ebenso wahrscheinlich, daß es sich um Lang-Kurztagpflanzen handelt, um so mehr, als manche von ihnen, zum Beispiel gewisse Varietäten des Zuckerrohrs (*Saccharum officinarum*) unter natürlichen Bedingungen vor allem dann zu blühen scheinen, wenn die Tageslänge von Lang- zu Kurztag übergeht, also im Herbst, und nicht beim umgekehrten Übergang, also im Frühjahr.

(*54*) Alle diese durch SACHS' Arbeit angeregten Überlegungen müssen natürlich eingehend geprüft werden, bevor sichere Aussagen möglich sind. Aber im Zusammenhang mit der Möglichkeit, daß Lang- und

Kurztag an verschiedenen Stellen der Blütenbildungsprozesse eingreifen, ist die Feststellung von GOTT, GREGORY und PURVIS interessant, daß sich in der photoperiodischen Reaktion des Roggens offenbar zwei distinkte Schritte unterscheiden lassen. Der erste führt zur Anlegung, der zweite zur Weiterentwicklung der Blüten, wobei diese letztgenannte mit der Ausbildung der sog. double ridges am Inforescenzprimordium beginnt. Bei unvernalisiertem Winterroggen ist der erste dieser Schritte eine echte Kurztagreaktion (Annullierung durch Störlicht); unvernalisierter Winterroggen kann also in gewissem Sinne als eine Kurz-Langtagpflanze bezeichnet werden. Für weitergehende Vergleiche ist die Zeit jedoch zu früh. Das Schema der Blütenbildungsvorgänge von GREGORY und PURVIS sieht jetzt folgendermaßen aus:

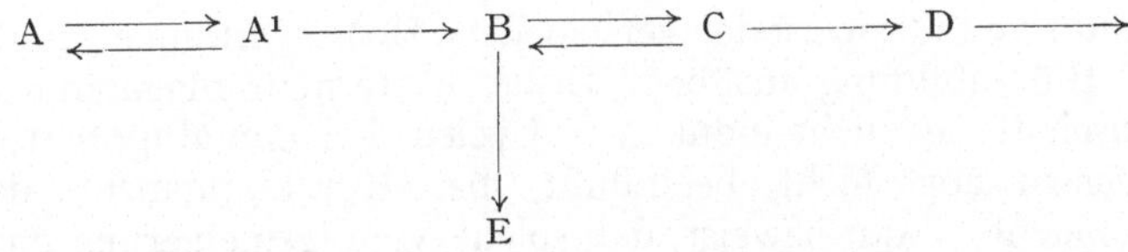

(55) Eine eingehende Analyse der bei Kurztagpflanzen in der Dunkelphase eines photoinduktiven Cyclus ablaufenden Vorgänge versuchen SALISBURY u. BONNER bei *Xanthium*. Danach sind mindestens 3 verschiedene Reaktionen zu unterscheiden: 1. die Konversion des Pigments aus der DR- in die HR-absorbierende Form, welche in den ersten 3 Std. abgeschlossen wird; 2. eine sich daran anschließende vorbereitende" Reaktion, die zusammen mit der Konversionsreaktion die Mindestdauer der Dunkelphase determiniert; und 3. die eigentliche Blühhormonsynthese. Die Resultate der Reaktionen 1 und 2 werden durch Störlicht vollständig annulliert, während Reaktion 3 zwar gestoppt wird, das schon gebildete Blühhormon aber erhalten bleibt. Da nach den Untersuchungen von LOCKHART u. HAMNER (siehe Fortschr. Bot. **17**, 763, 68) die Blühhormonbildung in zwei Schritten abläuft, der Bildung einer Vorstufe und ihrer „Stabilisierung" zum eigentlichen Blühhormon, und da eine induktive Dunkelphase bei Kurztagpflanzen nur dann wirksam wird, wenn ihr eine Lichtphase ausreichender Dauer und Intensität vorausgeht, sind also zum mindesten 5 Teilschritte der Blühhormonbildung im Blatt zu unterscheiden: 1. die „Starklichtreaktion", 2. die Pigmentkonversion, 3. die „vorbereitende Reaktion", 4. die Synthese der Blühhormonvorstufe, und 5. die „Stabilisierung" des Blühhormons. Natürlich kann jeder dieser Teilschritte seinerseits komplexer Natur sein; bei der Starklichtreaktion ist dies nach verschiedenen Beobachtungen bereits wahrscheinlich.

(56) Eine wichtige Untersuchung über die Bedeutung von Knospen in der photoperiodischen Reaktion liegt von BOCCHI, LONA und SACHS vor. LONA hatte gefunden, daß sich abgeschnittene Blätter von *Perilla* induzieren lassen (vgl. Fortschr. Bot. **15**, 455, § *49*); aber CARR konnte bei *Xanthium* und *Soja* eine Induktion weder bei abgeschnittenen Blättern noch bei entknospten Pflanzen erreichen und zog daraufhin

Lonas Ergebnisse in Zweifel (vgl. Fortschr. Bot. **16**, 357, § *27*). Bocchi, Lona u. Sachs zeigen nunmehr an ausgedehntem Material, daß bei *Perilla* die Anwesenheit von Knospen für den Erfolg photoperiodischer Induktion in der Tat nicht nötig ist (Nachweis, wie üblich, durch Aufpfropfung auf nicht-induzierte Exemplare) und daß auch keine Bildung von Adventivknospen — wie sie Carr, allerdings ohne eigene Versuche mit *Perilla* anzustellen, für die früheren Ergebnisse Lonas verantwortlich gemacht hatte — stattfindet. Wenn bei anderen Pflanzen Knospen für die Erhaltung eines für den Ablauf der Blütenbildungsvorgänge erforderlichen Auxinspiegels in der Pflanze, vor allem in den Blättern, nötig sind (vgl. § *62*), so kann *Perilla* diesen Auxinspiegel auch in Abwesenheit von Knospen aufrechterhalten.

(*57*) Aus einer Reihe neuer Arbeiten geht eindeutig hervor, daß nicht-induktive Photoperioden verschiedene Hemmwirkungen auf Induktion und Blütenbildung ausüben. Bisher hatte man angenommen, daß eine Einschaltung nicht-induktiver Cyclen bei Langtagpflanzen die Induktionswirkung nicht beeinflußt, bei Kurztagpflanzen dagegen zunichte macht. Carr beweist, daß solche Verallgemeinerung unzutreffend ist: die Induktion wird durch solche Einschaltungen bei beiden Reaktionstypen beeinträchtigt; aber eine Summierung unterschwelliger Induktion ist auch bei Kurztagpflanzen möglich. Zwischen verschiedenen Arten bestehen erhebliche quantitative Unterschiede, doch hängen sie nicht notwendigerweise mit dem Reaktionstyp zusammen. Die Wirkung der Induktionsunterbrechung beruht auf zweierlei: 1. wird das zum Vegetationspunkt geleitete Blühhormon „verdünnt" und erreicht die für Blütenbildung nötige Konzentration später oder gar nicht; 2. übt die nicht-induktive Tageslänge eine direkte Hemmung auf die Induktion aus. Zu dieser zweiten Wirkung zeigt Schwabe bei *Kalanchoë*, daß Langtage die Wirkung der darauffolgenden Kurztage reduzieren, und zwar kann 1 Langtag die Wirkung von 1,5—2 Kurztagen aufheben. Die Wirkung ist aber nicht additiv, 2 aufeinanderfolgende Langtage wirken nicht stärker als nur einer. Diese Hemmwirkung von Langtagen kann durch eine 24 stündige Dunkelperiode vollständig überwunden werden; die Dunkelbehandlung muß auf den Langtag folgen. Lincoln, Raven u. Hamner untersuchen bei *Xanthium* die Hemmwirkung von nicht-induktiv behandelten Blättern auf die Übertragung des Blühhormons. Die meisten Befunde lassen sich mit der einfachen Translokationshypothese (Lang 1952, vgl. Fortschr. Bot. **15**, 456, § *50*) erklären. Jedoch sind nicht nur Langtage hemmend, sondern auch Kurztage mit Störlicht in der Mitte der Dunkelphasen, und die Wirkung ist größer (die Blühreaktion am „Empfängertrieb" also schwächer), wenn das Störlicht mehrfach unterteilt wird. Zum Beispiel betrug in einem Versuch die Blühreaktion bei 1×30 min Störlicht 3,5, bei 3×10 min aber 0. Die Autoren nehmen daher an, daß in den Blättern unter Langtagbedingungen eine Hemmungsreaktion photoperiodischer Natur (Langtagreaktion) stattfindet und daß das aus den induzierten Blättern kommende Blühhormon in die Langtagblätter abgelenkt und in diesen dann zerstört oder inaktiviert wird.

(58) Während es sich, soweit sich sagen läßt, bei den soeben besprochenen Hemmungserscheinungen um strikt lokalisierte Vorgänge zu handeln scheint — abgesehen vom einfachen Verdünnungseffekt —, findet Guttridge bei *Fragaria* Hinweise auf eine übertragbare Hemmung der Blütenbildung. Wird von 2 Ausläuferpflanzen die eine (ältere) in Kurztag, die andere (jüngere) in Dauerlicht gehalten, so ist die Blütenbildung an der ersten gehemmt und ihre vegetative Entwicklung gefördert. Die Wirkung geht von den Blättern der Dauerlichtpflanze aus, denn bei Abschneiden eines Teils der Blätter wird sie schwächer. Es scheint also, daß in Dauerlicht befindliche Blätter einen übertragbaren „vegetativen Stimulus" produzieren.

(59) Die Frage der Lichtwirkung in photoperiodischen Reaktionen wurde in anderem Zusammenhang besprochen (§§ *47—50*). Hier sei nur noch auf einen Fall eingegangen, der in verschiedener Hinsicht bemerkenswert ist, nämlich Untersuchungen von Kandeler (1, 2) an *Lemna*. Kandeler konnte feststellen, daß die Blütenbildung bei einem Stamm von *L. gibba* eine klare Langtagreaktion ist; schon dieser Befund ist interessant, denn die Faktoren, die die Blütenbildung bei *Lemna* auslösen, sind bisher weitgehend unbekannt gewesen. Allerdings darf das Ergebnis nicht verallgemeinert werden; bei anderen Stämmen gelang auch Kandeler die experimentelle Kontrolle der Blütenbildung nicht. Darüber hinaus stellt es sich aber heraus, daß bei dem Langtagstamm Dunkelrot als Zusatzlicht am wirksamsten ist und daß die Wirkung von Störlicht zu Beginn der Dunkelphase am größten ist und danach bis zu deren Ende fortlaufend abnimmt. Hinsichtlich des photoperiodischen Wirkungsspektrums ist *Lemna* also entweder eine Langtagpflanze des Cruciferentyps (vgl. Fortschr. Bot. **15**, 477), oder besitzt eine ähnlich komplizierte spektrale Abhängigkeit wie *Hyoscyamus* (vgl. § *49*); hinsichtlich der zeitlichen Wirksamkeit von Störlicht stellt die Pflanze einen von allen bisher geprüften Lang- wie Kurztagpflanzen vollkommen abweichenden Typ dar.

(60) Die Frage der Beziehungen zwischen Mineralernährung und photoperiodischen Reaktionen wird von el Hinnawy wiederaufgegriffen. Außer Stickstoff, dessen Bedeutung schon von verschiedenen Autoren, vor allem von v. Denffer und von Čajlahjan, festgestellt worden war, sind auch andere Elemente wirksam, insbesondere Phosphor und dann Calcium. Die Wirkung ist aber von Art zu Art sehr verschieden und ist an den photoperiodischen Reaktionstyp der Pflanze in keiner gesetzmäßigen Weise gebunden.

(61) Chaudri findet bei *Amaranthus caudatus* starke endogen-jahresrhythmische Variationen der Blühwilligkeit, welche besonders unter photoperiodisch ungünstigen Bedingungen zum Ausdruck kommen. Die Tendenz zur Blütenbildung ist im Winter und frühen Frühjahr am größten und erreicht ein Minimum im Sommer. Der Autor spekuliert, daß diese Erscheinung weit verbreitet sei und daß bei Langtagpflanzen ein umgekehrter Rhythmus zu erwarten sei. — Vlitos, Meudt u. Beimler erhielten bei *Nicotiana tabacum* „Maryland-Mammut" nach γ-Bestrahlung Pflanzen, welche auch in Langtag blühten. Es scheint sich um eine genetisch konstante Änderung zu handeln.

Auxin und Blütenbildung. *(62)* Im vorigen Bericht (Fortschr. Bot. **18**, 324, § *75*) war die Meinung ausgesprochen worden, daß Auxin drei verschiedene Wirkungen auf die Blütenbildung ausüben kann: 1. kann

es das Altern der Pflanze und damit den Eintritt der „Blühreife"
beschleunigen; 2. hemmt es die im Blatt lokalisierten Vorgänge der
photoperiodischen Reaktion, zum mindesten bei Kurztagpflanzen;
3. scheint es irgendeinen „stabilisierenden" Einfluß auf den Blüh-
stimulus zu haben, sobald dieser einmal das Blatt verlassen hat. Einige
sehr interessante Ergebnisse von DE ZEEUW sprechen dafür, daß wir
noch mit einer weiteren Auxinwirkung in den Vorgängen der Blütenbildung zu rechnen haben, und zwar daß Auxin, oder ein bestimmter
minimaler Auxinspiegel, für den Ablauf dieser Vorgänge vorhanden
sein muß. DE ZEEUW stellt fest, daß Entfernung junger, noch im
Wachstum befindlicher Blätter bei Tomaten (*Solanum lycopersicum*)
die Blütenbildung fördert, daß aber Auxinbehandlung bei Abwesenheit
dieser Blätter den Vorgang ebenfalls fördert, während es ihn bei intakten
Pflanzen entweder überhaupt nicht beeinflußt, oder etwas hemmt. Die
Hemmwirkung junger Blätter auf die Blütenbildung, die schon mehrere
Male beobachtet worden ist (vgl. auch FISHER 1955), beruht also offenbar
nicht auf ihrer Auxinproduktion. Man kann sich vielmehr vorstellen,
daß diese Blätter und die Prozesse der Blütenbildung um Auxin konkurrieren und die Entfernung der Blätter diese Konkurrenz beseitigt.
Daß Auxinapplikation bei intakten Pflanzen die Blütenbildung nicht
fördert, läßt sich damit erklären, daß es die vegetative Entwicklung
stimuliert und so zu verstärkter Konkurrenz führt. Antiauxine hemmen,
wie nunmehr zu erwarten, die Blütenbildung an Pflanzen ohne junge
Blätter; ihre fördernde Wirkung bei intakten Pflanzen beruht auf
Beschleunigung der Blattalterung.

(*63*) SALISBURY u. BONNER finden, daß Auxinapplikation bei
Xanthium die kritische Dauer der Dunkelphase nicht beeinflußt,
sondern nur den Grad der Blühreaktion herabdrückt. Das Auxin greift
also nicht in die Pigmentkonversions- noch die „vorbereitende" Reaktion
ein, sondern in die Blühhormonsynthese (vgl. § *55*), wobei es, wie schon
früher gezeigt (siehe Fortschr. Bot. **17**, 772), nicht nur die Produktion
neuen Blühhormons herabzusetzen, sondern auch das bereits vorhandene
Blühhormon unwirksam zu machen scheint. Wie ebenfalls schon früher
angedeutet, ist es am wahrscheinlichsten, daß es die „Stabilisierungsreaktion" im Blatt beeinflußt. In diesem Zusammenhang sind vielleicht
neue Ergebnisse von HAMNER u. NANDA von Bedeutung. Diese Autoren
fanden bei *Xanthium*, daß Auxin auf die nachfolgende Dunkelphase
um so stärker wirkt (d. h. die Blühreaktion um so mehr herabdrückt),
je kürzer die vorhergehende Lichtphase ist, und bei *Soja* (Biloxi), daß
zwischen der Wirkung des Auxins (Reduktion der Blütenbildung) und
dem Logarithmus der Auxinkonzentration eine geradlinige Beziehung
besteht. Sie nehmen an, daß das Auxin auf das Produkt der „Starklichtreaktion" (HAMNERs A) wirkt, und zwar mit diesem eine direkte Reaktion
eingeht, die dasselbe für die Vorgänge der nachfolgenden Dunkelphase
unzugänglich macht. Wenn man nun, in Modifikation früherer Vorstellungen von HAMNER und Mitarbeitern, annimmt, daß das „Stark-
lichtprodukt" für die Stabilisierungsreaktion erforderlich ist und daß
außerdem die Stabilisierungsreaktion reversibel ist, so lassen sich alle

Wirkungen des Auxins auf die induktive Dunkelphase von Kurztagpflanzen in einheitlicher Weise verstehen.

(*64*) Während bei Kurztag- und auch bei tagneutralen Pflanzen die Wirkung von Auxin auf die Blütenbildung ziemlich eingehend untersucht worden ist, waren die Angaben für Langtagpflanzen bisher spärlich und widersprechend. LIVERMAN u. LANG können nun bei *Hyoscyamus niger* und *Silene armeria* zeigen, daß Auxinapplikation die Blütenbildung bei diesen Pflanzen f ö r d e r n kann. Jedoch ist diese Wirkung nur dann vorhanden, wenn die Pflanzen außer Auxin (Indolylessigsäure) auch etwas Zusatzlicht während der Nachtphase erhalten. So blieben zum Beispiel in einem Versuch mit *Hyoscyamus* bei etwa 0,35 Lux Zusatzlichtintensität die Kontrollen vegetativ, während mit 3 und 10 mg/l Auxin behandelte Pflanzen 100%ig zur Blütenanlegung kamen. Höhere Konzentrationen wirkten wieder hemmend, und mit Zusatzlichtintensitäten, welche Blütenbildung auch ohne Auxinzufuhr ermöglichen, ist nur diese hemmende Wirkung höherer Konzentrationen erkennbar. DE SILVA u. RESENDE konnten bei der Lang-Kurztagpflanze *Kalanchoë rotundifolia* Blütenbildung in dauerndem Kurztag mittels Auxinbehandlung auslösen. Offenbar ist Auxin also fähig, wenigstens unter gewissen Bedingungen und bei gewissen Pflanzen die Vorgänge der „Langtagsinduktion" zu fördern. Grundlagen und Bedeutung dieser Wirkung müssen weiter untersucht werden.

(*65*) Bei einigen der Pflanzen, bei denen Förderung der Blütenbildung durch Auxin schon früher beobachtet worden ist, scheinen sehr spezielle Verhältnisse vorzuliegen. Bei *Ananas* kommt GOWING zu der Auffassung, daß die Wirkung zugeführter synthetischer Auxine auf die Blütenbildung auf einer Verdrängung der nativen Indolylessigsäure beruht, daß also der entscheidende Einfluß Reduktion und nicht Erhöhung des wirksamen Auxinspiegels der Pflanze, insbesondere des Vegetationspunktes, ist. Einer der Gründe für diese Interpretation ist der Umstand, daß je Pflanze 250—500 µg Naphthylessigsäure oder anderer synthetischer Auxine angewendet werden müssen, um eine Reaktion zu erzielen. Selbst wenn nur 1% dieser Menge vom Vegetationspunkt selbst aufgenommen würde, würde das in seinem Gewebe eine Konzentration von etwa 2,5—5 mg Auxin je 1 kg Gewebe ergeben, während der tatsächliche Auxingehalt des Vegetationspunktes nur ein Hundertstel hiervon beträgt. — Bei *Litchi chinensis* fördert Auxin die Blütenbildung nur dann, wenn die Pflanze sich unter optimalen Wachstumsbedingungen befindet; hier scheint es sich um einen einfachen Fall des Antagonismus zwischen vegetativer und reproduktiver Entwicklung und einer Wachstumshemmung durch supraoptimale Auxinmengen zu handeln (NAKATA).

4. Methodisches.
(Gewebe- und Organkultur.)

(*66*) In der Berichtszeit konnte anscheinend ein lang erstrebtes Ziel der Gewebekultur bei Pflanzen erreicht werden, nämlich die unbegrenzte Kultur isolierter Zellen. REINERT konnte bei Gewebe von *Picea glauca* (Normal- wie Tumorgewebe; vgl. REINERT u. WHITE), NICKELL bei einem Klon von *Phaseolus-vulgaris*-Gewebe nach Übertragung in flüssiges Medium Zerfall bis zu Einzelzellen und unbegrenztes Wachstum in diesem Zustand erzielen; das *Phaseolus*-Gewebe konnte in diesem Zustand bereits 4 Jahre lang kultiviert werden. Der Zerfall bei *Phaseolus*-Gewebe erfolgt spontan und ist reversibel; bei *Picea*-Gewebe wird er durch den Entzug bestimmter Wachstumsregulatoren (Folsäure und Vitamin B_{12}) induziert und ist irreversibel. Wieweit solche Umwandlung bei anderen Geweben zu erreichen ist, können nur weitere Untersuchungen zeigen.

(*67*) Durch Verwendung von Explantaten aus der subapikalen Region des Sproßmeristems oder aus Embryonen konnte MOREL (1) Gewebekulturen bei mehreren Species gewinnen, bei denen die Anlegung solcher Kulturen bisher nicht möglich gewesen war. Auch aus *Selaginella*-Makrosporen sowie aus Farnprothallien konnten undifferenzierte Gewebekulturen gewonnen werden. Allerdings sind auch diese Methoden nicht bei allen Arten erfolgreich, und das Sporophytengewebe von Farnen ließ sich bisher noch nicht *in vitro* kultivieren [vgl. MOREL (2)]. TUREL u. HOWES konnten unbegrenzt wachstumsfähige Kulturen des Blattgewebes von *Carthamnus tinctoria* gewinnen — der erste Fall von Blattgewebekultur; NORSTOG konnte das Endosperm von *Lolium perenne* ebenfalls unbegrenzt *in vitro* kultivieren — nach *Zea mays* der 2. Fall von Gewebekultur sekundären Endosperms. Sproßmark von *Cryptostegia grandiflora* ließ sich leicht *in vitro* kultivieren, bildete aber keine Milchgefäße aus (SNYDER).

(*68*) RAGGIO u. RAGGIO beschreiben eine neuartige Methode zur Kultur isolierter Wurzeln, bei welcher organische und Mineralernährung getrennt werden können. Das basale Ende der Wurzel befindet sich in einem Röhrchen mit dem organischen Teil des Mediums, die Spitze wächst in flüssigem oder festem inorganischem Medium. Bei dieser Anordnung blieb die sonst oft zu beobachtende Bräunung des Gewebes aus. An *Phaseolus*- und *Soja*-Wurzeln konnte die Bildung von Wurzelknöllchen *in vitro* erzielt werden. — CHAPMAN fand, daß isolierte Wurzeln der Kartoffel (*Solanum tuberosum*) nur bei Anwesenheit eines Extraktes aus autoklavierten Kartoffelknollen wachsen. Der Extrakt ließ sich durch keinen der bekannten Wirkstoffe oder wirkstoffhaltigen Extrakte (Hefeextrakt, Cocosmilch usw.) ersetzen; es handelt sich offenbar um einen ziemlich spezifischen Regulator.

Literatur.

(Keine Jahreszahl = 1956.)

ALLSOPP, A.: J. of exper. Bot. **7**, (1) 1—13; (2) 14—24. — ARNEY, S. E.: (1) Ann. of Bot., N. S. **18**, 349—365 (1954); (2) Phyton (Vicente López, Argent.) **5**, 93—105 (1955); (3) J. of exper. Bot. **7**, 65—69; (4) Phyton (Vicente López, Argent.) **6**, 109—120.

BALL, E.: Amer. J. of Bot. **43**, (1) 488—495; (2) 802—810. — BAUER, L.: Planta (Berl.) **46**, 604—618. — BOCCHI, ADA, LONA, F., and SACHS, R. M.: Plant Physiol. **31**, 480—482. — BORRISS, H., u. ARNDT, MARIANNE: Flora **143**, 492—498.— BROWN, R., and ROBINSON, E.: in: BUTLER, E. G. (Herausg.), Biological Specificity and Growth. 12th Growth Symp., S. **93**—118. Princeton: Univ. Press (1955). — BÜNNING, E., HUNCK, G., u. LUTZ, H.: Protoplasma **46**, 108—115.

ČAJLAHJAN, M. H.: Fiziol. Rastenij **3**, 253—266 (1955). — ČAJLAHJAN, M. H., i KUZNECOVA, M. S.: Dokl. Akad. Nauk SSSR **105**, 842—845 (1955). — ČAJLAHJAN, M. H., i NEKRASOVA, T. V.: ibid. **111**, 481—485. — CANTINO, E. C.: Mycologia (N. Y.) **48**, 225—240. — CANTINO, E. C., and HORENSTEIN, E. A.: ibid. 777—799. — CARR, D. J.: Physiol. Plantarum (Copenh.) **8**, 512—526 (1955). — CHAMPAGNAT, MARGUERITE: C. r. Acad. Sci. Paris **242**, 2979—2981. — CHAPMAN, H. W.: Amer. J. of Bot. **43**, 468—471. — CHAUDRI, I. I.: Beitr. z. Biol. d. Pfl. **32**, 451—456.

DOORENBOS, J.: Euphytica (Wageningen) **4**, 141—146 (1955). — DOWNS, R. J.: Plant Physiol., (1) **30**, 468—473 (1955); (2) **31**, 279—284. — DOWNS, R. J., and BORTHWICK, H. A.: Bot. Gaz. **117**, 310—326.

EDWARDS, P. St. J., and ALLSOPP, A.: J. of exper. Bot. **7**, 194—202.

FALCONE, G., and NICKERSON, W. J.: Science (Lancaster, Pa.) 124, 272—273. — FINCH, L. R., and CARR, D. J.: Austral. J. of biol. Sci. 9, 355—363. — FISHER, J. E.: Bot. Gaz. 117, 156—165 (1955). — FRANCK, H., u. RENNER, O.: Planta (Berl.) 47, 105—114.

GODDARD, D. R.: (1) J. of gener. Physiol. 19, 45—60 (1935); (2) Cold Spring Harbor Symp. on quant. Biol. 7, 362—376 (1939). — GOTT, M. B., GREGORY, F. G., and PURVIS, O. N.: Ann. of Bot. N. S. 19, 87—126 (1955). — GOWING, D. P.: Amer. J. of Bot. 43, 411—418. — GREGORY, L. E.: ibid. 281—288. — V. GUTTENBERG, H., u. STEINWEG, K.: Protoplasma 46, 284—300. — GUTTRIDGE, C. G.: Nature (London) 178, 50—51.

HAMNER, K. C., and NANDA, K. K.: Bot. Gaz. 118, 13—18. — HARTMAN, TH. A.: Proc. kon. nederl. Akad. v. Wetensch. C 59, 677—684. — HAUPT, W.: Ber. deutsch. bot. Ges. 69, 61—66. — HENDRICKS, S. B.: Amer. Scientist 44, 229—247. — HENDRICKS, S. B., BORTHWICK, H. A., and R. J. DOWNS, Proc. nation. Acad. Sci. USA. 42, 16—22. — HIGHKIN, H. R.: Plant Physiol. 31, 399—403. — EL HINNAWY, E. I.: Meded. Landbouwhogesch. Wageningen 56, No. 9, 1—51.

JACOBS, WM. P.: Amer. Naturalist 90, 163—169. — JAFFE, L.: Science (Lancaster, Pa.) 123, 1081—1082. — JENSEN, W. A.: Plant Physiol. 30, 426—432 (1955). — JOHNSON, S. P., and HALL, W. C.: Bot. Gaz. 117, 100—113 (1955). — JOHNSON, S. P., HALL, W. C., and LIVERMAN, J. L.: Physiol. Plantarum (Copenh.) 9, 389—395. — JONES, M. B., and BAILEY, L. F.: Plant Physiol. 31, 347—349.

KANDELER, R.: Z. f. Bot., (1) 43, 61—71 (1955); (2) 44, 153—174. — KLEIN, WM. H., WITHROW, R. B., and ELSTAD, V. B.: Plant Physiol. 31, 289—294.

LEOPOLD, A. C., and GUERNSEY, F. M.: Bot. Gaz. 115, 147—153 (1953). — LINCOLN, R. G., RAVEN, K. A., and HAMNER, K. C.: Bot. Gaz. 117, 193—206. — LIVERMAN, J. L., and LANG, A.: Plant Physiol. 31, 147—150. — LOISEAU, J.-E.: C. r. Acad. Sci. Paris 242, 2248—2251. — LUND, H. A.: (1) Amer. J. of Bot. 43, 562—568; (2) Plant Physiol. 31, 334—339.

MOHR, H.: Planta (Berl.) 47, 127—158. — MOREL, G.: Rev. génér. de Bot. 63, (1) 314—323; (2) 325—330.

NAKATA, SH.: Bot. Gaz. 117, 126—134 (1955). — NAPP-ZINN, KL.: Ber. deutsch. bot. Ges. 69, 193—198. — NICKELL, L. G.: Proc. nation. Acad. Sci. USA. 42, 848—850. — NICKERSON, W. J., and FALCONE, G.: Science (Lancaster, Pa.) 124, (1) 318—319; (2) 722—723. — NICKERSON, W. J., TABER, W. A., and FALCONE, G.: Canad. J. of Microbiol. 2, 575—584. — NICKERSON, W. J., and WEBB, M.: J. of Bacteriol. 71, 129—139. — NJOKU, E.: New Phytologist 55, (1) 91—100; (2) 213 bis 228. — NORSTOG, KN. J.: Bot. Gaz. 117, 253—259.

OEHLKERS, FR.: Z. f. Naturforschg. 11 b, 471—480. — OSTROVSKAJA, L. K.: Fiziol. Rastenij 3, 73—78 (1955).

PLUNKETT, B. E.: Ann. of Bot., N. S. 20, 561—586.

RAGGIO, M., and RAGGIO, NORA: Physiol. Plantarum (Copenh.) 9, 466—469. — RAPPAPORT, L., and WITTWER, S. H.: Proc. amer. Soc. horticult. Sci. 67, 429—437. — REINERT, J.: Science (Lancaster, Pa.) 123, 457—458. — REINERT, J., and WHITE, PH. R.: Physiol. Plantarum (Copenh.) 9, 177—189. — REINHARD, E.: Z. f. Bot. 44, 505—514. — RESENDE, FL.: Revista de Biol. 1, 28—40. — ROBINSON, E.: J. of exper. Bot. 7, 296—305. — ROLLIN, P.: Rev. génér. de Bot. 63, 461—476. — RUGE, U.: Gartenbauwiss. 2 (20), 291—300 (1955). — RZEHAK, H.: Z. f. Bot. 44, 265—288.

SACHS, R. M.: Plant Physiol. 31, (1) 185—192; (2) 429—430; (3) 430—433. — SALISBURY, F. B., and BONNER, J.: Plant Physiol. 31, 141—147. — SCHAFFALITZKY DE MUCKADELL, M.: Physiol. Plantarum (Copenh.) 9, 396—400. — SCHWABE, W.W.: Ann. of Bot., N. S. 20, 1—14. — SCHWANITZ, F.: Ber. deutsch. bot. Ges. 68, (12)—(13) (1955). — DE SILVA, MARIA H. T., e RESENDE, FL.: Revista de Biol. 1, 63—67. — SNYDER, F. W.: Bot. Gaz. 117, 147—152 (1955). — STOLWIJK, J. A. J., and ZEEVAART, J. A. D.: Proc. kon. nederl. Akad. v. Wetensch. C 58, 386—396 (1955). — SUSSMAN, A. S., DISTLER, J. R., and KRAKOW, J. S.: Plant Physiol. 31, 126—135.

Tashima, Y., and Imamura, Sh.: Bot. Mag. (Tokio) **67**, 281—282 (1954). — Toole, E. H., Hendricks, S. B., Borthwick, H. A., and Toole, Vivian, K.: Ann. Rev. of Plant Physiol. **7**, 299—324. — Toole, E. H., Toole, V. K., Borthwick, H. A., and Hendricks, S. B.: Plant Physiol. **30**, 473—478 (1955). — Torrey, J. G.: Physiol. Plantarum (Copenh.) **9**, 370—388. — Turel, Franziska L. M., and Howes, Mary M.: Canad. J. of Bot. **34**, 825—829.

Vaartaja, O.: Canad. J. of Bot. **34**, 377—388. — Visser, T.: Proc. kon. nederl. Akad. v. Wetensch. C **59**, (1) 211—222; (2) 314—324; (3) 325—334. — Vlitos, A. J., Meudt, W., and Beimler, R.: Contrib. Boyce Thompson Inst. **18**, 283—293. — VonAbrams, G. J., and Hand, M. E.: Amer. J. of Bot. **43**, 7—12.

Wardlaw, C. W.: Phytomorphology **6**, 55—63. — Wareing, P. F.: Ann. Rev. of Plant Physiol. **7**, 191—214. — Wareing, P. F., and Roberts, D. L.: New Phytologist **55**, 356—366. — Wassink, E. C., and Stolwijk, J. A. J.: Ann. Rev. of Plant Physiol. **7**, 373—400. — Wassink, E. C., and Wiersma, J. H.: Acta bot. neerl. **4**, 567—670 (1955). — Webb, M., and Nickerson, W. J.: J. of Bacteriol. **71**, 140—148. — White, D. J. B.: Ann. of Bot., N. S., (1) **18**, 327—335; (2) **18**, 337—347 (1954); (3) **20**, 167—177.

Yamamoto, M.: Japan. J. of Ecol. **5**, 74—77 (1955).

Zain-Ul-Abidin: Z. f. Bot. **44**, 207—220. — de Zeeuw, D.: Proc. kon. nederl. Akad. v. Wetensch. C **59**, 535—540.

19b. Physiologie der Fortpflanzung und Sexualität.

Von Hansferdinand Linskens, Nijmegen.

Mit 2 Abbildungen.

Allgemeines.

Der Ursprung der sexuellen Fortpflanzung ist eine Folge des Auftretens der Meiose (Darlington). Die Grundbegriffe einer allgemeinen Sexualitätstheorie werden in dem Hartmannschen Sexualitätsbuch, das in 2. Auflage erschien, noch schärfer herausgearbeitet: Man hat zu unterscheiden zwischen einer allgemeinen, nicht nachweislich gengesteuerten bisexuellen Potenz (BP) und einem Gen-System (AG), das für die Ausprägung der sexuellen Unterschiede verantwortlich ist, ohne jedoch geschlechtsbestimmend zu sein. Bei genotypischer Geschlechtsbestimmung wird die alternative Reaktionsnorm durch M- und F-Realisatoren (*sex deciding genes, trigger mechanism*, Wiese) festgelegt, während diese bei phänotypischer Geschlechtsbestimmung in gleicher Stärke vorhanden sind, die Ausprägung also in jedem Individuum durch Umwelteinflüsse ausgelöst wird. Bei *Synchytrium endobioticum* beobachtete E. Köhler Erscheinungen, die sich nicht dieser Theorie der allgemeinen relativen Sexualität einfügen: die zunächst geschlechtsneutralen Zoosporen wachsen während der Reife zu kopulationsfähigen Gameten heran, die zunächst männlich, dann weiblich sind.

Kritische Zusammenstellungen von Arbeiten aus den Jahren 1951—1954 über phänotypische und diplogenotypische Geschlechtsbestimmung werden von Hauenschild (1, 2) und Wiese gegeben. Eine ausgezeichnete Zusammenstellung für die *Protozoen* findet sich in dem Buch von Grell. Das Werk von Lord Rothschild enthält zwar auch ein Kapitel über pflanzliche Befruchtungsprozesse, referiert aber, genau wie die Monographie von Butler, nur den bereits seit Jahren als unhaltbar ausgewiesenen Kuhn-Moewusschen Flavonol-Glykosid-Mechanismus [vgl. Fortschr. Bot. 17, 811 (1955); 18, 332 (1956)]. Wertvoll ist die Monographie von Hawker über die Fortpflanzungsphysiologie der Pilze.

Nomenklatur. Zusammenhänge zwischen Inkompatibilität und Sexualität werden von Raper aufgezeigt. Burnett entwickelt für die Fortpflanzungstypen der Pilze eine neue Nomenklatur. Damit dürfte die Diskussion wohl nur aufs neue angeregt werden. Es bleibt fragwürdig, ob durch noch so scharfsinnige Erweiterung des Vokabulariums größere Klarheit in die Vielfalt der Phänomene gebracht wird, wenn nur eine systematische Gruppe in den Kreis der Überlegungen einbezogen wird.

Fortpflanzung und Evolution. Da durch die sexuelle Vermehrung in einer Population eine dauernde Gleichgewichtsstörung bedingt wird, haben apomiktisch sich fortpflanzende Arten oder Rassen einen gewissen Selektionsvorteil (Clausen). Innerhalb einer Art wird durch Änderung des Fortpflanzungsverhaltens das weibliche Geschlecht mehr betroffen (Knight, Robertson and Waddington). In einer geschlossenen Population ist die Hybridisation nicht nur von der Aktivität der Vektoren der Bestäubung, sondern auch von dem Gesamtgenbestand und der produzierten Pollenmenge je Blüte abhängig (Stephens). Gynodioecie hat sich aus einem Inkompatibilitätssystem mit sporophytischer Pollenkontrolle und Befruchtungshemmung im Embryosack entwickelt (Lewis-Crowe). Den Einfluß verschiedener Fortpflanzungsweisen auf die Evolutionsmöglichkeiten diskutiert

Baker (1). Da bei selbstkompatiblen Arten eine Verbreitungseinheit zur Anlage einer geschlechtlich sich fortpflanzenden Kolonie genügt, wird durch Hermaphroditismus, Selbstkompatibilität, Apomixis und vegetative Vermehrung Fernverbreitung begünstigt [Baker (2, 3)].

Gamone.

Durch weitere Versuche an *Chlamydomonas eugametos, Chl. Reinhardii* und *Chl. moewusii* konnte der Nachweis von Gamonen sicher-gestellt und deren chemische Natur erhellt werden [Förster, Wiese und Braunitzer; Hartmann (2)]. Das ♀-Gamon ist ein Glykoproteid, das in der Elektrophorese als einheitliche Bande wandert und ein Mol-Gewicht von 100×10^6 hat; nach Hydrolyse lassen sich als Spaltprodukte 12 Aminosäuren, 2 Pentosen und 2 Hexosen nachweisen. Die Wirkungsgrenze der agglutinierenden Substanz liegt bei 1γ pro ml Lösung; die Wirkung kann durch Proteasen zerstört werden. Das Gynogamon ist gegenüber Hitze und Ansäuerung resistenter, es wird leichter von den Gameten abgegeben, als das Androgamon. Die Gamone sind artspezifisch. Die kugelförmigen Gamonpartikel können elektronen-optisch an

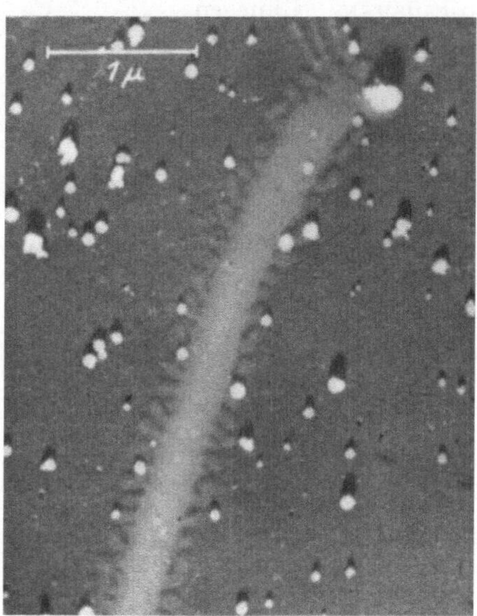

Abb. 19. Geißelspitze einer kopulationsfähigen ♀ Zelle mit Gamonpartikel besetzt. Die freiliegenden, kontrastreichen Partikel sind Agrarteilchen (Forster und Wiese phot.).

den Geißelspitzen lokalisiert nachgewiesen werden (Abb. 19). Die Wirkung der Glykoproteide bei der Kopulation liegt in einer Veränderung der Oberflächeneigenschaften der Zellen, durch die Zellverklebung und Verschmelzung ermöglicht werden. Bei Agglutination erfolgt ein echter Verbrauch an Gamon-Substanz [Hauenschild (2)]. Die einheitliche chemische Natur der bisher bekannten Gynogamone im Pflanzen- und im Tierreich (Wallenfels, Vasseur, Immers) kann als ein Hinweis auf die gemeinsame biochemische Grundlage der Befruchtungsvorgänge angesehen werden.

Bei *Chaetomorpha aerea* ließ sich hingegen keine Abgabe von Gamonen in das Kulturmedium nachweisen, obwohl die Kopulation sich wie bei den *Chlamydomonaden* unter Gruppenbildung vollzieht (K. Köhler). Offensichtlich bleiben die Gamone bei der Bildung sofort an der Geißel hängen, wofür auch elektronenmikroskopische Befunde sprechen. Die Befruchtungsreaktion läßt sich bei *Chaetomorpha* in 3 Phasen zerlegen: 1. Gruppenbildung unter Anordnung der Gameten beider Geschlechter in einer Kugeloberfläche und Verklebung der Geißelspitzen; durch 1 %ige Citratlösung lassen sich die Geißeln reversibel lähmen. 2. Spiraliges Umschlingen der Geißelpaare, bis die Vorderenden der Zellen sich berühren. 3. Entspiralisierung der Geißeln von der Spitze her und Zellverschmelzung; durch Zusatz von Proteinase wird diese Phase nur bis zur Aneinanderlagerung der Gametenvorderenden geführt, der weitere Verschmelzungsvorgang aber abgebrochen. Aus diesem Befund schließt HARTMANN (2), daß für die Zellverschmelzung eine Proteinkomponente eine Rolle spielt.

Die Dynamik des sexuellen Aktivierungsprozesses studierte LEWIN (2) ebenfalls an *Chl. moewusii.* Die Kopulationsaktivität wird an der Zahl der gebildeten Gametenpaare in einer standardisierten Suspension gemessen. Gameten beider Geschlechter benötigen Licht zur sexuellen Aktivierung; das Aktionsspektrum hat Maxima bei 450 und 680 mμ und ähnelt daher dem Absorptionsspektrum der Plastiden-Pigmente. Phenylurethan hemmt gleichzeitig die Photosynthese und die sexuelle Photoaktivierung reversibel. LEWIN postuliert daher ein intracelluläres Hormon, das im Plastiden während der Belichtung aktiviert wird, die Kopulationsaktivität kontrolliert und auf die Geißel wirkt. Ein Widerspruch zu den Befunden von FÖRSTER, WIESE und BRAUNITZER ist nicht vorhanden: die Abgabe der verklebenden Substanz bei *Chl. eugametos* muß als überphysiologischer Prozeß angesehen werden, der sich daraus erklärt, daß sich bei dieser Art die agglutinierende Substanz leicht von der Geißel löst, — eine Tatsache, die für die experimentelle Untersuchung günstig war, aber nicht für die biologische Wirkung von Belang ist. Danach scheint der Mechanismus der Auslösung der sexuellen Aktivität nicht einmal bei allen *Chlamydomonas*-Arten und -Rassen einheitlich zu sein, zumal auch TSUBO eine Art fand, die nur bei N-Mangel sowohl im Licht, als auch im Dunkel Geschlechtsreaktion zeigt.

Für *Phycomyces blakesleeanus* und *Mucor mucedo* wird von BURGEFF und PLEMPEL die Isolierung des (+)-Gamons angekündigt; es ist aus dem Kulturfiltrat durch Benzol zu eluieren, dialysierbar und hitzelabil. Bei weiblichen Riesengameten von *Allomyces* kann TURIAN verstärkte Gamonwirkung zeigen. LEVI beobachtet, daß (—)-Zellen von *Saccharomyces cerevisiae* auf festem Agarfilm auf die in einem gewissen Abstand liegenden (+)-Zellen zuwachsen, bereits ehe sie in Kontakt mit einer Zelle des oppositionellen Geschlechts kommen! In einem Falle konnte der Prozeß sogar an einer Zelle nachgewiesen werden, die durch eine Kollodiummembran von den Zellen des komplementären Geschlechtes getrennt war. Auf einem zellfreien Agar, auf dem sich die Sexualreaktion bereits einmal vollzogen hatte, ließ sich bei (—)-Zellen die Kopulationsreaktion ohne Anwesenheit von (+)-Zellen induzieren.

Kopulation und Auxosporenbildung der Diatomeen.

In einer neuen Untersuchungsreihe berichtet GEITLER über das Kopulationsverhalten pennater *Diatomeen*, die VON STOSCH (2) einer kritischen Besprechung unterzieht. Hier seien nur die physiologischen Gesichtspunkte herausgezogen (vgl. im übrigen Abschn. „Morphologie und Entwicklungsgeschichte der Zelle"). Die Lage der Gametenmutterzellen zueinander ist innerhalb der Gattung *Gomphonema* konstant und artspezifisch. Die Kopulation beginnt mit dem Hinzutreten einer aktiv beweglichen, kleineren Mutterzelle zu einer festsitzenden [GEITLER (1)]. Die Differenzierung in Wander- und Ruhe-Gameten kann jedoch nicht unbedingt als Ausdruck physiologischer Anisogamie angenommen werden [GEITLER (4)]. Dem Größenunterschied der Gameten kommt hinsichtlich des Bewegungsverhaltens keine Bedeutung zu. An der Fusion dürften wesentlich Oberflächenspannungskräfte und Gallertquellung beteiligt sein [GEITLER (6)]. Bei *Eunobia flexuosa* und *E. arcus* geht der mit der Meiose verbundenen Gametenbildung eine prägame pervalvare Differenzierung der Protoplasten voraus, die sich in einer Förderung der Hypotheka-Seite, einer Hemmung der Epitheka-Seite ausdrückt. So entsteht in der Epitheka ein kleiner, in der Hypotheka ein großer Protoplast, der auch in der Versorgung mit Chloroplastenmaterial bevorzugt wird. Die beträchtlichen Größenunterschiede der Kopulationspartner sind aber nicht der Ausdruck einer geschlechtlichen Differenzierung [GEITLER (2)]. Bei zentrischen Formen hingegen konnte VON STOSCH (1) zeigen, daß die Zellgröße und der Geschlechtscharakter voneinander abhängig sind: die kleinsten Zellen können nur männlich, die größeren männlich und weiblich, die größten noch sexualisierbaren nur noch weiblich werden. Für *Cymbella aspera* wird von GEITLER (7) obligate Pädogamie beschrieben. Als Ursache für das Zugrundegehen des einen Gonenkernes kommen am ehesten ernährungsphysiologische Engpässe infrage. Auch *Gomphonema constrictum var. capitata* ist extrem pädogam: es kopulieren die Schwestergameten der gleichen Mutterzelle [GEITLER (3)]. Damit wäre der erste sichere Fall der Verschiedengeschlechtlichkeit der Gameten einer Mutterzelle für Diatomeen nachgewiesen. Die Geschlechtsbestimmung wäre also nicht in der Diplophase erfolgt. Die Mutterzellen wären trotz der sich in Meiose und Gallertbildung ausdrückenden „Kopulationsstimmung" sexuell neutral.

Von der Bildung der Zygoten bis zur Entstehung der Erstlingszellen aus den Auxosporen liegt das sonst typisch zentral zusammengeballte Heterochromatin peripher der Kernwand an (*N. radiosa*). Im Verlauf des Wachstums der Auxosporen, das auf Eiweißsynthese und Wasseraufnahme beruht, wird die Kernstruktur aufgelockert. Der typische Kernbau mit zentralem Sammelchromozentrum wird erst wieder in den Erstlingszellen erreicht. In den Gameten, Zygoten und Auxosporen herrschen offensichtlich abweichende zellphysiologische Verhältnisse, die sich im Kernbau unmittelbar ausdrücken [GEITLER (5).

Stoffwechsel und reproduktive Phase.

Bei *Desmidiaceen* gelang es erstmalig in Kultur sexuelle Vermehrung auszulösen [STARR (1—3)] und heterothallische Stämme in Klon-Kultur zu isolieren [STARR (4)]. Da durch Licht und Änderung des CO_2-Gehaltes

Zygosporenbildung induziert werden kann, scheint auch hier ein bereits früher bei autotrophen Organismen vermuteter Zusammenhang zwischen Photosynthese und Auslösung der Sexual-Reaktion zu bestehen [vgl. Fortschr. Bot. 17, 793 (1955)].

Die Tatsache, daß Blockierungen oder Änderungen im Ablauf von Stoffwechselprozessen die Ursache für den Eintritt der reproduktiven Phase sind, konnte von CANTINO in eindrucksvollen Arbeiten an *Blastocladialen* gezeigt werden (vgl. Abschnitt „Entwicklungsphysiologie").

Für einen Zusammenhang zwischen sexueller Fortpflanzung und β-Carotin sprechen erneut Befunde von BARNETT, LILLY und KRAUSE: Gemischte (+) und (—)-Kulturen von *Choanephora* weisen bis zu 20fachen Farbstoffgehalt gegenüber getrennt gewachsenen Stämmen auf. Die wechselseitige Anregung erfolgt über ein stoffliches, durch Cellophanmembranen diffusibles Prinzip. Nach CALILE u. FRIEND sind bei *Pyronema confluens* Fruchtkörperausbildung und Pigmentbildung zwei voneinander unabhängig auftretende Eigenschaften.

Bei *Aspergillus niger* findet JUNKS, daß die Entwicklung von vegetativen und vorwiegend sexuellen Stämmen durch die überwiegende Vermehrung mittels Conidien oder durch Ascosporen bestimmt wird. Er schließt daraus auf eine plasmatische Vererbung dieser Eigenschaft. Die Frage des Fertilitätsverlustes bei der asexuellen Kultur von Pilzen bedarf jedoch noch weiterer kritischer Prüfung bei anderen Objekten.

Durch Veränderung der Natur und der Konzentration der Kohlenstoffquelle (Fructose, Glucose < 0,2%) konnte ESSER bei *Podospora anserina* (Ascomycet) in einem synthetischen Medium reichliche Fruchtkörperausbildung erzielen. Eine Relation zwischen Melaninbildung und Einleitung der reproduktiven Phase besteht jedoch im Gegensatz zu *Neurospora crassa* (WESTERGAARD-HIRSCH) nicht. *Ascobolus*-Arten werden durch Cellulose im Medium zu optimaler Apothecienbildung angeregt (YU). Ein Transport von Nährstoff innerhalb des Mycels an die Orte der Fruchtkörperanlagen kann bei *Coprinus* nachgewiesen werden [MEDELIN (1)], so daß die Annahme von Hemmzonen im Bereiche der Sporophoren nicht notwendig ist: die jungen Primordien leiten eine polare Steuerung für den inneren Nährstoffstatus des Mycels ein.

Fruchtkörperbildung und Licht.

Die Erkenntnis, daß auch bei heterotrophen pflanzlichen Organismen die mit der Fruchtkörperbildung in Zusammenhang stehenden Stoffwechselprozesse lichtgesteuert sind, beginnt sich durchzusetzen. Bei *Myxomyceten* kann durch alle Lichtqualitäten Sporangienbildung induziert werden, mit Ausnahme von Infrarot und grünem Licht. Bei Misch-Belichtung wirkt Grünlicht der Förderung durch andere Wellenlängen entgegen (LIETH). Da der Nachweis geführt werden konnte (PICHINGER), daß die Meiose erst bei der Sporenreifung abläuft — ein Prozeß, der lichtunabhängig ist! —, muß der Perceptionsort in der Pigmentausrüstung des Plasmas gesucht werden. LIETH nimmt ein Pigmentpaar an: einen im Grün absorbierenden, kathodisch wandernden

Farbstoff, der die Sporangienbildung hemmt und eine gelbe Komponente, welche Lichtenergie für die Sporangienbildung ausnutzt oder transformiert. Auch für *Ascobolus* ist der kurzwellige Teil des Spektrums hinsichtlich der Apothecienbildung von großer Wirksamkeit, wenngleich in den Versuchen von YU keine vergleichbaren Energiemengen eingestrahlt wurden. Bei *Pyronema confluens* werden Apothecien nur im Licht (360—580 mµ) gebildet, bei dem gleichzeitig Carotine auftreten (CARLILE-FRIEND). Bei einer Albinomutante, bei der sich auch keine farblosen Polyene nachweisen ließen, treten jedoch Fruchtkörper auch ohne Pigmente auf. Die Autoren schließen daraus, daß die beiden photochemischen Effekte nach Lichteinwirkung beziehungslos zueinander auftreten. SAGROMSKY kann durch Zugabe von Farbstoffen zum Nährmedium eine lichtabhängige Sensibilisierung der Conidienbildung auslösen.

Coprinus lagopus (Basidiomycet) vermag zwar im Dunkeln Fruchtkörper zu bilden, wird aber in der Ausbildung derselben durch Belichtung stark gefördert [MADELIN (2)]. Bereits Lichtblitze von einer (250 fc.) oder fünf (0,1 fc.) Sekunden Dauer vermögen die Sporophorenbildung zu beschleunigen, während längere Belichtung oder höhere Intensitäten keine weitere Steigerung bewirken. Wirksam ist ausschließlich der Bereich um 520 mµ. Die Lichtwirkung gleicht hier also einem formativen Lichteffekt, der auf ein sensitives Zentrum einwirkt. Dieses muß streng lokalisiert gedacht werden, da eine Leitung des Lichtreizes auf verdunkelte Partien weder bei *Coprinus*, noch bei *Physalospora* (FULKERSON) festzustellen ist. Auch bei *Collybia* und *Polyporus* führen Reduktion von Licht und Transpiration zu fortschreitender Unterdrückung der Hutausbildung, wobei die beiden exogenen Faktoren additiv sind (PLUNKETT).

Geschlechtsausprägung der Blütenpflanzen.

Monoecische Pflanzen weisen in ihren Sproßachsen einen sexuellen Gradienten auf [ARNAL; COURTOT et BAILLAUD; NITSCH, KURZ, LIVERMAN and WENT; FRANCINI (2)]. Dabei hängt der weibliche Gradient vom Wachstum ab, während die männlichen Organe nach Durchlaufen kritischer Stadien [FRANCINI (1)] im Zeichen fortschreitender Alterung auftreten [MININA, OEHLKERS (3)]. Mittels einer neuen Methode, die Blattstecklinge als Indicatoren für die Blühbereitschaft benutzt, kann OEHLKERS (1, 2) aus der Qualität der Restitutionsprodukte auf die Quantität der Blühhormone schließen.

GALÁN (1, 2) hat für *Ecballium* gefunden, daß die Anlagen für Männlichkeit, Weiblichkeit und Zwittrigkeit Allele folgender Dominanzreihe sind: ♂ > ⚥ > ♀, wobei die Bastarde zwischen diesen Typen voll fertil sind. GALÁN (3) stellt sodann eine phänogenetische Hypothese der Entwicklung des sexuellen Phänotyps auf: In der Sproßspitze findet eine gengesteuerte enzymatische Reaktion statt, die zur Bildung oder Freisetzung eines Hormons führt, das die geschlechtliche Differenzierung der axillären Inflorescenzen entlang der Achse basipetal verzögert, die geschlechtliche Entwicklung also akropetal fördert.

Das Androaceum entwickelt sich in der Blütenanlage, wenn die Zellteilungsgeschwindigkeit in der Knospe der Inflorescenz einen bestimmten Schwellenwert überschreitet; das Gynoeceum entwickelt sich hingegen, wenn die Geschwindigkeit einen gewissen Schwellenwert unterschreitet. Die 3 Allele a^D, a^+ und a^d sind für das gleiche stoffliche Prinzip verantwortlich, entsprechen aber physikochemisch betrachtet drei bestimmten Mengen oder Konzentrationen desselben spezifischen Stoffes. Zwischen diesen 3 Quantitäten besteht die Relation: $a^D > a^+ > a^d$. Die aktuelle Konzentration des Enzyms, welches die Freisetzung katalysiert, ist bedingt durch die Gesamtmenge, die sich aus den Einzelmengen zusammensetzt; diese

hinwiederum wird bestimmt durch die beiden Allele, die im Genotyp der Pflanze vorhanden sind, d. h. die Enzymkonzentration ist bedingt durch die Gesamtmenge der in der Pflanze vorhandenen Allele. In der Sproßachse besteht also ein materieller Gradient (Abb. 20), der in der Sproßachse und in der Inflorescenzachse eine umgekehrte Richtung hat. Die GALÁNsche Hypothese greift also in veränderter Form die Theorie von BUVAT (LEROY) wieder auf. HAUPT konnte bei seinen Versuchen die von GALÁN geforderte Umkehrung der Polarität in den Inflorescenz-

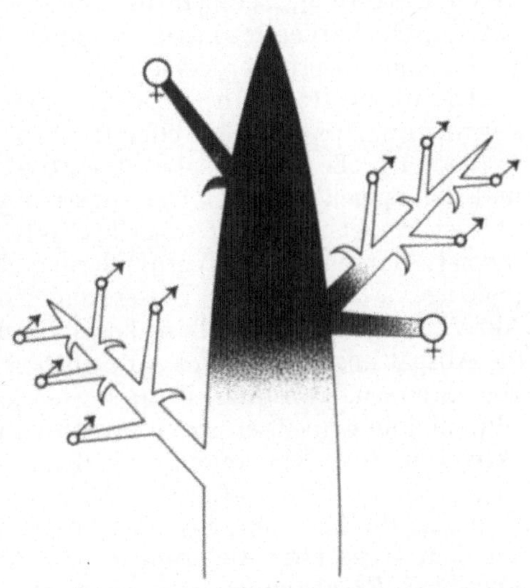

Abb. 20. Die materiellen Gradienten in der Sproß- und Inflorescenzachse von *Echallium* (nach GALÁN).

achsen für Wuchsstoff jedoch nicht nachweisen; auch ließen sich keine Polaritätsunterschiede zwischen vegetativen und blühenden Pflanzen auffinden. Das stoffliche Prinzip ist also zumindest nicht mit einem bekannten Wuchsstoff identisch.

Unter Berücksichtigung der neueren experimentellen Resultate von LAIBACH, LAIBACH u. KRIBBEN (1, 2), BONNER-LIVERMAN, THIMANN gibt HESLOP-HARRISON (1) eine vorläufige Hypothese der Geschlechtsausprägung bei Blütenpflanzen: Die Auslösung der generativen Organe wird durch Akkumulation eines Prinzips im apikalen Meristem bewirkt, das an anderer Stelle entstanden ist. Dieses Agens hat Nucleoproteid-Natur und hat eine begrenzte Fähigkeit der Selbst-Reduplikation, also etwa Plasmagen-Eigenschaften. Die Bildung wirksamer Mengen hängt von den vorherrschenden Bedingungen für die Autoreduplikation ab; von diesen ist der Wuchsstoffspiegel von kritischer Bedeutung, wenngleich nicht ausschlaggebendem Einfluß [HESLOP-HARRISON (2), DE ZEEUW-LEOPOLD (1, 2)]. Die Reduplikation hängt nämlich in erster Linie von einer lokalen Depression des Wuchsstoff-

Spiegels ab. Nach der Induktion tritt die Bedeutung des Wuchsstoffes zurück. Ist die Induktion eingeleitet, so wird der Verlauf der Morphogenese der Blüte durch die genetischen Faktoren am reagierenden Vegetationspunkt gesteuert. Die Entwicklung von Antheren- und Fruchtknoten-Primordien wird durch Wuchsstoff in charakteristischer Weise gesteuert. Die wirksame Konzentration für maximales Antherenwachstum ist niedriger, als für die Ausbildung der weiblichen Organe, so daß durch den Wuchsstoffspiegel in dem sich differenzierenden Vegetationskegel das sexuelle Gleichgewicht der sich entwickelnden Blüte bestimmt wird. Bei manchen Pflanzen ist der Wuchsstoff-Status durch Ernährung, Temperatur und Photoperiodismus beeinflußbar, so daß durch Variieren dieser Faktoren das Geschlechtsverhältnis der Blüten modifiziert werden kann.

Die physiologische Transformation vom vegetativen zum sexuellen Zustand durchläuft nach SIRONVAL (1, 2) bei *Fragaria vesca* drei große Phasen: die vegetative, die physiologische Lichtphase und die sexuelle Phase. Die Umstimmung erfolgt in der Photophase und ist irreversibel. Der sexuelle Stoffwechsel der 3. Phase ist charakterisiert durch relative Verminderung des Gehaltes an Chlorophyll b (niedriger a/b-Quotient). Dieser kommt durch verstärkte hydrolytische Aktivität der Chlorophyllase zustande und führt möglicherweise über die Abspaltung von Phytol zur Synthese der Vitamine E und K, sowie von Sterolen. Vitamin E und Sterole können nach SIRONVAL die Blütenbildung auslösen; nach HEMBERG u. LOWEN soll auch Vitamin K aktiv sein. Außerdem kommt es in den meristematischen Zonen der Achse zu gesteigerter Mitosetätigkeit. Nach diesen Vorstellungen von SIRONVAL wird also die Umstimmung vom vegetativen zum generativen Zustand auf dem Wege über Änderungen des Chlorophyllstoffwechsels bewirkt. Auch bei *Bryophyllum* tritt als erstes Zeichen der Geschlechtsphase verminderte Pigmentbildung auf. In dieser Chlorosis sieht RESENDE (2) die Ursache für den Übergang in das durch Blütenbildung ausgelöste letale Stadium. Das Licht hat also zusätzlich eine Funktion in spezifischen Prozessen der Entwicklung von Fortpflanzungsorganen, die nicht über die Photosynthese laufen [KUDRJAVCEV, RESENDE (1)]. Unter geeigneten Lichtverhältnissen lassen sich weibliche Exemplare diözischer Pflanzen zur Ausbildung männlicher Blüten veranlassen (THOMAS). Der Pigmentstoffwechsel wäre damit auch zugleich der Angriffspunkt aller photoperiodischer Mechanismen [SIRONVAL (1)].

Weitere Untersuchungen müssen in der Zukunft zeigen, welche der neu entwickelten Vorstellungen über die Geschlechtsausprägung der Blütenpflanzen von GALÁN, HESLOP-HARRISON und SIRONVAL alle experimentellen Befunde zu deuten vermögen.

Auch durch Störung des Kern-Plasma-Zusammenwirkens kann es in Hybriden zu Änderungen in der Geschlechtsausprägung kommen [KOOPMANS (1—3)]. Durch γ-Strahlen läßt sich bei *Cannabis* Intersexualität auslösen (MOUTSCHEN-DAHMEN). An polyploiden Formen von *Spinacia* kann gezeigt werden, daß der monoecische Charakter nicht durch ein gestörtes Gleichgewicht zwischen den Geschlechtschromosomen, sondern durch ein Allel derselben oder ein modifizierendes Gen bedingt ist (Janick; Janick-Stevenson).

Physiologie des männlichen Gametophyten der Samenpflanzen.

Über die chemische Zusammensetzung der Pollen wird von Lundén eine Zusammenstellung der neueren Literatur vorgelegt. Bei der Aufarbeitung größerer Mengen ist die Reinheit des Sammelmaterials zu beachten (Hellström). Neuere Analysen, insbesondere des Gehaltes an verschiedenen Vitaminen (Nielsen) und Aminosäuren (Nielsen-Grömmer-Lundén), sowie der Struktur der Exine nach elektronenoptischen Aufnahmen (Afzelius, Erdtman) stammen aus Schweden. Sie wurden, ebenso wie elektrophoretische Fraktionierung des Pollenplasmas (Loveless-Timasheff, Mariella-Bernstein-Mosher) zur Untersuchung der Anamnese allergischer Krankheiten durchgeführt, geben aber wichtige Aufschlüsse über die Mannigfaltigkeit der Reservestoffausrüstung der Mikrosporen. Der ruhende Pollen enthält bereits Indolylessigsäure und Indolacetonitril [Lund (1), Müller].

Das vegetative Plasma der Pollenkörner mancher Pflanzenarten ist mit Wasser mischbar und nicht plasmolysierbar, da es keine Grenzschicht besitzt. Auch plasmolysierbare Pollensorten weisen keine dem Plasmalemma gleichwertige semipermeable Membran auf. Dem entspricht eine extrem hohe Permeabilität der Pollen für Anelektrolyte, insbesondere Traubenzucker. Nur die generative Zelle des Pollens besitzt ein echtes Plasmalemma (Hofmeister). Das Vakuom des Pollens wurde von Dangeard untersucht.

Das Pollenschlauchwachstum *in vitro* ergibt auch bei nahe verwandten Arten charakteristische Unterschiede (Datta). Zusatz einiger Metall-Ionen zum Rohrzuckermedium soll das Wachstum fördern (Takami). Die Verlangsamung des Wachstums bei längeren Pollenschläuchen läßt sich durch Verbrauch des Reservestoffs erklären. Daher wird für das *in situ*-Wachstum eine Aufnahme von exogen zugeführten Kohlenhydraten notwendig. Nähert sich der Pollenschlauch dem Embryosack, so geht er zu anaerober Atmung über (Hellmers-Machlis). Bei *Trifolium*-Arten liegt im Griffel eine Interferenzzone vor, so daß auch bei kompatibler Bestäubung nur wenige Schläuche ungehindert die Griffelbasis erreichen (Pande). Pollenschlauchwachstum im Griffel läßt sich nach Markierung des Pollens mit Isotopen an Autoradiographien verfolgen [Ar-Rushdi (1)].

Physiologie des Befruchtungsvorganges.

Bereits während der Knospendifferenzierung finden zahlreiche stoffwechselphysiologische Umbauten statt (Richter), die sich während des Blühstadiums zu einem Maximum der Atmung steigern (Rosenstock). Kastration schädigt die Empfängnisfähigkeit der weiblichen Blüten nicht (Nienstaedt).

Die physiologische Untersuchung des Griffelleitgewebes wird weiter vorangetrieben, da sich eine Abhängigkeit des Bestäubungserfolges von der Tageszeit und der Reife nachweisen ließ (Hayase). Osmotischer Druck und Refraktometer-Werte im Griffel steigen während der Reife an, der p_H-Wert im Ovar ändert sich von 4,8 auf 6,0 (Hayase-Hiraizumi).

Das Narbensekret erwies sich als guter Nährboden für Pilze, während diese im Griffelgewebe gehemmt werden. Hingegen läßt sich im Narben- und Griffel-Extrakt ein pollenkeimungsfördernder Stoff nachweisen, dessen chemische Natur noch unklar ist (Jung).

Die Aminosäurenbausteine der Pollen- und Leitgewebs-Proteine sind gleich, während bei den freien Aminosäuren qualitative und quantitative

Unterschiede beobachtet werden (BELLARTZ). Zwischen Narbe und Ovar besteht eine elektrische Potentialdifferenz von etwa 70 mV, die für das gerichtete Wachstum der Pollenschläuche verantwortlich gemacht werden kann, da in vitro die Schläuche auch stets auf die Kathode zuwachsen, während die Gravitation nachweislich unwirksam ist (ZEIJLEMAKER). Bei *Oenothera* konnte SCHNEIDER eine Methode ausarbeiten, die den statistisch gesicherten Nachweis der chemotropischen Anlockung der Pollenschläuche durch exstirpierte Samenanlagen gestattet. Doch dürfte diese nur für die letzte Strecke des Schlauchwachstums und die Auffindung der Mikrophyle entscheidend sein.

Die Wuchsstoffverhältnisse im Griffel während der Passage der Pollenschläuche hat LUND (1, 2) eingehend am *Tabak* untersucht. Der Gehalt an Indolylessigsäure korreliert in den einzelnen Abschnitten des Griffels mit dem fortschreitenden Wachstum der Schläuche, während gleichzeitig die nachweisbare Menge an Indolacetonitril abnimmt [LUND (2)]. Eine direkte Kontrolle der Wuchsstoffsynthese durch die Pollenschläuche ist wahrscheinlich, da die Aktivität eines Tryptophan konvertierenden Enzymsystems ebenfalls mit fortschreitendem Eindringen der Schläuche ansteigt. Es muß angenommen werden, daß der wachsende Schlauch zusätzliche Mengen des Tryptophan oxydierenden Fermentes in den Griffel und das Ovar einbringt, die schließlich auch die Fruchtentwicklung auslösen. Bei anderen Pflanzen kann lediglich IES nachgewiesen werden (NITSCH).

Artfremde Bestäubung. Die physiologischen Verhältnisse bei artfremder Bestäubung hat BELLARTZ einer eingehenden Analyse unterzogen. Während die Keimung auf artfremden Narben meist noch ungehindert erfolgen kann (SCHAGEN), ist das Schlauchwachstum jedoch entweder verlangsamt (ZAJKOVSKAJA) oder gehemmt (BELLARTZ, SCHAGEN). Besonders interessant sind natürlich jene Art- oder Gattungskreuzungen, bei denen das Pollenschlauchwachstum ungehemmt erfolgen kann, oder die Schläuche gar eine größere maximale Länge erreichen als im eigenen Griffel (*Petunia*-Pollen auf *Nicotiana*-Narben). BELLARTZ versucht das geschilderte Verhalten mit dem Gehalt der Leitgewebe an primärem Atmungssubstrat in Beziehung zu setzen. Doch dürfte dem Kontakt artverschiedener Plasmen beim weiteren Wachstumsprozeß eine bedeutende Rolle beim Zustandekommen der Hemmreaktion zukommen. Hier sollten weitere Untersuchungen ansetzen.

Physiologie der Inkompatibilität.

Für die meisten Blütenpflanzen ist ein Inkompatibilitäts-Mechanismus als ursprünglich anzusehen, während Selbstkompatibilität als abgeleitet aufzufassen ist (LEWIS, CROWE). Die genetische Veränderung drückt sich auch in der Aminosäurenzusammensetzung aus: fertile Rassen von *Mais* zeichnen sich durch das Fehlen einer oder mehrerer Aminosäuren gegenüber sterilen aus (EDWARDSON).

Die Inkompatibilitätsreaktion kann sich in mannigfacher Weise äußern: das Plasma wird nicht vollständig in den Schlauch aus dem Pollenkorn entleert (HAYMAN), die Schlauchspitze schwillt an oder platzt nach kurzem Wachstum [MC GUIRE-RICK, AR-RUSHDI (2), KROH, SWAMINATHAN], der inkompatible Pollen wird bereits auf der Narbenoberfläche bei der Keimung gehemmt [*Cruciferae*; BATEMAN (1), KROH,

SWAMINATHAN]. Den Fall der Beschränkung der Selbststerilitätsreaktion auf die Narbenoberfläche hat KROH einer weiteren Untersuchung unterzogen. Bei *Raphanus raphanistrum* konnte sichergestellt werden, daß durch die auf die Narbenoberfläche stattfindenden Vorgänge sowohl. die Keimung reduziert, als auch die Keimungsgeschwindigkeit des Pollens verzögert wird. Im Griffel findet der inkompatible Schlauch, wenn man ihm auf experimentellem Wege die Umgehung der Narbenoberfläche gestattet (KROH, SWAMINATHAN), kein Hemmungsgefälle vor. Die Hemmreaktion ließ sich in vitro reproduzieren, wenn man das hemmende Prinzip von den Narbenpapillen in ein geeignetes Keimmedium aus Gelatine diffundieren läßt. Damit bietet sich ein neuer Ansatz für die Identifizierung des biochemischen Mechanismus, der dieser Form der Inkompatibilität zugrunde liegt.

Die nach Selbstung im Wachstum gehemmten Pollenschläuche zeichnen sich durch häufigere Ausbildung von Kallose-Pfropfen aus (LINSKENS u. ESSER). Auch in der Feinstruktur kommt die Hemmreaktion zum Ausdruck: je Flächeneinheit werden mehr Zellulosefibrillen deponiert als bei ungehemmtem Wachstum. Die gehemmte Schlauchspitze wird stark mit Cutin imprägniert, das Plasma zieht sich aus der cutinisierten Wand zurück, so daß der Kontakt zwischen Schlauchplasma und dem Leitgewebsinhalt unterbrochen ist (MÜHLETHALER u. LINSKENS). Das letzte Glied der Reaktionskette, die zur Sterilität führt: die Wachstumshemmung des Pollenschlauches, dürfte daher nicht zuletzt auf einer erhöhten Deponierung von Atmungssubstrat in Form unlöslicher Kohlenhydrate zurückzuführen sein.

Beim Kakao ist das Schlauchwachstum auch bei inkompatibler Kreuzung normal; aber es kommt nicht zur Verschmelzung von Sperma- und Ei-Kern, obgleich der Inhalt des Pollenschlauches in den Embryosack entleert wird (KNIGHT-ROGERS). Die Hemmreaktion ließ sich in vitro mit Extrakten aus inkompatible Gynoeceen reproduzieren. Die Hemmung kann durch Vorbehandlung dieses Extraktes mit Kaliumpermanganat aufgehoben werden [NAUNDORF (1)]. Selbststerile zehnjährige Bäume sollen durch Einpfropfen von Rindengewebsstücken mit Blütenanlagen von kompatiblen Individuen in 6—8 Monaten so verändert werden, daß sie vollständig selbstfertil werden [NAUNDORF (2 bis 4)]. Durch Pfropfung soll sich bei *Petunia* plasmatisch bedingte Pollensterilität auf die nächste Generation übertragen lassen (FRANKEL). Das publizierte Zahlenmaterial ist jedoch so gering, daß eine weitere Prüfung notwendig erscheint. Pollenaufschwemmung von Kakao mit Stoffen, die in vitro eine Verbesserung der Keimung bedingen (Glucose-Kaliumpermanganat) führen jedoch bei sterilen Pflanzen nicht zu höherer Befruchtungsrate (GONZÁLES).

Inkompatibilität bei Polyploiden. Der Befund, daß Verdoppelung des Chromosomensatzes zum Zusammenbruch der Inkompatibilität führt, wird für weitere Fälle bestätigt [BREWBAKER, PANDEY, BATEMAN (2)]. Zur Erklärung werden Modifikatorgene angenommen, die sich bei Diploiden nicht manifestieren [PANDEY (2)]. Lediglich bei *Brassica* und *Raphanus* bleibt bei künstlich allotetraploiden Rassen die Inkompatibilität erhalten, so daß sporophytische Kontrolle angenommen werden muß [BATEMAN (1), MUZUSHIMA].

Durch Röntgenbestrahlung kann die Mutabilitätsrate der Inkompatibilität erhöht werden [PANDEY (1)]. Stark abgeschwächte Inkompatibilität kann infolge Fremdbestäubung unter Feldbedingungen leicht übersehen werden [BATEMAN (2)]. Die Inkompatibilitätsreaktion bei *Farnen* vollzieht sich nach dem Eindringen des Spermas in den Schleim des Archegonienhalses, jedoch vor dem Erreichen der Eioberfläche (WILKIE).

Selektive Befruchtung.

Für weitere *Oenotheren*-Arten kann selektive Befruchtung nachgewiesen werden (SCHWEMMLE). Fehlender Ansatz kann auf die nicht funktionierende chemotropische Anziehung der Samenanlagen zurückgeführt werden (SCHWEMMLE-SIMON, SCHNEIDER). Schon das Auswechseln nur eines Chromosoms macht sich durch eine Änderung der Affinität bemerkbar. Nicht nur die genetische Konstitution der Eizelle, sondern auch der diese produzierende Diplont ist für die Befruchtungshäufigkeit bestimmend (RICHTER). Durch die Übernahme komplexfremder Chromosomen und durch Trisomie können die Affinitätsverhältnisse ebenfalls verändert werden (HAUSTEIN). Die in der Konkurrenz um die Pollenschläuche überlegenen Eizellen erzeugen aber nicht in jedem Falle auch die wüchsigeren Nachkommen (HIEMENZ).

Literatur.

AFZELIUS, B. M.: Grana palynol. 1, 22—37 (1956). — ARNAL, C.: Rapp. et Comm. 8me Congr. internat. Bot. (Paris) Sects. 7—8, 2191 (1954). — AR-RUSHDI, A. H.: (1) J. of Genet. 54, 9—22 (1956). — (2) J. of Genet. 54, 23—26 (1956). — BAKER, H. G.: (1) Symp. Soc. exper. Biol. VII, 114—145 (1953). — (2) Ann. of Bot. N.s. 17, 615—627 (1953). — (3) Evolution (Lancaster, Pa.) 9, 347—349 (1955). — BARNETT, H. L., V. G. LILLY and R. F. KRAUSE: Science (Lancaster, Pa.) 123, 141 (1956). — BATEMAN, A. J.: (1) Heredity (London) 9, 53—68 (1955). — (2) Heredity (London) 10, 257—262 (1956). — BELLARTZ, S.: Planta (Berlin) 47, 588—612 (1956). — BONNER, J., and J. LIVERMAN: In K. E. LOOMIS, Growth and Differentiation, in Plants, Iowa 1953. — BREWBAKER, J. L.: Hereditas (Lund) 41, 367—375 (1955). — BURNETT, J. H.: New Phytologist 55, 50—90 (1956). — BUSTON, H. W., and B. RICKARD: J. gen. Microbiol. 15, 194—197 (1956). — BUTLER, E. G. (ed): Biological Specifity and Growth. XIIth Symp. Soc. for Study of Development and Growth, Princeton 1955, 126—129.

CARLILE, M. J., and J. FRIEND: Nature (London) 178, 369—370 (1956). — CLAUSEN, J.: Caryologia (Firenze) Suppl. 1954, 469—479. — COURTOT, Y., et L. BAILLAUD: Ann. Sci. Univers. Besançon, Ser. Bot. 6, 75—81 (1955). — CROWE, L. K.: Heredity (London) 9, 293—322 (1956).

DANGEARD, P.: Protoplasma (Wien) 46, 152—159 (1956). — DARLINGTON, C. D.: Proc. roy. Soc. (London) Ser. B, 145, 350—364 (1956). — DATTA, R. M.: Indian Agric. 1, 39—44 (1957). — DOWRICK, P. J.: Heredity (London) 10, 219—236 (1956).

EDWARDSON, J. R.: Agronomy J. 47, 457—461 (1955). — ERDTMAN, G.: (1) Sv. bot. Tidskr. 50, 1—12 (1956). — (2) Grana palynol. 1, 127—139 (1956). — ESSER, K.: C. r. Lab. Carlsberg, Sér. physiol. 26, 103—116 (1956).

FOERSTER, H., L. WIESE u. G. BRAUNITZER: Z. Naturforsch. 10b, 315—317 (1956). — FRANCINI, E.: (1) N. Giorn. Bot. ital. N. s. 58, 423—440 (1951). — (2) Rend. Acad. Naz. Lincei, Ser. VIII, 12, 428—436 (1952). — FRANKEL, R.: Science (Lancaster, Pa.) 124, 684—685 (1956). — FULKERSON, J. F.: Phytopathology 14, 22—25 (1955).

GALÁN, F.: (1) Discurso sobre Exposición y critica de las "Teorias de la determinación del sexo", Salamanca 1954. — (2) Acta Salamanticensia, Ser. Cienc., Secc. Biol., I, 1—15 (1951). — (3) Atti 9. Congr. internaz. genet. Bellagio II, 942—944 (1954). — GALLIEN, M. L.: Les changements de sexe et les problèmes de la morphogénèse. Paris 1950. — GEITLER, L.: (1) Abh. Akad. Wiss. u. Literat. Mainz, math.-naturwiss. Reihe Nr. 6, 217—225 (1951). — (2) Österr. bot. Z. 98, 395—402 (1951). — (3) Österr. bot. Z. 99, 376—384 (1952). — (4) Österr. bot. Z. 99, 385—395 (1952). — (5) Österr. bot. Z. 99, 469—482 (1952). — (6) Österr. bot. Z. 101, 74—78 (1954); 102, 570—578 (1955). — (7) Planta (Berlin) 47, 359—373

(1956). — GONZÁLES, C. A.: Cacao en Colombia (Palmira) 3, 167—182 (1954). — GRELL, K. G.: Protozoologie. Berlin-Göttingen-Heidelberg 1956.

HARTMANN, M.: (1) Die Sexualität. Das Wesen und die Grundgesetzlichkeiten des Geschlechts und der Geschlechtsbestimmung im Tier- und Pflanzenreich. 2. Aufl. Stuttgart: Fischer 1956. — (2) Naturwiss. 43, 313—317 (1956), desgl. Gesammelte Vortr. u. Aufs., Bd. I, 396—403, Stuttgart 1956. — HAUENSCHILD, C.: (1) Fortschr. Zool. 10, 440—449 (1956). — (2) Fortschr. Zool. 10, 450—457 (1956). — HAUPT, W.: Ber. dtsch. bot. Ges. 69, 61—66 (1956). — HAUSTEIN, E.: Flora (Jena) 143, 385—394 (1956). — HAWKER, L. E.: The Physiology of Reproduction in Fungi, Cambridge Monogr. exper. Biol. Nr. 6, Cambridge Univ. Press 1957. — HAYASE, H.: Jap. J. Breeding 5, 261—267 (1956). — HAYASE, H., and Y. HIRAIZUMI: Jap. J. Breeding 6, 15—18 (1956). — HAYMAN, D. L.: Austral. J. biol. Sci. 9, 321—331 (1956). — HELLSTRÖM, N.: Grana palynol. 1, 20—21 (1956). — HELMERS, H., and L. MACHLIS: Plant Physiol. 31, 284—289 (1956). — HEMBERG, T., u. B. LOWEN: Sv. farmaceut. Tidskr. 58, 838 (1954). — HESLOP-HARRISON, J.: (1) Physiol. Plantarum (Copenh.) 9, 588—597 (1956). — (2) Biol. Rev. (Cambridge) 32, 38—90 (1956). — HIEMENZ, G.: Biol. Zbl. 74, 337—370 (1955). — HOFMEISTER, L.: Protoplasma (Wien) 46, 367—379 (1956). — HOLDSWORTH, M.: J. of exper. Bot. 7, 395—409 (1956).

IMMERS, J.: Ark. Zool., Ser. 2, 9, 367—375 (1956).

JANICK, J.: Proc. amer. Soc. horticult. Sci. 66, 361—363 (1955). — JANICK, J., and E. C. STEVENSON: J. of Heredity 46, 150—156 (1955). — JUNG, J.: Phytopatholog. Z. 27, 405—426 (1956).

KNIGHT, G. R., A. ROBERTSON and C. H. WADDINGTON: Evolution (Lancaster, Pa.) 10, 14—22 (1956). — KNIGHT, R., and H. H. ROGERS: Heredity (London) 9, 69—77 (1955). — KÖHLER, E.: Ber. dtsch. bot. Ges. 69, 121—127 (1956). — KÖHLER, K.: Arch. Protistenkde. 101, 223—268 (1956). — KOOPMANS, A.: (1) Genetica (s'Gravenhage) 26, 369—380 (1954). — (2) Genetica (s'Gravenhage) 27, 272—285 (1954). — (3) Genetica (s'Gravenhage) 27, 465—471 (1955). — KROH, M.: Z. Vererbungsl. 87, 365—384 (1956). — KUDRJAVCEV, V. A.: Dokl. Akad. Nauk SSSR Nr. 102, 1035—1038 (1955).

LAIBACH, F.: Beitr. Biol. Pflanz. 29, 129—141 (1952). — LAIBACH, F., u. F. J. KRIBBEN: (1) Beitr. Biol. Pflanz. 28, 131—144 (1951). — (2) Beitr. Biol. Pflanz. 28, 64—67 (1951). — LEROY, I. F.: C. r. Acad. Sci. (Paris) 236, 1375—1376 (1953). — LEVI, J. D.: Nature (London) 177, 753—754 (1956). — LEWIN, R. A.: (1) Ann. New York Acad. Sci. 56, 1091—1098 (1953). — (2) J. gen. Microbiol. 15, 170—185 (1956). — LEWIS, D.: Sci. Progress 172, 590—605 (1955). — LEWIS, D., and L. K. CROWE: Evolution (Lancaster, Pa.) 10, 115—125 (1956). — LIETH, H.: Arch. Mikrobiol. 24, 91—104 (1956). — LINSKENS, H. F., u. KL. ESSER: Naturwiss. 44, 16 (1957). — LOVELESS, M. H., and S. N. TIMASHEFF: Arch. of Biochem. a. Biophysics 58, 298—317 (1955). — LUND, H. A.: (1) Plant Physiol. 31, 334—339 (1956). — (2) Amer. J. Bot. 43, 562—568 (1956). — LUNDÉN, R.: Grana palynol. 1, 3—19 (1956).

MADELIN, M. F.: (1) Ann. of Bot. N.s. 20, 307—330 (1956). — (2) Ann. of Bot. N.s. 20, 467—480 (1956). — MARIELLA, R. P., T. B. BERNSTEIN y A. L. MOSHER: Bol. quim. Puerto Rico 9, 15 (1952). — McCUIRE, D. C., and C. M. RICK: Hilgardia (Berkeley, Calif.) 24, 101—124 (1954). — MININA, E. G.: Dokl. Akad. Nauk SSSR 69, 93—96 (1949). — MIZUSHIMA, U.: Tôkohu J. Agric. Res. 1, 15—27 (1950). — MOUTSCHEN, J., et M. DAHMEN: Bull. Soc. roy. Bot. belg. 87, 21—28 (1955). — MÜHLETHALER, K., u. H. F. LINSKENS: Experientia (Basel) 12, 253—234 (1956). — MÜLLER, R.: Beitr. Biol. Pflanz. 30, 1—32 (1953).

NAUNDORF, G.: (1) Cacao en Colombia (Palmira) 1, 55—70 (1952). — (2) Naturwiss. 41, 340 (1954). — (3) Cacao en Colombia (Palmira) 3, 29—34 (1954). — (4) Cacao en Colombia (Palmira) 3, 63—72 (1954). — NIELSEN, N.: Acta chem. scand. (Copenh.) 10, 332—333 (1956). — NIELSEN, N., J. GRÖMMER u. R. LUNDÉN: Acta chem. scand. (Copenh.) 9, 1100—1106 (1955). — NIENSTAEDT, A.: Z. Forstgenetik 5, 40—45 (1955). — NITSCH, J. P.: Plant Physiol. 30, 33—39 (1955). — NITSCH, J., P., E. B. KURTZ jr., L. L. LIVERMAN and F. W. WENT: Amer. J. Bot. 39, 32—43 (1952).

OEHLKERS, F.: (1) Z. Naturforsch. **10b**, 158—160 (1955). — (2) Z. Naturforsch. **11b**, 471—480 (1956). — (3) Z. Vererbungsl. **87**, 722—734 (1956).

PANDE, K. K.: Sci. a. Cult. (Calcutta) **20**, 504—505 (1955). — PANDEY, K. K.: (1) Genetics **41**, 327—343 (1956). — (2) Genetics **41**, 353—366 (1956). — PISCHINGER, M.: Diss. TH Darmstadt 1954. — PLUNKETT, B. E.: Ann. of Bot. N.s. **20**, 563—586 (1956).

RAPER, J. P.: Trans. New York Acad. Sci., Ser. II, **17**, 627—635 (1955). — RESENDE, F.: (1) Portugal. Acta Biol. Ser. A **2**, 365—366 (1949). — (2) Rev. Biol. (Lisboa) **1**, 28—40 (1956). — RICHTER, B.: Arch. Gartenbau **2**, 101—126 (1955). — RICHTER, C. M.: Z. Bot. **44**, 377—407 (1956). — ROSENSTOCK, G.: Z. Bot. **44**, 77—87 (1956). — ROTHSCHILD, Lord: Fertilization. London-New York 1956.

SAGROMSKY, H.: Biol. Zbl. **75**, 385—397 (1956). — SCHAGEN, R.: Flora (Jena) **143**, 91—126 (1956). — SCHNEIDER, G.: Z. Bot. **44**, 175—205 (1956). — SCHWEMMLE, J.: Biol. Zbl. **75**, 563—575 (1956). — SCHWEMMLE, J., u. R. SIMON: Planta (Berlin) **46**, 552—568 (1956). — SIRONVAL, C.: (1) C. r. Rech. I.R.S.I.A. (Brüssel) **18**, 1—229 (1957). — (2) Ann. Gembloux 3e Trim. **1956**, 237—245. — STARR, R. C.: (1) Amer. J. Bot. **41**, 601—607 (1954). — (2) Proc. Nat. Acad. Sci. **40**, 1060—1063 (1954). — (3) Amer. J. Bot. **42**, 577—581 (1955). — (4) Bull. Torrey bot. Club **82**, 261—265 (1955). — STEPHENS, S. G.: Amer. Naturalist **90**, 25—39 (1956). — STOSCH, H. A. VON: (1) Arch. Mikrobiol. **23**, 327—365 (1956). — (2) Z. Bot. **43**, 89—99 (1956). — SWAMINATHAN, M. S.: Nature (London) **176**, 887—888 (1955).

TAKAMI, W.: Bot. Mag. (Tokyo) **69**, 128—132 (1956). — THIMANN, K. V.: Amer. Naturalist **90**, 145 (1956). — THOMAS, R. G.: Nature (London) **178**, 552 bis 553 (1956). — TSUBO, Y.: Bot. Mag. (Tokyo) **69**, 1—6 (1956). — TURIAN, G.: Protoplasma (Wien) **47**, 135—138 (1956).

VASSEUR, E.: The chemistry and physiology of the jelly coat of ihe seaurchin egg. Stockholm 1952.

WALLENFELS, K.: In H. GIESE, Die Sexualität des Menschen, S. 153—200. Stuttgart 1955. — WESTERGAARD, M., and H. HIRSCH: Proc. 7th Symp. of Colston Res. **7**, 171—183 (1954). — WIESE, L.: Fortschr. Zool. **10**, 391—439 (1956). — WILKIE, D.: Heredity (London) **10**, 247—256 (1956).

YU, C. C. C.: Amer. J. Bot. **41**, 21—30 (1954).

ZAJKOVSKAJA, N. E.: Dokl. Akad. Nauk SSSR N.s. **102**, 177—179 (1955). — ZEEUW, D. DE, and A. C. LEOPOLD: (1) Science (Lancaster, Pa.) **122**, 925—926 (1955). — (2) Amer. J. Bot. **43**, 47—50 (1956). — ZEIJLEMAKER, F. C. J.: Acta bot. neerl. **5**, 179—186 (1956).

20. Bewegungen.

Von ERWIN BÜNNING, Tübingen.

Der Beitrag folgt in Band XX.

21. Viren.

a) Pflanzenpathogene Viren.

Von Erich Köhler, Braunschweig.

Mit 1 Abbildung.

Der knapp bemessene Raum zwang zu stärkster Beschränkung auf das Prinzipielle. Viele wertvolle Arbeiten spezieller Art, darunter für den Pflanzenbau sehr wichtige, mußten im Folgenden unberücksichtigt bleiben.

1. Allgemeines.

Ein inhaltsreiches Sammelreferat über die mannigfachen, zwischen den pflanzenpathogenen Viren und ihren Wirtspflanzen sowie Insektenüberträgern herrschenden Beziehungen hat Bennett verfaßt; leider ist darin fast nur die englisch geschriebene Literatur berücksichtigt. Das bekannte, schon lang vergriffen gewesene "Textbook" von K. M. Smith ist in zweiter Auflage erschienen. Als besonderes Novum ist anzumerken, daß die Einteilung jetzt nach den Viren erfolgt ist; diese werden unter ihren englischen Vulgärnamen in alphabetischer Reihenfolge abgehandelt. Ein Register der lateinischen Wirtspflanzen-Namen, das den Gebrauch des Buches unter diesen Umständen wesentlich erleichtern könnte, fehlt leider.

Über die in Europa immer mehr in den Vordergrund tretenden Viruskrankheiten der Obstbäume wurde in Holland (1955) ein zweites Symposium abgehalten, worüber ein ausführlicher Bericht (1956) erschienen ist.

2. Morphologie des Virus.

Neue elektronenmikroskopische Messungen der Partikellängen mit der Methode nach J. Johnson liegen von folgenden „langen" Viren vor.

Virusart	Bevorzugter Häufigkeitsbereich mμ	Nebenmaxima mμ, etwa	Autoren
Melilotus-Mos. . .	500—700		Quantz u. Brandes
Beta-Rüben-Mos. .	695—770 (Mittel 733)	380	Zimmer u. Brandes
desgl.	700	380	Schneider u. Mundry
Kartoffel-Y . . .	700—825 (Mittel 759)	351 u. 1511	Bode u. Paul
Kartoffel-A. . . .	650—825 (Mittel 739)		Paul u. Bode (I)
Kartoffel-Aucuba .	500—675 (Mittel) 586)		Paul u. Bode (II)

Die Kartoffelviren A und Y scheinen die einzigen bisher bekannten „langen" Virusarten zu sein, die sich biometrisch nicht unterscheiden lassen. Obwohl auch in ihren Wirts- und Überträgerbeziehungen recht ähnlich, sind sie doch im allgemeinen durch gute „Artmerkmale" (Inaktivierungstemperatur, Antigenstruktur, Prämunität) voneinander trennbar.

ROWEN u. GINOZA berechneten die Partikellänge des TMV mit der Methode der Strömungsdoppelbrechung bei 8 Varianten übereinstimmend auf 3350 ± 250 Å, was eine ungefähre Bestätigung der offenbar genaueren elektronenmikroskopischen Messungen (rund 3000 Å) bedeutet. KÖHLER (1956, I) entwickelte die Vorstellung, daß die Teilchen der „langen" Viren primär durch terminales Wachstum (Apposition) lange Filamente bilden, die schon in der Zelle sekundär in die Partikeln charakteristischer Länge zerfallen, was deren spätere Aggregation in der Zelle oder im Saft natürlich nicht ausschließt.

Bei den kleinen, rundlichen Viren sind morphologische Feststellungen schwieriger als bei den „langen", da hierzu nur entsprechend gereinigtes Material Verwendung finden kann. Über die dabei anzuwendende Technik machten STAHMANN u. KAESBERG bemerkenswerte Ausführungen. Besonders schöne, zuvor noch nicht veröffentlichte Abbildungen vom Tabak-necrosis-Virus (nach WYCKOFF u. LABAW) und dem polyedrischen Kohlrübenvirus (nach MARKHAM u. HORNE) finden sich in einem auch sonst empfehlenswerten Übersichtsreferat von COSLETT. Über die Verhältnisse beim Tabak-ringspot-Virus liegt ein ausführlicher Bericht von STEERE vor. Danach sind auch die Partikeln dieses Virus polyedrisch und erscheinen im Elektronenmikroskop nach Gefriertrocknung oft als sechsseitige Gebilde; ihr mittlerer Durchmesser beträgt 25 mμ, er ist also doch größer als bisher angenommen wurde. Nach Aufbewahrung in geeigneter Pufferlösung kristallisiert das Virus je nach Behandlungsart teils in Form von dünnen Platten, teils von Dekaedern aus. An elektronenmikroskopischen Aufnahmen stark beschatteter Partikeln zeigte auch KAESBERG, daß die Partikeln des *Bromus*- und des Turnip yellow-Mosaikvirus Kristallform aufweisen. Ihr Zentralkern besteht aus Nucleinsäure; er ist von den zum Kristall vereinigten Protein-Einheiten umschlossen.

Nach LABAW u. WYCKOFF (1955) sind die Partikeln des Southern bean-Mosaikvirus nicht polyedrisch, sondern tatsächlich kugelig mit einem Durchmesser von etwa 230 Å. Im Kristall zeigen sie, wie elektronenmikroskopische Aufnahmen erkennen lassen, eine dichte kubische Packung mit einer Kantenlänge des aus 4 Teilchen zusammengesetzten Würfels von etwa 325 Å. Die Kristalle des Turnip yellows-Virus zeigen (LABAW u. WYCKOFF, 1956) einen ähnlichen Aufbau, jedoch haben die einzelnen Kugelpartikeln einen größeren Abstand voneinander, wenn die Kristalle durch Fällung mit Ammonsulfat gewonnen werden als bei Herstellung aus salzfreier Alkohol-Lösung; vermutlich weil sie im ersteren Falle Salz enthalten.

Über seine erfolgreichen Bemühungen um die Reinigung von drei labilen, von Insekten übertragenen Virusarten (Kartoffel yellow-dwarf, Wundtumor und Tomaten spotted-wilt) berichtete zusammenfassend BLACK. Vorzügliche elektronenoptische Abbildungen der Partikeln veranschaulichen die zwischen den drei Arten nach Form und Größe bestehenden Unterschiede. Klare elektronenmikroskopische in situ-Aufnahmen von der Kristallisation des kleinen Bushy stunt-Virus sind K. M. SMITH (1956) gelungen. Über die Entwicklung der virusbedingten Eiweiß-Spindeln der Cactaceen erschienen mehrere Abhandlungen von AMELUNXEN. RUBIO u. D. H. M. VAN SLOGTEREN veröffentlichten elektronenmikroskopische Aufnahmen der Zelleinschlüsse (X-bodies), die das Broad bean mottle-Mosaikvirus in Zellen von *Vicia faba* hervorbringt. Die Aufnahmen lassen erkennen, daß sich die Einschlüsse, die sich übrigens nur in chlorotisch verfärbten Teilen der Blätter vorfinden, in der Hauptsache aus den sehr kleinen Viruspartikeln zusammensetzen.

3. Struktur und Chemismus des Virus.

Über die allgemeine Biochemie der Viren liegt ein ausführliches Sammelreferat von PUTNAM vor.

Über den neuesten Stand der Strukturforschung beim TMV findet sich bei BRAUNITZER (1957) ein knapper Überblick, dem wir die folgenden Daten entnehmen: Über die Konstitution des Proteins des TMV läßt sich jetzt mit Sicherheit aussagen, daß es etwa aus 2300 identischen Peptidketten vom Molekulargewicht 17000 (rund) besteht. Dies ergibt sich einmal aus der Zahl der Threonin-Endgruppen im nativen Virusprotein, die gleichfalls 2300 beträgt. Nach Behandlung mit schwachen Säuren läßt sich auch die N-terminale Aminosäure, das Prolin nachweisen; auch hier beträgt die Ausbeute 2300 Mol je Einheit.

Die Untersuchungen über die Struktur der TMV-Stäbchen wurden fortgesetzt (vgl. Fortschr. Bot. **18**, 366f.). Das neueste Strukturmodell (nach R. FRANKLIN) zeigt Abb. 21).

In einer röntgenographischen Untersuchung weist FRANKLIN (1955) nach, daß das nach SCHRAMM repolymerisierte (nucleinsäurefreie) „A-Protein" und das ursprüngliche TMV, abgesehen von geringen Abweichungen, dieselben Strukturmerkmale aufweisen. Wichtig ist sodann der Befund von STARLINGER (1955), daß die reine, aus TMV

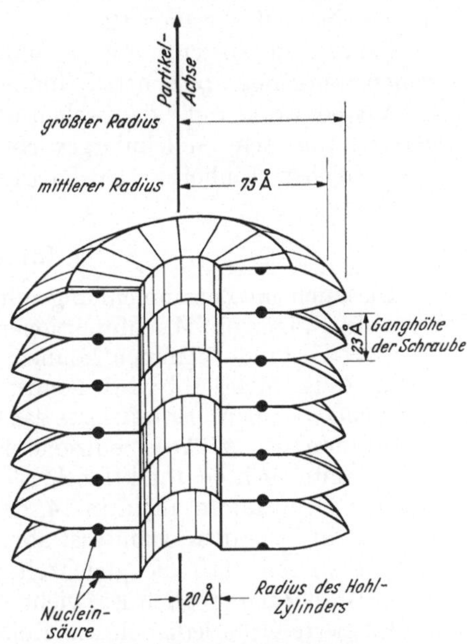

Abb. 21. Strukturmodell des Tabakmosaik-Virus nach R. FRANKLIN. Die Peptid-Untereinheiten vom Mol.-Gew. rund 17000 sind schraubenförmig um den zentralen Hohlzylinder angeordnet. Die Ganghöhe beträgt 23 Å. Auf drei Windungen kommen 49 Peptid-Untereinheiten, die als Segmente gezeichnet sind. In die Proteinhülle ist Nucleinsäure eingelagert, und zwar derart, daß die Massenschwerpunkte sich im Abstand von 40 Å von der Teilchenachse befinden. [Aus BRAUNITZER: Angew. Chem. **69**, 196 (1957); vgl. auch FRANKLIN, R. A., A. KLUG u. K. C. HOLMES in: Ciba Foundation Symposium on the Nature of Viruses. London 1957, p. 43.]

gewonnene Nucleinsäure nicht mit dem TMV-Antiserum reagiert. HART u. SMITH gelang es, die normalen Nucleotide des TMV in vitro mit solchen aus Hefe und anderen zu vertauschen. Die so erhaltenen Partikeln glichen zwar äußerlich den normalen, waren jedoch nicht infektiös.

Auf Gemeinsamkeiten im Aufbau tier- und pflanzenpathogener Viren (Mengenverhältnis von Protein: Nucleinsäure) machte FRISCH-NIGGEMEYER aufmerksam.

Über die allgemeinen Strukturprinzipien der kleinen Virusarten (wozu alle Pflanzenviren gehören) entwickelten CRICK u. J. D. WATSON bemerkenswerte Vorstellungen. Allen diesen Viren ist der aus Nuclein-säure bestehende Zentralkern gemeinsam, der von einer schützenden Proteinhülle umgeben ist. Die miteinander identischen Untereinheiten der Proteinhülle aggregieren in regelmäßiger Anordnung rings um die Nucleinsäure. Die spezifische Symmetrie der Untereinheiten bedingt die Gestalt der Viruspartikeln, ob sphärisch oder „lang". Während die Anzahl der Untereinheiten in den langen Partikeln wahrscheinlich unbegrenzt ist, beträgt sie bei den „sphärischen" Viren wahrscheinlich immer ein Vielfaches von 12.

CASPAR untersuchte die Struktur des Bushy stunt-Virus. Nach seinen röntgenographischen Befunden ist das Virusteilchen wahrschein-lichaus 60 strukturell identischen asymmetrischen Untereinheiten auf-gebaut, mit dem Molekulargewicht 125000 für den Proteinanteil in jeder solchen Einheit. Die Partikeln besitzen eine höhere kubische Symmetrie.

4. Infektion.

Die auch im Zusammenhang mit dem Prämunitätsproblem interes-sierende Frage, ob Mischinfektionen verschiedener Stämme derselben Virusart zustande kommen können, wenn das Gemisch einer und der-selben Zelle einverleibt wird, konnte BENDA (1956, II) in mikrurgischen Versuchen bejahen. Er injizierte das Gemisch aus einem Grün- und einem Gelbstamm des MTV in einzelne Haarzellen von *Nicotiana*-Blättern. Bei 20 untersuchten Infektionsherden, die sich entwickelt hatten, fand sich der Grünstamm allein in 14, der Gelbstamm allein in 1 und beide Stämme in 5 Herden. Damit ist aber nach der Meinung des Autors noch nicht bewiesen, daß die gleichzeitige Vermehrung beider Stämme in derselben Zelle möglich ist, vielmehr könnte man sich vorstellen, daß die infizierte Zelle lediglich die Rolle eines Verteilers der beiden Viren auf verschiedene Nachbarzellen spielt und daß mit der erreichten Trennung der Stämme erst deren Vermehrung möglich wird. Die Frage ist deshalb von prinzipieller Bedeutung, weil bei den Bakteriophagen zwischen Varianten der gleichen Art gegenseitige Ausschließung herr-schend ist.

Frühere Untersucher glaubten nachgewiesen zu haben, daß die Infektiositätsverdünnungskurve einer Poisson-Verteilung folgt. Zur Erklärung der vielfach nachgewiesenen Unstimmigkeiten wurden zum Teil sehr komplizierte Hilfsformeln aufgestellt. E. KÖHLER u.

D. Köhler konnten mit ihrem Verfahren der Gemischverimpfung durch entsprechende Auswertung der sich dabei ergebenden Prozente von Mischinfektionsherden (aus X- und TMV-Virus) für das Tabakmosaikvirus nachweisen, daß keine Poisson-, sondern eine Zufallsverteilung vorliegt. Bei Übertragung der Mischprozentwerte in das Wahrscheinlichkeitsnetz bzw. Anwendung der Probit-Rechnung gruppieren sich diese um eine Gerade. Es ergab sich dann weiter, daß sich die Infektiositätsverdünnungskurve auch bei Einzelverimpfung des TMV dieser Vorstellung fügt. Dasselbe gilt auch für andere Viren wie Tomatenmosaik, Tomaten-Aucubamosaik, Kartoffel-X-Virus, Tomaten-Spotted wilt und Southern bean-Mosaik (E. Köhler 1957, I). Die seinerzeit von Zimmer (1943) entwickelte Vorstellung, daß der Infektionsvorgang als ein Ein-Treffer-Ereignis aufzufassen sei, wird damit hinfällig.

Daß das übliche Waschen der Blätter nach der Impfeinreibung mit Wasser je nach Anwendungsweise den Infektionserfolg stark beeinflußt, wurde schon verschiedentlich in diesen „Fortschritten" erwähnt. Der Sinn des Abwaschens besteht ursprünglich offenbar darin, schädliche, die Infektion hemmende Stoffe des Impfsaftes — falls vorhanden — vom Blatt zu entfernen. In neuen Versuchen machten Dale u. Thornberry an mit dem TMV geimpften Blättern von *Phaseolus* folgende Feststellungen: Das Waschen unmittelbar im Anschluß an die Impfung setzt den Infektionserfolg um so stärker herab, je länger man es fortsetzt. Läßt man die Blätter, die unmittelbar nach dem Impfen 10 sec lang gewaschen wurden, unbehandelt und unterzieht sie einheitlich einer zweiten Waschung von 1 min Dauer, so ist der Infektionserfolg um so besser, je länger die Zeit zwischen den Waschungen war. Diese und andere Ergebnisse deuten darauf hin, daß das Waschen im Übermaß nicht nur das Zustandekommen von Infektionen direkt gefährdet, sondern auch eine Verzögerung der Wiederherstellung der Empfänglichkeit bewirkt.

Nachdem zuerst Yarwood (1952) bei Infektionsversuchen mit verschiedenen Virusarten gefunden hatte, daß durch Zusatz von zweibasischem Kaliumphosphat zur Impflösung an den Blättern der Pinto-Bohne (*Phaseolus vulgaris* var.) eine Erhöhung der Infektionszahlen um ein Mehrfaches gegenüber der Kontrolle herbeigeführt werden kann, hat kürzlich Benda (1956, I) festgestellt, daß der Saft von *Tetragonia expansa*, wenn man ihn im Gemisch mit dem Tabak-ringspot-Virus auf Blätter von *Vigna sinensis* reibt, eine ähnliche Wirkung hat. Die infektionsfördernde Substanz ("augmenter") ist hier ein lösliches Oxalat. In beiden Fällen scheint sich die Wirkung auf bestimmte Wirtsarten zu beschränken, insofern also spezifisch zu sein. Benda zählt verschiedene der möglichen Deutungen auf. Nach den schon früher von uns zitierten anatomischen Befunden von Lambertz (Fortschr. Bot. **18**, 396) scheint uns aber die Annahme besonders einleuchtend, daß es sich um Wirkungen auf die bis zur Cuticula vorspringenden Plasmafortsätze der Epidermiszellen handelt. Schon Stoffe, die ein Einziehen dieser Fortsätze verhindern oder hemmen, könnten infektionsbegünstigend wirken. Diese Annahme bietet sich auch zur Deutung einer Erscheinung an, die neuerdings wieder von JEDLINSKI untersucht worden ist (vgl. Fortschr. Bot. **17**, 827; **18**, 369). Bei den üblichen Impfverfahren der Blatteinreibung wird das Inokulum selbst aufgerieben, d. h. Wundsetzung und Virusauftragung erfolgen gleichzeitig. Wenn man aber das Reiben und das Aufbringen getrennt vornimmt, so ist der Infektionserfolg in hohem Maße von dem Zeitintervall abhängig, das zwischen Wundsetzung und der darauf folgenden Impfung verstreicht, und zwar ist, wie JEDLINSKI jetzt nachweist, der Effekt bei verschiedenen Wirt-Virus-Kombinationen sehr verschieden. Vermutlich kommt es also darauf an, wie die Plasmatentakeln („Ektodesmen") auf das Einreiben, das wohl in erster Linie eine Abhebung der Cuticula bewirkt, reagieren.

Wie BENDA (s. oben) weiter fand, enthält der Saft von *Tetragonia expansa* auch noch einen Hemmstoff, der die Zahl der Infektionsherde herabsetzt. Aus dem Zusammenwirken des Hemmstoffs mit dem Augmenter resultiert eine Verzögerung im Erscheinen der Infektionsherde.

SCHMELZER (1956, I) untersuchte die infektionshemmende Wirkung von Preßsäften verschiedener *Cuscuta*-Arten. Es wird als wahrscheinlich bezeichnet, daß es sich dabei nicht um eine inaktivierende Wirkung auf das Virus handelt, sondern um eine Beeinflussung des Wirtes, die ihrerseits die Infektionshemmung bewirkt.

Wie NIENHAUS in einer kurzen Mitteilung ausführt, wird die Empfänglichkeit von *Physalis floridana*-Blättern für das Kartoffel-Y-Virus sehr wesentlich durch die Temperatur beeinflußt, denen die Pflanzen während 2 Tagen vor der Impfung ausgesetzt waren; das Optimum liegt etwa bei 21° C. Es ist nun auffällig, daß angeblich sogar Säfte aus verschiedenen Wirtspflanzen, wenn diese unterschiedlichen Temperaturen ausgesetzt gewesen waren, eine der obigen gleichsinnige Beeinflussung erkennen lassen. Vermischt man sie nämlich mit infektiösem Saft und verimpft die Gemische, so liegt das Optimum gleichfalls bei 21° C. Bewahrt man Preßsäfte, die eine Hemmwirkung besitzen, bei 3° auf, so haben sie diese Wirkung nach 24 Std. noch nicht verloren, wohl aber nach 48 Std. Man wird die Hauptveröffentlichung und damit wohl auch die Deutung dieser interessanten Befunde, die auf die Wirkung eines Hemmstoffs schließen lassen, abwarten müssen.

Die Versuche zur Beeinflussung des Infektionserfolges bei der mechanischen Verimpfung wurden verschiedentlich fortgesetzt. MATTHEWS u. PROCTOR beobachteten beim Tabak-necrosis-Virus eine Hemmung durch gewisse Fettsäuren, wenn diese vor oder nach der Inoculation auf die Blätter gespritzt wurden. Zitronen- und Bernsteinsäure waren nur wirksam bei Anwendung vor oder während des Angehens des Virus, ihre Wirkung wurde durch gewisse Metallionen aufgehoben. Den Bemühungen von WILTSHIRE am gleichen Virus, bestimmte Beziehungen zwischen dem Infektionserfolg und dem jeweiligen Gehalt ihrer Säfte an organischen Säuren aufzudecken, war keine positives Ergebnis beschieden.

HANSON u. HAGEDORN erhielten bei *Trifolium* eine starke Erhöhung der Infektionszahlen, wenn sie die mit Karborundpuder versetzte Impflösung unter Druck auf die Pflanzen spritzten. Drucken von 10, 20 und 30 lbs. entsprachen Infektionsgrößen von 58, 66 und 82% (Erfolg beim Einreiben = 100). Pufferzusatz hatte noch eine zusätzliche Steigerung um durchschnittlich 4% zur Folge.

Cuscuta-Arten sind bekanntlich als Infektionsvermittler bei einer Reihe von Viren nachgewiesen. SCHMELZER (1956, II) hat in einer größeren Arbeit die Eignung von 9 Cuscuta-Arten als Infektionsvermittler — die Bezeichnung als „Vektoren" wäre unseres Erachtens besser für tierische Überträger zu reservieren — für mehrere Viren untersucht. Besonders bemerkenswert ist u. a. der Befund, daß sich das Gelbe Bohnenmosaik-, das Y- und das Bukettvirus der Kartoffel von keiner der angesetzten C.-Arten übertragen ließen. Mehrere Arten erwiesen sich als echte Wirte des Gurkenmosaik-, des Tabakmauche- (= rattle-) und des Bronzeflecken-Virus.

Ein Sammelreferat über Hemmstoffe in ihrer Bedeutung für Virusinfektion und -vermehrung schrieb BAWDEN (1954).

5. Virusvermehrung.

Das Tabak-necrosis-Virus (Stamm Rothamsted) hat sein Vermehrungsoptimum auf *Phaseolus* bei 22° C. Bei noch höheren Temperaturen macht sich neben der Vermehrung außerdem eine Inaktivierung bemerkbar. Im eingeriebenen Blatt beginnt die Vermehrung nach 9—10$^1/_2$ Std. (HARRISON, I. u. II). Die Latenzperiode des TMV beträgt im eingeriebenen Tabakblatt nach RYZKOV u. LOJDINA 48—72 Std., manchmal auch länger (bis zu 126 Std.). Dabei scheint Anwesenheit oder Abwesenheit von Licht ohne Bedeutung zu sein. (In den Chloroplasten von Blättern, die bei der Impfung schon ausgewachsen waren, wurde kein Virus angetroffen, das Virus kann also in ausgewachsene Chloroplasten nicht eindringen.) SIEGEL schließt aus seinen UV-Bestrahlungsversuchen auf eine Latenzperiode beim TMV von etwa 6 Std. Nach SUKHOV u. KAPICA (1956, I) soll die Vermehrung des TMV sogar schon im Laufe der ersten auf die Impfung folgenden Stunde beginnen.

Die vorstehenden und älteren, sehr auseinandergehenden Angaben über die Dauer der Latenzperiode beim TMV scheinen zu lehren, daß diese sehr erheblichen Schwankungen unterworfen ist. Auf die Tatsache ihrer Temperaturabhängigkeit hat jüngst KÖHLER (1957, II) hingewiesen.

ZECH u. VOGT-KÖHNE untersuchten an einem Gelbstamm des TMV die Anfangsstufen der Virusproduktion auf die Weise, daß sie die infizierte Epidermis abzogen und das Virus aus dem ausgepreßten Inhalt auszentrifugierten. Die elektronenmikroskopische Untersuchung dieses Materials führte sie zu dem Schluß, daß die gesamte Virusnachkommenschaft pro Zelleinheit in einem Wurf entstehe. Dafür spricht ihre Beobachtung, daß im Zeitpunkt der X-body-Bildung ohne wahrnehmbaren Übergang große Mengen TMV-Partikeln im Saft auftreten. Die Verfasser bestätigen die von BERCKS gefundene Instabilität der Partikeln aus älterem Material.

ALLINGTON, WEIHING u. LAIRD machten am TMV die interessante Feststellung, daß keine Infektionen zustande kamen, wenn die Impfung bei 38—40° vorgenommen wurde und die Blätter nach der Impfung 6 Std. oder länger bei dieser Temperatur gehalten wurden. Bei niedriger Temperatur geimpfte und dann bei 38—40° gehaltene Blätter wurden dagegen infiziert. Die Autoren vermuten, daß das Virus nach der Impfung ein thermolabiles Stadium durchmacht. Bemerkenswert ist auch der Befund von NOUR-ELDIN, daß verschiedene organische Säuren eine beträchtliche Förderung der TMV-Vermehrung (um 20% und mehr) im eingeriebenen Blatt bewirken.

Die Veränderungen der TMV-Konzentration in Teilen wachsender Pflanzen (Tabak und Tomate) in Abhängigkeit von Luft- und Bodentemperatur (16—28° C), Photoperiode und Lichtintensität wurden von BANCROFT u. POUND (POUND u. BANCROFT) untersucht. Die Beziehungen erwiesen sich im allgemeinen als sehr verwickelt und lassen sich nicht auf eine kurze Formel bringen. Bezüglich des Zusammenhangs von Wachstum und Virusgehalt scheinen die Befunde zu lehren, daß nach der Erreichung eines Virusmaximums eine Beziehung in dem Sinne besteht, daß die Viruskonzentration mit fortschreitendem Wachstum des Wirtes im allgemeinen abnimmt; man kann unterstellen, daß die Vermehrung des Virus nicht im anfänglichen Ausmaß weitergeht. Durch langen Tag und hohe Lichtintensität wurde die Virusvermehrung im geimpften Blatt gefördert. Bemerkenswert ist auch die wiederholte Feststellung, daß in der wachsenden Region der Spitzenblätter Perioden hohen und niedrigen Virusgehalts alternieren.

Daß im Zusammenhang mit der Virussynthese noch andere Proteine entstehen, die kein aktives Virus vorstellen, ist bekannt. Eine Reihe von Arbeiten (am TMV u. a. COMMONER u. RODENBERG; COMMONER u. YAMADA; BAWDEN u. PIRIE; DELWICHE, NEWMARK, TAKAHASHI u. NG; am Turnip yellow-Mosaik COSENTINO, PAIGEN u. STEERE) befassen sich mit diesen „abnormalen Proteinen". Nach BAWDEN u. PIRIE lassen sich ihre meist sphärischen Partikeln durch Zentrifugieren abtrennen; bei entsprechender Behandlung aggregieren sie zu langen Stäbchen; sie reagieren mit dem Virus-Antiserum. Ihre Ausbeute ist bei den einzelnen Virusstämmen verschieden.

Über die gelungene Vermehrung des TMV in Gewebekultur berichten HIRTH u. SEGRETAIN, über diejenige des Aster yellow-Virus in isolierten Organfragmenten seines übertragenden Insekts MARAMOROSCH.

6. Variabilität.

Die Frage, ob auch bei Pflanzenviren reversible Eigenschaftsänderungen vorkommen, wird erstmalig von BAWDEN (1956) und von KÖHLER (1956, II) an verschiedenen Objekten positiv beantwortet. Bei BAWDENs Versuchen mit Provenienzen des TMV aus *Phaseolus* und *Nicotiana* wurde die reversible Umwandlung durch reziproke Wirtspassagen hervorgerufen; dabei konnte eine Selektionswirkung als Erklärungsmöglichkeit ausgeschlossen werden. Das durch Passage im anderen Wirt abgeänderte Virus nimmt nach genügend langer Kultur auf dem alten Wirt seine früheren Eigenschaften wieder an. Es wird die Annahme vorgetragen, daß bei der Umwandlung die Nucleinsäure, die die eigentliche genetische Substanz vorstellt, unverändert bleibt, daß dagegen der Proteinanteil in seiner Zusammensetzung modifizierbar und entsprechend dem unterschiedlichen Angebot an Wirtsproteinen von der Art der Passage abhängig ist. Köhler machte beim Tabak rattle-Virus (Kartoffelstengelbunt-Virus) die Beobachtung, daß es in zwei Modifikationen, einer auf dem Tabak vollsystemischen Sommer- und einer halbsystemischen Winterform, auftritt. Die Umwandlung von der einen in die andere Form wird nicht direkt durch die Außenfaktoren herbeigeführt, sondern durch den jahreszeitlich bedingten jeweiligen physiologischen Zustand der Wirtspflanze.

Commoner u. Basler stellten beim TMV auch eine Veränderlichkeit in der Zusammensetzung der Nucleinsäure fest; die Zusammensetzung ist von der Dauer der Kultur auf einem bestimmten Wirt abhängig.

Eine andere Frage, ob nämlich Viren in vitro mutieren können oder ob dieser Vorgang ausschließlich an den Vermehrungsprozeß in der lebenden Zelle gebunden ist, wird seit längerem diskutiert. Nach Untersuchungen von Mundry ist nicht daran zu zweifeln, daß die von Gowen (1941) nach Röntgenbestrahlung in vitro beobachteten „Mutationen" keine solchen waren, sondern als Selektionsfolge in nicht einheitlichem Material gedeutet werden müssen. Die Meinung, daß Mutationen in vitro nicht möglich seien, muß aber offenbar revidiert werden. Commoner, Lippincott et. al. (1956) erhielten bei Verimpfung von TMV-Material, das durch Resynthese aus isolierter Virusnucleinsäure plus Virusprotein gewonnen war, zum Teil sehr auffällig abweichende Krankheitsbilder; mindestens bei einem Teil des rekonstruierten Virusnucleinproteins müssen genetische Veränderungen gegenüber dem Ausgangsvirus eingetreten sein. Dieses Ergebnis dürfte das Interesse an bisher nicht reproduzierten Versuchen von Köhler (1939) wieder wachrufen, in denen beim X-Virus nach Hitzebehandlung von Säften das Auftreten abweichender Varianten in vitro beobachtet worden war.

Nach Sukhov u. Kapitsa (1956, II) können offenbar auch Mischinfektionen Anlaß zur Entstehung von neuen Varianten geben: Nach Verimpfung eines Gemisches von je einem gut charakterisierten Stamm des Kartoffel-X- und des TMV-Virus erhielten sie einen neuen X-Stamm, dessen Entstehung möglicherweise auf die wechselseitige Beeinflussung des Stoffwechsels der das Gemisch enthaltenden Wirtszelle zurückzuführen ist.

Die von ihm beim Spotted wilt-Virus beobachtete augenscheinliche Durchbrechung der Prämunitätsregel bei der sukzessiven Verimpfung bestimmter Varianten führten Best (1954) zu der Vorstellung, daß hier die Varianten sich wechselseitig beeinflussen und verändern können. In einer neueren Arbeit von Best u. Gallus werden weitere Stützen für diese Auffassung beigebracht. Einen wichtigen Beitrag zur Prämunitätsfrage liefert eine Arbeit von Posnette u. Todd über das Virus der Swollen shoot-Krankheit des Kakao. Hier wird mitgeteilt, daß gewisse milde Stämme in der Natur eine praktisch anscheinend ausreichende Prämunität gegen schwer schädigende Stämme herbeiführen (augenscheinlich sind also die übertragenden Insekten, in diesem Falle

Schmierläuse ("Mealy bugs"), zur direkten Übertragung des Virus in das Phloem nicht befähigt (vermutlich weil die Persistenzzeit im Insekt zu kurz ist; Ref. Vgl. auch Fortschr. Bot. 18, 376).

Immer von neuem sieht sich der Viruspathologe vor die Frage gestellt, welcher bekannten Virusart, bzw. welchem Virusformenkreis ein neu isoliertes Virus zuzuordnen ist, oder ob etwa ein ganz neuartiges Virus vorliegt. Jüngste Erfahrungen an den Formenkreisen des Tabak-ring-spot-Virus, des Kartoffel-S-Virus und des Kartoffel-Y-Virus lehren besonders eindringlich, mit welchen Möglichkeiten hier gerechnet werden muß:

Auf der Kartoffel kommen in Deutschland zwei miteinander nah verwandte Typen eines Virus vor, die KÖHLER (1955, II) als Unterarten des amerikanischen Tabak-Ringspot-Virus auffaßte, das „Bukett-Virus" und das „Pseudoaucuba-Virus". Jeder dieser Typen umfaßt mehrere Minorvarianten ("strains", „Stämme"). GEHRING u. BERCKS, sowie BERCKS u. GEHRING verglichen diese Typen unter sich und mit dem eigentlichen (amerikanischen) Tabak-Ringspot in serologischer und pathologischer Hinsicht genauer. Dabei stellte sich die unzweifelhafte Verwandtschaft dieser drei Typen heraus. Daß aber die beiden Kartoffel-viren einander näherstehen als dem Tabakvirus, ließen die serologischen Untersuchungen erkennen. Diese zeigten, daß das Tabakvirus nur einen geringen Anteil gemeinsamer Antigenkomponenten mit den anderen beiden Viren aufweist. Die Autoren möchten deshalb die beiden Kartoffelviren als Varianten einer besonderen „Art" des Tabak-Ringspot-Virus aufgefaßt sehen. Nicht mehr in den Formenkreis des Tabak-Ringspot-Virus gehört offenbar das Tomaten-Ringspot-Virus, das schon morphologisch von ihm unterscheidbar ist (KAHN, DESJARDINS u. SINSENEY) während in mancher anderen Hinsicht (u. a. Krankheits-bild, Verhalten der Partikeln bei der Elektrophorese, Samenübertragung) auffällige Ähnlichkeiten bestehen.

Nachdem serologische Untersuchungen (DE BRUYN-OUBOTER, 1952; H. M. VAN SLOGTEREN, 1955) gezeigt hatten, daß ein meist latent vor-kommendes Virus — jetzt als S-Virus bezeichnet — in Kartoffeln weit verbreitet ist, haben WETTER u. BRANDES verschiedene Virus-provenienzen, deren sonstiges Verhalten, insbesondere im serologischen Test, die Verwandtschaft mit dem S-Virus nahelegte, elektronen-mikroskopisch auf die Partikelgröße untersucht. Sie fanden, daß die Partikeln aller dieser Viren dieselbe „Normallänge" aufweisen. Zu den untersuchten Viren gehört auch das in der Sorte „King Edward" latent enthaltene Paracrinkle-Virus. Gleichzeitig wies KASSANIS auf serologischem Wege nach, daß das genannte Paracrinkle-Virus, das S-Virus im engeren Sinn, und das Nelken-Latentvirus als nah verwandt betrachtet werden müssen, wenn sie auch in bezug auf Wirtspflanzen-kreis, Pathogenität und sogar Übertragbarkeit recht verschieden sind. Bemerkenswert ist dabei, daß von allen den geprüften „Stämmen" einzig und allein das Nelkenvirus von Blattläusen übertragen wird. KASSANIS nimmt daher an, daß sich die verschiedenen Typen von einem gemeinsamen Vorfahren ableiten, der durch Blattläuse übertragen wurde. Das Nelkenvirus weicht übrigens auch in seinen Antigen-Eigenschaften stärker von den Kartoffel-S-Stämmen ab als diese voneinander. Sowohl beim Paracrinkle- wie beim S-Virus im engeren Sinn stellte KASSANIS das Vorkommen von Minorvarianten fest. Neuestens isolierten BAGNALL, LARSON u. WALKER aus Kartoffeln einen mit dem S-Virus vergesellschafteten Virusstamm, den sie M-Virus nannten. Die Frage, ob er wirklich ein selbständiges Virus mit „Artrang" vorstellt, bleibt wohl noch zu klären.

Beim Formenkreis des Y-Virus ist die Variabilität gleichfalls größer als bis vor kurzem noch vermutet werden konnte. Ein besonderer, den Tabak schwer schädigender Typ wurde neuerdings mehrfach von dieser Pflanze isoliert. Zu ihm gehören offenbar die folgenden Isolate bzw. Stämme, die sämtlich am Tabak Nekrosen längs der Nerven erzeugen. NOBREGA u. SILBERSCHMIDT „Necrose das nervuras" (1944); BAWDEN u. KASSANIS "Tobacco veinal necrosis" (1951); KÖHLER, Stamm „Al" (1955, I); BODE u. PAUL, Stamm „Lü" (1956); KLINKOWSKI u. SCHMELZER „Tabak-Rippenbräune" (1957). Eine besondere Variante dieses Typs stellt augenscheinlich ein von SILBERSCHMIDT, ROSTOM u. ULSON (1954) isoliertes Virus vor, das am Tabak nekrotische Stippen an den Blättern verursacht.

Ein anderer abweichender Typ des Y-Virus wird durch das sog. C-Virus (von Kartoffeln) repräsentiert. Während alle anderen Y-Stämme von der Pfirsichlaus leicht übertragen werden, blieben Übertragungsversuche mit dem aus der Sorte "Edgecote Purple" stammenden C-Virus zunächst erfolglos. Es zeigte sich aber dann (M. A. WATSON), daß dieses Virus nach Passagen durch *Nicotiana glutinosa* und *N. tabacum* die Befähigung erwirbt, von der Pfirsichlaus, wenn auch nicht gerade mit großer Sicherheit, übertragen zu werden. Durch die Kultur auf der Kartoffel verliert es diese Befähigung wieder. Es wird daraus gefolgert, daß die Befähigung zur Blattlausübertragung durch die Wirtspflanze bestimmt wird, in der sich dieses Virus vermehrt.

Die fraglichen Beziehungen der Gurkenmosaik-Viren 3 und 4 zum TMV wurden weiter geklärt durch den Nachweis von ROCHOW, daß Gurkenkeimblätter, wenn sie mit diesen Gurkenviren in entsprechender Weise vorinfiziert werden, gegen das TMV prämun sind. Demnach gehören die beiden Gurkenviren zweifellos in den Verwandtschaftskreis des TMV.

LÜDECKE, SCHLÖSSER u. NITSCHE verglichen den Einfluß verschiedener Provenienzen des Vergilbungsvirus ("Yellows") auf Ertrag und Beschaffenheit der Zuckerrüben und stellten sehr beträchtliche Unterschiede fest.

7. Pathologische Anatomie und Physiologie.

In einem lesenswerten Aufsatz erörtert KATH. ESAU Ergebnisse der normalen und pathologischen Anatomie in ihrer Bedeutung für das Verständnis der Virosen.

REITBERGER beobachtete an Epidermis-Ruhekernen mosaikkranker Rübenpflanzen (*Beta*) Veränderungen, die darin bestehen, daß sich an der Kernperipherie eine Ausbuchtung bildet, die eine Vacuole umschließt. Letztere kann sich vom Kern ablösen, womit dieser dann seine normale Gestalt wieder annimmt. Bei vergilbungskranken Rüben konnte Ähnliches nicht beobachtet werden.

M. A. Watson (1955) erzielte an künstlich infizierten vergilbungskranken Rübensämlingen eine Verstärkung der Vergilbungssymptome durch Überbrausen mit Saccharose-Lösungen. Durch Beschatten wurden die Symptome bei ungespritzten Pflanzen stärker gemildert als bei den gespritzten. Durch die Spritzung wird der Kohlenhydratgehalt der Blätter erhöht; Symptomintensität und Kohlehydratgehalt gehen einander parallel. Eine weitere Folge der Zuckerspritzung ist verstärktes Wurzelwachstum bei gesunden und kranken Pflanzen, was darauf schließen läßt, daß der aufgespritzte Zucker in die Wurzeln einwandert.

Pfeil u. Kanngiesser setzten ihre papierelektrophoretischen vergleichenden Untersuchungen über die in gesunden und viruskranken Pflanzen anzutreffenden Phosphatide fort. Diesbezügliche Unterschiede zwischen gesunden und vergilbungskranken Rübenpflanzen sind erst längere Zeit nach dem Erscheinen der Vergilbungssymptome zu bemerken. Die Kenntnis der durch diese Krankheit verursachten Stoffwechselstörungen wurde von Van Duuren durch neue Befunde ergänzt. Es wird die Hypothese aufgestellt und zu begründen versucht, daß die primäre Störung auf der Abnahme der Phosphatase-Tätigkeit beruht, die alle übrigen Störungen nach sich ziehen soll.

Henke fand, daß der Gehalt an Gesamt-N und Eiweiß-N in blattrollkranken Kartoffelknollen erhöht ist. Der Abtransport der N-Verbindungen aus der kranken „Mutterknolle" in die auflaufenden Triebe ist gehemmt. Mutterknollen und Blätter kranker Pflanzen zeigen erhöhten Nitratgehalt.

Literatur.

Allington, W. B., J. L. Weihing and E. F. Laird jr.: Phytopathology **45**, 595—596 (1955)." — Amelunxen, F.: Protoplasma (Wien) **45**, 146—172; 228—240; 755—761 (1956).

Bagnall, R. H., R. H. Larson and J. C. Walker: Univ. Wisconsin Res. Bull. **198**, (1956). — Bancroft, J. B., and G. S. Pound: Virology 2, 44—56 (1956). — Bawden, F. C.: Adv. Virus Res. 2, 31—57 (1954). — Bawden, F. C.: Nature (London) **177**, 302—304 (1956). — Bawden, F. C., and B. Kassanis: Ann. appl. Biol. **38**, 402—410 (1951). — Bawden, F. C., and N. W. Pirie: J. gen. Microbiol. **14**, 460—477 (1956). — Benda, G. T. A.: Virology 2, 438—454 (1956, I). — Benda, G. T. A.: Virology 2, 820—827 (1956 II). — Bennett, C. W.: Annual Rev. Plant Physiol. **7**, 143—170 (1956). — Bercks, R., u. F. Gehring: Phytopath. Z. **28**, 57—69 (1956). — Best, R. J.: Austral. J. Biol. Sci. **7**, 415—424 (1945). — Best, R. J., and H. P. C. Gallus: Enzymologia **17**, 207—221 (1955). — Black, L. M.: Phytopathology **46**, 208—216 (1956). — Bode, O., u. H. L. Paul: Phytopat. Z. **27**, 107—112 (1956). — Bruyn Ouboter, M. P. de: Proc. Confer. Potato Virus Diseases Wageningen-Lisse, 1951. — Braunitzer, G.: Angew. Chem. **69**, 189—197 (1957).

Caspar, D. L. D.: Nature (London) **177**, 475—476 (1956). — Commoner, B., and E. Basler jr.: Virology 2, 477—495 (1956). — Commoner, B., J. A. Lippincott, G. B. Shearer, E. E. Riehmann and J.-H. Wu: Nature (London) **178**, 767—771 (1956). — Commoner B., and S. D. Rodenberg: J. gen. Physiol. **38**, 475—492 (1955). — Commoner, B., and M. Yamada: J. gen. Physiol. **38**, 459—473 (1955). — Cosentino, V., K. Paigen and R. L. Steere: Virology 2, 139—148 (1956). — Coslett, V. E.: Endeavour **15**, 153—165 (1956). — Crick, F. H. C., and I. D. Watson: Nature (London) **177**, 473—475 (1956).

Dale, J. L., and H. Thornberry: Illinois Acad. Sci. Trans. **48**, 62—65 (1956). — Delwiche, C. C., P. Newmark, W. N. Takahashi and M. J. Ng: Biochem. et biophysica Acta **16**, 127—136 (1955). — Duuren, A. J. van: Meded. Inst. Suikerbiet, Bergen-o.-Z. **25**, 61—99 (1956).

Esau, Kath.: Amer. J. Bot. 43, 739—748 (1956).
Franklin, R. E.: Biochim. et biophysica Acta 18, 313—314 (1955). — Frisch-Niggemeyer, W.: Nature (London) 178, 307—308 (1956).
Gehring, F., u. R. Bercks: Phytopath. Z. 27, 215—234 (1956).
Hanson, E. W., and D. J. Hagedorn (Abstr.) Phytopathology 46, 14 (1956). — Harrison, B. D.: Ann. appl. Biol. 44, 215—226 (1956, I); J. gen. Microbiol. 15, 210—220 (1956, II). — Hart, R. G., and I. D. Smith: Nature (London) 178, 739—740 (1956). — Henke, O.: Zbl. Bakter. II, 109, 367—388 (1956). — Hirth, L. et G. Segretain: Internat. Bot. Congr., Rap. et Comm. 8. Sect. 18/20 (1954).
Kaesberg, P.: Science (Lancaster, Pa.) 124, 626—628 (1956). — Kahn, R. P., P. R. Desjarnins and C. A. Sinseney: Phytopathology 45, 334—337 (1955). — Kassanis, B.: J. gen. Microbiol. 15, 620—628 (1956). — Klinkowski, M., u. K. Schmelzer: Phytopath. Z. 28, 285—306 (1957). — Köhler, E.: Arch. Virusforsch. 1, 46—69 (1939). — Köhler, E.: Phytopath. Z. 23, 328—334 (1955, I). — Köhler, E.: Proc. II. Conf. Potato Virus Diseases. Lisse-Wageningen 1954. S. 148—152 (1955, II). — Köhler, E.: Naturwiss. 43, 230—231 (1956, I). — Köhler, E.: Nachrbl. dtsch. Pflanzenschdienst (Stuttgart) 8, 93—94 (1956, II). — Köhler, E.: Zbl. Bakter. II 110, 237—243 (1957, II). — Köhler, E.: Phytopath. Z. 28, 451—456 (1957, I). — Köhler, E., u. D. Köhler: Biol. Zbl. 75, 531—543 (1956).
Labaw, I. W., and R. W. G. Wyckoff: Nature (London) 176, 455 (1955); Science (Lancaster, Pa.) 123, 849—850 (1956). — Lüdecke, H., L. A. Schlösser u. M. Nitzsche: Zucker 9, 169—180 (1956).
Maramorosch, K.: Virology 2, 369—376 (1956). — Matthews, R. E. F., and C. H. Proctor: J. gen. Microbiol. 14, 366—370 (1956). — Mundry, K. W.: Diss.-Auszug Tübingen 1954, 8 S.
Nienhaus, F.: Naturwiss. 43, 63—64 (1956). — Nobrega, N. R., e K. Silberschmidt: Arquiv. Inst. Biologico, Sao Paulo 15, 307—330 (1944). — Nour-Eldin, F.: Phytopathology 45, 291 (1955).
Paul, H. L., u. O. Bode: Phytopath. Z. 27, 211—214 (1956, I); 27, 456—460 (1956, II). — Pfeil, E., u. W. Kanngieser: Z. Pflanzenkrkh. 62, 705—711 (1955). — Pound, G. S., and J. B. Bancroft: Virology 2, 29—43 (1956). — Posnette, A. F., and J. McA. Todd: Ann. appl. Biol. 43, 433—453 (1955). — Putnam, F. W.: Annual. Rev. Biochem. 25, 147—176 (1956).
Quantz, L., u. J. Brandes: Nachr.bl dtsch. Pflanzenschutzd. (Stuttgart) 9, 6—9 (1956).
Reitberger, A.: Züchter 6, 106—117 (1956). — Rochow, W. F.: Pytopathology 46, 133—136 (1956). — Rowen, J. W., and W. Ginoza: Biophys. Biochim. Acta 21, 416—425 (1956). — Rubio, M., and D. H. M. van Slogteren: Phytopathology 46, 401—402 (1956). — Ryžkov, V. L., u. G. I. Lojdina: Dokl. Nauk SSSR, N. S. 99, 459—462 (1954); ref. Ber. Wiss. Biol. 97, 282 (1955).
Schmelzer, K.: Zbl. Bakter. II 109, 482—515 (1956, I). — Schmelzer, K.: Phytopath. Z. 28, 1—56 (1956, II). — Schneider, F., u. K. W. Mundry: Z. Naturforsch. 11 b, 393—394 (1956). — Siegel, A.: Bacter. Proc. 1955, p. 73 (1955). — Silberschmidt, K., E. Rostom and C. M. Ulson: Amer. Potato J. 31, 213—217 (1954). — Slogteren, E. van: Ann. appl. Biol. 42, 122—128 (1955). — Slogteren, D. H. M. van: Proc. II. Conf. Potato Virus Diseases, Lisse-Wageningen 1954 (1955). — Smith, K. M.: Virology 2, 706—709 (1956). — Smith, K. M.: Textbook of Plant Virus Diseases. II. Edit., London 1957. — Stahmann, M. A., and P. Kaesberg: Phytopathology 45, 187—195 (1955). — Starlinger, P.: Z. Naturforsch. 10 b, 339—343 (1955). — Steere, R. L.: Phytopathology 46, 60—69 (1956). — Sukhov, K. S., u. O. S. Kapica: Ref. Bull. signal. 17, 1940 (1956, I). — Sukhov, K. S., and O. S. Kapitsa: USSR. Acad. Sci. News 3, 53—64 (1956, II); ref. Rev. appl. Mycol 36, 170—171 (1957). — II. Symposium on virus diseases of fruit trees in Europe: Tijdschr. Plantenziekten 62, 33—88 (1956).
Watson, M. A.: Ann. appl. Biol. 43, 672—685 (1955). — Watson, M. A.: Ann. appl. Biol. 44, 599—607 (1956). — Wetter, C., u. J. Brandes: Phytopath.Z. 26, 81—92 (1956). — Wiltshire, G. H.: Ann. appl. Biol. 44, 233—248; 249—255 (1956).
Yarwood, C. E.: Phytopathology 42, 137—143 (1952).
Zech, H., and L. Vogt-Köhne: Exper. Cell Res. 10, 458—475 (1956). — Zimmer, K., u. J. Brandes: Phytopath. Z. 26, 439—442 (1956).

b) Bakteriophagen.

Von Gebhard Koch, Tübingen.

In den letzten beiden Jahren wurden auf dem Gebiete der Bakteriophagenforschung wichtige und wesentliche Ergebnisse erzielt, die sich für weitere Gebiete der Mikrobiologie und Biologie als bedeutungsvoll erweisen dürften. Es sollen hier vor allem die Befunde berücksichtigt werden, die zu einer Änderung bisheriger Ansichten und zu neuen Fragestellungen Anlaß gegeben haben.

I. Freie Phagen.

Chemische Zusammensetzung. Die DNS der geradzahligen Phagen T2, T4 und T6 enthält als Baustein Glucose in — für die einzelnen Phagen charakteristischen — Mengen. Die Glucose ist an die Base 5-Oxymethyl-cytosin gebunden. Beide Bausteine konnten bisher nur in der DNS von Phagen nachgewiesen werden [Jesaitis und Sinsheimer (1) und Volkin]. Auch die r$^+$- und r-Varianten der geradzahligen T-Phagen unterscheiden sich in ihrem Glucosegehalt (Cohen). Dieser bestimmt gewisse vererbbare Eigenschaften der T2- und T4-Phagen [Streisinger u. Weigle und Sinsheimer (2)].

Morphologie. Elektronenmikroskopische Aufnahmen nach verschiedener physikalischer und chemischer Behandlung der geradzahligen Phagen zeigen, daß der Schwanz der Phagen in bestimmte, gut charakterisierbare Komponenten aufgeteilt werden kann. Die eindrucksvollsten und besten Bilder erhielten Kellenberger u. Arber. Durch Zugabe von 3%igem H_2O_2 in 10%igem Alkohol wird ein zentraler Stift am distalen Ende des Phagenschwanzes von T2 freigelegt. Nach kurzzeitiger Behandlung lassen sich am Ende des Phagenstiftes noch lange Fibrillen elektronenmikroskopisch nachwiesen, die durch längere Behandlung mit H_2O_2-Alkohol nach und nach vom Schwanzstift völlig abgelöst werden. Phagen in diesem Stadium der H_2O_2-Behandlung werden durch DNase nicht angegriffen. Es läßt sich daraus schließen, daß auch der zentrale Stift aus Protein bestehen und die DNS im Phagenkopf noch fest von Protein umgeben sein muß. Durch weitere Behandlung mit H_2O_2-Alkohol wird endlich auch der Stift vom Phagenschwanz abgelöst. Nur wenige Phagen verlieren dabei ihre DNS. Der Phagenschwanz ist demnach wohl in seiner gesamten Länge nicht hohl — wie bis vor kurzem allgemein angenommen wurde. Es ist noch ungewiß, auf welchem Wege die DNS der Phagen in das Bakterium gelangt. Nach wie vor bleibt wahrscheinlich, daß sie zumindest durch einen Teil des Phagenschwanzes in das Bakterium injiziert wird. Bisher konnten keine Aufnahmen gewonnen werden, aus denen eindeutig zu ersehen wäre, wie die DNS den Phagen verläßt. Die Phagenköpfe sind auf allen elektronenmikroskopischen Bildern entweder völlig leer, oder enthalten noch alle DNS (JESAITIS u. GOEBEL).

Eine strukturelle Differenzierung des Phagenschwanzes gelingt auch durch wiederholtes Einfrieren und Auftauen von T2-Phagen und T2-Phagen-Ghosts. Elektronenmikroskopisch lassen sich danach folgende morphologische Bausteine nachweisen: intakte Köpfe, intakte Schwänze, leere Kopfmembranen, Schwanzstifte und Schwanzfibrillen (WILLIAMS u. FRASER). KOZLOFF fand, daß Teile des Phagenschwanzes durch Cadmiumcyanid abgelöst werden. T 4, 38 — ein Phagenstamm, der Tryptophan als Cofaktor zur Adsorption benötigt — wird in Gegenwart von Tryptophan leicht durch Hitze inaktiviert und dadurch ein Teil des Phagenschwanzes abgelöst [PING-YAO CHENG (1,), (2)].

Die Möglichkeit, den Phagenschwanz durch die oben beschriebenen verschiedenen chemisch-physikalischen Behandlungen (H_2O_2-Alkohol, Einfrieren und Auftauen, Cadmiumcyanid) in die gleichen Komponenten zerlegen zu können, weist darauf hin, daß es sich hierbei um die Nachahmung eines biologischen Vorganges handeln muß und nicht nur um eine willkürliche Aufgliederung. Diese Auffassung wird durch Untersuchungen von JESAITIS u. GOEBEL einerseits und KELLENBERGER u. SECHAUD andererseits gestützt. Letztere fanden gleiche Komponenten (Schwanzstifte und Schwanzfibrillen) des Phagenschwanzes in Lysaten von Bakterien, bei denen die Ausreifung der Phagen durch Proflavin gehemmt wurde. Es werden also auch bei der Vermehrung der Phagen morphologische Untereinheiten des Phagenschwanzes unabhängig voneinander synthetisiert.

II. Adsorption.

Schwanzstifte von T 2 aus Proflavinlysaten werden immer durch ihre Fibrillen an Bakterienmembranen adsorbiert (KELLENBERGER u. SECHAUD und FRASER u. WILLIAMS). Eine mögliche Anordnungsweise der Fibrillen am Phagenschwanz und die Funktion der verschiedenen Komponenten des Phagenschwanzes beim Infektionsvorgang werden von EVANS ausführlich diskutiert.

Ob für die Adsorptionsspezifität des Phagenschwanzes ein Protein verantwortlich ist oder ob diese durch eine besondere Anordnung verschiedener Proteinanteile bedingt wird, läßt sich noch nicht entscheiden. Einige neuere Ergebnisse sprechen für letztere Möglichkeit. Die Adsorptionsspezifität von T2- und T4-Phagen läßt sich folgendermaßen verändern: T4, 38-Phagen werden nach kurzer Inkubation in 2,5 molarer Harnstofflösung bei 0° auch ohne den sonst benötigten Cofaktor Tryptophan an ihre Wirtszellen adsorbiert und zur Injektion ihrer DNS veranlaßt. Durch Erwärmen in Gegenwart von Tryptophan inaktivierte T4, 38 (1 Molekül Tryptophan/Phage ist ausreichend zur Inaktivierung), die sich morphologisch von T4, 38 unterscheiden, werden ebenfalls ohne Tryptophan adsorbiert [PING-YAO CHENG (2)]. T2-Phagen werden nach Entfernung ihres distalen Schwanzanteils mit Cadmiumcyanid nicht nur an B, sondern auch an B/2 adsorbiert (BROWN u. KOZLOFF).

Die Adsorptionsspezifität bleibt demnach auf das Ende des Phagenschwanzes beschränkt, während sich „Adsorptionsprotein" auch noch an weiter proximal gelegenen Abschnitten des Phagenschwanzes findet. Man sollte deshalb zwischen Adsorptionsprotein und Adsorptionsspezifität unterscheiden.

Eine „Denaturierung" eines Teiles des Phagenschwanzes könnte auch auf physiologische Weise während des Infektionsvorganges auftreten (DELBRÜCK — zitiert nach PING-YAO CHENG — und JESAITIS u. GOEBEL). Bei 0° adsorbierte T2-Phagen führen zu einer normalen Vermehrung nur, wenn die infizierten Bakterien bald nach der Adsorption der Phagen bei höherer Temperatur inkubiert werden. Verbleiben die Bakterien bei 0°, so lösen sich die adsorbierten Phagen inaktiv von den intakt bleibenden Bakterien wieder ab. Die einzelnen Infektionsabschnitte sind demnach verschieden temperaturabhängig (ADAMS).

Bei der ersten Auseinandersetzung der Phagen mit der Wirtszelle erleiden zunächst die Phagen eine endgültige Veränderung ihrer Struktur. Sie können sich nicht — wie die tierpathogenen Vieren — wieder intakt von ihren Receptorarealen an der Wirtszelle lösen, sind aber wie sie in der Lage, ihre Wirtszellmembranen enzymatisch anzugreifen. Wir kommen damit zum zweiten Teil der Phagenvermehrung, der bisher als Verschmelzung bezeichnet wurde.

III. Verschmelzung.

BARRINGTON u. KOZLOFF brachten die ersten quantitativen Angaben über die Abspaltung von N-haltigen Bestandteilen der Zellmembran durch Phagen. Sie fanden eine Proportionalität zwischen der Menge an abgespaltener Komponente der Zellwand und der Zahl adsorbierter Phagen bei Adsorptionen von 1—15 Phagen/Membran. Bei Adsorption von mehr als 15 Phagen/Membran wurde keine weitere Steigerung der Menge abgespaltenen Materials der Zellmembran beobachtet. Diese Befunde wurden mit Hilfe einer einfachen Methode bestätigt und weiter ausgebaut (KOCH u. WEIDEL): mit Dinitrofluorbenzol umgesetzte Colimembranen adsorbieren T2- und T4-Phagen wie unbehandelte Membranen. Aminogruppen sind demnach für die Receptorfunktion der Zellwand nicht verantwortlich. Die enzymatische Aktivität der Phagen an Zellmembranen wird durch Blockierung der Aminogruppen der Zellmembran mit Dinitrofluorbenzol nicht beeinflußt. Die Abspaltungsreaktion läßt sich leicht quantitativ verfolgen, da das in Lösung gehende Material DNP-Reste trägt. Die weiteren Fragen zu diesem Abschnitt des Infektionsvorganges lassen sich in zwei Problemkreise aufteilen:

1. Die Frage nach dem für die Abspaltung von Komponenten aus der Colimembran verantwortlichen Teil des Phagen und 2. die Frage, ob ein *bestimmter* Bestandteil der Zellmembran durch Phageneinwirkung abgespalten wird.

1. Aus ihren experimentellen Ergebnissen schlossen PUCK u. LEE, daß autolysierende Enzyme der Wirtszellmembran durch Phagen-

einwirkung aktiviert werven und diese die Membranspaltung verursachen. Diese Deutung ist unwahrscheinlich; denn weder durch Erhitzen der Zellmembran auf 100° noch Behandlung mit Phenol (BARRINGTON und KOZLOFF) wird die Spaltung der Membranen nach Phagenadsorption verhindert. Dagegen führt schon eine Erwärmung des aktiven Teils der Phagen auf 80° zum völligen Ausbleiben der Spaltung (KOCH u. JORDAN, unveröffentlicht). Es ließ sich zeigen, daß Phagen an Colimembranen adsorbiert, ihre enzymatische Aktivität wiederholt ausüben können. Wenn Membranen mit adsorbierten Phagen in engen Kontakt mit frischen Membranen gebracht werden, so wird auch aus den frischen Membranen N-haltiges Material abgespalten (Übertragung der Aktivität von Membran zu Membran). So konnte gezeigt werden, daß bereits weniger als ein Phage/Membran ausreicht, um alles abspaltbare Material aus der Membran in Lösung zu bringen. Die Adsorption von Phagen an die Membranen ist zwar eine Voraussetzung für die enzymatische Spaltung der Zellmembran, nach der Adsorption der Phagen kann das Phagenenzym aber auch Membranen angreifen, an die es nicht adsorbiert worden ist. Eine einfache Deutung ergibt sich aus den schon beschriebenen strukturellen Veränderungen, die an Phagen nach der Adsorption an Membranen eintreten und zum Verlust der distalen Hälfte des Phagenschwanzes führen (JESAITIS u. GOEBEL). Es ist möglich, daß das Phagenenzym erst dadurch zu einer Aktivitätsentfaltung gelangen kann. Phagen, die durch Cadmiumcyanidbehandlung ihren distalen Schwanzanteil verloren haben, sind noch fähig, Zellmembranen zu spalten. Aller Wahrscheinlichkeit nach ist das Phagenenzym an den proximalen Schwanzanteil gebunden (BROWN u. KOZLOFF). Durch Harnstoff läßt sich das Enzym von Phagen — nach Verlust ihres distalen Schwanzanteiles — in noch aktiver Form ablösen (KOCH u. JORDAN, unveröffentlicht).

Das Phagenenzym wird von infizierten Bakterien im Überschuß gebildet und findet sich neben Phagen in T2-Lysaten. Wegen seiner relativen Stabilität läßt es sich aus Lysaten leicht anreichern und reinigen. Die Untersuchungen über seine funktionellen Eigenschaften wurden hierdurch sehr erleichtert. Konzentrierte Enzympräparate töten Colizellen und lysieren sie von außen. Es konnte gezeigt werden, daß das „freie" Enzym die gleiche Komponente aus der Membran abspaltet wie komplette Phagen. In beiden Fällen ist die Reaktion von p_H abhängig und temperaturempfindlich. Auch das freie Enzym kann seine Spaltungsaktivität wiederholt ausüben. Das freie Enzym aus T2-Lysaten zeigt keine Wirtsspezifität, es tötet und lysiert B/2-Bakterien und spaltet B/2-Membranen (KOCH u. JORDAN).

T2- und T4-Phagen vermögen — im Gegensatz zu den tierpathogenen Viren — die Receptorareale ihrer Wirtszellen nicht zu zerstören. Sie werden von Membranen, die kein abspaltbares Material mehr besitzen, noch mit der gleichen Geschwindigkeit und in gleicher Anzahl adsorbiert. Die Receptorareale dienen demnach nur zur ersten Fixierung der Phagen an die Wirtszellen. Die Adsorption führt zunächst zu einer strukturellen Veränderung des Phagen. Darauf greift das Phagenenzym die Zellmembran an anderer Stelle an.

2. Gereinigte Enzympräparate erleichterten die Analyse des aus der Membran abgespaltenen Materials. Es ist papierelektrophoretisch einheitlich und zeigt in der analytischen Ultrazentrifuge nur eine Bande mit einer s_{20} von 1 (JOHANSEN u. KOCH, unveröffentlicht). Chemischanalytische Untersuchungen ergaben als wesentliche Bausteine des abgespaltenen Materials: Glutaminsäure, Alanin, Diaminopimelinsäure, Glucosamin und einen weiteren, unbekannten Aminozucker, daneben finden sich geringe Spuren von Lipoid (KOCH, unveröffentlicht). Die genannten Aminosäuren und Hexosamine sind wesentliche Bausteine fast aller bisher untersuchten Bakterienzellwände und bilden deren basale Struktur (WORK). Es stellt sich somit die Frage, ob nicht auch Bakterien, die für die T-Phagen als Wirtszellen nicht in Betracht kommen, durch das Phagenenzym getötet werden können.

Ein Baustein ähnlicher Zusammensetzung findet sich in Bakterienkulturen, die in der Wachstumsperiode mit Penicillin behandelt wurden (PARK u. STROMINGER). Auch beim Keimen von B-Megaterium-Sporen wird ein höher molekulares Peptid freigesetzt, das im wesentlichen aus den oben genannten Aminosäuren und Hexosaminen zusammengesetzt ist (STRANGE u. DARK). Es zeigen sich hier einige interessante biologische Parallelitäten, die von WORK eingehend diskutiert werden.

LEDERBERG fand, daß wachsende Colibakterien in Gegenwart von Penicillin nicht mehr fähig sind, ihre äußere, die Form bestimmende Zellwand aufzubauen. Durch Penicillin wird der größte Teil der Bakterien in Protoplasten verwandelt, die nach Entfernung des Penicillins wieder zu normalen Bakterien ausreifen. E. coli können — wie B-Megaterium — auch durch Behandlung mit Lysozym in Protoplasten verwandelt werden (MAHLER u. FRASER und ZINDER u. ARNDT). E. coli-Protoplasten sind instabil und lysieren leicht, sind aber noch in der Lage, Phagen zu synthetisieren.

IV. Vermehrung.

Der Vermehrungsmechanismus der Phagen-DNS bleibt weiterhin ungeklärt, obwohl mehrere Arbeitsgruppen sich mit dieser Problemstellung eingehend beschäftigten. Die bisher hierzu entwickelten Anschauungen werden von DELBRÜCK u. STENT ausführlich besprochen.

In den ersten $6^1/_2$ min nach der Infektion mit T2 wird noch keine Phagen-DNS synthetisiert (VIDAVER u. KOZLOFF).

BURTON hat die Synthese der DNS von T2 in Aminosäure-Mangelmutanten von E. coli untersucht. Diese Coli-Mutanten können ihre eigene DNS und RNS auch in Mangelmedien synthetisieren. Unter gleichen Bedingungen findet aber keine Vermehrung der Phagen-DNS statt. Sobald dem Medium die benötigten Aminosäuren zugegeben werden, beginnt die Synthese von Phagen-DNS. Sind die essentiellen Aminosäuren während der ersten 5 min nach der Infektion anwesend, so wird Phagen-DNS synthetisiert, auch wenn die Bakterien nun in Mangelmedium überführt werden. Es muß demzufolge der Vermehrung der Phagen-DNS eine Proteinsynthese vorausgehen. Die Fähigkeit der

Bakterien, Phagen zu produzieren, wird nach der Infektion zunehmend unempfindlicher gegenüber UV-Bestrahlung. Beim Fehlen einer zum Wachstum benötigten Aminosäure im Medium behalten die Bakterien ihre zum Zeitpunkt der Infektion bestehende Empfindlichkeit gegenüber UV bei. Zu gleichen Ergebnissen kamen TOMIZAWA u. SUNAKAWA auf einem anderen Wege: Chloramphenicol in einer Konzentration von 30 γ/cm³ Kulturmedium bringt die Proteinsynthese wachsender Colizellen zum völligen Stillstand, während Bakterien-RNS und -DNS weiterhin synthetisiert werden. Wird Chloramphenicol in den ersten 2 min nach der Infektion mit Phagen zugegeben, so findet keine Synthese von Phagen-DNS statt; gibt man es aber zu einem späteren Zeitpunkt zu, so wird Phagen-DNS synthetisiert, und zwar um so mehr, je später es zugegeben wird. In Gegenwart von Chloramphenicol behalten die Bakterien ihre Empfindlichkeit gegenüber UV bei, gemessen an der Fähigkeit, Phagen zu produzieren. Eine Resistenzzunahme gegenüber UV tritt ein, sobald die Bakterien in chloramphenicol-freies Medium gebracht werden.

Nach der Phageninfektion wird P32 weiterhin in Bakterien-RNS eingebaut. Die Menge RNS/Bakterium bleibt dabei konstant. Chemisch-analytische Untersuchungen ergaben, daß die P32 markierte RNS eine andere Basenzusammensetzung hat als normale Bakterien-RNS. Dies könnte darauf hinweisen, daß nach Infektion mit T2 neben der Synthese eines spezifischen, für die Vermehrung der Phagen-DNS notwendigen Proteins auch eine spezifische RNS aufgebaut wird (VOLKIN und ASTRACHAN). Ob die genetische Information der DNS auf ein Protein oder ein Nucleoprotein übertragen wird und von diesen die Synthese neuer Phagen-DNS ausgeht, ist damit allerdings noch nicht bewiesen, obwohl diese Anschauung sich mehr und mehr durchzusetzen scheint und die beschriebene Resistenzzunahme gegen UV nur so am besten verständlich wird. Das in den ersten 5 min nach der Infektion synthetisierte Protein könnte dagegen als ein spezifisches Enzym für die Synthese von 5-Oxymethyl-cytosin benötigt werden, und es wäre denkbar, daß P32 über die RNS in DNS eingebaut wird.

Phagenprotein dient nicht als Matritze für Phagen-DNS-Synthese, und Phagen-DNS wird nicht innerhalb der Phagenhülle synthetisiert. Das in den ersten Minuten nach der Infektion synthetisierte Protein wird nicht in Phagen eingebaut. Die Vermehrung der Phagen-DNS geschieht unabhängig von der Vermehrung des Phagenproteins. P32 markierte, in chloramphenicolhaltigem Medium synthetisierte Phagen-DNS findet sich (nach Entfernung des Chloramphenicols aus dem Medium) unter den ersten reifen Phagenteilchen. Die in Gegenwart und Abwesenheit von Chloramphenicol synthetisierte Phagen-DNS unterscheidet sich somit nicht. Die Synthese der Phagen-DNS läuft der Synthese des Phagenproteins voraus [HERSHEY u. MELECHEN und HERSHEY (2) und MELECHEN]. HERSHEY schließt aus seinen Befunden, daß zur genetischen Substanz der Phagen kein Protein gehört (auch nicht die 1 oder 2% Protein, die sich in ihrer Aminosäurenzusammensetzung vom übrigen Phagenprotein unterscheiden und leicht vom Ghostprotein abgetrennt werden können) [HERSHEY (1)].

Mit einer Reihe gut durchdachter Experimente versuchte WATANABE, die Funktion der Phagen-DNS in bezug auf die Bildung von Phagenprotein zu untersuchen. Es stand zur Frage, ob zur Synthese von Phagenprotein eine völlig intakte Phagen-DNS benötigt wird. Um die Menge des gebildeten Phagenproteins zu untersuchen, wurden die Bakterien in S35-haltigem Medium inkubiert und das Phagenprotein durch Fällung mit Antiserum quantitativ bestimmt. Die Bakterien wurden mit UV-bestrahlten Phagen infiziert und die infizierten Bakterien zu verschiedenen Zeiten nach der Infektion mit UV bestrahlt. Es wurden gemessen: überlebende infective centers, infektiöse Nachkommen, Phagenproteinmenge und in einigen Experimenten die Menge synthetisierter Phagen-DNS. Nur solche T2-Phagen — auch nur solche DNS, die die Synthese von infektiösen Nachkommen induzieren kann — können Phagenantigensynthese auslösen. Für beide Funktionen ist somit eine völlig intakte Phagen-DNS notwendig. Werden die Bakterien zu einem späteren Zeitpunkt nach der Infektion mit UV bestrahlt, wird die Phagen-Protein-Synthese kaum beeinträchtigt, während die Synthese spezifischer Phagen-DNS fast völlig zum Erliegen kommt oder stark verzögert wird. Eine Trennung zweier Hauptfunktionen der injizierten Phagen-DNS (die Auslösung der Synthese von Phagenprotein und die Vermehrung ihrer eigenen Struktur) ist damit experimentell gelungen. Wahrscheinlich darf man hier noch auf weitere wesentliche Ergebnisse hoffen.

Die Übertragung der Phagen-DNS von Elternteilchen auf ihre Nachkommen wurde von LEVINTHAL erneut untersucht. Durch Verwendung einer elektronensensitiven photographischen Emulsion gelang ihm die annähernd quantitative Bestimmung der Radioaktivität eines einzelnen Virusteilchens oder eines einzelnen DNS-Moleküls. P32-radioaktive DNS von T2-Phagen verteilt sich nach osmotischem Schock auf ein größeres, etwa 40% der Gesamt-DNS enthaltendes Stück, das mit großer Wahrscheinlichkeit Träger der gesamten genetischen Information ist, und mehrere kleinere DNS-Moleküle, deren Größe unter 8% der Gesamt-DNS liegt und über deren biologische Funktion bis jetzt noch nichts ausgesagt werden kann. Nach Vermehrung von Phagen durch ihre Wirtszellen finden sich unter den Nachkommen (sowohl nach dem ersten wie auch nach einem weiteren Vermehrungszyklus) Phagen, die noch 20% der DNS ihrer Elternteilchen in einem zusammenhängenden Molekül der DNS enthalten. Die Befunde weisen darauf hin, daß die Vermehrung der Phagen-DNS nach dem „WATSON-CRICK-Modell" verläuft und daß die genetische Rekombination bei Phagen nicht durch Brüche und Wiedervereinigung von DNS-Molekülen entstehen kann, weil diese zu einer weiteren Aufteilung der DNS der Elternteilchen führen müßten. Die genetischen Rekombinanten bei Phagen könnten durch die Bildung von sich vereinenden "partial replicas" entstehen. Zu ähnlichen Ergebnissen kommen STENT u. JERNE und STENT u. JERNE u. SATO durch Bestimmung der Übertragungsrate von P32 in schnell aufeinanderfolgenden Phagengenerationen.

V. Genetische Feinstruktur von T4-Phagen.

Eine Mutantengruppe (r II) von T4 wird — im Gegensatz zu Wildtyp T4 — von bestimmten Wirtszellen (E. coli K) nicht vermehrt, obwohl sie diese infizieren und töten kann. Es ist deshalb möglich, äußerst kleine Rekombinationsraten genau zu bestimmen (durch Auszählung von Wildtyp auf E. coli K). Die Methode ist so empfindlich, daß sie die Zuordnung genetischer Merkmale zu molekularen Nucleotid-Strukturen erlaubt. Die kleinste rekombinierende Einheit ist nicht größer als zwei Nucleotidpaare (wenn die gesamte genetische Information durch 40% der Phagen-DNS übertragen wird; s. o. LEVINTHAL). Eine Veränderung an wenigen — nicht mehr als 5 — Nucleotidpaaren führt zu einer erkennbaren Mutation. BENZER schlägt folgende, allgemein anwendbare Terminologie vor: die kleinste, durch Rekombination bestimmbare, genetische Einheit ist das Recon. Die kleinste genetische Einheit, deren Änderung eine Mutante hervorbringt, wird Muton genannt. Die kleinste funktionelle Einheit ist das Cistron nach dem zur Bestimmung angewandten Cis-trans-Test von LEWIS.

VI. Lysogenese.

JACOB u. WOLLMANN beschreiben Befunde mit lysogenen Bakterien, die Gelegenheit zu neuen experimentellen Ansätzen geben.

Durch eine Mutation — von vielen möglichen — des Prophagen entstehen sog. „defektive" lysogene Stämme. Sie lysieren nach UV-Induktion wie normale lysogene Bakterien, doch weniger als 10^{-7} Bakterien produzieren Phagen. Die Bakterien zeigen die gleiche Immunität gegenüber homologen Phagen wie lysogene Bakterien. In „defektiven" lysogenen Bakterien wird die Phagenvermehrung nach Induktion ausgelöst, aber nicht zum Abschluß gebracht. Die „defektive" Eigenschaft kann durch Mutationen an verschiedenen Loci hervorgerufen werden, und es scheint, als ob jede Mutation die Reifung der Phagen an einer bestimmten Stufe unterbrechen würde.

Weiter untersucht wurde das Phänomen der „zygotischen Induktion" Bei Bakterienkreuzungen zwischen lysogenen F^+- und nicht lysogenen F^--Stämmen kommt es immer zu einer Vermehrung des Prophagen, wenn dieser mit einem Stück des Bakteriengenoms von einer F^+- auf eine F^--Zelle übertragen wird. Der Prophage, der den lysogenen Charakter des Bakteriums bestimmt und einem spezifischen Locus des Bakteriengenoms zugeordnet werden kann, benimmt sich hier nicht wie ein Bakteriengen. — Es stellt sich die Frage, inwieweit die Phagen-DNS in das Bakteriengenom aufgenommen wird und wodurch die Reduktion des Phagen zum Prophagen und die Fixierung des lysogenen Zustandes geschieht.

STENT konnte durch Infektion von E. coli mit P32-haltigen λ-Phagen zeigen (zur Methode s. Bd. 17, S. 865), daß kurz nach der Infektion die lytische und lysogene Vermehrung von λ-Phagen durch infizierte Zellen gleich und so empfindlich gegen P32-Zerfall ist, wie die freier λ-Phagen. Mit zunehmender Zeit nach der Infektion wird sowohl die lytische als auch die lysogene Reaktion der Bakterien mehr und mehr unempfindlich gegenüber P32-Zerfall. In das Genom des lysogenen Bakteriums wird demnach keine oder nur sehr wenig von der infizierten DNS des Phagen aufgenommen. Die Reduktion des Phagen zum Prophagen könnte durch eine Rekombination zwischen Phagen-DNS und Bakteriengenom eintreten, bei der kein Materialaustausch zwischen den beiden rekombinierenden Einheiten eintritt (Copychoise-Mechanismus, DELBRÜCK u. STENT). STENT diskutiert auch die Möglichkeit der Vermehrung der injizierten Phagen-DNS bevor der lysogene Zustand fixiert wird. Diese Annahme stützt sich auf Befunde von BERTANI u. NICE. Bakterien, die normalerweise den Salmonella-Phagen P1 lytisch vermehren, lassen sich durch einen Temperaturwechsel während der ersten Hälfte der Latenzperiode — zu einer Zeit, in der Phagen-DNS schon vermehrt wurde — noch in den lysogenen Zustand überführen.

Die Fähigkeit der Phagen, Bakterien in den lysogenen Zustand zu überführen, wird durch verschiedene Loci des Phagen bestimmt. Jeder Locus kontrolliert einen bestimmten Schritt beim Übergang des Phagen in das Prophagen-Stadium (KAISER).

Die Anwesenheit des Prophagen im Bakteriengenom kann verschiedene Eigenschaften der Wirtszellen beeinflussen und verändern: (Antigensynthese (UETAKE u. NAKAGAWA u. AKIBA), Vermehrung nicht verwandter Phagen (ANDERSON u. FRASER), Toxinproduktion (GROMAN u. EATON).

Literatur.

ADAMS, M. H.: Virology 1, 336—346 (1955). — ANDERSON, E. S., and H. FRASER: J. gen. Microbiol. 13, 519—532 (1955).

BARRINGTON, L. F., and L. M. KOZLOFF: J. of Biol. Chem. 223, 615—627 (1956). — BENZER, S.: Proc. Nat. Acad. Sci. USA 41, 344—354 (1955). — Symp. of The Chemical Basis of Heredity. p. 70—93. Baltimore: Johns Hopkins Press 1957. — BERTANI, G., and S. J. NICE: J. Bacter. 67, 202—209 (1954). — BROWN, D. D., and L. M. KOZLOFF: J. of biol. Chem. 225, 1—11 (1957). — BURTON, K.: Biochemic. J. 61, 473—483 (1955).

CHENG, PING-YAO: (1) Biochim. et Biophysica Acta 22, 433—442 (1956). — (2) Biochim. et Biophysica Acta 22, 443—451 (1956). — COHN, S. S.: Science (Lancaster, Pa.) 123, 653—656 (1956).

DELBRÜCK, M., and G. S. STENT: The Chemical Basis of Heredity. p. 699—737, 1957.

EVANS, E. A. jr.: Federat. Proc. 15, 827—832 (1956).

GROMAN, N. B., and M. EATON: J. Bacter. 70, 637—640 (1955).

HERSHEY, A. D.: (1) Virology 1, 108—127 (1955). — (2) Adv. Virus Res. 4, 25—61; Brookhaven Sympos. in Biology 8, 6—14 (1956). — HERSHEY, A. D., and N. E. MELECHEN: Virology 3, 207—236 (1957).

JACOB, F., and E. L. WOLLMANN: The Chemical Basis of Heredity. p. 468—499, 1957. — JESAITIS, M. H.: Nature (London) 178, 637 (1956). — JESAITIS, M. H., and W. F. GOEBEL: J. of exper. Med. 102, 733—752 (1955).

KAISER, A. D.: C. r. Acad. Sci. (Paris) 242, 3129 (1955). — KELLENBERGER, E., u. W. ARBER: Z. Naturforsch. 10 b, 698—704 (1955). — KELLENBERGER, E., u. J.. SECHAUD: Virology 3, 256—274 (1957). — KOCH, G., and E. M. JORDAN: Biochim. et Biophysica Acta (im Druck). — KOCH, G., u. W. WEIDEL: Z. Naturforsch. 11 b, 345—353 (1956). — KOZLOFF, L. M., and K. HENDERSON: Nature (London) 176, 1169 (1955).

LEDERBERG, J.: J. Bacter. 73, 144 (1957). — LEVINTHAL, C.: Proc. Nat. Acad. Sci. USA 42, 394—404 (1956). — LEVINTHAL, C., and C. A. THOMAS: The Chemical Basis of Heredity. p. 737—743, 1957.

Mahler, H. R., and D. Fraser: Biochim. et Biophysica Acta **22**, 197—199 (1956). — Melechen, N.: Genetics **40**, 584 (1955).

Park, J. T., and J. L. Strominger: Science (Lancaster, Pa.) **125**, 99—101 (1957). — Puck, T. T., and H. H. Lee: J. of exper. Med. **101**, 151—175 (1955).

Sato, G. H.: Science (Lancaster, Pa.) **123**, 891—892 (1956). — Sinsheimer, R. L.: (1) Science (Lancaster, Pa.) **120**, 551—553 (1954). — (2) Proc. Nat. Acad. Sci. USA **42**, 502—504 (1956). — Stent, G. S., and C. R. Fuerst: Virology **2**, 737—752 (1956). — Stent, G. S., and N. K. Jerne: Proc. Nat. Acad. Sci. USA **41**, 704—709 (1955). — Stent, G. S., N. K. Jerne and G. H. Sato: Im Druck. — Strange, R. E., and F. A. Dark: J. gen. Microbiol. **16**, 236—249 (1957). — Streisinger, G., and J. Weigle: Proc. Nat. Acad. Sci. USA **42**, 504—510 (1956).

Tomizawa, J., and S. Sunakawa: J. gen. Physiol. **39**, 553—565 (1956).

Uetake, H., T. Nakagawa and T. Akiba: J. Bacter. **69**, 571—579 (1955).

Vidaver, G. H., and L. M. Kozloff: J. of biol. Chem. **225**, 335—347 (1957). — Volkin, E.: J. amer. chem. Soc. **76**, 5892 (1954). — Volkin, E., and L. Astrachan: Virology **2**, 149—161 (1956).

Watanabe, J.: J. gen. Physiol. **40**, 521—531 (1957). — Williams, R. C., and D. Fraser: Virology **2**, 289—307 (1956). — Work, E.: Nature (London) **179**, 841—847 (1957).

Zinder, N. D., and W. F. Arndt: Proc. Nat. Acad. Sci. USA **42**, 586—590 (1956).

Sachverzeichnis.

Die *kursiv* gedruckten Zahlen zeigen die Stellen an, an denen jeweils die Haupt-
behandlung eines wichtigen Stichwortes erfolgt.